INTRODUCTION

A LA

MÉCANIQUE INDUSTRIELLE.

PARIS. — IMPRIMERIE DE GAUTHIER-VILLARS,
Rue de Seine-Saint-Germain, 10, près l'Institut.

INTRODUCTION

A LA

MÉCANIQUE INDUSTRIELLE

PHYSIQUE OU EXPÉRIMENTALE,

PAR

J.-V. PONCELET.

TROISIÈME ÉDITION

PUBLIÉE PAR M. X. KRETZ,

Ingénieur en chef des Manufactures de l'État.

PARIS,

GAUTHIER-VILLARS, IMPRIMEUR-LIBRAIRE

DU BUREAU DES LONGITUDES, DE L'ÉCOLE IMPÉRIALE POLYTECHNIQUE,

SUCCESSEUR DE MALLET-BACHELIER,

Quai des Augustins, 55.

1870

PRÉFACE.

Poncelet avait résolu de consacrer les dernières années de sa laborieuse carrière à la publication complète de ses œuvres : Les *Applications d'Analyse et de Géométrie* parurent en 1862 et 1864, le *Traité des Propriétés projectives des figures* en 1865 et 1866. L'Auteur allait préparer l'impression de ses travaux sur la Mécanique, lorsque la mort est venue l'enlever au monde savant.

Madame Poncelet, qui, à force de soins et de dévouement, était parvenue à prolonger la vie et les travaux de son illustre mari, n'a pas voulu laisser incomplète la réalisation de ses derniers projets. Elle m'a confié le soin de classer les écrits de Poncelet sur la Mécanique, et d'en diriger la publication.

L'*Introduction à la Mécanique industrielle* a eu deux éditions : la première, qui parut en 1829, était destinée à compléter l'une des parties des leçons que Poncelet professait, à cette époque, aux ouvriers de la ville de Metz; la deuxième, qui contient un grand nombre de considérations nouvelles, fut mise à l'impression en 1830; elle ne fut terminée que vers la fin de 1839, par suite d'une série de circonstances qui forcèrent plusieurs fois l'Auteur à interrompre son travail.

Poncelet se proposait d'introduire, dans la troisième édition de cet Ouvrage, quelques modifications résultant des progrès récents de la théorie ou relatant de nouveaux faits d'expériences.

Je ne pouvais songer à entrer dans la voie qu'aurait suivie l'Auteur, et j'ai reproduit scrupuleusement le texte de la deuxième édition, en me bornant à y faire quelques changements de détail que Poncelet avait indiqués dans des Notes manuscrites.

Néanmoins, pour me conformer autant que possible aux intentions de l'Auteur, j'ai cru devoir ajouter des Notes succinctes indiquant les principaux travaux faits, depuis la rédaction de la deuxième édition, sur quelques-unes des questions traitées dans ce livre.

J'ai été secondé dans mon travail par M. H. Resal, l'élève et l'ami de Poncelet, ainsi que par M. Moutier, professeur, ancien élève de l'École Polytechnique. J'espère que, grâce à ce concours, je ne serai pas resté trop au-dessous de la tâche qui m'était confiée.

KRETZ.

Paris, le 2 mai 1870.

AVIS.

Les Notes de l'Auteur sont reproduites sans indication spéciale; celles de l'Éditeur sont suivies du signe (K.).

TABLE DES MATIÈRES.

PREMIÈRE PARTIE.

PRINCIPES FONDAMENTAUX.

Notions générales sur la constitution et les propriétés physiques des corps.

Notions préliminaires sur le mouvement, les forces et les effets des forces.

Du travail mécanique des forces et de sa mesure.

APPLICATIONS DIVERSES.

DEUXIÈME PARTIE.

DES RÉSISTANCES

QUE LES CORPS OPPOSENT A L'ACTION DIRECTE DES FORCES ET AU MOUVEMENT D'AUTRES CORPS.

RÉSISTANCE DES SOLIDES.

FROTTEMENT DES SOLIDES.

Lois générales du frottement.

RÉSISTANCE DES FLUIDES.

Principes et faits généraux.

Causes, circonstances particulières qui modifient l'intensité et la loi de la résistance des fluides.

Résultats de l'expérience concernant la résistance de l'air et de l'eau.

*Examen des principales circonstances du mouvement horizontal et vertical des
corps dans les fluides, et plus spécialement dans l'air.*

FIN DE LA TABLE DES MATIÈRES.

AVANT-PROPOS.

Le plan de cet Ouvrage différant, pour la forme et le fond des idées, de celui qui a été jusqu'à présent suivi dans les Traités publiés sur la même matière, il y aurait de ma part une sorte d'amour-propre et de présomption à ne pas faire connaître les motifs qui, malgré toute l'estime que m'inspirent les excellents travaux de mes devanciers, m'ont déterminé à m'écarter aussi notablement d'une méthode d'enseignement consacrée, en quelque sorte, par l'usage, et dont les avantages incontestés sont le fruit d'une longue expérience.

Chargé, depuis 1825, de professer à l'École d'Application de l'Artillerie et du Génie à Metz, le Cours de Mécanique appliquée aux machines, j'ai dû approfondir plus particulièrement les théories qui dominent cette branche importante de nos connaissances, et qui en rendent l'étude et les applications le plus facilement accessibles; je me suis ainsi familiarisé avec une manière de voir qui diffère, à quelques égards, des idées généralement admises dans l'enseignement de la Mécanique élémentaire, et qui se rapproche davantage de la méthode qu'ont adoptée le petit nombre des géomètres qui ont cultivé spécialement la science des machines : je veux parler du *principe général des forces vives* et des notions qui s'y rattachent; principe qu'il ne faut pas confondre avec celui de la *conservation des forces vives* dû à Huyghens; car ce dernier n'a lieu que sous certaines restrictions particulières, tandis que le premier subsiste, sans conditions quelconques, quand on ne néglige aucune des actions qui peuvent naître, soit de la réaction réciproque des corps du système, soit de la nature de leurs liaisons ou de leurs mouvements, soit enfin des causes ou forces étrangères qui feraient changer à chaque instant les conditions de cette liaison.

Mais le principe des forces vives n'est lui-même qu'un co-
rollaire immédiat du *principe général de la transmission de
l'action* ou du *travail mécanique* (*), lequel, à son tour, revient au principe des vitesses virtuelles, appliqué au changement d'état ou de mouvement des corps, dès qu'on admet,
avec tous les anciens géomètres, l'existence de la force d'i-
nertie (*vis inertiæ, vis insita* : Newton), et qu'on envisage le
moment virtuel des forces en général comme la mesure de
leur quantité de travail instantané, par rapport au mouvement
infiniment petit qu'on suppose imprimé au système d'une
manière indépendante, et sous la seule condition qu'il puisse
le prendre sans que l'action réciproque des différents corps
et des véritables forces en soit aucunement troublée. En effet,
le principe des vitesses virtuelles, ainsi entendu et appliqué
au mouvement réel des corps, en tenant compte de toutes les
forces intérieures et extérieures qui peuvent l'empêcher ou
le favoriser, conduit immédiatement, par la sommation facile
et purement élémentaire des quantités de travail dues en particulier aux forces d'inertie, à l'énoncé le plus général du
principe des forces vives ou de *l'égalité entre la somme des
forces vives et le double de la somme algébrique des quantités
totales de travail développées par les différentes forces, entre*

(*) Cette expression, *travail mécanique*, qui se définit en quelque sorte par
elle-même, je m'en étais servi concurremment avec celle de *quantité d'action*,
dans la rédaction lithographiée de mon Cours à l'École d'Application de Metz
(édition publiée au commencement de 1826 et présentée la même année à
l'Académie des Sciences, qui en renvoya l'examen à une Commission composée
de MM. Arago et Dupin). C'est ce qu'on peut voir plus particulièrement par le
contenu du n° 70 du présent Ouvrage, emprunté presque textuellement au
n° 6 de cette lithographie; mais je n'ai adopté cette expression : *travail mécanique*, d'une manière définitive, sinon exclusivement à toute autre, que dans
mes Leçons de 1827 aux ouvriers messins, après y avoir été encouragé verbale-
ment par M. Coriolis, qui s'en servait de son côté dans ses répétitions à l'École
Polytechnique, à une époque où il n'avait pas encore publié son savant ouvrage
intitulé : *Du Calcul de l'effet des machines*, qui a paru peu après celui-ci.
D'ailleurs je n'attache d'importance aux mots qu'autant qu'ils s'appliquent à
des idées nouvelles, ou qu'ils s'adressent plus facilement à l'intelligence d'une
certaine classe de lecteurs ou d'auditeurs, tels que ceux qui suivaient les Cours
industriels de Metz; je crois même dangereux de les multiplier sans nécessité,
ou de changer l'acception de ceux qui sont généralement admis et qui ont, si
ce n'est un sens, du moins une application bien déterminée.

les positions ou instants extrêmes pour lesquels on considère
le mouvement des corps.

Envisagé sous ce point de vue, le principe de la transmission du travail comprend implicitement toutes les lois de l'action réciproque des forces, sous un énoncé qui en facilite infiniment les applications à la Mécanique industrielle, qu'on pourrait nommer la *Science du travail des forces*. Dès les premiers pas des jeunes élèves dans l'étude, cet énoncé, en effet, se présente à eux comme une sorte d'axiome évident par lui-même, et dont la démonstration leur semble superflue aussitôt qu'ils ont bien saisi ce qu'on entend par *travail mécanique*, *quantité d'action*, et qu'il leur est clairement démontré que ce travail, réduit en unités d'une certaine espèce, est, dans les arts, l'expression vraie de l'activité des forces.

Quoi de plus évident, par exemple, et de plus facile à saisir au premier aperçu que ces énoncés : « Le travail de la résul-
» tante de plusieurs forces égale la somme des travaux par-
» tiels que produisent ou que pourraient produire les forces
» composantes; le travail d'une ou de plusieurs puissances
» qui mettent en mouvement et font fonctionner une ma-
» chine égale la somme des travaux particuliers que déve-
» loppent les résistances de toute espèce opposées à ce mou-
» vement, etc.? »

Et quand, ensuite, on voit ces propositions se vérifier constamment et rigoureusement dans toutes les applications, quand on les voit s'accorder sans cesse avec les données certaines de l'expérience, et avec le résultat d'autres principes non moins immédiats, non moins irrécusables, l'esprit ne peut se refuser à une conviction entière, à une conviction telle, qu'il ne craint plus de s'abandonner aux conséquences variées qui découlent, avec une simplicité admirable, de ces mêmes axiomes dont il a saisi le véritable sens, et apprécié toute la fécondité et la justesse.

Je n'ai pas besoin d'ailleurs d'insister sur l'utilité du principe des forces vives, dans les questions variées de la Mécanique pratique; cette utilité est bien constatée par les heureux résultats qui ont été obtenus à diverses époques de son application à la théorie de l'écoulement des fluides, à celle des différentes roues hydrauliques, et, en général, à toutes les théories concernant le jeu et les effets divers des machines. Mais il convient de rappeler ici que c'est plus particulièrement aux travaux de Daniel Bernoulli, de Borda, de Carnot, de Navier, ainsi qu'à ceux de mes anciens camarades à l'École Polytechnique, MM. Petit, Burdin, Coriolis et Bélanger, qu'on doit cette importante application et les développements les plus clairs, les notions les plus positives sur le principe des forces vives, pris pour base de la science des moteurs et des machines.

En citant ces travaux comme se rattachant plus spécialement à l'ordre des idées qui forment le caractère essentiel de cet Ouvrage, je n'oublie aucunement la part qu'ont eue, aux progrès de la Mécanique pratique, les Parent, les Deparcieux, les Euler, les Smeaton, les Michelotti, les Venturi, les Bossut, les Dubuat, les Coulomb, les Monge, les Montgolfier, les Duleau, les d'Aubuisson, les Eytelwein, les Bidone, les Hachette, les Tredgold, et tant d'autres savants distingués, parmi lesquels il nous suffira de citer MM. Ampère, Arago, Dupin et Savary, qui, par leurs leçons ou leurs écrits, ont puissamment contribué à éclairer, à étendre ou à propager les utiles applications et les saines doctrines de la Mécanique.

Appelé, comme je l'ai déjà dit, à créer en 1825 le Cours de machines de l'École d'Application de l'Artillerie et du Génie, j'adoptai sans hésitation le principe des forces vives et de la transmission du travail comme base de l'enseignement; et, mettant à profit tout ce qui avait été jusque-là écrit sur les applications de ce principe, je tentai de donner une théorie générale des lois du mouvement des machines, un peu plus complète et plus rigoureuse que celles que l'on connaissait jusqu'alors. Ce sont les bases de cette même théorie, ce sont les notions que je me suis formées depuis longtemps sur l'action et le travail mécanique des forces, que j'ai essayé de mettre à la portée des intelligences les plus ordinaires, dans le Cours gratuit que la Société académique de Metz m'avait, dès 1827, chargé de professer aux ouvriers et artistes de cette ville.

J'apprécie parfaitement toute la difficulté d'une tâche que j'ai entreprise dans l'unique désir de répandre parmi la classe industrielle, et de lui rendre pour ainsi dire familières, des doctrines d'une utilité incontestable ; des doctrines qu'elle ne peut ignorer sans préjudice, et qui, naguère, étaient presque exclusivement le partage du petit nombre des ingénieurs. Mais, ayant pour me guider les écrits des savants que j'ai cités, et ne perdant jamais de vue, dans l'exposition des vérités fondamentales de la science, la clarté et la rigueur de démonstration dont nos maîtres en Mécanique nous ont offert de si beaux modèles dans leurs Traités élémentaires, j'ai la confiance de ne m'être point égaré, et d'être compris par tout lecteur qui possède la connaissance des propositions les plus simples de la Géométrie.

Les notions fondamentales dont il s'agit composent la première Partie de mon Cours aux ouvriers : elles se trouvent ici accompagnées d'applications nombreuses qui me paraissent propres à en faire ressortir le but et l'utilité. Les unes et les autres doivent être considérées comme une introduction indispensable à l'étude des principes plus généraux de la Mécanique, et de leurs applications aux différentes questions de la pratique.

N'est-ce pas, en effet, sur les premières notions, sur les notions abstraites de la force, du temps et du mouvement qu'il faut d'abord insister? Ne sont-ce pas les propriétés physiques les plus simples des corps, les déductions les plus élémentaires relatives au changement d'état qu'ils subissent par l'action des forces, et les lois de leurs résistances diverses, qu'il faut d'abord bien faire connaître? Et la Mécanique rationnelle est-elle autre chose qu'une science d'abstractions avant l'instant où l'on essaye de l'introduire, en quelque sorte, dans le monde physique et matériel tel que nous le présentent les ateliers des arts? Enfin n'avoue-t-on pas tous les jours qu'un espace immense sépare la Mécanique enseignée dans nos écoles de ses applications, même les plus usuelles et les plus simples? Tantôt la compressibilité ou la flexibilité naturelle des corps, tantôt leur inertie et les résistances de toute espèce qu'ils opposent au mouvement et à l'action des forces viennent, sinon démentir complétement, du moins modifier tellement les déductions théoriques, que les résultats diffèrent souvent du simple au quadruple ou au quintuple. Et que deviendraient nos jeunes élèves si, abandonnant.

faute de temps, l'étude de la Mécanique, après avoir appris
quelque peu de *statique* ou de *dynamique*, ils allaient reporter
dans les ateliers les idées incomplètes et parfois fausses qu'ils
auraient acquises sur l'équilibre absolu, sur le mouvement
idéal des corps, ou parfaitement durs ou parfaitement élastiques, ou sur les machines simples, qui ne sont, en effet, que
des êtres géométriques, la forme extérieure étant la seule
chose qui leur reste?

A la vérité, les praticiens sont peu enclins à prendre les
abstractions pour des réalités; ils ne s'en dégoûtent même que
trop facilement dès le début; et, en supposant qu'ils se soient
laissé séduire pendant un temps, le danger ne serait pas grand
pour des hommes qui, journellement, étudient par le tact et
un long exercice les véritables qualités physiques et mécaniques de la matière. Toujours est-il qu'ils auraient perdu un
temps précieux, et que les demi-connaissances qu'ils pourraient avoir acquises, loin de leur être profitables, ne feraient
que leur inspirer une sorte d'éloignement et de mépris pour
les vérités positives de la science.

On conçoit bien, d'après cette manière de voir, que je
veux pour nos jeunes élèves une instruction solide, appuyée
sur des données positives et des chiffres exacts, nourrie de
principes d'une application immédiate dans les arts, une instruction telle, enfin, qu'elle puisse porter des fruits dès les
premiers pas de l'élève dans l'étude, et à quelque époque que
la nécessité ou son peu de persévérance lui fasse quitter l'enseignement. Il faut bien le répéter : un intervalle difficile à
franchir, et qui réclame des efforts incessants, sépare la Mécanique abstraite de ses applications; ses principales difficultés ne résident pas dans la démonstration des principes
généraux de l'équilibre et du mouvement, mais bien dans la
conception physique des phénomènes de chaque espèce, dans
la recherche des lois qui les régissent individuellement. La
marche à la fois géométrique et expérimentale suivie par
Képler, Galilée, Newton et D. Bernoulli est encore celle qui
doit aujourd'hui guider nos pas dans la carrière des applications.

Sous ces différents rapports, loin de craindre de m'être trop
étendu dans les dernières parties de cet Ouvrage, je regrette,
au contraire, que le manque de temps m'ait forcé de res-

treindre les développements que je donne aujourd'hui sur les notions qui concernent l'action des moteurs animés ou inanimés, les divers frottements ou résistances nuisibles des corps, et la force de réaction qu'ils opposent directement à la traction, à la compression, à la rupture, etc. Ces applications eussent, en quelque sorte, complété le tableau et l'étude des différentes forces que présentent les phénomènes de la Mécanique industrielle; elles eussent servi à donner aux élèves une connaissance substantielle de ces causes de mouvement, dont la nature intime échappe à notre intelligence, quoiqu'elle se manifeste à nous par des effets matériels si variés et en apparence si distincts : causes avec lesquelles on ne saurait trop tôt se familiariser par l'étude réfléchie de ce qu'elles offrent de plus simple et d'immédiatement mesurable ou compréhensible dans ces effets. Je compte poursuivre ces applications un peu plus tard, si celles que je publie dans cette édition sont favorablement accueillies, et s'il m'est démontré, par l'expérience ou par des avis éclairés, que je ne me suis pas engagé dans une fausse route. On remarquera, au surplus, que c'est fort souvent à cette connaissance des premiers éléments de la Mécanique que se bornent ses applications les plus usuelles dans les arts, comme on peut aisément s'en convaincre à la lecture des ouvrages qui en traitent d'une manière spéciale. Les combinaisons des forces et du mouvement n'apparaissent que lorsqu'on se propose d'entrer plus avant dans l'étude des phénomènes, ou qu'il s'agit de les approfondir dans toutes leurs parties, et de remonter jusqu'aux causes plus ou moins lointaines qui les produisent.

INTRODUCTION

À LA

MÉCANIQUE INDUSTRIELLE.

PREMIÈRE PARTIE.

PRINCIPES FONDAMENTAUX.

Sous ce titre, nous comprenons tout ce qui concerne les propriétés essentielles de la matière ou servant de base à la Mécanique industrielle : les lois des mouvements simples, l'action immédiate et directe des forces sur les corps, la réaction qui en résulte ou l'égalité et l'opposition nécessaires des forces, leur travail considéré sous le point de vue purement mécanique, enfin les lois de la communication directe du mouvement et le changement du travail en force vive.

Les principes généraux relatifs à la combinaison des forces et des mouvements, aussi bien que les applications de ces principes à l'art des constructions et spécialement à la science des machines, font l'objet d'une autre partie du Cours.

NOTIONS GÉNÉRALES SUR LA CONSTITUTION ET LES PROPRIÉTÉS PHYSIQUES DES CORPS.

États principaux des corps.

1. Les corps se présentent sous trois *états* principaux qui en comprennent une foule d'autres intermédiaires.

Corps à l'état solide, ou *solides.* — Tels sont les pierres, les bois, les métaux en général, qui résistent plus ou moins à la pression.

Cet état ne présente rien d'absolu : certains corps solides sont *durs, cassants, fragiles*, tels que le verre, l'acier trempé, le marbre, etc.; d'autres sont *mous, ductiles*, tels que le beurre, l'argile ou terre glaise, le plomb, l'or, le cuivre, le fer (principalement à chaud). On dit aussi des métaux ductiles qu'ils sont *malléables*.

La *ductilité* ou la *malléabilité* de certains métaux est de la plus haute importance pour les arts industriels; elle réside essentiellement dans la qualité qu'ont ces corps de pouvoir changer de forme d'une infinité de manières sans se rompre ni se diviser. Nous verrons bientôt des exemples de la grande ductilité de l'argent, de l'or et du platine.

2. *Corps à l'état liquide, ou liquides*. — Tels sont l'eau, le vin, les liqueurs en général, le métal appelé *mercure* ou *vif-argent*, etc., lesquels se distinguent des corps solides par l'extrême mobilité de leurs parties. Cette mobilité s'observe à divers degrés dans les liquides : elle est très-grande dans les éthers, l'alcool ou l'esprit-de-vin rectifié; elle l'est moins dans l'eau et le vin; elle l'est encore moins dans l'huile, les sirops, les graisses et les métaux fondus qui coulent difficilement, qui *filent* en tombant dans l'air au lieu de se diviser comme l'eau. On distingue cet état particulier des liquides en disant qu'ils sont *visqueux*, ou qu'ils ont de la *viscosité*. Enfin un liquide peut se trouver dans un état très-voisin de celui des corps solides très-mous, c'est-à-dire des *bouillies*, des *pâtes*, en général, ou des *corps pâteux*.

3. *Corps à l'état gazeux*, nommés *gaz* et *vapeurs*. — Cette classe comprend l'*air* qui nous environne de toutes parts, dans lequel nous vivons, et tous les corps analogues qu'on nomme, pour cette raison, *aériformes* : corps qu'il ne faut pas confondre avec les *vapeurs condensées* ou *brouillards*, ceux-ci étant simplement formés de bulles, de gouttelettes de liquide très-petites et suspendues dans l'air.

On nomme spécialement *vapeurs*, les gaz qu'on obtient des liquides lorsqu'on les chauffe dans des vases clos de toutes parts; elles sont presque toutes invisibles comme l'air : telle est, par exemple, la vapeur d'eau qui se forme dans l'intérieur des chaudières des machines à feu.

L'*oxygène* ou *air vital*, qui entretient essentiellement la combustion des corps et la respiration des animaux; l'*azote*, dont le mélange avec l'oxygène constitue l'air ordinaire, et sert à modérer les effets de celui-là, mais qui, employé seul, ne peut entretenir ni la combustion ni la respiration; l'*hydrogène* ou *air inflammable*, qui, à l'aide d'une certaine chaleur, se combine avec l'oxygène de l'air et produit la flamme qui éclaire nos habitations; l'*acide carbonique*, résultant de la combustion du charbon pur (*carbone*) ou de l'union de ce dernier avec l'oxygène, et dont la présence se fait sentir dans les chambres closes où brûle du charbon, dans les lieux où fermentent les raisins, le vin, etc.; tous ces corps, dis-je, sont autant de gaz.

L'existence, la matérialité de l'air, des gaz et des vapeurs, est prouvée par toutes sortes de faits : enfermés dans des enveloppes flexibles et imperméables, ou qui ne se laissent pas traverser, par exemple dans une vessie, ils résistent à la pression comme les corps solides ordinaires. — Un verre renversé étant plongé dans l'eau, l'air qu'il contient ne cède point sa place au liquide; mais celui-ci remonte et remplit le verre dès l'instant où l'on pratique à sa partie supérieure une ouverture qui permette à l'air de s'échapper. Les vents, les ouragans, qui ne sont que de l'air en mouvement, renversent des arbres et des maisons comme le feraient des torrents d'eau; l'air d'ailleurs s'oppose, aussi bien que cette dernière, au mouvement des corps solides, et c'est ce qu'on nomme sa *résistance.* Enfin on sait encore que le vent est employé comme moteur des machines de l'industrie, et qu'il en est de même de la vapeur d'eau, quoique dans des circonstances bien différentes.

4. *Atmosphère.* — Nous avons insisté principalement sur l'air, parce que c'est le gaz le plus universellement répandu sur notre globe, qu'il l'enveloppe tout entier bien au delà des plus hautes montagnes; que tous les corps y sont plongés, et qu'il joue un rôle essentiel dans tous les phénomènes naturels et dans ceux de la Mécanique industrielle. Remarquez

d'ailleurs que cette masse d'air immense dans laquelle nous vivons et sommes plongés se nomme *atmosphère ;* ce qui a fait donner à l'air lui-même le nom d'*air atmosphérique*, pour le distinguer des autres gaz qu'on nomme quelquefois aussi des *airs*.

5. *Fluidité, changement d'état des corps.* — Les liquides, les gaz et les vapeurs se nomment en général des *fluides*, du mot latin *fluere*, qui signifie *couler*. Les liquides, comme nous l'avons dit, sont plus ou moins fluides, ils ne possèdent pas tous au même degré la *fluidité*.

Un grand nombre de corps connus peuvent, au moyen de la chaleur et sans subir aucune altération *intime* ou intérieure, prendre successivement l'état solide, liquide et gazeux : telle est l'eau qui est solide à l'état de glace et de neige, liquide dans son état le plus ordinaire, gazeuse ou à l'état de vapeur quand on la chauffe dans des vases clos. A l'inverse, les vapeurs et certains gaz, tels que l'acide carbonique, sont susceptibles de repasser à l'état liquide et solide par le refroidissement ou la compression. On nomme *fusion, liquéfaction* (*), le passage de l'état solide à l'état liquide; *vaporisation, volatilisation*, le passage de l'état solide ou liquide à l'état de vapeur; enfin *condensation*, le retour de ce dernier état aux précédents, et *solidification, congélation*, celui de l'état liquide à l'état solide. Certains corps ne sont susceptibles que de prendre deux de ces trois états, du moins par les moyens jusqu'ici connus; il en est d'autres qui ne se présentent constamment que sous un seul de ces états : tels sont les corps dits *infusibles* ou *réfractaires*, et les gaz nommés *permanents*, au nombre desquels on doit compter l'air; mais la classe de ces corps diminue tous les jours, à mesure que nos progrès en Physique augmentent.

Divisibilité des corps.

6. *Fluides.* — La divisibilité des corps est de toute évidence pour les liquides et les gaz; on conçoit même que la *division*

(*) Aujourd'hui, le mot *liquéfaction* est employé plus spécialement pour désigner le passage de l'état gazeux à l'état liquide. (K.)

ou la *séparation* des parties pourrait y être poussée à un degré extrême; et, comme tous les corps solides peuvent être amenés à l'état de fluides au moyen des agents physiques et chimiques, c'est-à-dire en les dissolvant, en les chauffant, en les attaquant avec les acides, etc., on conçoit que la divisibilité est une propriété générale de la matière. Mais il n'est pas inutile de faire connaître les moyens particuliers mis en usage pour opérer et apprécier mécaniquement, même dans les corps solides, cette extrême divisibilité de la matière, d'autant plus que ces moyens constituent l'objet principal d'un grand nombre d'arts industriels.

7. *Solides*. — On divise les pierres, les bois, les métaux, etc., par le choc ou par le frottement, à l'aide de marteaux, de pilons, meules ou molettes, coins, ciseaux, scies, râpes, limes, rabots, etc.

On sépare les parties les plus fines des plus grossières, avec les tamis et les blutoirs; on atteint encore mieux le but en employant la *décantation*, la *ventilation*, ou, dans certains cas, la *sublimation*.

La *décantation* consiste à verser l'eau ~~dans~~ les matières déjà pulvérisées, à les agiter, à laisser reposer le mélange pendant un temps plus ou moins long, selon l'état de division qu'on veut obtenir, puis à transvaser l'eau pour la laisser déposer de nouveau, et ainsi de suite. Il est des parties tellement fines des corps les plus lourds, qu'elles emploient plusieurs jours à se *précipiter*. La décantation exige, comme on voit, que la matière ne puisse se fondre ou se dissoudre dans l'eau, et que, par son poids, elle puisse s'en précipiter.

La *ventilation* remplit le même but. L'air mis en mouvement par un soufflet, van ou ventilateur, entraîne les parties d'autant plus loin qu'elles sont plus fines. C'est ainsi qu'on divise quelquefois le charbon et le soufre dans les poudreries, et que, dans nos campagnes, on sépare les graines de blé de leur enveloppe.

La *sublimation* consiste à vaporiser les corps au moyen de la chaleur, dans des vases fermés, et à condenser les vapeurs par le refroidissement. C'est ainsi qu'on prépare la *fleur de soufre*, le mercure ou vif-argent, etc.

8. *Extrême divisibilité des corps.* — Ces opérations donnent déjà une idée de la grande divisibilité de la matière; en voici encore plusieurs exemples. — Quand on observe le cône lumineux produit par les rayons du soleil, qui traversent une petite ouverture pratiquée dans une chambre obscure où l'on a agité des poussières très-fines, on aperçoit une infinité de corpuscules ou grains de matière en mouvement, invisibles de toute autre manière, et qu'on ne peut palper ou sentir au simple toucher. — 5 centigrammes ou un grain de carmin dissous dans 15 kilogrammes d'eau colorent en rouge toute cette masse, et le nombre total des parties colorantes visibles, en en supposant deux seulement par centigramme d'eau, est de trois millions.

Un fil de platine recouvert d'argent, étiré à la filière, et remis ensuite à nu en dissolvant l'argent dans l'eau-forte, peut être amené à un tel degré de finesse, que son diamètre est seulement le $\frac{1}{1200}$ d'un millimètre, et que 1000 mètres ne pèsent que 0^{gr},055 : il faudrait 140 de ces fils pour former un faisceau de la grosseur d'un seul brin de soie. Or, 1000 mètres contenant un million de millimètres, et chaque millimètre pouvant sans difficulté être partagé en cinq parties, au moins, cela fait plus de cinq millions de parties visibles dans 0^{gr},055 de platine, ou dans 2 millimètres cubes environ.

Ce dernier exemple prouve en même temps la grande *ductilité* du platine et sa *ténacité*. L'or et l'argent ne sont guère moins ductiles. Un calcul analogue à celui qui précède démontre, par exemple, que l'or qui recouvre le fil doré du brodeur est réduit en lames qui ont au plus $\frac{1}{20000}$ de millimètre d'épaisseur; d'où il serait facile de conclure aussi l'extrême divisibilité de l'or.

La nature nous offre des exemples de corps organisés où la ténuité et la division de la matière sont poussées plus loin encore : tels sont les *animaux infusoires* qu'on aperçoit seulement au microscope dans certains liquides, et qui paraissent constitués dans toutes leurs parties d'une manière analogue aux autres animaux et doués des mêmes qualités physiques, quoique plusieurs milliers puissent tenir sur la pointe d'une aiguille.

L'imagination et le raisonnement peuvent aller au delà

encore, mais s'ensuit-il que les parties des corps soient divisibles indéfiniment? Les phénomènes de la Chimie semblent prouver le contraire.

Dans la multitude presque infinie des combinaisons et des transformations possibles des corps, la matière sort intacte et avec toutes ses qualités primitives quand on l'a isolée convenablement. S'il n'en était pas ainsi, tout finirait par changer de nature et d'aspect sur notre globe, tout s'y anéantirait sans retour, et les lois immuables qu'on y observe depuis tant de siècles, cesseraient bientôt d'y régner. Les dernières parties des corps sont non-seulement indestructibles, mais inaltérables, indivisibles par aucun des moyens puissants que la Chimie et la nature même mettent en œuvre.

L'ensemble de tous ces phénomènes si dignes de l'intérêt des savants et des philosophes permet, en outre, d'admettre que les dernières parties de la matière ont une forme définie, limitée, invariable, et par conséquent une solidité, une dureté absolue.

9. *Atomes, molécules, particules; impénétrabilité de la matière.* — C'est aux dernières parties des corps dont il vient d'être parlé que, dès la plus haute antiquité, on a appliqué l'épithète d'*atomes;* on nomme plus spécialement, en Chimie et en Physique, *molécules simples, primitives* ou *élémentaires,* les groupes d'atomes qui, unis dans un certain ordre et suivant certaines lois de symétrie, constituent les différents corps de la nature, et jouissent de qualités essentielles souvent très-distinctes de celles des atomes qui les composent.

La dénomination de *particules* est spécialement réservée aux poussières, aux débris et fragments quelconques des corps qui, bien qu'excessivement petits, sont eux-mêmes constitués d'une multitude de molécules; c'est à leur classe qu'appartiennent véritablement les molécules de formes arbitraires admises par les géomètres dans les raisonnements fondés sur l'hypothèse de la continuité de la matière, de sa divisibilité à l'infini. Enfin, c'est proprement dans l'existence des *atomes* que consiste ce qu'on nomme, en Physique, l'*impénétrabilité,* propriété générale de la matière, en vertu de laquelle des corps tels que les gaz et les liquides peuvent bien se mélanger, s'interposer mécaniquement et occuper même un volume moindre que la somme des volumes primitifs, sans que leurs derniers atomes se pénètrent, se confondent ou puissent coexister dans la même étendue.

Porosité des corps.

10. *Pores, volume réel, volume apparent.* — On nomme en général *pores* les intervalles compris entre les atomes, les molécules, les particules et les divers groupes de particules qui composent les corps. Les premiers sont tout à fait imperceptibles; quant aux derniers, on peut dans bien des cas s'assurer de leur existence. — L'éponge offre l'exemple de pores de diverses grandeurs.

L'espace occupé par la matière propre d'un corps est ce qu'on nomme son *volume réel*.

L'espace limité par l'enveloppe extérieure d'un corps est son *volume apparent*.

La différence du volume apparent au volume réel est le volume des pores. Ainsi, plus le volume apparent diminue, plus il se rapproche du volume réel : c'est ce qui a lieu, par exemple, dans l'éponge, qu'on peut comprimer jusqu'à un dixième, un vingtième de son volume primitif.

11. *Tissus, corps organiques.* — La porosité est manifeste dans une infinité de corps qui se laissent pénétrer par les fluides : tous les tissus, les étoffes, les cuirs, les bois sont dans ce cas, et c'est sur cette propriété qu'est fondé l'emploi des *filtres.* — Les bois augmentent de poids et gonflent par l'humidité, ils se retirent sur eux-mêmes et diminuent de poids par la sécheresse, ainsi qu'on le voit dans les planchers, portes et lambris de nos habitations; c'est pour éviter ces effets, autant que pour préserver les bois de la destruction, qu'on les recouvre de vernis ou de goudrons. — En insérant des coins de bois bien sec, dans une rainure pratiquée autour des blocs de pierre à extraire des carrières, pour en former les meules de moulins, et en les humectant ensuite, ils produisent par leur gonflement des efforts qui suffisent pour détacher ces blocs des massifs qui les renferment. C'est par de tels moyens que les Égyptiens ont extrait de leurs carrières les immenses blocs granitiques dont ils ont composé les obélisques et les colonnes de leurs gigantesques édifices. Lorsque l'on imprègne d'eau des cordes parfaitement sèches, elles augmentent également en diamètre et diminuent en longueur; de là un moyen non moins puissant, employé, dit-on, par les anciens pour soulever d'énormes fardeaux.

Pierres. — Certaines pierres, telles que le grès ou pierre de sable, servent de filtres comme les tissus; toutes augmentent de poids quand on les expose à l'humidité; sorties fraîchement des carrières, elles sont humides : ce qui rend possible la taille même des plus dures, ainsi qu'il arrive notamment pour la pierre à fusil.

Métaux. — Les métaux eux-mêmes se laissent pénétrer par les fluides : c'est ce que prouve l'expérience qui a été faite à Florence, par les Académiciens de la *Crusca*, sur une boule d'or (*), mince, remplie d'eau, et qui, soumise à une forte pression, laissait suinter le liquide par tous ses pores : expérience répétée depuis pour d'autres métaux, mais qui avait primitivement pour objet de vérifier la prétendue incompressibilité des liquides.

12. *Preuve générale de la porosité.* — Tous les corps ne se comportent pas comme les précédents : le verre, en particulier, paraît être absolument imperméable aux liquides et aux gaz, et c'est ce qui le rend précieux dans une foule de circonstances; mais il ne s'agit là que de la porosité grossière relative aux particules; celle qui existe entre les atomes et les molécules se démontre d'une manière générale par la diminution de volume qu'éprouvent tous les corps, quand on les soumet à la compression ou au refroidissement.

(*) M. Tyndall fait remarquer que Leibnitz, en mentionnant l'expérience de Florence, dit que la sphère était en or, tandis que le compte rendu publié par l'Académie *del Cimento* dit expressément pourquoi on a préféré l'argent, soit à l'or, soit au plomb. Une expérience analogue avait été faite, avec une boule en or, environ cinquante ans auparavant, par Bacon, dans le but de déterminer la compressibilité de l'eau; elle est décrite dans le *Novum organum* publié en 1620. (K.)

De la compressibilité des corps.

13. *Définition.* — La compressibilité des corps est la propriété qu'ils ont tous d'être *réduits*, quand on les comprime, à un moindre *volume apparent*.

Tissus. — Les tissus naturels et ceux des arts, tels que l'éponge, le cuir, les bois, les étoffes, qui sont très-poreux, sont aussi les plus compressibles des corps solides; cette propriété permet d'en extraire les liquides qu'ils contiennent. Les étoffes mouillées, le papier sorti fraîchement de la cuve de fabrication, la betterave réduite en pulpes, abandonnent, sous l'action de la presse, les liquides renfermés dans leurs pores.

Pierres. — On sait que les pierres empilées dans les colonnes et les murailles de nos édifices, s'affaissent, se tassent ou se compriment et s'écrasent même sous une charge considérable; c'est ce que prouve en particulier l'accident survenu aux piliers qui supportent la coupole du Panthéon ou église Sainte-Geneviève à Paris.

Métaux. — Quand on les frappe à coups de marteau, de mouton ou de balancier, ils *s'écrouissent*, ils deviennent plus compactes, leur volume est réduit : c'est ce qui arrive en particulier dans le battage des monnaies.

14. *Liquides.* — Ils sont en général beaucoup moins compressibles que les corps solides. — L'eau renfermée dans un canon de bronze de 3 pouces d'épaisseur (8 cent.), et comprimée fortement au moyen d'un *piston*, fait éclater la pièce avant que son volume ait diminué de $\frac{1}{20}$. Cette diminution de volume est seulement de $\frac{48}{1000000}$ pour chaque augmentation de pression de $1^{kil},033$ par *centimètre carré* de la surface de la *base* du piston, et il faut une pression environ 1000 fois aussi forte pour que la pièce éclate (*).

(*) Nous verrons plus loin comment la pression peut se mesurer à l'aide des poids; il ne s'agit ici que d'énoncer des faits, des données de l'expérience.

Principe de l'égalité de pression des fluides. — Un principe très-important, découvert par Pascal, est celui de la répartition uniforme ou de l'*égalité* de la *pression* exercée par les liquides en tous les sens, dans leur intérieur ou *perpendiculairement* aux parois des vases qui les contiennent, quand on les comprime en quelqu'un des points de ces parois. C'est ainsi que, dans l'expérience ci-dessus, la pression du liquide sur chaque centimètre carré de la *base* du piston se distribue également sur chaque centimètre carré de la surface du fond et des parois cylindriques de la pièce. Ce principe, qui sert de fondement à la construction des *presses hydrauliques*, s'étend d'ailleurs aux fluides aériformes dont il va être question. Il se démontre en pratiquant une ouverture dans une partie quelconque des parois, et la remplissant par un nouveau piston : ce dernier est refoulé avec un effort qui est à celui de l'autre piston dans le rapport de sa surface en contact avec le liquide à celle de la surface pareille du premier piston.

Par exemple, si la surface de l'un des pistons est de 5 centimètres carrés, et la pression qu'il supporte de 66 kilogrammes, tandis que la surface de base de l'autre piston est de 125 centimètres carrés, la pression exercée perpendiculairement à cette dernière sera de $125 \times \frac{66}{5} = 1650$ kilogrammes.

15. *Gaz.* — Ils sont les plus compressibles de tous les corps. — Quand on refoule de l'air au moyen d'un piston dans un tube cylindrique fermé par un bout (*Pl. I, fig.* 1), il peut être réduit, par le seul effort de la main, au dixième, au vingtième de son volume primitif : ce volume diminue même à mesure qu'on augmente de plus en plus l'effort ou la pression ; mais il ne peut se réduire à rien en aucune manière, attendu l'inaltérabilité, l'*impénétrabilité* des atomes de l'air ou des gaz ; il y a donc une limite nécessaire à la compression. Quand on diminue ou qu'on cesse tout à fait la pression, le piston, poussé par le fluide, revient de lui-même vers sa position primitive ; et si le tube étant prolongé convenablement au-dessus du piston, on éloigne ce dernier progressivement du fond, l'air se répand ou s'étend au-dessous, en occupant un espace de plus en plus considérable, sans qu'il paraisse y

avoir de limite à cette augmentation de volume, qu'on appelle *expansion* des gaz ; parce qu'en effet ils tendent continuellement à se répandre en tous les sens, et à presser également (14) les parois des vases qui les renferment.

16. *Loi de la compression des gaz.* — Supposons que, dans l'exemple ci-dessus, la pression exercée par l'air *sous le piston* et par centimètre carré de sa surface, soit de 1 kilogramme quand cet air occupe un certain volume ; si ce volume est réduit à moitié par le refoulement du piston, la pression de l'air intérieur sera double ou de 2 kilogrammes, elle sera triple ou de 3 kilogrammes si le volume est réduit au tiers, etc. Si ensuite on ramène par degrés le piston vers sa position primitive, la pression de l'air diminuera dans le même rapport que le volume augmentera, et reprendra précisément les mêmes valeurs pour les mêmes positions du piston : cette pression, qu'on nomme aussi *tension*, se répartissant également dans tous les sens, ou étant la même pour chaque centimètre carré de surface pressée (14), on peut dire que *les volumes occupés successivement par une même quantité d'air sont réciproquement proportionnels à sa force de pression ou de ressort.*

Cette loi, découverte par *Mariotte*, s'étend à tous les gaz et même aux vapeurs, pourvu que le fluide ne tende pas à changer d'état, ou à se liquéfier par la compression (5), et que la quantité en reste toujours la même (*). Cette loi a été vérifiée par MM. Dulong et Arago pour des pressions équivalentes à 27 atmosphères.

Élasticité des corps.

17. *Définition.* — *L'élasticité* est la propriété qu'ont les corps de reprendre leur forme primitive quand une cause quelconque les en a fait changer : c'est en cela que consiste proprement la qualité de ce qu'on nomme *ressort*. — Les

---

(*) Il résulte des expériences de M. Regnault qu'aucun gaz ne suit exactement la loi de Mariotte, mais l'écart est généralement très-faible pour ceux qu'on n'est pas encore parvenu à liquéfier. K.)

ressorts sont d'une grande utilité dans les arts; ils servent à suspendre les voitures, à faire mouvoir les montres et pendules, à diminuer les effets nuisibles des chocs, etc. : c'est par leur élasticité, leur *ressort* que le foin, les découpures de papier, prémunissent les marchandises emballées contre l'effet des secousses.

On distingue, d'après Ampère, l'élasticité de *forme* et l'élasticité de *volume*. — Le ressort d'acier qui plie, qui change de forme sans changer sensiblement de volume, est un exemple de la première; la deuxième est manifeste dans l'air, dont le volume apparent diminue par la compression, et redevient exactement ce qu'il était dès qu'elle cesse. Cette distinction est du reste plutôt apparente que réelle.

L'élasticité des corps est *parfaite* lorsque, dans leur retour vers la forme primitive, ils conservent la même énergie, la même force de ressort pour les mêmes positions.

18. *Fluides*. — L'élasticité de volume des liquides est parfaite. — L'eau, qui se divise et se déplace si facilement quand elle est libre, n'a point sensiblement d'élasticité de forme; si on la fait diminuer de volume dans un espace clos et suffisamment résistant, et qu'ensuite on l'abandonne à elle-même, elle reprend exactement son volume primitif, en repassant par les mêmes états de tension : elle jouit donc à un très-haut degré de l'élasticité de volume.

L'air, les gaz en général et même les vapeurs (16) sont parfaitement élastiques entre les limites de tension pour lesquelles ils ne sont pas susceptibles de changer d'état : c'est ce qui les avait fait nommer autrefois *fluides élastiques*, quand on ignorait la compressibilité et l'élasticité de volume des liquides proprement dits.

19. *Solides, oscillations, vibrations*. — Les corps solides se comportent d'une manière un peu différente : pour tous, il y a une durée et une limite de compression au delà desquelles ils restent plus ou moins déformés : le meilleur ressort d'acier se brise quand on le plie au delà d'un certain terme. — Physiquement parlant, les corps sont d'autant plus élastiques qu'ils peuvent revenir d'une déformation plus grande : sous

ce point de vue, une lame d'acier serait plus élastique qu'une
lame de plomb; cependant, pour une flexion, une pression
faibles et peu prolongées, la lame de plomb reprend exactement sa figure primitive, en repassant par les mêmes degrés
de tension; et, dans ce sens, on pourrait dire qu'elle est parfaitement élastique. Il en est de même de toutes les substances
solides : leur élasticité de forme ou de volume n'est donc en
réalité qu'une propriété *relative*.

Quand les corps solides ont la forme de cubes ou de sphères, leur élasticité, moins apparente que quand ils sont en
lames, n'en existe pas moins. — Une boule d'ivoire, enduite
d'huile, et tombant d'une certaine hauteur sur une table de
marbre ou de fonte, y laisse une tache plus ou moins large
qui prouve qu'elle s'est aplatie ; elle rejaillit ensuite en s'élevant plus ou moins haut par l'effet du débandement de son
ressort. — Une boule d'ivoire est plus élastique qu'une boule
de plomb, parce qu'elle rejaillit à une plus grande hauteur et
qu'elle reprend sa première forme, ce que ne fait pas cette
dernière. — Une bande d'acier circulaire, comprimée dans un
sens et abandonnée ensuite à elle-même, s'élargit bientôt en
sens contraire, et fait une suite d'*oscillations* autour de sa
forme primitive. Il en est de même de la bille d'ivoire et de
tous les corps élastiques qui ont été choqués ou dérangés de
leur position naturelle, et abandonnés ensuite à eux-mêmes ;
ils font une suite d'oscillations de plus en plus faibles, avant
de revenir à cette position.

Lorsque les oscillations deviennent tellement rapides, qu'on
ne peut plus les discerner d'une manière distincte, et qu'elles
se convertissent en une sorte de frémissement, on les nomme
vibrations : ce sont ces vibrations qui, transmises d'abord à
l'air, puis par l'air à nos oreilles, y produisent la sensation
des différents *sons*. La propriété qu'ont les corps solides,
liquides ou gazeux de transmettre les vibrations *sonores*, ou
de *résonner*, est un autre moyen de démontrer leur élasticité
et par suite leur compressibilité.

20. *Limite d'élasticité des solides*. — Les corps solides
étant susceptibles de perdre en partie leur élasticité, et cette
perte ne pouvant provenir que d'un dérangement, d'une alté-

ration moléculaires, il importe, dans les arts, de ne point les soumettre à des efforts de traction ou de pression qui dépassent certaines limites.

Par exemple, l'expérience apprend que, sous un effort surpassant 6 à 8 kilogrammes par millimètre carré de section transversale, une barre de fer, tirée dans le sens de sa longueur, commence à perdre son élasticité, et qu'elle se sépare ou se rompt sous une pression de 35 à 40 kilogrammes. Il en est de même de tous les corps ; ils perdent leur élasticité sous un effort bien moindre que celui qui occasionne leur rupture : le fer, la fonte de fer, les bois de chêne et de sapin, qui se rompent seulement sous des tractions de 35, de 13, de 9 kilogrammes environ par millimètre carré de leur section transversale, commencent à perdre de leur élasticité sous des efforts de 6, de 3, de 2 kilogrammes environ. Ainsi, un barreau de fer de 1 centimètre ou de 10 millimètres de côté, ayant par conséquent 100 millimètres carrés de section, pourra perdre de son élasticité si on le tire avec un effort longitudinal qui excède 600 kilogrammes, quoiqu'il ne se rompe réellement que sous une traction 5 à 6 fois plus grande. En deçà des limites dont il s'agit, l'élasticité restant parfaite (17), les allongements sont proportionnels aux efforts de traction.

Dilatabilité des corps.

21. La *dilatabilité* est la propriété qu'ont les corps d'augmenter de volume ou de se *dilater* quand on les chauffe, d'en diminuer ou de se *contracter* quand on les refroidit, de reprendre leur volume primitif quand on les ramène au même degré de chaleur.

Gaz. — Ils sont de tous les corps ceux qui se dilatent le plus par la chaleur. On prouve la dilatabilité de l'air au moyen du *thermoscope* de Rumfort, qui consiste (*Pl. I, fig.* 2) dans deux boules de verre, closes, remplies de ce fluide et communiquant entre elles par un tube horizontal dont le milieu est occupé par une goutte d'esprit-de-vin coloré. La chaleur de la main suffit pour dilater l'air de la boule dont on l'approche, ce qui refoule la bulle d'esprit-de-vin dans l'autre boule. En éloignant la main, le volume de l'air diminue, et la bulle revient à sa place primitive.

22. *Liquides, thermomètres.* — L'eau et les liquides en général sont aussi dilatables par la chaleur; c'est ce que démontre le *thermomètre*, instrument connu de tout le monde, et qui consiste (*Pl. I, fig.* 3) en un tube de verre, terminé vers le bas par une boule, fermé par le haut et rempli en partie d'un liquide qui est ordinairement du mercure, parce que ce métal jouit de plusieurs qualités essentielles que n'ont pas les autres liquides. Le verre étant très-peu dilatable et les liquides l'étant beaucoup, on conçoit que la moindre chaleur doit faire monter le niveau supérieur de ces derniers le long du tube, comme le moindre refroidissement doit le faire descendre. — On gradue l'*échelle* du thermomètre en observant successivement la hauteur du liquide quand on plonge l'instrument dans l'eau bouillante et dans la glace fondante, deux degrés de chaleur qui sont constants et faciles à reproduire : l'espace compris entre ces deux positions du liquide est ordinairement divisé en 100 parties égales, dont chacune indique les *degrés* intermédiaires de la chaleur; c'est pourquoi on nomme ces thermomètres *thermomètres centigrades.* Certains thermomètres sont divisés seulement en 80 parties égales, ce sont ceux dits de *Réaumur;* dans les uns et dans les autres, la division est prolongée au-dessous du point qui répond à la chaleur de la glace fondante et qu'on nomme le *zéro* de l'échelle; cette division représente les *degrés de froid* dans le langage ordinaire, et l'on nomme *température* d'un corps le nombre des degrés du thermomètre qui répondent à sa chaleur.

23. *Solides, pyromètres.* — Les corps solides se dilatent beaucoup moins que les liquides et les gaz; leur dilatation est cependant rendue sensible lorsqu'on donne une grandeur suffisante à l'une de ces dimensions. — Une barre de métal, ajustée d'abord entre deux talons (*Pl. I, fig.* 4), n'y peut plus entrer quand on l'a échauffée à un certain degré. — On construit sur ce principe des instruments qui servent à mesurer la chaleur de nos foyers les plus ardents, de même que les thermomètres servent à mesurer les températures ordinaires : on les nomme *pyromètres.*

24. *Notions sur le calorique* (*). — Dans ces phénomènes, le *calorique* ou la chaleur se comporte, à l'égard des corps, absolument comme les liquides qui, en se logeant dans leurs interstices ou pores, les font gonfler (11). — En comprimant ou diminuant le volume des corps par un moyen mécanique quelconque, on en fait sortir une certaine quantité de chaleur qui devient très-sensible quand la compression a été suffisamment brusque et forte. — C'est ainsi qu'en frappant ou frottant violemment le fer, on finit par l'échauffer, et qu'en comprimant rapidement l'air dans un *briquet pneumatique*, il s'en dégage assez de chaleur pour enflammer l'amadou. — Lorsque la compression se fait lentement, la chaleur ou le calorique s'écoule, se dégage d'une manière insensible. — Réciproquement, on observe que, quand un corps augmente de volume par une cause quelconque, il se refroidit, il enlève de la chaleur aux corps environnants : ainsi, dans l'expérience rapportée n° 15, l'air se refroidit ou baisse de température quand on soulève le piston, et il refroidit aussi le tube qui le renferme.

25. *Applications de la dilatabilité aux arts.* — La propriété qu'ont en particulier les métaux de changer de volume par la chaleur et par la traction ou la compression, a été mise à profit dans les arts. — C'est ainsi que M. Molard est parvenu, au moyen de *tirants* en fer alternativement chauffés, puis refroidis et bandés chaque fois au moyen d'un écrou, à rapprocher et à remettre dans leur aplomb les murs du Conservatoire des Arts et Métiers de Paris; c'est encore ainsi que l'on a consolidé la coupole de Saint-Pierre de Rome, par un cercle de fer; qu'on unit entre elles les jantes des roues de voiture, et qu'on *frette* une foule de corps, en les enveloppant, avec force, de bandes de fer placées à chaud. On conçoit, en effet, que le métal, venant à se refroidir et tendant à rentrer sur lui-

---

(*) Dans la suite du Cours, l'Auteur assimile le calorique à un fluide impondérable et parfaitement élastique. Ces hypothèses sont généralement abandonnées aujourd'hui; nous reviendrons sur ce sujet (Note du § 105); nous nous bornerons à dire ici que la chaleur qui se manifeste lorsqu'un corps est comprimé brusquement ne préexiste pas dans ce corps, mais qu'elle est un produit, une transformation de la compression. (K.)

même, fait effort contre les obstacles qu'on lui a présentés, de la même manière (17) que s'il avait été réellement allongé par une forte traction.

En se rappelant la dilatabilité des métaux, on évitera une foule de fautes dans les constructions. — On se gardera, par exemple, de sceller à leurs extrémités des barres métalliques d'une certaine longueur, et dont le raccourcissement ou l'allongement serait nuisible; on laissera à toutes les pièces le jeu et la liberté nécessaires : ces précautions sont particulièrement indispensables dans l'établissement des lisses en fer des grands ponts, dans celui des tuyaux de conduite en fonte des fontaines, etc.

26. *Résultats d'expériences* (*). — Le tableau suivant indique l'allongement par mètre de longueur qu'éprouvent divers corps en passant de 0 à 100 degrés centigrades.

Acier.....................		0,001079	Laplace et Lavoisier.
Acier trempé..............		0,001225	Smeaton.
Argent....................	{ 0,001951	Daniell.
	} 0,002083	Troughton.
Bronze		0,001849	Daniell.
Cuivre jaune.. { fondu.....		0,001875	Smeaton.
} laiton en fil.		0,001933	Smeaton.
Cuivre rouge..............		0,001717	Laplace et Lavoisier
Étain.....................		0,002283	Smeaton.
Fer... { doux forgé........		0,001220	Laplace et Lavoisier.
{ rond à la filière...		0,001235	Laplace et Lavoisier.
{ fil de fer.........		0,001440	Troughton.
Fonte de fer..............	{ 0,001110	Roy.
	} 0,000985	Navier.
Or........................		0,001401	Ellicot.
Or recuit.................		0,001514	Laplace et Lavoisier.
Platine...................		0,000884	Dulong et Petit.
Plomb.....................		0,002867	Smeaton.
Terre cuite		0,000457	Adie.

(*) Nous avons cru devoir étendre le tableau des coefficients de dilatation que Poncelet avait donné dans les précédentes éditions. (K.)

Verre..	tubes.............	0,000833	Smeaton.
	règles............	0,000861	Dulong et Petit.
	glaces............	0,000891	Laplace et Lavoisier.
Zinc..	fondu............	0,002942	Smeaton.
	allongé au marteau.	0,003108	Smeaton.

L'allongement est à très-peu près constant d'un degré à l'autre pour l'intervalle de 1 à 100 degrés du thermomètre ; mais il n'en est pas ainsi à quelque distance au delà.

D'après les belles expériences de M. Gay-Lussac, la dilatation ou l'augmentation de volume de l'air et de tous les gaz, pour chaque degré du *thermomètre centigrade*, est de $0,00375 = \frac{1}{267}$ de leur volume à zéro, la pression restant constante ou la même (14 et 15) : ainsi, par exemple, le volume d'un gaz à zéro étant 1 mètre cube, à 60 degrés centigrades il sera $1^{mc} + \frac{60}{267} = 1^{mc},225$, si la pression n'a pas changé (*).

Idée de la constitution intime des corps.

27. Il résulte, de tout ce qui précède, que les corps se composent d'atomes inaltérables, indivisibles et dont la petitesse est telle, qu'ils échappent tout à fait à nos sens ; que ces atomes réunis par groupes en nombre défini et dans un cer-

---

(*) Il résulte des expériences entreprises par M. Regnault, en 1841, que le coefficient donné par Gay-Lussac est trop fort ; Rudberg était déjà arrivé à cette conclusion, et avait indiqué le chiffre de 0,00365. D'après M. Regnault, l'air maintenu sous une pression constante, voisine de la pression atmosphérique, se dilate pour chaque degré, entre 0 et 100 degrés centigrades, de $\frac{1}{272,8} = 0,00367$ de son volume à zéro. Ce coefficient augmente sensiblement avec la pression ; en outre, il n'est pas rigoureusement constant pour tous les gaz, mais il diffère peu pour ceux qu'on n'est pas parvenu à liquéfier. Voici du reste les coefficients trouvés par M. Regnault pour divers gaz :

Air.........	0,00367
Acide carbonique.....................	0,00371
Acide sulfureux..........	0,00390
Azote.........	0,00367
Cyanogène.......................	0,00388
Hydrogène....	0,00366
Oxyde de carbone. ...., ...	0,00367

(K.)

tain ordre de symétrie pour constituer les molécules des corps
sont, ainsi que ces molécules elles-mêmes, séparés les uns
des autres par des intervalles qui sont susceptibles de varier
dans différentes circonstances; qu'enfin ces atomes ou les
molécules que leur groupement constitue résistent aussi bien
aux causes extérieures qui tendent à les rapprocher qu'à celles
qui tendent à les désunir; ce qui porte à supposer entre les
molécules ou les atomes voisins des actions réciproques nommées *attraction* et *répulsion* qui les maintiennent dans leur
état d'écartement ordinaire ou stable. — Sans ces actions, les
corps ressembleraient à des monceaux de poussière privés de
toute consistance.

28. *Attractions, répulsions moléculaires.* — Les effets de
l'attraction moléculaire se nomment, selon les cas, *affinité*,
adhésion, adhérence, cohésion, cohérence; ils se manifestent
dans une infinité de circonstances, tant pour les liquides que
pour les solides. Quant à la répulsion, elle est évidente dans
les gaz dont les molécules se repoussent constamment, et
tendent à s'échapper en tous sens : on s'accorde à supposer
que le calorique *latent* ou la chaleur naturellement empri-
sonnée dans les corps est la cause de la répulsion moléculaire, et que, sans cette chaleur, ils seraient tous à l'état solide.

29. *Attractions à distance.* — L'attraction et la répulsion
dont il vient d'être parlé n'ont lieu qu'entre les molécules
voisines d'un même corps, ou au contact immédiat de deux
corps différents; il existe d'autres genres d'actions qui s'exercent de corps à corps et à des distances quelconques : telles
sont l'*attraction* ou *pesanteur universelle* qu'on nomme aussi
gravité, gravitation, les attractions et répulsions *magnétiques,*
électriques, etc. La pesanteur, considérée dans les corps qu'attire notre globe, est la seule qui puisse nous intéresser ici,
parce qu'elle joue le rôle essentiel dans tous les phénomènes
de la Mécanique industrielle.

De la pesanteur et de ses effets.

30. Tous les corps tendent à tomber ou tombent sur la
terre, quand ils cessent d'être soutenus, en suivant une direc-

tion qui, pour chaque lieu, est celle de la *verticale* indiquée
par le *fil à plomb*; cette direction, comme on le sait par expérience et comme nous le démontrerons directement plus
tard, est perpendiculaire à la surface des eaux tranquilles, qui
se nomme surface de *niveau* ou simplement *niveau*; prolongée
suffisamment par le bas, elle va passer par le centre du globe
terrestre : c'est là un des effets sensibles de l'attraction de ce
globe sur les corps placés à sa surface. Mais si, au lieu d'être
abandonné à lui-même, un corps est soutenu par un obstacle,
par un fil, je suppose, il *pèse* sur l'obstacle, sur le fil ; et ce
second effet, ce *résultat* de l'attraction terrestre, est ce qu'on
nomme le *poids* du corps : les poids d'ailleurs se comparent
entre eux et se mesurent au moyen d'instruments dont l'usage
est généralement connu, et dont nous apprécierons les qualités essentielles quand nous aurons acquis les notions de
Mécanique nécessaires.

31. *Unité de poids.* — Le poids qui a été pris pour unité
de mesure, en France, se nomme *gramme :* 10 grammes, 100
grammes, 1000 grammes font un *décagramme*, un *hecto-
gramme*, un *kilogramme ;* 100 kilogrammes font un *quintal
métrique*, et 1000 kilogrammes forment ce qu'on appelle un
tonneau dans la marine.

Le *gramme*, le *kilogramme*, le *quintal* et le *tonneau* sont
les poids dont on se sert le plus fréquemment pour peser les
corps. — On a aussi divisé, dans ces derniers temps, le kilogramme en 2 livres, la livre en 16 onces, etc. ; mais il ne faut
pas confondre cette livre métrique et légale avec l'ancienne
qui est plus faible d'environ $\frac{1}{50}$: le kilogramme vaut 2,0429 livres anciennes, ce qui fait 0^k,4895 pour une livre.

Poids-étalons. — Les poids qui servent d'*étalons* ou de modèles de mesure en France sont généralement en cuivre
pour les petits poids, et en fonte de fer pour les grands ; mais,
comme ces étalons peuvent à la longue se perdre ou s'altérer
malgré toute leur solidité, on a, pour retrouver au besoin
l'unité de poids avec l'unité de longueur, un moyen très-
précis que nous ferons bientôt connaître.

32. *Poids absolus et relatifs.* — Le poids d'une quantité donnée de matière est une chose absolue, invariable, là où l'action de la pesanteur reste la même : on a beau changer, de mille manières différentes, la forme extérieure d'un corps, le diviser en parties, le chauffer, le comprimer, son poids ou le poids total de ses parties ne change pas. — Il n'en est pas ainsi, comme on l'a vu, du *volume apparent* d'un corps ; ce volume diminue par la compression ou le refroidissement, il augmente par la traction et l'échauffement ; d'où il résulte que la quantité et le poids de la matière de ce corps, contenus dans un certain volume, dans un mètre cube par exemple, sont plus grands dans le premier cas, et moindres dans le second ; à plus forte raison, le poids d'un même volume de diverses substances peut-il différer pour toutes ces substances.

33. Densité (*). — Le poids d'un corps, sous l'unité de volume apparent, est ce qu'on nomme sa *densité*. — L'or est plus *dense* que le fer, parce qu'un pied cube, ou un mètre cube d'or pèse plus qu'un pied cube ou un mètre cube de fer. Le cuivre à froid, le cuivre battu ou écroui est plus dense que le cuivre à chaud, le cuivre fondu ou coulé. On dit d'un corps que sa densité est *uniforme, constante* ou qu'il est *homogène*, quand la densité, le poids de ses molécules ou de chacun des volumes égaux et infiniment petits dont il se compose est le même pour tous.

34. Densité de l'eau, fixation de l'unité de poids. — Par des expériences très-soignées, les physiciens ont reconnu que la densité de l'eau pure ou distillée est la plus grande possible ou à son *maximum*, à une température (22) d'environ 4 degrés au-dessus du o du thermomètre centigrade. C'est ce *maximum* de densité qui a servi pour établir, d'une manière invariable, l'unité de poids en France, au moyen de l'unité cubique : on a pris pour un *gramme*, le poids d'un

---

(*) Cette définition diffère de celle qui est généralement admise aujourd'hui : le poids d'un corps sous l'unité de volume s'appelle *poids spécifique*, et l'on nomme *densité par rapport à l'eau* d'un corps le rapport de son poids au poids d'un égal volume d'eau. (K.)

centimètre cube d'eau ramenée à cet état. En conséquence, le *kilogramme* équivaut au poids d'un *litre* ou *décimètre cube* de cette eau, le *quintal métrique* à celui d'un *hectolitre*, et le *tonneau* ou 1000 *kilogrammes* à celui d'un *mètre cube*. — Dans les applications de la Mécanique industrielle aux arts, nous pourrons, sans inconvénient, supposer que la densité de l'eau ordinaire et non mélangée, est de 1000 kilogrammes pour un mètre cube, quelle que soit la température de l'air.

35. La *pesanteur spécifique*, ou mieux le *poids spécifique*, d'une substance solide ou liquide est sa densité *comparée* à celle de l'eau distillée, prise pour unité, c'est-à-dire le rapport de sa densité à celle de cette dernière. Ainsi la densité de cette eau étant 1, le poids spécifique de l'or coulé est de 19,258, parce qu'un pied cube ou un mètre cube d'or pèse 19,258 fois autant qu'un pied cube ou un mètre cube d'eau. Sachant que la densité ou le poids du mètre cube d'eau est de 1000 kilogrammes, et ayant le poids spécifique d'une autre substance, on calculera, par les règles de la Géométrie, le poids d'un volume quelconque de cette même substance. — *Exemple :* un lingot d'or, fondu ou coulé, de 5 centimètres de largeur, 4 centimètres de longueur et 2 centimètres d'épaisseur, ou de 40 centimètres cubes, pèse 40 fois 19,258 × 1^{gr}, = 770^{gr},32 ou 0^{kil},7703, puisque le poids du centimètre cube d'eau pure est de 1 gramme ou 0^{kil},001. Tel est l'usage de la table suivante.

Table des poids spécifiques des principaux corps solides et liquides à 0 degré de température, donnant le poids du mètre cube de chaque substance, quand on multiplie les nombres par 1000 kilogrammes, densité de l'eau(*).

SOLIDES.

Métaux et alliages.

	non écroui.........	7,8163	P.
Acier	fondu étiré........	7,717	Wertheim.
	fondu recuit.......	7,719	Wertheim.

(*) Nous avons étendu le tableau inséré dans la deuxième édition de manière

Aluminium...	fondu............	2,56	H. Ste-Claire Deville.
	laminé...........	2,67	H. Ste-Claire Deville.
Argent......	fondu............	10,4743	P.
	étiré............	10,369	Wertheim.
	recuit...........	10,304	Wertheim.
Bronze......	des canons..8,441 à	9,235	Baumgartner..
	de tamtam........	8,813	Wertheim.
	trempé...........	8,686	Wertheim.
Cuivre	étiré............	8,8785	P.
		8,933	Wertheim.
	fondu............	8,788	P.
		8,850	D'Elhuyart.
	jaune	8,427	Wertheim.
Étain.......	étiré............	7,342	Wertheim.
	coulé	7,404	Wertheim.
		7,291	P.
Fer.........	étiré............	7,788	P.
		7,748	Wertheim.
	fondu............	7,2070	P.
Mercure solide à — 40°............		14,39	Rivot.
Maillechort....................		8,615	Wertheim.
Or.........	forgé............	19,3617	P.
	coulé	19,2581	P.
	étiré............	18,514	Wertheim.
	recuit............	18,035	Wertheim.
Platine......	fondu............	21,15	H. Deville et Debray.
	laminé...........	23	H. Deville et Debray.
		22,669	P.
Plomb... ...	coulé	11,3523	P.
		11,215	Wertheim.
	étiré............	11,169	Wertheim.
Zinc........	coulé	6,861	P.
		7,146	Wertheim.
	étiré............	7,190	Hérapath.
		7,008	Wertheim.

Bois.

Acajou.................de 0,560 à	0,852	Tredgold.
Aune.....................	0,555	Tredgold.

à réunir les densités des substances qui trouvent un emploi fréquent dans la pratique. Nous avons accompagné de la lettre P les chiffres que Poncelet avait donnés, sans indication du nom des observateurs. (K.)

Aune à 20 pour 100 d'humidité....		0,601	Chevandier et Wertheim.
Bouleau à 20 p. 100 d'humidité....		0,812	Chevandier et Wertheim.
Buis de France.................		0,910	Brisson.
Cèdre sec..................		0,486	Tredgold.
Chêne..	de démolition........	0,732	Ch. Dupin.
	le plus pesant (cœur)..	1,170	P.
Charme à 20 p. 100 d'humidité....		0,756	Chevandier et Wertheim.
Frène..	....	0,845	P.
	à 20 p. 100 d'humidité.	0,697	Chevandier et Wertheim.
Hêtre..	....	0,852	P.
	un an de coupe........	0,659	Ch. Dupin.
	à 20 p. 100 d'humidité.	0,823	Chevandier et Wertheim.
Noyer..	vert...............	0,920	Tredgold.
	brun..............	0,685	Tredgold.
Orme..	....	0,553	Barlow.
	vert...............	0,763	Tredgold.
	à 20 p. 100 d'humidité..	0,723	Chevandier et Wertheim.
Peuplier....................		0,383	P.
Sapin..	blanc..............	0,529	Tredgold.
	jaune..............	0,657	P.
	à 20 p. 100 d'humidité..	0,493	Chevandier et Wertheim.
Tilleul...................		0,604	P.
Liége...................		0,240	P.

Combustibles.

Houille compacte.......	......	1,3292	P.
	1,27 à	1,36	Regnault.
Lignite................	1,25 à	1,35	Regnault.
Charbon de bois en morceaux.	noyer...........	0,625	Marcus Bull.
	chêne blanc....	0,421	Marcus Bull.
	pin jaune......	0,333	Marcus Bull.
	peuplier.......	0,245	Marcus Bull.

Matériaux divers (*).

Ardoise d'Angers.........	2,87 à	2,90	Damour.
Argile................	1,65 à	1,76	
Asphalte..............		1,063	Regnault.
Béton...	de cailloux..........	2,485	
	de meulière.........	2,700	

(*) On trouvera au n° 259 les densités d'un grand nombre de pierres, marbres, mortiers, etc.; on ne donne ici que des résultats moyens. (K.)

Briques.................1,50 à   2,20   P.
Chaux vive sortant du four. 0,80 à   0,86
Chaux éteinte en pâte ferme. 1,33 à   1,45
Craie...................1,21 à   1,29
Marbre...................;.....   2,717   P.
Maçonnerie { moellons ordin. 1,700 à   2,300   P.
            { pierres de taille 2,400 à   2,700
            { briques...........   1,870
Pierre à plâtre ordinaire........   2,168   P.
Pierre meulière...............   2,484   P.
Plâtre fin...................   2,264   P.
Porcelaine de Sèvres { dégourdie..   2,619   Brongniart.
                      { cuite......   2,242   Brongniart.
Sable pur...................   1,900   P.
Sable terreux................   1,700   P.
Terre végétale légère...... 1200 à   1,400   P.
Terre argileuse...............   1,600   P.
Terre glaise.................   1,900   P.
Tuiles......................   2,000   P.
         { à vitres............   2,527   Chevandier et Wertheim.
         { à glaces...........   2,463   Chevandier et Wertheim.
Verre.. { blanc de Saint-Gobain..   2,488   P.
         { cristal..............   3,330   Wertheim.
         { flint Faraday.........   4,358   Wertheim.

Substances diverses.

Beurre.....................   0,942   Brisson.
Cire.......................   0,963   Berzélius.
Corps humain................   1,066   Valentin.
Caoutchouc..................   0,989   Brisson.
Diamant............... 3,50 à   3,53   Dumas.
Glace à 0°................. { 0,930   P.
                            { 0,918   Brunner.
Gutta-percha.................   0,966   Wertheim.
Gomme adragante.............   1,316   Brisson.
Os................... 1,799 à   1,997   Wertheim.
Perles......................   2,70   Musschenbrock.

LIQUIDES.

Eau distillée à 4 degrés................   1,000
Alcool absolu......................   0,792
Acide sulfurique....................   1,841
Acide nitrique du commerce...........   1,217

Éther	0,715
Esprit de bois	0,798
Eau de la mer	1,026
Huile d'olive	0,915
Huile de lin	0,940
Huile de navette	0,919
Lait	1,030
Mercure	13,596
Sulfure de carbone	1,293
Vin de Bordeaux	0,994
Vin de Bourgogne	0,991

Du poids, de la densité, de la pression de l'air et des gaz.

36. *Poids des gaz.* — Le poids des liquides et des solides est un fait facile à constater par tout le monde ; mais il n'en est pas de même de celui de l'air et des autres gaz. — A l'aide d'une pompe à deux pistons, nommée *machine pneumatique,* on parvient à soutirer l'air qui est contenu dans un ballon ou boule creuse de verre, qu'on bouche ensuite au moyen d'un robinet ; c'est ce qu'on appelle *faire le vide.* En pesant successivement ce ballon lorsqu'il est plein et lorsqu'il est vide, on trouve que son poids est plus grand dans le premier cas que dans le second ; cet excès est le poids de l'air contenu : en remplaçant pareillement l'air par d'autres gaz ou par un fluide quelconque, on obtient le poids d'un même volume de ces fluides, ou leurs densités relatives, pour les circonstances où on les considère.

C'est ainsi qu'on trouve que le mètre cube d'air atmosphérique, pris dans son état le plus ordinaire, pèse environ 1^{kil},30 ; car le poids ou la densité de l'air varie un peu suivant les saisons, et selon qu'il est plus ou moins comprimé lui-même. Si, par exemple, on introduisait avec force, au moyen d'une *pompe* dite *foulante,* ou d'un soufflet ordinaire, une nouvelle quantité d'air dans le ballon, il est évident que son poids augmenterait aussi bien que son ressort, c'est-à-dire sa tension ou sa pression (14 et 16) : en effet, cela reviendrait à réduire, par la compression, le volume de l'air introduit, à un volume moindre que celui qu'il occupait primitivement dans l'atmosphère.

3.

En général, il résulte du principe de Mariotte (16), que *la densité ou le poids d'un même volume de gaz, sous différentes tensions ou pressions, est exactement proportionnel à ces pressions, la température restant constante* (26).

37. *Pression atmosphérique.* — Puisque l'air est pesant, on conçoit que l'atmosphère (4) pèse sur la terre, et la presse de tout son poids, de même que fait un liquide, renfermé dans un vase, sur le fond de ce vase. L'air pèse aussi sur lui-même, et chaque couche de niveau de l'atmosphère supporte le poids de toutes celles qui sont placées immédiatement au-dessus, et elle presse à son tour celles qui sont au-dessous. Cette pression étant tout à fait analogue à celle qu'éprouve l'air comprimé sur lui-même dans l'intérieur d'un corps de pompe fermé par un piston (15 et 16), on en peut inférer qu'elle s'exerce aussi bien sur les côtés qu'en-dessus et en-dessous : c'est là ce qu'on nomme la *pression atmosphérique*, pression qui diminue, comme on voit, à mesure qu'on s'élève au-dessus de la surface de la terre.

Voici comment on peut la constater directement au moyen de l'appareil représenté *Pl. I, fig.* 1 : chassez complétement l'air contenu dans l'intérieur du corps de pompe, en poussant le piston jusqu'au fond, après avoir pratiqué à ce fond une ouverture pour laisser échapper l'air; bouchez ensuite cette ouverture hermétiquement, puis retirez le piston; vous formerez le *vide* au-dessous, et la pression de l'air, qui agit à son extérieur, s'opposera au mouvement et exigera un effort qui dépendra de l'étendue de la surface pressée du piston : par exemple, pour un piston circulaire de 10 centimètres de diamètre, elle serait de 80 kilogrammes au moins. Débouchez ensuite l'orifice, l'air rentrera dans le vide avec sifflement, et sa pression sous le piston détruira celle de l'air extérieur; de sorte que vous n'aurez plus à surmonter que le poids de ce piston et son frottement contre le cylindre, quand vous essayerez de l'éloigner du fond; soustrayant donc le nouvel effort de l'effort total exercé dans le premier cas, vous aurez la pression même exercée par l'air extérieur sur la surface entière du piston, et, par suite, sur chaque unité de cette surface. On trouverait ainsi que la pression atmosphérique, au niveau de la mer, est *moyennement* de $1^{kil},0333$ sur chaque centimètre carré, ou de 10333 kilogrammes par mètre carré, et l'on obtiendrait le même résultat de quelque façon qu'on inclinât le cylindre par rapport à l'horizon, pourvu qu'on le plaçât au même lieu. — Cette pression moyenne est celle qu'on prend ordinairement pour terme de comparaison ; afin d'abréger, on la nomme simplement *atmosphère*. — Ainsi l'on dit 1 atmosphère, 2 atmosphères de pression, au lieu de $1^{kil},033$, $2^{kil},066$ de pression par *centimètre carré de surface*.

38. *Mesure de la pression de l'air et des gaz ; baromètre.* — Le *baromètre*, instrument généralement connu de nos jours, offre un moyen plus commode de mesurer la pression atmosphérique ; il consiste (*Pl. I, fig.* 5) en un tube vertical *ac*, fermé par le haut, et dont l'extrémité inférieure *ef*, ouverte, plonge dans une cuvette ABCD contenant du mercure. La pression est indiquée par le poids de la colonne *acdb* de ce fluide, soutenu dans le tube, au-dessus du niveau AB de la cuvette, par la pression que l'air exerce extérieurement sur la surface de ce niveau ; mais il faut pour cela que le haut du tube non occupé par le mercure soit absolument privé d'air, ou *vide*, ce qu'on obtient, lors de la fabrication, en remplissant complétement le tube de mercure, par le bout ouvert placé en haut, puis le renversant après l'avoir bouché, et le débouchant ensuite quand son orifice est assez plongé dans le liquide de la cuvette pour qu'il ne puisse communiquer avec l'atmosphère ; on voit alors le mercure, qui remplissait totalement ce tube, descendre à la hauteur qui répond à la pression de l'air extérieur (*).

(*) La raison de ce principe est fondée sur ce que, aucune pression n'existant sur le haut de la colonne, et la surface du niveau AB étant pressée par l'air comme par un piston, cette dernière pression est transmise (14) intégralement par le mercure sur la surface de la section *ab* du tube correspondante à ce niveau, section qui supporte elle-même tout le poids de la colonne *ac*. Si l'on ouvrait, en effet, le haut du tube, l'air, en y pénétrant, forcerait la colonne à s'abaisser jusqu'au niveau dans la cuvette, et la pression qu'occasionnait le poids de cette colonne serait remplacée par celle de l'atmosphère sur la base *ab* ; et, comme tout reste le même quant au fluide qui est contenu dans la cuvette, il faut bien que le poids de la colonne de mercure ou la pression qu'elle exerce

Ce n'est pas le lieu d'insister sur la construction du baromètre; il nous suffit de savoir que la hauteur de la colonne
de mercure, qui répond à la pression atmosphérique moyenne
de $1^{kil}, o33$ par centimètre carré de surface, est 76 centimètres ou 760 millimètres (28 pouces); parce qu'une telle
colonne, ayant 1 centimètre carré de base, pèse réellement
(35) $1^{kil}, o33$; la pression étant généralement proportionnelle
à la hauteur de la colonne fluide correspondante, on la calculera aisément, dans chaque cas, d'après les indications du
baromètre. Si l'on employait de l'eau au lieu de mercure,
*pour former le baromètre, la hauteur de la colonne liquide
qui mesurerait la pression de $1^{kil}, o33$, serait $10^m, 33$ (environ
32 pieds anciens), parce que le poids d'une telle colonne
d'eau et de 1 centimètre carré de base, pèse (34) effectivement 1033 grammes ou $1^{kil}, o33$.*

39. *Manomètre.* — On remarquera que le baromètre peut
aussi bien servir à mesurer la tension ou pression des gaz,
contenus de toutes parts dans des vases, que la pression
atmosphérique elle-même; il suffit pour cela de le placer
dans l'intérieur de ces vases, ou d'y placer seulement sa
cuvette en ayant soin de bien boucher l'ouverture par laquelle
passe le tube (*Pl. I, fig.* 6). On pourrait aussi se contenter de
fermer hermétiquement le dessus de cette cuvette (*fig.* 7), et
de mettre son intérieur A en communication avec la capacité D, qui contient le gaz, par un bout de tuyau BC, etc. Ces
appareils, qu'on varie de bien des manières, se nomment en
général *manomètres.*

40. *Densité, poids spécifique des gaz.* — Sachant ainsi mesurer la pression des gaz, et leur température étant donnée
dans chaque cas par le thermomètre, on pourra, à l'aide de la
loi de Mariotte (16 et 36) et de celle de M. Gay-Lussac (26),
déterminer, par un calcul facile et dont on aura des exemples

---

sur la surface de *ab* soit égale à la pression de l'atmosphère sur cette même
surface. Au surplus, on ne doit considérer tout ceci que comme un rappel des
définitions ou des faits dont la connaissance est indispensable à quiconque veut
lire avec fruit cet Ouvrage; et je renverrai, pour tous les développements ultérieurs, aux Traités de Physique.

plus tard, leur poids et leur densité quand on connaîtra ce poids et cette densité dans des circonstances déterminées, par exemple à o degré de température, et sous la pression barométrique de 76 centimètres de mercure, qu'on prend ordinairement pour point de départ ou terme de comparaison. Tel est l'usage de la table suivante :

Table des densités et des poids spécifiques des principaux gaz, la densité de l'air étant prise pour unité (*).

Noms des fluides.	Poids spécifique.	Poids du mètre cube à 0° et 76ᵐᵐ de pression.
		kil
Air atmosphérique..............	1,00000	1,293187
Acide carbonique..............	1,52901	1,9773
Oxygène...................	1,10563	1,4298
Azote....................	0,97137	1,2562
Hydrogène.................	0,06926	0,0896
Vapeur d'eau...............	0,6235	0,8063

Remarque particulière. — Les gaz se dilatant également pour les mêmes élévations de température (26), et se comprimant de quantités proportionnelles (16) pour des augmentations de pression égales, conservent les mêmes rapports de densités à toute pression et à toute température : ainsi, par exemple, la densité de l'hydrogène, qui est environ les 0,069 ou $\frac{1}{15}$ de celle de l'air à o degré et à 76 centimètres de pression, en sera toujours le quinzième, si l'on considère ces deux gaz à 100 degrés et sous une pression 10 fois plus forte, ou de 10 atmosphères (37 et 38) (**).

41. *Effets de la pression de l'air sur les corps.* — On voit, par ce qui précède, que les corps plongés dans l'air atmosphérique sont pressés par lui, de toutes parts et en chacun des points de leur surface immédiatement en contact ; or, il

(*) Nous avons remplacé, dans ce tableau, les anciens chiffres donnés pour la densité des gaz par ceux qui résultent des expériences de M. Regnault. (K.)

(**) Il résulte des Notes ajoutées aux nᵒˢ 16 et 26, que les rapports des densités ne sont rigoureusement indépendants, ni des températures, ni des pressions. (K.)

résulte de là plusieurs effets dont quelques-uns sont importants à connaître : 1° le corps est comprimé, refoulé sur lui-même, ce qui contribue à lui donner la forme *stable* ou solide qu'il doit principalement à l'adhésion, à la cohésion de ses molécules (27); 2° son volume est un peu plus faible (13) et sa densité un peu plus forte (33), que si la pression n'existait pas, ou qu'il fût placé dans un espace entièrement vide; 3° la pesanteur n'est pas la seule cause qui le fasse mouvoir quand il est libre, ou qui le fasse presser sur les autres corps quand il est soutenu par eux; en un mot, son poids pourrait bien n'être pas le même dans le vide que dans l'air, etc.

Relativement aux deux premiers effets, on observera qu'ils sont très-peu sensibles pour les corps solides et résistants, tels que les bois, les pierres, les métaux, aussi bien que pour les liquides contenus de toutes parts dans des vases, ou simplement en contact avec l'air par leur surface de niveau; car ces corps peuvent supporter une pression qui soit le double ou le triple de la pression atmosphérique (13), sans changer de volume d'une manière appréciable.

Quant au troisième effet, on s'assure par l'expérience et, comme nous le verrons, par les principes de la Mécanique, qu'il se réduit uniquement à diminuer le poids qu'aurait le corps dans le vide, de tout celui du volume d'air que ce corps remplace ou déplace (*); diminution à peine appréciable

---

(*) Nous pouvons, dès à présent, faire sentir la vérité de ce fait par un raisonnement fort simple, et qui s'applique à un corps plongé dans un fluide quelconque, par exemple dans l'eau. D'abord, puisque la pression du fluide diminue à mesure qu'on s'élève dans son intérieur (37), et qu'elle est la même pour tous les points d'une même couche de niveau, on conçoit que le corps doit être plus pressé par le bas que par le haut, et qu'il l'est à peu près également par les côtés; mais c'est ce qu'on aperçoit plus rigoureusement en observant : 1° que le corps tient la place d'une certaine masse de fluide, qui, étant terminée au même contour, à la même surface extérieure, serait, si elle existait, pressée de toutes parts par le fluide environnant, précisément comme l'est ce corps; 2° que cette masse faisant partie intégrante de la masse totale du fluide, serait en repos malgré ces pressions et l'action de la pesanteur sur ses parties; 3° que, par conséquent, l'effet de ces pressions extérieures se réduit à soutenir son poids; 4° qu'enfin ces pressions étant les mêmes pour le corps, ont aussi uniquement pour effet de *diminuer le poids qu'il aurait dans le vide du poids du volume de fluide qu'il déplace,* ou de le pousser verticalement, de bas en haut, avec un effort égal à ce dernier poids.

pour les liquides et les solides, dont la densité (35) surpasse généralement 500 fois celle de l'air atmosphérique, mais qui l'est à coup sûr beaucoup pour les fluides élastiques dont le poids, sous l'unité de volume apparent, est très-comparable ou même moindre (40) que celui de cet air. Il en résulte, en effet, que certains gaz ou des corps creux remplis de ces gaz, au lieu de tomber ou de peser, s'élèvent ou font effort pour s'élever; tout comme cela a lieu pour les corps plongés dans l'eau, lorsque leur densité est moindre que celle de cette eau, et comme on en a un exemple immédiat dans les aérostats ou ballons en taffetas vernis, qui, enflés par le gaz hydrogène, s'élèvent jusque dans les nues, en vertu de la pression de l'air extérieur sur leur enveloppe (*).

Nous devons d'ailleurs faire remarquer que les poids et les densités des liquides, des gaz et des corps solides, qui se trouvent indiqués dans les Tables (35 et 40), sont les densités et les poids *absolus* tels qu'on les obtiendrait en pesant ces corps dans le vide; ce qui résulte de la méthode même par laquelle on les a obtenus, méthode exposée dans tous les Traités de Physique.

42. *Conclusion et réflexions générales.* — Telles sont les circonstances essentielles où il faudra avoir égard aux effets de la pression de l'air sur les corps ; pour toutes les autres, nous pourrons supposer que les choses se passent dans l'air comme dans le vide, ou comme si l'air n'existait pas. Nous en dirons autant des effets dus aux tractions ou pressions quelconques, à la chaleur, à l'humidité, etc., lorsqu'ils se réduiront à changer la forme, le volume ou la densité des corps, d'une manière peu sensible ou qui aurait peu d'influence sur les résultats pratiques; mais nous n'oublierons pas de tenir compte de ces effets et d'en apprécier la valeur quand cela sera nécessaire : nous le pourrons d'après les documents qui précèdent, et les documents plus étendus et plus précis, que nous aurons soin de recueillir en traitant chaque question spéciale. Enfin, non-seulement il nous arrivera quel-

(*) *Voyez*, à ce sujet, l'article qui concerne le *mouvement des corps dans l'air* (deuxième Partie).

quefois de ne pas tenir compte de certaines propriétés physiques des corps peu influentes ; mais nous pourrons même, par instants, supposer ces corps dépouillés tout à fait de leur poids ou de telle autre qualité essentielle de la matière, afin d'isoler et d'étudier séparément les effets dus à chacune d'elles, et d'être d'autant mieux en état d'en apprécier ensuite ou d'en calculer les effets combinés.

Au surplus, nous n'avons point encore fait l'énumération complète des propriétés physiques de la matière, ni des modifications qu'elles peuvent subir dans différentes circonstances et par différentes causes. Nous n'avons rien dit, par exemple, de l'*inertie* des corps, ni de la *résistance* qu'ils éprouvent à se mouvoir dans les fluides, à glisser, à rouler, à se plier sur d'autres corps, ou à s'en séparer dans certains cas, résistances qu'on nomme *raideur, frottement, adhérence*, et qu'il importe surtout de considérer dans le calcul des machines. Mais l'étude de ces effets reviendra plus tard : il nous suffit pour le moment de les avoir indiqués, afin qu'on ne soit pas tenté de faire de fausses applications des principes de la Mécanique aux arts industriels ; et c'est là aussi, en partie, le but que nous avons cherché à remplir dans ce qui précède.

NOTIONS PRÉLIMINAIRES SUR LE MOUVEMENT, LES FORCES ET LES EFFETS DES FORCES.

De l'espace et du temps.

43. L'*espace* est l'étendue indéfinie, sans bornes, qui contient tous les corps, et dont chacun occupe une partie plus ou moins considérable qu'on nomme son *volume,* son *étendue* et quelquefois sa *capacité.*

On nomme souvent aussi *espace* le volume, l'aire superficielle d'un corps, ou la distance, l'intervalle compris entre deux corps ; mais alors on considère ces étendues comme occupant une certaine portion de l'espace *absolu*, ce qui ne présente point d'équivoque.

44. *Temps, mesure du temps.* — On conçoit un temps plus long ou plus court qu'un temps donné ; le temps est donc une *grandeur;* il est susceptible d'être *mesuré* comme les lignes, les aires et les volumes. — Pour mesurer un temps quelconque, il ne s'agit que d'obtenir des temps égaux, et qui se succèdent sans discontinuité. En tombant d'une certaine hauteur, sur un plan de niveau, un même corps emploie toujours le même temps; il en est encore ainsi de corps égaux tombant de la même hauteur. Supposez qu'aussitôt que le corps est arrivé sur le plan, un autre corps égal soit lâché du même point, et successivement un troisième, un quatrième, etc., vous aurez une suite de *temps égaux*, et leur somme sera le temps total. En représentant par 1, ou prenant pour unité l'un de ces *temps égaux*, vous pourrez exprimer un temps quelconque au moyen d'un nombre; en y joignant le nom de l'unité, vous aurez l'expression complète de ce temps.

La *clepsydre* des anciens, nommée ordinairement *sablier*, offre un moyen plus commode d'obtenir des temps égaux ou d'égale *durée*, par l'écoulement de l'eau ou de sable fin qui se vide successivement d'un vase dans un autre (*voyez Pl. I, fig.* 8). — Les pendules, les horloges et les montres aujourd'hui en usage sont des instruments encore plus commodes et surtout plus précis.

45. *Division, représentation géométrique du temps.* — La fraction la plus petite du temps que donnent les pendules et les montres ordinaires, est la *seconde :* 60 secondes, qu'on écrit ainsi 60″, font une *minute* ou 1′; 60′ font une *heure* ou .1ʰ; 24ʰ font 1 jour; enfin l'*année* complète, ou le temps compris entre deux retours successifs du Soleil et de la Terre aux mêmes positions relatives, est de 365ʲ5ʰ48′50″ environ, ou 31556930″. — M. Breguet est parvenu à faire des montres qui ne varient pas d'une demi-seconde dans une année; certaines montres, appelées *chronomètres*, donnent jusqu'aux dixièmes de seconde.

Ainsi nous pouvons compter le nombre d'heures, de minutes, de secondes, etc., écoulées entre deux instants quelconques, avec autant de précision et de facilité que nous comptons le nombre de mètres, de décimètres, etc., contenus dans une longueur ou distance. — Nous pouvons même représenter les temps par des lignes en portant, sur une droite

et à partir d'un même point, autant de distances égales qu'il
y a d'unités de temps dans chacun d'eux. *Voyez Pl. I, fig.* 9,
l'exemple d'une échelle AB propre à donner immédiatement
la mesure d'un certain nombre de secondes représentées ici
par des millimètres.

Repos, mouvement, vitesse, inertie.

46. Un corps est en *repos* quand il reste au même lieu de
l'espace ; il n'est peut-être dans l'univers aucun corps qui soit
absolument en repos ; et, comme tout démontre que notre
globe tourne sans cesse sur lui-même et autour du Soleil,
rien n'y possède un repos *absolu*. Le repos n'est donc que
relatif : un corps est en repos, pour nous, quand il conserve
la même position par rapport à ceux que nous regardons
comme *fixes*. — Un corps qui reste à la même place, dans un
bateau, est en repos, par rapport à ce bateau, quoiqu'il soit
réellement en mouvement par rapport aux rives.

Un corps est en *mouvement* quand il occupe successivement diverses positions dans l'espace : le mouvement est relatif comme le repos. Un corps est en mouvement, pour nous,
quand il change de place par rapport à ceux que nous considérons comme *fixes*.

Le mouvement est essentiellement *continu*, c'est-à-dire
qu'un corps ne peut passer d'une position à une autre sans
avoir occupé une série de positions intermédiaires ; ainsi le
mouvement d'un point décrit une *ligne* nécessairement *continue*. Quand on parle vaguement du chemin décrit par un
corps, on entend essentiellement celui d'un certain point lié
à ce corps, et dont la position indique celle du corps : par
exemple, pour une boule sphérique, pour un cube, pour un
cylindre, ce sera le centre de figure, etc.

47. *Distinction des mouvements, vitesse.* — Le mouvement
d'un point est dit *rectiligne* ou *curviligne*, selon que le chemin qu'il décrit est une droite ou une courbe. Quand le mouvement est curviligne, on peut le considérer comme ayant
lieu sur un polygone rectiligne dont les côtés, excessivement
petits, se confondraient sensiblement avec la courbe. Les

côtés successivement parcourus et prolongés indéfiniment, qui sont des *tangentes* véritables de la courbe, indiquent les directions correspondantes du mouvement.

Concevons que le temps total, employé par un point pour parvenir d'une position à une autre, soit divisé en un grand nombre de parties égales et extrêmement petites, par exemple en millièmes ou en millionièmes de seconde. Cela posé, si les portions de chemin successivement décrites dans ces diverses parties du temps sont égales entre elles, le mouvement sera *régulier* ou *uniforme*. S'il en est autrement, le mouvement sera *varié*. Il sera *accéléré* si les chemins successivement décrits sont de plus en plus grands, *retardé* si, au contraire, ces chemins sont de plus en plus courts. — L'aiguille des minutes d'une horloge, le cours régulier des eaux, etc., offrent des exemples de mouvements sensiblement uniformes, parce que des espaces égaux sont décrits à chaque instant dans des temps égaux ; le mouvement de *rotation* de la Terre autour de son axe, qui s'opère en un jour, est aussi dans ce cas. — Un corps qui tombe verticalement offre l'exemple du mouvement accéléré; un corps qui s'élève aussi verticalement, celui du mouvement retardé. Dans le premier cas, le corps part du repos; dans le second, son mouvement finit par s'éteindre.

Dans tous ces cas, la *rapidité* ou la *lenteur* du mouvement est indiquée, pour chacun des intervalles de temps égaux et très-petits, par la longueur, plus ou moins grande, de l'espace ou du chemin décrit pendant cet instant : cette longueur mesure la *grandeur* de la *vitesse* à ce même instant. — Ainsi la *vitesse* est *constante* dans le mouvement uniforme, elle est *accélérée* ou *retardée* dans le mouvement accéléré ou retardé.

48. *Mouvement uniforme*. — Dans ce mouvement, le plus simple de tous, les petits espaces parcourus dans les instants successifs étant égaux, il est clair que le chemin décrit dans un temps quelconque se composera d'autant de parties égales d'espace qu'il y a de parties égales dans ce temps. — Ainsi, dans le mouvement uniforme, des *espaces égaux* sont décrits dans des *temps égaux*, quelle que soit leur petitesse ou leur grandeur; les espaces *croissent comme les temps*, dans le *rap-*

port des temps, ou sont *proportionnels aux temps* employés à les décrire ; enfin le rapport de chaque espace aux temps correspondants est *invariable*, *constant*. Toutes ces expressions désignent la même chose d'après les définitions et propriétés bien connues des proportions et des fractions. — E étant le nombre des unités de chemin parcourues pendant le nombre d'unités de temps T, *e* celui des unités de chemin parcourues pendant le temps *t* ; on a, selon ce qui précède,

$$E : e :: T : t, \quad \text{ou} \quad E : T :: e : t,$$

ou enfin

$$\frac{E}{T} = \frac{e}{t}.$$

Puisque, dans le mouvement uniforme, les espaces sont proportionnels aux temps employés à les décrire, la vitesse peut être mesurée par la longueur de l'espace décrit durant un temps quelconque, ou, pour la simplicité, pendant l'*unité de temps*. Ainsi l'on dit : la vitesse de tel corps est de 2 mètres par seconde, ou de 60 fois $2^m = 120^m$ par minute, ou de $0^m,2$ par dixième de seconde, etc. ; ce qui revient au même, puisqu'ici le rapport de l'espace au temps ne change pas. — Quand on sait qu'un mobile a décrit uniformément un certain espace dans un certain nombre d'unités de temps, de *secondes* par exemple, on trouve la vitesse, ou le chemin dans l'unité de temps, en partageant l'espace en autant de parties égales qu'il y a d'unités de temps, ou en *divisant* l'espace par le temps. — *Exemple :* l'espace décrit uniformément pendant 1 minute et 5 secondes ou 65 secondes étant de 260 mètres, la vitesse par seconde, ou l'espace décrit pendant 1 seconde, est de $\frac{260^m}{65} = 4^m$. Réciproquement, si l'on *multiplie* la vitesse par un certain nombre d'unités de temps, le produit donnera l'espace décrit uniformément pendant ce temps ; en désignant par V la vitesse, par E l'espace parcouru uniformément pendant un temps T, on a donc la relation

$$V = \frac{E}{T}.$$

49. *Mouvement périodique constant, vitesse moyenne.* — Il arrive quelquefois, dans la pratique, que la vitesse n'est pas rigoureusement constante ou la même à chaque instant, quoique les espaces décrits au bout de certains temps égaux, soient égaux. Tels sont en particulier tous les mouvements *oscillatoires, alternatifs* ou de *va-et-vient*, dont les diverses *périodes* ou *retours* s'exécutent régulièrement et dans le même temps, bien que la vitesse varie continuellement dans l'intervalle de chaque période. Tel est encore le mouvement d'une voiture, d'un piéton qui décrivent constamment le même chemin dans chaque heure, chaque quart d'heure, et dont néanmoins le mouvement, tantôt accéléré, tantôt retardé, varie à chaque instant. Tel est enfin le mouvement de la Terre autour du Soleil, qui, tantôt plus lent et tantôt plus rapide, redevient cependant le même au bout de chaque année ou retour aux mêmes positions relatives.

De semblables mouvements sont dits *périodiques*, et on les remplace, pour la simplicité, par des mouvements entièrement uniformes qui s'accompliraient dans le même temps. La *vitesse constante* qui résulte de cette considération est une *vitesse moyenne* ou réduite, qu'on obtient encore en divisant l'espace décrit dans une période entière par le temps qui lui correspond; il ne faut pas la confondre avec la *vitesse effective* qui est variable à chaque instant. C'est ainsi que les astronomes ont substitué au mouvement *réel* ou *vrai* de la Terre, qui n'est que périodique, un mouvement moyen, uniforme, bien moins compliqué, et qui s'accomplit, comme l'autre, dans le cours d'une année; de là aussi la distinction du *jour vrai*, du *temps vrai* et du *jour moyen*, du *temps moyen*, dont les premiers sont donnés par les *cadrans solaires* et les autres par les bonnes horloges.

50. *Représentation géométrique des lois du mouvement.* — Supposons que nous ayons une *Table à deux colonnes* ou espèce de *Barème*, qui, pour un certain mouvement, donne les espaces ou chemins décrits au bout de chaque temps écoulé; prenons une certaine longueur (1 millimètre, 1 centimètre, etc.), pour représenter l'unité de temps, la *seconde* par exemple, et une autre longueur (1 centimètre, 1 décimètre, etc.) pour représenter l'unité de chemin, le *mètre* par exemple. Cela posé, traçons une droite infinie OB (*Pl. I, fig.* 10) et portons sur

cette droite (45), à partir d'un même point O, une distance Od
représentant l'un des temps indiqués à la Table; sur la perpendiculaire en d, à la droite OB, portons une distance $d'd$
représentant, d'après la Table, le chemin décrit au bout du
temps Od; faisons de même pour les autres temps et les chemins correspondants, on obtiendra une suite de points a', b',
c',..., qui, réunis deux à deux par des droites, donneront le
polygone $a'b'c'$.... Ce polygone finira par se confondre avec
une courbe véritable, si l'on multiplie convenablement les
points, ou si l'on prend, dans la Table, des temps suffisamment rapprochés les uns des autres. Il est clair aussi qu'au
moyen du tracé de la courbe, on pourra obtenir, comme par la
Table, le chemin décrit pour chaque temps donné; de sorte
que cette courbe en tiendra lieu pour représenter la *loi*, la
relation entre les temps et les chemins, quel que soit le mouvement.

51. *Remarque générale.* — Nous rappellerons que les lignes
Oa, Ob,... se nomment, en général, les *abscisses* de la courbe,
O l'*origine* et OB l'*axe* de ces abscisses; que pareillement les
perpendiculaires $a'a$, $b'b$, $c'c$,... sont nommées les *ordonnées*
de la courbe, et l'ensemble de ces ordonnées et abscisses, qui
se correspondent respectivement, les *coordonnées* de cette
même courbe; qu'enfin, l'intervalle cd entre deux ordonnées
consécutives telles que $c'c$, $d'd$, ou la différence de leurs abscisses, se nomme quelquefois l'*accroissement* de ces abscisses, comme la différence $d'd''$, entre ces mêmes ordonnées
consécutives, se nomme aussi leur *accroissement* ou leur *décroissement*, selon que ces ordonnées vont en augmentant ou
en diminuant, à mesure qu'elles s'éloignent de l'origine. —
Quand les points consécutifs a', b', c',... sont tellement rapprochés entre eux, que les droites $a'b'$, $b'c'$,..., qui les unissent
deux à deux, peuvent être censées se confondre avec les arcs
correspondants de la courbe, on dit que ce sont des *éléments*
de cette courbe; et, en général, les parties égales et infiniment petites d'une grandeur, se nomment ses parties *élémentaires*, ses *éléments*.

52. *Représentation du mouvement uniforme.* — Dans ce
mouvement, les espaces *croissent comme les temps* (48); ainsi

les ordonnées $a'a$, $b'b$, $c'c$,... (*Pl. I, fig.* 11), y sont proportionnelles aux abscisses Oa, Ob, Oc,..., et partant telles, que la ligne $a'b'c'$..., qui donne la loi du mouvement, est une *droite* (*voyez*, en Géométrie, la *théorie des lignes proportionnelles*).

— Supposez qu'on partage l'*axe* OB des *abscisses* ou des *temps*, en un nombre infini de parties égales, infiniment petites; puis qu'après avoir élevé les ordonnées correspondantes, on mène, par l'extrémité de chacune d'elles, des parallèles à l'axe des abscisses; on formera une suite de petits triangles égaux et rectangles, tels que $c'd'd''$ par exemple, semblables aux triangles Oaa', Odd',..., et dont les côtés sont proportionnels à ceux de ces derniers. Observant donc que les hauteurs $d'd''$,... de ces petits triangles, mesurent les espaces décrits pendant les *temps élémentaires* correspondants $c'd''$, ou cd, on pourra répéter, au moyen de la figure, tout ce qui a été dit ci-dessus sur les lois du mouvement uniforme. Ainsi la vitesse, c'est-à-dire (47) l'espace décrit dans chacun des instants égaux ab, bc, cd,..., est constante, et peut être mesurée par l'espace quelconque $e'e$, par exemple, qui serait décrit dans le temps Oe, pris pour unité.

53. *Représentation des mouvements variés.* — Dans ces mouvements, les espaces n'étant plus proportionnels aux temps, la ligne $a'b'c'$... (*Pl. I, fig.* 12) n'est plus une droite : les petits espaces $b'b''$, $c'c''$,..., décrits dans les temps élémentaires ab, bc,..., sont inégaux; par conséquent la vitesse (47) varie à chaque instant. Pour le cas de la figure, le mouvement et la vitesse sont *accélérés*, parce que les espaces $b'b''$, $c'c''$,..., décrits dans des instants égaux, vont sans cesse en croissant.

— Supposons qu'à l'instant qui répond au point c', le mouvement cesse d'être accéléré, et se continue uniformément avec la vitesse qui a lieu à cet instant; le reste du mouvement, au lieu d'être représenté par une courbe, le sera par la droite indéfinie $c'm$, prolongement de $c'd'$; et puisqu'à l'instant que l'on considère, le mobile décrivait l'espace $d'd''$ dans le temps élémentaire $c'd''$ ou cd, on voit qu'en vertu du mouvement censé devenu uniforme, il parcourrait, dans l'unité de temps, un espace qu'on obtiendra en cherchant l'ordonnée mn qui, pour la droite $c'm$, correspond à l'abscisse $c'n$ qui représente cette unité de temps.

4

D'après ce que nous avons vu (48 et 52), l'espace *mn* sert de mesure à la vitesse de ce mouvement uniforme; si donc nous supposons l'élément de temps *cd* assez petit pour que la corde *c'd'* puisse être censée confondue avec la courbe, la droite indéfinie *c'd'm'* deviendra précisément la tangente en *c'* à cette courbe : cette tangente se construira, dans certains cas, *géométriquement*, c'est-à-dire rigoureusement, et, dans d'autres, à *vue* ou par des *méthodes de tâtonnement;* or son inclinaison sur la parallèle *c'n* à l'axe des abscisses donnera, comme nous venons de le dire, la *vitesse* ou le chemin *mn* qui serait décrit, dans l'unité de temps *c'n*, *si le mouvement devenait tout à coup uniforme.* On voit par là aussi que, si l'on connaissait exactement, en nombre et pour chaque instant très-petit *cd* ou *c'd''*, l'espace correspondant *d'd''*, on aurait cette vitesse *mn* au moyen de la proportion

$$c'd'' : d'd'' :: c'n : mn;$$

d'où l'on tire, en faisant *c'n* = 1,

$$mn = \frac{d'd''}{c'd''} \times 1 = \frac{d'd''}{cd},$$

ou bien, en désignant par *t* l'élément de temps *cd*, par *e* l'espace *d'd''* parcouru pendant ce temps, et par V la vitesse *mn*,

$$V = \frac{e}{t}.$$

Si, au lieu d'être accéléré, comme on vient de le supposer, le mouvement était *retardé*, la loi qui lie les temps aux espaces serait représentée par une courbe *a'c'f'* (*Pl. I, fig.* 13), tournant sa *concavité* vers l'axe OB des temps; du reste, les raisonnements et les opérations pour trouver la vitesse seraient absolument les mêmes. — Si le mouvement, d'abord retardé, s'accélérait ensuite, la loi du mouvement serait évidemment représentée par une courbe, telle que l'exprime la *fig.* 13, dont la première partie *a'f'* tournerait sa concavité du côté de l'axe OB, et la seconde *f'k'*, du côté contraire; c'est-à-dire que cette courbe aurait une *inflexion* en *f'*, au point qui correspond au changement du mouvement.

Enfin on voit que le mouvement *périodique constant*, tel qu'il a été défini ci-dessus (49), sera représenté par une courbe sinueuse ABC.... (*fig.* 14), dont les *ondulations* se font régulièrement autour d'une droite *a'b'c'd'*..., qui en représente le mouvement *moyen* uniforme.

54. *Observation.* — Il est presque inutile de remarquer que les courbes précédentes donnant uniquement la *loi* qui lie les *espaces* aux *temps*, ne doivent pas être confondues avec les lignes ou chemins mêmes parcourus par les mobiles : dans ces dernières lignes, les tangentes en chaque point donnent simplement (47) la *direction* du mouvement ou de la vitesse pour l'instant correspondant; et, selon ce qui précède (53), c'est le rapport, le quotient du petit espace parcouru par le mobile à cet instant, et du temps élémentaire employé à le décrire, qui donne la mesure de la vitesse correspondante.

55. *Inertie de la matière.* — La matière est *inanimée* ou *inerte*, elle ne peut se donner du mouvement par elle-même, ni changer celui qu'elle a reçu. — Un corps en repos y persévère, à moins qu'une cause telle que la pesanteur, un moteur animé, ne l'en fasse sortir. — S'il a été mis en mouvement, dans une certaine direction *ab* (*Pl. I, fig.* 15), il continuera à se mouvoir, de *b* en *c*, sur le prolongement de la droite *ab*; car, arrivé en *b*, il n'y a pas de raison pour qu'il se dirige au-dessus ou au-dessous de *ab*, à moins qu'une cause ne le fasse dévier de sa route. Pareillement, s'il a une certaine vitesse de *a* en *b*, il conservera cette vitesse tant qu'une cause étrangère ne viendra pas ralentir ou accélérer son mouvement, cette vitesse. — Si nous voyons la bille lancée sur un billard ralentir sans cesse de vitesse, cela tient à la résistance du tapis et de l'air; si nous voyons un corps tomber verticalement quand on l'abandonne, et accélérer même de mouvement, cela tient à l'action de la pesanteur qui agit continuellement sur ce corps comme s'il était au repos : c'est tellement vrai, qu'en diminuant les obstacles qui s'opposent au mouvement de la bille, elle y persévère plus longtemps, et qu'en lançant le corps de bas en haut, sa vitesse diminue au lieu d'augmenter. Enfin, si la direction du mouvement (47) d'une bombe ou d'une pierre lancée obli-

4.

quement, change à chaque instant, ou si elles décrivent des
lignes courbes, c'est encore parce que la pesanteur tend sans
cesse à ramener cette bombe ou cette pierre vers la terre.

Loi de l'inertie. — Il résulte de là qu'en vertu de *l'inertie*
un corps qui se meut actuellement avec une certaine vitesse
et dans une certaine direction, conserverait éternellement
cette direction et cette vitesse, et que le mouvement serait
rigoureusement rectiligne et uniforme, si rien ne venait le dé-
ranger; qu'enfin si, par une cause quelconque, le corps est
forcé de décrire un ligne courbe ABC (*fig.* 16), en vertu de
cette même inertie, la cause venant tout à coup à cesser à un
certain instant, il décrirait la *tangente* BT au point correspondant B de la courbe, et conserverait la vitesse qu'il possédait en ce point.

Des forces, de leur mesure et de leur représentation.

56. *Définition.* — On appelle en général *forces*, les *causes*
qui modifient actuellement l'état d'un corps, ou qui le modifieraient si d'autres forces ne venaient empêcher ou *détruire*
l'effet des premières : *l'attraction*, la *pesanteur* (27 et suiv.),
la *résistance* de l'air et des fluides, le *frottement*, le *calorique*
considéré comme cause de la répulsion (28), sont de véritables
forces, puisqu'ils peuvent changer l'état de repos ou de mouvement des corps. Nous ajoutons *ou qui le modifieraient*, etc.;
car un corps posé sur une table de niveau, par exemple, ou
suspendu verticalement par un fil, ne paraît pas actuellement
changer d'état; mais il en a changé d'abord, et la pesanteur le
presse sans cesse contre la table ou lui fait tirer le fil; elle le
ferait mouvoir enfin si la résistance de la table ou du fil ne
s'opposait continuellement à son action.

57. *Effets des forces.* — Les forces produisent, comme on
le voit, des effets très-variés, suivant les circonstances : tantôt
elles laissent les corps en repos, en se détruisant constamment les unes les autres; tantôt elles en changent la forme,
elles les rompent; tantôt elles leur impriment du mouvement, elles accélèrent ou retardent celui qu'ils possèdent, ou

en changent la direction ; tantôt enfin ces changements s'opèrent avec lenteur, d'une manière graduelle, imperceptible,
tantôt ils s'opèrent au contraire avec rapidité, brusquement ;
mais, dans le fait, c'est toujours dans un temps fini et par degrés continus. — Si nous voyons quelquefois des corps changer
brusquement d'état, de direction ou d'intensité de mouvement, c'est que la force, alors très-grande, produit son effet
dans un temps dont la durée est seulement inappréciable à nos
moyens de mesurer le temps. — Si la balle d'un fusil traverse
un carreau de verre, une porte, une feuille de papier librement suspendus, sans leur imprimer un mouvement sensible,
cela prouve seulement qu'elle opère cet effet avec une rapidité telle, que les parties enlevées n'ont pas le temps de propager leur mouvement dans toute l'étendue des corps. — Si,
d'après l'expérience qui en a été faite autrefois à la Rochelle,
un canon suspendu verticalement à l'extrémité d'une corde
porte le boulet au même but que s'il était sur son affût, cela
prouve seulement que la pièce n'avait point dévié, d'une
manière sensible, avant l'instant où le boulet est sorti de
l'âme, et qu'il lui faut un temps bien plus considérable qu'à
ce boulet pour acquérir une vitesse qu'on puisse apprécier ou
mesurer. — Nous examinerons, dans ce qui suit, comment le
mouvement se propage, de proche en proche et d'une manière
continue, dans toute l'étendue des corps, et comment il se
fait que ceux qui ont le plus de poids et de densité sont aussi
ceux qui, dans un temps donné, reçoivent le moins de vitesse
par l'effet d'une même force dont l'action est plus ou moins
prolongée.

58. *Dénomination des forces.* — Les forces qui donnent le
mouvement aux corps s'appellent en général *forces motrices :*
elles sont *accélératrices* quand elles accélèrent à chaque instant le mouvement, elles sont *retardatrices* quand elles le
retardent. Souvent aussi on nomme *puissances* ou *forces mou-
vantes* les forces qui agissent pour favoriser ou augmenter le
mouvement, et *résistances* ou *forces résistantes* celles qui, au
contraire, tendent à l'empêcher ou à le diminuer : d'après
cette définition, les forces accélératrices sont des puissances
véritables, et les forces retardatrices des résistances. En géné-

ral, dans chaque cas donné, on donne le nom de *puissances*
aux forces qu'on regarde comme capables de produire un certain effet, et celui de *résistances* aux forces qui s'opposent à
l'accomplissement de cet effet.

59. *Nature et comparaison des forces.* — Nous avons, par
nous-mêmes, une idée exacte du mode d'agir de la force.
Quand nous poussons ou tirons un corps, qu'il soit libre ou
qu'il ne le soit pas, nous éprouvons une sensation qui se
nomme *pression, traction,* ou en général *effort :* cet effort
est absolument analogue à celui que nous exerçons en soute-
nant un poids. Ainsi les forces sont pour nous de véritables
pressions, comparables à ce qu'on nomme le *poids* des corps.
La pression peut être plus forte ou plus faible; c'est donc une
grandeur, et, pour la mesurer, la représenter par des nombres, il ne s'agit que de choisir une pression quelconque
pour unité; ce qui ne sera pas difficile si nous pouvons trouver des pressions égales, comme nous avons trouvé des temps
égaux (44).

Deux forces sont égales quand, substituées l'une à l'autre
et dans les mêmes circonstances, elles produisent le même
effet ou en détruisent une même troisième qui leur est direc-
tement opposée.

Suspendons (*Pl. I, fig.* 17) un corps P à l'extrémité d'un
fil AB; en vertu de son poids, le fil prendra la direction de
l'aplomb ou de la *verticale* AB (30), et il faudra, en A, suivant AB, un certain effort pour le soutenir contre l'action de
la pesanteur. Si deux forces, ainsi appliquées successivement
à ce fil et de la même manière, maintiennent le corps P en
repos, ces forces seront nécessairement *égales entre elles* et
au *poids du corps :* une *force double, triple,* supportera *deux,*
trois corps semblables au premier, suspendus les uns au-dessous des autres, par le même fil. Prenant donc pour unité
l'une de ces forces, par exemple celle qui supporte un *centi-*
mètre cube d'eau pure, dans le lieu où nous sommes, ou le
poids d'un gramme (34), une force quelconque sera exprimée
par le nombre qui indique combien de grammes elle pourra
supporter : c'est au gramme, ou plutôt au *kilogramme,* que

désormais nous comparerons toutes les forces de *pression*, de *traction*, de *tension*, de *compression*, etc.

60. *Mesure des forces par les poids.* — Nous savons que les poids se mesurent ou se comparent entre eux par le moyen de *balances*; d'après le caractère général ci-dessus auquel on reconnaît que deux forces sont égales, il devient facile de trouver le poids d'un corps, quelles que soient la justesse et la composition d'un tel instrument. Il suffit, pour cela, de s'assurer que ce corps, substitué, dans les mêmes circonstances, à un certain nombre de poids-étalons, produit le même effet sensible sur la balance, pour affirmer que son poids est égal à celui des étalons. Sous ce rapport donc, tous les appareils quelconques peuvent être employés à mesurer le poids des corps, et par suite les forces.

Les ressorts entre autres (17 et suiv.), quand ils sont susceptibles de conserver longtemps leur élasticité, peuvent servir et servent en effet à cet usage dans la pratique : tels sont plus particulièrement le *peson à ressort* du commerce (*fig.* 18), et le *dynamomètre de Régnier* (*fig.* 19), instrument plus compliqué, qui sert à mesurer des efforts de pression ou de traction supérieurs à 100 kilogrammes. Dans l'un et dans l'autre, la grandeur de la flexion du ressort est indiquée par le mouvement d'une aiguille qui parcourt les différentes divisions d'un *limbe gradué;* ces divisions ayant été obtenues, lors de la fabrication, en suspendant directement des poids-étalons à l'instrument, fournissent le moyen de mesurer ensuite le nombre des *kilogrammes* d'un effort quelconque. En se servant des balances à ressort, il ne faudra pas oublier de vérifier préalablement l'exactitude de leurs divisions au moyen de poids étalonnés, et de changer la valeur de la graduation si l'élasticité se trouvait altérée depuis l'instant de la fabrication. Du reste, nous n'insistons pas sur la description de ces instruments, parce que leur emploi dans les arts et leur intelligence n'ont rien de difficile, et qu'il nous suffit ici de savoir qu'il existe des moyens directs de comparer les forces aux poids.

61. *Observations.* — En proposant, comme nous venons de le faire, de mesurer les forces par des poids, nous supposons

essentiellement que l'effort pour soutenir, contre l'action de
la pesanteur, un corps quelconque, par exemple un *litre* ou
décimètre cube d'eau pure, soit constamment le même dans
tous les temps et pour tous les lieux, et que par conséquent
le *kilogramme*, poids de ce volume d'eau, soit une grandeur
absolue ou *invariable*. S'il n'en était pas ainsi, les poids ne
pourraient aucunement nous servir pour mesurer les forces,
et il faudrait recourir à quelque autre unité moins sujette à
changer. Or on sait, par expérience, que l'action de la pesanteur en un même lieu n'a pas varié avec le temps, du moins
d'une manière sensible, et l'on peut croire qu'à moins d'évé-
nements extraordinaires, elle ne changera pas non plus dans
l'avenir. A la vérité, l'action de la pesanteur diminue à mesure qu'on s'élève au-dessus de la surface de la terre ; elle
diminue pareillement à mesure qu'on s'éloigne des pôles
pour s'approcher de l'équateur ; de sorte que le même corps
qui, dans notre pays et à la surface des plaines, fait par son
poids, fléchir un ressort jusqu'à un certain degré, le ferait
fléchir un peu moins lorsqu'on le transporterait à l'équateur
ou sur le sommet d'une montagne élevée ; mais, pour l'étendue
d'un pays comme la France, et pour des montagnes telles
qu'il s'y en rencontre, la diminution du poids est à peine
sensible : par exemple, pour une élévation verticale d'une
lieue au-dessus des plaines, elle serait au plus $\frac{1}{740}$ du poids
mesuré au niveau de ces plaines.

Il suit donc de là que nous pouvons regarder le poids absolu des corps, ou la force qui soutient ce poids contre l'action de la pesanteur, comme une quantité tout à fait constante,
du moins dans l'étendue ordinaire de nos travaux industriels, et que par conséquent nous pouvons aussi, sans crainte
de commettre des erreurs appréciables, prendre pour unité
de force l'unité de poids, conformément à ce qui a été proposé ci-dessus. Nous verrons d'ailleurs plus tard comment, à
l'aide du *pendule*, on peut rendre sensible la variation de la
pesanteur dans les divers lieux, variation généralement trop
faible pour être appréciée, d'une manière facile et rigoureuse,
par le moyen des ressorts ou d'instruments analogues.

62. *Point d'application, direction, sens, intensité et repré-*

sentation géométrique des forces. — Il faut distinguer, dans une force, 1° *son point d'application*, c'est-à-dire le point matériel sur lequel elle agit immédiatement; 2° sa *direction* ou la droite que décrirait son point d'application s'il obéissait librement à la force; 3° le *sens* de son action, qui est aussi le sens de ce mouvement; 4° sa *grandeur absolue*, son *intensité*, mesurée par des poids, par un certain nombre de kilogrammes.

Soit A (*Pl. I, fig.* 20) le point d'application d'une force dont la droite AB est la direction indéfinie; portons, de A en P, sur cette droite et dans le sens de son action, un nombre d'unités de longueur, par exemple de *centimètres*, de *millimètres*, égal au nombre des kilogrammes, qui exprime son intensité; il est évident que cette force sera complétement représentée. Ordinairement on indique le sens de l'action au moyen d'une petite *flèche*, et l'intensité de la force par une seule lettre telle que P, et cela afin d'abréger; ainsi l'on dit une force P ou AP, une force Q ou AQ, comme on dirait une force de 10 kilogrammes, de 15 kilogrammes, etc. De cette manière, l'étude de la Mécanique est ramenée à celle de certaines figures de la Géométrie.

Mode d'action des forces sur les corps.

63. *Action directe.* — Quand une force agit extérieurement à un corps solide et contre un point de sa surface, elle exerce une pression qui refoule les molécules les plus voisines de ce point; le corps *plie, fléchit* ou se *comprime* suivant les circonstances; les molécules se trouvant plus rapprochées au contact, font effort pour retourner à leur place, en vertu de leur *force de répulsion* naturelle (27 et 28), ou de l'élasticité plus ou moins grande qui appartient à toutes les substances (19); elles refoulent aussi les molécules qui leur sont immédiatement voisines, et, de proche en proche, les plus éloignées jusqu'à l'autre extrémité du corps. Si cette extrémité est fixe ou arrêtée par un obstacle, l'effet de la force se réduira à une compression, à un changement de forme du corps; si, au contraire, cette extrémité est libre, elle s'avancera, de sorte que le mouvement aura été propagé ou communiqué à toutes les parties, et cela de proche en proche, ou successivement. Ce mouvement intérieur, résultat d'une suite de compressions, prouve qu'il faut un certain temps (57) pour que la force produise son effet total, et l'absurdité de supposer qu'une vitesse finie puisse s'engendrer *instantané-ment* ou *tout à coup*. Les mêmes choses se passeraient d'ailleurs si, à l'inverse, la force était employée à détruire le mouvement acquis d'un corps ; elle détruirait d'abord la vitesse des molécules voisines du point d'action, puis, de proche en proche, celle des molécules les plus éloignées, etc.

Nous venons de supposer que la force, appliquée extérieurement au corps, agissait pour le presser, le refouler sur lui-même ; mais, si elle s'exerçait du dedans au dehors de façon à le tirer, à l'étendre, les molécules en contact seraient écartées au lieu d'être rapprochées, et feraient, en vertu de l'*attraction* qui les unit (27 et 28), effort pour reprendre leurs distances respectives, et pour s'entraîner ainsi, de proche en proche, d'une extrémité du corps à l'autre ; d'où l'on voit qu'en vertu de cette attraction et de la répulsion, les molécules des corps se comportent comme si elles étaient maintenues entre elles et séparées par de *petits ressorts* qui s'opposeraient aussi bien aux forces qui tendent à les rapprocher qu'à celles qui tendent à les désunir.

64. *Réaction, principe de la réaction.* — D'après cette manière d'envisager l'action des forces sur les corps, entièrement fondée sur l'expérience de ce qui se passe quand on les tire ou qu'on les comprime, il est évident qu'un effort ne peut être exercé, en un point quelconque d'un corps, sans que les ressorts moléculaires de celui-ci réagissent, en sens contraire, avec un effort précisément égal : c'est ce qu'on exprime en disant, d'après l'illustre Newton, que *la réaction est toujours égale et contraire à l'action*, principe démontré par toutes sortes de faits. — En pressant, par exemple, du doigt un corps, en le tirant avec une ficelle, ou en le poussant avec une barre, nous sommes pressés, tirés ou poussés, en sens contraire, de la même manière et avec le même effort. — Deux pesons à ressorts (60), placés (*fig.* 21) aux extrémités A et B d'une telle ficelle ou d'une telle barre, indiquent le

même degré de tension, quand une force P vient à agir, par leur intermédiaire, sur un obstacle fixe placé à l'extrémité opposée, de manière que cette tension reste constante ou varie avec assez de lenteur, pour que l'action de la force ait le temps de se propager (57, 63 et 66). En général, nous ne pouvons concevoir qu'une force exerce son action sans faire naître, à l'instant même, une résistance égale et directement opposée. — Si une molécule matérielle en attire une autre, réciproquement celle-ci attirera la première avec une force égale et contraire; si la pesanteur ou l'attraction terrestre sollicite les corps vers la terre (30), réciproquement ces corps sollicitent la terre à se rapprocher d'eux avec une force égale et directement opposée, etc. C'est là un des principes fondamentaux de la Mécanique.

65. *Hypothèses admises en Mécanique.* — Dans tous les cas où une force agit, comme on vient de le dire, par l'intermédiaire d'une ficelle ou d'une barre tendues en ligne droite, l'action de cette force ne se transmet intacte, d'une extrémité à l'autre, que par une suite d'actions ou de réactions, égales et contraires, qui se détruisent ou se balancent réciproquement, et que les ressorts moléculaires exercent en chaque point de la droite suivant laquelle agit cette force et la résistance opposée. C'est en vertu de cette considération qu'on admet souvent que *l'action d'une force s'opère ou se transmet en chacun des points de la droite matérielle qui l'unit à la résistance;* mais il ne faut pas oublier (64) le temps nécessaire à cette transmission (*).

Dans cette action réciproque des diverses parties de la barre et de la ficelle, celles-ci se trouvent raccourcies ou allongées jusqu'à un certain degré relatif à l'énergie de la puissance; mais, si cette énergie reste constante pendant un temps suffisant, l'allongement ou le raccourcissement cesseront. C'est d'après cette seconde considération que nous pourrons quelquefois regarder les corps solides et résistants, employés dans les arts pour transmettre l'action des forces comme parfaite-

---

(*) *Voyez* dans la deuxième Partie ce qui concerne la *propagation du mouvement dans l'intérieur des milieux de diverses natures.*

ment *rigides* et *inextensibles;* d'autant plus qu'on les choisit, presque toujours, de façon qu'ils fléchissent en réalité très-peu sous l'action de ces forces; mais nous ne leur attribuerons cette qualité, dans toute autre circonstance, qu'après que le changement de forme aura déjà été opéré, et pour le temps seul où il persistera sous l'action constante des forces appliquées au corps.

Supposons, par exemple (*Pl. I, fig.* 22), qu'une force P soit employée à pousser ou presser un obstacle solide K, par l'intermédiaire d'une barre ou d'un corps flexible quelconque ABC; concevons que cette force, ayant fait acquérir à la barre toute la flexion qu'elle peut recevoir d'après sa constitution, demeure constante pendant un certain temps; on pourra, dès lors, considérer ABC comme entièrement rigide, et supposer même que le point A soit réellement lié au point C par une droite matérielle et inflexible AC, suivant laquelle la pression de P se transmettra exactement contre l'obstacle. Ainsi la force P produira, en C, précisément le même effet que si elle y était immédiatement appliquée, et elle fera naître, en ce point, une réaction Q, égale à P et dirigée, de Q vers C, dans le prolongement de la droite AC ou de la direction propre de P. On pourrait même remplacer cette force P par une autre, qui lui serait égale et qui tirerait le point A vers C par le moyen d'une barre ou d'une ficelle, sans que, pour cela, les effets soient aucunement modifiés; mais il faudrait que cette barre et cette ficelle fussent inextensibles, ou qu'elles eussent acquis, à l'instant que l'on considère, le degré d'extension qui convient à l'énergie de la force.

Voilà, je le répète, comment on doit entendre les choses toutes les fois que, dans les applications de la Mécanique, on se permet de regarder les corps comme entièrement raides, ou de supposer le point d'application d'une force transporté en un point quelconque de sa direction.

66. *De l'inertie considérée comme force.* — Nous avons vu ci-dessus (63 et 64) que, quand une force agit à l'extérieur d'un corps solide libre, pour lui imprimer du mouvement ou pour détruire celui qu'il possède, ce corps réagit ou oppose une résistance égale et contraire à la force : cette résistance

devant être considérée comme un résultat de l'inertie des diverses particules matérielles du corps, on voit que l'inertie est une force véritable qui peut se mesurer en poids. Pour un même corps, la résistance augmente évidemment avec le degré de vitesse imprimée ou détruite; nous verrons bientôt qu'elle est exactement proportionnelle à ce degré, et qu'elle croît aussi avec la quantité de matière enfermée dans chaque corps.

Quand on tire un corps libre par le moyen d'une ficelle, cette ficelle s'étend, s'allonge et peut même se rompre si elle est tirée brusquement, et cela d'autant mieux que le corps est plus *massif* ou plus *pesant :* le même effet serait produit évidemment si, le corps étant en mouvement, on essayait de le retenir par le moyen de la ficelle. — Si l'on suspend un corps à l'extrémité d'une ficelle verticale, et qu'on place un peson à ressort dans la ligne de *traction* ou de *tirage* de cette ficelle, le ressort indiquera le poids du corps dans le cas du repos; mais, si on élève le corps avec une certaine vitesse, le ressort se pliera davantage, par suite de la résistance opposée par l'inertie de la matière. Le mouvement étant une fois acquis et demeurant régulier, uniforme (48), le ressort reprendra et conservera constamment l'état de tension qu'il avait dans le cas du repos, attendu que l'inertie ne se fait sentir (55), comme force, qu'autant que la vitesse du corps est altérée, et que la pesanteur, au contraire, agit sans relâche sur les corps, qu'ils soient ou non en mouvement. On voit donc que l'état de tension du ressort peut servir à mesurer les variations de la vitesse du corps, et la grandeur de la résistance qu'en vertu de son inertie il oppose à l'action de la puissance qui soulève la ficelle.

67. *Action combinée et réciproque des forces.* — Nous n'avons, dans ce qui précède, considéré que l'action simple d'une force appliquée en un point d'un corps, et nous avons vu qu'il naît, de cette action, une réaction égale et précisément contraire, provenant de l'inertie de la matière du corps, lorsqu'il est libre, ou de la résistance opposée par un obstacle extérieur quelconque : cette réaction est transmise, d'une extrémité à l'autre du corps (63), par une suite d'actions et de réactions semblables qu'exercent entre elles les molécules

voisines, en vertu de leur force de ressort. Or il se passe des
choses absolument analogues quand plusieurs forces agissent
à la fois en différents points d'un corps; leurs effets se combinent tellement, que chacune d'elles éprouve, de la part de
ce corps, une réaction égale et contraire à la sienne propre, et
que les autres forces lui transmettent encore par l'intermédiaire des ressorts moléculaires : cette réaction peut donc être
considérée comme un résultat plus ou moins immédiat de
l'action de toutes les autres forces, ou comme la résistance
qu'elles opposent directement à l'action de celle que l'on considère.

C'est ainsi qu'on devra entendre généralement le *principe de
l'action égale et contraire à la réaction,* et que nous pourrons
dire et concevoir désormais qu'une force en *détruit* ou *vainc*
plusieurs autres, sans leur être directement opposée, bien
que; dans la réalité, elle ne détruise ou n'empêche directement que l'effet que produirait la réaction du corps, si tout à
coup elle venait elle-même à s'anéantir ou à être détruite par
une nouvelle force quelconque.

68. *Exemple de l'action combinée des forces.* — Supposons
qu'un cheval soit employé à tirer une voiture le long d'une
route; on pourra le considérer comme détruisant, à chaque
instant et par l'intermédiaire des traits, des palonniers, du ti-
mon, de la cheville ouvrière, etc., toutes les résistances qui
s'opposent à son action, dans les diverses parties de la voiture.
Si le mouvement est constamment le même ou uniforme, ces
résistances proviendront uniquement du terrain et des divers
frottements, l'inertie n'y entrant pour rien (55 et 66). Si la vitesse augmente à chaque instant, l'inertie, mise en action,
s'ajoutera aux résistances précédentes; enfin, si la vitesse vient
à diminuer par suite d'obstacles particuliers, l'inertie, qui fait
persévérer la voiture dans son état de mouvement, ajoutera
son action à celle du cheval, pour vaincre ces obstacles et
toutes les autres résistances.

C'est encore ainsi qu'on peut expliquer le principe de l'égalité de pression des fluides (14), en vertu duquel une pression
quelconque, exercée contre une portion de la surface des parois du vase qui contient de toutes parts un fluide, est trans-

mise également à tous les autres points de cette surface; car
cette répartition uniforme de la pression, cette réaction réciproque des parois du vase sur le fluide et du fluide sur les
parois, ne peut évidemment provenir que de l'égalité même
des actions et des réactions qui s'établissent entre les différentes molécules. On voit aussi que, si le fluide n'était pas
contenu de toutes parts au moyen de pistons, de parois solides
ou par la réaction d'autres fluides tels que l'air, etc., le principe de l'égalité des pressions n'aurait plus lieu, du moins de
la même manière, attendu que la pression, exercée en un
certain point de sa surface extérieure, pourrait être employée
en partie à vaincre l'inertie de ses molécules et toutes les autres forces qui s'opposent directement à son mouvement, à son
changement de forme. Quant au principe de la réaction, il n'en
subsistera pas moins pour toutes les forces appliquées aux
différentes parties du fluide, et toujours l'action de chacune
d'elles sera égale et contraire à la réaction qu'elle éprouve en
son point d'application.

69. *Observations sur l'équilibre des forces.* — Il arrive quelquefois qu'on nomme *équilibre* cette action réciproque des
forces appliquées à un corps, par suite de laquelle une force
quelconque peut être censée vaincre ou détruire, par l'intermédiaire de ce corps, l'action de toutes les autres qu'on regarde comme étant opposées à la sienne propre : c'est ainsi
qu'on dirait, par exemple, du cheval qui, dans l'hypothèse ci-
dessus, traîne une voiture le long d'un route, qu'il fait équilibre à toutes les résistances qui s'opposent au mouvement de
cette voiture. Mais, quand il nous arrivera, par la suite, d'employer un langage aussi général, en parlant des actions réciproques exercées par les forces sur un corps, il ne sera uniquement question que de l'équilibre de ces forces considérées
en elles-mêmes, et non de celui du corps; car, d'après les idées
généralement admises, l'équilibre des corps repose sur des
notions tout autres, et que nous examinerons plus tard, lorsque
nous aurons à étudier les effets combinés des forces. Il ne s'agit
que de nous entendre sur la signification attachée à certains
mots; et, loin d'avoir à nous occuper d'une telle complication
d'effets, nous devons nous borner à poursuivre l'examen du

cas simple et élémentaire où une force en détruit constamment une autre qui lui est égale et directement opposée ou qui lui fait équilibre. C'est à cela, en effet, que se réduit, en définitive, l'emploi des forces motrices dans les travaux industriels.

DU TRAVAIL MÉCANIQUE DES FORCES ET DE SA MESURE.

70. *Notions générales.* — *Travailler* mécaniquement, c'est vaincre ou détruire, pour le besoin des arts, des résistances telles que la force de cohésion, d'adhésion des molécules des corps, la force des ressorts, celle de la pesanteur, l'inertie de la matière, etc. — User, polir un corps par le frottement, le diviser en parties, élever des fardeaux, traîner une voiture le long d'un chemin, bander un ressort, lancer des pierres, des boulets, etc., c'est *travailler*, c'est vaincre, pendant un certain temps, des résistances sans cesse renouvelées.

Le *travail mécanique* ne suppose pas seulement une résistance vaincue, une fois pour toutes, ou mise en équilibre par une force motrice, mais *une résistance constamment détruite le long d'un chemin parcouru par le point où elle s'exerce et dans la direction propre de ce chemin.* — Pour enlever une parcelle de la matière d'un corps avec un outil, une scie par exemple, non-seulement il faut un effort directement opposé à la résistance que présente cette parcelle, mais encore il faut faire avancer le point d'action de l'outil dans la direction de la résistance : plus cet avancement sera grand, plus la parcelle enlevée aura de longueur; d'un autre côté, plus sera grande la largeur ou l'épaisseur de cette parcelle, plus la résistance ou l'effort sera considérable; l'ouvrage fait, à chaque instant, croît donc avec l'intensité de l'effort et la longueur du chemin décrit dans sa direction propre. Un raisonnement analogue est applicable à tous les travaux industriels opérés par le secours des outils et des machines.

71. *Mesure du travail quand la résistance est constante.* — Supposons que la résistance soit *constante*, ou reste la *même* à chaque instant, aussi bien que l'effort qui lui est égal et directement· opposé; il est clair que l'ouvrage produit et le travail seront proportionnels au chemin décrit par le point d'application de la résistance, c'est-à-dire qu'ils seront doubles si le chemin est double, triples si le chemin est triple, etc.; de sorte que, si l'on prend *pour unité* le travail qui consiste à vaincre directement la résistance le long d'un chemin de 1 mètre, le travail total pourra être *mesuré* par le nombre des mètres et des fractions de mètre parcourus. Mais si, pour un autre travail, il arrivait que la résistance constante fût double, triple, etc., de ce qu'elle était dans le premier, à chemin égal décrit par le point d'action de cette résistance, le travail serait également double, triple, etc., de ce qu'il était. Si, par exemple, la résistance était de 1 kilogramme dans le premier cas, et qu'elle fût de 2, de 3, de 4 kilogrammes dans le second, le travail, pour chaque mètre de distance, vaudrait 2, 3, 4 fois celui qui, à chemin égal, répond à la résistance de 1 kilogramme.

En prenant donc pour *unité de travail mécanique* celui qui consiste à vaincre la résistance de 1 kilogramme le long de 1 mètre, on voit qu'un travail dont l'objet serait de vaincre directement une résistance quelconque qui resterait la même aura pour mesure le nombre des kilogrammes qui exprime cette résistance (60), répété autant de fois qu'il y a de mètres et de fractions de mètre dans le chemin parcouru par le point où l'action s'exerce, c'est-à-dire par le produit de ces deux nombres. — Supposons un moteur employé à traîner uniformément un corps sur un chemin horizontal et rectiligne, par le moyen d'une corde tirée dans le sens même de ce chemin; son travail consistera uniquement à vaincre le frottement constant exercé par le terrain et qui lui est directement opposé : si, par exemple, la résistance occasionnée par ce frottement, sur la corde, est de 37^{kil},50, et que le chemin total décrit dans un certain temps soit de 64 mètres, il est clair qu'en prenant pour unité de travail celui qui consiste à vaincre la résistance de 1 kilogramme le long de 1 mètre de chemin, le travail total sera mesuré par le nombre 37,50 × 64 = 2400; c'est-à-dire, en d'autres termes, que, si l'on était convenu de payer 1 centime, je suppose, l'unité dont il s'agit, il faudrait payer 2400 centimes ou 24 francs le travail total.

5

En général, on voit que le *travail mécanique que nécessite directement une certaine résistance constante, et qui se reproduit le long d'un certain chemin, a pour mesure le produit de cette résistance par le chemin que décrit son point d'application, dans sa direction propre; l'unité de travail étant toujours l'unité d'effort, mesuré en poids, parcourant l'unité de chemin ou de longueur :* nous disons *directement*, parce qu'en effet il ne s'agit ici que du travail d'une puissance qui serait directement opposée à la résistance, et non du travail d'un moteur qui agirait d'une manière quelconque sur cette résistance (75 et 76).

72. *Mesure du travail quand la résistance est variable.* — Si la résistance ou l'effort égal et opposé qui la détruit, au lieu d'être la même à chaque instant, variait sans cesse, ainsi qu'il arrive dans bien des circonstances, le travail ne pourrait plus s'évaluer comme on vient de le dire; mais, attendu que, pour chacun des espaces très-petits décrits par le point d'action, la résistance peut être censée constante et sensiblement égale à la *moyenne* ou à la *demi-somme* de celles qui répondent au commencement et à la fin de cet espace, le petit travail qui y est relatif pourra encore se mesurer par le produit de cette résistance moyenne et de l'élément de chemin dont il s'agit. Le travail total, se composant de la somme des travaux partiels, sera mesuré également par la somme de tous les petits produits analogues qui leur correspondent.

Traçons, sur un plan ou tableau (*Pl. I, fig.* 23), une courbe $O'a'b'c'$... dont les abscisses Oa, Ob, Oc,... représentent (51) les chemins successivement décrits par le point d'action de la résistance, et dont les ordonnées OO', aa', bb',... représentent, d'après une échelle convenable, les résistances ou efforts correspondants censés mesurés en kilogrammes. Supposons que Oa, ab, bc,... soient les espaces égaux et très-petits décrits à chaque instant. Les travaux partiels ayant pour mesure les produits de ces petits espaces par les résistances moyennes correspondantes, censées constantes pour chacun d'eux, c'est-à-dire les produits

$$\tfrac{1}{2}(OO'+aa')Oa, \quad \tfrac{1}{2}(aa'+bb')ab, \quad \tfrac{1}{2}(bb'+cc')bc,...,$$

ces travaux seront représentés (*voyez*, en Géométrie, le *mesurage des surfaces*) par les aires de trapèzes $OO'a'a$, $aa'b'b$, $bb'c'c$,... et le travail total le sera par la surface de tous ces petits trapèzes réunis. Or on voit, d'une part, que cette surface différera d'autant moins de la surface $OO'a'b'c'...h'hO$, comprise entre la courbe, l'axe des abscisses et les ordonnées OO', hh' qui correspondent au commencement et à la fin du travail, et, de l'autre, que la somme des travaux partiels, représentée par cette surface, s'approchera d'autant plus d'être égale au travail total et effectif, que le nombre des ordonnées ou des espaces égaux sera lui-même plus considérable. Si donc on multiplie indéfiniment ces ordonnées, on pourra, sans erreur, prendre la surface $OO'c'h'hO$ pour la mesure véritable du travail effectué pendant que le point d'application de la résistance décrit l'espace Oh *dans sa direction propre*.

On voit, d'après cela, que, quand on connaîtra, soit au moyen de l'expérience, soit de toute autre manière, la *loi* ou la *table* (50) qui lie la résistance variable aux chemins décrits par son point d'application dans sa direction propre, toute la question, pour trouver le travail mécanique relatif à un espace quelconque parcouru, consistera à tracer la courbe de cette loi, et à calculer, par petites parties, l'aire de la surface qui répond à la longueur du chemin. Comme les unités de longueur qui ont servi à construire les ordonnées représentent des unités d'efforts ou de poids d'une certaine espèce, et que les abscisses sont elles-mêmes composées d'unités de longueur représentant des unités de chemin parcouru, on voit que l'*unité de surface* des trapèzes ou de leur somme totale sera réellement l'*unité d'effort* exercé ou répété le long de l'*unité de chemin* (*).

73. *Valeur de l'effort moyen.* — Lorsqu'on a ainsi trouvé la valeur du travail mécanique d'une résistance variable pour une distance quelconque parcourue par son point d'action,

---

(*) *Voyez* le Chapitre des *Applications*, où se trouve exposée (180) une méthode expéditive et suffisamment exacte pour calculer directement l'aire comprise entre une courbe, deux de ses ordonnées quelconques et l'axe de ses abscisses.

en divisant cette valeur par cette distance, on obtiendra ce
qu'on nomme l'*effort moyen* de la résistance, ou l'*effort constant* qui, étant répété le long du chemin, produirait la même
quantité de travail ; car nous avons vu (71) que, pour une résistance constante, le travail se mesure simplement par le
produit de cette résistance et du chemin total décrit dans sa
direction.

La considération de l'effort moyen en vertu duquel un travail est censé s'opérer n'est pas moins importante que celle
de la vitesse moyenne dans le mouvement périodique (49) ;
car il arrive, presque toujours, que la résistance du travail ne
varie qu'entre certaines limites fixes, plus ou moins rapprochées, ou qu'elle croît et décroît alternativement, sans devenir jamais plus petite qu'une certaine quantité ni plus grande
qu'une autre quantité; d'où il résulte que le travail se fait
alors par *périodes* plus ou moins régulières, et qu'il se trouve
représenté par une courbe sinueuse telle que $O'a'b'c'...h'$
(*Pl. I, fig.* 24), dont les ondulations s'écartent très-peu, de
part et d'autre, d'une droite AC *parallèle* à l'axe OB des chemins. On conçoit que, dans ces circonstances qui se reproduisent fréquemment, il devient utile de substituer, au travail
variable, un travail uniforme moyen donnant les mêmes résultats, et qui ne présente point autant de complication. C'est
effectivement ce qu'on ne manque jamais de faire dans les
applications de la Mécanique industrielle quand les alternatives ou les périodes de travail sont fréquemment répétées.

74. *Divers exemples du travail mécanique.* — Quand un
moteur est employé à bander un ressort, il développe, à chaque instant, un effort égal et directement opposé à la résistance du ressort, et qui est d'autant plus grand que son point
d'application a décrit plus de chemin dans sa direction propre; cet effort peut même se mesurer directement (60), au
moyen du peson ou du dynamomètre, pour chaque position
du ressort, ou pour chaque position du point d'application
de la force. On pourra donc aussi, d'après la méthode précédente, tracer la courbe qui donne la loi de ces efforts, et calculer approximativement la somme des travaux mécaniques
effectués à chaque instant, et qui composent le travail total.

Nous avons pris pour exemples (71) le travail produit par une force qui traîne un corps le long d'un plan donnant lieu à une résistance constante, et celui qui consiste à bander un ressort dont la résistance varie à chaque instant; mais les mêmes raisonnements, les mêmes méthodes de calcul s'appliquent à tous les travaux des arts qui sont *purement mécaniques*, et qui supposent *une résistance à chaque instant reproduite et vaincue dans le sens même du chemin décrit par son point d'application.* — Un cheval tire-t-il la barre d'un manége ; un homme élève-t-il de l'eau du fond d'un puits; un ouvrier est-il employé à scier, à raboter du bois, à limer, à polir un métal, à arrondir un corps sur le tour, etc. : le travail mécanique que réclament en elles-mêmes ces opérations a toujours pour mesure le produit de la résistance directe qu'oppose la barre, le poids de l'eau ou la matière soumise à l'action de l'outil, par le chemin total décrit dans le sens propre de cette résistance si elle est constante (71), ou par la somme des produits semblables qui mesurent les travaux partiels si la résistance est variable (72).

75. *Distinction entre le travail moteur et le travail utile.* — En cherchant ainsi à apprécier, en nombre, le travail mécanique, il faudra avoir soin de ne pas confondre celui que dépense effectivement le moteur, et que l'on appelle *travail moteur*, avec celui que nécessite directement l'ouvrage effectué, et qui est le *travail utile*, car on conçoit qu'une partie du premier travail peut être détruite par des résistances autres que celles qui résultent de cet ouvrage : ce n'est qu'à cette dernière résistance que s'appliquent véritablement les considérations précédentes. Plus tard nous examinerons le mode particulier de l'action des diverses forces motrices, les circonstances qui modifient les résultats de cette action, et le déchet que peut éprouver le travail de la force selon ses diverses applications.

76. *Complication de certains travaux industriels.* — Pour montrer la complication réellement inhérente à certains travaux industriels, nous prendrons pour exemple le travail du limeur. Il faut : 1° qu'il appuie pour faire mordre ou enfoncer

sa lime; 2° qu'il exerce un effort pour faire glisser la lime le long du corps; 3°. qu'il promène cette lime, avec une certaine vitesse, en avant et en arrière, et que, par conséquent, il vainque l'inertie de la matière de cette lime. La quantité de l'ouvrage fait est le résultat de ces diverses actions simultanées; mais on fait disparaître toute cette complication en séparant du travail tout ce qui n'y est pas indispensable, et en ne considérant que ce qui se passe à l'endroit même où la matière du métal est enlevée par la lime : là on n'aperçoit qu'une résistance qui suppose un effort égal et contraire, exercé dans la direction même du chemin que décrit le point d'action de la lime, et dont la quantité de travail pourra s'obtenir ainsi que nous l'avons dit. Le travail du moteur serait même réduit à ce grand degré de simplicité, s'il était employé à promener, d'un mouvement uniforme, la lime le long d'une barre droite de fer couchée horizontalement sur un plan de niveau, et que cette lime eût été chargée convenablement, d'un certain poids, pour la faire mordre.

77. *Spécification du travail mécanique.* — En général, quand il sera question, dans ces Principes fondamentaux, du *travail mécanique*, on devra entendre le travail qui résulte immédiatement de l'action simple d'une force sur une résistance qui lui est directement opposée, et qu'elle détruit continuellement, en faisant parcourir un certain chemin au point d'application de cette résistance et dans sa *direction propre.* Cette force, elle-même, devra être considérée (59 et 60) comme un agent simple, produisant un effort, une pression ou une traction mesurable, à chaque instant, par un poids, et agissant dans une direction et sur un point déterminés, ainsi qu'on l'a supposé constamment dans ce qui précède. Il ne faudra pas confondre enfin les expressions de *travail* et de *force*, avec celles par lesquelles on désigne vaguement tous les effets, plus ou moins compliqués, des moteurs animés ou inanimés qui développent leur action sur des résistances. Ainsi nous ne parlerons pas de la force d'un cheval, d'un homme, d'un outil ou d'une machine, sans indiquer, sans sous-entendre, tout au moins, son point d'application, son intensité et sa direction; nous ne parlerons pas de leur travail

mécanique, sans spécifier ou sous-entendre la résistance, égale et directement contraire que la force détruit, à chaque instant, tout en faisant parcourir, dans la direction propre de cette résistance, un certain chemin à son point d'application.

78. De l'élévation verticale des fardeaux. — Le travail le plus simple, celui qui donne immédiatement l'idée de sa mesure, est l'élévation des fardeaux suivant la verticale ou l'aplomb; la quantité de l'ouvrage croît alors visiblement comme le poids et comme la hauteur parcourue dans la direction de cette verticale, c'est-à-dire qu'elle est mesurée par le produit même de ce poids et de cette hauteur. Car, pour répéter encore une fois nos raisonnements, en élevant à la même hauteur verticale un poids double, triple, etc., d'un autre, le travail est bien double, triple, etc., de celui qui consisterait à élever le poids simple à cette hauteur; et, en élevant un même poids à une hauteur double, triple, etc., c'est bien comme si on l'avait élevé deux, trois fois à la hauteur simple, ou une première fois à cette hauteur, puis une seconde fois, une troisième fois à cette même hauteur; peu importe d'ailleurs la manière dont pourrait s'y prendre un moteur pour produire ces effets partiels, il nous suffit que, considérés en eux-mêmes, on puisse les regarder comme parfaitement égaux ou identiques. Si donc on prend, pour unité de travail, l'unité de poids élevée à l'unité de hauteur, le travail total sera mesuré par le produit du nombre des unités de poids et de celui des unités de hauteur.

79. Des autres moyens d'évaluer le travail. — L'utilité de la mesure que nous avons prise pour le travail résulte de sa simplicité même, et de la facilité qu'on a d'évaluer des efforts, des pressions en poids, et des distances, des chemins en unités de longueur. Du reste, on pourrait, dans bien des cas, prendre la quantité même de l'*ouvrage* effectué pour la mesure du travail mécanique des forces : par exemple, on pourrait se contenter de dire, de tel moteur, qu'il est capable de moudre 2,3 kilogrammes de blé; c'est même ainsi qu'on agit quelquefois, et qu'en agissent les meuniers et les propriétaires de moulins pour spécifier la valeur mécanique de ces moulins ou des cours d'eau. Mais, comme la mouture d'un même poids de blé exige des quantités de travail différentes selon la qualité du grain, le genre de l'outil et de la machine, non-seulement les meuniers ne pourraient être compris de tout le monde, mais ils ne pourraient pas même s'entendre entre eux; il faut donc une mesure commune du travail, qui ne puisse varier ou être interprétée diversement; or telle est celle qui résulte de la considération de l'effort et du chemin décrit dans la direction de cet effort.

Restera ensuite à savoir combien chaque unité de travail, ainsi définie, sera capable, dans des circonstances déterminées, de moudre de kilogrammes de blé, de scier de mètres carrés de planches, etc.; mais c'est à quoi on parviendra par des observations et des expériences bien faites; l'essentiel est surtout qu'il n'y ait rien d'arbitraire dans la manière d'évaluer le travail mécanique.

80. *Dénominations admises pour le travail.* — On a donné différents noms au travail mécanique, tel que nous l'avons défini dans ce qui précède, travail qu'il ne faut pas, dans tous les cas, confondre avec l'*ouvrage*, puisque ce dernier n'en est véritablement que l'effet ou le résultat.

Smeaton, ingénieur anglais qui a beaucoup écrit sur les roues hydrauliques, a nommé le travail *puissance mécanique;* Carnot le nomme *moment d'activité;* Monge et Hachette l'ont appelé *effet dynamique;* Coulomb, M. Navier et plusieurs autres enfin l'ont désigné par *quantité d'action*, et cette dernière expression est assez généralement en faveur. Il nous arrivera souvent d'en faire usage; mais il faudra se rappeler qu'elle signifie la même chose que *quantité de travail, travail mécanique* (*), et ne pas la confondre avec celle qui est

---

(*) Nous avons déjà indiqué dans une Note de l'Avant-Propos les motifs qui nous ont engagé à adopter définitivement cette dernière expression, sans proscrire néanmoins entièrement celle de *quantité d'action* déjà consacrée par les utiles travaux de Coulomb et de Navier. Peut-être eussions-nous été plus hardi encore si l'ouvrage de M. Coriolis avait paru avant la première édition de celui-ci; et nous aurions volontiers adopté ou mentionné quelques-unes des dénominations heureuses qu'il propose d'introduire dans le langage de la Mécanique, telles que *dynamode*, etc.

désignée par les mêmes mots dans les Traités de Mécanique rationnelle.

Quelquefois aussi on nomme le travail mécanique *quantité de mouvement;* mais, comme on emploie généralement, en Mécanique, cette expression pour désigner toute autre chose, nous ne nous en servirons jamais pour désigner le travail. Les mêmes réflexions doivent s'appliquer à la dénomination de *force vive*, mise en usage par certains auteurs : l'une et l'autre n'indiquent que les effets du travail mécanique d'une force qui a été employée à mettre un corps en mouvement ou à vaincre son inertie (66).

Nous ferons bientôt connaître le sens qu'on attache le plus ordinairement à ces mots; quand donc il sera question, dans un ouvrage, de quantités de mouvement ou de forces vives, il conviendra de s'assurer s'il s'agit, ou non, du travail mécanique tel que nous l'avons défini.

Un des caractères distinctifs du travail mécanique, c'est qu'il est la chose qu'on paye dans l'exercice de la force, et que sa valeur, son prix en argent, croît précisément comme sa quantité. Car, si l'on ne considère que le travail nécessité directement par la résistance à vaincre, par l'ouvrage à confectionner, il demeure, comme on l'a vu précédemment, exactement proportionnel à la quantité de ce dernier. Mais, redisons-le, ce qui le distingue surtout des autres grandeurs mécaniques, c'est qu'il suppose une résistance, exprimable en poids, à chaque instant vaincue et reproduite, dans le sens même d'un certain chemin parcouru.

81. *Choix de l'unité de travail.* — Le travail mécanique ainsi défini et entendu est donc, en lui-même, une chose absolue, qui ne suppose que l'idée d'un effort exercé et d'un chemin parcouru; mais son expression, en nombres, peut changer selon les circonstances et les conventions admises pour l'unité de chemin ou d'effort, et aussi selon que le travail est ou n'est pas continué uniformément pendant un certain temps. Car, d'une part, l'unité de chemin et l'unité d'effort étant tout à fait arbitraires, l'unité de travail qui en dérive l'est aussi; et, de l'autre, si le travail est longtemps continué d'une manière à peu près uniforme, son expression, en nombres, peut devenir embarrassante par sa longueur; de sorte qu'on se voit alors obligé, pour la simplicité, de ne considérer qu'une certaine fraction du travail total, relative à la durée d'un certain temps, qu'on prend à son tour pour unité. C'est de cette manière que l'idée du temps est introduite dans la notion du travail mécanique, bien que, envisagé sous un rapport plus absolu, ce dernier en soit véritablement indépendant : c'est ainsi, par exemple, qu'on dit d'un cheval attelé à une voiture, à un manége, qu'il exerce *moyennement* (73) un effort de tant de kilogrammes en parcourant un chemin de tant de mètres par minute ou par seconde, et d'un outil, d'une machine, qu'ils développent moyennement une telle quantité de travail dans tel temps. Mais alors il convient de ne pas oublier la durée effective du travail total, en ajoutant, par exemple, qu'il est de tant d'heures pour chaque jour, chaque relai, etc.

On conçoit, d'après cela, quelle est la difficulté de choisir une unité de travail qui puisse servir dans tous les cas possibles et avec un égal avantage : tantôt l'expression du travail, en cette unité, se trouvera composée d'un très-grand nombre de chiffres entiers; tantôt elle exigera, pour la précision, un très-grand nombre de chiffres décimaux; tantôt enfin elle devra être accompagnée de la désignation du temps auquel elle se rapporte, lorsque le travail, étant continué uniformément pendant un ou plusieurs jours, on n'en considérera, pour la simplicité des calculs, qu'une certaine partie relative à l'unité de temps.

82. *Unités de travail proposées ou adoptées.* — Les mécaniciens, sentant l'importance de fixer une unité de travail et de lui donner un nom, comme on l'a fait pour le *gramme*, le *litre*, etc., en ont proposé de diverses espèces; mais on n'est point, jusqu'à présent, tombé d'accord sur le choix de cette unité, et il est probable qu'on ne le sera pas plus pour cet objet que pour désigner l'unité de vitesse, qui dépend à la fois de l'unité de temps et de l'unité de longueur. — MM. Montgolfier, Hachette, Clément, etc., ont pris l'unité de travail égale à 1 mètre cube d'eau ou 1000 kilogrammes élevés à 1 mètre de hauteur, et ils ont nommé cette unité *unité dynamique,* *dynamie*. M. Dupin, de son côté, a proposé (*voyez* ses *Le-çons de Géométrie et de Mécanique*, t. III, *Dynamie*) de prendre 1 000 mètres cubes d'eau ou 1 000 *tonneaux* (31) éle-vés à 1 mètre de hauteur, et il a supposé que ce travail, qu'il nomme *dyname*, s'opérait dans les vingt-quatre heures. Mais aucune de ces unités n'a été définitivement, ni spécialement adoptée dans l'industrie manufacturière.

Enfin, depuis que les machines à vapeur commencent à se répandre en France, les mécaniciens constructeurs emploient assez généralement, pour les travaux soutenus, et d'après l'exemple des Anglais, de qui nous viennent ces machines, une unité de travail qu'ils nomment *force, pouvoir de cheval*, ou simplement *cheval-vapeur*. La force du cheval n'a pourtant rien de bien défini, elle varie suivant une infinité de circonstances, suivant l'âge et la qualité des individus. Néanmoins, si l'on s'en-tendait sur sa valeur *fictive*, et si le Gouvernement la con-sacrait par une loi comme les autres unités de mesure, on pourrait, sans inconvénient, s'en servir comme de terme de comparaison pour tous les travaux mécaniques des machines et des moteurs qui sont continués d'une manière uniforme ou pendant un certain temps. — La valeur qui paraît le plus généralement accréditée, d'après Watt et Boulton, soit en An-gleterre, soit en France, et que les Anglais nomment, pour cette raison, *unité routinière*, s'écarte fort peu du travail mé-canique qui suppose un effort de 75 kilogrammes exercé le long du chemin de 1 mètre, censé parcouru uniformément dans chaque seconde. Telle est du moins l'idée qu'on peut prendre de sa valeur approximative dans l'industrie manufacturière; car, s'il est des constructeurs qui adoptent, pour l'effort con-stamment exercé, 80 kilogrammes, il en est d'autres aussi qui ne le supposent que de 70 kilogrammes seulement; de sorte que l'effort de 75 kilogrammes, équivalant aux $\frac{3}{4}$ du quintal métrique, est véritablement un terme moyen qui diffère rare-ment de plus de $\frac{1}{14}$ de la valeur admise, dans les divers cas, par les parties directement intéressées.

83. *Conventions générales.* — Sans rejeter précisément au-cune des dénominations et des évaluations précédentes de l'unité de travail, lesquelles peuvent avoir leur avantage parti-

culier dans certaines circonstances, nous prendrons le plus
communément pour unité d'effort le *kilogramme*, et pour
unité de distance le *mètre :* de sorte que l'unité de travail mécanique ou d'action sera l'effort de 1 kilogramme exercé le
long du chemin de 1 mètre, quantité qu'avec M. Navier nous
représenterons ainsi $1^{kg \times m}$ ou $1^{kg \cdot m}$ ou enfin 1^{kgm}, et qui se
lit ordinairement *un kilogramme élevé à un mètre de hauteur,*
parce qu'on rapporte volontiers tous les travaux mécaniques
à celui qui consiste dans l'élévation verticale des corps pesants, l'effet produit ou l'ouvrage fait étant alors (78) la mesure
même du travail. — Supposons, par exemple, un effort moyen
ou constant (73) de 225 kilogrammes soutenus le long du chemin de 7 mètres, le travail qui en résulte aura pour valeur
$225^{kg} \times 7^{m} = 1575^{kgm}$, c'est-à-dire 1 575 kilogrammes élévés à
la hauteur de 1 mètre. Cette phrase étant un peu longue à lire,
et rappelant d'ailleurs l'idée d'un travail particulier qu'il n'est
pas indispensable d'exprimer, nous conviendrons de nommer
simplement *kilogrammètre* chacune des unités 1^{kgm}; de sorte
que le travail ci-dessus équivaudra à 1 575 kilogrammètres(*).

Cette dernière convention et celle qui consiste à placer l'in-
dice ^{kgm} à droite et un peu au-dessus du nombre qui exprime
la grandeur du travail, peuvent s'étendre à toutes les hypothèses que, selon les cas, on se croirait obligé de faire sur la
valeur de l'unité de travail ou des unités d'effort et de chemin.
— S'agit-il d'unités de travail dont chacune équivaut à 100, à
1 000 kilogrammes élevés à 1 mètre, c'est-à-dire à un *quintal
métrique,* à un *tonneau* (31), élevés à un mètre, on pourra les
écrire ainsi : 1^{qm}, 1^{tm}, et les nommer *quintalmètre, tonneaumètre :* par quoi l'on devra toujours entendre qu'il est nécessairement question de quintaux métriques et non des anciens
quintaux. — S'agit-il d'unités dont chacune équivaut à 1 livre,
à 100 livres élevées à 1 pied, à 1 toise de hauteur, on pourra les
écrire 1^{lp}, 1^{lt}, 1^{qp}, 1^{qt}, et les nommer respectivement *livrepied,
livretoise, quintalpied, quintaltoise :* bien entendu qu'alors
tout se rapporte à l'ancienne division des unités de poids et de
longueur, appliquées soit aux anciennes valeurs de ces unités,

_____

(*) Cette unité de travail et sa dénomination de *kilogrammètre* sont généralement adoptées aujourd'hui par les auteurs et par les industriels. (K.)

soit aux nouvelles valeurs appelées, dans le commerce, *légales* ou *métriques* (31).

84. *Observations particulières.* — Il serait inutile de s'occuper des unités du travail, telles que celle qui consisterait dans l'élévation de 1 kilogramme à 1000 mètres ou à 1 kilomètre, par exemple; car, d'après nos principes, cette unité est la même que celle qui équivaut à 1^{tn} ou au tonneaumètre, c'est-à-dire à 1000 kilogrammes élevés à 1 mètre. On n'éprouvera donc aucune difficulté à exprimer numériquement et à dénommer la valeur d'un travail quelconque, quelle qu'en soit la grandeur et quelles que soient les conventions qu'on adopte pour l'unité; en spécifiant ensuite, si cela est nécessaire (81) et conformément à ce qui a été dit ci-dessus, le temps pendant lequel ce travail s'opère, on aura une idée complète de sa valeur. C'est ainsi, par exemple, que le travail du cheval-vapeur *en une seconde* pourra être indifféremment représenté par 75^{km} (75 *kilogrammètres*), ou par 450^{lp} (450 *livrepieds*), la livre et le pied étant ici la nouvelle livre et le nouveau pied adoptés légalement en France, et dont l'un vaut le tiers de mètre et l'autre le demi-kilogramme. Si d'ailleurs on voulait simplifier encore plus l'expression du travail quand elle dépend, comme ci-dessus, de l'unité de temps, on pourrait écrire les nombres en cette manière : $75^{km''}, 450^{lp''}$, ou $4500^{km'}, 27000^{lp'}$, selon qu'il s'agirait de la *seconde* ou de la *minute*.

Il arrive assez ordinairement que, pour les travaux soutenus des moteurs, on ne considère ainsi que la longueur du chemin décrit pendant la seconde, prise pour unité de temps, afin d'avoir de petits nombres à considérer. Cette longueur étant aussi celle qu'on adopte le plus volontiers (48 et suivants), pour exprimer la vitesse même du mouvement, on voit que le travail, pendant l'unité de temps, se trouve réellement mesuré par le produit d'un effort ou d'un poids et d'une vitesse. C'est, comme nous le verrons un peu plus loin, ce qui fait quelquefois confondre (80) le *travail mécanique* ou la *quantité d'action* avec la *quantité de mouvement,* quoique leurs significations et leurs mesures soient, dans le fond, très-différentes.

Des conditions du travail mécanique.

85. *Première condition générale*. — D'après nos définitions,
le travail mécanique des forces suppose à la fois une résistance
vaincue et un chemin décrit dans la direction de cette résistance; d'où il résulte que, dès qu'il n'y a pas de résistance
vaincue ou de chemin décrit, il n'y a pas non plus de travail
mécanique. Mais il n'en faudrait pas conclure, à l'inverse, qu'il
y a nécessairement travail toutes les fois qu'une puissance
exerce, d'une manière soutenue et pendant un temps plus ou
moins long, un effort dans la direction du chemin parcouru
par son point d'application ; car il faut encore que le mouvement actuel de ce point ne soit pas indépendant de l'action de
la force motrice et de la résistance, ou que ces forces puissent être considérées comme la cause directe et nécessaire qui
modifie ou qui entretient le mouvement. Sans cette condition,
en effet, il n'y aurait point de travail produit, et tout se réduirait de la part du moteur, à exercer un certain effort, pendant
le temps même où il serait entraîné, avec la résistance, dans le
mouvement général et indépendant de sa propre action.

Nous savons bien, par exemple, que la terre tournant sans
cesse sur elle-même et entraînant avec elle les corps placés à
sa surface, on n'y peut exercer un effort quelconque, sans
qu'en même temps le point d'application de cet effort décrive continuellement un certain chemin dans l'espace absolu (46). Or, il est évident en soi que, si le point d'application du moteur et de la résistance reste en repos par rapport
aux objets environnants qu'on regarde comme fixes, il n'y a
pas eu véritablement de travail produit : c'est qu'en effet le
mouvement de transport général de la terre est indépendant
de l'action de ces forces, et n'en continue pas moins quand
cette action cesse. — Un homme qui, placé dans une voiture
ou dans un bateau, tirerait sur un point fixe, c'est-à-dire fer-
mement attaché à cette voiture, à ce bateau, ne travaillerait
pas davantage; et il en serait de même de deux hommes qui
se tireraient, sur cette voiture, sur ce bateau, sans bouger de
place, sans s'entraîner réciproquement; car le mouvement

général de ces corps étant indépendant de leur propre action, ils ne dépenseraient en eux-mêmes rien pour l'entretenir.

Mais si, dans ces divers cas, l'obstacle ou le point d'application des forces égales et opposées venait à céder à leur action, en décrivant un certain chemin dans le sens même de cette action, indépendamment de celui qui résulte du transport général, alors il y aurait un travail produit, mesurable, à chaque instant, par le résultat de la multiplication de l'effort exercé et du petit *chemin relatif* que décrit son point d'application, c'est-à-dire du chemin qu'il décrit par rapport aux objets qu'on peut regarder comme fixes sur la terre, sur la voiture ou sur le bateau.

86. *Seconde condition générale.* — Ceci étant entendu une fois pour toutes, et le chemin que l'on considère dans la mesure, en nombres, du travail mécanique, étant le chemin relatif véritable en vertu duquel ce travail s'opère, on conclut naturellement, des procédés par lesquels on obtient (71 et 72) cette mesure, d'une part, qu'elle sera nulle en elle-même, toutes les fois qu'il en sera ainsi de l'un quelconque des facteurs dont elle se compose; et, de l'autre, que ce serait fort mal estimer la valeur mécanique, le pouvoir de production d'une machine, d'un moteur quelconques, que de se borner, comme on le fait quelquefois, à tenir compte simplement ou de la grandeur de l'effort dont ils sont capables en certains points, ou de la vitesse que possèdent, de la longueur d'espace que parcourent, dans un temps donné, leurs diverses parties; qu'en un mot, sous le point de vue qui nous occupe, la grandeur de l'*effort absolu*, ou du plus grand effort que les moteurs peuvent exercer sans faire mouvoir sensiblement leur point d'application, n'est pas plus un signe de leur puissance de travail, que ne le sont et la *vitesse* et le *chemin absolus*, la plus grande vitesse et le plus grand chemin qu'ils peuvent prendre ou parcourir, sans exercer d'effort dans la direction propre de cette vitesse ou de ce chemin.

87. *Réflexions sur le travail des moteurs animés.* — Ainsi, par cela seul qu'un homme, un cheval marcheraient plus ou moins longtemps et avec une vitesse plus ou moins grande,

sur un chemin horizontal, nous ne dirons pas qu'ils travaillent; nous n'en conclurons pas même que ce seraient de bons
travailleurs, qu'ils produiraient beaucoup d'ouvrage, si on les
appliquait à une machine, à une charrue ou à un outil quelconque. Pareillement encore, de ce qu'un homme, un cheval
seraient capables de soutenir, en repos, contre l'action de la
pesanteur, un poids plus ou moins considérable; de ce que,
tirant au moyen de traits un obstacle qui reste fixe, ils seraient
capables de bander ces traits avec un effort plus ou moins
grand, on n'en saurait conclure qu'ils sont bons travailleurs,
qu'ils produisent actuellement beaucoup de travail mécanique,
ni qu'ils seraient capables d'en livrer d'une manière soutenue
une grande quantité, si l'obstacle venait à cheminer tout en
résistant à leurs efforts. — Ainsi l'*Hercule du Nord*, tant vanté
pour sa force prodigieuse, n'eût probablement pas, dans un
travail réellement utile et longtemps continué, pu soutenir le
parallèle avec un de nos bons manouvriers ordinaires; ainsi
les coureurs, les coursiers qui franchissent si rapidement de
longs espaces, seraient généralement peu capables, sous d'autres rapports, de rendre les services d'un homme moins agile,
d'un coursier moins rapide, mais bons travailleurs.

Il est tellement vrai qu'exercer un effort ou soutenir un fardeau sans se mouvoir, ce n'est pas proprement travailler, qu'on
peut toujours alors remplacer un moteur par un corps inerte,
tel qu'un *support*, une *colonne*, un *trait*, un *tirant*, etc.; et
il ne l'est pas moins de dire que le mouvement, sans effort
exercé, sans résistance vaincue, ne peut constituer un véritable travail, puisqu'en vertu de l'inertie de la matière (55), le
mouvement une fois acquis se continue, de lui-même, indéfiniment et sans perte si, comme on le suppose, rien d'extérieur
ne tend à le modifier ou à le ralentir.

88. *Distinction du travail intérieur et du travail extérieur.*
— Malgré ces réflexions sur la nullité du travail mécanique
produit par les moteurs dans les circonstances précitées, on
remarquera que chacun de ces emplois de la force peut quelquefois avoir son genre particulier d'utilité dans les arts, surtout relativement aux moteurs animés, et qu'on peut même,
sous certains rapports, les considérer comme une sorte de

travail dès lors qu'ils produisent la fatigue et qu'ils supposent des *résistances intérieures* sans cesse renouvelées et vaincues; mais il ne s'agit ici expressément que du travail *extérieur* et *effectif* des moteurs, travail qui est le *résultat* d'actions intérieures plus ou moins compliquées, qui ne peuvent être aucunement l'objet de nos investigations (75 et suivants). Or, sous le point de vue purement mécanique, ce travail extérieur doit être considéré comme nul, dans les circonstances qui viennent d'être spécifiées, de la même manière que nous regarderions comme nul le travail d'une machine qui marcherait *à vide*, c'est-à-dire dont *l'outil* ne rencontrerait point de résistance, ne confectionnerait point d'ouvrage, ou celui d'une machine dont l'outil, soumis à une trop forte résistance, ne pourrait marcher malgré l'action des forces motrices qui y sont appliquées; et, en effet, le cas est tout à fait semblable, attendu qu'ici la puissance n'en a pas moins consommé, ou n'en consomme pas moins une certaine quantité de travail pour vaincre les résistances intérieures et inhérentes aux pièces de la machine.

89. *Tout mouvement, toute action des forces supposent un travail.* — Si nous considérons les choses sous un point de vue plus rigoureux encore et plus absolu, nous arriverons à reconnaître que, dans la réalité, il n'y a point d'action sans effet plus ou moins sensible, et d'effet sans dépense de travail plus ou moins appréciable.

D'une part, les corps ne pouvant se mouvoir, sur notre globe, sans éprouver tout au moins une certaine résistance (3) de la part de l'air, et ne pouvant sortir du repos sans que leur inertie se soit d'abord opposée (66) à l'action de la puissance, on voit qu'en résultat, le mouvement, de quelque nature il puisse être à la surface de la terre, suppose toujours une certaine quantité de travail, soit actuellement, soit primitivement dépensée par un moteur.

D'une autre part, puisque tous les corps sont plus ou moins compressibles et extensibles, une force motrice ne peut jamais agir, même contre des obstacles fixes, sans produire et dépenser une certaine quantité de travail mécanique. Car le point où cette force est appliquée a plus ou moins cédé (63);

6

le corps a plié, s'est aplati, ou s'est allongé; les ressorts moléculaires ont opposé de la résistance, il y a eu un petit chemin décrit par le point d'application de la force et dans sa
direction propre. D'abord l'effort, ou la résistance égale et
contraire (64) étaient nuls; ensuite ils ont augmenté progressivement jusqu'à ce qu'ayant atteint leur valeur maximum,
leur plus grande valeur et le corps sa plus grande déformation
possible, l'action de la force motrice s'est réduite à maintenir
ce corps ou l'obstacle à son état de tension et au repos, sans
produire désormais aucun travail mécanique.

90. *Quand et comment ce travail peut être censé nul.* —
Nous venons de prouver que tout mouvement acquis, toute
action des forces sur les corps supposent ou nécessitent réellement une certaine dépense de travail; on ne peut donc pas
dire, d'une manière absolue, que, dans les cas précités (87)
d'un moteur qui chemine sans pousser, et qui presse ou tire
un obstacle solide sans le faire cheminer, il n'y ait pas eu
de travail extérieurement développé. Mais on doit considérer
que ce travail, uniquement employé à vaincre la résistance
de l'inertie et de l'air ou les forces moléculaires du corps, est,
dans le fait (*), presque toujours une bien faible portion de
celui que pourrait livrer le moteur, s'il agissait, avec une
vitesse et un effort modérés, contre une résistance qui serait
susceptible de céder continuellement à cet effort dans le sens
même du chemin qu'il fait décrire à son point d'application.

C'est sous ce rapport seulement, et attendu aussi la non-
utilité des résultats, qu'en pratique il serait permis de considérer comme nul et de négliger entièrement le travail extérieurement développé par les moteurs. Quant au point de vue
purement mécanique, il va sans dire (85 et 86), qu'exercer un
effort, sans le répéter le long d'un chemin, ou cheminer sans
exercer d'effort, ce n'est point travailler.

91. *Action d'une force perpendiculaire au mouvement.* —
Des réflexions analogues sont applicables toutes les fois

(*) *Voyez* dans la deuxième Partie les articles qui concernent la résistance
de l'inertie et de l'air.

qu'une force, agissant en un certain point d'un corps en mouvement, ce point ne cède pas sensiblement à l'action de la
force et dans sa direction propre, vu que le chemin qu'il est
contraint de décrire, par suite de sa liaison avec d'autres
corps, demeure, à chaque instant, perpendiculaire à la direction de la force. Celle-ci ne faisant donc que comprimer inutilement le corps, et ne produisant aucun travail effectif dans
le sens du mouvement, sa quantité de travail ou d'action
devra encore être censée nulle, tout comme pour le cas d'un
moteur qui agit sur un obstacle fixe. — Un homme qui tirerait ou pousserait sur le côté d'une voiture en mouvement et
perpendiculairement au chemin qu'elle décrit, n'aiderait en
rien le travail des chevaux ; son effet serait absolument nul
quant à *l'objet utile* du travail. La même chose peut se dire
encore d'un homme qui tirerait ou pousserait contre la barre
d'une *roue à manége*, dans le sens de la longueur de cette
barre et non dans celui de son mouvement circulaire, etc.
Cependant le moteur n'en aurait pas moins, dans ces deux
cas, réellement dépensé et développé une certaine quantité
d'action en comprimant ou distendant le corps auquel il est
appliqué.

92. *Transport horizontal des fardeaux.* — Le cas que nous
considérons est aussi celui d'un homme ou d'un animal quelconque qui chemine horizontalement en portant un fardeau ;
car l'action du poids est perpendiculaire à celle du chemin ;
elle ne tend qu'à comprimer les parties sur lesquelles ce
poids repose ; il n'y a pas sensiblement (90) de résistance
vaincue, et par conséquent de travail produit dans le sens du
mouvement horizontal du point où agit le fardeau, bien que
le moteur se fatigue ; bien qu'il développe intérieurement
une certaine quantité de travail ; bien qu'enfin le transport
horizontal d'un fardeau ait en lui-même un but d'utilité dans
les arts, et qu'il puisse, sous un certain rapport, être considéré comme un travail d'une espèce particulière, tout à fait
distincte, et qui, comme l'autre, a son unité de mesure, son
prix en argent.

Le transport horizontal des fardeaux, par les moteurs animés est, au surplus le seul ouvrage dont la mesure ne puisse

6.

se rapporter directement à celle que nous avons jusqu'ici
adoptée; et cela seulement en tant qu'il ne suppose pas en
lui-même une résistance vaincue dans le sens propre du mouvement, et que le corps est immédiatement supporté par le
moteur; car lorsque celui-ci est employé à mouvoir un corps
horizontalement sur un traîneau, une voiture ou un bateau,
il se développe, de la part du terrain, des essieux de la voiture, ou du fluide, des résistances qui s'opposent directement
à l'action de ce moteur, et qui nécessitent une dépense plus
ou moins forte de travail mécanique effectif et mesurable
comme il a été expliqué précédemment (71 et 72). Aussi
faudra-t-il bien se garder, par la suite, de confondre ce
dernier travail avec le premier, et de lui supposer la même
unité de mesure ni la même valeur en argent. — L'expérience
prouve, par exemple, qu'il est plus facile à un homme de
transporter à dos et à 6 lieues de distance horizontale, un
corps qui pèse 5o kilogrammes que d'exercer, d'une manière
soutenue et le long du même chemin, un effort de 1o kilogrammes seulement.

93. *Observations sur le transport horizontal.* — On voit,
d'après cela, quelle erreur on commettrait si, voulant, par
exemple, estimer le travail mécanique nécessaire pour transporter, sur un chemin horizontal, un fardeau par le moyen
d'une voiture, on se contentait de multiplier le poids de ce
fardeau et de cette voiture par le chemin décrit, ou si l'on
confondait l'effet utile, l'ouvrage avec le travail mécanique
même que développe le moteur par l'intermédiaire des traits.
On n'en a pas moins nommé, d'après notre célèbre ingénieur
Coulomb, qui a fait beaucoup d'expériences sur le travail de
l'homme considéré dans diverses circonstances, on n'en a pas
moins nommé, dis-je, *quantité d'action* l'effet qui consiste
dans le transport horizontal d'un fardeau à une certaine distance; et non-seulement on a mesuré cet effet par le produit
du poids transporté et du chemin horizontal parcouru, à peu
près comme nous avons mesuré le travail mécanique véritable par le produit de l'effort et du chemin décrit dans le
sens de cet effort, mais encore on a quelquefois comparé
entre eux ces deux genres d'exercices de la force, d'autant

-plus distincts, que l'un est absolument nul à l'égard de l'autre, ainsi que nous l'avons expliqué ci-dessus.

Mais ce qui prouve incontestablement que, sous le point de vue purement mécanique, et lorsqu'on n'a point égard au mode particulier d'agir des moteurs animés, lesquels peuvent se fatiguer sans se mouvoir et sans absolument rien produire d'extérieur, ce qui prouve, disons-nous, que le transport horizontal des corps ne suppose pas en lui-même une dépense nécessaire de travail mécanique, c'est qu'on peut diminuer indéfiniment cette dépense par des appareils ou des dispositifs matériels convenables ; tels que des voitures, des bateaux, des chemins de fer, etc. (*), qui ont la propriété de diminuer l'effet des résistances de toute espèce ; c'est qu'on peut même le concevoir indépendamment de ces résistances, tandis que tous les genres de travaux industriels, analogues à ceux qui ont été cités nᵒˢ 70 et suivants, exigent nécessairement une dépense absolue de travail mécanique ; c'est qu'enfin le résultat de ce transport ne peut jamais être directement la source d'un nouveau travail, tandis que cela arrive souvent pour l'autre, comme on aura bientôt occasion de le voir.

94. *Réflexions générales.* — En général, et il faut bien le redire encore (75 et 77), nous ne considérons le travail mécanique que par rapport à lui-même, c'est-à-dire d'une manière absolue et indépendamment du degré de fatigue qu'il suppose de la part des moteurs animés, ou des circonstances qui, dans les arts, font varier son emploi, son prix ou sa valeur en argent. Et, quoiqu'il puisse bien arriver, par exemple, que telle quantité de travail mécanique, employée par un moteur

---

(*) En effet, on sait par expérience qu'un cheval marchant au pas ne peut porter à dos qu'environ 120 kilogrammes de poids, sur un chemin horizontal et d'une manière soutenue, tandis que, sans se fatiguer davantage, il peut en transporter jusqu'à 800 kilogrammes sur une bonne route ordinaire et au moyen d'une voiture ; qu'il en peut transporter facilement 8000 sur un chemin de fer, et jusqu'à 60000 sur un canal horizontal. Il est évident qu'il n'y a aucun moyen pareil de diminuer le travail nécessaire pour élever verticalement les corps contre l'action de la pesanteur, ou pour changer la forme même de ces corps, etc.

à élever verticalement un corps à une certaine hauteur, coûte plus ou moins de fatigue et d'argent, que la même quantité de travail employée à transporter horizontalement, sur une voiture, un autre corps à une certaine distance, nous n'en regarderons pas moins ces quantités comme équivalentes; parce qu'en effet on peut, à l'aide de machines, d'appareils convenables, transformer immédiatement l'une de ces opérations en l'autre, et que c'est même là l'objet de la Mécanique industrielle, telle que nous l'envisageons plus spécialement dans cette première Partie du Cours.

Cela n'empêchera pas, un peu plus tard, de revenir à l'état réel des choses, et d'établir, d'après les données de l'expérience, la comparaison exacte entre les divers genres de travaux des machines et des moteurs animés ou inanimés. Et, si d'ailleurs nous sommes entrés aussi avant dans les discussions précédentes, c'est afin de bien préciser le point de vue sous lequel nous prétendons envisager le travail mécanique des forces, et d'éviter qu'on ne le confonde avec les autres résultats de l'exercice de ces forces.

De la consommation et de la reproduction du travail.

Les réflexions qui précèdent ne sont pas en elles-mêmes dénuées de toute importance; car elles nous avertissent, d'une part, que si les moteurs animés sont susceptibles de se fatiguer sans produire extérieurement un travail mécanique appréciable, sans même mouvoir aucune des parties de leur corps; de l'autre, ces moteurs et les forces motrices, en général, peuvent aussi consommer une portion plus ou moins grande du travail mécanique qu'ils développent extérieurement, à vaincre des résistances nuisibles ou étrangères à celles qui constituent l'effet utile, l'effet qu'en définitive il s'agit de produire pour les besoins de l'industrie. C'est ainsi qu'un moteur dépense, en pure perte, une partie de son travail, à vaincre la résistance de l'inertie et celle de l'air (89) qui s'opposent à son mouvement, et qu'il peut, dans certains cas, comprimer ou distendre, sans utilité réelle (91 et 92), les ressorts moléculaires des corps, etc. Mais, afin d'acquérir des notions exactes et saines sur la manière dont se produit ou se consomme, dans diverses circonstances, le travail mécanique des forces, il est nécessaire d'entrer dans quelques développements qui feront l'objet des paragraphes suivants.

95. *De l'absorption et de la restitution du travail par les ressorts.* — Pour démontrer clairement comment le ressort des corps peut développer ou restituer, lors du débandement, une certaine quantité de travail mécanique qu'il a primitivement absorbée, il ne s'agit que de voir ce qui se passe à l'instant où un corps revient progressivement à sa forme primitive après avoir été comprimé, et se rappeler ce que nous avons dit précédemment (72 et suiv.) sur la manière de mesurer la quantité de travail d'une force qui varie à chaque instant.

Supposons qu'un moteur soit employé à bander un ressort quelconque (*Pl. I, fig.* 25), en développant, sur un même point A de ce ressort, et dans la direction propre du chemin que tend à décrire ce point, des efforts F qui sont de plus en plus grands (15, 19 et 89) à mesure que la compression ou la distension augmentent. Formons, comme nous l'avons expliqué (72), une courbe $Oa'b'c'...h'$ (*Pl. I, fig.* 26), dont les abscisses représentent les chemins successivement décrits par le point d'action A (*Pl. I, fig.* 25) de la force F, dans la direction propre de cette force, et dont les ordonnées représentent les valeurs, en kilogrammes, des efforts correspondants exercés sur le ressort, efforts que détruit la réaction égale et directement contraire de ce ressort; la quantité de travail développée ou absorbée, pour un petit chemin quelconque cd (*Pl. I, fig.* 26), sera mesurée (72) par le trapèze $cc'd'd$ formé sur ce chemin et les ordonnées correspondantes cc', dd'; et le travail total le sera par l'aire entière $Od'h'hO$ comprise entre la courbe, l'axe des abscisses et la dernière ordonnée hh', représentant le plus grand effort.

Supposons maintenant que le ressort (*Pl. I, fig.* 25), arrivé à cette position, soit employé à vaincre une résistance qui cède lentement à son action dans le sens même du chemin primitivement décrit par le point d'application A de la force F; ce

ressort va développer contre la résistance une quantité de
travail qu'on pourra calculer en appréciant, en poids, les
diverses pressions qui correspondent à chaque position du
ressort, depuis l'instant où la compression est la plus forte
jusqu'à celui où elle est nulle, et où ce ressort est parvenu à
la position qu'il peut conserver par lui-même. Si le corps reprend, à ce dernier instant, exactement la forme qu'il avait
avant d'être bandé; si d'ailleurs les pressions qui répondent
aux mêmes degrés de tension, aux mêmes positions, sont les
mêmes; si, en un mot, le corps possède, dans son retour
vers sa forme primitive, dans sa *détente*, la même énergie
qu'auparavant, ce qui suppose (17) qu'il soit parfaitement
élastique, et que sa constitution intime n'ait pas été altérée;
dans ces circonstances, disons-nous, la quantité de travail
développée par le ressort contre la résistance sera nécessairement égale à celle qu'il a fallu dépenser primitivement pour
la bander, puisque la courbe, qui donne la loi des pressions
et des espaces décrits, sera aussi la même de part et d'autre.
Si, au contraire, le corps n'est pas parfaitement élastique, non-
seulement il ne reviendra pas à sa première forme, mais encore les pressions seront moindres dans le débandement; le
travail restitué sera aussi moindre que celui qui a d'abord été
dépensé, et une certaine portion de ce dernier aura été totalement perdue pour l'effet: c'est évidemment celle qui est
nécessaire pour produire les *altérations moléculaires* ou de
constitution intime, survenues dans le corps.

96. *Des ressorts considérés comme réservoirs de travail.* —
Nous avons vu (15 et 18) qu'il n'y a guère que l'air et les gaz
qui soient à la fois très-compressibles et parfaitement élastiques, lorsqu'on les enferme dans des espaces clos et qu'on
les y refoule au moyen d'un piston mobile, etc. De tels ressorts peuvent donc servir avantageusement à *emmagasiner* le
travail mécanique, à faire fonction de *réservoirs*, en les ban-
dant jusqu'à un certain point, et les maintenant à ce point
par des moyens faciles à imaginer; car, lorsqu'ensuite on
viendra à les abandonner à eux-mêmes contre des résistances
à vaincre et qui céderont lentement à leur action, ils resti-
tueront, en se débandant, exactement la quantité de travail

qu'ils auront d'abord consommée (*). Nous disons *lentement*, parce qu'en effet, si la détente se faisait *brusquement*, une certaine portion de ce travail serait employée (66) à vaincre la force d'inertie des molécules propres du ressort, c'est-à-dire à lui imprimer du mouvement, des vibrations (19), etc. (**). C'est ce qui arrive, entre autres, dans le fusil à vent, dont l'usage est bien connu et qui n'est véritablement qu'un réservoir d'air comprimé dans lequel on a accumulé une certaine quantité de travail pour s'en servir à lancer des balles au besoin. — Les *catapultes*, les *balistes*, les *arcs*, machines employées par les anciens, lançaient pareillement des pierres, des flèches, etc., par le débandement de ressorts ordinairement formés avec des cordes ou des pièces de bois flexibles; mais de tels ressorts devaient nécessairement absorber, en pure perte, une grande portion du travail qui leur était confié.

Les ressorts ne servent pas seulement à lancer des *projectiles*, on peut aussi leur faire mouvoir des machines quelconques, et produire des travaux industriels. — C'est avec de semblables moyens, par exemple, que les montres et les pendules reçoivent le mouvement pendant des jours, des mois entiers, par le débandement d'un ressort d'acier roulé en spirale, et que l'on a quelquefois tenté, mais sans succès, de mettre en mouvement des machines beaucoup plus puissantes. En un mot, l'élasticité permet d'enfermer, dans les corps inertes, une force capable de les faire travailler à la manière des moteurs animés, tels que l'homme et le cheval.

97. *Consommation inutile du travail par les ressorts.* — Ce qui précède en offre déjà des exemples; mais tous les travaux industriels ne s'effectuant que par l'intermédiaire de diverses pièces, de divers agents matériels qui constituent les outils,

---

(*) On verra plus loin (note du n° 105) que, pour que les gaz parfaitement élastiques restituent exactement le travail dépensé pour les comprimer, il faut que, dans l'ensemble de l'opération, il n'y ait ni gain, ni perte de chaleur à travers l'enveloppe du réservoir. Ces circonstances se rencontrent rarement dans la pratique; en général, il y a perte de chaleur, et, par suite, diminution du travail restitué. (K.)

(**) *Voyez*, dans les *Applications*, ce qui concerne en particulier *les causes qui diminuent les effets de la détente des gaz*, n° 184.

les machines, et ces pièces ne pouvant opérer sur la résistance, ou transmettre le mouvement, l'action des forces, sans être comprimées ou distendues, on aperçoit généralement que, même quand le point d'application de la force motrice est mis en mouvement dans la direction propre de cette force (91), il doit d'abord se dépenser une certaine quantité de travail pour amener les pièces au degré de tension relatif à la plus grande intensité de l'action, ou à l'état régulier du travail et du mouvement. Or il pourra arriver (95) que ce premier travail de la puissance soit totalement perdu si, l'action de celle-ci venant à diminuer ou à cesser, les corps conservent la forme qu'ils ont acquise par suite du travail; c'est-à-dire s'ils ne sont pas suffisamment élastiques (19), ou, plus généralement encore, si les ressorts moléculaires, en se débandant, ne contribuent pas à accroître le travail, à l'instant où l'action de la puissance cesse, comme ils ont contribué à l'amoindrir lorsqu'ils ont été primitivement bandés par l'effet de cette action.

On conçoit même que, si l'action du moteur ou celle de la résistance produite par le travail varie d'une manière irrégulière, c'est-à-dire si elle a de fréquentes *intermittences* ou interruptions, de telle sorte que tantôt elle devienne plus faible, tantôt plus forte; que tantôt elle s'exerce dans un sens, tantôt dans un sens contraire; qu'en un mot, si les corps sont souvent comprimés, puis distendus, la perte de travail pourra, à la longue et surtout quand les efforts exercés seront considérables, devenir très-comparable au travail total de la puissance; ce qui n'aurait pas lieu si l'action de cette dernière était constamment la même, ou si elle ne variait seulement qu'aux reprises et aux cessations complètes du travail.

98. *Moyens généraux de diminuer cette consommation.* — On peut, dès à présent, entrevoir tout l'avantage qu'il y a à éviter, dans les machines, les *chocs* ou secousses qui développent des pressions considérables; à régulariser l'action des forces elles-mêmes et le mouvement des pièces qui la transmettent, quand il s'agit de leur faire opérer, d'une manière continue, un travail industriel quelconque; à employer enfin, pour ces pièces, des corps en même temps raides et élas-

tiques; c'est-à-dire très-peu susceptibles de changer de forme sous l'action des forces, et capables, quand cette action cesse, de reprendre leur forme primitive, sans avoir subi aucune altération moléculaire ou intime (20); car cette altération est une des causes finales de la *déperdition*, de la consommation inutile du travail.

Voilà précisément pourquoi on préfère généralement, dans la construction des machines, se servir de roues qui tournent uniformément autour d'axes fixes, pour recevoir et communiquer le mouvement ou même pour servir d'outils; car, d'après la petite étendue des ateliers consacrés aux travaux de l'industrie, le mouvement uniforme et longtemps continué est impossible pour les pièces qui sont assujetties à décrire des lignes droites. Voilà pourquoi aussi on se sert, pour travailler les bois, les métaux, etc., de marteaux, de burins, de couteaux, de limes, de ciseaux, de scies en acier trempé, et dont les dimensions, les proportions sont tellement combinées, qu'ils fléchissent en réalité très-peu sous l'action des forces qui les mettent en jeu, et des résistances qu'ils doivent vaincre. Car, non-seulement des outils en fer doux, en cuivre, en plomb, travailleraient fort mal, non-seulement ils exigeraient de fréquentes réparations, mais encore ils consommeraient ou absorberaient, en pure perte, une grande quantité de travail mécanique, sans produire beaucoup d'ouvrage. Or ces réflexions sont d'autant plus importantes, qu'elles s'appliquent à tous les outils employés dans les arts, si ce n'est à ceux pour lesquels un certain degré de flexibilité est une qualité essentielle, tels que les *spatules*, les *pinces*, les *ressorts*, etc.; encore faut-il que la matière de ces outils soit suffisamment résistante ou *dure*, en elle-même, pour ne pas s'user aisément, et qu'elle soit assez élastique pour ne pas perdre promptement sa forme.

99. *De la production du travail par la chaleur.* — Le calorique qui dilate les corps (21 et 24) en s'insinuant entre leurs diverses molécules, rend, par là même, ces corps capables de développer du travail mécanique; car il met en jeu leur force de répulsion (27), il bande les ressorts moléculaires; et, quand des obstacles ou des résistances quelconques s'op-

posent à leur libre extension, ces résistances sont vaincues
en même temps qu'un certain chemin est décrit par leur point
d'application. A l'inverse, quand on vient à refroidir un corps
chaud par un moyen quelconque, quand on en fait sortir une
certaine quantité de calorique, les ressorts moléculaires,
abandonnés à leur libre action, tendent à retourner vers leur
position primitive, et font effort contre les résistances qui s'y
opposent, absolument de la même manière que si le corps
avait été réellement distendu par des forces extérieures quelconques. On peut d'ailleurs admettre, comme fait d'expérience,
que, dans les changements de volume des corps échauffés ou
refroidis, la quantité de travail développée par les ressorts
moléculaires, est précisément la même que celle que dépenseraient des forces, appliquées extérieurement au corps, pour
produire des effets égaux si la température (22) restait constante (*).

Nous avons déjà donné (25) quelques exemples des effets
de la chaleur et de l'usage qu'on peut en faire, dans les arts,
pour consolider les édifices ou rapprocher les diverses parties
des corps; en voici d'autres d'une espèce toute différente. —
Quand on enferme hermétiquement de l'eau dans un canon
de fusil ou dans une chaudière, et qu'on la chauffe à un certain degré, elle tend à se transformer en vapeur (3); elle fait
de toutes parts effort contre les parois de l'enveloppe, et finit,
lorsqu'on augmente suffisamment la chaleur, par faire éclater
cette enveloppe, et par en lancer violemment les débris dans
tous les sens. La chaleur, employée à produire l'inflammation
de la poudre à canon, produit des effets non moins terribles et
bien connus d'ailleurs. Dans l'un et dans l'autre cas, la *force
d'explosion* est produite par le développement rapide des
gaz ou vapeurs qui tendent (15 et 21) à s'échapper, en tous
sens, par suite de l'élévation de la température. De là, au surplus, les accidents graves survenus aux chaudières de certaines
machines à vapeur et aux marmites dites *autoclaves*.

100. *Usage du calorique comme moteur.* — Nous avons
vu (26) combien est faible, en général, la dilatation des corps

---

(*) *Voir* les notes des nᵒˢ 105 et 222. (K.)

solides; celle des liquides ne l'est guère moins, tant qu'on ne les échauffe pas de manière à les convertir entièrement en vapeur; il en résulte donc que les solides et les liquides proprement dits ne font décrire au point d'application des résistances à vaincre, qu'un espace en général fort petit, et qu'ils ne peuvent développer un travail notable qu'autant que ces résistances sont très-grandes. Voilà précisément pourquoi on les emploie rarement quand il s'agit d'effectuer, dans les arts et par l'application de la chaleur, des travaux soutenus qui exigent qu'un certain chemin, plus ou moins grand, soit décrit dans chaque unité de temps. Les gaz et les vapeurs n'ont pas cet inconvénient (21 et 26), aussi peuvent-ils être avantageusement employés comme moteurs dans ces sortes de travaux : la vapeur d'eau surtout, qu'on se procure à si peu de frais, sert spécialement à cet usage dans l'industrie manufacturière.

101. *Conditions générales de l'emploi des moteurs.* — Des réflexions analogues sont applicables à tous les agents qui peuvent servir de moteurs, et montrent la limite de l'utilité de leur emploi dans les arts; ils expliquent, par exemple, pourquoi on fait aujourd'hui si rarement usage de la force des ressorts ou de celle des bois et des cordages mouillés (11), pour servir de moteurs dans des travaux soutenus, indépendamment de leur cherté propre, et de l'inconvénient qu'ils ont de mettre en jeu de grands efforts qui consomment, en pure perte (97), une certaine portion de la quantité de travail qui leur est livrée.

102. *De la reproduction du travail par la pesanteur.* — La pesanteur offre, comme l'élasticité des corps, un moyen d'emmagasiner le travail mécanique des forces et de le rendre disponible au besoin.

Quand un moteur a élevé verticalement un corps à une certaine hauteur, en dépensant une quantité de travail mesurée (78) par le produit du poids de ce corps et de la hauteur à laquelle il a été élevé; ce même corps, employé ensuite à vaincre des résistances, soit directement, soit par l'intermédiaire de machines, pourra restituer, dans sa descente, précisément la même quantité de travail que celle qui a été primitivement dépensée. — C'est ainsi que le mouvement est communiqué aux grandes horloges, aux tournebroches, etc., et que l'eau, en s'échappant des réservoirs où elle est contenue et a été accumulée par la nature ou par l'art, fait mouvoir, par son poids, les roues de nos moulins, de nos usines diverses.

Nous disons que la quantité de travail restituée dans la descente verticale d'un poids, d'une certaine hauteur, est précisément égale à celle qui a été primitivement dépensée pour l'élever à cette hauteur ; car l'intensité d'action de la pesanteur est sensiblement la même (61), soit qu'un corps monte, soit qu'il descende ; et par conséquent la pression exercée par le poids de ce corps contre une résistance à vaincre ne varie pas dans les deux cas; de sorte que, pour un même chemin vertical décrit, le travail ne varie pas' non plus. Mais, quand bien même on admettrait que l'intensité de la pesanteur n'est pas constante pour toutes les hauteurs du corps, on n'en conclurait pas moins que le travail développé dans la descente est égal au travail consommé dans la montée, attendu que le poids est, pour chaque position distincte d'un corps, une grandeur absolue (61) et qui ne varie pas avec le temps. En effet, les raisonnements seraient ici semblables à ceux que nous avons employés (95) pour le cas des ressorts parfaitement élastiques, et ils s'appliqueraient également à tous ceux où des forces motrices, agissant sur des corps, redeviendraient constamment les mêmes, pour les mêmes positions relatives de ces corps.

103. *Réflexions nouvelles sur la déperdition du travail.* — Nous devons ici reproduire, à l'occasion de la pesanteur, les observations que nous avons déjà présentées plus haut (97 et suiv.) relativement à la restitution du travail par les ressorts même les plus parfaits : cette restitution, pour être complète en pratique comme en théorie, suppose que l'action de la pesanteur soit convenablement utilisée contre des résistances à vaincre pour les besoins propres de l'industrie. Mais, attendu qu'il est impossible d'éviter que des résistances étrangères ne viennent s'opposer aux mouvements quelconques des corps, on recueillera, par un double motif, moins de travail utile

dans la descente du poids qu'il n'en a fallu dépenser dans sa montée. On peut même prévoir, à l'avance, que la restitution complète du travail n'arrive, à proprement parler, dans aucuns des appareils de l'industrie et quels que soient les agents qu'on y emploie; car il n'y en a point où la résistance de l'air et des fluides, le frottement, l'adhérence des corps qui glissent les uns sur les autres, la compressibilité, l'élasticité, la pesanteur même, ne viennent jouer un rôle indispensable, et détruire, par leur opposition inévitable, une portion plus ou moins grande du travail primitivement développé par le moteur.

On n'en doit pas moins distinguer avec soin les agents ou actions mécaniques qui comportent une restitution plus ou moins parfaite du travail, de ceux qui l'absorbent en entier et sans retour; le frottement, la résistance de l'air, que nous venons de citer et qu'on nomme, pour cette raison, *résistances passives*, sont dans ce dernier cas. En général, toutes les fois qu'une certaine quantité de travail aura été dépensée pour opérer des déplacements moléculaires dans l'intérieur des milieux, ou pour détruire directement la force d'agrégation des molécules des corps (28), cette quantité sera totalement anéantie, en ce sens qu'elle ne pourra nullement être restituée par ces corps après qu'ils auront subi le changement d'état. C'est ainsi, par exemple, que le travail employé pour limer, polir, rompre ou diviser les corps solides d'une manière quelconque, est consommé sans retour; car on a séparé, les unes des autres, certaines molécules; on a détruit leur force de ressort, et les molécules des corps solides, une fois ainsi séparées, ne possèdent plus l'énergie nécessaire pour se rejoindre, même quand on remet les parties en contact immédiat (*)

(*) Le travail dépensé pour opérer des déplacements moléculaires, pour désagréger les corps, est souvent perdu pour l'opération utile en vue de laquelle le travail a été développé; mais il ne faut pas le considérer comme *totalement anéanti;* un travail quelconque ne peut ni être créé, ni être anéanti : il ne peut qu'être transformé.

Un *moteur* ne peut donc développer de travail qu'à la condition d'en posséder sous une forme ou sous une autre; il n'est lui-même qu'un intermédiaire qui ne rend pas utilement tout ce qu'il a reçu, mais qui ne dépense rien sans produire un effet équivalent. (K.)

104. *De la consommation nécessaire ou utile du travail.* —
Il faut aussi distinguer soigneusement la consommation de
travail, nécessitée par les opérations du genre de celles que
nous venons de citer, en dernier lieu, de la consommation qui
est occasionnée par des résistances totalement étrangères à
l'effet qu'on veut produire; car cette première consommation
est essentiellement utile, et la dernière ne l'est pas; celle-ci diminue l'effet, la quantité de l'ouvrage, et l'autre le constitue
essentiellement. Enfin on peut, jusqu'à un certain point, éviter
les résistances nuisibles, on peut même les amoindrir beaucoup, par des dispositions bien entendues et que nous ferons
connaître plus tard; mais on ne peut diminuer, en aucune
manière, la consommation de travail, nécessitée par les résistances inhérentes à l'*effet utile* lui-même.

Il suit de là, par conséquent, que tout ouvrage réclame une
dépense absolue de travail. Or nous verrons, par la suite, que
la seule chose qu'on puisse obtenir des machines, des outils,
des ressorts, etc., c'est que la force motrice n'en dépense pas
beaucoup plus, ou que celui qu'elle produit soit presque entièrement employé d'une manière utile.

105. *Toute production de travail suppose une consommation.* — Ce que nous disons des machines industrielles peut
s'étendre aux agents de toute espèce que présente la nature,
lesquels, considérés en eux-mêmes, nous paraissent quelquefois doués d'une énergie d'action qui leur est propre et qui
ne suppose point une consommation primitive de travail ;
mais c'est une erreur qui vient de ce que nous ne réfléchis-
sons pas toujours attentivement aux causes plus ou moins
immédiates de cette action. — Cette eau (102) que nous voyons
tomber, du haut du réservoir où elle est retenue, sur la roue
d'un moulin qu'elle fait marcher, par son poids, en produisant du travail mécanique, a été d'abord amenée là par l'action
de la gravité qui l'a fait descendre de la partie supérieure des
vallées, où elle jaillit des sources naturelles; ces sources
elles-mêmes sont entretenues par les pluies qui tombent sur
le sommet des montagnes et s'infiltrent lentement à travers le
sol. Or les pluies qui proviennent des nuages ou brouillards
supérieurs, et les nuages sont produits par l'action de la cha-

leur du soleil, qui a vaporisé l'eau répandue sur la surface de
la terre, et l'a contrainte à s'élever malgré la force de la pesanteur; de sorte que le travail recueilli dans nos moulins,
nos usines *hydrauliques*, est, en réalité, une bien faible portion de celui qui a été primitivement dépensé par la force
motrice de la chaleur solaire (*).

(*) *Théorie mécanique de la Chaleur.* — Toute production de travail suppose
une consommation qui diminue d'autant la quantité de travail que le moteur
peut encore fournir; cette diminution de la capacité d'action se manifeste, dans
le cas où la chaleur est la source du travail, par une diminution de la quantité
de chaleur contenue dans le corps qui agit. Tel est le point de départ de la
théorie mécanique de la chaleur qui se développe, depuis 1842, grâce aux travaux de MM. Mayer, Joule, Clausius, Helmholtz, Hirn, Rankine, Regnault,
Thomson, Zeuner, etc. Nous devons ajouter que les premières recherches
fructueuses sur la corrélation entre la chaleur et le travail qu'elle peut produire sont dues à Sadi Carnot (1824), qui a établi l'une des lois capitales de
la théorie nouvelle; nous verrons aussi (note du n° 186) que, en 1830, Poncelet
a tenté de traiter cette importante question, en assimilant, suivant l'ancienne
hypothèse, le calorique à un fluide élastique.

Voici le premier principe fondamental de la théorie nouvelle : *Dans tous les
cas où la chaleur produit du travail, il se consomme, il disparaît une quantité
de chaleur proportionnelle au travail produit,* et inversement *la consommation
de ce travail peut reproduire la même quantité de chaleur.* Les faits se passent
donc comme si la chaleur se transformait en travail, et réciproquement; une
quantité donnée de travail correspond à une quantité constante de chaleur,
et une quantité donnée de chaleur représente une quantité constante de travail. On appelle *équivalent mécanique de la chaleur* le travail que peut produire une unité de chaleur. Si l'on prend pour unité de chaleur la *calorie*,
c'est-à-dire la quantité de chaleur nécessaire pour élever de zéro à 1 degré la
température d'un kilogramme d'eau, l'*équivalent mécanique* est de 424 kilogrammètres, d'après l'ensemble des expériences faites sur ce sujet.

Il est important de remarquer que, dans l'estimation du travail, il faut
compter non-seulement le travail extérieur, mais aussi le travail intérieur
résultant du changement de volume ou d'état du corps sur lequel la chaleur
agit; en sorte que la quantité de chaleur que l'on communique à un corps se
décompose en trois parties : 1° la chaleur consommée par le travail externe
effectué, travail facilement mesurable dans les expériences; 2° la chaleur consommée par le travail interne, dont l'évaluation présente souvent de grandes
difficultés; il peut être éliminé en faisant subir au corps une série de modifications qui le ramènent finalement à l'état initial : il peut être négligé dans
les gaz parfaits, mais, en réalité, il n'est pas nul; 3° l'accroissement de la
chaleur réellement contenue dans le corps, laquelle détermine l'élévation de
sa température.

Le deuxième principe fondamental de la théorie mécanique de la chaleur est
formulé de la manière suivante par M. Clausius : *A la production d'un tra-*

Il résulte, par exemple, des observations très-précises faites, depuis plusieurs années, à l'École d'Application de l'Artillerie et du Génie, par M. le Garde du Génie Schuster, qu'à Metz et aux environs, il tombe annuellement, sur toute la surface du sol, une quantité d'eau de pluie capable de couvrir cette surface sur une hauteur de 5o à 6o centimètres; ce qui produit, sur la superficie seulement d'une lieue carrée de poste ayant 4 ooo mètres de longueur, l'énorme volume de

$$4\,000^{m} \times 4\,000^{m} \times 0^{m},5 = 8\,000\,000^{mc},$$

au moins, lesquels pesant 8 ooo ooo de tonneaux (34), et étant tombés de la hauteur des nuages, qu'on peut fixer moyennement à 1 2oo mètres, ont ainsi exigé, de la part de la chaleur, un développement de travail (83) équivalent à

$$8\,000\,000^{t} \times 1\,200^{m} = 9\,600\,000\,000^{tm},$$

représentant un travail continuel et uniforme (45 et 81) de

$$\frac{9\,600\,000\,000\,000}{31\,558\,030} = 304\,212^{kgm}$$

par seconde, ou de 4 o56 chevaux-vapeur environ (86).

Les animaux, la chaleur même, sources primitives du travail mécanique sur notre globe, exigent, quand on les considère dans leur application immédiate aux besoins de l'industrie manufacturière, une certaine dépense en nourriture, en combustible, etc., qui, à son tour, est la représentation d'un certain travail mécanique; de sorte qu'il est réellement

---

vail correspond, outre une consommation de chaleur, une transmission de chaleur d'un corps chaud à un corps plus froid; le travail correspondant à une même transmission de chaleur ne dépend que de la quantité de chaleur transmise et des températures des deux corps entre lesquels s'effectue la transmission, et non de la nature des substances intermédiaires.

Cette seconde loi avait été établie dès 1824 par Sadi Carnot (Réflexions sur la puissance motrice du feu), dont les idées ont été développées analytiquement par Clapeyron (1826); mais ces savants admettaient en principe que la quantité de chaleur restait invariable, et que la chute de température était l'équivalent du travail produit; c'est à M. Clausius qu'est due la modification de l'énoncé de Carnot.

(Pour plus de détails, consulter les exposés de la théorie mécanique de la chaleur par MM. Briot, Clausius, Combes, Hirn, Verdet, Zeuner, etc.) (K.)

impossible de se procurer, encore moins de créer, de toutes pièces, de la force motrice, ou plutôt du travail, sans qu'il y en ait eu de consommé primitivement. — Ainsi la houille ou charbon de terre qui alimente les chaudières des machines à vapeur, a été extraite, du fond des mines qui la recèlent, et amenée sur les lieux de sa consommation, au moyen de voitures ou de bateaux traînés par des chevaux ; elle a exigé en outre des chargements et des déchargements successifs ; et, si l'on calculait tout ce qu'elle a coûté de travail mécanique, avant de recevoir sa destination utile et définitive, on trouverait que, dans certains cas, ce travail égale presque celui qu'elle produit effectivement en convertissant l'eau en vapeur pour la faire agir sur les machines, et, par l'intermédiaire des machines, sur les outils, sur la matière à confectionner (*). Ce n'est pourtant point un motif de croire qu'il fût avantageux, même dans de telles circonstances, de renoncer à cette manière de reproduire le travail, puisqu'on obtient ce travail coercé dans un petit espace, et sous une forme infiniment commode, infiniment avantageuse pour les besoins de l'industrie manufacturière.

106. *De la consommation et de la reproduction du travail par l'inertie.* — Jusqu'ici nous avons examiné le travail de la force lorsqu'elle est employée à vaincre la pesanteur et les résistances inhérentes à l'état d'agrégation des corps, ou à leur force de cohésion, à leur force de ressort, etc. ; il nous reste à apprécier la résistance que tous les corps opposent au mouvement par suite de leur inertie, et la manière dont cette inertie, considérée (66) comme une force véritable, sert tantôt à consommer, tantôt à produire le travail mécanique, de la même manière que la pesanteur et les ressorts. Il existe, en effet, une infinité de circonstances où l'inertie joue un rôle principal, et généralement on ne saurait, en aucune façon, la

---

(*) Le travail nécessité pour l'extraction du combustible n'a aucun rapport avec le travail que celui-ci est susceptible de produire ultérieurement. Lors même que le charbon pourrait être obtenu sans dépense préalable, il ne s'en produirait pas moins, au moment de son emploi, une *dépense* de chaleur équivalente au travail développé. (K.)

séparer des autres genres de forces, quand il s'agit d'évaluer
le travail des moteurs et des machines.

Nous avons déjà remarqué (68 et 76), par exemple, que le
limeur est obligé de vaincre l'inertie de la matière propre de
sa lime, le cheval attelé à une voiture l'inertie de la matière
de cette voiture et du fardeau qu'elle supporte; nous avons
même fait voir (66) que cette inertie se comporte véritablement comme les autres forces motrices, quand la vitesse du
mouvement vient à changer. Il est donc fort important d'apprécier, à sa juste valeur, la quantité de travail qu'un corps
donné absorbe ou restitue pour acquérir ou pour perdre un
certain degré de vitesse, indépendamment de ce qu'il arrive
souvent que le mouvement est le but utile même du travail,
comme lorsqu'il s'agit de lancer des projectiles, des boulets
par le ressort des gaz ou des corps solides (96), genre de travail qui constitue l'art de la *balistique,* mis en usage par tous
les peuples pour combattre; indépendamment enfin de ce
qu'il arrive aussi très-souvent qu'au lieu d'appliquer directement une puissance à la production d'un travail, on la fait agir
d'abord sur un corps libre, et qu'on se sert du mouvement
acquis par ce corps, pour effectuer le travail au moyen du choc
ou de toute autre manière, comme cela a lieu, par exemple,
dans les machines à pilons, à marteaux, à volants, etc., où l'i-
nertie de la matière est employée à restituer une certaine
quantité de travail primitivement dépensée par un moteur
pour la mettre en jeu. Mais il est indispensable d'exposer d'a-
bord les lois suivant lesquelles le mouvement peut être communiqué et détruit par l'action des forces motrices constantes
ou variables.

DE LA COMMUNICATION DU MOUVEMENT PAR LES FORCES MOTRICES CONSTANTES.

107. *Notions générales.* — Le cas le plus facile et le plus
simple de la communication du mouvement est celui d'un
corps qui est poussé, à chaque instant, par une force motrice
constante, égale et directement contraire (66) à la résistance

opposée, par l'inertie, dans la direction propre du mouvement. Or il est clair que, la pression étant la même à chaque instant, l'*accroissement* ou le *décroissement très-petit* de la vitesse (53) sera aussi le même, ou constant, pour le même corps. Ainsi, dans le cas dont il s'agit, la vitesse, à partir d'un certain instant, sera augmentée ou diminuée de *quantités proportionnelles au temps écoulé depuis cet instant :* c'est ce qu'on appelle le *mouvement uniformément varié* en général; mouvement qui est *uniformément accéléré* ou *retardé,* selon que la force motrice constante agit pour *augmenter* ou pour *diminuer* la vitesse du corps.

Si l'action de la force motrice constante a commencé avec le mouvement même du corps, c'est-à-dire à partir de l'instant où il était au *repos,* la *vitesse totale acquise,* au bout d'un temps quelconque mesuré depuis cet instant, sera *proportionnelle à ce temps;* ou, si l'on veut, elle sera double pour un temps double, triple pour un temps triple, etc. Si, au contraire, l'action de la force motrice ne commence qu'à compter d'un certain instant, ou que le corps ait déjà une *vitesse acquise* à cet instant, cette vitesse, qu'on nomme ordinairement la *vitesse initiale* du corps, aura, au bout d'un temps quelconque, augmenté ou diminué d'une quantité qui sera encore proportionnelle à ce temps, et qu'on pourra calculer quand on connaîtra la vitesse que la force motrice imprime ou détruit constamment, dans un certain temps pris pour unité, par exemple dans une seconde, etc. En effet, il ne s'agira que de multiplier le temps total écoulé, par la vitesse qui répond à cette unité de temps; ajoutant ensuite la vitesse ainsi calculée à la vitesse initiale, ou l'en retranchant selon les cas, on aura la vitesse même du mouvement au bout du temps que l'on considère.

Mais, pour bien saisir l'objet de ces calculs, il est nécessaire de se rappeler que, dans le mouvement varié, la vitesse acquise à un certain instant est mesurée (53) par le chemin que décrirait le corps, dans l'unité de temps et à compter de cet instant, si, la force motrice cessant tout à coup son action, le corps continuait à se mouvoir uniformément; ce qu'il ferait véritablement en vertu de son inertie (55) et du degré de vitesse qu'il possède déjà.

108. *Du mouvement uniformément accéléré.* — Occupons-nous d'abord du cas où le corps part du repos sous l'action de la force motrice constante, et proposons-nous de découvrir toutes les circonstances du mouvement de ce corps.

Nous pouvons encore représenter ici, par le dessin, la loi qui lie, aux temps, les vitesses acquises par le corps au bout de ces temps, en traçant (*Pl. I, fig.* 27) une ligne $Oa'b'...h'$ dont les abscisses Oa, $Ob,...,$ Oh représentent les temps écoulés depuis l'origine du mouvement, et dont les ordonnées aa', bb', $cc',...,$ hh' représentent les vitesses acquises à la fin de ces temps respectifs.

Cela posé, puisque dans le cas du mouvement uniformément accéléré, les vitesses aa', bb', $cc',...,$ hh' sont proportionnelles aux temps respectivement écoulés Oa, Ob, $Oc,...,$ Oh, il est clair que la ligne $Oa'b'c'...h'$ est une droite qui passe par l'origine O des abscisses; car le mobile étant ici censé partir du repos à l'instant où la force motrice commence son action, le temps et la vitesse sont nuls à la fois à cet instant. Supposez qu'on ait partagé l'axe OB des abscisses ou des temps en un grand nombre de parties égales très-petites, puis qu'on ait élevé les ordonnées correspondantes, et qu'enfin on ait mené, par les extrémités de ces ordonnées, des parallèles à l'axe des abscisses, on formera une suite de petits triangles Oaa', $a'b'b''$, $b'c'c'',...$ égaux et rectangles. Les côtés aa', $b'b''$, $c'c''...$ de ces triangles marqueront les accroissements successifs de la vitesse, accroissements qui seront égaux comme les durées qui leur correspondent Oa, ab, $bc,...,$ conformément à la définition du mouvement uniformément accéléré.

Les intervalles de temps successifs Oa, ab, $bc,...$ étant donc supposés extrêmement petits, on peut regarder le corps comme se mouvant, d'une manière sensiblement uniforme, pendant l'un quelconque $cd = c'd''$ de ces intervalles, et avec une vitesse moyenne égale à la demi-somme des vitesses cc', dd' qui répondent au commencement et à la fin de chacun d'eux. Or, dans le mouvement uniforme (48), l'espace décrit en un temps quelconque est mesuré par le produit de la vitesse et de ce temps; donc l'espace décrit ici, pendant le temps élémentaire cd, sera égal à cd multiplié par la vitesse moyenne $\frac{1}{2}(cc' + dd')$, qui correspond à ce temps élémentaire. Ce produit n'étant autre chose que la mesure de l'aire du petit trapèze $cc'd'd$, celui-ci pourra ainsi représenter l'espace parcouru pendant l'espace de temps cd : pour un autre intervalle quelconque de, égal au premier, l'espace décrit sera encore représenté par le trapèze $dd'e'e$; donc l'espace parcouru, pendant le temps Oh par exemple, a sensiblement pour mesure la somme ou surface totale des trapèzes élémentaires $aa'b'b$, $bb'c'c$, ..., $gg'h'h$, augmentée du petit triangle Oaa' qui mesure évidemment l'espace décrit dans le premier instant Oa'; c'est-à-dire la surface même du triangle correspondant Ohh'. Donc enfin cette dernière surface est la mesure exacte et rigoureuse du chemin décrit pendant le temps total Oh, puisqu'on peut supposer que ce temps a été divisé en un nombre infini de parties égales et infiniment petites, le raisonnement étant ici le même que celui qui a été mis en usage (**72**) pour trouver la mesure du travail quand l'effort est variable.

109. *Lois du mouvement uniformément accéléré.* — Le chemin décrit pendant un temps quelconque, et à compter du repos, étant, pour le mouvement dont il s'agit, représenté par la surface du triangle qui a pour base ce temps et pour hauteur la vitesse acquise à la fin de ce même temps, on en peut déduire, de suite, plusieurs conséquences importantes, et qui permettent de calculer les circonstances de ce genre de mouvement.

D'abord, puisque la surface de tout triangle Ohh' a pour mesure la moitié du rectangle de même base et de même hauteur, et que ce dernier est aussi la mesure (**48**) du chemin qui serait décrit uniformément durant un temps égal à Oh et avec la vitesse hh' acquise au bout de ce temps, on voit que :

1° *Dans le mouvement uniformément accéléré, le chemin parcouru, au bout d'un temps quelconque et à partir de l'instant du repos, est la moitié de celui que décrirait le mobile, dans un temps égal, s'il se mouvait uniformément avec la vitesse acquise pendant ce temps.*

Ensuite, puisque les chemins décrits, au bout de deux temps quelconques Ob, Oe sont représentés par les aires des triangles Obb', Oee', puisque ces triangles sont semblables, et que, d'après les principes démontrés en Géométrie, leurs surfaces sont comme les carrés des côtés homologues, il en résulte encore que :

2° *Dans le mouvement uniformément accéléré, les chemins décrits, au bout de deux temps quelconques et à compter de l'instant du repos, sont entre eux comme les carrés de ces temps;*

3° *Enfin ces mêmes chemins sont aussi entre eux comme les carrés des vitesses acquises au bout des temps correspondants.*

110. *Formules relatives au mouvement uniformément accéléré.* — Lorsque, dans le mouvement que nous considérons, on se donne la vitesse ee' acquise au bout d'un temps quelconque Oe, par exemple au bout d'une seconde prise pour unité de temps, la loi du mouvement, ou la droite Oh' qui la représente, est entièrement déterminée; c'est-à-dire qu'on peut la construire. On doit donc aussi pouvoir construire et calculer alors la vitesse et l'espace qui répondent à un autre temps quelconque donné.

En effet, représentons par e_i, v_i le chemin et la vitesse qui répondent à la première seconde; soient E, V le chemin et la vitesse qui répondent à un nombre quelconque de secondes, représenté par T, et qui seraient censées écoulées depuis l'origine du mouvement; on aura d'abord, en vertu de la première des propositions ci-dessus,

$$e_i = \tfrac{1}{2} v_i \times 1'' = \tfrac{1}{2} v_i, \quad E = \tfrac{1}{2} V \times T = \tfrac{1}{2} VT;$$

puis, en vertu de la deuxième,

$$e_i : E :: 1'' \times 1'' : T \times T \text{ ou } T^2;$$

d'où l'on tire

$$E = e_i \times T^2 = \tfrac{1}{2} v_i \times T^2 = \tfrac{1}{2} v_i T^2;$$

puis enfin, en vertu de la troisième,

$$e_i \text{ ou } \tfrac{1}{2} v_i : E :: v_i^2 : V^2;$$

d'où

$$V^2 = 2 v_i \times E = 2 v_i E.$$

Nous avons d'ailleurs, en vertu même de la définition du mouvement uniformément accéléré (107),

$$v_1 : V :: 1'' : T;$$

d'où

$$V = v_1 \times T = v_1 T.$$

Ces différentes formules serviront à calculer la valeur de deux quelconques des quantités E, V, T quand on connaîtra celle de la troisième, ainsi que le chemin e_1 ou la vitesse v_1 qui correspondent à l'unité de temps ι seconde; il ne s'agira que de remplacer chaque lettre par le nombre des unités de temps ou de longueur qu'elle représente, et d'effectuer les opérations indiquées (*).

111. *Cas où le corps part avec une vitesse déjà acquise.* — Dans ce qui précède, nous avons supposé que le mobile partait du repos ou avec une vitesse nulle, de sorte que la droite $O h'$, qui donne la loi de son mouvement, passait par l'origine O des temps; mais, s'il possédait déjà une vitesse antérieurement acquise, cette droite passerait par le point O' (*Pl. I, fig.* 28), extrémité de l'ordonnée OO' qui représente cette vitesse du départ. En menant la parallèle O'B' à OB, on verra que la vitesse cc', qui répond à un temps quelconque Oc, écoulé depuis l'origine O du mouvement, se composera (107) de la vitesse cc'', égale à la vitesse *initiale* OO', augmentée de la vitesse $c'c''$, que le corps acquerrait sous l'action de la force motrice constante et au bout du temps Oc ou O'c'' relatif à cc', si ce corps partait réellement avec une vitesse nulle, comme dans le cas précédent; car la droite O'd' donnerait encore, par rapport à O'B', prise pour axe des temps, la loi de l'accélération du mouvement. Connaissant donc la vitesse que

(*) La relation $E = \frac{1}{2} v_1 \times T^2$, et la relation $V^2 = 2 v_1 \times E$, qui indique que la *vitesse* V *est moyenne proportionnelle entre* $2 v_1$ *et* E, ou *entre le double du chemin décrit dans la première seconde et celui qui est décrit au bout du temps* T, présentent seules quelques difficultés pour le calcul de T et de V; mais on peut parvenir au résultat par le moyen des constructions graphiques connues, ou par les Tables que nous ferons bientôt connaître (119), ou enfin par l'*extraction* directe de la *racine carrée* du quotient de $2E$ par v_1 et du produit $2 v_1 \times E$, qui donnent en chiffres les valeurs de T^2 et de V^2.

la force imprimerait au corps au bout de la première seconde, s'il partait du repos, on aura tout ce qu'il faut pour construire Od' par rapport à $O'B'$, et par conséquent par rapport à Od; d'où il sera aisé de déduire toutes les circonstances du mouvement, et de les calculer même au moyen des propriétés géométriques de la figure, si l'on se rappelle les diverses notions déjà établies précédemment.

Qu'il s'agisse, par exemple, de calculer le chemin décrit par le corps, au bout du temps Od, chemin ici représenté par l'aire du trapèze $O.dd'O'$; on apercevra, de suite, qu'il *se compose du chemin* $OO'd''d$, *qui, pendant ce temps, serait décrit uniformément, en vertu de la vitesse initiale* OO', *augmenté de celui* $O'd'd''$, *qui, dans le même temps, serait décrit d'un mouvement uniformément accéléré, sous l'action de la force motrice constante commençant à agir au moment du départ.* Or nous avons appris ci-dessus à calculer l'un et l'autre de ces deux chemins.

112. *Du mouvement uniformément retardé.* — Si nous supposons maintenant que la force motrice constante, au lieu d'augmenter sans cesse et par degrés égaux la vitesse *initiale* OO' (*Pl. I, fig.* 29), la diminue au contraire à chaque instant, le mouvement sera alors *uniformément retardé.* En menant la parallèle $O'B'$ à OB, on verra que la vitesse cc', qui répond à un temps quelconque Oc, écoulé depuis l'origine O du mouvement, n'est autre chose que la vitesse primitive OO' ou cc'', diminuée de la vitesse $c'c''$ que le corps acquerrait, sous l'action de la force motrice et au bout du temps Oc, si ce corps partait du repos.

L'aire du trapèze $OO'c'c$ étant encore ici la représentation du chemin décrit, au bout du temps Oc, en vertu du mouvement retardé, on voit que ce *chemin est égal à celui* $OO'c''c$ *qui serait décrit uniformément, pendant ce temps et avec la vitesse primitive* OO', *moins celui* $O'c'c''$, *qui, dans ce même temps, serait décrit d'un mouvement uniformément accéléré, sous l'action de la force motrice constante commençant à agir au moment du départ.* On pourrait donc encore calculer, dans le cas actuel et au moyen de la figure, toutes les circonstances du mouvement, si seulement on connaissait la vitesse initiale

OO' ainsi que la diminution de vitesse $c'c''$, due à la force retardatrice, au bout d'un temps quelconque Oc, ou, si l'on veut, à la fin de la première seconde de temps écoulé.

Supposons, entre autres, qu'on veuille trouver le temps Oe au bout duquel la force motrice aura éteint entièrement la vitesse du corps; on aura, par les triangles semblables $O'c'c''$ et $OO'e$, la proportion

$$c'c'' : O'c'' = Oc = 1'' :: OO' : Oe;$$

d'où

$$Oe = \frac{OO' \times 1''}{c'c''} = \frac{OO'}{c'c''}.$$

Quant au chemin total décrit par le corps, depuis l'instant où la force retardatrice a commencé son action jusqu'à celui où la vitesse est devenue nulle, il sera donné (108) par la surface du triangle $OO'e$, ou par le produit

$$\tfrac{1}{2} OO' \times Oe = \tfrac{1}{2} OO' \times \frac{OO'}{c'c''} = \frac{1}{2} \frac{\overline{OO'}^2}{c'c''}.$$

Une remarque très-importante à faire, c'est que, si l'on suppose que la force motrice constante, après avoir anéanti complétement la vitesse initiale du corps, continue à agir en lui imprimant, à chaque instant, des degrés de vitesse égaux à ceux qu'elle avait détruits d'abord, le corps retournera dès lors en arrière en reprenant les mêmes vitesses quand il repassera par les mêmes positions. C'est ce qu'indique la ligne $O'e$, en supposant que les temps soient comptés à partir de e vers O, c'est-à-dire de l'instant où le mouvement du corps est éteint; car la force motrice, qui est devenue accélératrice, aura imprimé, en sens contraire, la vitesse dd' au bout du temps ed, la vitesse cc' au bout du temps ec, etc.

Lois du mouvement vertical des corps pesants.

113. *Causes qui influent sur le mouvement des corps dans l'air.* — L'un des exemples les plus importants du mouvement uniformément accéléré est celui que nous présente la

chute des corps pesants, suivant la direction de la verticale
ou de l'aplomb. Mais, avant de l'exposer, faisons connaître
les circonstances qui, à la surface de la terre, accompagnent
et modifient ce mouvement.

Déjà nous avons vu (61) que la pesanteur pouvait être considérée comme une force sensiblement constante dans l'étendue ordinaire des travaux de l'industrie. Mais, à la surface
de notre globe, tous les corps sont plongés dans l'air, et cet
air lui-même (3 et 4) est un corps matériel qui les presse de
toutes parts (37), et qui, en vertu de son énergie, de son
impénétrabilité s'oppose avec plus ou moins d'énergie à toute
espèce de mouvement (66). Nous avons vu (41) que l'effet
de la pression de l'air sur les corps solides se réduit sensiblement à diminuer le poids de ces corps d'une quantité égale
au poids du volume de fluide qu'ils déplacent; de sorte que
cette diminution est d'autant plus sensible que, à égalité de
volume d'un corps, son poids est moindre. Quant à la résistance que l'air oppose au mouvement des corps, en vertu de
son inertie et de sa force de ressort (63), l'expérience apprend que cette résistance varie selon l'étendue et la forme
de la surface extérieure des corps, mais surtout selon la rapidité plus ou moins grande du mouvement. — En frappant l'air
avec une palette plane et mince, la résistance qu'on éprouve
est d'autant plus grande que la vitesse du mouvement est plus
considérable, tandis qu'elle est à peine sensible quand le
mouvement s'opère avec lenteur. Si, au lieu de frapper l'air
avec toute la surface du plan de la palette, on fait mouvoir
cette palette de *biais*, la résistance est moindre à vitesse
égale, et elle est la plus petite possible quand on oppose tout
à fait le *champ* ou le côté mince de la palette à l'action de
l'air; c'est-à-dire quand on dirige sa face plane dans le sens
même du mouvement.

Des choses analogues se passent à l'égard de tous les corps
qui se meuvent dans l'air; et l'on observe que la résistance
croît généralement : 1° avec l'étendue de la *surface antérieure*
des corps, ou qui se présente directement à l'action de l'air;
2° avec la difficulté plus ou moins grande que, par suite de la
forme même de ces corps, l'air éprouve à glisser le long de
leur surface, à se dévier ou à leur faire place; 3° avec la gran-

deur de la vitesse qu'ils possèdent, et cela dans un rapport qui croît plus rapidement que cette grandeur, et qui surpasse même un peu son carré (*).

114. *Chute verticale des corps dans l'air.* — On conçoit, d'après tout ce que nous venons de dire, que la présence de l'air doit apporter des modifications plus ou moins sensibles aux lois de la chute verticale des corps qui sont abandonnés librement à l'action de la pesanteur; et l'on peut même prévoir à l'avance et expliquer une infinité de faits que l'expérience journalière confirme; tels que l'ascension *spontanée* ou naturelle (31) de certains corps, leur équilibre à une certaine hauteur dans l'atmosphère, la chute plus ou moins rapide des corps solides, etc. — En laissant tomber dans l'air et d'une même hauteur des corps solides, on observe, en effet, que ceux qui pèsent plus sous le même volume, ou qui sont les plus denses (33), ceux qui présentent le moins de surface à l'action directe de l'air et dans le sens du mouvement, sont aussi ceux qui arrivent les premiers au bas de leur chute. Ainsi une balle de plomb pleine tombe plus vite qu'une balle de plomb creuse ou qu'une balle de bois pleine, égale en grosseur, en diamètre; celle-ci tombe aussi plus vite qu'une balle de liége, etc.; enfin, un même poids de la même substance peut aussi tomber plus ou moins vite selon que cette substance est plus ou moins compacte, moins ou plus divisée. La raison en est toute simple : dans le premier cas, la diminution du poids des différents corps et la résistance de l'air sont les mêmes pour chacun d'eux, tandis que (35 et 41) leurs poids absolus, leurs poids dans le vide, qui mesurent véritablement l'énergie de la pesanteur, sont très-différents; dans le second cas, au contraire, le poids absolu reste le même, mais la diminution de ce poids, due à la pression de l'air, et la résistance de cet air qui croît avec la surface extérieure des corps, sont aussi moins sensibles pour les corps plus compactes que pour les autres.

115. *Chute dans le vide, mode d'action de la pesanteur.* — Si l'on faisait tomber les corps ci-dessus dans un espace

---

(*) *Voyez* le Chapitre relatif aux *lois de la résistance des fluides en général.*

entièrement vide ou privé d'air, chacun d'eux, en descendant toujours de la même hauteur, arriverait nécessairement en moins de temps ou plus vite au bas de sa chute; car l'action de la pesanteur conserverait alors toute son intensité. L'expérience qui confirmerait un tel aperçu n'aurait donc rien qui dût nous surprendre; mais il n'en serait pas de même si elle nous apprenait que les corps tombent tous également vite d'une même hauteur, car nous sommes naturellement portés à croire que les corps qui ont le plus de poids, étant sollicités avec une force plus énergique, doivent aussi acquérir un degré de vitesse plus grande; nous ne faisons pas attention, en effet, que la pesanteur a aussi plus de matière à mettre en mouvement dans le premier cas que dans le second, de sorte que la résistance de l'inertie (66) est réellement plus grande.

Or c'est ce qué les physiciens ont constaté en faisant le vide (36) dans un grand tube de verre (*Pl. I, fig.* 3o), après y avoir préalablement introduit des corps solides de diverses espèces, depuis les plus légers jusqu'aux plus denses : ces corps parvenaient tous à la fois au bas de leur chute quand, par un moyen quelconque et facile à imaginer, on les lâchait en même temps et de la même hauteur. Ils ont, de plus, remarqué que ces corps tombaient dans le même ordre et conservaient les mêmes distances respectives dans toute la durée de leur chute; ce qui prouve que la pesanteur leur imprimait, à chaque instant, le même degré de mouvement; nous pouvons donc admettre, comme parfaitement démontré, ce principe général qu'il est important de retenir :

La pesanteur ou gravité agit indistinctement sur toutes les particules de la matière quelle qu'en soit la nature particulière, et leur imprime, à chaque instant, le même degré de vitesse dans le même lieu et dans le vide.

On s'assure d'ailleurs très-simplement que la pesanteur agit aussi bien sur les molécules intérieures des corps que sur celles du dehors, en observant qu'un même corps pèse également à l'air libre ou placé dans l'intérieur d'un autre corps, par exemple, dans une chambre, dans une boîte; ce qui ne peut avoir lieu qu'autant que l'action de la pesanteur se fasse sentir à travers la matière même de cette chambre, de cette boîte.

On voit aussi que *le poids absolu d'un corps* n'est autre chose que le *résultat* de toutes les petites actions réunies de la pesanteur sur les molécules matérielles de ce corps. Il ne faut donc pas confondre le *poids* avec la *pesanteur*, qui est véritablement la *force élémentaire* qui sollicite ces diverses molécules à se mouvoir avec le même degré de vitesse.

116. *Expérience sur la chute des corps.* — Nous venons de voir que les corps les plus denses, tels que l'or, le plomb, le cuivre, sont ceux qui, à égalité de surface, tombent le plus vite dans l'air, parce que la résistance est alors très-faible par rapport au poids total du corps. Mais, quand la hauteur de chute ne surpasse pas 5 mètres, par exemple, on trouve, par l'expérience, que des balles de ces diverses substances tombent dans le même temps, et qu'elles ne tombent même guère plus vite que des balles de marbre et de cire, égales en volume, dont le poids est sept fois, vingt fois moindre. Or cela prouve évidemment que la présence de l'air exerce réellement, pour de petites chutes, une influence peu sensible sur le mouvement de ces corps; de sorte qu'on peut très-bien admettre, par exemple, que la loi que suit la balle d'or, en tombant, dans l'air, d'une hauteur moindre que 5 mètres, est, à très-peu de chose près, la même que celle qu'elle suivrait si elle tombait de cette hauteur dans un espace entièrement vide.

Galilée, célèbre physicien italien, qui a le premier découvert cette loi par des expériences directes et suffisamment précises, a trouvé que le mouvement vertical des corps était véritablement un mouvement uniformément accéléré. La pesanteur est donc (107) une *force motrice constante*, agissant avec une intensité égale à chaque instant et quelle que soit la vitesse déjà acquise par le corps. Atwood, physicien anglais, en reprenant depuis les expériences de Galilée avec des moyens plus ingénieux encore et plus précis, a obtenu les mêmes résultats. Nous pouvons donc poser les principes généraux qui suivent (109).

117. *Lois de la chute des corps dans le vide.* — Lorsqu'un corps tombe verticalement et d'une certaine hauteur dans le vide,

1° *Les vitesses acquises aux divers instants sont proportionnelles aux temps écoulés depuis le commencement de la chute ;*

2° *Les espaces totaux parcourus aux mêmes instants, ou
les hauteurs de chute, sont proportionnels aux carrés des
temps écoulés ;*

3° *Ces mêmes hauteurs sont proportionnelles aux carrés des
vitesses acquises au bas de chacune d'elles ;*

4° *La vitesse acquise au bout de la première unité de temps
est égale au double de la hauteur de chute déjà parcourue
pendant cette même unité de temps.*

Pour le point du globe où nous nous trouvons, la hauteur
verticale parcourue, dans la *première seconde* de sa chute et
dans le vide, par un corps qui est abandonné librement
à l'action de la pesanteur, est égale à $4^m,9044$; donc la
vitesse acquise au bout de ce temps est deux fois $4^m,9044$ ou
$9^m,8088$. Cette dernière vitesse est ordinairement représentée
par g dans les Traités de Mécanique : ainsi $g = 9^m,8088$: c'est
la connaissance de cette grandeur qui sert à calculer (110)
toutes les circonstances du mouvement accéléré des corps
tombant d'une certaine hauteur dans le vide, ou des corps
très-denses tombant d'une petite hauteur dans l'air.

118. *Formules et exemples de calcul.* — Ordinairement on
représente par la lettre h ou H, la hauteur, en mètres, d'où le
corps est tombé à un certain instant ; en nommant toujours T
le temps employé par ce corps à décrire le chemin vertical H,
ou à tomber de H, et V la vitesse qu'il a acquise à la fin de
ce temps, on aura, d'après ce qu'on a trouvé (110) pour le
cas général :

$$H = \tfrac{1}{2}V \times T, \quad H = \tfrac{1}{2}g \times T^2, \quad V^2 = 2g \times H,$$
$$V = g \times T, \quad g = 9^m,8088,$$

ou

$$H = \tfrac{1}{2}VT, \quad H = \tfrac{1}{2}gT^2, \quad V^2 = 2gH, \quad V = gT,$$

formules fréquemment rappelées en Mécanique, et d'un grand
usage pour calculer les circonstances de la chute des corps
pesants.

Supposons qu'on veuille trouver la vitesse acquise V, et le

chemin H décrit au bout de 7 secondes de chute; T représentant ici les 7 secondes on aura

$$V = g \times T = 9^m,809 \times 7 = 68^m,66 \text{ environ},$$
$$H = \tfrac{1}{2}g \times T^2 = 4^m,9044 \times 49 = 230^m,416.$$

Si l'on se donnait seulement la hauteur H de chute, on calculerait la vitesse acquise, au bas de cette chute, au moyen
de la relation $V^2 = 2g \times H$. Supposons, par exemple, $H = 10^m$,
on aurait

$$V^2 = 19^m,6176 \times 10^m = 196^{mq},176 :$$

et il ne s'agirait que de trouver la racine carrée de 196,176,
ou le nombre qui, multiplié par lui-même, donnerait cette
quantité. Or cette racine est ici 14 mètres environ, puisque
14×14 ou $14^2 = 196$.

Pour montrer une nouvelle application des principes ci-
dessus, nous supposerons que deux corps différents tombent
verticalement d'un même point A (*Pl. I, fig.* 31), où ils se trouvaient d'abord au repos, mais ne tombent que l'un après l'autre, et à un intervalle de temps qui soit seulement de $\frac{1}{100}$ de
seconde ou $0'',01$. Cela posé, nous nous demanderons à quelle
distance A'B' se trouveront entre eux ces deux corps, à la fin
de la première, de la deuxième seconde, écoulées depuis
l'instant du départ du second corps.

Puisque ce corps ne part du point A, que $0'',01$ après le
premier, il en résulte que celui-ci aura déjà parcouru un certain espace AB avant l'instant où l'autre aura été lâché de A;
cherchons d'abord cet espace au moyen de la formule

$$H = \tfrac{1}{2}gT^2 = 4^m,9044 \times T^2 \quad (118).$$

Ici
$$T = 0'',01;$$
donc

$$H = 4^m,9044 \times 0,01 \times 0,01 = 4^m,9044 \times 0,0001 = 0^m,00049;$$

c'est-à-dire que la distance AB, entre les deux corps, n'est pas
même de $\tfrac{1}{2}$ millimètre.

Cherchons maintenant à quelle distance A'B' se trouveront,
l'un de l'autre, les mêmes corps, à l'instant où une seconde

8

entière se sera écoulée depuis l'instant du départ du deuxième
corps; et, pour cela, calculons séparément les chemins AB', AA'
décrits par chacun de ces corps, à partir du point A, en observant que, puisque la durée de la chute AA' du second corps
est de 1 seconde, celle de la chute AB' du premier est

$$1'' + 0'',01 = 1'',01;$$

on aura

$$\text{espace } AA' = 4^m,9044 \times 1'' \times 1'' = 4^m,9044,$$

et

$$\text{espace } AB' = 4^m,9044 \times 1,01 \times 1,10 = 5^m,003;$$

donc pour l'intervalle A'B' ou AB'—AA'

$$A'B' = 5^m,0030 - 4^m,9044 = 0^m,0986.$$

A la fin de la deuxième, de la troisième seconde de chute,
les deux corps seraient déjà à une distance l'un de l'autre de
près de 20, de 30 centimètres, etc.

Ces résultats expliquent très-bien pourquoi les *jets d'eau*
des jardins, des pompes à incendie, qui s'élèvent verticalement ou sous une certaine inclinaison, en filets compactes et
continus, retombent, au contraire, en se divisant en gouttelettes, en pluie plus ou moins fine; car la résistance de l'air,
loin de séparer les parties, comme on pourrait le croire
d'abord, tend au contraire à les réunir en diminuant la rapidité du mouvement de celles qui redescendent les premières.
C'est aussi là l'explication très-simple de l'effet si connu des
cascades naturelles, dont l'eau, en se précipitant du haut des
montagnes, se divise en une pluie tellement fine, qu'elle res-
semble à un véritable brouillard. Nous verrons, par la suite,
que de telles remarques ne sont pas seulement un objet de
curiosité, mais qu'elles peuvent aussi recevoir des applica-
.tions dans les arts.

119. *Observations diverses.* — L'opération par laquelle il
s'agit de trouver la vitesse V, acquise à la fin de la chute verticale d'un corps, quand on a la hauteur H de cette chute, se

reproduit très-fréquemment dans la Mécanique pratique ; aussi a-t-on construit exprès une *Table* qui fournit immédiatement la vitesse répondant à une hauteur donnée : son utilité toute particulière dans les applications nous a décidé à la rapporter à la fin de cet Ouvrage.

On dit ordinairement que la *vitesse* V *est due à la hauteur* H, et réciproquement que cette *hauteur est due à la vitesse* V, expressions abrégées qu'il est bon de retenir.

On doit se souvenir que, dans l'air, les corps ne tombent pas réellement avec la vitesse qui répond aux données du calcul ; mais que cette vitesse et les autres circonstances du mouvement diffèrent très-peu des véritables, dans les cas qui ont déjà été spécifiés plus haut (116). Nous ferons d'ailleurs connaître, dans la partie de cet Ouvrage qui est consacrée aux *Applications*, les moyens par lesquels on peut calculer exactement le mouvement des corps qui tombent ou s'élèvent verticalement dans l'air ; ces calculs conduisant, de suite, à la théorie des parachutes et des ballons, pourront servir à démontrer l'utilité immédiate des principes de la Mécanique.

120. *Ascension verticale des corps pesants.* — Lorsqu'un corps, une balle de fusil par exemple, est lancé, de *bas en haut*, selon la verticale, la pesanteur agit, à chaque instant, avec la même intensité, pour diminuer, par degrés égaux, la vitesse primitive ; le mouvement sera donc *uniformément retardé*, et, d'après ce qui précède (112), la vitesse finira par s'éteindre, quand le corps sera arrivé à une certaine hauteur, puis il redescendra, en vertu de l'action de la gravité, en reprenant tous les degrés de vitesse qu'il possédait en montant et pour les mêmes positions. Ainsi à 1, 2 et 3 mètres au-dessus de terre, le corps possédera exactement les mêmes vitesses, soit dans l'ascension, soit dans la chute ; il n'y aura que la direction du mouvement de changée : par exemple, lors de sa chute ou de son retour au point de départ, la pesanteur lui aura précisément restitué la vitesse qu'il avait primitivement. Nommant V cette vitesse et H la plus grande élévation à laquelle il soit parvenu, on aura

$$V^2 = 2gH ;$$

8.

d'où il sera facile de déduire H de V, ou réciproquement, avec la *Table* (119).

On pourra aussi calculer toutes les autres circonstances de l'ascension verticale du corps, par les méthodes du n° 112; mais il ne faudra pas oublier, je le répète, que les résultats, ainsi obtenus, supposent que l'air n'existe pas ou n'exerce aucune influence sensible sur le mouvement. Car, dans la réalité, les corps s'élèvent à une hauteur un peu moindre que celle qui *répond* ou est *due* à leur vitesse *initiale*, et, de plus, en retombant, ils acquièrent une vitesse un peu moindre que celle qui est *due* à la hauteur réelle de leur chute ou de leur ascension.

Force vive, masse et quantité de mouvement.

121. *Travail relatif à la vitesse de chute des corps.* — Nous pouvons maintenant apprécier la quantité de travail ou d'action que dépense la pesanteur pour engendrer une certaine vitesse dans un corps, ou pour vaincre l'inertie de ce corps. Nommons, en effet, P le nombre des kilogrammes que pèse le corps, c'est-à-dire l'effort total (60 et 115) que la pesanteur exerce sur ce corps, et qu'il faudrait employer pour le soutenir; ce sera aussi la mesure de l'effort constant exercé sur ce corps pendant sa descente de la hauteur H. La quantité de travail, développée par la pesanteur et consommée par l'inertie (66), pendant cette chute, sera donc représentée (78) par le produit PH; et cette quantité de travail aura engendré, dans le corps, la vitesse V calculée (118) par l'équation

$$V^2 = 2g H.$$

Mais, si l'on divise le produit $2g \times H$ ou V^2 par l'un de ses facteurs $2g$, on aura l'autre facteur

$$H = \frac{V^2}{2g};$$

et, par conséquent, $P \times H$ est la même chose que $P \times \dfrac{V^2}{2g}$ ou $\dfrac{1}{2}\dfrac{P}{g} \times V^2$.

Ainsi la quantité de travail, développée par la pesanteur pour imprimer une certaine vitesse V à un corps, dans la direction verticale, est égale à la moitié du produit obtenu en multipliant le carré de cette vitesse par le poids P de ce même corps, divisé par la vitesse g ou $9^m,8088$, que la pesanteur imprime à tous les corps (117), au bout de la première seconde de leur chute.

122. *Force vive des corps; sa relation avec le travail mécanique.* — Le produit

$$\frac{P}{g} \times V^2 \quad \text{ou} \quad \frac{P}{g} V^2$$

est précisément ce que les mécaniciens sont convenus de nommer la *force vive du corps dont le poids est P et la vitesse actuelle* V; on voit donc que *la quantité d'action ou de travail, dépensée par la pesanteur pour produire la chute verticale d'un corps, est la moitié de la force vive imprimée au bas de cette chute;* ou, si l'on veut, *la force vive imprimée est le double de la quantité de travail dépensée par la pesanteur.* Lorsque le corps est lancé verticalement, de bas en haut, avec une certaine vitesse, le travail de la pesanteur, toujours mesuré par le produit du poids et de la hauteur à laquelle le corps a été élevé verticalement, est employé, au contraire, à détruire cette vitesse. Par conséquent, dans les deux cas de la descente et de la montée, la moitié de la force vive acquise ou détruite, mesure la quantité de travail nécessaire pour vaincre l'inertie du corps; c'est-à-dire que cette mesure reste la même, soit que la pesanteur imprime une certaine vitesse à un corps, soit qu'elle détruise une vitesse égale et qu'il possédait déjà.

Nous prouverons bientôt que ce principe a lieu, quelles que soient et la force motrice et la nature du mouvement qu'elle communique au corps, dans sa direction propre. Mais il est nécessaire auparavant de faire plusieurs remarques, et de poser quelques autres définitions généralement admises par les mécaniciens.

123. *Comment on doit entendre la force vive* — L'expression de *force vive*, employée pour désigner le produit

$$\frac{P}{g} \times V^2,$$

pouvant induire en erreur beaucoup de personnes, il est bon de remarquer ici que, d'après notre manière de voir, ce n'est point, à proprement parler (59), une *force*, pas plus que la quantité P × H, que nous avons nommée, en général, *quantité d'action, quantité de travail* : c'est tout simplement le résultat de l'activité d'une force motrice ou de pression, *exprimable en poids*, qui a été employée, pendant un temps plus ou moins long (57), à vaincre l'inertie de la matière d'un corps, à imprimer un certain mouvement, une certaine vitesse à ce corps. Sous ce point de vue, la force vive serait véritablement l'*effet dynamique* (80) de la force motrice, ou plutôt le double de cet effet, puisque $\frac{P}{g} \times V^2 = 2P \times H$.

Lors donc que nous emploierons le mot *force vive*, ce ne sera jamais que pour désigner la valeur numérique d'une certaine quantité essentiellement relative au mouvement actuel d'un corps, ou au mouvement qu'il pourrait réellement acquérir dans des circonstances déterminées; et, sans s'arrêter aucunement à la signification propre des mots par lesquels on l'indique dans le discours, il faudra seulement se souvenir que *sa valeur, en nombre, équivaut au produit du carré de la vitesse effective d'un corps, par le poids de ce corps, divisé par g ou* 9ᵐ,8088. Ainsi nous ne confondrons pas, comme on le fait quelquefois (80), la force vive des moteurs avec la quantité de travail qu'ils développent contre des résistances qui leur sont opposées ; et, s'il nous arrivait, par exemple, de parler de la force vive d'un homme ou d'un cheval, nous entendrions uniquement spécifier le produit ci-dessus concernant leur vitesse et leur poids réels, produit bien différent de celui qui mesure la quantité de travail mécanique même développée par ces moteurs, à chaque instant ou pendant un certain temps, lorsqu'ils sont appliqués à une machine, à un outil quelconques (74 et 77).

124. *Réflexions sur la force vive et les forces motrices en général.* — Ce qui a porté autrefois les mécaniciens à adopter

le mot *force vive*, c'est qu'ils ont confondu l'*effet* avec la *cause*, le *résultat du travail* d'une force motrice avec ce *travail même*; par la seule raison que les mesures, en nombres, de ce travail, de cet effet ou de ce résultat, sont directement comparables entre elles, ou ont une certaine relation numérique. Ayant d'ailleurs admis l'expression de *force* pour désigner les effets, les résultats de l'activité d'un moteur qui travaille, et voulant les distinguer de l'*effort* ou *pression simple* (59) que le moteur exercerait sur un corps qui resterait en repos ou céderait très-peu (89) à son action, ils ont dit que c'était une *force vive*, et cette pression, cet effort, ils l'ont nommé *force morte*. De là aussi la dispute qui s'est élevée, parmi les géomètres du dernier siècle, sur la manière de mesurer la force vive et la force morte, et de les distinguer entre elles; dispute fort oiseuse et qui n'a fait qu'embrouiller des choses très-claires par elles-mêmes, puisqu'il est impossible de confondre l'effort, la pression simple qu'exerce un moteur sur un corps, avec son travail mécanique, et ce travail avec le mouvement actuel ou acquis d'un corps.

A la vérité, un corps mis en mouvement, un certain *effet dynamique* (123) peut, à son tour, devenir une cause, une source de travail : c'est ainsi, par exemple, qu'un corps lancé verticalement, de bas en haut, est élevé, en vertu de sa vitesse, à une certaine hauteur, tout comme il le serait par l'action d'un moteur animé. Mais il arrive ici la même chose que lorsqu'une force motrice a développé une certaine quantité de travail pour bander un ressort élastique (97) : l'inertie de la matière a été mise en jeu de la même manière que les forces moléculaires l'ont été dans ce dernier cas; cette inertie (106), quand elle a été ainsi vaincue, devient capable de restituer la quantité de travail dépensée, de même que le ressort qui a été bandé. En un mot, l'inertie comme les ressorts (96), sert à *emmagasiner* le travail mécanique, en le transformant en force vive, et réciproquement, de sorte que la force vive est un véritable *travail disponible*.

Nous avons vu (102) qu'on peut en dire tout autant d'un corps qui a été élevé à une certaine hauteur, par un moyen quelconque; ce corps, sollicité par la pesanteur, est la source d'une quantité de travail, dont on peut disposer subséquemment pour produire effectivement du travail mécanique. Mais, de même que nous ne disons pas, en termes absolus, que ce corps, actuellement élevé à une certaine hauteur, est une *force*, qu'un ressort bandé est une *force;* de même aussi il est peu exact de dire qu'un corps en mouvement, que $\dfrac{P}{g} V^2$ est une *force*. Ces réflexions sont également applicables aux *hommes* et aux *animaux* en général, aux *combustibles* ou au *calorique* enfermé dans les corps (99), aux *cours d'eau*, au *vent*, etc.; ce sont des *agents* de travail, des *moteurs* si l'on veut, mais non de simples forces, de simples pressions (59).

L'objet de la Mécanique industrielle consiste principalement à étudier les diverses transformations que peut subir le travail des moteurs par le moyen des machines ou des outils, à comparer entre elles les quantités de ce travail, à les évaluer en argent ou en ouvrage de telle ou telle espèce, etc.

125. *Définition de la masse des corps.* — Puisque la pesanteur agit indistinctement sur toutes les particules matérielles d'un corps, et tend, à chaque instant, à leur imprimer le même degré de vitesse dans le même lieu (115), on voit que le poids de ce corps, qui est le résultat de toutes ces actions partielles, peut donner, jusqu'à un certain point, une idée de la *quantité de matière* qu'il renferme ou de sa *masse*. Suivant cette notion, la *masse* serait donc proportionnelle au poids; souvent même on prend, dans les applications, les poids pour les masses. Mais, comme l'intensité de la pesanteur varie d'un lieu à un autre (61), et que la quantité de matière ou la *masse absolue* d'un même corps ne varie pas, on voit que cette dernière serait, dans certains cas, mal définie par le poids simple de ce corps. Or l'expérience apprend que la vitesse imprimée, par la pesanteur, au bout de la première seconde de chute, demeure constamment proportionnelle à son intensité; c'est-à-dire (117 et 121) que le rapport $\dfrac{P}{g}$ reste le même pour tous les lieux. Ainsi, P et P' étant les *poids absolus* (60) et dans le vide, d'un même corps transporté, par exemple, à deux hauteurs différentes; g et g' les vitesses qu'à ces hauteurs, la pesanteur imprime, dans le vide et à la fin de la première seconde de chute, à chaque particule de matière, on a

$$\text{P} : \text{P}' :: g : g', \quad \text{ou} \quad \frac{\text{P}}{g} = \frac{\text{P}'}{g'}.$$

C'est donc à ce rapport invariable $\dfrac{\text{P}}{g}$, et non au poids P lui-même, que s'applique véritablement, en Mécanique, la définition de la *masse* d'un corps; et l'on commettrait souvent des erreurs de calcul fort graves, en prenant le poids pour la mesure de la masse.

126. *Expression abrégée de la masse et de la force vive, dans les calculs.* — Ordinairement on représente la valeur de la masse par la lettre *m* ou M : on a donc

$$\text{M} = \frac{\text{P}}{g},$$

et, par suite,

$$\text{P} = \text{M} \times g = \text{M} g;$$

P exprimant l'effort absolu exercé, par la pesanteur, sur un certain corps, et *g* la vitesse qu'elle lui imprime, dans le même lieu et dans le vide, au bout de la première seconde de sa chute verticale.

D'après cette convention, la valeur ci-dessus $\dfrac{\text{P}}{g} \text{V}^2$ de la *force vive* d'un corps (121) se trouve aussi représentée, dans les calculs mécaniques, par

$$\text{M} \times \text{V}^2 \quad \text{ou} \quad \text{M} \text{V}^2,$$

c'est-à-dire par *le produit de la masse de ce corps et du carré de sa vitesse acquise ou actuelle.*

127. *Quantité de mouvement des corps.* — Les mécaniciens sont également convenus de nommer *quantité de mouvement* d'un corps, *le produit de sa masse*, définie comme on vient de le dire, *par la vitesse simple et actuelle que possède cette masse ;* c'est-à-dire que

$$\text{M} \times \text{V} \quad \text{ou} \quad \frac{\text{P}}{g} \times \text{V},$$

qu'on écrit aussi

$$MV \quad \text{ou} \quad \frac{PV}{g}$$

pour la simplicité, est ce qu'on nomme une *quantité de mou-vement* en Mécanique. Cette quantité est, comme on voit, très-différente de ce que nous avons appelé (80) la *quantité d'action* ou de *travail* des moteurs; et on ne peut la con-fondre avec cette dernière qu'autant (84) que l'on confondrait aussi l'effort d'un moteur avec le poids réel, ou plutôt avec la masse d'un corps; ce qui n'est évidemment pas permis (*).

128. *Observations générales.* — Dans le fait, c'est principa-lement pour abréger et simplifier tout à la fois les calculs et les raisonnements, qu'on emploie les dénominations de *masse*, de *quantité de mouvement*, et qu'on les représente par des lettres particulières; on pourrait aisément s'en passer, ainsi que du mot *force vive*, dans l'exposition des principes de la Mécanique industrielle. Mais, comme tous les auteurs en ont fait usage, il devient important de bien se pénétrer de leur véritable signification, et de ne pas oublier qu'elles se rap-portent toutes à des corps matériels et au mouvement véritable

---

(*) Nommons Q la valeur, en nombre, de $\frac{P}{g} \times V$, on aura $Q = \frac{P}{g} \times V$, ou, ce qui revient au même, $Q : P :: V : g$. Mais P est le poids véritable d'un cer-tain corps; g, ou $9^m,8088$ est la vitesse que la pesanteur imprime à ce corps au bout de la première seconde de chute et dans le lieu où nous sommes; donc Q n'est autre chose que le poids absolu du même corps dans le lieu où la gra-vité serait capable de lui imprimer la vitesse V au bout de la première seconde de chute, c'est-à-dire l'effort qui soutiendrait le corps contre l'action de cette gravité. On voit aussi que la force vive MV^2 ou $MV \times V$ n'est elle-même que le produit de ce dernier poids, de cet effort, par la vitesse V, ou par le chemin que décrirait (48) uniformément le corps, dans l'unité de temps, en vertu de sa vitesse actuelle. Ces observations peuvent servir à distinguer entre elles, d'une manière absolue, la quantité de mouvement et la force vive, ainsi qu'à montrer l'identité de nature que, sous un certain point de vue, les mécaniciens ont attribuée à ces deux sortes de grandeurs, ainsi qu'au poids et au travail mécanique véritables; elles expliqueront aussi comment on se permet quel-quefois de regarder la quantité de mouvement comme une *force morte* (124), comme un effort simple ou sans énergie, et la quantité de travail comme une force vive. Au surplus, nous n'avons nullement besoin de nous inquiéter de ces distinctions qui, à le bien prendre, sont de vraies subtilités.

de ces corps; ou plutôt qu'elles sont des expressions purement conventionnelles pour exprimer, d'une manière commode, certaines grandeurs numériques, certains résultats qui
se présentent fréquemment dans les applications de la Mécanique, quand il s'agit du mouvement des corps.

DE LA COMMUNICATION DIRECTE DU MOUVEMENT PAR LES FORCES MO-TRICES EN GÉNÉRAL, ET DU CHANGEMENT DU TRAVAIL EN FORCE VIVE.

129. *Rapport des forces motrices au mouvement imprimé.*
— Nous venons de voir (125) que la pesanteur communique,
à un même corps et au bout de la première seconde de chute
verticale, des vitesses qui sont constamment proportionnelles
à son intensité, ou au poids absolu du corps dans chaque lieu.
Mais cette propriété provient uniquement de ce que la pesanteur varie, en effet, très-peu (61) dans toute la hauteur de cette
chute; de sorte que la vitesse totale, acquise en une seconde,
est proportionnelle *aux degrés égaux* de vitesse imprimés
dans chaque élément du temps (107 et suiv.). Lorsque la force
motrice, au lieu d'être constante, varie à chaque instant, il est
évident qu'alors son intensité ne peut plus se mesurer par la
vitesse totale qu'elle imprime dans le *sens propre de son action*, à un même corps et au bout de l'unité de temps, mais
qu'elle dépend uniquement, pour chaque instant, du *degré de
vitesse infiniment petit* qu'elle lui communique à ce moment.

L'observation de ce qui se passe à la surface du globe terrestre et dans les mouvements de notre système planétaire,
prouve que

*Les forces sont réellement proportionnelles aux degrés de
vitesse qu'elles impriment, dans des temps égaux infiniment
petits, à un même corps qui cède librement à leur action, et
dans le sens propre de cette action.*

Ce fait sert de base à toute la Mécanique du mouvement, et
il doit être considéré comme une loi générale des forces motrices de la nature.

Pour éviter désormais des répétitions inutiles, nous rap-

pellerons qu'ici, comme dans ce qui précède et dans ce qui va
suivre, les forces sont censées agir d'une *manière directe* sur
les corps, c'est-à-dire dans le sens propre du mouvement qu'ils
prennent ou tendent à prendre, et que, dans ce mouvement,
les diverses parties de ces corps sont aussi censées *cheminer
parallèlement* et de la même quantité, ainsi qu'il arrive dans
une infinité de circonstances. Si l'on veut encore, on peut
considérer les corps comme dépouillés de leurs dimensions,
ou leur matière, leur masse, comme concentrée en un seul
point sur lequel agit immédiatement la puissance.

130. *Mesure des forces motrices et d'inertie par la vitesse imprimée et réciproquement.* — Soit F la mesure, en *kilogrammes*,
d'une certaine force qui agit directement sur un corps cédant
librement à son action; soit v le degré très-petit de vitesse
qu'elle imprime à ce corps, à une époque quelconque et pendant le temps infiniment petit t; soit pareillement P le poids
ou la pression que la pesanteur exerce, en un certain lieu, sur
ce même corps, et v' le petit degré de vitesse qu'elle *tend à
lui imprimer*, ou qu'elle lui communiquerait, en effet, pendant la durée de t, s'il était parfaitement libre de céder à son
action. On aura, selon ce qui précède,

$$F : P :: v : v';$$

d'où

$$F = \frac{P}{v'} \times v = \frac{Pv}{v'}.$$

Mais, d'après la première loi de la chute des corps (117), nous
avons

$$v' : g :: t : 1'';$$

d'où

$$v' = gt;$$

donc

$$F = \frac{Pv}{gt} = M \times \frac{v}{t}.$$

M étant la masse du corps (125).

Ainsi, quand on connaîtra le degré de vitesse v imprimé,
dans le temps infiniment petit t, par la force F, on pourra
calculer cette force, qui est égale et contraire à la résistance

qu'oppose, au mouvement (66), l'inertie de la matière du corps; *résistance* que nous avons nommée simplement *force d'inertie*, et qu'on pourrait aussi appeler (123) la *force dynamique* des corps, parce qu'on attache ordinairement au mot *dynamique* l'idée d'un changement de mouvement. La relation

$$F = M \times \frac{v}{t} = M \frac{v}{t},$$ nous apprend donc que

La force d'inertie F *croît proportionnellement à la masse du corps et aux degrés de vitesse v qu'il reçoit dans des temps élémentaires t, égaux et infiniment petits.*

De la relation ci-dessus, on tire réciproquement la valeur $v = \dfrac{F \times t}{M}$; donc

Les degrés de vitesse *qu'une force motrice imprime à un corps, pendant un même temps élémentaire infiniment petit, sont proportionnels à l'intensité de cette force et inversement à la masse du corps.*

On remarquera d'ailleurs que tout ce qui précède s'applique aussi bien au cas où la force F ralentit le mouvement acquis du corps qu'à celui où elle l'accélère; seulement, au lieu de degrés de vitesse *acquis*, on a à considérer des degrés de vitesse *détruits* dans ce corps, et la force F devient une, résistance véritable, qui s'oppose à l'action de l'inertie devenue *puissance* (58). C'est généralement ainsi qu'on devra entendre les choses dans tout ce qui va suivre.

131. *Rapport des forces motrices aux quantités de mouvement imprimées.* — D'après nos définitions (127), le produit M × v ou M v n'est autre chose que ce qu'on nomme une *quantité de mouvement*, en Mécanique. On voit donc que la première des propositions ci-dessus revient à dire que

La force d'inertie croît proportionnellement à la quantité de mouvement communiquée ou détruite dans un même instant infiniment petit;

Ou que

Les forces motrices communiquent ou détruisent, dans des instants égaux et infiniment petits, des quantités de mouvement qui leur sont proportionnelles.

Soient, en effet, F et F′ deux forces motrices ou pressions quelconques agissant, pendant un même instant infiniment petit t, sur deux corps différents, de masses M et M′; soient v et v' les degrés de vitesse qu'elles leur impriment respectivement, à la fin de cet instant, on aura, selon ce qui précède,

$$F = M\frac{v}{t}, \quad F' = M'\frac{v}{t},$$

et par conséquent

$$F : F' :: M\frac{v}{t} : M'\frac{v'}{t} :: Mv : M'v'.$$

Si donc les forces motrices F, F′, ou les forces d'inertie qui leur sont directement opposées, avaient la même intensité, la même valeur en kilogrammes, les quantités de mouvement qu'elles imprimeraient, dans le même instant très-petit t, seraient aussi égales ; ce qui résulte immédiatement de ce qu'on aurait alors

$$M\frac{v}{t} = M'\frac{v'}{t} \quad \text{ou} \quad Mv = M'v'.$$

On voit enfin que, si deux forces appliquées à deux corps libres différents, demeurent sans cesse égales entre elles pour les mêmes instants c'est-à-dire si elles varient de la même manière, les *quantités de mouvement totales et finies* qu'elles auront imprimées à ces corps, entre deux instants quelconques, seront aussi *égales* entre elles; car chacune d'elles sera la somme de quantités de mouvement partielles telles que Mv, M′v′, qui ont les mêmes valeurs pour les divers instants successifs et égaux dont se compose la durée entière de l'action.

C'est ainsi qu'il faut entendre le principe par lequel les auteurs admettent quelquefois que des *forces motrices égales* impriment les mêmes quantités de mouvement *finies* ou *totales* à des corps quelconques, principe qui conduit à considérer ces quantités comme des forces véritables, tandis qu'elles expriment uniquement des sommes de produits tels que Ft, relatifs aux forces ordinaires de pression (59 et 60) et à la durée du temps pendant lequel elles agissent. En effet, quelle que soit la petitesse de cette durée, elle n'est pas nulle (57), et, quelle que soit la grandeur ou l'intensité des forces, elles ne sont pas *infinies*, elles peuvent se mesurer en kilogrammes comme toutes les forces de pression ou de traction. Au surplus, je le répète, ces discussions sont parfaitement inutiles pour nous, qui n'admettons le mot *quantité de mouvement* que pour désigner un certain résultat des calculs, et pour abréger les énoncés des principes (127 et 128).

132. *Autre mesure des forces motrices et d'inertie.*— Revenons maintenant à la considération simple d'une force unique F, agissant sur un corps de poids P ou de masse M (130), et supposons qu'à une certaine époque du mouvement, cette force cesse tout à coup de varier, ou continue d'agir sur le corps avec l'intensité qu'elle possède à cette époque; la vitesse augmentant ou diminuant dès lors de quantités proportionnelles au temps (107), cette intensité pourra être encore mesurée par la *vitesse finie* qu'elle imprimerait au corps, à la fin de la première seconde, s'il partait du repos au commencement de cette seconde.

Désignant par V_1 cette vitesse finie, on aura

$$V_1 : v :: 1'' : t;$$

d'où

$$V_1 = \frac{v}{t}, \quad \text{et} \quad F = M \times \frac{v}{t} = M V_1.$$

Ainsi, dans le mouvement varié, en général, la force motrice, égale et contraire à la force d'inertie, à la force dynamique, est *mesurée*, à chaque instant, *par la quantité de mouvement qu'elle imprimerait, au bout d'une seconde, si, au lieu de varier, elle demeurait ce qu'elle est à cet instant.* Mais, de ce que les quantités de mouvement sont propres à servir de mesure aux forces, ce n'est pas une raison de les confondre avec ces forces; car ici la durée, la constance qu'on suppose à l'action, est une condition essentielle et qu'il ne faut pas perdre de vue.

133. *Calcul des mêmes forces par la loi géométrique du mouvement.* — Ces dernières considérations sur la force motrice, dans le mouvement varié, sont analogues à celles qui concernent la vitesse même du mouvement (53), et on peut les reproduire également à l'aide d'une figure. Soit tracée (*Pl. 1, fig.* 32), ainsi qu'il a déjà été dit (108) à l'occasion du mouvement uniformément accéléré, la ligne O'*a'b'*...*f'*, qui représente la loi des temps et des vitesses; soient *cc'*, *dd'* les vitesses qui répondent au commencement et à la fin du très-petit instant *cd* ou *t*. Menons, par *c'*, la parallèle *c'd"m* à l'axe des temps OB; elle retranchera, de l'ordonnée *dd'*, la petite longueur *d'd"*, représentant le *degré de vitesse* imprimé, par la force motrice, dans la durée de l'élément de temps *cd* = *c'd"*, degré dont nous avons désigné la valeur en nombre par *v*. Or, si l'on suppose qu'à partir du commencement de *cd* ou *t*, la force motrice devienne constante, ou (107) qu'elle imprime, dans les instants successifs égaux à *t*, des degrés de vitesse aussi égaux à *d'd"*; la loi des vitesses acquises sera exprimée (108) par une droite *c'n*, prolongement de *c'd'*, et qui sera tangente à la courbe O'*a'b'*...*f'*, si l'intervalle *cd* ou *t* est censé excessivement petit. Prenant donc *c'm* = 1", et élevant l'ordonnée *mn* terminée à *c'n*, celle-ci ne sera autre chose que la vitesse V_1, acquise, au bout de l'unité de temps, par le corps, en vertu de la force motrice supposée constante; et l'on aura, à cause des triangles semblables *c'd'd"* et *c'mn*, la proportion

$$c'd" \text{ ou } t : d'd" \text{ ou } v :: c'm \text{ ou } 1" : mn \text{ ou } V_1;$$

d'où l'on tire, comme ci-dessus,

$$V_1 = \frac{v}{t}.$$

Ainsi, quand on connaîtra la loi qui lie les temps aux vitesses imprimées, ou la courbe qui représente cette loi, on pourra, pour chaque instant et par le tracé d'une tangente de cette courbe, déterminer la vitesse V_1, et, par suite, calculer, comme il a été expliqué précédemment (130 et 132), la valeur $M V_1 = \frac{P}{g} \times V_1$ de la force motrice F qui produit l'accélération de mouvement du corps, ou, ce qui est la même chose (130), la résistance égale et contraire, que l'inertie de la matière du corps oppose, à chaque instant, à l'action de cette force.

134. *Trouver la loi du mouvement quand on a celle de la force.* — Réciproquement, si l'on connaît, pour chaque instant et par le moyen d'une table ou d'une courbe, la valeur de la force motrice F par rapport aux temps révolus ou aux chemins décrits, on en déduira les valeurs correspondantes de $V_1 = \dfrac{F}{M} = \dfrac{g.F}{P}$, inclinaisons des tangentes $c'n$ de la courbe des vitesses; car la mesure de ces inclinaisons est donnée par la valeur du rapport $\dfrac{mn}{c'm} = V_1$. Si l'on connaît d'ailleurs la *vitesse initiale* OO′ du corps, vitesse nulle quand ce corps part du repos, rien ne sera plus facile que de tracer la courbe des vitesses successivement acquises sous l'action de la force motrice; car, ayant l'inclinaison de la tangente relative à chaque abscisse ou à chaque temps Oa, Ob, Oc,..., on pourra, de proche en proche, construire les positions consécutives O′a', $a'b'$, $b'c'$,..., des éléments rectilignes de cette courbe, et en déduire les ordonnées aa', bb', cc', qui mesurent les vitesses acquises par le corps à la fin des temps correspondants.

Par exemple, la vitesse initiale du corps étant OO′, on mènera O′m' parallèle à OB et égale à l'unité de temps; puis, ayant calculé la valeur de V_1 relative à l'intensité de F au moment où l'action commence, on portera cette valeur sur l'ordonnée $m'n'$, de m' en n'; traçant O′n', ce sera la direction de l'élément O′a'; et l'ordonnée aa', qui répond au premier instant Oe, donnera, en la terminant à la droite O′n', la grandeur de la vitesse à la fin de cet instant : en répétant les mêmes opérations pour le point a', on en déduira b' et bb', etc. On diminuera d'ailleurs la longueur des tracés, en construisant quelque part (*Pl. I, fig.* 33) les inclinaisons successives pn, pn', pn'',... des tangentes relatives aux divers instants; car elles donneront, de suite, les degrés de vitesse tv, tv', tv'',... imprimés, par F, dans les instants successifs Oa, ab, bc,... représentés ici par pt.

Il est évident que plus sera grand le nombre des parties égales dans lesquelles on aura divisé le temps total Of (*Pl. I, fig.* 32), où l'on considère l'action de la force motrice, plus la courbe ainsi construite s'approchera de représenter la véritable loi du mouvement communiqué par cette force. Enfin, les trapèzes $bb'c'c$, $cc'd'd$,... représentant encore ici (108) les chemins élémentaires successivement décrits, par le corps, dans les petits temps correspondants bc, cd,..., on obtiendra le chemin total parcouru par ce corps au bout d'un temps quelconque Of et sous l'action de la force motrice F, en mesurant l'aire totale de tous les petits trapèzes relatifs à ce temps, c'est-à-dire la surface même du trapèze *curviligne* $OO'f'f$. Or cette surface se calculera aisément à l'aide du procédé déjà mentionné (72), à l'occasion de la mesure du travail mécanique variable.

De la force vive des corps en général et de sa relation avec le travail mécanique.

135. *Mesure du travail des forces motrices et d'inertie.* — A l'aide des notions qui précèdent, nous pouvons calculer la quantité de travail que doit dépenser, contre un corps de poids P ou de masse M (126), une force de pression qui varie à chaque instant en demeurant sans cesse égale et contraire à la force d'inertie (130), pour imprimer à ce corps une certaine vitesse, ou plus généralement, pour augmenter ou diminuer sa vitesse d'une quantité donnée.

En effet, pour chaque instant infiniment petit t du mouvement, le travail·de la force motrice est mesuré (72) par le produit de sa *valeur moyenne* durant cet instant, valeur que nous nommerons F, et du chemin élémentaire qui a été décrit, dans ce même instant, par le corps ou par le point d'application de la force. Ce petit chemin, ainsi qu'on l'a remarqué au n° 134, est donné, pour la *fig.* 32, *Pl. I*, par l'aire du trapèze élémentaire $cc'd'd$, par exemple, qui serait formé sur cd représentant le temps t, et sur la *vitesse moyenne* (108) correspondante $\frac{1}{2}(cc' + dd')$, que nous nommerons V; c'est-à-dire que ce chemin est égal au produit $V \times t$. Donc le travail élémentaire dont il s'agit est $F \times V \times t$, et la même chose aura lieu dans chacun des instants infiniment petits égaux à t. Or nous avons trouvé (130) que, v étant le degré de vitesse $d'd''$ imprimé au corps pendant le temps t, la valeur de F était

mesurée par $\dfrac{\mathrm{M} \times v}{t}$; donc enfin la quantité de travail cherchée est

$$\frac{\mathrm{M} \times v}{t} \times \mathrm{V} \times t = \mathrm{M} \times \mathrm{V} \times v.$$

C'est la somme de toutes ces quantités de travail partielles qui composent le travail total, et cette somme est facile à trouver par la considération d'une figure, en remarquant que, comme M est un facteur commun et invariable, cela revient simplement à trouver la somme des produits $\mathrm{V} \times v$. A partir du point O (*Pl. I, fig.* 34), pris pour origine, portons, sur la droite OB, les diverses valeurs de v ou des accroissements successifs Oa, ab, bc, cd,... de la vitesse, répondant aux divers instants égaux t écoulés depuis celui du départ des corps, accroissements qui seront inégaux dans le cas du·mouvement varié; les longueurs Oa, Ob, Oc, Od,... seront les vitesses totales acquises à la fin desdits instants. Portons ces mêmes longueurs sur les ordonnées correspondantes aa', bb', cc', dd',..., de telle sorte qu'on ait $aa' = Oa$, $bb' = Ob$, $cc' = Oc$,...; la suite des points O, a', b', c',... va former une ligne droite inclinée à 45 degrés sur l'axe des abscisses OB. Cela posé, considérons en particulier l'accroissement de vitesse $d'd''$ qui a été nommé v, le produit $\mathrm{V} \times v$ de cet accroissement par la vitesse moyenne correspondante V, ou $\frac{1}{2}(cc' + dd')$, sera ici représenté par l'aire du petit trapèze $cc'd'd$. Donc la somme cherchée de tous les produits $\mathrm{V} \times v$ a pour mesure celle des petits trapèzes correspondants, ou l'aire comprise entre la droite Of', l'axe OB des abscisses et les ordonnées qui représentent la vitesse au commencement et à la fin de l'intervalle de temps pour lequel on veut calculer le travail de la force motrice.

136. *Relation entre le travail dépensé et la force vive acquise.* — Supposons, en premier lieu, que le corps parte du repos, et qu'il s'agisse de trouver la somme des produits $\mathrm{V} \times v$, relative à la vitesse acquise dd' que nous nommerons V'; cette somme, étant représentée par l'aire du triangle Odd', aura pour mesure

$$\tfrac{1}{2}dd' \times Od \quad \text{ou} \quad \tfrac{1}{2}dd' \times dd' = \tfrac{1}{2}\mathrm{V}'^2.$$

Donc aussi *la quantité de travail correspondante à la vitesse acquise* V′ *et consommée par l'inertie du corps sera mesurée* (135) par $M \times \frac{1}{2} V'^2 = \frac{1}{2} M V'^2$, ou *par la moitié de la force vive communiquée à ce corps depuis l'instant de son départ* (122 et 126). Ce principe a donc lieu aussi pour un mouvement varié quelconque et pour une force motrice différente de la pesanteur.

Pour une autre vitesse *ff′* ou V″ plus grande que la première, la consommation totale de travail sera également mesurée par $M \times \frac{1}{2} V''^2$ ou $\frac{1}{2} M V''^2$; et par conséquent, pour l'intervalle compris entre les positions du corps qui répondent aux vitesses V′ et V″, la quantité de travail consommée sera mesurée par la différence $\frac{1}{2} M V''^2 - \frac{1}{2} M V'^2$ ou

$$\left(\tfrac{1}{2} M V''^2 - M V'^2 \right),$$

correspondante au trapèze *dd′f′f*. Or $M V'^2$ et $M V''^2$ sont les *forces vives* possédées par le corps au commencement et à la fin de l'intervalle de temps pour lequel on considère le travail de la force; $M V''^2 - M V'^2$ est donc l'*accroissement* de la force vive, la force vive *communiquée* ou *acquise* dans cet intervalle; de sorte que le principe ci-dessus peut s'appliquer aussi à deux instants quelconques du mouvement d'un corps; c'est-à-dire que :

La quantité de travail dépensée par une force motrice quelconque qui agit (130), *dans le sens même du mouvement d'un corps libre, pour accélérer ce mouvement, est mesurée par la moitié de la force vive acquise entre les instants où l'on considère le travail.*

C'est évidemment aussi la mesure même du travail *consommé* par l'inertie du corps (130).

137. *Cas où la force motrice est opposée au mouvement.* — Ce qui précède suppose que la vitesse du corps augmente sans cesse; s'il en était autrement, ce serait un signe que la force motrice serait opposée au mouvement antérieurement acquis ou serait *retardatrice;* de sorte qu'elle agirait alors comme une véritable *résistance* (58). Du reste, tous nos raisonnements demeureraient encore applicables, et l'on trou-

verait que, pour un certain intervalle de temps pendant lequel
la vitesse V″, antérieurement acquise, aurait été réduite à V′
par exemple, la quantité de travail développée par la résistance, toujours égale et directement contraire à la force d'inertie devenue *puissance*, serait égale à

$$\tfrac{1}{2}(\mathrm{M}\,\mathrm{V}''^2 - \mathrm{M}\,\mathrm{V}'^2),$$

ou à la moitié de la force vive qui a été *perdue* ou *détruite*.

Ainsi la diminution de la force vive d'un corps entre deux
instants suppose qu'une quantité de travail égale à la moitié
de cette diminution a été développée par l'inertie de ce corps
contre des obstacles ou des résistances, comme son augmentation suppose, de la part d'une puissance, une consommation
de travail égale à la moitié de cette augmentation ; principe
qu'on peut énoncer généralement ainsi :

*La perte ou le gain de force vive éprouvé, entre deux
instants quelconques, par un corps dont le mouvement varie,
est le double de la quantité de travail développée dans cet
intervalle par l'inertie du corps ou par la force motrice égale
et directement contraire.*

138. *Transformation du travail en force vive et réciproquement.* — On voit clairement maintenant comment, en général, l'inertie de la matière sert à transformer le travail en force
vive et la force vive en travail ; ou, pour nous exprimer comme
nous l'avons fait précédemment (124), à l'occasion du mouvement vertical des corps pesants, on voit que l'inertie sert à
emmagasiner le travail des moteurs en le convertissant en
force vive, et à le *restituer intégralement* ensuite, lorsque
cette force vive vient à être détruite contre des résistances.

Les arts industriels nous offrent une infinité de circonstances où ces transformations successives s'opèrent par le
moyen des machines, des outils, etc. — L'eau renfermée dans
le réservoir d'un moulin représente un certain travail *disponible*, qui se change en force vive quand on ouvre la *vanne*
de retenue ; à son tour, la force vive acquise par cette eau, en
vertu de sa chute du réservoir, se change en une certaine
quantité de travail quand elle agit contre la roue du moulin,

et celle-ci transmet ce travail aux meules, etc., qui confectionnent l'ouvrage. — L'air refoulé dans le réservoir d'un fusil à vent représente la valeur mécanique d'un certain travail dépensé par un moteur pour l'y emprisonner (96); en lâchant la détente, l'air chasse la balle et convertit une portion plus ou moins grande de ce travail en force vive : si la balle est lancée directement (95) contre un ressort ou corps élastique quelconque retenu par un obstacle, ce ressort se bande, se comprime en opposant au mouvement de la balle une résistance égale et précisément contraire à son inertie, résistance qui, allant sans cesse en croissant (95), finit bientôt par la réduire au repos, circonstance qui arrive quand le travail de la résistance a atteint une valeur égale à la moitié de la force vive que possédait la balle.

Supposons que le ressort soit maintenu par un moyen quelconque à la position qui correspond à cet instant, la force vive de la balle s'y trouvera emmagasinée ou convertie en quantité de travail disponible, de la même manière que s'il avait été bandé par une force motrice ordinaire (96); mais, si on le laisse réagir immédiatement contre la balle, celle-ci sera lancée, en sens contraire, avec une vitesse telle, que la force vive qu'elle acquerra sera le double de la quantité de travail qui a été développée, sur elle, pendant la détente du ressort (134).

139. *Restitution et consommation de la force vive dans le choc des corps.* — Si, dans l'exemple qui précède, il était permis de supposer que la balle quittât le ressort à l'instant même où celui-ci est revenu au repos et à sa position naturelle, et si d'ailleurs (95 et 96) ce ressort conservait toute son énergie dans la détente, la vitesse et la force vive restituées à la balle seraient précisément égales à celles que le fusil à vent lui avait d'abord imprimées dans une direction contraire. Ainsi, dans l'exemple dont il s'agit, le travail aurait été alternativement converti en *force vive* et la force vive en travail sans qu'il y ait eu rien de perdu ni de gagné.

Dans la réalité (96), il est peu de corps qui jouissent d'une élasticité parfaite sous de grandes compressions, et l'hypothèse que la balle quitte le ressort à l'instant même où il a repris son état ordinaire est purement gratuite ; car il est, au contraire, évident, qu'en se séparant, ils auront acquis, en leur point de contact, une vitesse commune en vertu de laquelle une partie du ressort continuera à cheminer, comme la balle, jusqu'à ce que sa tension le ramène en arrière pour lui faire exécuter une série d'oscillations de plus en plus faibles (19), et dans lesquelles les forces d'attraction et de répulsion des molécules (63) joueront, par rapport à leur force d'inertie, absolument le même rôle que la réaction totale du ressort par rapport à l'inertie de la balle. Une portion plus ou moins grande de la force vive primitive de cette balle aura donc été employée, soit à détruire les forces moléculaires du ressort, soit à lui imprimer un mouvement oscillatoire propre. Or, cette portion étant comparable à la quantité de travail même développée dans la réaction du ressort, ou à la force vive transmise à la balle, on voit que, dans le choc des corps élastiques animés d'une grande vitesse et ayant une grande masse ou un grand poids, il peut se faire, dans un temps fort court, une perte de force vive ou de travail très-appréciable, et voilà pourquoi, je le répète (98), il est surtout essentiel d'éviter les chocs et secousses dans les machines de l'industrie. Au surplus, nous reviendrons sur ce sujet dans la partie des *Applications*, et nous entrerons dans des développements qui ne seraient pas ici à leur place et qui troubleraient la marche naturelle des idées.

140. *Réflexions nouvelles sur l'impossibilité d'augmenter le travail mécanique.* — On voit, par ce qui précède, qu'il est aussi impossible de se servir de la force de ressort que de celle de la gravité (120) pour imprimer à un corps une vitesse plus grande que celle qu'il possédait primitivement, et qu'au contraire, cette vitesse restituée sera toujours moindre que la vitesse primitive. Or il en serait de même de tous les agents matériels qu'on pourrait employer, dans les arts, pour convertir le travail d'une puissance en force vive, puis cette force vive en travail ; en un mot, la force vive acquise sera tout au plus égale (136 et 137) au double du travail dépensé, ou le travail produit tout au plus égal à la moitié de la force vive consommée. Par conséquent, loin de gagner, on ne peut que

perdre en se servant de la force d'inertie des corps pour opérer un travail mécanique quelconque.

Il n'en est pas moins vrai de dire (138) que la force vive actuelle d'un corps représente intégralement une quantité de travail égale à la moitié de sa valeur numérique, ou que la force d'inertie restitue en entier, comme la pesanteur (102), le travail primitivement dépensé pour la mettre en jeu; car, dans le cas ci-dessus, par exemple, d'une balle qui vient choquer un ressort retenu contre un obstacle, la perte de force vive éprouvée par cette balle a été réellement employée à vaincre certaines résistances moléculaires, à imprimer certains mouvements qui représentent une quantité de travail égale à la moitié de sa valeur; seulement il arrive encore ici que ces résistances, ces mouvements sont étrangers à l'effet qu'il s'agit de produire et que l'on considère comme constituant seuls l'effet utile (104 et suiv.).

141. *Examen particulier du mouvement périodique.* — Nous venons de montrer, par des exemples, comment le travail mécanique peut être transformé alternativement en force vive, et la force vive en travail par le moyen des ressorts ou des machines qui les emmagasinent et les restituent successivement. Ces transformations se présentent, en général, toutes les fois que le mouvement d'un corps, sollicité par une puissance motrice, est, par sa liaison avec d'autres corps, contraint de varier à chaque instant, de manière à devenir tantôt accéléré et tantôt retardé : genre de mouvement que nous avons déjà examiné et défini en lui-même (49), et qui se rencontre spécialement dans les pièces des machines qui *oscillent, vont et viennent* entre deux positions extrêmes qu'elles ne peuvent dépasser, et pour lesquelles leur vitesse devient forcément nulle en changeant de direction. Le mouvement des scies et des rabots, celui des limes, des pistons de pompe et de la plupart des outils employés dans les arts manuels sont évidemment dans ce cas.

Or, lorsque la vitesse du corps augmente, ce qui arrive nécessairement au commencement de chaque *période* ou *alternation*, c'est un signe (136) qu'une certaine portion du travail moteur opère dans le sens du mouvement pour accroître la force vive d'une quantité égale au double de cette portion, le surplus du travail étant absorbé par les autres résistances. Lorsque, au contraire, la vitesse du corps vient à diminuer vers la fin de chaque période, c'est un signe (137) qu'une certaine, portion de la force vive précédemment acquise a été dépensée, contre les mêmes résistances, pour augmenter le travail du moteur d'une quantité égale à la moitié de cette portion; et ainsi de suite selon le nombre des alternatives du mouvement.

Comment se comporte l'inertie dans ce mouvement. — On voit, d'après cela, que, quand la vitesse ou la force vive d'un corps oscille entre certaines limites, c'est une preuve que l'inertie absorbe et restitue successivement des portions du travail de la puissance, qui sont égales pour tous les instants où la vitesse est redevenue la même; c'est-à-dire que, dans l'intervalle de deux quelconques de ces instants, il n'y a eu rien de perdu ni de gagné, et que la puissance doit être considérée comme ayant été entièrement employée à vaincre les résistances autres que l'inertie. Mais, si, dans un intervalle de temps quelconque, la vitesse, après avoir subi également des alternatives de grandeur, ne redevient pas ce qu'elle était d'abord, la moitié de la différence des forces vives qui répondent à la fin et au commencement de cet intervalle mesure (136 et 137) la quantité de travail qui a été réellement consommée ou restituée par l'inertie du corps. Par conséquent, si ce corps était parti du *repos*, le travail absorbé par l'inertie, à un instant quelconque, serait mesuré seulement par la moitié de la force acquise à cet instant.

142. *Démonstration des mêmes choses par la Géométrie.* — On remarquera que tous les raisonnements qui précèdent peuvent être reproduits directement à l'aide de la *fig.* 34, *Pl. I*, ci-dessus et des considérations du n° 136. Car, lorsque la vitesse du corps diminue après avoir augmenté pendant un certain temps, il en est de même de l'abscisse et de l'ordonnée de la droite O*f'*, qui représentent cette vitesse : ainsi l'ordonnée *ff'* par exemple, après s'être éloignée de l'origine jusqu'à un certain point, en *balayant des aires triangulaires* O*aa'*, O*bb'*,..., O*ff'*, proportionnelles à la quantité de travail absorbée

par l'inertie, ou à la moitié de la force vive acquise par le corps, se rapproche ensuite de cette même origine, en soustrayant, de la plus grande aire ou du plus grand triangle Off', des surfaces trapézoïdes $ff'e'e$, $ee'dd'$,... qui diminuent, de plus en plus, l'aire de ce triangle relatif à la plus grande.force vive ; de sorte que, l'ordonnée étant arrivée au point O, qui correspond à une vitesse nulle, le travail absorbé par l'inertie sera également nul. Si ensuite la vitesse augmente de nouveau, le travail consommé par l'inertie croîtra, comme dans la première période, de quantités mesurées, à chaque instant, par l'aire du triangle qui correspond à la vitesse acquise à cet instant; et ainsi de suite alternativement.

Enfin, si l'on considère le mouvement entre deux instants quelconques pour lesquels la vitesse serait bb' et ee', par exemple, il est bien clair encore que le travail absorbé ou développé par l'inertie aura pour mesure l'aire du trapèze $bb'e'e$ formé sur ces vitesses et sur la diminution ou l'accroissement be qui leur correspond.

143. *Exemples particuliers relatifs au mouvement périodique.* — Une voiture qui chemine avec une vitesse tantôt plus grande, tantôt plus petite, offre l'exemple de ce que nous venons de dire : d'abord les chevaux dépensent une certaine quantité de travail pour la mettre en mouvement au pas ou au trot ; puis, lorsque la vitesse de la voiture vient à ralentir par suite de l'augmentation des résistances ou de la diminution de l'effort des chevaux, cette même inertie développe, contre ces résistances, une portion du travail qu'elle avait d'abord absorbé, et qui est égale à la moitié de la diminution qu'a éprouvée la force vive. Si l'on suppose que les choses continuent ainsi alternativement, et qu'à la fin la voiture soit remise au repos, la quantité de travail restituée par l'inertie se trouvera précisément être égale à la quantité de travail même qu'elle a consommée d'abord ; de sorte qu'en réalité, il n'y aura rien eu de perdu. Il est entendu d'ailleurs que les diminutions de vitesse éprouvées par la voiture ne proviennent pas du fait même des chevaux, comme cela arrive quelquefois dans les descentes rapides où on les fait *retenir*, ni de ce qu'on aurait *enrayé* les roues, puisqu'alors ces chevaux ou l'*enrayure* auraient contribué à augmenter les véritables résistances, et à consommer la force vive, d'abord acquise, sans utilité immédiate pour l'objet du transport.

Lorsqu'un moteur est employé à élever verticalement des fardeaux, il prend le corps au repos; de là une consommation de travail pour vaincre l'inertie de ce corps, et l'amener à un certain état de mouvement; arrivé à la hauteur voulue, le moteur ralentit sa propre vitesse pour remettre de nouveau le corps au repos. Dans ce ralentissement, la force vive acquise par le corps est employée à détruire une portion de l'effet de la pesanteur sur ce même corps, ou plutôt elle sert à l'élever verticalement d'une certaine hauteur; c'est ce qu'on aperçoit très-bien, par exemple, dans les mouvements d'ascension tant soit peu rapides; ainsi donc l'inertie a réellement rendu ce qu'elle avait absorbé primitivement.

Les mêmes réflexions peuvent être appliquées encore au travail du limeur, du scieur, etc., puisqu'à la fin de chaque oscillation de l'outil, la vitesse devient nulle comme elle l'était au commencement.

On remarquera que, dans tous ces exemples, le mouvement est censé naître ou s'éteindre par des degrés insensibles, c'est-à-dire lentement et sans secousses, de sorte que les pertes de force vive provenant de la réaction mutuelle des parties qui communiquent ou reçoivent ce mouvement (95 et suiv.) sont réellement inappréciables. Mais il n'en serait pas ainsi du cas où, la vitesse changeant brusquement à la fin et au commencement de chaque période, il y aurait choc entre corps plus ou moins élastiques, ainsi qu'il arrive dans certaines dispositions vicieuses des pièces qui entrent dans la composition des machines; et l'on ne doit pas oublier qu'alors une portion notable (139) de la force vive est employée inutilement à détruire la force d'agrégation des molécules, ou à leur imprimer des mouvements d'oscillation et de vibration.

144. *Du rôle que joue l'inertie dans divers procédés des arts.* — Afin de donner une idée plus complète encore du rôle que joue l'inertie des corps dans les travaux industriels, et de montrer comment elle peut servir à expliquer une infinité de procédés des arts, nous allons ajouter quel-

ques exemples à tous ceux qui ont été rapportés jusqu'à cette heure.

Pour faire sortir le ciseau d'une varlope, l'ouvrier frappe le bois sur le derrière; en imprimant ainsi brusquement de la vitesse à ce bois, le ciseau et son coin résistent par leur inertie, ou ne cèdent qu'en partie au mouvement. — En frappant brusquement sur la douve qui porte la bonde d'un tonneau, on imprime pareillement à cette douve un mouvement très-rapide auquel résiste la bonde comme si elle était retenue fortement par sa tête; en conséquence, elle est séparée de la douve, en vertu de sa seule inertie, avec un effort supérieur à celui qu'on pourrait obtenir par des moyens plus directs et cependant très-puissants : c'est à peu près de la même manière encore que les clous, les boulons d'assemblage, etc., sont arrachés par l'effet des chocs et des secousses. — On emmanche souvent un outil, par exemple un marteau, en frappant la queue du manche dans le sens de sa longueur; ce manche chemine, et l'inertie de la matière, qui tend à maintenir le marteau au repos, résiste au mouvement imprimé comme si ce marteau était réellement appuyé contre un obstacle fixe.

Voici des exemples d'une espèce toute différente, de la manière dont l'inertie des corps sert à changer le travail en force vive et la force vive en travail. — La *toupie*, lancée à terre, tourne et chemine en vertu de la force vive qui y a été primitivement accumulée par le déroulement accéléré de la ficelle, déroulement produit par le travail de la main qui tend cette ficelle tout en lançant la toupie. — Le *diable* est un autre exemple du moyen qu'on peut employer pour accumuler, de plus en plus, la force vive dans un corps mobile autour d'un axe horizontal. — Le jouet que les enfants nomment *tourniquet* reçoit d'abord sa vitesse par le déroulement du fil enveloppé autour de son axe et tiré rapidement avec la main; en vertu de l'inertie du *volant* placé sur cet axe, le mouvement continue et sert à enrouler le fil, en sens contraire, en le tirant avec un effort semblable à celui qu'a d'abord exercé la main : ce moyen peut même être employé dans les grandes machines pour transformer le travail des moteurs en force vive, puis la force vive en travail ordinaire. — On se sert avec avantage, dans les arts, du *tour à pédale* et *à ressort* pour les pièces légères et de petites dimensions, parce que l'inertie exerce alors peu d'influence malgré les variations alternatives de la vitesse ; mais l'emploi de ce tour aurait des inconvénients fort graves pour les grosses pièces et surtout pour les pièces de métal : c'est ce qui fait qu'alors on se sert du *tour à mouvement de rotation continu*, qui chemine toujours dans le même sens.

145. *Observations sur ces exemples.* — Nous engageons le lecteur à méditer attentivement ces divers exemples, que nous ne faisons en quelque sorte qu'indiquer, et à en agir de même à l'égard de tous ceux que la pratique des arts pourrait offrir à ses méditations : ils serviront à lui faire bien concevoir comment l'inertie de la matière se comporte, tantôt comme une simple résistance, tantôt comme une véritable puissance, absolument de même que la pesanteur des corps et les ressorts élastiques (95 et 102).

Au surplus, nos derniers exemples concernent principalement l'inertie des pièces qui ont un mouvement de rotation, et tout ce que nous avons dit jusqu'à présent de la force vive est uniquement (129 et suiv.) relatif au mouvement de transport des corps dont les diverses parties sont animées de la même vitesse. Mais nous verrons plus tard que les principes qui précèdent sur la force vive et le travail mécanique peuvent s'étendre à tous les cas, et nous apprendrons même à calculer rigoureusement la valeur de ce travail, de cette force vive, quel que soit le mouvement d'un corps ou d'une machine. Pour le moment, il nous suffira de donner une série d'applications numériques relatives au mouvement du transport parallèle, afin de faire apprécier, à sa juste valeur, l'influence de l'inertie dans les travaux industriels, et de montrer l'exactitude, l'utilité des principes de la Mécanique dans les questions variées que présente la pratique des divers arts.

Ces applications doivent être considérées, par nos lecteurs, comme une partie essentielle de ce Cours et comme un exercice indispensable pour bien saisir le but et l'esprit des vérités fondamentales de la science. Il s'en présentera, par la suite, un grand nombre d'autres très-importantes ; mais, avant de les exposer, il sera nécessaire d'entrer plus avant dans l'étude des lois du mouvement et de l'action des forces; car dans toute cette première Partie, nous supposons constamment les choses ramenées à cet état final de simplicité où des forces, quoique variables à chaque instant en direction et en intensité, exercent néanmoins leurs actions réciproques suivant une droite qui est unique pour ce même instant, et qui se confond avec la direction propre du chemin décrit par le point d'application où l'on suppose, en quelque sorte, ces actions et le mouvement des corps concentrés. Les principes subséquents montreront d'ailleurs comment cette supposition, jusque-là gratuite, est rigoureusement permise.

APPLICATIONS

RELATIVES A L'ACTION DIRECTE DES FORCES MOTRICES
SUR LES CORPS.

L'objet des *Applications* qui suivent étant de familiariser peu
à peu le lecteur avec les principes de Mécanique les plus universellement utiles, nous ne nous attacherons pas à traiter
chaque question avec tous les développements qu'on serait en
droit d'exiger d'un ouvrage spécial. Et, afin de procéder autant
que faire se peut du simple au composé, nous commencerons
par introduire dans les termes de ces questions quelques suppositions qui, sans s'éloigner trop de la vérité, rendent plus
faciles les raisonnements, les calculs ou la conception propre
des phénomènes; puis, en y revenant par la suite, nous tâcherons d'y faire entrer quelques éléments de plus et de tenir
compte des circonstances physiques d'abord négligées, sinon
pour en calculer rigoureusement les effets, du moins pour en
faire saisir la véritable influence. C'est ainsi que nous procé-
derons, entre autres, dans ce qui concerne l'impression ou le
choc des corps et la communication du mouvement par la détente rapide des gaz. En traitant, par exemple, cette dernière
question, nous admettrons les principes de Mariotte et de Pascal (16 et 14) pour calculer le travail développé par la détente,
bien que ces principes n'aient plus lieu alors (68), de la même
manière ou pour l'étendue entière de la masse fluide, à cause
du rôle que jouent la chaleur et l'inertie propres des molécules
des gaz dans les détentes ou compressions brusques. Mais les
solutions ainsi obtenues n'en seront pas moins vraies comme
déductions de principes, et précieuses comme offrant une approximation raisonnable dans beaucoup de circonstances de
la pratique.

Nous avons cru ce préambule nécessaire pour éviter qu'on ne se méprenne sur l'intention et l'esprit véritables de ces exercices, et qu'on n'accorde à chaque conséquence plus d'étendue que n'en comportent les hypothèses physiques mêmes sur lesquelles elle repose. Ces réflexions ne s'adressent d'ailleurs qu'aux personnes qui pourraient ignorer la différence essentielle qui existe entre les sciences d'application ou physico-mathématiques et les sciences purement rationnelles.

QUESTIONS CONCERNANT L'INERTIE DE LA FORCE VIVE.

146. *Travail nécessaire pour vaincre l'inertie d'une voiture.* — Considérons une voiture de roulier cheminant sur une route horizontale : supposons qu'elle pèse en tout 10 000 kilogrammes et qu'elle doive être mise en mouvement, par des chevaux, avec une vitesse moyenne (49) de 1 mètre par seconde ; la consommation de travail pour vaincre, dans les premiers instants, son inertie indépendamment des autres résistances, sera (136)

$$\tfrac{1}{2}MV^2 = \tfrac{1}{2}\frac{P}{g}V^2 = \tfrac{1}{2}\frac{10\,000}{9,81} \times 1^m \times 1^m = 510^{kgm},$$

puisque nous avons

$$P = 10\,000^{kg}, \quad V = 1^m, \quad g = 9^m,81 \text{ environ.}$$

Or on sait, par expérience, qu'un bon cheval de roulier, marchant ordinairement huit heures par jour en deux relais et avec la vitesse du pas ordinaire, qui est d'environ 1 mètre par seconde, développe *moyennement* (81) un travail d'au moins 70 kilogrammètres dans chacune de ces secondes. Si donc il y en avait 8 de cette force attelés à la voiture, ils donneraient au moins 560 kilogrammètres dans le même temps ; de sorte que le travail que devraient dépenser les chevaux, pour mettre cette voiture en mouvement dans les premiers instants, ne serait pas même égal à celui qu'ils peuvent développer, d'une manière soutenue et par seconde, quand la voiture chemine régulièrement ; d'où l'on voit le peu d'influence exercée alors par l'inertie propre d'une aussi grande masse.

Si la voiture devait aller avec la *vitesse du trot*, qui est de 2 mètres environ par seconde, alors le travail absorbé par l'inertie serait

$$510 \times 2 \times 2 = 2040^{\text{kgm}},$$

c'est-à-dire quadruple; si elle devait aller *au galop ordinaire* de 4 mètres par seconde, la consommation de travail serait

$$510 \times 4 \times 4 = 8160^{\text{kgm}},$$

c'est-à-dire 16 fois celle qui répond à la vitesse de 1 mètre.

On voit, par là, que le travail nécessaire pour vaincre l'inertie dans les premiers instants augmente très-rapidement avec la vitesse imprimée à la voiture; ce qui tient à ce que la force vive croît elle-même *comme le carré* de cette vitesse.

147. *Idée du temps nécessaire pour imprimer le mouvement à la voiture.* — Il est essentiel de remarquer qu'on ne peut rien inférer de ce qui précède relativement à la durée du temps qu'emploient les chevaux pour mettre effectivement la voiture en mouvement à compter du repos. Car, d'un côté, nous avons fait abstraction de la résistance du terrain et des divers frottements, et, de l'autre, il peut bien arriver que la voiture acquière, au bout de la première seconde et sous l'effort réuni des 8 chevaux, une vitesse qui soit plus petite ou plus grande, par exemple, que celle de 1 mètre considérée dans le premier des cas ci-dessus : cela dépend principalement de l'intensité absolue de cet effort (129 et suivants) dans chaque instant infiniment petit.

Pour mettre la chose dans tout son jour, nous supposerons que l'effort exercé par les 8 chevaux agissant à la fois, soit seulement de 560 kilogrammes, c'est-à-dire égal à celui qui répond à l'allure du pas ordinaire, et qu'au lieu de varier, comme cela arrive effectivement au moment du départ, il demeure constamment le même; on trouvera facilement la valeur de la vitesse qui serait transmise, par cet effort, au bout de la première seconde de temps écoulé, au moyen de la formule $F = MV$, du n° 132, qui s'applique au cas actuel, puisque V est aussi la vitesse imprimée, à la fin de l'unité de temps et par une force F qui resterait constante, à une masse $M = \dfrac{P}{g}$

représentée ici par la masse même de la voiture. Or nous avons, par hypothèse,

$$F = 560^{kg}, \quad M = \frac{P}{g} \frac{10\,000^{kg}}{9^m,81} = 1\,020 \text{ environ;}$$

donc la vitesse cherchée

$$V_1 = \frac{F}{M} = 0^m,549 :$$

cette vitesse est loin d'égaler 1 mètre; mais aussi le chemin décrit et le travail développé par les chevaux pendant la première seconde de temps sont bien moindres que 1 mètre et 560 kilogrammes. En effet, nous savons que le chemin décrit, au bout de la première seconde, sous l'action d'une force constante (110), est égal à la moitié de la vitesse acquise à la fin de cette seconde, c'est-à-dire qu'il est ici $\frac{1}{2} 0^m,549 = 0^m,275$; de sorte que les chevaux n'ont réellement développé, dans la supposition ci-dessus, qu'une quantité de travail de

$$560^{kg} \times 0^m,275 = 154^{kgm},$$

sous l'effort des 560 kilogrammes censé constant.

Pour développer réellement, dans la première seconde, la quantité de travail nécessitée par l'inertie et qui répond à la vitesse de 1 mètre acquise par la voiture, il faudrait que les chevaux exerçassent, à partir du repos, un effort constant qu'on trouvera encore au moyen de la relation $F = MV_1$; car ici V_1 doit être égal à 1 mètre, et par conséquent $F = MV_1 = 1\,020^{kg}$; ce qui donne, pour l'effort constant de chaque cheval,

$$\tfrac{1}{8} 1\,020 = 127^{kg},5.$$

Or on sait, par expérience, que l'effort d'un cheval ordinaire contre un obstacle qui cède peu au mouvement peut être beaucoup plus grand et surpasser même 350 kilogrammes dans les premiers instants; d'où il résulte qu'en réalité nos 8 chevaux mettraient beaucoup moins de 1 une seconde de temps à imprimer la vitesse de 1 un mètre à la voiture, s'ils n'avaient pas à vaincre, outre l'inertie, la résistance du terrain, des essieux, etc.

148. *Observation générale sur le travail des moteurs.* — Ce que nous venons de dire relativement à l'accroissement d'effort dont sont susceptibles les chevaux, dans les premiers instants du mouvement de la voiture, a lieu généralement pour tous les moteurs animés ou inanimés; on observe même que l'effort qu'ils exercent sur les corps est d'autant plus grand que leur vitesse est moindre, tandis qu'il diminue au contraire forcément et d'une manière plus ou moins sensible, à mesure que la rapidité du mouvement augmente, de manière à devenir tout à fait nul quand la vitesse égale la plus grande vitesse que ces moteurs peuvent s'imprimer ou acquérir par le développement libre et complet de toute leur activité. C'est ainsi, par exemple, qu'il arrive qu'un homme, un cheval, courant ou se mouvant d'une manière quelconque et avec toute la vitesse qu'ils peuvent prendre, ne sont susceptibles d'aucun effort extérieur tant soit peu soutenu, et que, lorsqu'ils agissent, au contraire, sur un obstacle qui cède avec lenteur, ils peuvent exercer des efforts considérables.

Ces réflexions nous mettent déjà à même de prévoir que, pour toute espèce de moteur, il doit exister un degré de vitesse qui soit le plus avantageux possible sous le rapport de la quantité de travail communiquée; car ce travail devient sensiblement nul (90) dans les deux cas extrêmes dont il s'agit. Mais c'est ce qui sera démontré plus clairement, par la suite, quand nous en viendrons à examiner les conditions du *maximum* d'effet, pour chacun des moteurs en usage dans l'industrie manufacturière.

149. *Exemples relatifs à la force vive des fardeaux et des eaux courantes des rivières.* — Supposons qu'un moteur soit employé à élever, à une certaine hauteur verticale, un poids de 5000 kilogrammes, soit directement, soit par l'intermédiaire d'une machine quelconque, et que la vitesse du mouvement, à l'instant où elle est la plus grande (143), soit de $0^m,3$ par seconde, ce qui est déjà une vitesse considérable pour un si lourd fardeau; le travail consommé par l'inertie, avant l'instant où ce degré de vitesse est acquis, aura pour valeur

$$\frac{1}{2}\frac{P}{g}V^2 = \frac{1}{2}\frac{5000^{kg}}{9^m,81} \times 0,09 = 23^{kgm} \text{ environ.}$$

Si le moteur devait élever seulement le fardeau à $1^m,2$ de hauteur, il dépenserait $5000^{kg} \times 1^m,2 = 6000^{kgm}$, c'est-à-dire au moins 260 fois le travail qui est nécessaire pour vaincre l'inertie dans les premiers moments; encore arriverait-il que cette inertie restituerait (143), dans le ralentissement du fardeau vers le haut de sa course, le travail qu'elle avait primitivement absorbé.

Considérons encore le mouvement des eaux d'une rivière, telle que la Moselle, par exemple : on sait qu'à Metz, en particulier, elle fournit, même dans les plus grandes sécheresses, au moins 10 mètres cubes d'eau par chaque seconde, dont le poids (34) est environ 10000 kilogrammes. Or cette eau coule naturellement, soit au-dessous, soit au-dessus de la ville et dans les endroits où il n'existe pas de barrages ni d'obstacles, avec une vitesse qu'on a mesurée et qui est moyennement de $0^m,80$ par seconde; donc la force vive du volume de fluide qui passe par chacun de ces endroits, dans une seconde de temps, est

$$\frac{10\,000^{kg}}{9^m,81} \times 0^m,8 \times 0^m,8 = 652 \text{ environ,}$$

ce qui répond à une quantité de travail disponible (136 et suivants) égale à $\frac{1}{2} 652 = 326^{kgm}$, c'est-à-dire (82) d'environ $4\frac{1}{4}$ chevaux-vapeur, qu'on pourrait utiliser directement contre une roue de moulin, etc. Mais si, au lieu de se servir de la vitesse possédée par l'eau dans son lit naturel, on construit des barrages ou digues, comme on l'a fait à Metz, on pourra élever son niveau et l'obliger à descendre, du haut de ces barrages, pour agir sur les machines par son poids ou de toute autre manière; si, par exemple, le barrage fait élever ce niveau de $2^m,5$ seulement, comme cela a effectivement lieu dans certaines parties de la ville, la quantité de travail disponible, répondant aux mêmes 10 mètres cubes d'eau et qu'ils pourraient fournir, dans chaque seconde, par leur descente verticale de la hauteur de $2^m,5$, sera égale à

$$10000^{kg} \times 2^m,5 = 25000^{kgm},$$

ou bien à $333\frac{1}{3}$ chevaux-vapeur, quantité qui est, comme l'on voit, presque 77 fois plus grande que celle qu'on obtiendrait en utilisant simplement la force vive naturelle des eaux de la rivière. Cela explique suffisamment l'utilité des barrages artificiels dans la pratique des usines hydrauliques.

150. *Exemples relatifs à l'art de lancer l'eau, l'air à distance.* — Nous venons de montrer comment le mouvement acquis d'une certaine masse d'eau, qui coule et se renouvelle constamment dans chaque seconde, représente une quantité de travail mécanique qu'on peut immédiatement calculer en chevaux de machine à vapeur; recherchons, à l'inverse, combien il faudrait de ces chevaux pour imprimer continuellement une vitesse donnée à un certain volume d'eau qui devrait être extrait d'un bassin ou réservoir quelconque où le liquide serait au repos. Ce problème trouve son application particulière dans le jeu des pompes à incendie, où il s'agit de lancer, d'une certaine distance, un volume d'eau qui suffise pour éteindre le feu, et dont la vitesse de projection doit ainsi être d'autant plus grande que le trou ou l'*orifice* par lequel sort l'eau se trouve plus éloigné du but qu'on veut atteindre. Supposons, par exemple, qu'il faille lancer cette eau, par l'orifice, avec une vitesse uniforme de 15 mètres par seconde, et qu'il doive en arriver continuellement, sur le lieu de l'incendie et dans chaque seconde de temps, un volume de 6 litres pesant 6 kilogrammes; la force vive à imprimer, dans ce même temps, sera donc égale à

$$\frac{6^{kg} \times (15)^2}{9,81} = 137,6 \text{ environ,}$$

dont la moitié 68^{kgm},80 mesurera (136) la quantité de travail nécessaire pour imprimer le mouvement à l'eau ou pour vaincre son inertie. Ce travail devant se reproduire dans chaque seconde, nécessitera, comme on voit, $\frac{1}{75}$ 0,688 = 0,917 de cheval-vapeur environ (82); mais il est clair qu'il faudrait en appliquer davantage au balancier de la pompe, attendu les frottements et résistances de toute espèce, qui consommeraient, en pure perte (103), une portion notable du travail-moteur.

S'il s'agissait de lancer continuellement, et dans chaque seconde, un volume d'eau de 40 litres avec la vitesse de 30 mètres, on trouverait, par les mêmes calculs, que le travail strictement nécessaire à dépenser serait de 1835 kilogrammètres,

par seconde, équivalant à celui de 24,5 chevaux-vapeur environ. En réalité, si l'on agit par l'intermédiaire d'une machine
à pistons analogue aux pompes à incendie, le moteur devra
développer le travail d'au moins 30 de ces chevaux, c'est-à-
dire qu'il faudra employer, par exemple, une machine à vapeur de cette force au moins, pour mettre la pompe en mouvement et produire l'effet désiré.

On remarquera que la vitesse de l'eau à sa sortie de l'orifice,
et le volume qui s'en écoule uniformément dans chaque seconde de temps étant donnés, les dimensions de cet orifice
et la grosseur du jet à la sortie ne sont pas arbitraires, et doivent être calculées suivant les règles de l'hydraulique qui seront enseignées dans une autre Partie du Cours. On trouve, par
exemple, que, si l'orifice est percé dans une paroi plane et
mince du réservoir, et qu'il soit à une distance convenable des
parois latérales, son diamètre doit être d'environ 28 millimètres
dans le premier cas, et de 25 millimètres dans le second.

Enfin, en répétant les calculs qui précèdent relativement à
un volume d'air de $1^{mc},50$, contenu, dans un réservoir, sous
une pression telle, que son poids (40) soit d'environ 2 kilogrammes, et qui devrait être lancé, à chaque seconde, avec une
vitesse de 140 mètres, ce qui est le cas des machines souf-
flantes de certains *hauts fourneaux* employés à convertir les
minerais de fer en fonte, on trouverait que la force vive à imprimer, dans le même temps, serait de 2000 environ, et le travail à dépenser par conséquent de $1000^{kgm} = 13,33$ chevaux-
vapeur, qu'il faudrait presque doubler à cause des résistances
étrangères inhérentes à la machine à piston qui serait encore
ici mise en usage pour lancer l'air.

151. *Observations particulières sur les jets d'eau verticaux
et inclinés.* — Au moyen de la formule $V^2 = 2gH$ (118), qui
donne $H = \dfrac{V^2}{2g}$, on trouvera, sans peine, qu'avec la vitesse de
15 mètres, relative au premier des exemples ci-dessus, l'eau
pourrait s'élever *verticalement* à la hauteur de $11^m,47$, qui est
celle des étages supérieurs des maisons ordinaires, dans ce
pays; et qu'avec la vitesse de 30 mètres qui répond au second,
elle s'élèverait à une hauteur de $45^m,88$; mais, à cause de la

résistance de l'air, le jet atteindrait véritablement des hauteurs un peu moindres, surtout dans le dernier cas. Il faudrait recourir à d'autres principes, qui seront exposés par la suite, pour calculer la distance et la hauteur auxquelles le jet parviendrait dans le cas où on lancerait l'eau sous une certaine inclinaison; néanmoins, comme il conviendrait peu alors de revenir sur les applications particulières qui font le sujet de cet article, et que, non-seulement ces applications sont utiles pour apprécier les effets des pompes à incendie, mais qu'elles ont trait encore à des questions d'une haute importance pour la défense des places de guerre, nous ajouterons, sans aucune démonstration et seulement en faveur des lecteurs qui voudraient approfondir de telles questions, quelques remarques qui ne seront peut-être pas sans utilité.

Nous avons vu, n° 118, qu'il est impossible qu'une nappe d'eau retombe, même d'une hauteur médiocre, sans se diviser en parties plus ou moins fines; or c'est un effet qu'on doit chercher à éviter quand on se propose de concentrer l'eau en masse sur un point déterminé. Car, non-seulement la divergence naturelle du mouvement des parties ainsi désunies augmentera avec le chemin parcouru dans la descente, de sorte que l'effet sera disséminé sur une grande surface; non-seulement la résistance de l'air aura alors (116) plus d'action pour retarder le mouvement et diminuer le chemin décrit; mais encore cet air absorbera ou s'appropriera, en vertu de ses propriétés physiques bien connues, une portion beaucoup plus grande de la masse de l'eau; de sorte que, si le trajet doit être tant soit peu long, il pourra, dans certains cas, arriver que rien n'atteigne le but. Ces considérations prouvent donc qu'il est indispensable de diriger l'eau sous un angle tel, que le sommet de la courbe qu'elle suit dans son mouvement s'élève au plus de 1 ou 2 mètres au-dessus du point qu'on veut atteindre; la résistance de l'air ayant nécessairement peu de prise sur la portion ascendante du jet, on pourra la négliger, et calculer toutes les circonstances du mouvement comme s'il avait lieu dans le vide, d'après les théories connues et que nous exposerons en leur lieu (*).

_____

(*) Soit V la vitesse initiale des molécules liquides, ou en général d'un mo-

Dans le cas ci-dessus, par exemple, où la vitesse de l'eau à son point de départ est seulement de 30 mètres, on trouve que, la hauteur du but au-dessus de ce point étant de 11 à 12 mètres, la distance horizontale à parcourir ou la *portée utile* devrait être au plus de 40 à 42 mètres; et que, si le but se trouvait très-peu élevé au-dessus du point de départ, sa distance à ce point ne devrait pas surpasser de beaucoup 35 mètres, sans quoi la dispersion du liquide deviendrait considérable. Pour obtenir des portées plus grandes, doubles par exemple, il faudrait aussi doubler la force vive initiale ou augmenter la vitesse de projection de façon qu'elle fût de 43 mètres environ au lieu de 30; on trouverait alors que la force de la machine propre à lancer, dans chaque seconde, les 40 litres d'eau à cette distance, devrait être d'au moins 60 chevaux-vapeur; de sorte que, si l'on ne pouvait réellement disposer que de la moitié de cette force, il faudrait aussi

---

bile quelconque, lancé sous une inclinaison à l'horizon, dont *a* soit la *hauteur de pente par mètre de distance horizontale*, hauteur qu'on nomme ordinairement la *tangente trigonométrique* de l'angle correspondant; soit, en outre, $H = \dfrac{V^2}{2g}$ la *hauteur due* à V (*voyez* le n° 119 et la Table des vitesses à la fin de ce volume); *h* la plus grande élévation du jet ou de la *trajectoire parabolique* au-dessus du point de départ; *e* la distance horizontale de ce point à celui de plus grande élévation ou au *sommet* du jet, distance qui ne doit pas excéder de beaucoup celle du but quand il s'agit de lancer le liquide sous un très-grand angle; soit enfin E l'écartement du point de départ et de celui d'arrivée du mobile, mesuré sur le plan de niveau qui contient le premier point, écartement qu'on nomme la *portée* ou l'*amplitude totale* du jet. On aura, entre les diverses quantités dont il s'agit, les relations suivantes :

$$E = 2e, \quad e = \frac{2a}{1+a^2} \cdot \frac{V^2}{2g} = \frac{2a}{1+a^2} H, \quad h = \tfrac{1}{2} ae = \frac{a^2}{1+a^2} H, \quad e^2 = 4(H-h)h,$$

qui serviront à calculer trois quelconques d'entre elles quand on connaîtra les deux autres.

La dernière de ces formules est celle qui nous a servi, dans le texte, pour calculer la distance horizontale *e* du but à atteindre par la gerbe liquide. Dans la réalité, la valeur de *e* est un peu moindre que ne le donnent les calculs, à cause de la résistance de l'air; mais aussi on peut, sans crainte d'une trop forte dispersion du liquide, le laisser retomber verticalement de quelques mètres au-dessous de la trajectoire. Pour $h < 2^m$, par exemple, on pourra supposer la portée utile égale à E ou $4\sqrt{(H-h)h}$, comme nous l'avons admis dans le texte, à l'égard des gerbes peu inclinées à l'horizon.

se résoudre à ne lancer qu'un volume d'eau de 20 litres par chaque seconde. Du reste, on voit que, quand il s'agit d'inonder les travaux de l'assiégeant d'une place de guerre, l'emplacement le plus convenable pour la machine est le fond du fossé de l'ouvrage voisin de ces travaux.

152. *Réflexions sur l'influence de l'inertie.* — Les exemples qui précèdent suffisent pour donner une idée de l'influence qu'exerce l'inertie des corps dans certains travaux industriels, et des cas où il serait permis de la négliger, ainsi que les variations de la force vive : on voit bien, par exemple, que, dans le mouvement lent des corps, le travail que représente cette force vive a, presque toujours, une valeur très-faible, même pour des masses considérables: ce qui tient, ainsi que nous l'avons déjà dit, à ce que ce travail croît ou décroît comme le carré de la vitesse.

Plus généralement encore, quand un moteur est employé, d'une manière soutenue, à exécuter un certain travail mécanique, ou à vaincre des résistances, par l'intermédiaire de corps, de machines quelconques, dont la masse, au lieu de se renouveler, comme dans les exemples qui précèdent relatifs aux fluides, reste la même aux divers instants; dans ces circonstances, dis-je, on pourra, sans inconvénient, ne pas tenir compte de l'inertie de ces corps, soit que le mouvement demeure uniforme dans l'intervalle de temps considéré, soit qu'il varie entre des limites plus ou moins resserrées. En effet, la dépense de travail, pour vaincre l'inertie, se réduisant (141 et suivants), une fois pour toutes, à celle qui répond à la différence des forces vives possédées par les corps au commencement et à la fin de l'action du moteur, cette dépense sera nulle quand le moteur laissera les corps dans le même état de mouvement où il les a pris, et elle sera généralement une fraction très-faible du travail total, quand le mouvement sera longtemps continué.

Néanmoins, ne l'oublions pas, cela suppose expressément que les pièces qui agissent les unes sur les autres pour communiquer le travail du moteur aux résistances n'éprouvent point d'altérations intérieures ou moléculaires sensibles par le fait même des changements du mouvement (103), et surtout qu'il n'y ait pas de chocs plus ou moins violents, plus ou moins répétés, qui, presque toujours (139), entraînent de pareilles altérations, ou des mouvements étrangers à l'effet utile.

Comme jusqu'ici nous n'avons parlé de la communication du mouvement par le choc que d'une manière générale, il convient de nous y arrêter quelques instants, et de montrer comment on peut, dans plusieurs des cas de la pratique, estimer, d'une manière suffisamment exacte, la perte de force vive qui en résulte, et les circonstances particulières qui l'accompagnent.

DE LA COMMUNICATION DU MOUVEMENT PAR LE CHOC DIRECT DES CORPS.

153. *Considérations générales.* — Quand deux corps, en mouvement, réagissent l'un sur l'autre par leurs vitesses acquises, ou se choquent, ils présentent en général plusieurs circonstances qui permettent de partager en trois époques distinctes la durée entière du phénomène : dans la première, les corps se compriment, se refoulent, ou bien se tirent mutuellement s'ils sont liés entre eux par des traits, des barres non tendues avant le choc; dans la deuxième, leur déformation est devenue la plus grande possible, et ils ont nécessairement acquis la même vitesse aux points où s'opère la réaction réciproque; dans la troisième enfin, les corps reviennent vers leur forme primitive, et tendent, de plus en plus, à se séparer en vertu de l'énergie plus ou moins grande de leurs forces de ressort. ·   ·

Comme les phénomènes du choc des corps se reproduisent, d'une manière analogue, dans tous les cas possibles, nous nous bornerons à étudier, avec quelques détails, l'un des plus simples d'entre eux, et qui se présente le plus fréquemment dans les applications de la Mécanique à l'industrie : c'est celui où un corps libre, en repos, est choqué par un autre corps déjà en mouvement; il sera très-facile ensuite d'étendre les raisonnements à des cas plus compliqués ou présentant des circonstances différentes. Du reste, afin de simplifier l'état de la question, nous supposerons, conformément aux idées ordinaires, que la constitution des corps soit telle, que l'action et le mouvement s'y propagent, pour ainsi dire, *instantanément* d'une extrémité à l'autre, ou assez rapidement pour qu'on puisse considérer leurs diverses parties comme animées sensiblement de la même vitesse à chaque instant du choc. Quoique cette supposition ne soit pas en elle-même rigoureuse (63 et suivants), elle conduit cependant à des conséquences exactes toutes les fois que les molécules d'un même corps ont repris une *vitesse commune* ou des *distances invariables*, à l'instant du choc que l'on considère; car alors les forces ont produit tout leur effet, et le mouvement a été communiqué à toutes les parties.

154. *Principe relatif au choc direct des corps.* — Il ne peut être ici question encore que du *choc direct* des corps, c'est-à-dire de celui où deux corps (A) et (A') (*Pl. II, fig.* 35) réagissent continuellement l'un sur l'autre, dans la direction propre leurs mouvements, de telle sorte que la perpendiculaire ou normale AA', qui est commune à leur surface au point de contact T où se fait le choc, soit précisément la direction de la vitesse de chaque corps, et cela pour tous les instants de ce choc. C'est ce qui aurait lieu, par exemple, dans le cas où deux boules sphériques homogènes marcheraient *parallèlement à elles-mêmes* avant le choc, et de façon que leurs centres A, A' demeurassent continuellent sur une ligne droite LN. Or on peut établir, pour ce cas, un principe général qui demeure applicable, quels que soient et l'intensité et le sens du mouvement de chacun des corps aux divers instants du choc; il suffit, pour cela, de se rappeler ce qui a été dit au n° 131.

En effet, il naîtra (63 et suivants) de la réaction mutuelle des deux corps, une force de pression mesurable, à chaque instant, par un certain nombre de kilogrammes, et qui agira, dans le sens de la droite AA', pour repousser le corps (A) de T vers L, et une autre force de pression égale et précisément contraire (64), qui agira pour repousser le corps (A') de T vers N. Nommant donc F la valeur commune de ces forces à un instant quelconque du choc, v le petit degré de vitesse perdu ou gagné, au même instant, par le corps (A), v' celui que perd ou gagne le corps (A'), enfin P et M, P' et M' représentant respectivement les poids et les masses des deux corps (A) et (A'), on aura, d'après le principe du n° 131,

$$M v = M' v',$$

c'est-à-dire que *les quantités de mouvement, perdues ou gagnées par les deux corps, seront égales entre elles pour chaque instant infiniment petit du choc;* et la même égalité aura lieu aussi entre les quantités de mouvement totales imprimées, à chaque corps, entre deux instants quelconques de leur réaction mutuelle, c'est-à-dire entre les quantités de mouvement totales, soit perdues, soit gagnées par chacun de ces corps.

155. *Du choc des corps pendant la compression.* — Nous supposerons ici que le corps (A') était au repos à l'instant où l'autre (A) est venu le rencontrer avec une vitesse finie et précédemment acquise, que nous nommerons V; ces corps se comprimeront donc réciproquement en vertu de l'inertie de (A') qui tend à s'opposer au mouvement de (A), et, dès lors, la force de pression variable F agira pour diminuer, à chaque instant, la quantité de mouvement MV du premier corps, de quantités qui seront égales à celle qu'elle fera naître dans l'autre. Les choses continuant ainsi tant que (A) conservera en quelqu'une de ses parties, et de L vers N, une vitesse supérieure à (A'), on voit bien qu'il arrivera une certaine époque où, la compression, la déformation des corps étant à son *maximum*, et le mouvement se trouvant communiqué également à toutes les parties, ces corps auront acquis la même vitesse et marcheront, en quelque sorte, de *compagnie*, du moins pendant un très-petit instant.

156. *Vitesse des corps au moment de leur plus grande compression.* — Nommons U la vitesse commune dont il s'agit, la quantité de mouvement gagnée ou acquise par (A') sera, au même instant, M'U, et celle qui a été perdue par (A) sera MV — MU, laquelle, d'après ce qui précède, devra être égale à la première M'U. La quantité de mouvement totale MV, primitivement possédée par le système des corps, se trouvant donc être augmentée, d'une part, et diminuée, de l'autre, de

quantités égales, celle $MU + M'U = (M + M')U$, qui leur reste à l'instant dont il s'agit, sera aussi égale à cette quantité de mouvement primitive MV; de sorte qu'on aura

$$(M + M')U = MV;$$

d'où

$$U = \frac{MV}{M + M'}.$$

Ainsi, sans connaître la manière dont les corps se compriment et dont varie l'intensité de F à chaque instant du choc, on n'en peut pas moins calculer exactement la vitesse qui a lieu au moment de la *plus grande compression où la distance des molécules cesse de changer, et où elles ont acquis un mouvement commun* (153) : *cette vitesse est égale à la quantité de mouvement possédée par* (A) *avant le choc, divisée par la somme des masses des deux corps.*

157. *Du choc pendant le retour des corps vers leur forme primitive.* — La plupart des corps tendant à revenir (19 et 95), avec une énergie plus ou moins grande, vers leur forme primitive, quand ils ont été comprimés à un certain degré, on voit que les ressorts moléculaires vont, en se débandant, forcer (A) et (A') à réagir de nouveau l'un sur l'autre, mais pour s'écarter mutuellement, ce qui tend nécessairement à augmenter le mouvement déjà acquis de (A'), et à diminuer, au contraire, de plus en plus, celui de (A); et, comme l'action est toujours égale à la réaction, il est clair, d'après ce qui précède (154), que les quantités de mouvement gagnées par (A') seront sans cesse égales à celles qui sont perdues par (A). Les choses continuant ainsi tant que la force de réaction F n'est pas nulle, on voit bien qu'il pourra arriver un instant où la quantité de mouvement MV, primitivement possédée par (A), soit entièrement détruite, après quoi la force F, qui continue à repousser ce corps, lui imprimera, en sens contraire, un mouvement de plus en plus rapide, et qui ne cessera d'augmenter que quand la pression F sera nulle; ce qui arrivera nécessairement à l'instant où les deux corps se sépareront, l'un de l'autre, en vertu de leurs vitesses respectivement acquises.

158. *Du mouvement des corps après le choc.* — Il est clair, d'après ce qui précède, que ce mouvement ne peut, en général, se calculer, puisque nous ne connaissons pas non plus, en général, la loi que suivent les forces de compression F pendant la réaction des corps. Cependant le calcul est possible dans deux circonstances principales qui servent comme de limites à toutes les autres, et qui répondent, l'une, au cas où les corps seraient entièrement privés d'élasticité, l'autre, au cas où, au contraire, ils seraient parfaitement élastiques.

PREMIER CAS. — *Des corps non élastiques.* — Nous avons vu (17) qu'il n'existe réellement pas de corps qui soient entièrement privés d'élasticité, ou qui ne tendent, jusqu'à un certain point, à retourner vers leur forme primitive, quand ils ont été comprimés. Toutefois on doit remarquer que, non-seulement les corps mous, les liquides, etc., sont extrêmement peu élastiques quand ils ne sont pas maintenus, dans tous les sens, par des enveloppes solides; mais qu'aussi la plupart des corps, qu'on regarde comme plus ou moins élastiques, peuvent perdre entièrement (20) cette élasticité par suite de la grande compression, de la grande déformation qu'ils éprouvent pendant le choc; or, pourvu qu'ils ne se divisent, ne se rompent, ou ne se séparent pas à l'instant de la plus grande compression, ils continueront à *cheminer ensemble*, en vertu de leur vitesse acquise, sans réagir désormais l'un sur l'autre; de sorte que cette vitesse sera donnée par la formule ci-dessus (156), toutes les fois que l'un des corps se trouvera au repos à l'instant où le choc arrive.

DEUXIÈME CAS. — *Des corps parfaitement élastiques.* — Toutes les fois que les corps auront suffisamment de ressort pour revenir exactement à leur forme primitive, après l'instant de la plus grande compression, la force de réaction F reprenant, par hypothèse, dans le débandement des corps, les mêmes valeurs (95) pour les mêmes positions relatives de ces corps, il est clair que les vitesses imprimées ou détruites seront précisément égales à celles qui l'ont été pendant la compression, si, comme on le suppose ordinairement, les corps se séparent à l'instant même où ils sont revenus à leur état primitif, ce qui n'arrive pas toujours. Or de là résulte un moyen de calculer, à l'avance, la vitesse des deux corps après le choc.

Pour le cas qui nous occupe, par exemple, la vitesse perdue par le corps (A), à l'instant de la plus grande compression, étant (156) $V - U$, il perdra de nouveau (157), dans le débandement, une vitesse égale à $V - U$, et par conséquent la vitesse qu'il conservera, après le choc, sera $U - (V - U)$, ou $2U - V$, si $V - U$ est moindre que U, ce qui indique que (A) continue à marcher dans le même sens après le choc, ou $(V - U) - U = V - 2U$, si $V - U$ surpasse U, ce qui indique que (A) retourne en arrière après le choc. Quant au corps (A'), la force F lui a d'abord communiqué (156) la vitesse U; elle lui imprimera donc, après l'instant de la plus grande compression, un nouveau degré de vitesse égal à U, c'est-à-dire que sa vitesse, après le choc, sera $2U$. Mais nous savons calculer (156) la vitesse U; donc nous saurons aussi calculer celle des corps parfaitement élastiques au moment où ils se séparent après le choc.

Nommant W et W' respectivement, ces vitesses des corps (A) et (A'), on aura, selon les cas spécifiés,

$$W = 2U - V, \quad W' = 2U,$$
$$W = V - 2U, \quad W' = 2U, \qquad U = \frac{MV}{M + M'}.$$

159. *Remarques relatives à l'application des formules.* — Il est une infinité de circonstances où les corps marchent forcément de *compagnie*, avec la *même vitesse*, après le choc, sans que, pour cela, ces corps aient été entièrement privés d'élasticité avant le choc, ou qu'ils la perdent complétement par l'effet de ce choc : c'est ce qui arrive, par exemple, quand une balle d'argile ou de cire molle, lancée contre un corps résistant et élastique, demeure collée après ce corps, ou quand une balle dure et élastique, lancée contre un bloc de bois suspendu librement au bout d'une corde ou d'une barre, demeure enfoncée dans l'intérieur de ce bloc. Or il est bon de remarquer que les conséquences qui précèdent, relatives au cas des corps totalement privés d'élasticité, demeurent alors exactement applicables, parce qu'elles ne supposent uniquement que l'égalité de la vitesse U conservée, par ces

corps, à la fin du choc. Quelle que soit en effet la *cause* ou la *force* qui oblige ces corps à demeurer réunis, comme cette force ne peut agir sur l'un d'eux, sans qu'une force égale et directement contraire agisse au même point et en même temps sur l'autre (64), on conçoit que, pendant toute la durée du choc, les quantités de mouvement perdues ou acquises par chaque corps seront les mêmes pour tous deux; de sorte que finalement (A') aura encore gagné précisément ce que (A) aura perdu (156).

Quant au cas où les corps se séparent après le choc, on ne peut jamais affirmer que les choses se passent comme le supposent les calculs ci-dessus, même pour des corps qui seraient parfaitement élastiques et qui reprendraient exactement leur forme primitive; car cela suppose encore que leurs molécules n'aient point conservé de vitesses relatives à l'instant de la séparation, ou ce qu'on nomme des *mouvements vibratoires* (19), lesquels absorbent toujours une certaine portion du mouvement primitif; en outre, il peut bien arriver, par exemple, que, pendant le débandement des ressorts, les corps soient retenus momentanément, l'un contre l'autre, par leur adhérence réciproque ou par tout autre obstacle qui empêcherait que les quantités de mouvement, imprimées alors, soient aussi grandes que celles qui l'ont été en premier lieu. Enfin il peut aussi arriver que les corps aient subi, dans leur intérieur, des altérations moléculaires plus ou moins grandes, sans qu'aucune trace s'en manifeste quant à la forme extérieure, etc.

Ces considérations, jointes à ce qu'il n'existe, en réalité (17 et suivants), qu'un très-petit nombre de corps qu'on puisse regarder comme parfaitement élastiques, expliquent pourquoi généralement les valeurs de la vitesse, à la fin du choc des corps solides, diffèrent toujours plus ou moins de celles que donnent les calculs, et se rapprochent plus ou moins de celles qui sont relatives au cas où les corps sont entièrement privés d'élasticité. Cependant il est des corps élastiques, tels que les billes de verre, d'ivoire, etc., qui, dans certaines circonstances de leurs chocs, présentent des phénomènes et acquièrent des vitesses qui s'accordent, à peu de chose près, avec ce qu'indique le calcul.

160. *Exemples particuliers.* — Faisons maintenant connaître quelques-unes des conséquences de nos formules. Supposons, par exemple, que la masse M′ du corps choqué (A′) (*Pl. II, fig.* 35) soit très-petite par rapport à celle M du corps choquant (A); la valeur de U sera sensiblement égale à $\dfrac{MV}{M}$ ou V, c'est-à-dire que la vitesse de M sera très-peu altérée à l'instant de la plus grande compression; et comme, dans le cas des corps parfaitement élastiques (158), on a

$$W = 2U - V, \quad W' = 2U,$$

on voit qu'à la fin du choc, elle ne le sera pas davantage, mais que le petit corps s'éloignera de l'autre avec une vitesse $W' = 2V$ double de celle de (A). Supposons, au contraire, que la masse M du corps choquant soit très-petite par rapport à celle M′ du corps choqué; on voit que le dénominateur M + M′ de U sera aussi très-grand par rapport au facteur M de son numérateur, et que par conséquent la vitesse U, à l'instant de la plus grande compression, sera également une très-petite fraction de la vitesse V que possédait le corps choquant; de sorte que, si M′ est, pour ainsi dire, infiniment grand, par rapport à M, la vitesse U pourra être considérée comme sensiblement nulle. Si donc les deux corps étaient doués d'une élasticité parfaite, la vitesse W′, acquise par le corps choqué, serait elle-même infiniment petite, tandis que celle $W = V - 2U$ du corps choquant serait V, c'est-à-dire précisément égale et contraire à celle qu'il possédait avant le choc.

Ceci explique, entre autres, pourquoi les cordonniers placent, sur leurs genoux, une forte pierre pour recevoir les coups du marteau dont ils frappent les semelles de souliers, et comment il est possible de forger du fer sur une forte enclume posée sur le corps d'un homme ou sur le plancher flexible d'un étage supérieur, sans blesser cet homme, sans endommager sensiblement ce plancher et les murailles de la maison. On voit, en effet, que la vitesse communiquée à la pierre ou à l'enclume, et par suite aux corps qui les supportent, est extrêmement faible comparativement à celle que possède le marteau; de sorte que la flexibilité, l'élasticité natu-

11

relle de ces corps suffit pour amortir les effets du coup, sans qu'il survienne d'accidents.

On s'expliquera aussi facilement une infinité de phénomènes, relatifs aux corps élastiques ou non élastiques, qui se passent journellement sous nos yeux : il n'est personne, par exemple, qui n'ait observé que, quand une bille de billard vient à en choquer une autre *directement*, c'est-à-dire de la manière dont nous l'avons entendu précédemment (154), il arrive qu'elle s'arrête tout à coup dans la place même qu'occupait cette autre, tandis que celle-ci chemine avec toute la vitesse de la première ; or, c'est ce que montrent très-bien nos formules. Les masses M et M' de deux corps sont ici égales, l'élasticité est, pour ainsi dire, parfaite ; de sorte que la vitesse U, commune aux deux corps à l'instant de la plus grande compression, a pour valeur

$$\frac{MV}{2M} = \tfrac{1}{2}V \, ;$$

ce qui donne, pour celle de M après le choc,

$$W = 2U - V = 0,$$

et enfin, pour celle de la bille choquée,

$$W' = 2U = V.$$

161. *De la force vive des corps après le choc.* — D'après ce que nous avons déjà dit (95 et 139), on peut prévoir que, dans le choc des corps parfaitement élastiques, la force vive perdue pendant la compression doit être précisément égale à celle qui est restituée dans le débandement, tandis que, dans le choc des corps qui ne reviennent pas exactement à leur état primitif après l'instant de la plus grande compression, la somme des forces vives doit être altérée d'une quantité précisément égale au double de la quantité de travail nécessaire pour produire l'altération de forme ou de constitution éprouvée par les deux corps ; quantité qu'on pourrait directement calculer (136 et 137) si l'on connaissait, pour chaque instant du choc et pour chaque corps, la valeur moyenne de la force de réaction F et celle du petit *enfoncement* qu'elle produit dans ce corps. Il est évident, en effet, que le travail, relatif à cet instant, serait mesuré (72, 85 et 86) par le produit de F et de la somme des enfoncements qui lui correspondent dans les deux corps. Mais, comme on ne connaît ni la loi que suit cette force, ni celle de l'enfoncement, on n'a d'autre moyen de mesurer, soit le travail, soit la force vive développés ou perdus dans le choc des corps, qu'en les déduisant directement des vitesses que possèdent ces corps avant et après l'instant du choc, vitesses qu'on ne peut calculer rigoureusement d'ailleurs (159) que dans un petit nombre de cas.

Par exemple, ayant appris, dans les cas ci-dessus (156), où un corps en choque un autre au repos, à calculer la vitesse U, qui leur est commune à l'instant de la plus grande compression, nous pourrons aussi trouver la force vive qu'ils possèdent à cet instant, et la perte de force vive due à la réaction de leurs ressorts moléculaires. En effet, la force vive totale (122 et 126) était, avant le choc, MV^2, et, à l'instant que l'on considère, elle est

$$M U^2 + M' U^2 \quad \text{ou} \quad (M + M')U^2;$$

donc la perte de force vive a pour valeur

$$M V^2 - (M + M')U^2.$$

Mais on a trouvé (156)

$$U = \frac{MV}{M + M'} :$$

donc

$$(M + M')U^2 = (M + M')\frac{M^2 V^2}{(M + M')^2} = \frac{M^2 V^2}{M + M'}.$$

D'une autre part, MV^2 est la même chose que

$$\frac{(M + M')M V^2}{M + M'}$$

ou que

$$\frac{M^2 V^2}{M + M'} + \frac{M'M V^2}{M + M'};$$

donc enfin la perte de force vive est égale à

$$\frac{M'M V^2}{M + M'}, \quad \text{ou} \quad \frac{M'}{M + M'} M V^2,$$

c'est-à-dire à *la force vive que possédait la masse* M *avant le choc, multipliée par le quotient de la masse* M' *et de la somme de ces masses.*

La moitié de cette valeur sera donc aussi (137) la mesure du travail développé, par la force de réaction F, pour opérer la compression des deux corps.

Si le choc finit à l'instant de la plus grande compression, ce qui revient à supposer que l'élasticité de ces corps soit nulle ou ait été complétement détruite, ou, plus généralement, s'ils ont acquis forcément la même vitesse après le choc (159), la quantité ci-dessus donnera encore la perte de force vive occasionnée par le changement d'état ou de forme des deux corps.

Mais, si le choc continue après l'instant dont il s'agit, et que les corps finissent par se séparer, une portion de cette même force vive sera restituée dans le débandement des ressorts moléculaires; mais elle ne pourra l'être intégralement qu'autant que les deux corps seraient revenus complétement à leur état primitif (158 et suivants). C'est, en effet, ce qu'on trouve par des opérations analogues à celles ci-dessus, appliquées aux valeurs des vitesses qui, selon le n° **158**, ont lieu alors après le choc.

162. *Conséquences particulières.* — Supposons que la masse M' du corps choqué (A')(*Pl. II, fig.* 35), et qui est au repos avant le choc, soit très-petite par rapport à celle M du corps choquant(A), M' sera aussi très-petit par rapport à M + M'; et par conséquent la perte de force vive $\dfrac{M'}{M + M'}$ M V², relative au cas où ces corps ne sont pas élastiques, se réduira à une très-petite fraction de celle M V² qu'ils possédaient avant le choc. On peut, dans des circonstances semblables, négliger une telle perte dans le calcul des résistances d'une machine, pourvu que le choc ne soit pas fréquemment répété (97); mais il en est tout autrement quand la masse M' du corps en repos est très-grande par rapport à celle M du corps choquant; car la fraction $\dfrac{M'}{M + M'}$ pourra approcher beaucoup de l'unité, et par conséquent la perte de force vive différer très-peu de la force vive MV²

possédée par ce dernier corps avant le choc. Supposant seulement $M' = M$, la valeur de cette fraction sera $\frac{1}{7}$, et la perte s'élèvera déjà à la moitié de $M V^2$. On voit donc combien il est essentiel d'éviter, dans la construction des machines, qu'un corps vienne inutilement choquer un autre corps en repos, dont le poids est comparable au sien propre.

Nous disons *inutilement*, parce qu'en effet il est quelquefois utile d'opérer par le choc sur la matière à confectionner; c'est ainsi, par exemple, que procèdent les forgerons pour donner différentes formes aux métaux, et que les cordonniers parviennent à étendre les semelles de cuir et à augmenter leur densité, leur raideur ou leur force de ressort; mais alors même un ouvrier qui a l'expérience de son art, ne manque jamais d'employer des marteaux, des enclumes bien aciérés et trempés, ou tout autre corps plus ou moins élastique, conformément à la remarque qui en a déjà été faite au n° 98; de sorte que la consommation de force vive qui a lieu alors (159) est, du moins en très-grande partie, employée à produire le changement de forme même de la matière à confectionner.

C'est encore ici le lieu de rappeler (97) qu'il ne suffit pas que les corps soient élastiques pour qu'on puisse affirmer qu'il n'y ait pas eu consommation inutile de travail; car il faut encore que la force vive, qui est restituée par les ressorts moléculaires après le choc, soit utilement employée. C'est bien ce qui arrive, par exemple, à l'égard du marteau des forgerons, puisque l'élasticité, en *renvoyant le coup*, sert à élever ce marteau contre l'action de la pesanteur, et aide la main de l'ouvrier habile qui sait en profiter; mais le contraire peut aussi arriver, si, par exemple, l'enclume est assise sur un terrain mou : la force vive qu'acquiert cette enclume est alors, en partie, consommée à produire l'enfoncement du sol; aussi les maîtres de forge entendus ont-ils soin de placer de gros blocs de bois ou des charpentes très-élastiques sous leurs enclumes. Il n'est pas moins indispensable aux ouvriers de tous les autres états, de choisir, pour leurs chantiers et établis, des corps à la fois raides et élastiques; il faut en outre qu'ils soient suffisamment lourds et stables; car alors ne prenant qu'un mouvement insensible (160), et n'acquérant qu'une force vive très-faible, ils auront très-peu d'action pour déformer ou comprimer

le sol; de sorte que, quelle que soit sa constitution, les pertes
de travail seront tout à fait négligeables.

163. *Formules relatives au cas le plus général du choc direct.*
— Jusqu'ici nous nous sommes uniquement occupés du cas
où l'un des deux corps est en repos; mais il n'est pas inutile
de montrer comment on peut étendre immédiatement les raisonnements à celui où les corps seraient animés de vitesses
quelconques avant le choc.

A cet effet, nommant M, M′ les masses, V, V′ les vitesses
respectives des deux corps, avant le choc, et U leur vitesse
commune à l'instant de la plus grande compression, on observera que, quand les corps cheminent dans le même sens
(*Pl. II, fig.* 36), la force de réaction F (154), diminuant la quantité de mouvement MV du corps (A) de quantités égales à celles
qu'elle ajoute à la quantité de mouvement M′V′ de (A′), la
somme MV + M′V′ des quantités de mouvement primitives
reste encore la même à toutes les époques du choc. On a donc,
à l'instant où la vitesse est U pour les deux corps,

$$MU + M'U \quad \text{ou} \quad (M + M')U = MV + M'V';$$

d'où

$$U = \frac{MV + M'V'}{M + M'},$$

tandis que, dans le cas où les deux corps (A) et (A′) vont à la
rencontre l'un de l'autre (*Pl. II, fig.* 37) animés des quantités
de mouvement MV, M′V′, la force de réaction diminuant chacune d'elles de la même valeur (154), leur différence absolue
MV — M′V′ ou M′V′ — MV demeure aussi la même à tous les
instants; de sorte qu'en supposant que MV surpasse M′V′, on
aura, à l'instant où la vitesse est U pour les deux corps,

$$MU + M'U \quad \text{ou} \quad (M + M')U = MV - M'V';$$

d'où

$$U = \frac{MV - M'V'}{M + M'},$$

la vitesse U étant nécessairement dirigée dans le sens de celle
V, qui répond à la plus grande des deux quantités de mouvement primitives, MV et M′V′.

Quant aux forces vives, possédées ou perdues au moment de la plus grande compression, c'est-à-dire lorsque les corps ont acquis le même mouvement, on les calculerait aisément au moyen de la vitesse U; mais on peut arriver immédiatement à la valeur de la perte commune à la fois à ces corps et qu'il est souvent essentiel de connaître, en observant que, dans les deux cas dont il s'agit, leur réaction réciproque s'opère uniquement en vertu des vitesses *relatives* (46 et 85) dont ils sont animés avant le choc; de sorte que les valeurs de F et les changements d'état ou de forme correspondantes sont, à chaque instant, les mêmes que si, le corps (A'), par exemple, étant au repos, le corps (A) venait le choquer avec une vitesse $V - V'$ égale à la différence de leurs vitesses pour le premier cas, et avec une vitesse $V + V'$ égale à la somme des mêmes vitesses pour celui où les corps marchent en sens contraire.

La perte de force vive, qui depend uniquement (85 et 139) de l'intensité de la réaction des deux corps à chaque instant du choc, sera donc (161), au moment de la plus grande compression, pour le cas où les corps marchent dans le même sens,

$$\frac{MM'(V - V')^2}{M + M'},$$

et, pour celui où les corps marchent en sens contraire,

$$\frac{MM'(V + V')^2}{M + M'}.$$

Cette dernière quantité est, comme on voit, de beaucoup supérieure à la première; cela prouve combien il est essentiel, dans la construction des machines, d'éviter que des corps se choquent inutilement avec des vitesses contraires.

Enfin, si les corps étaient supposés (161) parfaitement élastiques, on trouverait tout aussi facilement les vitesses qu'ils conservent à la fin du choc : il suffirait, pour cela, de reprendre les raisonnements du n° 158, relatifs au cas où l'un des corps est en repos au commencement de ce choc. Mais, comme on aura rarement occasion d'appliquer ces résultats à la pratique, nous ne nous y arrêterons pas non plus qu'aux diverses conséquences qu'on pourrait, dès à présent, déduire des formules qui précèdent.

164. *Remarques relatives aux applications numériques.* — On devra se rappeler que, lorsqu'il s'agit de calculer, en nombres, les valeurs des forces vives perdues ou conservées par les corps après le choc, il conviendra toujours de prendre (**125** et suivants), pour chaque masse, le quotient du poids du corps, exprimé en kilogrammes, par $g = 9^m,8088$, tandis qu'on pourra s'en dispenser dans le cas où l'on n'aura que les vitesses simples à calculer. Il est aisé de voir, en effet, qu'il sera alors permis de remplacer les *masses* par les *poids mêmes* des corps, dans les fractions qui donnent ces vitesses, attendu qu'en supprimant la division de ces poids par g, cela reviendra tout simplement à multiplier à la fois le numérateur et le dénominateur de la fraction dont il s'agit, par cette même quantité ; ce qui n'en change pas la valeur, comme on sait. Ainsi on aura, dans le cas général ci-dessus (**163**), P, P′ étant les poids des deux corps dont les masses ont été nommées M et M′,

$$U = \frac{PV + P'V'}{P + P'} \quad \text{ou} \quad U = \frac{PV - P'V'}{P + P'},$$

selon le sens du mouvement des corps avant le choc.

C'est d'après de tels exemples qu'on se croit quelquefois autorisé à prendre généralement le poids d'un corps pour sa masse (**125**) ; mais on commettrait une erreur grave si l'on en agissait ainsi dans les calculs relatifs à la force vive des corps.

Par exemple, dans les cas ci-dessus (**163**) de deux corps qui se choquent en marchant dans le même sens, nous avons trouvé que la perte de force vive, à l'instant de la plus grande compression, qui répond à la fin du choc quand les corps ne sont pas élastiques, avait pour valeur

$$\frac{MM'(V - V')^2}{M + M'},$$

tandis que, selon l'autre manière de voir, elle serait

$$\frac{PP'(V - V')^2}{P + P'}.$$

Or il est facile de s'assurer que, par la suppression de la division des poids P, P′, qui donne (**126**) les masses M, M′, on aurait multiplié réellement deux fois le numérateur de la fraction par g, et seulement une fois le dénominateur; de sorte que le véritable résultat se trouverait en effet multiplié par g. Si donc on voulait obtenir ce véritable résultat en se servant des poids, il faudrait diviser la dernière des fractions ci-dessus par g ou $9^m,8088$, ce qui donnerait

$$\frac{PP'(V-V')^2}{g(P+P')}.$$

Ainsi, on pourra, dans la vue de simplifier un peu les calculs, se servir de cette dernière formule au lieu de celle qui contient les masses; quant à la précédente, on doit bien voir maintenant qu'elle est absolument fautive. On pourra d'ailleurs appliquer des simplifications analogues aux diverses autres formules ou résultats de calculs concernant le choc direct des corps.

165. *Comparaison des effets des chocs et des pressions simples.* — On a quelquefois essayé de mesurer directement les chocs par les pressions ou les poids : ainsi l'on a dit, d'une manière absolue, qu'*un certain poids, tombant de telle hauteur sur un corps, équivalait à une pression de tant de kilogrammes, exercée sur ce corps;* or, il est bien évident que ces deux choses sont tout à fait distinctes, et ne peuvent se rapporter à la même unité de mesure, dans le sens absolu dont il s'agit. Mais il en est tout autrement quand on entend parler des effets physiques que peuvent produire les chocs et les poids ou pressions simples qui agissent sur les corps *sans vitesse acquise;* car un poids posé, par exemple, sur une certaine substance, s'y *enfonce* ou la comprime plus ou moins (63), et il développe, dans sa descente, une quantité de travail (89) qui est tout à fait comparable à la force vive que perdrait un autre corps (161), pour produire la même compression, le même effet.

Dans les deux cas, on a à considérer une suite de pressions variables pour chaque instant, et qui se succèdent, *sans interruption quelconque,* tout en produisant le changement de forme du corps. Or cette succession n'est pas une pression simple et unique; on ne peut pas non plus la mesurer en kilogrammes par une somme de pressions, puisque cette somme est infinie, même pour un très-petit temps de l'action des forces et pour un mouvement extrêmement lent; mais, comme il y a à la fois pression ou effort et chemin décrit dans chaque instant très-petit, il y aura aussi un petit travail développé dans cet instant; et c'est la somme finie de ces travaux partiels qui, dans tous les cas, donne la mesure de l'effet produit.

Il est bon de remarquer d'ailleurs que les mêmes géomètres qui mesurent les effets du choc par des sommes de pressions, nomment ces sommes des *forces de percussion*, et les considèrent comme égales aux quantités de mouvement qui ont été imprimées ou détruites dans l'acte du choc; tandis que, d'après l'autre manière de voir, qui est aussi simple et d'ailleurs parfaitement d'accord avec les résultats de l'expérience, nous sommes conduits naturellement à mesurer ces mêmes effets du choc par la force vive directement employée à les produire.

Applications relatives au choc direct.

166. *Choc d'un corps qui tombe d'une certaine hauteur sur une substance plus ou moins molle.* — Supposons qu'on laisse tomber d'une certaine hauteur un corps cubique et très-résistant P (*Pl. II, fig.* 38), tel qu'un cube de fer pesant 300 kilogrammes, sur une substance plus ou moins molle, terminée par un plan de niveau AB, et dans laquelle il pénètre par une de ses faces *ab*, parallèle à ce plan. Soient $1^m,30$ la hauteur $b'c$ d'où le cube est tombé avant d'atteindre AB, et 2 centimètres la quantité totale bc de l'enfoncement observé à l'instant où le choc est complétement terminé; il sera donc descendu réellement de la hauteur $1^m,30 + 0^m,02 = 1^m,32$, et la quantité de travail développée par la pesanteur, dans cette descente, sera mesurée (121) par le produit $300^{kg} \times 1^m,32 = 396^{kgm}$; c'est donc là aussi la mesure du travail nécessaire pour produire l'enfoncement des 2 centimètres avec des circonstances semblables, ou pour produire un effet identiquement égal.

Cette conséquence résulte immédiatement de ce qui a été dit précédemment (158 et suivants) sur le choc des corps durs qui rencontrent des corps mous ou privés d'élasticité; car ici

le corps P atteint le plan AB avec une force vive égale à
$2 \times 300^{kg} \times 1^m,30 = 780$ (122); cette force vive peut être considérée comme presque entièrement consommée (162) pour
produire le changement de forme de AB; en effet, l'altération
du cube est négligeable, et la masse de la substance AB qui
reçoit le choc, étant ici censée très-grande par rapport à celle
de P, ou étant censée faire partie du sol, soit directement,
soit par l'intermédiaire des corps qui la supportent, la vitesse
et par conséquent la force vive conservées après le choc seront extrêmement petites (160 et suivants), de sorte qu'on
pourra les négliger par rapport à celles que possédait P avant
le choc. Or cette dernière force vive se convertit, à partir de
l'instant où le corps atteint le plan AB, en une quantité de travail égale (136) à la moitié de sa valeur, c'est-à-dire à 390 kilogrammètres entièrement employés contre les résistances du
sol; de plus, la gravité y ajoute, pendant que le corps s'enfonce, une quantité mesurée par le produit du poids 300 kilogrammes de ce corps et de la hauteur bc de l'enfoncement;
donc, au total, la résistance qu'éprouve le cube pendant qu'il
pénètre dans la substance AB et de la part de cette substance,
développe bien réellement, contre le mouvement, une quantité de travail égale à

$$390^{kgm} + 300^{kg} \times 0^m,02 = 390^{kgm} + 6^{kgm} = 396^{kgm},$$

quelle que soit d'ailleurs la manière dont varie l'intensité
propre de cette résistance aux divers instants de l'enfoncement.

Maintenant, si l'on pose doucement, sur AB, un prisme vertical R de même base que le cube, et dont la hauteur et le
poids soient tels, qu'au bout d'un temps plus ou moins long
il s'enfonce des mêmes 2 centimètres bc, la quantité d'action
que la pesanteur aura développée, sur le prisme, pendant sa
descente de cette hauteur, et qu'aura consommée la résistance
de AB, sera le produit de 2 centimètres par le poids R de ce
prisme, c'est-à-dire $0^m,02 \times R$. Mais, comme les effets produits
par le prisme et par le cube sont identiques dès l'instant où
il est permis de négliger la vitesse communiquée au sol, les
quantités de travail que ces effets supposent, de la part de
la résistance de AB, doivent être regardées aussi comme

égales, et partant on a

$$R \times 0^m,02 = 396^{kgm};$$

d'où

$$R = \frac{396}{0,02} = 19800^{kg}.$$

Tel est donc le poids qui pourrait produire, dans un temps plus ou moins long, un effet égal à celui qui résulte, dans un temps généralement très-court, d'un poids 66 fois moindre, lancé avec la *vitesse* de 5^m,05 *due à la hauteur* de 1^m,30 (118).

167. *Calcul hypothétique de la durée de l'enfoncement produit par le choc.* — La valeur effective du temps que le corps P met à s'enfoncer des 2 centimètres ci-dessus ne peut s'obtenir qu'autant que l'on connaîtrait, par des expériences spéciales, la loi que suit la résistance du sol aux divers instants, ce qui n'est pas. Mais, pour offrir un exemple de calcul, nous supposerons la résistance constante, ou plutôt nous la supposerons remplacée, dans les divers instants, par sa *valeur moyenne* (73); de sorte qu'elle sera censée (**107** et **112**) retarder uniformément le mouvement du prisme ou du cube.

Or nous savons que, pendant la durée du choc, elle développe une quantité de travail égale à 396 kilogrammètres; donc (**73**) elle a pour valeur moyenne $\frac{396}{0,02} = 19800^{kg}$; c'est-à-dire qu'elle est précisément égale au poids du prisme qui produit le même enfoncement ou le même effet; ce à quoi on devait bien s'attendre en la supposant tout à fait constante (*). Cette résistance étant directement opposée à l'action du poids des 300 kilogrammes du cube, ce dernier sera en réalité sollicité, pendant l'enfoncement, par une force motrice constamment égale à 19800^{kg} — 300^{kg} = 19500^{kg}, et agissant, *de bas en haut*, pour retarder son mouvement primitivement acquis, ou pour détruire la vitesse de 5^m,05 qu'il possède à l'instant où il atteint AB.

(*) Puisque la résistance est ici égale au poids du prisme, ce dernier ne s'enfoncerait pas; conséquence qui prouve assez que l'hypothèse d'une résistance constante n'est point admissible : cette résistance croît nécessairement à partir de l'instant où l'enfoncement commence, et c'est ce qui paraît évident en soi, vu la plus grande facilité qu'a alors la matière de se déplacer latéralement ou sur les côtés du cube et du prisme.

Avec ces données, il ne sera pas difficile de trouver le temps que la résistance mettrait à éteindre complétement la vitesse en question; car puisqu'on la suppose constante, elle imprimerait, au bout de l'unité de temps, une vitesse V_1, qui sera donnée par la formule $F = MV_1$ ou $V_1 = \dfrac{F}{M}$, du n° 132 : or ici

$$F = 19500^{ks}, \quad M = \frac{300^{ks}}{9^m,81} = 30,58;$$

donc

$$V_1 = \frac{19500}{30,58} = 637^m,67.$$

Mais, puisque la force constante est capable d'imprimer la vitesse de $637^m,67$ au bout de 1 seconde, il est évident (110) qu'elle mettra, à imprimer ou détruire la vitesse de $5^m,05$, un temps t qu'on obtiendra au moyen de la proportion

$$637^m,67 : 1'' :: 5^m,05 : t;$$

d'où

$$t = \frac{5,05}{637,67} = 0'',008 = \tfrac{1}{125} \text{ de seconde à peu près.}$$

Les mêmes résultats s'obtiendraient immédiatement d'ailleurs au moyen de la formule $F = M\dfrac{v}{t}$ du n° 130, en observant qu'ici les raisonnements sont applicables à une vitesse et à un temps quelconques; car elle donne pour le temps t qui répond à la vitesse de $5^m,05$,

$$t = \frac{M \times 5,05}{F} = \frac{30,58 \times 5,05}{19500} = 0'',008,$$

comme ci-dessus.

168. *Cette durée est d'autant moindre que le corps choqué est plus raide.* — Nous venons de trouver que, dans l'hypothèse d'une résistance constante, le temps nécessaire pour produire l'enfoncement des 2 centimètres est de 8 millièmes de seconde environ. Si la substance qui reçoit le choc était assez résistante, assez dure pour que l'enfoncement fût seulement de 1 milli-

mètre, dans les mêmes circonstances, on trouverait, en recommençant les calculs qui précèdent, que le poids R du prisme qui produirait cet enfoncement serait de $\dfrac{390.3}{0,001} = 390\,300^{kg}$, et que la force motrice F, qui agit pendant le choc, aurait pour valeur moyenne ces mêmes 390300 kilogrammes diminués de 300 kilogrammes ou 390000 kilogrammes, qu'enfin la durée de l'enfoncement serait seulement de 0″,00039, ou environ 20 fois moindre que dans le premier cas ; ce qui démontre combien doit être excessivement courte la durée du choc des corps raides, tels que le marbre, l'acier, l'ivoire, dont les dépressions sont quelquefois si faibles, qu'il est impossible de les apprécier par des moyens directs.

A la vérité, nous avons supposé, pour parvenir à ces résultats, que la résistance des corps à l'enfoncement était constante ; mais la même conséquence peut se déduire de nos principes, quelle que soit la loi de la résistance ; car la force vive détruite, par exemple, pendant la première période (156 et 161) du choc de deux corps quelconques, ou pendant leur compression, étant généralement très-comparable à celle qu'ils possédaient avant le choc, il en sera de même (136) du travail développé par leur force de réaction réciproque F. L'enfoncement étant donc extrêmement petit, il faut nécessairement (95) que la courbe du travail O a' b' c',... (*Pl. I, fig.* 26), s'éloigne considérablement de l'axe OB des abscisses, du moins à compter d'une petite distance de l'origine ; de sorte que les ordonnées, qui mesurent les valeurs de la force de réaction F, devront aussi être extrêmement grandes. Or de là on conclut, sans difficulté, soit par la formule $t = \dfrac{M v}{F}$ déjà citée, soit par la construction de la courbe des vitesses (134, *Pl. I, fig.* 32), que le temps nécessaire pour produire l'enfoncement ou la compression doit être, de son côté, d'autant plus petit que les valeurs de F sont elles-mêmes plus considérables et l'enfoncement total moindre. Mais, attendu que l'aire comprise entre cette dernière courbe et l'axe des abscisses mesure effectivement les espaces décrits ou les enfoncements, il n'est pas même nécessaire de recourir à la courbe des pressions (*Pl. I, fig.* 26) pour voir que, si l'enfoncement total est extrêmement petit, tandis que la vitesse conserve une grandeur donnée, la durée du mouvement doit elle-même être extrêmement courte.

169. *Observations générales sur la communication du mouvement par le choc.* — C'est à cause de l'excessive petitesse de la durée du choc des corps très-résistants, que les mécaniciens se sont crus autorisés à regarder généralement comme entièrement nulle cette durée, et que, par suite, ils ont été conduits à supposer infinies les forces de réaction qui se développent pendant la compression réciproque des corps. Mais nous voyons bien clairement maintenant que, puisqu'il n'existe pas de corps infiniment durs, on ne peut pas dire, non plus, en termes absolus, qu'il y ait changement brusque ou *instantané* de leur vitesse; la communication du mouvement par le choc ne diffère, en effet, de celle qui a eu lieu par les forces motrices ordinaires, telles que la pesanteur, etc., que parce que généralement cette communication s'opère dans un temps réellement très-court, et que la force de réaction acquiert ainsi une très-grande valeur. Encore devons-nous remarquer qu'il arrive souvent que des corps réagissent l'un sur l'autre, par leurs vitesses acquises, sans que la pression soit excessive, sans que la durée de la réaction soit très-courte; et que réciproquement des forces motrices, qu'on ne peut se refuser de regarder comme des pressions ordinaires, telles que celles qui résultent, par exemple, du ressort des gaz de la poudre, etc., communiquent cependant aux corps une vitesse très-grande dans un très-petit temps, attendu la grande intensité de leur action. La distinction qu'on voudrait établir entre des phénomènes qui ont autant de connexion entre eux, ne pourrait donc servir qu'à compliquer l'étude de la Mécanique, en y introduisant, sans utilité immédiate, un ordre de considérations qui n'y est point indispensable.

170. *Utilité du choc dans les arts; battage des pilots de fondation.* — Maintenant on doit bien concevoir comment il est possible de comparer les effets des chocs, sur les corps, à celui des pressions ordinaires qui produisent des mouvements plus ou moins lents; on conçoit très-bien aussi que, le choc produisant, dans un temps extrêmement court, un travail ou un effet comparable à celui que produisent, dans un temps généralement beaucoup plus long, les pressions ordinaires, il y ait souvent avantage, nécessité même d'employer ce mode d'action dans les arts, malgré les inconvénients qui y sont attachés (162). Car, toutes les fois que la pression ou l'effort direct dont on pourra disposer pour produire un travail mécanique sera au-dessous de la résistance à vaincre, il faudra recourir au choc qui développe des pressions considérables et toujours en rapport avec la force de réaction.

On s'expliquera encore aisément le but qu'on se propose en plaçant, sous les fondations des édifices très-lourds, tels que les piles de ponts, les palais, les remparts, etc., de forts *pieux* ou *pilots* affûtés vers le bas et enfoncés, sous le sol, à *coups de mouton*. Le poids dont est chargé verticalement chaque tête de pilot par les constructions établies directement au-dessus représente celui R du prisme dont il a été question au n° 166, et le mouton remplace également le cube; seulement ici ce n'est pas l'enfoncement même de la tête du pilot qu'il s'agit de produire, mais bien celui de sa pointe inférieure, dans le sol; c'est pourquoi l'on cherche à éviter le premier enfoncement, qui consommerait, en pure perte, une partie notable de la force vive du mouton; à cet effet, on consolide la tête du pilot par une forte frette, quand la violence du choc pourrait la déformer rapidement; et, comme il ne s'agit pas davantage d'en briser la pointe, on a l'attention de la durcir au feu ou de la coiffer d'un *sabot en fer*. Enfin on dresse, on arrondit, le mieux possible, les côtés du pilot pour diminuer les résistances qui s'opposent à son enfoncement; de cette façon, la plus grande portion de la force vive du mouton est transmise à l'extrémité inférieure du pilot, et sert immédiatement à l'enfoncer dans le sol jusqu'à ce que, arrivée sur le roc, le tuf ou quelque autre terrain solide, les coups redoublés du mouton ne puissent plus la faire descendre, d'une manière sensible, auquel cas on dit que le pilot est parvenu *au refus*.

171. *Conditions du battage des pilots et conséquences qui en résultent.* — On exige ordinairement, pour un pilot de 25 centimètres de diamètre et de 3 à 4 mètres de longueur, que l'enfoncement produit par chacune des dernières *volées* de trente coups, d'un mouton de 300 à 400 kilogrammes, tombant d'une hauteur de $1^m,30$, soit, au plus, de 4 à 5 millimètres; moyennant quoi il devient permis, d'après les observations du célèbre Perronet, de charger chaque tête de pilot jusqu'à 25000 kilogrammes, sans qu'on ait à craindre aucun accident fâcheux pour la solidité des constructions.

Pour comparer cette donnée de l'expérience avec les résultats du calcul, nous observerons qu'ici les trente coups de mouton équivalent (166) à une quantité de travail de

$$30 \times 300^{ks} \times 1^m,3 = 11700^{ksm} \text{ au moins.}$$

Ce travail produisant un enfoncement de 5 millimètres au plus, le poids qui, placé sur la tête des pilots, produirait le même enfoncement, dans l'hypothèse d'une résistance constante du sol, serait d'au moins $\frac{11700}{0,005} = 2340000^{ks}$; ce poids est environ 94 fois celui que Perronet assigne comme limite de la charge des pilots; mais il faut observer : 1° que les bois sont susceptibles de s'altérer plus ou moins à la longue, et que le même pilot qui supporterait momentanément, sous le choc d'un mouton, des efforts de 2340000 kilogrammes, pourrait s'affaisser ou s'écraser sous des charges permanentes beaucoup moindres; 2° que l'élasticité naturelle du bois et du sol tend à diminuer la profondeur de l'enfoncement, en relevant, à chaque coup, le pilot d'une certaine quantité; ce qui n'aurait pas lieu sous une compression permanente égale; 3° enfin, qu'il ne conviendrait pas non plus de statuer sur un abaissement de 5 millimètres pour les fondations d'un édifice qui doit présenter les caractères de la plus grande solidité, tel qu'un pont, etc., quand bien même cet abaissement devrait s'opérer dans un temps extrêmement long. C'est pourquoi l'on peut admettre, d'après la règle posée par Perronet, qu'en général, quand il s'agit de constructions monumentales, on ne doit prendre, pour charge des pilots, que la centième partie environ du poids qu'assigne la théorie ci-dessus, et calculer en conséquence l'équarrissage de ces pilots.

Les calculs qui précèdent supposent d'ailleurs que la force

vive du mouton soit tout entière consommée contre les résistances du sol, qui s'opposent à l'enfoncement, tandis que,
dans la réalité (170), une portion plus ou moins grande de
cette force vive est consommée pour écraser la tête du pilot.
On peut admettre que le ressort du bois est tout à fait négligeable dans les circonstances actuelles où le choc s'opère avec
violence : l'expérience démontre, en effet, que le mouton ne
quitte pas sensiblement le pilot pendant le choc, et qu'ils
cheminent d'un mouvement commun toutes les fois que la
réaction du sol lui-même n'est pas fort grande, ou que le pilot
n'est pas arrivé au refus; il en résulte par conséquent qu'avant
cet instant, le pilot et le mouton se comportent, au commencement de chaque choc, comme le supposent les raisonnements des n°ˢ 155 et 156; d'où il est aisé de juger que les
observations du n° 162 sont applicables au cas actuel, c'est-
à-dire que, pour diminuer le plus possible la perte inutile de
force vive résultante de la compressibilité du pilot, il convient
de donner au mouton un poids qui excède de beaucoup celui
de ce pilot; on doit par conséquent employer des moutons
d'*autant plus lourds*, que les pilots à chasser le sont eux-mêmes
davantage. Dans la pratique, le poids du mouton est assez ordinairement compris entre deux fois et trois fois celui du pieu,
de sorte que (162) la perte de force vive est aussi comprise
entre le $\frac{1}{3}$ et le $\frac{1}{4}$ de celle qui opère le choc : en se servant de
moutons encore plus pesants, la perte diminuerait, mais la
manœuvre deviendrait embarrassante dans bien des cas, et
occasionnerait d'autres consommations inutiles du travail-
moteur.

La perte de force vive, provenant du défaut d'élasticité des
pilots, étant donc généralement une fraction assez faible, et
d'ailleurs à peu près constante, de la force vive totale imprimée au mouton, il résulte (166), de ce qui précède, que les
enfoncements, ou *effets* du choc de divers moutons, doivent
être sensiblement *proportionnels aux produits de leurs poids
par leurs hauteurs de chute*, ou *aux forces vives qu'ils acquièrent au bas de ces chutes;* ce que confirme parfaitement l'expérience, non-seulement dans l'opération du battage des pieux
de fondation, mais encore dans une infinité d'autres circonstances où les effets sont directement comparables.

DE LA COMMUNICATION DU MOUVEMENT PAR LES GAZ
ET SPÉCIALEMENT DU TIR DES PROJECTILES.

172. *Observations préliminaires.* — Nous avons déjà donné
un aperçu (138) de la manière dont l'élasticité de l'air comprimé fortement dans le réservoir d'un fusil à vent peut servir
à lancer des balles ou à convertir une certaine quantité de
travail, accumulé dans cet air, en force vive. Or, en admettant,
comme on le fait ordinairement, que la tension des fluides
élastiques suive exactement la loi de Mariotte (16), quelle
que soit la manière dont s'opère leur compression ou leur
débandement, c'est-à-dire leur *détente*, non-seulement on
pourra calculer la vitesse totale imprimée à la balle, à l'instant
où elle sort du canon, au moyen de la quantité de travail développée sur elle, par les pressions successivement décroissantes du volume d'air qu'on laisse échapper, à chaque coup,
de l'intérieur du réservoir, mais encore on sera en état (129 et
suivants) de calculer toutes les autres circonstances de son
mouvement pendant le temps où elle chemine dans l'âme du
canon, et de résoudre plusieurs questions intéressantes, telles
que de trouver la *vitesse de recul* du fusil, le temps que la
balle met à parcourir l'âme, la longueur de cette âme qui
donne le plus *grand effet* ou la plus grande vitesse de sortie,
vitesse qu'on nomme aussi la *vitesse initiale* des projectiles
dans l'art de la *Balistique*.

Nous n'entreprendrons pas de résoudre ici toutes ces questions, parce que le fusil à vent est d'un usage très-borné de
nos jours, et que nous avons à traiter divers sujets, plus ou
moins analogues, qui sont d'un intérêt plus immédiat et également très-propres à servir d'exemples de l'application des
principes. Nous ferons seulement remarquer, relativement à
la recherche du *maximum* d'effet, que la limite, passé laquelle
le ressort du gaz intérieur ne peut plus contribuer à accroître
la vitesse de la balle, répond à l'instant même où la pression
de ce gaz est, par suite de sa détente, réduite à la pression de
l'air atmosphérique extérieur (37), augmentée du frottement
qu'éprouve la balle de la part des parois du canon : pression
et frottement qu'il n'est permis de négliger qu'autant que

l'âme aurait peu de longueur, ou que ces résistances demeureraient constamment, et de beaucoup, inférieures à la force motrice qui pousse la balle en avant; or c'est ce qui a lieu précisément dans le tir ordinaire des projectiles, par le moyen de la poudre, dont nous allons maintenant nous occuper avec quelques détails. Nous reviendrons plus tard sur ce qui concerne l'air en particulier, en cherchant à apprécier le rôle que joue l'inertie propre de ses molécules, dont nous ferons, quant à présent, entièrement abstraction; ce qui revient à admettre, sans restrictions, les principes de Mariotte et de Pascal (14 et 16), qui se rapportent essentiellement à l'état de repos des fluides.

Des effets et du travail des gaz de la poudre dans le tir des balles et boulets.

173. *Principes sur la communication du mouvement par les gaz.* — Le tir des balles et des boulets, par l'inflammation d'une certaine quantité de poudre enfermée dans le fond de l'âme d'un canon, et à laquelle on a mis le feu, présente des circonstances tout à fait analogues à celles qui sont relatives au fusil à vent; car ce tir consiste encore (99) à employer le ressort des gaz de la poudre, qui sont le résultat de sa combustion, pour imprimer progressivement la vitesse au projectile : ces gaz, en se dilatant par l'action de la chaleur (26), remplissent ici, en effet, la fonction d'un ressort véritable : ils pressent le boulet avec des forces qui, partant de zéro, croissent d'une manière extrêmement rapide, jusqu'à un certain terme qui s'approche plus ou moins de l'instant où la poudre est entièrement enflammée, puis décroissent ensuite à mesure que les gaz se refroidissent ou que leur température baisse (21 et suivants), à mesure que les *pertes* ou *fuites* de ces gaz augmentent, de plus en plus, par l'effet du *vent* ou *jeu* du boulet dans la pièce et de l'ouverture assez forte de la lumière, à mesure enfin que le boulet, cheminant en avant, agrandit, de plus en plus, l'espace occupé par les différents gaz (16).

Quoiqu'on ne connaisse ni la loi de ces pressions ni celle de l'inflammation *nécessairement progressive* de la poudre (*), on peut cependant déduire, de nos principes, plusieurs conséquences conformes, dans leur généralité, aux résultats bien connus de l'expérience; car le cas est ici semblable à celui de la communication du mouvement par le choc des corps (154 et suivants), où, sans connaître absolument la loi que suit la force de réaction, on parvient néanmoins à divers principes utiles et qui ne s'écartent pas trop des effets naturels. Aussi doit-on s'attendre à voir reparaître un ordre de considérations analogues, et qui se présente généralement toutes les fois qu'il s'agit de la communication du mouvement par la réaction mutuelle des corps.

Comme on ne saurait trop insister sur le principe de pareilles applications, je pense qu'il ne sera nullement superflu de revenir sur les démonstrations très-simples qui en ont déjà été données précédemment (131 et 153).

Soit F, à un instant donné, la force motrice qui pousse en avant le boulet et qui est censée presser, en sens contraire et avec une intensité égale (14), le fond de l'âme de la pièce; soient P et P' les poids du boulet et de la pièce y compris son affût, etc.; soient v et v' respectivement les petits degrés de vitesse qui leur sont imprimés à un instant quelconque et dans la durée de l'élément de temps t; on aura (130) la proportion

$$F : P :: v : gt, \quad \text{ou} \quad Pv = F \times gt.$$

On aura, de même, pour la pièce et son affût,

$$F : P' :: v' : gt, \quad \text{ou} \quad P'v' = F \times gt;$$

ainsi

$$Pv = P'v', \quad \text{ou} \quad v : v' :: P' : P,$$

comme on le conclurait immédiatement des résultats du

(*) Depuis que ce Chapitre a été écrit (1829), Poncelet, dans un Rapport lu à l'Académie des Sciences, le 22 août 1830, a fait l'exposé historique et critique des nombreuses recherches tentées sur ce sujet par les géomètres et par les physiciens. M. Piobert a étudié en détail les lois de l'inflammation progressive de la poudre, et a fait faire de grands progrès à la théorie de ses effets dynamiques; M. Resal a repris la question à un point de vue entièrement nouveau en y appliquant le principe de l'équivalence de la chaleur et du travail; il est arrivé à des résultats présentant une concordance remarquable avec l'expérience. (K.)

n° 131. Par conséquent *les degrés de vitesse imprimés au boulet et à la pièce, dans un temps infiniment petit, sont réciproquement proportionnels aux poids de ce boulet et de cette pièce.*

Puisque le produit $P \times v$ répond au petit temps t, la somme des produits partiels, relatifs aux divers instants écoulés depuis le point de départ du boulet jusqu'au moment où, quittant la pièce, il a acquis toute sa vitesse V, aura pour valeur le produit du poids P par la somme des degrés de vitesse v, successivement imprimés, ou par la vitesse totale V, c'est-à-dire $P \times V$. La somme des produits $P' \times v'$, pour le même intervalle de temps, sera pareillement $P' \times V'$, V' étant la vitesse finie communiquée à la pièce et à l'affût quand celle du boulet est V. Mais les petits produits $P \times v$ et $P' \times v'$, relatifs aux divers instants écoulés, sont continuellement égaux entre eux d'après ce qui précède; donc aussi $P \times V = P' \times V'$, c'est-à-dire que :

Les vitesses finies, imprimées à la pièce et au boulet à l'instant où celui-ci a acquis tout son mouvement, sont réciproquement entre elles comme les poids de cette pièce et de ce boulet.

174. *Observations sur la vitesse de recul des pièces.* — Les gaz de la poudre continuant à agir sur le fond de l'âme après l'instant où le boulet a quitté la pièce, on voit que la *vitesse totale* de cette pièce supposée *libre*, ou du *recul*, serait, pour cette cause seule, un peu plus forte que ne le suppose la proportion ci-dessus. On voit aussi pourquoi le recul est beaucoup moindre quand on tire à poudre seulement, que quand on tire à boulet. On se rappellera d'ailleurs (172) qu'il faudrait, pour rendre plus exacts les raisonnements ci-dessus, diminuer F de toute la pression exercée, dans le sens opposé au mouvement, par l'air atmosphérique, sur la surface extérieure du boulet, ainsi que du frottement qu'il éprouve de la part de l'âme de la pièce, pression et frottement qui sont toujours, comme on le verra ci-dessous, très-faibles par rapport à la pression totale de la poudre. Enfin on remarquera que, le poids P du boulet étant généralement très-petit par rapport au poids P' de la pièce et de l'affût, la vitesse V' est aussi très-petite par rapport à V :

dans la plupart des cas, P' est au moins 300 fois P; ainsi, dans nos hypothèses (172), la vitesse du recul surpasserait rarement le $\frac{1}{300}$ de la vitesse communiquée au boulet, à sa sortie de la pièce.

175. *Mesure du travail total développé par la poudre contre la pièce et le boulet.* — Pour calculer directement ce travail, il faudrait (72) connaître, d'après l'expérience, la loi ou la courbe qui lie les pressions F aux chemins correspondants décrits par le boulet dans l'âme de la pièce, ce qui n'est pas jusqu'à présent. Mais, comme nous savons (136) que cette quantité de travail est la moitié de la force vive imprimée, nous pourrons l'obtenir au moyen des vitesses V et V' acquises effectivement par la pièce et le boulet; ce qui suppose toujours qu'on néglige les résistances étrangères à leur propre inertie. En effet, la force vive du boulet étant (126) égale à M V², et celle de la pièce à M' V'², la quantité de travail totale, transmise par la poudre, a pour mesure (136)

$$\frac{1}{2} \frac{P}{g} V^2 + \frac{1}{2} \frac{P'}{g} V'^2.$$

Considérons, par exemple, une pièce de 24, dont le boulet pèse environ 12 kilogrammes(*), et dont la charge ordinaire est approchante de 4 kilogrammes; on sait, par expérience, que la vitesse totale V de ce boulet s'éloigne peu de 500 mètres par seconde; g étant environ $9^m,81$, $\frac{1}{2} \frac{P}{g} \times V^2$ sera donc égal à 152605 kilogrammètres. Pour trouver $\frac{1}{2} \frac{P'}{g} \times V'^2$, nous admettrons que le poids P' soit seulement 300 fois le poids P ou égal à 3600 kilogrammes; et, puisqu'on a $P \times V = P' \times V'$, on en tire

$$V' = \frac{1}{300} V = \frac{1}{300} 500^m = 1^m,67.$$

pour la vitesse du recul. Ainsi on aura, pour la valeur de la

---

quantité de travail développée par la poudre contre l'affût, ou pour $\frac{1}{2} \frac{P'}{g} \times V'^2$, 510 kilogrammètres environ; c'est-à-dire $\frac{1}{300}$ seulement de celle qui a été dépensée sur le boulet, comme on pouvait l'apercevoir sans calcul.

176. *Conséquences relatives aux vitesses initiales des projectiles, leur accord avec l'expérience entre certaines limites.* — Le travail consommé par la pièce et son affût, étant très-petit, par rapport à celui qu'exige le boulet, on peut le négliger, et se contenter, *dans la pratique*, de mesurer simplement les effets de la poudre d'après la quantité de travail nécessaire pour imprimer la vitesse au boulet, d'autant plus que la force vive du recul y est, dans la réalité, bien moindre que ne le supposent les calculs, puisque les pièces ne sont jamais entièrement libres, et qu'elles éprouvent, de la part du terrain, des essieux, etc., des résistances absolument comparables aux pressions exercées par la poudre. Or, les effets de cette poudre devant, dans des *circonstances semblables* d'ailleurs, être proportionnels à sa quantité, c'est-à-dire à son poids, on voit que *les charges seront sensiblement proportionnelles aux forces vives imprimées aux boulets, ou aux produits du poids de ces derniers, par le carré de leurs vitesses initiales;* de sorte que *les vitesses initiales seront aussi entre elles comme les racines carrées des charges et inverses des racines carrées des poids du boulet* (*).

Ces conséquences, de la théorie, sont parfaitement d'accord

(*) De nouvelles recherches paraissent démontrer que cette loi théorique n'a pas l'exactitude qui lui est attribuée ici. Consulter à ce sujet le Rapport sur les expériences faites à Metz de 1836 à 1842 (*Mémorial de l'Artillerie*, n° VII), les expériences exécutées à Liége en 1852 par M. Navez, le Mémoire du Colonel Duchemin sur la vitesse initiale des projectiles (*Mémorial de l'Artillerie*, n° IV), les expériences d'artillerie entreprises à Lorient de 1842 à 1845 (Imprimerie royale, 1847). M. Sarrau, à la suite d'expériences faites, en 1868, au Dépôt central des Poudres, a été conduit aux formules suivantes, dans lesquelles V représente la vitesse initiale, p le poids de la charge, m celui du projectile, a, b, c, d des constantes :

$$V = a \sqrt{p} - b \quad \text{et} \quad V = \frac{c}{\sqrt[4]{m}} - d.$$

(K.)

avec celles qu'Hutton a conclues des expériences qu'il a faites, en Angleterre, sur le tir des projectiles, non-seulement pour des pièces d'un même calibre, mais encore pour des pièces de calibres différents, considérées dans les circonstances ordinaires de la pratique. Ces expériences toutefois ont prouvé qu'au delà d'une certaine limite, l'augmentation de la vitesse du boulet n'était plus en rapport avec celle des charges de poudre, et que même, pour une longueur d'âme donnée, il arrive un instant où les vitesses imprimées décroissent au lieu d'augmenter; ce qui s'explique très-bien en observant que la totalité de la poudre n'a point alors le temps de s'enflammer, et que la portion demeurée inactive, loin de contribuer à l'effet, tend, au contraire, par son inertie, à absorber une partie plus ou moins grande du travail développé par l'autre. L'expérience a aussi fait voir qu'à charge égale de poudre, la vitesse initiale, pour un même calibre, augmente avec l'allongement de l'âme de la pièce; ce qui tient évidemment à ce que les gaz développent alors, par leur détente prolongée, une quantité d'action et par conséquent une force vive plus grandes (138); mais, par suite des causes déjà énoncées au n° 173, il ne paraît pas que cette compression soit, en général, aussi forte que le suppose la loi de Mariotte (16). Nous reviendrons bientôt, au surplus, sur les effets de cette détente des gaz pour augmenter la vitesse des projectiles.

Ces mêmes considérations prouvent encore que la *force vive totale* ou la *vitesse finale*, imprimées au boulet par une même charge de poudre, *restent à très-peu près les mêmes*, soit qu'on empêche tout à fait le recul par un obstacle solide, soit qu'on suspende librement la pièce; car nous venons de voir que, dans ce dernier cas, la force vive communiquée à cette pièce et à l'affût est réellement une très-petite fraction de celle qu'acquiert le boulet; de sorte que l'action de la poudre est presque tout entière consommée contre ce dernier, comme cela arrive quand le recul est empêché. Cette nouvelle conséquence de la théorie est exactement conforme encore aux résultats des expériences de Hutton, qui, de plus, ont appris que la manière de *bourrer* n'avait aucune influence sensible sur la vitesse initiale : c'est qu'en effet le bourrage ne fait qu'augmenter un peu les frottements, au premier instant, sans dimi-

nuer le vent du boulet, et que la résistance occasionnée par
ce frottement est excessivement faible comparativement à la
pression totale des gaz. On remarquera que le bourrage se fait
ordinairement avec des substances très-légères, et que, s'il en
était autrement, l'inertie de ces substances consommerait une
portion notable de la quantité de travail développée par la
poudre, au détriment de celle qui est transmise au boulet :
connaissant le poids de la bourre, on pourrait même déterminer exactement la diminution de force vive éprouvée par ce
dernier, etc.

177. *Du travail utile de la poudre, dans le tir des boulets,
comparé à celui des machines à vapeur; son effort moyen et
absolu, etc.* — D'après les calculs ci-dessus, la quantité de
travail totale, développée par la poudre sur le boulet et sur la
pièce, est d'environ

$$152\,905^{kgm} + 510^{kgm} = 153\,415^{kgm};$$

le travail du cheval des machines à vapeur étant (82), pour
chaque seconde, de 75^{kgm}, on voit qu'une telle force motrice
emploierait $\dfrac{153\,415}{75} = 2045'',5 = 34'$ environ, pour lancer le
boulet avec la vitesse de 500 mètres; ou, si l'on veut, il faudrait une machine de 2045,5 chevaux de force pour lancer un
pareil boulet à chaque seconde. Attendu qu'il faut un certain
temps pour charger la pièce et pour la pointer, etc., on compte
seulement 1 coup par 5 minutes, ou par 300 secondes dans le
service ordinaire des pièces avec la poudre; ainsi la machine
à vapeur, pour fournir à ce service, devrait être d'environ
$\dfrac{2045,5}{300} = 6,82$ chevaux, en supposant d'ailleurs qu'il n'y eût
pas de perte de force motrice et que tout fût transmis au boulet; ce qui ne peut avoir lieu, quelle que soit la machine ou
les dispositifs qu'on adopte pour communiquer le mouvement
à ce boulet (103).

Comme la longueur de l'âme des pièces de 24 est d'environ
$3^m,10$ et son diamètre 15 centimètres, il sera facile de calculer (73) l'*effort moyen et constant* que les gaz de la poudre
devraient exercer, contre le boulet et le fond de la pièce,

pour développer la quantité d'action ci-dessus 153 415 kilogrammètres, pendant que le boulet chemine, dans l'intérieur
de l'âme, en décrivant un espace que nous réduirons à $2^m,75$
à cause de la place occupée par la poudre, etc. En divisant
153 415 kilogrammètres par $2^m,75$, on trouvera, en effet,
55 787 kilogrammes, à une petite fraction près, pour cette pression moyenne; comme elle est répartie, avec la même intensité,
sur la surface du cercle de section de l'âme, qui a 15 centimètres
de diamètre, ou sur la surface $3,1416 \times \dfrac{(15)^2}{5} = 176^{cq}$ environ, on voit que chacun de ces centimètres carrés sera pressé
avec un effort de $\dfrac{55787}{176} = 317^{kg}$. La pression, exercée par l'air
atmosphérique sur chaque centimètre carré de la surface d'un
corps, étant de $1^{kg},033$ environ dans les circonstances mentionnées au n° 37, l'effort moyen ci-dessus équivaut donc, à
très-peu près, à 307 *atmosphères;* l'effort réel et moyen des
gaz de la poudre est au moins de 308 atmosphères, attendu
qu'indépendamment de l'inertie du boulet, cet effort doit
vaincre aussi la pression de l'air extérieur (174).

En calculant, comme on l'a fait dans le n° 167, à l'occasion
du choc des corps, le temps que mettrait cet effort moyen,
censé constant, à imprimer la vitesse de 500 mètres au boulet,
on le trouvera égal à $\dfrac{12^{kg} \times 500^m}{9^m,81 \times 55787^{kg}} = 0'',011$, ou $\frac{1}{91}$ de seconde environ. Mais, d'après la rapidité avec laquelle croît la
pression dans les premiers instants de l'inflammation de la
poudre, il y a lieu de supposer que la durée du temps que le
boulet met à parcourir l'âme de la pièce doit être moindre
encore.

Il faut distinguer l'*effort moyen* de l'*effort réel* exercé, par
la poudre, dans chaque position du boulet; ce dernier effort
est nécessairement variable, suivant cette position. D'après ce
qui a été dit au n° 172, on peut juger que, dans les cas ordinaires, il est au-dessous de l'effort moyen, à l'instant où l'inflammation commence et à celui où le boulet sort de la pièce;
qu'il le surpasse de beaucoup vers le moment de l'inflammation complète de la poudre; qu'enfin cet effort moyen diffère
considérablement de l'*effort absolu* et total que peuvent exer-

cer les gaz de la poudre, lorsqu'ils sont contenus dans l'espace très-étroit occupé par le volume même de cette poudre, et qu'ils ne peuvent s'étendre en aucune manière. D'après Rumford, cette pression absolue surpasserait 50000 atmosphères; d'après d'autres, elle serait beaucoup plus faible. M. Brianchon, savant Professeur à l'École d'artillerie de Vincennes, a trouvé, par des calculs basés sur des considérations de physique et de chimie très-ingénieuses et très-plausibles, que la pression absolue de la poudre ne s'élève pas au delà de 4000 atmosphères; mais on conçoit que la manière dont on essaye la poudre et dont on mesure sa pression, doit exercer une très-grande influence sur les résultats. Suivant les calculs hypothétiques de Hutton, par exemple, qui a fait ses expériences avec des canons ordinaires, la plus forte pression exercée sur le boulet serait environ 2000 fois celle de l'atmosphère; mais, comme, suivant d'autres expériences directes (13), une pièce de bronze de 3 pouces d'épaisseur éclate avant que la pression soit de 1000 atmosphères, tandis que des pièces de moindre épaisseur ne sont pas même endommagées après un grand nombre de coups tirés à poudre, il y aurait lieu de penser que ce résultat de Hutton surpasse encore de beaucoup le véritable, si l'on ne savait que, dans certaines circonstances, les corps solides et ductiles sont susceptibles de résister momentanément à des efforts qu'ils ne pourraient supporter pendant un temps même assez peu prolongé.

178. *Examen et prix comparés du travail de la poudre et de la vapeur d'eau.* — Si l'on voulait remplacer l'action de la poudre par celle de la vapeur d'eau introduite directement dans l'âme de la pièce, ainsi qu'on l'a proposé dans ces derniers temps, il faudrait, selon ce qui précède, employer, dans le cas d'une pièce de 24, cette vapeur sous une *pression constante* d'au moins 308 atmosphères, pour lancer le boulet avec la vitesse de 500 mètres, la longueur d'âme parcourue par ce boulet étant de 2m,75. En donnant à l'âme environ 8,8 fois cette longueur ou 24m,2, il suffirait d'employer la vapeur à une tension de 35 atmosphères, comme le propose l'ingénieur anglais Perkins; mais il faudrait qu'elle affluât constamment, avec cette force, derrière le boulet, et que, par conséquent, elle ne subit aucun refroidissement (173) pendant qu'il parcourt la longueur de la pièce. Si le boulet devait être lancé seulement avec une vitesse moitié moindre ou de 250 mètres, il suffirait évidemment d'une pression moyenne égale au quart de 308 ou de 77 atmosphères, en conservant la longueur d'âme ordinaire, et d'une longueur d'âme de 6 mètres, si la pression constante de la vapeur n'était que de 35 atmosphères ; car les effets étant mesurés par la force vive imprimée dans chaque cas, sont entre eux comme les carrés des vitesses initiales du boulet.

En refaisant tous les calculs qui précèdent pour les balles de fusils de munition ordinaires, dont le diamètre est de $0^m,0164$, le poids de $0^{ks},0258$, à raison de 19 à la livre, et qui, avec une charge de poudre de $0^{ks},0129$, égale à la moitié de ce poids, reçoivent une vitesse initiale de 500 mètres moyennement, en refaisant, dis-je, ces calculs, on trouve : 1° 657 pour la force vive imprimée au projectile, ce qui représente une quantité d'action de $328^{ksm},5$ (*) ; 2° $\dfrac{328,5}{1,1} = 299^{ks}$ pour la pression moyenne sur la surface $(2^{cq},112)$ de la section de l'âme, la longueur parcourue par la balle étant d'environ $1^m,1$; 3° enfin

---

(*) Cet effet utile répondant à une charge de poudre de $0^{ks},0129$, on voit que, toutes choses égales d'ailleurs, 1 kilogramme de poudre donnerait $\dfrac{328^{ksm},5}{0,0129} = 25465$ kilogrammètres, et 4 kilogrammes, charge des pièces de 24, 101860 kilogrammètres, résultat beaucoup au-dessous des 152905 kilogrammètres trouvés ci-dessus (177) pour l'effet utile des mêmes 4 kilogrammes de poudre dans ces dernières pièces, et qui parait d'autant plus étonnant au premier aspect, qu'ici la longueur de l'âme étant très-grande par rapport au calibre de la balle, la détente doit y être plus forte, et la combustion de la poudre plus complète ; mais on s'explique très-bien ce résultat (99 et 173) en considérant que les grandes masses de poudre développent, par rapport aux petites, une chaleur beaucoup plus forte et qui éprouve, de la part des enveloppes, une perte proportionnellement moindre, puisqu'elle est évidemment dans le rapport des surfaces de ces enveloppes aux volumes des gaz qu'elles renferment à circonstances égales d'ailleurs quant à la nature et à l'épaisseur de ces mêmes enveloppes. On sait, en effet, que la vitesse avec laquelle la chaleur les traverse dépend de l'espèce de leur substance et augmente d'autant plus que leur épaisseur est moindre. Ces réflexions pourront servir à faire voir comment, dans des circonstances distinctes, un même poids de poudre peut produire des effets utiles essentiellement différents, quoiqu'à la rigueur sa *quantité d'action absolue* ou *théorique* soit réellement la même.

$\dfrac{299}{2,112} = 141^{kg},57$ pour la pression moyenne, par centimètre
carré, répondant à environ 137 atmosphères, et qui doit être
supposée réellement de 138 atmosphères, à cause de la pression de l'air extérieur. Telle est aussi la tension constante à
laquelle il faudrait faire travailler la vapeur, pour imprimer la
vitesse de 500 mètres aux balles de fusils ordinaires, vitesse
qu'elles reçoivent effectivement de la poudre, et qu'il faudrait
se résoudre à voir réduire de moitié, si l'on tenait à n'employer
la vapeur qu'à 35 atmosphères, et à laisser au canon du fusil
sa longueur d'âme actuelle.

On voit donc que l'emploi direct de la vapeur ne serait pas
sans difficultés dans les circonstances dont il s'agit, même en
mettant de côté les dangers de toute espèce qu'il présente,
parmi lesquels il faut surtout citer celui qui provient de la
facilité qu'a la vapeur de passer, d'une tension déjà considérable, à une tension double ou triple, par suite d'une légère
élévation de la température.

Du reste, on peut démontrer que la force motrice de la vapeur serait d'un usage beaucoup plus économique que celle
de la poudre. Car, en admettant que le kilogramme de poudre
de guerre coûte seulement 2 francs au Gouvernement, chaque
coup d'une pièce de 24 revient à $4 \times 2 = 8^{fr}$. Or les machines
à vapeur les plus désavantageuses n'exigent guère que 5 à
6 kilogrammes de houille par heure et par chaque cheval de
force; et nous avons vu ci-dessus (177) qu'il faudrait trente-
quatre minutes, environ une demi-heure, de travail d'une telle
force, pour lancer le boulet avec la vitesse de 500 mètres;
donc il en coûterait moins de 3 kilogrammes de houille par
coup, c'est-à-dire moins de 9 centimes, en comptant la houille
à 30 francs les 1000 kilogrammes, tandis qu'on dépense actuellement, en employant la poudre, une somme environ
90 fois aussi forte.

179. *Aperçus sur les moyens d'utiliser l'action de la vapeur
pour lancer les projectiles.* — Il ne sera peut-être pas impossible de mettre à profit, un jour, cette grande économie de la
force motrice de la vapeur d'eau, pour la défense des places
de guerre ou des côtes; mais il faudra probablement renoncer

à l'emploi direct de cette vapeur à de hautes tensions ou pressions, et l'on devra se borner à rechercher les moyens d'utiliser directement le travail des machines à vapeur actuelles pour imprimer la vitesse aux projectiles. *Le ressort de l'air atmosphérique paraît, sous ce rapport, offrir des avantages tout particuliers*; on conçoit, en effet, très-bien comment, dans l'état de perfection actuel des arts industriels (*), il serait possible, en se servant du travail des machines à vapeur ordinaires, de comprimer fortement (15) un certain volume d'air atmosphérique, de manière à lui faire occuper un espace beaucoup *moindre*; et comment cet air, ainsi comprimé, pourrait être employé à lancer les boulets avec des canons ordinaires, un peu modifiés, de la même manière qu'on lance les balles avec le fusil à vent. Il suffirait de comprimer cet air dans un grand cylindre de fer d'une capacité de 1 à 2 mètres cubes, par exemple, et absolument semblable à celui des chaudières de machines à vapeur, puis de mettre momentanément l'intérieur de ce cylindre en communication avec l'espace compris entre le boulet et le fond de l'âme de la pièce, et de fermer cette communication à un instant convenable.

Supposons, pour offrir une nouvelle application de nos principes, que la capacité du cylindre servant de réservoir d'air comprimé soit de 1^{mc},6 ou de 1600 litres; ce volume sera environ 29 fois celui de l'âme du canon de 24; car, d'après les données ci-dessus (177), ce dernier volume est 3^m,1 $\times$ 0^{mq},0176 = 0^{mc},0546 ou 55 litres, à très-peu près. Si donc on laisse échapper, de l'intérieur du réservoir, contre le boulet, une portion du volume total égal à 55 litres, ou plutôt, si on laisse ouverte la communication entre le réservoir et l'âme, jusqu'à l'instant où le boulet quitte la pièce, l'air occupant, à ce même instant, un volume égal à $1 + \frac{1}{29} = \frac{30}{29}$

(*) Depuis que ceci a été écrit (février 1829), l'Académie royale des Sciences a décerné, à M. Thilorier, le prix de Mécanique fondé par M. de Montyon, pour l'invention d'une pompe à plusieurs pistons et à *compensation*, au moyen de laquelle on peut comprimer, d'un seul coup, les gaz à 100 et même 1000 atmosphères, sous des efforts modérés et sensiblement constants. (*Voyez* le Mémoire inséré, par l'Auteur, à la page 345 du tome XXIX, année 1830, du *Bulletin de la Société d'Encouragement pour l'industrie nationale.*)

de son volume primitif, la tension de cet air sera, d'après le
principe de Mariotte (16), aussi réduite aux $\frac{29}{30}$ de sa valeur
primitive, et par conséquent, si cette tension était d'abord de
3,5 atmosphères, par exemple, elle se trouverait réduite à
$3,5\frac{29}{30} = 304^{atm},5$ au moment où le boulet quitterait la pièce (*).
Or on peut admettre que, puisque les valeurs extrêmes de la
tension diffèrent peu entre elles dans la supposition actuelle,
l'effort moyen (73) de l'air, contre le boulet, différera aussi
très-peu de celui qui répond à la *moyenne arithmétique* ou à
la demi-somme $\frac{1}{2}(3,5 + 304,5) = 309^{atm},75$ de ces valeurs
extrêmes : ce résultat surpassant l'effort moyen qui a été
trouvé plus haut (177) pour le boulet de 24, chassé par la
poudre, il est clair aussi que, abstraction faite des pertes, la
pression qui lui correspond suffirait pour imprimer, à ce
boulet, la vitesse de 500 mètres; et que, s'il s'agissait seulement de lui communiquer une vitesse de 250 mètres, on
pourrait se borner à comprimer l'air à 78 atmosphères seulement, ou au quart environ.

Néanmoins, attendu le frottement du boulet contre l'âme
de la pièce, mais surtout à cause du *jeu* ou du *vent* qui laisserait échapper, en pure perte, une portion notable du fluide,
il conviendrait d'augmenter de quelque chose la tension de

(*) Les pressions d'un gaz qui se détend sans addition ni soustraction de
chaleur ne suivent pas la loi de Mariotte, laquelle n'est sensiblement vraie
que lorsque la température des gaz reste constante. Or, dans le cas traité, il
ne peut en être ainsi, attendu qu'une portion de la chaleur du gaz est transformée en travail contre le boulet (*voyez* la Note du n° 105); les pressions
diminuent donc plus rapidement que ne l'indique la loi de Mariotte. On
démontre que, lorsqu'un gaz change de volume, sans recevoir ni perdre
de chaleur, sous l'action d'une pression extérieure toujours égale à sa force
élastique, cette dernière varie en raison inverse de la puissance $\gamma = \dfrac{c}{c'}$ du volume, γ désignant le rapport des deux chaleurs spécifiques, à pression constante et à volume constant. Ce résultat, auquel conduit facilement la théorie
mécanique de la chaleur, avait déjà été trouvé par Poisson, à l'aide des données
de l'ancienne théorie.

Le rapport γ est égal à 1,41 pour l'air atmosphérique; il est sensiblement
le même pour les gaz non liquéfiables.

Dans l'exemple traité par l'Auteur, la pression, au moment où le boulet
quitte la pièce, serait $3,5\left(\dfrac{29}{30}\right)^{1,41} = 300^{atm},2$. (K.)

l'air dans le réservoir, si mieux encore on ne préférait y faire arriver continuellement, par la machine à vapeur, de nouvel air pour remplacer celui qui se perd à chaque instant, de manière à rendre la tension à très-peu près constante; car on voit bien, par les raisonnements qui précèdent, que, dans le cas contraire, la pression diminuerait, à chaque coup, de $\frac{1}{10}$ environ de la valeur qu'elle avait à la fin du coup précédent; de sorte qu'après un certain nombre de coups, il s'en faudrait considérablement que la vitesse de 500 mètres fût transmise au boulet. C'est précisément là l'inconvénient attaché au fusil à vent ordinaire, et qui, joint à d'autres, a fait renoncer à son emploi malgré les avantages qu'il possède sous beaucoup de rapports.

Enfin, au lieu de procéder de l'une ou de l'autre de ces manières, on pourrait aussi, mais non sans augmenter beaucoup les difficultés et les dangers d'explosion, se contenter de mettre en usage de très-petits réservoirs en bronze, d'une capacité à peu près égale, par exemple, à celle des gargousses employées dans le tir ordinaire à poudre, lesquelles occupent, dans les pièces de 24, un *espace cylindrique* d'environ 6 litres, tout compris, ou du neuvième de celui de l'âme entière. En se servant d'un aussi petit réservoir, il faudrait comprimer l'air à une tension de beaucoup supérieure à 300 atmosphères, et telle que, dans sa *détente* graduelle, il développât, contre le boulet et pendant que ce boulet parcourt la longueur de l'âme, la quantité de travail nécessaire pour lui imprimer la vitesse de 500 mètres. Nous n'avons pas d'ailleurs à examiner comment ces petits réservoirs, indépendants de la pièce comme les gargousses elles-mêmes, pourraient s'adapter solidement au fond de l'âme, ou dans le renflement de la culasse, et jouer absolument le rôle de la poudre lorsqu'on viendrait à lâcher la détente qui retient l'air; il nous suffit ici que l'hypothèse soit assez plausible, en elle-même, pour exciter quelque intérêt, et appeler l'attention du lecteur sur les applications des théories de la Mécanique.

C'est, au surplus, l'occasion de faire connaître la méthode de calcul que nous avons promise au n° 72, méthode due au géomètre anglais Thomas Simpson, et par laquelle on peut évaluer, d'une manière très-approchée, le *travail mécanique variable*, ou, plus généralement, l'*aire superficielle* des figures planes limitées par des contours quelconques (*).

Méthodes générales des quadratures pour calculer l'aire superficielle des courbes planes.

Méthode de Th. Simpson.

180. *Démonstration géométrique de la méthode.* — Soit $a'd'g'ga$ (*Pl. II, fig.* 39) une aire plane limitée par une portion de courbe $a'd'g'$, par la droite QB, servant d'axe des abscisses (15), et par les deux ordonnées extrêmes aa', gg' perpendiculaires à cet axe. Supposons qu'on ait divisé la distance ag, de ces ordonnées, en un *nombre pair* de parties égales, par exemple en six parties, aux points b, c, d, e, f, et qu'on ait élevé, en ces points, les nouvelles ordonnées bb', $cc',\ldots, ff'$, terminées à la courbe; on aura une première valeur approchée de l'aire mixtiligne $aa'd'g'ga$, en calculant les surfaces de chacun des trapèzes rectilignes $aa'b'b, bb'c'c,\ldots,$ $ff'g'g$, dont elle se compose, puis ajoutant entre eux tous les résultats; ce qui revient à remplacer la courbe par le polygone rectiligne $a'b'c'd'\ldots g'$ qui lui est inscrit. Mais on obtient, sans être obligé de multiplier davantage les points de division, une valeur beaucoup plus approchée de l'aire cherchée en procédant comme il suit.

Ayant numéroté le rang des diverses ordonnées, comme on le voit sur la *fig.* 39, on considérera, à part (*Pl. II, fig.* 40), l'aire mixtiligne $cc'd'e'ec$, limitée aux deux ordonnées impaires quelconques cc', ee', qui se suivent et qui comprennent entre elles l'ordonnée dd' de rang pair; la surface totale des trapèzes rectilignes correspondants $cdd'c'$, $dee'd'$, aura pour mesure, puisque $de = cd$,

$$\tfrac{1}{2}cd(cc'+dd')+\tfrac{1}{2}de(dd'+ee')=\tfrac{1}{2}cd(cc'+2dd'+ee').$$

(*) Nous ferons suivre la méthode de Th. Simpson, que l'Auteur avait donnée seule dans les éditions précédentes, d'une autre méthode qui a été exposée plus tard par Poncelet dans ses Leçons à la Faculté des Sciences de Paris. Pour respecter le texte de l'Auteur, nous n'apporterons aucune modification aux calculs de quadrature qui se présenteront dans la suite du Cours, calculs qui ont été faits d'après la méthode de Simpson. (K.)

Mais on obtiendrait évidemment une valeur plus approchée de l'aire $cc'd'e'e$, si, partageant cette aire en trois autres aires trapézoïdes $cmm'c'$, $mnn'm'$, $nee'n'$, par des nouvelles ordonnées équidistantes mm', nn', c'est-à-dire telles que $cm = mn = ne = \frac{2}{3}cd$, on prenait, pour cette valeur, la somme de trois trapèzes rectilignes inscrits correspondants, c'est-à-dire

$$\tfrac{1}{2}cm(cc' + mm') + \tfrac{1}{2}mn(mm' + nn') + \tfrac{1}{2}ne(nn' + ee'),$$

ou, attendu que $\frac{1}{2}cm = \frac{1}{2}mn = \frac{1}{2}ne = \frac{1}{6}ce = \frac{1}{3}cd$,

$$\tfrac{1}{3}cd(cc' + 2mm' + 2nn' + ee').$$

Or, pour s'éviter la peine de tracer les nouvelles ordonnées mm', nn', et pour obtenir néanmoins une approximation égale ou même supérieure, on remarquera que la corde $m'n'$ vient couper l'ordonnée intermédiaire dd', qui est à égale distance de mm' et de nn', en un point o tel que $od = \frac{1}{2}(mm' + nn')$, et que par conséquent $4od = 2mm' + 2nn'$; la valeur de l'aire rectiligne $cc'm'n'e'e$ devient donc simplement

$$\tfrac{1}{3}cd(cc' + 4od + ee').$$

Nous n'avons pas, il est vrai, l'ordonnée od immédiatement, mais elle diffère extrêmement peu de l'ordonnée véritable dd' de la courbe, que nous connaissons; en remplaçant donc od par dd' dans les calculs, nous obtiendrons une mesure très-approchée, quoiqu'un peu trop forte, de l'aire polygonale dont il s'agit. Mais, puisque cette aire est elle-même un peu plus faible que la véritable aire terminée à la courbe, il se fera une sorte de compensation (*) si nous prenons, pour mesure

---

(*) Il est évident qu'en prenant dd' pour od, on augmente l'aire polygonale de $\frac{1}{3}cd.4od'$; mais, en traçant les nouvelles cordes $m'd'$, $n'd'$, il sera aisé de voir que la surface du triangle rectiligne $m'n'd'$ a pour mesure $\frac{1}{2}mn \times od'$, car il se compose des triangles $m'od'$, $on'd'$, dont la somme des surfaces est égale à

$$\tfrac{1}{2}od'.md + \tfrac{1}{2}od'.dn = \tfrac{1}{2}od'(md + nd) = \tfrac{1}{2}od'.mn;$$

et, comme $mn = \frac{2}{3}cd$, la surface du triangle $m'd'n'$ sera

$$\tfrac{1}{2}\tfrac{2}{3}.cd.od' = \tfrac{1}{3}cd.od'.$$

On a donc augmenté l'aire du polygone rectiligne $cc'm'n'e'cc$ de 4 fois le tri-

de cette dernière, la quantité

$$\tfrac{1}{3}cd(cc' + 4dd' + ee').$$

On aura de même (*Pl. II, fig.* 39)

$$acc'a' = \tfrac{1}{3}cd(aa' + 4bb' + cc'),$$
$$egg'a'e = \tfrac{1}{3}cd(ee' + 4ff' + gg');$$

donc la surface totale et mixtiligne $agg'd'a'$, qu'il s'agit de calculer, a pour mesure approchée

$$\tfrac{1}{3}cd(aa' + 4bb' + cc' + cc' + 4dd' + ee' + ee' + 4ff' + gg'),$$

ou

$$\tfrac{1}{3}cd[aa' + gg' + 2(cc' + ee') + 4(bb' + dd' + ff')],$$

c'est-à-dire *le tiers du produit qu'on obtient en multipliant, par l'intervalle constant compris entre les ordonnées de la courbe, la somme des ordonnées extrêmes, augmentée de deux fois celle des autres ordonnées de rang impair, et de quatre fois celle des ordonnées de rang pair.*

angle $m'd'n$, tandis qu'il faudrait l'augmenter de la somme des aires des segments compris entre la courbe et les cordes $c'm'$, $m'n'$ et $n'c'$. Par conséquent, si cette somme équivaut à $\tfrac{1}{4}m'd'n'$, la compensation sera exacte et la méthode rigoureuse; dans *tous* les cas, on ne risquera de se tromper que de la différence de cette somme et de $\tfrac{1}{4}m'd'n'$, différence qui ne sera généralement qu'une pe tite fraction de chacune d'elles, excepté pour quelques points *singuliers* de la courbe.

On voit, d'après cela, que, quand il s'agit de calculer, avec une grande exactitude, l'aire d'une figure plane limitée par des contours quelconques, il convient, non-seulement de multiplier beaucoup les ordonnées et de bien choisir l'axe des abscisses pour éviter la trop grande obliquité de ces ordonnées par rapport aux courbes, mais encore de partager l'opération en plusieurs opérations distinctes, soit qu'on multiplie davantage les ordonnées dans certaines parties, soit qu'on rapporte les courbes à plusieurs axes différents; en un mot, il faudra éviter que les trapèzes rectilignes ne diffèrent nulle part, d'une trop grande quantité, des trapèzes curvilignes correspondants. Il paraît bien clair d'ailleurs que, par la formule de Simpson, on approche, dans les circonstances ordinaires, non-seulement plus de la vérité qu'en calculant la valeur des trapèzes rectilignes inscrits et limités aux ordonnées simples, mais même davantage encore que si l'on calculait celle des trapèzes relatifs à des ordonnées plus rapprochées d'un tiers.

Les mêmes raisonnements demeurant applicables, quel que soit le nombre des ordonnées équidistantes, pourvu qu'il soit *impair*, on voit que la règle est générale; mais il est clair qu'elle ne donnera des résultats très-approchés, pour les parties de la courbe qui s'écarteraient considérablement de la forme d'une ligne droite, qu'autant qu'on divisera les intervalles, compris entre les ordonnées extrêmes, en un nombre pair de parties égales, assez grand pour que les trapèzes rectilignes inscrits ne diffèrent nulle part beaucoup des trapèzes véritables, ou qu'autant qu'on resserrera convenablement les ordonnées vers les parties dont la courbure est très-prononcée. Il est également essentiel de remarquer que le calcul donnera des résultats un peu trop petits pour les parties de la courbe qui présentent leur concavité à l'axe des abscisses (voir *Pl. II, fig.* 39), et un peu trop grands pour celles où cette courbe tourne sa concavité vers cet axe, comme cela a lieu pour la courbe de la *fig.* 41, *Pl. II,* par exemple.

Méthode de Poncelet.

180 *bis*. L'aire *a*AGB*b* limitée à la courbe ACD...LB, à l'axe des abscisses *ab* et aux ordonnées extrêmes A*a*, B*b*, étant censée décomposée en segments trapézoïdaux par des ordonnées équidistantes, nous considérerons d'abord le cas où les arcs de courbe correspondants ont tous leur concavité dirigée vers l'axe *ab*.

Je divise la base *ab* de l'aire en un nombre pair de parties

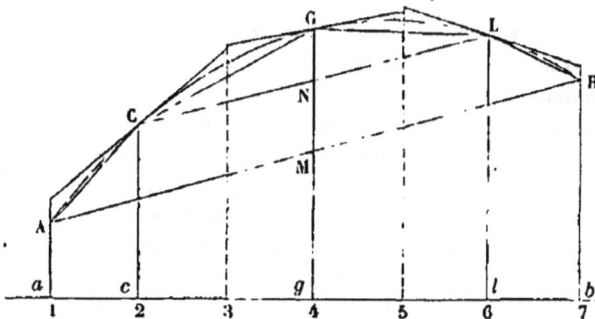

égales, dont je désigne la commune longueur par *h*. Soit, par exemple, 6 ce nombre; je mène les ordonnées aux points de division 1, 2, 3, 4, 5, 6 de la base, et j'appelle $y_1, y_2, y_3, y_4, y_5,$ y_6, y_7 les valeurs numériques de ces ordonnées limitées à la courbe. Je joins, par des droites ou cordes, AC, BL, les extrémités des deux premières ordonnées et les extrémités des deux dernières; puis, de deux en deux, à partir de $y_2 = Cc$, les extrémités des ordonnées intermédiaires qui occupent des numéros de rang pair.

J'obtiens ainsi un polygone inscrit, dont l'aire, moindre que celle de la courbe, est exprimée par

$$h\left(\frac{y_1 + y_2}{2}\right) + 2h\left(\frac{y_2 + y_4}{2}\right) + 2h\left(\frac{y_4 + y_6}{2}\right) + h\left(\frac{y_6 + y_7}{2}\right)$$

$$= h\left(2S + \frac{y_1 + y_7}{2} - \frac{y_2 + y_6}{2}\right),$$

en appelant S la somme des ordonnées de rang pair.

Je mène, à l'extrémité de chaque ordonnée de rang pair, une tangente terminée à l'ordonnée qui la précède et à celle qui la suit immédiatement, et j'obtiens ainsi une aire polygonale à angles saillants et rentrants, plus grande que l'aire de la courbe, et qui a pour expression

$$2h y_2 + 2h y_4 + 2h y_6 = 2hS.$$

En prenant donc pour valeur approchée de l'aire mixtiligne la demi-somme des aires polygonales, il vient

$$h\left(2S + \frac{y_1 + y_7}{4} - \frac{y_2 + y_6}{4}\right),$$

l'erreur commise étant moindre que la demi-différence entre ces mêmes aires, ou que

$$h\left(\frac{y_2 + y_6}{4} - \frac{y_1 - y_7}{4}\right).$$

En général, si l'on divise l'intervalle ab des ordonnées extrêmes en $2n$ parties égales, on aura, pour valeur approchée de l'aire correspondante,

$$(1) \qquad A = h\left(2S + \frac{y_1 + y_{2n+1}}{4} - \frac{y_2 + y_{2n}}{4}\right),$$

et, pour la limite supérieure de l'erreur qui a pu être commise,

$$(2) \qquad E = h \left(\frac{y_2 + y_m}{4} - \frac{y_1 + y_{m+1}}{4} \right).$$

Je joins par des droites AB, CL, les extrémités des ordonnées extrêmes et celles de la seconde et de l'avant-dernière ; ces droites viendront couper l'ordonnée du milieu Gg, aux points respectifs M et N, tels que l'on aura évidemment

$$(3) \qquad E = \frac{1}{2} h . MN.$$

L'une ou l'autre de ces expressions de la limite de l'erreur commise pourront servir à régler la marche des opérations arithmétiques dans chaque cas, et détermineront, à l'avance et en quelque sorte à vue, le plus petit intervalle ac ou bl des ordonnées extrêmes qu'il convient d'adopter, et qui sont des parties aliquotes, en nombre pair, de l'intervalle entier ab.

Lorsque la portion de courbe considérée est entièrement convexe vers l'axe ab des abscisses, l'aire relative au polygone circonscrit devenant moindre que celle qui se rapporte au polygone inscrit, il est évident qu'il suffira de changer l'ordre de soustraction ou le signe des résultats, pour obtenir une limite correspondante de l'erreur ; l'expression de la moyenne qui donne approximativement l'aire cherchée restant la même.

Il est évident encore que la méthode restera applicable au cas où la courbe offrirait des points d'inflexion, des changements de sens de la courbure ou toute autre particularité essentielle, pourvu qu'on la suppose partagée en parties concaves ou convexes, limitées à ces points, et pour l'aire desquelles on appliquera les formules précédentes. Les chances d'erreurs seront même généralement moindres, puisqu'elles pourront avoir lieu en sens inverse pour les différentes parties concaves et convexes de la courbe.

Quant à la détermination d'une limite approximative et supérieure de l'erreur commise dans les mêmes circonstances, il sera nécessaire de rechercher cette limite pour chaque partie séparément, afin d'additionner leur somme.

Enfin, il est presque inutile de faire remarquer que c'est

surtout dans les parties où la courbure est très-prononcée et s'écarte le plus de la ligne droite, qu'il conviendra de resserrer les ordonnées ou les opérations arithmétiques.

Applications numériques. — Soit d'abord à évaluer l'aire d'un quart de cercle, de rayon égal à 1. Je divise le rayon qui sert de base à l'aire en 10 parties égales; alors on a $h = 0,1$, et l'on calcule facilement les longueurs suivantes :

$$y_1 \qquad y_2 \qquad y_4 \qquad y_6 \qquad y_8 \qquad y_{10} \qquad y_{12}$$

$$1,0000, \quad 0,9949, \quad 0,9539, \quad 0,8660, \quad 0,7139, \quad 0,4358, \quad 0,0000.$$

Substituant ces valeurs dans la formule générale ci-dessus, on trouve, pour la valeur approximative de l'aire du quart du cercle, $0,78413$, et, pour la limite supérieure de l'erreur, $0,01077$.

La valeur exacte de cette aire étant $0,78539$, l'erreur commise est $0,00126$, quantité beaucoup plus faible que la limite précédente.

Ainsi la formule d'approximation nous donne l'aire à moins de $\frac{1}{794}$ près de la valeur exacte; approximation très-grande pour le petit nombre de calculs que l'on a eu à effectuer.

Soit ensuite à évaluer l'*aire de l'hyperbole équilatère ayant pour équation* $xy = 1$, *et dont les limites correspondent à* $x = 1$ *et* $x = 2$.

Je divise toujours en 10 parties égales la base de l'aire, ce qui donne encore $h = 0,1$, et j'obtiens

$$y_1 = 1,000, \quad y_2 = 0,9090, \quad y_4 = 0,7692, \quad y_6 = 0,6666,$$
$$y_8 = 0,5882, \quad y_{10} = 0,5263, \quad y_{11} = 0,50.$$

La valeur approchée de l'aire est $A = 0,69348$; la limite de l'erreur $E = 0,0062$; la valeur exacte de l'aire étant le logarithme népérien de 2 ou $0,69314$, l'erreur commise est moindre que $0,0004$ ou $\frac{1}{1733}$.

En général, l'approximation est beaucoup plus grande que celle qui est indiquée par la limite calculée de l'erreur, ce qui n'a rien de surprenant; et, selon la nature particulière de la courbe ou de la loi des ordonnées, il arrivera même quelquefois que la somme relative au seul polygone inscrit ou au seul polygone circonscrit donnera un résultat plus approché que la moyenne de ces sommes. C'est ce qui arrive notamment dans l'exemple ci-dessus du cercle, où l'on a $2hS = 0,7929$; tandis que, pour celui de l'hyperbole, on trouve $2hS = 0,619$ seulement; la courbe s'approchant ainsi plus de ses cordes que de ses tangentes.

Observation. — Cette méthode de quadrature, que nous extrayons textuellement des *Éléments de Mécanique* de M. Resal, où elle a été publiée en premier lieu, a reçu de M. Parmentier (Note sur la comparaison des différentes méthodes d'approximation pour la quadrature des courbes, *Mémorial de l'Officier du Génie*, n° XVI) un perfectionnement approuvé sans restriction par Poncelet. Ce perfectionnement consiste à prendre pour valeur approchée de l'aire de la courbe, au lieu de la somme de l'aire de la figure inscrite et de la demi-différence entre celle-ci et l'aire de la figure circonscrite, la somme de la figure inscrite et des deux tiers de la différence ci-dessus. Cette modification, obtenue par M. Parmentier à l'aide de considérations tirées de la formule de Taylor, se justifie très-simplement, comme l'a indiqué Poncelet lui-même, par cette remarque, que l'aire d'un segment de parabole est les deux tiers de l'aire du parallélogramme dont les deux côtés sont la corde du segment et la flèche comptée parallèlement à la direction des ordonnées; ou encore, ce qui se rapporte peut être plus exactement à la figure nécessitée pour l'exposition de la méthode de Poncelet, que l'aire du segment de parabole est les deux tiers de l'aire du triangle formé par la corde et les tangentes menées aux extrémités de celle-ci. En reprenant la formule, nous trouvons

$$A = h \left(2S + \frac{y_1 + y_{2n+1}}{6} - \frac{y_2 + y_{2n}}{6} \right) (*).$$

Du travail produit par la détente des gaz.

181. *Exemple de la manière de calculer ce travail.* — Reprenons maintenant la dernière des questions du n° 179, et

(*) D'autres formules ont été données par divers géomètres, entre autres par M. Piobert (*Nouvelles Annales de Mathématiques*, 1re série, t. XIII, p. 323; 1854), par M. Catalan (*Nouvelles Annales de Mathématiques*, 1re série, t. X, p. 412; 1851). M. Dupain a comparé ces diverses méthodes en tenant compte du double point de vue de l'exactitude et de la facilité des opérations; il est arrivé à cette conclusion que, de toutes les méthodes proposées, celle de Poncelet non perfectionnée qui, sous le rapport de l'exactitude, n'occupe pas généralement le premier rang, doit pourtant être préférée dans la pratique, non-seulement parce qu'elle nécessite moins de calculs, mais surtout parce qu'elle donne une limite toujours certaine de l'erreur commise. (K.)

appliquons-y la méthode qui précède, en négligeant d'ailleurs, comme nous l'avons fait alors, le recul de la pièce qui est (175) presque toujours insensible. Cherchons, à cet effet, la loi que suivent les pressions de l'air à mesure qu'il se développe ou se *détend* en poussant le boulet en avant, c'est-à-dire (50) formons la *Table* qui donne, pour chaque chemin parcouru par ce boulet dans l'intérieur de la pièce, la pression correspondante. Soit Oi (*Pl. II, fig.* 41) la longueur totale de l'âme, Oa la portion de cette longueur occupée primitivement par l'air, supposé comprimé à 1200 atmosphères; d'après ce qui a été admis à la fin du n° 179, Oa sera le $\frac{1}{9}$ de Oi, et le $\frac{1}{8}$ de l'espace ai parcouru par le boulet; divisant donc ai en 8 parties égales aux points $b, c, d,..., h$, elles seront aussi toutes égales à Oa, et représenteront chacune des volumes cylindriques de l'âme, égaux à celui qu'occupe l'air comprimé. Ainsi, quand le boulet sera successivement arrivé en b, en c, en d, en e,..., en i, le volume primitif Oa, de cet air, sera double, triple, quadruple,..., nonuple. Et, si nous admettons (172) la loi de Mariotte (16) (*), la pression exercée par cet air, sur le boulet, qui d'abord était de 1200 atmosphères, n'en sera plus que la $\frac{1}{2}$, le $\frac{1}{3}$, le $\frac{1}{4}$,..., le $\frac{1}{9}$; c'est-à-dire qu'elle sera respectivement

De..........	1200,	600,	400,	300,	240,	200,	171,	150,	133 atm.
Aux points....	a,	b,	c,	d,	e,	f,	g,	h,	i,
Ayant pour n°ˢ.	1,	2,	3,	4,	5,	6,	7,	8,	9.

Élevant les perpendiculaires aa', bb', cc',..., ii', sur Oi, et portant, sur ces perpendiculaires, des longueurs proportionnelles aux pressions correspondantes, on formera la courbe $a'b'c'...i'$, nommée *hyperbole équilatère*, et dont la propriété essentielle consiste en ce que les produits de chaque ordonnée par son abscisse sont constants, ou, ce qui est la même chose, en ce que les ordonnées suivent le rapport réciproque ou inverse des abscisses correspondantes. La surface de cette courbe, limitée aux ordonnées aa', ii', et à l'axe ai, représente, d'après le n° 72, la valeur du travail variable développé

(*) Les valeurs de ces pressions devraient être déterminées conformément aux indications de la Note du n° 179; ces corrections ne modifieraient en rien les conclusions formulées dans le n° 182. (K.)

par le ressort de l'air contre le boulet; mais il n'est pas nécessaire de tracer la courbe elle-même pour obtenir la mesure
de ce travail; le tableau ci-dessus suffit, en y appliquant la
méthode du n° 180, car l'intervalle total ai se trouve justement
divisé en un nombre pair de parties égales par les diverses
ordonnées.

On a ici, en effet, pour

La somme des ordonnées extrêmes.......	$1200 + 133 = 1333^{atm}$
2 fois celle des autres ordonnées impaires.	$2(400 + 240 + 171) = 1622$
4 fois celle des ordonnées paires........	$4(600 + 300 + 200 + 150) = 5000$
	Total........... 7955^{atm}

Il faudrait multiplier ce résultat (177) par $1^{kg},033$, puis par
la surface de 176 centimètres carrés du cercle de section de
l'âme, c'est-à-dire par $181^{kg},81$, pour avoir la somme des pressions véritables. Pour obtenir le travail total résultant de
ces pressions, il faudra, de plus, multiplier cette somme
par $\frac{1}{3}ab = \frac{1}{3}Oa$; le résultat sera donc $\frac{1}{3}Oa \times 7955^{atm}$, ou
$2651^{atm},7 \times Oa$ multipliés encore par $181^{kg},81$, ce qui donne
finalement (177)

$$482\,105^{kg},6 \times Oa = 482\,105^{kg},6 \times \frac{1}{9}3^m,1 = 166\,059^{kgm}.$$

La courbe des pressions tournant sa convexité vers l'axe OB
des abscisses, il est clair (180) que le résultat obtenu doit surpasser un peu le véritable; on voit aussi que la courbe diffère
beaucoup d'une ligne droite dans la partie qui répond aux
points b', c', d', e'; il y a donc lieu de craindre que l'excès,
dont il s'agit, soit assez considérable pour qu'on ne puisse le
négliger; en conséquence, il conviendra de multiplier davantage les opérations vers les points b, c, d, e. Pour ne pas être
obligé de recommencer tous les calculs, nous considérerons
à part la portion de l'aire totale, comprise depuis aa' jusqu'à
ee', et nous subdiviserons les intervalles primitifs des ordonnées en deux parties égales aux nouveaux points m, n, p, q;
chacune d'elles sera donc égale à $\frac{1}{7}Oa$, et les espaces occupés
successivement par le volume primitif Oa de l'air seront res-

pectivement

$$Oa + \tfrac{1}{7}Oa = \tfrac{3}{2}Oa \text{ en } m, \quad (2 + \tfrac{1}{7})Oa = \tfrac{5}{7}Oa \text{ en } n,$$

$$(3 + \tfrac{1}{7})Oa = \tfrac{1}{2}Oa \text{ en } p,$$

enfin

$$\tfrac{9}{2}Oa \text{ en } q.$$

Par conséquent, d'après la loi de Mariotte, les pressions correspondantes seront les $\frac{2}{3}$, les $\frac{2}{5}$, les $\frac{2}{7}$ et les $\frac{2}{9}$ de la pression de 1 200 atmosphères, relative au point a; en joignant à ces pressions celles déjà calculées plus haut relativement aux points b, c, d, e, on formera, pour la portion ae, la nouvelle Table qui suit :

Pressions..   1200, 800, 600, 480, 400, 343, 300, 267, 240 atm.

Points..... a, m, b, n, c, p, d, q, e,

Numéros ..   1, 2, 3, 4, 5, 6, 7, 8, 9.

Par conséquent,

Somme des pressions extrêmes....... $1200 + 240 = 1440^{atm}$

2 fois celle des pressions impaires.... $2(600 + 400 + 300) = 2600$

4 fois celle des pressions paires...... $4(800 + 480 + 343 + 267) = 7560$

Total... .... 11600^{atm}

qu'il faut d'abord multiplier par $\frac{1}{3}am = \frac{1}{6}Oa$, ce qui donne pour résultat $\frac{1}{6}11600 \times Oa = 1933^{atm},3 \times Oa$, et ensuite par $181^{ks},81$. Mais, comme cette dernière multiplication se reproduirait à la fin de chaque résultat, et que nous ne voulons ici que comparer entre eux les chiffres de ces résultats, nous négligerons de l'effectuer, dans ce qui va suivre, afin d'abréger les calculs; seulement on devra se souvenir, dans les applications particulières, que, pour obtenir le travail véritable, il restera encore à multiplier chaque nombre trouvé, par la pression totale qui répond à la surface de section de l'âme et à la pression atmosphérique moyenne.

En recherchant, comme on vient de le faire pour la partie $aa'ee'$, le surplus $ee'i'i$ de la surface de la courbe, et bornant simplement les opérations aux points de divisions f, g, h, qui

donneront alors une approximation suffisante, on la trouvera
égale à

$$\tfrac{1}{3}Oa[240 + 133 + 2.171 + 4(200 + 150)]$$
$$= \tfrac{1}{3}2115.Oa = 705^{atm} \times Oa.$$

Le total général est donc

$$1933^{atm},3.Oa + 705^{atm}.Oa = 2638^{atm},3.Oa, .$$

quantité très-peu moindre que celle $2651^{atm},7.Oa$ trouvée
précédemment; ce qui prouve l'excellence de la méthode.

182. *Pression moyenne de l'air, vitesse imprimée, etc.* —
Puisque $ai = 80a$, représente la longueur d'âme $2^m,75$ décrite
par le boulet, il est clair que $2638^{atm},3.Oa$, divisé par $80a$,
ou $329^{atm},8$, indique précisément (177) la *valeur moyenne* de
la pression que, en vertu de sa détente, l'air exerce contre ce
boulet. On voit donc, sans aller plus loin, que la vitesse imprimée à ce dernier surpasserait 500 mètres dans les suppositions actuelles, puisque l'effort moyen de la poudre, pour
imprimer cette vitesse, s'élève au plus à 308 atmosphères (177).

Il est très-facile, au surplus, de calculer quelle est la tension que devrait recevoir le volume ou la charge d'air, représentée par Oa, pour imprimer au boulet la vitesse juste des
500 mètres, tout restant le même d'ailleurs et la pression des
1200 atmosphères étant seule changée; il est évident, en effet,
que les résultats partiels et totaux des opérations ci-dessus
demeurent proportionnels à la pression primitive. On posera
donc la proportion

$$329,8 : 1200 :: 308 : x \quad \text{d'où} \quad x = \frac{1200.308}{329,8} = 1121^{atm},$$

qui est la tension demandée.

Pour obtenir un tel degré de tension à l'aide d'une machine
à compression ou d'une pompe foulante (179), il faudrait,
d'après la loi de Mariotte, coercer, dans le petit espace représenté par Oa, un volume d'air, pris à la tension atmosphérique
moyenne, qui serait égal à 1121 fois Oa; et, comme les densités sont *proportionnelles* aux pressions (36), on voit que le
mètre cube de l'air ainsi condensé pèserait aussi 1121 fois

celui de l'air ordinaire, dont le poids est, à peu près (40), de $1^{kg},3$, c'est-à-dire 1457 kilogrammes; la densité de l'air du réservoir devrait donc égaler presque $1\frac{1}{2}$ fois celle de l'eau, et son poids, qui serait (179) de $0^{mc},006 \times 1457^{kg} = 8^{kg},742$, surpasserait même le double du poids de la charge dans le tir avec la poudre (177). Or il pourrait bien se faire que, par suite d'un tel rapprochement des parties, l'air se convertît en un liquide véritable, ainsi qu'il arrive pour plusieurs autres corps gazeux, et notamment pour les vapeurs (3 et 5), lorsqu'on les comprime seulement de quelques atmosphères.

Quoi qu'il en soit, il paraît difficile d'admettre qu'on puisse, de longtemps encore, obtenir l'air à un pareil état de condensation, et il y a lieu de croire par conséquent que la poudre, qui nous représente également un grand volume de gaz coercés dans un petit espace et dont la tension est *neutralisée* par la force d'affinité ou d'agrégation des parties, que la poudre qui est si facilement transportable, continuera, à moins de découvertes chimiques majeures, à remplir dans les combats le rôle qu'elle y joue depuis tant de siècles, malgré l'élévation de son prix comparé à celui des autres moteurs, et malgré l'inconvénient, quelquefois très-grave, qu'elle présente de rendre inhabitables les lieux clos où l'on en fait usage.

o

183. *Des avantages de la détente prolongée et de sa limite utile.* — Nous avons supposé la pièce de la longueur ordinaire, mais on gagnerait nécessairement quelque chose, sur la tension primitive de l'air, en augmentant cette longueur; car ici les effets du refroidissement (173) ne paraissent pas, à beaucoup près, avoir autant d'influence que lorsqu'il s'agit des gaz de la poudre. Il n'en serait pas de même évidemment des pertes croissantes dues au jeu du boulet dans la pièce, au frottement, à la résistance de l'air atmosphérique extérieur, et il est probable que, passé un certain terme, on retirerait, en raison de ces pertes, fort peu d'avantages en augmentant les dimensions de l'âme : calculons néanmoins le surcroît d'effet produit par la détente prolongée de l'air, en négligeant tout à fait les pertes dont il s'agit.

Supposons d'abord que Oi (*Pl. II, fig.* 41) soit augmentée de deux parties ij, jk, égales chacune à Oa ou à $\frac{1}{9}$ de la longueur totale Oi de l'âme, considérée dans le premier cas (181); on trouvera, pour les pressions exercées en i, j et k respectivement,

$$\frac{1}{9}1200^{atm} = 133^{atm}, \quad \frac{1}{10}1200^{atm} = 120^{atm}, \quad \frac{1}{11}1200^{atm} = 109^{atm}.$$

Donc (80 et 81) la surface de $ii'k'k$ aura pour mesure

$$\frac{1}{3}Oa(133 + 109 + 4.120) = Oa \times \frac{1}{3}722 = 240^{atm}, 7 \times Oa \text{ environ};$$

c'est-à-dire qu'en donnant à l'âme une longueur totale de $3^m,10 + \frac{2}{9}3^m,10 = 3^m,80$, la quantité de travail de l'air sera augmentée d'à peu près $\frac{1}{10}$ de sa valeur $2638^{atm},3 \times Oa$, relative à la longueur de $3^m,10$.

En prolongeant de nouveau l'âme de $kr = ik = 2Oa$, on trouverait, de la même manière, que l'augmentation de travail du fluide serait de $200^{atm} \times Oa$; la somme totale du travail développé par la détente de ce fluide, pour la longueur d'âme de $4^m,48$ qui excède, de près de moitié, la longueur primitive, serait donc

$$(2638,3 + 240,7 + 200)Oa = 3079^{atm} \times Oa,$$

c'est-à-dire qu'elle surpasserait de $\frac{1}{6}$ celle qui se rapporte à cette dernière longueur; de sorte que la force vive imprimée au boulet serait aussi plus forte de $\frac{1}{6}$. Quant à la pression moyenne, dans le cas actuel, on la trouvera en divisant le travail total $3079^{atm} \times Oa$, par $ar = 12Oa$, longueur d'âme décrite par le boulet, ce qui donne $\frac{3079^{atm} \times Oa}{12 \times Oa} = 256^{atm},6$ environ : cette pression moyenne est, comme on voit, moindre que celle qui répond au tir ordinaire avec la poudre (177), quoique la force vive imprimée soit réellement augmentée dans le rapport de la quantité de travail $3079^{atm} \times Oa$, à celle $308^{atm} \times 8Oa = 2464^{atm} \times Oa$, qui est relative à ce dernier cas, la longueur d'âme étant alors $8Oa$.

S'il s'agissait seulement d'imprimer au boulet la vitesse de 500 mètres, comme dans ce dernier cas, il suffirait (182) de comprimer l'air du réservoir à la tension de

$$\frac{1200 \times 2464 \times Oa}{3079 \times Oa} = 960^{atm} \text{ environ.}$$

Pour une vitesse moitié, ou de 250 mètres, il suffirait (178 et 182) de donner le quart de 1200 atmosphères ou 300 atmosphères de pression à l'air du réservoir, dans le cas de la pièce courte, et $\frac{1}{4}960 = 240^{atm}$ dans le cas de la pièce longue. En allongeant de plus en plus l'âme, il est clair que le travail, produit par la détente, irait aussi en croissant; de sorte que, pour produire les mêmes effets, la pression absolue dans le réservoir pourrait être progressivement diminuée; mais on remarquera que, passé un certain terme, cet accroissement et cette diminution deviendraient peu sensibles, même en faisant abstraction de toutes les causes de pertes rappelées ci-dessus. Car nous avons trouvé, par nos diverses opérations, que le travail était proportionnel à $1933^{atm},3$ pour le point e (*Pl. II, fig.* 41), à $1933^{atm},3 + 705^{atm} = 2638^{atm},3$ pour le point i, à $2638^{atm},3 + 240^{atm},7 + 200^{atm} = 3079^{atm}$ pour le point r; de sorte que, dans la première partie ae de la détente, il est près du triple de celui qui répond à la seconde partie $ei = ae$, et près du quintuple de celui qui est développé dans la troisième $ir = ae$. A une distance du point a égale à 100 fois ae, ou à 400 fois Oa, la pression serait réduite à environ $\dfrac{1\,200^{atm}}{400} = 3^{atm}$, et le travail, sur une longueur égale à ae ou $40a$, serait, au plus, $40a \times 3^{atm} = 12^{atm} \times Oa$, ou $\frac{1}{161}$ de celui qui est produit dans le premier intervalle ae, etc. Or on conçoit que les résistances et pertes de toute espèce suffiraient alors pour absorber ces faibles augmentations du travail.

En calculant d'ailleurs le travail total développé par la détente de l'air, dans cette longueur d'âme de 100 fois ae, on le trouvera égal à environ $7200^{atm} \times Oa$, quantité qu'il faut diminuer, tout au moins, de celle $1^{atm} \times 400Oa = 400^{atm} \times Oa$, qui est absorbée par la pression de l'air atmosphérique extérieur; ce qui la réduit à $6800^{atm} \times Oa$, qui surpasse très-peu le double de la quantité de travail

$$3079^{atm} \times Oa - 1^{atm} \times 120a = 3067^{atm} \times Oa$$

relative au point r; mais, eu égard aux autres genres de pertes, cette première quantité de travail serait moindre encore.

184. *Examen particulier des différentes causes qui diminuent les effets de la détente des gaz.* — Nous avons déjà

plusieurs fois remarqué que le frottement du boulet, dans l'âme de la pièce, est une quantité très-faible et qu'on peut toujours négliger, tandis qu'il en est tout autrement de la perte de gaz, occasionnée par le vent du boulet, laquelle tend continuellement à diminuer la densité et la pression intérieures, de manière à les faire différer de plus en plus de celles qui, selon la loi de Mariotte, auraient lieu, sans cette perte, pour chaque position du boulet. Connaissant le jeu de ce dernier dans l'âme, il ne serait pas impossible, à la rigueur, de calculer la perte de gaz dont il s'agit, d'après les lois de l'hydraulique qui seront enseignées dans une autre Partie de ce Cours; car cette perte est proportionnelle à la vitesse avec laquelle le fluide tend à s'échapper en vertu de la pression intérieure, et à la surface du vide qui règne au pourtour du boulet, surface qui, à largeur égale, croît à peu près comme le calibre des pièces ou la circonférence du boulet.

Mais il est une autre cause de déchet de la force motrice, et qui exerce une influence peut-être plus grande encore sur la vitesse du boulet : c'est celle qui provient de l'inertie même du fluide. En effet, la force de ressort de ce fluide n'est pas uniquement employée contre le boulet; une portion sert à imprimer le mouvement à ses propres molécules, et il en résulte une perte de travail mesurée (136) par la moitié de la somme des forces vives qui leur correspondent. Or la vitesse de ces molécules et leur poids total (182) étant généralement très-comparables à la vitesse et au poids du boulet, on conçoit que la perte dont il s'agit est généralement aussi très-appréciable, et mériterait d'être prise en considération, s'il s'agissait de calculer rigoureusement les circonstances du mouvement (*).

· Il résulte de là, d'ailleurs, que la pression éprouvée effectivement par le boulet, de la part des gaz, diffère plus ou moins de celle qu'il éprouverait, dans les mêmes positions ou pour les mêmes détentes, s'il était sans mouvement, ainsi que le suppose expressément la loi de Mariotte (16), que nous avons prise pour base de tous nos calculs (**); et cette remarque s'ap-

---

(*). *Voir* à ce sujet le *Traité d'Artillerie* de M. Piobert, IIIe Partie. (K.)

(**) Consulter la Note de Poncelet sur l'écoulement de l'air (*Comptes rendu des séances de l'Académie des Sciences*, t. XXI, p. 178). (K.)

plique aussi à la tension qu'exerce le fluide sur les différents
autres points des parois de la pièce ou sur lui-même, laquelle,
d'après le principe de Pascal (14), se trouverait répartie également et en tous sens, s'il y avait repos. Cette tension varie
d'un point à un autre de la longueur de l'âme, conformément
à la remarque du n° 68, elle est plus faible là où le fluide
éprouve plus de facilité à se mouvoir, c'est-à-dire près du
boulet; elle est plus forte, au contraire, là où il éprouve le
plus de résistance, c'est-à-dire vers le fond de l'âme, puisqu'elle doit y vaincre à la fois la résistance provenant de
l'inertie du boulet et de tout l'air interposé. Enfin il n'est pas
moins évident que la vitesse du fluide varie, de son côté, selon
la distance du boulet au fond de l'âme, et qu'elle est plus forte
près du boulet qu'à la culasse où elle se réduit à la vitesse du
recul (174), vitesse dont la direction, contraire à celle du
boulet, indique même qu'il se trouve, non loin de là, un
point où le fluide est complétement en repos.

On voit, d'après cela, qu'il existe une relation nécessaire
entre la vitesse et la tension ou la densité (36) des molécules
en chaque point; de telle sorte que, cette densité étant précisément la plus faible là où la vitesse est la plus forte et réciproquement, il en résulte nécessairement aussi que la force
vive des différentes *tranches* élémentaires du fluide, comprises
entre des sections perpendiculaires à l'axe de la pièce, doit
être une quantité assez faible comparativement à celle qu'auraient ces mêmes tranches, si, conformément au principe de
Pascal, la densité était la même partout et si la vitesse était
aussi, dans les différentes tranches, égale à celle du boulet.
Mais, comme à l'instant où ce dernier quitte la pièce, les molécules du gaz sont encore dans un état de tension très-grande,
surtout aux environs de la culasse, il en résulte qu'elles conservent aussi une quantité d'action disponible très-comparable
à celle qui a été développée utilement contre la pièce et le
boulet, et qui, réunie à la moitié de la force vive déjà acquise
par ces diverses molécules, doit la surpasser d'autant plus que
la pièce est plus courte ou la détente moins prolongée. Enfin,
il ne paraîtra pas moins évident que, puisque la pression contre
le fond de l'âme surpasse notablement celle qui a lieu contre
le boulet, la quantité de mouvement imprimée à la pièce (173)

et qui produit le recul quand cette pièce est libre, doit être aussi plus grande que celle que reçoit le boulet; de sorte que la vitesse du recul est, par un double motif (174), plus forte que ne l'assigne le principe du n° 173.

185. *Réflexions nouvelles sur la déperdition inévitable du travail dans la réaction des corps, et sur les courtes mais rapides détentes des gaz.* — Ce ne serait pas ici le lieu d'entrer dans de plus grands développements sur les lois du mouvement et de l'action des gaz, lois qui se reproduisent, d'une manière analogue, dans le choc ou la réaction plus ou moins brusque (153 et suivants) des corps élastiques; nous avons voulu seulement donner une idée de la nature des causes qui empêchent que la détente n'ait son entier effet, et prouver surtout que l'inertie des molécules des gaz, lorsque cette détente est rapide, peut exercer une certaine influence sur le mouvement transmis au boulet, et occasionner des pertes d'effet tout aussi appréciables que celles qui proviennent des fuites et des diverses résistances. Il est donc bien vrai de dire (140, 103 et suivants) que la quantité de travail qui a été primitivement dépensée, pour changer la forme, la position ou en général l'état d'un corps, ne peut jamais être restituée d'une manière complète, ou sans qu'il y en ait une certaine portion de consommée, en pure perte, pour l'effet utile; car il s'agit ici de gaz qui sont des corps éminemment élastiques.

A la vérité, on diminue considérablement les pertes de travail, occasionnées par l'inertie des molécules des gaz, en utilisant leur force de ressort contre des masses ou des résistances plus grandes que celles d'un boulet de canon ordinaire, et qui ne cèdent que lentement ou avec peu de vitesse à leur action; mais alors la déperdition du calorique et les fuites augmentent rapidement avec le temps; et si, dans la vue d'éviter ces fuites, on cherche à diminuer le jeu au pourtour du boulet ou du *piston*, jeu véritablement indispensable, on augmente considérablement le frottement le long de ce pourtour. Enfin, en admettant même que ces différentes causes de perte n'existassent pas, il arriverait encore qu'on ne pourrait utiliser complétement le travail recélé dans le volume primitif des gaz, puisque le cylindre où se fait la détente ne saurait recevoir,

14.

dans l'exécution, qu'une longueur fort restreinte par rapport
à celle que lui assigne la théorie, pour le *maximum* d'effet.

Ces dernières réflexions sont principalement applicables à
la détente de la vapeur d'eau, dont il sera fait mention plus
loin; mais il ne faudrait pas en conclure généralement que la
détente des fluides élastiques présente peu d'avantages, et que
tout son effet est absorbé dès les premiers instants où elle
s'opère; car l'expérience prouve, même pour les gaz de la
poudre dont l'action diminue beaucoup (173) par le refroidissement, que, si cet effet a une limite nécessaire dans chaque
cas, cette limite n'est pourtant point aussi rapprochée qu'on
pourrait d'abord le présumer d'après ce qui précède. On peut
admettre, par exemple, que la détente, dans le cas examiné
ci-dessus, et quand le vent est réduit à ce qui est strictement
nécessaire, ne cesse pas d'être avantageuse tant que le volume
occupé par le gaz n'excède pas 40 ou 50 fois le volume primitif. Nous verrons bientôt d'ailleurs que la limite relative aux
machines à vapeur ordinaires est beaucoup plus restreinte.

On est obligé, dans l'artillerie, de se servir de pièces très-
courtes, telles que les *obusiers* et *mortiers* qui servent à lancer
des boulets creux; il semblerait donc, au premier aperçu, que
les effets de la détente devraient y être à peu près nuls, de
sorte qu'à charge égale de poudre, la force vive imprimée au
projectile y serait beaucoup moindre que pour les pièces longues, ce qui n'est pas. Mais on doit observer que, dans les
premières pièces, la charge est toujours très-faible par rapport
au poids de l'obus ou de la bombe, et que le rapport du volume occupé par la poudre au volume total de l'âme, diffère
peu de celui qui est relatif aux pièces longues; or il en résulte
que les quantités de travail totales développées par la détente
des gaz doivent, à circonstances semblables, être encore à peu
près les mêmes dans les deux cas, et que la seule différence
doit consister en ce que la force motrice, la pression sur le
projectile, est plus grande dans le dernier et opère son effet
total dans un temps beaucoup plus court. C'est ce que démontrent, en effet, les principes qui suivent.

186. *Principes relatifs au travail produit par la détente des
gaz.* — L'un des plus importants d'entre eux, envisagé sous

son point de vue le plus général, consiste en ce que, quelle que soit la manière dont on fasse agir un volume donné de gaz comprimé à un certain degré, sur une résistance qui cède graduellement à son action, le travail développé sera, toutes choses égales d'ailleurs, constamment le même pour la même détente ou la même augmentation du volume primitif. Comme ce principe a de nombreuses applications dans les arts, nous ne croyons pas inutile de nous arrêter un instant à sa démonstration, en prenant pour exemple le cas des mortiers.

On sait que, dans ces armes, la poudre est enfermée dans une cavité cylindrique particulière ABCD (*Pl. II, fig.* 42), nommée *chambre*, et dont le diamètre est beaucoup plus petit que celui de l'âme ou du projectile. Or, si nous faisons abstraction des propriétés physiques particulières de cette poudre, pour ne nous occuper que des effets de la simple détente des gaz qu'elle produit par son inflammation; si nous supposons, en d'autres termes, qu'elle soit remplacée par un volume égal de gaz comprimé à 1200 atmosphères, par exemple, comme dans le cas examiné plus haut, il nous sera facile de calculer la quantité de travail que, abstraction faite des pertes (184), ce gaz produira par sa détente dans l'intérieur de l'âme, en concevant toujours, pour la simplicité, le projectile remplacé par une sorte de piston ou cylindre de même diamètre que celui de l'âme, et qui serait terminé par une face plane MN du côté du fluide; hypothèse qui n'altère en rien les résultats, attendu qu'on prouve aisément, par les principes qui seront établis plus tard, que le travail, communiqué par le fluide, est indépendant de la forme du projectile censé remplir exactement le contour de l'âme. Tout consistera donc encore à déterminer la valeur de la pression totale exercée, par le gaz, pour les diverses positions du plan MN.

Supposons, par exemple, que, le piston étant arrivé en b, le volume occupé alors par ce gaz soit égal à 6 fois le volume primitif ABCD; d'après la loi de Mariotte, la pression sur chaque centimètre carré de la surface de la section MN, correspondante à b, sera aussi $\frac{1}{6}$ de 1200 atmosphères ou 200 atmosphères; par conséquent la pression totale, sur cette section dont nous représenterons par A la surface $\frac{22}{7} \cdot \frac{MN^2}{4}$, aura pour

valeur $A \times 200^{atm}$; chaque atmosphère valant $1^{kg},o33$. Supposons encore que le piston chemine jusqu'en b', de telle sorte
que le volume devienne les $\frac{1000}{999}$ de ce qu'il était en b, la pression sera donc aussi les $\frac{999}{1000}$ de $A \times 200^{atm}$ ou $A \times 199^{atm},8$,
et la quantité de travail, développée sur MN le long du petit
chemin bb' que nous nommerons e, aura pour mesure très-
approchée (72),

$$\frac{1}{2}bb'(A \times 200^{atm} + A \times 199^{atm},8)$$
$$= \frac{1}{2}bb'.A \times 399^{atm},8 = e \times A \times 199^{atm},9.$$

Maintenant, si nous considérons ce qui se passerait dans une
pièce dont la section de l'âme serait beaucoup plus petite, et
pour des positions du boulet répondant aux mêmes volumes
du gaz ou aux mêmes degrés de détente; que nous représen-
tions pareillement par a l'aire de cette section, et par E l'espace
qui sépare les deux positions consécutives et correspondantes
du piston, nous trouverons de même, pour la mesure du travail
élémentaire développé, par le gaz, dans l'intervalle E dont il
s'agit, $E \times a \times 199^{atm},9$; de sorte qu'elle sera, à la précédente,
dans le rapport de $e \times A$ à $E \times a$. Mais ces produits mesurent
les augmentations du volume des gaz dans les intervalles e, E,
et nous avons supposé que ces augmentations étaient les mêmes; donc les quantités de travail développées, dans les deux
cas, sont aussi égales entre elles; et, comme nos raisonnements sont indépendants du degré de petitesse de l'accroissement égal du volume des gaz, comme ils s'appliquent à tous
les accroissements pareils successivement éprouvés par le volume primitif, comme enfin il sont susceptibles de s'étendre à
des vases ou enveloppes de forme quelconque, il en résulte
une démonstration générale de ce principe :

*Les quantités de travail totales, développées par un même
volume de différents gaz, sous une tension donnée, sont aussi
les mêmes pour des détentes égales de ces gaz, quelle que soit
d'ailleurs la manière dont s'opère mécaniquement cette détente, et pourvu seulement que les circonstances restent semblables sous tous les autres rapports.*

Il est évident, en effet, que, si le jeu, le frottement des pistons et la vitesse de la détente n'étaient pas sensiblement les

mêmes de part et d'autre, ou si la perte d'effet qui leur correspond différait beaucoup dans les deux cas, les quantités de travail, transmises à ces pistons, ne seraient pas non plus égales. Mais, quand il sera permis de négliger ces causes de pertes par rapport à l'effet total, ou qu'on en tiendra compte, le principe sera rigoureusement vrai et applicable, pourvu encore que les gaz restent dans des circonstances physiques semblables; car nous avons vu (26) que leur tension est susceptible de varier avec la température, et que certains d'entre eux peuvent même se condenser ou se liquéfier par le refroidissement et la compression (3, 5 et 182).

La réciproque du principe ci-dessus se démontrerait d'une manière absolument semblable; et, en admettant les mêmes restrictions, on pourra dire que :

Pour réduire de quantités égales un volume donné de différents gaz pris à une tension déterminée, il faut toujours dépenser la même quantité de travail, quelle que soit la manière dont on s'y prenne pour opérer mécaniquement cette réduction.

. Ces principes sont évidemment l'extension de ceux des nᵒˢ 97 et 98, lesquels supposent également qu'il n'y ait aucun obstacle extérieur, aucune résistance étrangère qui viennent consommer inutilement du travail mécanique. Ces mêmes principes peuvent aussi être considérés comme de simples conséquences de celui de la réaction (64 et 68); car, puisque les gaz sont censés des corps parfaitement élastiques, il paraît, en quelque sorte, évident en soi que, pour amener leurs diverses molécules au même degré de tension ou de rapprochement, au même degré de mouvement, ou généralement au *même état*, il faut aussi dépenser la même quantité de travail absolue, de quelque façon qu'on opère mécaniquement; et qu'à l'inverse, un gaz comprimé doit restituer, dans sa détente, une quantité de travail utile, qui est uniquement relative à l'augmentation de son volume ou à la diminution de sa tension, toutes les fois que sa température et sa force vive n'ont pas été sensiblement modifiées (142 et 184), comme il arrive notamment quand la compression (*) ou la détente s'opère avec

---

(*) La température du gaz ne peut rester constante, même lorsque l'action

lenteur (*); mais c'est ce qui résulte aussi directement des propositions qui seront rigoureusement et généralement démontrées par la suite. Enfin on conclut encore de la démonstration ci-dessus, ainsi que des considérations mises en usage aux n°s 181 et suivants, que :

Si des gaz quelconques, considérés sous des tensions différentes, ont été comprimés ou détendus d'une même fraction

---

s'opère avec lenteur, que dans le cas où toute la chaleur équivalente au travail de compression est perdue au dehors, ou que toute celle qui est consommée pendant la détente est restituée par une source extérieure. (Notes des n°s 179 et 186.) (K.)

(*) Le calorique pouvant être considéré (24) comme un fluide éminemment élastique, sans inertie ou pesanteur, et dont l'état de tension est indiqué par la température thermométrique (22), il en résulte qu'on peut lui appliquer, jusqu'à un certain point, les mêmes raisonnements qu'aux gaz matériels, et dire : « qu'une certaine quantité de chaleur, introduite dans un corps ou » soustraite de ce corps, doit développer, contre les résistances directement » opposées à son action, des quantités de travail absolues qui sont toujours » les mêmes ou indépendantes du mode de cette action et de la nature des » corps, mais dont une certaine partie est, dans les solides et les liquides, » employée à contre-balancer la force d'agrégation des molécules. » Ce principe offre quelque analogie avec celui qui a été mis en avant par M. S. Carnot, ancien élève de l'Ecole Polytechnique, dans un petit Ouvrage intitulé : *Réflexions sur la puissance motrice du feu* (Paris, Bachelier, 1824). Quant à ce que nous venons de nommer *quantité de chaleur*, elle se mesure, non pas simplement par la température, mais par le nombre des kilogrammes de glace à zéro, qu'elle peut convertir en eau à la même température de zéro. Nous reviendrons sur cet objet dans la Partie de ce Cours, où il sera spécialement question des machines à vapeur.

Cette Note a été écrite avant 1830, ainsi que le constate l'Avertissement placé en tête de la deuxième édition de l'Ouvrage. Le principe qui y est énoncé ne nous paraît pas ressortir directement des démonstrations données dans le texte; tel qu'il est formulé, il n'est pas exact; Poncelet sous-entendait évidemment une condition, car il n'ignorait pas que toute la chaleur introduite dans un corps peut n'avoir d'autre effet que d'en augmenter la température, sans produire aucun travail appréciable, ainsi que cela arrive pour les gaz parfaits chauffés sous volume constant. Le principe est vrai si l'on admet que la température finale du corps qui reçoit la chaleur est égale à la température initiale, supposition que l'Auteur fait expressément dans les démonstrations du texte; sous cette condition, il exprime nettement la proportionnalité de la chaleur et du travail qu'elle peut produire, ce qui constitue la base de la nouvelle théorie (Note du n° 105).

D'après la fin de la Note, il semble que Poncelet ait eu en vue le passage de la chaleur d'un corps à un autre; il n'a malheureusement pas développé ces idées dans la suite, et l'omission que nous signalons dans son énoncé nous paraît bien regrettable au point de vue de l'histoire de la théorie mécanique de la chaleur.

Nous ferons remarquer que si, dans l'état actuel de la science, on veut faire usage de l'ancienne hypothèse qui assimile le calorique à un fluide, la *quantité de chaleur* ne sera pas une certaine *quantité de fluide*, mais la *quantité de travail* que celui-ci tient emmagasiné, soit sous forme de travail comme un ressort bandé, soit sous forme de force vive résidant dans les mouvements de l'éther. (K.)

de leur volume primitif, les quantités de travail développées contre la résistance, ou consommées par la puissance, sont directement entre elles comme les produits de ces tensions et de ces volumes.

Cette proposition se démontre, en effet, aisément par la considération géométrique de la courbe du travail relative à la détente des gaz (181, *Pl. II, fig.* 41), et elle servira utilement pour abréger les calculs dans certaines circonstances dont nous aurons des exemples dans ce qui va suivre.

DU TRAVAIL PRODUIT PAR L'ACTION MÉCANIQUE DE LA VAPEUR D'EAU.

187. *Première idée du mode d'action de la vapeur dans les machines.* — Le calcul du travail produit, par la détente de la vapeur, sur un corps qui cède à son action, s'effectue absolument de la même manière que pour l'air atmosphérique et les gaz permanents, quand on suppose que la vapeur ne subit point de refroidissement sensible pendant sa détente, et que par conséquent elle ne se condense ni en totalité ni en partie, ou ne se convertit pas à l'état liquide (3 et 5). Cette supposition n'est pas permise dans tous les cas, mais elle l'est sensiblement dans celui des machines ordinaires mues par la *vapeur d'eau;* parce que la détente n'y est jamais poussée très-loin, et parce que, indépendamment des précautions qui sont prises pour empêcher le refroidissement extérieur des cylindres où se fait cette détente, la vapeur les traverse très-rapidement, et se renouvelle fréquemment; de sorte qu'elle les fait parvenir et les maintient, au bout d'un certain temps, à un degré de chaleur très-peu différent de celui qu'elle possède elle-même (*). Il est évident que cela n'aurait pas lieu pour

(*) Cette supposition n'est plus permise aujourd'hui; nous savons que la vapeur se refroidit lorsqu'elle développe du travail, et l'expansion se produit trop rapidement pour que l'ensemble de la vapeur puisse se réchauffer sensiblement aux dépens des parois du cylindre, même lorsque celles-ci sont garanties par des enveloppes. On peut admettre, sans trop s'éloigner de la réalité, que, dans nos machines, la vapeur se détend sans addition ni soustraction de chaleur. Dans ces conditions, l'expansion de la vapeur est généralement accompa-

des cylindres froids et pour les premiers instants où l'on y introduirait de la vapeur; ces cylindres rempliraient la fonction de vases *réfrigérants* qui servent à condenser les vapeurs dans da distillation ordinaire des liqueurs; car, une partie de cette vapeur se trouvant réduite en eau, ce qui en resterait ne remplirait plus autant l'espace vide, et n'aurait plus le même degré de tension, comme le prouvent très-bien les expériences entreprises par les physiciens. Ce que nous en disons ici est seulement pour éviter qu'on ne fasse de fausses applications des calculs et des principes.

Concevez (*Pl. II, fig.* 43) un cylindre LMNO, de métal et parfaitement solide, dans lequel se meut verticalement un piston AB parallèle aux fonds inférieur et supérieur NO, ML, et dont la tige CD traverse ce dernier fond, par une petite ouverture bien garnie d'*étoupes* huilées et comprimées de manière à empêcher la vapeur de s'échapper. Concevez, de plus, que le fond du cylindre communique, par un tuyau EF, avec une chaudière fermée FJGH, demi-pleine d'eau et sous laquelle se trouve le foyer G, qui sert à échauffer cette eau et à la convertir en vapeur; supposez enfin que le tuyau EF puisse être fermé à volonté par un robinet en E, qui empêche la vapeur de se répandre sous le piston AB, quand cela est nécessaire. Enfin concevez un second tuyau IQK, muni également d'un robinet en I, et qui serve à faire communiquer le cylindre LMNO avec un second cylindre fermé (X), nommé *cylindre de condensation* ou *condenseur*, quand on veut se débarrasser de la va-

---

gnée d'une condensation partielle, mais le phénomène inverse peut se présenter dans des conditions déterminées (MM. Rankine, Clausius, Combes, Hirn, Zeuner).

Ces considérations suffisent pour faire reconnaître que des modifications essentielles doivent être apportées à la théorie donnée par Poncelet; nous ajouterons que M. Zeuner, qui a fait une étude détaillée de la machine à vapeur, d'après les bases de la théorie mécanique de la chaleur, donne une formule générale du travail effectif, dont on tire facilement, comme formule approximative, celle que Poncelet a déduite de sa théorie (n° 199); il arrive à cette conclusion que, si l'étude des détails des machines à vapeur, des perfectionnements dont elles sont susceptibles doit être faite d'après des principes nouveaux, on n'en doit pas moins conserver la formule de Poncelet pour calculer ces machines, tant que certaines constantes qui entrent dans les relations nouvelles ne seront pas déterminées avec précision. (K.)

peur que le premier contient, et opérer son refroidissement
ou sa *liquéfaction*, par une gerbe d'eau fraîche, très-divisée,
qu'on fait arriver dans (X), ou qu'on y *injecte* continuellement; vous aurez ainsi une idée exacte, quoique incomplète,
de ce que c'est qu'une machine à vapeur à *simple effet*, mais
qui sera suffisante pour comprendre parfaitement l'objet actuel
de nos calculs.

188. *Exemple de la manière de calculer le travail produit
par la détente de la vapeur.* — Nous supposerons que la température, la capacité de la chaudière et la génération de la
vapeur soient telles, qu'en ouvrant le robinet en E (*Pl. II,
fig.* 43), la tension de cette vapeur (37 et suivants) se maintienne constamment à $3^{atm},5$ sous le piston AB; de sorte que
chaque centimètre carré de sa surface inférieure sera pressé,
de bas en haut, avec un effort de $1^{kg},033 \times 3,5 = 3^{kg},6156$,
pendant tout le temps où la communication sera établie
entre le cylindre et la chaudière. Supposant, en outre, que
le diamètre du piston soit de $0^m,8 = 80^c$, sa surface sera de
$3,1416.(40)^2 = 5026^{cq},56$, et la pression totale qu'il supporte
de $5026,56 \times 3^{kg},6155 = 18174^{kg}$ à très-peu près. En vertu de
cette pression, il sera capable de soulever un poids ou de
vaincre une résistance équivalente, agissant à l'extrémité supérieure D de sa tige, et par conséquent de transmettre, à cette
extrémité, une quantité de travail mesurée (71) par le produit
de cette pression et du chemin parcouru par le piston pendant
le temps où la communication avec la chaudière reste ouverte.

Par exemple si, à l'instant où le piston est arrivé en AB, à
une distance aO, du fond du cylindre, égale à 32 centimètres,
on ferme le robinet en E, la quantité de travail, produite par
la vapeur agissant avec toute sa tension de $3^{atm},5$ sur le piston,
sera égale à $18174^{kg} \times 0^m,23 = 5816^{kgm}$ environ. Maintenant,
si nous admettons qu'on laisse détendre la vapeur jusqu'à ce
qu'elle occupe un volume égal à $4\frac{1}{2}$ fois environ son volume
primitif, représenté ici par Oa, le dessous du piston s'élèvera
aussi à une hauteur Oe égale à $4\frac{1}{2}$ fois Oa ou 32 centimètres,
c'est-à-dire égale à $1^m,44$; or il sera facile de calculer, par la
méthode du n° 180, quel sera, dans cette hypothèse, le travail
total communiqué par la vapeur au piston.

Pour cela, divisons la longueur $ae = 1^m,44 - 0^m,32 = 1^m,12$ de la course du piston, en un nombre pair de parties égales, par exemple en 4 parties, aux points b, c et d; chacune d'elles vaudra donc $\frac{1}{4} 1^m,12 = 0^m,28$. Et, en désignant par P la pression totale au point a, qui est de 18174 kilogrammes, on pourra former la Table suivante des espaces parcourus et des pressions successivement exercées, par la vapeur, aux différents points, en se servant toujours de la loi de Mariotte (16), relative à la compression des gaz, et qui est ici applicable également (187) à la vapeur d'eau :

Positions du piston..	a,	b,	c,	d,	e,
Espaces parcourus..	32^c,	60^c,	88^c,	116^c,	144^c,
Pressions correspondantes	P,	$\frac{32}{60}$P,	$\frac{32}{88}$P,	$\frac{32}{116}$P,	$\frac{32}{144}$P,
Ou, simplifiant.....	P,	$\frac{1}{15}8$P,	$\frac{1}{27}8$P,	$\frac{1}{79}8$P,	$\frac{1}{36}8$P,
Ou, enfin.........	18174^{kg},	$9692^{kg},8$,	$6608^{kg},7$,	$5014^{kg},5$,	$4038^{kg},7$,
N^os des pressions ...	1,	2,	3,	4,	5.

Donc on aura :

Somme des pressions extrêmes.............	$18174^{kg} + 4038^{kg},7$	$= 22212,7^{kg}$
2 fois celle des autres pressions impaires....	$2 \times 6608^{kg},7$	$= 13217,4$
4 fois celle des pressions paires	$4(9692^{kg},8 + 5013^{kg},5)$	$= \underline{58825,2}$
	Total...........	$94255,3$

Par conséquent la valeur approchée du travail produit par la détente de la vapeur sera (180) égale à

$$\tfrac{1}{3} 0^m,28 \times 94255^{kg},3 = 8797^{kgm},$$

en nombre rònd. En y ajoutant le travail de 5816 kilogrammètres produit, avant l'instant de la détente, comme on l'a trouvé ci-dessus, on aura, pour le travail total communiqué par la vapeur pendant la course entière du piston, 14613 *kilogrammètres*.

189. *Méthodes abrégées de calcul employées dans l'industrie; comparaison de ces méthodes avec la précédente.* — Si, pour obtenir une première valeur approchée du travail produit pendant la détente, on se fût borné à partager l'intervalle ae en 2 parties égales au point c, on eût trouvé, pour cette valeur,

$$\tfrac{1}{3}ac(18174^{kg} + 4038^{kg},7 + 4 \times 6608^{kg},7)$$
$$= \tfrac{1}{3}0^m,56 \times 48647^{kg},5 = 9081^{kgm},$$

quantité de $\frac{1}{30}$ environ plus forte que celle 8797 kilogrammètres trouvée par la première opération, et à laquelle on pourrait, pour la simplicité des calculs, s'arrêter dans l'estimation pratique de la force des machines à vapeur. En effet, si on ajoute ce travail à celui qui a été développé avant l'instant de la détente, on trouvera, au total, 14896 kilogrammètres, qui ne surpasse que de $\frac{1}{51}$ environ le total relatif au premier mode d'opérer, et qui diffère extrêmement peu du véritable, comme on peut s'en assurer en subdivisant encore les intervalles ab, bc,... en 2 ou 3 parties égales.

Les mécaniciens et les constructeurs de machines à vapeur se contentent souvent de prendre, pour la valeur du travail relatif à la détente, le *produit de la demi-somme ou de la moyenne des pressions extrêmes par la longueur de l'espace parcouru pendant cette détente.* Ainsi, dans notre cas, ils obtiendraient

$$\tfrac{1}{2}ae(18134^{kg} + 4038^{kg},7) = 1^m,12 \times 11106^{kg},35 = 12439^{kgm};$$

quantité qui surpasse de beaucoup celle de 8797 kilogrammètres, et qu'on ne saurait adopter que comme une approximation très-grossière, et d'autant plus insuffisante que, règle générale, il vaut mieux estimer la force des moteurs au-dessous qu'au-dessus de sa véritable valeur, afin de ne pas s'exposer à des mécomptes dans l'établissement des machines de l'industrie.

On voit bien d'ailleurs que cette méthode, qui revient à prendre, pour l'aire du trapèze curviligne $aa'c'e'e$ (*Pl. II, fig.* 43), la mesure du trapèze rectiligne $aa'e'e$, ou à supposer que le travail de la détente s'opère en vertu d'une pression constante (171), moyenne arithmétique entre les extrêmes, on voit bien, dis-je, que cette méthode n'est guère plus simple que celle qui consiste à considérer une troisième pression intermédiaire cc', et que nous avons proposée ci-dessus comme suffisamment exacte pour les applications ordinaires.

190. *Notions plus étendues sur les machines à vapeur à simple et à double effet.* — Nous avons laissé ci-dessus (187) le piston au moment où il est parvenu au haut de sa course; or il faut concevoir qu'à cet instant, le robinet en I s'ouvre et laisse passer la vapeur dans le *condenseur* (X) par le tuyau IQK; le robinet, en E, restant toujours fermé, et la tension diminuant considérablement sous le piston, ce dernier descend par son poids ou par le jeu de la machine qui reçoit le mouvement du sommet de la tige CD. Le dessous du piston étant donc arrivé au bas de sa course en NO, il faut supposer que le robinet, en I, se ferme aussitôt, et que celui, en E, s'ouvre pour laisser arriver, de nouveau, la vapeur de la chaudière sous le piston, et recommencer le même travail que dans l'ascension précédente, et ainsi de suite alternativement. C'est, en effet, là ce qui se passait dans les anciennes machines à *simple effet*, dites de *Newcomen;* seulement la vapeur n'y agissait pas avec détente; elle affluait *en plein*, de la chaudière, pendant toute la course du piston; enfin la condensation de la vapeur s'opérait dans l'intérieur même du cylindre LMNO, ce qui le refroidissait considérablement à chaque *oscillation*, et produisait (187) un déchet énorme de la force motrice.

On doit à Watt, célèbre mécanicien anglais; l'invention et l'usage du *condenseur* séparé (X); et on lui doit également l'idée d'avoir fait agir la vapeur aussi bien dans la descente que dans la montée du piston; ce qui constitue véritablement les *machines* dites *à double effet.* Pour avoir une idée des moyens qu'il employa dans la vue d'atteindre ce dernier but, il faut concevoir un troisième tuyau TSR, qui mette en communication la chaudière FHGJ avec le dessus du piston, au moment où celui-ci est parvenu au haut de sa course, et qui porte un robinet, en R, pour intercepter la vapeur à l'instant convenable de la descente de ce piston; il faut aussi concevoir un quatrième tuyau UVZ, avec un robinet en U, qui serve,

comme le tuyau IQK, à évacuer cette vapeur dans le condenseur (X), au moment où le piston, étant arrivé au bas de sa
course, doit, de nouveau, remonter par l'action de la vapeur
qu'on fait affluer au-dessous, à l'aide du tuyau EF, alors ouvert
en E. Enfin il faut concevoir que les mêmes choses, que nous
avons expliquées précédemment pour la montée du piston et
la vapeur agissant en dessous, se reproduisent de la même
manière, pour sa descente et la vapeur qui agit alors au-dessus;
de telle sorte que les robinets E, U, qui s'ouvrent simultanément pour la montée, restent au contraire fermés pendant
toute la descente, et qu'à l'inverse, les robinets, en I et R,
qui se ferment à la fois pour toute la montée, s'ouvrent au
contraire à l'instant de la descente.

191. *Du travail effectif des machines à vapeur, à basse pression, sans détente, et des effets de la pompe à air.* — Dans les
machines qui portent encore, de nos jours, le nom de *Watt*,
la vapeur agit en *plein*, ou sans détente, pendant chaque course
du piston, c'est-à-dire au-dessous pendant la montée et en
dessus pendant la descente, de sorte que sa tension est constamment la même que dans la chaudière; de plus cette tension ne surpasse que de très-peu celle d'une atmosphère
(d'un quart environ); ce qui a fait nommer ces machines, *machines à basse pression et sans détente*. On voit, d'après cela,
combien leur calcul devient facile à l'aide du principe du n° 71,
puisque le travail produit, soit pendant la montée, soit pendant la descente du piston, a pour mesure le *produit de la longueur effective de sa course par la pression totale qu'exerce,
sur sa surface, la vapeur qui afflue de la chaudière*, pression
que nous savons bien calculer (188).

Toutefois, il est essentiel d'observer que, pendant sa montée
comme pendant sa descente, le piston devant chasser, devant
lui, la vapeur qui se rend dans le condenseur (X), il éprouve,
de la part de cette vapeur, une certaine résistance dont il faut
nécessairement tenir compte dans les calculs. En effet, cette
vapeur ne se réduit pas instantanément ni complétement à l'état
liquide ou en eau; le refroidissement n'est pas assez considérable pour que cela ait lieu; et, quand bien même il le serait
assez, l'air atmosphérique, qui est amené continuellement, de

la chaudière, avec la vapeur(*), et qui provient de ce que l'eau ordinaire en contient toujours une petite quantité entre ses molécules, de la même manière que le vin de Champagne mousseux, par exemple, contient du gaz *acide carbonique* (3), cet air, disons-nous, empêcherait encore que le vide (36) ne fût parfait dans le condenseur, ou que la tension n'y fût totalement anéantie. Bien mieux, l'eau et l'air s'accumulant sans cesse dans ce condenseur, la tension y croîtrait de plus en plus, de manière à empêcher tout à fait le jeu de la machine; c'est pourquoi on ne manque jamais, d'après Watt, de joindre, à cette machine, une pompe séparée, dite *pompe à air*, et dont le piston, mis en mouvement par elle, sert à aspirer l'air et l'eau du condenseur (X), au moyen d'un tuyau de communication, débouchant en Y. Malgré cette précaution importante, il reste encore assez de vapeur et d'air dans la capacité (X), pour que la tension, exercée contre le piston moteur AB, s'élève, dans les bonnes machines ordinaires, de $\frac{1}{10}$ à $\frac{1}{5}$ d'atmosphère ou de 0^{k},10 à 0^{k},20 environ par centimètre carré de surface; il en résulte donc qu'il faudra diminuer la quantité de travail mentionnée ci-dessus, de toute celle qui est développée, en sens contraire du mouvement, par la pression dont il s'agit; ce qui ne présente point de difficulté, comme on le verra tout à l'heure (193).

Mais ce n'est pas là tout encore, le piston AB laisse fuir une certaine portion de la vapeur qui produit son mouvement (**); frotte contre le cylindre, quelle que soit la perfection avec

---

(*) En général, l'eau froide qui est injectée dans le condenseur y amène bien plus de gaz que la vapeur qui sort de la machine. (K.)

(**) Dans les bonnes machines, cet inconvénient est complétement évité aujourd'hui; mais aux causes de diminution du travail effectif qui sont signalées dans le texte, il faut ajouter le travail consommé par la pompe alimentaire et les pertes résultant de l'existence de l'*espace nuisible*. Il faut remarquer, en outre, que la pression de la vapeur sur le piston, par suite des résistances surmontées dans le trajet vers le cylindre, par suite des pertes de forces vives qui en résultent, est toujours un peu inférieure à celle qui existe dans les chaudières, et que, d'un autre côté, la contre-pression sur le piston est légèrement supérieure à celle du condenseur. — *Voir*, au sujet des pertes de force vive, la Note de Poncelet (*Comptes rendus des séances de l'Académie des Sciences* du 13 novembre 1843), et le Mémoire sur la chaleur de M. Resal, dans lequel sont développées les formules de l'Auteur (*Annales des Mines*, 1861). (K.)

laquelle l'intérieur de celui-ci ait été dressé ou *alésé*, et ce frottement est ici très-considérable; enfin la machine se compose de beaucoup d'autres pièces qui frottent également, et elle doit, en outre, faire mouvoir la *pompe à air*; de sorte qu'il ne parvient réellement à la roue dont l'arbre porte le *volant* de la machine, et sur laquelle se prend le mouvement-moteur dans les applications de la vapeur aux diverses machines industrielles, il ne parvient, disons-nous, à cette roue, qu'une portion assez faible du travail directement développé par la vapeur contre le piston (*).

Dans le cas des bonnes machines à vapeur de Watt, de la force effective de 10 à 20 chevaux, on devra compter seulement sur les 0,55 = $\frac{11}{20}$ du travail de la vapeur, calculé comme il a été dit plus haut, et déduction faite de celui que développe la vapeur du condenseur en sens contraire du mouvement. Pour les machines beaucoup plus fortes, de 30 à 50 chevaux, par exemple, les résistances et pertes sont proportionnellement moindres, parce que les plus influentes d'entre elles s'exercent simplement sur le pourtour ou la circonférence des pistons, tandis que la pression motrice agit sur la surface entière de ces mêmes pistons : on peut prendre alors, pour la valeur de la quantité de travail utile, les 0,6 ou $\frac{3}{5}$ de celle que donne le calcul. Enfin, par un motif tout opposé, on devra, pour les machines de 6 chevaux et au-dessous, prendre les 0,5 ou $\frac{1}{2}$ seulement de ce même travail. Ces chiffres doivent être considérés d'ailleurs comme des données fondées sur la comparaison des résultats du calcul à ceux de l'expérience (**), nous

---

(*) Nous n'avons pas mentionné l'influence qui pourrait être exercée par l'inertie propre des molécules de la vapeur (184), par celle du piston et des diverses autres pièces de la machine; car, d'une part, le mouvement est toujours ici très-lent ou surpasse généralement peu la vitesse de 1 mètre par seconde (*voyez* la fin du n° 185), et de l'autre, ce mouvement se rapportant à ceux que nous avons nommés *périodiques* (40), il n'y a, sous ce double rapport (141 et 152), aucun motif d'en tenir compte dans les calculs.

(**) On donne souvent le nom de *coefficient d'effet utile* à la fraction par laquelle il faut multiplier le nombre trouvé par le calcul pour obtenir la valeur du travail effectif de la machine. Cette dénomination doit être abandonnée, car le calcul effectué d'après les principes exposés dans le texte ne donne pas la valeur exacte du travail disponible (Note du n° 187). Il faut considérer

15

les rapportons ici pour que le lecteur puisse, dès à présent, appliquer utilement ces calculs à la pratique, sans craindre de commettre des erreurs ou des méprises graves.

192. *Notions relatives aux machines à vapeur, à moyenne pression, avec détente.* — On appelle ainsi les machines, à double effet, dans lesquelles la vapeur agit à une tension de 3 à 4 atmosphères au plus; ces machines ont pris le nom du mécanicien anglais Woolf qui, le premier, a réalisé et mis à profit les avantages de la détente déjà annoncés par Watt; elles sont aujourd'hui généralement adoptées en France, où elles ont été introduites, depuis 1815, par M. Edwards, autre mécanicien anglais très-habile, et elles ne diffèrent absolument des machines de Watt, dont il vient d'être question, qu'en ce qu'elles ont deux cylindres et deux pistons moteurs distincts; de sorte que la vapeur, au lieu de se rendre tout d'abord de la chaudière au cylindre LMNO (*Pl. II, fig.* 44), n'y parvient qu'après avoir agi, *sans détente,* sur le piston, A′B′, d'un premier cylindre L′M′N′O′, dont la hauteur est à peu près la même, mais dont le diamètre est beaucoup plus petit et ordinairement moitié de celui du grand. Le mouvement des deux pistons AB, A′B′ est lié à celui d'une même machine par le moyen de tiges, de balanciers, etc., de façon qu'ils s'élèvent ou s'abaissent, à chaque instant, de quantités à peu près égales.

La vapeur arrive dans le cylindre L′M′N′O′, et en sort exactement de la manière qu'il a été expliqué ci-devant (190), si ce n'est qu'en quittant la chaudière, elle se rend d'abord dans

---

l'emploi de ce coefficient comme un moyen simple et suffisamment exact de tenir compte de l'imperfection de l'ancienne théorie, en même temps que des pertes de travail réelles. Ce nombre n'a, du reste, aucun rapport avec le *rendement* envisagé au point de vue de l'utilisation de la chaleur contenue dans la vapeur.

Le *coefficient de correction,* compris ainsi qu'il vient d'être dit, varie assez rapidement, pour une même machine, avec les conditions de marche, la vitesse, la grandeur de l'introduction, etc. Nous devons ajouter que, depuis que cet Ouvrage a été écrit, l'art de construire les machines a fait de grands progrès, en sorte que l'on trouve généralement aujourd'hui des chiffres sensiblement supérieurs à ceux qui sont indiqués par l'Auteur; ainsi, pour des machines à détente avec condensation, de plus de 10 chevaux, il n'est pas rare de trouver un coefficient supérieur à 0,70. (K).

un *réservoir* particulier qui enveloppe, de toutes parts, les deux cylindres, et qui est formé d'une sorte de *chemise*, en fonte de fer, exactement fermée : l'objet de ce *réservoir enveloppe* est de garantir la vapeur qui agit sur les pistons des cylindres moteurs, de tout refroidissement extérieur, et d'assurer ainsi (184 et 187) les effets de sa détente. Mais, comme c'est au détriment du calorique contenu dans la vapeur qui arrive de la chaudière, qu'on obtient un tel avantage, cette disposition, à laquelle Woolf et ses successeurs attachent une certaine importance, n'est pas très-heureuse en elle-même, et il semble qu'il eût été beaucoup plus convenable, dans tous les cas, de faire servir au même objet la vapeur qui a déjà produit son effet sur les pistons, en la faisant circuler dans le réservoir enveloppe après sa sortie du grand cylindre LMNO(*). Quoi qu'il en soit, on remarquera que la vapeur arrive du petit cylindre L'M'N'O', dans le grand cylindre LMNO, par le moyen des tuyaux I'G'L, U'G'O, qui mettent le dessous du piston A'B' en communication avec le dessus du piston AB, ou réciproquement ; et qu'après avoir agi par détente sous ce dernier piston, elle se rend directement au condenseur (X), par les moyens déjà expliqués dans le numéro précédent.

Il nous suffit ici que l'on comprenne bien le rôle que joue la vapeur dans cette disposition ; nous entrerons dans les détails descriptifs indispensables à l'intelligence du mécanisme, quand il s'agira d'étudier spécialement les propriétés de la vapeur considérée comme moteur des machines de l'industrie. Or, d'après ce qui a été dit (190) d'un seul piston, on conçoit très-bien, par exemple, que les robinets en R', I', I, étant fermés, et les robinets en U', U, étant ouverts au moment où les pistons A'B' et AB, après être arrivés à la fois au

---

(*) La disposition critiquée par l'Auteur est encore généralement adoptée aujourd'hui ; il est utile de maintenir les cylindres à la température de la chaudière pour faire produire à la vapeur tout son effet ; il faut donc éviter le refroidissement des parois qui résulte, non-seulement des rayonnements vers l'extérieur, mais surtout de la détente et de la communication avec le condenseur. L'emploi des enveloppes n'a d'ailleurs pas pour but d'éviter la précipitation d'une partie de la vapeur pendant la détente ; M. Combes a démontré que, lors même que ce résultat pourrait être obtenu, il serait désavantageux de le rechercher, au point de vue de l'économie de la chaleur. (K.)

bas et à la fin de leur course descendante, vont en recommencer une autre nécessairement ascendante; on conçoit, dis-je,
très-bien que le piston A′B′, tout en recevant par-dessous
l'action de la vapeur qui afflue constamment par le tuyau EF,
va chasser devant lui la vapeur placée au dessus et qui y est arrivée dans la course descendante, de manière à en être pressé,
en sens contraire, et à la refouler de plus en plus sous le grand
piston AB, à mesure que, l'un et l'autre, ils s'élèvent d'un
mouvement commun dépendant de la constitution de la machine. Le piston AB va donc aussi être poussé, de bas en haut,
avec un effort mesuré, à chaque instant, par la tension de la
vapeur qui occupe à la fois les deux capacités A′B′L′M′, ABON;
et cette tension qui, en vertu du principe de Pascal (14), se
répartit encore uniformément sur tous les points, attendu que
la vitesse du mouvement est ici très-faible (184 et 291), sera,
par suite de la loi de Mariotte (16), toujours relative au rapport
du volume qu'elle occupait d'abord dans la capacité entière
du petit cylindre L′M′N′O′, au volume total A′B′L′M′ + ABON
qu'elle occupe maintenant, à la fois, dans les deux cylindres.
Enfin on conçoit que le piston AB, chassant devant lui, dans
le condenseur (X), la vapeur qui est au-dessus, il s'en trouve
pressé avec un effort répondant à une tension d'environ (191)
0^{k},15 par centimètre carré.

Maintenant, si l'on suppose les pistons arrivés au haut des
cylindres, et que les communications qui étaient fermées
s'ouvrent, et que celles qui étaient ouvertes se ferment, la
vapeur de la chaudière affluera au-dessus du piston A′B′ par
le tuyau TR′, et chassera, dans le second cylindre, celle qui
est au-dessous, de sorte que les mêmes choses s'opéreront en
sens inverse.

Quelle que soit cette complication apparente d'effets, le
calcul du travail transmis aux pistons ne présente pas plus de
difficultés que dans les suppositions très-simples du n° 188;
bien mieux, il n'y a absolument rien à y changer; car, en vertu
des principes du n° 186, nous sommes sûrs que, si la tension
et le volume primitifs de la vapeur, introduite, à chaque oscillation, de la chaudière dans les cylindres, sont les mêmes
de part et d'autre, et qu'il en soit ainsi également du volume
occupé par cette vapeur à la fin de son action, c'est-à-dire à

l'instant où elle va se rendre dans le condenseur (X), la quantité totale de travail, qu'elle aura transmise à la machine par l'intermédiaire des tiges de pistons, sera aussi la même dans les deux cas (*).

193. *Calcul de la force des machines à vapeur, à moyenne pression, avec détente* — Supposons que la tension de la chaudière soit la même que dans le n° **188**, et que le volume de

_____

(*) La vérité de cette conséquence particulière est très-facile à établir directement, et il n'y a réellement de doute que pour l'instant où la vapeur se détend dans l'un ou l'autre des espaces compris entre les deux pistons; par exemple dans l'espace ABON + A′B′L′M′. Soient donc A la surface, en mètres carrés, du piston AB; A′ celle du piston A′B′; e, e′ les espaces infiniment petits A a, A′a′, décrits, pendant un même instant très-court, par ces mêmes pistons; soit enfin p la moyenne valeur (72) de la pression variable exercée par la vapeur, dans la durée de cet instant et pour 1 mètre carré de la surface des pistons, pression qui est la même pour tous deux (14), et qui agit pour augmenter le travail de AB et pour diminuer celui de A′B′; la pression totale sur AB sera p.A, et sur A′B′, p.A′. Par conséquent le travail total, produit pendant que le volume ABON + A′B′L′M′ devient abON + a′b′L′M′, ou augmente de la quantité ab BA − a′b′B′A′, aura pour mesure (72)

$$p.\text{A} \times e - p.\text{A}′ \times e′ = p(\text{A} \times e - \text{A}′ \times e′);$$

mais les produits A × e, A′ × e′ sont respectivement égaux aux volumes ab BA, a′b′B′A′; donc le travail dont il s'agit a pour valeur le produit de la pression p par l'augmentation de volume de la vapeur comprise entre les deux pistons. Ce produit étant aussi (186) la mesure du travail qui serait développé, dans le cas d'un seul cylindre (188), par une égale détente d'un volume égal de vapeur pris à la même tension, il est clair que tous les travaux partiels analogues seront aussi égaux, et que conséquemment le travail total sera le même, de part et d'autre, si la tension et le volume sont aussi les mêmes à la fin de la détente.

Cette proposition est, comme on le voit, entièrement indépendante des diamètres et des longueurs de courses de divers pistons; et il en résulte, en particulier, que la méthode fort simple que nous avons prescrite, dans le texte, pour calculer le travail des machines à détente et à deux pistons, doit, quant aux résultats, coïncider parfaitement avec la formule approximative qui a été proposée, pour le même objet, par M. de Prony, dans son intéressant *Rapport sur les machines à vapeur du Gros-Caillou, à Paris*, inséré au tome XII des *Annales des Mines*, année 1826. Cette formule basée, comme nos règles de calcul, sur la méthode des quadratures de Thomas Simpson (180), suppose d'ailleurs qu'on partage seulement en deux parties égales l'intervalle relatif aux positions extrêmes de la course des pistons; ce qui conduit naturellement (189) à des résultats un peu plus forts que les véritables, principalement pour les détentes qui excèdent 4 fois le volume primitif de la vapeur.

vapeur, à cette tension, introduite, par chaque *demi-oscillation*
des pistons AB et A′B′, dans le cylindre L′M′N′O′, volume qui
a pour mesure la surface de A′B′ en mètres carrés par la longueur entière de la course, soit précisément égal au volume
de vapeur introduit, de la même manière et avant l'instant de
la détente, sous le piston AB (*Pl. II, fig.* 43), du n° 188. Supposons enfin que le volume de la détente soit également $4\frac{1}{2}$
fois le volume primitif dans les deux cas, ce qui revient évidemment à admettre que le volume *cylindrique* de la course
du grand piston AB (*Pl. II, fig.* 44), soit égal à $4\frac{1}{2}$ fois celui
de la course du petit piston A′B′, et par conséquent aussi égal
au volume cylindrique de celle du piston de la *fig.* 43, il en résultera (188) que la quantité de travail totale, transmise par la
vapeur à la machine pendant la demi-oscillation dont il s'agit,
aura pour valeur 14613 kilogrammètres. Mais, attendu (191)
que la vapeur du condenseur presse le dessus du piston AB
(*Pl. II, fig.* 44) avec un effort d'environ 0^{kg},15 par centimètre
carré, il faudra diminuer la quantité de travail ci-dessus, de
toute celle que développe, en sens contraire du mouvement,
ce même effort pendant la course entière de AB; or cette dernière quantité de travail est précisément égale encore à celle
que développe la vapeur du condenseur contre le piston de la
fig. 43; donc elle a pour valeur d'après les données du n° 188,
0^{kg},15 × 5026,56 × 1^m,44 = 1086^{kgm} environ; de sorte que le
travail de la vapeur se trouve réduit à

$$14613^{kgm} - 1086^{kgm} = 13527^{kgm}$$

pour une demi-oscillation des pistons, et à

$$2 \times 13527^{kgm} = 27054^{kgm}$$

pour une oscillation entière, puisque le travail, pendant la
montée, est exactement le même que celui qui est produit
dans la descente. Partant, si la machine fait régulièrement
15 de ces oscillations entières par minute ou par 60 secondes,
le travail produit, dans chaque seconde, sera égal à

$$\tfrac{15}{60} 27054^{kgm} = \tfrac{1}{4} 27054^{kgm} = 6763^{kgm},5;$$

ce qui équivaut à une force de $\frac{1}{5}$ 67,635 = 90,18 chevaux-vapeur.

Les machines de Woolf, à deux pistons moteurs, étant composées d'un plus grand nombre de pièces que celles de Watt, qui n'en ont qu'un seul, le frottement y a aussi plus d'influence, et l'on peut admettre que le travail de la vapeur y est réduit aux 0,45 de sa valeur pour les bonnes machines de 10 à 20 chevaux, aux 0,50 pour celles de 20 à 40, et aux 0,35 pour celles qui n'ont que la force de 4 à 6 chevaux. Nous avons trouvé ci-dessus, pour le travail développé, par la vapeur, dans chaque seconde, la quantité de 90,18 chevaux; dont le travail effectivement transmis à l'arbre du volant de la machine (191) équivaudra à la force de 0,5 × 90,18 = 45 chevaux au moins, puisque ce dernier nombre 45 surpasse de beaucoup 20.

C'est de cette manière qu'on devra se conduire dans tous les cas où il s'agira de calculer la force d'une machine à vapeur, à détente, quelque compliquée qu'elle soit. On n'aura qu'à s'informer exactement ou à s'assurer, par des mesures directes : 1° de la tension absolue de la vapeur dans la chaudière; 2° du volume de cette vapeur, introduit à chaque course des pistons; 3° du rapport de ce volume à celui qu'elle occupe à la fin de la détente; 4° enfin de la tension dans le condenseur, qu'on estimera d'ailleurs approximativement (191), si on manque de mesures directes. Cela étant, on supposera tout simplement que ce même volume de vapeur, est introduit sous le piston d'un cylindre unique, de diamètre quelconque, et l'on agira comme il est exprimé dans le n° 188 et celui-ci.

194. *Des machines à haute pression, sans condenseur.* — Ces machines ne diffèrent des précédentes que parce que la vapeur y agit à une tension de 6 à 10 atmosphères, et qu'on y a supprimé le condenseur, qui n'a d'utilité réelle que quand on peut se procurer, sans trop de difficultés, une certaine quantité d'eau fraîche; car cette eau devant être renouvelée à chaque oscillation de la machine, il en faut souvent une masse très-considérable pour condenser la vapeur. L'usage de ces machines s'est principalement borné, jusqu'ici, à mouvoir des chariots sur les chemins de fer, ce qui les a fait nommer *locomotives*, et c'est à l'ingénieur anglais Trevithick qu'on doit

cette application. Néanmoins Olivier Evans, dans les États-Unis d'Amérique, les a employées comme moteurs *stationnaires* des autres machines de l'industrie; mais elles sont peu usitées en France, à cause des inconvénients et des désavantages qu'elles présentent. On conçoit, en effet, que les dangers doivent augmenter avec la tension de la vapeur, et que les fuites, les frottements qui ont lieu autour des pistons, doivent y être aussi plus considérables que dans les machines à basse ou à moyenne pression. D'ailleurs, comme la face du piston, opposée à l'action de la vapeur, y est en communication directe avec l'air extérieur par les soupapes U et I (*Pl. II, fig.* 43 et 44), qui sont alors ouvertes, il résulte, du principe de Pascal (14), que cette face est repoussée, en sens contraire du mouvement, avec une force (37) d'environ $1^{kg},033$ par chaque centimètre carré de surface; ce qui occasionne un déchet de travail énorme, qui n'a pas lieu, au même degré (191), dans les machines avec condenseur.

D'après cette courte Notice sur les machines à haute pression, on comprend que le calcul du travail qu'elles produisent peut s'effectuer absolument de la même manière que pour les autres machines, soit qu'il y ait ou qu'il n'y ait pas détente, et qu'il s'agit seulement de remplacer la tension de $0^{kg},15$, provenant du condenseur, par $1^{kg},033$ environ, et de diminuer le résultat obtenu dans une proportion un peu plus forte, vu l'augmentation du frottement des pistons, des fuites de la vapeur et du refroidissement, beaucoup plus grand, qu'elle éprouve à la haute température qui répond à une tension de 6 à 10 atmosphères. Ce ne sera pas trop, sans doute, de supposer l'effet utile réduit aux 0,4 ou même aux 0,35 du résultat donné par le calcul, selon les circonstances plus ou moins favorables de l'établissement de la machine.

Un ingénieur français, M. Frimot, a imaginé, dans ces derniers temps, d'utiliser l'action de la vapeur qui, dans les machines à haute pression, s'échappe, en pure perte, dans l'atmosphère, en la faisant passer directement, après sa sortie du cylindre moteur, sous le piston d'une machine à détente ordinaire avec condenseur. Il est évident qu'on n'éprouvera pas plus de difficulté à calculer, pour ce cas, le travail utile de la vapeur, si l'on connaît bien les conditions de son emploi; car il s'agit véritablement de deux machines distinctes, dont l'une reçoit directement la vapeur de la chaudière, et l'autre la reçoit de la première machine, sous une tension et un volume déterminés. On appliquera d'ailleurs, aux résultats séparés des calculs, les différentes corrections qui, selon ce qui précède, sont relatives à chaque genre de machines, et au mode plus ou moins avantageux de l'emploi de la vapeur.

195. *Limite utile de la détente dans les machines à vapeur.* — Revenons aux calculs et aux considérations très-simples du n° 188, il nous sera facile ensuite d'étendre les conséquences de nos raisonnements au cas des machines à deux cylindres. Supposons donc que le cylindre LMNO (*Pl. II, fig.* 43), étant prolongé indéfiniment vers sa partie supérieure, on laisse la vapeur se détendre, de plus en plus, au-dessous du piston AB; il est clair que le travail s'accroîtrait sans cesse, si, à mesure qu'elle augmente de volume, cette vapeur ne perdait pas de son énergie naturelle, par suite du refroidissement plus ou moins sensible qu'elle éprouve, ou des fuites qui se font toujours entre le piston et le cylindre; négligeons néanmoins ces causes de perte, et voyons jusqu'à quel point la détente peut être prolongée sans inconvénient.

S'il n'y avait pas de frottements dans la machine, ou si ces frottements étaient très-faibles, il conviendrait de laisser la vapeur se détendre, jusqu'à l'instant où la pression deviendrait égale à celle, $0^{kg},15$, qui a lieu dans le condenseur (191) : la tension, dans la chaudière, étant (188) de $3^{kg},6155$, on voit que le volume de la vapeur, introduite à chaque demi-oscillation, devrait être les $\dfrac{0^{kg},15}{3^{kg},6155} = \dfrac{1500}{36155} = \dfrac{1}{24}(^*)$ environ de l'espace cylindrique total décrit par le piston AB, ou, en d'autres termes, la hauteur totale de la course de ce piston devrait être 24 fois celle qui répond à l'instant où la communication EF se ferme. Mais, comme les résistances, de toute espèce, inhérentes à la machine, consomment ici environ la moitié (191

(*) Cette détermination est faite dans l'hypothèse de l'exactitude de la loi de Mariotte; le chiffre vrai doit être calculé d'après des principes différents établis par M. Clausius; consulter à ce sujet les Ouvrages déjà cités (Note du n° 105). (K.)

et 193) du travail de la force motrice, on comprend aisément qu'une telle augmentation de la détente serait non-seulement sans utilité, mais même nuisible à l'effet de la machine, vu que ces résistances sont à peu près constantes pour les diverses positions du piston.

En effet, puisque les résistances en question absorbent, à elles seules (193), la quantité de travail $\frac{1}{2} 13527^{kgm} = 6763^{kgm},5$ pendant la longueur de course $Oe = 1^m,44$, leur valeur moyenne (73), le long de cette même course, sera égale à $\frac{6763^{kgm},5}{1^m,44} = 4697^{kg}$ environ; or on voit, par le tableau du n° 188 et sans aller plus loin, que la pression, exercée par la vapeur, ne serait pas même suffisante pour vaincre cette énorme résistance à l'instant qui répond à la position e, du piston, où le volume de la vapeur est devenu $4\frac{1}{2}$ fois son volume primitif répondant au point a de la course, ou plus exactement, à l'instant où le volume dépasse (188) les $\frac{18174}{4697} = 3,88$ du volume primitif. A plus forte raison serait-elle incapable de communiquer un excès de travail à la tige CD du piston, si sa détente était prolongée au delà du point dont il s'agit.

Ce serait donc une disposition très-vicieuse que celle où on laisserait développer la vapeur jusqu'à quatre fois son volume primitif, dans une machine à un seul cylindre (*), même très-

_____

(*) L'expérience a démontré que, dans ces machines, il est avantageux de détendre bien au delà de la limite déterminée dans le texte; cette divergence ne provient pas uniquement de l'inexactitude de l'hypothèse fondamentale qu'a dû faire Poncelet (Note du n° 187); les résistances se composent en effet de deux parties, dont l'une est sensiblement constante pour une machine donnée, et répond au fonctionnement à vide, dont l'autre dépend de la grandeur du travail transmis; quoique cette dernière absorbe un travail perdu pour le but final, elle ne peut exister que lorsqu'il y a production d'un travail utilisable. Il y a donc avantage à détendre la vapeur, non jusqu'au point où sa pression sur le piston devient égale à la résistance totale moyenne supposée appliquée contre ce piston, mais bien jusqu'à celui où elle devient égale à la contre-pression, augmentée de la résistance de la marche à vide. Cette dernière dépend du système de construction adopté pour chaque machine, et doit, par conséquent, être déterminée dans chaque cas. Dans l'exemple cité, elle est évidemment bien plus faible que le chiffre adopté, en sorte que la limite trouvée

puissante, et l'on gagnerait fort peu en augmentant la surface du piston, aux dépens de sa longueur de course, dans la vue (*voyez* la fin du n° 191) de diminuer l'influence des résistances nuisibles et les fuites de vapeur. D'ailleurs cet agrandissement de la surface des pistons a une limite nécessaire dans tous les cas, et c'est à cette limite que les raisonnements ci-dessus doivent être censés appliqués.

L'avantage particulier des machines à deux cylindres (*Pl. II, fig.* 44), c'est que la détente s'y opère dans un cylindre à part LMNO, dont on peut augmenter à volonté le diamètre, de manière à augmenter la détente elle-même, sans qu'il soit nécessaire de rien changer à la course des pistons, aux dimensions du petit cylindre, ni par conséquent à la dépense de vapeur ou de force motrice ; circonstance d'où il résulte que les pertes de travail dues aux fuites et aux résistances nuisibles sont loin de croître dans le même rapport que le travail développé par la détente. En outre, comme dans les machines dont il s'agit, la pression, à la limite de cette détente, se trouve augmentée de toute celle qui a lieu contre le petit piston, le terme auquel la somme des pressions devient égale à celles des résistances nuisibles est beaucoup plus reculé, ou répond à une détente plus prolongée que dans les machines à un seul cylindre moteur.

Tels sont probablement les motifs qui, en France, font accorder, malgré leur complication, la préférence aux machines à deux cylindres sur les autres, toutes les fois qu'il s'agit de mettre à profit la détente ; d'autant plus que la pression y varie moins, ce qui tend à régulariser beaucoup le jeu des pièces, et fait épargner (95 et 96) une portion plus ou moins grande du travail moteur (*).

---

pour la détente doit être augmentée notablement. On construit aujourd'hui de très-bonnes machines dans lesquelles l'introduction ne se fait que pendant le quinzième de la course. (K.)

(*) La régularité du mouvement est une condition essentielle pour la bonne exécution du travail dans certains ateliers, tels que les tissages, les filatures, etc. ; c'est la grande régularité obtenue par les machines de Woolf qui constitue leur avantage principal sur les machines avec détente et condensation à un seul cylindre, lesquelles sont moins compliquées, moins chères, et ne consomment guère plus de vapeur. Il faut ajouter néanmoins que l'on peut régu-

Toutefois l'augmentation de la détente, au delà d'un certain terme, n'en occasionne pas moins, dans les différents cas, un surcroît de pertes de travail, qui absorbe, en totalité, les avantages propres à cette détente; et ceci explique suffisamment pourquoi les artistes habiles, qui construisent les machines à vapeur d'après le système de Woolf, ne prolongent jamais la détente au delà de 4 à 5 fois le volume primitif, malgré l'exagération des promesses que leur font les théories abstraites de beaucoup d'auteurs, qui oublient de prendre en considération, dans la recherche du *maximum* d'effet de la vapeur, l'énorme réduction qu'il éprouve de la part des résistances de toute espèce. Nous ne pouvons d'ailleurs présenter ici le calcul de ces résistances; il ne serait pas à sa place; nous y reviendrons, avec quelques détails, dans la Partie de ce Cours qui est spécialement destinée à l'examen des différents moteurs (*).

196. *Méthode abrégée et Table pour calculer le travail des machines à vapeur.* — Nous avons exposé, dans ce qui précède (193), un exemple de la manière dont on doit s'y prendre pour calculer, dans chaque cas, la quantité de travail produite par un volume donné de vapeur agissant sur les pistons d'une machine; mais il ne sera pas inutile de faire connaître un

---

lariser le mouvement de ces dernières par un accouplement convenable de deux ou plusieurs machines sur le même arbre, et par l'emploi d'un volant suffisant. Au point de vue de la simplicité des organes et de la régularité du mouvement, les machines de Watt occupent le premier rang, mais elles consomment généralement trois ou quatre fois plus que les machines à détente et à condensation. (K.)

(*) Voilà près de trois années que nous exposons les idées qui précèdent, dans notre Cours de Mécanique à l'École d'application de l'Artillerie et du Génie; nous avons même tenté, dans les Leçons de l'année dernière (1828), de donner la formule complète qui exprime l'effet utile des machines à deux cylindres avec détente, en tenant compte de tous les genres de résistances. Il en résulte que, pour chaque disposition particulière des pièces et pour une dépense déterminée du travail moteur, cette détente, ou le rapport des volumes du grand et du petit cylindre, a une limite assez rapprochée, mais qui varie pour chaque cas; que la vitesse des pistons doit être généralement très-petite, sans nuire à la régularité du mouvement; que la longueur du balancier doit être, au contraire, la plus grande possible, sans nuire à la solidité et sans entraîner dans de trop fortes dépenses, etc.

moyen d'abréger les calculs relatifs à la détente, en se servant du dernier des principes énoncés au n° 186. On voit, en
effet (192), qu'il suffira de calculer, une fois pour toutes, une
Table qui donne le travail transmis au piston d'une machine
à détente quelconque, par un certain volume de vapeur prise
à une tension déterminée, et pour les diverses hypothèses
qu'on peut faire sur cette détente, ou sur le rapport du volume
occupé par la vapeur au moment où elle va se rendre au condenseur, à celui qu'elle occupait à l'instant où elle commen-
çait à se détendre sous le piston de la machine; car on en
conclura facilement ensuite, dans chaque cas particulier et
par une simple proportion, la valeur même du travail que,
dans toute autre circonstance, elle serait capable de développer sur les pistons d'une machine différente.

Supposons, par exemple, que nous sachions, d'après la
Table, que 1 *mètre cube* de vapeur introduite, à la *tension
atmosphérique* ordinaire, sous les pistons d'une machine dans
laquelle la détente est de $4\frac{1}{2}$ fois le volume primitif, communique à ces pistons, dans une course entière ou demi-oscillation de la machine, une quantité de travail représentée par T,
et qu'il s'agisse de calculer quel travail x produira, pour la
même détente, un volume de vapeur, de $0^{mc},25$, sous une
tension de $3^{atm},5$, on n'aura qu'à écrire (186) la proportion

$$1^{mc} \times 1^{atm} : 3^{atm},5 \times 0^{mc},25 :: T : x,$$

d'où

$$x = 3^{atm},5 \times 0,25\,T = 0,875\,T.$$

Restera à diminuer cette valeur de x, de la quantité de travail que développe, en sens contraire, la vapeur du condenseur contre la surface du grand piston, quantité qui a évidemment (193) pour mesure le produit de la pression de cette
vapeur, sur 1 mètre carré de surface, par le volume, en mètres
cubes, de la course cylindrique du même piston, volume qui
est égal à celui de la vapeur motrice après sa détente; cela
fait, on achèvera le calcul comme il a été expliqué aux n°s 193
et suivants. On conçoit très-bien, au surplus, d'après tout ce
que nous avons dit jusqu'à présent de la détente de la vapeur
et des gaz en général, comment on peut former un telle Table
en prenant pour base des calculs, afin de simplifier les opéra-

Table des quantités de travail total produites, sous différentes détentes, par 1 mètre cube de vapeur d'eau, prise à la tension de 1 atmosphère.

VOLUME après la détente.	QUANTITÉ de travail correspondante.	VOLUME après la détente.	QUANTITÉ de travail correspondante.	VOLUME après la détente.	QUANTITÉ de travail correspondante.	VOLUME après la détente.	QUANTITÉ de travail correspondante.
mc	kgm	mc	kgm	mc	kgm	mc	kgm
1,00	10333(*)	1,35	13434	2,80	20973	5,50	27949
1,01	10436	1,40	13810	2,90	21335	5,60	28135
1,02	10538·	1,45	14173	3,00	21686	5,70	28318
1,03	10639	1,50	14523	3,10	22024	5,80	28498
1,04	10739	1,55	14862	3,20	22353	5,90	28674
1,05	10837	1,60	15190	3,30	22671	6,00	28848
1,06	10935	1,65	15508	3,40	22979	6,25	29270
1,07	11032	1,70	15816	3,50	23279	6,50	29675
1,08	11129	1,75	16116	3,60	23570	6,75	30065
1,09	11224	1,80	16407	3,70	23853	7,00	30441
1,10	11318	1,85	16690	3,80	24128	7,25	30804
1,11	11412	1,90	16966	3,90	24397	7,50	31154
1,12	11504	1,95	17234	4,00	24658	7,75	31493
1,13	11596	2,00	17496	4,10	24914	8,00	31820
1,14	11687	2,05	17751	4,20	25163	8,25	32139
1,15	11778	2,10	18000	4,30	25406	8,50	32447
1,16	11867	2,15	18243	4,40	25643	8,75	32747
1,17	11956	2,20	18481	4,50	25875	9,00	33038
1,18	12044	2,25	18713	4,60	26103	9,25	33321
1,19	12131	2,30	18940	4,70	26325	9,50	33597
1,20	12217	2,35	19162	4,80	26542	9,75	33865
1,21	12303	2,40	19380	4,90	26755	10,00	34127
1,22	12388	2,45	19593	5,00	26964	15,00	38317
1,23	12472	2,50	19802	5,10	27169	20,00	41289
1,24	12556	2,55	20006	5,20	27369	25,00	43595
1,25	12639	2,60	20207	5,30	27566	50,00	50758
1,30	13044	2,70	20597	5,40	27759	100	57920

(*) La quantité de travail relative à 1 mètre cube correspond au cas où la vapeur agit sans détente et uniquement avec sa pression de 1 atmosphère.

tions subséquentes, le travail qui serait produit par 1 mètre cube de vapeur, agissant à 1 atmosphère de pression sur un piston dont la surface, d'ailleurs arbitraire (186), serait supposée égale à 1 mètre carré. C'est, en effet, ainsi que nous avons obtenu la Table, p. 238, en prenant, pour plus d'exactitude (35 et 37), la pression atmosphérique, sur le mètre carré de surface, égale à $10\,333^{kg}\frac{1}{3}$ ou $10\,000^{kg} + \dfrac{1000^{kg}}{3}$.

197. *Application particulière.* — Pour montrer comment on doit se servir de cette Table, nous prendrons encore pour exemple les données des n°s 188 et 193, où la vapeur est introduite, dans la machine, sous la tension de $3^{atm},50$, et doit se détendre jusqu'à occuper 4,50 fois le volume primitif. La première chose à calculer est la valeur de ce volume primitif, ce qui est toujours facile quand on connaît bien la constitution de la machine : dans le cas du n° 188, ce volume est évidemment, en mètres cubes, $3,1416 \times (0^m,4)^2 \times 0^m,32 = 0^{mc},16085$; la Table donne, pour la même détente du mètre cube de vapeur à 1 atmosphère, la quantité de travail 25875 kilogrammètres; donc, d'après ce qui vient d'être dit (196), celle· qui répond à $3^{atm},5$ et aux $0^{mc},16085$ sera $3,5 \times 0,16085 \times 25875^{kgm}$, ou $0,56297 \times 25875^{kgm} = 14567^{kgm}$.

Cette quantité est un très-petit peu moindre (de $\frac{1}{318}$ environ) que la valeur qui a été trouvée au n° 188, pour une demi-oscillation du piston; ce qui doit être (180), attendu que nous avons poussé très-loin le degré d'approximation pour les nombres du tableau.

Connaissant ainsi le travail développé par la vapeur, dans une demi-oscillation de la machine, on achèvera le calcul de la manière indiquée n°s 191, 193 et 194, c'est-à-dire qu'on aura soin de diminuer les résultats de tout ce qui est consommé par les résistances nuisibles; il faudra ne pas oublier d'ailleurs (195) que, pour les détentes qui excèdent 5 fois le volume primitif, les nombres de la Table indiquent des quantités de travail généralement trop fortes, et qu'on devra supposer égales, tout au plus, à celle qui répond à la détente de 5 fois le volume primitif.

198. *Emploi des Tables de logarithmes hyperboliques pour*

calculer le travail dû à la détente des gaz et vapeurs. — On remarquera que, si l'on retranchait des quantités de travail données par la Table ci-dessus, celle 10333 kilogrammètres qui est censée développée avant la détente de la vapeur, la différence représenterait précisément le travail relatif à cette détente seule et à la pression de 1 atmosphère ou de 10333 kilogrammes pour 1 mètre carré de surface; divisant donc, par cette pression, le travail dont il s'agit, le quotient exprimera le travail qui serait dû simplement à la détente de 1 mètre cube de vapeur, sous l'unité de pression répondant à 1 kilogramme par mètre carré.

Si maintenant on se reporte aux n°s 181 et 188, on se convaincra aisément que les quotients de cette espèce, pour tous les nombres de notre Table, ne sont autre chose que la mesure des aires d'une suite de segments *hyperboliques* (181) tels que $ab\,b'a'$, $ac\,c'a'$, $ad\,d'a'$,... (*Pl. II, fig.* 41 et 43), dont les abscisses extrêmes Ob, Oc, Od,... représenteraient elles-mêmes la série des nombres 1,01, 1,02, 1,03,..., qui, dans la Table, expriment les rapports des volumes de la vapeur après et avant la détente, et dont la première ordonnée aa', relative à l'abscisse $Oa = 1$, représenterait, à son tour, l'unité de pression ou 1 kilogramme, en telle sorte que le produit *constant* (181) d'une ordonnée quelconque par son abscisse serait, de son côté, équivalente à l'unité de travail ou à 1 kilogrammètre. Ainsi la méthode de Thomas Simpson servirait encore à dresser la nouvelle Table des quotients ou segments hyperboliques dont il s'agit, Table qui, étant censée ne se rapporter qu'à des unités abstraites, aurait l'avantage précieux de pouvoir s'appliquer à des unités d'abscisses, d'ordonnées et d'aires hyperboliques quelconques, au moyen de la multiplication de chaque nombre par la valeur de l'unité qui lui est relative dans chaque cas particulier. Par exemple, dans celui du n° 181, l'unité des abscisses serait la longueur d'âme Oa, l'unité des ordonnées la pression totale, sur le boulet,

$$1200^{atm} \times 1^{kg},033 \times 176^{cq} = 218172^{kg},$$

et l'unité des aires de segments hyperboliques la quantité $218172^{kg} \times Oa$; dans le cas du n° 188, ces mêmes unités auraient évidemment pour valeurs respectives, les quantités 32 centimètres, 1817 kilogrammes et $1814^{kg} \times 0^m,32 = 5816^{kgm}$, dont la dernière, entre autres, devrait être prise pour facteur des nombres abstraits qui, dans la Table, expriment les aires des segments relatifs à l'hyperbole équilatère (181) ayant l'unité abstraite ou 1 pour produit constant de ses abscisses et ordonnées.

Ces exemples se reproduisant souvent dans les applications, les géomètres ont, depuis fort longtemps, calculé une Table semblable à celle dont il s'agit, et dans laquelle ils ont nommé *logarithmes hyperboliques* ou *népériens*, du nom de Néper leur inventeur, les nombres qui représentent les aires hyperboliques relatives à chaque nombre ou abscisse donnée. La grande utilité de cette Table nous a engagé à en rapporter, sous le n° II, à la fin de ce volume, un extrait dressé exprès pour le calcul du travail des machines à vapeur, par M. de Prony(*), illustre géomètre auquel la théorie de ces machines est redevable de divers perfectionnements.

199. *Exemple de calcul et formule générale relative au travail des machines à vapeur.* — Proposons-nous encore (197) de calculer, au moyen de la Table dont il vient d'être parlé, la quantité de travail développée par 1 mètre cube de vapeur agissant d'abord sous la pression atmosphérique de

$$10333^{kg} = 10000^{kg} + \frac{1000^{kg}}{3}$$ par mètre carré, et dont le volume,

après détente, soit 4,5 fois le volume primitif; on cherchera, dans la Table, le logarithme hyperbolique de 4,5, qu'on trouvera égal à 1,50408; on y ajoutera l'unité, selon ce qui a été expliqué au commencement de l'article précédent, puis on multipliera le résultat par $10000 + \frac{1}{3} 1000$, ce qui donnera la quantité de travail $25040,8 + \frac{1}{3} 2504,08 = 25875^{kgm},49$ ou 25875 kilogrammètres, en négligeant la fraction; ce qui est précisément le nombre qu'indique la Table du n° 196, pour le travail du mètre cube de vapeur à 1 atmosphère de pression, et dont le volume, après détente, est devenu $4^{me},5$. Si d'ailleurs on considérait un volume quelconque v, de vapeur,

(*) *Voyez* son Mémoire dans le tome VIII des *Annales des Mines.*

agissant à une pression de n atmosphères, il faudrait, d'après le numéro déjà cité, multiplier, en outre, le résultat ci-dessus par le produit $n \times v$.

On peut représenter, d'une manière très-abrégée, la suite de ces opérations par la formule

$$10\,333\,nv \left(\log \frac{v_1}{v} + 1 \right)^{\text{kgm}};$$

dans laquelle n et v ont les significations ci-dessus, v_1 est le volume de la vapeur après détente, et $\log \frac{v_1}{v}$ le logarithme hyperbolique du rapport ou quotient de v_1 par v, logarithme qui est donné, dans la Table n° II, pour chaque valeur de ce rapport.

Quant à la quantité de travail que développe, en sens contraire de la précédente, la pression dans le condenseur, dont nous nommerons p' la valeur, en kilogrammes, pour le mètre carré de surface, nous savons (193 et 196) qu'elle a, dans tous les cas, pour mesure le produit du volume v_1 après détente, par la pression p' dont il s'agit, c'est-à-dire le produit

$$p'v_1^{\text{kgm}}.$$

Cette quantité devant être soustraite du travail représenté par la formule ci-dessus, et le produit $10\,333\,n$ n'étant autre chose que la pression exercée, sur le mètre carré de surface, par la vapeur qui sort de la chaudière, pression donnée à priori et que nous nommerons p, il en résulte que la mesure du travail effectivement développé est représentée par la formule générale (*)

$$pv \left(\log \frac{v_1}{v} + 1 \right)^{\text{kgm}} - p'v_1^{\text{kgm}}\,(**),$$

(*) Cette formule revient à celle que nous avons adoptée, depuis 1826, dans nos Leçons à l'École d'application de Metz, pour calculer le travail théorique des machines à vapeur; car, si l'on nomme p_1 la pression, par mètre carré, de la vapeur sous le volume v_1 après détente, on aura, suivant le principe de Mariotte (16), $p_1 v_1 = pv$ et

$$pv \left(\log \frac{v_1}{v} + 1 \right) - p'v_1 = pv \left(1 + \log \cdot \frac{p}{p_1} - \frac{p'}{p_1} \right)^{\text{kgm}}.$$

(**) Cette formule ne donne pas la valeur exacte du travail réellement déve-

qui indique que, *après avoir pris, dans la Table, le logarithme hyperbolique qui répond au quotient des volumes de la vapeur après et avant détente, on devra y ajouter l'unité, puis multiplier le résultat par le produit du volume et de la pression de la vapeur avant sa détente, enfin retrancher, du tout, le produit de la pression dans le condenseur par le volume de la vapeur après cette même détente.* D'ailleurs, on se souviendra que ce résultat est lui-même susceptible d'une réduction (191 et 193) en raison des fuites et des résistances nuisibles inhérentes au jeu des pièces constituantes de la machine.

200. *Observations générales et Conclusion.* — Avant de terminer le sujet qui nous occupe, je dois encore une fois prévenir le lecteur qu'en parlant des principales machines en usage, je n'ai point eu l'intention d'en faire la nomenclature complète ni même une description qui suffise à l'intelligence de leur mécanisme : on les trouvera dans les Recueils et Traités spéciaux sur ces machines, ainsi que dans le tome III du *Cours* de M. Dupin, où elles sont décrites avec toute la clarté et les développements nécessaires pour en faire saisir l'ensemble, Quant à l'histoire de la découverte des machines à vapeur, on consultera, avec une entière confiance, l'excellente *Notice* qui en a été donnée, par M. Arago, dans l'*Annuaire du Bureau des Longitudes* pour l'année 1829, Notice dans laquelle cet illustre académicien a rétabli, à l'aide de critiques difficiles et impartiales, les droits que les mécaniciens français, notamment *Salomon de Caus* et *Papin*, ont acquis à cette importante découverte; on y trouvera également une description claire et précise des parties essentielles des machines à vapeur, et des perfectionnements successifs qu'elles ont reçus jusqu'à nos jours.

On ne doit pas oublier enfin que nous avons entendu nous occuper uniquement de l'action mécanique directe de la vapeur considérée dans l'état où elle parvient de la chaudière

---

loppé par la vapeur (Note du n° 187); mais lorsque le coefficient de correction a été déterminé avec soin, pour des machines analogues, elle permet de calculer, avec une exactitude très-suffisante, le travail effectif; en outre, la facilité des observations et la simplicité des calculs qu'elle nécessite doivent la faire préférer à toutes les formules proposées jusqu'aujourd'hui. (K.)

aux cylindres : en exposant, par la suite, les qualités physiques de cette vapeur par rapport au calorique qui la produit
et dans l'action duquel réside véritablement la force motrice (99 et suivants), nous ferons connaître quelles sont les
autres modifications, les autres déchets que cette force éprouve
avant d'être transformée en travail effectif et immédiatement
applicable aux besoins de l'industrie. Pour le moment, il nous
suffira de dire, comme résultat de l'expérience, que le travail
d'un cheval, équivalant (82) à 75 kilogrammètres par seconde,
coûte environ 5 kilogrammes de bonne houille, par heure, dans
les machines de Watt, bien construites et de force moyenne ;
qu'elle en coûte moitié moins, ou environ $2^{kg},5$, dans les meil-
leures machines de Woolf; qu'enfin les machines à haute
pression et à détente, telles que les construit Olivier Evans, à
Philadelphie, consommaient presque autant que les machines
de Watt, et qu'on peut présumer que les machines *locomotives*
de cette espèce, ou qui servent à traîner les chariots sur les
routes en fer, en consomment de 8 à 10 kilogrammes, toujours
par heure, par cheval et pour une force de 10 à 12 chevaux (*).

_____

(*) La quantité de charbon brûlée, pour la production d'un travail donné,
pendant un temps donné, dépend de circonstances étrangères à la machine
même, telles que la qualité du charbon, le système et l'état d'entretien des
chaudières, l'expérience du chauffeur, etc.; cette base ne peut donc donner
que des résultats approximatifs. Pour évaluer la consommation des machines
proprement dites, et obtenir des chiffres comparables entre eux, il faut déterminer, au lieu de la quantité de charbon brûlée, le poids de vapeur introduite, sous la pression adoptée, par heure et par force de cheval. On peut, du
reste, évaluer approximativement l'un de ces deux éléments quand on connaît
l'autre, en sachant que, en moyenne, 1 kilogramme de houille brûlé sous des
chaudières ordinaires, réduit en vapeur à 1 atmosphère, environ 7 kilogrammes
d'eau prise à zéro degré. Les résultats en charbon que nous donnons ici sont
calculés d'après cette donnée.

Les chiffres de la consommation sont généralement un peu plus faibles aujourd'hui que ceux qui sont indiqués dans le texte; cela tient aux progrès
réalisés, depuis cette époque, dans l'art de construire les machines, et souvent
aussi à l'augmentation de la pression et de la détente. Les bonnes machines
de Woolf, d'une force supérieure à 20 chevaux, ne consomment plus guère
que $1^{kg},50$ de houille, par heure et par cheval, et ce chiffre descend quelquefois jusqu'à $1^{kg},20$; celles de 15 à 20 chevaux exigent environ 2 kilogrammes,
et ce poids n'atteint $2^{kg},50$ que pour des machines de moins de 10 chevaux.
Les machines à un seul cylindre, avec détente et condensation, dépensent ordinairement des quantités un peu plus fortes que les précédentes; toutefois

Quant aux machines à haute pression, telles que celles de M. Frimot (194), qui utilisent en plus grande partie l'action de la vapeur en la faisant détendre sous les pistons de plusieurs cylindres analogues à ceux des machines de Woolf, l'expérience semble démontrer qu'elles offrent, sous le rapport de la consommation du combustible, un avantage à peu près égal à celui de ces dernières machines agissant sous des pressions moyennes de 3 à 4 atmosphères seulement.

---

quelques bons constructeurs sont arrivés à l'égalité. Quant aux machines à détente, mais sans condensation, fonctionnant à des pressions de 6 à 8 atmosphères, leur consommation ne dépasse guère le chiffre de 4 kilogrammes pour des forces supérieures à 10 chevaux, et l'on construit aujourd'hui des locomobiles de 6 à 7 chevaux, qui exigent moins de 4ᵏᵍ,50 de houille par heure et par force de cheval. La consommation des locomotives a été également réduite ; mais nous ne pouvons citer aucun chiffre précis à ce sujet ; les ingénieurs ont pris l'habitude de rapporter la dépense de charbon, non pas au cheval, mais au kilomètre parcouru.

Nous ajouterons que les chiffres de consommation ordinairement donnés par les auteurs, soit en charbon, soit en vapeur, se rapportent à la *marche normale* des machines, c'est-à-dire au cas où celles-ci fonctionnent régulièrement avec la charge, la vitesse, la pression et l'introduction pour lesquelles on les a construites, et qui conduisent aux résultats les plus favorables. Le moyen le plus exact de faire cette détermination consiste à remplacer le travail des ateliers par celui du frottement du frein de Prony, ce qui permet d'établir une marche parfaitement régulière, et d'obtenir en même temps une évaluation rigoureuse du travail effectif. La marche réelle des machines dans les usines s'écarte toujours plus ou moins de la marche normale, à cause des variations du travail à effectuer, ou des variations accidentelles de la pression même ; la consommation réelle est donc généralement plus grande que celle qui répond à la marche de règle, et elle peut souvent en différer considérablement. Il faut, par suite, lorsque le travail des ateliers est sujet à des variations fréquentes et notables, donner la préférence aux machines qui, dans ces changements de régime, conduisent aux résultats les moins désavantageux. A ce point de vue encore, les machines à grande détente et à condensation occupent la première place ; les machines à détente, mais sans condensation, donnent beaucoup moins de latitude ; en cas de diminution du travail résistant, elles sont exposées à dépasser la limite utile de la détente (195), inconvénient très-grave qui n'est pas à craindre avec les machines à condensation, pour lesquelles l'expansion peut varier, sans grande modification dans le rendement, entre des limites bien plus étendues. (K.)

DU TRAVAIL MÉCANIQUE ET DES EFFETS UTILES DÉVELOPPÉS, DANS
DIVERSES CIRCONSTANCES, PAR LES MOTEURS ANIMÉS.

201. *Définition et mesure du travail journalier des moteurs
animés.* — Les animaux diffèrent des moteurs uniquement
soumis aux lois de la physique, en ce qu'ils ne peuvent agir
d'une manière continue ; qu'ils sont susceptibles de se fatiguer
au bout d'un certain temps d'exercice de leur force, et contraints de prendre un repos plus ou moins long. La quantité
de travail mécanique qu'ils peuvent livrer journellement varie
suivant le mode de leur emploi et selon les circonstances ;
mais elle est, dans chaque cas, susceptible d'un *maximum*, à
égalité de *fatigue journalière ;* en un mot, il existe une vitesse
du point d'application, un effort et une durée de travail qui
sont les plus convenables pour l'effet utile (148).

Nommons, en général, V la vitesse moyenne (49), en mètres,
du point d'application du moteur, ou le chemin censé décrit
uniformément dans chaque seconde par son point d'application ; P l'effort moyen (73), en kilogrammes, qu'il exerce dans
le sens propre de ce chemin ; $P \times V^{kgm}$ sera (83) la quantité de
travail développée régulièrement par ce moteur dans chaque
seconde ; et, si T est, également en secondes, la durée totale
de l'action journalière, qui peut être continue ou coupée par
des repos plus ou moins fréquents, nommés *relais, haltes* et
dont la durée ne doit pas être comprise dans T, le travail mécanique correspondant développé par le moteur aura pour
mesure

$$P \times V \times T =: PVT^{kgm}.$$

Le produit ainsi obtenu est ce qu'on nomme la *quantité
d'action journalière* des animaux, parce qu'on suppose implicitement qu'elle peut être reproduite, de la même manière,
pendant des semaines, des mois et même des années entières,
sans qu'il en résulte un excès de fatigue qui compromette, à
la longue, la santé des individus, et qui ne puisse être réparée
par la nourriture, le repos et le sommeil qui suit la cessation
absolue du travail de chaque jour.

202. *Considérations relatives à la fatigue journalière.* — Les moteurs animés peuvent être considérés, en eux-mêmes, comme des réservoirs de travail ou d'action susceptibles d'être épuisés plus ou moins rapidement, et qui ont besoin d'être entretenus et renouvelés fréquemment. Or le degré de fatigue éprouvé par de pareils moteurs, semble être directement proportionnel à la diminution de la quantité d'action intérieure qui est propre à chacun d'eux : c'est ce degré de fatigue qu'on paye réellement dans les divers travaux qui ne réclament ni une adresse, ni une intelligence particulières, et il est, en un mot, l'un des éléments essentiels du prix de la journée dans chaque pays. On voit donc que, pour l'industriel, le chef de fabrique, la question n'est pas de faire produire, chaque jour, aux hommes et aux animaux, la plus grande quantité de travail mécanique absolue, au risque de compromettre leur santé, mais bien d'utiliser de la manière la plus avantageuse possible toute la part d'action intérieure que la nourriture et le repos rendent disponibles, ou, comme on l'a déjà dit en d'autres termes, la véritable question est de rendre le produit PVT^{kgm} un *maximum* à égalité de fatigue journalière.

Ces notions, qui pourraient paraître triviales si elles n'étaient souvent méconnues, même par les hommes les plus attachés aux intérêts matériels, ces notions montrent aussi que, quand il s'agit d'évaluer par des observations ou expériences directes, la quantité de travail de chaque espèce que peuvent livrer les divers animaux, il convient d'avoir égard au degré plus ou moins grand de fatigue qui en résulte, et notamment au temps pendant lequel le moteur serait capable de continuer un pareil exercice sans excéder ses forces et sans compromettre ultérieurement sa santé. Nous insistons d'autant plus sur cette remarque, qu'il est souvent arrivé à des expérimentateurs, d'ailleurs consciencieux, de donner des appréciations très-inexactes et exagérées de l'effet utile des animaux, faute d'avoir prolongé suffisamment la durée de chaque expérience, ou d'avoir pris pour bases des calculs, des travaux longtemps continués d'une manière uniforme.

203. *Conditions du* MAXIMUM *de travail.* — Le simple raisonnement fait sentir, comme nous l'avons vu (148), qu'il existe entre la vitesse V et l'effort P une relation nécessaire, et qui est telle que, quand l'un augmente de plus en plus, à partir de zéro, l'autre diminue constamment jusqu'à devenir complétement nulle ou insensible. De savants géomètres ont cherché à la découvrir *à priori*, de manière à satisfaire aux données immédiates de l'expérience et à en déduire les conditions du *maximum* d'effet; mais les formules auxquelles ils sont parvenus et dans lesquelles ils n'ont pas d'ailleurs tenu compte de l'influence du temps et du degré de fatigue, conduisent à des résultats trop incertains pour qu'il soit utile de les rapporter ici. L'expérience est donc la seule chose qui doive être consultée relativement à la meilleure manière de tirer parti de la force disponible des animaux, ou de régler les rapports qu'il convient d'établir entre les facteurs du produit PVT, pour le rendre un *maximum* à égalité de fatigue. Or on ne sait presque rien de général à ce sujet, ou plutôt les résultats varient avec la nature et l'emploi particulier de chaque moteur.

Ce qu'il y a de positif, c'est que les valeurs de la vitesse V, de l'effort P et du temps T, ont des limites nécessaires et absolues qu'il n'est pas possible aux animaux de dépasser, et dont s'écartent notablement les valeurs qui correspondent au *maximum* d'effet utile relatif à chaque cas.

Ainsi, par exemple, la limite de T paraît être de 18 heures par jour ou le double de la durée de la journée ordinaire et la plus avantageuse du travail; c'est-à-dire que, quelle que soit la petitesse de la tâche journalière exigée d'un moteur animé, il ne pourrait supporter, chaque jour, sans inconvénients graves pour sa santé, plus de 18 heures de veille ou de présence sur les ateliers. Quant à la limite de l'effort, il varie entre le triple et le quintuple de celui qui convient au *maximum* d'effet, selon les circonstances ou la durée plus ou moins prolongée de cet effort. Enfin, la vitesse limite paraît varier aussi en raison de la durée totale du mouvement et être comprise, pour l'homme, entre 4 ou 6 fois, pour le cheval, entre 12 et 15 fois la vitesse la plus convenable au travail.

Du reste, entre ces limites extrêmes, les moteurs animés ont la faculté de faire varier, pour ainsi dire arbitrairement, leur effort et leur vitesse, pourvu que, quand l'un augmente,

l'autre diminue, et que si tous deux excèdent à la fois l'effort
et la vitesse les plus convenables, la durée T du travail journalier soit diminuée en conséquence, et proportionnellement
d'autant plus que le produit PV, relatif à chaque seconde, est
lui-même plus augmenté. En effet, dans de pareilles circonstances, la fatigue croît d'une manière très-rapide, et nécessite
de fréquents repos qui entraînent des pertes de temps, et ne
permettent pas au produit PVT d'atteindre sa plus grande valeur, sans que la santé de l'individu en soit compromise au
bout de peu de jours.

Cette faculté qu'ont les animaux de pouvoir accroître, jusqu'à un certain point, la quantité de travail PV qu'ils livrent
dans chaque seconde, est souvent précieuse dans l'industrie,
en ce qu'elle permet d'épuiser, en très-peu de temps, la majeure partie de leur force musculaire disponible; mais il ne
faut pas oublier que l'effet utile journalier PVT, qu'on pourra
espérer d'un semblable emploi du moteur, sera au-dessous de
celui qu'on obtiendrait d'un travail mieux réglé.

204. *Comparaison entre le mode d'action continu des moteurs animés et le mode d'action intermittent.* — Coulomb,
illustre physicien, auquel on doit de précieuses recherches
sur la force de l'homme, pensait que le mode intermittent
d'action dont il vient d'être parlé, et qui s'observe principalement dans le battage des pieux au mouton, présente des avantages particuliers, et est susceptible d'un effet utile journalier
plus considérable que si le moteur agissait avec continuité et
sous des efforts ou des vitesses moindres; mais, quoique ce
mode d'opérer soit souvent nécessité par des circonstances
particulières où l'on tient à accélérer le travail tout en diminuant le nombre des moteurs qui y sont à la fois appliqués,
l'augmentation du produit journalier n'en paraît pas moins
douteuse. Il y a tout lieu de croire, par exemple, que les
hommes qui sont appliqués à une sonnette en exerçant un effort de 18 kilogrammes, et dont le travail est interrompu par
de fréquents repos, développent un effet utile journalier bien
moindre que les scieurs de long qui agissent avec un effort
égal, au plus, à 5 ou 6 kilogrammes, mais avec une vitesse, il
est vrai, plus grande.

M. Hubert, ingénieur en chef de la marine, Correspondant de l'Académie des Sciences, a fait à l'arsenal de Rochefort, des expériences très-suivies qui ont appris que la quantité de travail journalière développée par des forgerons frappant jusqu'à 2560 coups avec des marteaux de $7^{kg},065$, mus en avant, s'élevait à 67000 kilogrammètres environ ; résultat inférieur à celui que donne le sonneur, et qui tient, sans aucun doute, à la grande vitesse, à la grande force vive imprimées au marteau, ou plutôt à la grande quantité de travail développée à chaque coup et en un temps donné. En effet, dans des expériences avec le même marteau que les hommes faisaient tourner, d'arrière en avant, de manière à décrire la circonférence entière, la vitesse imprimée ayant été plus grande encore, le nombre des coups, par jour, ne s'est élevé qu'à 1690 environ, et le travail à 65000 kilogrammètres. Or il résulte d'autres observations de M. Hubert, que le travail augmente sensiblement à mesure que le poids du marteau diminue, et il pense que le marteau des cloutiers est celui qui permet le plus de travail journalier à égalité de fatigue. C'est qu'en effet, ici, l'action est plus continue et le travail par seconde moindre. On peut admettre, sans risque de se tromper, que, dans cette dernière circonstance comme dans celle du sciage dit de *long*, le travail journalier fourni par des hommes exercés peut s'élever à 160000 kilogrammètres au moins, c'est-à-dire à plus du double du travail ci-dessus, sans qu'il en résulte un excès de fatigue.

205. *Résultats des expériences relatives au travail mécanique des moteurs animés.* — Le résultat particulier que nous venons d'énoncer relativement au scieur de long, se trouve consigné dans le tableau ci-après, que nous avons emprunté à M. Navier (*Architecture hydraulique de Bélidor*, nouvelle édition, p. 394 et suivantes), et auquel nous avons fait plusieurs additions propres à le compléter et à en étendre l'application à divers cas particuliers. Les nombreuses vérifications dont il a été l'objet, les fréquentes occasions que nous avons eues d'en appliquer les chiffres et de les comparer aux résultats immédiats de l'expérience, doivent le faire adopter avec une entière confiance. Néanmoins nous ferons remarquer avec ce savant ingé-

nieur, que les données numériques de ce tableau concernent uniquement les valeurs de la vitesse, de l'effort ou du temps qui paraissent les plus avantageux dans chaque cas spécial, et que les résultats ne doivent être regardés que comme des termes moyens susceptibles de s'écarter, en plus ou en moins, de $\frac{1}{7}$ à $\frac{1}{5}$ du travail effectif, selon l'âge, la vigueur des individus, leur genre de nourriture et le climat qu'ils habitent.

Il résulte d'ailleurs, de ce qui précède, que l'on peut, sans craindre une diminution sensible de l'effet utile journalier, faire varier de quelque chose la vitesse et l'effort indiqués au tableau, pourvu que le produit ne soit pas trop changé, ou que la durée journalière du travail soit établie en conséquence; car les grandeurs qui approchent de leur *maximum*, ne varient que d'une manière peu sensible pour des variations assez fortes des quantités dont elles dépendent, à peu près comme le font les ordonnées des sommets ou points les plus élevés des courbes et des surfaces par rapport aux abscisses qui leur correspondent.

Enfin, il n'est pas inutile d'ajouter, pour l'intelligence des résultats insérés au tableau, que : 1° les efforts contenus dans la deuxième colonne de gauche, sont les efforts moyens et effectifs observés pendant le travail, 2° qu'il en est de même des vitesses moyennes de la troisième colonne, toutes les fois qu'il s'agit de travaux continus et sans aucune intermittence d'action, mais que, dans l'hypothèse contraire, ces vitesses peuvent se trouver réduites à la moitié environ des vitesses effectives, attendu qu'elles ont été obtenues en divisant le chemin décrit seulement pendant l'action, par la durée entière de chaque période comprenant, par exemple, une allée en charge et un retour à vide; 3° enfin que, quand il s'agit simplement de poids élevés, les efforts, les vitesses et les quantités de travail sont mesurés sur la verticale, tandis que, dans le cas des machines, ils le sont sur la direction même du chemin circulaire ou rectiligne décrit par le point de cette machine auquel le moteur est appliqué.

TABLEAU *des quantités de travail journalières que peuvent four-nir les moteurs animés dans différentes circonstances.*

NATURE DU TRAVAIL.	POIDS élevé ou effort exercé.	VITESSE ou chemin par seconde.	TRAVAIL par seconde.	DURÉE du travail journa-lier.	QUANTITÉ de travail journa-lière.
	kg	m	kgm	h	kgm
1° ÉLÉVATION VERTICALE DES POIDS.					
Un homme montant une rampe douce ou un escalier, sans fardeau, son travail consistant dans l'élévation du poids de son corps............................	65	0,15	9,75	8	280800
Un manœuvre élevant des poids avec une corde et une poulie, ce qui l'oblige à faire descendre la corde dans le vide..	18	0,20	3,6	6	77760
Un manœuvre élevant des poids en les soulevant avec la main....	20	0,17	3,4	6	73440
Un manœuvre élevant des poids en les portant sur son dos au haut d'une rampe douce ou d'un escalier et revenant à vide.	65	0,04	2,6	6	56160
Un manœuvre élevant des matériaux avec une brouette en montant une rampe au 1/12, et revenant à vide.............	60	0,02	1,2	10	43200
Un manœuvre élevant des terres à la pelle à la hauteur moyenne de 1ᵐ,60.....	2,7	0,40	1,08	10	38880
2° ACTION SUR LES MACHINES ET OUTILS.					
Un manœuvre agissant sur une roue à chevilles ou à tambour :					
1° Au niveau de l'axe.........	60	0,15	9	8	259200
2° Vers le bas de la roue...........	12	0,70	8,4	8	241920
Un manœuvre marchant et poussant ou tirant horizontalement d'une manière continue ....,...........	12	0,60	7,2	8	207360
Un manœuvre agissant sur une mani-velle...............................	8	0,75	6	8	172800
Un manœuvre exercé poussant et ti-rant alternativement dans le sens vertical	6	0,75	4,5	10	162000
Un cheval attelé à une voiture et al-lant au pas	70	0,90	63	10	2168000
Un cheval attelé à une voiture et al-lant au trot.............................	44	2,20	96,8	4,5	1568160
Un cheval attelé à un manége et allant au pas.........	45	0,90	40,5	8	1166400
Un cheval attelé à un manége et allant au trot.................................	30	2,00	60	4,5	972400
Un bœuf attelé à un manége et allant au pas..............	60	0,60	36	8	1036800
Un mulet attelé de même et allant au pas...................................	30	0,90	27	8	777600
Un âne attelé de même et allant au pas.	14	0,80	11,2	8	322560

206. *Application à un exemple.* — Le tableau qui précède ne réclame pas d'explications particulières, et un seul exemple suffira pour en faire saisir l'emploi dans chaque cas.

La manivelle est, comme on sait, formée d'une tige de 35 à 40 centimètres de longueur, montée perpendiculairement à l'extrémité d'un axe de rotation, et armée d'une poignée saisie par la main de l'homme qui la met en mouvement. En examinant, vers la fin du tableau, les nombres qui se rapportent à ce mode d'action, on trouve que le chemin décrit circulairement par le point d'application de la main, doit être d'environ $0^m,75$, dans chaque seconde, ou de $60 \times 0^m,75 = 45^m$ par minute; ce qui, en supposant qu'on donne $0^m,35$ de rayon au bras de la manivelle, de centre en centre, ou $3,1416 \times 0^m,70 = 2^m,199$ à la circonférence décrite par l'axe de la poignée, répond à une vitesse de $\frac{45}{2,2} = 20,5$ tours environ par minute. Sous cette vitesse donc, l'homme sera capable d'un effort moyen de 8 kilogrammes, exercé le long du chemin de $0^m,75$, et produira une quantité de travail de $8^{kg} \times 0^m,75 = 6^{kgm}$, par chaque seconde, de $6^{kgm} \times 60'' = 360^{kgm}$ par chaque minute, de $360^{kgm} \times 60' = 21600^{kgm}$ par heure, enfin, d'après l'avant-dernière colonne du tableau, il pourra continuer ce travail pendant 8 heures par jour, moyennant les relais convenables; ce qui donne, pour le travail journalier, le chiffre de $21600^{kgm} \times 8 = 172800^{kgm}$, qui se trouve porté à la dernière colonne de droite du tableau.

Mais, si le service de la machine comportait, à l'extrémité de la manivelle, une résistance de 14 kilogrammes, par exemple, au lieu de 8 kilogrammes, il faudrait réduire la vitesse à $0^m,5$ au moins par seconde, ce qui donnerait $14^{kg} \times 0^m,5 = 7^{kgm}$ pour la quantité de travail pendant le même temps; ce travail surpassant de $\frac{1}{6}$ celui qui est inséré au tableau, il faudrait aussi augmenter le nombre des repos ou relais, et réduire à 7 heures, au moins, la durée totale et effective du travail journalier.

Ces dernières hypothèses concernent précisément l'exemple cité par M. Christian (*Mécanique industrielle*, t. I, p. 114), d'un homme qui, employé pendant trois mois consécutifs à faire tourner une manivelle, a développé moyennement, par jour, une quantité de travail de $14^{kg} \times 0^m,5 \times 60'' \times 60' \times 7^h = 176400^{kgm}$;

résultat qui surpasse de $\frac{1}{48}$ le nombre porté au tableau, parce qu'il s'agissait ici, sans doute, d'un homme au-dessus de la force moyenne ou très-exercé.

207. *Comparaison entre les différentes quantités de travail utile que peut fournir l'homme selon le mode de son emploi.* — Avant Coulomb, on pensait assez généralement que la quantité d'action journalière et la fatigue de l'homme étaient indépendantes du mode de son emploi; mais il suffit de jeter un léger coup d'œil sur le tableau ci-dessus, pour se convaincre du contraire. En comparant, en effet, entre eux, les nombres de la dernière colonne de droite de ce tableau, on verra que l'effet utile du manœuvre employé à élever des terres à la pelle, est le plus faible de tous ceux qu'il peut fournir : il est environ la moitié de celui qui se rapporte à l'élévation des poids à la main ou à l'aide d'une corde passant sur une poulie, et seulement les $\frac{2}{9}$ et les $\frac{2}{13}$ de ceux qu'il produirait s'il était employé à faire tourner la manivelle et les roues à chevilles ou à tambour. Mais on ne sera nullement surpris de ce résultat, si l'on réfléchit qu'ici l'homme travaille dans une attitude forcée, et qu'outre le poids des terres à élever, dont une partie retombe avant d'atteindre le but, il a encore à soutenir, soit en se relevant, soit en se baissant, celui de la pelle, de ses bras, et de toute la partie supérieure de son corps. Coulomb, en examinant, avec attention, l'effet utile développé par l'homme qui laboure la terre à la bêche, l'a trouvé moindre encore que celui du pelleur, rapporté dans le tableau, et égal à 34330 kilogrammètres environ par jour.

On s'explique, d'une manière analogue, comment l'homme qui est employé à élever des poids sur son dos ou à l'aide d'une brouette, ne fournit guère plus d'effet utile que lorsqu'il se sert de la pelle; car, dans le premier cas, il doit élever le poids de tout son corps en outre de celui de la charge, et, dans le second, il supporte à la fois ces deux poids et celui de la brouette; mais, ce qui est surtout digne de remarque, c'est qu'en comprenant même, dans l'effet utile, le poids de l'homme et de la brouette, la quantité de travail qui en résulte reste toujours au-dessous de celle que cet homme développe quand il est uniquement employé à monter le premier de ces

poids au haut d'une rampe douce, d'un escalier ou même
d'une simple échelle.

208. *De la meilleure manière d'utiliser la force de l'homme
dans l'industrie.* — Le tableau du n° 205 montre que la plus
grande des quantités de travail que l'homme puisse journellement développer sans augmenter par trop sa fatigue est précisément celle qui vient d'être citée en dernier lieu, et qui
consiste dans l'élévation du poids seul de son corps; cette
quantité, égale à 286800 kilogrammètres, est en effet 7 fois
au moins celle du simple pelleur, et surpasse de plus de moitié celle du manœuvre employé à tourner la manivelle. Afin
d'utiliser cette quantité de travail disponible, il ne s'agit (102),
comme l'a observé Coulomb, que de se servir de la descente
du poids de l'homme pour élever un fardeau égal au sien
propre, de la hauteur à laquelle il est parvenu à chaque fois.
Parmi les mécanismes imaginés dans la vue de remplir cet
objet, le plus simple est celui qui a été mis en usage, par
M. le capitaine du génie Coignet, aux travaux de terrassements
du fort de Vincennes, près de Paris : il consiste dans l'emploi
d'une corde passant sur une grande poulie, et armée, à ses
extrémités, de deux plateaux dont l'un porte l'homme et l'autre
le poids à monter. Ces travaux, dans lesquels chaque manœuvre a élevé journellement 310 fois, à la hauteur de 13 mètres, le poids de son corps (70 kilogrammes environ), en gravissant de simples échelles, ont confirmé, de la manière la
plus authentique, les avantages inhérents à ce mode d'employer la force de l'homme, par les économies considérables
de main-d'œuvre qui en ont été la conséquence depuis plusieurs *campagnes* (*).

Les roues à tambour et à chevilles, mentionnées au tableau,
offrent une autre confirmation du même principe ; car l'homme
y agit presque toujours à l'aide de son poids, soit en montant

---

(*) Les dispositifs ingénieux à l'aide desquels l'Auteur est parvenu à éviter
tous les dangers qui pouvaient accompagner une semblable manœuvre, lui ont
valu, en 1833, d'honorables encouragements de la part de l'Académie des
Sciences et du Comité des Fortifications; ils se trouvent décrits, avec beaucoup
de détails, dans une Notice insérée au n° XII du *Mémorial de l'officier du
Génie*, publié cette année (1835).

ou grimpant sur les chevilles comme sur une échelle ordinaire, soit en cheminant, vers le bas et dans l'intérieur du tambour, sur la rampe légèrement inclinée, offerte par son plancher qui, à cet effet, est armé de liteaux en saillie, pour empêcher les pieds de glisser. Ces roues, qui ont souvent jusqu'à 5 mètres de diamètre, sont encore employées, de nos jours, à élever au moyen des enroulements d'une corde autour de leur arbre, de très-lourds fardeaux, dans les carrières, dans les arsenaux de la marine et dans la construction des édifices publics ; mais elles sont très-coûteuses, très-gênantes, et elles offrent quelque chose de barbare à cause de la fatigue, des étourdissements et des dangers de toute espèce que l'homme y éprouve ; c'est pourquoi on commence assez généralement à y renoncer, et à leur préférer de petits treuils en fonte, armés de manivelles sur lesquelles les hommes agissent d'une manière très-commode, en produisant, il est vrai, des quantités de travail journalières moindres d'environ un tiers, mais dont on est amplement dédommagé sous d'autres rapports.

209. *Des roues à marches ou pénitentiaires.* — Les roues dont il vient d'être parlé ne s'employaient guère que pour des travaux discontinus du genre de ceux qui consistent à élever des fardeaux ; mais, à l'aide d'une légère modification qui consiste à armer extérieurement des roues de 1^m,30 à 1^m,50 seulement de diamètre, mais très-larges, de véritables marches ou planchettes comprises entre deux couronnes circulaires, et sur lesquelles les hommes montent souvent au nombre de vingt, en s'appuyant des mains contre une perche placée à la hauteur de la poitrine, à l'aide de ces modifications, dis-je, les Anglais sont parvenus à utiliser, d'une manière très-convenable et très-avantageuse, la force des prisonniers, dans les maisons pénitentiaires, en les employant à moudre du blé, ou à faire mouvoir des machines à filer le coton, etc. La tâche journalière de chaque prisonnier consiste moyennement à monter 50 marches de 2 décimètres de hauteur, par minute, ou 3000 par heure, et à répéter ce travail pendant 7 heures entières ; le surplus de la journée, qui est d'environ 10 heures, étant occupé par de fréquents repos ou relais dans lesquels les hommes se succèdent, les uns aux autres, sans arrêter la marche de la machine, moyennant un plancher en rampe pratiqué en arrière de la roue et qui leur permet de se retirer sans aucun accident.

Le poids moyen de l'homme étant de 65 kilogrammes environ, il en résulte que la quantité de travail journalière est de

$$7 \times 3000 \times 0^m, 20 \times 65^{kg} = 273 000^{kgm};$$

nombre qui surpasse de $\frac{1}{15}$ environ ceux des roues à chevilles ou à tambour mentionnés au tableau, et qui a été spécialement obtenu dans les prisons anglaises de Brixton (*Revue encyclopédique*, t. XXIV, p. 815).

On trouvera dans le *Cours normal* de M. Dupin (t. III, *Dynamie*, p. 95) beaucoup d'autres résultats de ce genre, obtenus dans divers établissements anglais, où le travail journalier des prisonniers employés à faire mouvoir les *roues à marches* a varié depuis 143643, jusqu'à 342528 kilogrammètres. Néanmoins, malgré leurs avantages, ces roues ne sont jusqu'ici que fort peu répandues en France, où l'on préfère mettre à profit l'adresse et l'intelligence des prisonniers, de manière à leur créer, pour l'avenir, un état qui puisse les détourner des habitudes du vice et du crime, en les mettant à même de vivre du fruit de leur industrie. Nous ne connaissons en effet que M. le Capitaine du génie Niel qui ait employé, dans les travaux de la place de Bayonne, de semblables roues pour faire mouvoir de très-ingénieuses et très-simples machines à épuiser les eaux des fondations, et à triturer ou mélanger les mortiers. Mais, quel que soit l'intérêt qui puisse s'attacher à des inventions qui ont déjà rendu et sont destinées à rendre encore de grands services, nous ne saurions entrer dans des détails sans nous éloigner par trop du but élémentaire de cette première Partie du Cours, et il nous suffit ici d'avoir recommandé de pareilles inventions à l'attention des constructeurs et des ingénieurs éclairés.

210. *De quelques autres appareils servant à utiliser la force musculaire des jambes de l'homme et des animaux.* — On remarquera que, dans tous les travaux dont il vient d'être parlé en dernier lieu, l'homme agit principalement par la force

musculaire de ses jambes, et que c'est probablement encore
à cette circonstance qu'est due, en partie, la grandeur de
l'effet utile qui, d'après le tableau, est produit par le manœuvre
employé à pousser ou tirer horizontalement. Or cela donne
lieu de penser que, toutes les fois qu'il sera possible d'employer l'homme d'une manière analogue, il en résultera également des avantages plus ou moins considérables : c'est ce
qui arriverait, par exemple, pour un homme debout qui agirait alternativement, par son poids, sur deux pédales placées
horizontalement et parallèlement l'une près de l'autre, et dont
le mouvement serait transmis, à un mécanisme supérieur, par
le moyen de tringles verticales, à peu près comme dans la pédale du remouleur, etc., où l'homme n'agit d'ailleurs qu'avec
une très-faible partie de son poids, et fatigue inutilement celle
de ses jambes qui n'est point en action. Nous avons vu nous-
même des forgerons d'enclumes se servir d'une paire d'é-
normes soufflets qui eussent été difficilement mis en mouvement par quatre hommes agissant avec des branloires
ordinaires, et qui étaient néanmoins manœuvrés par un seul,
monté sur les plateaux supérieurs de ces soufflets, qu'il com-
primait alternativement de tout son poids. Mais il serait inutile
de multiplier ces exemples, qui ne peuvent servir qu'à montrer comment le travail de l'homme varie et doit être apprécié
dans les diverses circonstances.

Quant au cheval et aux autres animaux, il n'est guère d'u-
sage de les appliquer à des travaux différents de ceux qui sont
indiqués au tableau ; et, quoiqu'on ait quelquefois tenté de
les faire agir librement, par leur poids, dans l'intérieur d'une
roue ou sur des plateaux circulaires montés sur des axes inclinés de 5 à 10 degrés sur la verticale (*), il ne paraît pas que
les résultats doivent surpasser de beaucoup, si même ils éga-
lent, ceux que ces animaux produisent lorsqu'on les attèle
simplement à des manéges ordinaires.

(*) Nous avons vu en 1814, en Pologne, un système de ce genre mû par un
bœuf de forte taille, et qui était employé à faire tourner deux équipages de
meules à farine, d'environ 1 mètre de diamètre sur 15 centimètres d'épaisseur,
à raison de 100 à 120 tours par minute.

Nous renverrons en général, pour ces applications variées de la force de l'homme et des animaux, aux collections de MM. Borgnis et Christian, qui en contiennent une description suffisamment étendue.

211. *Comparaison entre le travail réel des chevaux et celui du cheval fictif des machines à vapeur.* — C'est ici le lieu de dire un mot des motifs qui ont fait adopter le travail du cheval comme unité de mesure de celui des machines en général, et d'expliquer la cause principale des dissidences dont cette adoption a été l'objet dans l'industrie; une pareille discussion ne pourra que jeter un jour nouveau sur ce qui a déjà été dit précédemment concernant le mode d'action des moteurs animés.

Lorsque, par suite des immenses perfectionnements que le célèbre Watt apporta aux machines à vapeur, ces machines commencèrent à se répandre dans l'industrie anglaise, et notamment dans l'exploitation des mines où, jusqu'alors, on se servait principalement de chevaux attelés aux manéges, les fabricants furent obligés de garantir, dans leurs transactions, que le nouveau moteur serait capable de remplacer les anciens, en toutes circonstances, et cela pour chaque espèce particulière de machines; mais comme les chevaux employés aux manéges se relayaient les uns les autres, de manière à éviter les chômages, c'était évidemment exiger que le travail de la machine à vapeur fût égal à celui de tous les chevaux qui venaient successivement épuiser leur action ou fatigue journalière disponible, sur ces manéges. Or nous avons vu (203 et 205) que, si le travail mécanique total, résultant de cette action, varie généralement assez peu chez les animaux d'une même classe, il en est tout autrement de celui qu'ils peuvent livrer dans chaque seconde, et selon qu'on diminue ou qu'on augmente la durée entière du travail journalier. Dans le cas des chevaux attelés aux manéges notamment, il arrive qu'on leur fait épuiser leur action disponible, tantôt en 4 heures, tantôt en 6 heures, et tantôt en 8 heures et même en 10 heures, distribuées en deux ou trois relais chaque jour; si donc on admet, comme vrai, le résultat donné par la Table du n° 205, on conclura que le même cheval qui pourrait fournir, par seconde, près de 80 kilogrammètres dans le premier cas, n'en produirait, tout au plus, que 30 dans le dernier : ces chiffres représentent en effet les limites extrêmes entre les : telles se trouvent comprises les estimations du travail du cheval par les divers Auteurs, anglais ou français, accrédités, lesquels ont généralement négligé d'ailleurs de préciser la durée effective qu'ils supposent à l'action journalière.

Watt et Boulton, qui probablement n'ignoraient point ces causes de variation du travail, par seconde, des chevaux, et qui ont été, plus que personne, en état d'en apprécier la véritable mesure, se sont arrêtés au chiffre, un peu fort, de 74 à 76 kilogrammètres, sans doute afin de ne point demeurer trop au-dessous de la réalité pour le cas de chevaux vigoureux, et qui seraient contraints d'épuiser leur action journalière en 4 à 6 heures, comme cela arrive dans bien des circonstances, notamment quand il s'agit d'extraire l'eau du fond des mines. Quelques Auteurs qui font autorité ont dit, il est vrai, que Watt avait pris pour point de comparaison les gros chevaux des brasseries d'Angleterre, et qu'en général, les chevaux de ce pays étaient plus forts que ceux du continent, etc.; mais il est peut-être aussi vrai d'admettre que la grande activité imprimée à l'industrie anglaise y fait souvent considérer comme plus avantageux de *surmener* les animaux, au risque d'en hâter le dépérissement. Quoi qu'il en soit, l'évaluation dont il s'agit fut fidèlement maintenue, par Watt et Boulton ou leurs successeurs, dans toutes leurs transactions, même après l'époque où les anciennes machines à manège eurent été pourvues du nouveau moteur. Mais, soit intérêt, soit ignorance des motifs déterminants et primitifs de Watt et Boulton, soit peut-être aussi désir de se rapprocher davantage de ce que l'on considérait comme la vérité, leur estimation du *horse-power* fut contestée et généralement abaissée par leurs compétiteurs, qui trouvèrent de l'avantage à enfler la *valeur nominale*, ou en nombre des chevaux, des machines qu'ils livraient à l'industrie sans en diminuer proportionnellement le prix ; c'est ce qui eut lieu notamment lors de l'introduction de ces machines en France ; et comme, dans ces sortes de transactions, l'unité *cheval* n'était point explicitement définie, l'intérêt des acheteurs fut parfois lésé, ce qui donna lieu à des procès dans lesquels ceux-ci montrèrent, à leur tour, une tendance à exagérer la valeur de cette unité (*).

Au fond, comme nous l'avons déjà dit au n° 82, il ne s'agit ici que d'une pure convention à laquelle la science est, en elle-même, fort peu intéressée, et, pour l'objet qui nous occupe, il suffit de savoir qu'aujourd'hui on s'accorde généralement à adopter pour valeur du cheval-vapeur ou mécanique, l'estimation primitive de Watt et Boulton, c'est-à-dire 75 kilogrammètres environ par seconde, ce travail étant censé continué uniformément pendant les 24 heures entières de chaque jour. Quant au travail effectif des chevaux attelés aux voitures et aux manéges, il est très-important, pour l'industrie, d'en connaître des valeurs suffisamment approchées; or nous avons plusieurs motifs de croire à l'exactitude, comme termes moyens, des résultats insérés au tableau de la page 252, dont celui qui concerne, en particulier, le travail des chevaux attelés aux manéges est, en quelque sorte, rigoureusement confirmé : 1° par les observations, sur le travail de ceux employés à l'exploitation des mines de Freyberg, en Saxe, faites, déjà anciennement, par M. d'Aubuisson, ingénieur en chef des mines à Toulouse, auquel les sciences et l'industrie sont redevables d'un grand nombre de recherches et de publications très-utiles (**); 2° par les expériences directes et récentes de M. le Capitaine d'artillerie Morin, sur le travail des chevaux employés aux manéges des fonderies de canons (***); 3° enfin, par les résultats moyens qui se déduisent de la comparaison des quantités d'ouvrage que produisent régulièrement les hommes, les chevaux et les machines à vapeur employés concurremment, dans la ville de Sedan, aux diverses opérations qu'on fait subir aux draps, telles que lainage ou cardage, tondage, etc. (****).

(*) *Voyez*, à ce sujet, l'intéressant Rapport de M. de Prony, inséré au t. XII, année 1826, des *Annales des Mines*.

(**) *Annales des Mines*, 1830, t. VII, ou *Traité d'Hydraulique à l'usage des ingénieurs*, 1834, p. 277.

(***) *Mémorial de l'Artillerie*, n° III, 1830, p. 423.

(****) Nous devons la communication de ces résultats, d'une constante obser-

Admettant donc le chiffre de $40^{kgm},5$ pour l'effet utile, par seconde, des chevaux attelés au manége, et observant qu'il est seulement relatif à 8 heures de travail sur 24, on trouvera que le cheval des machines à vapeur équivaut à 5,56 de ceux dont il s'agit; ou, ce qui revient au même, que la quantité de travail fournie journellement par un cheval ordinaire attelé au manége n'est pas les $\frac{2}{11}$ de celle que produit, dans les 24 heures, le cheval des machines à vapeur, et qui est égale à 6480000 kilogrammètres. En établissant, d'après le tableau de la page 252, la même comparaison pour le cheval attelé aux voitures ordinaires, on arrivera à un résultat beaucoup plus avantageux et presque double; ce qui tient à ce qu'ici le tirage se fait à l'air libre, d'une manière directe, et suivant l'allure la plus naturelle des animaux. Il est bien connu d'ailleurs que les meilleurs chevaux se ruinent promptement au manége, et que ceux qu'on y emploie ne sont pas ordinairement choisis parmi les plus vigoureux.

Du transport horizontal des fardeaux.

212. *Unité adoptée pour la mesure d'utilité de ce transport.* — Des observateurs habiles, en tête desquels encore nous devons placer Coulomb, ont aussi fait des expériences sur ce genre de travail, qui, d'après ce qu'on a déjà remarqué aux n°s 92 et suivants des PRINCIPES FONDAMENTAUX, ne doit pas être confondu avec le travail mécanique véritable. Les détails dans lesquels nous sommes entrés en cet endroit, les réflexions qui les accompagnent, nous dispensent de toute nouvelle explication, et il nous suffit ici de rappeler que, d'après l'idée d'utilité qu'on attache au transport horizontal des fardeaux, on a été conduit à prendre pour unité le poids de 1 kilogramme transporté à 1 mètre de distance horizontale, et à mesurer l'effet utile total par le produit du poids entier et du chemin parcouru. Nommant donc ici P le poids dont il

vation, à l'obligeance de M. J.-B. Bernard, associé à M. L. Cunin-Gridaine, pour la fabrication des draps, dans les beaux établissements qu'ils possèdent à Sedan, et que nous avons eu l'occasion de visiter en 1825.

s'agit, V le chemin moyennement décrit dans chaque seconde, et T le nombre total de secondes employé chaque jour au transport, l'*effet utile journalier* sera encore mesuré par le produit $P \times V \times T$, comportant le même signe d'abréviation *kgm*, que le travail mécanique véritable, et qui donnerait lieu aux mêmes observations quant à la manière dont il est susceptible de varier avec la relation établie, dans chaque cas, entre la charge, la vitesse et la durée du transport.

Il est bien clair, en effet, que, à égalité de fatigue journalière, ce produit est susceptible d'un *maximum* dont l'effet utile s'écarte, de plus en plus, à mesure que la vitesse ou l'effort nécessaire pour tirer la charge s'approchent eux-mêmes davantage de la limite absolue qui ne peut être dépassée par le moteur.

213. *Relation entre la mesure, le prix du transport et le travail mécanique qu'il suppose, selon la viabilité des routes.* — Il paraît assez naturel d'admettre que, pour un même mode de transport, les frais ou dépenses en argent, de toute espèce, la fatigue ou la quantité de travail mécanique intérieurement et extérieurement développée par chaque moteur, doivent croître proportionnellement au poids du fardeau et à la distance horizontale parcourue. L'expérience des grandes entreprises de roulage et de tous les autres moyens de transport semble même justifier cet aperçu, *à priori;* ce qui tient, comme on le verra plus tard, à ce que les résistances nuisibles inhérentes aux machines dont on se sert sont, en effet, sensiblement proportionnelles aux charges, dans les limites de vitesses ordinairement admises; mais il ne faut pas oublier que, si les circonstances du transport, ou si seulement la viabilité de la route et la vitesse viennent à changer, l'effet utile restant le même, le travail mécanique et le degré de fatigue que ce transport suppose peuvent être très-différents. Il en est ici, évidemment, à peu près comme des opérations du limeur et du scieur de bois, qui, pour une même quantité d'ouvrage ou d'effet utile, peuvent réclamer des quantités de travail mécanique très-variables, selon la nature de l'outil ou de la machine, la dureté de la matière, etc.

Voici, au surplus, le résultat des expériences entreprises

par MM. Boulard, Rumford, Edgworth, Régnier et d'autres
observateurs habiles, dans la vue de déterminer, pour le cas
des voitures servant au transport horizontal des fardeaux, les
différences que peuvent apporter, dans les efforts de tirage et,
par suite, dans la dépense de travail mécanique, les divers
degrés de viabilité des chemins ou des routes.

NATURE DE LA VOIE SUPPOSÉE HORIZONTALE	RAPPORT du tirage à la charge totale.
En terrain naturel, non battu et argileux, mais sec...	0,250
En terrain id., id. siliceux et crayeux..............	0,165
En terrain ferme, battu et très-uni..............	0,040
Chaussée en sable ou cailloutis nouvellement placés...	0,125
Id. en empierrement, à l'état d'entretien ordinaire...	0,080
Id., id. parfaitement entretenue et roulante........	0,033
Id. pavée à la manière ordinaire et la { au pas... ...	0,030
voiture étant suspendue, { au grand trot.	0.070
Id. pavée en carreaux de grés bien { au pas.......	0,025
entretenus, { au grand trot.	0,060
Id. en madriers de chêne, non rabotés.............	0,022
Chemins à ornières plates, en fonte de fer, ou en dalles très-dures et très-unies........................	0,010
Chemins de fer à ornières saillantes, en bon état d'entretien.....................................	0,007
Id., id. parfaitement entretenues et les essieux continuellement huilés..............................	0,005

Ces résultats, qui ne doivent être considérés que comme
des à peu près (*), pourront servir à calculer, *à priori* et au
moyen du tableau du n° 205, les effets utiles qui se rapportent
au transport horizontal des fardeaux sur des voitures ordinaires et pour différentes natures de chemins; mais, en établissant ces calculs, on fera attention que le poids de la voiture doit être compris dans la charge totale, et que ce poids
varie ordinairement entre le $\frac{1}{3}$ et le $\frac{1}{7}$ de cette dernière.

(*) Le rapport du tirage à la charge varie, non-seulement avec la nature du
sol, mais aussi avec le système de véhicule employé, avec la grandeur des
roues, le rayon de leur boîte, etc. Consulter à ce sujet : l'*Essai sur le tirage
des voitures*, par Dupuit (1837), et les *Expériences sur le tirage des voitures et
sur les effets destructeurs qu'elles exercent sur les routes*, par M. Morin (1842). (K.)

Quant à la différence qu'on remarque entre les résistances des voitures allant au pas ou au trot, sur les routes pavées, on sent très-bien qu'elle est due (161 et suivants) aux pertes de force vive occasionnées par le choc des roues contre les inégalités des pierres dures et inébranlables qui constituent la chaussée.

214. *Résultats des expériences.* — Le tableau qui suit (p. 266), et que nous empruntons encore à M. Navier, ne concerne que les effets utiles proprement dits, abstraction faite du poids des machines et outils qui ont servi au transport; de plus, il suppose des chemins d'une viabilité ordinaire : pour des routes parfaitement fermes et unies, l'effet utile augmenterait à égalité de fatigue journalière ou de dépense en travail mécanique, comme il diminuerait pour des routes en mauvais état.

Tableau des effets utiles que peuvent produire l'homme et les animaux, dans le transport horizontal des fardeaux, considéré en diverses circonstances.

NATURE DU TRANSPORT.	POIDS trans- porté.	VITESSE ou chemin par seconde.	EFFET utile par seconde exprimé en kilog. transpor- tés à 1ᵐ.	DURÉE de l'action journa- lière.	EFFET UTILE par jour.
	kg	m	kgm	h	kgm
Un homme marchant sur un che- min horizontal, sans fardeau, son travail consistant dans le transport du poids de son corps............	65	1,50	97,5	10	3 510 000
Un manœuvre transportant des matériaux dans une petite charrette ou camion à deux roues, et revenant à vide chercher de nouvelles charges	100	0,50	50	10	1 800 000
Un manœuvre transportant des matériaux dans une brouette, et re- venant à vide chercher de nouvelles charges.........	60	0,50	30	10	1 080 000 (*)
Un homme voyageant en portant des fardeaux sur son dos...	40	0,75	30	7	756 000
Un manœuvre transportant des matériaux sur son dos, et revenant à vide chercher de nouvelles charges.	65	0,50	32,5	6	702 000
Un manœuvre transportant des fardeaux sur une civière et revenant à vide chercher de nouvelles charges	50	0,33	16,5	10	594 000
Un manœuvre employé à jeter de la terre au moyen de la pelle, à 4 mètres de distance horizontale....	2,7	0,68	1,8	10	64 800 (*)
Un cheval transportant des far- deaux sur une charrette, et marchant au pas continuellement chargé.	700	1,10	770	10	27 720 000
Un cheval attelé à une voiture, et marchant au trot continuellement chargé	350	2,20	770	4,5	12 474 000
Un cheval transportant des far- deaux sur une charrette, au pas, et revenant à vide chercher de nou- velles charges....................	700	0,60	420	10	15 120 000
Un cheval chargé sur le dos et al- lant au pas.................	120	1,10	132	10	4 752 000
Un cheval chargé sur le dos et allant au trot...	80	2,20	176	7	4 435 000

(*) Des Notes manuscrites de Poncelet modifient les chiffres de la troisième et de la sep- tième ligne de ce tableau ; la vitesse du manœuvre travaillant avec la brouette est réduite de 0ᵐ,50 à 0ᵐ,375 : ce qui porte l'effet utile par jour à 810 000 kilogrammètres ; le jet de pelle ho- rizontal est réduit à 3ᵐ,60, la vitesse est élevée à 0ᵐ,71, et l'effet utile par jour devient, dans ces conditions, 69 120 kilogrammètres. (K.)

215. *Du meilleur mode d'application de l'homme aux transports.* — Après tout ce qui a été dit sur la formation et l'usage du tableau du n° 205, il serait assez inutile de s'appesantir sur celui de la page 266, qui a été établi d'après les mêmes bases, et pour ainsi dire, sur les mêmes données; il nous suffira d'en déduire quelques conséquences que la comparaison des nombres de la dernière colonne de droite rend manifestes, mais sur lesquelles il peut être utile d'appeler spécialement l'attention du lecteur.

Ainsi, par exemple, en comparant entre eux les effets utiles journaliers, fournis par l'homme employé à transporter des fardeaux sur un chemin horizontal, on voit que le parti le plus avantageux qu'on puisse tirer de sa force, c'est de lui faire traîner une charrette à deux roues, après quoi c'est la brouette qui offre le plus d'avantages, puis successivement le transport à dos, à la civière et à la pelle par jets horizontaux de 4 mètres environ de longueur : les effets utiles fournis dans ces cinq cas sont sensiblement entre eux dans le rapport des nombres 18, 11, 7, 6 et 0,6. La raison en paraîtra assez évidente encore (207), si l'on considère que l'homme n'a rien à porter dans le cas d'une charrette, tandis qu'il supporte une partie de la charge dans celui de la brouette; qu'il la supporte tout entière dans le transport à dos; qu'enfin il supporte à la fois la charge et la civière ou la pelle dans les deux derniers cas. A la vérité, le pelleur n'est point obligé de transporter son propre poids à une grande distance, comme dans les autres cas; mais, je le répète, il fatigue beaucoup des reins et des bras, par le mouvement qu'il imprime à ceux-ci et à toute la partie supérieure de son corps, qu'il est d'ailleurs contraint d'élever, à chaque fois, d'une hauteur assez grande contre l'action de la gravité. En tenant compte seulement de la force vive qu'il doit imprimer à chaque pellée de terre, pour la lancer à la distance horizontale de 4 mètres, on trouve, par des considérations analogues à celle du n° 151 (Note), qu'elle est au moins égale à celle qui serait nécessaire pour élever cette même terre à la hauteur verticale de $1^m,6$; mais, eu raison du peu d'adresse des ouvriers, elle doit, en général, être beaucoup plus grande.

216. *Remarques spéciales relatives aux mouvements de terres.* — En considérant combien est faible l'effet utile des hommes employés à remuer des terres au moyen de la pelle, on voit qu'il conviendrait peu, dans la pratique, de recourir à un semblable procédé hors les cas où il s'agit d'exécuter des remblais à de petites hauteurs ou à de petites distances horizontales, et pour lesquels l'emploi des voitures, brouettes ou tombereaux, serait impossible ou même désavantageux sous le rapport des dépenses accessoires et des pertes de temps. Il est évident, en effet, qu'il faut à peu près autant de temps à un pelleur pour charger une brouette, un camion ou un tombereau, que pour projeter la même masse de terre à une hauteur verticale de $1^m,60$ ou à une distance horizontale de 4 mètres. A cet égard, une longue expérience a démontré aux ingénieurs que, dans le premier cas, un manœuvre très-ordinaire pouvait, dans sa journée, charger 15 mètres cubes de terre pesant moyennement 1800 kilogrammes le mètre cube, dans une brouette placée à la hauteur d'environ 1 mètre au-dessus de la partie en déblai, et qu'il n'en pouvait guère charger dans un tombereau, ou élever à la hauteur de $1^m,6$, ou enfin projeter horizontalement à la distance de 4 mètres, plus de 12 mètres cubes pendant le même temps, c'est-à-dire pendant une journée de 10 heures de travail effectif : c'est même d'après cette dernière base qu'ont été établis les nombres du tableau qui concernent le pelleur, et que les ingénieurs ont réglé, pour chaque cas, la longueur des *relais* à la brouette, et la limite des distances auxquelles il devient avantageux de remplacer celle-ci par les camions ou les tombereaux.

Il nous suffira ici d'avoir indiqué cet objet de recherches qu'on trouvera développé, avec l'étendue que son importance réclame, dans les Ouvrages qui traitent spécialement des mains-d'œuvre et des grands travaux de construction (*).

--- -- -- --   --   ---   ---

(*) *Voyez* notamment le *Mémoire sur les terrassements* de M. le Colonel du Génie Vaillant, inséré au troisième numéro du *Mémorial de l'officier du Génie.*

DEUXIÈME PARTIE.

DES RÉSISTANCES

QUE LES CORPS OPPOSENT A L'ACTION DIRECTE DES FORCES ET AU MOUVEMENT D'AUTRES CORPS.

Nous avons eu plusieurs fois l'occasion de parler de la résistance que les corps éprouvent à glisser les uns contre les autres, à se rompre, à se déformer sous l'influence de certaines forces extérieures, à se comprimer, à se pénétrer réciproquement, etc.; mais il convient que nous développions ici davantage ces premières notions, et que nous fassions connaître les lois particulières et la mesure effective de ces diverses résistances, telles que l'expérience les a fait découvrir jusqu'ici, en nous bornant toutefois, suivant le plan de cette introduction, au cas le plus élémentaire où la puissance agit ou peut être censée agir d'une manière directe sur la résistance.

L'intelligence de ces lois repose sur certaines données de Physique, qui n'ont été que rapidement indiquées dans les PRÉLIMINAIRES de cet Ouvrage, et sur lesquelles nous croyons devoir revenir avec un peu plus de détail, dans ce qui suit.

NOTIONS PRÉLIMINAIRES SUR LA STRUCTURE DES CORPS ET LES FORCES QUI ANIMENT LEURS MOLÉCULES.

217. *Distinction entre les forces d'affinité, d'adhérence et de cohésion.* — Nous avons vu (27 et 28) que les corps, même les plus solides, sont composés d'atomes et de molécules distincts, séparés par des intervalles comparables à leur propre grandeur, et maintenus, dans leur état d'écartement ordinaire ou stable, par des forces attractives nommées : *affinité, cohésion, adhérence*, et qui sont contre-balancées par la force répulsive du calorique interposé.

L'*affinité* est la force en vertu de laquelle les atomes simples ou composés des corps différents tendent à se combiner, à s'unir entre eux, pour donner lieu à de nouveaux composés stables et jouissant de propriétés distinctes de celles des premiers. C'est ainsi que les acides se combinent avec les bases terreuses nommées *oxydes* ou *alcalis*, pour former des sels, et notamment que l'acide sulfurique et l'acide carbonique s'unissent à la chaux pour former le plâtre et les diverses pierres à chaux.

La *cohésion* est la force qui unit entre elles les molécules semblables d'un même corps, et qui s'oppose incessamment à l'action des forces extérieures de la nature des pressions ou des tractions, forces auxquelles toutefois elles cèdent plus ou moins.

Enfin, l'*adhérence* ne se distingue de la cohésion qu'en ce qu'elle s'exerce entre les molécules voisines des corps différents et fort souvent à la surface extérieure de ces corps, comme on en a des exemples dans la colle, les mastics et les enduits qui s'attachent aux substances solides, avec des forces variables, et les pénètrent même, sans néanmoins en changer la constitution intime.

L'adhérence et la cohésion sont essentiellement du ressort de la Mécanique, et on les désigne spécialement sous le nom de *forces moléculaires*. Quant à l'affinité, elle est particulièrement l'objet de la Chimie qui s'occupe de la composition, ou combinaison, et de la décomposition des groupes d'atomes; cette force paraît due à des actions d'un autre genre que celles qui constituent l'attraction et la répulsion moléculaires; actions plus vives, plus intimes et dans lesquelles l'*électricité*, autre fluide impondérable dont les propriétés se révèlent dans une infinité de circonstances, joue, conjointement avec le calorique, un rôle principal et nécessaire. Quoique l'étude des phénomènes auxquels donne lieu cette force ne rentre nullement dans l'objet de cet Ouvrage, nous croyons cependant utile de donner une légère idée de ses effets et du rôle qu'elle joue dans l'organisation des corps (*).

218. *Effets de l'affinité pour constituer les atomes en molécules.* — L'affinité n'a lieu qu'entre les atomes de certaines substances, à l'exclusion des autres; et, dans tous les corps qui sont l'objet de la Mécanique industrielle, même dans les gaz, la force d'affinité des atomes différents qui se sont réunis en *proportions simples et définies*, c'est-à-dire un à un, un à deux, à trois, etc., deux à trois, à cinq, etc., pour former autant de groupes distincts, constituant les molécules *intégrantes* des corps, cette force d'affinité se trouve *neutralisée*, *satisfaite* pour chaque groupe ou entre les différents groupes, de sorte qu'il n'en reste plus de traces au dehors; le corps entier, comme chacune des parties qui le composent, ayant ainsi acquis des proportions essentielles, distinctes de celles des atomes individuels, et qu'aucune force mécanique, c'est-à-dire de compression ou de traction, ne peut désormais lui enlever.

En effet, les corps ainsi constitués, et qui se nomment *neutres*, parce qu'ils ne sauraient admettre, sous l'influence des causes qui ont présidé à leur formation, aucune combinaison nouvelle d'atomes semblables à ceux qui les composent, de tels corps, disons-nous, peuvent être rompus, divisés et réduits mécaniquement, en poussières impalpables, sans qu'il en résulte autre chose que des particules identiques au tout, et composées elles-mêmes d'un nombre plus ou moins grand de molécules élémentaires maintenues entre elles, en raison de la force attractive ou répulsive qui les animent, à des distances comparables, en général, à celles qui séparent leurs simples atomes : les végétaux et les minéraux, tels que les bois, les pierres, etc., appartiennent évidemment à la classe des corps neutres.

Néanmoins la chaleur qui est comptée au nombre des forces

(*) La théorie nouvelle de la chaleur apporte des modifications essentielles à quelques-unes des considérations développées dans ce Chapitre; nous n'en signalerons que les plus importantes, en renvoyant, pour les détails, aux Traités spéciaux. (K.) •

mécaniques, et l'électricité qui est aussi une force qui se développe, comme la chaleur, par la percussion, par le frottement ou même par le simple contact des corps différents,
peuvent, dans certaines circonstances, changer l'ordre des
affinités naturelles ou des intensités d'action, et favoriser la
décomposition ou séparation des atomes, en donnant lieu à
des combinaisons nouvelles plus permanentes ou plus stables
que les anciennes.

219. *Effets de la cohésion pour constituer les groupes de
molécules.* — On admet généralement, de nos jours, que les
atomes simples ou composés qui constituent chaque molécule intégrante d'un corps, se disposent, se groupent entre
eux, à distances, suivant des lois de symétrie particulières,
dépendantes de leurs nombres respectifs, mais invariables;
or il en résulte que de semblables molécules doivent posséder, quant à leurs forces d'attraction réciproques, des propriétés qui varient, non-seulement avec leur distance absolue,
mais encore avec leurs positions relatives, avec la direction
de leurs faces ou axes naturels, de sorte qu'elles ont elles-
mêmes une tendance à se grouper dans un certain ordre régulier, lorsque les circonstances sont favorables et que rien
ne vient troubler le jeu des forces qui les animent.

C'est ainsi qu'on explique (*) la formation spontanée des

(*) On sait que les corps simples, ceux que la Chimie n'est pas encore parvenue à *analyser*, tels que l'or, le cuivre, le soufre, etc., sont également susceptibles de se cristalliser; pour expliquer ce fait, on admet que les atomes
primitifs ont, par eux-mêmes, des formes polyédriques qui favorisent leur arrangement régulier, ou, ce qui revient au même, des axes d'inégale attraction,
des *axes de polarisation*, analogues à ceux qu'on observe dans les *aimants* naturels ou artificiels, et qu'y produisent des centres particuliers et distincts
d'attraction ou de répulsion, nommés, les uns *pôle boréal, pôle positif*, les
autres *pôle austral, pôle négatif*. De plus, on suppose que cette polarité des
atomes mis en présence est due à un état particulier du fluide électrique qui
les environne, et c'est par des considérations analogues que les chimistes de
notre époque conçoivent l'affinité et expliquent ses effets, en rangeant les
atomes des corps en deux grandes classes, nommés, les uns *électro-positifs*,
les autres *électro-négatifs*. On doit à M. Ampère, Membre de l'Académie des
Sciences de Paris, une ingénieuse explication de la structure des cristaux,
fondée sur la considération de l'état électrique des atomes qui constituent
leurs molécules primitives ou secondaires.

cristaux, ou corps à facettes planes que nous offrent la nature
et les arts, c'est-à-dire la *cristallisation* des corps solides en
polyèdres plus ou moins réguliers, plus ou moins parfaits et
décomposables eux-mêmes, suivant certaines directions planes
nommées *faces de clivage,* en pyramides, en prismes ou cubes
de plus en plus petits, jusqu'à ce qu'on arrive à une forme
cristalline qui ne change plus par le clivage, et que, pour ce
motif, on regarde comme la forme *primitive* ou *élémentaire*
des molécules du cristal; forme invariable pour une même
substance, non-seulement quant au nombre et à la disposition
des faces ou sommets, mais encore quant à la grandeur des
angles formés par ces faces et leurs arêtes ou côtés. D'ailleurs
on remarquera que les molécules, en prenant ainsi, dans les
cristaux réguliers, l'arrangement qui convient le mieux aux
forces dont elles sont douées, acquièrent le *maximum* de rapprochement qui leur est propre, tandis que leur ensemble
atteint le *maximum* de densité (33).

220. *De la cristallisation et de la solidification en général.*
— L'arrangement régulier dont il vient d'être parlé ne s'opère
ordinairement que par l'intermédiaire des fluides ou *dissol-
vants,* tels que la chaleur et l'eau, qui, en s'interposant entre
les molécules des corps solides sans les décomposer chimiquement, les maintiennent momentanément à une certaine
distance, et les font jouir d'une mobilité en quelque sorte
parfaite, en vertu de laquelle elles peuvent obéir librement à
l'action de leurs forces attractives. Néanmoins on conçoit que,
puisque ces fluides ont la propriété de fondre ou dissoudre
les corps déjà cristallisés par eux-mêmes, l'extrême mobilité
des molécules auxquelles ils servent en quelque sorte de *véhicule,* ne suffit pas seule pour expliquer la formation des
cristaux réguliers et complets; il faut encore ajouter la circonstance du rapprochement lent et graduel, éprouvé par ces
molécules, à mesure que le fluide se dissipe dans l'espace
environnant, par suite du refroidissement et de l'évaporation.

La lenteur avec laquelle ce rapprochement s'opère est, en
effet, une condition indispensable de la cristallisation; car elle
donne aux molécules le temps nécessaire pour prendre les
dispositions d'équilibre qui conviennent à la neutralisation

parfaite des forces qui les animent, tandis que, dans le cas
contraire, elles se trouvent en quelque sorte *surprises* dans
leur mouvement de contraction réciproque, et affectent, à
l'instant de leur solidification, des dispositions variables pour
chacune d'elles, ou du moins variables d'un groupe de molécules à un autre; ce qui donne alors lieu à ce qu'on nomme
cristallisation incomplète, irrégulière ou *confuse*, selon
qu'elle est plus ou moins avancée, plus ou moins imparfaite
à l'instant de la solidification générale. On conçoit d'ailleurs
que cette absence de cristallisation régulière, qui s'aperçoit
dans le plus grand nombre des corps de la nature, et qui souvent n'est que masquée par la forme extérieure, peut être
aussi bien le résultat d'un trouble quelconque apporté au
rapprochement des molécules, tel qu'une secousse, etc., que
d'une soustraction brusque du fluide interposé.

L'expérience démontre que, lorsque les molécules de plusieurs corps, sans affinité réciproque, se trouvent à la fois
dissoutes dans un même fluide, c'est-à-dire à l'état de simple
mélange, l'acte de la cristallisation, quand il s'opère avec lenteur et régularité, tend à les séparer les unes des autres, avec
d'autant plus d'énergie et d'efficacité que les cristaux qui résultent de chacun d'eux ont eux-mêmes moins d'analogie ou
de propriétés communes; mais que, si la cristallisation est
brusque ou confuse, les différentes molécules se trouvent
distribuées, sans aucun ordre, à peu près comme elles l'étaient
dans le fluide dissolvant.

L'eau est, parmi les liquides, l'agent de dissolution le plus
général des corps de la nature; non-seulement elle forme avec
plusieurs d'entre eux, tels que la chaux, l'alumine, etc., des
composés solides nommés *hydrates,* non-seulement elle a la
propriété (11) de s'interposer mécaniquement entre les particules des corps poreux, et de s'y solidifier ou congeler en
vertu de son adhérence pour ces particules; mais encore elle
entre toujours comme partie essentielle dans la composition
de tous les cristaux qui se sont formés par son intermédiaire,
et où elle se trouve retenue également, à l'état solide, sous le
nom d'*eau de cristallisation.*

Dans ces différents cas, la force qui unit l'eau aux molécules
du corps solide est tellement grande, qu'elle ne peut être

vaincue, fort souvent, qu'à l'aide d'une chaleur très-intense,
qui tantôt les désagrége brusquement et avec bruit, tantôt les
oblige à se fondre pour se prendre bientôt en une masse générale, tantôt enfin les contracte et les solidifie de plus en
plus, à mesure que l'eau vaporisée permet aux molécules
propres du corps de se rapprocher les unes des autres, ainsi
qu'on l'observe notamment dans la cuisson des briques, des
poteries et porcelaines.

221. *Structure particulière des corps solides organisés, force
qui la produit.* — Les considérations précédentes suffisent
pour donner une idée de la constitution physique de la plupart
des corps solides qu'on rencontre à la surface ou dans les en-
trailles de la terre, et qu'on nomme *minéraux*, comme aussi
de ceux qu'on obtient directement par les divers procédés
chimiques usités dans les arts. Quant aux corps solides organisés, tels que les végétaux et les animaux, où se fait remarquer l'absence des formes polyédriques à angles et sommets
vifs, l'arrangement symétrique et régulier des molécules suivant des lois d'ailleurs variées à l'infini, est attribué à l'intervention de certaines forces particulières nommées *forces
vitales,* lesquelles auraient la propriété de modifier l'état électrique naturel des atomes et molécules, c'est-à-dire leurs
forces d'affinité réciproques, de manière à les contraindre à
se grouper dans l'ordre qui convient aux organes producteurs
ou aux germes en qui réside essentiellement la force vitale.
Ici les molécules montrent une tendance particulière à se disposer en globules, en fibres ou filets rangés les uns à côté des
autres, ou recroisés de manière à former tantôt des cylindres
creux ou pleins, tantôt des tissus à mailles plus ou moins serrées, etc.

222. *Résumé des hypothèses concernant les forces moléculaires.* — Quoi qu'il en soit de ces dernières réflexions, nous
devons admettre que les corps sont généralement constitués
d'atomes groupés, en nombres ou en proportions définis, suivant des lois régulières et simples, pour former ce qu'on
nomme, à proprement parler, les *molécules intégrantes* ou
élémentaires de ces corps; qu'aucune force de pression ou de

traction ordinaire ne peut écarter ou rapprocher les atomes
d'un pareil groupe, de manière à en modifier l'arrangement, la
forme extérieure et les propriétés mécaniques; que ces groupes ou molécules primitives, placées entre elles à des distances
plus ou moins grandes par rapport à leurs propres dimensions,
s'attirent avec une force totale qui varie, non-seulement en
raison de leur écartement absolu, mais encore en raison de
leur position relative ou de la direction de leurs axes, faces ou
arêtes, ce qui leur donne une tendance à se grouper elles-
mêmes, suivant des lois régulières, quand des forces étrangères et d'une espèce plus ou moins analogue ne viennent
point troubler leur action réciproque, lente et graduée; qu'enfin les forces attractives dont il s'agit sont contre-balancées par
la force répulsive du calorique interposé, et peuvent être mises
en jeu par des efforts de traction et de pression ordinaires, tels
que la gravité, la pression atmosphérique, etc., qui ont pour
effet d'écarter ou de rapprocher les molécules d'une manière
quelconque, jusqu'à l'instant où elles ont pris de nouvelles
positions d'équilibre stable, sous l'action de ces forces.

Pour expliquer comment, dans l'état ordinaire d'un corps,
l'équilibre se trouve établi entre les forces attractives et répulsives des molécules, on suppose : 1° que les atomes du calorique se repoussent entre eux à toutes distances, comme les
molécules mêmes des gaz (28), mais avec des forces qui décroissent très-rapidement à mesure que ces distances augmentent, et dont l'intensité totale est, pour chaque lieu, indiquée par les degrés du thermomètre (22), qui mesurent
ainsi l'*état de tension*, l'*état d'équilibre* du calorique accumulé dans ce lieu, et que, pour cette raison, on nomme *calorique libre, calorique sensible;* 2° que les atomes du calorique
sont, au contraire, attirés plus ou moins fortement par les molécules des différents corps, et s'accumulent autour de celles-ci,
de manière à constituer une sorte d'atmosphère, dont la densité ou la tension décroît, du centre à la circonférence, jusqu'à devenir égale à celle du calorique *ambiant* ou du milieu
dans lequel le corps est plongé (*); 3° que lorsque deux mo-

(*) Le calorique ainsi condensé autour des molécules, est ce qu'on nomme
le calorique *combiné* ou *latent* (caché), parce que son état d'accumulation

lécules matérielles d'un corps sont en présence, la force qui tend à les écarter est simplement due à la répulsion de leurs atmosphères de calorique, tandis que celle qui tend à les unir, se compose à la fois de leur attraction propre et de l'attraction de l'atmosphère de chacune d'elles pour la matière de l'autre; 4° enfin que les forces d'attraction et de répulsion totales décroissent très-rapidement à mesure que la distance des molécules augmente, de manière à devenir nulles ou insensibles pour des distances appréciables, c'est-à-dire mesurables à l'aide de nos instruments (*).

223. *Remarques diverses sur ces hypothèses.* — Sans insister sur l'ingénieuse explication que nous venons de rapporter et qui est due à l'illustre Laplace, il nous suffira d'admettre que,

---

plus ou moins grande n'est point accusé par le thermomètre placé au dehors de la sphère d'attraction très-petite des molécules : c'est ce calorique qui s'échappe d'un corps, sous la forme *rayonnante*, quand on en rapproche les parties par la compression, etc., et qui devient ainsi de nouveau sensible au thermomètre.

(*) L'hypothèse la plus répandue aujourd'hui sur la constitution intime des corps a quelque analogie avec celle qui est formulée ici par Poncelet; on suppose que les espaces intermoléculaires sont remplis d'*éther*, que ce fluide forme une sorte d'atmosphère autour des molécules et des atomes; mais on ne peut plus admettre que ce fluide soit le *calorique*, que la *quantité de chaleur* contenue dans un corps soit la *quantité d'éther* qui s'y trouve renfermée. En réalité, dans la théorie mécanique de la chaleur, on fait l'hypothèse que la chaleur et le travail sont des quantités équivalentes, mais la démonstration des deux lois fondamentales n'exige aucune supposition spéciale sur la nature du travail, de la force vive qui constitue la chaleur. On admet généralement que, dans les corps, il existe un mouvement interne, soit des particules matérielles, soit des particules de l'éther, et que la force vive correspondante est la mesure de la quantité de chaleur contenue dans le corps.

Ce qui a été dit dans la Note du n° 105 au sujet de la répartition de la chaleur communiquée à un corps montre quelle idée on doit se faire de la *chaleur latente* : une partie de cette chaleur communiquée est employée à augmenter la chaleur *libre*; l'autre partie, qui, d'après les idées anciennes devient *latente*, n'existe plus après l'acte; elle a été consommée, pendant le changement d'état, en travail externe et en travail interne. Lorsque l'on dit que la chaleur *latente redevient libre*, il faut entendre que cette chaleur a été réellement reconstituée par un travail inverse; la partie de la chaleur latente qui correspond au travail externe varie avec les circonstances extérieures qui agissent sur le corps, tandis que celle qui répond au travail interne ne dépend que de l'état initial et de l'état final. (K.)

dans l'état d'équilibre ordinaire des corps, les molécules sont
maintenues entre elles, à distance, par une force attractive et une
force répulsive qui se balancent exactement ou sont égales, et
que, suivant que cette distance est agrandie ou diminuée par
l'action d'une cause ou force étrangère agissant dans la direction
de la droite qui unit les centres des molécules, c'est l'attraction qui l'emporte sur la répulsion, ou la répulsion qui l'emporte, au contraire, sur l'attraction ; la force dont il s'agit mesurant précisément l'excès de la plus grande sur la plus petite
des deux premières, et devenant, comme elles, insensibles
pour des distances sensibles.

On a été conduit à admettre ce dernier principe, en observant
que les parties distinctes d'un même corps, une fois désunies,
cessent de s'attirer, lorsque l'intervalle qui les sépare est appréciable à nos sens, tandis que le contraire arrive, dans certains cas favorables, quand, par la compression, on met ces
parties en contact immédiat, et qu'on chasse les molécules
d'air interposées, en faisant le vide ou en enduisant les surfaces d'un liquide qui produise le même effet ; c'est ce qui a
été observé, par exemple, pour des plaques de verre et de
marbre parfaitement dressées, ou pour des morceaux de plomb
fraîchement coupés, c'est-à-dire non encore salis et oxydés ;
mais cela peut aussi se vérifier directement et journellement
sur des matières molles, telles que la cire, l'argile et la poix,
dont les molécules jouissent d'un certain degré de mobilité.

Toutefois, comme nous voyons les molécules des liquides et
même celles de plusieurs corps solides, ne conserver leur état
d'agrégation qu'autant qu'ils se trouvent soumis à une certaine
pression extérieure ; comme nous voyons, d'un autre côté, les
molécules des gaz et des vapeurs se repousser mutuellement
entre certaines limites de pression, et qu'enfin il est bien certain encore que toutes les molécules matérielles agissent les
unes sur les autres, suivant les lois de l'attraction universelle,
c'est-à-dire en *raison directe des masses et inverse du carré de
la distance*, on est conduit à se demander si toutes ces propriétés, en apparence distinctes des molécules, ne seraient pas
dues aux mêmes causes, c'est-à-dire aux mêmes forces agissant
à toutes distances, et qui se modifieraient suivant des lois jusqu'ici inconnues ; ou, en d'autres termes, si les principes at-

tractif et répulsif, tour à tour prédominant et prédominés, ne constitueraient pas, dans des intervalles en réalité immenses, les uns par rapport aux autres, les états distincts sous lesquels s'offre à nous la matière, c'est-à-dire la solidité, la liquidité, la gazéité, etc.

Dans cette supposition, qu'il faut bien se garder de considérer comme un fait, et qu'on peut néanmoins adopter ici sans inconvénient, il arriverait simplement que, quand les molécules d'un corps solide se séparent, soit par l'action directe d'une force extérieure, soit par l'action ou l'accumulation du calorique interposé, la force répulsive, d'abord égale à la force attractive pour l'instant qui précède immédiatement la rupture de l'équilibre, lui deviendrait ensuite supérieure, et s'opposerait à la réunion des molécules jusqu'à ce que, par suite de l'accroissement de plus en plus grand de la distance, l'attraction l'emportât de nouveau sur la répulsion. Or cette manière de voir n'est nullement en contradiction avec les principes énoncés ci-dessus ni avec les faits connus; seulement il ne faudrait pas dire que la force qui agit sur les molécules à distance sensible, quoique très-petite, est attractive, mais répulsive, et d'ailleurs négligeable par rapport à celle qui les unissait primitivement.

224. *Du rôle particulier joué par le calorique lors de l'écartement et du rapprochement des molécules.* — On se rappellera (24) que, quand l'intervalle des molécules d'un corps augmente, il arrive presque toujours que la température baisse ou qu'il se refroidit, de sorte qu'il tend à enlever du calorique aux corps environnants, tandis que, dans le cas contraire, la température s'élève ou le corps s'échauffe, ce qui revient à dire (22, Note) qu'une portion du calorique compris entre ses molécules s'échappe et passe aux corps environnants. Or il convient de remarquer que cet effet n'est que momentané, et qu'au bout d'un temps plus ou moins long, l'équilibre se rétablit d'une manière permanente, soit entre les températures, soit entre les forces attractives ou répulsives et la force extérieurement appliquée, toujours égale à la différence des deux premières, et contraire à la plus grande d'entre elles.

Cette remarque est d'autant plus importante que la durée de

ce rétablissement de l'équilibre peut être, dans quelques cas, fort grande, et que l'on se tromperait sur la véritable appréciation de la réaction moléculaire des corps, si l'on prétendait l'observer aux instants qui précèdent celui dont il s'agit. C'est, par exemple, une des causes déjà souvent indiquées dans le cours de cet Ouvrage, qui empêchent que la loi de Mariotte (16 et 17) n'ait lieu aux premiers instants de la détente ou de la compression brusque des gaz; car, en vertu du principe de M. Gay-Lussac, énoncé au n° 26, l'abaissement ou l'élévation de température qui suit cette détente et cette compression équivaut à une diminution ou à un accroissement de tension que l'on est aujourd'hui en état de calculer, grâce aux belles et savantes recherches de M. Dulong, sur la chaleur spécifique des gaz. En général, comme, d'une part, il faut au calorique un temps fini et souvent fort long pour pénétrer ou abandonner les corps, temps qui varie d'ailleurs avec l'espèce de ces corps, et que, d'une autre, un accroissement ou une diminution de température équivaut à un accroissement ou à une diminution de tension, il en résulte que la rapidité avec laquelle s'opère le rapprochement ou l'écoulement des molécules, a une influence nécessaire sur l'intensité de leur action totale, attractive ou répulsive, et que cette intensité doit croître avec la vitesse du mouvement; phénomène qui offre la plus grande analogie (66, 130 et suivants) avec celui que présente la force d'inertie même des molécules matérielles des corps, et qui doit augmenter dans les premiers instants l'énergie de la résistance.

Il y aurait, sur ce sujet, beaucoup de choses essentielles à dire, mais leur exposition que l'on trouve développée dans les Traités de Physique modernes, nous entraînerait beaucoup trop loin; il nous suffit ici que l'on saisisse, à peu près, la nature du rôle que jouent les forces attractives et répulsives des molécules, lorsque la distance augmente ou diminue; et c'est ce que l'on concevra, plus clairement encore, par l'intermédiaire des courbes géométriques dont nous avons déjà tiré un si grand parti dans tout ce qui précède.

225. *Représentation et discussion des lois de l'attraction moléculaire par une figure géométrique.* — Pour nous former

des idées claires à ce sujet, considérons ce qui se passe de molécule à molécule, ou entre deux molécules voisines d'un corps, en faisant, pour un instant, abstraction de l'influence de la position relative de ces molécules (222), de manière à n'avoir à nous occuper que de celle de leur écartement absolu.

Concevons (*Pl. II, fig.* 45) qu'on trace une première courbe $a_2'a_1'ma_1a_2,\ldots$ dont les différents points aient pour abscisses horizontales Ox_2', Ox_1', On, $Ox_1,\ldots$ les distances entre deux molécules voisines d'un corps solide, et, pour ordonnées verticales $a_2'x_2'$, $a_1'x_1'$, mn, $a_1x_1,\ldots$, les valeurs correspondantes de la force attractive qui tend à les rapprocher l'une de l'autre. Soit pareillement tracée une seconde courbe $r_2'r_1'mr_1r_2,\ldots$, dont les ordonnées, relatives aux mêmes abscisses respectives, représentent les valeurs correspondantes de la force de répulsion qui tend à écarter ces deux molécules entre elles; les courbes dont il s'agit devront se couper ou avoir une ordonnée commune mn, au point m qui répond à l'état d'équilibre naturel de ces mêmes molécules, pour lequel, par hypothèse, aucune force étrangère ou extérieure n'est appliquée, et elles devront se croiser comme l'indique la *fig.* 45, de façon que l'attraction surpasse la répulsion pour la partie située à droite du point m, et en soit, au contraire, surpassée pour celle qui est à gauche de ce même point : la première répondant au cas où l'écartement des molécules augmente, et la seconde à celui où il diminue.

De plus, pour toute cette dernière partie, les deux courbes doivent, comme l'exprime encore la figure, s'approcher rapidement et indéfiniment de l'axe OY des ordonnées, sans jamais l'atteindre, puisque les molécules des corps sont impénétrables, et que leur distance mutuelle ne peut jamais devenir nulle; tandis que, pour toute la partie de l'axe des abscisses située à droite de la verticale mn, ces mêmes courbes doivent se rapprocher indéfiniment de cet axe, de manière qu'à une certaine distance Ox, du point n, très-grande par rapport à l'écartement primitif On des molécules, leurs ordonnées correspondantes ax et rx, soient comme infiniment petites par rapport à celle mn du point m.

Enfin, puisqu'il existe toujours (223) une distance des molécules, passé laquelle la répulsion doit surpasser l'attraction

après lui avoir été égale pour un instant, et inférieure pour les
instants précédents, il faut que nos deux courbes se rencontrent de nouveau, en un point m', ou qu'elles aient, en ce
point, une ordonnée commune $m'n'$, au delà de laquelle elles
se séparent, de plus en plus, suivant une loi d'abord rapidement croissante, et qui bientôt doit coïncider sensiblement
avec celle (182 et 188, *Pl. II, fig.* 41 et 43) qui se rapporte à
la détente des fluides élastiques.

D'ailleurs cette manière d'envisager les choses n'exclut nullement la supposition que les courbes se rencontrent une ou
plusieurs fois, soit entre m et m', soit en deçà de m, soit au
delà de m', en de nouveaux points correspondant à autant de
positions pour lesquelles les forces attractives et répulsives
sont égales et se font équilibre. Cette supposition paraît même
conforme à quelques effets naturels qui seront discutés plus
loin, et qui s'observent dans tous les cas où l'élasticité des
corps solides se trouve altérée (20); mais nous devons nous
renfermer d'abord dans l'hypothèse la plus simple, sauf à examiner ensuite celle qui l'est moins, et qui n'est point d'ailleurs indispensable pour l'exposition des faits que nous avons
ici en vue.

Considérant donc, en particulier, ce qui se passe aux environs du point m, relatif à l'état d'équilibre primitif, et supposant que l'écartement correspondant On des molécules
augmente de nx_1, par l'influence d'une force extérieure, de
traction, agissant suivant la direction de la droite qui passe par
le centre de ces molécules, il est clair que l'intervalle a_1r_1,
entre les deux courbes, mesuré pour l'ordonnée x_1a_1 qui a
pour abscisse $On + nx_1$, exprimera l'intensité de la force totale, et ici attractive, qui s'oppose au déplacement nx_1 subi
par ces mêmes molécules. Or cette force, comme on voit, sera
constamment croissante jusqu'aux environs de l'ordonné a_3x_3,
qui répond à l'écartement $On + nx_3$, pour lequel elle atteindra son *maximum*, et au delà duquel elle commencera à décroître, de plus en plus, jusqu'à devenir nulle en m'. Supposant, au contraire, que la force extérieure soit comprimante,
et amène les molécules à la position qui répond à l'abscisse
$Ox'_1 = On - nx'_1$, on voit que la force répulsive l'emportera
sur la force attractive de la quantité $a'_1r'_1$, égale à la force de

compression extérieure, et qui croîtra constamment et rapidement avec le rapprochement des molécules, attendu que
nous supposons toujours que les courbes ne doivent plus se
rencontrer en deçà du point *m*.

226. *Principes relatifs à l'élasticité moléculaire.* — Ces
choses étant admises, on peut se rendre facilement compte,
par la Géométrie, des notions qui concernent la résistance
élastique et la loi qu'elle observe avec la distance.

En effet, on voit que, si l'on applique à nos deux molécules
une force de compression ou de traction quelconque, pourvu,
néanmoins, que cette force ne surpasse pas celle qui est représentée par l'intervalle *maximum* $a_3 r_3$ des courbes, la distance O *n*, de ces molécules, ira progressivement en diminuant
ou en augmentant jusqu'à la position qui répond à l'énergie
de la force étrangère, et pour laquelle il y aura équilibre ou
repos; qu'ensuite, si cette force vient tout à coup à cesser son
action, les molécules, sollicitées par leur force totale décroissante (*), répulsive ou attractive, tendront à revenir vers leur
première position; mais qu'étant alors animées d'une certaine
vitesse, ou plutôt d'une force vive égale au double de la quantité de travail imprimée par cette dernière force, et qui est ici
évidemment (72) mesurée par l'aire comprise entre les deux
courbes, le point *m* et l'ordonnée qui répond à l'effort primitif,
elles dépasseront leur position d'équilibre naturel pour y revenir bientôt, et ainsi de suite indéfiniment, par une série
d'oscillations qui ne décroissent de plus en plus, dans les corps
matériels, que parce que leurs molécules se trouvent soumises à certaines résistances étrangères ou communiquent,
en le partageant, le mouvement qu'elles possèdent aux corps
environnants.

Cet état d'équilibre des molécules est analogue à celui d'un
pendule ou fil à plomb, qui, suspendu à un point fixe et écarté
de la verticale, tend à y revenir constamment par l'action de

(*) Nous appelons force *totale*, la différence des forces, attractive et répulsive, qui sollicitent les molécules, et qui sont représentées par les intervalles
$a_1 r_1$, $a_2 r_2$,... pour le cas de l'attraction, et par $a'_1 r'_1$, $a'_2 r'_2$,... pour celui
de la répulsion.

la pesanteur, en exécutant une suite d'oscillations décroissantes de part et d'autre de cette verticale; c'est pourquoi on le nomme *équilibre stable.*

Concevons maintenant qu'on mène, au point *m*, commun aux deux courbes, des tangentes ainsi que l'exprime la *fig.* 45, *Pl. II,* ces tangentes formeront entre elles deux angles opposés au sommet, et elles se confondront sensiblement avec les contours respectifs des courbes, dans une certaine étendue de part et d'autre du point *m*; or, il résulte d'une propriété connue des triangles semblables, que les parties des ordonnées indéfinies, comprises entre les deux tangentes dont il s'agit, sont proportionnelles à leurs distances respectives du sommet, *m*, commun à chaque angle; d'ailleurs ces distances mesurent précisément, sur l'axe des abscisses OX, la grandeur du déplacement correspondant à chaque ordonnée et qu'ont subi les molécules à compter de leur position primitive O*n*; donc on est conduit (*) à ce principe bien connu et duquel les géomètres sont partis pour établir, par de savants calculs, les lois de l'équilibre et du mouvement vibratoire (19) des corps soumis à certains efforts ou écartés, d'une manière quelconque, de leur position d'équilibre stable et primitif :

Les forces totales en vertu desquelles les molécules des corps s'attirent ou se groupent entre elles, sont proportionnelles aux déplacements correspondants de ces molécules, tant qu'ils demeurent très-petits par rapport à l'intervalle absolu qui sépare celles-ci.

Mais on voit, en même temps, que les déplacements pourraient cesser d'être très-petits et par conséquent proportionnels aux efforts correspondants, sans que, pour cela, l'élasti-

---

(*) On simplifiera beaucoup ces considérations et toutes celles qui suivent en traçant, sur les mêmes abscisses, une nouvelle courbe dont les ordonnées auraient respectivement pour hauteurs les intervalles correspondants des deux premières, ou la valeur des forces totales qui sollicitent les molécules dans leurs divers écartements; car cette courbe, qui est pointillée sur la *fig.* 45 et coupe l'axe OX aux points *n* et *n'*, offrira un sommet entre ces points, et, si on lui mène une tangente en *n*, elle remplacera pareillement les deux tangentes en *m*, et aura pour ordonnées respectives les écartements correspondants de ces tangentes.

cité, c'est-à-dire la propriété qu'ont les molécules de revenir
à leur première position, soit aucunement altérée.

227. *Des divers degrés d'élasticité et de raideur des molécules, mesure de la force élastique.* — Si, pour les molécules
d'une certaine substance, il arrivait que les courbes d'attraction et de répulsion se confondissent sensiblement avec la ligne
droite, dans une certaine étendue de leur cours à compter du
point *m*, et qu'en même temps les tangentes correspondantes
formassent d'assez grands angles avec l'axe vertical, OY, des
ordonnées, comme l'exprime la *fig. 45, Pl. II,* le principe qui
vient d'être énoncé, et par suite l'élasticité, se conserveraient
pour des déplacements des molécules, comparables à leur intervalle primitif O*n* : c'est ce qui a probablement lieu pour les
molécules du *caoutchouc* dit *gomme élastique*, lequel peut recevoir de très-grandes flexions ou extensions sans cesser de
revenir à sa forme primitive. Si ces mêmes courbes, tout en
se confondant sensiblement avec les tangentes au point *m*,
dans une grande étendue de part et d'autre de ce point, sont
disposées comme l'indique la *fig. 46, Pl. II,* c'est-à-dire de
manière que l'une, au moins, de ces tangentes s'approche
beaucoup de l'ordonnée correspondante *mn*, alors les tensions,
mesurées par les intervalles compris, entre ces mêmes courbes,
sur les ordonnées voisines, croîtront d'une manière extrêmement rapide par rapport aux déplacements correspondants des
molécules : ce cas appartient spécialement aux corps très-
raides et très-élastiques, lesquels s'allongent ordinairement
fort peu avant de rompre, comme l'indique le faible intervalle *nn'*, compris entre les ordonnées des points *m* et *m'*
relatifs aux deux états d'équilibre distincts des molécules.

Dans tous les cas, on voit que la *résistance élastique* de ces
molécules ou leur *raideur,* est d'autant plus grande que les
déplacements qu'elles subissent, au premier instant, sont plus
petits par rapport aux efforts de traction ou de compression
qui les produisent; de sorte que le rapport de ceux-ci à ceux-
là, donné immédiatement par le tracé des tangentes, peut être
pris pour la mesure de cette résistance, de cette raideur.

Ainsi, par exemple, si nous nommons A_2, R_2(*Pl. II, fig.* 45)
les intersections respectives de l'ordonnée $x_2 r_2$ avec les tan-

gentes en m, le rapport $\dfrac{A_2 R_2}{n x_2}$, qui est constant pour ces tangentes et se confond avec celui des premiers éléments des
courbes en m, exprimera la valeur numérique de la résistance
dont il s'agit, pour la position d'équilibre naturelle ou stable
des molécules en O et n (*); et l'on voit, en particulier, que
cette valeur est beaucoup plus grande pour le cas de la *fig.* 46,
que pour celui de la *fig.* 45 qui nous occupe.

En admettant cette définition de la force élastique, le principe énoncé ci-dessus (226) revient simplement à dire que,
*pour des déplacements très-petits des molécules des corps, la
force élastique conserve des valeurs sensiblement constantes.*
Mais, comme les tangentes aux points correspondants de nos
deux courbes (*Pl. II, fig.* 45) vont en s'inclinant de plus en
plus, par rapport à l'axe des abscisses ou des ordonnées, à
mesure qu'on s'écarte du point m, vers la gauche ou vers la
droite, on voit qu'en réalité la force élastique croît ou décroît
sans cesse, selon que l'écartement des molécules diminue ou
augmente. C'est d'ailleurs ce qui sera démontré plus explicitement dans l'article suivant.

228. *Changement que subit la force élastique avec le déplacement des molécules dû aux forces étrangères ou au calorique.* — Considérant, par exemple, l'écartement $O x_2$ de
ces molécules, auquel correspond l'intervalle $a_2 r_2$ des deux
courbes, et supposant que cet écartement soit maintenu par
l'intermédiaire d'une force de traction mesurée par $a_2 r_2$, de
manière qu'il y ait équilibre, on pourra considérer cet état
d'équilibre en lui-même et abstraction faite de la force qui le
produit. A cet effet, on supposera la courbe $r'_2 r'_1 m r_1 r_2 \ldots$ des
répulsions, relevée parallèlement, de toute la hauteur $a_2 r_2$,
jusqu'en $c a_2 d$. Or tout ce que nous avons dit du point de croisement m, des deux courbes primitives, s'appliquera exacte-

---

(*) Pour la courbe pointillée mentionnée dans la Note du numéro qui précède, la résistance est immédiatement donnée par l'*inclinaison* de la tangente,
en n, sur l'axe des abscisses, ou, plus exactement, par le rapport constant des
ordonnées de cette tangente aux abscisses correspondantes mesurées à partir
du point n.

ment au point a_2, commun à l'une d'elles et à la nouvelle courbe ca_2d dont il s'agit; c'est-à-dire que l'équilibre sera *stable*, et que, si l'on mène, en a_2, les tangentes correspondantes, la force de réaction ou l'élasticité sera encore mesurée par le rapport constant de l'intervalle compris, entre ces tangentes, sur chaque ordonnée, à la distance de celle-ci au point a_2, mesurée sur l'axe des abscisses. D'après cela, il est bien évident que l'intensité de la force élastique ne dépend, en effet, que de l'inclinaison des tangentes aux points correspondants, a_2 et r_2, des deux courbes primitives, et que cette intensité diminue ou augmente à mesure qu'on s'écarte, vers la droite ou vers la gauche, du point d'intersection m de ces courbes (*).

Remarquons, en passant, que si les molécules, au lieu d'être amenées à la distance Ox_2 correspondante à l'intervalle a_2r_2 des courbes, par l'influence directe d'une force de traction, l'étaient par une élévation convenable de température, c'est-à-dire telle, que la force répulsive mesurée par x_2r_2 devînt égale à x_2a_2, l'équilibre stable se trouverait également établi entre les molécules; or on admet ordinairement comme un principe, que ce nouvel état d'équilibre est identique à celui dont il s'agit, et donne lieu aux mêmes phénomènes élastiques. On conçoit, en effet, qu'élever la température d'un corps en le laissant se dilater librement, ce n'est autre chose qu'augmenter la quantité et la tension du calorique contenu entre ses molécules (224), d'où résulte un accroissement correspondant de leur force de répulsion mutuelle, qui, entre certaines limites, doit demeurer constant avec cette tension ou la température, pour les divers écartements que peuvent ensuite subir les molécules par l'influence d'une force extérieure; or cela revient précisément à dire que les ordonnées de la courbe r'_2mr_2m' des répulsions, se sont, dans le nouvel état d'équilibre, toutes accrues de la même quantité représentée par a_2r_2.

Mais, quelle que soit l'évidence apparente de ce principe,

___

(*) C'est ce que l'on concevra plus facilement encore en se reportant à la courbe pointillée de la *fig.* 45, *Pl. II*, puisque l'inclinaison de ses tangentes sur l'horizontale passant par chaque point de contact respectif, mesure évidemment la grandeur de la force élastique correspondante.

on ne doit l'admettre que comme une probabilité qui a besoin d'être appuyée des données certaines de l'expérience.

229. *Au delà d'un certain écartement, la force élastique devient nulle ou négative, et l'équilibre* MIXTE, INDIFFÉRENT *ou* INSTABLE. — Nous venons de voir que la résistance élastique des molécules varie avec leur distance mutuelle ou, ce qui revient au même, que, sous l'influence d'une force extérieure variable, elles peuvent se placer dans une infinité de positions d'équilibre stable, distinctes; or les courbes des *fig.* 45 et 46, *Pl. II*, montrent que, non-seulement la force élastique va constamment en diminuant, avec l'écartement des molécules, à partir de la position d'équilibre primitive correspondante au point m, mais qu'encore elle devient tout à fait nulle pour l'écartement Ox_3 sous lequel l'intervalle $a_3 r_3$ des deux courbes est un *maximum*, et les tangentes en a_3 et r_3 sont parallèles.

Si l'on examine, comme on l'a fait pour l'écartement Ox_2, l'état particulier d'équilibre qui répond à celui Ox_3 dont il s'agit, en supposant la courbe des répulsions relevée parallèlement à elle-même, jusqu'en a_3, il devient évident, en effet, que l'élasticité est nulle pour ce dernier écartement; mais on voit, en outre, que, pour peu que cet écartement soit augmenté, il tend à croître de plus en plus sous l'influence de la force extérieure mesurée par $a_3 r_3$, et qui surpasse constamment les résistances absolues $a_4 r_4$ des molécules, tandis que s'il est diminué d'une quantité quelconque, il tend, au contraire, à revenir constamment à sa première grandeur Ox_3. L'équilibre est donc stable pour cette dernière supposition, mais il ne l'est pas pour la première. Or ce genre d'équilibre qu'on appelle *mixte*, se changerait évidemment en un équilibre *indifférent*, si les deux courbes, rapprochées comme on l'a dit, se confondaient dans une étendue plus ou moins grande de part et d'autre du point a_3; car, pour toute cette étendue, les molécules pourraient subir des déplacements dirigés dans un sens quelconque, sans que l'équilibre cessât d'avoir lieu sous l'influence de la force extérieure égale à $a_3 r_3$; c'est-à-dire sans que ces molécules éprouvassent aucune tendance à s'écarter ou à se rapprocher de leur première position d'équilibre en O et x_3.

En continuant la discussion pour des positions situées au
delà de celle qui nous occupe, on trouverait que tous les états
d'équilibre produits sous des efforts permanents mesurés par
l'écartement vertical des deux courbes, sont analogues à celui
qui répond à leur second point de croisement m', et se rapportent à un véritable état d'*instabilité*, attendu que, soit
qu'on rapproche, soit qu'on écarte les deux molécules d'une
quantité aussi petite qu'on le voudra, elles continuent à se
rapprocher ou à s'écarter de plus en plus, en s'éloignant de
leur position primitive d'équilibre. Quant à la valeur de la
force élastique relative à ce cas, on ne peut pas dire qu'elle
soit nulle, mais bien qu'elle est *négative*.

230. *Notions sur la force de ténacité ou de cohésion des
molécules.* — Revenons à nos premières hypothèses, par lesquelles nous avons admis que le point m répond à l'état d'é-
quilibre stable et naturel des molécules. On voit, par ce qui
précède, que si l'on applique à ces molécules un effort de
traction moindre que celui qui répond à $a_3 r_3$, elles s'écarte-
ront progressivement l'une de l'autre, et parviendront bientôt
à un nouvel état d'équilibre stable comme le premier, pour
lequel néanmoins la résistance élastique sera inférieure à ce
qu'elle était en m; mais que, si cet effort excède un tant soit
peu $a_3 r_3$, l'écartement, après avoir dépassé Ox_3, s'accroîtra
indéfiniment et d'une manière de plus en plus rapide, puisque
l'effort opposé par les molécules ira dès lors en diminuant
jusqu'à devenir nul pour la position qui répond à n', et à se
changer bientôt en une répulsion tendant, par elle-même, à
rompre ou séparer les molécules sans le concours de la force
étrangère. L'effort *maximum* de traction $a_3 r_3$, que peuvent
supporter les molécules sans que cette circonstance arrive,
est ce qu'on nomme leur force de *ténacité* ou de *cohésion*
absolue, et l'on voit que cet effort n'a pas de rapport nécessaire avec le déplacement total, $n n'$, qu'elles subissent au
moment de la rupture, ni avec la force élastique qui répond
aux premiers instants du déplacement en m.

On voit également que, si on laissait acquérir aux molécules, sous l'influence de la force extérieure, une vitesse
quelconque, la force vive qui en résulterait pourrait être ca-

pable de faire dépasser, à ces molécules, la position d'équilibre mixte qui répond à Ox_3, et d'amener leur séparation
complète, quand bien même la première de ces forces serait
moindre que celle que mesure l'intervalle maximum $a_3 r_3$ des
deux courbes.

D'ailleurs il résulte de l'observation déjà faite au n° 226, et
de ce que tous les intervalles $a_1 r_1$, $a_3 r_3$, $a_4 r_4$, compris entre m
et m', représentent indistinctement des forces totales attractives, que l'aire de la portion $m a_3 m' r_3 m$, comprise entre les
deux courbes et leurs intersections communes, m et m', mesure précisément la quantité de travail développée, par ces
forces, dans tout l'intervalle nn', et strictement nécessaire
pour opérer la séparation complète des molécules.

Enfin il n'est pas moins évident que si, après avoir fortement rapproché ou comprimé, l'une sur l'autre, ces mêmes
molécules, on les abandonne ensuite à elles-mêmes, il pourra
arriver que, dans leur *détente*, elles dépassent, en vertu de la
force vive qui leur aura été imprimée en deçà de mn, la position d'instabilité qui répond au point m' et pour laquelle elles
se séparent en se repoussant de plus en plus. Il suffit, pour
que cela ait lieu, que la partie de l'aire, comprise entre les
deux courbes, qui mesure la quantité de travail développée
pendant la compression, surpasse celle $m r_3 m' a_3$ qui répond
aux intersections m et m' de ces courbes. La réaction ou détente élastique peut donc être aussi une cause de rupture ou
de séparation des molécules, quoique la cause primitive soit
une force de compression ou de stabilité, et que, dans l'ordre
des idées qui précèdent, nous n'admettions point que la rupture puisse s'opérer par le simple rapprochement des molécules en deçà des points m ou n.

231. *Considérations relatives à l'altération de l'élasticité
moléculaire.* — Les notions qui précèdent ne peuvent aucunement rendre compte de la manière dont l'élasticité est
altérée (20) dans les corps, quand ils ont été soumis à un
effort de traction ou de compression qui dépasse certaines
limites, tout en demeurant inférieur à la force de cohésion
absolue des molécules; du moins ne peut-on expliquer, par
leur secours, comment ces molécules, après avoir subi un

certain déplacement, perdent la propriété de revenir exactement à leur position primitive quand la force étrangère a cessé
son action, et y reviennent d'autant moins que ce déplacement a été plus considérable. En effet, la *fig.* 45, *Pl. II,*
montre que, quel que soit l'écartement absolu des molécules,
pourvu qu'il soit moindre que O*n'*, ces molécules seront constamment ramenées, par la force attractive, vers leur position
d'équilibre stable *m*, dès qu'elles auront été une fois abandonnées à leur libre action : elles ne cesseraient d'y revenir
évidemment, qu'autant que l'écartement aurait dépassé celui
qui répond à l'équilibre de rupture ou d'instabilité *m'.*

Ainsi qu'on l'a déjà fait pressentir au n° 225, on satisferait à
la condition dont il s'agit, *à priori*, pour le système simple
de deux molécules, c'est-à-dire, sans avoir égard à l'action
qu'elles éprouvent de la part de celles qui les avoisinent dans
l'ensemble qui constitue un même corps solide ou fluide, en
concevant que la force attractive devienne alternativement
plus petite ou plus grande que la force répulsive, à mesure
que la distance absolue augmente ou diminue, de manière
que les courbes qui représentent la loi des attractions et répulsions s'entrecoupent ou se recroisent au moins deux fois
en deçà du point *m*, ou au delà, entre les points *m* et *m'.*
Alors il est bien clair que les molécules atteindraient alternativement une position de stabilité naturelle qu'elles tendraient
à conserver, et une d'instabilité qu'elles tendraient à fuir, en
s'acheminant de proche en proche, vers une position d'équilibre relative à l'énergie de la force qui les sollicite, et qu'elles
abandonneraient bientôt, si cette force cessait tout à coup son
action, pour reprendre, en arrière, la position de stabilité la
plus voisine (*).

232. *Causes de l'imparfaite élasticité des corps.* — On ne
connaît pas assez la nature des forces qui unissent isolément

_____

(*) Dans cette même hypothèse, la courbe pointillée de la *fig.* 45, *Pl. II,*
serait une courbe *serpentante*, rencontrant plusieurs fois l'axe OX des abscisses, et présentant alternativement des sommets ou points d'ordonnées
maxima, situés au-dessus ou au-dessous de cet axe, dans l'intervalle compris
entre chaque couple d'intersections consécutives.

les molécules des corps pour pouvoir affirmer, encore bien que la chose répugne par elle-même, qu'elles ne suivent pas entre elles et en raison de leur distance absolue seulement, les lois qui viennent d'être indiquées, et d'après lesquelles elles présenteraient des alternatives de stabilité et d'instabilité d'équilibre. Mais il n'est pas nécessaire de recourir à une pareille supposition pour expliquer les phénomènes qui s'observent dans les corps solides constitués d'une infinité de molécules qui s'attirent et se repoussent dans tous les sens.

D'une part, on peut admettre que lorsque, par suite d'un effort de traction ou de compression extérieur, l'élasticité de l'ensemble des molécules se trouve altérée, c'est que plusieurs d'entre elles sont parvenues à la limite d'écartement qui répond au point m' des deux courbes (*Pl. II, fig.* 45 et 46), ou l'ont plus ou moins dépassée; le corps s'étant en quelque sorte rompu dans certaines régions, quoiqu'on n'en aperçoive aucune trace extérieure. On conçoit, en effet, qu'une partie des forces attractives se trouvant remplacée par des forces nulles ou répulsives, le corps entier ne tende qu'imparfaitement à reprendre sa forme et sa position primitives.

D'un autre côté, on peut aussi supposer que, dans ce mouvement général de transport des molécules, certaines d'entre elles se soient quittées pour en reprendre d'autres, c'est-à-dire se soient déplacées réciproquement, de manière à donner lieu à un nouvel arrangement stable qui ne permette plus à leur ensemble de revenir exactement à son ancien état d'équilibre.

Néanmoins cette explication ne saurait convenir aux corps très-durs, tels que l'acier, le verre, le marbre, etc., et l'on doit admettre, avec quelques physiciens, que les molécules voisines de ces corps, sollicitées obliquement par celles qui sont situées de part et d'autre de leur ligne d'attraction, ne peuvent se rapprocher ou s'écarter entre elles de si peu que ce soit, sans être en même temps obligées de tourner, de se présenter différentes faces sous lesquelles elles s'attirent plus ou moins fortement (224), et peuvent prendre de nouvelles positions d'équilibre stable, analogues à celles qui ont été discutées ci-dessus.

Les choses se passeraient ainsi, à peu près, comme pour un corps polyédrique qui, soumis à l'action de la pesanteur et contraint de rouler, sur un plan de niveau, par une force étrangère, prendrait des positions d'équilibre alternativement stables et instables, selon qu'il s'appuierait, sur ce plan, par une face tout entière, une simple arête, ou un simple sommet (*).

Cette hypothèse, que justifie, comme on l'a vu (219), l'acte même de la cristallisation, a l'avantage d'expliquer plusieurs faits naturels que présentent les divers états d'agrégation d'un même corps. On conçoit, en effet, que l'influence de la forme et de la position relative des molécules doit être d'autant plus grande que l'intervalle absolu qui les sépare est moindre par rapport à leurs propres dimensions, et qu'elle doit être très-faible ou tout à fait insensible, pour des écartements analogues à ceux des molécules des liquides et des gaz, qui peuvent se déplacer entre elles avec la plus grande facilité, en reprenant constamment leurs distances primitives et de nouvelles positions d'équilibre distinctes des premières; propriétés que partageraient également, quoiqu'à un degré moins prononcé, les pâtes et les métaux ductiles, tels que l'argile, l'or, le plomb, etc.

233. *Influence du mode d'agrégation des molécules et des particules sur l'élasticité, la ductilité et la dureté.* — On n'aurait qu'une idée imparfaite des caractères spécifiques qui distinguent entre eux les divers degrés de solidité des corps, si l'on n'admettait plusieurs ordres de grandeur des molécules ou des groupes de molécules, résultant de cristallisations partielles, plus ou moins avancées, et si l'on prétendait ne tenir aucun compte de la forme extérieure de ces groupes, de leurs points de contact et de suture réciproques, des vidés ou pores, plus ou moins grands par rapport à leur propre grosseur, qui les séparent dans certaines parties, et qui, bien qu'inappréciables à nos sens, ne leur laissent pas moins la liberté de céder, de mille manières différentes, à l'action des forces extérieures.

C'est par cette différence de structure qu'on explique les divers degrés de dureté, d'élasticité, de fragilité et de duc-'

(*) Nous empruntons ces considérations à la *Physique* de M. Péclet (n° 133, t. I, p. 95).

tilité que présente un même corps, selon qu'il a été obtenu par fusion ou dissolution, par une solidification brusque, rapide ou lente, selon qu'il a été écroui sous le marteau, étiré au laminoir, recuit ou trempé, etc. Il serait trop long d'énoncer et d'expliquer ici les faits qui se rapportent à cet ordre de phénomènes; il nous suffira d'indiquer ceux qui intéressent le plus directement les arts industriels.

L'acier recuit à une forte chaleur, puis lentement refroidi dans un four, à l'abri du contact de l'air, acquiert des propriétés qui le rapprochent beaucoup du fer pur : il est malléable, fibreux, ductile; il se soude et se forge assez bien au marteau. Trempé brusquement dans l'eau ou dans un liquide froid quelconque, il devient dur, fragile, élastique, et sa cassure offre une apparence grenue, cristalline et blanchâtre qu'on n'observe point au même degré dans l'autre état.

La fonte de fer qui est, comme l'acier, une combinaison de fer pur avec le carbone, mais dans une proportion plus grande, et mélangée avec des oxydes étrangers, présente des circonstances analogues : fondue à la plus haute température et refroidie très-lentement, elle devient grise, douce à la lime et au burin; mais étant, au contraire, coulée en lames minces sur des plaques de fer ou de pierre, et par conséquent refroidie brusquement, elle prend une couleur blanchâtre, devient très-dure, cassante, et sa contexture présente une apparence cristalline. On suppose (*) que, dans l'acier comme dans la fonte, le carbone se combine d'une manière intime avec le fer, à une haute température, et demeure ainsi combiné quand le refroidissement est rapide, tandis qu'il s'en sépare, en partie, sous la forme de *graphite* noir simplement interposé entre les molécules, quand la lenteur du refroidissement le permet.

Le fer pur et, en général, tous les métaux ductiles, sans alliages et qui ne se cristallisent que très-difficilement ou très-lentement, ne sont point modifiés sensiblement par la trempe et le recuit : leur contexture reste la même, c'est-à-dire sans apparence d'agglomération partielle et distincte de molécules.

(*) Karsten, *Manuel de la métallurgie du fer*, traduit de l'allemand par M. Culmann, Chef d'escadron d'Artillerie.

Néanmoins, lorsqu'étant forgés et écrouis, on les recuit, ils se ramollissent et perdent en partie la raideur et l'élasticité qu'ils devaient primitivement au rapprochement plus grand de leurs molécules.

Les fers impurs, et c'est le plus grand nombre, les métaux ductiles alliés à des matières étrangères en quantités même insensibles, offrent des propriétés physiques très-différentes, et qui tiennent à l'état de cristallisation, plus ou moins parfait, qu'ils tendent à prendre lorsqu'on les soumet alternativement au recuit, à la trempe et au forgeage : le fer, combiné avec une petite portion de carbone, acquiert des propriétés analogues à celles de l'acier ; le fer *sulfuré* ou uni à une très-petite portion de soufre est *rouvrin*, insoudable et brisant à chaud ; le fer *phosphuré* ou allié avec un peu de phosphore est cassant à froid, mais ductile à chaud.

L'alliage du *tamtam* (instrument de musique des Chinois) qui est composé d'une partie d'étain sur quatre de cuivre, se comporte, à la trempe, d'une manière tout opposée à celle de l'acier : refroidi brusquement, il devient ductile et malléable ; refroidi avec lenteur, il devient, au contraire, dur et fragile comme le verre.

Le soufre fondu, rangé au nombre des corps simples, présente des circonstances analogues. Refroidi lentement, il cristallise en aiguilles et devient dur et cassant. Refroidi brusquement, il acquiert une sorte de ductilité ; sa couleur se fonce et se rapproche de celle de la cire jaune ; mais ces propriétés ne sont que momentanées, et, à l'inverse de l'acier, il les perd bientôt par la cristallisation lente qui succède à sa brusque solidification.

Un fait qui montre bien l'influence du mode d'agrégation des molécules, c'est l'augmentation de volume sensible que subissent certains corps en passant de l'état liquide à l'état solide, par le refroidissement, tandis que, suivant la règle générale (21), ils devraient, au contraire, éprouver un retrait, une contraction : le bismuth, l'antimoine, le zinc, la fonte de fer et l'eau sont précisément dans ce cas ; et l'on explique cette apparente anomalie, en considérant la tendance qu'ont ces corps à cristalliser en lamelles, en aiguilles recroisées en différents sens, et qui laissent entre elles des vides plus ou moins considérables. Toutefois, on remarquera que cet effet se produit brusquement, au moment de la congélation, et que, passé cet instant, la masse solidifiée suit la loi de contraction ordinaire, en raison du refroidissement.

Un autre fait, non moins curieux et important, nous est offert par le verre ordinaire, quand il est refroidi brusquement, soit par son contact avec l'air extérieur, lors de sa fabrication en objets minces, soit lorsqu'on le projette dans l'eau sous la forme de gouttelettes effilées, nommées *larmes bataviques :* il devient tellement fragile, que la rupture en un seul de ses points suffit pour le réduire en poussière et le faire éclater dans toutes ses parties. Pour lui enlever ce défaut, on est obligé de le recuire et de le faire refroidir très-lentement dans des étuves. On explique ce singulier phénomène, en observant que, dans le refroidissement brusque, les couches externes se durcissent les premières, tandis que celles du centre, retenues par leur cohésion avec la croûte extérieure, ne peuvent se contracter sur elles-mêmes librement, et demeurent ainsi dans un état de tension naturel, plus ou moins voisin de celui (230) qui répond à l'équilibre d'instabilité ou de rupture des molécules.

Des effets analogues se produisent par l'irrégularité du recuit ou du retrait, notamment quand la masse offre des inégalités d'épaisseur; mais alors il en résulte de simples fêlures, qui s'observent également, quoique avec moins d'intensité, dans la fonte de fer dont la croûte extérieure, devenue blanche, est toujours plus dure que le noyau.

En général toute cause qui peut modifier, d'une manière quelconque, l'état d'agrégation moléculaire des corps doit aussi produire des modifications analogues dans leurs propriétés physiques, et il serait inutile d'en multiplier ici les exemples, en allant les chercher dans un autre ordre de faits.

234. *Différences d'élasticité et de ténacité que présente un même corps.* — En réfléchissant à l'influence de la structure moléculaire des corps solides sur leur constitution physique ou mécanique, on ne sera pas surpris de voir que des substances telles que les bois, les pierres, les métaux forgés ou écrouis présentent des degrés de résistance et d'élasticité qui

varient, non-seulement d'une partie à une autre, mais encore pour une même partie, et selon la direction qu'on veut considérer.

Ainsi, par exemple, on remarque que, dans un barreau de fer forgé ou étiré au cylindre, à la filière, la résistance élastique et la force de cohésion des molécules sont moindres vers le centre que près de la surface extérieure; et cela s'explique par le plus grand rapprochement qu'ont subi les molécules situées aux environs de cette surface, dans l'acte du laminage. Or cette couche écrouie offrant à peu près la même épaisseur dans les gros et dans les petits barreaux de fer, on voit par là comment la résistance moyenne se trouve proportionnellement plus faible pour ceux-là que pour ceux-ci.

On s'explique à peu près de la même manière, pourquoi, dans les feuilles de tôle laminées, la force de ténacité et la raideur sont plus grandes dans le sens de l'étirage que par le travers.

La différence de ténacité et d'élasticité, selon le sens, est, en quelque sorte, manifeste dans les bois composés de couches ligneuses alternatives, de nature distincte, concentriques et superposées, lesquelles, à leur tour, sont constituées de fibres agglutinées, c'est-à-dire que la ténacité et l'élasticité sont plus grandes dans le sens des fibres que dans le travers, dans le sens des couches que dans le sens perpendiculaire. En général cette différence se laisse apercevoir pour toutes les substances constituées d'une manière plus ou moins analogue, tandis qu'elle est nulle ou peu sensible pour toutes celles qui présentent une contexture uniforme, fussent-elles même végétales, comme on en a un exemple dans le buis et le gaïac.

Néanmoins M. F. Savart est parvenu, au moyen d'ingénieuses et délicates expériences sur les vibrations sonores, à constater cette différence dans une foule d'autres corps dont la texture, en apparence parfaitement homogène, ne permettrait pas de l'y supposer *à priori;* tels sont : le zinc, le plomb, le cuivre fondus; le verre, le plâtre, les résines, etc., où elle se présente à divers degrés, et se fait principalement remarquer dans des directions qui se croisent à angles droits, et qu'on nomme *axes de plus grande, de plus faible* ou *de moyenne élasticité.* D'après ce célèbre physicien, elle devrait être spé-

cialement attribuée à l'arrangement symétrique que tendent
toujours à prendre les molécules dans l'acte du refroidissement
lent, c'est-à-dire à la cristallisation ; car elle s'observe au plus
haut degré dans les cristaux réguliers, tels que ceux de car-
bonates calcaires et de quartz ou cristal de roche. Mais elle
devient d'autant moins sensible que la cristallisation est plus
confuse, plus imparfaite, ainsi qu'il arrive dans les simples
agglomérations ou alliages de parties hétérogènes, incapables
de se combiner chimiquement, et au nombre desquels on doit
ranger la craie, la cire d'Espagne ou à cacheter, le laiton ou
cuivre jaune, etc. : pour de pareilles substances, l'élasticité
est à peu près la même dans tous les sens et en tous les points.

Un fait, d'ailleurs très-digne de remarque, observé par ce
même physicien, c'est que, dans les corps cristallisables obtenus par la fusion, dans le plomb notamment, l'état d'agrégation, et par conséquent d'élasticité, peut se modifier d'une
manière extrêmement lente avec le temps, et sans qu'il s'en
manifeste extérieurement aucune trace appréciable par les
moyens ordinaires d'observation.

RÉSISTANCE DES SOLIDES.

NOTIONS ET PRINCIPES CONCERNANT LA RÉSISTANCE DIRECTE DES PRISMES
AUX ALLONGEMENTS, A LA COMPRESSION ET A LA RUPTURE.

235. *Exposé préliminaire.* — Quand on soumet un prisme
solide quelconque à un effort extérieur de traction ou de compression, les molécules dont il se compose s'écartent dans
certaines parties, se rapprochent dans d'autres, et le corps subit
une déformation générale qui dépend, d'une part, de la direction et de l'intensité de l'effort, de sa durée et du point auquel
il est appliqué ; d'une autre, de la figure extérieure de ce
corps, du nombre, de la forme et de la disposition de ses
points d'appui, etc. Les données théoriques ou d'expérience
qu'on possède à ce sujet se réduisent à quelques cas très-

simples, tels que celui des corps prismatiques et cylindriques tirés ou refoulés dans le sens de leur axe, ou qui, simplement appuyés ou solidement encastrés à leurs extrémités, sont sollicités par des efforts tendant soit à les tordre sur eux-mêmes, soit à les faire fléchir transversalement.

Nous ne nous occuperons ici que de ce qui concerne la traction et la compression directe de tels corps, c'est-à-dire de la résistance qu'ils opposent à l'action des forces qui tendent à les allonger ou à les raccourcir dans le sens de leurs axes et arêtes. Malgré cette restriction, on verra que les questions relatives à ce cas élémentaire comportent un grand nombre de faits importants pour les arts, et sur lesquels il reste encore bien des expériences utiles à tenter.

236. *Notions sur la raideur et la résistance élastique des prismes.* — Considérons une barre prismatique ou cylindrique, de section A et de longueur L, composée d'une substance solide quelconque, mais homogène, et sollicitée, à ses extrémités, par des efforts égaux, P, dirigés dans le sens de ses arêtes qu'ils tendent à allonger de la quantité l; ou, ce qui revient à peu près au même, si L n'est pas très-grand, et que le poids du prisme puisse être négligé vis-à-vis de P, supposons une telle barre suspendue verticalement à un point fixe, et sollicitée, à son extrémité inférieure, par un poids P capable de l'allonger de la quantité l. Cela posé, soit que l'on considère cette barre comme divisée en autant de *fibres* ou de files distinctes de molécules équidistantes, qu'il y a de ces molécules comprises dans chacune des sections A, soit qu'on la suppose partagée en tranches infiniment minces et de même épaisseur, sollicitées, à leurs extrémités, par deux efforts égaux à P (64), et qui se distribuent uniformément sur chacun des éléments des sections A, correspondantes, on sera également conduit à admettre :

1° Que la résistance de la barre est indépendante de sa longueur absolue, et proportionnelle au nombre des molécules contenues dans chacune de ses sections, ou à l'aire A, commune à toutes ces sections;

2° Que les allongements éprouvés par les différentes parties de la barre sont exactement proportionnels à leurs longueurs primitives, de sorte que l'allongement total de cette barre est lui-même proportionnel à sa longueur entière;

3° Enfin, que la résistance, la réaction élastique, doit être ici encore mesurée, comme pour le cas de deux simples molécules (227), par le rapport des charges aux allongements très-petits et proportionnels qui répondent aux premiers déplacements de ces molécules.

Nommant donc $i = \dfrac{l}{L}$ *l'allongement proportionnel*, ou par mètre, dont il sagit, et qui est le même pour les divers éléments de la barre; E la résistance élastique pour l'unité de surface de ses sections ou pour le mètre carré, la résistance élastique totale sera indifféremment mesurée par le produit $E \times A$ ou par le quotient $\dfrac{P}{i} = P\dfrac{L}{l}$, de sorte qu'on aura la relation

$$\frac{P}{i} = E \times A \quad \text{ou} \quad P = EA\,i^{kg}$$

pour calculer la valeur de P, capable de produire un allongement donné i, par mètre, dans toute l'étendue pour laquelle (227) cet allongement demeure sensiblement proportionnel à la charge.

Quant à la *raideur* (227), elle doit ici être prise par rapport à l'allongement du prisme, puisqu'elle diminue évidemment à mesure que la longueur entière L augmente. Ainsi, en supposant toujours que P et l se rapportent aux premiers déplacements des molécules, elle sera mesurée par le rapport de P à l, c'est-à-dire par la quantité

$$\frac{P}{l} = \frac{EA\,i}{l} = \frac{EA}{L}.$$

On voit aussi, d'après ces considérations, que la *force* ou *résistance élastique* des prismes n'est, à proprement parler, que la *raideur* prise pour l'unité de longueur de ces prismes.

Enfin, si, au lieu de soumettre le prisme ci-dessus à un effort de traction, on lui en appliquait un de compression, toujours mesuré par P, et qui fût néanmoins incapable de le faire plier ou fléchir transversalement, les allongements l et i se changeraient en accourcissements correspondants, et tous les raisonnements resteraient les mêmes aussi bien que les formules. De plus, on doit admettre, d'après ce qui a été dit (225), pour le système de deux simples molécules, que la quantité E conservera la même valeur dans les deux cas et pour des allongements ou accourcissements censés toujours très-petits.

237. *Définition du coefficient, ou module d'élasticité.* — Le nombre E, qui entre en facteur dans les formules précédentes, et qui indique, en quelque sorte, l'énergie de la résistance, ou réaction élastique d'une substance quelconque, a été nommé : par les uns, *coefficient*, par les autres, *module de l'élasticité;* sa considération est très-importante dans toutes les questions de Mécanique appliquée.

Pour en acquérir une notion plus précise, on supposera, en particulier, l'aire A, des sections transversales de la barre ci-dessus, égale à l'unité superficielle, et recherchant le poids P′ qui serait capable de l'allonger ou accourcir d'une quantité égale à sa propre longueur, si un pareil allongement ou accourcissement était possible physiquement sans que la valeur de E fût changée, on fera, dans la formule générale $P = AEi$,

$$A = 1, \quad l = L \quad \text{ou} \quad i = 1,$$

de sorte qu'on aura

$$P' = E;$$

résultat qui montre, conformément aux notions admises par les géomètres, que le *coefficient d'élasticité d'une substance homogène quelconque n'est autre chose que le poids qui serait capable d'accourcir ou d'allonger une barre prismatique, formée de cette substance et ayant l'unité de surface pour section transversale, d'une quantité précisément égale à sa longueur primitive.*

Cette manière d'envisager la force élastique est analogue à celle dont nous avons vu (132 et 133) qu'on mesurait les forces motrices variables par la vitesse finie qu'elles imprimeraient directement à un corps, au bout de l'unité de temps, si on leur supposait une intensité d'action constante, et précisément égale à celle qu'elles possèdent à l'instant considéré. Mais il convient de ne jamais perdre de vue, dans les applications, l'origine de pareilles définitions, qui souvent offrent une contradiction apparente avec les faits naturels.

238. *Considérations géométriques et physiques relatives à la loi de la résistance élastique.* — Puisqu'il existe pour tous les corps solides, même pour ceux qui sont considérés comme les plus élastiques, une limite passé laquelle les allongements ou accourcissements i cessent d'être exactement proportionnels aux efforts de traction ou de compression correspondants P, il faut bien admettre aussi qu'en deçà de cette limite, plus ou moins reculée pour chaque cas, la valeur de E varie avec le déplacement absolu des molécules, d'une manière qui peut bien être insensible à nos moyens d'observation, mais qui n'en existe pas moins dans la réalité. En général, les efforts de traction ou de compression et la résistance des prismes, doivent suivre des lois mathématiques, par cela seul qu'il existe de pareilles lois entre les forces d'attraction et de répulsion des molécules qui les composent. Ces lois peuvent être très-distinctes de celles qui se rapportent aux molécules individuelles; mais, en les supposant données par l'expérience, dans chaque cas, on peut leur appliquer des considérations géométriques analogues à celles dont nous avons fait usage aux n°s 226 et suivants, et en déduire des conséquences souvent utiles.

Si l'on construit, en effet, une courbe ayant pour abscisses les allongements ou accourcissements, et pour ordonnées les efforts de traction ou de compression relatifs à chaque état d'équilibre stable du prisme, en observant de porter en sens contraire les abscisses et ordonnées simplement relatives aux accourcissements et aux compressions; la discussion, établie à peu près comme aux endroits cités, fera connaître la manière dont la résistance élastique, considérée pour la longueur totale ou l'unité de longueur de ce prisme, varie avec chacun des changements de forme qu'il a éprouvés : cette résistance sera ici évidemment mesurée (*) par l'inclinaison, sur l'axe des abscisses, de la tangente au point correspondant de la courbe, c'est-à-dire par le rapport constant de l'accroissement des or-

(*) *Voyez* principalement les Notes qui accompagnent les n°s 226, 227 et 228.

données à l'accroissement des abscisses de cette tangente, rapport qui peut se confondre sensiblement, dâns une étendue plus ou moins grande de part et d'autre du point de contact, avec celui qui se conclurait des accroissements ou diminutions des ordonnée set des abscisses mêmes de la courbe dont il s'agit.

Maintenant si l'on porte chacune des valeurs de ce rapport sur l'ordonnée correspondante, on obtiendra les points d'une nouvelle courbe qui fera connaître la loi même des variations que subit la résistance élastique pour les divers allongements du prisme. Enfin, si l'on calcule, d'après la méthode du n° 180, l'aire comprise entre la première de ces deux courbes, l'axe des abscisses et deux quelconques de ses ordonnées, on obtiendra (72) la valeur du travail mécanique nécessaire pour vaincre la résistance que le prisme oppose à l'action de la force qui lui est appliquée, entre les deux positions qui correspondent à ces ordonnées.

Nous appelons spécialement l'attention du lecteur sur ce genre de considérations qui peut servir, dans chaque cas, à se procurer, par l'expérience, des données claires sur ce qu'on nomme, en général, la *raideur*, la *résistance élastique* des corps; car ces considérations s'appliquent évidemment aussi à un corps solide de forme quelconque, sollicité par un effort qui agit dans une direction constante, perpendiculaire à sa surface extérieure, et dont le point d'application décrit, dans le sens de cette même direction, des chemins qui croissent, avec son intensité, suivant une loi exprimable par une courbe continue. En effet, cette résistance sera toujours donnée, pour chacune des positions du corps, par l'inclinaison de la tangente correspondante de la courbe, sur l'axe des abscisses, relatif aux déplacements du point d'application de la force.

239. *Données et observations générales sur cette loi.* — En appliquant, par exemple, ces considérations à la détente ou à la compression des gaz, dont on s'est occupé aux n°ˢ 181 et suivants (*Pl. II, fig.* 41 et 43), on trouvera que leur résistance élastique va constamment en diminuant à mesure que le volume ou la détente augmente, et réciproquement; mais que cela a lieu suivant une progression beaucoup plus rapide que ne l'indique la loi de Mariotte pour les simples pressions,

puisque la résistance dont il s'agit suit alors la raison inverse du carré des volumes.

Quant aux prismes solides, il paraît qu'à partir des premiers instants, la résistance élastique croît, en général, avec les efforts de compression, et diminue, au contraire, à mesure que les efforts de traction augmentent, à peu près comme on l'a admis (229) pour le cas de deux simples molécules; mais les expériences connues ne permettent pas d'affirmer qu'au delà d'une certaine limite, la force élastique devienne nulle et encore moins négative (229), ni que les prismes entiers présentent des états d'équilibre, alternativement stables ou instables, analogues à ceux qui ont été mentionnés dans les n°s 231 et 232.

Les courbes des *fig.* 47 et 48, *Pl. II*, relatives à des expériences qui seront rappelées plus loin, sur la résistance de prismes solides tirés verticalement par des poids, et dont les abscisses et ordonnées expriment les allongements et les charges correspondant aux états successifs d'équilibre, ces courbes montrent, par l'inclinaison de leurs tangentes sur l'axe horizontal des abscisses, que la résistance élastique, qui d'abord reste sensiblement constante, diminue souvent d'une manière très-rapide à partir d'un certain terme, sans néanmoins devenir rigoureusement nulle, même pour les allongements très-voisins de la rupture. Or cette dernière circonstance tient, sans aucun doute, à la difficulté qu'on éprouve à observer les états d'équilibre instables; à la rapidité avec laquelle la résistance du prisme décroît dans les instants où s'opère la séparation complète des parties; enfin à ce que, vers ces instants, les allongements cessent de s'opérer uniformément sur l'étendue entière de la barre, et n'ont plus lieu sensiblement que sur la portion, souvent très-courte pour les corps raides, où se fait la séparation définitive des molécules, portion dont l'altération élastique est masquée par la force de ressort que conservent encore les autres parties, et qui se manifeste clairement après la rupture complète.

Cette dernière considération fait voir que la résistance élastique de la barre entière, aux instants qui précèdent cette rupture, est une sorte de moyenne qui ne saurait être confondue avec la résistance effective d'aucun de ses éléments, ce qui diminue beaucoup son importance sous le point de vue

pratique. Quant à la résistance absolue, sans rien vouloir préjuger sur ce qui se passe dans un assemblage de molécules
dont, comme nous le verrons bientôt, les unes se rapprochent
en se repoussant, en même temps que les autres s'écartent
en s'attirant, on est cependant encore ici fondé à admettre,
puisque cette résistance est nulle à l'instant où les dernières
particules se séparent, qu'elle a dû décroître, d'une manière
continue, à partir de celui qui répond à sa plus grande valeur,
à peu près comme on conclut que, dans le choc des corps les
plus durs, la pression et la vitesse passent, de leur valeur
avant le choc, à celles qu'elles prennent après, par une succession de degrés continus et infiniment petits (165).

240. *De la contraction et de la dilatation latérales des prismes
aux premiers instants.* — Nous avons admis implicitement,
dans ce qui précède (236), que quand un prisme solide est
soumis à un effort qui tend à l'allonger ou à l'accourcir, ses
différentes fibres ou files de molécules restent parallèles entre
elles et équidistantes, c'est-à-dire que les sections transversales
de ce prisme demeurent constantes dans toute sa longueur;
mais, en réalité, l'expérience apprend que, dans le premier
cas, le prisme va en se rétrécissant, de plus en plus, à partir
des extrémités, et, au contraire, en se renflant dans le second,
de manière à présenter une sorte de ventre vers le milieu de
sa longueur. Ces effets, qui se manifestent d'une manière très-
apparente pour des prismes fort courts et pour des substances
plus ou moins molles, tiennent essentiellement à l'isolement
et à la disposition mutuelle des molécules qui, uniquement
liées les unes aux autres par leurs forces d'attraction et de répulsion réciproques, forment une sorte de *réseau* ou *filet* dont
les mailles ou losanges tendent à se resserrer dans un sens
quand on les allonge dans l'autre, et *vice versâ;* effets qui sont
favorisés d'ailleurs, dans la plupart des dispositifs employés
aux expériences, où les molécules des extrémités des corps
soumis à la compression ou à l'extension, sont ordinairement
maintenues entre elles à des distances invariables par des
forces particulières, ou parce qu'elles forment liaison avec
d'autres corps.

Lorsqu'il s'agit, au contraire, de prismes dont la longueur

est fort grande par rapport à l'épaisseur ou à la largeur, et de substances très-raides et très-élastiques, telles que les bois, les pierres et la plupart des métaux, le mode d'application des deux forces qui agissent à leurs extrémités, c'est-à-dire la manière dont ces extrémités sont saisies ou fixées, n'exerce d'influence appréciable que jusqu'à une distance assez faible des points d'attache, et les sections restent sensiblement uniformes, sauf dans cette petite étendue, tant que l'extension ou la compression n'a pas dépassé la limite pour laquelle les molécules conservent la faculté de revenir à leur position primitive. Chacune des parties d'un pareil prisme se trouve ainsi, à très-peu près, dans le même état que si l'on avait appliqué à ses différentes fibres ou files de molécules, des forces égales qui leur permissent de s'approcher ou de s'écarter librement les unes des autres, en cédant uniquement à la force d'attraction ou de répulsion latérale et réciproque de ces molécules.

241. *Loi de cette dilatation et de cette contraction, changement de volume subi par les prismes.* — En adoptant ces hypothèses, et en ne considérant d'ailleurs que les effets qui se rapportent aux premiers déplacements des molécules, les géomètres de notre époque sont parvenus à découvrir, à l'aide de savants calculs, la loi qui lie les allongements des prismes élastiques aux contractions ou distensions de leurs sections transversales. Nommant toujours $i = \dfrac{l}{L}$ l'allongement proportionnel ou pour l'unité de longueur du prisme, et a la quantité dont l'aire A, des sections transversales de ce prisme, se trouve en même temps diminuée, on a, d'après ces calculs,

$$\frac{a}{A} = \frac{1}{2} i = \frac{l}{2L},$$

dans toute l'étendue pour laquelle les allongements demeurent exactement proportionnels aux efforts de traction; c'est-à-dire que *la contraction superficielle des tranches par unité d'aire des sections transversales est précisément la moitié de l'allongement par unité linéaire.*

Or il résulte aussi de ce principe, que le volume du prisme augmente, encore bien que ses sections diminuent, et augmente d'une fraction qui est sensiblement la moitié de celle i, qui correspond à l'allongement. En effet, le volume du prisme avait d'abord pour mesure le produit AL, et il est ensuite devenu

$$(A - a)(L + l) = AL + Al - aL - al,$$

quantité dans laquelle on peut négliger le produit al vis-à-vis des autres, puisque a et l sont censés extrêmement petits par rapport à A et à L. L'accroissement absolu de ce volume est donc sensiblement égal à $Al - aL$, ce qui donne pour son accroissement proportionnel :

$$\frac{Al - aL}{AL} = \frac{l}{L} - \frac{a}{A} = \frac{l}{2L} = \frac{1}{2}i,$$

attendu que $\dfrac{a}{A} = \dfrac{l}{2L}$, d'après ce qui précède.

Ces résultats, déduits d'abord du calcul par M. Poisson, ont été vérifiés ensuite, par M. Cagniard de Latour, sur des fils de fer soumis directement à la traction, toujours dans les limites où leur élasticité n'est pas altérée d'une manière sensible (*).

242. *Mesure de la contraction et de la dilatation cubiques.* — Les géomètres ont aussi considéré le cas d'un prisme so-

---

(*) Cette question, qui est fondamentale dans la théorie mathématique de l'élasticité, a été étudiée expérimentalement par Wertheim, par M. Kirchhoff et récemment par M. Cornu. Wertheim, en opérant sur des tubes en laiton et en cristal, a trouvé que le coefficient de contraction de la section est égal aux $\frac{4}{5}$ du coefficient d'allongement longitudinal; d'où il résulte que l'accroissement de l'unité de volume est $\frac{1}{5}$, et non $\frac{1}{2}$, de l'allongement par unité de longueur; ce rapport paraît du reste, d'après les expériences antérieures, devoir varier d'une substance à une autre.

M. Cornu (*Comptes rendus des séances de l'Académie des Sciences*, 2 août 1869) conteste l'exactitude des résultats trouvés par Wertheim; il conclut, d'après des expériences très-remarquables basées sur le phénomène des anneaux colorés de Newton, que, comme l'avait établi Navier, en créant la théorie de l'élasticité sur des bases imparfaites, comme l'a démontré depuis M. de Saint-Venant d'une manière rigoureuse, le rapport entre le coefficient de contraction transversale d'un prisme et son coefficient d'allongement longitudinal, sous l'influence d'une traction, est le même pour les corps vraiment isotropes, et que sa valeur est représentée par le nombre $\frac{1}{4}$; ce résultat est d'accord avec ceux qui sont donnés dans le texte. Les expériences publiées jusqu'ici par M. Cornu portent exclusivement sur le verre, qui est la seule substance isotrope dont on puisse vérifier l'homogénéité. (K.)

lide pressé à la fois et perpendiculairement à toutes ses faces, par des forces proportionnelles à l'étendue de chacun de leurs éléments superficiels, à peu près comme il le serait (14 et suivants) par un liquide qui l'envelopperait de toutes parts, et qui supporterait lui-même une pression extérieure constante. Dans ce cas, la diminution de la hauteur du prisme est la moitié seulement de la contraction qu'éprouverait cette même hauteur pour le cas qui précède, c'est-à-dire précisément égale à la *contraction linéaire*, relative à une pression moindre de moitié, agissant aux deux extrémités du prisme seulement. Or, comme un prisme, pressé également sur toutes ses faces, se contracte d'une manière proportionnelle dans tous les sens, on en conclut immédiatement (*) que la contraction de volume correspondante, ou ce qu'on nomme la *contraction cubique* du prisme, est, à très-peu près, les $\frac{3}{2}$ de la fraction i qui exprime, dans le cas précédent, la contraction ou la dilatation linéaire subie par ce même prisme (**).

Ce principe qui s'applique à un corps de forme quelconque, attendu que tous les éléments cubiques de ce corps, pressés également en tous sens, éprouvent encore des diminutions de volume proportionnelles, ce principe fournit également le moyen de calculer la compression subie par les enveloppes solides : par exemple, les vases creux, soumis en tous leurs points extérieurs ou intérieurs, à une pression constante; car la réduction s'opérant proportionnellement dans toutes les parties, comme si le vide était rempli de la matière propre de l'enveloppe, ou comme si cette enveloppe appartenait à une masse continue et compacte, il est clair qu'on obtiendra, dans

---

(*) En effet, nommant L, M et N les trois dimensions du prisme dont il s'agit, il résulte, du principe énoncé, que ces dimensions se trouveront réduites respectivement à

$$L - \tfrac{1}{2}iL = L(1 - \tfrac{1}{2}i), \quad M - \tfrac{1}{2}iM = M(1 - \tfrac{1}{2}i), \quad N - \tfrac{1}{2}iN = N(1 - \tfrac{1}{2}i);$$

ce qui donne, pour le volume contracté du prisme, en négligeant ici encore les termes qui contiennent le carré et le cube de la fraction très-petite i,

$$LMN(1 - \tfrac{1}{2}i)^3 = LMN - \tfrac{3}{2}iLMN,$$

et, par conséquent, pour la contraction totale ou cubique, $\tfrac{3}{2}iLMN$.

(**) Wertheim, en introduisant le résultat de ses expériences dans les équations de Cauchy, a trouvé que le coefficient de compressibilité cubique est égal au coefficient de compressibilité linéaire. (K.)

ce cas, la contraction cubique de l'enveloppe, en retranchant, de la contraction cubique de son volume entier, celle qui appartiendrait à son vide intérieur.

On ne doit pas confondre, au surplus, la dilatation et la contraction cubiques dont il s'agit et qui sont occasionnées par des pressions véritables, avec celles que prennent les corps sous l'influence d'un changement de température; car, encore bien que celle-ci suive les mêmes lois, cependant sa mesure a une valeur très-différente, et qui est évidemment double de la précédente, c'est-à-dire trois fois la dilatation ou la contraction thermométrique *linéaire*, de la même substance, puisque cette dernière indique bien l'accroissement ou la diminution proportionnelle que subissent les dimensions linéaires de chacun des éléments de volume, infiniment petits, dont se compose le corps entier.

243. *Influence de la pression extérieure et de la gravité sur la constitution des prismes.* — Il résulte du principe exposé en dernier lieu, qu'on sera en état de calculer la contraction ou la dilatation cubique d'une substance donnée, quand on connaîtra sa dilatation linéaire, son allongement proportionnel sous un effort correspondant à la pression superficielle qu'il supporte, et réciproquement; or cela est utile dans plusieurs circonstances de la pratique.

C'est ainsi, par exemple, que MM. Colladon et Sturm, dans leur *Mémoire sur la compressibilité des liquides*, qui a été couronné, en 1827, par l'Académie des Sciences de Paris, ont trouvé, d'après des expériences directes sur l'allongement des tiges de verre tirées dans le sens de leur axe (*), que la contraction cubique ou la diminution de volume de cette substance, est les 0,00000165 ou $\frac{1}{60000}$ environ (**), du volume primitif, pour chaque atmosphère de pression équivalente à $1^{kg},033$ par centimètre carré de surface, etc.

On voit aussi que ce même principe permettra de tenir compte, dans certains cas, de l'influence de la pression atmosphérique, qui, en agissant à la surface extérieure de tous les

____

(*) *Voyez* le résultat de cette expérience au n° 267 ci-après.

(**) D'après les expériences de Wertheim, il faudrait prendre les $\frac{2}{3}$ de ce chiffre, ce qui donnerait 0,000001 au lieu de 0,00000165. (K.)

corps, tend à diminuer leur volume tout en augmentant leur force élastique. Mais on peut négliger entièrement cette influence pour des corps solides tels que ceux qui sont ordinairement employés dans les arts, et il nous suffit ici de remarquer que l'effet de la pression dont il s'agit se réduit à augmenter la force élastique $E = \dfrac{P}{At}$, relative (236) à l'unité de section d'un prisme, tiré dans le sens de ses arêtes par une force P, d'une quantité égale à la moitié seulement de cette pression atmosphérique sur la même unité.

Quant à l'influence du poids propre de chacune des parties ou tranches d'un prisme vertical soumis à l'effet d'une charge qui comprime ou distend ses fibres, elle peut évidemment être représentée, pour les premiers accourcissements ou allongements, par celle d'une surcharge égale à la moitié du poids total du prisme (*); ce qui la rend pareillement négligeable dans presque tous les cas d'application.

244. *De la résistance des prismes à la rupture ou de leur force absolue de ténacité.* — On désigne spécialement ainsi, le plus grand des efforts (240) que peut supporter, sans se rompre ou s'écraser complétement, un prisme solide ou comprimé dans le sens de ses arêtes, et l'on admet encore ici que ce plus grand effort demeure proportionnel au nombre des molécules contenues dans chacune des sections transversales du prisme, ou, ce qui revient au même, à l'aire de ces sections, sans avoir aucunement égard aux allongements et aux autres changements de forme qu'il a pu éprouver avant l'instant de la rupture.

Nommant toujours A cette aire considérée pour l'état d'équilibre naturel ou primitif du solide, et R la résistance sur l'unité de surface, on aura, pour calculer la charge, ou force P, capable de rompre le prisme, soit en l'écrasant, soit en le déchirant ou l'allongeant,

$$P = AR,$$

quelle que soit la longueur ou la hauteur de ce prisme, qui

(*) *Voyez*, à ce sujet, le n° 310 dans la partie qui concerne les *Applications spéciales.*

néanmoins ne doit pas être assez grande, dans le cas de la compression, pour que la flexion transversale ait lieu avant l'écrasement.

Mais, en se servant d'une pareille règle pour calculer et comparer entre elles les résistances absolues des prismes de même matière ou de matières différentes, d'une part, il ne faut pas négliger les causes accidentelles qui peuvent influencer les résultats, telles que : les défauts d'homogénéité et d'exécution des prismes, le mode d'attache ou d'application des forces qui produisent la rupture, etc.; de l'autre, on ne doit pas oublier que les hypothèses qui ont servi à l'établissement de la formule elle-même offrent quelque chose d'arbitraire.

245. *Incertitude des hypothèses sur lesquelles repose la mesure de cette résistance.* — Dans les premiers instants de la compression ou de l'extension, on aperçoit très-bien le rôle que jouent les dimensions absolues du prisme et la résistance de ses molécules ou éléments individuels, pour constituer sa résistance élastique totale; mais il n'en est plus ainsi lorsque ces molécules ont subi des déplacements considérables, et que la contraction ou le renflement latéral (240) ont atteint leurs limites respectives. Tout ce qu'on sait, c'est que la déformation générale prend dès lors un caractère de plus en plus tranché, même pour les corps les plus raides; c'est qu'elle est accompagnée d'un changement de forme et de densité, souvent très-rapide aux environs des points où s'opère la séparation complète des parties, et qui, pour les métaux, donne quelquefois lieu à un dégagement de chaleur considérable, même dans le cas de l'allongement; c'est qu'enfin ces mêmes déformations présentent des circonstances qui varient essentiellement avec la nature des corps soumis à l'essai, et dont nous aurons soin de donner une idée plus précise dans les articles spécialement destinés à rappeler les résultats des expériences relatives à ces corps.

Il nous suffit ici de remarquer que les corps mous et ductiles, soumis à un effort de traction, s'étirent, s'effilent de plus en plus vers les points où doit s'opérer la rupture, en présentant deux espèces de cônes plus ou moins obtus, opposés par

le sommet; tandis que les corps très-durs et très-raides, au
contraire, s'allongent, se contractent assez peu transversalement, avant de rompre, puis cèdent tout à coup et avec bruit
à l'action de la force qui les sollicitait, en présentant une surface de fracture plus ou moins régulière, et qui sert à donner
une idée du mode d'agrégation des molécules. Or, je le répète, il arrive toujours, dans ce dernier cas (239), que l'élasticité, loin d'être complétement détruite dans chacun des
morceaux ainsi séparés, est, au contraire, assez forte pour les
faire revenir, en très-grande partie, vers leur forme et leurs
dimensions primitives. De plus, le lieu où s'opère cette séparation est susceptible de varier même pour des prismes constitués d'une manière en apparence identique.

On ne peut évidemment s'expliquer de tels faits autrement
qu'en admettant, comme on l'a indiqué aux n°s 232 et suivants,
des inégalités quelconques dans l'arrangement des molécules
ou groupes de molécules, par suite desquelles certaines de
ces molécules seraient plus voisines de leur état d'instabilité
d'équilibre ou de la rupture, que toutes les autres, et ne pourraient ainsi subir des déplacements relatifs ou absolus aussi
considérables.

246. *Manière d'entendre et d'appliquer cette mesure.* —
Quelques personnes, en réfléchissant à la grandeur de la contraction latérale éprouvée, dans quelques cas, par les prismes
solides, à l'instant de la rupture par traction, ont pensé que
leur résistance absolue devait être prise spécialement par rapport à cette section contractée; mais elles n'ont point fait
attention que, pour les corps mous et ductiles, on serait conduit à une valeur presque infinie de la résistance, tandis que,
pour les corps très-durs, cette résistance serait beaucoup
moindre, et à peu près égale à celle qui se conclut de la règle
ci-dessus. A la vérité, pour obtenir des rapports de résistances
comparables entre eux, et qui pussent offrir une idée suffisamment exacte de la véritable ténacité de chaque substance,
on pourrait, dans les calculs dont il s'agit, considérer, non pas
l'aire de la plus petite section, à l'instant qui suit ou accompagne la rupture, mais bien l'aire pour laquelle l'état de stabilité du prisme est le plus voisin de celui qui répond à la

séparation complète des parties. Mais la difficulté consisterait alors à saisir cet instant précis dans les expériences; et, quand bien même on y serait parvenu, il ne s'ensuivrait pas que les nombres ainsi obtenus fussent la véritable expression de la ténacité de la substance; car on ne doit pas oublier que les sections, en se contractant sur elles-mêmes, peuvent diminuer de surface sans que, pour cela, le nombre des molécules qui s'y trouvent soit changé ; or ce sont précisément ces molécules qui résistent aux effets de la tension, et c'est à leur nombre que la résistance doit être censée proportionnée.

Concluons donc que la manière la plus simple et la plus naturelle de calculer la résistance absolue des prismes, quand le facteur ou coefficient R a été convenablement déterminé par l'expérience (244), est, en même temps, la plus exacte, et celle qui doit, en général, offrir les résultats les plus conformes aux données que pourrait fournir une épreuve directe.

247. *Notions sur la résistance vive des prismes.* — Nous appelons ainsi, pour abréger et par analogie avec l'expression consacrée (122) de *forcé vive* des corps en mouvement, la somme des quantités de travail que la résistance élastique d'un prisme solide oppose à l'action d'un choc ou d'un effort variable et brusque, dirigé dans le sens de son axe, et qui tend, soit à le rompre, soit à en altérer plus ou moins l'élasticité.

Nous nommons plus spécialement *résistance vive d'élasticité*, le travail dynamique qui répond à l'intervalle où, l'élasticité étant parfaite, les allongements demeurent sensiblement proportionnels aux efforts de réaction correspondants, et *résistance vive de rupture*, celle qui a été développée, par ces efforts, au moment où ils ont atteint leur plus grande valeur et où le prisme se trouve entièrement rompu. Connaissant expérimentalement la loi des allongements par rapport aux efforts de traction et de compression subis par ce prisme, ainsi que les efforts qui correspondent aux deux limites de l'élasticité et de la rupture, nous avons vu ci-dessus (238) que, par des considérations purement géométriques et à l'aide d'une opération très-simple, qui consiste dans le tracé d'une courbe et dans le calcul d'une aire, on pouvait immédiatement trouver les deux quantités de travail dont il s'agit; ainsi rien ne sera plus facile que de calculer les valeurs de la résistance vive correspondante aux deux époques mentionnées. Il y a plus même; comme les allongements demeurent sensiblement proportionnels (236) aux efforts qui ne dépassent pas la limite d'élasticité, le premier travail ou la première résistance vive sera simplement représentée par l'aire d'un triangle rectiligne, et mesurée ainsi immédiatement par la moitié du produit de l'effort et de l'allongement relatifs à cette même limite.

Nommons, en général, T_e, la quantité de travail ou la résistance vive qui se rapporte à la limite d'élasticité, pour une barre prismatique dont L est la longueur totale en mètres, A l'aire de la section transversale exprimée également en mètres, centimètres, ou millimètres carrés, et désignons par T'_e, la valeur de cette même résistance relative à l'unité de surface des sections et à l'unité de longueur de la barre, ou ce qu'on peut nommer le *coefficient de la résistance vive d'élasticité*. Observant d'ailleurs que, dans les hypothèses ici admises (236), la résistance de la barre entière, comme celle de chacune de ses parties, croît proportionnellement à l'aire de la section A, tandis que ses allongements sont censés uniformes ou proportionnels à sa longueur entière L; il est clair, d'après la méthode qui servirait, en général (180), à évaluer approximativement le travail T_e, que ce travail croîtra à la fois comme A et comme L; de sorte qu'on aura, pour le calculer directement au moyen de T'_e,

$$T_e = T'_e . AL;$$

c'est-à-dire le produit de AL, qui indique le volume de la barre, par le coefficient de la résistance vive.

D'une autre part, si l'on nomme i' et P' l'allongement, proportionnel ou par mètre, et l'effort sur l'unité de surface, qui se rapportent à la limite d'élasticité, on aura, suivant ce qui a été remarqué ci-dessus,

$$T'_e = \tfrac{1}{2} P' i';$$

d'ailleurs, d'après le principe du n° 236,

$$P' = E i',$$

E représentant toujours le coefficient d'élasticité pour l'unité de section. Donc si E et i' sont connus pour une certaine substance, on calculera T'_e par la relation très-simple

$$T'_e = \tfrac{1}{2} P' i' = \tfrac{1}{2} E i'^2 ;$$

ce qui fera connaître, de suite, la résistance vive d'élasticité T_e, relative à un prisme quelconque de la même matière.

Quant à la résistance vive de rupture, si l'on nomme pareillement T_r, sa valeur pour un prisme quelconque d'une substance donnée, et T'_r sa valeur pour un prisme de 1 mètre de longueur, ayant l'unité de surface pour section transversale, on aura la relation

$$T_r = T'_r . \, AL,$$

en continuant toujours, pour la simplicité des considérations, à supposer que les allongements se trouvent uniformément répartis sur l'étendue entière du prisme, ce qui, je le répète (245), n'est nullement admissible pour les instants qui précèdent immédiatement la rupture, et réclamerait des expériences spéciales relatives à l'influence de la longueur des prismes.

248. *Utilité de ces notions pour la science des constructions.* — Pour apercevoir maintenant l'utilité dont peut être pour les arts de construction, la considération des quantités de travail, des résistances vives dont il vient d'être parlé, il n'y a qu'à supposer qu'un corps, une masse enfilée, par exemple, dans une tige prismatique de fer, verticale et terminée en bas par un bourrelet, vienne à être lâchée d'une certaine hauteur au-dessus de ce bourrelet, elle acquerra, à l'instant du choc, une force vive égale au double (121 et 136) du produit de son poids et de la hauteur d'où elle est descendue; or il est clair, d'après le principe du n° 137, que si ce dernier produit excède celui qui représente la résistance vive d'élasticité, la verge prismatique aura subi une déformation, une altération moléculaire qu'il est souvent nécessaire d'éviter dans l'établissement des constructions; que s'il est égal ou supérieur à celui qui représente la résistance vive de rupture, la verge prismatique pourra se rompre en effet; qu'enfin, tel prisme qui offre beaucoup de raideur, de résistance à l'allongement, et dont la courbe des pressions (238) est très-relevée sur l'axe des abscisses, pourra néanmoins subir, sous l'action d'un choc vif, des altérations moléculaires beaucoup plus prononcées que tel autre prisme de substance différente, et qui, sous une moindre réaction élastique, reçoit de plus grands allongements effectifs. Or cette seule considération, qui sera confirmée plus tard par le résultat des expériences relatives à diverses substances, suffit pour démontrer l'importance qu'il y a à introduire dans la mécanique usuelle ce nouvel élément de calcul, ce mode positif d'apprécier la qualité physique de la matière, qui se rapporte plus spécialement à ce qu'on nomme la *fragilité* des corps. C'est ainsi, par exemple, qu'on s'explique comment le plomb, qui est un corps très-mou, est cependant susceptible de résister beaucoup mieux à un choc que l'acier et le verre, qui sont pourtant des corps beaucoup plus durs et plus tenaces.

Nous venons de supposer que lorsqu'un corps animé d'une certaine vitesse vient à choquer un prisme solide dans le sens de son axe, il pourrait y avoir rupture ou simplement altération de l'élasticité, si la force vive dont il est animé se trouvait être à peu près égale au double de sa résistance vive de rupture ou d'élasticité ; mais il est évident que diverses causes s'opposent à ce que ce principe puisse être admis en toute rigueur dans les applications. Car, indépendamment de la nécessité de tenir compte, dans quelques circonstances, de l'influence de l'inertie et du poids propre des molécules du prisme soumis au choc, ainsi que de la perte plus ou moins grande de force vive (161) qui peut résulter de la déformation des parties qui subissent immédiatement l'action de ce choc, il est certain que nous ne connaissons pas suffisamment le rôle joué par le calorique et le temps, lors des changements brusques de forme subis par les solides, pour pouvoir affirmer, *à priori*, que les résultats du calcul seront exactement vérifiés par ceux de l'expérience.

Seulement, on aperçoit qu'ils doivent l'être, au moins d'une manière approximative, dans certaines circonstances particulières, dont nous aurons soin d'offrir des exemples lorsque nous arriverons aux applications spéciales. Pour le moment,

nous nous contenterons de faire remarquer que les Auteurs
anglais, le docteur Young notamment, et après lui Tredgold,
ont mis en avant des considérations analogues à celles qui
précèdent, sur la résistance vive des corps, qu'ils nomment
résilience, et dont ce dernier a donné des évaluations plus ou
moins certaines, dans son *Essai pratique sur la force du fer
coulé* (Trad. de M. T. Duverne, 1826).

249. *Influence de la durée de la compression ou de l'extension, sur la résistance des corps.* — Jusqu'ici nous ne nous
sommes point occupé du rôle que peuvent jouer le temps et
l'inertie des molécules, dans tous les phénomènes qui se rapportent à l'action des forces sur les prismes; ou plutôt nous
avons fait abstraction du temps qui est nécessaire, pour qu'un
corps parvienne d'un état d'équilibre stable, à un autre qui
l'est également. Or l'expérience démontre que, si ce temps
est généralement assez court pour tous les cas où l'élasticité
doit demeurer parfaite dans le second état du corps, c'est-
à-dire pour tous les premiers déplacements des molécules, il
n'en est pas de même de celui où elle doit être plus ou moins
altérée, et où par conséquent la force qui produit cette altération est plus ou moins voisine de celle qui occasionnerait la
rupture. Il doit donc arriver alors que la grandeur de cette
même altération dépende non moins de la durée que de l'intensité de l'effort, et que tel corps qui résiste momentanément à l'action d'une force assez puissante, sans se rompre
ou sans perdre, en apparence, de son élasticité, soit néanmoins incapable de soutenir, d'une manière continue ou permanente, l'action d'une force beaucoup plus faible en intensité.

Il est évident encore que pareille chose doit arriver quand,
cette action étant seulement intermittente, les alternatives
d'extension ou de compression sont suffisamment répétées :
et c'est ce qui fait dire quelquefois aux ouvriers que *les ressorts les plus parfaits sont, à la longue, susceptibles de se
fatiguer.* Mais ce fait s'explique de lui-même, si l'on admet
que l'altération de l'élasticité, c'est-à-dire le dérangement
intime et permanent des molécules, quoique insensible pour
une seule compression suivie d'une détente, n'en existe pas

moins en réalité, et fait des progrès de plus en plus marqués,
à mesure qu'elle s'ajoute à elle-même, à chaque oscillation
du ressort. D'ailleurs cette altération de l'élasticité peut fort
bien provenir de ce que les alternatives ou oscillations, dont
il s'agit, se succèdent dans des intervalles trop courts pour
que les molécules aient, à chaque fois, le temps de revenir
exactement à leurs positions primitives d'équilibre qu'elles
atteindraient au bout d'un repos convenable, de sorte qu'elles
s'en écartent, de plus en plus, à la fin de chaque oscillation.

On peut citer, à ce sujet, des faits qui offrent quelque chose
de surprenant, pour quiconque n'a pas suffisamment réfléchi
à la lenteur avec laquelle certains mouvements moléculaires
s'accomplissent, notamment ceux qui produisent la rotation
ou le déplacement relatif des molécules.

250. *Faits relatifs à l'influence de la durée de l'action.* —
Celui qui se trouve rapporté, d'après M. Savart, à la fin du
n° 234, est sans contredit l'un des plus remarquables, en ce
qu'il est dû à une action, pour ainsi dire, spontanée des molécules : et l'on en connaît plusieurs autres qui tiennent à des
causes plus ou moins analogues : tel est le changement d'état
de cristallisation que subissent certains minéraux très-durs,
par suite d'un changement pareil survenu dans l'état consti-
tutif du milieu ambiant ; tels sont encore ceux qui ont été
observés par cet habile physicien lui-même, et qui prouvent
que de légères vibrations, de légers déplacements moléculaires fréquemment excités dans des corps très-élastiques et
raides, tels que le verre, peuvent suffire pour occasionner la
rupture complète de ces corps, ou tout au moins pour altérer,
énerver leur force de ressort. Le fer lui-même ne serait pas à
l'abri de semblables accidents ; mais nous n'insisterons pas
sur des phénomènes où le déplacement moléculaire peut être
attribué, soit à des actions chimiques, soit à l'état d'instabilité primitif de l'équilibre du système, soit à toute autre
complication de causes que nous ne devons point ici discuter, et il nous suffira d'indiquer deux autres faits qui se
rattachent plus spécialement au point de vue mécanique qui
nous occupe.

L'expérience journalière apprend, par exemple, que, lorsqu'on place, dans une position légèrement inclinée, des lames ou tiges minces de verre, d'acier, etc., substances naturellement très-raides et élastiques, elles se plient plus ou moins sous leur propre poids, et finissent par conserver cette nouvelle forme, quand on les laisse, un temps suffisamment long, sous l'action des causes qui les y ont amenées, tandis que, si la flexion n'a eu qu'une durée assez courte, elles reviennent complétement à leur forme primitive, dès l'instant même où on les ramène à la position verticale, sous laquelle elles ne sont pas sujettes à se fausser.

On peut encore citer à ce sujet un autre fait très-extraordinaire, observé par M. Vicat, ingénieur en chef des Ponts et Chaussées, Correspondant de l'Académie des Sciences, lequel a constaté, par des expériences délicates, qu'un fil de fer, suspendu verticalement à un point inébranlable, et soustrait à tout mouvement de trépidation ou d'oscillation, peut, quand il est chargé, à son extrémité inférieure, d'un poids égal au $\frac{1}{4}$, ou même au $\frac{1}{3}$ de celui qui en produirait la rupture instantanée, demeurer des années entières soumis à l'action de ce poids, avant que ses molécules aient atteint de nouvelles positions d'équilibre stable, ou qu'il soit lui-même parvenu à la limite d'extension qui lui est propre.

251. *Réflexions sur l'état final de stabilité des matériaux employés dans les constructions.* — En considérant la lenteur avec laquelle s'opère le déplacement des molécules du fer, dans l'expérience qui vient d'être citée en dernier lieu, on est naturellement porté à se demander si, dans toutes les circonstances analogues, il existe, en réalité, un état de stabilité du corps, qui, une fois acquis sous l'action des forces extérieurement appliquées, ne puisse plus désormais varier d'une manière appréciable. Mais plusieurs faits non moins avérés viennent nous rassurer complétement à cet égard.

Dans des expériences faites en 1815, MM. Minard et Desormes ont vu un prisme de fer chargé, pendant trois mois entiers, d'un poids équivalent aux $\frac{1}{4}$ de celui qui en aurait produit la rupture instantanée, sans que l'allongement ait augmenté au delà de celui qui répondait aux premiers effets de la charge.

Dans d'autres expériences que M. le Capitaine du génie Ardant a bien voulu entreprendre à notre sollicitation, et dont les résultats seront également rapportés par la suite, des fils de fer chargés de poids capables d'altérer, d'une manière notable, leur élasticité, non-seulement ne s'allongeaient pas indéfiniment, mais encore reprenaient, sous la charge et un repos suffisamment prolongé, un degré d'élasticité ou de raideur plus grand que celui qu'ils montraient à l'instant où l'allongement apparent avait cessé.

Enfin, l'exemple des constructions existantes depuis des siècles entiers est aussi là pour prouver qu'il est, pour chaque substance solide, une limite de compression on de tension qu'elle peut supporter, pour ainsi dire, indéfiniment, sans aucun danger pour les édifices où elle entre, et sans autre altération physique que le léger changement survenu dans l'état d'équilibre primitif des molécules, changement sous lequel cette substance n'en jouit pas moins d'une élasticité relative capable de la faire résister, plus ou moins, à l'action de nouvelles causes qui tendraient à troubler son état de stabilité actuel.

252. *Distinction entre la résistance instantanée des corps, et leur résistance permanente.* — En se fondant sur les résultats d'expériences rappelés ci-dessus (250), M. Vicat a été conduit à distinguer, plus soigneusement qu'on ne l'avait fait avant lui, les deux genres de résistance absolue dont est susceptible un même corps, par rapport au temps; il nomme (*) : *résistance instantanée, ou force portante, force tirante instantanées,* la limite des efforts que produit la rupture d'un

---

(*) *Annales des Ponts et Chaussées,* 1833, 2ᵉ semestre, p. 201. L'Auteur nomme, de plus, *force transverse,* la résistance qu'un solide oppose à la rupture par glissement, sans rotation, de deux parties, dont l'une serait solidement maintenue ou encastrée, et l'autre sollicitée par une puissance agissant dans le plan même de la rupture. Dans les emporte-pièces, par exemple, la résistance à vaincre par le poinçon, n'est autre chose que la *force transverse,* qu'on pourrait aussi nommer *résistance latérale, résistance tangentielle.* Cette force est très-comparable à la force portante, mais elle a jusqu'ici été trop peu étudiée pour qu'il devienne nécessaire de s'en occuper d'une manière spéciale.

corps solide en un temps très-court, et *résistance permanente* ou *force portante, force tirante permanente*, la limite des efforts qu'il peut supporter indéfiniment et sans altération subséquente.

La première de ces résistances est celle qu'on obtient directement dans des expériences d'une durée de quelques minutes, de quelques heures au plus, et telles que sont, en général, celles qu'on peut se permettre dans les circonstances ordinaires. Quant à la seconde, il serait impossible de l'apprécier par des moyens directs, et il convient de recourir à des données fournies par l'observation des constructions existantes, et qui ont résisté, pendant un temps suffisamment long, à l'action de forces exactement connues et appréciées mécaniquement.

Telle est, en effet, la marche suivie par tous les constructeurs éclairés, pour les pierres et les bois employés dans les édifices, marche d'autant plus fondée en principe, que les matériaux dont il s'agit sont soumis à des accidents imprévus, à des causes de destruction, chimiques ou physiques, qui peuvent altérer leur constitution intime, indépendamment de l'action directe des forces mécaniques extérieures, qui les sollicitent d'une manière permanente ou accidentelle.

253. *Comment on déduit, l'une de l'autre, ces deux sortes de résistances, d'après l'exemple des constructions existantes.* — Les considérations qui viennent d'être exposées ne peuvent être un motif suffisant pour rejeter les données du calcul, fondées sur le résultat d'expériences directes, lors même que ces expériences n'auraient eu qu'une durée très-courte, et qu'elles s'appliqueraient à des corps ou prismes d'une dimension assez faible par rapport à celle qu'ils doivent recevoir dans l'exécution; car il arrive rarement qu'on rencontre, dans les Ouvrages existants, des modèles qui puissent être imités en tous points; et l'on sent très-bien que les effets qui se manifestent dans ces expériences ont une relation, un rapport nécessaires avec ceux qui se produisent par l'action lente du temps, rapport qui, étant une fois découvert par l'observation, doit permettre de prévoir et d'apprécier, avec une exactitude suffisante, les derniers de ces effets par les premiers, dans une

infinité de circonstances pour lesquelles on manque de données immédiates.

Ainsi, par exemple, sachant par le calcul que, dans une construction existante, les molécules d'un corps ont supporté, d'une manière durable, et sans altération apparente, un certain effort sur l'unité de surface des sections, on compare cet effort à celui qui, d'après les expériences directes, est capable de produire, en un temps plus ou moins court, la rupture complète d'un prisme de même espèce, et l'on en conclut, pour tous les cas analogues, le rapport de la résistance permanente à la résistance instantanée.

Cette méthode est celle des anciens ingénieurs et expérimentateurs, notamment des Bélidor, des Musschenbroek, des Buffon, des Duhamel, des Perronet, des Rondelet, des Gauthey, etc.

Sachant, d'un autre côté, que sous l'effort très-petit qui répond à la charge actuelle et permanente d'un édifice, l'élasticité n'est point altérée dans les expériences directes, et que la valeur du rapport $\frac{P}{i}$ (236), relatif à cet effort, est sensiblement la même que celle dont on déduit le coefficient E, d'après les premières extensions ou compressions, on se sert de l'équation $P = AEi$, où P, E et A sont des quantités données, pour obtenir l'allongement ou l'accourcissement i, par mètre, qui se rapporte à l'effort limite dont il s'agit, et qu'il convient de ne pas dépasser dans l'établissement des constructions nouvelles, afin de leur assurer une stabilité égale à celle des constructions prises pour modèle.

Enfin, en l'absence de toute expérience en grand, de tout monument suffisamment ancien, qui puisse servir de modèle ou de point de comparaison pour établir les calculs, on se voit obligé de déduire simplement la limite des efforts permanents à faire supporter aux matériaux, du résultat des expériences directes, dont la durée est ordinairement assez courte : l'application récente du fer aux grandes constructions, en offre un exemple d'autant plus remarquable, qu'elle s'étend tous les jours davantage. On a admis, assez généralement, que, pour les matériaux de chaque espèce, cette limite répondait sensiblement à celle pour laquelle l'élasticité cesse de demeurer parfaite. Cette dernière méthode et la précédente, qui, au fond, revient à la première, sont celles des ingénieurs modernes, parmi lesquels il me suffira de citer les Coulomb, les Girard, les Duleau, les Tredgold, les Navier, les Lagerhjelm, etc.

254. *Méthodes expérimentales directes pour déterminer la force élastique des corps.* — Les allongements ou accourcissements subis par les prismes solides qu'on soumet à l'expérience de la traction ou de la compression, demeurant extrêmement petits entre les limites pour lesquelles l'élasticité est parfaite, il n'a pas jusqu'ici été possible de les observer directement pour tous les corps, et d'en déduire par conséquent les valeurs correspondantes du coefficient E, sauf dans certains cas que nous ferons connaître : on les a déduits approximativement et *à posteriori*, du calcul appliqué à des expériences d'une autres espèce, et qui se rapportent à la grandeur de la flexion que ces prismes prennent sous des efforts perpendiculaires à leur longueur. C'est même à de telles expériences, qu'on doit d'avoir appris d'abord que les déplacements subis aux premiers instants par les molécules des corps solides, demeurent proportionnels aux efforts qui les ont occasionnés, dans une étendue d'autant plus grande que l'élasticité est elle-même plus parfaite; car si cette proportionnalité n'avait pas lieu, il n'arriverait pas non plus, dans les expériences dont il s'agit, que les flèches qui mesurent les espaces parcourus par le point d'application de chaque effort fussent exactement proportionnelles à l'intensité de ce dernier, entre certaines limites de courbure.

Toutefois, comme la flexion des corps est toujours compliquée d'une compression dans les parties concaves, d'une extension dans les parties convexes, et que, d'après l'expérience, les assemblages de molécules se comportent différemment (240) à la compression et à l'extension, ou suivent d'autres lois, on conçoit très-bien que les résultats obtenus à l'aide de ce procédé de calcul ne peuvent s'accorder exactement avec ceux qu'on déduirait du mode d'expérimentation direct, auquel il conviendra toujours de recourir, afin d'obtenir des données absolues sur les deux genres de résistances dont il s'agit.

Les physiciens ont également cherché à déduire les valeurs

du coefficient d'élasticité E, de la connaissance des lois de la vibration (19) des prismes solides, et plus spécialement de la vitesse avec laquelle le son s'y propage uniformément, c'est-à-dire du temps que le mouvement met à parvenir de l'une à l'autre de leurs extrémités; car on conçoit, *à priori*, et nous montrerons par la suite, qu'il existe aussi une relation, un rapport nécessaires entre la vitesse dont il s'agit, la densité (33) de chaque substance et la force élastique définie par la quantité E.

Cette dernière méthode doit être surtout propre à donner la valeur de la force élastique aux premiers degrés de l'extension ou de la contraction éprouvées par les molécules des corps, attendu que les déplacements, pour lesquels les mouvements vibratoires deviennent sensibles à l'organe de l'ouïe, sont généralement très-faibles par rapport aux distances qui les séparent; mais les données qu'on possède à ce sujet sont encore en trop petit nombre et trop incomplètes quant aux éléments nécessaires à l'établissement des calculs, pour qu'on en puisse déduire, jusqu'à présent, des conséquences bien certaines relativement à la véritable mesure de la résistance élastique des solides (*).

255. *Appareils employés pour opérer leur rupture.* — Les effets qui se produisent dans les corps, au delà de ces premiers degrés d'extension et de compression, et qui accompagnent ou précèdent immédiatement la séparation complète des parties, ces effets exigent, pour être observés et mesurés avec exactitude, des attentions toutes particulières, afin d'éviter les causes étrangères qui pourraient influencer les résultats, et les altérer d'une manière plus ou moins appréciable.

Les moyens employés pour cet objet sont de diverses espèces. Dans les uns, on soumet les prismes solides à l'action directe d'un poids qui tend à les accourcir ou à les allonger; mais ces moyens ne peuvent s'employer que pour les corps dont la section ou la résistance absolue sont assez faibles. Dans les autres, la traction et la compression sont opérées par l'in-

---

(*) Consulter à ce sujet les Recherches sur l'élasticité par Wertheim (*Annales de Chimie et de Physique*, 3ᵉ série, t. XII, 1844). (K.)

termédiaire d'appareils ou de machines puissantes plus ou moins compliquées, telles que les vis, les presses et les systèmes de leviers; mais alors on risque de se tromper sur l'évaluation rigoureuse des efforts, attendu que ces machines sont soumises à certaines résistances qui peuvent en absorber une portion très-appréciable.

Dans des cas pareils, il conviendrait d'interposer, entre la machine et le prisme soumis à l'expérience, un instrument dynamométrique (60) qui mît à même d'évaluer, à un degré d'approximation suffisant, les efforts véritables auxquels ce prisme a été soumis; ou, ce qui revient à peu près au même, il faudrait *tarer* directement la machine dont on se sert, par des épreuves spéciales, et de manière à déterminer, avec exactitude, la différence ou l'erreur de ses indications.

256. *Précautions dont on doit user lors des expériences.* — Quels que soient les moyens qu'on emploie, on doit opérer avec beaucoup de lenteur, et donner aux molécules du prisme d'essai tout le temps nécessaire, pour qu'elles puissent prendre les positions d'équilibre qui répondent à chaque effort, temps qui, pour les corps ductiles, peut quelquefois être fort long, ainsi qu'on en a vu un exemple au n° 250.

On doit surtout éviter soigneusement les secousses ou ébranlements quelconques qui, faisant acquérir (230) aux molécules des corps une vitesse commune ou des mouvements relatifs appréciables, mettent en jeu leur force d'inertie, et peuvent altérer leur état élastique, ou occasionner même leur rupture complète sous des efforts bien moindres que ceux qu'elles seraient capables de supporter d'une manière directe et sans vitesse acquise.

Ainsi, par exemple, dans le cas d'une barre suspendue verticalement sous un point fixe, et sollicitée à son extrémité inférieure par un poids, on doit avoir l'attention de poser ce poids avec beaucoup de douceur; et cela est presque impossible, quand on opère à la main, et que la charge doit être considérable. C'est pourquoi la plupart des expérimentateurs se servent d'une caisse, ou d'un bassin analogue à celui des balances, dans lequel ils versent lentement l'eau ou le sable qui doit servir de poids. Mais, ainsi qu'on l'a déjà fait observer, quelles que soient les précautions dont on use, aux premiers instants, pour appliquer la charge au prisme, on ne peut éviter l'influence perturbatrice de l'inertie, dès qu'on abandonne ensuite, comme cela est d'usage dans les expériences, cette charge à la libre action de la pesanteur, qui lui fait nécessairement acquérir une vitesse d'abord accélérée et d'autant plus grande que la raideur, la résistance du prisme aux premiers allongements, est plus faible.

A la vérité, cette influence de la vitesse ou de la force vive acquise peut être négligée, tant que les allongements instantanés qui en résultent ne dépassent pas la limite au delà de laquelle l'élasticité cesse de demeurer parfaite ; mais il en est tout autrement du cas où cette limite est dépassée (*) ; et, comme on l'a dit, le prisme peut prendre une position d'équilibre très-différente de celle qui répond strictement à l'effort mesuré par le poids effectif de la charge, ou qu'il prendrait, si l'on s'opposait, par un moyen quelconque, à l'accélération de la vitesse.

257. *Réflexions générales relatives aux appareils à poids et à l'influence de la longueur des prismes.* — Les observations ci-dessus peuvent s'appliquer, en général, à tous les appareils à contre-poids abandonnés à la libre action de la gravité, et, de plus, on aperçoit que l'inertie doit y jouer un rôle d'autant plus appréciable, que l'amplitude de mouvement de ces pièces ou d'allongement du prisme soumis à l'expérience, est plus considérable pour un effort ou un contre-poids donné ; or c'est ce qui arrive notamment, quand la longueur absolue de ce prisme est très-grande par rapport à ses dimensions transversales.

Cette dernière remarque est d'autant plus importante, qu'elle peut servir à expliquer un fait bien connu des praticiens, savoir : qu'une tige solide, très-longue, est, à circonstances semblables d'ailleurs et abstraction faite de l'influence qui peut être due à son propre poids, plus facile à rompre qu'une

---

(*) *Voyez* dans la partie des *Applications*, les n⁰ˢ 312 et suivants, où nous avons cherché à soumettre au calcul, la loi de ces mouvements oscillatoires des prismes.

tige très-courte et de même équarrissage. Car les allongements
étant (236) sensiblement proportionnels aux longueurs absolues, sous un même effort de traction, il en résulte que, dans
le premier cas, la puissance a, comme on dit, un grand *champ
d'activité* pour développer du travail, et faire croître la vitesse
et la force vive des différentes parties. Mais il ne faut pas
oublier qu'alors cette puissance rompt le prisme en vertu de
la force vive acquise, tandis qu'en agissant avec lenteur, elle
l'eût simplement amené à l'état d'équilibre qui répond au
maximum de son intensité.

Quoi qu'il en soit, on voit que la méthode ordinairement
employée, dans les expériences, pour mesurer la résistance
des divers corps solides, n'est point exempte de tous reproches, et peut conduire à des résultats très-différents de ceux
qui répondent à la véritable valeur de cette résistance. Mais,
comme les matériaux qui entrent dans les constructions de
diverses espèces, sont presque toujours abandonnés à la *libre*
action de la gravité, ou ne sont même uniquement soumis
qu'à cette action, la méthode dont il s'agit paraîtra plus conforme aux effets naturels, et semblera devoir être préférée
pour la pratique, quoiqu'elle conduise, dans quelques cas, à
une fausse appréciation de la résistance effective des corps.

Ce ne serait pas ici, d'ailleurs, le lieu d'insister sur les
diverses autres précautions délicates dont on doit user dans
les expériences de cette nature ; et nous avons voulu seulement éveiller l'attention de ceux de nos lecteurs qui voudraient tenter par eux-mêmes de pareilles expériences, ou
qui, en comparant, entre eux, les résultats déjà connus sur la
résistance des corps, pourraient être surpris des nombreuses
anomalies qu'ils présentent et des dissidences même d'opinions qui en ont été la conséquence ; car ces anomalies et ces
dissidences ne peuvent pas toujours être rejetées sur le fait
même de l'hétérogénéité des substances employées par les
divers expérimentateurs.

RÉSULTATS DE L'EXPÉRIENCE CONCERNANT LA RÉSISTANCE DIRECTE
DES SOLIDES.

Les nombreuses et importantes données déjà acquises sur cette matière se trouvent, en majeure partie, rapportées, sous leur forme originale, dans l'excellent Ouvrage de M. Navier, sur les *Applications de la Mécanique aux constructions* (1ʳᵉ Partie, 2ᵉ édition, 1833). Nous y renverrons pour les détails et citations relatifs aux principaux faits d'expériences (*); et, en donnant un peu plus de développement à l'exposition de ceux de ces faits qui sont moins généralement connus, nous n'oublierons pas le but et l'esprit dans lesquels a été primitivement conçu ce livre, qui ne doit être ni purement mathématique ou dogmatique, ni purement expérimental ou pratique ; c'est-à-dire que, tout en réduisant, à de justes limites, la citation des résultats d'expériences, souvent si discordants entre eux, nous ne négligerons pas néanmoins de discuter les causes et d'éclairer les principes, afin de mettre le lecteur en état d'en faire d'exactes et utiles applications à la pratique des constructions.

Résistance des pierres, des briques et matériaux analogues.

258. *Faits généraux concernant la résistance de ces corps à l'écrasement.* — On conclut du résultat des nombreuses expériences entreprises par MM. Rondelet, Gauthey et Rennie : 1º qu'il n'existe aucuns caractères physiques, tels que la couleur, la densité, la dureté, qui puissent faire juger de la résistance des pierres à l'écrasement; 2º que néanmoins les parties les plus denses d'une pierre sont aussi les plus résistantes, et que, dans une même carrière, les pierres du ciel et du fond le sont moins que celles du milieu ; 3º que, pour des prismes semblables, la résistance est sensiblement proportion-

---

(*) L'ensemble de ces résultats se trouve aussi consigné et traduit en mesures françaises, dans une série de tableaux annexés à la *Physique industrielle* de M. A. Lechevalier.

nelle à l'aire des sections transversales; 4° enfin, qu'à hauteurs égales, les prismes sont d'autant moins résistants que
leurs bases s'éloignent davantage de la forme du cercle ou du
carré, et que la largeur et la longueur de ces bases diffèrent
plus de la hauteur; de sorte que le cube, par exemple, est, à
section égale, le parallélipipède rectangle de plus grande résistance.

Ce dernier principe, admis par tous les constructeurs,
d'après l'autorité de Rondelet, célèbre architecte du Panthéon
français, se trouve contredit par le résultat de quelques expériences de M. Vicat (*), sur de petits prismes, à bases carrées,
de 1 ou 2 centimètres de côté, et d'après lesquelles les dalles
minces de pierres supporteraient de plus grands efforts que les
pièces cubiques; mais on remarquera qu'il s'agissait ici des
prismes parfaitement dégauchis, sans aucun porte-à-faux, et
dont les surfaces d'appui étaient garnies de lames de carton,
afin de répartir uniformément les pressions; circonstances qui
ne se réalisent pour ainsi dire jamais dans les constructions
en grand.

Ces expériences confirment d'ailleurs, sans exception, le
principe de la proportionnalité, aux aires des sections transversales, de la résistance des *prismes semblables;* et, de plus,
elles apprennent que ce principe, appliqué aux sections *homologues* des corps, subsiste également pour les pyramides
droites, tronquées parallèlement à leur base; pour les sphères,
les cylindres chargés sur leurs points ou arêtes opposés, en
guise de rouleaux, et même pour les massifs constitués et
chargés d'une manière semblable.

D'après M. Vicat, si l'on représente par l'unité, la résistance
du cube circonscrit à une sphère ou à un cylindre droit de
même matière, celle de ces derniers corps sera, termes
moyens, mesurée par 0,80 pour le cylindre chargé debout,
0,32 pour le cylindre chargé comme rouleau, et 0,26 pour la
sphère inscrite chargée suivant un diamètre vertical.

Quant à la manière dont les pierres prismatiques se comportent lors de la compression et de l'écrasement, on observe:

(*) *Voyez* le Mémoire déjà cité n° 252 : *Annales des Ponts et Chaussées,*
2ᵉ sem. de 1833.

1° que les plus dures cèdent d'abord fort peu à la pression,
puis se divisent tout à coup, avec éclat, en lames ou aiguilles
qui n'offrent qu'une faible consistance et se réduisent facilement en poussière ; 2° que les plus tendres se partagent, à ces
premiers instants, en pyramides ou cônes ayant pour bases
les faces supérieure et inférieure du prisme, dont les sommets sont situés vers son centre, et qui tendent à chasser au
dehors, les parties latérales comprises entre elles, à peu près
comme le feraient de véritables coins. Ces parties, et les pyramides elles-mêmes, finissent bientôt par se réduire en petits
prismes ou aiguilles qui tombent également en poussière;
mais la cohésion des molécules est presque entièrement détruite, longtemps avant la rupture complète des prismes, et
dès que les pierres commencent à se fendiller.

. Enfin la décomposition en coins coniques, pyramidaux ou
sous forme d'onglets cylindriques ayant pour bases les surfaces d'appui, s'observent également dans les sphères et les
rouleaux cylindriques mentionnés ci-dessus. Cette formation
remarquable, qui est accompagnée, dans ces derniers cas,
d'une dépression sensible au contact, et qui a été observée
d'abord par M. Vicat, s'est également présentée dans les expériences récentes de MM. Piobert et Morin, relatives au tir des
projectiles en fonte, contre des massifs ou des projectiles de
même matière (*).

259. *Résultats de l'expérience.* — Voici maintenant, en
nombres ronds, les résultats principaux des expériences entreprises, par divers Auteurs, sur la résistance à l'écrasement de
cubes de diverses matières, ayant depuis 3o jusqu'à 5o millimètres de côté, et cette résistance étant ramenée, par le calcul,
à une surface d'un centimètre carré.

(*) *Expériences entreprises à Metz, en* 1834, *sur la pénétration et le choc
des projectiles.* Ce Mémoire a été, en octobre 1835, l'objet d'un Rapport favorable à l'Académie royale des Sciences, qui en a ordonné l'impression dans le
Recueil des Savants étrangers.

INDICATION DES CORPS SOUMIS A L'ÉCRASEMENT.	POIDS spécifique.	CHARGE par centimètre carré.
Pierres volcaniques, granitiques, siliceuses et argileuses.		kg
BASALTES de Suède et d'Auvergne....................	2,95	2000
LAVE dure du Vésuve (*piperno*), près Pouzzol.........	2,60	590
LAVE tendre de Naples................................	1,97	230
PORPHYRE..	2,87	2470
GRANIT vert des Vosges..............................	2,85	620
GRANIT gris de Bretagne.............................	2,74	650
GRANIT de Normandie, dit *gatmos*...................	2,66	700
GRANIT gris des Vosges.............................	2,64	420
GRÈS très-dur, blanc ou roussâtre...................	2,50	870
GRÈS tendre..	2,49	4
PIERRE porc ou puante (argileuse)...................	2,66	680
PIERRE grise de Florence (argileuse, à grains fins).....	2,56	420
Pierres calcaires.		
MARBRE noir de Flandre..............................	2,72	790
MARBRE blanc veiné, statuaire et turquin.............	2,69	310
PIERRE noire de St-Fortunat, très-dure et coquilleuse..	2,65	630
ROCHE de Châtillon, près Paris, dure et un peu coquilleuse..	2,29	170
LIAIS de Bagneux, près Paris, très-dur, à grain fin ...	2,44	440
ROCHE douce d'*idem*................................	2,08	130
ROCHE d'Arcueil, près Paris.........................	2,30	250
PIERRE de Saillancourt, près Pontoise { 1re qualité....	2,41	140
{ 2e qualité.....	2,10	90
PIERRE ferme de Conflans, employée à Paris..........	2,07	90
PIERRE tendre (lambourde et vergelée), employée à Paris, résistant à l'eau..............................	1,82	60
LAMBOURDE de qualité inférieure, résistant mal à l'eau..	1,56	20
CALCAIRE dur de Givry, près Paris..................	2,36	310
CALCAIRE tendre d'*idem*............................	2,07	120
CALCAIRE jaune oolithique de Jaumont, { 1re qualité ..	2,20	180
près Metz (*), { 2e qualité...	2,00	120
CALCAIRE jaune oolithique d'Amanvillers, { 1re qualité..	2,00	120
près Metz, { 2e qualité ...	2,00	100

(*) Tous ces résultats, concernant les matériaux de Metz, sont dus à M. C. G. de Monfort, Capitaine du génie, employé aux travaux des fortifications de cette place.

INDICATION DES CORPS SOUMIS A L'ÉCRASEMENT (*).	POIDS spécifique.	CHARGE par centimètre carré.
Pierres calcaires.		kg
ROCHE vive de Saulny, près Metz (non rompue).......	2,55	300
ROCHE jaune de Rozérieulles, près Metz (non rompue).	2,40	180
CALCAIRE bleu à gryphite, donnant la chaux hydraulique de Metz (non rompue).........................	2,60	300
Briques.		
BRIQUE dure, très-cuite	1,56	150
BRIQUE rouge.......................................	2,17	60
BRIQUE rouge pâle (probablement mal cuite).........	2,09	40
BRIQUE de Hammersmith.............................	"	70
BRIQUE de Hammersmith brûlée ou vitrifiée..........	"	100
Plâtres et mortiers.		
PLATRE gâché à l'eau..	"	50
PLATRE gâché au lait de chaux	"	73
MORTIER ordinaire en chaux et sable...............	1,60	35
MORTIER en ciment ou tuileaux pilés...............	1,46	48
MORTIER en grès pilé..............................	1,68	29
MORTIER en pouzzolane de Naples et de Rome........	1,46	37
ENDUIT d'une conserve antique, près de Rome........	1,55	76
ENDUIT en ciment des démolitions de la Bastille.......	1,49	55

(*) Nous donnons, dans le tableau ci-dessous, quelques résultats des expériences faites par le Service central des constructions des Tabacs, sur des pierres fréquemment employées :

PROVENANCE des pierres.	CHARGE par cent. carré	PROVENANCE des pierres.	CHARGE par cent. carré.
	kg		kg
Arles..............	90	Miramas { depuis ...	70
Balin, près Nancy....	310	Miramas { jusqu'à...	180
Biencourt..........	690	Miremont (Dordogne).	90
Beaucaire..........	210	Phalsbourg { rouge ...	380
Cassis..............	980	Phalsbourg { très-pâle	300
Chérence	300	Saint-Macaire........	300
Euville	330	Savonnière..........	120
Lérouville..........	260	Vernon	550
Meulan	570	Viterne.............	210

(K.)

260. *Observations et additions.* — Les expériences relatives aux mortiers modernes ont été faites dix-huit mois après leur fabrication. Au bout de quinze ans, la résistance avait augmenté d'environ $\frac{1}{3}$ pour les mortiers en chaux et sable, et de $\frac{1}{4}$ pour celui en ciment ou pouzzolane. En battant ou massivant les mêmes mortiers, leur densité s'est accrue, terme moyen, de $\frac{1}{7}$, et leur résistance de $\frac{1}{3}$, en sus des nombres indiqués au tableau. Ces nombres, obtenus par Rondelet, se rapportent d'ailleurs aux chaux grasses ordinaires (*); ils ne s'accordent point parfaitement avec ceux qui se trouvent consignés dans le Mémoire de M. Vicat, cité au n° 252 ; mais on ne peut être surpris d'une pareille dissidence, quand on réfléchit aux causes de toute espèce qui peuvent influencer le résultat des expériences, et parmi lesquelles on peut citer notamment la grosseur de l'échantillon.

Voici, au surplus, les nombres obtenus par M. Vicat, pour la résistance instantanée, à l'écrasement complet, de petits cubes de diverses substances, ayant 1 centimètre de côté.

INDICATION DES CORPS SOUMIS A L'ÉCRASEMENT.	RÉSISTANCE par cent. carré. kg
Pierre calcaire à tissu arénacé (sablonneuse)......	94
Pierre calcaire à tissu oolithique (globuleuse).....	106
Pierre calcaire à tissu compacte (lithographique)...	285
Brique crue, ou argile séchée à l'air libre.........	33
Platre ordinaire, gâché ferme	90
Platre ordinaire, gâché moins ferme que le précédent.	42
Mortier en chaux grasse et sable ordinaire, âgé de 14 ans...	19
Mortier en chaux hydraulique ordinaire..........	74
Mortier en chaux éminemment hydraulique.......	144

(*) Les *chaux grasses* sont des chaux à peu près pures, foisonnant beaucoup à l'extinction ou quand on les réduit en pâte, c'est-à-dire augmentant de volume entre $1\frac{1}{2}$ et 2 fois le volume primitif; les mortiers qui en résultent se dessèchent et durcissent très-lentement dans l'intérieur des maçonneries, tandis qu'exposés à une humidité constante ou à l'action de l'eau, ils ne prennent, pour ainsi dire, jamais corps.

Les *chaux hydrauliques*, au contraire, sont des chaux *maigres*, foisonnant très-peu, qui ont la propriété de durcir promptement, soit dans l'eau, soit

261. Tassement des matériaux avant l'instant de la rupture. — Les seules observations qu'on possède jusqu'ici sur cet objet sont dues à M. Vicat (*Mémoire* cité, p. 209). Les prismes soumis à l'essai avaient 30 millimètres de hauteur, et leur section était un carré de 15 millimètres de côté, ou de $2^{cq},25$ de surface.

INDICATION DES CORPS SOUMIS A L'ÉCRASEMENT.	RÉSISTANCE par centimètre carré	TASSEMENT pour 1 mètre de hauteur.
	^{kg}	^{m}
MORTIER en chaux grasse et sable ordinaire	24	0,00426
MORTIER en chaux en proportions différentes	19	0,00497
MORTIER en chaux hydraulique.................	75	0,00605
GRÈS de rémouleurs........	171	0,00605
CALCAIRE oolithique.........................	178	0,00605
CALCAIRE arénacé..........................	100	0,00355
MORTIER en chaux éminemment hydraulique	146	0,00710

262. Observations concernant ces résultats de l'expérience. — Les tassements rapportés dans ce tableau ont été mesurés à l'instant qui précède immédiatement la formation des fissures : passé ce terme, ils font des progrès si rapides, qu'il est impossible de les observer. Il serait néanmoins intéressant de les étudier pour des charges beaucoup plus faibles que celles qui sont capables de produire la rupture, et surtout de les observer dans les grands édifices où ils jouent un rôle très-remarquable et souvent dangereux, par suite de l'inégale répartition des charges sur les surfaces d'appui, ou des différences mêmes de résistance des blocs et massifs : l'expérience consisterait à mesurer ces tassements, pour plusieurs des assises inférieures, au moyen de *repères* (*) bien établis,

---

dans l'air; ce qu'elles doivent à la présence d'une certaine portion d'argile (silice et alumine), combinée d'une manière plus ou moins intime avec elles : consultez plus particulièrement les ouvrages de M. Vicat sur les chaux, mortiers et ciments calcaires (1828), ainsi que les différents Mémoires de M. Berthier dans les *Annales des Mines*.

(*) Ces repères seraient formés de traits horizontaux très-déliés, tracés chacun sur des plaques métalliques qu'on fixerait contre les parements de plu-

et dont on observerait les écartements relatifs, correspondants aux divers degrés d'avancement de la construction et aux diverses charges qui en résultent.

Mais, quelle que soit l'influence des tassements propres des matériaux, sur la stabilité des édifices, elle peut, presque toujours, être négligée vis-à-vis des effets qui proviennent de la compressibilité et, surtout, de l'inégale consistance du sol ; aussi doit-on faire les plus grands sacrifices pour procurer aux fondations des édifices très-élevés ou très-lourds le degré d'incompressibilité convenable, soit en creusant très-bas pour trouver un bon fond, soit en pilotant, en damant ou massivant le terrain mauvais quand il a beaucoup de profondeur ; soit enfin en distribuant uniformément les charges sur la base des fondations, au moyen d'*empâtements* convenablement calculés, de grillages, de planchers en charpente, ou même de remblais en sable pur qui a la propriété de tasser très-peu, quand il est contenu entre des parois solides, ou étendu, en couches épaisses et larges, bien au delà de la base des fondations. (*Voyez*, à ce sujet, les intéressants Mémoires de MM. les Capitaines du génie Moreau et Niel, insérés aux n°s XI et XII du *Mémorial du Génie.*)

263. *Résistance des massifs en pierres.* — Les résultats qui précèdent sont relatifs aux corps cubiques, d'un seul morceau, ou *monolithes ;* lorsque de tels blocs sont superposés ou juxtaposés, la résistance, sur l'unité de surface, diminue d'une manière sensible à mesure que leur nombre augmente ; ce qui tient essentiellement à l'imparfait dégauchissement des joints ou assises, aux porte-à-faux qui en proviennent, et à l'inégale distribution de la charge sur chaque bloc, de laquelle il résulte que la rupture s'opère d'une manière successive et non simultanée ; les blocs les plus chargés cédant les premiers, et ainsi de suite.

Pour des cubes de 5 centimètres de côté, taillés à la manière

sieurs des premières assises, à des distances verticales de 2, 3 ou 4 mètres, par exemple. Les intervalles des repères ayant été, au préalable, mesurés avec tout le degré de précision convenable, leurs accourcissements, sous différentes charges, feraient connaître la loi même des tassements, et, par suite, la valeur de la résistance élastique.

ordinaire et superposés, au nombre de trois, les uns au-dessus des autres, Rondelet a trouvé la résistance réduite aux $\frac{2}{3}$ environ. Pour des blocs cubiques, de 1 et 2 centimètres de côté, dégauchis avec soin et usés, les uns sur les autres, à la manière des anciens, M. Vicat a trouvé que la résistance variait ainsi qu'il suit :

COMPOSITION DU MASSIF.	RÉSISTANCE sur l'unité de surface.
Pour un bloc ou une seule assise...............	1,00
Pour deux assises de même hauteur............	0,93
Pour quatre assises de même hauteur..........	0,86
Pour huit assises de même hauteur	0,83

Le mortier interposé entre les joints horizontaux doit diminuer les défauts du dégauchissement, sans les faire disparaitre entièrement; il a surtout peu d'efficacité pour les joints verticaux dont la muliplicité exerce une bien plus fâcheuse influence.

D'après les expériences du même ingénieur, un cube de 3 centimètres de côté perd $\frac{1}{6}$ de sa force quand il se compose de 8 petits cubes, et près de $\frac{1}{4}$ lorsqu'il comprend 4 prismes rectangulaires égaux, posés en liaison ou à joints recouverts.

264. *Limites des charges permanentes.* — Les résultats précédents se rapportent uniquement à la résistance instantanée des corps, à la charge qui produit leur rupture complète et brusque. Or Rondelet a remarqué qu'avant l'instant de cette rupture, les pierres se fendillent et donnent des signes manifestes de désorganisation intérieure, pour des charges surpassant généralement la moitié de celles qui produisent l'écrasement. M. Vicat est arrivé à des résultats analogues, dans des expériences où l'influence du temps a été mise en évidence, et qui lui ont fait conclure que la charge supportée, d'une manière permanente, par les pierres, est le $\frac{1}{3}$ environ de celle qui produirait leur rupture instantanée.

Dans les constructions existantes, réputées même les plus légères, la charge n'excède pas le $\frac{1}{6}$ de celle qui produit l'écrasement, lors des expériences en petit; souvent elle en est à peine le $\frac{1}{13}$, et l'on n'en saurait être étonné, si l'on réfléchit

aux imperfections de toute espèce que présente leur exécution, et aux chances variées de destruction qu'elles subissent.
C'est d'après ces considérations que les ingénieurs expéri-
mentés ont fixé à $\frac{1}{10}$, environ, la limite de la charge maximum
et permanente des pierres; charge qu'il convient même de
réduire à $\frac{1}{15}$ ou $\frac{1}{20}$ pour les maçonneries en moellonnages ou
de petits échantillons, et pour les supports isolés dont la hauteur, très-grande par rapport aux dimensions transversales,
peut donner lieu à de légers déversements qui reportent la
majeure partie de la charge sur certaines arêtes, au détriment des autres.

265. *Résistance à la rupture par traction.* — On possède
très-peu d'expériences entreprises dans la vue de déterminer
ce genre de résistance pour les pierres; la raison en est qu'on
emploie rarement de tels matériaux à résister à un effort direct
de traction, et que cela n'arrive en général que dans des circonstances particulières où les pierres sont soumises à des
efforts obliques ou transversaux, qui tendent à les rompre en
les infléchissant; mais alors on a recours à des résultats d'expérience plus conformes aux effets de traction et de compression qu'elles éprouvent.

INDICATION DES CORPS SOUMIS A L'EXTENSION.	RÉSISTANCE par cent. carré. kg
VERRE et cristal, en tubes ou tiges pleines............	248,0
PIERRES — basalte d'Auvergne.............................	77,0
PIERRES — calcaire de Portland,.........................	60,0
PIERRES — blanche d'un grain fin et homogène.............. ...	14,4
PIERRES — blanche à tissu compacte (lithographique).........	30,8*
PIERRES — blanche à tissu arénacé (sablonneuse).............	22,9*
PIERRES — blanche à tissu oolithique (globuleuse)...........	13,7*
BRIQUES — de Provence, très-bien cuites et d'un grain très-uni...	19,5
BRIQUES — ordinaires, faibles................................	8,0
PLATRE — gâché ferme.....:	11,7
PLATRE — gâché moins ferme que le précédent..............	5,8*
PLATRE — gâché fabriqué à la manière ordinaire.............	4,0
MORTIERS — en chaux grasse et sable, âgé de 14 ans..........	4,2*
MORTIERS — en chaux grasse et sable mauvais...............	0,75
MORTIERS — en chaux hydraulique ordinaire et sable...........	9,0
MORTIERS — en chaux éminemment hydraulique..............	15,0*
MORTIERS — de ciment de Pouilly et sable (parties égales), après un an de durcissement, dans l'air ou dans l'eau....	9,6

266. *Additions et observations relatives aux données de ce*
tableau. — Les nombres marqués d'un astérisque appartiennent
à des expériences entreprises, par M. Vicat, dans la vue de
comparer entre elles les résistances instantanées à la rupture
par compression et par extension; ils correspondent par conséquent à ceux qui ont été rapportés, pour les mêmes substances, dans le n° 260 ci-dessus; mais on ne doit les considérer que comme les résultats de faits isolés, et non comme
des moyennes. En particulier, les nombres qui concernent les
chaux hydrauliques paraissent surpasser notablement ceux
que donnent, d'après le même Auteur, les résultats moyens des
expériences, lesquels s'élèvent à 10 ou 12 kilogrammes seulement pour les chaux éminemment hydrauliques, et à 6 ou
7 kilogrammes pour les mortiers à chaux hydraulique ordinaire.

D'après Rondelet, la force de cohésion des mortiers et
ciments est le $\frac{1}{8}$ environ de leur résistance à l'écrasement, et
leur adhérence pour les pierres et les briques surpasse généralement leur force de cohésion. On trouve ainsi, pour cette
dernière force et pour le mortier ordinaire indiqué au tableau
du n° 259, $\frac{1}{8} 35^{kg} = 4^{kg},37$, nombre qui diffère très-peu de
celui qu'indique la Table précédente, suivant M. Vicat.

Enfin, on remarque que le plus petit des résultats rapportés
dans cette même Table, d'après Rondelet, pour le plâtre fabriqué
à la manière ordinaire, appartient, très-probablement, à un
plâtre gâché avec beaucoup d'eau, suivant l'usage des ouvriers,
ou qui n'avait point acquis encore toute sa consistance.

Selon ce célèbre architecte encore, la force avec laquelle
le plâtre en question adhère aux briques et aux pierres, est
les $\frac{2}{3}$ seulement de 4 kilogrammes ou $2^{kg},7$ environ. Cette force
est plus grande néanmoins pour la pierre meulière et la brique,
que pour les pierres calcaires; elle diminue beaucoup avec
le temps.

267. *Résistance élastique du verre.* — Il n'a point été fait,
jusqu'ici, d'expériences directes, dans le but de constater la
valeur de la résistance élastique des corps, indiqués au tableau
ci-dessus, autres que le verre, pour lequel MM. Colladon et
Sturm ont trouvé que des tiges cylindriques de 1 mètre de
longueur, et de 13,333 millimètres carrés de section, se sont
moyennement allongées de $\frac{6}{100}$ de millimètre, sous une charge

totale de 8 kilogrammes (*); ce qui donne, d'après le n° 236,

$$E = \frac{A\,i}{P} = \frac{8^{kg}}{13,333 \times 0,00006} = 10000^{kg}$$

pour la résistance élastique du verre, par millimètre carré, ou $100 \times 10000^{kg} = 1000000^{kg}$ par centimètre carré, ou enfin 10 billions de kilogrammes par mètre carré de section.

Ce résultat présente néanmoins quelque incertitude, parce que, dans un autre passage du Mémoire cité, la section des tiges est indiquée comme ayant 16,3 millimètres carrés, au lieu de 13,3; ce qui donne simplement

$$E = \frac{8^{kg}}{16,3 \times 0,00006} = 8200^{kgm}.$$

Enfin, MM. Colladon et Sturm trouvant, pour résultat final du calcul qui leur a servi (243) à déterminer la contraction cubique du verre, qu'une tige de cette substance, ayant 1 mètre de longueur, s'allonge de 11 dix-millionièmes par atmosphère équivalant à un effort de $1^{kg},033$ par centimètre carré ou $0^{kg},01033$ par millimètre, il en résulte la nouvelle valeur

$$E = \frac{0,01033}{0,0000011} = 9390^{kg},$$

toujours par millimètre carré de section.

En adoptant cette dernière donnée, qui est une sorte de moyenne entre les précédentes, on sera en état de calculer la charge P, qui serait capable d'allonger une tige de verre, de section quelconque, A, d'une quantité donnée, i, par mètre de longueur, à l'aide de la formule $P = EA\,i$, du n° 236 déjà cité, pourvu, toutefois, que cette charge ne surpasse pas celle qui répond à la limite d'élasticité (238), et qui doit peu s'écarter de 80 kilogrammes par centimètre carré.

Résistance des bois.

268. *Résistances à l'écrasement ou à la rupture par compression* — Les bois étant composés de fibres droites, unies

---

(*) *Voyez* le § 11 du Mémoire de MM. Colladon et Sturm, imprimé dans le tome V du *Recueil des Savants étrangers.*

entre elles par une force d'adhérence moindre que celle de leurs propres parties, ils se comportent, lors de la rupture, différemment que les pierres : quand on les soumet à une pression dirigée dans le sens de ces fibres, celles-ci se refoulent d'abord aux bouts; elles s'infléchissent, vers le dehors, en formant un renflement latéral, et finissent bientôt par se séparer et s'écraser en se ployant, les unes sur les autres, sans se réduire en poussière. Ceci arrive principalement pour les prismes de bois qui diffèrent peu de la forme du cube; mais, quand leur hauteur surpasse de beaucoup leur épaisseur, il arrive, ou bien qu'ils se fendent longitudinalement avec éclats, en plusieurs parties, ou bien qu'ils s'infléchissent d'une seule pièce et d'un même côté, sans que les fibres se désunissent entre elles; la rupture ultérieure s'opérant alors dans la section transversale, située vers la moitié de la hauteur du prisme, à peu près comme si ce prisme était posé horizontalement sur deux appuis et chargé d'un poids en son milieu. Ce dernier effet n'a lieu, néanmoins, qu'autant que la hauteur de la pièce excède huit à dix fois son épaisseur.

La Table suivante contient le petit nombre des résultats d'expériences directes entreprises, par Rondelet et Rennie, dans la vue de déterminer la résistance instantanée des bois chargés de bout, et qui s'écrasent sans s'infléchir (*).

(*) M. E. Hodgkinson a fait un grand nombre d'expériences sur la résistance de diverses espèces de bois; il a opéré sur des cylindres dont la hauteur était double du diamètre (*Transactions philosophiques*, t. XL). Voici quelques-uns de ses résultats :

RÉSISTANCE PAR MILLIMÈTRE CARRÉ.

ESSENCES DE BOIS.	BOIS A L'ÉTAT MOYEN DE DESSICCATION.	BOIS TRÈS-SEC.
	kg	kg
Chêne de Québec..................	2,98	4,20
Chêne de Dantzick...............	»	5,43
Chêne anglais....................	4,56	7,07
Sapin rouge................. ..	4,05	4,63
Sapin blanc.....................	4,75	5,12
Sapin de Prusse.................	4,57	4,80
Pin résineux.........	4,77	»
Pin rouge............. ...	3,80	5,28
Orme......	»	7,25
Peuplier........ ....·......	2,18	3,60 (K.)

INDICATION DES PIÈCES SOUMISES A L'ÉCRASEMENT.	RÉSISTANCE par millim. carré.
	kg
Chêne de France............... 3ᵏᵍ,85 à	4,63
Sapin de France................. 4 ,62 à	5,38
Chêne anglais........................	2,71
Sapin blanc anglais...................	1,35
Pin d'Amérique......................	1,18
Orme...............................	0,90

D'après MM. Gauthey et Tredgold, la limite des pressions qu'on puisse faire supporter, par millimètre carré, à une face de bois, afin qu'elle ne se refoule pas sensiblement sur elle-même, serait, pour

	kg
Le chêne français, la face pressée étant perpend. aux fibres, de.	2,00
Le chêne français, la face pressée étant parallèle aux fibres, de.	1,60
Le chêne anglais, la face pressée étant parallèle aux fibres, de..	1,08
Le sapin jaune, la face pressée étant perpend. aux fibres, de...	0,70

269. *Manière d'appliquer ces résultats, limite des charges permanentes.* — Les nombres du premier de ces tableaux peuvent, d'après les expériences de Rondelet, être appliqués aux pièces chargées de bout, tant que leur hauteur n'excède pas 7 à 8 fois leur épaisseur; mais ils doivent être réduits aux $\frac{5}{6}$ quand la hauteur est 12 fois l'épaisseur, et à $\frac{1}{7}$ quand elle est 24 fois l'épaisseur (*).

Au delà de cette dernière proportion qui embrasse à peu près tous les cas d'application, il faut recourir à d'autres méthodes de calcul qui ne rentrent point dans l'objet de ce Chapitre, et

---

(*) M. E. Hodgkinson a déduit de ses expériences, sur les poteaux en chêne de Dantzick, la formule suivante, dans laquelle P désigne la charge de rupture, b l'épaisseur, et h la hauteur du poteau :

$$P = 2565 \frac{b^4}{l^2}.$$

La limite du poids que l'on peut faire supporter, avec sécurité, à ces pièces, n'est que $\frac{1}{10}$ environ de la charge de rupture P. Cette formule repose sur un petit nombre d'essais, et n'est peut-être pas encore suffisamment confirmée par l'expérience. (K.)

qui reposent sur la considération des flexions transversales éprouvées par les pièces qui ne sont ni encastrées aux deux bouts, ni appuyées latéralement; car lorsqu'il en est autrement, la résistance est augmentée, et se rapproche davantage de celles qui sont portées au premier des tableaux ci-dessus.

Dans tous les cas, on devra réduire les nombres obtenus, à $\frac{1}{10}$, au moins, de leur valeur, afin d'avoir la limite des efforts qu'il est permis de faire supporter, d'une manière permanente, aux bois qui entrent dans les constructions en charpente ordinaire. Ainsi, la résistance permanente, par millimètre carré, devra être réduite à $0^{kg},40$ ou même $0^{kg},30$ pour le chêne chargé de bout, et à $0^{kg},50$ ou même $0^{kg},40$ pour le sapin chargé pareillement, et cela encore bien que les pièces soient très-courtes ou appuyées latéralement.

Cette règle, comme l'observe M. Navier, peut servir à calculer l'espacement des pilots de fondation des édifices, et elle s'accorde sensiblement avec celle d'après laquelle Perronet prescrit (171) de charger, au plus, de 25000 et 50000 kilogrammes les pilots en chêne de $0^m,15$ et $0^m,32$ de diamètre.

Il n'a point été fait d'ailleurs d'expériences directes pour constater la loi de la compression des bois, et pour déterminer leur résistance élastique, qu'il faudra provisoirement considérer comme étant sensiblement (236) entre certaines limites, la même que pour le cas de l'extension dont nous allons maintenant nous occuper.

270. *Résistance du bois à la rupture par extension* (*). — Cette résistance varie suivant que l'effort est dirigé dans le sens des fibres, perpendiculairement à leur longueur, ou qu'il tend à séparer les deux parties d'une même pièce, en les faisant glisser l'une sur l'autre parallèlement à ces fibres. Les résultats moyens des expériences entreprises à ce sujet, se trouvent indiqués dans le tableau suivant :

(*) Consulter à ce sujet le Mémoire sur les propriétés mécaniques des bois de MM. Chevandier et Wertheim (1846). Les chiffres trouvés par ces observateurs diffèrent généralement de ceux qui sont donnés dans le texte. *Voir* la Note de la page 349. (K.)

INDICATION DES BOIS ET DU SENS DE LA TRACTION	RÉSISTANCE par millim. carré.
	kg — kg
Chêne dans le sens des fibres	6 à 8
Tremble Id ....,...............	6 à 7
Sapin . Id.........................	8 à 9
Frêne Id	12,00
Orme, Id	10,40
Hêtre Id	8,00
Teak Id	11,00
Buis Id	14,00
Poirier Id	6,90
Acajou Id	5,60
Tremble latéralement aux fibres (ou par glissement)..	0,57
Sapin Id. Id...............	0,42
Chêne, perpendiculairement aux fibres.............	1,60
Peuplier Id	1,25
Larix Id	0,94

Ici encore on ne doit pas charger les bois d'un effort permanent de traction, qui surpasse le $\frac{1}{10}$ des nombres portés au précédent tableau; et cette règle, générale pour les bois, est principalement fondée sur ce que cette substance est sujette à des altérations intimes, telles que la vermoulure, la pourriture et l'échauffement, par suite desquelles elle perd une grande partie de son élasticité au bout d'un certain temps. Ainsi, par exemple, l'expérience a appris que le bois de chêne, qui résiste pourtant mieux que le sapin aux causes de destruction de cette espèce, ne peut demeurer plus de vingt-cinq à trente ans exposé à l'air libre, comme le sont notamment les charpentes de ponts, sans exiger un renouvellement intégral.

271. *Loi des allongements et résistance élastique du chêne.* — Dans une expérience de MM. Minard et Desormes, sur un prisme de chêne de 36 millimètres d'équarrissage et $1^m,016$ de longueur, la marche des allongements a été ainsi :

Charges successives.. 0^{kg}, 1708^{kg}, 0^{kg}, 2411^{kg}, 0^{kg}, 3114^{kg}, 0^{kg}
Allongement absolu. 0^m, $0^m,001$, 0^m, $0^m,0015$, 0^m, $0^m,00175$, $0^m,00025$,

ce qui montre que, pour les deux premières charges correspondant à 131^{kg},8 et 186 kilogrammes par centimètre carré,
les allongements sont demeurés sensiblement proportionnels
aux efforts de tension, et l'élasticité des fibres parfaite, la
pièce étant revenue exactement à sa longueur primitive après
avoir été déchargée.

L'allongement proportionnel, désigné par i au n° 236, et qui
correspond à la charge des 131^{kg},8, ci-dessus, étant ici

$$i = \frac{0^m,001}{1^m,016} = 0,000\,984\,2,$$

cela donne pour la valeur de i relative à une charge de 1 kilogramme seulement par centimètre carré,

$$i = \frac{0^m,000\,984\,2}{131^{kg},8} = 0^m,000\,007\,467,$$

ou

$$i = 0^m,000\,746\,7,$$

pour la même charge agissant sur 1 millimètre carré de section.

Divisant d'ailleurs les charges par les allongements qui leur
correspondent, on aura, conformément au numéro cité, pour
les valeurs de la force élastique,

$$E = 1\,340\,000\,000^{kg},$$
$$E = 134\,000^{kg},$$
$$E = 1340^{kg},$$

environ, selon que l'unité de surface ou de section est le
mètre, le centimètre ou le millimètre carrés.

D'après le résultat des expériences de M. le Capitaine du
Génie Ardant, déjà mentionnées au n° 251, et qui ont été exécutées avec un soin et des moyens de précision tout particuliers, une tringle en chêne sec, de bonne qualité, ayant pour
section un carré de 5 millimètres de côté et 0^m,667 4 de longueur, s'est allongée de 0^m,000 34 sous une charge de 15 kilo-

grammes, ce qui donne (236)

$$i = \frac{0^{m},000\,34}{0,6674} = 0,000\,509\,94,$$

et

$$E = \frac{P}{Ai} = \frac{15^{kg}}{25 \times 0,000\,509\,44} = 1178^{kg},$$

approximativement, pour la valeur de E, par millimètre carré.

Ce nombre et les précédents s'accordent moyennement avec ceux qui se déduisent du calcul appliqué aux résultats d'expériences relatives à la flexion des pièces de chêne, et d'après lesquelles la valeur de E demeure comprise entre 683 et 1688 kilogrammes par millimètre carré (*voyez* l'Ouvrage de M. Navier : *Résumé des leçons*, etc., p. 55 à 59).

En prenant, approximativement,

$$E = 1200^{kg},$$

on aura la formule

$$P = 1200\,A\,i^{kg},$$

pour calculer la charge, P, capable de produire l'allongement i, par mètre courant, d'une pièce de chêne dont A représente, en millimètres carrés, l'aire des sections transversales.

272. *Limite d'élasticité du chêne.* — D'après les données ci-dessus des expériences de MM. Minard et Desormes, la relation établie en dernier lieu ne pourra être employée pour des efforts P, même d'assez courte durée, qui surpasseraient $2^{kg},13$ par millimètre carré, charge à laquelle correspondent ainsi la limite d'élasticité naturelle, et un allongement de $\frac{1}{630} = 0,0016$ environ de la longueur primitive.

Cette même charge est, comme on voit, comprise entre le $\frac{1}{3}$ et le $\frac{1}{4}$ de celle (270) qui, moyennement, est capable de produire la rupture instantanée du bois de chêne; et ce résultat est également conforme à celui que M. Ardant a déduit de ses propres expériences. Or il convient, non-seulement de ne pas dépasser, dans l'établissement des constructions, cette charge réduite, mais encore de s'en tenir très-éloigné, et c'est ce qui arrivera, en effet, si l'on adopte, conformément à la règle du n° 270, pour la limite de la charge permanente, $\frac{1}{10}6^{kg} = 0^{kg},60$ par millimètre carré de section ; ce qui donne

$$i = \frac{P}{AE} = \frac{0,6}{1200} = \frac{1}{2000} = 0^m,0005$$

pour le plus grand allongement, par mètre, auquel les fibres du bois de chêne doivent être soumises dans les constructions durables. Cet allongement, comme on le voit, n'est pas même le $\frac{1}{5}$ de celui qui correspond à la limite d'élasticité naturelle.

273. *Lois des allongements et résistance élastique du sapin.* — Nous devons encore à l'obligeance de M. Ardant la communication d'une autre série d'expériences relatives aux allongements d'une tringle de sapin blanc des Vosges, de $0^m,88$ de longueur, sur $0^m,0053$ et $0^m,0057$ d'équarrissage. En voici les résultats :

Charge par millimètre carré.	Allongement par mètre.
kg	m
0,42	0,00026
1,11	0,00066
2,22	0,00144
3,37	0,00244
4,44	0,00326
5,55	0,00416 (rupture)

Ici les premiers allongements dont la marche n'est pas parfaitement régulière, donnent lieu aux valeurs

$$i = 0,000619, \quad E = 1615^{kg},$$

pour l'allongement, par mètre, relatif à une charge de 1 kilogramme par millimètre carré de section, et pour la résistance élastique correspondante.

Dans une autre série d'expériences relatives à une pareille tringle de sapin blanc, M. Ardant avait trouvé $E = 1188^{kg}$; ce qui donnerait moyennement $E = 1400^{kg}$, toujours par millimètre carré de section.

D'après le résultat des expériences sur la flexion des sapins de diverses espèces, expériences qui sont dues à MM. Rondelet, Barlow, Dupin, et qui ont été soumises au calcul, par

M. Navier, dans l'Ouvrage souvent cité, la valeur de E serait susceptible de varier entre 600 et 1300 kilogrammes seulement. Mais d'autres expériences de Bevan, Leslie et Tredgold (*voyez* les Ouvrages de ce dernier), conduisent, en particulier, pour le sapin blanc ou jaune, à des nombres un peu plus forts, compris entre 1100 ou 1600 kilogrammes, tandis que, pour le sapin rouge ou pin, dont la densité est plus grande, les valeurs de E s'élèveraient depuis 1500 kilogrammes jusqu'à 2200. Nous ne croyons donc pas exagérer en proposant d'adopter pour moyenne générale, relative au sapin jaune ou blanc, la valeur $E = 1300^{kg}$, un peu plus forte que celle qui a été assignée au chêne, et, pour le pin ou sapin rouge, la valeur $E = 1500^{kg}$, qui se trouve également éloignée des extrêmes relatives à cette espèce.

Quant à la limite des allongements que peut supporter le sapin sans altération d'élasticité, elle serait, d'après les Auteurs anglais, de $\frac{1}{500}$, ou $0^m,0020$ par mètre pour le sapin blanc, et de $\frac{1}{470} = 0^m,0021$ pour le pin ou sapin rouge, tandis que, suivant les expériences ci-dessus de M. Ardant, qui a opéré au moyen de la traction directe, cet allongement limite s'élèverait, au plus, à $\frac{1}{850}$ ou $0^m,00117$, par mètre, pour le sapin blanc des Vosges; nombre auquel correspond, d'après la Table de ces mêmes expériences, une charge absolue de $1^{kg},85$, égale au $\frac{1}{3}$ environ de celle qui produit la rupture. Quelle que soit néanmoins l'infériorité relative de ce dernier nombre, il ne conviendrait pas, d'après les motifs exposés à l'occasion du chêne (**272**), de le considérer comme la limite des allongements ou accourcissements permanents à faire subir aux fibres des sapins de diverses espèces, et surtout pour celles qui sont particulièrement soumises aux causes de dépérissement dont nous avons parlé en l'endroit cité.

En adoptant, d'après le tableau du n° 270, $\frac{1}{10} 8^{kg},5 = 0^{kg},85$, pour limite des efforts à faire supporter au sapin, sans distinction d'espèce, par millimètre carré de section, il en résultera, pour la valeur correspondante des allongements permanents relatifs au sapin jaune ou blanc,

$$i = \frac{0,85}{1300} = \frac{1}{1530} = 0,00065;$$

au sapin rouge ou pin,

$$i = \frac{0,85}{1500} = \frac{1}{1765} = 0,00057.$$

Ces nombres, qui surpassent un peu celui qui se rapporte au chêne (272), se trouvent, comme on voit, compris entre le $\frac{1}{3}$ et la $\frac{1}{2}$ de ceux qui ont été obtenus dans les expériences directes, et nous pensons qu'on devra, en général, s'en tenir à ce résultat pour les diverses autres essences de bois.

274. *De la résistance vive du chêne et du sapin.* — Nous avons construit, sur la *fig.* 47, *Pl. II*, à l'échelle de 10 millimètres, pour 1 kilogramme de charge et 1 millimètre d'allongement, les courbes OC et OS, qui, d'après le n° 238 et les résultats ci-dessus (271 et 273), de MM. Minard, Desormes et Ardant, représentent, pour le chêne et le sapin, la loi des allongements, par rapport aux charges, ramenés respectivement au millimètre carré de section, et au mètre courant de longueur. Ces courbes ne s'écartent pas, comme on voit, sensiblement de la ligne droite, et l'on déduit, immédiatement du calcul de leur aire, les valeurs approximatives des quantités ou coefficients désignés respectivement par T'_e, T'_r, au n° 247, et qui se rapportent à la résistance vive des prismes.

Pour la tringle de sapin blanc, dont la ligne OS représente la loi des allongements, et dont les charges ont été poussées, par M. Ardant, jusqu'à celle qui a occasionné la rupture complète, on trouve

$$T'_r = 0^{kgm},0121;$$

nombre qui mesure ici le travail dynamique ou la demi-force vive capable de produire la rupture d'une pièce de 1 mètre de longueur et de 1 millimètre carré de section transversale.

En admettant, toujours d'après M. Ardant (272), que la charge relative à la limite d'élasticité soit égale à $1^{kg},85$ par millimètre carré, et l'allongement correspondant à $0^m,00117$ par mètre, on trouve (247), pour le coefficient de la résistance vive d'élasticité,

$$T'_e = \tfrac{1}{2} 1^{kg},85 \times 0,00117 = 0^{kgm},001082$$

par millimètre carré de section et par mètre de longueur.

Enfin, pour le chêne soumis à la traction directe par MM. Minard et Desormes (271), et dont la courbe OC représente la loi des allongements, on obtient, dans les mêmes suppositions,

$$T'_e = \tfrac{1}{2} 2^{kg},13 \times 0^m,0016 = 0^{kgm},0017.$$

Les expériences dont il s'agit, n'ayant point d'ailleurs été poussées jusqu'à la charge qui produit la rupture, et M. Ardant ne nous ayant point communiqué la série entière de ses expériences relatives au chêne, il nous est impossible de donner ici, même d'une manière approchée, la valeur du coefficient de la résistance vive absolue de ce bois. Espérons que cet ingénieur distingué ne tardera pas à compléter les résultats, déjà si intéressants, de ses recherches expérimentales relatives aux bois de diverses espèces, et qu'il y joindra également ceux qui peuvent concerner leur résistance élastique dans les sens perpendiculaire et tangentiel aux couches ligneuses, pour lesquels il n'a jusqu'ci été entrepris aucune expérience (*).

275. *Résultats moyens des expériences relatives à l'élasticité de diverses essences de bois, dans le sens des fibres.* — Les expériences de MM. Minard, Desormes et Ardant, dont il vient d'être rendu compte dans les précédents articles, nous paraissent être les seules où l'on ait employé la traction directe, pour déterminer les lois de la résistance des prismes de bois aux allongements. Mais, comme les résultats qu'elles donnent sont sensiblement d'accord avec ceux qui se déduisent de la mesure des flexions de semblables prismes, nous croyons

(*) M. E. Chevandier et Wertheim ont fait, sur un grand nombre de bois des Vosges, des expériences importantes qui sont consignées dans leur *Mémoire sur les propriétés mécaniques des bois* (1846). Nous ne pouvons pas rapporter ici tous les résultats de ce remarquable travail ; nous nous bornons à en indiquer quelques-uns dans le tableau du n° 275 ; nous avons ajouté les lettres C. W. aux colonnes qui renferment les chiffres trouvés par les expérimentateurs, et la lettre P à celles qui donnent les résultats cités par l'Auteur dans la deuxième édition.

Poncelet a fait, sur le travail de MM. Chevandier et Wertheim, un Rapport d'un haut intérêt, inséré dans les *Comptes rendus des séances de l'Académie des Sciences* (29 mars 1847). (K.)

qu'à défaut de telles expériences pour les espèces différentes du chêne et du sapin, on peut, sans inconvénients, dans les applications, se servir des nombres fournis par les expériences, sur la flexion, entreprises par les Auteurs anglais et français déjà cités, notamment par Duhamel, Rondelet, Barlow, Leslie, Bevan et Tredgold.

Les valeurs moyennes de ces nombres, qui, pour chaque espèce de bois, diffèrent généralement, au plus, de $\frac{1}{5}$ de la plus petite ou de la plus grande, sont consignées dans le tableau suivant, où nous avons aussi inscrit ceux qui se rapportent au coefficient de la résistance vive d'élasticité, qu'il est toujours possible de déduire de la limite correspondante des allongements, d'après le principe du n° 247.

NATURE DES BOIS.	VALEUR de T'_e pour 1^m de longueur et 1^{mmq} de section. P.	ALLON- GEMENT relatif à la limite d'élasticité naturelle. P.	CHARGE par millimètre correspondant à cette limite.		VALEUR DE E par millimètre carré.	
			P.	C. W.	P.	C. W.
	kmg		kg	kg	kg	kg
Chêne	0,0017	0,00167	2	2,35	1200	950
Sapin jaune ou blanc . . .	0,0013	0,00117	2,17	2,15	1300	1113
Sapin rouge, pin	0,0031	0,00210	3,15	"	1500	"
Pin sylvestre	"	"	"	1,63	"	564
Mélèze	0,0017	0,00192	1,73	"	900	"
Hêtre	0,0014	0,00175	1,63	2,31	930	980
Frène	0,0007	0,00113	1,27	1,25	1120	1121
Orme	0,0028	0,00242	2,35	1,84	970	1165
Peuplier	"	"	"	1,01	"	517
Acacia	"	"	"	3,19	"	1262

En se servant des nombres de ce tableau, on n'oubliera pas que la limite d'extension à faire supporter aux fibres des différentes espèces de bois, dans les constructions durables, doit, tout au plus (272 et 273), égaler le $\frac{1}{3}$ de celle qu'indique la troisième colonne, dont les nombres sont d'ailleurs déduits d'expériences trop incertaines pour servir de base au calcul de la charge permanente. Cette charge devra toujours être déterminée, dans chaque cas, par la règle pratique du n° 269.

Résistance des cordes et des courroies.

276. *Résultats des anciennes expériences sur les cordages.*
— Suivant Coulomb, les cordes blanches, d'ancienne fabrication, portent jusqu'à 50 et 60 kilogrammes par fil de caret,
mais on ne doit jamais les charger au delà de 40 kilogrammes.
Les cordes goudronnées ne portent que les $\frac{2}{3}$ ou les $\frac{3}{4}$ des·
cordes blanches, pour le même nombre de fils de caret.

D'après les expériences de Duhamel, le poids capable de
rompre une corde de chanvre, est moyennement égal à

$$400\,d^{2\mathrm{kg}} \quad \text{ou} \quad 40,5\,.\,c^{2\mathrm{kg}},$$

d et c exprimant le diamètre et la circonférence de la corde·en
centimètres; ce qui revient à environ $5^{\mathrm{kg}},1$ par millimètre
carré de section.

Les cordages goudronnés durent moins et résistent moins
que les cordes blanches; le goudron y entre pour $\frac{1}{4}$ environ
du poids total. La résistance des cordes mouillées n'est que le
tiers environ de celle des cordes sèches. Le graissage avec du
savon, des huiles, etc., est plus nuisible qu'utile, en ce qu'il
tend à faciliter le glissement des fils et torons.

Suivant le même Auteur, la force des cordages augmenterait
un peu plus rapidement que leur poids (*) ou que le nombre
des fils de caret dont elles se composent; mais on est conduit

---

(*) Voici une règle pratique fort·simple pour calculer le poids des cordages
fabriqués à l'ancienne manière : « prenez le $\frac{1}{5}$ du carré de la circonférence
» de la corde, exprimée en pouces et mesurée directement par l'enroulement
» d'un fil délié, le résultat sera, en livres, le poids d'une brassée de 5 pieds
» de longueur de cette corde. » Cela donne, pour le poids, en kilogrammes,
du mètre courant de cordage,

$$0,008\,23\,.\,c^2 \text{ kilogrammes,}$$

c étant toujours la circonférence en centimètres. Les cordages fabriqués par la
nouvelle méthode de M. Hubert pèsent $\frac{1}{4}$ en sus. Le fil de *caret* est une ficelle
de 8 millimètres de tour environ, obtenue directement par l'opération du fi-
lage; le *toron* ou *touron* est formé par le *commettage* (tordage) d'un certain
nombre de fils de caret; l'*aussière* résulte du commettage de trois ou quatre
torons; enfin le *grelin* est formé par le commettage de trois aussières à trois
torons.

à des conséquences, tout opposées, par le résultat des expériences qui seront rapportées ci-dessous (278), et de celles qui ont été faites, en 1829 et en 1830, aux forges de la Marine royale à Guérigny, au moyen de la presse hydraulique, sur des câbles fabriqués à l'arsenal de Rochefort, d'après les procédés de M. Hubert.

277. *Résistance des câbles de la Marine, de nouvelle fabrication.* — D'après les expériences faites à Guérigny, on aurait, pour calculer la plus faible résistance des câbles de la Marine, en grelins de 36 à 70 centimètres de circonférence, la formule empirique

$$33,53 \cdot c^2 - 0,00264 \cdot c^4 = (33,53 - 0,00264 \cdot c^2) c^{1,k_5},$$

dans laquelle c est toujours la circonférence en centimètres ; ou bien celle-ci qui est un peu moins exacte

$$35,35 \cdot n - 0,00000061 \cdot n^3 = (35,33 - 0,00000061 \cdot n^2) n^{k_5}.,$$

et dans laquelle n exprime le nombre des fils de caret dont la corde se compose.

Les avantages des cordes fabriquées d'après la nouvelle méthode, consistent principalement dans leur souplesse, et, surtout, dans l'égalité de la tension des fils de caret qui constituent chaque toron, d'où résulte une plus grande résistance à la rupture. Nommant F et f les résistances respectives de deux cordages fabriqués par la nouvelle et par l'ancienne méthode, en les supposant composés des mêmes fils (de 6 à 7 millimètres de circonférence), en même nombre m dans chaque toron, et commis avec un égal nombre de torons, on aura, d'après M. Hubert,

$$F = f\left(1 + \frac{m}{70}\right);$$

c'est-à-dire que la force des nouveaux cordages l'emporte sur celle des anciens, d'une fraction marquée par $\frac{1}{70}$ du nombre des fils qui composent leurs torons : ainsi, par exemple, pour une corde de 2 pouces de circonférence, dont le nombre des fils est de 13 par toron, l'augmentation de force serait de 0,186.

Cette formule ne s'applique d'ailleurs qu'aux cordages dont les torons ont plus de 7 fils de caret, ou $1\frac{1}{2}$ pouce de tour ; on en facilite l'application en observant que, pour les cordes dont la circonférence est de

2 pouces, le nombre des fils $m = 13$ par toron.

$2\frac{1}{2}$ pouces, » » $m = 20$ »

3 pouces, » » $m = 29$ »

$3\frac{1}{2}$ pouces, » » $m = 39$ »

4 pouces, » » $m = 51$ »

$4\frac{1}{2}$ pouces, » » $m = 65$ »

5 pouces, » » $m = 80$ »

La formule donne pour ce dernier cas, $F = 2f + 0,143f$; ce qui est considérable et se trouve d'ailleurs justifié par les moyennes des expériences entreprises, par M. Hubert, sur les anciens et les nouveaux cordages de 5 pouces, dont la force a été trouvée de 7588 et 16723 kilogrammes respectivement, tandis que la formule donne seulement 16254 kilogrammes pour le cordage de nouvelle fabrication. Ces épreuves ont été faites à l'arsenal de Rochefort, au moyen d'une romaine très-ingénieuse et très-puissante imaginée également par ce célèbre ingénieur, et dont on ne saurait mettre en doute la rigoureuse exactitude. Néanmoins on ne remarquera pas, sans quelque surprise, que le résultat qui vient d'être indiqué pour les nouveaux cordages de 5 pouces, surpasse, de près de la moitié, celui qui se déduit des formules rapportées au commencement de cet article ; mais il faut prendre garde que celles-ci fournissent, non pas la moyenne, mais la plus faible résistance des nouveaux cordages, et que cette dernière a été obtenue par le moyen d'une presse hydraulique, dont les indications pouvaient être un peu inférieures aux véritables efforts de tension.

Enfin on ne doit pas perdre de vue que les cordages de la Marine sont fabriqués en chanvre de première qualité, sans étoupe, peigné à 60 pour 100, c'est-à-dire à 40 pour 100 de déchet. Les cordes blanches d'épreuve, qui servent à la réception, sont composées de 21 fils en trois torons, offrant une circonférence de 21 lignes ; elles doivent supporter, sans se

23

rompre, une tension de 1500 kilogrammes, tandis que les
mêmes cordes fabriquées avec le chanvre provenant des déchets, portent seulement 1100 kilogrammes, quoiqu'on les
ait peignées de manière à en extraire, de nouveau, 28 pour 100
d'étoupes.

Ces circonstances montrent que la résistance des cordages
est susceptible de varier beaucoup avec le mode de fabrication, et elles nous engagent à consigner ici, dans un article
séparé, un extrait des résultats d'une belle suite d'expériences
entreprises, en dernier lieu, par M. le Capitaine du génie
Bodson de Noirfontaine, sur les cordages de fabrication ordinaire (*Mémorial de l'officier du Génie*, n° X, année 1829).

278. *Résistance des cordages du commerce, fabriqués en
chanvre d'Alsace et de Lorraine.* — D'après les expériences
dont il vient d'être parlé, la résistance des cordes ordinaires
du commerce est susceptible de varier, avec leur grosseur et
la nature du chanvre ou de la fabrication, ainsi qu'il suit :

INDICATION DES CORDAGES.	DIAMÈTRE en millimètres.	RÉSISTANCE par millim. carré.
Aussières et grelins en chanvre de Strasbourg..	13 à 17	8,8
Aussières et grelins en chanvre de Lorraine....	13 à 17	6,5
Aussières et grelins de Lorraine ou de Strasbourg.	23	6,0
Aussières et grelins de Strasbourg...........	40 à 54	5,5
Vieille corde..............................	23	4,2

Les cordes se rompaient de préférence aux points d'attache
ou d'enroulement et aux nœuds; elles cédaient, au bout de
quelques heures, sous des efforts plus faibles que ceux qu'elles
avaient supportés pendant plusieurs minutes; leur résistance
momentanée peut être évaluée, terme moyen, à 5 ou 6 kilogrammes par millimètre carré de section, mais on ne doit pas
leur faire porter plus de la moitié de cette charge; enfin la
rupture est toujours précédée par un allongement qui est
moyennement le $\frac{1}{6}$ de la longueur primitive, pour la charge
maximum, et $\frac{1}{10}$ pour la moitié de cette charge.

Observation particulière. — En terminant ce qui concerne la résistance des cordages, nous croyons utile de faire remarquer que, dans la Marine, on a pour usage de donner aux boulons des poulies, un diamètre égal aux $\frac{2}{3}$ de celui de la corde ou du câble : cet usage, fondé sur une longue expérience, s'accorde d'ailleurs avec le résultat des théories connues.

279. *Résistance des courroies en cuir* (*). — On ne possède aucun résultat d'expériences directes relatives à la résistance

---

(*) *Expériences relatives à l'élasticité et à la résistance des courroies.* — Nous avons fait un grand nombre d'expériences relatives à l'élasticité et à la résistance des diverses espèces de courroies que l'on emploie aujourd'hui dans l'industrie; voici le résumé des résultats auxquels nous sommes arrivé.

Les allongements des courroies neuves en cuir qui n'ont subi aucune extension préalable ne paraissent pas suivre de loi régulière; ils se produisent rapidement dans les premiers instants, puis de plus en plus lentement, et l'équilibre ne s'établit qu'après un temps fort long ; l'allongement d'un cuir neuf pour une charge d'environ 1 kilogramme par millimètre carré de section, mesuré une minute après l'application de cette charge, est ordinairement inférieur à la moitié de celui qui est produit au bout de cinq jours; après vingt-quatre heures, il n'est environ que les $\frac{2}{3}$ de ce dernier : le plus souvent le mouvement n'est pas arrêté au bout de trois mois. Si l'on enlève le poids qui tendait la courroie, celle-ci diminue de longueur; dans plusieurs expériences, nous avons pu constater que le mouvement d'accourcissement n'était pas éteint au bout de six mois. La courroie parait ne jamais revenir à sa longueur primitive; si, dans quelques expériences, on ne trouve pas d'allongement permanent pour de faibles charges, cela tient probablement à ce que la courroie a supporté antérieurement une traction plus considérable.

Une courroie prend beaucoup plus rapidement la longueur qui correspond à une traction donnée si, au lieu de la laisser soumise à cette traction d'une manière continue, on la charge et on la décharge alternativement; lorsqu'elle a été ainsi *fatiguée*, ou bien qu'elle a été maintenue pendant plusieurs jours à une certaine tension T, elle se comporte tout autrement qu'une courroie neuve, sous l'action de charges inférieures à T : les allongements ne varient plus sensiblement quelques instants après l'application des charges; ils redeviennent les mêmes pour les mêmes tractions et leur demeurent proportionnels dans une assez grande étendue, surtout pour des charges notablement inférieures à T. En réalité, l'équilibre ne s'établit jamais qu'à la longue, les allongements sont toujours fonctions du temps; il est à remarquer que les longueurs définitives s'établissent bien plus rapidement lorsque les charges vont en augmentant que lorsqu'elles vont en diminuant, que les courroies s'allongent plus rapidement qu'elles ne *reviennent*, même lorsqu'il ne subsiste aucun allongement permanent appréciable.

En résumé, *une courroie n'est sensiblement élastique que pour des tensions inférieures à la tension maxima qu'elle a supportée antérieurement;* à mesure

des courroies qui sont aujourd'hui généralement employées,
dans les machines, à la transmission du mouvement des arbres

---

que les efforts qui agissent sur elle se rapprochent de cette tension maxima,
les allongements se continuent pendant des temps plus longs, et leur loi éprouve
une modification brusque dans le voisinage de cette tension ; cette perturbation
n'a donc aucun rapport avec la *résistance* de la courroie, et peut, à volonté,
être produite pour une charge quelconque. Il est possible que, pour tous les
corps, même pour les métaux, il se présente des phénomènes analogues, que le
point qui répond à l'altération de leur loi d'élasticité soit déterminé par une
traction ou une pression préalable exercée, soit directement, soit par suite des
procédés de fabrication.

Il résulte des considérations précédentes que, avant de mettre en fonctionnement les courroies de transmission, il convient de les soumettre, pendant
plusieurs jours, à une traction trois ou quatre fois plus forte que l'effort
qu'elles devront transmettre ; on évitera ainsi les irrégularités, les glissements
et surtout la nécessité de raccourcir fréquemment les courroies.

Les faits indiqués plus haut expliquent aussi comment il arrive que des
courroies qui travaillent d'une manière continue finissent par glisser sur les
poulies, tandis que ce glissement ne se produit pas, pour une durée effective
beaucoup plus grande du même travail, lorsque la marche est coupée par des
périodes de repos, pendant lesquelles les courroies peuvent revenir vers leur
longueur primitive.

Les courroies de transmission, pendant le fonctionnement, passent rapidement d'une tension à une autre, soit à cause des variations du travail transmis,
soit à cause de l'existence des deux brins qui sont nécessairement à des tensions
différentes. Quand elles ont fonctionné longtemps, ou bien quand elles ont
été fatiguées préalablement, ainsi qu'il a été dit plus haut, elles se conduisent
très-sensiblement, pendant le mouvement, comme des *liens élastiques*, pourvu
toutefois que les variations de tension ne soient pas trop considérables, mais
elles s'étendent toujours à la longue. Pour faire la vérification de ce fait, qui
est important au point de vue de l'étude des machines en mouvement, lorsque
l'on tient compte de l'élasticité de leurs organes, nous avons produit et mesuré
les tractions à l'aide d'un appareil à vis muni d'un ressort taré ; les changements de tension peuvent s'établir rapidement, sans mettre l'inertie en jeu,
ce qui n'est pas possible avec les appareils dans lesquels la tension est produite
par des poids ; nous avons néanmoins préféré ces derniers pour déterminer les
allongements et les résistances rapportés dans le tableau ci-après, p. 358.
Les deux procédés d'expérimentation présentent, en effet, une différence qui
doit être signalée : lorsqu'une courroie fixée à son extrémité supérieure est
chargée d'un poids à son autre extrémité, elle s'allonge, avec le temps, sous
cet effort constant ; dans les appareils à ressort, elle s'allonge en même temps
que la traction diminue, car, d'après la disposition même de l'appareil, la
courroie ne peut augmenter de longueur, sans occasionner une diminution
de la tension du ressort.

La courbe des allongements du cuir présente une irrégularité dans le voisinage d'une traction équivalente à $1^{kg},75$ par millimètre carré de section ;

dont l'éloignement ne permet pas de faire usage des roues d'engrenage ordinaires. On sait seulement, d'après une obser-

---

cette irrégularité est produite par la rupture de la couche externe, qui occasionne une augmentation de charge sur la partie non altérée. En examinant la section transversale d'une courroie, on distingue très-nettement, du côté où étaient implantés les poils, une couche compacte à grain très-fin, de couleur plus claire que la partie interne; cette couche, dont l'épaisseur varie entre $\frac{1}{8}$ et $\frac{1}{7}$ de celle de la courroie, peut facilement être isolée; nous avons reconnu que, tandis que la partie interne se rompt sous une charge de $3^{kg},20$ par millimètre carré, l'épiderme ne peut porter que $0^{kg},75$; que, pour une même charge par unité de section, l'allongement de l'épiderme est environ le double de celui de la partie interne, mais que son allongement total, au moment de la rupture, est inférieur à celui de l'autre partie. Il résulte de là que, lorsqu'un cuir est soumis à une certaine traction, la tension de l'épiderme est environ deux fois moindre que celle de la partie interne, mais que sa rupture se produit bien avant celle de l'intérieur. On peut donc enlever l'épiderme sans affaiblir la résistance totale du cuir; il est facile de s'assurer de ce fait en pratiquant, avec précaution, des entailles transversales dans la couche extérieure; la charge de rupture sera la même que pour une courroie intacte, et souvent le point de rupture ne correspondra pas aux entailles.

Nous résumons, dans le tableau suivant, les résultats d'un grand nombre d'expériences faites sur des échantillons qui nous ont été fournis par les meilleurs fabricants de courroies; nous rappelons que nous ne pouvons donner ici que des chiffres moyens, attendu que les résultats varient entre des limites assez étendues, non-seulement avec la nature des cuirs, mais aussi avec les procédés de fabrication; la résistance, par unité de section, des courroies n'est pas la même que celle de l'espèce de cuir qui les constitue; elle augmente pour les courroies compactes dans lesquelles la matière a été condensée par des opérations du corroyage, ainsi que pour les courroies bien nettoyées, dans lesquelles on a enlevé toutes les parties filamenteuses et sans consistance qui se trouvent ordinairement du côté de la face interne.

Les chiffres de la première colonne se rapportent à l'unité de longueur de la courroie préalablement fatiguée sous une charge d'environ 1 kilogramme par millimètre carré; les allongements élastiques ont ensuite été déterminés pour des charges inférieures à 1 kilogramme par millimètre carré; les chiffres de la deuxième colonne se rapportent à la longueur de la courroie, dans l'état où elle est fournie par le commerce; ils ont été obtenus, ainsi que ceux de la troisième colonne, en augmentant graduellement les charges de $0^{kg},10$ par millimètre carré, à des intervalles de quatre heures, au minimum. L'allongement total, au moment de la rupture, est sensiblement le même, quelle que soit la rapidité avec laquelle on augmente les charges; néanmoins il est possible, en agissant avec précaution, successivement sur les diverses parties de la courroie, de l'étendre bien au delà des limites ordinaires sans la rompre, mais alors la résistance est notablement réduite. Les courroies en cuir de bœuf, bien préparées, doivent généralement être préférées à toutes les autres comme organes de transmission du mouvement; on leur donne ordinairement une

vation particulière de M. Morin, sur une courroie en cuir noir corroyé, renforcée sur les bords et servant à faire marcher des tambours cylindriques, qu'on peut faire supporter, d'une manière permanente, à ces courroies, un effort de traction de 2 kilogrammes par millimètre carré de section, sans craindre d'altérer leur constitution élastique.

section telle, que pendant le fonctionnement, elles portent ¼ de kilogramme par millimètre carré, c'est-à-dire à peu près 1/16 de leur charge de rupture; lorsque les efforts transmis sont constants, on peut, sans inconvénients, leur faire supporter le double de cette charge. Les courroies en vache sont plus résistantes, en moyenne, mais il est rare que leur épaisseur surpasse 4 millimètres, tandis que le cuir de bœuf atteint souvent plus de 6 millimètres; en outre, elles s'allongent plus pendant la marche que ces dernières. Les courroies en veau présentent le même inconvénient : elles ont rarement plus de 2 millimètres d'épaisseur, et sont, du reste, fort irrégulières. Les courroies en caoutchouc combiné avec des tissus offrent l'avantage de peu s'allonger, d'être très-élastiques; leur fabrication est très-inégale; lorsqu'on est obligé de les croiser, elles se détériorent rapidement. Nous n'avons pas rapporté, dans le tableau, les chiffres relatifs aux courroies en gutta-percha; les résultats sont très-variables; sous la moindre élévation de température, elles perdent toute élasticité, elles se déforment, s'étirent; aussi ne peut-on les faire fonctionner convenablement que dans l'eau.

NATURE DES COURROIES.	ALLONGEMENT élastique calculé pour 1 kilogramme par millimètre carré.	ALLONGEMENT total au moment de la rupture.	CHARGE en kilogrammes par millim. carré qui produit la rupture.
Cuir de bœuf ordinaire	0,070	0,35	2,20
Courroies compactes	0,068	0,70	2,80
Cuir de vache	0,075	0,40	3,10
Cuir de veau	0,048	0,30	1,85
Caoutchouc recouvert en toile, avec tissu intérieur.	0,047	0,13	2,50
Caoutchouc avec tissu intérieur, sans toile à l'extérieur :			
Courroies grises.	0,028	0,18	1,70
Courroies noires.	0,032	0,16	4,50
Caoutchouc recouvert en toile, avec tissu métallique à l'intérieur	0,012	0,20	3,05

(K.)

Résistance des métaux à la rupture, par compression
*et par extension (*).*

280. *Faits généraux relatifs à la compression ou à l'écrasement de ces corps.* — Sous le rapport de la résistance à la compression, on doit distinguer avec soin les métaux aigres, durs et cassants, tels que l'acier fortement trempé, l'airain ou métal de cloche, la fonte de fer et surtout la fonte blanche, des métaux ductiles, plus ou moins mous, tels que le plomb, l'étain, l'argent, le cuivre, le fer très-doux. Les premiers se compriment de quantités insensibles avant l'instant de la rupture, et se brisent, tout à coup, avec bruit, dégagement de lumière et de chaleur, en poussière, en fragments plus ou moins gros, plus ou moins adhérents; par conséquent, leur résistance à la compression doit suivre à peu près les mêmes lois que pour les pierres.

Les seconds, au contraire, s'affaissent et s'aplatissent avec une extrême lenteur; leurs molécules glissent et roulent les unes sur les autres, du centre vers la surface extérieure, où elles forment une sorte de bourrelet qui augmente et s'étend de plus en plus, jusqu'à l'instant où l'équilibre se trouve établi entre la tension intérieure ou extérieure et la charge, instant souvent précédé ou accompagné de la séparation partielle des molécules du bourrelet, qui offre alors des déchirures allant du centre vers la circonférence. Les métaux ductiles doivent donc suivre des lois de compression toutes particulières, ou plutôt leur résistance doit varier, à la fois, avec la hauteur absolue des prismes soumis à l'expérience, avec la limite de déformation et la durée de compression prises pour terme de comparaison. Il s'en faut de beaucoup que l'expérience ait, jusqu'à présent, mis à même de déter-

(*) Des expériences très-importantes ont été faites, depuis cette époque, par un grand nombre de Physiciens et d'Ingénieurs, sur la résistance des métaux; nous ne pourrons qu'indiquer les résultats les plus importants, et nous renvoyons, pour les détails, aux Traités spéciaux. Consulter à ce sujet la *Résistance des matériaux*, par M. A. Morin (3ᵉ édition), dans laquelle sont résumées la plupart des expériences exécutées en France et en Angleterre. (K.)

miner ces lois d'une manière positive, et nous devons ici nous borner à rapporter les résultats qui paraissent devoir inspirer le plus de confiance.

281. *Résultats principaux de l'expérience.* — M. Vicat (*) ayant soumis à la compression des prismes rectangulaires en plomb, dont la base commune était un carré de 1 centimètre de côté, et qui avaient respectivement

$$4^c,5 \quad 4^c,0 \quad 3^c,5 \quad 3^c,0 \quad 2^c,5 \quad 2^c,0 \quad 1^c,5,$$

de hauteur, il a trouvé que, pour comprimer ces prismes d'une même fraction, $\frac{1}{100}$, de cette hauteur, les charges devaient croître respectivement, ainsi qu'il suit :

$$137^{kg}, \; 143^{kg},83, \; 149^{kg},63, \; 156^{kg},80, \; 163^{kg}, \; 169^{kg},63, \; 176^{kgm},13,$$

c'est-à-dire par différences, elles-mêmes à peu près constantes, et dont la moyenne valeur est $6^{kg},52$.

M. Vicat n'a pas entrepris d'expériences, de cette espèce, sur des prismes moins élevés que le cube; il a seulement remarqué que, lors de la compression de celui-ci, les faces supérieure et inférieure s'étendent progressivement en conservant la forme d'un carré, tandis que les faces latérales se bombent extérieurement de manière à présenter des espèces de pyramides très-obtuses et à arêtes légèrement arrondies. La lenteur du mouvement moléculaire par lequel cette transformation s'opère, est telle, que la dépression sensible des prismes peut durer jusqu'à dix-huit et même vingt-quatre heures, ainsi que l'a observé, de son côté, M. Coriolis, dans des essais (**) qui ont, de plus, démontré l'influence très-appréciable qu'exercent, sur la dureté du plomb, le mode de fondage, et notamment la quantité plus ou moins grande d'oxyde (litharge) que la masse peut contenir et qui tend à croître avec le nombre des refontes à air libre.

D'autres expériences de M. G. Rennie (***), sur de petits

(*) *Annales des Ponts et Chaussées,* 1er semestre de 1833, p. 218 et 267.
(**) *Annales de Chimie et de Physique,* t. XLIV (1830), p. 103.
(***) *Ibid.,* septembre 1818.

cubes de $\frac{1}{4}$ de pouce anglais, en plomb, étain et cuivre, ont donné les résultats suivants :

INDICATION DU MÉTAL.	GRANDEUR de la compression.		RÉSISTANCE calculée pour 1 centim. carré.
Plomb coulé...............	$\frac{1}{10}$ de la hauteur...........		145 kg
	$\frac{1}{2}$ »		540
Étain coulé	$\frac{1}{10}$ »		620
	$\frac{1}{3}$ »		1087
Cuivre battu...............	$\frac{1}{10}$ »		3855
	$\frac{1}{8}$ »		7245
Cuivre jaune ou laiton	$\frac{1}{10}$ »		3615
	$\frac{1}{2}$ »		11584

Les expériences de M. Pictet (*), tendent à prouver que le fer, et même la fonte, ne suivent pas exactement, dans les premiers instants de la compression, les lois de proportionnalité des forces aux déplacements moléculaires qui s'observent, assez généralement, dans le cas de la traction dont nous nous occuperons bientôt : les accourcissements seraient comparativement un peu plus grands que les allongements, et les plus faibles charges donneraient lieu à des affaissements persistants, mais qui, sans doute, eussent disparu, après un temps suffisant de repos. M. Pictet a trouvé qu'une barre de fer ainsi pressée debout, sans plier, s'est raccourcie de $\frac{1}{10000} = 0,0001$ de sa longueur primitive, sous une charge de $1^{kg},3$ environ, par millimètre carré ; ce qui donnerait pour la valeur du coefficient d'élasticité relatif à la compression et au millimètre carré de section :

$$E = 13000^{kg} \text{ seulement } (**).$$

(*) *Bibliothèque universelle de Genève*, t. 1er, p. 171 à 200.
(**) M. E. Hodgkinson a fait des expériences comparatives sur la résistance à la compression du fer et de la fonte ; il a opéré sur des barres d'environ 3 mètres de long sur 25 millimètres d'épaisseur, maintenues pendant la compression dans le sens de leur longueur, au moyen de fortes armatures en fonte. La fonte se déforme davantage que le fer, à charge égale, mais la rupture

282. *Résistance de la fonte à la compression* (*). — Nous consignons ici les moyennes des résultats obtenus par MM. Rondelet, Regnolds, Rennie et Karsten (**) dans des expériences, sur des cubes de fer et de fonte de 6 à 27 millimètres de côté, où la grandeur de la compression n'a pu être appréciée directement.

INDICATION DU MÉTAL SOUMIS A L'ÉCRASEMENT.			RÉSISTANCE par millimètre carré.
			kg
Fer forgé..			49
Fonte grise et douce obtenue au coke, tirée de l'intérieur d'une barre et limée. Cette fonte s'aplatit brusquement, sans se réduire en poussière ni en fragments.	1re fusion au haut fourneau,	coulée horizont'..	100
		Id. debout...	102
	2e fusion au cubilot,	coulée horizont'..	99
		Id. debout...	98
	2e fusion au four à reverbère,	coulée horizont'..	118
		Id. debout...	124
Même fonte coulée en petite masse, devenue dure et blanche par le refroidissement, se réduisant en poussière avec explosion et lumière.	1re fusion coulée debout...........		150
	2e fusion au cubilot................		125
	Id. au four à réverbère.......		180
Fonte de fer pour canons............................			250

283. *Observations relatives aux applications.* — La fonte de fer blanche et dure résiste, comme on voit, beaucoup

se produit sous une charge plus forte. Les valeurs moyennes des coefficients d'élasticité ont été :

Pour le fer...................... E = 16295
Pour la fonte.................... E = 8335.

Les valeurs moyennes des résistances à la rupture, par millimètre carré, sont 75 kilogrammes pour la fonte, et 25 kilogrammes pour le fer. (K.)

(*) *Voir* la Note (**) de la page 361.

(**) *Manuel de la métallurgie du fer*, traduit de l'allemand, avec des Notes, par M. Culmann, Chef d'escadron d'artillerie; 2e édition, t. Ier, p. 73.

mieux à la pression que la fonte grise et douce, mais elle est plus sujette à se briser sous l'influence des chocs et des secousses; c'est pourquoi on prendra indifféremment, pour l'une et l'autre, la résistance, par millimètre carré, égale à 100 kilogrammes, nombre qu'il faudra réduire à 20 kilogrammes, au moins, dans les applications aux blocs cubiques.

Quant aux supports isolés en fonte, et qui sont plus hauts que larges, on réduira encore, d'après quelques expériences de M. G. Rennie, le résultat qui précède, aux $\frac{2}{3}$, à $\frac{1}{2}$ ou à $\frac{1}{15}$ de sa valeur, selon que la hauteur sera égale à 4 fois, 8 fois ou 36 fois l'épaisseur (*).

A l'égard du fer forgé, qui d'ailleurs est rarement employé à porter, on sait, par les expériences de Rondelet : 1° qu'un prisme de ce fer, chargé debout, plie plutôt que de se refouler, quand sa hauteur surpasse le triple de son épaisseur; 2° que la résistance à la compression, indiquée dans le tableau ci-dessus, doit être réduite aux $\frac{4}{5}$ de sa valeur, quand la longueur du prisme est égale à 12 fois son épaisseur, et à moitié environ quand elle est 24 fois cette même épaisseur.

Enfin, relativement à la désignation de fonte coulée *horizontalement* ou *debout*, on remarquera qu'elle se rapporte à des échantillons de fonte, extraits de barres prismatiques qui ont été coulées dans la position horizontale ou verticale; ce qui, d'après l'opinion résultante des expériences de M. Rennie, tendrait à donner aux fontes, dans ce dernier cas, un accroissement de résistance d'environ $\frac{1}{11}$, à peu près inverse de celui des densités. Les résultats moyens insérés au tableau, principalement d'après les expériences de M. Karsten, prouvent que la différence de ténacité entre ces deux espèces de fontes, si elle existe, doit être fort peu prononcée, et ne mérite pas qu'on y ait égard dans les applications.

284. *Ténacité ou résistance des métaux à la rupture par extension.* — On doit encore ici établir une distinction entre les métaux très-ductiles et ceux qui sont durs et cassants. Les

---

(*) M. E. Hodgkinson a publié (*Transactions philosophiques*, 1840) de nombreuses expériences sur la résistance des supports en fonte. Consulter, pour le calcul des colonnes, le *Mémoire sur la résistance du fer et de la fonte*, de M. Love, et la *Résistance des matériaux*, de M. A. Morin, 3° édition. (K.)

premiers s'allongent, avant de se rompre, d'une manière sensible, quoique très-lente; ils se contractent de plus en plus, puis s'effilent tout à coup vers la section où s'opère la rupture, et qui offre alors une notable élévation de température. Les seconds se contractent et s'allongent, au contraire, très-peu avant cet instant; ils cassent brusquement, avec bruit et dégagement de lumière sans chaleur sensible, en laissant apercevoir une fracture parsemée de grains plus ou moins gros, plus ou moins brillants.

Les fers, notamment, présentent à la fois l'un et l'autre caractères, selon le degré d'affinage qu'ils ont subi, selon leur mode de fabrication, leur degré de pureté (233), et c'est ce qui fait que, dans les nombreuses expériences auxquelles ils ont été soumis, on est arrivé à des résultats si variés et, en apparence, si contradictoires.

Ne pouvant ici rapporter ces différents résultats (*), nous nous contenterons de citer les moyennes de ceux qui concernent les diverses qualités ou espèces distinctes de fer, en faisant observer, d'après M. Karsten (**), que la couleur et la contexture qui se décèlent à la fracture, ne sont pas des indices suffisants et toujours certains de leur force de ténacité absolue, quoique généralement on puisse admettre que, parmi les fers fibreux, celui qui présente, à la cassure, du nerf, des pointes crochues et déliées, est le plus tenace, et que, parmi les fers qui offrent des indices de cristallisation, celui à gros grains est le plus faible. Il est d'ailleurs utile aussi de remarquer que le fer grenu, ou à petits grains, peut se convertir en fer nerveux par la simple action de l'étirage au marteau ou au laminoir, et que les fers cristallisés, à gros grains, peuvent, par le même moyen, être convertis en fer fibreux, mais dénué de nerf.

(*) Consulter plus spécialement les expériences faites sur ce sujet par M. E. Hodgkinson, et celles de M. Fairbairn sur les tôles, les boulons, les rivets en fer ou en cuivre. (K.)

(**) *Métallurgie du fer*, t. 1er, p. 38 et suiv. de la traduction française.

INDICATION DU MÉTAL soumis à la rupture par extension.	RÉSISTANCE par millimètre carré.
	kg
FER FORCÉ (le plus fort, de petit échantillon............	60,00
ou étiré { le plus faible, de très-gros échantillon........	25,00
en barres, (moyen...............................	40,00
FER EN TÔLE (tiré dans le sens du laminage (Navier)........	41,00
laminée, { tiré dans le sens perpendiculaire (Id.)........	36,00
FER dit : *Ruban*, très-doux......................	45,00
(de Laigle, employé à la carderie, de 23 millimè-	
FIL DE FER { tres de diamètre	90,00
non recuit, { le plus fort, de 0^{mm},5 à 1 millim. de diamètre.	80,00
(le plus faible, d'un grand diamètre..........	50,00
(moyen, de 1 à 3 millimètres de diamètre.......	60,00
FILS DE FER en faisceau ou câble (expérience de M. Bornet)...	30,00
CHAINES en (ordinaires, à maillons oblongs.............	24,00
fer doux, { renforcées par des étançons (*)............	32,00
FONTE DE FER (la plus forte, coulée verticalement..........	13,50
grise, (la plus faible, coulée horizontalement.......	12,50
(fondu ou de cémentation, étiré au marteau et	
(en petits échantillons (1re qualité)........	100,00
ACIER { le plus mauvais, en barres de très-gros échan-	
(tillon, mal trempé, etc...............	36,00
(moyen..............................	75,00
BRONZE DE CANONS, moyennement.....................	23,00
CUIVRE ROUGE laminé, dans le sens de la longueur (Navier)...	21,00
Id. id. de qualité supérieure (Trémery et Poi-	
rier Saint-Brice)......	26,00
Id. battu (Rennie).........................	25,00
Id. fondu (Rennie)........................	13,40
CUIVRE JAUNE ou laiton fin (Rennie)...., ...	12.60
CUIVRE ROUGE (le plus fort, au-dessous de 1 millim. de diamètre	70,00
en fil, non { moyen, de 1 à 2 millimètres de diamètre.....	50,00
recuit, (moyen, le plus mauvais.....	40,00

(*) Ces étançons ont non-seulement l'avantage de renforcer les maillures, mais aussi d'empêcher que le câble ne se mêle ou ne se torde. L'expérience acquise en Angleterre, a d'ailleurs appris que, pour substituer une chaîne de cette sorte, bien fabriquée, à un câble en chanvre, il fallait « que le diamètre du fer, exprimé en lignes, fût un peu plus fort que » la circonférence du cordage, exprimée en pouces. » Ainsi, une chaîne de 13 lignes de diamètre, remplace un câble de 12 pouces de tour (*Bulletin de la Société d'Encouragement pour l'industrie nationale*, 26e année, p. 233).

INDICATION DU MÉTAL soumis à la rupture par extension.	RÉSISTANCE par millimètre carré.
Cuivre jaune (laiton) en fil non recuit, { le plus fort, au-dessous de 1 millimètre de diamètre (Dufour)............................	kg 85,00
moyen, au-dessus de 1 millimètre (Ardant et Dufour).......	50,00
Fil de platine écroui, non recuit, diamètre de 0^{mm},127 (Baudrimont).....................................	116,00
Fil de platine recuit, d'après la mesure directe du diamètre..	34,00
Étain fondu (Rennie)................................	3,00
Zinc fondu...	6,00
Zinc laminé..	5,00
Plomb fondu (Rennie)...............................	1,28
Plomb laminé (Navier)..............................	1,35
Fil de plomb de coupelle, fondu, puis passé à la filière, ayant 4 millimètres de diamètre (Ardant)....................	1,36

On voit par les nombres de ce tableau, que la résistance du fer fondu à la traction est bien moindre que celle du fer forgé, tandis que c'est précisément le contraire qui a lieu pour le cas de la résistance à l'écrasement. On doit donc préférer le premier quand il s'agit de l'employer comme support.

285. *Influence de la température, du recuit, de la trempe, etc., sur la ténacité.* —Voici sur cet objet quelques résultats déduits des expériences de MM. Dufour, Minard et Désormes, Trémery et Poirier Saint-Brice (*).

La température, dans les limites de celles que subit l'atmosphère, ne paraît pas exercer une influence sensible sur la résistance absolue du fer forgé ou fondu et du cuivre; la diminution de la ténacité serait même peu appréciable pour des

---

(*) Des recherches importantes ont été faites sur ce sujet, pour les divers métaux, par Wertheim (*Recherches sur l'élasticité*); le coefficient d'élasticité diminue constamment avec l'élévation de température, depuis — 15° jusqu'à 200°, pour tous les métaux, excepté pour le fer et pour l'acier; la résistance à la rupture est considérablement diminuée par le recuit. (K.)

fils de fer et de cuivre plongés dans l'eau ou sa vapeur à 80 et 90 degrés (Réaumur); mais on peut croire que la grandeur de cette diminution s'est trouvée masquée par les anomalies que présente toujours le résultat de semblables expériences. Il paraît certain d'ailleurs que, pendant les fortes gelées, les fers sont plus fragiles, plus susceptibles de se briser sous l'influence des chocs et des secousses violentes. Cette circonstance serait-elle due à l'arrangement particulier que tendent à prendre les molécules, à une sorte de cristallisation?

D'une autre part, Tredgold, en opérant sur une barre de fer à 67 degrés (Réaumur) environ, a trouvé une diminution de ténacité de près de $\frac{1}{20}$; suivant les expériences de MM. Minard et Désormes, cette diminution serait au moins égale, sinon supérieure, à $\frac{1}{20}$, pour le bronze, à la température de 60 degrés (Réaumur), et de près de $\frac{1}{2}$ pour un fil de cuivre plongé dans l'huile prête à s'enflammer (240 à 300° R.).

Enfin, d'après une expérience de MM. Trémery et Poirier Saint-Brice, la ténacité d'une barre de fer chauffée au rouge sombre (450° R.), serait réduite de $43^{kg},45$ à $7^{kg},80$ par millimètre carré ou au $\frac{1}{6}$ environ de sa valeur à la température ordinaire, et ce résultat se trouve confirmé par une expérience de M. Prechtel, rapportée dans le tome III, p. 525, de son *Encyclopédie technologique* (*).

La force de cohésion de l'étain, à la température de 22 degrés, est, d'après MM. Minard et Désormes, de 2 kilogrammes seulement par millimètre carré, et celle du plomb à 20 degrés, de $1^{kg},4$.

La ténacité du fil de fer et du fil de cuivre *recuits* est généralement un peu plus de moitié de celle des mêmes fils non recuits; ces fils perdent en même temps, par le recuit, une grande partie de la raideur que leur avait donnée l'étirage à la

(*) Nous empruntons cette citation à un excellent *Mémoire sur la force des matériaux*, imprimé en allemand, et qui a été adressé récemment à l'Académie des Sciences, par M. Adam Burg, professeur à l'Institut polytechnique de Vienne. C'est aussi dans ce Mémoire, extrait du *Journal de l'Institut* dont il s'agit, que nous avons pris une connaissance un peu circonstanciée des recherches expérimentales de M. Lagerhjelm, ainsi que de plusieurs autres particularités relatives à la résistance du fer forgé ou laminé.

filière; ils deviennent susceptibles de s'allonger et de s'étirer beaucoup plus, sans se rompre.

Le fer en barres, bien soudé et corroyé, chauffé au blanc, puis refroidi lentement ou plongé dans l'eau froide, ne paraît perdre aucunement de sa force.

D'après des expériences de Musschenbroek, la ténacité de l'acier surpasse, en général, 1 ½ fois au moins celle du fer de même échantillon; elle diminue avec la trempe non suivie du recuit, ce qui s'accorde avec d'autres expériences dues à Réaumur. L'acier trempé et faiblement recuit est celui qui possède la plus grande force de ténacité, mais cette ténacité diminue par un fort recuit.

286. *Contraction et allongements absolus de quelques métaux à l'instant de la rupture.* — Il a, jusqu'à présent, été fait très-peu d'expériences sur l'allongement total ou absolu des métaux différents du fer; néanmoins nous croyons utile d'indiquer ici le petit nombre de résultats qui les concernent.

Suivant M. Navier, le plomb laminé commence à s'étendre, d'une manière sensible, c'est-à-dire rapide, sous une charge comprise entre la moitié et les $\frac{2}{3}$ de celle qui occasionne sa *rupture instantanée*, et pour le cuivre également laminé, l'allongement commence sous des charges d'environ moitié de la charge maximum.

D'après les récentes expériences de M. Ardant, l'allongement absolu des fils étirés, en plomb de coupelle, à l'instant de la rupture, est d'au moins $\frac{1}{3}$ de la longueur primitive; leur densité totale est réduite aux 0,975 de la densité primitive.

Celui du bronze de canon varie entre les 0,09 et les 0,15 de cette longueur (expériences de MM. Minard et Désormes).

Il est, d'après les mêmes expériences, de 0,004 à 0,008 pour les fils de cuivre rouge non recuits, et de 0,15 à 0,20 pour les fils recuits.

Enfin l'allongement des fils de laiton a été trouvé, par M. Ardant, de 0,007 pour les fils non recuits, et de 0,115 pour un fil de laiton très-doux, probablement recuit.

La même différence se remarque, comme on le verra dans l'article suivant, entre les allongements absolus des fers doux et des fers durs, soit en fils, soit en barres de diverses gros-

seurs, et pour lesquels d'ailleurs la contraction, à l'instant de
la rupture, a été observée avec un soin tout particulier.

287. *Faits spécialement relatifs à la contraction et à l'allongement absolus des diverses espèces de fer.* — Voici, à cet
égard, les principales conséquences qui peuvent se déduire
des nombreux résultats d'expériences, de MM. Minard et Désormes, Lagerhjelm, Bornet, Seguin et Ardant :

Le fer doux et ductile s'allonge, avant l'instant de la rupture, d'une quantité appréciable et qui varie entre les 0,10 et
les 0,27 de sa longueur primitive, selon la nature de l'échantillon; en même temps, sa section est réduite des 0,5 aux 0,7,
et sa densité aux 0,99 environ de celle qu'il possédait auparavant. Néanmoins, ces derniers effets paraissent être peu appréciables pour des barres de fer d'une grande longueur, telles
que celles qui ont été soumises à l'épreuve, par M. Bornet,
aux forges de la Marine royale à Guérigny : ces barres n'avaient
pas moins de 6 mètres de longueur sur 5 à 6 centimètres de
diamètre. (*Voyez* le résultat de l'une de ces expériences au
n° 289 ci-après.)

Le fer doux dont il vient d'être parlé est celui que l'on préfère pour la fabrication des câbles de la Marine, et, d'après
M. Émile Martin, il doit être également préféré pour les chaînes des ponts suspendus. Dans la première épreuve que l'on
fait subir à ces câbles dont les maillons sont renforcés, l'allongement permanent, celui qui persiste après l'épreuve, est de
0^m,06 environ par mètre, pour une charge de 20 kilogrammes
par millimètre carré, équivalente aux $\frac{20}{32}$ à peu près de celle
qui produit leur rupture instantanée; à la deuxième épreuve,
l'allongement permanent, relatif à la même charge, est seulement de 0^m,0015 par mètre, et l'allongement total, avant que
la charge soit enlevée, de 0^m,0037.

Les fers ronds ou carrés, étirés au cylindre, à une haute
température, les fers recuits au blanc et refroidis ensuite très-
lentement, de manière à les ramener à une contexture homogène, paraissent être, à qualité égale, ceux qui s'allongent le
plus avant de se rompre et qui offrent le plus de ductilité. Le
fer forgé est moins homogène; il renferme souvent des pailles,
et sa fibre se trouve tordue.

D'après MM. Minard et Désormes, les fers en barres, durs et
raides, qui s'allongent, au plus, de 2 à 4 centimètres par mètre,
peuvent supporter, pendant des jours et des mois entiers,
un effort qui égale et excède même la moitié de la charge
maximum de rupture, sans que l'allongement dépasse, d'une
quantité appréciable, celui qui répond aux premiers instants.
Suivant les expériences de MM. Ardant et Morin, l'acier de
bonne qualité, recuit au rouge, mais non trempé, ou trempé
et recuit au bleu de ressort, acier qui est comme la limite des
fers durs, peut supporter, sans altération sensible de son élasticité, des efforts équivalents aux $\frac{1}{3}$ environ de la charge de
rupture, et qui produisent un allongement de 2 à 3 millimètres
par mètre, seulement. Cette qualité des aciers et des fers forts
est précisément ce qui, en raison de l'économie, les fait préférer, par certains constructeurs, notamment par les ingénieurs allemands, pour l'établissement des ponts suspendus ;
mais, en lui accordant une telle préférence, on n'a point assez
égard à l'influence des forces vives ou des chocs auxquels les
fers raides sont beaucoup moins en état de résister que les fers
doux, comme la chose sera particulièrement démontrée dans
l'un des articles qui suivent.

L'allongement total du fil de fer recuit, ou très-doux et très-
pliant, varie de 0^m,1 à 0^m,2 par mètre ; il est, d'après M. Seguin,
de 4 à 6 millimètres, et, d'après M. Ardant, de 3 millimètres
seulement, pour les fils non recuits ; mais lors de la rupture
complète, ces derniers fils reviennent, à 1 millimètre près,
à leur longueur primitive ; cette circonstance qui s'observe
également pour l'acier et les fers durs en barres, prouve que
l'élasticité n'a été altérée, d'un manière sensible, qu'aux environs de la section de rupture. Les fers très-doux, au contraire, conservent à peu près tout l'allongement qu'ils avaient
reçu à l'instant de la rupture, de sorte que leur élasticité est,
pour ainsi dire, complétement énervée, comme dans le cas du
plomb. Entre ces deux états extrêmes du fer, il en existe une
infinité d'intermédiaires, dans lesquels il revient partielle-
ment à sa longueur primitive.

Selon M. Lagerhjelm, la cohésion absolue du fer serait sensiblement la même pour les fers forts ou durs et les fers doux
ou ductiles, nerveux ou privés de nerf ; de plus, elle serait

indépendante du mode de fabrication. Mais il faut observer
que, par *cohésion,* on doit ici entendre la résistance qui se
rapporte (246) à la section de *striction* ou de plus forte contraction des barres; encore cela n'est-il admissible que pour
les fers provenant d'une même qualité de fonte, ou pour le
même fer considéré dans divers états. C'est ainsi par exemple,
qu'on expliquerait la différence énorme de ténacité qui existe
entre le fil de fer recuit ou non recuit, entre le fer dur et le fer
doux, s'il était vrai que la contraction fût indépendante de la
longueur absolue du fil soumis à l'épreuve, ou s'il arrivait que
la charge, capable de produire la rupture instantanée, variât,
en effet, avec cette longueur, à peu près inversement à l'aire
de la section contractée de chaque fil ou prisme; ce que les
expériences connues sont loin de confirmer.

288. *Limite des charges permanentes.* — D'après ce qui précède, cette limite ne saurait évidemment être la même pour
les métaux ductiles et les métaux durs de chaque espèce, notamment pour les fers tendres et les fers forts, dont les derniers s'énervent bien moins vite. Cependant, d'après l'opinion
des Auteurs anglais, fondée peut-être sur le défaut qu'ont, en
revanche, les fers durs d'être plus faciles à se rompre sous
l'influence des chocs, on admet assez généralement qu'on peut
indifféremment faire porter aux diverses espèces de fers qui
entrent dans la construction des ponts suspendus, une charge
permanente égale à $\frac{1}{3}$ (12 à 13 kilogrammes) environ de la
charge maximum de rupture, pourvu qu'on soumette préalablement chaque barre, ou leur ensemble après la construction du pont, à une épreuve qui consiste à leur faire supporter
un poids de 16 à 18 kilogrammes par millimètre carré de section; mais on court par là le risque d'énerver certains fers,
sans mettre en évidence leurs défauts accidentels. Aussi cette
méthode n'a-t-elle point été généralement suivie, en France,
dans la construction des nouveaux ponts suspendus, où l'on a
souvent réduit la charge d'épreuve des chaînes à 10 ou 12 kilogrammes, et la charge permanente à 6 ou 7 kilogrammes, au
plus, par millimètre carré, tandis que pour les tiges de suspension, cette dernière charge a été prise au-dessous de 2 kilogrammes, à cause des secousses et des efforts auxquels elles

24.

sont momentanément soumises lors du passage des lourdes
voitures, etc. (*).

C'est aussi d'après ce principe que M. Navier, en se fondant sur l'exemple des constructions existantes, propose de
ne pas faire supporter aux barres de fer, en général, une
charge permanente plus grande que le $\frac{1}{6}$ ou le $\frac{1}{7}$ de la charge
moyenne (40 kilogrammes par millimètre carré), qui occa-
sionne la rupture instantanée, ni une charge totale, composée
d'une partie permanente et d'une partie accidentelle, qui
excède le $\frac{1}{5}$ ou le $\frac{1}{4}$ de celle dont il s'agit.

Cette dernière règle est d'accord avec un fait d'expérience
observé par le fils du célèbre Mongolfier, et rapporté par
M. Seguin aîné, dans son Ouvrage sur les *ponts en fil de fer*,
(deuxième édition, p. 79) : c'est que la durée du meilleur
fer de Bourgogne, de 9 à 10 centimètres carrés de section,
employé aux presses à papier d'Annonay, n'a pas dépassé, en
général, cinq ou six mois, sous un effort de traction de 8 kilogrammes seulement par millimètre carré, répété de 4 à 5 mille
fois au plus. Des expériences directes de M. Seguin conduisent à des résultats analogues relativement au fer forgé.

Enfin d'après M. Navier, d'accord en cela avec les Auteurs
anglais, on ne doit pas charger la fonte, d'une manière permanente, au delà du $\frac{1}{7}$ de la charge de rupture (3^{k},20 par millimètre carré au plus), et encore une pareille charge ne
présenterait-elle aucune sécurité dans des constructions qui
seraient exposées à de fortes secousses.

En attendant des données positives de l'observation, on
pourra appliquer les mêmes règles aux autres métaux, selon
l'analogie plus ou moins grande qu'ils présenteront avec le
fer ou la fonte ; mais il sera préférable de recourir aux observations des articles suivants, fondées sur les résultats directs
de l'expérience, relatifs aux limites des charges que peuvent
supporter les métaux sans altération sensible de leur élasticité.

_____

(*) *Voyez* dans les Chapitres suivants, relatifs aux *Applications*, les articles
où l'on s'est proposé d'apprécier directement l'influence de ces secousses ou
vibrations.

Résistance élastique et résistance vive des métaux.

289. *Résultats de l'expérience concernant la loi des allongements par rapport aux charges.* — Le fer, à cause du rôle important qu'il joue dans les arts, a été soumis, en particulier, à un grand nombre d'expériences de cette espèce. D'après les résultats de celles qui ont été entreprises par M. Gerstner (*), sur un fil de fer très-fin, de *forté piano*, résultats cités par M. Adam Burg, dans le Mémoire dont il a été parlé dans la note n° 285 ci-dessus, les allongements ne seraient pas tout à fait proportionnels aux charges, même quand celles-ci sont très-petites ; cette circonstance tient sans doute à ce que le fil mis en usage n'était pas parfaitement droit. Néanmoins, pour ces faibles charges, l'élasticité demeurait parfaite, et le fil revenait exactement à sa longueur primitive, quand la charge était enlevée. Passé cette limite relative à un allongement de $0^m,000373$ par mètre environ, et à une charge de 6 à 7 kilogrammes par millimètre carré, les allongements, d'après M. Gerstner, croissent d'une manière d'autant plus rapide par rapport aux charges, que ces dernières sont elles-mêmes plus considérables ; et, de plus, les allongements permanents, ceux qui subsistent après l'enlèvement total de ces charges, croissent eux-mêmes d'une manière très-rapide. Enfin, il résulterait aussi de ces expériences, que si, après avoir chargé le fil d'un poids quelconque, on le décharge ensuite progressivement de certaines fractions de ce même poids, jusqu'à ce qu'il n'ait plus rien à soutenir ; puis qu'on prenne, pour longueur primitive de ce fil, celle qui correspond à ce dernier état ; qu'enfin on calcule les allongements relatifs aux diverses charges intermédiaires, ces charges leur seront, à très-peu près, proportionnelles ; de sorte qu'il suffirait, en général, du moins dans les limites des expériences, de diminuer les allongements, sous des charges quelconques, d'une quantité égale à l'allongement permanent qui leur est relatif, pour que les nouveaux allongements, qu'on peut

(*) *Manuel de Mécanique*, t. 1er, p. 280.

nommer *allongements réduits*, fussent exactement proportionnels aux poids qui les produisent.

Mais, quoique ce résultat soit conforme à ceux que Coulomb
a obtenus dans ses expériences (*) sur la torsion des fils de
fer et de cuivre, ainsi que sur la flexion des lames d'acier,
nous ne pensons pas qu'il doive être considéré comme une
loi générale, et qu'il soit notamment applicable aux métaux
très-ductiles, même au fer qui posséderait cette qualité.

Suivant d'autres expériences de Leslie (**), entreprises sur
une barre de fer de 1 pouce anglais d'équarrissage et de
1000 pouces de longueur, les allongements demeureraient
proportionnels aux charges, et l'élasticité serait parfaite, tant
que ces charges ne dépasseraient pas la moitié de celle qui
produit la rupture instantanée; mais au delà de cette limite,
les allongements croîtraient suivant la progression géométrique : 1, 2, 4, 8, 16, quand les charges elles-mêmes croissent
suivant la progression simplement arithmétique $: \frac{4}{8}, \frac{5}{8}, \frac{6}{8}, \frac{7}{8}, \frac{8}{8}$
de la charge entière (***). Ce résultat est d'accord avec celui
qui a été obtenu, dans les expériences faites, à Saint-Pétersbourg, sur une grosse barre de fer, pour laquelle on a trouvé
que les allongements ne commençaient à devenir sensibles
qu'aux $\frac{2}{3}$ seulement de la charge de rupture, et semblaient
croître en progression géométrique, quand les tensions elles-
mêmes croissaient en progression arithmétique.

Les autres expériences, entreprises spécialement dans cette

(*) *Mémoires de l'Académie des Sciences* de 1784, p. 229.

(**) *Elements of natural philosophy*, Édimbourg, 1823.

(***) Nommant x l'allongement relatif à l'unité de longueur de la barre,
produit par une charge y, p la charge de rupture; la loi dont il s'agit se trouve
représentée depuis $x = 0,001$ ou $y = \frac{1}{2} p$, jusqu'à $x = 0,016$ ou $y = p$, par
l'équation

$$y = p \left(\frac{1}{2} + \frac{1}{4} \frac{\log 1000 x}{\log 2} \right),$$

dans le système de logarithmes ordinaires.

Considérant, en particulier, la résistance sur 1 millimètre carré de section
pour lequel $p = 50^{kg},5$, d'après les expériences de M. Leslie, l'équation ci-
dessus devient

$$y = 88^{kg},16 + 20^{kg},97 \log x.$$

vue, sur le fer, sont dues à MM. Seguin (*), Bornet (**) et
Ardant qui en a également exécuté sur des fils d'acier, de
cuivre et de plomb. L'ensemble des résultats de ces expériences montre seulement qu'en deçà d'une certaine limite,
les allongements sont, en effet, sensiblement comme les
charges, et qu'au delà ils croissent dans une progression d'autant plus rapide que le métal, soumis à l'épreuve de la tension, est plus doux, plus ductile; de sorte que, jusqu'à présent
du moins, il n'est pas permis de dire que la loi de cette progression soit la même dans tous les cas, ni aussi simple que
tendraient à le faire croire les expériences déjà citées de
MM. Leslie et Gerstner. Cet ensemble de résultats se trouve
d'ailleurs consigné dans le tableau suivant qui n'exige aucun
commentaire particulier.

(*) *Des ponts en fil de fer*, 2ᵉ édit., Paris, 1826, p. 89.

(**) *Du fer dans les ponts suspendus*, par MM. Émile Martin et Fourcham-
bault, tab. nᵒ 3.

Table des allongements subis, par différents métaux, sous des charges successivement croissantes, depuis zéro jusqu'à celle qui produit la rupture.

FIL DE FER exactement recuit (Seguin). Diamètre, 1mm,06. Longueur, 1m,50. (f")		FER A CABLE. ductile (Hornet). Diamètre, 19mm,50. Longueur, 6m,12. (F)		Résultats des expériences de M. Ardant sur des fils métalliques de 1m à 1m,5 de longueur, de 4mm de diamètre pour le plomb, 0mm,40 à 1mm,6 pour les autres métaux.								FIL D'ACIER trempé au rouge vif non recuit. (a_4)		FIL DE PLOMB. de coupelle fondu, étiré à froid. (p)	
				CHARGE par milli-mètre carré.	ALLONGEMENTS PAR MÈTRE DE LONGUEUR, EN MILLIMÈTRES.										
					FIL DE FER.		FIL DE LAITON.		FILS D'ACIER.						
					(f) doux ou recuit.	(f') dur, non recuit.	(l) doux ou recuit.	(l') dur, non recuit.	(a_1) sortant de la fabrique	(a_2) recuit, non trempé.	(a_3) recuit au bleu.				
CHARGE par mill. carré.	ALLONGEMENT par mètre.	CHARGE par mill. carré	ALLONGEMENT par mètre.									CHARGE par mill. carré	ALLONGEMENT par mètre	CHARGE par mill. carré.	ALLONGEMENT par mètre.
kg	mn.	kg	mm	kg	mm	mm	mm	mm	mm	mm	mm	kg	mm	kg	mm
15,90	2	2	0,38	5,0	0,294	0,26	0,45	0,55	0,25	0,24	0,23	2,49	0,59	0,10	0,17
27,07	3	4	0,16	10,0	0,588	0,52	0,90	1,11	0,56	0,48	0,48	4,97	0,83	0,30	0,41
28,20	4	6	0,31	15,0	0,882	0,78	1,35	1,70	0,81	0,72	0,72	7,46	1,08	0,43	0,62
29,33	5	8	0,36	20,0	1,176	1,04	1,80	2,28	1,02	0,96	0,96	9,95	1,39	0,50	0,81
30,45	6	10	0,47	25,0	1,470	1,30	2,25	2,98	1,25	1,20	1,20	12,44	1,58	0,70	31,60
32,60	30	12	0,55	30,0	2,560	1,56	7,30	3,70	1,50	1,44	1,44	14,92	1,87	0,90	70,20
33,78	58	14	0,69	32,5	13,000	"	"	"	"	"	"	15,57	rupture.	1,10	127,20
34,91	72	16	0,86	35,0	14,100	2,22	10,80	4,43	1,80	1,68	1,68			1,30	324,60
36,04	86	18	2,20	40,0	18,000	2,40	49,90	5,20	2,10	1,92	1,92			1,36	rupture.
36,71	110	20	15,76	42,5	20,500	"	"	"	"	"	"				
37,16	118	22	24,34	45,0	rupture.	2,82	115,00	6,15	2,36	2,16	2,16				
37,84	120	24	34,79	49,0	......	3,10	rupture.	7,19	"	"	"				
rupture.		26	46,96	50,0	......	rupture.	......	rupture.	2,65	2,40	2,40				
		28	67,70	52,5	......	....	......	....	"	"	2,52				
		30	89,39	55,0	......	....	......	....	3,00	2,66	rupture.				
		32	132,48	57,5	......	....	......	....	3,15	2,76					
		33	rupture.						rupture.	rupture.					

290. *Représentation de ces résultats par des courbes.* — Afin de juger, d'un seul coup d'œil, quelle est la marche suivie par les nombres de ce tableau, nous avons, conformément à ce qui a été indiqué au n° 238, construit, sur les *fig.* 47 et 48 (*Pl. II*), le système des courbes qui s'y rapportent. La dernière de ces figures concerne principalement les métaux ductiles ou très-extensibles ; néanmoins, pour mettre à même de comparer, sur-le-champ, l'influence relative de la dureté sur la loi des allongements, on y a également tracé, sous les désignations (f') et (l'), les courbes qui concernent les fils de fer et de laiton durs ou non recuits, soumis à l'expérience par M. Ardant. Dans cette même figure, les abscisses représentent les allongements par mètre, en grandeur naturelle, tandis que les ordonnées expriment les charges par millimètres carrés de section, à raison de 1 millimètre par $0^{k},1$ pour le plomb, et de 1 millimètre par kilogramme pour les autres métaux. Quant à la *fig.* 37 (*Pl. II*), qui concerne spécialement les fils métalliques peu extensibles, les abscisses ont été prises égales au décuple des allongements naturels, et les ordonnées toujours à raison de 1 millimètre par kilogramme de charge, comme pour la *fig.* 48.

Les réflexions de l'endroit cité (238 et 239), et celles qui ont été présentées au n° 274, à l'occasion des bois, nous dispensent d'insister sur les conséquences particulières auxquelles on est conduit par la discussion de ces différentes courbes. Nous ferons seulement observer :

1° Que les lettres entre parenthèses, dont elles sont accompagnées, correspondent aux résultats d'expériences, marqués des mêmes lettres dans le tableau ;

2° Que les horizontales ou parallèles à l'axe des abscisses qui, sur la *fig.* 48, se trouvent situées immédiatement au-dessus des indices (p), (F) et (f''), se rapportent aux limites absolues des charges, ou aux charges de rupture correspondantes, dont les allongements ne peuvent être observés avec une suffisante exactitude, dans les expériences sur les métaux très-ductiles ;

3° Enfin, que les irrégularités de forme affectées par quelques-unes de ces courbes, et sur lesquelles nous reviendrons bientôt, n'empêchent pas de reconnaître, dans leur ensemble

et surtout dans l'ensemble de celles qui appartiennent à une
même qualité de métal (fort ou ductile), une certaine analogie, un caractère général, qui autorisent à penser que ces
courbes dérivent d'une même loi mathématique, qui se modifie dans chaque espèce, et pourra être rendue manifeste
lorsque, par des essais multipliés et répétés pour une même
variété, on sera parvenu à écarter toutes les causes d'incertitude, dans le mode d'expérimentation et dans l'établissement
des appareils.

En attendant que de telles expériences aient mis à même de
lever les difficultés que présente encore (239) la conception
théorique du phénomène de la rupture, nous croyons devoir
rapporter ici les principaux faits que M. Ardant a déjà pu
observer dans ses premières expériences sur les fils de fer, de
cuivre et de plomb, expériences dont il se propose de perfectionner, de plus en plus, le mode d'exécution. Ces faits serviront à expliquer la cause des irrégularités que présentent
quelques-unes des courbes de la *fig.* 48, et pourront appeler, d'une manière plus spéciale, l'attention des physiciens et
des ingénieurs.

291. *Faits d'expériences relatifs au phénomène de l'allongement et de la rupture des corps.* — Nous citerons, à peu près
textuellement, la Note que M. Ardant a bien voulu nous communiquer à ce sujet.

Dans les fils durs, et sous des charges modérées, les allongements se produisent promptement, en quelques secondes;
le fil est invariablement établi à sa position d'équilibre, et les
allongements demeurent sensiblement proportionnels aux
charges, dans une fort grande étendue.

Dans les fils mous, les allongements, d'abord insensibles,
croissent ensuite avec rapidité, puis se ralentissent. Il faut un
temps assez long aux fils mous pour arriver à l'équilibre, et ils
ne s'y établissent qu'après un grand nombre d'oscillations :
dans le plomb, par exemple, l'allongement correspondant à
une charge moindre que $0^{kg},1$ par millimètre carré, ne s'établit
pas avant trois fois 24 heures.

Dans tous les fils, les premiers allongements sont difficiles à
observer; on ne peut pas reconnaître avec certitude l'étendue

pour laquelle ils demeurent rigoureusement proportionnels aux charges ; et le coefficient d'élasticité, conclu de ces premiers allongements seuls, paraît plus grand que le coefficient moyen déduit des allongements correspondants à une charge égale au $\frac{1}{20}$ pour les fils durs, et au $\frac{1}{10}$ pour les fils doux, de celle qui produit la rupture. A partir de ces limites respectives, d'ailleurs, le corps montre une élasticité qui persiste pendant longtemps, et qui paraît, à M. Ardant, être celle dont on doit tenir compte dans les arts, avec d'autant plus de raison qu'on ne risque pas d'exagérer en l'adoptant.

Il est digne de remarque que, pour les fils mous comme pour les fils durs, le poids qui produit une altération sensible de l'élasticité, ou qui donne lieu à un allongement permanent, s'écarte généralement très-peu du $\frac{1}{3}$ de celui qui occasionne la rupture, et même il semble résulter des expériences de M. Ardant, qu'il serait relativement plus fort pour les fils mous que pour les fils durs ; ce qui paraîtrait tout à fait paradoxal, si l'on ne faisait attention (287) que, dans les fils forts, l'altération de l'élasticité est très-peu sensible même à une assez grande distance de sa limite, tandis que, dans les fils doux, elle se manifeste par des augmentations brusques, dans les allongements permanents, et qui, souvent, ne permettent pas d'apercevoir les quantités dont le fil revient vers sa longueur primitive quand il est déchargé.

Dans les fils très-durs, comme dans les fils très-doux, les allongements suivent une marche assez régulière, même au delà des charges qui correspondent à la limite d'élasticité ; c'est ce qu'on peut fort bien remarquer sur la *fig.* 47 (*Pl. II*) : les fils de laiton durs, surtout, donnent lieu à des courbes d'une régularité remarquable (*). Quant aux fils qui offrent un état moyen ou qui sont inégalement recuits et écrouis, leurs

---

(*) Les résultats du tableau du n° 289, qui concernent ce dernier métal, sont redonnés à $\frac{1}{30}$ près ou à moins de $\frac{1}{10}$ de millimètre, par la formule

$$x = 0,1125y + 0,00039y(1,6)^{\frac{y}{5}},$$

dans laquelle y représente les charges en kilogrammes, et x les allongements par mètre, exprimés en millimètres, et tels qu'ils se trouvent inscrits dans la colonne (*l*) du tableau.

courbes présentent, après le point qui correspond à la limite d'élasticité, des inflexions plus ou moins fortes, suivant la nature du métal, et surtout suivant la manière d'opérer, qui peut, en général, exercer une grande influence dans le cas des métaux ductiles.

Si, en soumettant un pareil fil à l'expérience, on lui applique successivement et consécutivement, comme c'est l'ordinaire, des charges égales au $\frac{1}{20}$ environ de celle qui produirait la rupture, en donnant seulement à chacune d'elles le temps nécessaire pour produire *l'allongement sensible* qui s'y rapporte, on obtient des courbes très-allongées dans le genre de celles (*l*), (*f″*), (F) et (*p*) (*Pl. II, fig. 48*); de sorte qu'à partir d'un certain point, l'élasticité est comme entièrement détruite ou énervée.

Si, au contraire, on ajoute la charge par portions très-petites, et qu'on laisse un grand intervalle de temps entre les additions successives, le fil se constitue, chaque fois, dans un état d'équilibre stable, et y persiste avec une élasticité, à la vérité d'autant plus faible, d'autant moins permanente, que la charge est plus forte, mais qui, dans tous les cas, surpasse celle qu'on obtient par la première manière d'opérer. Or cela revient à dire que le fil se conduit alors à l'instar des fils écrouis, et que sa courbe se relève en offrant des éléments, ou tangentes, beaucoup moins inclinés, sur l'axe des abscisses, que dans les précédentes hypothèses.

Au surplus, de quelque manière qu'on opère, si, à une époque quelconque, on laisse le fil en repos et tendu sous la charge pendant un temps suffisamment long, il reprend toujours un degré d'élasticité plus grand que celui qu'il montrait à l'instant où l'expérience a cessé : ainsi des fils plus ou moins mous peuvent, après des chargements consécutifs, suivis d'une longue interruption, présenter dans leurs courbes d'allongements, des inflexions brusques, analogues à celles des courbes (*f*) et (*l*), circonstance qui s'accorde avec les faits ci-dessus exposés, et prouve que le temps exerce ici une influence considérable, qu'on serait loin de lui supposer d'après les données de quelques autres expériences.

M. Ardant a été conduit, en outre, à remarquer que, passé une certaine limite, l'allongement produit par les charges ne se répartit pas toujours uniformément sur toute la longueur du fil; qu'il a lieu tantôt aux dépens d'une partie de ce fil, tantôt aux dépens d'une autre; de sorte qu'on ne peut pas dire non plus, que *les allongements absolus sont proportionnels à la longueur du fil,* selon le principe du n° 236, qui ne s'applique d'ailleurs qu'aux premiers allongements des corps homogènes (239). D'autres observateurs avaient déjà remarqué que, vers les derniers instants de l'expérience, les allongements avaient principalement lieu près des points où s'opère la rupture; c'est donc à tort qu'on a quelquefois prétendu conclure les allongements uniformes, ou par mètre, de l'allongement observé sous une étendue plus ou moins grande du prisme soumis à l'expérience, et c'est un motif de plus de croire (257) que les épreuves faites sur des prismes courts, doivent conduire à des résultats un peu différents de celles qui concernent des prismes très-longs.

Enfin M. Ardant observe que le poids qui produit la rupture n'est pas une quantité absolue et invariable, et qu'il dépend aussi de la manière d'opérer. On peut l'augmenter avec les précautions suivantes : 1° laisser un intervalle de temps suffisamment grand entre les additions de charges; 2° procéder par des additions de charges très-petites; 3° empêcher toute accélération de mouvement dans la charge, pendant l'allongement du fil.

Quant au phénomène propre de la rupture, il se produit, dit M. Ardant, au milieu d'allongements pareils à ceux qui la précèdent, et quelque soin qu'il ait mis à observer, il n'a jamais pu remarquer aucune accélération particulière aux instants voisins de la rupture complète; ce qui prouve seulement, je le répète (239), que la résistance élastique de la plupart des corps décroît, à partir d'un certain terme, avec une rapidité trop grande, pour pouvoir être appréciée par les moyens ordinaires d'observation (*). Aussi ne saurait-on ad-

_____

(*) Nous savons que postérieurement à l'époque de 1835, où M. Ardant nous a communiqué ses premiers résultats, il a entrepris de nouvelles expériences à l'aide d'*instruments à indications continues,* qui lui ont permis de discuter tous les phénomènes de la rupture des corps; nous regrettons de ne pouvoir rapporter ici ces résultats dont l'Auteur ne nous a point encore donné connaissance.

mettre d'une manière absolue, avec cet ingénieur, que, quelle
que soit la charge déjà portée par un fil métallique, il la portera toujours, à moins qu'il ne survienne des chocs, des vibrations, etc.; car ce fait est en contradiction avec ceux qu'ont
annoncés d'autres expérimentateurs également habiles. Avant
donc de l'ériger en principe général, ce qui conduirait à recu-
ler, plus qu'on ne le fait ordinairement, la limite des charges
permanentes à faire supporter aux matériaux qui entrent dans
les constructions, il conviendrait de vérifier ce fait, par des
expériences plus multipliées, plus rigoureuses encore, et surtout d'une plus longue durée que celles qui ont été jusqu'ici
entreprises.

292. *Résultats particuliers concernant l'élasticité du fer et
de ses composés.* — A cause de l'intérêt particulier qui se rattache à l'emploi du fer, de l'acier et de la fonte, dans les constructions, nous avons jugé utile de rapporter, avec quelques
détails, le résultat des nombreuses expériences qui les concernent, et qui sont consignées dans le tableau suivant, où
nous avons indiqué par les abréviations (*flex.*) et (*tract.*) les
nombres qui ont été déduits respectivement d'expériences
sur la flexion et la traction directes, nombres qui, ici encore,
ne paraissent pas différer sensiblement entre eux pour les
deux modes d'opérer, et qu'il est ainsi permis de prendre indistinctement les uns pour les autres dans les applications.

INDICATION DE LA NATURE particulière du métal soumis à l'expérience.	ALLONGEMENTS relatifs à la limite d'élasticité naturelle	CHARGE par millim. correspondant à cette limite.	RAPPORT de cette charge à celle de rupture.	VALEUR du coefficient d'élast. E, par millim. carré.
FER EN BARRES OU EN FILS.		kg		kg
FER FORCÉ en barres, { résultat le plus fort..	0,00167	....	....	24 000
expériences sur la { Id. le plus faible	0,00044	....	....	16 000
flexion (Duleau) { moyenne générale...	0,00062	12,4	....	20 000
FER FORCÉ (Tredgold, *flex.*) résult. moyen.	0,00071	12.1	0,30	20 000
LE MÊME en barres, { fer de Suède fort, corroyé au marteau } corroyé..........	0,00093	17,2	0,44	20 680
ou au cylindre (La- { Id., anglais, à câble	0,00052	13,3	0,37	20 750
gerjhelm, *tract.*).. { moyenne générale..	0,00072	15,0	0,40	20 700
GROSSES et longues barres de fer fort (Navier, *tract.*).......................	0,00093	18,0	0,45	19 400
GROS FIL DE FER fort, non recuit (Vicat, *tract.*)	....	....	....	18 000
FIL DE FER de 1^{min}, 20 de { fort, non recuit. diamètre. Expérience {	0,00084	15,0	0,33	18 300
de M. Ardant (*tract.*).. { doux, recuit ...	0,00088	15,0	0,50	17 000
ACIER ET FONTE DE FER.				
BARRES D'ACIER anglais, fondu, d'Huntzmann, non trempé (Duleau, *flex.*). Moy. générale...........	....	....	....	24 000
BARRES D'ACIER forgé, doux, recuit ou non (Tredgold, *flex.*)................	0,00140	29,0	....	20 400
LAMES D'ACIER anglais, fondu, d'Huntzmann, forgé, recuit et trempé au bleu (Expériences sur la flexion des ressorts dynamométriques, Morin), moyenne....	0,00222	66,0	0,67	30 000
FIL D'ACIER fondu, étiré { premiers allongements..... non recuit, du com- }	....	....	....	20 800
merce (Ardant, *tract.*) { allongem. subséquents	....	....	....	19 000
MÊME FIL recuit au rouge, non trempé, pliant......................	....	....	....	20 800
Id. trempé au rouge { premiers allongements..... puis recuit au bleu }	....	....	....	23 600
de ressort (Ardant, { allongem. subséquents .... *tract.*) moyenne.	....	....	....	20 800
Id. trempé au rouge { premiers allongements ..... vif, non recuit, cassant {	....	....	....	11 000
(Ardant, *tract.*), moy. { allong^s subséq^s	....	....	....	10 000
FONTE DE FER (Rondelet, *flex.*) résult. moy.	....	....	....	9 840
Id. (Tredgold, *flex.*) Id.	0,00083	10,0	....	12 000

293. *Principales conséquences.* — Du résultat de· la première partie de ce tableau, on conclut, avec M. Lagerhjelm, dont l'opinion est en ce point conforme à celle de Coulomb (*) et de Tredgold, que le coefficient d'élasticité est sensiblement le même pour les diverses espèces de fers, doux ou forts, trempés ou non, forgés au marteau ou étirés au cylindre, au laminoir, et qu'il ne change pas sensiblement dans le passage d'un même fer de l'un à l'autre de ces états. Néanmoins on ne peut se refuser d'admettre, d'après l'ensemble des résultats concernant les fers de très-petits échantillons, passés à la filière, et qui sont dus à MM. Ardant et Vicat, que, pour ces fers, le coefficient d'élasticité, dont la moyenne est d'environ 18000 kilogrammes par millimètre carré de section, ne soit inférieur (**) à celui qui se rapporte au fer en barre, dont la moyenne générale diffère assez peu du chiffre 20000 kilogrammes qui lui a été assigné, en premier lieu, par M. Duleau, d'après les résultats d'une belle suite d'expériences entreprises dans l'année 1813 (***).

Les nombres du tableau, relatifs aux aciers de diverses espèces, n'offrent; à l'exception de celui qui est dû à M. Morin, point de différences assez tranchées entre eux, ou avec ceux qui concernent le fer, pour qu'on doive attribuer une grande influence à la nature particulière des échantillons, au mode de fabrication; de la trempe et du recuit, du moins entre certaines limites; car le résultat obtenu par M. Ardant, pour l'acier trempé au rouge vif, sans recuit, fait voir que le coefficient d'élasticité, qui est moyennement de 21000 kilogrammes, en laissant de côté les résultats dus à MM. Duleau et Morin, peut, dans cette même circonstance, descendre au chiffre

(*) *Voyez* le Mémoire de Coulomb déjà cité plus haut (289).

(**) S'il était permis de supposer que les habiles ingénieurs auxquels ces résultats sont dus, n'eussent pas eu suffisamment égard aux effets des légères inflexions que conservent naturellement les fils de fer passés à la filière ou recuits, on pourrait attribuer à une telle cause la grandeur relative des premiers allongements qu'ils ont observés, et dont l'influence a dû être (236) une légère diminution du coefficient d'élasticité: la difficulté d'apprécier directement le diamètre et l'aire de la section de pareils fils est d'ailleurs une autre source d'erreurs, très-influente, dans les résultats.

(***) *Essai théorique et expérimental sur la résistance du fer.* Paris, 1820.

moyen de 10500 kilogrammètres, qui diffère peu de celui qu'on déduit des expériences de Rondelet et de Tredgold, sur la fonte de fer proprement dite. Considéré, en effet, dans cet état, l'acier se rapproche beaucoup de ce dernier corps, par sa dureté, sa fragilité et la faiblesse de sa ténacité, qui, d'après le tableau de la page 376, est réduite à moins du $\frac{1}{3}$ de celle du même acier considéré dans l'état ordinaire.

D'après ces faits, on ne saurait donc admettre, malgré la grande autorité du nom de Coulomb, que cette constance de l'élasticité, qui s'observe dans les fers forgés ordinaires de diverses espèces, puisse s'étendre jusqu'aux aciers, même aux aciers qui ont subi l'opération du recuit, et en laissant toujours de côté le résultat anormal de M. Morin, sur des lames de dynamomètre, dont la qualité tout à fait supérieure est probablement due autant à la nature particulière de l'acier qu'à l'habileté de l'artiste (M. Leteusser, fabricant de ressorts à Metz), qui les a forgées et trempées.

294. *Observations relatives à la limite de l'élasticité naturelle des fers.* — A l'égard des nombres qui marquent la limite au delà de laquelle l'élasticité cesse d'être parfaite, le résultat des expériences de M. Lagerhjelm, confirmées également par celles de Coulomb et d'autres observateurs habiles, montre que cette limite est sensiblement plus reculée pour les fers durs que pour les fers tendres ou ductiles. Soit i, l'allongement proportionnel ou par mètre, qui répond à la limite d'élasticité d'un prisme de fer quelconque, I, l'allongement proportionnel maximum, à l'instant de la rupture, on aurait, d'après M. Lagerhjelm, entre ces quantités, la relation approximative

$$i\sqrt{I} = 0,00028i,$$

servant à trouver i, quand I est connu, et réciproquement, puisqu'elle indique que *i est le quotient du nombre constant* 0,00028i, *divisé par la racine carrée de* I.

Ainsi, par exemple, pour un fer qui s'allonge, au maximum, des 0,25 de sa longueur primitive, on aurait $\sqrt{I} = 0,5$ et $i = 0,000562$. Mais on ne doit se servir qu'avec beaucoup de réserve, de semblables relations, établies sur un trop petit nombre de faits, pour être considérées comme suffisamment exactes.

Cette réserve nous paraît d'autant plus nécessaire à l'égard du fer, que les expériences de M. Ardant, dont les chiffres sont rapportés au précédent tableau, conduisent à une conséquence précisément contraire à celle qui dérive de la loi indiquée par M. Lagerhjelm. Nous avons vu (291) comment M. Ardant explique ce paradoxe apparent, d'après la manière, toute différente, dont les fers forts et les fers ductiles sont susceptibles de s'énerver lors des charges qui dépassent la limite respective de leur élasticité. Pour les fers forts, comme pour l'acier, l'altération de l'élasticité est très-peu appréciable, même quand les charges sont voisines de celles qui produisent la rupture, tandis que, pour les fers ductiles, elle se manifeste par des allongements brusques, qui ne permettent plus à ces fers de revenir aussi complétement vers leur forme primitive. En d'autres termes, la résistance, la force élastique (236), éprouve, dans les fers durs, des variations insensibles jusqu'à l'instant qui précède immédiatement la rupture, tandis que cette même force en subit, au contraire, dans les fers de l'autre espèce, de très-grandes et de telles qu'elle devient, pour ainsi dire, nulle à ce même instant. C'est ce que montre d'ailleurs très-bien la comparaison des courbes qui appartiennent à ces diverses qualités de fers, dans la *fig.* 48 de la *Pl. II.*

Quoi qu'il en soit, puisque le fer fort, et l'acier notamment, ne s'énervent que d'une manière tout à fait insensible, pour des charges même assez voisines de celles qui produisent la rupture, il en résulte qu'on peut négliger, dans beaucoup de circonstances, la considération de cette altération, et admettre, avec le plus grand nombre des ingénieurs, que la limite des charges permanentes à faire supporter, à ces corps, est un peu plus reculée que celle qui convient au fer ductile. Ainsi, jusqu'à ce que de nouvelles expériences aient prononcé d'une manière définitive, nous admettrions volontiers que, pour les fers forts non exposés à des chocs vifs, la charge maximum pourrait être portée des 0,4 aux 0,5, et, pour l'acier, jusqu'aux 0,5 ou aux 0,6 de celle qui produit la rupture instantanée, tandis que, pour les fers ductiles, cette même charge, d'après l'opinion commune (288), ne devrait point surpasser les 0,33 ou même les 0,30 de celle qui se rapporte à la rupture effective, suivant l'espèce et la qualité particulières des échantillons.

295. *Limite des allongements à adopter dans les applications.* — Quelle que soit l'opinion qu'on adopte à ce dernier sujet, comme, d'une autre part, la limite de l'élasticité naturelle des fers et des aciers est très-difficile à apprécier directement, dans des expériences de courte durée, et comme l'altération de cette élasticité, en deçà des limites observées, peut, tout insensible qu'elle paraisse, devenir dangereuse dans des constructions soumises à des efforts prolongés, à des secousses ou à des vibrations plus ou moins répétées, on doit reconnaître qu'il serait peu convenable, lors des applications, d'adopter la moyenne des nombres qui, dans le tableau ci-dessus, indiquent, d'après divers Auteurs, cette limite d'élasticité naturelle pour chaque espèce de fer. Il paraît évident, au contraire, que, s'il s'agit de matériaux qu'il est impossible de soumettre à des épreuves directes avant leur emploi, on doit se tenir au-dessous même de la plus faible des valeurs observées.

Ainsi, par exemple, au lieu des moyennes 0,00062 et 12^{ks},4 relatives aux limites d'allongements et de charges, observées par M. Duleau, pour le fer forgé ordinaire, on devra s'en tenir à un allongement de 0,0003 seulement par mètre, et à une charge permanente de 6 kilogrammes par millimètre carré de section, comme l'a proposé, lui-même, ce savant ingénieur dans l'ouvrage déjà cité. Et, si d'ailleurs cette règle coïncide avec celle qui a été indiquée à la fin du n° 288, cela tient uniquement à ce que le résultat des expériences de M. Duleau a, en effet, servi de base à l'établissement de cette dernière règle. Or nous pensons que, dans tous les cas d'incertitude, il conviendra de se diriger d'après les mêmes principes, quelle que soit l'espèce du métal; et nous proposerons, en conséquence, de réduire généralement, dans les applications, la limite des charges permanentes, ou très-fréquemment répétées, à la moitié environ de celle qui correspond à la limite de l'élasticité naturelle, indiquée par les Auteurs comme moyenne des résultats d'expériences directes. Nous verrons d'ailleurs, dans la partie des applications, d'autres motifs également graves, pour en agir ainsi.

Quant au cas où l'on se trouve parfaitement éclairé sur les qualités et la nature du métal, lorsque surtout on est certain d'une parfaite homogénéité dans la fabrication, il devient permis d'essayer des économies, en augmentant, avec les Auteurs anglais, les charges jusqu'à celles qui sont voisines de la limite d'élasticité. Et voilà aussi pourquoi les Compagnies qui se livrent spécialement à la construction des ponts suspendus en fer, guidées par une longue expérience et certaines d'un mode de fabrication constant, peuvent tenter des réductions dans les épaisseurs, et des économies d'argent qu'un ingénieur ordinaire ne saurait se permettre, même en recourant à des expériences préalables.

296. *Résultats particuliers concernant la résistance vive de quelques métaux.* — Les données du tableau du n° 289 mettent en mesure d'obtenir, pour les différents métaux dont il donne la loi des allongements par rapport aux charges, les coefficients des résistances vives d'élasticité et de rupture, par un calcul dont on a offert un exemple au n° 274, à l'occasion des bois de chêne et de sapin. Les détails dans lesquels nous sommes entré en cet endroit nous dispensent de toutes nouvelles explications, et nous nous bornerons ici à exposer les résultats de ces calculs, dans un tableau que nous accompagnerons de quelques autres données essentielles, relatives aux limites des charges et des allongements qui ont produit, dans chaque cas, la rupture ou l'altération de l'élasticité.

DÉSIGNATION du métal soumis à l'expérience de la traction.	ALLONGEMENT par mètre relatif à la limite d'élasticité naturelle.	CHARGE par millim. carré correspondante à cette limite.	VALEUR de T'_e pour 1 mètre de longueur et 1 millim. carré de section.	ALLONGEMENT maximum par mètre avant l'instant de la rupture.	CHARGE par millim. carré correspondante à la rupture.	VALEUR de T'_r pour 1 mètre de longueur et 1 millim. carré de section.
	mm	kg	kgm	mm	kg	kgm
GROSSE BARRE DE FER ductile (Bornet)	0,55	12,0	0,00330	132,50	33,00	4,4920
FIL DE FER exactement recuit (Seguin)	"	"	"	120,00	37,84	3,9300
Id. inégalement recuit (Ardant)	0,88	15,0	0,00662	20,50	42,50	0,6500
Id. fort, non recuit (Ardant)	0,78	15,0	0,00585	3,10	49,00	0,0810
FIL D'ACIER (Ardant.) sortant de la fabrique	1,25	25,0	0,01560	3,15	57,50	0,0783
trempé et recuit au bleu	1,20	25,0	0,01500	2,52	52,50	0,0580
recuit, non trempé et pliant	1,20	25,0	0,01500	2,40	57,50	0,0688
fortement trempé.	"	"	"	1,87	15,57	0,0125
FIL DE LAITON (Ardant.) doux, recuit	1,35	15,0	0,01250	115,00	45,00	4,5140
fort, non recuit	1,70	15,0	0,01275	7,19	49,00	0,2005
FIL DE PLOMB de coupelle, étiré à froid (Ardant)	0,41	0,3	0,00012	324,60	1,36	0,3500

Dans la formation de cette table, on a supposé un peu arbitrairement, d'après les observations du n° 294, que la limite de l'élasticité naturelle de l'acier répondait à la moitié environ de la charge de rupture; et, dans cette hypothèse, la résistance vive correspondante, se trouverait être égale à $2\frac{1}{2}$ fois environ celle qui appartient à la limite de l'élasticité du fer. Mais, en admettant, conformément aux idées de M. Ardant (290), que cette limite soit à peu près la même dans les deux cas, on serait conduit à des résultats qui différeraient très-peu les uns des autres, et qui laisseraient ainsi dans une indécision complète sur la préférence à donner au fer sur l'acier, dans le cas de chocs assez faibles pour être certain que la limite de l'élasticité ne fût jamais dépassée.

La question se présente sous un tout autre aspect, lorsqu'on

suppose qu'avec une charge permanente plus ou moins voisine de celle qui répond à cette limite, le fer et l'acier peuvent
être soumis accidentellement à des surcharges ou à des secousses d'une certaine intensité; on voit, en effet, par les nombres de la dernière colonne de droite du tableau, que les fers
ductiles offrent, quant à la rupture, des garanties si marquées
relativement aux aciers et même aux fers forts, que toute
hésitation sur le choix à faire de ces substances, dans des cas
pareils, doit complétement cesser, indépendamment des avantages que le fer ductile peut offrir aux constructeurs sous le
point de vue économique. Nous lisons, en effet, dans cette
dernière colonne, que la quantité de travail ou la force vive
nécessaire pour rompre le fer ductile, est 50 fois, au moins,
celle qui se rapporte à l'acier et au fer fort.

297. *Conséquences relatives au choix du fer dans les constructions soumises au choc.* — S'il s'agit, en particulier, de
l'établissement des câbles en fer de la Marine, dont les maillons, à la vérité renforcés par des étançons, sont soumis à des
actions si violentes et si imprévues dans les instants de péril,
le choix ne saurait être douteux, d'autant plus que les fers
ductiles, en s'allongeant beaucoup et d'une manière permanente avant de se rompre, ont le précieux avantage, comme
la remarque en a déjà été faite, de laisser en quelque sorte
apercevoir les progrès et l'imminence du danger, tandis que
les fers forts, et *à fortiori* l'acier, peuvent, jusqu'au dernier
instant, n'en offrir aucune trace sensible.

Quant aux ponts suspendus, dont les fers ne sont générale-
lement soumis qu'à des surcharges et secousses accidentelles
d'une intensité assez faible, et dont les effets peuvent être appréciés à l'avance, d'une manière suffisamment approximative,
par un calcul dont nous offrirons un exemple plus tard, la
question, sauf celle de l'économie, reste à peu près indécise,
et le choix indifférent si, je le répète, on n'entend pas laisser
dépasser au fer qui y entre, même sous l'influence de ces
surcharges et secousses, la limite d'allongement qui correspond à son élasticité naturelle. Que si, au contraire, on prétend faire porter à ce fer, comme on l'a proposé quelquefois,
une charge permanente égale au $\frac{1}{3}$ de la charge de rupture,

environ 12 kilogrammes par millimètre carré (288), sans tenir compte, dans les calculs, des chances de rupture dues
aux causes accidentelles dont il s'agit, alors il conviendra,
comme le propose M. Émile Martin, de recourir spécialement
à l'emploi de fers dont la ductilité est bien assurée, et dont les
allongements persistants avertiront du danger, et mettront en
mesure d'y porter, à temps, un remède partiel ou général, selon les circonstances.

Ces réflexions et toutes celles que nous avons déjà eu l'occasion d'établir, en divers endroits de ce Chapitre, sur les qualités respectives des fers élastiques et ductiles, montrent bien
l'origine des incertitudes et des discussions qui se sont élevées, dans ces derniers temps, relativement à l'emploi du fer
dans les ponts suspendus, et notamment à la préférence que
l'on doit accorder aux faisceaux de fils de fer étiré, sur les
grosses barres de ce métal, préférence qui a été principalement admise ou soutenue par MM. Seguin aîné, Dufour de
Genève et Vicat. En effet, si de tels fils, non recuits, ont l'avantage de supporter de plus fortes charges avant de se rompre,
d'être plus élastiques et plus homogènes dans leur texture, en
un mot, s'ils offrent plus de garantie sous le rapport des simples efforts de traction, d'un autre côté, ils sont aussi plus
susceptibles de se rompre, sous l'influence des chocs vifs, que
les gros fers ductiles; ils sont plus coûteux, plus altérables
dans leur réunion en faisceau, et soumis aux chances fâcheuses
résultant d'une inégalité de tension. A la vérité, on pourrait
faire subir à ces fils l'opération du recuit, afin de leur donner
de la souplesse et de la ductilité; mais alors ils perdraient
(284 et 285) le principal avantage qui les a fait préférer aux
gros fers : celui d'une plus grande force de ténacité. On voit
donc que, sous tous les points de vue, la question générale
demeure indécise, et réclame une solution, une étude spéciale dans chaque application particulière.

298. *Résultats généraux relatifs à la force d'élasticité et à
la résistance vive des métaux.* — Dans les articles qui précèdent, nous avons particulièrement insisté sur le fer et ses
composés, à cause de l'étendue et de l'importance de leur application à l'art des constructions. Parmi les résultats qui s'y

trouvent rapportés en détail, les principaux ont été résumés dans le tableau suivant, et, en attendant de nouvelles expériences, on pourra les considérer comme des valeurs moyennes dont les véritables doivent s'éloigner assez peu, dans chaque cas, pour qu'on n'ait pas à craindre des erreurs dangereuses, lors des applications.

Nous avons aussi consigné, dans ce même tableau : 1° les valeurs que Tredgold a indiquées, à la fin de son *Essai pratique sur la force du fer coulé, etc.*, pour le coefficient d'élasticité du bronze, du zinc, de l'étain et du plomb fondus, ainsi que pour la limite des allongements qu'ils peuvent subir, dans des expériences directes, sans altération moléculaire sensible; 2° celles des coefficients de la résistance vive, qui, pour ces mêmes métaux, se concluent immédiatement (247) des précédentes concernant la limite d'élasticité. Toutefois, on remarquera que ces différents nombres, déduits uniquement du résultat d'expériences sur la flexion des prismes, laissent encore beaucoup à désirer sous ce rapport, comme sous celui de la certitude et de la précision.

DÉSIGNATION DU MÉTAL soumis à l'expérience. (de la traction.	ALLONGEMENT par mètre relatif à la limite d'élasticité naturelle.	CHARGE par millim. carré correspondant à cette limite.	COEFFICIENT T'_e de la résistance vive d'élasticité par millimètre carré et par mètre de longueur.	COEFFICIENT T'_r de la résistance vive de rupture par millimètre carré et par mètre de longueur.	COEFFICIENT E d'élasticité par millim. carré.
	m	kg	kgm	kgm	kg
Fer en fil ou en barre { doux ou recuit.....	0,00054	10,8	0,003000	4,00000	20000
fort ou non recuit..	0,00090	18,0	0,008000	0,08000	20000
Acier ordinaire trempé et recuit...	0,00120	25,0	0,015000	0,07000	21000
Acier anglais fondu, de 1re qualité..	0,00220	66,0	0,072600	0,16000	30000
Acier fortement trempé, très-fragile (Ardant).........	....	......	....	0,01250	11000
Fonte de fer (Tredgold).....	0,00080	10,0	0,004000	"	12000
Fils de laiton recuit (Ardant)......	0,00135	15,0	0,012500	4,50000	10000
Id. fort, non recuit (Id.)	0,00170	15,0	0,012750	0,20005	
Laiton fondu (Tredgold).....	0,00075	4,8	0,001800	"	6450
Bronze de canon fondu (Tredgold).	0,00104	7,3	0,003800	"	7000
Zinc fondu (Tredgold)............	0,00024	2,3	0,000280	"	9600
Étain anglais fondu (Tredgold) .,.	0,00063	2,0	0,000320	"	3200
Fil de plomb de coupelle étiré à froid, de 4 millimètres de diamètre (Ardant).............	0,00067	0,4	0,000134	0,35000	600
Fil de plomb impur du commerce, fondu et étiré à froid, diamètre 6 millimètres (Ardant)..........	0,00050	0,4	0,000100	"	800
Plomb fondu ordinaire (Tredgold)	0,00210	1,0	0,001050	"	500

Observation. — Relativement aux nombres qui concernent, en particulier, la limite des charges et des allongements qu'il est permis de faire subir à chaque espèce de métal, sans altérer son élasticité, nous pensons qu'en les réduisant, dans l'application, à la moitié environ de leur valeur, conformément à la proposition qui en a été faite au n° 295, on ne courra aucun risque d'arriver à des dimensions capables de compromettre la solidité, même dans le cas de charges permanentes et de constructions soumises à des secousses et vibrations ordinaires. Quant au cas de chocs brusques et d'une certaine intensité, il conviendra de recourir aux méthodes de calcul dont il sera donné des exemples dans le Chapitre qui concerne les lois du mouvement oscillatoire des prismes, et plus spécialement aux n°s 323 et suivants de ce Chapitre.

Additions concernant la résistance élastique des solides.

299. *Résultats des expériences de M. Savart, sur la constitution élastique des tiges métalliques.* — Depuis l'époque où ce qui précède a été écrit, M. Savart, de l'Institut, a fait paraître, dans le tome LXV des *Annales de Chimie et de Physique*, 2e série, p. 337, d'intéressantes recherches sur *les vibrations longitudinales des corps*, à l'occasion desquelles ce célèbre physicien a été conduit à entreprendre une série d'expériences, dans la vue de mettre en complète évidence l'inégalité de constitution moléculaire des prismes et des fils cylindriques de cuivre. Nous croyons utile de consigner, dans le tableau suivant, un extrait de ceux qui se trouvent insérés aux pages 387 et 388 du Recueil cité, et dont les résultats ont été obtenus en observant, par des moyens directs et très-précis, la quantité des allongements simultanés subis par différentes parties, sensiblement égales (100 millimètres de longueur), d'une même tige, sur laquelle on avait préalablement marqué des divisions par des traits déliés.

Nº 1. BANDE DE CUIVRE tirée à la filière ; largeur 3mm,45 ; épaisseur 0mm,9.							Nº 2. BANDE DE CUIVRE. tirée a la filière : larg. 3mm,45 ; ép. 0mm,9.				FIL DE CUIVRE tiré à la filière : diamètre 2mm,4.				
Intervalles sous la charge de 10 kg	Allongements absolus correspondants sous les charges de						Intervalles sous la charge de 10 kg	Allong. absolus correspondants sous les charges de			Intervalles sous la charge de 10 kg	Allongements absolus correspondants sous les charges de				
	20 kg	30 kg	40 kg	50 kg	60 kg	70 kg		30 kg	60 kg	70 kg		50 kg	90 kg	120 kg	140 kg
mm 100,14	mm 0,24	mm 0,80	mm 1,42	mm 4,44	mm 8,22	mm 15,32	mm 100,09	mm 0,11	mm 6,99	mm 13,13	mm 100,02	mm 0,92	mm 9,91	mm 10,27	mm 20,93
100,06	0,24	0,80	1,70	4,66	8,52	15,72	99,99	0,12	7,73	13,79	100,01	1,56	10,10	10,80	19,85
100,14	0,10	0,24	1,50	4,42	8,26	15,56	100,18	0,08	7,54	13,64	100,06	1,30	10,10	10,44	20,90
100,04	0,02	0,08	0,12	1,16	4,88	11,92	99,91	0,11	6,61	12,71	100,05	1,19	10,43	10,71	21,30
100,06	0,06	0,12	0,24	1,46	4,32	11,34	100,13	0,29	6,47	12,57	100,03	1,34	10,27	10,59	21,30
100,08	0,02	0,08	0,18	1,80	5,70	13,52	100,12	0,07	6,66	12,76	100,02	1,11	10,17	10,47	19,78
100,04	0,06	0,12	0,22	2,24	6,04	12,96	100,04	0,12	7,14	13,28	100,04	1,27	10,19	10,49	19,91
100,00	0,02	0,08	0,50	3,27	7,09	14,14	100,30	0,04	8,28	13,66	100,05	1,38	10,12	10,42	21,85

Les allongements relatifs à des charges moindres que 10 kilogrammes, n'ont point été observés, à cause des incertitudes qui, lors des faibles charges étaient occasionnées par la flexion ou torsion naturelle des tiges soumises à l'expérience, et dont l'influence a dû être beaucoup moins sensible pour les charges subséquentes. Quant aux résultats qui se trouvent *inscrits* dans les différentes colonnes du tableau, ils montrent que les inégalités d'allongement des différentes parties sont bien moins sensibles pour les fils que pour les bandes métalliques, ce qui est facile à concevoir d'après la nature de l'étirage.

300. *Résultats des expériences de M. Savart, concernant la loi des allongements des prismes solides.* — Ce physicien a aussi rapporté, à la page 397 du Recueil déjà cité, les résultats d'une autre suite d'expériences sur la progression des allongements de différentes tiges métalliques et de verre, par rapport aux charges; nous donnons ici encore le tableau de ces résultats que le temps ne nous a pas permis de soumettre au calcul, ni de comprendre au nombre de ceux qui ont fait l'objet des articles précédents; circonstance d'autant plus regrettable que la scrupuleuse exactitude et la rare habileté de l'Auteur sont parfaitement connues.

SUBSTANCES.	DIMENSIONS.		LONGUEUR DE LA PARTIE MESURÉE sous une charge de						
	Longueur totale.	Diamètre.	0^{kg}	5^{kg}	10^{kg}	15^{kg}	20^{kg}	25^{kg}	50^{kg}
	mm	mm	mm	mm	mm	mm	mm	mm	mm
CUIVRE...	1,319	2,770	950,53	950,59	950,65	950,71	950,77	950,84	950,90
Id.....	1,319	2,770	475,25	475,28	475,33	475,36	475,33	475,42	475,45
Id.....	1,300	1,300	950,59	950,84	951,16	951,45	951,70	952,00	952,27
LAITON...	1,316	2,900	950,82	950,90	950,97	951,04	951,12	951,20	951,27
ACIER....	1,318	2,770	950,25	950,29	950,34	950,38	950,41	950,46	950,50
FER......	1,315	2,900	950,50	950,54	950,57	950,60	950,62	950,65	950,68
VERRE....	0,976	3,817	936,69	936,76	936,83	936,91	936,96	937,04	937,12
Id.....	0,939	4,073	937,04	937,12	937,16	937,22	937,27	937,34	937,39
Id.....	0,980	7,550	937,39	937,40	937,43	937,45	937,46	937,48	937,50

En recherchant simplement, d'après les nombres de ce tableau, ou plutôt (238) d'après les courbes continues qui donnent la loi des allongements représentés par ces nombres, les valeurs qui en résultent pour le coefficient d'élasticité E, des corps soumis à l'expérience, on arrive aux résultats suivants :

NATURE DES SUBSTANCES.	COEFFICIENT d'élasticité E, par millim. carré.	VALEURS moyennes ou réduites.
FIL DE CUIVRE, N° 1................	14 300 kg	
Id.　　N° 2.....................	10 400	13·100 kg
Id.　　N° 3.....................	14 700	
FIL DE LAITON.....................	9 615	9 600
FIL D'ACIER.....................	20 000	20 000
FIL DE FER.....................	17 900	17 900
TIGE DE VERRE, N° 1................	5 500	
Id.　　N° 2.....................	6 000	5 900
Id.　　N° 3.....................	6 200	

Pour le laiton, le fer et l'acier, ces nombres s'accordent très-bien avec les moyennes insérées dans la table du n° 298 ; et, ce qu'il y a de remarquable, le fer en fil continue (292) à donner ici un coefficient d'élasticité 17 900 kilogrammes, un peu inférieur à celui qui se conclut des expériences sur les prismes non étirés ou passés à la filière.

Quant aux valeurs de E, relatives aux tiges de verre, elles sont, tout au plus, les ⅔ de celles qui ont été déduites, au n° 267, du résultat des expériences de MM. Sturm et Colladon, expériences que ce dernier physicien se propose, au surplus, de répéter. Cette grande différence ne peut tenir évidemment qu'à des erreurs d'observation ou de mesure, à moins qu'on admette, entre les verres, une différence de constitution élastique (233), analogue à celle que présentent, eux-mêmes (293), les aciers, selon qu'ils sont plus ou moins trempés et recuits ; et, comme les résultats des expériences répétées, de M. Savart, sur les premiers, s'accordent suffisamment bien avec la moyenne d'entre eux, on devra provisoirement adopter, pour le verre, cette moyenne qui réduira ainsi (242 et 267) à

$$\frac{0^{kg},010\,33}{5\,900} = 0,000\,001\,75 = i, \text{ et à } \frac{3}{2}\,0,000\,001\,75 = 0,000\,002\,63 = \frac{3}{2}\,i,$$

les valeurs respectives des dilatations ou contractions linéaire et cubique de cette substance, par atmosphère de traction ou de pression (*).

_____

(*) *Voir* les Notes des n°ˢ 242 et 243. (K.)

Questions particulières relatives a la résistance des matériaux.

301. *Observations préliminaires.* — Nous nous sommes beaucoup étendu, dans tout ce qui précède, sur ce qui concerne la résistance directe des corps à l'extension et à la compression, parce que ces notions, non-seulement forment la base des plus importantes applications de la Mécanique à la science des machines et des constructions, mais encore sont indispensables pour bien saisir et apprécier le rôle que jouent, dans une infinité de circonstances, les forces d'élasticité et de ténacité, soit des molécules individuelles, soit de leur ensemble constituant les divers corps solides en usage dans les arts.

En remplaçant, comme on le fait quelquefois, cette exposition circonstanciée des résultats de l'expérience, par des tableaux résumés qui ne continssent que les moyennes générales relatives à chaque espèce de corps; en négligeant de les accompagner d'éclaircissements propres à en montrer le véritable esprit, ou le degré de précision et de certitude, quant aux diverses applications, nous eussions craint, dans une matière aussi grave, d'inspirer au lecteur une fausse sécurité, une confiance trop aveugle dans les résultats, qui ne serait pas moins dangereuse sous le point de vue de la solidité, que sous celui de l'exagération même des dimensions et de la dépense. C'est dans un but semblable que nous croyons devoir faire suivre ces données expérimentales, de quelques applications particulières, en elles-mêmes fort simples, mais qui nous offriront l'occasion d'appeler l'attention du lecteur sur divers faits d'expérience ou de théorie, qui ne sont point dénués d'un certain intérêt, et qui eussent difficilement trouvé place dans un exposé général.

302. *Des plus grandes charges à faire supporter aux piliers en maçonnerie.* — Demandons-nous d'abord quel est le maximum de la hauteur qu'il serait possible de donner à un pilier, cylindrique ou prismatique, appareillé en pierres de taille, de

Jaumont, en usage dans la ville de Metz (259), afin d'être assuré qu'il ne s'affaissera pas sous sa propre charge.

Il est évident que les sections horizontales du pilier étant censées égales dans toute sa hauteur, il suffira de considérer (258) ce qui a lieu pour l'unité de surface de ces sections, sauf ensuite (264) à réduire les résultats dans la proportion indiquée par l'usage ou l'exemple des constructions existantes. Or nous voyons, par la dernière des colonnes du tableau du n° 259, que le calcaire oolithique de Jaumont, de première qualité, peut supporter, avant de rompre, une pression de 180 kilogammes par centimètre carré ; et, par l'avant-dernière colonne, on trouve que son poids spécifique est 2,20 ; ce qui donne (35), pour sa densité ou le poids du mètre cube, 2200 kilogrammes. Donc, si nous nommons x la hauteur cherchée, en mètres, nous aurons pour calculer sa valeur

$$2200^{kg}.x = 1800000^{kg};$$

d'où l'on tire $x = 818^m,18$, pour la hauteur qui produirait la rupture instantanée du pilier. Mais, à cause des motifs énumérés au n° 264, on devra, dans une construction permanente, et attendu qu'il s'agit ici d'un assemblage de blocs de pierres, réduire cette hauteur au sixième au moins, ou, pour plus de sécurité, au $\frac{1}{10}$, c'est-à-dire à 82 mètres environ, afin d'être assuré que les premières assises du pilier pourront supporter la charge des assises supérieures, d'une manière indéfinie, ou telle que l'indique l'expérience des anciennes constructions.

Si ce même pilier devait porter, en outre de son propre poids, une charge additionnelle de 70000 kilogrammes, par exemple, sur chaque mètre carré, on poserait l'équation

$$2200^{kg} \times x + 70000^{kg} = \frac{1}{10}1800000^{kg} = 180000,$$

d'où l'on tirerait

$$x = \frac{110000}{2200} = 50 \text{ mètres},$$

hauteur un peu moindre que celle des piliers qui supportent le clocher de Mutte de la cathédrale de Metz.

303. *Observations relatives à l'élasticité des pierres.* — Il nous serait impossible, dans le cas actuel, de calculer le tassement (261) ou l'affaissement d'un semblable pilier sous la charge qu'il supporte; mais nous ne devons point passer sous silence un fait qui s'observe sur le clocher dont il vient d'être parlé, fait qu'on peut également remarquer dans beaucoup d'autres, et qui prouve jusqu'à quel point les pierres, en général, sont douées d'élasticité : lorsqu'on met en branle la grosse cloche placée à la moitié environ de sa hauteur, et qui pèse près de 11000 kilogrammes, les oscillations des parties les plus élevées, situées à 85 mètres environ au-dessus du sol, sont tellement grandes, que c'est à peine si l'on peut s'y tenir debout (*). Des expériences, dans lesquelles on tiendrait note du nombre, de la durée des oscillations, et qui seraient faites à l'aide d'un pendule ou d'un instrument à niveau, convenablement disposé, seraient très-propres à faire connaître l'étendue de ces excursions du clocher, de part et d'autre de la verticale; et elles mettraient ensuite à même de déterminer, approximativement, la compressibilité et le coefficient d'élasticité des matériaux qui constituent ce remarquable édifice.

On arriverait encore plus directement au but, si, lors d'une construction nouvelle, on se servait du moyen déjà indiqué au n° 262, pour obtenir directement les accourcissements ou tassements éprouvés successivement par les premières assises d'une pile, en pierres de taille fichées, avec beaucoup de soin, en mortier ou ciment, dont on pourrait, dans tous les cas, négliger la faible influence, d'après les observations de M. Vicat.

Au surplus, les calculs ci-dessus supposent que les piliers, dont on avait à déterminer la limite de hauteur, étaient composés uniquement d'assises en pierres de taille bien dressées; mais s'ils devaient être simplement *paramentés* en pareilles pierres, et que leur intérieur dût être garni en moellonnage, alors il conviendrait d'avoir égard à cette circonstance, dans

---

(*) Des oscillations de même nature, produites par la simple action du vent, peuvent facilement être constatées au sommet des grandes cheminées d'usine. (K.)

les calculs, et de réduire, suivant la proportion indiquée au
n° 264, la charge permanente à faire porter aux piliers dont il
s'agit.

304. *De la forme la plus avantageuse à donner aux piliers
ou supports isolés des édifices.* — Le problème qui vient de
nous occuper dans l'article précédent, donne lieu à une question fort intéressante concernant la loi suivant laquelle on doit
agrandir l'aire dès sections ou assises horizontales des piliers,
pour que la charge qu'elles supportent soit la même en tous
les points.

Soit (*Pl. II, fig.* 49) *abdc* une assise ou tranche très-mince
d'un pilier en pierre, dont ABDC représente le profil. La surface de la base supérieure, *ab*, de cette tranche, aura à supporter tout le poids de la partie, *ab*BA du pilier, et de la surcharge en AB, s'il en existe. Cèlle de la base inférieure, *cd*,
aura à supporter les mêmes poids, plus celui de la tranche *abcd*
que l'on considère; donc l'aire de *cd*, devra surpasser celle de
ab, de toute la quantité relative à ce dernier poids. Or, si,
pour fixer les idées, nous supposons les différentes sections
du pilier circulaires, et ayant leurs centres situés sur l'axe
vertical IL, la tranche *abdc* pourra être considérée comme un
petit tronc de cône, ayant pour volume le produit de sa section moyenne, *mn*, par son épaisseur *ai*, mesurée sur la ver-
ticale du point *a*, c'est-à-dire $\pi.\overline{mo}^2.ai$; π étant égal à 3,1416,
et *o* étant le centre du cercle moyen dont il s'agit.

D'un autre côté, si nous supposons qu'on projette verticalement le cercle *ab* sur le plan de la section *cd*, on verra que
l'excès de cette dernière sur *ab* sera mesuré par une cou-
ronne circulaire ayant pour surface le produit de sa largeur
constante *ci*, par la circonférence moyenne qui répond au diamètre *mn*, c'est-à-dire $ci.2\pi.mo$. Donc, si nous nommons *p* le
poids du mètre cube de la matière du pilier, et $k = \frac{1}{10}$ R (244
et 264), la charge permanente qu'on veut faire supporter, par
mètre carré de surface, aux différentes sections horizontales
de ce pilier, on devra avoir, d'après la condition indiquée ci-
dessus,

$$p.\pi.\overline{mo}^2.ai = k.ci.2\pi.mo,$$

quelle que soit l'assise ou la tranche horizontale que l'on veuille considérer.

En divisant les deux membres de cette égalité par le produit $\pi.mo$, qui en est facteur commun, elle deviendra

$$p.mo.ai = 2k.ci, \quad \text{ou} \quad mo = \frac{2k}{p}\frac{ci}{ai},$$

et elle pourra, dans chaque cas, servir à calculer mo, quand le rapport de ci à ai, ou l'inclinaison de la génératrice ac, sur l'axe IL, c'est-à-dire l'inclinaison de la tangente en m, à la courbe de profil du pilier, sera donnée *à priori*, et réciproquement. Or nous allons voir que cela suffit pour qu'on soit en état de tracer cette courbe, de proche en proche, avec un degré d'approximation très-suffisant pour la pratique.

Prolongeons, en effet, la direction de ca jusqu'à sa rencontre en t, avec l'axe IL du pilier; le triangle cai, semblable au triangle mto, donnera, par les principes de Géométrie connus,

$$ai : ci :: ot : mo, \quad \text{ou} \quad mo \times ai = ci \times ot.$$

Remplaçant donc le produit $mo.ai$, par sa valeur dans l'équation ci-dessus, et observant que ci devient facteur commun aux deux membres, et peut être supprimé, on aura

$$p.ot = 2k; \quad \text{d'où l'on tire} \quad ot = \frac{2k}{p}.$$

Ainsi la distance ot, qu'on nomme la *sous-tangente* de la courbe AmC du profil, par rapport à l'axe IL, doit être une quantité constante et facile à calculer dans chaque cas.

Par exemple, dans celui de la pierre de Jaumont dont il a déjà été parlé (302), on aura, en prenant le mètre pour unité,

$$p = 2200^{kg}, \quad k = \tfrac{1}{10}\,1800000^{kg} = 180000^{kg},$$

et par conséquent

$$ot = \frac{2k}{p} = \frac{180000}{1100} = 163^m,64;$$

ce qui annonce que les inclinaisons des éléments de la courbe,

sur l'axe IL, ou la verticale, seront extrêmement faibles, et
d'autant moindres que les rayons *mo* des sections correspondantes, seront eux-mêmes plus petits. D'après cette donnée,
rien ne serait plus facile que de construire, de proche en proche, la courbe du profil A*m*C du pilier, soit en partant du
sommet AB, s'il y a surcharge, soit en partant de la base CD,
s'il ne doit point y en avoir. Sans nous arrêter à ces détails,
auxquels le lecteur suppléera facilement, nous ferons remarquer que la courbe dont il s'agit est précisément celle que les
géomètres nomment *logarithmique*, parce qu'elle est telle,
que ses abscisses *o*I, prises par rapport au sommet I du pilier,
ont un rapport déterminé avec les logarithmes hyperboliques
des ordonnées correspondantes (198). C'est ce qu'il est facile
de démontrer (*) à l'aide de l'équation $p.mo.ai = 2k.ci$,

(*) Pour s'en convaincre, il n'y a qu'à tirer de l'équation $p.mo.ai = 2k.ci$
dont il s'agit, la valeur de *ai*, égale à l'accroissement *rs* de l'abscisse I*r* de *a*,
et à laquelle correspond l'accroissement *ci* qu'a subi, de *a* en *c*, l'ordonnée *ar*,
de la courbe, qui peut être substituée à l'ordonnée moyenne *mo*, dans l'é-
quation ci-dessus, si l'on suppose l'intervalle *ai* ou *rs* infiniment petit. On
aura ainsi

$$ai \text{ ou } rs = \frac{2k}{p} \times \frac{ci}{ar};$$

ce qui montre que, pour obtenir l'abscisse entière I*s*, il faudra faire la somme correspondante des valeurs du quotient $\frac{ci}{ar}$ ou du produit $\frac{1}{ar}.ci$, relatives aux di.-
férents accroissements infiniment petits *ci* reçus, par l'ordonnée *ar*, depuis A
jusqu'au point déterminé *c*, puis multiplier le résultat par le facteur commun
et constant $\frac{2k}{p}$, opération qui, ici encore, s'effectue approximativement par la
méthode du n° 180 ; c'est-à-dire en calculant l'aire de la courbe qui a pour
ordonnées les différentes valeurs de $\frac{1}{ar}$, et, pour accroissements d'abscisses, les
valeurs correspondantes de *ci*, qui sont les accroissements mêmes des perpendiculaires ou rayons *ar* de la colonne. Or, la courbe dont il s'agit ne sera
évidemment autre chose (181) que l'hyperbole équilatère construite sur ces
mêmes ordonnées et abscisses ; d'où il est aisé de conclure, d'après les observations du n° 198, qu'en effet, la longueur I*r* ou I*s*, des abscisses propres du
profil de la colonne, ont les rapports indiqués avec les ordonnées correspondantes, *ar* ou *cs*, etc.

En général, on voit que, si la *différentielle* ou l'accroissement infiniment
petit *dy* d'une quantité *y*, variable avec une autre *x*, dont elle dépend, doit
demeurer proportionnelle au produit $\frac{1}{x}dx$, de sa valeur inverse par l'accrois-

trouvée ci-dessus, et de considérations géométriques semblables à celles que nous avons mises en usage dans les n°ˢ 181
et 198; mais nous nous contenterons d'indiquer ici les résultats, pour ceux des lecteurs qui désireraient les appliquer en
se servant de la Table (n° II), placée à la fin de ce volume.

Dans le cas d'une surcharge, de Q kilogrammes, placée sur
le sommet de la colonne, on aura, en nommant b le rayon AI,
de ce sommet, qui sera déterminé par la relation

$$k.\pi.b^2 = Q, \quad \text{d'où} \quad b = \sqrt{\frac{Q}{k\pi}},$$

$$o\mathrm{I} = \frac{2k}{p} \times \log.\frac{mo}{b};$$

.et, dans celui où il n'existe pas de surcharge et où l'on se
donne, *à priori*, le rayon CL = B, de la base du pilier, on
.aura, à l'inverse,

$$o\mathrm{L} = \frac{2k}{p} \times \log.\frac{\mathrm{B}}{mo};$$

relations qui serviront à calculer les distances $o\mathrm{I}$ et $o\mathrm{L}$, répondant à un rayon quelconque mo, au moyen de la Table
déjà citée.

Il est parfaitement évident, d'ailleurs, que tous les résultats
qui précèdent sont indépendants de la forme, pleine ou évi-
dée, des sections du pilier, pourvu que ces sections soient,
pour les diverses assises, semblables et semblablement disposées autour de l'axe IL.

305. *Application particulière; limite de l'élévation des édifices.* — Prenons toujours pour exemple, la pierre de Jaumont
qui donne

$$\frac{2k}{p} = 163^m,64,$$

et supposons que le pilier doive porter une surcharge de

sement correspondant dx de cette autre, la première peut toujours être déterminée par l'aire d'une certaine portion d'hyperbole équilatère, ou par le
logarithme népérien qui représente cette aire.

250000 kilogrammes sur le sommet. On calculera le rayon b, par la relation

$$k \pi b^2 = 250000^{kg}, \quad \text{ou} \quad 180000^{kg} \times 3,1416. b^2 = 250000^{krm};$$

ce qui donnera

$$b = \sqrt{\frac{250000}{565488}} = 0^m,67,$$

à très-peu près. Mettant cette valeur et celle de $\frac{2k}{p}$ dans l'avant-dernière des formules du n° 304, elle deviendra

$$o I = 163^m,64 \times \log. \frac{mo}{0,67}.$$

Cela posé, demandons-nous à quelle hauteur, au-dessous de AB, se trouve placée la section mn dont le rayon $mo = 2^m,28$. On aura à chercher dans la Table (n° II) le logarithme du quotient de 2,28 et de 0,67, quotient qui est 3,404 environ; on trouvera, pour celui du nombre 3,40 qui en approche le plus, en dessous, 1,22378; mais, comme le nombre proposé lui est supérieur de 0,004, et qu'une différence de 0,01, pour ceux de la Table, en donne une de 0,00293 dans les logarithmes correspondants, nous devons augmenter notre premier résultat des 0,4 de 0,00293, ou de 0,00117 environ; ce qui donne finalement, pour la valeur approchée du logarithme de 3,404, le nombre 1,22495, ou 1,225, avec une exactitude très-suffisante. Ainsi on aura

$$o I = 163^m,64 \times 1,225 = 200^m,46.$$

On trouverait de même les autres coordonnées de la courbe, soit dans le cas dont il s'agit ici, soit dans celui qui répond à la dernière des formules du n° 304.

La hauteur qui vient d'être trouvée paraîtra énorme, et néanmoins elle croîtrait indéfiniment, quoique lentement, avec mo : par exemple, pour $mo = $ dix fois $0^m,67 = 6^m,7$, on trouverait

$$o I = 163^m,64 \times 2,3026 = 376^m,8,$$

toujours en se servant de la Table; ce qui semblerait prouver qu'avec de l'art, il serait possible de donner à nos édifices publics beaucoup plus de légèreté et de hardiesse qu'ils n'en possèdent actuellement. Mais il ne faut pas trop se hâter de tirer de pareilles conséquences, du résultat de calculs fondés sur des suppositions plus ou moins abstraites, et dans lesquels on ne tient pas compte de toutes les circonstances influentes, de toutes les chances de rupture et d'instabilité. Toutefois, ce ne saurait être un motif de négliger les indications de la théorie : lorsqu'elles peuvent s'accorder avec les prescriptions du goût et des convenances locales, elles conduisent toujours à des économies de construction qu'on n'oserait se permettre *à priori*, sans le secours du calcul.

306. *Observations relatives à la forme de quelques parties des édifices et des objets naturels.* — On peut croire, sans trop s'aventurer, que des considérations du genre de celles qui viennent d'être mises en avant n'ont point été totalement étrangères à l'établissement de quelques-unes des parties essentielles des édifices modernes, qui sont généralement constituées de blocs disjoints d'assez faibles échantillons, ou d'assises de pierres simplement unies par du mortier. La forme conique ou *conoïdale*, adoptée pour les colonnes isolées, notamment celle que le célèbre ingénieur anglais, Smeaton, a donnée à la tour et aux contre-forts extérieurs du phare d'Edystone, nous semblent tirer leur origine d'idées plus ou moins analogues à celles qui viennent d'être exposées. A la vérité, les édifices isolés, du genre des phares, et surtout celui d'Edystone, dont le pied est violemment battu par les vagues de la mer, sont soumis à l'action de causes destructrices en apparence beaucoup plus puissantes que celles qui dérivent de la simple compressibilité des matériaux, et parmi lesquelles on doit particulièrement citer le choc de l'air en mouvement ou du vent, dont nous apprendrons plus tard à apprécier l'influence, mais il y a cela d'heureux, que l'élargissement successif et rapide de la base des édifices, en raison de l'accroissement de leur hauteur, favorise la stabilité contre l'action de l'air et les causes d'ébranlement quelconques, avec d'autant plus d'efficacité que cette hauteur est elle-même plus consi-

dérable; de sorte qu'en adoptant la forme logarithmique dont il s'agit, et qui, d'après l'observation déjà faite, s'applique tout aussi bien aux massifs pleins qu'à ceux qui sont évidés, il est toujours possible de satisfaire, à la fois, à toutes les conditions de stabilité.

Au surplus, cette même forme s'observe également dans la structure des tiges verticales des grands végétaux, notamment dans celle des arbres, dont le tronc, surmonté d'une tête épaisse, offre presque toujours une grande prise à l'action du vent, réunie à un grand poids. Le principe qui consiste dans l'agrandissement progressif de la base des corps, semblerait donc être l'une des conditions d'économie que la nature s'impose dans ses œuvres, et dont elle offre d'ailleurs beaucoup d'autres exemples non moins remarquables, dans l'évidement des tiges des roseaux et des graminées en général.

On vient de voir comment, dans un support isolé, composé de diverses assises indépendantes, la pression croissant du sommet à la base, il devient nécessaire d'adopter pour leur profil une forme conoïdale ou logarithmique. Mais il n'en est pas tout à fait ainsi des colonnes *monolithes* ou composées d'un seul bloc de pierre, supposées chargées ou non au sommet. Car, dans un solide homogène de cette espèce, dont la forme serait, par exemple, cylindrique, la section de *moindre résistance*, celle pour laquelle le renflement transversal serait le plus grand avant l'instant de la rupture, se trouve, d'après le raisonnement et l'expérience (240, 258 et 281), située tantôt vers le milieu de sa hauteur, lorsqu'on peut négliger son poids propre, vis-à-vis de celui de la surcharge, tantôt un peu au-dessous de ce milieu, lorsqu'il devient nécessaire de tenir compte de l'influence de ce poids dans le cas de colonnes très-élevées. Il en résulte que ce ne sont pas précisément les parties voisines de cette base qu'il faut le plus fortifier, mais bien celles qui se trouvent situées un peu au-dessus, vers la section de moindre résistance dont il s'agit. Or cette observation, fort simple, donne une explication plausible des motifs qui ont pu conduire les Grecs, ce peuple si plein de goût et de véritable génie, à renfler le fût de leurs colonnes suivant la forme de la *conchoïde*, dont le tracé est bien connu des architectes, et qui se rapproche beaucoup de celle de la logarithmique, vers la partie élevée de la colonne, où elle a pour asymptote l'axe même de cette colonne. En général, on aperçoit que les formes, les proportions et les principales dispositions adoptées dans les monuments de l'antiquité, ne sont point le résultat d'un pur caprice ou d'un simple esprit d'imitation, comme on pourrait l'admettre d'après un premier examen; mais qu'elles dérivent, pour la plupart, de règles qui ont leur source dans les faits de l'expérience et la puissance du raisonnement. L'architecture gothique elle-même, si bizarre qu'elle paraisse, est fondée, comme on l'a aussi reconnu, sur les principes d'économie et de stabilité des diverses parties des édifices, combinés avec ceux qui dérivent des idées *religieuses* et *mystiques* de l'époque.

307. *Calcul de l'équarrissage à donner aux supports en bois*(*). —Considérons un poteau carré, en chêne, posé debout, et qui doit supporter une portion connue du poids dont est chargé un plancher ou une construction supérieure quelconque. Supposons notamment que ce poteau, vertical, doive avoir 3^m,90 de hauteur, et porter une charge de 28000 kilogrammes à son sommet; cela posé, demandons-nous quelles sont les dimensions horizontales qu'il conviendra de lui donner, non-seulement afin de l'empêcher de rompre ou de fléchir transversalement, mais encore pour être certain que son élasticité ne sera aucunement altérée; enfin demandons-nous aussi quel sera le tassement ou l'accourcissement que sa hauteur pourra subir, et assignons-lui des limites convenables.

Comme nous ne connaissons pas, *à priori*, le côté des sections horizontales de cette pièce, dont le rapport à la hauteur exerce ici (269) une influence très-appréciable, faisons une hypothèse : supposons-le de 0^m,50, ou égal à $\frac{1}{8}$ environ de sa hauteur totale; on trouvera, d'après les observations de ce numéro, que chacun des millimètres carrés de la section dont il s'agit pourra supporter, d'une manière permanente, un poids d'au moins 0^{kg},30. Nommant donc x, le nombre, inconnu, des millimètres contenus dans le côté de la pièce, x^2 sera celui des millimètres carrés contenus dans l'aire de sa section, et l'on aura, pour calculer x, la relation

$$0,3 x^2 = 28\,000^{kg}; \quad \text{d'où} \quad x = \sqrt{93333} = 305^{mm},5.$$

Mais ces $305^{mm},5$ ne sont guère que le treizième de la hauteur de la pièce; donc on devra augmenter de quelque chose l'équarrissage trouvé. Afin de le découvrir, on remarquera, toujours d'après le n° 269, que, pour une telle proportion entre la hauteur et le côté de la section, la résistance doit être supposée réduite aux $\frac{4}{5}$ environ de $0^{kg},30$ ou à $0^{kg},25$ par millimètre carré; refaisant, en conséquence, les calculs dans cette hypothèse, on trouvera

$$x = 2\sqrt{28\,000} = 334^{mm},6.$$

Pour calculer la quantité dont la pièce s'accourcira, on remarquera que, sous la faible charge de $0^{kg},25$ par millimètre carré, sa force d'élasticité ne saurait être aucunement altérée, et qu'elle peut être supposée (236 et 269) la même, à peu près, que si les fibres se trouvaient allongées au lieu d'être accourcies. On aura donc, d'après les n°s 271 et 275, la formule

$$P = 1200\,A i^{kg},$$

de laquelle, en faisant $P = 28\,000^{kg}$, et $A = (335)^2 = 112\,200^{mmq}$ environ, on tire : $i = 0,00021$ pour l'accourcissement proportionnel de la pièce; ce qui donne finalement, pour son tassement total, $3^m,9 \times 0,00021 = 0^m,0008$ environ. Ce tassement est trop faible évidemment pour qu'il soit nécessaire de s'en inquiéter dans les constructions, quand bien même on y comprendrait celui qui provient du refoulement inévitable des fibres aux deux bouts de la pièce, et qui ne peut guère être inférieur au premier, lorsque les faces n'ont pas été exactement dressées et dégauchies. Au surplus, s'il ne s'agissait que d'une construction provisoire, et qui ne dût, par exemple, subsister que pendant le cours d'une seule année, on pourrait évidemment (270 et suivants) diminuer de beaucoup l'équarrissage obtenu par ces calculs, et courir la chance d'un plus grand tassement des fibres sans compromettre la solidité de l'édifice.

Dans cette hypothèse, il n'y aurait certainement aucun danger (268 et 272) à porter jusqu'à $1^{kg},00 = \frac{1}{4} 4^{kg},00$, par millimètre carré de section, la charge absolue de la pièce que précédemment on avait prise égale à $0^{kg},30$ seulement, et, en répétant les calculs de tâtonnement ci-dessus, on trouvera finalement $x = 220$ millimètres environ, attendu encore qu'ici l'épaisseur de la pièce n'excédant pas le $\frac{1}{15}$ de sa hauteur, on doit réduire la charge (269) à $0,6 \times 1^{kg},00 = 0^{kg},60$ à très-peu près.

308. *Question relative aux effets mécaniques de la chaleur.* — Proposons-nous de rechercher quel est l'effort de traction qui serait exercé, par une barre de fer de $5^m,5$ de longueur, 60 millimètres de largeur et 30 millimètres d'épaisseur, contre deux supports invariables, dans lesquels ses extrémités auraient été solidement encastrées, à la température atmosphérique de 28 degrés centigrades, lorsque cette même température vient ensuite à s'abaisser à 10 degrés au-dessous de zéro, c'est-à-dire diminue, en totalité, de 38 degrés centigrades. On trouve, en premier lieu, d'après la Table du n° 26, que l'allongement ou la dilatation, par mètre, étant de $0^m,00122$ pour 100 degrés d'élévation de température, il sera de

$$38 \times 0^m,0000122 = 0^m,000464,$$

également par mètre, pour 38 degrés; et, comme les contractions et dilatations correspondantes aux mêmes abaissements ou élévations de température, sont égales, on voit que $0^m,000464$ sera aussi l'accourcissement que tendrait à prendre la barre, si elle était parfaitement libre. Mais, par hypothèse, elle reste allongée de toute cette quantité, par mètre courant de longueur, en raison de la résistance des supports; elle les sollicitera donc en vertu d'un certain effort qu'on trouvera (236) par la formule

$$P = EA i^{kg},$$

attendu que l'allongement dont il s'agit ne dépasse pas la limite d'élasticité naturelle du fer (298).

Dans cette formule d'ailleurs, on devra prendre

$$A = 60 \times 30 = 1800, \quad E = 20000,$$

si l'on adopte le millimètre carré pour l'unité d'aire de la section; ce qui donnera pour l'effort P, attendu qu'ici $i=0,000464$,

$$P = 20000 \times 1800 \times 0,000464 = 16700^{ks}.$$

Par conséquent, si, au lieu d'être inébranlable, chacun des supports n'est susceptible que d'une résistance limitée il cédera jusqu'à l'instant où cette résistance sera précisément égale à la force de traction correspondante de la barre, force que, pour un déplacement donné des points d'attache, on pourra calculer au moyen de la formule ci-dessus ou de celle-ci :

$$P = 20000 \times 1800i = 36000000i^{ks},$$

en ayant soin de diviser ce déplacement total, mesuré dans le sens de la barre, par la longueur entière de cette barre, afin d'en conclure l'allongement i, par mètre, qui entre dans la formule.

Quant au cas où, au lieu d'une contraction, la barre, déjà encastrée à ses extrémités, subirait une dilatation par suite d'une élévation ultérieure de température, le petit nombre des données que l'on possède sur la résistance des métaux à la compression (281 et suivants), même aux températures ordinaires, ne permettrait pas de calculer, avec une suffisante exactitude, les efforts qui seraient dus à cette dilatation, et qui pourraient être accompagnés, dans quelques cas, d'une flexion transversale, d'une altération moléculaire dont il deviendrait bien difficile de tenir compte dans l'état actuel de nos connaissances.

309 *Remarques diverses sur l'application du calcul à ces effets.* — Les calculs que nous venons d'exposer donnent une idée de la manière dont on peut avoir égard aux effets mécaniques dus à l'application de la chaleur aux pièces métalliques qui entrent dans la constitution des édifices, et dont nous avons cité plusieurs exemples dans les PRÉLIMINAIRES de cet Ouvrage (25). Les changements de température que nous avons eu à considérer dans ces calculs, étaient assez faibles, en effet, pour qu'il nous fût permis de supposer la résistance élastique de la barre à peu près constante dans les deux états. Mais, si

la variation de température à laquelle se trouve soumise une pièce de fer était capable d'amener un changement notable dans sa constitution moléculaire, si, par exemple, on prétendait appliquer ces calculs au cas des bandes ou frettes de roues, aux ceintures des dômes des grands édifices, etc., pour la pose desquelles on fait usage d'une assez haute température, alors il deviendrait nécessaire d'avoir égard à ce changement d'état moléculaire, lors du refroidissement du fer, soit sous le rapport de l'affaiblissement de la ténacité provenant du recuit, soit sous celui de l'altération de l'élasticité qui résulte de l'étendue même des allongements ou des contractions subis par chaque pièce; et c'est à quoi ou parviendrait, d'une manière approximative, à l'aide des données de la Table du n° 289, ou d'une Table analogue, si la loi des dilatations relatives à de hautes températures était suffisamment bien connue. Or il s'en faut de beaucoup qu'il en soit ainsi; et l'on sait, par les savants travaux de MM. Dulong et Petit, dans lesquels le platine, le fer et le cuivre notamment ont été soumis à des températures de 300 degrés centigrades, que les dilatations suivent une marche progressivement croissante, variable avec la nature et l'état moléculaire de chaque corps. Toujours est-il que les effets dus à la contraction et à la dilatation des métaux par suite des changements de la température, doivent être d'autant plus considérables, que ces changements le sont eux-mêmes davantage.

Quant aux allongements qui répondent à la limite de l'élasticité naturelle de chaque métal, on peut s'assurer, par la comparaison des nombres de la Table du n° 298, avec ceux qui sont rapportés en détail dans les Traités de Physique, et dont nous avons donné un simple extrait au n° 26, que, pour le plomb, le laiton, et le fer ductile, ou recuit en particulier, ces allongements correspondent toujours à des températures inférieures à 100 degrés, et auxquelles par conséquent les calculs ci-dessus demeurent applicables. En effet, pour les métaux dont il s'agit, les allongements relatifs à la limite d'élasticité étant respectivement de 0,000 67, 0,001 35 et 0,000 54, on trouvera, pour les limites correspondantes de la température, les nombres 23°,5, 69°,8 et 46°,6 environ.

Remarquons, au surplus, que, si les résultats des expé-

riences citées au n° 285 n'ont pas jusqu'ici permis de constater, avec exactitude, les différences de ténacité dues aux
variations de température, cela tient essentiellement aux
nombreuses causes d'incertitude qui accompagnent le phénomène de la rupture, et, surtout, à l'impossibilité d'opérer
constamment sur un même corps ou sur des corps identiques.
Or ces difficultés ne se présenteraient pas, si l'on se bornait à
observer la loi des premiers allongements en deçà de la limite
où l'élasticité s'altère, et l'on ne saurait trop encourager les
physiciens et les ingénieurs à entreprendre de semblables
expériences. Il serait possible, en effet, d'y tenir un compte
exact des variations de la température, qui, pour les fils métalliques en particulier, doivent, comme on l'a vu, exercer
sur ces premiers allongements une influence très-comparable
à celle des poids mêmes que ces fils supportent, et desquels
on conclut spécialement les valeurs du coefficient d'élasticité.

A l'égard des bois, des pierres, et autres corps spongieux,
on sait que l'influence des changements de la température
peut être, en partie, masquée (11) par celle de l'état hygro-
métrique de l'air, de sorte qu'il deviendrait nécessaire d'en
étudier séparément les effets, si l'on tenait à une rigoureuse
exactitude. Mais, comme la quantité d'humidité ou de vapeur
d'eau, contenue dans l'air atmosphérique à l'état naturel, est
assez étroitement liée à l'élévation de sa température, il suffirait, quant à l'objet des applications ordinaires, de tenir note
de cette dernière, dont les effets mécaniques, sur les pierres
du pont de Souillac, ont été spécialement signalés et étudiés
par M. Vicat, dans un intéressant article inséré aux *Annales
des Ponts et Chaussées*.

310. *Formules et calculs relatifs à l'influence exercée par
le poids des prismes sur leur résistance à l'allongement*. —
Soit *AB* (*Pl. II, fig.* 5o), un prisme homogène, de longueur L
et de section A, suspendu verticalement à un point fixe, *A*, et
chargé à son extrémité inférieure, *B*, d'un poids Q; nommons
D la densité, et $p = $ A.D le poids de l'unité de longueur ou
du mètre courant de ce prisme. Considérons, en particulier,
l'un de ses éléments, *abcd*, de longueur infiniment petite, *ab*
ou *cd*, de poids $p.ab$, et situé à la distance *bB*, de l'extrémité

inférieure B dont il s'agit; ab et bB se rapportant, de même que L ou AB, A et p, à l'état primitif ou naturel de ce prisme, c'est-à-dire à celui qui correspond, par exemple, au cas où il se trouverait posé, dans toute sa longueur, sur une table de niveau, sans être sollicité par aucune force. Il est évident que, pour la position verticale, l'élément ab, se trouvant chargé, dans l'état d'équilibre, du poids Q, augmenté de celui $p.bB$, qui correspond à toute la longueur bB, il s'allongera d'une fraction i, de ab, qu'on trouvera au moyen de la formule du n° 236, laquelle, en remplaçant ici P par $Q + p.bB$, donnera

$$i = \frac{Q + p.bB}{A.E},$$

et, par conséquent, pour l'allongement absolu de ab,

$$i.ab = \frac{Q + p.bB}{A.E}\, ab = \left(\frac{Q}{A.E} + \frac{p.bB}{A.E} \right) ab;$$

formule qui aura lieu pour un élément quelconque du prisme, et qui suppose seulement que la charge, $Q + p.bB$, n'excède jamais la limite pour laquelle l'élasticité cesse d'être parfaite, ou les allongements, d'être proportionnels aux charges correspondantes.

Allongement de la partie inférieure du prisme. — Si l'on veut maintenant obtenir la quantité dont se sera allongée toute la partie bB du prisme, il faudra évidemment faire la somme de toutes les valeurs du produit infiniment petit, $i.ab$, relatives aux différents éléments semblables, qui sont compris depuis le premier, $abcd$, jusqu'au point d'attache, B, du poids Q. Or c'est à quoi l'on parviendra, par les méthodes dont on a fait usage notamment aux n°s 108, 110 et 135, c'est-à-dire en élevant aux extrémités, b, de ces éléments, des ordonnées ou perpendiculaires, bb', à l'axe du prisme, qui soient proportionnelles ou égales aux valeurs correspondantes de i. Car ces ordonnées se composant, d'après la formule ci-dessus qui donne i, d'une première quantité ou longueur constante $bn = BB' = \frac{Q}{A.E}$, et d'une autre, $nb' = \frac{p.bB}{A.E}$, qui croît proportionnellement à la distance, bB, de chaque élément à l'extrémité inférieure du prisme, ces ordonnées, disons-nous, auront toutes leurs extrémités, B', b', A', situées sur une même droite, $A'B'$, inclinée par rapport à l'axe AB, et qui formera, avec la portion bB de cet axe, et ses ordonnées extrêmes, BB' et bb', un trapèze, $BB'b'b$, dont l'aire

$$\tfrac{1}{2}bB(BB'+bb') = bB(BB'+\tfrac{1}{2}nb') \quad \text{ou} \quad bB\left(\frac{Q}{A.E} + \frac{p.bB}{2A.E}\right),$$

représentera l'allongement total subi par la partie bB.

Allongement de la partie supérieure Ab. — Cet allongement sera évidemment donné par l'aire du trapèze correspondant, $bb'A'A$, qui a pour mesure

$$\tfrac{1}{2}bA(AA'+bb') = \tfrac{1}{2}bA\left(\frac{Q+p.AB}{A.E} + \frac{Q+p.bB}{A.E}\right),$$

attendu qu'on a ici

$$AA' = \frac{Q+p.AB}{A.E},$$

et toujours

$$bb' = \frac{Q+p.bB}{A.E}.$$

Mais bB est la même chose que $AB - bA$ ou $L - bA$, et par conséquent, $p.bB = p.L - p.bA$; donc l'allongement cherché de bA est

$$\tfrac{1}{2}bA\left(\frac{2Q+2pL}{A.E} - \frac{p.bA}{A.E}\right) = \frac{(Q+pL)}{A.E}bA - \frac{p}{2A.E}bA^2,$$

résultat auquel on arriverait directement encore par la considération de la figure.

Allongement total. — Considérant, en particulier, l'allongement total de la barre AB ou L, sous l'influence réunie de son poids et de la charge Q, on aura, d'après l'une ou l'autre des formules ci-dessus, pour calculer cet allongement que nous représenterons par l', l'expression

$$l' = L\left(\frac{Q}{A.E} + \frac{pL}{2A.E}\right) = \frac{Q}{A.E}L + \frac{p}{2A.E}L^2,$$

qui se compose de deux termes distincts, dont le premier est relatif à l'allongement que produirait la charge Q, indépendamment du poids des parties du prisme, et dont le second se rapporte essentiellement à ce dernier poids, considéré, à son tour, comme s'il agissait seul, et abstraction faite de Q. Or ce poids étant mesuré par le produit p L, on voit que, pour avoir égard à son influence, il suffira, comme cela a été indiqué au n° 243, d'en ajouter la moitié à celui de Q, pour obtenir, sur-le-champ, la valeur de l'allongement total du prisme ; ce qui n'empêche nullement que l'allongement proportionnel, i, subi par l'élément situé en A, ne soit dû à la charge entière $Q + p$ L.

Application numérique. — Supposons, afin d'offrir un exemple,

$$AB \text{ ou } L = 10^m, \quad A = 0^{mq},0025 \text{ ou } 2500^{mmc}, \quad \text{et} \quad Q = 10000^{kg},$$

ce qui correspondra à une surcharge de $\dfrac{10000}{2500} = 4^{kg},0$ seulement par millimètre carré. Soit, de plus,

$$D = 7800^{kg} \quad \text{ou} \quad p = 7800^{kg} \times 0^{mq},0025 \times 1^m = 19^{kg},5,$$
$$E = 20\,000\,000\,000^{kg} \text{ par mètre carré,}$$

valeurs qui conviennent indistinctement (292) au fer forgé ou laminé, on aura, pour la première partie de l'allongement,

$$\frac{Q}{A.E} L = \frac{10000}{50\,000\,000} 10^m = 0^m,002 ;$$

pour la deuxième,

$$\frac{p}{2\,A.E} L^2 = \frac{19,5 \times 100}{100\,000\,000} = 0^m,0000195.$$

On voit, par ce dernier résultat, combien peu le poids propre de la barre exerce d'influence pour le cas du fer ; mais, en refaisant les mêmes calculs sur un prisme de plomb pareil, on trouverait que cette influence, quoique assez faible encore, devient néanmoins sensible, de même qu'elle le serait évidemment aussi pour une barre de fer chauffée au rouge vif, etc.

311. *Limites relatives et absolues, de la hauteur des prismes suspendus verticalement à un point fixe.* — Parmi les questions intéressantes dont la solution se rattache au point de vue qui nous occupe, nous mentionnerons celles où l'on demande le maximum de hauteur qu'il serait permis de donner à un prisme suspendu verticalement à un point fixe, pour que sa force de ténacité ne pût être vaincue, ou son élasticité être altérée sous l'action du poids de ses propres parties.

Limite relative à l'élasticité. — L'élément supérieur de ce prisme devant supporter la charge $p\mathrm{L}$, tout entière, subirait un allongement proportionnel i', qu'on trouverait évidemment (236 et 310) par la formule

$$i' = \frac{p \cdot \mathrm{L}}{\mathrm{A} \cdot \mathrm{E}} = \frac{\mathrm{D} \cdot \mathrm{L}}{\mathrm{E}},$$

puisque $p = \mathrm{A} \cdot \mathrm{D}$, et que l'élasticité est supposée parfaite; ce qui donnerait réciproquement, dans la même hypothèse, et en prenant seulement (298) $i' = 0,0005$,

$$\mathrm{L} = \frac{\mathrm{AE}\,i'}{p} = \frac{\mathrm{E} \cdot i'}{\mathrm{D}} = \frac{20\,000\,000\,000^{\mathrm{kg}}}{7\,800^{\mathrm{kg}}}\,0^{\mathrm{m}},0005 = 1282^{\mathrm{m}},$$

pour la limite de la hauteur qu'on devrait donner à la barre de fer, afin d'éviter que son élasticité ne fût énervée sous l'action, même momentanée (295), de son propre poids.

En recherchant, dans les mêmes hypothèses, quel serait l'allongement total, l', subi par cette barre de 1282 mètres de hauteur, on trouverait

$$l' = \tfrac{1}{2} i' \mathrm{L} = \tfrac{1}{2}\,0,0005 \times 1282^{\mathrm{m}} = 0^{\mathrm{m}},3205,$$

valeur qu'on obtiendrait directement aussi par les formules

$$l' = \frac{p\,\mathrm{L}^2}{2\,\mathrm{AE}} = \frac{\mathrm{D}\,\mathrm{L}^2}{2\,\mathrm{E}},$$

qui se déduisent très-simplement, soit de la formule générale du n° 310, dans laquelle on supposerait $\mathrm{Q} = 0$, soit de la formule $l' = \frac{1}{2}i'L$, dans laquelle on mettrait pour i' sa valeur $\frac{pL}{A.E}$ ou $\frac{DL}{E}$.

Limite relative à la ténacité. — Pour obtenir le maximum de la hauteur sous laquelle la force de cohésion des parties de la barre se trouverait vaincue, il suffira (244) de poser l'équation

$$R.A = pL = D.AL;$$

d'où l'on tire

$$L = \frac{R}{D};$$

ce qui montre que la hauteur dont il s'agit, s'obtiendra en divisant la force de cohésion de la substance, sur 1 mètre carré de section, par sa densité ou son poids sous l'unité de volume correspondant.

Prenant ici, pour la valeur moyenne de cette cohésion, $R = 40\,000\,000^{kg}$ (284), on trouvera

$$L = \frac{40\,000\,000^{kg}}{7\,800^{kg}} = 5128^m \text{ environ;}$$

c'est-à-dire que la barre devrait avoir plus d'une lieue et quart de hauteur, pour rompre sous son propre poids. On peut juger, d'après cela, combien la force, qui unit entre elles les molécules des corps solides, doit surpasser celle qui les sollicite en raison de la pesanteur; car la valeur de R se rapporte à la seule action subie par les molécules de la tranche où se fait la rupture, de la part des molécules qui en sont immédiatement voisines, tandis que le poids pL, auquel R fait équilibre, se trouve réparti sur toutes les molécules du prisme.

Hauteurs des modules d'élasticité et de ténacité. — La hauteur qui vient d'être obtenue en dernier lieu, de même que celle $\frac{E}{D}i' = 1282^m$ qui l'a été ci-dessus, sont très-propres à caractériser les forces de ténacité et d'élasticité de chaque substance, ou plutôt les limites respectives de ces forces, indépendamment des unités de mesure adoptées ou des dimensions considérées dans chaque cas en particulier. Or, en étendant pareillement cette observation au quotient $\frac{E}{D}$; du coefficient d'élasticité divisé par la densité, lequel représente, de son côté, la hauteur d'un prisme vertical qui serait capable de produire, en vertu de son propre poids et sur sa tranche supérieure, l'allongement proportionnel défini au n° 237, on se rendra compte des motifs qui ont conduit les Auteurs anglais (*) à appliquer une dénomination particulière à ce dernier résultat qu'ils appellent : *hauteur du module d'élasticité.* On pourrait nommer également : *hauteur du module de ténacité* ou *de cohésion*, la valeur de $\frac{R}{D}$, et *limite* de la hauteur du module d'élasticité, la valeur de la quantité $\frac{E}{D}$ i'.

EXAMEN DES PRINCIPALES CIRCONSTANCES DU MOUVEMENT OSCILLATOIRE DES PRISMES SOUS L'INFLUENCE DE CHARGES CONSTANTES ET DE CHOCS VIFS.

Dans tout ce qui précède, nous avons fait, à peu près complétement, abstraction de l'influence qui peut être due à la vitesse acquise par les charges suspendues à l'extrémité inférieure des prismes; ou plutôt, nous n'avons considéré que les simples efforts capables d'amener ces prismes à un état d'allongement ou de stabilité déterminé. Maintenant il s'agit de revenir, avec quelques détails, sur le rôle joué par l'inertie dans tous les phénomènes relatifs aux allongements et à la rupture des prismes, rôle que nous avons seulement cherché à faire pressentir dans le Chapitre servant d'introduction à l'exposé des résultats de l'expérience, et qui concerne les premières notions ou principes sur la résistance élastique des solides. On verra, dans la partie des Applications, que cette matière offre un vaste champ de recherches théoriques ou

(*) *Essai pratique sur la force du fer coulé, etc.*, par Tredgold, traduction de T. Duverne, p. 157, n° 74.

expérimentales, dont nous n'avons fait, pour ainsi dire, qu'effleurer les plus simples éléments.

Lois de ce mouvement, dans le cas où la charge ne possède aucune vitesse initiale.

312. *Influence du mouvement acquis par cette charge, sur la résistance et l'allongement maximum du prisme.* — Dans les exemples qui précèdent, nous n'avons considéré que ce qui a lieu après l'instant où le prisme solide est parvenu à son état de stabilité sous l'influence de la charge qui le sollicite. Mais on doit se rappeler (256) que, lorsqu'il s'agit de tiges verticales soumises à l'action de leur propre poids ou d'un poids étranger, les premiers allongements s'opèrent en vertu d'un mouvement continu et accéléré, qui est dû à la prépondérance de la charge, dans ces premiers instants, et qui est tel, que l'ensemble des diverses parties acquiert rapidement une vitesse ou une force vive finie, sous laquelle la charge atteint et dépasse ensuite la position de stabilité ci-dessus mentionnée. Il en résulte aussi que les allongements vont continuellement en augmentant, jusqu'à l'instant où le mouvement se trouve complétement anéanti, pour recommencer en sens contraire, et ainsi alternativement.

Allongement maximum. — D'une part, la quantité de travail développée, par l'ensemble des ressorts moléculaires, à ce dernier instant où les forces d'inertie des molécules ne jouent plus aucun rôle, est donnée (247) par la formule

$$T_e = T'_e . AL = \tfrac{1}{2} AL . Ei^2,$$

qui s'applique à un allongement proportionnel quelconque $i = I$, subi par le prisme, en deçà des limites pour lesquelles l'élasticité demeure parfaite.

D'une autre part, le travail développé par le poids, Q (310), de la charge étrangère, sur la hauteur de l'allongement maximum et effectif que nous représenterons par IL, ayant pour mesure le produit Q.IL, on devra avoir l'égalité

$$\tfrac{1}{2} ALEI^2 = QIL, \quad \text{ou} \quad \tfrac{1}{2} AEI = Q;$$

en divisant par le facteur commun IL, et négligeant l'influence peu sensible, qui pourrait être due au poids des parties matérielles du prisme, dont le travail serait facile à évaluer d'après ce qui a déjà été exposé au n° 310 ci-dessus.

Mais AEI est précisément (236) la mesure de l'effort P, qui serait capable de produire ou de maintenir, d'une manière stable et permanente, l'allongement I, par mètre, que le prisme a reçu sous l'influence de la charge Q et de la vitesse acquise; donc, cette dernière charge n'est que la moitié de celle dont il s'agit, ou, ce qui revient absolument au même : *le plus grand allongement subi sous l'influence de la vitesse acquise, est le double de l'allongement stable qui correspondrait à la charge effective, si l'on venait à s'opposer à toute accélération sensible du mouvement;* ce qui peut se faire par divers moyens faciles à imaginer.

On voit aussi, d'après cela, qu'encore bien qu'un effort, Q, fût, par lui-même, incapable d'énerver l'élasticité d'un prisme solide, vertical, à l'extrémité inférieure duquel il agirait sans vitesse appréciable, cependant un poids égal, fixé, à cette extrémité, avec beaucoup de douceur, mais abandonné ensuite librement à l'action de la gravité, l'affaiblirait inévitablement si sa valeur dépassait seulement la moitié de l'effort ou de la résistance qui correspond à la limite de l'élasticité naturelle. Cette conséquence justifie complétement ce qui a été avancé, d'une manière générale, au n° 256, et elle prouve aussi combien on aurait tort de s'en rapporter, dans certains cas, à la règle qui consiste à prendre, pour la charge permanente des matériaux de construction, celle qui correspond à cette même limite, dans des expériences où l'inertie n'aurait, pour ainsi dire, point été mise en jeu (295).

Allongement relatif au maximum de vitesse. — Pour l'obtenir, on considérera que la vitesse de la charge Q, et celle des différentes tranches ou parties matérielles du prisme, devant atteindre sensiblement leur valeur maximum, c'est-à-dire cesser de croître, au même instant, et par conséquent les forces d'inertie $m\frac{v}{t}$ (130 et suivants) qui leur sont relatives, devenant nulles pour chacune d'elles séparément, il faut qu'il y ait simplement équilibre entre les poids et les forces de

ressort ou résistances élastiques qui les animent, comme dans
l'état de stabilité ordinaire du prisme. Négligeant donc encore
ici le poids de ses différentes tranches, et nommant i' l'allongement proportionnel qu'elles subissent à l'instant du maximum de vitesse, et qui sera le même pour toutes, aussi bien
que leur force élastique mesurée par le produit AEi', on aura
simplement, pour déterminer i', la relation

$$Q = AE\,i' \;;$$

d'où il résulte que cet allongement est seulement la moitié de
celui $I = \dfrac{2Q}{AE}$, obtenu, en premier lieu, pour la fin du mouvement descendant de Q ; c'est-à-dire qu'il est précisément
égal à l'allongement de stabilité sous cette même charge Q.

Nommant d'ailleurs $L' = IL$, $l' = i'L$ les allongements correspondants à I, i', et qui sont relatifs à la longueur entière L,
du prisme, on voit qu'on aura, pour calculer L' et l', les formules

$$L' = IL = \frac{2QL}{AE} \quad \text{et} \quad l' = \frac{QL}{AE} = \tfrac{1}{2} L',$$

toujours dans les hypothèses où la limite d'élasticité ne serait
pas dépassée pour la première de ces valeurs, car, si elle
l'était, il conviendrait alors de recourir aux données qui sont
fournies (289 et suivants) par les résultats des expériences
directes, relatives à chaque nature des substances ; ce qui
serait toujours facile, en raisonnant comme nous venons de le
faire.

313. *Équation fondamentale du mouvement.* — Si l'on considère (310) combien est faible, en général, l'influence du
poids des molécules du prisme, dans les questions du genre
de celle qui nous occupe, où la charge Q est toujours très-
forte comparativement à ce poids, on sera conduit, non-seulement à en faire abstraction dans presque tous les cas, mais
encore à négliger pareillement celle qui peut être due aux
forces d'inertie et aux forces vives acquises, par ces mêmes
molécules, dans le mouvement qui leur est transmis par l'in-

termédiaire de la charge. En effet, il paraît évident en soi que, à moins de mouvements désordonnés, ces forces doivent croître depuis le point d'attache supérieur du prisme, où la vitesse est toujours censée nulle, jusqu'au point qui correspond à la charge suspendue à son extrémité inférieure, et qui est censé posséder absolument la même vitesse que cette charge. Or, si la somme des poids mg (126) des molécules du prisme est réellement négligeable vis-à-vis du poids Q, il en résulte nécessairement que la somme de leurs forces d'inertie, $m\dfrac{v}{t}$, ou de leurs forces vives, $m\mathrm{V}^2$, doit l'être, à fortiori, par rapport à celles de ce poids. Admettant donc ces conséquences qui reviennent, au fond, à supposer que la tension, la force de ressort des molécules du prisme, est, à chaque instant, la même dans toute son étendue, ou s'y propage, pour ainsi dire, sans perte et avec une rapidité infinie (57 et 63), il deviendra facile de découvrir, par le calcul ou par des considérations purement géométriques, toutes les circonstances essentielles d'un mouvement, dont nous n'avons précédemment considéré que quelques particularités très-simples.

Considérant, à cet effet, le prisme, ou plutôt la charge Q, dans une des positions intermédiaires qu'elle atteint pendant le mouvement, et supposant toujours que son élasticité ne soit altérée à aucun instant, on remarquera que l ou $i\mathrm{L}$, étant l'allongement total relatif à cette position, la quantité de travail développée dès lors, par la gravité, sur la charge Q, depuis l'instant où celle-ci occupait la première position, et où l était nulle, a pour mesure le produit $\mathrm{Q}l$ ou $\mathrm{Q}i\mathrm{L}$, tandis que celle de la résistance élastique, $\mathrm{AE}i$ ou $\mathrm{AE}\dfrac{\mathrm{L}}{l}$, est mesurée (247) par cet autre produit $\frac{1}{2}\mathrm{ALE}\,i^2 = \dfrac{\mathrm{AE}\,l^2}{2\mathrm{L}}$; d'où il résulte que l'excès

$$\mathrm{Q}l - \frac{\mathrm{AE}}{2\mathrm{L}}\,l^2 = \left(\mathrm{Q} - \frac{\mathrm{AE}}{2\mathrm{L}}\,l\right)l,$$

de la première de ces quantités, qui appartient à la puissance, sur la seconde qui correspond à la résistance, mesure, dans nos hypothèses, le travail employé à vaincre l'inertie de la masse M ou $\frac{Q}{g}$ du poids Q. Donc, en vertu du principe du n° 136, on devra avoir l'égalité

$$\frac{Q}{g} V^2 = 2 \left(Q l - \tfrac{1}{2} \frac{AE}{L} l^2 \right) = \left(2 Q - \frac{AE}{L} l \right) l,$$

de laquelle il est facile de tirer la valeur de la vitesse V, relative à chacun des allongements l, supposés donnés.

On la mettra sous une forme un peu plus simple, en remarquant que, si l'on a déjà calculé, d'après ce qui est exposé à la fin du précédent article, l'allongement i' ou $\frac{l'}{L}$, correspondant à l'instant où la vitesse acquise est la plus grande, et qui est la moitié de l'allongement maximum ou final, il sera inutile de calculer, sur de nouveaux frais, la quantité $\frac{AE}{L}$ qui entre dans cette équation. Car, puisqu'on a

$$Q = AE \, i' = AE \frac{l'}{L}, \text{ on aura aussi } \frac{AE}{L} = \frac{Q}{l'} ;$$

ce qui permettra de supprimer le facteur Q, devenu commun à tous ses termes, de sorte qu'elle deviendra simplement

$$\frac{V^2}{g} = l \left(2 - \frac{l}{l'} \right) \quad \text{ou} \quad V^2 = \frac{g}{l'} (2 l' - l) l;$$

d'où l'on tire, par l'extraction de la racine carrée, et en posant pour simplifier,

$$\sqrt{\frac{g}{l'}} = \sqrt{\frac{g AE}{Q L}} = k, \quad V = k \sqrt{(2 l' - l) l}.$$

Or k, racine carrée du rapport entre deux longueurs, g et l', est un simple nombre ou coefficient facile à calculer, et $\sqrt{(2 l' - l) l}$ est la moyenne proportionnelle entre les longueurs $2 l' - l$ et l, qu'on pourra également calculer ou construire géométriquement quand on se sera donné l à priori; donc, rien ne sera plus simple que de se représenter la loi qui lie ces allongements variables, l, du prisme, avec les vitesses

correspondantes, V, de la charge Q, suspendue à son extrémité inférieure.

314. *Représentation des lois de ce mouvement par des formules ou constructions géométriques. Expression de la vitesse.* — Soit AB (*Pl. II, fig.* 51), la longueur de la tige dont
il s'agit ; BC son allongement de stabilité, l', sous la charge
Q ; $BD = 2BC = 2l'$ son allongement maximum sous la vitesse
acquise par cette charge (312) ; enfin B m, l'allongement l,
qu'elle a pris à l'instant où la vitesse est V ; il résulte, de ce
qui précède, que, si, sur $BD = 2l'$, comme diamètre, on
décrit un demi-cercle, il rencontrera l'horizontale menée par
m, en un point n, tel qu'on aura

$$\sqrt{\overline{m\,D.m\,B}} = \sqrt{\overline{(BD - m\,B)\,m\,B}} = \sqrt{\overline{(2l' - l)l}},$$

et par conséquent

$$V = k.mn.$$

Rapport des espaces aux temps élémentaires. — Supposant
que mm' représente l'allongement infiniment petit, reçu par
mB ou l, pendant le temps élémentaire, t, on aura aussi (132
et 133)

$$V = \frac{mm'}{t} = k.mn \; ; \quad \text{d'où} \quad t = \frac{mm'}{k.mn}.$$

Cette dernière expression indiquant que le temps croît proportionnellement au rapport de mm' à mn, on en déduira un
résultat encore plus simple, en observant que mm' est égal à
la perpendiculaire ou verticale np, abaissée de n, sur l'ordonnée $m'n'$, du cercle, infiniment voisine de mn. Car, si l'on
mène le rayon $Cn = l'$ qui est perpendiculaire à l'extrémité n,
de l'arc infiniment petit, nn', de ce cercle, on aura, par les
triangles, rectangles et semblables, $nn'p$, Cmn, à cause que
leurs côtés sont respectivement perpendiculaires,

$$\frac{np}{mn} \quad \text{ou} \quad \frac{mm'}{mn} = \frac{nn'}{Cn} = \frac{nn'}{l'} \; ;$$

ce qui donne facilement

$$t = \frac{nn'}{k.l'}, \quad \text{ou} \quad \frac{nn'}{t} = kl',$$

et prouve, attendu que $kl' = l' \sqrt{\dfrac{g}{l'}} = \sqrt{gl'}$ est une quantité constante pour toutes les positions de l'extrémité B : 1° que les accroissements infiniment petits, t, du temps sont protionnels aux accroissements nn', de l'arc Bn qui correspond à l'espace B$m = l$, déjà décrit, par le point d'application de la charge Q, à l'instant où la vitesse est V; 2° que la *vitesse de circulation* $\dfrac{nn'}{t}$ (48), du point n, sur le cercle auquel il appartient, est ici constante et égale à kl', de sorte que son mouvement est rigoureusement uniforme, encore bien que celui du point m, auquel il correspond à chaque instant, varie sans cesse.

Expression géométrique du temps. — Nommant donc T le nombre des secondes écoulées depuis l'origine du mouvement, où m était en B, on aura, pour calculer T, la formule

$$T = \frac{\text{arc}\,\text{B}n}{kl'},$$

ou, ce qui est la même chose, on aura, pour calculer l'arc Bn et, par suite, Bm ou l,

$$\text{arc B}n = kl'\text{T}.$$

Formules trigonométriques. — Ordinairement on nomme, dans le cercle dont le rayon BC, ou Cn, serait pris pour l'unité : mn le *sinus* d'un arc tel que Bn, qui est aussi la mesure de l'angle au centre correspondant BCn, Bm son *sinus-verse*, et Cm son *cosinus*. En adoptant ce langage des géomètres, et observant que, dans les cercles différents, les arcs qui sous-tendent le même angle au centre, sont, entre eux, comme les rayons, aussi bien que les ordonnées et abscisses ou segments correspondants, on aura donc

$$\text{angle}\,\text{BC}n = \frac{\text{arc B}n}{\text{BC} = l'} = k\text{T},$$

$$\text{B}m \text{ ou } l = l'\,\text{sin.vers.BC}n = l'\,\text{sin.vers.}k\text{T},$$

ou bien

$$l = \text{BC} - \text{C}m = l' - l'\cos.k\text{T} = l'(1 - \cos.k\text{T}).$$

Ces formules, après y avoir substitué les valeurs de k et de l', d'après le n° 313, permettront de calculer, au moyen des *Tables trigonométriques* connues, celles des allongements l, qui correspondent aux temps, T, successivement écoulés ; ce qui, avec la formule

$$V = k \cdot mn = k \cdot l \cdot \sin kT,$$

établie en premier lieu, mettra aussi à même de découvrir toutes les circonstances du mouvement oscillatoire de la charge Q, ou de son point d'attache, B.

315. *Principales circonstances du mouvement oscillatoire des prismes.* — Pour en acquérir une idée précise, il faut remarquer que le point m (*Pl. II, fig. 51*), une fois parvenu en D, rétrogradera ensuite, tandis que le temps T, qui devient alors égal à

$$\frac{\operatorname{arc} B n D}{k l'} = \frac{\pi l'}{k l'} = \frac{\pi}{k} = \pi \sqrt{\frac{l'}{g}} = \pi \sqrt{\frac{QL}{g \cdot AE}},$$

π, étant le rapport $3,1416$ de la circonférence au diamètre, croîtra sans cesse, et sera mesuré par des arcs quelconques, $BnDx$, comptés toujours dans le même sens, à partir du point B, qui pourront embrasser plusieurs demi-circonférences ou circonférences entières, et auxquels correspondront des vitesses constamment proportionnelles aux ordonnées, ou sinus mn, xy, de leurs extrémités, et des allongements également proportionnels aux abscisses ou sinus-verses Bm, By, relatifs à ces arcs respectifs.

On voit d'ailleurs que, quand le point y ou x aura atteint B, ce qui arrivera au bout d'un temps mesuré par la circonférence entière $BnDxB$, divisée par la longueur $k \cdot l'$, c'est-à-dire au bout d'un nombre de secondes égal à

$$\frac{2 \pi l'}{k l'} = \frac{2 \pi}{k} = 2 \pi \sqrt{\frac{l'}{g}} = 2 \pi \sqrt{\frac{QL}{g AE}},$$

et, par conséquent, double de celui de la demi-période descendante, les mêmes choses reviendront régulièrement, dans le même ordre, et ainsi alternativement et indéfiniment. Toutefois on suppose ici que l'élasticité demeure parfaite, et l'on n'a égard ni à la résistance opposée par l'air, ni aux ébranlements, aux mouvements vibratoires qui, en se transmettant à la masse du point d'attache, A, par l'intermédiaire des molécules de la tige de suspension AB, détruisent ainsi continuellement des portions de plus en plus sensibles de la force vive primitivement acquise dans la demi-oscillation descendante de la charge Q, et finissent, comme l'expérience le démontre, par réduire le prisme au repos, en très-peu de temps.

Amplitude, durée, nombre et vitesse moyenne des oscillations. — Le plus grand allongement, 2*l'*, subi par le prisme dans ses mouvements alternatifs, n'est ici autre chose que ce qu'on nomme, en général, *l'amplitude des oscillations* de la charge ou de son point d'application, B, et, par conséquent, l'allongement permanent, *l'* (310), qui aurait lieu sous l'action de cette charge, n'est lui-même que la *demi-amplitude* de ces oscillations, ou ce qu'on peut nommer l'amplitude des *excursions* de cette charge, de part et d'autre de sa position moyenne de *stabilité*, C. Donc, d'après ce qui précède, *la durée des oscillations entières du prisme est proportionnelle à la racine carrée du rapport de cette dernière à la vitesse, g, que la gravité imprime aux corps en chaque lieu* (117). Quant au nombre de ces oscillations, de ces retours de la charge à une même position, pendant la durée d'une seconde sexagésimale, sa valeur que nous nommons, en général, N, sera évidemment donnée par la formule

$$N = \frac{l''}{\dfrac{2\pi}{k}} = \frac{k}{2\pi} = \frac{1}{2\pi}\sqrt{\frac{g}{l'}} = \frac{1}{2\pi}\sqrt{\frac{g\,\mathrm{AE}}{\mathrm{QL}}};$$

de sorte que ce nombre croîtra précisément dans le rapport inverse de celui qui précède, ou, pour nous énoncer d'une manière plus explicite : *il croîtra directement comme la racine carrée de la résistance élastique naturelle, AE, du prisme, et inversement comme la racine carrée du produit, QL, de sa longueur, par la charge qui lui est constamment appliquée.*

Enfin, la *vitesse moyenne* des oscillations de cette charge étant ici égale (49) au quotient du double de leur amplitude, 2*l'*, par leur durée, ou au produit de $4l'$, par le nombre N, cette vitesse sera également fournie par l'expression

$$\frac{4l'k}{2\pi} = \frac{2l'k}{\pi} = \frac{2}{\pi}\sqrt{gl'} = \frac{2}{\pi}\sqrt{\frac{gQL}{AE}},$$

toujours dans l'hypothèse où l'élasticité demeurerait parfaite, et où le mouvement se conserverait, lui-même, indéfiniment et sans perte. Mais nous verrons par la suite que ces divers résultats sont indépendants de cette dernière circonstance, ou du décroissement plus ou moins rapide de la vitesse effective et de l'amplitude des oscillations.

Notions directes sur la nature du mouvement. — On se formera une idée très-claire du mouvement oscillatoire, pour ainsi dire théorique, dont nous nous sommes jusqu'ici occupé, si l'on imagine que le point n, dont l'extrémité inférieure du prisme représente, à chaque instant, la projection sur le diamètre vertical, BD, du cercle, $BnDxB$ (*Pl. II, fig.* 51), chemine d'un mouvement rigoureusement uniforme, et avec une vitesse mesurée (323) par $kl' = \sqrt{gl'}$, sur le contour même de ce cercle, de manière à indiquer, par ses positions successives, comme le fait l'extrémité de l'aiguille d'une montre, la mesure, la marche régulière du temps. Le système d'une manivelle qui se meut circulairement et uniformément autour d'un axe sur lequel elle est implantée, et qui pousse un châssis de scie ou un tiroir de machine à vapeur, par l'intermédiaire d'une longue bielle, offre encore une image du mouvement oscillatoire ou périodique qui nous occupe, et dont on acquerrait, *à priori,* une notion géométrique également précise, en construisant la courbe qui a pour abscisses les arcs servant de mesure aux temps écoulés, et pour ordonnées les allongements ou sinus-verses correspondants (314), courbe serpentante qui appartient au genre de celles qu'on nomme *sinusoïdes.*

316. *Recherches de la force motrice variable qui sollicite le prisme pendant le mouvement.* — Pour compléter les notions relatives au mouvement oscillatoire des prismes, dans le cas élémentaire qui nous occupe, il est nécessaire de montrer

comment on peut obtenir et calculer directement les efforts qui s'exercent réellement à leur extrémité inférieure B (*Pl. II, fig.* 51), pendant la durée de chacune des périodes d'oscillation de la charge Q, efforts qui sont dus, évidemment (130 et suivants), à l'excès du poids de cette charge sur la force d'inertie $\dfrac{Q}{g}\dfrac{v}{t}$, à tous les instants où il y a accélération de mouvement, et à l'excès contraire de celle-ci sur le même poids, lorsqu'il y a simple ralentissement.

En nommant P, l'effort dont il s'agit, et que nous savons déjà (312) être égal à Q, aux instants où l'oscillation commence et finit, et devenir précisément nul quand l'extrémité B est arrivée au milieu, C, de sa course, BD, nous aurons, en particulier, pour calculer P, dans toute la partie BC de l'oscillation descendante où le mouvement s'accélère, et plus spécialement pour la position *m* de B,

$$P = Q - \frac{Q}{g}\frac{v}{t}.$$

Mais, comme nous savons aussi (314) que le temps infiniment petit, *t*, est mesuré par le rapport $\dfrac{m\,n'}{k\,l'}$, et que la vitesse V, de la charge supposée parvenue en *m*, est mesurée par le produit $k\cdot mn$, ou son accroissement *v*, par $k\cdot n'p$, il en résulte immédiatement

$$\frac{v}{t} = k^2 l' \frac{n'p}{n\,n'} = g\,\frac{n'p}{n\,n'} = g\,\frac{C\,m}{C\,n} = \frac{g}{l'}\,C m,$$

attendu que $h^2 = \dfrac{g}{l'}$ (313), et que les triangles, semblables et rectangles, $n\,n'p$, $m\,Cn$, donnent $n'p : n\,n' :: Cm : Cn = l'$.

Donc, enfin, la force cherchée,

$$P = Q - Q\cdot\frac{C\,m}{l'} = Q\left(\frac{l' - C\,m}{l'}\right) = Q\cdot\frac{m\,B}{l'} = \frac{l}{l'}\,Q,$$

ou bien, en adoptant (314) les notions de la Trigonométrie,

$$P = Q(1 - \cos kT) = Q - Q\cdot\cos kT;$$

ce qui prouve que l'intensité de cette force suit la même loi de périodicité que les allongements mêmes du prisme, fait que nous eussions pu considérer comme évident *à priori*, puisque ces allongements doivent, d'après nos hypothèses, demeurer exactement proportionnels aux efforts qui les produisent.

En effet, si on continue ici à nommer i, l'allongement proportionnel ou par mètre que subissent les divers éléments du prisme, sous l'action variable de P, allongement qui, dans nos hypothèses encore (312 et 313), est le même pour tous, à un instant donné, et ne dépend uniquement que de l'intensité de P, on aura, pour le déterminer,

$$i = \frac{l}{L} = \frac{l'}{L}(1 - \cos kT);$$

ce qui donne immédiatement

$$P = AEi = \frac{AEl'}{L}(1 - \cos kT) = Q(1 - \cos kT),$$

attendu qu'ici (313) $QL = AEl'$; mais nous avons été bien aise de montrer comment on pouvait arriver à cette expression par la voie directe.

Ces résultats permettent d'ailleurs de calculer et de discuter, *à priori*, les diverses valeurs que prennent P et i aux instants successivement écoulés depuis l'origine du mouvement; mais cette discussion est trop facile pour qu'il devienne nécessaire de s'y arrêter. Nous ferons seulement remarquer que ces valeurs *oscillent* périodiquement autour de leurs moyennes respectives, en changeant de sens ou de *signe*, absolument comme le fait, lui-même, l'allongement, l ou mB, du prisme, aux divers instants du mouvement (314).

317. *Application à un exemple particulier.* — Considérant notamment la barre de fer mentionnée au n° 310, et pour laquelle on a

$$L = 10^m, \quad A = 0^{mq},0025, \quad Q = 10000^{k};$$

on trouvera, en vertu des formules exposées dans les trois précédents numéros, où l'on suppose la charge Q, simplement suspendue à l'extrémité inférieure de la tige AB, sans vitesse antérieurement acquise :

1° Pour l'allongement de stabilité, i', lequel se rapporte à un simple effort agissant sans vitesse appréciable,

$$i' = \frac{Q}{AE} = \frac{10\,000}{0,0025 \times 20\,000\,000\,000} = 0,0002\,;$$

2° Pour le plus grand allongement proportionnel, acquis sous l'influence de la vitesse Q,

$$2\,i' = 0,0004\,;$$

3° Pour les allongements absolus correspondants, BC et BD,

$$l' = i'\,L = 0,0002 \times 10^{m} = 0^{m},002,$$
$$L' = 2\,i'\,L = 0,0004 \times 10^{m} = 0^{m},004\,;$$

4° Pour la valeur du nombre k (313), attendu (117) que $g = 9^{m},809$,

$$k = \sqrt{\frac{g}{l'}} = \sqrt{\frac{9,809}{0,002}} = \sqrt{4904,50} = 70,032\,;$$

5° Pour celle de la vitesse maximum, V, acquise à l'instant où l'allongement l, est précisément égal (314) à l' ou BC,

$$V' = k\,l' = 70,032 \times 0^{m},002 = 0^{m},14006\,;$$

6° Enfin, pour la durée d'une oscillation entière du prisme, ou de la charge Q,

$$T = \frac{2\pi}{k} = 2\pi\sqrt{\frac{QL}{gAE}} = \frac{2 \times 3,1416}{70,032} = 0'',08972,$$

ce qui donne par seconde, $\dfrac{1''}{0'',08972} = 11,145$ oscillations entières seulement, ou $22,29$ demi-oscillations descendantes et ascendantes.

Mais, d'après la formule du n° 315, qui donne, en général, le nombre N, des oscillations entières par seconde, si Q, au lieu d'être de 10000 kilogrammes, n'était que de 625 kilogrammes, ou le $\frac{1}{16}$ de la valeur qui vient de lui être attribuée, et qu'en même temps la longueur de L se trouvât réduite à $\frac{1}{9}$ $10^m = 1^m,111$, le nombre dont il s'agit serait augmenté dans le rapport de l'unité à la racine carrée du produit de 16 par 9, ou de 1 à $4 \times 3 = 12$; de sorte qu'il s'élèverait à

$$12 \times 11,145 = 133,74$$

ou 134 environ par seconde, le nombre des demi-oscillations étant lui-même porté à 267,48, dans le même temps.

Lois du mouvement oscillatoire des prismes dans le cas où la charge possède une vitesse initiale.

318. *Données fondamentales de la question.* — Dans ce qui précède, nous avons supposé que la charge Q était posée à l'extrémité du prisme AB (*Pl. II, fig.* 51), avec beaucoup de douceur ou sans vitesse acquise; mais, s'il en était autrement, il est évident que l'étendue des excursions ou des oscillations du poids Q, serait augmentée, de sorte que l'élasticité naturelle pourrait être forcée. Afin de s'en assurer directement, il faudra être en état (312) de calculer le plus grand allongement subi, par ce prisme, à l'instant où la vitesse de la charge se trouvera éteinte dans la première période du mouvement.

Équation du maximum d'allongement. — Pour l'obtenir, il suffira d'exprimer, toujours d'après le principe du n° **136**, que la moitié de la force vive initiale, possédée par la masse $\frac{Q}{g}$ de la charge, augmentée de la quantité de travail Q.IL qui correspond (312) à la descente de son poids Q, de la hauteur L' = IL, relative à ce plus grand allongement, est précisément égale à la quantité de travail $\frac{1}{2}$ ALEI², développée, en sens contraire (247), par la force élastique du prisme, ou que

$$Q \frac{V_i^2}{2g} + QIL = \frac{1}{2} ALEI^2,$$

V, étant la vitesse initiale dont il s'agit.

Cette relation, comme on voit, permettra toujours de cal-

culer I ou IL, par les méthodes connues, quand on se sera
donné les diverses autres quantités qui y entrent; mais on y
parviendra plus directement en remarquant que, si la limite
d'élasticité ne se trouve effectivement pas dépassée, la charge,
après avoir atteint sa position extrême ou la plus basse D',
reviendra en arrière, pour exécuter une série d'oscillations
entièrement semblables à celles qui ont été considérées dans
le cas précédent, et qui seront d'ailleurs assujetties à la même
loi, si ce n'est que l'étendue CD' ou CB' des excursions du
point d'application B, de cette charge, de part et d'autre du
point C, qui en demeurera le milieu ou centre, se trouvera
augmentée.

Considérations géométriques. — Sans recommencer la série
des raisonnements et des démonstrations relatives au cas particulier où la vitesse initiale V_i est nulle, on peut remarquer
qu'on a toujours (312), pour déterminer l'allongement BC
ou l', à l'instant où la plus grande vitesse est acquise, la relation

$$Q = AEi', \quad \text{qui donne} \quad BC \quad \text{ou} \quad l' = i'L = \frac{QL}{AE},$$

même valeur que ci-devant. Et, comme l'horizontale ou ordonnée BN, correspondante à B, dans le cercle B'ND', qui
donne la loi du nouveau mouvement, doit avoir, avec la vitesse V_i, la relation déjà trouvée (323)

$$V_i = k.BN,$$

k ayant une valeur indépendante de V_i et toujours égale à
$\sqrt{\dfrac{g}{l'}} = \sqrt{\dfrac{gAE}{QL}}$, on voit qu'après avoir pris $BC = l'$, d'après
ce qui est indiqué ci-dessus, et $BN = \dfrac{V_i}{k}$, il ne restera qu'à
décrire, du point C, comme centre, avec CN pour rayon,
une circonférence de cercle coupant AB, prolongée, aux
points B' et D', pour être en état de calculer et de discuter
toutes les circonstances du mouvement oscillatoire qui nous
occupe.

Allongement maximum. — D'après ces données, on aura

28

immédiatement, pour calculer le plus grand allongement, IL, la formule

$$BD' = BC + CD' = l' + CN = l' + \sqrt{BC^2 + BN^2} = l' + \sqrt{l'^2 + \frac{V_1^2}{k^2}},$$

qui, en remplaçant l' et k par leurs valeurs ci-dessus, prend la forme plus générale

$$BD' \quad \text{ou} \quad IL = \frac{QL}{AE} + \sqrt{\frac{Q^2 L^2}{A^2 E^2} + \frac{QL}{gAE} V_1^2}.$$

sous laquelle cet allongement eût été obtenu directement, en résolvant l'équation ci-dessus, du deuxième degré, par rapport à IL. On a donc aussi, pour le plus grand allongement proportionnel,

$$I = \frac{Q}{AE} + \sqrt{\frac{Q^2}{A^2 E^2} + \frac{Q}{AE} \frac{V_1^2}{gL}}.$$

Effort qui correspond à l'allongement maximum. — L'effort P, qui serait capable de produire et de maintenir, d'une manière statique ou permanente (312), le plus grand allongement du prisme, étant mesuré (236), par le produit AEI, en deçà de la limite où l'élasticité cesse de demeurer parfaite, il en résulte que l'on aura, en outre, pour calculer cet effort,

$$P = Q + \sqrt{Q^2 + QAE \frac{V_1^2}{gL}} = Q + Q\sqrt{1 + \frac{V_1^2}{gl'}};$$

de sorte que l'excès de cet effort sur celui de la charge Q, aussi bien que l'excès d'allongement $\sqrt{l' + \frac{V_1^2}{k^2}}$, subi par le prisme sous l'influence du mouvement acquis, croîtront, l'un et l'autre, avec la grandeur de la vitesse initiale, V_1, mais croîtront d'une manière d'autant plus lente ou moins sensible que la longueur absolue, L, de ce prisme, sera, elle-même, plus considérable.

Rien ne sera plus facile d'ailleurs que de s'assurer, dans chaque cas, au moyen de ces différentes formules, si la limite d'élasticité n'a pas été atteinte ou entièrement dépassée.

Application numérique. — Prenant pour exemple les données du n° 317, où l'on a

$$l' = 0^m,002, \quad h^2 = \frac{9,809}{0,002} = 4904,5,$$

on trouvera, en supposant seulement la vitesse initiale de la charge, $V_1 = 0^m,20$, par seconde,

$$l'^2 = 0,000004, \quad \frac{V_1^2}{h^2} = \frac{0,04 \times 0,002}{9,809} = 0,00000815,$$

et, pour le plus grand allongement subi par le prisme,

$$BD' = 0^m,002 + \sqrt{0,00001215} = 0^m,002 + 0^m,0035 = 0^m,0055;$$

ce qui répond, attendu qu'ici $L = 10^m$, à un allongement proportionnel ou par mètre, I, de $\frac{1}{10} 0^m,0055 = 0^m,00055$, sous lequel l'élasticité serait, en effet, sensiblement altérée (292) pour certains fers, quoique ici la charge soit seulement de 4 kilogrammes par millimètre carré (310), et que la vitesse initiale $V_1 = 0^m,2$, corresponde à une hauteur de chute qui surpasse à peine $0^m,002$ ou 2 millimètres.

On trouvera de même, pour l'effort P, qui serait capable de produire ce plus grand allongement,

$$P = AEI = 50000000^{kg} \times 0,00055 = 27500^{kg},$$

dont l'excès, 17500 kilogrammes sur le poids $Q = 10000$ kilogrammes, de la charge, représente proprement la part qui doit être attribuée à l'influence de l'inertie ou du mouvement acquis par cette charge.

Maximum de contraction. — Revenons à nos premières considérations, et remarquons que la partie BB' de l'oscillation en retour ou ascendante, de l'extrémité inférieure, B, du prisme, correspondra, dans l'hypothèse où la charge Q lui serait invariablement attachée, à un véritable accourcissement, à une véritable contraction subis par ce prisme, et pourra à son tour être calculée par la formule

$$BB' = B'C - BC = CN - l' = \sqrt{l'^2 + \frac{V_1^2}{h^2}} - l',$$

28.

qui, dans le cas particulier ci-dessus, donnera simplement

$$BB' = 0^m,0035 - 0^m,002 = 0^m,0015,$$

ou un accourcissement de $0^m,0015$ par mètre de longueur seulement. Mais nous reviendrons, d'une manière plus particulière sur les réflexions que suggère ce résultat du calcul, quand nous aurons exposé quelques autres données essentielles de la question.

Énoncé et forme particulière des résultats. — Les formules qui précèdent sont susceptibles d'un énoncé très-simple en langage ordinaire; car si l'on observe (313) que $k^2 = \frac{g}{l'}$, et si l'on nomme H_1 la hauteur $\frac{V_1^2}{2g}$ due à la vitesse V_1, il en résultera, par exemple, pour le plus grand allongement que subit le prisme, sous l'influence de cette vitesse,

$$BD' = l' + \sqrt{l'^2 + 2gH_1 \frac{l'}{g}} = l' + \sqrt{l'(l' + 2H_1)};$$

ce qui prouve que sa valeur surpasse celle de l'allongement de stabilité, l', relative à la charge Q, d'une quantité égale à la moyenne proportionnelle entre l' et sa valeur augmentée du double de H_1 : moyenne qui donne ainsi la mesure directe de l'influence exercée par l'inertie ou le mouvement de Q.

319. *Formules relatives aux diverses circonstances du mouvement oscillatoire de la charge.* — Pour être en mesure de discuter complétement ces circonstances, comme on l'a fait dans les précédents numéros, on nommera en général, afin d'abréger, r la demi-amplitude, ou le rayon $CN = CB' = CD'$ (*Pl. II, fig.* 51), du nouveau cercle, et T' le temps que, dans ses oscillations périodiques, l'extrémité B de la tige met à parcourir l'intervalle BB'. Ce rayon et ce temps, qui sont déterminés par les relations de la figure, se calculeront directement au moyen des formules

$$r = \sqrt{l'^2 + \frac{V_1^2}{k^2}}, \quad T' = \frac{\text{arc } B'N}{kr} = \frac{\text{angle } B'CN}{k},$$

dont la dernière suppose qu'on ait préalablement calculé l'angle B'CN, à l'aide des Tables mentionnées au n° 314, et de l'une ou de l'autre des relations

$$BC \text{ ou } l' = r \cos B'CN, \quad BN = \frac{V_1}{k} = r \sin B'CN,$$

qui donnent

$$\cos B'CN \text{ ou } \cos kT' = \frac{l'}{r}, \quad \sin B'CN \text{ ou } \sin kT' = \frac{V_1}{kr}.$$

Expression du temps et des allongements variables. — Comme, en continuant de nommer T le temps que l'extrémité inférieure de la tige met à décrire l'espace quelconque, $Bm = l$, auquel correspond l'arc MN sur le cercle B'ND'B', on a pareillement

$$T = \frac{\text{arc MN}}{kr} = \frac{\text{angle NCM}}{k}, \quad \text{ou} \quad \text{angle NCM} = kT,$$

il en résultera, pour calculer à un instant donné cet espace qui représente l'allongement total alors subi par le prisme, la formule

$$Bm \text{ ou } l = BC - Cm = l' - CM \cdot \cos B'CM$$
$$= l' - r \cos k(T + T'),$$

puisqu'on a

$$\text{angle } B'CM = \text{angle } B'CN + \text{angle NCM},$$

et

$$\text{angle } B'CN = kT', \quad \text{angle NCM} = kT.$$

Expression de la vitesse. — Quant à la vitesse dont la charge est animée au point quelconque, m, on la calculera, soit directement, au moyen de la formule

$$V = k \cdot mM = k \sqrt{\overline{MC}^2 - \overline{mC}^2} = k \sqrt{r^2 - (l' - l)^2},$$

soit par les Tables trigonométriques, au moyen de la formule (*)

$$V = k \cdot mM = k \cdot CM \cdot \sin B'CM = kr \sin k(T + T').$$

(*) On peut mettre, sous une forme plus explicite, les expressions de V et

Enfin on aura toujours (316), pour calculer l'effort moteur variable. P, qui agit à l'extrémité inférieure, B, du prisme, ainsi que l'allongement proportionnel, i, qui en résulte, aux divers instants du mouvement

$$ P = AE\,i = AE \frac{l}{L} = \frac{Ql}{l'}, \quad i = \frac{l}{L}, $$

formules dans lesquelles il faudra substituer à l la valeur déjà obtenue ci-dessus.

Amplitude, durée et nombre des oscillations. — S'il s'agit. en particulier des oscillations entières exécutées par le prisme et sa charge, on observera que leur durée correspond ici encore (315) à un arc, NM, devenu égal à la circonférence entière $ND'B'N = 2\pi r$, à un angle, NCM, devenu égal à quatre droits et mesuré par 2π sur le cercle dont le rayon est l'unité, de sorte que cette durée et le nombre N des oscillations, par seconde, seront fournis par les formules

$$ T = \frac{2\pi}{k} = 2\pi \sqrt{\frac{l'}{g}} = 2\pi \sqrt{\frac{QL}{g\,AE}}, \quad N = \frac{1''}{T} = \frac{1}{2\pi} \sqrt{\frac{g\,AE}{QL}}. $$

---

de l, et par suite celles de P et de i, en développant les valeurs de $\sin k(T + T')$ et $\cos k(T + T')$, d'après les formules connues de la Trigonométrie ; car on aura

$$ V = kr \sin kT \cos kT' + kr \cos kT \sin kT' = kl' \sin kT + V_1 \cos kT, $$

$$ l = l' - r \cos kT' \cos kT + r \sin kT' \sin kT = l' - l' \cos kT + \frac{V_1}{k} \sin kT. $$

On trouvera de même, pour calculer directement les valeurs de T, au moyen de celles de l et de V, la formule

$$ \cos kT = \frac{l'(l' - l)}{r^2} + \frac{V_1}{kr^2} \sqrt{r^2 - (l' - l)^2} = \frac{l'(l' - l)}{r^2} + \frac{V_1\,V}{k^2 r^2}, $$

ou bien

$$ \sin kT = \frac{l'}{r^2} \sqrt{r^2 - (l' - l)^2} - \frac{(l' - l)}{kr^2} V_1 = \frac{l'\,V}{r^2 k} - \frac{(l' - l)V_1}{r^2 k}, $$

dans lesquelles on se rappellera d'ailleurs que

$$ k = \sqrt{\frac{g}{l'}}, \quad r^2 = l'^2 + \frac{V_1^2}{k^2} \quad \text{et} \quad l' = \frac{QL}{AE}. $$

Ces formules, qui coïncident avec celles du n° 315, sont d'ailleurs indépendantes de la vitesse initiale, V_1, imprimée à la charge Q, aussi bien que de l'amplitude $B'D' = 2r$, de ses oscillations; par conséquent cette dernière peut décroître ou augmenter par des causes quelconques, sans que la nature du mouvement en soit modifiée, tant que la charge, la tension et l'élasticité naturelles du prisme ne seront point changées. Enfin, il est évident, *à priori*, qu'on arriverait aux mêmes résultats, si l'on considérait en général le temps nécessaire pour que la charge ou l'extrémité inférieure B du prisme revînt à l'une quelconque des positions qu'elle peut successivement occuper, par exemple à la position B' qu'elle avait déjà dans l'oscillation précédente ; car ce temps serait toujours mesuré par la circonférence entière, $2\pi r$, du cercle B'MD'B', divisé par le produit kr.

320. *Remarques et conséquences diverses.* — L'accourcissement BB' (*Pl. II, fig.* 51), qui a été calculé à la fin du n° 318, et que subit le prisme dans le mouvement d'ascension de la charge, à laquelle, par hypothèse, il est étroitement lié, cet accourcissement étant généralement très-petit, par rapport à l'allongement maximum BD', qui lui correspond dans chaque cas, on voit qu'il sera inutile d'y avoir égard dans les questions relatives à la solidité des prismes; mais il n'en est pas moins utile de remarquer qu'en vertu de la compression qui en résulte, lors de ce mouvement de retour, le point d'attache supérieur, A, du prisme, se trouvera lui-même pressé ou choqué en vertu d'un effort absolument analogue à celui qui le sollicite dans l'oscillation descendante et dans la partie BD' de l'oscillation contraire. Supposant d'ailleurs, qu'en raison de sa longueur (268, 280 et suiv.), le prisme ne puisse fléchir à l'instant où cet effort de compression atteint sa limite, on voit qu'il sera facile de calculer l'intensité de ce dernier au moyen de la formule $P = AEi$, qui s'applique aussi bien (236) à la contraction des prismes qu'à leur extension, tant que l'élasticité naturelle n'est pas forcée.

On remarquera pareillement que, si la vitesse initiale, V_1, supposée imprimée à la charge Q, dans la question du n° 318, au lieu d'être dirigée du haut vers le bas, l'était en sens con-

traire, les mêmes considérations géométriques et les mêmes
formules serviraient encore à faire trouver les lois du mouvement, pourvu toujours que la vitesse dont il s'agit, ou plutôt
l'effort maximum de compression qui en résulte, fût incapable
de faire fléchir transversalement le prisme, puisqu'alors il
surviendrait des soubresauts qui cesseraient d'être soumis aux
lois indiquées par nos premières formules. Quant au cas où
le prisme aurait une position renversée par rapport à son appui A, la valeur de l', au lieu d'être portée de B en C, devrait
l'être de B vers A ; ce qui rendrait BB' > BD', ou les accourcissements plus grands que les allongements relatifs au mouvement de retour, et, par suite, la contraction et les inflexions
plus dangereuses que les extensions, à l'inverse de ce qui
avait lieu dans les hypothèses précédentes.

Enfin, il est bien évident encore que, si, au lieu d'imprimer une vitesse initiale à la charge Q, on eût simplement
fait subir au prisme, toujours lié invariablement à cette
charge, un allongement primitif égal à BD', ou une contraction primitive mesurée par BB', et sans vitesse acquise, qu'ensuite on l'eût abandonné à la libre action du poids Q, la loi
du mouvement, l'étendue des excursions et la durée des
oscillations eussent été exactement les mêmes que dans le
cas précédent (*).

(*) Soit notamment, P' l'effort qui, ajouté au poids Q de la charge, a primitivement allongé le prisme de la quantité BD' = BC + CD' = $l' + r$, sans
vitesse acquise, on aura évidemment (234), si BD' n'excède pas l'allongement
relatif à la limite d'élasticité

$$P' + Q = A.E\,\frac{BD'}{AB} = \frac{AE(l'+r)}{L};$$

d'où l'on tire, attendu que $l' = \frac{QL}{AE}$,

$$r = \frac{(P'+Q)}{AE}L - l' = \frac{P'L}{AE};$$

ce qui fera connaître r, ou le rayon CN = CD', et partant la vitesse V_1 qui
entre dans la première des équations du n° 319, laquelle donnera immédiatement

$$V_1 = \sqrt{\frac{g}{l'}(r^2 - l'^2)} = \frac{kL}{AE}\sqrt{P'^2 - Q^2},$$

expression où P' est supposé plus grand que Q, de même que r ou CD', a été

D'ailleurs les choses se passeraient tout différemment si la charge Q, au lieu d'être solidement fixée à l'extrémité inférieure du prisme, n'y était simplement retenue que par une saillie qui lui laissât la liberté de s'élever. En effet, cette charge, dans l'oscillation ascendante ou en retour, et à son passage par le point B (*Pl. II, fig.* 51), qui correspond à l'état naturel du prisme, reprenant une vitesse égale et précisément contraire à la vitesse initiale, V_1, tandis qu'au même instant l'effort de réaction, la résistance élastique P de ce prisme devient nulle pour changer ensuite de sens ou de signe, il arriverait, dans cette circonstance, que le poids Q abandonnerait entièrement son support, et rejaillirait, en vertu de sa vitesse acquise, V_1, jusqu'à la hauteur $H_1 = \dfrac{V_1^2}{2g}$, d'où il retomberait en reprenant de nouveau la vitesse V_1 en B; de là aussi résulterait un choc vif qui donnerait lieu, comme on le verra bientôt, à une perte de force vive, et serait immédiatement suivi d'une oscillation du prisme, et ainsi de suite alternativement. Mais comme, en réalité, le mouvement des parties matérielles du prisme ne peut, à cause de l'inertie, s'éteindre brusquement à chacun des instants où le poids Q vient à quitter son point d'appui inférieur, on voit que, pendant la montée de ce poids et sa descente de la hauteur H_1, le prisme exécute des vibrations plus ou moins rapides qui entraînent avec elles une certaine dépense de force vive, et ne permettent ni de supposer que la vitesse de rejaillissement de Q soit égale à la vitesse primitive V_1, ni de déterminer *à priori*, du moins par un calcul facile, le lieu et l'époque où s'opérera chacun des chocs; question étrangère, au surplus, à l'objet des applications que nous avons ici en vue.

Quoi qu'il en soit, il ne faut pas oublier que les diverses circonstances du mouvement oscillatoire, jusqu'ici examinées, dérivent essentiellement de l'hypothèse que les efforts de

---

supposé plus grand que *l'* ou CD, et qui, par sa substitution dans les formules du numéro déjà cité, permettra de calculer toutes les circonstances du mouvement oscillatoire qui succède à l'instant où l'effort P vient à cesser, absolument comme si l'on s'était donné, *à priori*, la valeur de la vitesse initiale V_1, correspondante à la position B du poids Q.

réaction du prisme demeurent exactement proportionnels aux allongements *il*, qu'il subit pour les positions correspondantes de son extrémité inférieure B. Or il est bien clair que ces mêmes circonstances se reproduiront toutes les fois que la force qui tend à ramener un corps matériel quelconque vers la position naturelle d'équilibre, dont il aurait été primitivement dérangé, sera soumise à une semblable loi, par rapport à la grandeur relative du déplacement que subit son point d'application; et, en particulier, les lois du mouvement oscillatoire, qui nous ont jusqu'ici occupé, sont aussi, pour de très-petits déplacements des molécules, celles qui régissent le mouvement dont il a été parlé au n° 226, et auquel nous eussions pu dès lors appliquer les divers calculs et considérations qui précèdent, si nous n'avions craint de détourner trop longtemps l'attention du lecteur et de faire un double emploi.

321. *Lois du mouvement des points intermédiaires du prisme* (*Pl. II, fig.* 5₁). — Jusqu'ici nous nous sommes uniquement occupé des circonstances que présente le mouvement de l'extrémité inférieure B du prisme, qui est directement soumise à l'action de la charge Q; mais il est facile de voir que celles de divers autres points de ce prisme, tels que *b*, par exemple, se déduiront sur-le-champ de cette considération très-simple, conséquence nécessaire de nos premières hypothèses (313), que : *les allongements, en chacun de ces points, demeurent, à tous les instants, proportionnels à leur distance* A*b* *de l'extrémité* A, *toujours supposée fixe.*

Nommant, en effet, *z* l'allongement absolu que subit, à la fin du temps T, la partie A*b* de la tige, dont l'étendue sera représentée par la lettre *x*, et soit pareillement *v* la vitesse acquise par le point *b*, au même instant, on aura simplement

$$z = l\,\frac{\mathrm{A}b}{\mathrm{AB}} = l\,\frac{x}{\mathrm{L}}, \quad v = \mathrm{V}\,\frac{\mathrm{A}b}{\mathrm{AB}} = \mathrm{V}\,\frac{x}{\mathrm{L}},$$

pour calculer *z* et *v*, au moyen des valeurs correspondantes *l* et V, relatives à l'extrémité inférieure B, dont le mouvement est, d'après ce qui précède, exactement connu pour chacune des valeurs de T, ou du nombre de secondes écoulées depuis l'origine du mouvement.

En particulier, il résulte de cette considération que si les divers points *b* sont tous au repos à l'origine du mouvement, ils y reviendront en même temps ou simultanément avec l'extrémité B; qu'ils atteindront pareillement leur plus grande vitesse à un même instant, et qu'enfin leurs oscillations entières, comme leurs demi-oscillations ascendantes et descendantes, seront de même durée, s'accompliront dans le même temps; ce qui constitue véritablement ce qu'on est convenu de nommer : *mouvements isochrones, isochronisme des oscillations.*

Quant aux autres circonstances du mouvement relatives à chacun des points *b* du prisme, il sera également très-facile de les discuter au moyen des relations ci-dessus entre les quantités *z, l* et *x, v,* V et *x,* qui changent continuellement avec la durée du temps T, écoulé depuis l'époque où l'extrémité inférieure du prisme était en B.

En effet, *b* étant censé la position initiale *contemporaine* à celle de B du point de la tige dont on veut particulièrement discuter la loi du mouvement, il ne s'agira que de porter de *b* vers B, sur AB, la distance

$$bc = BC\, \frac{x}{L} = l'\, \frac{x}{L},$$

qui, à tous les instants, demeure, avec BC, ou *l'*, dans le rapport invariable de A*b* à AB, pour obtenir l'allongement de stabilité (312) qui aurait lieu, au point *b*, sous l'action permanente de la charge Q. Prenant ensuite le point *c* ainsi trouvé pour centre d'un nouveau cercle ayant *bc* pour rayon, ce cercle qui sera semblable au premier, et semblablement situé par rapport au point A, aura toutes ses lignes homologues proportionnelles et parallèles; et par conséquent à l'allongement B*m*, à l'ordonnée ou sinus *mn* et à l'arc B*n*, qui appartiennent au point B, à la fin du temps quelconque T, correspondront, pour le cercle (*c*), un allongement, *br = z*, une ordonnée *rs* et un arc *bs*, qui leur sont homologues ou proportionnels, et qui auront entre eux et avec l'angle

$$bcs = BCn = kT \quad (314),$$

précisément les mêmes relations ou rapports que les premiers
dans le cercle (C); de sorte que la discussion des nᵒˢ 314 et
suivants, relative à la périodicité, à la loi du mouvement, leur
est immédiatement applicable, la grandeur absolue des lignes
étant seule changée.

Quant au cas (318 et suiv.) où cette charge, au lieu d'être
en repos à l'origine du mouvement, reçoit une vitesse initiale V₁, comme on néglige ici complétement l'influence de
l'inertie des parties matérielles du prisme, ou que le mouvement est censé se transmettre instantanément de l'une à
l'autre de ses extrémités, il est évident que les mêmes considérations lui seront encore applicables, et qu'en particulier, si du point c, comme centre, avec la ligne c b' ou c d',
proportionnelle à CD', pour rayon, on décrit une nouvelle
circonférence de cercle homologue à celle D'NB'D', elle
mettra en état encore de discuter directement toutes les circonstances du mouvement dont est animé le point b, comme
on l'a fait par le moyen de cette dernière, dans les endroits
déjà cités.

322. *Formules analytiques qui représentent ces lois.* —
D'après les indications précédentes, rien ne sera plus facile
que d'arriver à ces formules dont l'expression concise offre
à ceux qui savent les lire une interprétation non moins fidèle
que les relations intuitives des figures, de tous les phénomènes de mouvement qu'elles sont destinées à reproduire par
le calcul.

Allongement absolu et vitesse. — Ainsi, par exemple, dans
la question du nᵒ 314 qui se rapporte au cas où la charge Q
agit sans vitesse acquise, on aura, pour déterminer à chaque
instant les valeurs de l'allongement et de la vitesse qui se rapportent au point quelconque b,

$$b r \text{ ou } z = \frac{lx}{L} = \frac{l'x}{L}(1 - \cos kT),$$

$$v = V\frac{x}{L} = kl\frac{x}{L} = kl\frac{x}{L}\sin kT = kz\sin kT,$$

dans lesquelles on a toujours

$$l' = \frac{QL}{AE}, \quad k = \sqrt{\frac{g}{l'}} = \sqrt{\frac{gAE}{QL}},$$

et qui se déduisent immédiatement de celles du même numéro, en y multipliant les valeurs de l et de V qu'elles donnent par le rapport $\frac{x}{L} = \frac{Ab}{AB}$, conformément à ce qui a été indiqué au commencement du n° 321.

On aura de même, pour exprimer à tous les instants les lois du mouvement dans le cas du n° 318 et suivants, où la charge Q possède la vitesse initiale V_1, les formules plus générales,

$$z = \frac{lx}{L} = \frac{x}{L}[l' - r\cos k(T+T')] = \frac{l'x}{L}(1-\cos kT) + \frac{V_1 x}{kL}\sin kT,$$

$$v = V\frac{x}{L} = \frac{kr}{L}x\sin k(T+T') = \frac{kl'}{L}x\sin kT + \frac{V_1 x}{L}\cos kT,$$

qui se déduisent, de la même manière, de celles du n° 319 et de la Note qui l'accompagne.

Tension des éléments du prisme. — Les expressions de P et de i du n° 319, ne dépendant explicitement que du temps T, ainsi que d'angles et de rapports de lignes qui restent les mêmes dans les cercles relatifs au point quelconque b (*Pl. II*, *fig.* 51), il en résulte que les valeurs de ces quantités sont indépendantes de la position particulière de ce point; conséquence nécessaire encore des hypothèses d'où nous sommes partis, et qui n'aurait plus lieu, avec une exactitude suffisante, si la masse du prisme devenait comparable à celle de la charge Q, ou en était, par exemple, le dixième ou le vingtième, puisqu'alors l'influence de la gravité et de l'inertie, sur ses propres parties, commencerait à devenir appréciable (*).

(*) La solution générale de la question qui nous occupe dépend de l'analyse aux différentielles partielles, dont M. Navier a offert de belles applications dans son important Ouvrage, *sur les ponts suspendus*, publié en 1823. En conservant toutes les dénominations jusqu'ici admises, et désignant, de plus, comme au n° 310, par D, la densité ou le poids de l'unité de volume de la substance qui

Influence particulière du poids des éléments. — Il sera toujours facile d'en tenir compte au moyen des formules

---

constitue la tige, les équations à intégrer reviennent aux deux suivantes :

$$\frac{d^2z}{dT^2} = g + g\,\frac{E\,d^2z}{D\,dx^2}, \quad \frac{d^2z}{dT^2} = g - g\,\frac{AE}{Q}\,\frac{dz}{dx}.$$

La première exprime l'état varié de la tranche située à la distance x de l'extrémité supérieure A du prisme, et la deuxième une condition qui doit être satisfaite, à tous les instants, pour l'extrémité inférieure B, où l'on a $x = L$, et où l'on suppose que la charge Q ait été appliquée, dès l'origine du mouvement, avec la vitesse V_1, la tige elle-même étant, à cet instant, au repos dans toute son étendue, c'est-à-dire dans l'état d'allongement où on l'a considérée au n° 310:

On satisfait complétement à ces équations et conditions au moyen de la valeur générale

$$z = \frac{ADL}{AE}\,x - \frac{AD}{2\,AE}\,x^2 + \frac{Q}{AE}\,x$$
$$- \frac{Q}{AE}\,\Sigma B_m\,\frac{\sin mx}{m}\left(\cos\sqrt{\frac{gE}{D}}\,mT - m\sqrt{\frac{E}{gD}}\,V_1\sin\sqrt{\frac{gE}{D}}\,mT\right),$$

dans laquelle

$$B_m = \frac{2mL + \sin 2mL}{4\sin mL},$$

et le signe Σ indique la somme d'une suite de termes semblables à ceux de l'expression qui le suit, et où l'on mettrait successivement pour m, les différentes valeurs positives fournies par l'équation transcendante

$$mL\,\text{tang}\,mL = \frac{ADL}{Q},$$

dont, comme on sait, les racines sont toutes réelles et en nombre infini.

La valeur ci-dessus de z, étant différentiée successivement par rapport à T et à x, donnera d'ailleurs pour déterminer la vitesse v et l'allongement proportionnel i, ou par mètre, d'un élément quelconque du prisme,

$$\frac{dz}{dT}\,\text{ou}\,v = \frac{Q}{AE}\,\Sigma B_m\,\frac{\sin mx}{m}\,m\sqrt{\frac{gE}{D}}\left(\sin\sqrt{\frac{gE}{D}}\,mT + m\sqrt{\frac{E}{gD}}\,V_1\cos\sqrt{\frac{gE}{D}}\,mT\right),$$

$$\frac{dz}{dx}\,\text{ou}\,i = \frac{ADL}{AE} - \frac{AD}{AE}\,x + \frac{Q}{AE}$$
$$- \frac{Q}{AE}\,\Sigma B_m\cos mx\left(\cos\sqrt{\frac{gE}{D}}\,mT - m\sqrt{\frac{E}{gD}}\,V_1\cos\sqrt{\frac{gE}{D}}\,mT\right).$$

Dans le cas particulier où le poids ADL, de la tige de suspension est très-petit vis-à-vis de celui de la charge Q, l'équation transcendante ci-dessus donne approximativement $mL = \sqrt{\frac{ADL}{Q}}$; pour la plus faible de ses racines,

établies au n° 310, et en observant que les efforts résultant de
ce poids en chacun des points de AB doivent simplement s'a-

---

et $mL = n\pi + \dfrac{ADL}{n\pi Q}$ pour chacune des suivantes dont le rang est ici désigné

par n; ce qui suppose qu'on néglige seulement les quantités dont le rapport

à l'unité est moindre que le carré de la fraction $\dfrac{ADL}{Q}$. D'après cela, on démontre

sans difficulté que les termes qui, dans les développements de sinus et de cosinus, compris sous le signe Σ des expressions de z, v et i, correspondent à
ces dernières valeurs de mL, sont tous négligeables par rapport à ceux que

fournit la première ou $m = \sqrt{\dfrac{AD}{QL}}$, ce qui, au degré d'approximation indiqué,

fait coïncider ces mêmes expressions avec leurs correspondantes du texte.

Au surplus, les formules générales de cette Note, quoique déduites d'une
analyse analogue à celle dont s'est servi M. Navier aux §§ X et XI de l'Ouvrage
déjà cité, en diffèrent néanmoins quant au fond, attendu que cet illustre ingénieur suppose qu'à l'instant où la charge Q reçoit la vitesse initiale V_1, le
prisme ait déjà pris, sous cette charge, l'allongement de stabilité dont nous
avons parlé aux n°s 310, 312 et suivants; ce qui fait disparaître, des séries ci-
dessus, tous les termes qui, étant indépendants de V_1, expriment la loi du
mouvement vibratoire, relatif au cas où le poids Q agirait sans vitesse antérieurement acquise. Dans quelques circonstances, la question peut, en effet, se
présenter sous ce double aspect; mais il nous a semblé utile, tout en justifiant
les résultats particuliers du texte, de faire connaître ici la solution qui se
rapporte à l'hypothèse la plus générale, et qui conduit aussi aux plus grandes
valeurs des allongements subis par les prismes.

D'après ce que l'on reconnaît d'ailleurs touchant les séries de la forme de
celles qui nous occupent, et tout ce qu'en a dit, en particulier, M. Navier, aux
endroits déjà cités de son savant Ouvrage, il est inutile d'insister sur ce qui
arrive dans le cas où le poids Q, étant à l'inverse très-petit vis-à-vis de celui

du prisme, on a approximativement $mL = \dfrac{(2n+1)\pi Q}{Q + ADL}$, au lieu de $n\pi + \dfrac{ADL}{n\pi Q}$,

non plus que sur le défaut d'isochronisme des mouvements exécutés, dans le
cas général, par les divers éléments de ce prisme. Il suffit de rappeler que ces
mouvements se composent, eux-mêmes, d'une infinité d'oscillations simples
analogues à celles qui nous ont occupé dans le texte, mais qui, étant privées
d'une mesure commune, quant à la durée, ne permettent pas, au prisme, de
reprendre rigoureusement, à aucun instant, son état primitif d'équilibre, ou
l'un quelconque des états intermédiaires par lesquels il a déjà passé, et qui
vont ainsi constamment en se modifiant. Quant aux effets qui seraient dus séparément à l'action du poids Q, et à sa force vive initiale, on voit, par les
expressions ci-dessus, qu'ils s'ajoutent, se superposent, en quelque sorte, sans
se nuire réciproquement; circonstance qui se présente dans tous les phénomènes de vibration où le déplacement relatif des molécules demeure assez
petit, pour que l'élasticité ne soit, à aucun instant, altérée, et pour que ce
déplacement lui-même demeure proportionnel à la force qui est censée directement le produire.

jouter, se superposer à celui que produit en B la force motrice variable P (316 et 319); car, dans l'hypothèse où l'on
continue de négliger l'influence de l'inertie des éléments matériels du prisme, il devient permis de supposer l'action de
ces différentes forces transmise intégralement, ou sans perte,
en chacun d'eux. Si l'on se rappelle, en effet, que la longueur
de la partie bA (*Pl. II, fig.* 5o et 51), est ici représentée
par x, et que $p = $ A.D dans les formules du n° 310, on en
conclura que les valeurs qui doivent être ajoutées à celles
de P, i et z mentionnées ci-dessus, afin de tenir compte du
poids des éléments du prisme, sont respectivement :

pour la 1re ou P... $p . b$B $= $ AD $($ L $- x)$,

pour la 2me ou i... $p . \dfrac{b\,\mathrm{B}}{\mathrm{AE}} = \dfrac{\mathrm{AD}(\mathrm{L} - x)}{\mathrm{AE}}$,

pour la 3me ou z... $\dfrac{p\,\mathrm{L}}{\mathrm{AE}} . b\mathrm{A} - \dfrac{p}{2\,\mathrm{AE}} b . \mathrm{A}^2 = \dfrac{\mathrm{ADL}}{\mathrm{AE}} x - \dfrac{\mathrm{AD}}{2\,\mathrm{AE}} x^2.$

Mais on n'aperçoit pas aussi clairement, par la voie du raisonnement ordinaire, quelle est la nature des modifications qu'il
faudrait faire subir aux formules primitives, pour tenir compte
de l'influence exercée, aux divers instants, par l'inertie des
éléments matériels du prisme ; et, sous ce rapport, l'analyse
algébrique offre un immense avantage sur les considérations
directes de la Géométrie ou du raisonnement, quoique les
résultats n'y apparaissent alors que dans un état de complication qui les rend peu applicables aux besoins de la pratique.

Du mouvement oscillatoire des prismes dont la charge
permanente est soumise à l'action d'un choc vif.

323. *Des premiers effets d'un choc vif, ou de la vitesse ini-*
tiale qui en résulte. — Dans les n°s 312 et 318, nous avons
examiné l'influence qui peut être due à la force vive acquise,
par la charge, lors des premiers allongements du prisme, ou à
celle qu'elle possède déjà à l'instant où elle vient reposer sur

son extrémité inférieure; ici nous supposerons que la charge Q, toujours censée fixement attachée au prisme, reçoive elle-même un choc à l'instant où celui-ci est parvenu, sous l'action de cette charge et après un nombre d'oscillations plus ou moins grand (316), à l'état de stabilité pour lequel son allongement permanent est mesuré (312) par la quantité $l' = \dfrac{QL}{AE}$, ou, plus rigoureusement, si l'on veut avoir égard (310) à l'effet initial de son propre poids $pL = ADL$, par la quantité

$$l' = \frac{QL}{AE} + \frac{1}{2}\frac{pL^2}{AE},$$

qui différera toujours extrêmement peu de la première, dans les cas d'application.

Cela posé, nous nommerons Q' le poids, et $M' = \dfrac{Q'}{g}$ la masse du corps étranger, qui sera censé venir choquer le premier, ou Q, avec la vitesse V', qu'il aurait acquise, par exemple, en tombant verticalement de la hauteur H', le long du prisme qu'il ne ferait simplement qu'embrasser, sans le toucher, dans sa chute, de sorte qu'on aurait $V' = \sqrt{2gH'}$. La question principale consiste évidemment encore à rechercher, comme aux n°s 312 et 318, le plus grand allongement subi par ce prisme à l'instant où le mouvement de descente de Q et Q' a cessé, et où la pression se trouve réduite à celle de Q + Q'; mais, pour le découvrir, il ne suffirait pas ici d'égaler simplement la demi-force vive $\frac{1}{2}M'V'^2$, ou Q'H' à la quantité de travail qui est développée, dans le même sens, par les poids Q, Q', et, en sens contraire, par la résistance élastique AEi, du prisme, durant la première période de l'allongement; car, par suite de la réaction qui a lieu à l'instant du choc, les masses M et M' subissent, de leur côté, une compression, une déformation qui entraîne, avec elle, une perte plus ou moins grande de travail ou de force vive (161) qu'il faut, au préalable, savoir évaluer. Or il est clair que cette déformation, cette perte est plus faible que celle qui aurait lieu si la tige de suspension était parfaitement inextensible, et un peu plus forte que celle qui surviendrait si le corps Q, quoique primitivement en

repos, était entièrement libre de se mouvoir sous les efforts
de réaction que lui fait éprouver Q', animé de la vitesse V';
et ceci offre un nouvel exemple de l'impossibilité où l'on se
trouve de déterminer les véritables circonstances du choc,
quand on ignore la loi de la compressibilité des corps qui y
sont soumis.

Pour en apercevoir le motif, on reprendra les raisonnements des n⁰ˢ 154 et suivants, et l'on remarquera que, si l'on
nomme v et v' les degrés de vitesse, perdu par le premier et
gagné par le second, pendant la durée du temps infiniment

petit t, on n'a plus ici simplement $F = M \dfrac{v}{t} = M' \dfrac{v'}{t}$ et partant

$M v = M' v'$ pour chacun des instants de la compression, mais
bien

$$F - Q' = M' \frac{v'}{t}; \quad F + Q - AEi = M \frac{v}{t};$$

le produit AEi représentant toujours (236), l'effort de réaction
opposé, dans tout l'intervalle où l'élasticité demeure parfaite,
par la tige de suspension dont on néglige ici le poids et l'inertie
des parties, comme étant insensibles par rapport à ceux des
masses M et M'.

En effet, si les poids Q et Q' ainsi que les efforts AEi opposés
par cette tige, étaient comparables à l'intensité de la force de
réaction F, ce qui arriverait pour des corps très-compressibles, il faudrait bien avoir égard à leur influence qui consiste
à augmenter ou à diminuer cette intensité, suivant le sens
indiqué par les signes $+$ et $-$, dont ils sont précédés dans
les équations ci-dessus. Or, comme la première donne pour F

la valeur $Q' + M' \dfrac{v'}{t}$, on peut bien remplacer cette valeur dans

la deuxième, ce qui donne simplement

$$Q' + M' \frac{v'}{t} + Q - AEi = M \frac{v}{t},$$

ou

$$(Q + Q' - AEi)\, t = M v - M' v';$$

mais cette nouvelle égalité ne peut pas servir immédiatement
à faire trouver les quantités de mouvement perdues et gagnées

à chacun des instants du choc, ni par conséquent celle qui a lieu après sa durée, comme cela arriverait dans le cas déjà cité des corps entièrement libres.

Supposant, au contraire, que la résistance à la compression, des masses M et M', qui subissent directement l'action du choc, soit très-grande par rapport à leurs poids P et Q et à la résistance AEi de la tige, ou, ce qui revient au même, supposant que leurs impressions réciproques, pendant le choc, soient comme insensibles par rapport aux allongements $l = i$L, éprouvés par cette tige, alors on retombera dans la condition F = Mv = M'v', en vertu de laquelle M et M' prennent (155) la vitesse commune

$$V_{_1} = \frac{M'V'}{M + M'} = \frac{Q'}{Q + Q'} \cdot V',$$

avant que la tige soit allongée d'une manière appréciable; par suite, elles agiront, sur cette même tige, avec une quantité de mouvement (M + M')$V_{_1}$ = M'V', ou une force vive initiale mesurée simplement par

$$(M + M')V_{_1}^2 = \frac{M'}{M + M'}M'V'^2 = \frac{Q'}{Q + Q'}M'V'^2 = \frac{2Q'^2H'}{Q + Q'},$$

au lieu de M'V'², et à laquelle correspond une perte antérieure mesurée, à son tour (161), par l'expression

$$\frac{M}{M + M'}M'V'^2 = \frac{Q}{Q + Q'}M'V'^2,$$

puisque les corps sont ici censés ne point se quitter après l'instant qui suit la première impression (159).

Que si d'ailleurs la masse M était, elle-même, déjà animée d'une vitesse V'', dirigée ou non dans le sens de V', et à laquelle correspondrait une certaine valeur donnée de l'allongement l du prisme, alors on aurait (163) pour mesurer, dans les mêmes hypothèses, la vitesse et la force vive communes à ces deux corps, à l'instant où le choc a cessé,

$$V_1 = \frac{M'V' \pm MV''}{M + M'} = \frac{Q'V' \pm QV''}{Q + Q'},$$

$$(M + M')V_1^2 = \frac{(MV' \pm MV'')^2}{M + M'} = \frac{(Q'V' \pm QV'')^2}{g(Q + Q')},$$

les signes supérieurs de *l'ambiguité* $\pm$, devant être adoptés dans le premier cas où Q marche dans le sens de Q', et les signes inférieurs dans le deuxième.

Ces préliminaires étant admis, rien n'est plus facile, comme on va le voir, que d'appliquer au cas général qui nous occupe les différentes considérations exposées dans les numéros qui précèdent.

324. *Méthodes et formules pour apprécier les effets d'un tel choc.* — Sous le point de vue de la résistance des prismes, on n'a point à s'occuper de ce qui survient après la première période de l'allongement, puisqu'on sait, par l'expérience, que, si la limite d'élasticité naturelle n'y a point été atteinte, elle ne le sera pas, *à fortiori*, dans les oscillations suivantes, où l'amplitude des excursions de la charge va sans cesse en diminuant ; du moins, il ne paraît pas qu'on doive ici admettre cette cause, encore mal définie (249 et suivants), et qui ferait dépendre la résistance élastique, de l'influence du temps ou du nombre, de la répétition des effets, même en deçà de la limite dont il s'agit.

Méthode générale. — Ayant appris, ci-dessus, à calculer approximativement la force vive initiale

$$(M + M')V_1^2, \quad \text{ou} \quad (Q + Q')\frac{V_1^2}{g},$$

commune aux deux masses, M et M', à la fin du choc dont la durée est censée extrêmement petite par rapport à celle de la première période du mouvement, où l'allongement du prisme, de l' qu'il était d'abord sous l'influence de la charge permanente, Q (313 et 318), devient, je suppose, L', à l'instant où la masse M + M' est réduite au repos ; il ne s'agira, en vertu du principe des n°s 136 et 137, ainsi que des observations déjà faites aux n°⁵ 312 et suivants, que de rechercher si la moitié de cette force vive, augmentée de la quantité de travail $(Q + Q')(L' - l')$ qu'y ajoute la pesanteur pendant la descente effective des deux corps de la hauteur $L' - l'$, plus encore, de celle que suppose l'allongement primitif, l', du prisme, et qui, dans l'hypothèse d'une élasticité parfaite, et où la masse M se trouverait au repos à l'instant du choc, peut être mesurée (312) par le produit $\frac{1}{2}Ql' = \frac{1}{2}Q\dfrac{QL}{AE}$ ou $\frac{1}{2}AEL\,i'^2$,

il ne s'agira, disons-nous, que de voir si la somme de ces quantités surpasse ou non la résistance vive d'élasticité, $T_e = T'_e AL$, ou la résistance vive de rupture, $T_r = T'_r AL (247)$, dont les coefficients, T'_e, T'_r, sont donnés par les Tables des n°ˢ 275, 296 et suivants, pour être en mesure de reconnaître, à l'aide d'un calcul facile et dont nous offrirons un exemple dans la partie des applications, s'il y a chance que l'élasticité du prisme soit énervée par les effets qui succèdent au choc, ou que la rupture immédiate s'ensuive. A l'aide du principe déjà cité, et des courbes qui expriment (*Pl. II, fig.* 47 et 48, n°ˢ 274 et 290) la loi des allongements des prismes de diverses substances, on pourra également étudier, par des constructions ou des tâtonnements faciles, les particularités essentielles du phénomène de l'allongement produit sous l'influence de la vitesse initiale et des efforts exercés par les poids réunis des deux charges. Mais, en supposant, comme au n° 318 et comme il convient généralement de le faire dans les projets d'établissement des constructions, qu'on limite la question au cas où ces effets doivent laisser l'élasticité du prisme intacte, il deviendra possible encore de soumettre directement ces circonstances au calcul.

Allongement maximum dans l'hypothèse d'une élasticité parfaite. — En limitant la question au cas où la charge Q se trouve au repos à l'instant du choc, et nommant toujours L le plus grand allongement subi par le prisme, ou I l'allongement proportionnel qui lui correspond, sa valeur s'obtiendra au moyen de l'équation

$$(Q + Q')\frac{V_i^2}{2g} + (Q + Q')(I - i')L + \tfrac{1}{2}AEL\,i'^2 - \tfrac{1}{2}AELI^2,$$

qui exprime précisément que l'égalité a lieu entre les diverses quantités dont il vient d'être parlé ci-dessus, attendu que, dans l'hypothèse d'une élasticité parfaite, le produit $\frac{1}{2}$ AELI² mesure (247) la résistance vive totale, T_e, du prisme.

On mettra cette équation sous une forme plus simple et plus commode pour le calcul ou la discussion géométrique, si, après avoir multiplié tous ses termes par la fraction $\dfrac{2\,L}{AE}$, on observe que l'on a

$$L' = IL, \quad Q = AEi' = AE\frac{l'}{L}, \quad \text{ou} \quad \frac{Q}{AE} = i' = \frac{l'}{L}, \quad \frac{QL}{AE} = l',$$

et qu'on pose, en outre, par analogie,

$$\frac{Q}{AE} = i'' = \frac{l''}{L}, \quad \frac{Q'L}{AE} = l'',$$

i'' et l'' représentant ainsi l'allongement proportionnel et l'allongement effectif que subirait le prisme sous un effort permanent égal au poids Q' du corps choquant. Cette équation prendra, en effet, la forme

$$\frac{(l' + l'')}{g} V_1^2 + 2(l' + l'')(L' - l') + l'^2 = L'^2,$$

et donnera, par les méthodes connues, en posant de nouveau, pour abréger (322),

$$\sqrt{\frac{g}{l' + l''}} \text{ ou } \sqrt{\frac{gAE}{(Q + Q')L}} = k_1,$$

$$L' \text{ ou } IL = l' + l'' \pm \sqrt{l''^2 + \frac{V_1^2}{k_1^2}},$$

double valeur dont la plus grande doit, comme au n° 318, correspondre toujours au maximum de l'allongement, et la plus petite à son minimum si elle est positive, ou au maximum de l'accourcissement subi par le prisme, dans son oscillation en retour, si elle est, au contraire, négative; c'est-à-dire si elle doit être portée (*Pl. II, fig.* 5i) en sens opposé par rapport à l'extrémité inférieure, B, du prisme considéré dans son état naturel. Mais, d'après ce qui a déjà été remarqué au n° 320, ce dernier résultat est sujet à restriction, et suppose, tout au moins, que les poids Q et Q', demeurent assez unis entre eux et avec la barre, par suite des déformations ou résistances accidentelles qui naîtraient du choc, pour qu'ils ne puissent se séparer aux instants où la réaction élastique du prisme vient à s'exercer en sens contraire du mouvement acquis dans l'oscillation en retour. Afin d'éviter d'interrompre le fil des idées, nous ferons, pour le moment, abstraction de ces circonstances particulières, sauf à y revenir plus tard, quand il s'agira des applications spéciales de cette théorie du mouvement oscillatoire.

Équation fondamentale du mouvement. — Le principe des forces vives (136 et 137) mettra pareillement à même de découvrir, pour le cas dont il s'agit, la relation qui sert à calculer la vitesse V, commune aux deux masses M et M', à un instant quelconque de leur mouvement, par exemple, à celui qui correspond à un allongement donné, $l = iL$, pourvu qu'il soit ici permis encore (313) de négliger l'influence due à l'inertie et au poids des parties matérielles du prisme. Car l'accroissement $(M + M')(V^2 - V_t^2)$ qu'aura reçu la force vive de ces masses, depuis l'origine du mouvement, devra être égal au double de la quantité de travail $(Q + Q')(l - l')$ développée, sur elles, par la pesanteur, pendant leur descente de la hauteur $l - l'$, diminuée du double de la quantité de travail,

$$\tfrac{1}{2} AEL(i^2 - i'^2) = \tfrac{1}{2} \frac{AE}{L}(l^2 - l'^2),$$

qui est développée, en sens contraire, par la résistance élastique, AEi, du prisme, pendant la durée de cette même descente ; c'est-à-dire qu'on aura, pour déterminer V, au moyen de l, la nouvelle relation

$$\frac{(Q + Q')}{g} V^2 - \frac{(Q + Q')}{g} V_t^2 = 2(Q + Q')(l - l') - \frac{AE}{L}(l^2 - l'^2),$$

qui, en multipliant tous ses termes par $\frac{AE}{L}$, et en ayant égard aux observations et conventions ci-dessus, devient successivement

$$\frac{V^2}{k_1^2} - \frac{V_1^2}{k_1^2} = 2(l' + l'')(l - l') - l^2 + l'^2 = l''^2 - (l' + l'' - l)^2,$$

par des transformations algébriques bien connues, mais qu'il nous eût été très-facile d'éviter, ou plutôt de suppléer entièrement, tant dans cette question que dans la précédente, si nous n'avions voulu montrer, par un nouvel exemple, comment l'application du principe des forces vives peut conduire directement au but, sans recourir aux données que nous avons précédemment acquises sur la nature du mouvement oscillatoire des prismes.

325. *Interprétation géométrique des résultats et lois du mouvement qui succède au choc.* — Rien n'est plus simple que d'interpréter dans le langage géométrique, les résultats auxquels on vient de parvenir en dernier lieu, et dont l'analogie avec ceux qui ont été exposés, pour des cas particuliers, dans les n°s 313 et suivants, est facile à saisir : BC représentant (*Pl. II, fig.* 51) la quantité l', dont, par hypothèse, s'est allongé primitivement le prisme vertical, AB, sous la charge permanente Q, et CO celle, l'', dont il s'allongerait par l'influence immédiate de Q', BO représentera pareillement l'allongement total de stabilité, $l' + l''$, qui entre dans les formules ci-dessus, et que prendrait le prisme sous l'action d'une charge unique Q + Q', allongement qui, en vertu du principe établi à la fin du n° 312, doit correspondre aussi à l'instant où la vitesse V_1 ayant atteint sa valeur maximum, l'inertie ne joue plus aucun rôle, et où l'extrémité inférieure, B, du prisme, atteint elle-même le centre au milieu de ses courses ascendantes et descendantes, dans le mouvement oscillatoire qui succède au choc.

Allongement et contraction maximum. — D'après cela, si l'on porte, sur l'ordonnée ou horizontale du point, C, qui indique la position initiale de cette extrémité, la distance $CN' = \dfrac{V_1}{k_1}$, il est évident que l'hypoténuse

$$ON' = \sqrt{\overline{OC}^2 + \overline{CN'}^2} = \sqrt{l''^2 + \frac{V_1^2}{k_1^2}},$$

sera le rayon r_1, d'un cercle dont les intersections, B″ et D″, avec la direction prolongée de l'axe du prisme, donneront les positions extrêmes de B. On aura donc aussi

$$BD'' = BO + OD'' = l' + l'' + \sqrt{l''^2 + \frac{V_1^2}{k_1^2}},$$

$$BB'' = OB'' - OB = \sqrt{l''^2 + \frac{V_1^2}{k_1^2}} - (l' + l''),$$

qui sont précisément, l'une la plus petite, et l'autre la plus grande des valeurs absolues de L′, trouvées ci-dessus (324), par la voie purement analytique.

Vitesses et allongements quelconques. — Supposons que y représente l'une des positions intermédiaires de B, pendant son mouvement descendant, de sorte que By soit précisément égal à l. Si l'on élève, en ce point et au cercle mentionné, l'ordonnée yM′ dont le carré

$$\overline{y\mathrm{M}'}^2 = \overline{\mathrm{OM}'}^2 - \overline{Oy}^2 = \overline{\mathrm{ON}'}^2 - (y\mathrm{B} - \mathrm{OB})^2$$

$$= l''^2 + \frac{V_1^2}{k_1^2} - (l - l' + l'')^2,$$

cette ordonnée représentera précisément la valeur de $\dfrac{V}{k_1}$, que fournit la dernière des équations du n° 324; ce qui prouve que toutes les circonstances du mouvement oscillatoire, déjà étudiées dans les n°s 318 et suivants, pour le cas particulier d'une seule masse M, animée de la vitesse V_1, se reproduisent exactement ici, pourvu qu'on substitue la considération du cercle B″N′D″B″ à celle des cercles BnDB, B′ND′B′, etc.; conséquence évidente *à priori*, puisque le mouvement oscillatoire des deux masses, M et M′, lorsqu'elles sont une fois réunies et que l'élasticité n'est en aucun instant altérée, ne saurait différer de celui d'une masse unique, M + M′, suspendue à l'extrémité inférieure du prisme, AB, et qui aurait reçu, en C, une vitesse initiale, V_1, capable de lui faire atteindre l'une ou l'autre des positions extrêmes D″ et B″.

Amplitude, durée et nombre des oscillations. — Ces rapprochements et tout ce qui a été exposé aux n°s 318 et suivants, nous dispensent d'entrer dans la discussion détaillée des autres particularités du mouvement, relatives au cas général qui nous occupe, et dont la plus remarquable est, sans contredit encore, l'indépendance complète qui existe entre le nombre, la durée des oscillations et leur amplitude, l'intensité du choc ou la vitesse du mouvement. On aura, en effet (315), pour calculer cette durée,

$$T = \frac{\text{circ. } B'' N' D'' B''}{k_1 . ON'} = \frac{2 \pi r_1}{k_1 r_1} = \frac{2 \pi}{k_1}$$

$$= 2 \pi \sqrt{\frac{l' + l''}{g}} = 2 \pi \sqrt{\frac{(Q + Q')L}{g AE}},$$

attendu qu'ici les quantités

$$k_1 = \sqrt{\frac{g}{l + l''}} = \sqrt{\frac{g AE}{(Q + Q')L}} \quad \text{et} \quad r_1 = \sqrt{l''^2 + \frac{V_1^2}{k_1^2}} = ON',$$

dont la dernière exprime aussi la demi-amplitude des oscillations, remplacent celles qui ont été désignées simplement par k et r au n° 319.

Quant au nombre N, des oscillations par seconde, on le trouvera au moyen des formules

$$N = \frac{1}{T} = \frac{k_1}{2 \pi} = \frac{1}{2 \pi} \sqrt{\frac{g}{l + l''}} = \frac{1}{2 \pi} \sqrt{\frac{g AE}{(Q + Q')L}},$$

qui sont pareillement indépendants de la vitesse initiale, V_1, et de l'amplitude, $2 r_1$, des oscillations du prisme, mais non pas de la charge $Q + Q'$, qui le sollicite d'une manière constante, à partir de l'instant du choc. Ce dernier pourrait d'ailleurs avoir lieu dans un sens contraire et pour une position, de Q ou de B, y par exemple, très-différente de C, sans qu'il y eût de changé autre chose que la valeur de V_1 (322) et la grandeur de la demi-amplitude ou du rayon r_1, du nouveau cercle, B″N′D″B″, à considérer, lequel aurait toujours pour centre le point O, et pour ordonnée yM′, en y, la nouvelle valeur de $\frac{V_1}{k_1}$;

ce qui donnerait encore

$$r_i \quad \text{ou} \quad \mathrm{OM}' = \sqrt{\overline{\mathrm{O}y}^2 + \overline{y\mathrm{M}'}^2} = \sqrt{\overline{\mathrm{O}y}^2 + \frac{\mathrm{V}_i^2}{k_i^2}},$$

et mettrait ainsi en mesure de discuter toutes les circonstances du nouveau mouvement.

Formules analytiques du mouvement. — Il nous suffira ici de faire connaître celles qui concernent spécialement le temps, et qui peuvent être immédiatement déduites de leurs correspondantes des n°ˢ 319 et suivants. Remarquant à cet effet que, dans le cas actuel, ce temps doit être compté à partir de l'époque où l'extrémité inférieure, B, du prisme, est en C, on verra (319) que, si l'on nomme, en général, T sa valeur, en secondes, relative à la position quelconque, y, de cette extrémité, ou à l'allongement total, $\mathrm{B}y = l$, subi par le prisme, sa relation avec l'arc $\mathrm{N}'\mathrm{M}'$, ou l'angle $\mathrm{N}'\mathrm{OM}'$, sera ici donnée par les formules

$$\mathrm{T} = \frac{\operatorname{arc} \mathrm{N}'\mathrm{M}'}{k_i \cdot \mathrm{ON}'} = \frac{\operatorname{arc} \mathrm{N}'\mathrm{M}'}{k_i r_i} = \frac{\operatorname{angle} \mathrm{N}'\mathrm{OM}'}{k_i}, \quad \operatorname{angle} \mathrm{N}'\mathrm{OM}' = k_i \mathrm{T}.$$

Nommant, de plus, T′ le temps qui correspond à l'arc $\mathrm{B}''\mathrm{N}'$, ou à l'angle $\mathrm{B}''\mathrm{ON}'$, et qui est également donné par le rapport inverse du nombre constant, k_i, à cet angle censé mesuré toujours dans le cercle qui a l'unité pour rayon, il sera aisé d'apercevoir quelle est la nature des changements à effectuer, tant dans les formules du n° 319 que dans toutes celles du n° 322, pour obtenir les expressions qui appartiennent au cas actuel.

Ainsi, par exemple, on aura pour calculer, à un instant quelconque indiqué par la valeur de T, l'allongement l ou $\mathrm{B}y$, subi par le prisme entier, AB,

$$l = \mathrm{BO} + \mathrm{O}y = l' + l'' - \mathrm{OM}' \cdot \cos \mathrm{B}''\mathrm{OM}'$$
$$= l' + l'' - r_i \cos k_i (\mathrm{T} + \mathrm{T}'),$$

attendu que le *cosinus* de l'angle *obtus* $\mathrm{B}''\mathrm{OM}'$, doit ici changer de signe.

En employant les transformations trigonométriques indiquées dans la Note du n° 319, et observant qu'ici encore on a (324)

$$\cos k_1 T' = \cos B'' ON' = \frac{OC}{ON'} = \frac{l''}{r_1}, \quad \text{et} \quad \sin k_1 T' = \frac{N'C}{ON'} = \frac{V_1}{k_1 r_1},$$

cette formule prendra la forme plus explicite

$$l = l' + l''(1 - \cos k_1 T) + \frac{V_1}{k_1} \sin k_1 T.$$

On aura donc aussi (321 et 322), pour calculer, en général, l'allongement z, subi, au même instant, par la partie quelconque $Ab = x$ du prisme, la formule

$$z = l \frac{x}{L} = \frac{x}{L} \left[l' + l'' - r_1 \cos k_1 (T + T') \right]$$

$$= \frac{l'}{L} x + \frac{l''}{L} x (1 - \cos k_1 T) + \frac{V_1 x}{k_1 L} \sin k_1 T;$$

dans laquelle l', l'' et V_1 ont les valeurs

$$l' = \frac{QL}{AE}, \quad l'' = \frac{Q'L}{AE}, \quad V_1 = \frac{Q'}{Q + Q'} V = \frac{l''}{l' + l''} V',$$

déjà indiqués précédemment (322 et 324), et où il serait facile de tenir compte (322) des termes relatifs à l'influence exercée par le poids des parties matérielles du prisme (*).

(*) Pour le cas qui nous occupe, l'expression générale de z, déduite d'une analyse semblable à celle qui est indiquée dans la Note du n° 322, et où l'on tient compte de l'inertie des molécules du prisme, devient, en conservant toujours à B_m la même signification

$$z = \frac{ADL}{AE} x - \frac{AD}{2AE} x^2 + \frac{(Q + Q')}{AE} x$$

$$- \Sigma B_m \frac{\sin mx}{m} \left[\frac{Q'}{AE} \cos \sqrt{\frac{gE}{D}} m T - \frac{(Q + Q')}{AE} m V_1 \sqrt{\frac{E}{gD}} \sin \sqrt{\frac{gE}{D}} m T \right],$$

forme sous laquelle elle conduit à des résultats qui cadrent également avec ceux du texte ci-dessus, quand $\frac{ADL}{Q + Q'}$ ou m sont censés des quantités très-petites.

C'est, au surplus, un résultat auquel on arrive directement d'après le prin-

On remarquera, au surplus, que, pour rentrer dans les conditions des n°s 318 et suivants, il suffirait de supposer l' et Q nuls, dans les formules ci-dessus, sauf ensuite à remplacer, dans les résultats, l'' et Q' par l' et Q, puisqu'on exprimerait, par là, que le mouvement du prisme est simplement produit par le choc d'une masse, M' ou M, animée de la vitesse V' ou V_1, et qui viendrait rencontrer verticalement un obstacle, une saillie quelconques, placés à l'extrémité inférieure, B, de ce prisme.

CONSÉQUENCES ET APPLICATIONS DIVERSES CONCERNANT LES EFFETS DES MOUVEMENTS DES PRISMES.

326. *Résumé des principales de ces conséquences.* — En rapprochant entre eux les divers résultats auxquels on vient de parvenir dans le Chapitre qui précède, il en découle deux principes généraux vérifiés par l'expérience, qu'il est essentiel de retenir pour l'explication de plusieurs faits relatifs au mouvement oscillatoire, et dont la connaissance mettra à même de résoudre, sans nouveaux calculs, diverses questions qui se présentent dans les applications de la Mécanique :

1° Le nombre et la durée des oscillations des prismes sont, dans les limites où l'élasticité demeure parfaite, entièrement indépendants (319 et 325) de l'intensité des chocs ou de la vitesse imprimée, et uniquement relatifs à la valeur de la résistance élastique naturelle, AE, de ces prismes, à leur longueur absolue, L, et à leur tension primitive ou naturelle, c'est-à-dire aux poids, aux efforts, Q ou $Q + Q'$, qui les sollicitent, d'une manière constante, pendant le mouvement ;

2° Les mêmes choses ont lieu également à l'égard des divers points (321) qui, pendant ce mouvement, indiquent la

---

cipe de superposition mentionné à la fin de la Note du n° 322 ; car ici le poids Q doit être nul dans le premier terme de la parenthèse, puisque nous supposons le prisme en équilibre, sous l'action de ce poids, à l'instant où le choc s'opère. Quant au cas où Q posséderait, à cet instant, une certaine vitesse, à laquelle correspondraient un allongement et un état du prisme, déterminés par les lois d'un mouvement oscillatoire antérieur au choc, l'établissement des nouvelles formules ne serait guère plus difficile.

position moyenne de chacun des éléments des prismes, et qu'on pourrait ainsi nommer leurs *centres d'oscillation*, si ce mot n'était pas déjà employé en Mécanique pour désigner toute autre chose.

La position de ces divers points ou centres, par rapport à celle qui correspond à l'état naturel de chaque prisme, est, comme on l'a vu (314, 318, 321 et 325), donnée par la position même d'équilibre que prendrait l'élément correspondant de ce prisme, sous l'influence de la charge constante qui sollicite son extrémité inférieure, et dont, par hypothèse, les efforts se propagent d'une manière à peu près instantanée, à ses différentes parties. Ces mêmes points milieux ou centres indiquent aussi, comme on l'a vu, notamment aux n°s 312 et 314, la position pour laquelle la vitesse de l'élément correspondant du prisme cessant de varier pendant un très-petit instant, atteint sa limite supérieure à chacune des demi-oscillations de la charge; l'influence de l'inertie et la force $m\dfrac{v}{t}$, qui la représente, devenant ainsi nulles au même instant.

Quant à la durée et au nombre des oscillations isochrones et simultanées, exécutées par les divers points matériels du prisme, ils dépendent essentiellement (315, 319, 321, 325) du nombre k ou k_1, dont la valeur est généralement donnée par la racine carrée du rapport de g ou $9^m,809$, à la distance qui sépare la position moyenne de chacun de ces points matériels, de sa position relative à l'état naturel : cette durée, ce nombre des oscillations entières par seconde, sont eux-mêmes donnés dans chaque cas : la première, par le quotient de $2\pi = 6,2832$ divisé par k ou k_1, le second, par le quotient de ce même nombre divisé par 2π; ce qui en rend le calcul très-simple et, redisons-le, tout à fait indépendant de l'intensité de la vitesse en chacun des points du prisme.

*Faits d'expériences et questions relatives à l'extinction
et à l'accumulation du mouvement vibratoire.*

327. *Utilité des principes qui précèdent, pour les applications.* — Pour en offrir tout d'abord un exemple, nous rappellerons ce fait d'expériences déjà énoncé au n° 315, et d'après lequel les oscillations des corps considérés dans leur état naturel, loin de se perpétuer indéfiniment, comme le suppose la théorie, vont, au contraire, sans cesse en diminuant et finissent bientôt par s'éteindre complétement; car on conclura sur-le-champ, des principes généraux énoncés au n° 326, cette conséquence : que si l'élasticité d'un prisme n'a pas été altérée à la fin de la première période du mouvement, ou du plus grand allongement, la durée de ses oscillations, leur nombre en un temps donné, et la position moyenne de chacun de ses éléments, ont dû rester les mêmes jusqu'aux derniers instants de ce mouvement, quoique *l'amplitude* même des oscillations ait sans cesse varié jusqu'à devenir complétement nulle. Or cette conséquence, ce nouveau principe est non-seulement vérifié par l'expérience, pour le cas particulier des prismes, mais il s'étend généralement, comme le démontre le calcul, à tous les mouvements oscillatoires ou vibratoires dont l'amplitude est assez faible pour que la force qui anime les parties n'ait pas été modifiée dans sa nature, c'est-à-dire dans la loi de proportionnalité qu'elle suit par rapport aux distances.

Supposez, maintenant, qu'un corps suspendu à l'extrémité d'un prisme vienne, au milieu de ces oscillations régulières, produites par une cause antérieure quelconque, à subir un nouveau choc de la part d'un corps étranger, et dont l'action ne dure que pendant un certain temps, on saura, à l'avance, que le mouvement oscillatoire qui succédera à cette première impression, suivra les mêmes lois que le précédent; que l'étendue des excursions des molécules de part et d'autre de leur position moyenne sera seule modifiée; qu'en un mot, cette position, le nombre et la durée des oscillations ou vibrations seront demeurés tels qu'ils étaient en premier lieu.

S'il s'agit notamment d'un choc vif survenu en un point

quelconque de la course du corps suspendu au prisme; connaissant d'ailleurs la vitesse V′ de ce corps au point où le choc s'opère, il deviendra possible, au moyen des principes établis dans les n°s 323 et suivants, et en procédant spécialement comme on l'a fait au n° 325, de découvrir, non-seulement la vitesse V$_1$ qui succède immédiatement à V′, mais encore la nouvelle amplitude des oscillations, les plus grands allongements ou accourcissements qui en résultent, toujours dans l'hypothèse d'une élasticité parfaite; car (326) la valeur du nombre k$_1$ n'ayant pas changé, non plus que le centre du cercle qui appartient au nouveau mouvement, on sera en état de calculer ou de construire le rayon r$_1$ de ce cercle, au moyen de l'ordonnée relative au point où le choc a lieu, et qui est toujours donnée par le rapport de la vitesse V$_1$, commune, en ce point, aux deux masses choquantes, et du nombre k$_1$ dont il vient d'être parlé.

Lorsqu'au premier choc, il en succédera un deuxième, un troisième, et ainsi de suite, on pourra calculer de même successivement. les amplitudes croissantes ou décroissantes des nouvelles oscillations dont la durée ne sera nullement changée, pourvu toujours que l'on reste dans les anciennes hypothèses d'élasticité. Mais, afin de préciser davantage les idées, nous offrirons, dans les numéros ci-après, quelques exemples particuliers des lois par lesquelles peut s'opérer cette accumulation ou cette soustraction progressive du mouvement dans les prismes.

328. *Examen des circonstances qui accompagnent le choc en retour des prismes.* — Nous avons annoncé dans le n° 324 que nous reviendrions sur les circonstances que présentent, dans le mouvement de retour du prisme vers l'état naturel, les deux masses M et M′, censées libres de s'élever, en glissant le long de ce prisme. Le phénomène des chocs et vibrations successives qu'il éprouve en raison de cette indépendance des masses est très-compliqué dans le cas où celles-ci pourraient se détacher à la fois de son extrémité inférieure, puisqu'il conviendrait alors (320) de tenir compte du rôle que joue l'inertie de ses parties matérielles dans le mouvement vibratoire qui succède à sa séparation d'avec les masses M et M′; nous sup-

poserons que la dernière de ces masses soit seule libre de se détacher, et que l'autre, au contraire, fasse système avec la partie inférieure du prisme dont le poids, p AL (310), sera ici encore censé très-petit par rapport à celui des deux masses, hypothèses qui, au surplus, se réalisent presque toujours dans les cas d'application. Mais, comme il peut aussi arriver que la masse M' se trouve liée d'une manière accidentelle quelconque à la masse M, nous chercherons préalablement quel est le plus grand des efforts qui tendent à les séparer l'un de l'autre, dans les instants où le prisme vient à se contracter, de plus en plus, après avoir dépassé, dans l'oscillation ascendante, sa position naturelle AB (*Pl. II, fig.* 51).

A cet effet, on remarquera que M' n'a de tendance à quitter M, qu'en raison de ce que la réaction élastique, $P = AE i$, du prisme, ayant changé de sens ou de signe dans tous ces instants, agit pour retarder, de plus en plus, le mouvement de celle-ci par rapport à celui de l'autre, qui ne saurait en être influencé autrement qu'en vertu de leur liaison réciproque, et qui cesserait de l'être dès l'instant où cette liaison viendrait à être détruite par suite de l'accroissement d'intensité de leur réaction commune. D'ailleurs, cette question, où il s'agit de déterminer l'effort de séparation des deux masses M et M', est entièrement analogue à celle qui nous a déjà occupé (323), pour le cas inverse du choc de ces masses; et, comme en négligeant ici encore, par rapport au mouvement commun dû aux contractions du prisme, le mouvement relatif qu'elles peuvent prendre, en raison de la déformation, de l'extension subies par certaines de leurs parties, ou, plus spécialement, par les courts liens qui les unissent accidentellement, les accroissements élémentaires, v et v', de leur vitesse, devront être censés les mêmes à tous les instants de la réaction; de sorte qu'il deviendra, pour le cas qui nous occupe, également possible de déterminer les valeurs de F, à ces divers instants, par la connaissance de la loi du mouvement commun dont il vient d'être parlé.

Raisonnant donc ici, à peu près comme on l'a fait dans cet endroit, si ce n'est que F devient l'effort de réaction qui s'oppose, de bas en haut pour la masse M, et de haut en bas pour la masse M', à leur séparation mutuelle, on aura évidemment, pendant la durée entière de cette réaction,

$$F + Q' = M' \frac{v}{t} \text{ pour la } 1^{re}, \quad \text{et } F + M \frac{v}{t} = Q + P \text{ pour la } 2^e,$$

attendu, je le répète, que ces masses cheminent de compagnie, et qu'on néglige la faible déformation qu'elles peuvent subir sous l'influence de F, ce qui rend $v' = v$.

On aura donc aussi, à tous les instants de la réaction,

$$F = M' \frac{v}{t} - Q' = P + Q - M \frac{v}{t};$$

ce qui donne

$$\frac{v}{t} = \frac{P + Q + Q'}{M + M'} = \frac{gP}{Q + Q'} + g,$$

et

$$F = \frac{Q'v}{gt} - Q' = \frac{Q'}{Q + Q'} P = \frac{Q'}{Q + Q'} AEi,$$

pour calculer, à chacun de ces instants, le degré v, du ralentissement éprouvé par les masses, ainsi que l'effort de réaction F, qui en résulte, et dont la plus grande valeur correspondra évidemment au maximum même de l'accourcissement, i ou I, donné par la formule

$$IL = \sqrt{l''^2 + \frac{V_1^2}{k_1}} - (l' + l'')$$

des n°s 324 et 325, laquelle permettra ainsi de calculer rigoureusement ce plus grand effort dans chaque cas.

Il est évident d'ailleurs que ces formules mettront en mesure, non-seulement de découvrir la loi du mouvement pendant la durée des accourcissements du prisme, loi qui sera immédiatement donnée (325) par la partie du cercle B″N′D″B″ (*Pl. II, fig.* 51), comprise entre B″ et le prolongement de NB, mais encore de déterminer, soit le degré de résistance que, dans certains cas, il faudra procurer aux attaches, pour empêcher que la masse M′ ne quitte M, soit l'intensité de leur vitesse commune à l'instant où cette résistance, supposée donnée *à priori*, se trouve être entièrement vaincue.

Considérant maintenant ce qui arrive après cette séparation, dont l'époque pourra également être assignée par le calcul, ou, ce qui revient au même, supposant désormais que la masse M′ soit entièrement libre de se détacher, de M, avec la vitesse V, qu'elle a reprise, en sens contraire, au point B, dans le mouvement de retour du prisme vers l'état naturel; il arrivera, à peu près, ce qui a déjà été expliqué au n° 320 pour le cas d'une seule masse libre elle-même de quitter son appui sur le prisme. Seulement, ici, le poids Q, qui remplacera cet appui, ayant une très-grande valeur par rapport à celle du poids pAL de ce prisme, il deviendra possible de calculer, avec exactitude (318 et suivants); les circonstances du mouvement oscillatoire qui succède à sa séparation d'avec Q′, et, par suite, tous les effets des chocs qui peuvent en résulter. D'un côté, la connaissance de la vitesse de séparation, V, au point B, entraînera celle du cercle B′N D′B ou du mouvement oscillatoire de Q; et, comme la loi de l'ascension et de la descente de Q′ sera également connue (120), on pourra, à l'aide d'un tâtonnement facile ou de l'intersection des courbes qui lient les temps aux chemins parcourus, déterminer l'instant et le point précis où Q′ atteindra de nouveau le poids Q′, dans sa chute de la hauteur $H_1 = \dfrac{V_1^2}{2g}$, ce qui permettra aussi (322) de calculer la vitesse initiale, très-différente de V, qui succède à ce choc, etc. D'un autre côté, non-seulement on sera en état, au moyen de cette dernière donnée et des principes exposés dans les n°s 324 et suivants, de déterminer la loi du nouveau mouvement oscillatoire, le plus grand accourcissement subi par le prisme, etc., mais, de plus, on saura, *à priori*, quelle est la vitesse avec laquelle s'opère la nouvelle séparation des deux masses en B, et ainsi de suite, en continuant les calculs jusqu'à ce qu'on arrive à un dernier choc et à une dernière oscillation, pour laquelle, en raison des pertes de force vive, résultantes de chaque choc, le maximum d'accourcissement subi par le prisme se changera en minimum d'allongement; ce qui arrivera nécessairement lorsque, pour une dernière vitesse initiale, V, qui pourra d'ailleurs, ainsi que les précédentes, être contraire à celle que la masse M, possédait avant le choc, on aura

$$\sqrt{l''^2 + \frac{V_1^2}{k_1^2}} < l' + l'', \quad \text{ou} \quad \frac{V_1}{k_1} < \sqrt{l'(l' + 2l'')};$$

30.

condition facile à vérifier par le calcul ou la Géométrie, puisqu'elle indique simplement que le cercle B″N′D″B″, relatif au
dernier choc et au mouvement oscillatoire final, ayant toujours
pour centre le point O, doit passer en deçà de B, par rapport à
A. Mais il nous suffit d'avoir montré la marche des calculs,
dont le développement et l'application particulière ne sauraient offrir de difficultés sérieuses.

329. *Question relative à l'accumulation du mouvement oscillatoire dans les prismes.* — Supposez qu'un homme, saisissant,
avec adresse, les instants où le poids oscillant, Q, suspendu à
l'extrémité inférieure, B, du prisme (*Pl. II, fig.* 51), atteint la
limite de sa course ascendante, ajoute à Q un nouvel effort, ou
plutôt un nouveau poids, Q′, qu'il abandonne d'abord à lui-
même, sans vitesse acquise, pendant toute la demi-oscillation
descendante, et qu'il enlève ou supprime ensuite dans toute la
demi-oscillation ascendante, sauf à recommencer et à continuer ainsi successivement les mêmes alternatives d'action ; il
est certain, d'après les principes ci-dessus établis, que la loi du
mouvement restera la même dans chacune des demi-oscillations respectives, descendantes ou ascendantes, et qu'en admettant notamment les conventions du n° 324, celles-là se
feront constamment autour du point O, et celles-ci autour du
point C. Or, cette seule donnée suffit pour mettre en état de
découvrir, dans les hypothèses souvent mentionnées, toutes
les circonstances du mouvement régulier qui succède à un
nombre quelconque d'impulsions ou d'actions pareilles de la
part de la force motrice.

En effet, le mouvement ascendant, qui succède immédiatement à un mouvement descendant, devant avoir la limite inférieure, par exemple D″, commune avec lui, et cette limite
devenant ainsi un point de contact commun aux deux cercles
correspondants, dont le centre est C pour le premier mouvement, et O pour le second, il faut bien que le rayon de celui-
ci, ou la demi-amplitude de l'oscillation ascendante, soit augmenté, à chaque fois, de la distance constante, CO, qui sépare
ces centres ou points milieux. Et, comme la chose aura lieu,
à l'inverse, toutes les fois qu'à une oscillation ascendante,
opérée sous la direction de Q, succédera une oscillation des-

cendante, qui le sera sous les actions réunies de Q et Q', on voit très-clairement que les demi-amplitudes de ces oscillations alternatives, s'accroîtront successivement de quantités indiquées par la progression arithmétique

$$CO, \quad 2CO, \quad 3CO, \ldots, \quad 2nCO;$$

$2n$ étant leur nombre, ou n celui des oscillations entières, à partir de celle où Q' s'ajoute, pour la première fois, à Q. Et, par conséquent, CD' étant la demi-amplitude, supposée constante, des oscillations exécutées antérieurement par Q,

$$BD' + 2nCO = CD' + BC + 2nCO,$$
$$BB' + 2nCO = CD' - BC + 2nCO,$$

sera l'allongement ou l'accourcissement subi finalement par le prisme, c'est-à-dire au bout des n alternatives d'action du poids Q', si l'élasticité est demeurée parfaite, et que l'on continue à négliger la faible part d'influence qui peut être due à l'inertie et au poids des parties matérielles du prisme, ainsi qu'aux pertes de force vive, occasionnées par la transmission du mouvement oscillatoire aux corps extérieurs, perte insensible pour chacune des alternatives d'action.

Supposons, à l'inverse, que le moteur trouvant le prisme dans l'état de mouvement qui est relatif au centre O et aux poids réunis de Q et de Q', vienne à soustraire, à chaque oscillation descendante, ce dernier poids, tout en le rétablissant dans l'oscillation contraire, sans lui permettre d'ailleurs (328) de quitter Q, aux instants où les allongements du prisme se changent en accourcissements, on voit que les amplitudes de ces oscillations iront en diminuant précisément suivant la progression arithmétique indiquée ci-dessus, et que le mouvement oscillatoire finira bientôt par s'éteindre complétement pour recroître ensuite dans le sens opposé, si la puissance continue la marche régulière de ses alternatives d'action. Supposant d'ailleurs que, dans l'une ou l'autre hypothèse, cette même puissance ajoute à la fois à Q, un poids Q', dans les oscillations ascendantes du prisme, et l'en retranche dans l'oscillation contraire, ou inversement, alors il est bien évident encore que la vitesse d'accroissement ou de décroissement

des amplitudes de ces oscillations sera précisément double de
ce qu'elle était précédemment. Enfin, remplaçant ces actions
lentes de la force motrice par une succession de chocs ou
d'actions vives quelconques, mais qui se reproduisent à des
intervalles convenables et déterminés (326) par l'énergie de la
tension naturelle ou moyenne qu'éprouvent les éléments du
prisme, avant ou après chaque réaction, il ne paraîtra pas moins
évident que des circonstances absolument semblables se reproduisent sous l'influence de ces chocs vifs, sauf qu'ici le
centre ou point milieu des oscillations, ascendantes et descendantes, ne variera, pour ainsi dire pas, si le corps choquant
rejaillit ou quitte la charge permanente Q, aussitôt après le
choc ; le rayon seul de ces cercles se trouvant instantanément
augmenté ou diminué (319 et 325) d'une quantité relative à
l'intensité et au sens de l'action.

Ce sont là, au surplus, des résultats auxquels on parvient
directement par le principe de la transmission du travail et des
forces vives (136 et 137), qui s'applique même au cas où le
moteur agit d'une manière quelconque dans chacune des alternatives de mouvement. Car, en raisonnant ici comme on l'a
fait en particulier aux nos 313 et 324, il paraîtra évident, puisque
la force vive de la masse oscillante M devient nulle au commencement et à la fin de ces alternatives, que si l' représente
le plus grand éloignement au départ, et l_n, en général, celui
qui a lieu après un nombre quelconque n d'actions motrices,
le travail mécanique que suppose, en lui-même, l'excès d'allongement $l_n - l'$, étant d'ailleurs mesuré (324) par l'expression
$\frac{1}{2}\frac{AE}{L}(l_n^2 - l'^2)$, celle-ci devra être précisément égale à la somme
des quantités de travail fournies par la puissance dans le sens
du mouvement, moins la somme de celles qui l'ont été dans
le sens contraire, plus encore la demi-somme des forces vives
imprimées, effectivement, au corps oscillant, lors des chocs
vifs, c'est-à-dire abstraction faite des pertes qui en résultent
et qui peuvent toujours s'évaluer approximativement, d'après
les formules du n° 323, ou les principes des nos 161 et suivants.

330. *Deuxième question sur ce sujet ; exemple relatif à*

l'art des constructions. — Imaginez un homme placé, debout, sur un support horizontal fixé à l'extrémité inférieure du prisme vertical dont il vient d'être parlé et pour lequel ce support représentera la charge constante qui, dans les questions précédentes, a été nommée Q, tandis que le poids de cet homme représentera, si l'on veut, celui de la charge additionnelle nommée Q′. Supposez, en outre, que ce même homme, en fléchissant et se redressant alternativement sur les genoux, abaisse et élève périodiquement la partie supérieure de son corps; il fera naître ainsi, dans le prisme, un mouvement oscillatoire dont l'amplitude ira sans cesse en croissant, s'il a su, adroitement encore, mettre le mouvement de sa masse en harmonie avec celui que peuvent prendre le prisme et le support, c'est-à-dire si, la durée de ses alternatives d'action étant précisément égale à celle des oscillations naturelles de ces derniers, il s'arrange de manière que les plus fortes ou les plus faibles pressions qu'il exerce par son inertie et son poids aient précisément et respectivement lieu dans les oscillations descendantes ou ascendantes du support, ce qui arrivera inévitablement s'il s'élève ou s'élance de bas en haut, quand ce support baisse, et s'il se laisse, au contraire, retomber en ployant les genoux, quand celui-ci vient à son tour à remonter.

On se rendra parfaitement compte de ces effets, en observant que, dans ce double mouvement, l'effort de réaction que l'homme fait éprouver au support, se compose du *poids total* de son corps, augmenté de la résistance $\dfrac{Q'}{g}\dfrac{v'}{t}$ ou $M\dfrac{v'}{t}$ (130), due à l'inertie de la majeure partie de ce poids, quand il s'élève rapidement par la force musculaire des jambes et des reins, tandis que cette même réaction est simplement réduite à l'excès de Q′ sur $M'\dfrac{v'}{t}$, pendant les instants où il se laisse, au contraire, retomber en fléchissant les genoux. Or, puisque la force musculaire dont il vient d'être parlé permet à l'homme de quitter entièrement le point d'appui de ses pieds, lorsqu'il est à terre, on conçoit que ce dernier effort de réaction, cet excès pourra devenir complétement nul dans certains instants, tandis que, dans l'autre, l'excès contraire pourra dépasser de beaucoup le double du poids, Q′, de cet homme.

Il est certain que l'un et l'autre de ces efforts variables de
réaction seraient très-difficiles, pour ne pas dire impossibles,
à calculer *à priori* ou à déterminer par expérience, quand bien
même on parviendrait à découvrir la loi des mouvements que
l'homme peut ainsi imprimer à son corps. Mais ce calcul n'est
pas nécessaire pour se faire une idée approximative du maximum de travail ou d'effet utile qu'il pourrait développer dans
un semblable exercice. Car, si l'on estime à o^m,3, par exemple, la hauteur dont il abaisse, dans chaque période, le poids
de la partie supérieure de son corps, supposé seulement de
5o kilogrammes, et à o^m,3, pareillement, la hauteur totale à
laquelle il peut élever, au-dessus du sol, par sa force musculaire, le poids entier de son corps supposé de 7o kilogrammes,
il en résultera que le travail, relatif à la totalité de o^m,6 de son
ascension, sera mesuré par la somme

$$50^{kg} \times 0^m,3 + 70^{kg} \times 0^m,3 = 36^{kgm}.$$

C'est à cette quantité qu'il faudra ici égaler celle,

$$\tfrac{1}{2} AE \frac{(l_n^2 - l'^2)}{L},$$

dont il a été question ci-dessus (329) pour obtenir la valeur de
l_n ou $l_n - l'$, à la fin de chacune des oscillations entières du
prisme, si, comme on le suppose toujours, et en raison de la
lenteur plus ou moins grande de ces oscillations (*), l'homme
emploie de la manière la plus favorable possible, c'est-à-dire
sans chocs ni contre-coups, l'action musculaire par laquelle il
parvient à développer constamment, ou à chaque alternative,
les 36 kilogrammètres dont il s'agit.

(*) Leur durée, sous la charge constante Q, étant donnée (319) par la formule $T = 2\pi \sqrt{\dfrac{QL}{gAE}}$, tandis que celle des alternatives d'action de l'homme
ne peut guère être moindre qu'une ou deux secondes, cette condition fixe la
relation à établir entre les quantités Q, L, A et E qui se rapportent spécialement au prisme. Ainsi, par exemple, en prenant $T = 2''$, on aura pour déter-
miner la longueur L, de ce prisme, tout le reste étant connu, $L = \dfrac{gAE}{\pi^2 Q} = 0,633\dfrac{AE}{Q}$;
AE étant la résistance élastique de ce même prisme, et Q le poids du support.

En effectuant le calcul pour un exemple particulier, il sera facile de s'assurer que l'amplitude des oscillations du prisme irait continuellement en augmentant, mais d'une manière beaucoup moins rapide que dans les hypothèses de l'exemple précédent, où l'action motrice croissait elle-même sans cesse avec cette amplitude, tandis qu'ici elle en est supposée indépendante. Si l'on nomme, en effet, pour plus de généralité, B^2 la valeur toute connue de la quantité $\dfrac{2L}{AE} 36^{\text{kgm}} = \dfrac{72L}{AE}$ qui ne dépend que des dimensions et de l'élasticité du prisme, on trouvera par un raisonnement fort simple, mais dont le développement serait trop long à rapporter, que l'allongement l_n subi par le prisme, au bout de n oscillations entières, est donné par la formule

$$l_n = \sqrt{l'^2 + n B^2},$$

dans laquelle $l' = \dfrac{QL}{AE}$, représente (237 et suivants) l'allongement de stabilité que le prisme acquiert sous le poids seul de son support.

Le premier de ces allongements croît donc d'une manière d'autant moins rapide, que B^2 est plus petit vis-à-vis de l'^2, ou que le rapport de B^2 à l'^2, égal à $\dfrac{72 AE}{Q^2 L} = \dfrac{72^{\text{kgm}}}{Q l'}$ est lui-même moindre par rapport à l'unité; mais on voit aussi que la valeur de ce dernier allongement ne saurait, en aucun cas, surpasser celle de $\sqrt{n B^2}$, qui croît seulement comme la racine carrée du nombre n, des oscillations ou secousses successives de la puissance.

Cette accumulation du mouvement oscillatoire par la répétition des mêmes effets, est un autre moyen d'emmagasiner, dans les corps élastiques, le travail des forces motrices naturelles, et de produire, comme dans le cas du choc (179), des résultats dont elles seraient incapables par leur application directe à la résistance. C'est ainsi, par exemple, qu'en faisant osciller alternativement l'extrémité la plus faible d'une grosse et longue poutre horizontale, reposant sur un appui solide, vers son autre extrémité, armée, à cet effet, d'une bride en fer embrassant la tête d'un pilot, c'est ainsi qu'on parvient, au bout d'un temps souvent fort court et à l'aide d'un petit nombre d'hommes, à l'arracher du sol où il avait été enfoncé à coups de mouton redoublés, etc. Mais, cette application, comme plusieurs autres que nous pourrions citer, sont un peu étrangères à notre objet actuel, et nous passerons à un exemple qui y a plus directement trait.

331. *Explication d'un fait observé par M. Savart dans ses expériences sur la vibration des verges élastiques.* — Dans un Chapitre intéressant du Mémoire que nous avons cité au n° 299, cet habile physicien s'est proposé de démontrer l'extrême facilité avec laquelle les vibrations longitudinales peuvent être excitées dans les verges élastiques, lorsqu'en les fixant vers le milieu ou à l'une de leurs extrémités, on vient à passer légèrement, mais à plusieurs reprises différentes, les doigts mouillés le long de leur surface. Il arrive alors, comme l'observe M. Savart, que le mouvement se propage, de proche en proche, des couches externes aux couches centrales, de façon que les effets de la friction répétée, se communiquant bientôt à la masse entière des verges, les oscillations finissent par acquérir une amplitude qui ne paraît nullement en rapport avec la faiblesse de la cause.

Parmi les expériences délicates qu'il a spécialement entreprises dans la vue de constater les efforts qui seraient capables de produire directement le maximum des allongements observés, nous citerons celles dont il a lui-même soumis les résultats au calcul à la page 398 du tome LXV des *Annales de Chimie et de Physique*, et nous y ajouterons, d'après ce qui précède, l'évaluation des quantités de travail qui correspondent à ces mêmes efforts.

Dans une première expérience sur une verge de laiton de $1^m,407$ de longueur et $34^{mm},95$ de diamètre, l'allongement, sous l'influence des vibrations, s'est élevé à $0^m,00026$, ce qui donne, pour calculer l'effort correspondant, P, par la formule $P = AEi$ du n° 236,

$$i = \frac{0^m,00026}{1,407} = 0,0001848, \quad A = \frac{\pi(34,95)^2}{4} = 959^{mmc},37,$$

et, partant,

$$P = 959,37 \times 9615^{kg} \times 0^m,0001848 = 1704^{kg},7,$$

en prenant pour E la valeur déduite du résultat des expériences de M. Savart, et qui se trouve rapporté dans la Table du n° 300.

Multipliant ensuite ce résultat, qui coïncide, à très-peu de chose près, avec celui de ce physicien, par la moitié de l'allongement correspondant, $0^m,00026$, de la tige, conformément à ce qui a été établi au n° 247, on trouvera pour la quantité de travail ou la résistance vive, que cet allongement suppose

$$T_e = 1704^{kg},7 \times \tfrac{1}{2} \times 0^m,00026 = 0^{kgm},222.$$

On voit combien ce résultat est faible, puisqu'en supposant l'effort longitudinal, nécessaire pour vaincre la friction des doigts dans l'expérience dont il s'agit, égal à $0^{kg},1$ seulement, il suffirait de répéter cette friction deux fois de suite, dans le même sens et sur une étendue de $1^m,11$, pour développer une quantité d'action égale à celle qui vient d'être trouvée. Le raisonnement et le calcul sont donc parfaitement d'accord avec les faits de l'expérience, bien que, à considérer les choses d'un peu plus près, on aperçoive qu'une certaine quantité d'action et de travail doit nécessairement être employée, en pure perte, à détruire une portion correspondante de la force vive acquise par les molécules dans leurs mouvements vers le point d'encastrement de la tige, et une autre portion également appréciable, employée à transmettre le mouvement vibratoire aux corps environnants, par l'intermédiaire du support.

En refaisant les mêmes calculs pour la seconde des expériences citées, relative à un cylindre de verre, de $0^m,966$ de longueur, et $29^{mm},1$ de diamètre, qui s'est allongé de $0^m,00021$, sous l'influence des frictions répétées, ou des vibrations qui en ont été la suite, si l'on refait, dis-je, ces calculs, on trouvera

$$P = 900^{kg} \text{ environ, et } T_e = 0^{kgm},098,$$

en prenant, d'après la Table de l'article 300, $E = 6200^{kg}$ pour

la tige de verre n° 3. Or le dernier de ces résultats offre une
nouvelle preuve de la faible dépense de travail qui est nécessaire pour engendrer, dans les tiges élastiques, les oscillations
ou vibrations longitudinales les plus puissantes.

On peut même voir, par les résultats exposés aux n°ˢ 296
et 298, qu'il n'en coûterait pas beaucoup plus pour amener
ces verges au point de la rupture, et, chose remarquable,
qu'il en coûterait d'autant moins que leur substance serait
plus raide ou plus dure, c'est-à-dire moins ductile. Ces mêmes
résultats donnent aussi une idée de la puissance des effets
physiques qui pourraient être produits à la longue par l'accumulation du mouvement vibratoire dans certains corps solides,
soumis à l'action réitérée des plus faibles forces ou des plus
faibles causes, qui viendraient ainsi à suppléer l'énergie primitive de cette action, par l'étendue du chemin sur lequel
elle se trouverait répartie (71 et 72).

*Applications relatives à l'emploi du fer dans les ponts
suspendus.*

332. *Données essentielles de la question.* — On sait que les
tiges verticales de ces ponts, soutenues, vers le haut, par des
chaînes en fer, qui vont d'une rive à l'autre en passant quelquefois sur des piles intermédiaires, sont destinées à supporter
les extrémités de poutres horizontales, perpendiculaires à l'axe,
sur lesquelles reposent à leur tour les solives ou longrines
qui reçoivent le plancher ou tablier du pont, etc. Chacune de
ces tiges se trouve ainsi chargée de la moitié du poids total
qui agit sur la poutre ou traverse correspondante, et ce poids
peut toujours être calculé, *à priori*, par la connaissance du
système. Nous supposerons que la charge permanente, et
ordinairement uniforme ainsi calculée, soit de 2450 kilogrammes, et qu'en conformité de la règle des constructeurs,
indiquée au n° 288, on ait donné à chaque tige une section
d'environ $\dfrac{2450}{2} = 1225$ millimètres carrés, répondant à 35 millimètres de côté; la charge par millimètre étant ainsi réduite
à 2 kilogrammes seulement.

D'ailleurs, comme dans toutes les circonstances où cette charge reçoit une impulsion, une vitesse initiale étrangère à l'action de son propre poids, la longueur absolue des tiges doit jouer un rôle nécessaire et d'autant plus appréciable qu'elle est plus petite (317), il y aura lieu d'en tenir compte dans les calculs; ce qui, en s'arrêtant au premier aperçu, conduirait à choisir, pour les y soumettre, les tiges les plus courtes parmi celles qui supportent le tablier du pont; mais comme leurs extrémités supérieures, au lieu d'être fixes, sont liées par un gros boulon à des chaînes qui possèdent une assez grande flexibilité, il en résulte que les effets des chocs simultanés ou successifs qu'elles subissent doivent être d'autant plus atténués, qu'elles sont elles-mêmes plus voisines du milieu du pont, où les oscillations, les abaissements atteignent nécessairement leur limite supérieure.

En considérant même les choses d'un peu plus près, il est aisé d'apercevoir que cette mobilité du point d'attache supérieur des tiges reproduit, en réalité, l'effet qui aurait lieu si on les prolongeait au-dessus de ce point, d'une quantité telle, que l'allongement subi par la partie excédante, à compter du nouveau point d'attache supposé entièrement fixe, fût exactement égal à l'abaissement qu'éprouve le premier dans l'état naturel; du moins peut-on admettre une semblable hypothèse, lorsqu'il y a pareillement lieu de négliger (321) l'inertie et le poids des parties matérielles de la tige ainsi prolongée.

D'un autre côté, comme le calcul et l'expérience sont d'accord pour prouver que les abaissements, vers le milieu des chaînes, sont très-grands par rapport aux allongements que peuvent subir les plus longues barres de fer dans les limites de l'élasticité naturelle, il en résulte que les tiges de suspension qui éprouvent le plus de fatigue dans les ponts dont il s'agit, correspondent précisément aux points d'appui des chaînes, et que, par conséquent, c'est en ces points, où elles ont souvent jusqu'à 10 mètres de hauteur, qu'il est surtout intéressant de vérifier leur solidité.

Lors du levage ou montage des matériaux du pont, la pose des diverses pièces s'effectue d'une manière successive; et, quoique cette opération soit nécessairement accompagnée de mouvements plus ou moins vifs, on conçoit qu'il n'en ré-

sulte aucun effet dangereux pour la solidité. Mais il en est
tout autrement lorsque le pont étant une fois établi, il vient à
être surchargé passagèrement ; et c'est dans la prévision des
accidents fâcheux qui peuvent en résulter que l'Administration
des Ponts et Chaussées oblige les entrepreneurs à soumettre
le pont à une épreuve préalable, qui consiste à le surcharger
uniformément d'un poids de 200 kilogrammes par mètre carré,
représentant à peu près celui du plus grand nombre de personnes qui puissent y être contenues, à raison également de
trois par mètre carré. Sur un pont de 8 mètres de largeur, et dont
l'espacement des tiges serait de $1^m,5$, par exemple, cela donnerait 12 fois $200^{kg} = 2400^{kg}$ de surcharge par couple de tiges,
ou 1200 kilogrammes par tige, et augmenterait d'environ moitié en sus, la charge permanente de 2450 kilogrammes que
nous leur avons supposée ci-dessus. Mais, comme la pose des
matériaux destinés à cette épreuve se fait d'une manière progressive, il en résulte que les tiges de suspension sont bien
loin de subir l'amplitude d'allongement qu'elles recevraient,
en réalité, de la part d'une masse pareille, ou même moindre,
qui serait animée d'une certaine vitesse, ou qui viendrait en-
vahir le pont d'une manière plus ou moins rapide : telle serait,
par exemple, une troupe d'hommes ou d'animaux, un croisement de voitures lourdement chargées, et dont l'action deviendrait d'autant plus dangereuse qu'elle se ferait sentir seulement sur un petit nombre de points d'appui.

333. *Appréciation des effets produits sur les tiges de
suspension, par la rencontre de voitures lourdement chargées.*
— Pour se convaincre des dangers qui peuvent en résulter
pour la solidité, il n'y a qu'à supposer la rencontre, en un
point déterminé du pont, de deux voitures pesant chacune
8000 kilogrammes tout compris : comme les poutres longitudinales, qui entrent dans ce pont, n'embrasseront généralement guère plus de quatre travées ou cinq couples de tiges,
et que les couples, qui correspondent directement aux roues,
porteront au moins deux ou trois fois la charge des autres, on
n'exagérera certainement pas en élevant à 2600 kilogrammes
celle que supporte chacune d'elles, même aux derniers instants
de l'allongement qu'elles devront subir, et où elles seront le

plus soulagées par leurs voisines. Supposant, en outre, ces voitures animées d'une certaine vitesse, et rencontrant les obstacles, les inégalités dont les planchers des ponts sont toujours hérissés; mettant enfin en ligne de compte les effets dus au choc occasionné par la marche des chevaux, il sera facile de juger, d'après les calculs déjà établis aux n°s 317 et 318, que, malgré la faiblesse de la charge permanente supportée par les tiges verticales du pont, et l'épreuve préalable qu'on fait subir, il pourrait bien arriver, dans certaines circonstances, que l'élasticité de ces mêmes tiges fût plus ou moins énervée.

Afin d'offrir un nouvel exemple de ces calculs et de fixer davantage les idées, nous supposerons que la surcharge de 2600 kilogrammes vienne choquer la tige qui la supporte, avec une vitesse de 0^m,70 par seconde, due à une chute de 25 millimètres seulement de hauteur, et nous admettrons de plus que cette tige ait la longueur de 10 mètres, que nous considérons comme un maximum. D'après ce qui a été expliqué ci-dessus, on aura donc ici

$$A = 1225^{mme}, \quad L = 10^m, \quad Q = 2450^{kg}, \quad Q' = 2600^{kg}, \quad V' = 0^m,70;$$

ce qui donne d'abord, pour la vitesse initiale commune à Q et Q', à la fin du choc (323),

$$V_1 = \frac{Q'}{Q + Q'} V' = \frac{2600}{5050} \, 0^m,70 = 0^m,36,$$

vitesse qui correspond elle-même à une chute de très-peu supérieure à 0^m,006 . On trouvera ensuite, par les formules du n° 324, et en prenant toujours $E = 20000^{kg}$,

$$l' = \frac{QL}{AE} = 0^m,001, \quad l'' = \frac{Q'L}{AE} = 0^m,00106, \quad l' + l'' = 0^m,00206,$$

$$k_1 = \sqrt{\frac{g}{l' + l''}} = \sqrt{4761,55} = 69,0,$$

ce qui donnera, pour le plus grand allongement subi par la tige

$$L' \text{ ou } IL = l' + l'' + \sqrt{l''^2 + \frac{V_1^2}{k_1^2}} = 0^m,00206 + \sqrt{0,0000283\overleftarrow{4}}$$

$$= 0^m,00206 + 0^m,00532 = 0^m,00738,$$

et, pour l'allongement proportionnel I, ou par mètre,

$$\tfrac{1}{10}\,0^m,007\,38 = 0^m,000\,74,$$

résultat qui montre que l'élasticité des tiges de suspension pourrait en effet être altérée (298) dans les hypothèses dont il s'agit, et qu'on ne saurait d'ailleurs considérer comme exagérées (*).

Les réflexions que ce résultat suggère, ainsi que le *mode* d'épreuve qu'on fait actuellement subir aux ponts suspendus sur chaînes en fer, feront l'objet de l'article suivant.

334. *Réflexions concernant la stabilité des ponts suspendus.* — Les conclusions auxquelles nous ont conduit nos précédents calculs, si elles étaient prises à la lettre, donneraient lieu de craindre que, par suite de la répétition plus ou moins fréquente des accidents occasionnés par la rencontre de lourdes voitures, sur ces sortes de ponts, l'altération élastique des tiges verticales n'allât sans cesse en augmentant ainsi que leurs allongements permanents, et que, bientôt, il n'arrivât une époque où leur énervation complète entraînerait la ruine partielle ou totale du système. Ce danger, si l'on s'arrêtait à un premier aperçu, paraîtrait bien plus imminent encore pour les immenses chaînes auxquelles toute la charge du pont et des tiges se trouve suspendue, et qui sont composées de longues barres, de longs anneaux dont le fer est soumis à des efforts

---

(*) On peut, à la vérité, objecter, d'une part, que la simultanéité du choc de deux voitures à l'instant de leur croisement sur le pont, offre, en elle-même, peu de probabilité ; d'une autre, que les roues ne peuvent retomber, avec une certaine vitesse, sur le tablier du pont, qu'autant qu'elles cesseraient d'agir sur lui pendant toute la durée de leur chute, et qu'alors il pourrait bien arriver que les extrémités inférieures des tiges de suspension, eussent eu le temps de se relever ou de se détendre d'une quantité plus ou moins grande, etc. L'unique réponse à ces questions, c'est que les hypothèses contraires, tout improbables qu'on les suppose, sont néanmoins possibles ; car il peut se faire que le choc surprenne les tiges dans un état d'allongement supérieur à leur allongement moyen, en raison des oscillations mêmes qui naissent de leur détente élastique. Or, dans ces sortes de questions, il est d'usage d'admettre précisément l'hypothèse des chances les plus défavorables, pourvu qu'elles soient possibles rationnellement.

permanents, qui s'élèvent quelquefois à 8 ou 10 kilogrammes par millimètre carré, mais que les ingénieurs prudents réduisent, conformément à la règle du n° 288, à 5 ou 6 seulement, de manière que, lors de l'épreuve dont il a été parlé ci-dessus (332), la charge soit, au plus, de 9 ou 10 kilogrammes également par millimètre carré. Or on doit remarquer que, si la tension de ces chaînes est susceptible de croître proportionnellement à la charge qui se trouve uniformément répartie sur le plancher du pont, il s'en faut de beaucoup qu'il en soit ainsi pour une surcharge isolée, même en considérant les chaînons qui supportent immédiatement cette surcharge par l'intermédiaire des tiges; le calcul démontre, en effet, que l'excès de tension, qui en résulte, est toujours une fraction extrêmement faible de celui que reçoit chaque tige, de sorte qu'il est permis d'en négliger l'influence dans la question qui nous occupe.

À l'égard des tiges de suspension qui peuvent momentanément se trouver soumises, comme on l'a vu, à des allongements surpassant d'une quantité notable la limite assignée, par l'ensemble des expériences connues, à l'élasticité naturelle du fer, on est conduit à reconnaître que l'absence des accidents que pourrait entraîner, avec elle, une pareille altération, si elle était souvent répétée, doit tenir à quelque propriété physique du métal, qui n'a pu encore être mise en parfaite évidence dans les expériences d'une courte durée, et qui doit être analogue à celle dont il a été parlé au n° 300, à l'occasion des intéressantes recherches de M. Ardant. On a vu, en effet, que des fils métalliques dont l'élasticité paraissait comme entièrement énervée sous l'influence d'un chargement brusque, ou d'une succession de charges additionnelles, qui ne laissaient, pour ainsi dire, aucun repos à ces fils, reprenaient ensuite, en grande partie, leur élasticité, leur énergie primitives, quand ils demeuraient soumis à l'action permanente ou prolongée, de ces mêmes charges; de sorte qu'il peut bien arriver, *à fortiori*, pour le cas des ponts de fer, que les tiges de suspension reprennent, après une série d'oscillations occasionnées par le passage de lourdes voitures, etc., une portion notable de l'élasticité qu'elles avaient momentanément perdue, ou que leurs molécules reviennent même complétement à leur ancien état, à leur état moyen de stabilité sous l'influence du temps, ou des actions lentes qui les sollicitent.

Cette opinion est d'ailleurs conforme à celle qu'a émise M. Savart, à la page 385 du Mémoire cité au n° 299, et d'après laquelle des tiges métalliques, en s'allongeant, d'une manière progressive et permanente, sous l'influence d'une charge constante, et de vibrations excitées dans le sens de leur longueur, finissent néanmoins par acquérir un état de stabilité, une sorte d'*écrouissage*, qu'elles conserveraient ensuite indéfiniment sous l'influence des mêmes conditions.

335. *Du mode d'épreuve qu'il conviendrait de faire subir aux ponts suspendus.* — Quoi qu'il en soit de ces dernières réflexions, il ne résulte pas moins, de nos précédents calculs, que l'épreuve, en quelque sorte *statique*, à laquelle on se contente ordinairement de soumettre les ponts suspendus, bonne, en elle-même, pour mettre en évidence les défauts accidentels des chaînes et autres matériaux de la construction, ne saurait offrir, pour la suite, toutes les garanties de solidité désirables. De plus, les fâcheux accidents qu'elle entraîne parfois, et contre lesquels on s'est élevé avec de justes raisons, doivent la faire entièrement proscrire par l'Administration : mais par quel genre d'épreuves pourrait-on la remplacer avec sécurité et de manière à atteindre le but désiré ?

Dans deux lettres successivement adressées à l'Académie des Sciences de Paris, M. le docteur Gourdon a proposé soit d'effectuer le chargement d'épreuve ordinaire, en se servant de cabestans, fixés à l'une des rives, pour amener successivement les matériaux sur le tablier du pont, soit de faire parcourir, par le même moyen, toute la longueur de ce dernier, à une voiture chargée deux ou trois fois autant que les plus lourdes voitures de roulier : la vie des hommes préposés à cette manœuvre serait ainsi préservée de tout danger. Mais, de ces deux procédés, le premier, à cause de son excessive lenteur, paraît peu susceptible d'application, et il exigerait toujours la présence, sur le pont, d'un certain nombre d'hommes pour le déchargement et le placement des matériaux; le second offrirait l'inconvénient d'exagérer, outre mesure, la charge instantanée, et il ne permettrait pas de juger de l'effet des forces vives imprimées aux diverses parties, dans l'état ordinaire.

Il nous semble qu'on atteindrait plus sûrement et plus promptement le but, si l'on faisait traîner par des chevaux et à la vitesse voulue la voiture ou les deux voitures destinées à l'épreuve au moyen d'une chaîne ou d'un cordage de prolonge suffisamment étendu ; à peu près comme cela se pratique, pour les canons, dans certaines manœuvres d'artillerie. On mettrait d'ailleurs les chevaux à l'abri de tout accident, en faisant passer la prolonge sur un tambour à gorge, monté sur l'une des rives, et qui serait muni de saillies et de *rochets* convenables, pour rendre impossible le mouvement de recul des chaînes lors de la rupture du pont. Quant au placement de la surcharge uniforme, qui paraît être indispensable pour éprouver les parties les plus solides de la construction, nous ne voyons aucun moyen suffisamment simple de l'effectuer sans compromettre l'existence de quelques hommes.

336. *Des accidents qui peuvent résulter du passage d'une troupe sur les ponts suspendus.* — Il est peu de personnes qui ne soient au courant d'une ancienne disposition des ordonnances militaires, qui prescrit de faire rompre le pas à la troupe, aux abords des ponts. On sent parfaitement bien que cette mesure, pleine de sagesse, a pour objet d'éviter l'influence des secousses simultanées qui seraient le résultat de la marche cadencée d'une pareille troupe ; mais il n'est peut-être pas inutile, et cela rentre spécialement dans l'objet de ce Chapitre, d'expliquer comment cette simultanéité d'action peut, au bout d'un temps plus ou moins long et par sa répétition, devenir réellement dangereuse ; car il paraît évident aussi qu'une seule de ces secousses, fût-elle-même instantanée, ne saurait produire, en chaque point, un effet équivalant à celui de lourdes voitures dont il a été parlé au n° 333, à moins de supposer des colonnes marchant au pas de charge, serrées en masse et occupant toute la largeur du pont et de ses trottoirs. Lorsqu'en effet, les hommes viennent, dans leur marche ordinaire ou même accélérée, à poser à la fois et alternativement chacun de leurs pieds sur le plancher du pont, ils ne le choquent certainement pas avec la vitesse et l'intensité d'action que nous

avons attribuées à ces voitures : la masse réellement agissante, dans ces chocs, est bien loin d'égaler celle de leurs corps. Il est évident qu'il faut chercher principalement la cause des accidents qui ont motivé l'ordonnance, dans l'accumulation du mouvement oscillatoire imprimé au plancher des anciens ponts en charpente, et dans l'accroissement progressif de l'amplitude des oscillations qui en résulte, et dont nous avons déjà offert des exemples, plus ou moins analogues, aux n°s 329 et suivants.

Pour faire une application suffisamment exacte des principes établis dans ces numéros, au cas actuel, il est nécessaire, au préalable, de considérer attentivement ce qui se passe, en général, pendant la marche ordinaire de l'homme et des animaux ; le pas de course, le trot et le galop étant exceptés, puisqu'à de telles allures, les dangers et l'intensité de l'action développée par les chocs successifs qu'occasionne la chute de la totalité ou d'une partie plus ou moins grande du poids du corps, qui a été comme lancée au-dessus du sol, ne sont point choses douteuses, et qu'il soit nécessaire de soumettre au calcul.

337. *Évaluation approximative du travail développé par l'homme, dans les oscillations verticales qu'il imprime à son corps pendant la marche ordinaire.* — Loin d'agir par une succession de chocs vifs dans la marche lente et graduelle dont il s'agit, les animaux ne font éprouver à leur corps, de droite à gauche et de bas en haut, que de légères oscillations, par suite desquelles le poids en est successivement reporté, sur l'une ou l'autre jambe, avec une intensité d'action variable entre zéro et une limite qui est principalement relative (330) à l'inertie de la partie de leur masse qu'ils mettent en mouvement, soit en se portant en avant, soit en s'abaissant ou en s'élevant au-dessus du point d'appui naturel.

Nous laisserons de côté l'influence qui peut être due aux actions opérées dans le sens horizontal, et provenant, soit de la progression en avant, soit du balancement transversal dont il vient d'être parlé, et nous tiendrons compte uniquement des effets qui peuvent résulter, comme au n° 330, de l'élévation et de l'abaissement périodiques de la partie supérieure

du corps de l'homme, dont le poids sera supposé de 60 kilogrammes seulement, y compris la charge qu'il porte. Observant, en outre, que dans la marche ordinaire d'un homme de
taille moyenne, l'amplitude de ces abaissements et élévations
successifs, ne surpasse guère 2 à 3 centimètres, on sera conduit à évaluer, tout au plus, à $0^m,03 \times 60^{kg} = 1^{kgm},8$ le travail dynamique qu'il peut ainsi développer à chaque pas ou
alternative d'action ; ce qui, en estimant également à $0^m,7$ la
longueur du pas ordinaire, porterait, d'après le tableau du
n° 214, à $1^{kgm},8 \times \dfrac{54\,000}{0^m,70} = 1^{kgm},8 \times 77\,143 = 138857^{kgm}$ environ, la quantité de travail que fournirait ce même homme dans
sa marche journalière, en terrain horizontal : le chemin total
qu'il est ainsi capable de parcourir, étant de 54 000 mètres, ou
le nombre de ses pas de 77 143, à raison de 2,1 environ par
seconde.

Si l'on compare d'ailleurs la quantité de travail ci-dessus à
celle qui, d'après le tableau de la page 252, est développée par
l'homme cheminant le long d'une rampe douce, on peut voir
que, loin d'être exagérée, elle est à peine la moitié de cette
dernière ; ce qui conduirait à porter, avec quelques Auteurs, à
5 centimètres, au moins, la hauteur à laquelle l'homme élèverait, à chaque pas, le poids entier de son corps, si l'on n'avait
point égard à l'excès de fatigue occasionné par la vitesse avec
laquelle il est obligé de porter en avant les différentes autres
parties de sa masse, dans la marche horizontale.

338. *Calculs relatifs aux effets résultant, dans certains cas,
du passage d'une troupe sur les ponts suspendus.* — En comptant seulement deux hommes par mètre carré de la surface du
pont, ce qui, d'après nos premières hypothèses (332), fait
environ 24 hommes par travée, ou 12 par tige, cela réduira à
800 kilogrammes environ la charge additionnelle due au passage de la troupe, dont le poids s'ajoute, à peu près constamment ou moyennement, à celui de la charge permanente de
2450 kilogrammes, provenant du tablier, et élèvera à 3 250 kilogrammes la force de tension moyenne, de chacune des tiges
de suspension, valeur qui représentera ici simplement celle
de Q ; ce qui donnera, en conservant toutes les autres suppo-

sitions du n° 332,

$$l' = \frac{QL}{AE} = \frac{3250^{kg}.10^m}{24500000} = 0^m,00133$$

pour l'allongement primitif ou de stabilité que subiraient les plus longues d'entre elles, sous l'influence de cette seule tension.

On aura donc aussi (319 et 325)

$$k = k_1 = \sqrt{\frac{9,809}{0,00133}} = 85,88,$$

et par conséquent, pour le nombre N, des oscillations entières que ces mêmes tiges sont susceptibles d'exécuter dans la durée de chaque seconde et sous l'influence d'une vitesse initiale quelconque (326),

$$N = \frac{k_1}{2\pi} = \frac{85,88}{6,2832} = 13,67.$$

Le nombre des pas exécutés par la troupe ayant été trouvé ci-dessus de 2,1 seulement pour le même temps, c'est-à-dire 6,5 fois moindre environ, on voit qu'il s'en faut, de beaucoup, que les alternatives d'action, relatives à la marche ordinaire des hommes, coïncide avec celles des oscillations qui sont naturelles aux tiges de suspension, et que ce ne pourrait être que par le plus grand des hasards, que la coïncidence arrivât au bout de chacune des treize vibrations exécutées par leur extrémité inférieure; de sorte qu'il y a tout lieu de supposer que la majeure partie des $1^{kgm},8$ fournis par les hommes, pendant la durée, $1'',05$ environ, de chacun de leurs pas, serait détruite par l'effet des chocs et contre-coups qui naîtraient du défaut de coïncidence, de l'opposition des deux mouvements.

Ainsi, dans l'hypothèse de rigidité qui vient d'être admise pour les tiges de suspension, il serait à peu près inutile de s'inquiéter de l'accumulation de mouvement qui pourrait être occasionnée par les effets de la marche cadencée de la troupe; et, *à fortiori*, en serait-il ainsi du cas où, cette troupe ayant *rompu* le pas, les alternatives d'action de chacun des individus qui la composent seraient en complet désaccord avec les oscillations naturelles des tiges. Mais les choses se passeraient tout différemment si les oscillations devenaient plus lentes en raison (317) de l'augmentation de leur longueur, de celle de la charge Q qu'elles supportent, ou de la mobilité de leur point d'attache supérieur avec les chaînes. M. Navier a, en effet, démontré dans son savant Ouvrage *sur les ponts suspendus* (*voyez* spécialement l'art. 295 de cet Ouvrage), que la durée des oscillations éprouvées par ces chaînes et, en conséquence, par la totalité des tiges et du tablier du pont, peut s'élever, dans certains cas, à $5''$,7 ; ce qui ferait moins de $\frac{1}{8}$ d'oscillation par seconde. Or, on conçoit qu'il est telle circonstance de l'établissement d'un pont où l'isochronisme entre les oscillations et la marche de la troupe pourrait en effet s'établir ; et alors l'amplitude des premières augmenterait progressivement, suivant une loi analogue à celle qu'indique la formule du n° 330.

Afin d'en offrir au moins une application numérique, et de montrer l'influence de la répétition des effets sur la progression des allongements, nous supposerons que la durée de chaque pas ait, en réalité, un rapport exact avec celle des oscillations naturelles des tiges de suspension ; remarquant, d'ailleurs, que le travail fourni pendant cette durée, par les 12 hommes qui agissent simultanément sur chaque tige, est égal à $12 \times 1,8 = 21^{kgm},6$, la formule en question deviendra, à cause qu'on a ici

$$B^2 = \frac{2L}{AE} 21^{kgm},6 = \frac{20 \times 21,6}{24\,500\,000} = 0,000017633,$$

$$l_n = \sqrt{(0,00133)^2 + 0,000017n}.$$

Supposant dans cette formule, n ou le nombre des pas exécutés par la troupe, qui est d'ailleurs censée occuper l'étendue entière du pont, égal à 10 seulement, l'allongement total subi par la tige de 10 mètres dont il s'agit ici, s'élèverait déjà à $\sqrt{0,00000177 + 0,00017633} = 0^m,01334$, ou à $0^m,001334$ par mètre de longueur ; résultat supérieur à celui qui a été obtenu au n° 331, et qui prouve, non-seulement que l'élasticité des tiges serait dès lors complétement énervée, mais que leur

rupture, et par conséquent la chute entière du pont, ne tar-
derait pas à s'ensuivre par la répétition des mêmes effets.

Si l'on supposait, au contraire, $n = 0$ dans la formule, elle
redonnerait simplement l'allongement $l_n = l' = 0^m,00133$, correspondant au cas où la troupe serait immobile, et qui n'est
pas même le dixième du précédent.

Expériences et calculs relatifs à la résistance longitudinale des prismes au choc.

339. *Données particulières fournies par les expériences de M. G.-H.
Dufour, de Genève.* — On doit à cet ingénieur distingué quelques expériences ayant trait à cet objet, et dont il a consigné les résultats dans
son Ouvrage sur les ponts en fil de fer, imprimé à Genève, en 1825
(§ 5, p. 20). Ce sont, à ma connaissance, les seuls dont les détails aient
été jusqu'ici mis au jour, et, attendu le but restreint dans lequel elles ont
été entreprises, il y a lieu de regretter qu'un sujet de recherches aussi
intéressant et aussi neuf ait encore si peu attiré l'attention des physiciens
et des ingénieurs.

Dans une première série d'épreuves, M. Dufour s'est servi d'un fil de
fer de Saint-Gingolf, n° 13, ayant $1^{mm},9$ de diamètre, ou $2^{mmq},835$ de section, qui était susceptible de porter moyennement, avant de rompre, une
charge de 196 kilogrammes, à raison de $69^{kg},1$ par millimètre carré. Ce
même fil, après avoir été chargé verticalement d'un poids de 70 kilogrammes, un peu moindre que les 0,4 de celui qui en représente la force
de ténacité moyenne, a été ensuite soumis à l'action de divers chocs produits par une masse de fer pesant 10 kilogrammes, et tombant successivement, de 2, de 4, de 6,..., de 100 centimètres de hauteur, sur la
caisse qui contenait les poids formant, avec le sien propre, la charge permanente, 70 kilogrammes, du fil. Mais, bien qu'il ne soit résulté, de ces
chocs, aucun effet apparent, aucune rupture sensible, il n'est pas moins
regrettable que l'Auteur ait négligé de constater, à chaque fois, par des
mesures précises, les plus grands allongements auxquels les fils sont parvenus, et les allongements permanents qui ont pu s'ensuivre, toutes oscillations étant terminées; car ils eussent mis à même de comparer les
résultats de l'expérience à ceux du calcul, et de découvrir la véritable
influence des forces vives sur la constitution élastique des fils.

Au surplus, nous avons vainement cherché, dans l'Ouvrage de M. Dufour, la longueur absolue des fils sur lesquels il a opéré; donnée dont, à
la rigueur, on peut se passer quand il s'agit simplement d'obtenir une
limite de la résistance absolue, sous l'action lente d'une force directe de
traction (244), mais qui devient, au contraire, indispensable dans toutes

les questions relatives au choc, puisque la résistance vive des prismes croit, sinon proportionnellement, du moins très-rapidement, avec leur longueur.

Pour faire néanmoins une nouvelle application des formules des n°ˢ 323 et suivants, nous supposerons cette longueur des fils soumis à l'expérience par M. Dufour, égale à 2 mètres, de sorte qu'on aura ici

$$L = 2^m,0, \quad A = 2^{mmq},835, \quad Q = 70^{kg}, \quad Q' = 10^{kg}, \quad V' = \sqrt{19,618 H'},$$

H' représentant la hauteur d'où sont tombés successivement les 10 kilogrammes dans les expériences dont il s'agit.

Prenant d'ailleurs E = 18 000 kilogrammes, par millimètre carré, pour le fil de fer (292), il en résultera (324), pour l'allongement permanent avant le choc :

$$l' = \frac{QL}{AE} = \frac{70 \times 2}{2,835 \times 18\,000} = 0^m,002\,74,$$

et, pour celui qui serait occasionné par la charge Q', si elle agissait seule,

$$l'' = \frac{Q'L}{AE} = \frac{10}{70} l' = 0^m,000\,39.$$

Le premier correspond à un allongement proportionnel de

$$\tfrac{1}{2} 0^m,0027 = 0,00135,$$

sous lequel l'élasticité serait certainement énervée (292), s'il s'agissait d'un fil de fer recuit, ou même inégalement recuit. Mais, en admettant que le contraire ait eu lieu ici, nous rechercherons l'effet qui a pu résulter du choc des 10 kilogrammes tombant, par exemple, de la plus grande, H' = 1^m, des hauteurs relatives aux expériences citées, et à laquelle correspond (119) une valeur de

$$V' = 4^m,43 \quad \text{et de} \quad V_1 = \frac{Q'}{Q + Q'} V' = \tfrac{10}{80} 4^m,43 = 0^m,554,$$

dont la dernière est, dans nos hypothèses (323), la vitesse par seconde, commune aux deux masses vers la fin de la première période du choc. Attendu d'ailleurs qu'on a ici

$$k_1^2 = \frac{g}{l' + l''} = \frac{9,809}{0,003\,13} = 3133,87 \quad \text{ou} \quad k_1 = 55,99,$$

il en résulte pour la valeur du plus grand des allongements subis, par le fil, sous les influences réunies de ce choc et des deux poids Q et Q',

$$L' \text{ ou } IL = l' + l'' + \sqrt{l''^2 + \frac{V_i^2}{k_i^2}}$$

$$= 0^m,003\,13 + \sqrt{0,000\,000\,152 + 0,000\,097\,935} = 0^m,0130.$$

Cette valeur correspondant, d'après l'hypothèse faite sur celle de L, à un allongement, I, de $\dfrac{0^m,0130}{2^m} = 0^m,0065$ par mètre, il est certain que l'élasticité des fils, fussent-ils même parfaitement écrouis, n'a pu être ici conservée, pas plus que la *loi de la proportionnalité des allongements aux forces ou tensions*, sur laquelle tous nos calculs et formules sont implicitement fondés. A plus forte raison, ces formules cesseroient d'être applicables aux deux autres séries d'expériences dont il sera parlé dans l'article suivant.

340. *Données et calculs concernant spécialement la résistance vive des fils de fer à la rupture.* — Dans les deux dernières séries d'expériences de M. Dufour, des fils de fer de $2^{mm},1$ de diamètre, $3^{mmq},464$ de section, auxquels on supposera également 2 mètres de longueur, ont été rompus sous le choc d'un poids de 10 kilogrammes, qui n'avait besoin de tomber que d'une hauteur de $0^m,95$, quand la charge permanente du fil égalait la moitié de sa charge maximum, 209 kilogrammes, c'est-à-dire $104^{kg},5$, et de $1^m,38$ moyennement, quand elle n'en était que le tiers ou $69^{kg},7$; de sorte qu'on avait dans le premier cas,

$$Q = 104^{kg},5, \quad H' = 0^m,95, \quad V' = 4^m,33;$$

dans le deuxième cas,

$$Q = 69^{kg},7, \quad H' = 1^m,38, \quad V' = 5^m,20;$$

et, dans tous les deux à la fois,

$$L = 2^m,00, \quad A = 3^{mmq},464, \quad Q' = 10^{kg};$$

ce qui donne respectivement, pour les vitesses communes aux deux corps, immédiatement après le choc,

$$V_i = \frac{10}{114,5}\,4^m,32 = 0^m,377, \quad V_i = \frac{10}{79,7}\,5^m,20 = 0^m,653.$$

Mais le calcul de ces vitesses devient inutile dans la question présente où il s'agit simplement d'évaluer la résistance vive opposée par les fils, la quantité de travail effective qui a produit leur rupture, que nous supposerons opérée, dans chaque cas, sous le plus petit choc possible, c'est-à-dire de manière que le mouvement soit sensiblement éteint vers l'instant de cette rupture. En effet, d'après le n° 323, la demi-force vive commune aux deux corps Q et Q', à l'instant où la première période du choc est terminée, a pour valeur dans le premier cas

$$\tfrac{1}{2}(M + M')\, V_1^2 = \frac{Q}{Q + Q'}\, Q'H' = \frac{104,5}{114,5}\, 10^{kg} \times 0^m,95 = 8^{kgm},670,$$

dans le deuxième cas

$$\tfrac{1}{2}(M + M')\, V_1^2 = \frac{Q}{Q + Q'}\, Q'H' = \frac{69,7}{79,7}\, 10^{kg} \times 1^m,38 = 12^{kgm},068. \quad\cdot$$

Ajoutant à ce résultat, le travail relatif à l'allongement l', subi antérieurement, par les fils, sous l'influence de la charge permanente Q, et qui, dans l'hypothèse d'une immobilité parfaite, ici permise, a également pour valeurs respectives (324) dans le premier cas

$$\tfrac{1}{2}Q\,l' = \tfrac{1}{2}Q\frac{QL}{AE} = \tfrac{1}{2}\,104,5\,\frac{104,5 \times 2}{3,464 \times 18\,000} = 0^{kgm},175,$$

dans le deuxième cas

$$\tfrac{1}{2}Q\,l' = \tfrac{1}{2}Q\frac{QL}{AE} = \tfrac{1}{2}\,69,7\,\frac{69,7 \times 2}{62\,352} = 0^{kgm},078,$$

on obtiendra les sommes $8^{kgm},845$ et $12^{kgm},146$, auquel il conviendra encore d'ajouter, afin d'obtenir les résistances vives demandées, le travail développé par les poids Q et Q', pendant que s'opère le surplus de l'allongement des fils, dont, d'ailleurs, la valeur maximum n'a point été observée ici directement, quoiqu'elle exerce une influence appréciable et susceptible de varier, non-seulement avec la longueur absolue L des fils, mais encore avec leur degré de ductilité ou de dureté relative.

En adoptant néanmoins, pour terme de comparaison, la valeur moyenne, $0^m,004$ par mètre, du plus grand allongement obtenu par M. Dufour (*), lors de la rupture des mêmes fils, sous de simples pressions, ce qui donne $0^m,008$ pour la longueur entière de chacun de ceux dont il s'agit; remarquant, au surplus, que l'allongement absolu subi, antérieurement au choc, par ces derniers fils, a pour valeurs respectives :

$$l' = \frac{QL}{AE} = \frac{104,5 \times 2}{62\,352} = 0^m,0034, \quad l' = \frac{69,7 \times 2}{62\,352} = 0^m,0022,$$

les quantités à ajouter seront pareillement :

$$114^{kg},5\,(0^m,008 - 0^m,0034) = 114^{kg},5 \times 0^m,0046 = 0^{kgm},527,$$

_____

(*) *Voyez* le tableau de la page 23 du Mémoire cité.

et

$$79^{kg},7\,(o^m,oo8 - o^m,oo22) = o^{kgm},462\,;$$

ce qui donnera pour la quantité de travail absolue ou totale, absorbée par la rupture des deux fils :

1° Dans le cas d'une chute de $o^m,95$,

$$8^{kgm},845 + o^{kgm},527 = 9^{kgm},372\,;$$

2° Dans celui d'une chute de $1^m,38$,

$$12^{kgm},146 + o^{kgm},462 = 12^{kgm},6o8.$$

Divisant enfin ces résultats par le produit $AL = 3,464 \times 2 = 6,928$, on obtiendra les valeurs respectives

$$T'_r = 1^{kgm},35 \quad \text{et} \quad T'_r = 1^{kgm},82\,;$$

pour les résistances vives (247) des deux fils, par millimètre carré de section et par mètre de longueur : résultats qui diffèrent notablement l'un de l'autre, et qui diffèrent encore plus de ceux que fournit le tableau du n° 296, pour les fils forts, à la classe desquels appartenaient, très-probablement, ceux dont il s'agit.

341. *Réflexions critiques sur les résultats de ces calculs et les méthodes d'expérimentation relatives au choc des prismes.* — Nous n'entreprendrons pas de discuter et d'interpréter les causes des différences qui viennent d'être signalées; trop de chances d'erreurs et d'incertitudes accompagnent, comme on l'a vu, les résultats du calcul et de l'expérience; mais nous croyons utile d'insister sur quelques-unes des suppositions que nous avons été obligé d'admettre afin de rendre ces calculs possibles.

En premier lieu, pour évaluer les premiers effets occasionnés par la charge permanente Q, des fils, il nous a fallu recourir à l'hypothèse d'une élasticité parfaite; ce qui, certes, ne serait pas permis pour des fils ductiles ou recuits même inégalement. Si donc il s'agissait de faire une comparaison exacte des données du calcul et de l'expérience, il conviendrait d'observer directement ces premiers effets, qui se compliquent encore de ceux qui peuvent être dus à l'état naturel d'inflexion ou de torsion dans lequel se trouvent ordinairement les fils passés à la filière.

Il ne serait pas moins indispensable, comme on a l'a vu, d'observer directement, dans le cas des fils ductiles, le maximum de l'allongement qui se produit sous le choc et à l'instant de la rupture, au lieu de le déduire, ainsi qu'on l'a fait, du résultat moyen d'expériences étrangères; ce qui pourtant n'offrait point ici d'inconvénients graves, à cause de la faible valeur du travail développé par les poids Q et Q', pendant l'allongement des fils durs.

D'un autre côté, nous avons totalement négligé l'influence due au poids

et à l'inertie des fils qui, ici encore, n'exerçaient aucune influence appréciable; à cause de la grandeur de Q. Mais il pourrait être nécessaire d'en
tenir compte pour quelques autres circonstances; et cela se fait approximativement, en augmentant la valeur de Q, du poids de la partie du fil,
qui, ayant été entièrement rompue ou détachée, peut être censée faire
corps avec sa masse.

Cette attention serait surtout nécessaire dans le cas où le poids Q', qui
produit la rupture par sa chute, étant lui-même assez petit, et cette chute,
par conséquent, très-forte, il arriverait, contrairement aux hypothèses
dont on a déduit les résultats des précédents articles, que la vitesse et la
force vive, à l'instant de la rupture, fussent comparables à celles qu'en-
gendre cette même chute; alors il faudrait retrancher, des résultats ainsi
obtenus, la demi-somme des forces vives conservées, à cet instant, par les
deux corps et par la partie détachée des fils.

Enfin les résultats dont il s'agit supposent encore (323) que les masses
choquantes soient dénuées de toute élasticité; ce qui pourrait bien ne pas
avoir eu lieu pour la caisse mise en usage par M. Dufour, et dont le fond,
plus ou moins flexible, aurait pu recevoir les impressions directes du
choc de Q', en produisant ainsi son rejaillissement. Or il est aisé de se
convaincre, par les principes des n°s 158 et 161, que la quantité de travail dépensée pour produire la rupture des fils, eût pu surpasser celle que
nous avons estimée par les calculs ci-dessus, attendu que le poids Q' eût
entraîné, dans ce rejaillissement, une perte de force vive beaucoup moindre
que celle qui résulte du défaut d'élasticité des deux corps, perte dont la
valeur est donnée (158) par la formule

$$M'(V' - 2V_1)^2 = M'V'^2 \left(1 - \frac{2Q}{Q + Q'} \right)^2 = M'V'^2 \frac{(Q - Q')^2}{(Q + Q')^2} , .$$

dans le cas d'une élasticité parfaite; la demi-force vive conservée par le
poids Q, et en vertu de laquelle se serait achevée la rupture des fils dans
l'hypothèse où Q' n'aurait pas eu le temps de produire, par sa rechute,
un nouveau choc, eût été simplement (160)

$$\frac{1}{2}M(2V_1)^2 = \frac{MV'^2}{2} \frac{4Q'^2}{(Q + Q')^2} = \frac{4Q'^2}{(Q + Q')^2} QH' = \frac{4Q}{Q + Q'} \frac{Q'}{Q + Q'} Q'H'.$$

Cette quantité sera, en effet, supérieure à la demi-force vive,

$$\frac{1}{2}(M + M')V_1^2 = \frac{Q'}{Q + Q'} Q'H',$$

commune, après le choc, aux deux corps, Q et Q', dans l'hypothèse d'un
rejaillissement nul, toutes les fois que la condition

$$\frac{4Q}{Q + Q'} > 1 \quad \text{ou} \quad 3Q > Q'$$

se trouvera satisfaite; ce qui avait effectivement lieu dans le cas dont il s'agit.

Ces réflexions montrent combien la question qui nous occupe est délicate, et de quelles attentions on doit user, dans les expériences et les calculs, pour atteindre le but, c'est-à-dire pour parvenir, abstraction faite des causes d'erreur qui peuvent influencer accidentellement les résultats, à des valeurs de la résistance vive des prismes comparables, fondées uniquement sur les données de l'expérience directe du choc, et par là même entièrement appropriées à la nature du phénomène. Quant à la question où cette résistance vive étant connue *à priori*, il s'agira, à l'inverse, de rechercher, par la marche tracée à l'avance, au n° 324, quels sont, en général, les effets dilatateurs qui peuvent être produits, sur un prisme, par un choc donné, ou quelle doit être l'intensité d'un choc pour produire un effet également assigné, etc., il nous suffira d'indiquer rapidement les principales formules en les faisant suivre de quelques exemples numériques très-simples.

Questions et méthodes de calcul spécialement relatives au cas où le choc entraîne la rupture ou l'altération élastique des prismes.

342. *Circonstances principales du mouvement qui précède la rupture.* — Pour plus de généralité (247), nous nommerons $T_r = T'_r.AL$, la quantité de travail développée, par la résistance d'un prisme, pendant qu'il s'allonge d'une quantité quelconque $l = i.L$, à partir de son état naturel; quantité qui sera donnée, ainsi que la valeur correspondante de cette résistance que nous nommerons P ou P'.A, au moyen de la Table du n° 289 et de ses analogues relatives aux corps différents des métaux. Nous nommerons pareillement $t_r = t'_r.AL$, le travail de cette résistance correspondant à l'allongement $l' = i'L$, subi, antérieurement au choc, par le même prisme, sous l'action permanente de la charge Q. Cela posé, on aura, pour remplacer les dernières des formules du n° 324, dans les mêmes hypothèses et conditions, sauf que la limite de l'élasticité pourra, ici, être dépassée, la nouvelle équation

$$\frac{V^2}{2g} - \frac{V_1^2}{2g} = l - l' - \frac{(T_r - t_r)}{Q + Q'},$$

ou

$$\frac{V^2}{2g} - \frac{V_1^2}{2g} = L\left(i - i' - \frac{T'_r - t'_r}{Q + Q'}A\right),$$

dont on se servira pour calculer, au moyen des Tables mentionnées, les différentes circonstances du mouvement qui succède au choc de la masse M' ou $\dfrac{Q'}{g}$, animée de la vitesse V',
contre la masse M ou $\dfrac{Q}{g}$, supposée à l'état de repos sous l'allongement donné, l', et dans laquelle on a toujours (323), pour
le cas où il ne surviendrait aucun rejaillissement après le choc,

$$V_1 = \frac{Q'}{Q + Q'}\,V', \quad \text{et} \quad \frac{V_1^2}{2g} = \frac{Q'^2}{(Q + Q')^2}\,H',$$

formules qu'il sera d'ailleurs facile (*ibid.*) d'étendre au cas où
la masse M, au lieu d'être au repos à l'instant du choc, posséderait une vitesse antérieurement acquise, d'une intensité et
d'un sens quelconques.

On voit, en effet, que, si l'on attribuait aux allongements
absolus, l et l', ou aux allongements proportionnels, i et i',
dans l'équation ci-dessus, des valeurs quelconques, on en
déduirait immédiatement celle de la vitesse correspondante,
V, supposée commune aux deux corps à tous les instants qui
suivent la première impression du choc; car les valeurs de
T'_r et de t'_r, relatives aux unités de longueur et de section du
prisme, seraient également données par la méthode des quadratures du n° 180, appliquée aux nombres fournis par la Table
du n° 289 et ses analogues, ou par les courbes des *fig.* 47
et 48, *Pl. II*, suivant ce qui a déjà été expliqué aux n°ˢ 279
et 296. Mais, afin de n'avoir pas à se jeter pour chacune des
valeurs de l ou de i, dans les calculs auxquels entraîne l'application de cette méthode, on fera bien de dresser, une fois
pour toutes, une nouvelle Table des valeurs de T'_r, relatives à
des valeurs de $i = \dfrac{l}{L}$, ou des efforts correspondants, P', qui
croîtraient par différences constantes; cela sera facile au
moyen des courbes dont il vient d'être parlé, et permettra de
construire une nouvelle courbe, servant d'annexe à la nou-

velle Table, et qui donnera rapidement les valeurs de T'_r, relatives à des valeurs quelconques de i, l ou P. Raisonnant ensuite à peu près comme on l'a fait pour le cas d'une élasticité
parfaite (214, 225, ...), il sera facile de trouver successivement les ordonnées de la courbe qui représente la loi du
mouvement pour l'extrémité inférieure du prisme et qui cessera ici d'être un cercle ; mais ces détails qui n'offriraient, du
moins pour la première période de l'allongement, qu'une
répétition continuelle de ce qui a été exposé, dans le précédent Chapitre, pour le cas où l'élasticité demeure parfaite, ces
détails nous entraîneraient beaucoup trop loin, et nous nous
contenterons d'avoir mis le lecteur sur la voie, afin de passer
rapidement aux cas d'application qui concernent la rupture
effective ou les plus grands allongements subis par les prismes.

343. *Formules relatives au maximum d'allongement et aux
circonstances qui accompagnent la rupture.* — Pour cet allongement, que nous continuerons de nommer $L' = IL$, la vitesse V, des deux masses M et M', étant nulle, l'équation générale ci-dessus devient simplement, en changeant les signes,

$$\frac{V_i^2}{2g} \text{ ou } \frac{Q'^2}{(Q+Q')^2} H' = \frac{T'_r - t'_r}{Q + Q'} iAL - (L' - l)$$

$$= L \left(\frac{T'_r - t'_r}{Q - Q'} A - I + i' \right),$$

et servira à faire trouver, par un tâtonnement facile, la valeur
de L', au moyen de la Table ou de la courbe auxiliaire déjà
mentionnées, et qui lient, en général, cette valeur ou celle
de I et i à celle de T'_r et de P'. Supposons, en effet, que sur
les abscisses de la courbe dont il s'agit, censées représenter ici
les différentes valeurs que peut recevoir, dans l'équation ci-
dessus, l'inconnue $I = \dfrac{L'}{L}$, ou, plus généralement, $i = \dfrac{l}{L}$,
quand on y fait varier V_i ou H', supposons, dis-je, que, sur
ces abscisses, on construise une nouvelle ligne ayant pour
ordonnées les valeurs correspondantes du travail T'_r, fournies

par cette équation dont on tire immédiatement la formule

$$T_r = \frac{Q + Q'}{A} i + t'_r - \frac{Q + Q'}{A} i' + \frac{Q'^2}{AL(Q + Q')} H',$$

cette seconde ligne auxiliaire, qui sera une droite (310), puisque tout est constant ou donné, sauf T'_r et i, viendra rencontrer la première en un point dont l'ordonnée et l'abscisse seront précisément les valeurs de T'_r et de i ou I, qui remplissent simultanément les conditions exigées.

Dans le cas particulier où le plus grand allongement devrait correspondre précisément à l'instant de la rupture, T'_r, et L' ou IL, se trouveraient immédiatement déterminés au moyen de la Table du n° 296 ou de ses analogues, et les équations ci-dessus serviraient, par un calcul beaucoup plus simple, à faire trouver la hauteur de chute H', au moyen de Q' et de Q, censés alors donnés, ou, réciproquement, celle de Q' au moyen de la valeur assignée à cette chute, sous laquelle, par hypothèse, la rupture du prisme doit s'opérer sans vitesse ou force vive surabondante. Ces équations donneront, en effet, par la résolution directe : pour la première hypothèse,

$$H' = \frac{Q + Q'}{Q'^2} [(T_r - t'_r) AL - (Q + Q')(L' - l')];$$

pour la deuxième,

$$Q + Q' = \frac{(T_r - t'_r)AL + 2QH'}{2(H' + L' - l')}$$
$$+ \sqrt{\frac{[(T_r - t'_r)AL + 2QH']^2}{4(H' + L' - l')^2} - \frac{Q^2 H'}{H' + L' - l'}},$$

formules dont nous ferons bientôt l'application à un exemple particulier.

Quant au cas où la rupture du prisme s'opérera avec une certaine vitesse que nous continuerons de nommer V, il est aisé d'apercevoir, en se reportant aux raisonnements du n° 324, ou au principe des n° 136 et 137, que la première des équations rapportées ci-dessus (342) demeurera applicable, pourvu qu'on y remplace l par $L' = IL$, et T'_r par la résistance vive du prisme que fournissent directement les Tables ou les données de l'expérience ; c'est-à-dire qu'on aura la relation

$$\frac{V^2}{2g} - \frac{V_1^2}{2g} = L' - l' - \frac{(T'_r - t'_r)AL}{Q + Q'} = L\left(I - i' - \frac{T'_r - t'_r}{Q + Q'}A\right),$$

qui fera connaître immédiatement V, ou sa hauteur due, $H = \dfrac{V^2}{2g}$, au moyen de V_1, ou de sa hauteur due (342),

$H_1 = \dfrac{Q'^2}{(Q + Q')^2} H'$, quand tout le reste sera donné à priori.

Cette même relation permettra, à l'inverse, de calculer la résistance vive, T'_r, du prisme, quand il sera possible d'observer directement, dans des expériences, la valeur finale de V et de l ou L' ; ce qui peut se faire au moyen de procédés faciles à imaginer, et sur lesquels il serait ici inutile d'insister. La relation dont il s'agit donne, en effet, par des transformations algébriques très-simples, cette autre formule :

$$T_r - t'_r = \frac{(Q + Q')(L' - l')}{AL} + \frac{(Q + Q')}{AL}\left(\frac{V_1^2}{2g} - \frac{V^2}{2g}\right),$$

qui est, ainsi que les précédentes, susceptible d'une interprétation très-claire, et propre à en faciliter les applications et l'intelligence. Il suffit, pour cela, de remarquer que le rapport $\dfrac{Q + Q'}{A}$ indique la charge, par millimètre carré, qui a lieu après l'instant du choc ; que $\dfrac{L' - l}{L} = 1 - i'$ exprime la différence des allongements proportionnels, relatifs à la rupture et à la charge permanente, Q ; qu'enfin le facteur, dans lequel entrent V et V_1, représente simplement la différence $H_1 - H$, des hauteurs dues à ces vitesses.

344. *Questions particulières concernant la rupture des prismes par le choc.* — Soit, en premier lieu, un barreau de fer de 100 millimètres carrés de section, de 3 mètres de longueur, soumis préalablement à l'action permanente de 200 kilogrammes, sous laquelle il a déjà pris un allongement de o,0001 $\times$ 3^m = 0^m,0003, le coefficient d'élasticité, E, étant supposé de 20000 kilogrammes par millimètre carré; on demande quel est le poids qui, en tombant sur cette charge, de la hauteur H' = 2^m, ou avec la vitesse verticale, V' = 6^m,26 par seconde, serait capable de rompre instantanément ce barreau, dont le fer est d'ailleurs supposé très-ductile, et d'une qualité comparable à celle du fer qui a été soumis, par M. Bornet, à une expérience dont les résultats sont consignés dans le tableau du n° 289?

En consultant le tableau du n° 296, qui découle directement du précédent, on trouve que la résistance vive de rupture d'un tel fer, par millimètre carré de section et par mètre de longueur, a pour valeur approximative, la quantité de travail T'$_r$ = 4^{kgm},5; ce qui donne, pour résistance vive totale, T$_r$, du barreau, T'$_r$.AL = 4^{kgm},5 $\times$ 100 $\times$ 3 = 1350^{kgm}. D'un autre côté, on lit sur la ligne horizontale correspondante au premier de ces nombres, que l'allongement final, ou à l'instant qui précède immédiatement la rupture, est de 132^{mm},5 pour 1 mètre de longueur, ou de 0^m,3975 pour les 3 mètres, allongement vis-à-vis duquel on peut négliger celui qui est dû à la charge permanente des 200 kilogrammes, de même aussi qu'il sera permis de négliger le travail t_r

$$\text{ou } t'_r.\text{AL} = \tfrac{1}{2} 200^{kg} \times 0^m,0003 = 0^{kgm},03,$$

relatif à cette dernière (257), par rapport à celui des 1850 kilogrammètres que suppose la rupture effective. On aura donc approximativement, pour le cas qui nous occupe,

$$(T'_r - t'_r)\,\text{AL} = 1350^{kgm}, \quad L' - l' = 0^m,397,$$

$$Q\,H' = 200^{kg} \times 2^m = 400^{kgm},$$

$$\frac{Q^2 H'}{H' + L' - l'} = \frac{80000}{2,397} = 33375;$$

ces quantités étant substituées dans la seconde des formules du précédent numéro, qui se rapportent au cas particulier où le choc est censé produire strictement la rupture, sans force vive excédante, il viendra

$$Q + Q' = \frac{2150}{4,794} + \sqrt{\left(\frac{2150}{4,794}\right)^2 - 33375}$$
$$= 448^{kg},48 + 409^{kg},58 = 858^{kg},06;$$

d'où résulte, pour la valeur qui doit être donnée au poids du corps choquant, $Q' = 858^{kg},06 - 200^{kg} = 658^{kg},06$.

Si, tout restant d'ailleurs semblable, on se donnait, *à priori*, cette même valeur, et qu'il s'agît, à l'inverse, de rechercher quelle devrait être la hauteur minimum, H', d'où il faudrait laisser tomber verticalement ce poids, pour produire la rupture immédiate du prisme, on aurait recours à la première des formules mentionnées, par laquelle on obtiendrait, en effet,

$$H' = \frac{858,06}{(658,06)^2}(1350 - 858,06 \times 0,397) = 1^m,9998;$$

ce qui peut servir de vérification au résultat de nos premiers calculs.

Si, au lieu d'un barreau de fer ductile, on en avait considéré un de fer fort ou d'acier trempé, on aurait dû s'attendre, d'après les observations du n° 296, à des résultats très-différents, c'est-à-dire beaucoup plus faibles que ceux qui viennent d'être obtenus. Et, en effet, si l'on prend, conformément aux indications du tableau de ce numéro, pour l'acier trempé et recuit au bleu de ressort, $T'_r = 0^{kgm},058$, $I = 0,00252$, et qu'on tienne compte, ce qui est nécessaire alors, des valeurs $0^m,0003$ et $0^{kgm},03$, de l et de t_r, on trouvera, en prenant, par exemple, $Q' = 658^{kg},06$,

$$H' = \frac{858,06}{(658,06)^2}(17^{kgm},37 - 858^{kg},06 \times 0^m,00726) = 0^m,0022,$$

hauteur de chute fort petite par rapport à celle qui produisait la rupture dans le cas précédent.

345. *Autre question relative au cas où le choc ne serait pas suivi de la rupture immédiate du prisme.* — Si Q', H' ou V',

étaient à l'avance connus ou donnés pour le barreau de fer qui
nous a d'abord servi d'exemple, on serait naturellement conduit
à rechercher l'état auquel le choc le ferait parvenir, à l'instant
où le plus grand allongement se serait opéré, et, notamment, on
aurait à s'assurer si la rupture immédiate pourrait s'ensuivre,
et quelle serait, dans cette hypothèse, la vitesse finale, V, conservée par les masses qui se sont choquées. Or l'avant-dernière des formules posées dans le n° 343, donne, sur-le-champ,
pour calculer la hauteur due à cette vitesse,

$$\frac{V^2}{2g} \quad \text{ou} \quad H = \frac{Q'^2}{(Q+Q')^2} H' + L' - l' - \frac{(T'_r - t'_r) AL}{Q+Q'},$$

où il n'y aura qu'à substituer, aux différentes lettres, les valeurs qu'elles représentent, et qui, par hypothèse, sont toutes
connues.

Par exemple si, tout restant le même que dans la dernière
des questions du n° 345 ci-dessus, on se donnait de plus, arbitrairement, $Q' = $ 1000^{kg}, on trouverait

$$H = \left(\frac{1000}{1200}\right)^2 \times 2 + 0^m,397 - \frac{1350}{1200}$$
$$= 1^m,389 + 0^m,397 - 1^m,125 = 0^m,661,$$

hauteur à laquelle correspond, d'après la Table (119), une vitesse de $3^m,60$ par seconde.

Mais si, au lieu d'un résultat positif et absolu, tel que le
précédent, on eût obtenu un *négatif*, c'est-à-dire si la somme
des termes soustractifs de H l'eût emporté sur celle des termes
additifs, alors la valeur de V, fût devenue *imaginaire* ou impossible, et l'on eût, par là, été averti que l'hypothèse de la
rupture était absurde, et qu'il eût été nécessaire de recommencer les calculs sur une tout autre base.

Cette circonstance arriverait, en particulier, si l'on prenait
$Q' = $ 550^{kg}, par exemple, au lieu de 1000 kilogrammes, et c'est
ce qu'on voit, *à priori*, par le résultat que nous avons obtenu
ci-dessus (344), pour la valeur de Q', qui produit strictement
la rupture. Il conviendrait alors de se reporter au cas général
(343), où V devient nul sans que, pour cela, L' ou $i = \frac{L'}{L}$ et T',

cessent d'être inconnus; ce qui donnerait ici, en continuant de négliger la considération des quantités très-petites t', et l^r ou i',

$$T'_r = \frac{Q + Q'}{A} i + \frac{Q'^2}{AL(Q + Q')} H' = \frac{750}{100} i + \frac{300 \times 750}{(550)^2} \times 2^m$$
$$= 7,5\, i + 2,689,$$

pour l'équation de la droite dont il a été parlé dans cet endroit, et à l'aide de laquelle on effectuera les constructions ou tâtonnements qui s'y trouvent indiqués.

Supposant, par exemple, $i = 0,1000$, allongement proportionnel voisin de celui, $0,1325$, qui correspond (344) à la rupture du prisme de fer dont on s'occupe, on en déduira

$$T'_r = 7,5 \times 0,1000 + 2,689 = 3^{kgm},439,$$

pour la valeur du travail que devrait développer la résistance, P', d'un prisme de même matière, de 1 millimètre carré de base et 1 mètre de longueur, sous un effort capable d'un pareil allongement, si la valeur particulière, attribuée à ce dernier, était exacte, ou que celle de V fût réellement nulle quand il a lieu pendant le choc.

Or, d'après les résultats de l'expérience, rapportés sous la lettre (F) au nᵒ 289, ou donnés par la courbe (F) de la *fig. 48, Pl. II*, on trouve, par une première approximation, que la résistance P', dont il s'agit, est moyennement égale à 31 kilogrammes, pour tout l'intervalle compris depuis $i = 0,1000$ jusqu'à $i = 0,1325$, où la courbe diffère peu d'une ligne droite; on aura donc, pour le travail correspondant,

$$31^{kg}. (0,1325 - 0,10000) = 1^{kgm},0075,$$

lequel, retranché de la valeur maximum $4^{kgm},50$ attribuée (344) à la résistance vive de rupture également par millimètre carré de section et par mètre de longueur, conduit à la quantité de travail, $3^{kgm},4925$, supérieure encore, mais de très-peu, à celle qu'a fournie directement l'équation ci-dessus; ce qui prouve que l'allongement final du prisme, sous le choc, a été pris un peu trop grand. En le réduisant d'une très-petite quantité, qu'il est facile de déterminer approximativement par les données de la *fig.* 48, et recommençant les mêmes opérations, sauf à évaluer, cette fois, si le cas l'exige, d'une manière plus rigoureuse, l'aire de la courbe (F), comprise entre les coordonnées qui correspondent au plus grand allongement, o,1325, et à celui dont il s'agit, on arriverait promptement, par ce tâtonnement, à une valeur de i ou de $\mathcal{C}'_{,}$, aussi exacte qu'on puisse le désirer, et qu'on obtiendrait d'ailleurs directement par la méthode graphique du n° 342, si la courbe auxiliaire, dont il y est parlé, se trouvait tracée ainsi que la droite représentée par l'équation, ci-dessus, en i et $\mathrm{T}'_{,}$.

Mais, quel que soit l'attrait qui s'attache à de semblables questions, l'étendue excessive qu'a prise, comme malgré nous, l'exposé des matières traitées dans les précédents Chapitres, et dont l'utilité et l'importance, sous le point de vue pratique, pourront nous servir d'excuse, cette étendue nous oblige à terminer ici le cercle, naturellement très-vaste, des applications qui concernent la résistance directe des corps, limités, même, aux solides cylindriques et prismatiques.

FROTTEMENT DES SOLIDES.

LOIS GÉNÉRALES DU FROTTEMENT.

346. *Exposé préliminaire.* — Lorsqu'un corps solide est appuyé, plus ou moins fortement, contre un autre; lorsque, par exemple, il repose sur un plan de niveau, très-étendu, et qu'il le presse en vertu de son propre poids, les molécules de la surface de contact se trouvent comprimées et refoulées, contre leurs voisines, de l'intérieur des deux corps, avec un effort qui croît directement comme la pression ou le poids total du corps supérieur, et qui est d'autant moindre, à pression égale, que le nombre de ces molécules ou l'étendue des surfaces en contact est plus grande; car on peut ici raisonner à peu près comme on l'a fait aux n°ˢ 234 et 236. Or il en résulte,

non-seulement que le plus petit des deux corps s'imprime dans l'autre, ce qui donne lieu à un *enfoncement*, un *emboîtement* général, mais encore que les aspérités individuelles des deux surfaces de contact s'entrelacent réciproquement, ou se refoulent de quantités qui dépendent essentiellement de leurs duretés respectives, et de l'énergie de la pression que chacune d'elles supporte isolément.

Mais, quand bien même le poli serait parfait, ou que les molécules extérieures des deux corps fussent, pour nous, placées dans des surfaces en quelque sorte continues et mathématiques, les mêmes effets n'en auraient pas moins lieu, entre ces molécules, à cause des pores imperceptibles qui les séparent; c'est-à-dire que, sous l'influence de la pression, elles s'engrèneraient, se mélangeraient en se logeant réciproquement dans ces pores ou interstices, ce qui, remarquons-le bien, ne signifie nullement que le contact immédiat ait lieu entre ces molécules, ni qu'elles réagissent autrement que par les forces attractives et répulsives qui les animent (222).

Supposant donc qu'une force horizontale, ou parallèle à la surface de contact des deux corps, vienne à déplacer celui qui repose sur l'autre, il résultera, tant de cet engrènement réciproque qui, sous l'influence de la pression, se reproduira à chacun des instants du mouvement, que du refoulement des molécules situées en avant du corps mobile, une résistance dépendant essentiellement de l'énergie de cette pression, et qui constitue proprement ce qu'on nomme le *frottement*.

347. *Distinction entre les diverses espèces de frottements.* — S'il s'agit d'un simple glissement *tangentiel*, c'est-à-dire tel, que l'un des deux corps présente constamment les mêmes points à l'action de l'autre, le frottement est dit de la *première espèce*, et on le nomme de la *seconde espèce* quand il s'agit d'un simple roulement, ou quand les points différents de l'un des corps viennent s'appliquer successivement sur des points différents de l'autre corps, c'est-à-dire sans qu'il y ait *mouvement relatif* des molécules dans le sens et l'étendue de la surface de contact. Mais la dénomination de *frottement*, donnée à ces deux genres de résistances, paraît impropre en ce qu'elle ne caractérise pas suffisamment la différence tranchée qui

existe entre les modes mêmes d'action des corps, dans chaque cas.

D'ailleurs, la résistance au roulement n'est qu'indirecte ; elle n'a, jusqu'ici, été étudiée, par les voies de l'expérience, que pour un très-petit nombre de corps, et elle se rattache à un ordre de considérations étrangères aux principes établis dans ce Livre ; c'est pourquoi nous ne nous en occuperons pas maintenant d'une manière spéciale.

Quant au frottement proprement dit, on peut le distinguer en plusieurs espèces, selon qu'il s'agit d'un glissement recti-ligne et parallèle, sur un plan, analogue à celui des *traîneaux*, ou d'un glissement circulaire concentrique et parallèle, d'élé-ment à élément, autour d'un axe perpendiculaire à la surface de contact, comme dans le cas des *pivots* et des *épaulements* d'arbres de machines, ou enfin du glissement circulaire des *tourillons* cylindriques des mêmes arbres, tournant dans le creux, pareillement cylindrique, de *boîtes* ou *coussinets* fixes.

La première et la dernière de ces espèces de frottement sont les seules qui, jusqu'ici, aient été soumises à l'expérience, et dont nous ayons spécialement à nous occuper dans ce Cha-pitre. Du reste, on remarquera que les mêmes considérations physiques et mécaniques leur sont applicables, attendu que, dans toutes deux, la puissance peut être censée appliquée di-rectement et immédiatement à la résistance.

Les molécules des corps en contact pouvant, dans leur état de rapprochement, contracter une force d'attraction propre, c'est-à-dire (217) une force d'adhérence ou de cohésion, quel-ques physiciens, Coulomb notamment, ont été conduits à par-tager la résistance totale, due au glissement des corps, en deux autres : l'une qui provient du déplacement relatif des molé-cules, dans ces corps, et qui dépend essentiellement de la pression qu'ils supportent ; l'autre qui provient spécialement de la force d'adhérence dont il s'agit, et qui serait, au con-traire, indépendante de l'intensité de cette pression, et sim-plement proportionnelle à l'étendue des surfaces en contact ; mais nous verrons bientôt que, pour les cas ordinaires d'ap-plication, il devient inutile de s'occuper de cette dernière ré-sistance.

348. *Recherches expérimentales relatives au frottement.* —
Avant les travaux de Coulomb, divers physiciens, parmi lesquels on doit citer Amontons, avaient déjà recherché la manière dont le frottement varie avec la vitesse du mouvement,
le degré de poli des surfaces, l'intensité de la pression, et la
nature des enduits interposés entre elles. Mais les résultats
étaient trop contradictoires et trop peu précis, pour mettre
en parfaite évidence les véritables lois du phénomène; de
sorte que la découverte première de ces lois doit être attribuée, presque exclusivement, à l'habile observateur que nous
avons d'abord nommé, bien que ses recherches lui aient offert,
relativement au frottement des substances à contextures hétérogènes, telles que les bois et les métaux, quelques anomalies
ou exceptions qui laissèrent des doutes dans les esprits, et ne
permirent pas de considérer les lois qu'il avait découvertes
comme parfaitement générales.

Plus tard, des savants anglais, MM. Vince et G. Rennie,
firent de nouvelles tentatives d'expériences qui, à notre avis,
sont loin de présenter les mêmes garanties d'exactitude que
celles de Coulomb, et dont les résultats sont d'ailleurs en désaccord avec plusieurs des siens, soit à cause de la différence
même des procédés d'expérimentation, qui d'ailleurs s'éloi-
gnaient ici beaucoup des circonstances ou conditions sous
lesquelles le frottement a lieu ordinairement dans les machines; soit à cause de la grandeur même des pressions relatives, auxquelles les corps se trouvaient soumis, dans ces dernières expériences.

Enfin, on avait généralement admis que le frottement a la
même intensité relative, et suit les mêmes lois, pendant le
choc et le glissement de deux corps, que sous les pressions
ordinaires. Mais, quoique ce fait pût être considéré comme
une conséquence nécessaire des notions exposées aux nos 131,
154 et suivants, il n'en était pas moins utile de le vérifier à
l'aide d'expériences directes.

Ce sont ces diverses circonstances, jointes à la nécessité de
remplir les nombreuses lacunes encore existantes, qui enga-
gèrent M. Morin à reprendre, en 1831, les recherches expérimentales de Coulomb, en se servant d'appareils et de procédés beaucoup plus précis, et qui lui permettaient d'observer,

à la fois et pour tous les instants, la loi du mouvement et celle de la résistance, de manière à pouvoir tenir un compte exact de l'influence de l'inertie, dont le rôle, ici très-capital. n'a pas peu contribué à masquer les véritables lois du phénomène, dans toutes les expériences antérieures. La nature de cet Ouvrage ne nous permettant pas d'entrer dans des détails descriptifs sur les moyens employés, par Coulomb et par M. Morin, nous nous bornerons à renvoyer le lecteur aux Mémoires qu'ils ont publiés, sous les auspices de l'Académie des Sciences de Paris, l'un dans les tomes V et VI des *Mémoires des Savants étrangers de l'Institut,* l'autre dans le tome X de l'ancienne collection de ce Recueil (*).

Voici maintenant les conséquences générales qui se déduisent des résultats de toutes ces expériences.

349. *Lois générales du frottement des corps.*— Nous accompagnerons l'exposition de ces lois, de courtes explications ou indications propres à en bien faire saisir l'esprit et l'étendue d'applications.

1° *Le frottement est directement proportionnel à la pression.* — Cette proportionnalité semble devoir résulter immédiatement des considérations physiques exposées au n° 346, et notamment de ce que la profondeur du refoulement géné-

---

(*) Depuis cette époque, des expériences remarquables ont été faites sur les frottements, par M. G.-A..Hirn ; elles sont décrites dans son Mémoire sur les principaux phénomènes que présentent les frottements médiats, et sur les diverses manières de déterminer la valeur mécanique des matières employées au graissage des machines. (*Bulletin de la Société industrielle de Mulhouse,* n°s 128 et 129, année 1855. — Analyse de ce Mémoire, par M. Combes, *Bulletin de la Société d'Encouragement,* 1856.)

M. Hirn fait connaître les circonstances diverses dont il faut tenir compte dans l'étude des frottements, principalement dans le cas où l'on se sert d'enduits; il montre comment l'omission de l'une de ces circonstances peut empêcher de découvrir les lois générales et conduire à des anomalies; on trouve ainsi l'explication des contradictions apparentes que présentent les résultats des divers observateurs.

Il existe une différence radicale entre les frottements de deux surfaces appuyées directement l'une sur l'autre, ou *frottements immédiats,* et ceux de deux surfaces séparées par une couche de matière lubrifiante, que M. Hirn appelle *frottements médiats;* les lois générales exposées dans le n° 349 ne s'appliquent nullement à ce dernier cas. *Voyez* à ce sujet la Note des pages 515, 516. (K.)

ral des surfaces en contact, et celle des impressions individuelles des aspérités ou groupes de molécules qui les tapissent,
sont, du moins entre certaines limites, proportionnelles aux
efforts de compression qui les produisent; car il en résulte,
qu'à surface égale d'ailleurs, le nombre des molécules directement en prise, leur tension et par conséquent la résistance
qu'elles opposent au glissement ou à leur déplacement latéral, doivent croître précisément comme la pression qu'elles
supportent en commun. D'après M. Morin, ce principe ne
serait sujet qu'à un très-petit nombre d'exceptions, relatives
au cas où les surfaces en contact éprouveraient une désorganisation par trop profonde; il subsisterait quand bien même les
aspérités grossières de ces surfaces seraient rompues et entraînées dans le mouvement général; ce qui s'explique en considérant que ces corpuscules donnent eux-mêmes lieu à des impressions qui croissent, en profondeur, comme les charges
qu'elles supportent directement.

2° *Le frottement est indépendant de l'étendue des surfaces
en contact.* — Ce principe signifie simplement que, quand
cette étendue augmente sans que la pression change, la résistance totale reste la même, quoique la pression, sur chaque
élément, et le frottement se trouvent à peu près en raison
de l'étendue même des surfaces. Coulomb, comme on l'a
déjà fait observer, avait cru pouvoir conclure, du résultat de
ses expériences, que, pour certains corps, la partie de la résistance qui croît directement comme la pression, devait être
augmentée d'une quantité proportionnelle à l'aire des surfaces
en contact, et qu'il attribuait à une adhérence propre des molécules. Mais cette quantité, généralement très-faible par rapport à la première, n'a point été observée par M. Morin; et, si
elle peut jouer un rôle appréciable dans les mécanismes légers
des montres, ainsi que l'ont observé d'habiles artistes, cela n'a
jamais lieu pour les machines puissantes de l'industrie, qui
sont généralement soumises à de très-grands efforts sous de
très-faibles surfaces frottantes.

3° *Le frottement est indépendant de la vitesse du mouvement.* — Ce fait paraît être une conséquence nécessaire de ce
que, à part la force vive imprimée directement au petit nombre
des particules qui sont entièrement détachées des surfaces et

entraînées dans le mouvement général, le travail développé
par la puissance est uniquement employé à vaincre les forces
de cohésion ou d'élasticité des molécules, et non leur inertie.
A la vérité, les molécules non arrachées et plus ou moins voisines de ces surfaces, sont elles-mêmes d'abord déplacées
avec une certaine vitesse; mais, comme la grandeur de ce
déplacement atteint bientôt sa limite, leur mouvement finit
par s'éteindre complétement. Or, soit qu'en vertu d'un défaut
d'élasticité provenant de la grandeur même du déplacement,
les molécules ne reviennent qu'imparfaitement à leur ancienne
position après s'être quittées réciproquement; soit que les
ressorts moléculaires les ramènent, vers cette même position,
avec une vitesse uniquement relative à leur état de tension,
et de manière à être de nouveau reprises ou entraînées
dans le mouvement commun, et ainsi de suite alternativement; toujours est-il que, dans ces allées et venues des
molécules, l'inertie n'est point la cause directe et efficiente
(141) de la consommation du travail moteur, qui doit dépendre ainsi uniquement de l'étendue des déplacements ou
de l'énergie de la compression, de la tension des ressorts.

D'ailleurs cette explication, conforme, pour le fond, à celle
par laquelle Coulomb comparaît l'action relative au frottement
réciproque des corps, à celle de deux brosses que l'on presserait et promènerait l'une sur l'autre, cette explication ne pré-
juge absolument rien sur la manière dont le mouvement
d'oscillation ou de vibration qui naît de la flexion des ressorts
moléculaires et lui succède immédiatement, peut s'éteindre
plus ou moins rapidement, en se propageant dans les masses
entières des deux corps et des corps environnants; car la
vitesse de ces mouvements n'a aucun rapport direct (326)
avec celle du glissement, et la force vive qu'elle suppose,
représente seulement une portion plus ou moins grande du
travail moteur absorbé par la flexion dont il s'agit (*).

___

(*) M. Morin n'est point parvenu à mettre en évidence de pareils mouvements, lors de ses expériences sur le frottement; mais cela peut provenir,
soit de ce que ses moyens d'observation n'étaient point, en eux-mêmes, assez
délicats pour permettre de les observer dans les grandes et inflexibles masses
des supports sur lesquels il faisait glisser son traineau, soit plutôt de ce que

Quant aux particules ou poussières qui sont directement entraînées dans le mouvement, il est certain que, si leur masse et leur vitesse étaient comparables à celles des corps frottants, leur inertie ou plutôt la dépense de travail qu'elle suppose, jouerait un rôle d'autant plus appréciable, que la part de résistance qui lui serait propre croîtrait d'une manière très-rapide avec la vitesse du glissement; mais, ainsi qu'on le verra plus loin, cette circonstance ne se produit guère que pour les corps très-mous et spécialement pour les fluides, dont la loi de résistance au glissement se trouve, par là, complétement changée.

4° *Enfin les lois qui précèdent sont également applicables au glissement pendant le choc des corps.* — Ce principe, comme on l'a déjà fait remarquer ci-dessus (347), est en quelque sorte évident par lui-même, pourvu que la pression réciproque, éprouvée par les deux corps, pendant le choc, se trouve répartie sur une surface assez étendue pour devenir incapable d'entraîner la désorganisation des deux corps, ou tout au moins une altération d'élasticité telle, que les déplacements moléculaires cessent de demeurer proportionnels aux tensions.

---

les molécules directement ébranlées à la surface des deux corps, exécutaient isolément des oscillations discordantes, qui, en se nuisant réciproquement et en se disséminant dans l'étendue entière des masses dont il s'agit, au fur et à mesure de leur production, devenaient tout à fait insensibles à une certaine distance du lieu d'ébranlement, à peu près comme on l'observe dans l'exemple déjà cité, de deux brosses frottées l'une sur l'autre.

Ce cas nous paraît d'ailleurs être celui de la plupart des corps employés dans les machines, toutes les fois que leur mouvement est continu; car lorsque les vibrations deviennent isochrones (321) pour un certain ensemble de molécules, on en est de suite averti par un bruit plus ou moins aigu. Mais ce phénomène ne se présente que dans des circonstances tout à fait exceptionnelles, notamment quand, suivant l'expression des ouvriers, les corps *broutent* ou *ripent*, ce qui suppose que l'un au moins d'entre eux, par suite d'une élasticité, d'une flexibilité propres, soit susceptible d'entrer en vibration : il arrive alors que les surfaces frottantes se quittent et se reprennent alternativement, c'est-à-dire éprouvent des soubresauts analogues, par exemple, à ceux qui ont lieu quand on promène, en le pressant, un doigt mouillé contre la surface unie d'une plaque mince et vibrante. Il est évident que le frottement discontinu qui résulte d'un pareil mode de mouvement, peut suivre de tout autres lois que celui qui nous occupe.

350. *Formules pour calculer l'intensité et le travail du frot-tement.* — Soit R le nombre de kilogrammes qui représente la résistance absolue du frottement d'un corps glissant sur un autre, N le poids de ce corps, ou plutôt, le nombre des kilogrammes qui mesure l'effort total qu'il exerce perpendiculairement à sa surface de contact avec cet autre ; d'après ce qui précéde, le rapport de R à N sera constant, et indépendant de l'étendue de cette surface et de la vitesse du mouvement, de sorte que, si nous le représentons par *f*, on aura

$$\frac{R}{N} = f, \quad \text{ou} \quad R = fN,$$

pour calculer R, quand *f* sera connu, par expérience, et N donné *à priori*.

Le facteur *f*, qu'on nomme ordinairement le *coefficient du frottement*, n'est, comme on voit, autre chose que la valeur de la résistance R, sous *l'unité de pression*, par exemple, pour 1 kilogramme, 1 décagramme, etc., mais, en général, on doit le considérer comme un nombre purement abstrait, un simple rapport numérique.

Quant à la manière de calculer le travail développé par le frottement, pour un chemin *relatif* quelconque E, décrit par les deux corps, elle consiste ici tout simplement (71) à effectuer le produit de R par E ; ce qui donne

$$RE = fNE$$

pour la mesure de ce travail, qui est entièrement employé, comme on vient de le voir, à user les deux corps, à déplacer leurs molécules entre elles, et principalement, dans le cas des corps très-élastiques, à imprimer, à ces molécules, des mouvements vibratoires indépendants de la vitesse du glissement, et qui, tantôt sensibles, tantôt inaperçus, s'éteignent à mesure qu'ils sont produits, soit en se détruisant réciproquement, soit en se propageant aux corps environnants, et en se disséminant dans l'étendue entière de leur masse.

Nommons, en général, V la vitesse uniforme ou le chemin décrit régulièrement, en chaque seconde, par un corps qui glisse, sur un autre, dans les mêmes conditions que ci-dessus, le travail, pendant ce temps, sera mesuré par le produit

$$RV = fNV^{kgm}.$$

Ainsi, dans les mouvements uniformes, le travail absorbé par le frottement croît proportionnellement à la vitesse, quoique son intensité en soit complétement indépendante. Cette circonstance a fait croire à quelques personnes, que les lois de Coulomb n'étaient point exactes, et que le frottement dépendait de la vitesse du mouvement; mais cela tient, comme on voit, à une confusion d'idées ou de langage, analogue à celle dont il a été parlé aux n°s 80 et 127, et qui fait prendre la quantité de travail mécanique développée, pour la mesure même de l'énergie de la force.

Frottement des tourillons. — Nommant pareillement n le nombre, censé constant, des révolutions, par minute, des tourillons d'un arbre de machine, nombre qu'il est toujours facile d'obtenir, par l'observation directe, et en comptant, à l'aide d'une montre ordinaire, le nombre de celles qui sont exécutées régulièrement ou uniformément pendant 5, 10 ou 20 minutes, selon les cas et le degré d'approximation qu'il s'agit d'obtenir. Soit, de plus, r le rayon de ces tourillons, qui se calculera avec beaucoup d'exactitude, au moyen du développement d'un fil, plusieurs fois enroulé sur leur contour, et dans le sens perpendiculaire aux génératrices; soit enfin, comme ci-dessus, N la pression perpendiculaire ou normale, supportée par ces tourillons, f le coefficient du frottement pour les substances en contact, etc., V le chemin circulaire qui est décrit pendant chaque seconde; on aura ici évidemment

$$V = \frac{n.2\pi r}{60} = 0,10472\,nr,$$

et, par conséquent, pour calculer le travail consommé pendant le même temps,

$$RV = 0,10472\,fnrN^{kgm}.$$

Cette formule montrant que le travail, dont il s'agit croît proportionnellement à la grosseur des tourillons, quoique le frottement en soit absolument indépendant, on voit qu'il faut diminuer le diamètre de ceux-ci, autant que le permet la solidité dans chaque cas. Mais, comme le frottement ne varie pas avec l'étendue des surfaces en contact, et que la pression (346), et par suite l'usure en chaque point ou pour chaque élément, diminuent quand cette étendue augmente, il y a de l'avantage à allonger un peu les axes et coussinets, comme cela se fait, par exemple, dans le cas des essieux et boîtes de roues de voitures; car l'usure devenant moindre, on peut se permettre de réduire leur diamètre à de plus petites proportions, sans, pour cela, compromettre la solidité qu'ils doivent conserver au bout d'un long emploi.

Frottement pendant le choc. — Quant à la manière de calculer, en général, la perte de force vive, ou de travail résultant de ce frottement, il nous suffira de remarquer que, d'après les principes des n°s 131, 154 et suivants, chacune des forces de compression, telle que $F = M\dfrac{v}{t} = M'\dfrac{v'}{t}$, qui provient de la réaction réciproque et normale des deux corps, fera naître une résistance tangentielle mesurée par $fF = fM\dfrac{v}{t} = fM'\dfrac{v'}{t}$, et qui détruira, dans le sens du glissement, une quantité de mouvement égale pour les deux corps et mesurée par fMv ou $fM'v'$, pour la durée de chacun des instants infiniment petits, t, du choc. Donc si U est, à la fin de ce choc, la somme des petits degrés de vitesse, v ou v', qui ont été détruits dans le sens normal aux surfaces frottantes, fMU, sera aussi la quantité totale de mouvement qui l'aura été par le frottement, dans le sens du glissement réciproque de chacun des deux corps. Or, à une pareille perte, opérée dans un temps généralement fort court et pour un déplacement, en quelque sorte, infiniment petit des corps, correspond une perte de force vive ou de travail, qu'il sera possible d'évaluer, pour chaque cas, à peu près comme on l'a fait aux n°s 161 et suivants, et comme nous le montrerons plus spécialement dans les exemples ou applications qui accompagnent ce Chapitre.

On voit, au surplus, que le frottement produisant son effet aussi bien pendant le débandement des ressorts moléculaires des corps (158), que pendant leur compression, la quantité de mouvement tangentiel qu'il détruira dans la réaction occasionnée par le choc, devra être beaucoup plus grande, en général, pour les corps élastiques que pour ceux qui ne le sont pas.

Causes qui font varier l'intensité du frottement.

Parmi ces causes, on doit ranger, en première ligne, celles qui tiennent à l'état particulier des surfaces, ou à leur degré de poli, aux enduits interposés entre elles, et à la durée plus ou moins grande de leur compression réciproque.

351. *Influence du degré et de la nature du poli des corps.* — Il est évident, *à priori*, qu'en diminuant le nombre et la saillie des aspérités des surfaces frottantes, on diminue aussi leur résistance au glissement; mais le dressage et le polissage ont une limite nécessaire dans les arts, même quand les surfaces sont immédiatement usées, ou *rodées,* l'une sur l'autre, avec interposition de matières grasses, et sous l'influence de la pression et du mouvement qu'elles doivent conserver ensuite dans les expériences. Ce dernier cas, pour lequel, d'après Coulomb, les surfaces atteignent le *maximum* de poli qu'elles puissent recevoir, s'observe dans les anciennes machines, dont la résistance est généralement bien moindre qu'au moment même de leur installation, et au sortir des mains des ouvriers les plus habiles.

Non-seulement la diminution de la résistance a une limite nécessaire pour chaque corps, mais encore il résulte de l'observation constante des ouvriers, confirmée par les expériences récentes de M. Morin, que des surfaces solides, quel que soit le degré primitif de leur poli, finissent toujours par s'user et s'altérer quand on les fait frotter, l'une sur l'autre, à sec ou sans aucune interposition de corps gras : il se détache alors, des surfaces, notamment dans le cas des bois, une poussière qui, en s'agglomérant sous la double influence du roulement et de la pression, donne lieu à de petits grains très-durs, lesquels sillonnent plus ou moins profondément ces surfaces, et vont, sans cesse, en se multipliant.

A plus forte raison, en est-il ainsi du cas où les surfaces ont
été simplement dressées ou polies à sec, au moyen de poudres
fines, de la râpe, de la ponce, de la prêle, etc. Il est évident
que chacun de ces modes distincts de préparation des corps
donne lieu à une résistance différente, dont l'étude pourrait
être utile dans quelques circonstances (*), ne serait-ce que
pour acquérir une idée de sa limite supérieure, et des causes
qui peuvent la faire varier.

En résumé, on est forcé de reconnaître que le mode de préparation des surfaces a la plus grande influence sur leur frottement; que le poli a une limite nécessaire dans chaque cas,
et variable avec la nature des moyens employés, c'est-à-dire
avec l'intensité de la pression, l'espèce de l'enduit, et le genre
même du mouvement sous lequel il a été produit; qu'enfin,
le poli tend à s'altérer, à se modifier, quand les conditions,
dont il s'agit, changent, et qu'il n'atteint sa limite relative que
dans les circonstances où se trouvent les parties frottantes des
anciennes machines. Cela tient, sans aucun doute, d'une part
à ce que les particules et aspérités des surfaces ont pris l'arrangement le plus convenable possible, sous des conditions
constantes de mouvement et de pression auxquelles elles sont
soumises; d'une autre à ce qu'elles ont subi le maximum de
compression ou, en quelque sorte, d'*écrouissage*, dont elles
sont susceptibles sous ces mêmes conditions.

352. *Influence des enduits* (**). — Lorsqu'on interpose,
entre les surfaces frottantes, des substances grasses et plus ou

---

(*) La résistance qu'éprouvent les lames des scies employées à couper les
bois et les pierres, celle des meules qui servent à moudre les grains, les
briques, etc., enfin celle des limes, des râpes et en général de tous les outils
tranchants, peuvent également se rapporter au frottement, et il y a tout lieu
de croire qu'elles suivent, entre certaines limites, à peu près les mêmes lois
de proportionnalité à la pression, d'indépendance de la vitesse et de l'étendue
des surfaces, à cause de la faible influence exercée par l'inertie des parties entraînées dans le mouvement, comparativement à la résistance qu'elles opposent
à leur désagrégation; mais on possède encore peu de données sur ce sujet,
quoiqu'il soit de la plus haute importance pour l'établissement des machines
et des instruments qui remplissent la fonction d'opérateurs ou d'outils.

(**) Nous résumons les conclusions les plus importantes du travail de M. Hirn

moins molles, elles en garnissent les pores jusqu'à une certaine profondeur, elles les isolent, en quelque sorte, l'une de l'autre, et les soustraient, en partie, aux effets de la pression; ce qui a pour résultat de diminuer l'engrènement réciproque de leurs aspérités. Mais, en même temps, la viscosité de ces enduits, et leur adhérence avec les deux corps, fait naître une résistance qui peut acquérir de l'influence (347) toutes les fois que l'étendue des surfaces, en contact, est très-grande, ou la

---

(*voir* la Note de la page 507); elles sont en désaccord, sur beaucoup de points, avec les indications données dans le texte. Il sera facile au lecteur d'en tirer des explications simples et nettes de divers phénomènes cités dans les nos 352 et suivants, principalement au sujet de l'emploi de l'eau comme enduit.

1° Pour que l'enduit donne un frottement régulier et minimum, il faut qu'il soit trituré, pendant un certain temps, entre les surfaces frottantes.

2° Le *frottement médiat diminue quand la température augmente*, les autres conditions restant les mêmes : sa valeur, à une température *t*, est égale à sa valeur à zéro divisée par la puissance *t* d'un nombre constant pour toutes les huiles, et à peu près égal à 1,05.

3° Lorsque les substances sont abondamment lubrifiées et que la température reste constante, le frottement varie proportionnellement à la vitesse.

Quand on ne règle pas la température, la relation entre le frottement et la vitesse dépend uniquement de la loi particulière de refroidissement de l'appareil en marche. On peut admettre, sans erreur sensible, que, pour l'ensemble des pièces frottantes de nos machines, maintenues dans un état de lubrification moyenne, le frottement varie proportionnellement à la racine carrée de la vitesse.

L'influence de la vitesse est complétement nulle, quand le frottement est immédiat, c'est-à-dire lorsque les surfaces marchent à sec, et que, en raison d'une pression suffisante, l'air ne peut pas intervenir.

4° La valeur du frottement médiat est très-sensiblement proportionnelle à la racine carrée des surfaces et à celle des pressions.

M. Hirn décrit les essais qu'il convient de faire pour reconnaître la valeur mécanique des enduits; nous renvoyons, pour les détails, à son Mémoire. Le principe général relatif au choix des matières lubrifiantes peut être formulé comme suit : Dans chaque cas, le meilleur enduit est l'enduit le plus fluide qui ne soit pas expulsé dans les conditions de pression, de vitesse et de température où l'on se trouve. Il en résulte que l'eau peut servir d'enduit dans des circonstances convenables, et qu'alors elle est supérieure à toutes les huiles; l'air lui-même devient le meilleur de tous les lubrifiants lorsque les conditions sont telles, qu'il puisse tenir entre l'arbre et les coussinets; mais, si par une modification de la vitesse ou de la pression, l'air est expulsé, les surfaces frottantes viennent en contact immédiat, et le frottement, presque nul d'abord, devient tout d'un coup énorme. M. Hirn a vérifié ces conséquences singulières par des expériences directes. (K.)

pression très-faible. Par là, d'ailleurs, on s'explique comment
les corps gras diminuent le frottement en raison de leur degré, plus ou moins grand, de consistance et d'onctuosité, et
comment cette consistance, poussée au delà d'un certain
terme, et quand elle est accompagnée d'un accroissement
d'adhérence, comme dans la cire, la poix, la colophane et les
résines en général, peut devenir plus nuisible qu'utile, pour
diminuer le frottement réciproque des corps. Enfin, cela explique encore pourquoi les anciens enduits ou *cambouis* qui,
en se chargeant constamment des poussiers provenant de
l'usé des corps, etc., ont perdu, en partie, leur onctuosité,
leur mollesse primitives, donnent aussi lieu à une augmentation considérable de résistance, qui oblige à les renouveler
fréquemment.

D'un autre côté, on ne doit pas supposer que l'interposition d'un enduit fluide quelconque, entre les surfaces frottantes, doive nécessairement et toujours produire une diminution de résistance ; car nous verrons bientôt que le contraire
a lieu, dans certains cas, notamment quand on vient interposer de l'eau pure entre les surfaces frottantes de substances
spongieuses, telles que les bois, ou de corps durs, tels que la
fonte de fer.

Pour expliquer ce fait, on pourrait dire qu'en raison de sa
grande fluidité, l'eau est plus facilement expulsée d'entre les
surfaces de contact; qu'en faisant gonfler les corps fibreux ou
spongieux entre lesquels elle se trouve interposée, qu'en dilatant leurs pores et distendant leur tissu, elle en favorise
l'engrènement, etc. Mais toutes ces considérations ne sauraient
expliquer l'accroissement notable de résistance observé, par
M. Morin, dans le cas de la fonte; et peut-être doit-on admettre
ici quelque action chimique analogue à celle de certains acides
végétaux, sur les outils tranchants et aciérés; action qui n'a
pas lieu pour les matières grasses, mais qui se fait très-bien
sentir quand on les frotte, par exemple, le verre avec les doigts
mouillés d'eau légèrement vinaigrée. Toutefois, il se peut fort
bien aussi que l'augmentation du frottement, dans quelques-uns
de ces cas, tienne, en majeure partie, à l'espèce de décapage
ou de nettoyage que subissent les surfaces, et notamment à
ce que le liquide, en dissolvant ou en expulsant les matières

étrangères qui tapissaient leurs pores, met complétement à nu leurs aspérités, et augmente ainsi leur engrènement réciproque. C'est d'ailleurs à une semblable cause qu'il faut attribuer le mordant remarquable acquis par les pierres fines à aiguiser, quand en les enduit de savon et d'eau.

Quant à l'onctuosité, à la mobilité qu'amènent, avec eux, les enduits gras, doit-on, comme le pensent quelques physiciens, l'attribuer à la forme globuleuse des particules de ces enduits, à une sorte de sphéricité qui, en leur permettant de rouler librement les unes sur les autres, contribuerait, pour beaucoup, à diminuer la résistance au glissement, des surfaces entre lesquelles elles se trouvent interposées? Une pareille opinion n'offre par elle-même, en effet, rien qui répugne à la manière dont on peut concevoir (219) l'organisation moléculaire des corps; seulement elle doit s'accorder avec les autres faits de l'expérience concernant la manière dont les enduits de chaque espèce, peuvent se comporter dans les différentes circonstances, et, au lieu de supposer que les molécules des corps gras se trouvent en contact immédiat, et roulent les unes sur les autres, comme le feraient des billes incompressibles, on peut tout aussi bien admettre qu'elles sont à distance, et ne se distinguent que par l'indifférence de stabilité, l'absence absolue de polarité (219 et 232) qui résulte du groupement symétrique des atomes dont elles se composent.

En considérant d'ailleurs la faible influence qui doit être attribuée, dans les circonstances ordinaires, à l'adhérence ou à la cohésion propre des enduits gras interposés entre les corps soumis à l'expérience du glissement, et notamment la facilité avec laquelle l'huile, en particulier, peut être expulsée d'entre les surfaces, sous d'assez faibles pressions, il semble naturel de croire que cette substance est, après l'eau, l'enduit le moins propre à diminuer le frottement, et qu'on doit lui préférer, de beaucoup, le saindoux, le vieux oing et surtout le suif qui n'a pas cet inconvénient. C'est aussi là le résultat général auquel Coulomb a été conduit par ses expériences; mais M. Morin est arrivé, par les siennes, à une conclusion tout opposée, du moins donnent-elles lieu de penser que l'huile d'olive est préférable au suif, toutes les fois qu'elle est fraîchement appliquée aux surfaces, ou quand elle peut être fréquemment et constamment renouvelée au moyen d'appareils d'alimentation semblables à ceux dont on se sert aujourd'hui dans quelques machines, notamment pour les voitures de luxe. Les différences observées par ce dernier expérimentateur sont d'ailleurs si faibles, qu'il est bien permis de suspendre tout jugement à cet égard, et de se conformer, dans chaque cas, aux indications d'une longue pratique, qui fait adopter généralement l'huile pour les mécanismes légers, le saindoux et le suif pour les fortes machines. Quant aux autres espèces d'enduits, nous y reviendrons d'une manière spéciale, dans l'exposé des résultats de l'expérience.

353. *Influence de la durée du contact, de la compressibilité, de la forme et de l'étendue des surfaces frottantes.* — On peut conclure, en général, des faits d'expérience rapportés aux n°s 258 et suivants, que les corps durs et élastiques, tels que le fer, l'acier, le cuivre, etc., parviennent très-rapidement à la limite de leur compression ou de leur extension (280 et suiv.); tandis qu'au contraire, les corps mous ou très-compressibles, tels que les bois, les cuirs, etc., n'y arrivent qu'avec beaucoup de lenteur. Or il en résulte, comme l'a observé d'abord Coulomb, que, pour les premiers, la résistance doit aussi atteindre très-rapidement sa plus grande valeur, tandis que, pour les autres, elle n'y parviendra qu'au bout d'un temps de repos souvent fort long, c'est-à-dire par un contact très-prolongé des surfaces, sous l'influence de la pression. Pour les métaux, ce temps est à peine appréciable, tandis qu'il est de quelques minutes pour les bois frottant à sec sur les bois, et de plusieurs heures, plusieurs jours même, pour les bois frottant sur des métaux sans enduit.

D'après ces faits et les observations du n° 346, on ne peut donc être surpris de voir que le frottement des bois sur les bois, et surtout celui des bois sur les métaux, soient beaucoup plus grands au moment du départ et après un certain temps de repos, que quand les surfaces ont été une fois ébranlées ou sont déjà en mouvement. Néanmoins cette circonstance ne se présente que pour des surfaces offrant une certaine étendue; car, lorsque les corps ne portent simplement que sur des arêtes ou contours quelconques, arrondis, la compression atteint promptement sa limite, et le frottement est sensiblement le même au départ et pendant le mouvement.

Des effets analogues ont lieu pour tous les corps, même pour les métaux durs, lorsque leurs surfaces sont enduites de substances grasses de diverses natures : l'effet de la durée de la compression est d'expulser plus ou moins complétement ces substances de l'intervalle qui sépare les deux corps, et de ramener ceux-ci à un état voisin de celui où ils se trouvent quand l'enduit a été enlevé, et quand les surfaces de contact restent simplement onctueuses. Cette remarque s'applique surtout au suif qui, interposé entre les surfaces en repos de deux corps, ne permet, au frottement, d'atteindre son *maximum*, qu'au bout de plusieurs heures de compression réciproque. Mais, quand l'étendue des surfaces est très-petite, ou que ces surfaces sont simplement formées d'arêtes arrondies, de pointes émoussées comme les têtes de clou en cuivre, le frottement redevient, ainsi que dans le cas précédent, indépendant de la durée du contact; et, d'après les expériences de M. Morin, son intensité doit, en effet, être supposée sensiblement la même que si l'enduit avait été essuyé et que les surfaces fussent simplement onctueuses, n'importe leur étendue.

Au surplus, on conçoit que, quand cette étendue est très-grande, la résistance doit varier pour toute la première partie de la course du corps mobile, qui correspond à cette étendue, de sorte que le frottement, en passant lentement et progressivement de sa plus grande valeur, acquise sous un contact prolongé, à sa plus petite valeur relative au mouvement établi, paraisse, dans tous les premiers instants, dépendre, en effet, de la vitesse même de ce mouvement. Or ce fait, également observé par M. Morin, explique comment Coulomb et quelques autres expérimentateurs d'ailleurs très-habiles, ont pu être induits en erreur, sur les véritables lois du frottement, toutes les fois que leurs expériences ont porté sur une longueur de course du traîneau, trop petite relativement à l'étendue des surfaces primitivement en contact.

Quant au cas où le mouvement continue pendant un très-long temps, dans le même sens, et ainsi qu'il arrive notamment pour les pivots et les tourillons des arbres de machines, qui présentent successivement tous leurs points aux mêmes points des coussinets ou crapaudines, dans ce cas, disons-nous, la résistance croîtrait évidemment avec la durée du mouvement, si l'on avait le soin de *lubrifier* constamment les surfaces avec de nouvelles graisses; car ces graisses s'é-paississent et se consomment d'autant plus vite que le mou-vement est plus rapide, que l'espace décrit est plus consi-dérable.

Enfin la forme des surfaces frottantes, celle de leur contour extérieur, pourvu qu'ils soient continus, ne paraissent exer-cer, par elles-mêmes, aucune influence appréciable sur l'in-tensité de la résistance, du moins entre certaines limites de pression. Ainsi, que ces surfaces soient planes ou arrondies, sphériques ou cylindriques; que, dans ce dernier cas, elles glissent parallèlement ou perpendiculairement à leurs généra-trices, le frottement, sauf les cas d'exception ci-dessus men-tionnés, reste sensiblement le même, et ne dépend que de l'intensité de la pression. Quant aux cas où les corps ne se toucheraient que suivant des arêtes aiguës et tranchantes, par des pointes non émoussées, ou en général par des surfaces trop peu étendues pour que la force de ténacité des molé-cules puisse faire équilibre à la pression, on sait très-bien, quoique le fait n'ait point été soumis à des expériences spé-ciales et précises, que l'altération des corps devient tellement grande alors, que, sous le point de vue dont il s'agit ici, il n'y a plus lieu de s'occuper de la résistance qu'ils présentent au glissement.

354. *Influence de la température, de la pression atmosphé-rique, etc.* (*).—La chaleur, en diminuant la force de cohésion et d'élasticité des solides, en permettant à ceux-ci de s'imprimer davantage les uns dans les autres, et surtout en ramollissant les enduits, etc., doit exercer une influence nécessaire sur l'intensité du frottement; néanmoins, pour des variations de température de l'atmosphère, comprises entre 1 et 18 degrés

---

(*) Consulter le Mémoire déjà cité (p. 507 et 515) de M. Hirn. (K.)

du thermomètre centigrade, cette influence n'a pu se manifester dans les nombreuses expériences de M. Morin, et l'on
doit admettre qu'elle est, en général, trop faible pour être appréciée.

Quant à la chaleur qui se développe par le frottement même
des surfaces, l'expérience démontre qu'elle peut être assez
intense pour liquéfier les enduits solides, pour charbonner et
enflammer même les bois (*), enfin, pour déterminer, entre
les métaux, une véritable adhérence ou cohésion, une sorte
d'amalgame, auquel, sans doute, le ramollissement des surfaces a la plus grande part. Mais il convient de remarquer que
ces circonstances, où l'électricité vient, à son tour, jouer un
rôle comme simple effet, et non comme cause, ne se présentent que dans le cas où les corps glissent rapidement et à sec
les uns sur les autres, ou bien quand, faute de renouveler
l'enduit, les surfaces viennent à se roder, à s'user plus ou
moins fortement : l'élévation de la température, en un mot,
n'a lieu que pour les machines nouvellement installées, et
pour les pièces non encore polies par l'usé, ou mal entretenues de graisse; on peut donc négliger sa considération dans
les cas ordinaires.

Nous avons vu (37) que l'air atmosphérique agit constamment à la surface extérieure des corps, pour les presser avec
une force d'environ 1 kilogramme par centimètre carré; si
donc il arrivait que les faces, par lesquelles ils se touchent,
fussent assez bien polies et dressées pour qu'à l'instant où on
les applique, l'une sur l'autre, par un mouvement de glissement convenable, l'air pût en être complétement expulsé, leur
pression réciproque serait, d'après un principe en lui-même
évident, augmentée d'autant de fois 1 kilogramme qu'il y a
de centimètres carrés dans l'étendue en contact. Cette cir-

(*) On sait que les peuplades sauvages parviennent à se procurer du feu en
faisant tourner rapidement, entre la paume ou le creux des mains, un bâton
de bois très-sec et très-inflammable, dont l'extrémité inférieure, taillée en
cône, frotte dans une cavité pratiquée à un autre morceau de bois pareil. Il
arrive d'ailleurs journellement que les moyeux et les essieux en bois des voitures prennent feu dans les mouvements rapides, faute d'avoir été convenablement enduits.

constance, qui se présente pour les glaces de miroirs, parfaitement dressées, et qui contribue, peut-être, à augmenter le
frottement dans quelques cas exceptionnels, où la pression et
le contact des corps ont été longtemps prolongés, cette circonstance ne paraît pas, en général, exercer d'influence sensible ; sans quoi la résistance, au lieu d'être, entre certaines
limites, indépendante de l'étendue des surfaces, devrait croître
avec cette étendue, suivant une progression très-rapide.

D'ailleurs, en admettant que cette même circonstance contribue, en effet, à augmenter le frottement des corps en repos,
on ne saurait l'admettre pour les corps en mouvement; car,
dès l'instant même où l'on essaye de les faire glisser l'un sur
l'autre, leurs surfaces se détachent plus ou moins complètement, dans le sens normal ; ce qui permet aux molécules de
l'air de s'insinuer aussitôt entre ces surfaces, et de détruire,
par leur force de réaction (14), la pression atmosphérique
extérieure. A la vérité, les enduits sembleraient devoir isoler
parfaitement les surfaces en contact, de l'air extérieur, mais,
s'ils sont solides ou simplement mous, l'air reste emprisonné
dans les pores, et s'ils sont liquides et susceptibles de mouil-
ler les surfaces, la pression atmosphérique se transmet encore,
en vertu du principe de Pascal (14), au travers de leur masse,
et jusque dans l'intérieur des cavités qu'ils remplissent.
Néanmoins, on ne saurait disconvenir que dans le cas des
maçonneries et des terres argileuses, par exemple, l'air ne
puisse être plus ou moins absorbé ou expulsé sous l'influence
prolongée de la compression, etc., et ne contribue ainsi à
augmenter l'adhérence ou la résistance au glissement (*).

RÉSULTATS DES EXPÉRIENCES RELATIVES A LA RÉSISTANCE DES CORPS AU GLISSEMENT.

On a vu ci-dessus (353) que, pour les surfaces planes, ou

(*) Ce même fait paraît se présenter quelquefois aussi dans les machines,
notamment dans les embrayages par cônes de friction ; on comprend, en effet,
que dans ce cas, l'air ne puisse pas s'insinuer entre les couronnes en contact,
ainsi que cela arrive, suivant l'Auteur, dans les glissements ordinaires où les
surfaces en contact se détachent plus ou moins dans le sens normal. (K.)

pour celles qui, en général, offrent une grande étendue de
contact, il était nécessaire de distinguer le frottement après
un certain temps de repos sous l'influence de la pression, de
celui qui a lieu quand le mouvement est une fois acquis; mais
que cette distinction était inutile pour le cas des tourillons
cylindriques, frottant sur des coussinets pareils, et qui offrent
généralement une continuité, une durée de mouvement qui
n'a pas lieu dans le glissement réciproque des surfaces planes.
Cette circonstance a engagé les physiciens à classer à part,
ainsi qu'il suit, les résultats des expériences qui se rapportent
à ces trois circonstances principales.

355. *Frottement des métaux, des bois, du cuir et du chan-*
vre, après un certain temps de repos sous la pression. — Les
résultats qui concernent ce genre de résistance ne comportent
pas une très-grande rigueur, surtout lorsqu'il s'agit de corps
organiques, tels que les bois, les cuirs, etc. : non-seulement
ils varient avec la durée de la compression réciproque des
corps, mais encore ils dépendent de la disposition accidentelle des aspérités et des fibres, à chaque renouvellement
d'expérience; c'est pourquoi nous n'avons pas cru devoir
étendre beaucoup le tableau suivant, qui est principalement
déduit des résultats obtenus par M. Morin, et dans lequel
nous avons eu égard, néanmoins, pour plusieurs cas, aux recherches de Coulomb et des autres expérimentateurs.

Il nous suffira de remarquer que, si l'on n'y a point établi
de distinction entre les résultats qui se rapportent aux différentes espèces de bois ou de métaux, et à la direction des
fibres, par rapport au sens du glissement, c'est que ces résultats offrent, par eux-mêmes, trop de contradictions, pour
qu'on puisse démêler, dans chaque cas, la part d'influence qui
peut être due à ces circonstances. Cependant, il est nécessaire ici de le dire, on s'accorde, assez généralement, à regarder le frottement des bois debout, et de ceux dont les fibres
sont croisées, comme moindre que le frottement des mêmes
bois glissant simplement dans le sens des fibres; et l'on admet, plus généralement encore, que les corps, à contexture
homogène, glissant les uns sur les autres, offrent, à circonstances semblables d'ailleurs, une plus grande résistance que

ceux dont la contexture est différente. Ainsi, par exemple, d'après ce principe, admis par tous les physiciens, et par Coulomb lui-même, le frottement du fer sur le fer, ou du cuivre sur le cuivre, serait plus grand que celui du fer sur le cuivre, et *vice versâ*.

Ce principe paraissait, en effet, justifié par quelques données spéciales de l'expérience, et par cette considération qu'une organisation similaire des corps doit nécessairement amener un engrènement plus intime, plus favorable de leurs aspérités. Mais les recherches expérimentales de M. Morin lui ont donné lieu de croire qu'une telle opinion, encore bien qu'elle soit généralement adoptée par les praticiens, n'a aucun fondement réel, et, par exemple, il pense que, si l'on choisit ordinairement des tourillons en fer ou en acier, pour les faire frotter contre des boîtes ou coussinets en cuivre, c'est principalement afin d'éviter qu'ils ne s'usent trop promptement, et qu'on ne soit obligé de les remplacer souvent; opération qui offre bien moins d'inconvénients pour les boîtes ou coussinets. Néanmoins, et jusqu'à ce que de nouvelles expériences soient venues lever entièrement les doutes, il sera bon d'avoir égard à ces remarques, dans le choix et l'application des nombres qui se trouvent rapportés dans les tableaux ci-après; mais il sera surtout essentiel de tenir compte du degré et de la nature du poli des deux corps (351); de l'espèce de l'enduit (352); de la durée et de l'étendue du contact (353), etc.

Quant à la différence qui peut exister entre le frottement de deux mêmes corps, selon que c'est l'un ou l'autre qui est en repos ou en mouvement, on ne saurait la ranger encore ici au nombre des faits avérés; elle paraîtrait, d'après quelques-unes des expériences de M. Morin, devoir être très-appréciable pour certains cas, notamment pour l'orme et le chêne, la fonte de fer et le bronze, qui, dans ces circonstances distinctes, présentent, pour ainsi dire, les limites supérieure et inférieure des résistances relatives soit aux bois, soit aux métaux.

Enfin, nous ne saurions ici passer sous silence une remarque très-importante, due au même observateur, et qui consiste en ce qu'un léger ébranlement des surfaces en contact, peut souvent occasionner le départ du corps mobile ou du trai-

neau, sous un effort bien moindre que celui qui serait capable
de vaincre le frottement sans cette circonstance; l'intensité
de cet effort est alors, à peu près, égale à celle du frottement
qui a lieu pendant le mouvement prolongé du traîneau. Ce
fait, qui s'explique de lui-même (353 et 354), s'est particulièrement offert pour les bois, notamment pour l'orme glissant
à sec sur du chêne, et, quoique M. Morin n'ait point eu occasion de l'observer dans toutes les circonstances, il sera bon
néanmoins d'y avoir égard dans les calculs relatifs à la stabilité
des constructions où le frottement joue un rôle très-important;
c'est-à-dire qu'il faudra, dans beaucoup de cas, réduire son
coefficient à celui qui suppose le mouvement déjà établi; car
les édifices sont tous plus ou moins soumis à des ébranlements,
pendant la durée de leur existence.

*Table des rapports du frottement à la pression, pour les surfaces
planes, au moment du départ et après un certain temps de
repos.*

INDICATION des surfaces.		ÉTAT DES SURFACES OU NATURE DE L'ENDUIT							
		à sec.	mouil-lées d'eau.	huile d'olive	sain-doux	suif.	savon sec.	onc-tueuses et polies.	onc-tueuses et mouil-lées.
Bois sur bois......	minim.	0,30	0,65	....	....	0,14	0,22	0,30	
	moyen.	0,50	0,68	....	0,21	0,19	0,36	0,36	
	maxim.	0,70	0,71			0,25	0,44	0,40	
Bois et métaux.............		0,60	0,65	0,10	0,12	0,12	....	0,10	
Chanvre en brins, cordes ou sangles sur bois.	minim.	0,50							
	moyen.	0,63	0,87						
	maxim.	0,80							
Cuir fort de se-melle et pistons sur bois ou fonte.	de chan ou à plat.	0,43 à 0,62	0,62 à 0,80	0,12 à 0,13	....	....	.. .	....	0,27
Courroie en cuir noir sur tambour	en bois .	0,47							
	en fonte.	0,54	....	....	....	...	....	0,28	0,38
Métaux sur métaux.	minim.	0,15	....	0,11	....	....	....	0,12	
	moyen.	0,18	....	0,12	0,10	0,11	....	à	
	maxim.	0,24	...	0,16	....	....	....	0,17	

356. *Frottement et adhérence des pierres, avec ou sans in-*
terposition de plâtre ou de mortier. — Le tableau ci-après
montre que le frottement des pierres contre les bois et les
métaux ou contre d'autres pierres, avec ou sans interposition
de mortier, suit les mêmes lois que pour les bois et les métaux, glissant entre eux, tant que la force d'adhérence ou de
cohésion de ces mortiers demeure très-faible ; mais qu'il en
est tout autrement lorsque, par suite de la dessiccation de l'enduit, cette force a acquis une très-grande valeur : alors la résistance devient sensiblement indépendante de la pression, et
elle croît, au contraire, à peu près proportionnellement à l'é-
tendue des surfaces en contact. M. Morin, qui est arrivé à ce
résultat dans ses expériences de 1834, déjà citées au n° 348, en
conclut, non sans quelque vraisemblance, que le frottement
et la cohésion ou l'adhérence n'ont point des valeurs indépendantes ou qui s'ajoutent simplement entre elles, pour constituer la résistance totale, mais que, suivant leur prépondérance
relative, ces deux forces, de nature très-distincte, se substi-
tuent l'une à l'autre ; de sorte que la résistance, au départ, est :
ou exactement proportionnelle à la pression, quelle que soit
l'étendue des surfaces, ou exactement proportionnelle à cette
étendue, quelle que soit l'intensité de la pression. Nous ajoutons *au départ*, parce qu'il est bien évident ici que, passé ce premier instant, et lorsque les surfaces ont déjà été ébranlées, l'adhérence ou la cohésion des mortiers se trouve détruite, c'est le
frottement qui seul agit pour s'opposer au glissement des corps.

Cette conséquence qui doit s'étendre, *à fortiori*, à la résistance transverse (252) que les solides opposent à la rupture
par glissement, n'est point d'accord avec l'opinion admise,
d'après Coulomb, par la plupart des physiciens et des ingénieurs ; mais elle n'en doit pas moins être considérée comme
généralement plus conforme aux effets naturels, que l'hypothèse contraire où l'on suppose l'action simultanée de deux
genres de force qui, au fond, doivent être une seule et même
force, aux instants qui précèdent la rupture. Seulement on ne
saurait affirmer, d'une manière absolue, que l'adhérence et
la cohésion soient réellement indépendantes de l'état primitif
de compression des deux corps, c'est-à-dire de la pression
sous laquelle la solidification s'est primitivement opérée.

D'un autre côté, les résultats de M. Morin, concernant l'adhérence du mortier et du plâtre, présentent quelques variations relativement à l'influence de l'étendue des surfaces : l'Auteur explique ces anomalies en observant que la dessiccation des mortiers doit être d'autant plus parfaite et plus prompte que l'étendue est moindre; mais comme, sous ce rapport, ses résultats sont en désaccord avec ceux de M. Boistard, également consignés dans le tableau ci-dessous, et qui concernent les chaux grasses, on doit désirer que les expériences soient répétées et variées de manière à détruire toute espèce d'incertitude.

Table des résistances au glissement, des pierres, des briques, etc., à l'instant du départ et après un certain temps de repos.

Première partie. — Frottement proprement dit.

NATURE DES CORPS ET ENDUITS.	RAPPORT du frottement à la pression.
Expériences de M. Morin.	
CALCAIRE TENDRE, bien dressé, sur calcaire tendre	0,74
CALCAIRE DUR, Id. sur Id.	0,75
BRIQUE ORDINAIRE, Id. sur Id	0,67
CHÊNE DEBOUT, Id. sur Id	0,63
FER FORCÉ, Id. sur Id	0,49
CALCAIRE DUR, bien dressé, sur calcaire dur	0,70
CALCAIRE TENDRE, Id. sur Id	0,75
BRIQUE TENDRE, Id. sur Id	0,67
CHÊNE DEBOUT, Id. sur Id	0,64
FER FORCÉ, Id. sur Id	0,42
CALCAIRE TENDRE sur calc. tend. avec mortier frais en sable fin.	0,74
Expériences de divers.	
GRÈS UNI sur grès uni, à sec (Rennie)	0,71
Id. sur id. avec mortier frais (Rennie)	0,66
CALCAIRE DUR poli, sur calcaire dur poli (Rondelet)	0,58
Id. BOUCHARDÉ, sur calcaire bouchardé (Boistard)	0,78
GRANIT bien dressé sur granit bouchardé (Rennie) . . . . :	0,66
Id. avec mortier frais, sur granit bouchardé (Rennie)	0,49
CAISSE EN BOIS sur pavé (Régnier)	0,58
Id. sur la terre battue (Hubert)	0,33
PIERRE DE LIBAGE sur un lit d'argile sèche (Lesbros)	0,51
Id. l'argile étant humide et ramollie	0,34
Id. l'argile pareillement humide, mais recouverte de grosse grève	0,40

Suite de la Table précédente.

Deuxième partie. — Adhérence ou cohésion.

NATURE DES PIERRES SUPERPOSÉES et de l'enduit.	SURFACE en décimètres carrés.	JOURS de contact à l'air ou dans l'eau.	RÉSISTANCE moyenne par mètre carré.
Expériences de M. Boistard.			kg
CALCAIRE BOUCHARDÉ, fiché sur calcaire bouchardé, avec mortier en chaux grasse et sable fin.	1 à 2	17 à l'air.	6 600
	3 à 5	Id.	9 400
	47	48 à l'eau.	1 200
LE MÊME, avec mortier en chaux grasse et ciment.	1 à 2	17 à l'air.	3 200
	3 à 5	Id.	5 300
Id. id. non rompu...	47	48 à l'eau.	1 100
Expériences de M. Morin.			
CALCAIRE TENDRE de Jaumont (259), fiché sur calcaire tendre de Jaumont, avec mortier en chaux hydraulique de Metz, et sable fin.	1 à 2	83 à l'air.	18 000
	2 à 3	48 Id.	12 000
	Id.	43 Id.	10 100
	4 à 6	48 Id.	10 000
	7 à 8	48 Id.	9 400
BRIQUES ORDINAIRES, fichées avec le même mortier.	1,3	48 Id.	14 000
	2,6	48 Id.	10 000
CALCAIRE DE JAUMONT, fiché sur calcaire de Jaumont, avec plâtre ordinaire.	2,0	48 Id.	22 000
	8,0	48 Id.	28 000
CALCAIRE BLEU à gryphite, très-lisse, sur id., avec plâtre.	2,5	48 Id.	11 000
	4,5	48 Id.	20 000

Nota. La rupture s'opérant dans l'intérieur de la couche de mortier et à la jonction de la couche de plâtre avec les pierres, la résistance est due à la cohésion pour le premier cas, et à l'adhérence pour le deuxième. Ce résultat s'accorde d'ailleurs avec la remarque rapportée au n° 259, d'après Rondelet.

357. *Frottement des bois, des métaux, du cuir et du chanvre pendant la durée même du mouvement.*—Ce cas a été étudié, d'une manière spéciale, par M. Morin; et les expériences très-multipliées et très-soignées, qu'il a entreprises sur presque tous les corps qui entrent dans les constructions et dans les machines, ont confirmé pleinement la loi de l'indépendance

34

du frottement par rapport à la vitesse, et celle de sa proportionnalité à la pression, qui n'avaient pu être mises en complète
évidence, comme on l'a vu (384), lors des expériences de
l'illustre Coulomb. Néanmoins on se rappellera (349) que cette
dernière loi ne se vérifie, avec exactitude, qu'en deçà de la
limite de pression, pour laquelle les corps commencent à
subir une altération physique ou mécanique plus ou moins
intime; de sorte que, sous ce rapport, il y a lieu d'établir une
distinction entre les bois ou les métaux tendres et fibreux,
et ceux qui offrent, au contraire, une contexture serrée et
grenue : les premiers sont susceptibles de se rayer, de se dé-
chirer sous de fortes pressions, tandis que les seconds s'usent
très-peu, et ne donnent lieu qu'à une légère formation de
poussiers, qui n'exercent aucune influence appréciable sur
les résultats de l'expérience. M. Morin a principalement remarqué cette prompte altération des surfaces pour le cas où
il a fait glisser, les uns sur les autres, à sec et dans le sens de
leur longueur, des prismes de fer et d'acier, parfaitement dres-
sés à l'aide de procédés mécaniques. Aussi ces expériences
ont-elles offert, quant à l'intensité du frottement, des anomalies qui n'ont pas permis de pousser la pression fort loin, et
qu'expliquerait très-bien la qualité particulière des fers mis
en œuvre (*), qualité à laquelle on pourrait également attri-

---

(*) On conçoit, en effet, que les fers doux et fibreux doivent se comporter
autrement que les fers forts et nerveux (287), surtout si leurs fibres ont été
tranchées obliquement lors du planage des surfaces, et si, par la disposition
particulière des pièces dans les expériences, ces fibres avaient une tendance à
être rebroussées, comme M. Morin l'a effectivement observé. Coulomb, en faisant frotter du fer à sec sur du fer ou du cuivre, n'a pas remarqué d'altération
sensible des surfaces, pour des charges voisines de 7 kilogrammes par centimètre
carré, et M. Rennie l'a trouvée fort grande pour des charges supérieures à 14 kilogrammes. Ces résultats s'accordent d'ailleurs entre eux pour donner au coefficient
du frottement une valeur d'au moins 0,25, et qui, d'après ce dernier ingénieur,
s'élèverait jusqu'à 0,4 pour des charges de 40 kilogrammes par centimètre carré.
D'après ce dernier ingénieur, tous les métaux donneraient lieu à des résultats
analogues ; et, s'il n'y avait pas eu erreur dans les observations, si surtout
l'inertie n'était pas venue jouer un rôle dans les expériences, il faudrait bien
admettre qu'au delà d'un certain terme, le frottement croît plus rapidement
que la pression, et cela en raison même de l'altération, de plus en plus profonde, des surfaces. Il est évident que ces circonstances devraient avoir lieu,
à fortiori, dans le cas des bois glissant à sec sur les bois, etc.

buer la faiblesse du coefficient, $f = 0,138$, qu'il a obtenu, comparativement à celui que Coulomb et d'autres expérimentateurs avaient conclu du résultat de leurs propres expériences.

En général, les pressions sous lesquelles M. Morin a opéré, lors du glissement à sec des surfaces planes, n'ont pas dépassé 1 à 2 kilogrammes par centimètre carré; de sorte qu'elles ne permettaient point, à ces surfaces, d'être entamées sensiblement. Coulomb, au contraire, et M. Rennie surtout, ont poussé les charges beaucoup au delà de ce point, pour tous les cas où il s'agissait de métaux glissant à sec sur des métaux; il n'est donc pas étonnant qu'ils soient parvenus à de plus grandes valeurs du frottement. D'après ces motifs, nous avons cru devoir augmenter un peu, dans le tableau suivant, les nombres qui se déduisent, pour ce cas, des expériences de M. Morin, de manière à les rapprocher de ceux des autres observateurs; et, comme les résultats, concernant les surfaces individuelles, offrent presque toujours des variations comparables à celles qui dépendent de leur nature propre, il nous a paru convenable de ne point multiplier inutilement les distinctions, et de ne rapporter, comme nous l'avons déjà fait ci-dessus (355), que les moyennes et les limites, supérieure et inférieure, des nombres fournis par les expériences de chaque espèce.

Quant au cas où les surfaces sont enduites de corps gras, l'altération, dont il vient d'être parlé, n'a plus lieu; du moins est-elle inappréciable tant que l'enduit n'a point entièrement disparu; les expériences ne laissent que très-peu d'incertitude relativement à l'intensité de la résistance, et, ce qu'il y a de remarquable, elles conduisent à admettre que, pour les bois et métaux, cette intensité dépend alors fort peu de la nature des surfaces en contact. Mais, comme il existe différents degrés d'onctuosité et de poli des surfaces, on conçoit que la résistance doit varier pour ce cas, dans une étendue un peu plus grande que cela n'a lieu lorsque les enduits sont renouvelés à chaque essai. D'ailleurs, on juge assez bien du degré de poli et d'onctuosité à l'inspection des surfaces, au toucher, et surtout en examinant, pendant le mouvement même, comment ces surfaces se comportent l'une à l'égard de l'autre; c'est pourquoi on ne sera jamais embarrassé, dans les applications où l'on ne voudrait pas s'en tenir simplement aux moyennes fournies par la Table, de choisir le coefficient de frottement, qui convient le mieux à chaque cas.

A ce sujet, nous devons présenter ici une remarque très-importante, relative à la différence considérable qui existe entre quelques-uns des résultats de Coulomb et ceux de M. Morin, pour le cas des bois glissant à sec sur les bois. D'après ce dernier observateur, l'infériorité des nombres obtenus par Coulomb devrait être principalement attribuée à l'état d'onctuosité, plus ou moins parfait, des surfaces employées; car les bois, qu'il a lui-même soumis à l'expérience, ont été simplement polis à la *préle*, sans aucune espèce d'enduit, et ont toujours donné lieu à un usé qui n'a point été remarqué par Coulomb, et que la présence de la plus petite quantité de graisse suffisait pour empêcher. Les faits que M. Morin cite à l'appui de son opinion pourraient d'ailleurs paraître surprenants, si l'on n'avait point égard à la facilité avec laquelle les substances grasses peuvent, sous l'influence de la pression et du frottement, s'insinuer entre les pores des bois, et les pénétrer, même à une certaine profondeur, lorsqu'ils sont parfaitement secs.

Tel est d'ailleurs l'esprit dans lequel le tableau résumé, qui suit, a été composé.

Table des rapports du frottement à la pression, des surfaces planes en mouvement les unes sur les autres.

INDICATION des surfaces.		ÉTAT DES SURFACES ET NATURE DE L'ENDUIT								
		à sec.	mouil-lées d'eau.	huile d'olive.	sain-doux.	suif.	sain-doux et plombagine.	cam-bouis purifié.	savon sec.	onc-tueuses de graisse
Bois sur bois.	minim.	0,20	....	....	0,06	0,06	....	....	0,14	0,08
	moyen.	0,36	0,25	....	0,07	0,07	....	....	0,14	0,12
	maxim.	0,48	....	....	0,07	0,08	....	....	0,16	0,15
Bois et métaux.	minim.	0,20	....	0,05	0,07	0,06	....	....	....	0,10
	moyen.	0,42	0,24	0,06	0,07	0,08	0,08	0,10	0,20	0,14
	maxim.	0,62	....	0,08	0,08	0,10	....	....	....	0,16
Chanvre en brins, (cordes, sangles, etc.), sur	chêne..	0,45	0,332	....	....	....	....	....	....	....
	fonte..	....	....	0,15	....	0,19	....	....	....	....
Cuir fort, à plat, sur bois ou métal, le cuir étant	brut...	0,54	0,36	0,16	....	0,20	....	....	....	....
	battu..	0,30	....	....	....	....	....	....	....	....
	gras...	....	0,25	....	....	....	....	....	....	....
Id. de chan (gar-nitures de pistons) sur id.	à sec..	0,34	0,31	0,14	....	0,14	....	....	....	....
	graissé	....	0,24	....	....	....	....	....	....	....
Métaux sur id.	minim.	0,15	....	0,06	0,07	0,07	0,06	0,12	....	0,11
	moyen.	0,18	0,31	0,07	0,09	0,09	0,08	0,15	0,20	0,13
	maxim.	0,24	....	0,08	0,11	0,11	0,09	0,17	....	0,17

358. *Frottement des pierres et des briques, sur elles-mêmes ou sur d'autres corps, après l'instant du premier ébranlement.* — Les expériences relatives à ce genre de frottement, et qui sont toutes dues à M. Morin, prouvent que la résistance y est toujours sensiblement proportionnelle à la pression et indépendante de l'étendue des surfaces et de la vitesse du mouvement; quoique cette vitesse ait souvent atteint, et surpassé même, 3 mètres par seconde; que les surfaces fussent réduites à de simples arêtes arrondies, et que l'usé en fût très-considérable, dans le cas des pierres tendres et des bois glissant sur des pierres tendres. Les moyennes des résultats de ces expériences se trouvent consignées dans le tableau suivant, qui montre, par son rapprochement avec celui du n° 356,

que le frottement des pierres en mouvement, est, en général, moindre qu'à l'instant du départ et après un certain temps de repos.

INDICATION DES SURFACES.	RAPPORT du frottement à la pression.
CALCAIRE tendre bien dressé, sur calcaire id.........	0,64
CALCAIRE dur sur calcaire tendre...................	0,67
BRIQUE ordinaire sur calcaire tendre...............	0,65
CHÊNE debout sur calcaire tendre..................	0,38
FER FORGÉ sur calcaire tendre...............ι..........	0,69
CALCAIRE DUR, bien dressé, sur calcaire dur..........	0,38
CALCAIRE tendre sur calcaire dur...................	0,65
BRIQUE ordinaire sur calcaire dur.................·...	0,60
CHÊNE debout sur calcaire dur....................	0,38
FER FORGÉ (en long) sur calcaire dur...............	0,24
FER FORGÉ sur calcaire dur, les surfaces étant mouillées.	0,30

359. *Frottement des tourillons en mouvement sur des coussinets.* — Dans les cas précédents, l'amplitude de la course du corps frottant a généralement été fort petite : elle n'a pas excédé $1^m,4$ dans les expériences de Coulomb, et 3 à 4 mètres dans celles de M. Morin ; l'usure des surfaces ne pouvait donc faire de grands progrès ; et, comme les enduits, quand il arrivait de s'en servir, se trouvaient répandus uniformément sur toute la longueur de cette course, ou des bandes fixes soumises à l'expérience, l'état d'onctuosité de ces surfaces était le même à tous les instants du mouvement. Mais on ne saurait en dire autant du cas des tourillons, à moins que, par des dispositions particulières, déjà mentionnées au n° 352, on n'eût eu le soin de renouveler sans cesse l'enduit, ou que l'étendue du mouvement ne fût en elle-même fort courte, comme cela avait lieu notamment dans les expériences de Coulomb.

Cette distinction, soigneusement établie par M. Morin, lors de ses dernières recherches, de 1834, sur le frottement des axes, pourra servir à faciliter l'intelligence du tableau qui suit, et à expliquer, en partie, la différence des résultats obtenus par ces deux expérimentateurs. Toutefois, on ne se rendrait qu'imparfaitement compte de ces différences, si l'on n'admettait, en même temps, que les tourillons ou coussinets employés par M. Morin, et qui ont constamment montré une grande tendance à se roder, quand on cessait de les alimenter de graisse, n'avaient point encore acquis (351), sous l'influence de la pression et du mouvement, le degré de poli et d'écrouissage qu'on observe dans les machines déjà anciennes, et que possédaient probablement les tourillons et chapes de poulies, mis en œuvre par Coulomb. Si cette dernière explication n'était point admise, encore bien qu'elle soit fondée sur les fréquents avertissements de cet illustre physicien, qui dit n'avoir employé, dans ses recherches sur le frottement, que des corps polis par un long usé, il faudrait rejeter, en grande partie, la cause de ces différences sur la manière même d'observer dans chaque cas.

Quoi qu'il en soit, et en l'absence des éléments de conviction qui seraient nécessaires pour prononcer, nous rapportons ici, à la suite l'un de l'autre, les tableaux des résultats obtenus par les deux expérimentateurs dont il vient d'être parlé.

Tables des rapports du frottement à la pression, pour les tourillons en mouvement dans des boites ou coussinets.

Première partie. — D'après les expériences de M. Morin.

DÉSIGNATION des surfaces en contact.	ÉTAT DES SURFACES ET NATURE DE L'ENDUIT							
	à sec, ou très-peu onctueuses.	onctueuses et mouill" d'eau.	graissées et mouillées d'eau.	Huile, suif ou saindoux.		combouis très-mou et purifié.	saindoux et plombagine.	onctueuses très-douces au toucher.
				entretenues à la manière ordin" ou très-onctu"'.	l'enduit sans cesse renouvelé.			
Bronze sur bronze	.....	.....	.....	0,097	.....	.....	.....	.....
Id. sur fonte..	.....	.....	.....	.....	0,049	.....	.....	.....
Fer sur bronze...	0,251	0,189	.....	0,075	0,054	0,090	0,111	.....
Id. sur fonte. ..	.....	.....	.....	0,075	0,054	.....	.....	.....
Fonte sur fonte..	.....	0,137	0,079	0,075	0,054	.....	.....	0,137
Id. sur bronze.	0,194	0,161	.....	0,075	0,054	0,065	.....	0,166
Fer sur gayac....	0,188	.....	.....	0,125	.....	.....	.....	.....
Fonte sur Id.....	0,185	.....	.....	0,100	0,092	.....	0,109	0,140
Gayac sur fonte..	.....	.....	.....	0,116	.....	.....	.....	0,153
Id. sur gayac..	.....	.....	.....	.....	0,070	.....	.....	.....

Suite de la Table précédente.

Deuxième partie. — D'après les expériences de Coulomb.

INDICATION des surfaces.	ÉTAT DES SURFACES ET NATURE DE L'ENDUIT						OBSERVATIONS.
	à sec.	huile d'olive.	sain-doux.	suif.	onc-tueuses	ancien-nement enduit**	
Fer sur cuivre ...	0,155	0,130	0,120	0,085	0,127	0,133	Le nombre relatif au frottement du fer sur bois, se rapporte à une poulie d'épreuve dont l'enduit et la nature des coussinets ne sont pas indiqués par Coulomb.
Fer sur bois	.....	.....	.....	0,050	.....	.....	
Chêne vert sur gayac	....;	.....	.....	0,038	0,060	0,070	
Id. sur orme	.....	.....	.....	0,030	0,050	.....	
Bois sur gayac	.....	.....	.....	0,043	0,070	.....	
Bois sur orme	.....	.....	.....	0,035	0,050	.....	

360. *Observations diverses concernant les enduits* (*). —
Nous croyons devoir consigner ici quelques remarques particulières qui sont la conséquence des recherches expérimentales de M. Morin : 1° la grosseur des tourillons n'a d'influence,
sur l'intensité du frottement, qu'en ce que les plus petits
d'entre eux, surtout ceux qui offrent beaucoup de jeu, ont
plus de facilité à expulser les enduits frais ou tout à fait fluides,
et de rapprocher ainsi les surfaces (353) de l'état qui correspond à la simple onctuosité; 2° la présence de l'eau sur les
tourillons parvenus à ce dernier état, ou enduits d'anciennes
graisses, de cambouis, a pour unique avantage d'empêcher,
par son renouvellement continuel, que les surfaces frottantes
ne s'échauffent, ne se rodent, et que les enduits gras ne soient
liquéfiés; 3° le cambouis très-mou, purifié, par la fusion des
poussières qu'il renferme, et le mélange de sain doux et de
plombagine, dans la proportion de $\frac{1}{5}$ pour cette dernière, ont
l'inconvénient de s'épaissir vite, et de ne laisser, après eux,
qu'une onctuosité inférieure à celle des graisses pures; l'u-

---

(*) Consulter le Mémoire de M. Hirn (p. 107), au sujet du choix des enduits, des épreuves à leur faire subir avant de les employer; *voir* la Note de la
page 115. (K.)

sage n'en peut être fondé que sur des motifs d'économie, auxquels viennent se joindre, sans doute, celui d'une diminution
d'usé des surfaces frottantes, quand on emploie le mélange de
graisse et de plombagine, pour lubrifier les bois; 4° enfin, le
bitume d'asphalte ou goudron minéral, soumis également à
l'essai par M. Morin, se rapproche beaucoup, par ses propriétés, du cambouis et du mélange de graisse et de plombagine dont il vient d'être parlé; de plus, il a la propriété d'adhérer fortement aux surfaces, et, sous ce rapport, il paraît
offrir des avantages particuliers, dans le cas des essieux en bois,
des voitures, au graissage desquels il est souvent employé, par
économie, concurremment avec le goudron végétal. Mais on
remarquera que les goudrons, généralement composés de résines, corps très-friables, et d'huiles essentielles plus ou moins
volatiles, sont susceptibles de durcir très-vite, et de donner
lieu ainsi à un grand accroissement de frottement, quand ils
ne sont pas fréquemment enlevés et renouvelés.

Ajoutons que les enduits solides ou mous, tels que le suif
et le vieux oing, sont principalement employés pour le bois et
les outils tranchants dont ils adoucissent le frottement sans se
laisser facilement absorber; que l'eau est mise en usage pour
diminuer l'échauffement des outils qui servent à forer, à scier
la pierre, dont elle diminue en même temps la dureté; qu'enfin on se sert particulièrement de l'huile pour adoucir le frottement des ciseaux, des burins et forets employés au travail
des métaux, dont elle empêche également le trop grand échauffement et le *ripement* ou *broutement*.

C'est aussi, comme on l'a vu (352), d'huile, notamment
d'huile d'olive, qu'on se sert pour lubrifier les mécanismes
légers de l'horlogerie; mais cette huile, à laquelle on substitue
souvent, avec avantage, celle de pieds de bœuf, à cause de
sa plus grande fluidité, doit être soigneusement épurée, c'est-
à-dire dégagée des acides, des mucilages, etc., qu'elle renferme, et qui en altèrent la bonté et la fluidité. Dans cet état,
en effet, les huiles n'ont pas l'inconvénient d'adhérer aussi
fortement aux surfaces, de s'épaissir aussi vite, ni d'encrasser
et d'altérer chimiquement les métaux autant que le font les
autres matières grasses connues. D'ailleurs, on s'attache ici à
diminuer l'étendue des surfaces frottantes, en évidant coni-

quement ou sphériquement les platines métalliques et les pierres fines qui servent de coussinets ou de crapaudines aux axes; ce qui a, de plus, l'avantage de présenter, à l'huile, des espèces de réservoirs, dans lesquels elle est retenue en vertu de sa simple adhérence, et d'où elle est constamment attirée dans le petit vide ou espace *capillaire* compris entre les surfaces frottantes. Toutefois, redisons-le, ces soins seraient plus nuisibles qu'utiles dans les grandes machines, où les pressions sont très-fortes, et les surfaces en contact assez peu étendues, pour qu'il soit permis de négliger l'influence qui peut être due à l'adhérence des enduits.

APPLICATIONS RELATIVES A LA RÉSISTANCE DES CORPS AU GLISSEMENT.

361. *Exemple relatif au frottement des traîneaux.* — Supposons, en premier lieu, un traîneau, en bois, chargé d'un poids total de 1500 kilogrammes, y compris le sien propre, et glissant sur un chemin horizontal pareillement en bois; on demande : 1° l'effort nécessaire pour faire partir ce traîneau; 2° le nombre de chevaux nécessaire pour le faire cheminer sous différentes vitesses et d'une manière continue.

En recherchant dans la première colonne de gauche de la Table du n° 355, l'article relatif au frottement des bois sur bois, à l'instant du départ, on trouve, sur les trois lignes horizontales qui lui correspondent, différents nombres en regard de chacune des têtes de colonnes, qui, vers la droite, indiquent l'état des surfaces ou de l'enduit; cela annonce (*ibid.*) que la résistance est susceptible d'éprouver, dans chaque cas, des variations d'intensité dépendantes de la nature des bois, du degré de leur poli et de la direction des fibres ou du mouvement. Mais, en supposant qu'il s'agisse ici de surfaces assez mal dressées, on devra prendre le *maximum* des rapports ou coefficients de chaque espèce; et, comme on aperçoit, par les nombres de la troisième colonne, que la résistance augmente, en général, quand les surfaces sont ou simplement humides ou complétement imprégnées d'eau, on devra, afin de ne pas rester au-dessous de la réalité, adopter le chiffre 0,71, qu'on rencontre parmi ceux de cette colonne ; nous aurons donc, pour le frottement au départ du traîneau :

$$0,71 \times 1500^{kg} = 1065^{kg}.$$

Un bon cheval ne peut guère exercer, d'après Regnier (5e cahier du *Journal de l'École Polytechnique*), un effort de plus de 400 kilogrammes contre un obstacle immobile, il ne pourrait donc vaincre directement la résistance dont il s'agit. Mais, en attelant au traîneau deux chevaux de cette force, et les faisant agir par secousses en vertu de leur quantité de mouvement antérieurement acquise (131, 133 et suiv.), il y a lieu de croire qu'ils en viendraient à bout, bien que l'inertie leur oppose, dans ce cas, une très-grande résistance (146 et suiv.); car nous savons (355) qu'un ébranlement, assez léger, imprimé aux corps en contact, suffit pour produire leur départ sous un effort bien moindre, et à peu près égal à celui qui correspond aux instants où le mouvement est déjà acquis. Or on voit, par la Table du n° 357, relative à ce cas, que la résistance serait, tout au plus, égale aux 0,48 de la charge, c'est-à-dire

$$0,48 \times 1500^{kg} = 720^{kg};$$

mais il est clair que les deux chevaux ne pourraient pas traîner fort loin cette charge, sous un pareil effort; et comme, d'après la Table du n° 205, le tirage moyen ou le plus avantageux d'un cheval, dans un travail soutenu, est de 70 kilogrammes environ, on voit qu'il faudrait en atteler au moins dix au traîneau, pour qu'ils pussent le faire cheminer convenablement, en exerçant moyennement un effort de $\frac{720^{kg}}{10} = 72^{kg}$ environ, sous une vitesse qui, d'après les données de cette même Table, doit être, au plus (206), de $\frac{63^{m}}{72} = 0^{m},87$ par seconde; cette vitesse n'ayant d'ailleurs (349) aucune influence sur l'intensité absolue de la résistance à vaincre, celle-ci restera toujours égale à 72 kilogrammes pour chaque cheval allant, soit au pas, soit au trot. Enfin, puisque, à cette dernière allure, qui correspond à une vitesse d'environ $2^{m},2$ par seconde, l'effort de tirage des chevaux doit être réduit moyennement à 44 kilogrammes, toujours d'après la Table du n° 205, on voit que, dans ce cas, il en faudrait, au moins, $\dfrac{720}{44} = 16,36,$ pour traîner convenablement la charge.

Supposons, maintenant, les surfaces frottantes parfaitement dressées et graissées dans toute leur étendue; d'après les chiffres moyens des colonnes 4 et 5 de la Table du n° 357, la résistance sera réduite aux 0,08, au moins, de 1500 kilogrammes ou à 120 kilogrammes; ce qui n'exigerait plus que l'emploi de deux médiocres chevaux, s'ils devaient cheminer au pas, pendant dix heures chaque jour, ou celui de trois chevaux pareils, cheminant au trot, pendant seulement quatre heures et demie, puisque la dépense de travail, par mètre de chemin, demeure indépendante de la vitesse, ou égale à $120^{kg} \times 1^{m} = 120^{kgm}$, pour les deux cas. Les chiffres des mêmes colonnes, 4 et 5, de la Table dont il s'agit, montrent, au surplus, qu'il n'y aurait de l'avantage à substituer des ornières ou des languettes saillantes, en fer ou en fonte, à celles en bois, qu'autant qu'on voudrait éviter la dépense de l'enduit, ainsi que la trop prompte altération des surfaces.

362. *Exemple relatif à la stabilité des constructions.* — Supposons, en second lieu, qu'il s'agisse de reconnaître quel est l'effort horizontal que peut supporter un mur de soutènement, en maçonnerie ordinaire, de 10 mètres de hauteur, $2^m,5$ d'épaisseur au sommet, et $3^m,5$ à la base, afin d'être assuré qu'il ne glissera pas sur ses assises horizontales; l'effort, dont il s'agit, devant être, tout au plus, égal à celui de la *poussée* des terres ou de l'eau qui s'appuient derrière ce mur; poussée dont le calcul repose d'ailleurs sur des principes de Mécanique, dont l'exposition ne rentre pas dans le plan de cet Ouvrage (*).

Remarquons d'abord que l'assise des fondations étant la plus chargée de toutes, et celle qui présente, à la cohésion des mortiers, la plus grande étendue de surface, ce n'est pas elle qui court le plus de chances d'être désunie par glissement;

(*) L'Auteur a fait une étude complète de cette importante question, dans son Mémoire sur la stabilité des revêtements et de leurs fondations (*Mémorial de 'Officier du Génie*, n° XIII). (K.)

mais, comme la poussée croît elle-même rapidement avec la hauteur des terres à soutenir, nous admettrons ici que la base du mur soit réellement l'assise de plus faible résistance *relative*. D'un autre côté, la poussée et la résistance étant les mêmes pour chaque unité de longueur du mur, ou leur rapport étant indépendant de cette longueur, il suffira de considérer ce qui a lieu pour une portion comprise entre deux tranches verticales, ou profils distants de 1 mètre, par exemple. Cela posé, on trouvera, sans difficulté, pour le poids du mur, en admettant (35) que le mètre cube de maçonnerie pèse 2000 kilogrammes, le chiffre

$$10^m \times \frac{(2^m,50 + 3^m,50)}{2} \times 1^m \times 2000^{kg} = 60\,000^{kg}.$$

La Table du n° 356 (première partie) donne ici $f = 0,66$, pour la plus faible des valeurs du coefficient du frottement, relatives aux briques et aux pierres non polies, avec ou sans interposition de mortier frais, qui, dans quelques cas, favorise le glissement; donc la résistance est, au moins, de $\frac{2}{3}60000^{kg} = 40000^{kg}$, par mètre courant de longueur, et, par conséquent, la poussée ne devrait pas surpasser cet effort. Mais, à cause des ébranlements auxquels le revêtement peut être soumis, immédiatement après sa construction, il convient de consulter la Table du n° 358, relative au cas où le mouvement est déjà acquis, sous l'influence de cet ébranlement; or ici, l'on voit que, sauf pour le cas des pierres dures, bien dressées, le frottement ne descend point au-dessous des 0,6, de la pression; donc on pourra adopter le chiffre

$$0,6 \times 60\,000^{kg} = 36\,000^{kg},$$

comme valeur minimum de la résistance que le frottement des assises inférieures du mur oppose à son glissement horizontal. Reste à voir maintenant, si cette résistance peut, au bout d'un certain temps, être surpassée par l'adhérence ou cohésion produite par la solidification des mortiers, auquel cas (356) il conviendrait, non d'ajouter, mais de substituer celle-ci à la première, dans les calculs relatifs à la stabilité, si toutefois il était permis d'admettre que les causes d'ébranlement, dont on vient de parler, soient insuffisantes pour détacher les surfaces, et réduire de nouveau la résistance à celle qui est due au simple frottement.

L'aire de la portion d'assise ou de base, que nous considérons, est de $3^m,5 \times 1^m = 3^{mq},5$, par mètre courant de revêtement; et, d'après la dernière des colonnes de la deuxième partie du tableau (356) cité en premier lieu, on ne peut guère compter, même pour les bons mortiers, sur une résistance moyenne qui surpasse 9 à 10000 kilogrammes par mètre carré, ce qui donne une résistance totale de

$$3,5 \times 9000^{kg} = 31500^{kg} \quad \text{à} \quad 3,5 \times 10000^{kg} = 35000^{kg},$$

un peu inférieure à celle qui a été trouvée dans l'hypothèse du frottement. On voit donc que, dans cette question, il serait inutile d'avoir égard à la cohésion des mortiers, et cela avec d'autant plus de raison : 1° qu'il ne serait pas prudent de compter sur la moyenne, ni même sur la plus petite des données fournies par l'expérience; 2° que les surfaces en contact étant ici très-grandes, il peut arriver que des mortiers, en chaux ordinaire, soient loin d'avoir acquis, même au bout d'une ou de deux années, le maximum de leur dureté relative; 3° qu'enfin le mur peut être soumis, avant cet instant, à tous les accidents qui naissent du chargement des terres, de l'application de la poussée, etc.

Les calculs qui précèdent ne présentent, comme on voit, que des approximations grossières, des à peu près bien éloignés de la rigueur mathématique qui plaît tant à l'esprit dans les sciences rationnelles; mais cette incertitude tient à la nature physique même des choses, et ne doit pas nous porter à dédaigner les données du calcul et de l'expérience, qui nous mettent au moins à même d'obtenir des limites, et d'éviter des mécomptes d'autant plus fâcheux, qu'ils n'intéressent pas seulement l'amour-propre et la fortune des individus.

Passons maintenant à d'autres exemples, qui nous offriront des résultats plus satisfaisants sous le rapport de la précision des chiffres.

363. *Calcul du travail absorbé par le frottement des tou-rillons des roues hydrauliques et des volants.* — On se sert sou-vent dans les machines, de grandes roues en fonte, très-pe-santes, destinées, les unes, à donner le mouvement, les autres à le conserver et à le régulariser, de manière à remplir ainsi les fonctions de *réservoirs* de force vive (124 et 144); il n'est peut-être pas inutile d'appeler l'attention de quelques-uns de nos lecteurs, sur l'énorme consommation de travail qui peut résulter du seul frottement des tourillons de ces gigantesques appareils. Il existe, en effet, des usines à fabriquer le fer, dont les roues à eau ne pèsent guère moins de 80000 kilogrammes, et qui font de 6 à 8 tours, moyennement, par minute, tandis que leurs volants, dont le poids excède souvent 20000 kilo-grammes, font jusqu'à 50 et 60 révolutions pendant le même temps; d'ailleurs, les tourillons, en fonte, de ces masses, tour-nent sur des coussinets en bronze, bien graissés avec du suif, et qui ont environ $0^m,30$ de diamètre dans le premier cas, $0^m,20$ dans le second.

D'après ces données, il ne sera pas difficile de calculer le travail absorbé par le frottement de pareils tourillons, au moyen du tableau du n° 359, et des règles ou formules éta-blies au n° 350; car on peut admettre, et l'on démontre d'ail-leurs directement par les principes qui se rapportent à la composition ou combinaison des forces, que, dans tous les cas semblables, la pression normale, N, supportée par les tourillons, diffère généralement très-peu du poids même de la roue ou du volant; ce qui n'aurait plus lieu si ce poids était très-petit, ou si seulement il était comparable à l'inten-sité de la force motrice qui entretient le mouvement.

Pour les tourillons de la roue hydraulique, en particulier, on trouvera que le frottement $fN = 0,054 \times 80000^{kg} = 4320^{kg}$, dans le cas d'une alimentation de graisse continue, et qu'il est de $0,075 \times 80000^{kg} = 6000^{kg}$, dans celui où ils seraient alimentés à la manière ordinaire; la roue faisant, je suppose, 6 tours à la minute, et le diamètre $2r$, des tourillons, étant de $0^m,30$, il en résulte, à la circonférence, une vitesse

$$V = 0,1047 \times 6 \times 0^m,15 = 0^m,0942,$$

par seconde; ce qui donne, pour la dépense correspondante

de travail : $RV = 0^m,0942 \times 4320^{kg} = 406^{kgm},94 = 5,4$ chevaux-dynamiques environ, dans le cas d'un parfait entretien, et $0^m,0942 \times 6000^{kg} = 565^{kgm},2 = 7,5$ chevaux, dans celui d'un entretien ordinaire. De semblables consommations de travail seraient suffisantes pour faire mouvoir un ou deux *tournants* de moulins à farine, et elles deviendraient intolérables dans des machines qui n'auraient pas, au moins, la puissance de 40 à 50 chevaux.

Pour le volant, le frottement, sur les tourillons, sera seulement de $0,054 \times 20000^{kg} = 1080^{kg}$, dans le cas d'un entretien parfait, et de $0,075 \times 20000^{kg} = 1500^{kg}$, dans celui d'un entretien ordinaire; mais, comme la vitesse est ici de 50 tours, au moins, à la minute, ce qui pour un diamètre de 0,20, donne un chemin de $0^m,5236$, décrit, dans chaque seconde, à la surface des tourillons, il en résulte une consommation de travail, équivalente à $0^m,5236 \times 1080^{kg} = 565^{kgm} = 7,5$ chevaux environ pour le premier cas, et de $0^m,5236 \times 1500^{kg} = 583^{kgm} = 10,5$ chevaux pour le second.

Il faut, comme on voit, que l'emploi des volants présente de bien grands avantages, sous le rapport de la régularisation du travail des machines employées à la fabrication du fer, pour qu'on se décide à faire, en quelque sorte en pure perte, un aussi énorme sacrifice en frottement d'axes seulement; car il est évident que le frottement des rouages qui servent à transmettre ou à entretenir le mouvement de pareilles masses, et la résistance de l'air qui l'accompagne inévitablement, doivent, à leur tour et par suite de l'excessive vitesse qu'on fait prendre à ces masses, être d'autres causes de déperdition du travail moteur, dont l'influence mérite d'être prise en considération.

364. *Application relative au frottement des roues de voitures.* — La charge réglementaire maximum, des diligences, est de 3620^{kg}, répartie sur quatre roues, dont celles du devant ont $0^m,485$ de rayon, et celles de derrière $0^m,76$; le rayon moyen des essieux est de $0^m,035$; ces essieux en fer, glissent, avec un très-petit jeu, sur la surface intérieure de boîtes de roues, en cuivre, bien graissées à la manière ordinaire, et qui viennent successivement présenter tous leurs points ou

génératrices à un même point ou à une même génératrice des
essieux ; on prendra donc ici, d'après la première partie de la
Table du n° 358, $f = 0,075$; ce qui donnera pour la résistance tangentielle et totale éprouvée par les quatre roues,
$0,075 \times 3620^{kg} = 271^{kg},5$. Ces diligences cheminant avec une
vitesse de 2 lieues à l'heure, ou d'environ $2^m,22$ par seconde, quand les chevaux vont au trot, et chacun des points des
roues venant successivement s'appliquer le long de ce même
chemin, il est aisé de calculer que les plus grandes d'entre
elles font : $\dfrac{2^m,22}{2\pi \times 0^m,76} = \dfrac{2^m,22}{3,141 \times 61^m,52} = 0,465$ tours seule-

ment par seconde, et les plus petites : $\dfrac{2^m,22}{3,1416 \times 0^m,97} = 0,728$;

de sorte que, si on les suppose également chargées, le travail
consommé, dans le même temps, par les premières, sera d'en-
viron $\frac{1}{2} \times 271^{kg},5 \times 2\pi \times 0^m,035 \times 0,465 = 13^{kgm},9$ et, par les

secondes, de $13^{kgm},9 \times \dfrac{728}{465} = 21^{kgm},7$.

Mais on peut arriver plus simplement à ce résultat, en observant que la vitesse, ou le chemin décrit, en une seconde, par
le point d'application du frottement, ou par la circonférence
des boîtes en contact avec les roues, sera seulement de

$$2\pi \times 0^m,035 \times \dfrac{2^m,22}{2\pi \times 0,76} = 0^m,035 \times \dfrac{2^m,22}{0^m,76} = 0^m,1022$$

pour les grandes roues, et de $0^m,035 \times \dfrac{2^m,22}{0,485} = 0^m,1602$ pour

les petites ; ce qui donne immédiatement les quantités de
travail :

$$\frac{1}{2} \times 271^{kg},5 \times 0^m,1022 = 13^{kgm},85$$

et

$$\frac{1}{2} \times 271^{kg},5 \times 0^m,1602 = 21^{kgm},74,$$

qui s'accordent respectivement avec les précédentes, et donnent, au total : $13^{kgm},85 + 21^{kgm},74 = 35^{kgm},59$, pour le travail
absorbé par les frottements réunis de quatre roues ; travail qui
paraîtra bien faible en comparaison de celui qui serait consommé dans le cas (360) d'un simple traîneau. En effet, supposons seulement, d'après les tableaux des n°ˢ 356 et suivants,

35

$f = 0,33$, on trouverait pour ce dernier travail :

$$0,33 \times 3620^{kg} \times 2^m,22 = 2652^{kgm},$$

toujours par seconde.

Sous le point de vue théorique, cette remarque suffit pour montrer l'avantage de la substitution des voitures avec roues aux simples traîneaux ; car les calculs qui viennent d'être établis font très-bien apercevoir que cet avantage ne réside pas uniquement dans un affaiblissement, plus ou moins grand, de l'intensité du frottement direct, mais bien dans l'affaiblissement même de la vitesse, ou dans la diminution du chemin relatif, décrit par le point d'application de la résistance, et qui est mesurée par le rapport du rayon des essieux au rayon des roues. Ainsi, par exemple, tandis que, dans le cas ci-dessus, la vitesse ou le chemin effectif de la charge, qui est aussi celui de la circonférence des roues, est de $2^m,22$ par seconde, celle de la boîte de ces roues est seulement, comme on l'a vu, égale à $0^m,102$ pour les grandes, et à $0^m,160$ pour les petites, c'est-à-dire environ 22 fois et 14 fois moindre que la première.

Quant au point de vue pratique, il conviendrait encore de considérer : 1° la résistance que l'air oppose au mouvement de la voiture ; 2° le frottement circulaire ou latéral (347) qui a lieu contre les épaulements, intérieur et extérieur, du moyeu des roues, aux instants où la voiture éprouve des chocs ou oscillations transversales résultant des inégalités du sol ; 3° enfin, le frottement de seconde espèce ou de roulement (*ibid.*) qui naît du contact même de ces roues avec le sol, ou, plutôt, de la résistance que les matériaux de la route opposent à leur déplacement, à leur compression et à leur écrasement, au moment où ils sont atteints par les bandes des roues. Faisant ici abstraction de la résistance de l'air, qui, en effet, est très-faible, même pour des diligences lancées au trot ; observant d'ailleurs que la résistance des épaulements de roues ne peut exercer qu'une influence peu sensible, dans tous les cas où le sol est convenablement nivelé ; défalquant enfin, dans chaque cas, de la quantité de travail qu'aurait fournie la mesure directe de l'effort du tirage, etc., la perte de travail occasionnée par le frottement des essieux, perte toujours calculable, *à priori*, par la méthode indiquée ci-dessus ; en opérant, di-

-sons-nous, cette défalcation, on voit comment il devient possible d'arriver, dans de telles hypothèses, à la mesure du
travail consommé par la résistance au roulement dont il s'agit,
et, par suite, à la valeur même de l'intensité relative, de cette
résistance, dans les différents cas. Mais, ainsi que nous en
avons déjà averti, notre intention ne saurait être de nous
étendre ici sur les considérations expérimentales et physiques
qui se rapportent à ce genre de frottement (*).

365. *Lois du mouvement horizontal des corps sous l'influence du frottement.* — Le frottement étant une force retar--
datrice constante toutes les fois que la pression ne change
pas, il est évident, *à priori* (107 et suivants), que, si un corps
pesant se trouve lancé sur un plan de niveau, dans une direction rectiligne donnée, et qui demeure invariable à tous les
instants, comme il arriverait, par exemple, pour un traîneau
glissant dans des rainures ou sur des languettes saillantes, parallèles et rectilignes, il est évident, dis-je, que le mouvement

---

(*) *Frottement de roulement.* — Dans les Leçons que nous avons données,
en 1829, aux ouvriers de la ville de Metz, et dans celles que nous avons pro-
fessées l'année suivante, à l'École d'application de l'Artillerie et du Génie, nous
avions exposé quelques données d'expériences et de calculs, relatives au frottement dont il s'agit, et que, d'après Coulomb, nous supposions proportionnel
à la charge N des rouleaux, et inverse de leur diamètre $2r$, la puissance étant
elle-même censée immédiatement appliquée à leur centre ou axe, ce qui donne
lieu à la formule

$$R = \frac{f_1 N}{r},$$

pour mesurer ce genre de résistance. Appliquant ensuite cette considération
aux données fournies par la Table du n° 213, et par les expériences mêmes de
Coulomb, nous en avions déduit une nouvelle Table des valeurs du coefficient f_1,
que nous croyons utile de rapporter ici, en attendant que des résultats d'expériences plus directes et plus précises aient levé entièrement les incertitudes
qui existent maintenant encore sur la véritable loi de la résistance au roulement.
Car, si M. Dupuit, dans un récent Ouvrage intitulé : *Essai et expériences sur le
tirage des voitures* (Paris, 1837), a été conduit à modifier, en partie, la loi
avancée par Coulomb; d'un autre côté, les expériences encore inédites de
M. Morin sont venues la confirmer pleinement ; de sorte que ce n'est pas trop
se hasarder que de reproduire aujourd'hui même des résultats déjà publiés
en 1831, dans les lithographies de l'École d'application de Metz. Nous avons
d'autant plus de motifs de le faire, que ces mêmes résultats ont été postérieu--
rement insérés, sans notre aveu, dans un petit Ouvrage ayant pour titre : *Mé-*

que ce corps prendra naturellement, en vertu de sa vitesse initiale, sera *uniformément retardé;* c'est-à-dire que cette vitesse ira continuellement en diminuant de quantités qui seront proportionnelles aux temps écoulés depuis un instant quelconque. Nommant P le poids de ce corps, $M = \dfrac{P}{g}$ sa masse, V_1 sa vitesse initiale, V la vitesse qu'il conserve au bout d'un nombre quelconque, T, de secondes écoulées, enfin, dési-

---

canique des Écoles primaires, où ils sont présentés comme de simples données de l'expérience.

Table des rapports du frottement à la pression, dans le cas du roulement de surfaces cylindriques sur des surfaces de niveau (*).

DÉSIGNATION DE L'ESPÈCE DE ROUES, et de l'état des surfaces en contact.	VALEURS de f_1, ou rapport du frottement à la pression.
ROUES DE VOITURES garnies de bandes de fer, cheminant :	
Sur une chaussée, en sable et cailloutis nouveaux	0,0634
Id. en empierrement, à l'état ordinaire	0,0414
Id. id. en parfait état	0,0150
Id. en pavé, bien entretenu : au pas	0,0185
Id. id. au trot	0,0238
Id. en planches de chêne, brutes	0,0102
ROUES EN FONTE sur rails en bois saillants et rectilignes (Gerstner).	0,0023
Id. sur ornières plates en fer	0,0035
Id. sur ornières saillantes, avec alimentation de graisse, ordinaire	0,0012
Id. sur ornières saillantes, avec alimentation de graisse, continue	0,0010
ROULEAU D'ORME sur pavé uni (Régnier)	0,0074
Id. sur chêne parfaitement dressé (Coulomb)	0,0016
Id. sur gayac (Id.)	0,0010
ROULEAU DE FONTE sur granit uni	0,0010

(*) Dupuit fait remarquer que le frottement de roulement consiste en ce que, lorsqu'un cylindre roule sur un plan, la réaction normale de ce dernier passe à une petite distance δ en avant de la génératrice du contact supposé géométrique, du côté du mouvement. Il résulte de là que, si la loi de Coulomb était exacte, la distance δ serait constante, pour les mêmes corps en contact, et égale à f_1, quel que fût le rayon. Cette loi ne peut pas être admise en général, puisque δ doit toujours être plus petit que le rayon. Dupuit a conclu de ses expériences que, pour les *mêmes substances en con-* tact, δ est proportionnel à la racine carrée du rayon, et que, par suite, on a $R = \dfrac{f_1 N}{\sqrt{r}}$.

D'après M. Morin, la loi de Coulomb est plus approchée de la vérité, dans les cas *ordinaires de la* pratique ; il a trouvé, en outre, que le rapport $\dfrac{R}{N}$ augmente quand, toutes choses égales d'ailleurs, la longueur de la génératrice de contact diminue. (K.)

gnant par E l'espace qu'il a décrit à la fin du temps T, on aura ici, pour calculer toutes les circonstances du mouvement retardé dont il s'agit, les formules

$$V = V_1 - fgT, \quad V^2 = V_1^2 - 2fgE, \quad E = V_1 T - \tfrac{1}{2} fgT^2,$$

dans lesquelles f est le coefficient du frottement des corps en contact, et qui dérivent immédiatement des principes et considérations géométriques exposées dans la première Partie de cet Ouvrage (112, 130 et suivants, 136 et 137).

Pour s'en convaincre, il suffit de remarquer : 1° qu'on doit avoir ici, à chaque instant,

$$\frac{P}{g} \frac{v}{t} = fP,$$

ce qui donne

$$v = fgt,$$

pour le degré de vitesse infiniment petit, détruit à chacun des instants t, dans le corps mobile ou traîneau, et, par conséquent, fgT pour la vitesse totale détruite au bout du temps T, et $V_1 - fgT$ pour la vitesse V conservée au bout de ce temps; 2° que le produit $fP.E$ exprime la quantité de travail développée, par le frottement, en sens contraire du mouvement, dans toute l'étendue de la course E, et que la force vive, MV_1^2, diminuée de celle, MV^2, doit être précisément égale (137) au double de cette quantité, etc.

Ces différentes formules ou lois du mouvement sont, comme on voit, entièrement indépendantes du poids absolu, P, du traîneau, qui a disparu comme facteur commun à tous les termes des équations, mais il n'en serait plus ainsi du cas où ce traîneau serait sollicité par une puissance étrangère, d'intensité également constante, comme celle qui résulterait de l'action d'un poids Q, décomposée ou ramenée, dans le sens horizontal, par un moyen quelconque, par exemple à l'aide d'une corde passant sur une poulie de renvoi; dans ce cas, pour arriver aux formules qui donnent la loi du mouvement, il suffirait d'ajouter au frottement, fP, du traîneau, ou d'en retrancher, l'effort constant Q; ce qui revient évidemment à augmenter ou à diminuer, dans les équations ci-dessus, le coefficient f du frottement de la quantité $\dfrac{Q}{P}$, selon que l'effort

Q agit pour favoriser ou pour empêcher le frottement, c'est-à-dire pour retarder ou accélérer le mouvement du traîneau; le seul changement à opérer dans les formules ci-dessus, consistant ainsi à remplacer f par $f \pm \dfrac{Q}{P}$, pour passer du premier

cas au second. Toutefois, s'il arrivait, dans cette dernière hypothèse, que l'effort Q surpassât le frottement fP, il pourrait aussi arriver que le traîneau, après avoir cheminé pendant un certain temps dans sa direction primitive, retournât bientôt en arrière, pour continuer ainsi indéfiniment dans le sens de Q; ce qui suppose qu'à l'instant de cette rétrogradation la vitesse V s'évanouisse, et que sa valeur change de signe dans les équations, le mouvement, d'uniformément retardé qu'il était, devenant ainsi uniformément accéléré. Or on sera averti, par la discussion même des formules, de cette circonstance tout à fait analogue à celle que nous a offerte (120) l'ascension verticale des corps pesants, et sur laquelle il devient ainsi inutile d'insister.

Quant au cas où la puissance constante, Q, toujours supérieure à fP, agirait dans le sens même de la vitesse initiale, V_1, il va sans dire que le mouvement serait, à tous les instants, uniformément accéléré, comme cela a lieu pour la chute des corps graves, l'intensité et le sens du mouvement étant seuls changés; ou, si l'on veut, l'action, $P = Mg$, de la gravité, se trouvant remplacée par celle d'une force horizontale égale à $Q - f$P, la vitesse initiale, V_1, serait augmentée d'une quantité mesurée par $\left(\dfrac{Q}{P} - f\right) gT$, au lieu de gT, après un temps quelconque, T, écoulé.

366. *Vérification de ces lois par l'expérience directe, procédé pour obtenir l'intensité du frottement des corps en mouvement.* — Ce qui vient d'être dit, en dernier lieu, peut donner une idée de la manière dont Coulomb et M. Morin sont parvenus à constater les lois du frottement après l'instant du premier ébranlement des corps, et principalement son indépendance de la vitesse absolue du mouvement; car elle a

précisément consisté à rechercher, par des moyens plus ou moins délicats ou précis, et à peu près comme l'avait fait, avant eux, Galilée (116), dans des circonstances analogues quant au but, quoique très-distinctes pour le fond, quelle était la relation existante entre les espaces décrits par les corps et les temps successivement écoulés, puis à s'assurer que cette relation est précisément celle qui convient au mouvement uniformément accéléré ou retardé; ce qui ne peut avoir lieu sans que la résistance soit constante à tous les instants. Mais aujourd'hui, que la loi est connue, et peut être admise à peu près sans restriction, il ne serait nullement nécessaire de recourir à l'emploi d'appareils dispendieux pour obtenir, avec un degré de précision très-suffisant, l'intensité relative du frottement, dans des cas où il serait intéressant de le déterminer d'une manière directe : il suffirait de lancer le traîneau, sur son chemin horizontal, disposé de manière à l'empêcher de tourner, avec une vitesse quelconque, V_1, et d'observer seulement le nombre de secondes, T', qu'il a mis à décrire l'espace, E', au bout duquel il s'est arrêté.

En effet, si l'on exprime, dans les équations ci-dessus (364), que la vitesse finale, V, est nulle, elles conduisent, sur-le-champ, aux nouvelles formules :

$$V_1 = fgT', \quad V_1^2 = 2fgE', \quad E' = V_1T' - \tfrac{1}{2}fgT'^2,$$

dont la troisième est une conséquence nécessaire des deux premières, qui serviront immédiatement à calculer les valeurs de V_1 et de f, ainsi que toutes les autres circonstances du mouvement. Par exemple, en divisant, membre à membre, la deuxième par la première, elles donneront, pour calculer V_1, la relation $V_1 = \dfrac{2E'}{T'}$, que nous eussions pu écrire de suite (109 et suivants), d'après les lois bien connues du mouvement uniformément accéléré ou retardé, et dont on conclura immédiatement aussi la valeur du coefficient du frottement

$$f = \frac{V_1}{gT'} = \frac{2E'}{gT'^2}$$

relative au cas du mouvement.

Pour offrir une application numérique(*), nous supposerons
qu'un traîneau, armé à sa surface inférieure de patins en acier
poli, soit lancé, toujours de manière à l'empêcher de tourner,
sur la surface glacée d'un étang ou d'une rivière, avec une
vitesse de quatre minutes par seconde, et nous nous demanderons : 1° le temps au bout duquel le mouvement de ce traîneau,
abandonné à lui-même, s'arrêtera, en raison du frottement
qu'il éprouve de la part de la glace; 2° l'espace total qu'il
aura parcouru. Nos tableaux ne contiennent aucune donnée
relative à ce genre de frottement, mais nous admettrons, d'a-
près les expériences de M. Rennie (**), que son coefficient soit

(*) Une méthode analogue peut être employée pour déterminer l'intensité
du frottement des tourillons sur les coussinets; on en déduit un procédé expé-
ditif que nous avons eu souvent occasion d'appliquer, pour déterminer la
valeur relative de divers enduits. L'appareil se compose d'un volant ou d'un
disque en fonte, de grand poids, disposé de manière à offrir peu de résistance
à l'air et monté sur un arbre reposant sur deux coussinets; un compteur inscrit le nombre de tours effectués. On graisse les coussinets, et l'on fait tourner
l'arbre jusqu'à ce que l'enduit se trouve dans les conditions normales; on
débraye ensuite; à un instant donné, on met le compteur en marche, et l'on
note le temps T' écoulé depuis ce moment jusqu'à l'arrêt. Si N est le nombre
de tours effectué pendant ce temps, on trouve $F = K \dfrac{N}{T'^2}$, K est une constante
qu'il est facile de déterminer pour chaque appareil, et dont la connaissance est
du reste inutile quand il s'agit simplement de comparer divers enduits.
Lorsqu'il est possible de donner à l'arbre exactement les mêmes vitesses
initiales dans les divers essais, on peut se dispenser de mesurer les temps; on
reconnaît facilement que les valeurs du frottement sont en raison inverse du
nombre N de tours effectués. Ce second procédé est déjà indiqué dans le *Mémoire* cité de M. Hirn *sur les frottements médiats.*
Nous devons faire remarquer que, dans tout ce qui précède, nous avons
admis, d'après Coulomb, que le frottement est indépendant de la vitesse.
Dans les cas où cette indépendance n'existe pas (*voyez* la Note des pages 115,
116), les procédés décrits peuvent encore fournir des indications sur la valeur
relative de divers enduits, mais ils ne permettent pas de déterminer les rapports exacts des frottements qui en résultent. (K.)
(**) Suivant ces mêmes expériences, faites à la température de 2°,25 centigrades au-dessous de zéro, le coefficient de ce frottement diminuerait, avec la
pression, ainsi qu'il suit : pour des pressions de 0kg,5, 2 et 18 kilogrammes
par centimètre carré, il serait respectivement 0,04; 0,03; 0,014. Pour la glace
glissant sur de la glace, M. Rennie a trouvé, dans les mêmes circonstances, le
coefficient du frottement égal à 0,03 et 0,02 pour des pressions respectives de
0kg,15 et 0kg,60 par centimètre carré. Le résultat des recherches de cet ingénieur, se trouve consigné dans les *Transactions philosophiques de la Société
royale de Londres*, pour l'année 1829.

réduit aux 0,04 environ de la pression, de sorte qu'on aura ici : $f = 0,04$, $V_1 = 4^m$; ce qui donnera, en substituant cette valeur dans les formules, et attendu que $g = 9^m,81$ environ,

$$T' = \frac{V_1}{fg} = \frac{4^m}{0,04 \times 9,81} = 10'',194,$$

$$E' = \frac{V_1^2}{2fg} = T' \times \frac{V_1}{2} = 10,194 \times 2^m = 20^m,388,$$

c'est-à-dire que la durée du mouvement serait de $10'',2$, et l'espace parcouru $20^m,4$, à très-peu près.

Supposant qu'à l'inverse, on ait obtenu cette durée et cet espace d'après l'observation directe, on en eût déduit immédiatement les valeurs de f et de V_1, ainsi que cela a été indiqué ci-dessus. On voit d'ailleurs, par les données de la Table du n° 357, que les résultats, auxquels on vient de parvenir, offrent comme une sorte de limite par rapport à ceux qu'on obtiendrait pour d'autres corps que la glace, et cela donne une idée de l'extrême rapidité avec laquelle le frottement doit, dans les circonstances ordinaires, éteindre le mouvement à la surface de la terre; mais nous verrons, par la suite, que la résistance de l'air et des fluides, en général, est une autre cause qui contribue puissamment à la production de cet effet, surtout dans les premiers instants du mouvement et lorsque la vitesse est très-rapide.

Questions et formules concernant les pertes de force vive dues au frottement pendant le choc.

367. *Premier exemple relatif au choc vertical d'un traîneau.* — Le cas le plus simple de la question est celui d'un traîneau, de poids P, ou de masse $M = \frac{P}{g}$, qui, étant animé, à un certain instant, de la vitesse horizontale, V, vient à être choqué normalement, par un autre poids, P', ou une autre masse, $M' = \frac{P'}{g}$, tombant librement de la hauteur H', au bas de laquelle M' a pris la vitesse $V' = \sqrt{2gH'}$. Or il est évident que, dès l'instant où cette dernière masse atteindra le traîneau,

elle sera, si rien ne s'oppose à son glissement horizontal, sollicitée, tout au moins, par le frottement qui naît de leur
réaction réciproque, dont nous représenterons le coefficient
par f'; l'intensité de ce frottement étant, dans chacun des
éléments infiniment petits, t, de la durée du choc, mesurée
(350) par l'expression $f' M' \dfrac{v'}{t}$, elle communiquera à la masse
M', et détruira, dans la masse M du traîneau, une quantité de
mouvement, mesurée par $f' M' V'$, à la fin de la plus grande
impression. Ainsi, sous ce point de vue, et à cause que l'action
est égale et contraire à la réaction, la quantité de mouvement
des deux masses, ou celle de la masse entière, $M + M'$, ne
sera point altérée dans le sens horizontal; mais, comme l'effort
de réaction vertical, $F = M' \dfrac{v'}{t}$, éprouvé par le traîneau, se
transmet, pour ainsi dire instantanément, jusqu'à sa surface
d'appui inférieure, elle y fera naître un autre frottement mesuré par $f M' \dfrac{v'}{t}$, dont le coefficient f sera, en général, distinct
du premier, et qui donnera lieu à une perte de quantité de
mouvement, mesurée également (350) par $f M' V'$, à la fin de
la plus grande impression; supposant d'abord, qu'en vertu du
frottement f' ou d'une cause de résistance quelconque, les
masses M et M' aient acquis, dans le sens horizontal, à la fin
du choc, la vitesse commune W, la quantité de mouvement
correspondante, $(M + M')W$, du système de ces masses, devra
être égale à $MV - f M' V'$, ce qui donne

$$W = \frac{MV - f M' V'}{M + M'},$$

pour calculer la vitesse finale et commune dont il s'agit, dans
l'hypothèse d'un choc assez vif ou d'une durée assez courte,
pour qu'il devienne permis (168 et 159) de négliger le poids
des corps vis-à-vis des efforts de réaction, $M' \dfrac{v'}{t}$, développés
pendant la durée même de ce choc.

La masse M possédait seule, avant le choc, la force vive horizontale, MV^2, maintenant les deux masses possèdent en commun, par hypothèse, la force vive $(M + M')W^2$; donc on aura

pour calculer la perte de force vive, dans le sens horizontal, l'expression :

$$MV^2 - (M + M')W^2 = MV^2 - \frac{(MV - fM'V')^2}{M + M'},$$

dont la moitié fera connaître le travail détruit par le frottement du traîneau, dans le sens dont il s'agit, travail auquel il conviendra d'ajouter encore (162) celui, $\frac{1}{2}M'V'^2$, qui s'opère dans le sens vertical, si, comme il arrive presque toujours, il est permis de négliger la vitesse de rejaillissement de M'.

Nous venons de supposer que cette dernière masse, en recevant, pendant le choc, la quantité de mouvement horizontal $f'M'V'$, ou la vitesse horizontale $f'V'$, avait acquis finalement le mouvement même dont est animé le traîneau; ce qui revient à admettre que $f'V'$ soit précisément égale à la vitesse W, de ce mouvement. Mais, généralement, il n'en sera pas ainsi dans le cas d'un simple frottement exercé à la surface supérieure du traîneau; et alors la quantité de mouvement possédée par le système, à la fin du choc, prendra simplement la valeur $MW + f'M'V'$, au lieu de $(M + M')W$; ce qui donnera, pour déterminer W, cette autre relation :

$$MW + f'M'V' = MV - fM'V' \quad \text{ou} \quad W = V - (f + f')\frac{M'}{M}V';$$

d'où il sera facile de déduire la nouvelle expression de la perte de force vive occasionnée par le choc.

D'ailleurs, si la condition

$$f'V' < W = V - (f + f')\frac{M'}{M}V',$$

ou, ce qui revient au même,

$$V' < \frac{MV}{f'M + (f + f')M'} = \frac{PV}{f'P + fP' + f'P'},$$

se trouvait satisfaite, la masse M' ne pourrait acquérir, à la fin du choc, la vitesse W du traîneau; elle resterait donc en arrière par rapport à celui-ci, c'est-à-dire qu'elle continuerait à glisser, à sa surface supérieure, jusqu'à ce que le frottement $f'P'$, occasionné par son poids, sur cette surface, ait complètement anéanti la différence de vitesse, $W - f'V'$.

Nommons T' le temps nécessaire pour l'accomplissement de cet effet, $f'P'T'$ sera évidemment (364) la quantité de mouvement imprimée, pendant ce temps, à la masse M', par le frottement $f'P'$, et $\dfrac{f'P'T'}{M'}$ sera l'accroissement correspondant de vitesse de cette masse, si elle n'est sollicitée, ainsi que le traîneau, par aucune force étrangère et qu'elle ne fasse simplement que glisser sans tourner. D'une autre part, la masse M, de ce traîneau, étant sollicitée, à sa surface inférieure, par le frottement $f(P + P')$, et, à sa surface supérieure, par le frottement $f'P'$, ou, en totalité, par la force retardatrice $f(P + P') + f'P'$, il perdra, pendant le temps T' et en raison de cette force, une quantité de mouvement $f(P + P')T' + f'P'T'$, ou une vitesse mesurée par $\dfrac{f(P + P')T' + f'P'T'}{M}$; donc on obtiendra ce temps par la condition

$$\frac{f'P'T'}{M'} = W - \frac{f(P + P')T' + f'P'M'}{M},$$

si, je le répète, le frottement et l'inertie sont les seules forces qui sollicitent le traîneau.

Mettant dans cette équation, pour W, la valeur trouvée en dernier lieu, et observant que $P = Mg$, $P' = M'g$, on en déduira immédiatement

$$T' = \frac{PV - (f + f')P'V'}{g(f + f')(P + P')},$$

pour calculer le temps T' dont il s'agit; ce qui donnera facilement aussi l'espace décrit, par le traîneau, pendant cette dernière période du mouvement, qui sera uniformément retardé (364).

368. *Autre question sur ce sujet* — Supposons maintenant que le poids P', au lieu d'être entièrement libre dans sa chute, soit contraint de prendre, à chaque instant, la vitesse horizontale, V, dont le traîneau est successivement animé; circonstance qui se réaliserait, par exemple, si la masse M', en tombant de la hauteur H', était dirigée par une tige verticale formant système avec le traîneau, et dont l'extrémité supérieure

aurait été le point de départ de la chute : dans ce cas, il n'y aurait plus lieu évidemment à s'occuper des réactions horizontales produites par le frottement sur la surface supérieure du traîneau. D'ailleurs, le poids P', perdant ici encore, à l'instant du choc, toute la vitesse verticale, V' qu'il avait acquise dans sa chute, il en résultera, sur la surface d'appui du traîneau, un frottement, $fM' \dfrac{v'}{t}$, qui, d'après le principe établi à la fin du n° 350, détruira, dans la masse $M + M'$ de ce traîneau et de ce poids censé faire corps avec lui, une quantité de mouvement toujours mesurée par l'expression $fM'V'$; et, comme celle que le système possédait avant le choc, dans le sens horizontal, était $(M + M')V$, la quantité de mouvement qui subsistera ensuite, aura pour valeur $(M + M')V - fM'V'$. Nommant donc W la vitesse commune aux deux corps, à ce dernier instant, on aura, pour la calculer, la formule

$$W(M + M') = (M + M')V - fM'V'. \quad \text{ou} \quad W = V - \frac{fM'}{M + M'} V',$$

très-différente de celles auxquelles on est arrivé dans le numéro qui précède.

Les corps possédaient, avant le choc, la force vive horizontale et commune $(M + M')V^2$, celle qu'ils possèdent maintenant est $(M + M')W^2$; donc la perte de force vive, dans le sens horizontal dont il s'agit, est mesurée par l'expression

$$(M + M')V^2 - (M + M')W^2 = (M + M')(V^2 - W^2),$$

où il ne s'agira plus que de substituer, à W, la valeur obtenue ci-dessus, et dont la moitié exprimera toujours le travail consommé, par le frottement, pendant le choc ; la moitié de la force vive MV'^2, exprimant, d'un autre côté (162), celle qui est absorbée dans le sens de la réaction normale des masses M et M'.

Ces calculs, comme on voit, supposent encore que le choc finisse à l'instant même de la plus grande compression des deux corps, et que leurs poids et la force horizontale Q, qui les sollicite, soient négligeables vis-à-vis des efforts de réaction, F, développés pendant le choc ; mais évidemment cela

ne serait plus permis, si le choc était très-doux, ou les corps
très-compressibles, car alors il deviendrait nécessaire, comme
on l'a plusieurs fois remarqué, d'avoir égard à la loi même de
cette compressibilité, pour arriver au résultat final. Quant au
cas d'une élasticité plus ou moins parfaite, il suffira de connaître la vitesse ou la hauteur du rejaillissement du poids P',
pour être en état de calculer le surcroît de perte de force vive
qui en résulte : n V', par exemple, étant la vitesse de ce rejaillissement, fM' V' $+ fn$ M' V' sera évidemment (157), toujours
d'après le principe du n° 350, la somme des quantités de mouvement horizontales, détruites pendant la réaction mutuelle
des deux masses M et M'; de sorte qu'on aurait ici la nouvelle relation :

$$W(M + M') = (M + M')V - f(1 + n)M'V',$$

ou

$$W = V - \frac{f(1 + n)M'}{M + M'} V',$$

pour calculer la valeur de la vitesse, après le choc, qu'il conviendra de substituer à l'ancienne, dans l'expression de la
perte de force vive $(M + M')(V^2 - W^2)$. Cette vitesse étant
moindre que celle trouvée en premier lieu, on voit que la
perte de force vive sera aussi plus grande, conformément à ce
qui a déjà été remarqué à la fin du n° 350.

Pour le second choc, on procéderait comme pour le premier, et ainsi de suite. Mais l'expérience démontre que, dans
les cas ordinaires, où les corps ne peuvent éprouver de flexions
transversales sensibles, la hauteur et, par conséquent, la vitesse, n V', du rejaillissement, sont toujours, en effet, des fractions très-petites de celles qui ont produit le choc; de sorte que
le mouvement vertical du corps P' est promptement éteint.

369. *Particularités offertes dans ce dernier exemple, par le
mouvement qui précède l'instant du choc.* — Dans la réalité,
le poids P' n'a pu, dans nos hypothèses, participer à l'accélération de mouvement du traîneau, due à l'influence de la force
horizontale Q, et à la diminution du poids P', sans éprouver,
de la part de la tige directrice, un certain effort de réaction
horizontale, q, et, par suite, un frottement vertical, qui a dû

ralentir la vitesse de chute de la hauteur H'. Nommant f' le coefficient de ce frottement, v l'accélération de mouvement reçue par le système du traîneau et de la tige, pendant le temps infiniment petit t, l'effort horizontal q, dont il s'agit, sera évidemment (130) mesuré par $M' \dfrac{v}{t} = \dfrac{P'}{g} \dfrac{v}{t}$, tandis que l'effort vertical, dû au glissement, le sera par $f'M' \dfrac{v}{t} = f' \dfrac{P'}{g} \dfrac{v}{t}$: le premier s'ajoutera à la force d'inertie $\left(\dfrac{P+Q}{g} \right) \dfrac{v}{t}$ du traîneau et de son contre-poids Q; le second s'ajoutera à la pression P, occasionnée par son poids propre, et fera naître un excès de frottement mesuré par la fraction f de $f' \dfrac{P}{g} \dfrac{v}{t}$ ou $ff' \dfrac{P}{g} \dfrac{v}{t}$; enfin, le premier de ces efforts détruira, dans le traîneau, pendant une fraction quelconque, T, de la durée de la chute du poids P', une quantité de mouvement précisément égale à celle que ce poids a reçue de la tige ou du traîneau, tandis que le second détruira, toujours dans le sens horizontal, une autre quantité de mouvement qui sera à la précédente, dans le rapport de q à $ff'q$, etc. Quelle que soit d'ailleurs la complication apparente de ces effets, il sera toujours possible, et même facile, de calculer les circonstances des mouvements simultanés, de descente du poids P' et de progression horizontale du traîneau, qui n'en continueront pas moins d'être uniformément accélérés.

En effet, V_1 étant la vitesse horizontale de tout le système à l'instant où le poids P' vient à être lâché de la hauteur entière H'; E l'espace horizontal décrit par le traîneau, pendant que P' descend de la hauteur quelconque, H, relative au temps T; $q = \dfrac{P'}{g} \dfrac{v}{t}$ l'effort de réaction horizontal, et $f' \dfrac{P'}{g} \dfrac{v}{t}$ le frottement, ou l'effort de réaction vertical, éprouvés par la tige directrice de la part du poids P', dont, je le suppose, la vitesse V' prend l'accélération du mouvement v', pendant l'élément de temps infiniment petit t, les équations du mouvement instantané, ou pendant la durée de t, seront, d'après ce qui vient d'être indiqué : 1° pour le traîneau,

$$\left(\frac{P+P'+Q}{g} \right) \frac{v}{t} = Q - fP - ff'q = Q - fP - ff' \frac{P'}{g} \frac{v}{t};$$

2° pour le poids P′,

$$\frac{P}{g}\frac{v'}{t} = P' - f'q = P' - f'\frac{P'}{g}\frac{v}{t};$$

ce qui donne immédiatement

$$\frac{v}{t} = \frac{g(Q-fP)}{P+P'+Q+ff'P'} = \text{const.}\,A,$$

$$\frac{v'}{t} = g - f'\frac{v}{t} = g - f'A = \text{const.}\,A',$$

et, par conséquent (107 et suiv.),

$$V = AT + V_{,}, \quad V' = A'T, \quad V^2 = 2AE - V_1^2, \quad V'^2 = 2A'H,$$

pour calculer toutes les circonstances de deux mouvements uniformément accélérés dont il s'agit, pendant la durée entière de la descente du poids P′ de la hauteur H ou H′, d'où l'on déduira aisément ensuite, celles qui se rapportent au choc subséquent de ce poids et du traîneau (368).

D'ailleurs, ces équations ne tiennent point compte des résistances qui peuvent être inhérentes au mouvement du contrepoids moteur Q; nous avons voulu seulement ici donner une idée de la manière dont on doit avoir égard, en général, au frottement qui se développe pendant la réaction lente ou brusque des corps en mouvement (*).

(*) Dans un Mémoire intitulé : *Formules relatives aux effets du tir sur les différentes parties de l'affût*, Mémoire imprimé, en 1825, par les ordres de M. le Ministre de la Guerre, et dont une nouvelle édition vient de paraître, M. Poisson a, le premier je crois, offert un exemple, un peu étendu, de la manière dont on doit appliquer le calcul à ces sortes de questions. La méthode de cet illustre géomètre consiste à exprimer, d'après le principe de d'Alembert, les conditions de l'équilibre entre les quantités finies de mouvement, perdues ou gagnées par les différents corps du système, et considérées comme autant de forces de percussion comprenant celles que les frottements détruisent au point où s'opère la réaction mutuelle de ces mêmes corps. J'ai fait voir ensuite, dans la lithographie du Cours de Mécanique de l'École d'application de Metz (édition de 1826), qu'on pouvait arriver aux équations fournies par ce principe, ainsi qu'à l'expression des pertes de force vive, qui ne sont données que d'une manière fort indirecte par le principe de Carnot, au moyen de la considération des pressions ou forces motrices variables, développées pendant la

370. *Principe concernant les effets du frottement pendant le choc.* — Revenant maintenant à nos premières considérations, nous ferons remarquer que, dans les instants qui précèdent celui où le poids P′ vient à être lâché du sommet de sa tige directrice, il pèse sur le traîneau, et y produit un excès de frottement mesuré par fP′; qu'il pèse également, sur ce traîneau, à partir de l'instant où il le choque; qu'enfin il cesse entièrement de peser sur lui pendant sa descente de la hauteur H′ de la tige, dont le frottement $f'q$ peut ici être négligé, circonstance d'où il résulte qu'en supposant ce traîneau sollicité par l'effort horizontal et constant Q, qui lui donne (365) un mouvement uniformément accéléré, ce mouvement s'accélérera bien plus rapidement encore pendant la descente dont il s'agit; qu'en un mot, le système aura gagné, par cette seule cause, une quantité de mouvement relative à l'énergie de la pression qu'aurait produite le poids P′, et qui sera évidemment mesurée par la quantité fP′T $= f$M′gT, T représentant ici la durée entière de la chute H′. Mais gT est précisément égal (117) à la vitesse V′, acquise librement, par M′, au bas de cette chute; donc la quantité de mouvement fP′T est aussi égale à celle fM′V′, qui est ensuite détruite pendant le choc (367), et, par conséquent, à la fin de ce choc, la vitesse du traîneau se retrouvera être précisément la même que si le poids P′ n'eût pas quitté le sommet de la tige, où il était primitivement soutenu.

Au surplus, quelles que soient la vitesse horizontale et la vitesse verticale acquises par le traîneau et par le poids P′, à la fin de la chute de celui-ci, la quantité de mouvement qui, en vertu du frottement, sera détruite, dans le sens horizontal, pendant l'acte du choc, n'en sera pas moins toujours égale à celle qui aura été reçue par le système, en raison de la dimi-

durée même du choc des corps, et j'en avais immédiatement offert une série d'applications aux chocs des marteaux, des pilons et des systèmes de rouages qui entrent dans la composition des machines. Depuis lors, MM. Cauchy, Navier, Coriolis et Duhamel, dans des Ouvrages ou Mémoires bien connus et justement appréciés, sont revenus, à leur tour, sur ces questions, par une marche analytique qui leur est propre, mais qui n'ajoute rien, ce me semble, du moins quant au fond, aux résultats que j'avais moi-même obtenus par des considérations d'une autre espèce.

nution de pression survenue pendant la descente de P'; car
les raisonnements, établis (368) pour le cas où il n'y a pas de
frottement exercé le long de la tige directrice, demeurent
exactement applicables, par exemple, à celui (369) où il en
existe; de sorte que, malgré ce frottement, la vitesse du traîneau, après les instants qui succèdent au choc, n'en sera pas
moins précisément telle qu'elle eût été si le poids P' fût demeuré au sommet de la tige.

371. *Vérification de ce principe par l'expérience, et réflexions générales à ce sujet.* — Une expérience dans laquelle
se trouveraient vérifiées, *à posteriori*, les conséquences auxquelles on vient de parvenir en dernier lieu, serait très-propre
à prouver que le frottement suit, pendant le choc des corps,
les mêmes lois de proportionnalité à la pression et d'indépendance de la vitesse, que dans le cas des pressions et des mouvements ordinaires. Or tel est, en effet, à très-peu près, la
manière dont M. Morin a procédé et raisonné dans les expériences déjà citées au n° 348; seulement le poids P', au lieu
d'être contraint de suivre, dans sa descente de la hauteur H',
la tige verticale dont il a été parlé, tombait librement de cette
hauteur, à laquelle il était primitivement soutenu. Mais,
comme la vitesse horizontale dont il était animé aux instants
qui précédaient sa chute, lui était commune avec le traîneau;
comme nulle autre cause, si ce n'est la résistance insensible
de l'air, ne venait modifier cette vitesse horizontale; comme,
enfin, l'accélération de mouvement, que l'effort moteur ou le
contre-poids Q, pouvait communiquer au traîneau pendant la
durée fort courte de la descente du poids P', se trouvait être,
à cause de la petitesse même de ce poids vis-à-vis du sien
propre et de celui de Q, une fraction négligeable de la vitesse
commune dont il s'agit, il en résulte que les choses se sont,
à très-peu près, passées, pendant le choc, comme si le poids
P' fût, dans sa chute, demeuré constamment uni au traîneau,
ainsi que nous l'avons supposé dans les derniers articles, afin
d'éviter l'emploi de principes étrangers à cette première Partie
de la Mécanique, et relatifs à la conservation du mouvement
horizontal du poids P', pendant sa descente en ligne courbe,
de la hauteur H'.

Ce qui se passerait dans le cas d'un traîneau, dont l'intérieur serait occupé par des hommes qui agiraient en vertu de secousses verticales imprimées à leurs corps, ou à des corps étrangers qu'ils laisseraient retomber après les avoir élevés ou lancés à une certaine hauteur, de telles circonstances, disons-nous, offriraient un autre exemple, très-familier, des effets de compensation qui viennent de nous occuper; car, sans qu'il soit nécessaire de se livrer à un nouvel examen de la question, on peut, à l'avance, affirmer qu'après chacune des alternatives d'actions ou secousses dont il s'agit, le mouvement du système du traîneau et de ce qu'il porte, se retrouvera précisément être le même que si ces secousses n'eussent pas eu lieu, ou que les corps fussent restés dans un état de repos relatif, pourvu néanmoins que l'on fasse abstraction de la légère influence occasionnée par l'accélération ou le retard que pourrait recevoir le mouvement du système, pendant ces mêmes secousses ou alternatives d'action.

La vitesse horizontale du traîneau ne faisant ainsi qu'osciller entre ses limites extrêmes, et ce qui précède pouvant tout aussi bien s'appliquer au frottement sur les essieux des voitures ordinaires, qu'à celui du glissement rectiligne des traîneaux, sur le sol, on est conduit à admettre également que les pertes de travail ou de force vive, occasionnées, par les frottements, dans de pareilles circonstances, seront telles, à très-peu près, qu'elles eussent été dans l'absence de tous chocs; de sorte que, sous ce point de vue, les ressorts de suspension, qui permettent à la charge des oscillations verticales ou alternatives d'action, semblables à celles dont il vient d'être parlé, ne sembleraient offrir aucun avantage particulier sous le rapport de la diminution du tirage. Mais on doit considérer : 1° qu'ici les secousses proviennent de causes étrangères à cette charge, et notamment des obstacles solides dont les routes sont presque toujours parsemées; 2° que nos raisonnements, dans les précédents articles, supposent que les pressions, développées pendant le choc, ne soient ni assez vives ni assez intenses, pour que la loi de proportionnalité du frottement à ces pressions cesse d'être observée, ou pour que la constitution des surfaces en contact soit altérée d'une manière notable. Les avantages bien constatés de la suspension des voitures

36.

sur ressorts, dans le cas de cahots sur des routes mal pavées, l'accroissement progressif de la résistance moyenne avec la vitesse du mouvement qui s'observe alors (213), prouvent assez que les effets de ces chocs et les circonstances de ce mouvement, sont complétement modifiés, comme le sont elles-mêmes les lois du frottement sous de grandes vitesses et pressions.

RÉSISTANCE DES FLUIDES.

PRINCIPES ET FAITS GÉNÉRAUX CONCERNANT LA RÉSISTANCE DES MILIEUX.

372. *Notions préliminaires*. — On appelle spécialement *milieu*, un assemblage plus ou moins étendu de molécules *contiguës* ou sans autres vides que les pores (12 et 27), et qui néanmoins est susceptible d'être traversé, pénétré dans tous les sens, par des corps plus ou moins durs, obligeant ainsi les molécules de ce milieu à leur faire place, le long de la route qu'ils parcourent. Les liquides et les gaz considérés sous de grandes masses, telles que celles de notre atmosphère, de la mer, des lacs et des grandes rivières, sont ce qu'on nomme des *milieux indéfinis* relativement aux ballons, aux vaisseaux et aux bateaux qui les parcourent; mais on considère aussi comme *indéfini* tout milieu dont les dimensions absolues sont assez grandes, par rapport à celles du mobile, pour que ses molécules n'éprouvent à se déplacer, ni plus ni moins de résistance que si sa masse offrait effectivement une étendue illimitée.

L'extrème mobilité dont jouissent les molécules des liquides et des gaz, les a aussi fait appeler des *fluides parfaits*, par opposition aux milieux consistants, de la nature des sables et des terres, auxquels on donne quelquefois la dénomination de *fluides imparfaits* ou de *demi-fluides;* mais, en général, nous réserverons le nom de *fluides* pour les liquides et les gaz proprements dits, tels que l'air et l'eau.

Enfin ces différents milieux sont souvent nommés *milieux résistants*, pour les distinguer des fluides ou milieux impondérés, tels que l'électricité, la chaleur, la lumière ou plus spécialement encore l'*éther*, fluide éminemment élastique et subtil, qu'on suppose remplir tout l'espace, et jusqu'aux pores qui séparent les derniers atomes des corps, mais dont l'existence, bien que démontrée par certains faits, n'offre pas jusqu'ici, sous le rapport de la matérialité, tous les caractères ordinairement attribués aux fluides même les plus rares. Et, pour le dire en passant, c'est aux vibrations d'un tel fluide que l'on attribue, assez généralement de nos jours, la perception de la lumière, comme nous avons vu (19) qu'on attribuait celle des sons aux vibrations de l'air atmosphérique, etc. A la vérité, on ne conçoit guère de milieu sans inertie, sans résistance absolue, mais les calculs des astronomes et des géomètres de notre époque, appliqués au mouvement des comètes, ne permettent pas encore de décider si le fluide éthéré, dont l'étude appartient à la Physique proprement dite, est lui-même soumis à la loi générale.

Quoique les résultats de certaines expériences semblent établir qu'il y a lieu, dans quelques cas, de distinguer la résistance opposée, par les milieux en repos, aux corps en mouvement, de l'effort que supporteraient ceux-ci dans des circonstances d'ailleurs semblables, si, étant au repos, ils venaient, au contraire, à recevoir l'action d'un milieu en mouvement, cependant on comprend généralement, sous le nom de *résistance*, l'un et l'autre de ces effets, et l'on est d'autant plus fondé à en agir ainsi, que ces deux modes d'action se confondent quand le milieu et les corps sont tous deux animés d'un mouvement absolu ou relatif.

373. *Recherches théoriques et expérimentales relatives à la résistance des milieux.* — La question de la résistance que les fluides opposent aux mouvements des corps solides, surtout celle qui concerne l'influence de la forme de ces derniers, offre de très-grandes difficultés sous le point de vue mathématique, et elle n'en offre guère moins sous celui des expériences, à cause de la complication du phénomène. Newton, auquel on doit, après Galilée (116), les premières expériences précises

sur la résistance des fluides, en donna aussi le premier (*)
deux théories dont la moins imparfaite suppose le corps directement choqué par chacune des molécules du milieu qui
se trouvent sur sa route. Daniel Bernoulli (**) et, après lui,
L. Euler (***), introduisirent la considération du mouvement
par *filets,* sur le pourtour antérieur du corps; mais, quoique
cette théorie rendît mieux compte de certains faits de l'expérience, relatifs au choc des veines fluides isolées, cependant
elle n'a point été admise dans les Écoles, où l'on continua à
enseigner celle de Newton, sans doute à cause de sa simplicité; car les expériences multipliées de Robins, de Borda, de
Bossut, de Hutton, et surtout celles de notre célèbre Dubuat,
en avaient suffisamment démontré l'imperfection. On peut lire,
dans la nouvelle édition du premier volume de l'*Architecture
hydraulique de Bélidor,* un lumineux article sur la résistance
des fluides, par M. Navier, article dans lequel ce savant donne
un exposé de la théorie d'Euler et des idées que Dubuat s'était
formées, *à priori,* sur la question, d'après le résultat de ses
propres expériences (*Principes d'hydraulique,* t. II).

Au fait, cette théorie d'Euler critiquée par un géomètre tel
que d'Alembert, est bien peu satisfaisante dans ses applications,
et le moindre de ses défauts, c'est de supposer connues la
forme des filets fluides et la vitesse à l'instant où les molécules
quittent la face antérieure du corps; car on y néglige, pour
ainsi dire entièrement, la considération de ce qui se passe sur
les faces latérales et la face postérieure du corps, dont les belles
expériences de Dubuat ont suffisamment constaté l'influence
dans certains cas.

Les données fournies par ces expériences et les vues émises
à leur sujet, par Dubuat, étaient d'ailleurs bien loin de satisfaire à toutes les exigences de la question; et c'est ce qui porta
l'Académie des Sciences de Paris à la proposer pour sujet du
grand prix de Mathématiques, à décerner en 1828; mais, tout

(*) *Principes mathématiques de la philosophie naturelle,* t. I, liv. 2.

(**) *Commentaires de l'Académie de Saint-Pétersbourg,* t. VIII, année 1736.

(***) *Nouveaux principes d'artillerie* de B. Robins, avec des remarques de
Léonard Euler, 1745, traduit de l'allemand par Lombard, 1783, p. 306 et suivantes.

en accordant, à cette époque, une mention honorable au Mémoire de M. le colonel d'artillerie Duchemin, elle jugea qu'il n'y avait pas lieu à décerner le prix, et la question fut maintenue au concours jusque dans ces dernières années, où les expériences sur les bateaux rapides de l'Angleterre ont de nouveau et plus vivement encore appelé l'attention de l'Académie et des ingénieurs sur l'imperfection des anciennes théories de la résistance des fluides. Les Mémoires présentés en 1836 et 1838, par MM. Duchemin, Russel, Piobert, Morin et Didion, sont venus augmenter le nombre des données expérimentales déjà possédées sur cette épineuse matière (*). Pour nous, fidèle à la marche élémentaire suivie dans la première édition de cet Ouvrage, et en nous appuyant uniquement sur la considération du travail et des forces vives, qui s'applique à un assemblage quelconque de molécules soumises à des forces d'attraction et de répulsion mutuelles, nous nous efforcerons de rendre un compte exact des principaux faits ou résultats de l'expérience, ainsi que des notions systématiques qui les coordonnent.

374. *Notions physiques sur les phénomènes qui accompagnent la résistance des fluides.* — Quand un corps solide se meut dans un milieu indéfini, parallèlement à lui-même, sans tourner et avec une vitesse constante (48 et 52), il éprouve de la part des molécules de ce milieu et dans le *sens* même de son mouvement, une pression, une résistance mesurable à chaque instant, en kilogrammes, et qui varie, comme on l'a déjà dit à l'occasion de l'air (113), suivant la forme, les dimensions et la vitesse du corps; cette résistance ou réaction ne peut évidemment provenir que de deux causes distinctes : 1° du mouvement imprimé, en commun, aux molécules du milieu, c'est-à-dire de l'inertie; 2° de leurs déplacements relatifs, de

---

(*) La Commission chargée de l'examen des pièces adressées au concours, a décidé qu'il n'y avait pas lieu à décerner le prix, mais que les recherches de MM. Piobert, Morin et Didion méritaient, à cause de leur utilité pratique, que la somme affectée au prix leur fût accordée à titre d'encouragement; en même temps, elle a mentionné honorablement le travail de M. Duchemin, à cause des nouvelles expériences et des faits nombreux qu'il renferme sur les questions indiquées au programme.

leur séparation mutuelle, qui mettent en jeu les forces de
cohésion et d'adhérence. Mais, pour bien apprécier l'influence
de ces causes et les lois du phénomène, il est nécessaire de
se former, d'après l'expérience, des idées plus nettes sur les
circonstances physiques qui l'accompagnent.

Supposons qu'un corps (A) (*Pl. III, fig.* 52), de forme quelconque, entièrement plongé dans un fluide indéfini, se meuve
uniformément, de A vers B, avec une certaine vitesse V, et de
manière, par exemple, à décrire constamment (48) le chemin
$e = V \times t$ dans chacun des éléments égaux t, du temps; il est
évident que ce corps poussera devant lui, directement ou in-
directement, un certain nombre de molécules fluides, et les
forcera à se dévier, à s'éloigner de part et d'autre de sa face
antérieure, avec une certaine vitesse qui croîtra avec V, et
avec les dimensions transversales du corps. Les molécules
ainsi placées sur la route de ce corps, suivront elles-mêmes
certaines routes distinctes de la sienne, et dans lesquelles elles
seront remplacées successivement par les molécules situées
à la place qu'elles avaient primitivement occupée, en avant
ou sur les côtés du corps. Ces routes forment autant de *filets*,
de sortes de *tuyaux* contigus les uns aux autres, et dont la
représentation fictive sur les *fig.* 52 et 53, est très-propre à
donner une idée du phénomène dans le cas des faibles vitesses :
la première, comme l'indique la flèche placée dans l'intérieur
même du corps, se rapportant au mouvement uniforme de
celui-ci dans un fluide supposé en repos, et la seconde comme
l'indiquent pareillement les flèches extérieures, étant relative
au cas d'un fluide en mouvement, agissant contre un corps
supposé au repos.

On voit que, dans la première circonstance (*Pl.III, fig.* 52),
les filets qui, à partir d'une petite distance de la face antérieure
du corps, sont d'abord perpendiculaires à l'axe AB, de son
mouvement, s'infléchissent ensuite, de manière à devenir parallèles à ses faces latérales, puis se courbent de nouveau
pour se rapprocher de leur première direction, mais qu'étant
parvenus vers l'arrière de ce corps, ils s'y infléchissent de plus
en plus, perpendiculairement et *circulairement*, pour venir
remplir continuellement l'espace vide qui tend à s'y former,
et d'où résulte, sur la route suivie par le corps, un courant

qui l'accompagne, et qu'on nomme proprement le *sillage* de ce corps.

Dans le cas de la *fig.* 53, *Pl. III,* les mêmes choses ont lieu, avec cette différence que les filets, après s'être infléchis en arrière du corps, reprennent bientôt la marche parallèle qu'ils possédaient en avant, et laissent immédiatement contre sa face postérieure, un espace occupé par une masse fluide en apparence immobile, mais qui, au fond, est douée de mouvements concentriques ou circulaires indiqués sur la figure et nommés *remous* ou *tourbillons.*

Ceci arrive principalement, comme on l'a dit, pour les petites vitesses du fluide où du corps. Mais, quand le mouvement est très-rapide, quand la vitesse surpasse 1 ou 2 mètres par seconde, le fluide vient former en arrière de ce corps, par suite de l'excès de force vive qu'il y possède, une série de tourbillons marchant par couples, comme on le voit *fig.* 54 et 55, *Pl. III,* et qui se succédant les uns aux autres dans des directions alternatives et contraires, finissent bientôt par s'écarter de la route du corps, en s'étendant et se disséminant dans toute la masse fluide.

Enfin on peut remarquer qu'il se forme aussi parfois, latéralement au corps et dans le cas où celui-ci offre une certaine longueur dans le sens du mouvement, d'autres petits tourbillons ou remous *m* et *m′,* qui restent comme fixés à ce corps, et remplissent l'espace dont le fluide tend à se détacher en vertu de la vitesse qu'il a acquise transversalement, et dont il se détache en effet, dans certaines circonstances favorables, comme celles, par exemple, que présente le mouvement de l'eau aux abords des piles de ponts, dans le temps des grandes crues, époque à laquelle la formation des tourbillons est rendue manifeste ainsi que beaucoup d'autres phénomènes, sur lesquels nous reviendrons par la suite, et qui accompagnent, en général, le mouvement des corps flottants à la surface de l'eau, ou en partie plongés. Il nous suffira ici de faire observer que les circonstances offertes par le fluide aux points *m* et *m′,* sont absolument semblables à celles qui accompagnent le phénomène de la *contraction* éprouvée, par les veines, aux débouchés des réservoirs, dans les canaux et tuyaux de conduite.

D'ailleurs les apparences générales, offertes par la marche des filets, sont à peu près les mêmes dans les deux cas distincts où c'est le corps (*Pl. III, fig.* 54) ou le fluide (*fig.* 55) qui se meut, l'autre demeurant en repos ; seulement les tourbillons qui, pour le premier, tendent à être entraînés dans la route du corps, dans son sillage d'arrière, le sont, pour le second, dans le mouvement général même du courant.

Enfin on observera que si le corps se trouve entièrement plongé dans le milieu, les tourbillons se forment non-seulement dans le sens latéral, mais aussi en dessus et en dessous, et qu'en particulier, s'il s'agit de corps flottants, tels qu'un bateau, par exemple, les tourbillons qui surgissent du fond, et dont l'action n'est plus contre-balancée par ceux de la partie supérieure, viennent s'épanouir à la surface du liquide, à une certaine distance du corps, en y donnant lieu au phénomène connu sous le nom de *bouillons*, et dont l'apparence est très-distincte de celle qu'offrent les tourbillons à mouvements horizontaux.

375. *Remarques sur la formation des tourbillons et la manière dont la force vive s'éteint dans les fluides.* — Ces phénomènes bien connus, et que nous avons eu l'occasion d'observer en 1828 et 1829, dans des circonstances favorables, relatives aux corps en partie plongés dans l'eau, sont, comme on voit, beaucoup plus compliqués qu'on ne se l'imagine ordinairement, et ils laissent peu d'espoir de voir la question de la résistance des fluides soumise à une analyse mathématique rigoureuse. Néanmoins cette extrême complication n'empêche nullement que le mouvement des tourbillons et leur production successive ne soient assujettis à des lois régulières, consistant principalement dans la périodicité de cette production, et dans l'accord des mouvements de circulation dont sont animées leurs molécules, accord tel, qu'ils ne font, pour ainsi dire, que rouler les uns sur les autres sans se nuire réciproquement. On peut croire que l'étude de ces singuliers phénomènes n'a pas été étrangère aux anciens, et l'on sait qu'elle a particulièrement occupé le célèbre peintre Léonard de Vinci, dans un Ouvrage physico-mathématique du xve siècle, dû à un esprit observateur et philosophique. Il est bon de rappeler aussi que Descartes et ses disciples avaient mis en honneur l'étude des lois des tourbillons, et que le grand Newton, lui-même, n'a pas dédaigné de s'occuper de quelques-unes de leurs propriétés dans le liv. II, sect. 9, de ses *Principes mathématiques de la Philosophie naturelle,* auquel nous renvoyons (*). Enfin M. F. Savart les a pareillement observés et rendus manifestes dans des circonstances où ils étaient excités par des vibrations transversales imprimées à des plaques en partie plongées dans la masse d'un liquide.

En général, la production des tourbillons est l'un des moyens dont la nature se sert pour éteindre, ou plutôt, dissimuler la force vive dans les changements brusques de mouvement des fluides, comme les mouvements vibratoires eux-mêmes (315) sont une autre cause de sa dissipation, de sa dissémination dans les solides. Pour bien concevoir comment la formation des tourbillons devient, dans les fluides, une source de perte de force vive qui, dans les circonstances ordinaires, cesse de pouvoir être utilisée comme force motrice, on doit considérer, d'une part, qu'une fois produits, ils se propagent, s'étendent, de plus en plus, en vertu de leur réaction ou frottement réciproque et de celui qu'ils exercent sur les masses environnantes, auxquelles ils communiquent, ainsi qu'on le verra bientôt, une portion plus ou moins grande de leur mouvement giratoire; d'une autre part, que, si le milieu est animé d'un mouvement de transport général, les tourbillons sont comme autant de corps étrangers qui, tout en participant à ce mouvement, tourneraient cependant sur eux-mêmes avec une vitesse indépendante de celle du courant, et incapable d'en augmenter l'intensité d'action sur les corps étrangers. Car, si une certaine portion de la masse d'un tourbillon se meut dans le sens du mouvement général, une autre portion de cette masse, symétrique à la première, se meut précisément en sens contraire, et doit être considérée comme détruisant ou balançant ses

---

(*) D'après les observations de Léonard de Vinci et les considérations théoriques de Newton, la vitesse des différentes couches des tourbillons croit, à mesure qu'on se rapproche du centre, inversement à la longueur du rayon correspondant : dans une roue, au contraire, les vitesses croissent proportionnellement à la distance au centre.

effets (*). Si donc il s'agissait d'évaluer, comme on l'a fait, par exemple, au n° 149, la puissance motrice dont serait animé un courant d'eau ainsi constitué, il conviendrait de faire abstraction de tous ces mouvements giratoires, et de ne tenir compte que de la vitesse de transport général qui leur est commune avec la masse entière du courant.

Ces mêmes phénomènes offrent d'ailleurs une image exacte de ce qui se passe dans nos rivières et nos fleuves, qui transportent avec eux, jusque dans la mer, les tourbillons et mouvements désordonnés quelconques, produits par les différents obstacles dont leurs cours sont tous plus ou moins hérissés. En particulier, ils sont un des moyens que la nature emploie pour modérer la vitesse générale des courants au passage des chutes d'eau naturelles ou artificielles, comme celles des cataractes et des écluses de navigation. Enfin l'observation attentive des faits autorise suffisamment à croire qu'indépendamment de ces mouvements giratoires communs à toute une portion de la masse fluide, il s'en produit aussi de secondaires ou de moins apparents, qui embrassent un groupe plus ou moins grand de molécules, et qui se distribuent dans les intervalles des précédents, suivant la loi d'harmonie indiquée. Mais on peut aller au delà et admettre sans trop s'aventurer, que de pareils mouvements de rotation ou d'oscillation imprimés aux molécules individuelles ou aux derniers groupes de molécules sont, après l'adhérence et la cohésion sur lesquelles nous reviendrons bientôt, l'une des causes les plus puissantes de la déperdition du mouvement dans les fluides (**), et notam-

---

(*) *Voyez* à la fin de ce volume, l'*Addition* relative à une théorie de la résistance des fluides, fondée sur le principe des forces vives.

(**) Pour se former une idée de la vivacité et de la complication extrême des mouvements dont les molécules des fluides peuvent être le siége, il n'y a qu'à interposer entre l'œil armé d'une loupe et la flamme d'une bougie ou d'un quinquet, une plaque de verre transparente et bien nettoyée, sur laquelle se trouve étendue une couche mince de sirop d'orgeat délayé, à la manière ordinaire, dans une eau bien pure, on sera surpris de la bizarrerie des mouvements présentés par les particules étrangères, mouvements qui se rapportent, au surplus, à la classe nombreuse de ceux que les naturalistes désignent sous le nom de *browniens*, et qu'ils attribuent à une sorte de vitalité des dernières particules organiques.

ment de la résistance que leurs filets éprouvent à glisser les uns
sur les autres ou sur la surface des corps solides.

376. *De la communication latérale du mouvement dans les* (A) page 57
fluides. — Ce phénomène dont nous venons de dire un mot à
l'occasion de la dissémination et de l'extinction des mouvements giratoires, a été l'objet d'une étude spéciale de la part
de Venturi, célèbre physicien italien (*), et de M. A. Lechevalier (**). Il se produit, en général, lorsqu'une portion plus
ou moins grande d'une masse fluide se trouve animée d'un
mouvement commun, parallèle, rectiligne ou circulaire, différent de celui du milieu ambiant. L'expérience démontre, par
exemple, que, pour le cas d'un plan mince dirigé dans le sens
de son propre mouvement, au milieu d'une masse fluide indéfinie et en repos, ou d'une veine isolée se mouvant par
filets parallèles dans une pareille masse constituée ou non des
mêmes molécules, l'entraînement latéral a lieu (Mémoire cité
de M. Lechevalier) suivant des routes convergeant vers la surface du plan ou de la veine, ainsi que l'indique la *fig.* 56,
Pl. III, tandis que, dans le cas où cette même veine se trouve
resserrée entre les parois d'un canal ou tuyau solide, les filets
dont elle se compose cheminent à peu près parallèlement entre
eux, en s'influençant réciproquement, de manière que la vitesse décroît progressivement en allant du centre à la surface
des parois.

L'action latérale, en vertu de laquelle cet entraînement
s'opère, de proche en proche, de couches en couches ou de
filets en filets, ne suppose pas essentiellement l'intervention
de forces analogues à celle que les physiciens nomment la
viscosité des fluides, et dont ils attribuent l'existence (Note
de la page 272) à une sorte de *polarité* conservée par les molécules; car cet entraînement a lieu, avec la même énergie,
pour les gaz, où rien n'autorise à admettre l'influence de telles
forces. Pour s'en rendre compte, sans recourir d'ailleurs à
l'hypothèse du contact immédiat des molécules, il suffit de
supposer au milieu une constitution élastique, une stabilité

(*) *Recherches expérimentales sur le principe de la communication latérale
du mouvement dans les fluides;* Paris, 1797.

(**) *Mémoire sur le mouvement des fluides;* Metz, 1828.

d'équilibre dans l'état naturel ou de repos, telles (222) qu'une molécule ne puisse s'approcher ou s'écarter de ses voisines, sans qu'il naisse aussitôt entre elles l'équivalent d'une répulsion ou augmentation de pression dans le premier cas, et d'une attraction ou diminution de pression dans le second; circonstance qui a lieu en effet, même pour les gaz permanents, en vertu de la chaleur et des pressions extérieures qui, transmises du dehors au dedans, s'opposent à leur écartement mutuel, et jouent ainsi le rôle d'une véritable force attractive, dont les effets s'ajoutent, dans tous les cas, à celui de l'attraction proprement dite des molécules.

Il paraît évident, en effet, d'après ces hypothèses, que si (a), par exemple, est l'une quelconque des molécules d'une certaine couche fluide, (b) et (c) deux molécules voisines de la couche suivante, situées l'une en arrière, l'autre en avant de la molécule.(a), celle-ci ne peut se déplacer, d'un mouvement relatif, dans le sens de la couche dont elle fait partie, sans tendre à se rapprocher de (b) et à s'écarter de (c), c'est-à-dire sans repousser (b) et attirer (c), actions qui, toutes deux, conspirent également à entraîner ces dernières molécules dans la direction du mouvement de (a), et dont les effets, sous ce rapport, peuvent être d'ailleurs en partie neutralisés par la liberté que conservent les molécules (b) et (c), mais surtout celle des deux qui est en avant, de pivoter légèrement autour de (a), et de dévier aussi latéralement de la route parallèle qu'elle serait, sans cela, forcée de suivre.

On voit aussi, par là, que la communication latérale du mouvement ne peut avoir lieu dans les fluides, sans qu'il résulte du déplacement relatif des molécules, un changement de densité, une inégalité quelconque dans la distribution des pressions autour de chaque point. Cette inégalité, qui n'a pas lieu dans l'état de repos et de mouvement parallèle et uniforme des fluides, est due essentiellement à l'inertie opposée par leurs molécules à tout changement de mouvement, comme on l'a fait remarquer en plusieurs endroits dè cet Ouvrage, et elle se trouve confirmée par les expériences déjà citées de M. Lechevalier et l'analyse des géomètres (*).

(*) *Voyez* notamment le Mémoire inséré, par M. Poisson, dans le 20ᵉ Cahier

377. *Du rôle particulier qui peut être attribué à la viscosité et à la cohésion dans ces phénomènes.* — L'influence de la cohésion dans le cas des liquides tels que l'eau et l'huile, ne saurait être mise en doute d'après l'ensemble des faits déjà connus, et il semble naturel d'admettre qu'ici, comme pour les solides, son rôle consiste essentiellement à diminuer la mobilité des molécules par l'obstacle qu'elle apporte à leur rotation, à leurs déplacements ou à leurs séparations réciproques, obstacle d'où résulte inévitablement une perte de travail ou de force vive, qui paraît être sans compensation nécessaire, soit parce que la cohésion, après avoir été détruite ainsi dans les molécules, ne peut renaître qu'au moyen de l'application de nouvelles forces (223), soit parce que les quantités de travail développées par cette cohésion, dans le déplacement relatif des molécules, sont purement employées, comme dans le cas du frottement des solides, à exciter des mouvements vibratoires particuliers ou relatifs dont la force vive se trouve dissimulée par rapport au mouvement d'entraînement général du système. Ainsi, par exemple, on peut très-bien comparer l'action d'une molécule en mouvement relatif par rapport à une autre, retenue en vertu de sa liaison avec les voisines, à l'action qui aurait lieu pour deux aimants dont l'un serait suspendu verticalement à un point fixe au moyen d'un fil, tandis que l'autre recevrait un mouvement rectiligne quelconque; la force vive de celui-ci subirait une diminution nécessaire par suite du partage qui s'en opérerait entre les deux corps.

Enfin, il est digne de remarque que la mobilité des fluides et les forces d'attraction qui animent leurs molécules, paraissent dépendre fort peu, du moins entre certaines limites, de leur état de compression naturel, c'est-à-dire des pressions qui auraient lieu en chacun de leurs points, dans l'état d'équilibre ou de repos (38), et qui constituent ce qu'on nomme ordinairement la *pression statique* ou *hydrostatique* du milieu en ces

du *Journal de l'École Polytechnique*, ou les n°ˢ 576 et 645 du tome II de son *Traité de Mécanique*, 2ᵉ édition. M. Cauchy a été conduit, depuis, aux mêmes conséquences (*Comptes rendus des séances de l'Académie des Sciences*, t. IX, p. 588, 2ᵉ semestre de 1839).

points. Cette circonstance peut évidemment s'expliquer par la
faible variation qu'éprouve la distance des molécules dans le
cas des liquides proprement dits (13), et par l'influence insensible qu'exercent dans les gaz permanents, tels que l'air, les
forces d'attraction des molécules, même sous des compressions assez fortes. On ne saurait donc être surpris non plus
de la faible influence exercée par cette pression statique, dans
toutes les expériences qui ont concerné l'intensité de l'action
des fluides sur les corps, ou leur résistance.

378. *Répartition des vitesses et des pressions autour des corps
soumis à l'action d'un fluide.* — Voici, principalement d'après
les expériences de Dubuat (*), les notions générales qu'on
peut se former à ce sujet.

La pression exercée perpendiculairement sur chacun des
points d'un corps (*Pl. III, fig.* 52, 53, 54 et 55), exposé à l'action directe d'un fluide, varie avec la position de ce point,
avec la vitesse et la direction des filets avoisinants : elle est la
plus forte pour les points *a*, de la face antérieure, de la *proue*
où la déviation des filets et la diminution de leur vitesse relative dans le sens AB, du mouvement général, sont elles-mêmes
les plus grandes ; elle est, au contraire, la plus faible dans tous
les points où, par leur divergence, les filets ont une tendance
naturelle à quitter le corps, et à y former un vide, comme cela
arrive particulièrement en *b*, vers l'arrière, la *poupe* et latéralement, en *m* et *m'*, où le corps atteint sa plus grande largeur
transversale. Ainsi elle va continuellement en diminuant depuis le milieu *a* de la face antérieure du corps, jusqu'à ses
extrémités ; mais, remarquons-le bien, cette diminution plus
ou moins rapide de la pression antérieure, se trouve accompagnée d'un accroissement pareil de la vitesse absolue des
filets, qui atteint son maximum vers les points *m* et *m'*, et
cette accélération tient essentiellement à l'obstacle apporté
par l'inertie de la masse ambiante, à la déviation, à l'échappe-
ment latéral des molécules, lesquelles resserrées entre cette
masse et le corps, se meuvent comme dans une sorte de tuyau

(*) *Principes d'hydraulique*, t. II, 3e Partie, art. 437 et suivants.

ou de canal qui serait limité à des parois solides telles que LM, LM', et dont la *section vive*, prise sur tout le pourtour de ce corps, est, ainsi que le constate l'expérience, nécessairement moindre que la section transversale des filets qui, en amont, sont soumis directement aux effets de la déviation.

A l'égard de ce qui se passe le long des faces latérales et de la face postérieure, c'est-à-dire à compter des points m et m', qui correspondent à la plus grande section transversale du corps, l'expérience n'a point encore prononcé d'une manière assez positive pour qu'on soit en état de se former des idées nettes sur la manière dont les pressions et les vitesses s'y trouvent réparties, même dans le cas des prismes droits exposés directement au choc d'un liquide; seulement on sait, à l'égard de ceux-ci, que la pression, après avoir atteint sa plus petite valeur en m et m', augmente rapidement ensuite pour décroître de nouveau, et redevenir bientôt inférieure à la pression statique (377), vers l'arrière du corps où le vide tend continuellement à se former, et où les pressions sont très-difficiles à mesurer, à cause des alternatives offertes par les remous et tourbillons dont il a été parlé. Suivant Dubuat, la pression le long des faces latérales des mêmes prismes serait notablement moindre que la pression statique et suivant M. Duchemin, elle lui serait, au contraire, égale; ce qui pourtant ne doit s'entendre que des points situés au delà des remous m et m' (*Pl. III, fig.* 54 et 55), où le régime, le mouvement du fluide redevient uniforme.

Il existe d'ailleurs plusieurs autres dissidences d'opinion entres ces expérimentateurs, que nous ferons connaître en leur lieu, et qui, toutes, proviennent de la manière d'interpréter les indications fournies par le *tube de Pitot*, sorte de manomètre (39) formé d'un tuyau vertical recourbé horizontalement, ouvert par les deux bouts, et dont l'orifice inférieur est présenté à l'action directe ou oblique du courant. Mais il nous est impossible d'entrer ici plus avant dans cette discussion, et il nous suffira de remarquer que les incertitudes relatives à la mesure des vitesses effectives en chaque point des filets liquides, ne sont guère moindres que celles qui concernent les pressions elles-mêmes, et qu'elles réclament la découverte de moyens d'expérimentation plus directs, plus délicats.

379. *Pression antérieure et postérieure, forme et proportion des filets.* — D'après la manière dont nous venons d'envisager le phénomène de la résistance des fluides, on voit que, par exemple, pour les prismes droits (*Pl. III, fig.* 54 et 55) dont l'axe est parallèle à la direction du mouvement, cette résistance doit principalement se composer de la pression totale, de la somme des pressions souffertes par la face antérieure, diminuée de celle des pressions contraires souffertes par la face postérieure; ou, si l'on veut, en négligeant, avec Dubuat, la considération des pressions statiques qui auraient lieu sur ces deux faces, dans l'état de repos, et qui, étant égales, doivent s'entre-détruire, la résistance dont il s'agit est égale à la pression antérieure, augmentée de la *non-pression* postérieure. D'ailleurs, pour les corps symétriques, tels que les prismes, les sphères, etc., dont les pressions latérales se détruisent réciproquement, et pour une même proue, la pression antérieure est indépendante de la longueur du corps et de la forme de la poupe; mais, au contraire, la non-pression postérieure est susceptible de diminuer à mesure que le corps s'allonge, bien que la forme de cette poupe et de la proue ne change pas; ce que Dubuat attribue à la diminution même éprouvée par la vitesse et la divergence des filets fluides qui circulent autour du corps et latéralement à sa surface.

A l'égard de la forme affectée, en général, par ces filets, et de l'intensité absolue de la vitesse en chacun de leurs points, Dubuat et les Auteurs des théories citées au commencement de ce Chapitre admettent, d'après quelques-unes des indications de l'expérience : 1° que cette forme reste invariable pour un corps donné, quand bien même la vitesse relative, uniforme, de ce corps et du fluide vient à changer; 2° que la vitesse des molécules fluides, ou chacun des points des filets, conserve toujours un même rapport avec celle dont il vient d'être parlé; 3° enfin que, pour des corps semblables dans toutes les parties, et dirigés semblablement, les dimensions absolues des filets sont seules modifiées, mais non leurs rapports de grandeur et de positions relatives.

Ces hypothèses, que les récentes expériences de M. le colonel Duchemin paraissent confirmer, servent à expliquer plusieurs faits généraux de la résistance des fluides, sur lesquels nous reviendrons bientôt. Il nous a paru utile de les indiquer ici brièvement, quoiqu'elles appartiennent au point de vue compliqué de la question, et que nous soyons bien loin encore de l'époque où il sera permis d'analyser, de démêler ainsi, dans chaque cas, les effets qui peuvent être dus séparément à l'influence de la forme et de la position des différentes parties du corps.

380. *Masses qui accompagnent constamment les corps soumis à l'action des fluides.* — Il importe à notre objet que nous ne passions pas sous silence un autre fait très-important, observé, en premier lieu, par Dubuat (*), et qui concerne la *proue* et la *poupe fluides* dont les corps sont toujours accompagnés, soit qu'ils se meuvent dans un milieu en repos, soit qu'étant, au contraire, immobiles dans ce milieu, ils en reçoivent l'action directe. Ce phénomène est essentiellement produit par la déviation qu'éprouvent les molécules fluides en circulant dans les canaux ou filets, de forme invariable, qui accompagnent, comme on l'a vu, constamment le corps ; ou, ce qui revient absolument au même, il consiste en ce que les molécules du milieu, qui sont contraintes de cheminer dans le sens perpendiculaire à l'axe du mouvement, aussi bien que celles qui tourbillonnent latéralement ou à l'arrière du corps, etc., sont comme en repos par rapport à ce corps, et forment, en quelque sorte, partie de sa propre masse.

Les expériences de Dubuat sur les oscillations des pendules dans l'air et dans l'eau prouvent que le volume de ces proues et poupes fluides, ou, ce qui revient au même, le volume des filets déviés et entraînés uniformément dans chaque unité de temps, peut être fort considérable et s'élever au delà de vingt fois le volume du corps, quand celui-ci est un plan mince, frappé perpendiculairement à sa surface. Mais le rapport de ces mêmes volumes, qui est indépendant de la nature et de la densité du fluide ou du corps, est susceptible de varier avec la forme de ce dernier, suivant des lois qui ont été spécialement étudiées par Dubuat, pour le cas des prismes et des cylindres droits mus, parallèlement à leur axe, dans des fluides

---

(*) *Principes d'hydraulique*, t. II, sect. 1, chap. 7, et sect. 2, chap. 1.

en repos. Pour de tels corps, le rapport n, du volume du fluide entraîné, à celui du corps, est représenté, très-approximativement, par la formule

$$n = 0,705 \frac{\sqrt{A}}{L} + 0,13,$$

L étant la longueur et $\sqrt{A}$ la racine carrée de l'aire des sections transversales du prisme ; ce qui donne pour le volume absolu du fluide entraîné,

$$n\,A.L = 0,705 A\sqrt{A} + 0,13\,A.L,$$

puisque AL est celui du prisme.

Ainsi, pour L nul ou très-petit, c'est-à dire pour les plans minces, le volume dont il s'agit se trouve mesuré par la quantité $0,705 A\sqrt{A}$, indépendante de leur épaisseur ou de la longueur des prismes ; et, pour L, au contraire très-grand, ou A assez petit pour qu'on puisse négliger la valeur du premier terme de la formule vis-à-vis du second, le volume du fluide entraîné devient sensiblement proportionnel à cette longueur, A restant le même ; ce que Dubuat attribue, soit à l'accroissement de la poupe fluide, à la diminution progressive de la convergence des filets à l'arrière du corps, soit aux effets de l'adhérence et du frottement du fluide le long de ses faces latérales, effets que nous examinerons plus tard.

Les sphères ont été plus spécialement l'objet des expériences répétées de Dubuat, et il a trouvé, soit pour l'air, soit pour l'eau, que le volume du fluide entraîné s'écartait alors fort peu des 0,585 ou 0,6 environ de celui de ces sphères. Ce résultat s'accorde, à quelques différences près ressortant de la nature et des dimensions des appareils, avec ceux qui ont été obtenus tout récemment dans des expériences, sur les oscillations du pendule, entreprises par MM. Bessel, Sabine et Bailly ; ce même résultat a été également vérifié par M. Poisson, au moyen d'une savante analyse, qui a été publiée dans le tome XI des *Mémoires de l'Académie des Sciences de l'Institut*. Mais il nous suffit ici d'avoir appelé l'attention du lecteur sur un phénomène en lui-même très-digne d'intérêt, et qui doit exercer une influence nécessaire toutes les fois que

la vitesse du corps change, et que, par conséquent, l'inertie
de la masse fluide entraînée doit jouer un rôle appréciable.

Aú surplus, les résultats qui viennent d'être rapportés, sont
uniquement relatifs aux oscillations du pendule, et l'on sent
fort bien que les circonstances d'un pareil mouvement sont
très-distinctes de celles qui se rapportent au mouvement rectiligne et parallèle des corps; mais, comme Dubuat a eu l'attention de donner aux tiges de ses pendules de très-grandes
longueurs, et de ne leur laisser faire qu'une simple oscillation, on doit provisoirement les considérer comme applicables
à ce dernier mouvement, avec d'autant plus de motifs que,
dans de récentes expériences sur la descente verticale des
plans minces et des parachutes dans l'air, dont les résultats
seront rapportés plus loin (405), M. le capitaine d'artillerie
Didion, observateur très-consciencieux, est arrivé à des conséquences analogues à celles de Dubuat, dont même il paraissait ignorer entièrement l'existence.

381. *Lois de la résistance directe des fluides dans le mouvement uniforme.* — L'ensemble des expériences connues
apprend que, pour des corps semblables et semblablement
dirigés par rapport au sens du mouvement supposé toujours
parallèle, la résistance dont il s'agit demeure sensiblement
proportionnelle au carré de la vitesse relative, à la densité
du milieu et à l'aire de la projection transversale du corps sur
un plan perpendiculaire à la direction du mouvement; cet ensemble démontre, en outre, que la résistance reste indépendante de la nature du corps et de la pression statique ou naturelle du milieu, qui, en effet, redisons-le (377), ne saurait,
entre certaines limites, modifier par elle-même, d'une manière
sensible, la mobilité de ses différentes parties, non plus que
le mode de leur action sur le corps. Le petit nombre des restrictions souffertes par ce principe, ressort de la nature même
du phénomène et de la manière dont les choses se passent,
dans chaque cas, autour du corps; nous aurons soin de les
faire connaître dans le Chapitre suivant, mais, pour le moment,
il nous suffira de faire saisir par le raisonnement, et, en quelque sorte, de justifier par la considération des forces vives, la
loi générale de la résistance telle qu'elle vient d'être énoncée.

Nous avons vu ci-dessus (379) que le corps (A) [*Pl. III, fig.* 52 et 53], soit qu'il demeure en repos dans un fluide en mouvement, soit qu'il se meuve lui-même dans un fluide immobile, considéré comme à peu près indéfini, contraint les molécules de ce milieu à dévier de part et d'autre de sa surface antérieure et à affluer vers sa partie postérieure avec des vitesses qui dépendent essentiellement de la vitesse même du mouvement relatif, et doivent, à chaque instant, lui demeurer proportionnelles. Considérant ici spécialement le cas où le milieu résistant est en repos, et où le corps chemine parallèlement et uniformément en décrivant des espaces rectilignes $e = \mathrm{V}t$, dans chacun des instants infiniment petits t du temps, il paraît évident qu'à circonstances égales d'ailleurs, la somme des molécules déviées ou entraînées sera d'autant plus grande que le corps occupera lui-même un plus grand espace dans le sens perpendiculaire au mouvement; c'est-à-dire que si l'on projette, par exemple, ce corps sur un plan CD perpendiculaire à AB, ce qui revient à lui circonscrire un cylindre parallèle à la direction du mouvement, et à couper ce cylindre par le plan CD, la quantité totale des molécules déplacées ou repoussées, pour des surfaces ou corps semblables dans toutes leurs parties, et qui seraient mus de la même manière dans le fluide, croîtra précisément en raison de l'étendue ou de l'aire de la projection dont il s'agit.

Mais elle croîtra aussi comme l'espace ou le chemin e, décrit dans chacun des instants égaux à t; nommant donc Q le volume total, en mètres cubes, de ces molécules entraînées par le corps (A), et A l'aire ou la surface, en mètres carrés, de sa projection sur CD, on conclura, par un raisonnement analogue à celui qui a été mis en usage dans les n°s 71 et 78, que Q croîtra comme A e, c'est-à-dire deviendra double, triple, etc., quand A e sera double, triple, etc., pour le même corps ou pour des corps différents dont la surface serait semblable et semblablement dirigée par rapport au mouvement.

Plus généralement et plus simplement encore, on démontre par les principes de la Géométrie (*), que le volume de l'espace

_____

(*) Ce principe est pour ainsi dire évident en lui-même et par la considé-

envahi, déplacé en avant du corps, pendant qu'il décrit le chemin *e*, et par conséquent celui de l'espace qu'il abandonne en arrière, sont, tous deux, équivalents au volume de l'espace cylindrique qui serait décrit par l'aire A, dont il s'agit, si cette aire faisait réellement partie du corps et se transportait parallèlement à elle-même avec lui; ce qui démontre que le nombre, le volume Q, des molécules fluides déplacées en avant du corps ou replacées, entraînées en arrière, est bien proportionnel au produit A *e*.

D'un autre côté, le corps (A), en cheminant dans le fluide, imprime aux molécules de Q une vitesse d'autant plus grande que la sienne l'est elle-même davantage : il est clair, par exemple, que, si le corps décrit, dans le même temps élémentaire *t*, un chemin double ou triple, il faut bien aussi, toutes choses égales d'ailleurs, que les molécules de Q décrivent des chemins doubles ou triples, dans ce temps, pour lui faire place ou pour remplir l'espace en arrière. Conséquemment la vitesse de chacune de ces molécules croît comme V, et leur force-vive comme V^2; nommant donc *p* la densité (33), le poids, en kilogrammes, d'un mètre cube du fluide, observant (35) que le poids total du volume Q de ce fluide est mesuré par *p* Q, la force vive qui lui a été imprimée par le corps sera proportionnelle (122) à $\frac{pQ}{g} \times V^2$ ou à $\frac{pAe}{g} \times V^2$, puisque Q est lui-même proportionnel au produit A *e*.

Le corps ayant donc communiqué une telle force vive au fluide qu'il chasse devant lui, il faut bien aussi (135 et suiv.) que l'inertie des molécules de ce fluide ait opposé au mouvement uniforme du corps et dans le sens de AB une résistance totale R, qui restant la même pour la longueur infiniment petite *e* du chemin décrit par ce corps, aura détruit (71)

ration des portions de volumes qui restent communes aux deux positions successives occupées par le corps ou par le cylindre circonscrit; mais on le démontre directement aussi en observant que les trois volumes élémentaires à considérer, et qui ont pour mesure le produit A *e*, peuvent être censés composés d'une infinité de petits prismes, de même base et de même hauteur, dont les arêtes parallèles à la direction du mouvement sont dans le prolongement les unes des autres.

une quantité de travail Re proportionnelle à $\dfrac{1}{2}\dfrac{p\,\mathrm{A}\,e}{g}\,\mathrm{V}^2$; de sorte qu'il faut bien encore que le nombre des kilogrammes, R, contenus dans cette même résistance, soit proportionnel à $\dfrac{1}{2}\dfrac{p\,\mathrm{A}\,e}{g}\,\mathrm{V}^2$, divisée par e, c'est-à-dire à $p\,\mathrm{A}\,\dfrac{\mathrm{V}^2}{2g}$, ou simplement à $p\mathrm{A}\mathrm{V}^2$, puisque $2g$ a la même valeur (117) pour tous les cas. Donc enfin :

La résistance que l'inertie des fluides, en repos, oppose au mouvement direct et uniforme des corps de figures semblables, dirigés de la même manière, croît comme la densité p de ces fluides, comme le carré de la vitesse V de ces corps et comme l'aire A de la projection de ces mêmes corps sur un plan perpendiculaire à la direction du mouvement.

382. *Règles ou formules pour calculer la résistance directe des fluides.* — On se rappellera (118 et 119) que la quantité $\dfrac{\mathrm{V}^2}{2g}$ est précisément la *hauteur due* à la vitesse V du corps; de sorte que le produit de cette quantité par l'aire A représente le volume d'un prisme ou cylindre qui a $\dfrac{\mathrm{V}^2}{2g}$ pour hauteur, et A pour base : $\dfrac{1}{2}\dfrac{p\,\mathrm{A}}{g}\,\mathrm{V}^2$ ou $p\,\mathrm{A}\,\dfrac{\mathrm{V}^2}{2g}$ est donc (35) le poids d'un tel volume du fluide; ce qui fait dire ordinairement que :

La résistance des fluides est proportionnelle au poids d'un prisme de ces fluides, qui a pour base la projection transversale du corps sur un plan perpendiculaire à la direction du mouvement, et, pour hauteur, la hauteur due à la vitessse.

Cas du mouvement absolu et uniforme des corps. — Soit $\mathrm{H}=\dfrac{\mathrm{V}^2}{2g}$ cette dernière hauteur, telle que la donnerait la Table placée à la fin de ce volume, R la résistance mesurée en kilogrammes; d'après ce qui précède, le rapport de R à $p\mathrm{A}\mathrm{H}=p\mathrm{A}\dfrac{\mathrm{V}^2}{2g}$ sera à très-peu près constant pour un même corps ou des corps semblables mus, dans un même fluide ou dans des fluides différents en repos, avec des vitesses V, rigoureusement uniformes, quoique distinctes. Nommant donc k

ce rapport constant, qui, dans chaque cas, devra être fourni
par les données immédiates de l'expérience, et dépendra
essentiellement de la forme du corps, ainsi que de quelques
autres circonstances que nous ferons bientôt connaître, on
aura pour calculer la résistance R, quand le multiplicateur ou
coefficient k sera connu,

$$R = kp A \frac{V^2}{2g} = kp A \frac{V^2}{2g} \quad \text{ou} \quad R = kp AH;$$

d'où il sera ensuite facile de déduire, comme on l'a indiqué
(350) pour le frottement ordinaire et comme on le verra dans
les applications, la valeur du travail absolu ou relatif détruit
par la résistance et que devrait développer, en sens contraire,
la force motrice pour entretenir l'uniformité du mouvement
du corps dans le fluide. Pour le cas, par exemple, d'un
corps mobile dans un fluide en repos, le travail dont il s'agit
rapporté à l'unité de temps, croîtrait comme le cube de la
vitesse, c'est-à-dire d'une manière extrêmement rapide par
rapport à celui que réclamerait le simple frottement (350),
ou même l'inertie relative au premier ébranlement du corps
(146).

Cas du mouvement relatif uniforme. — Les raisonnements
qui nous ont fait parvenir (380) à la formule précédente, se
rapportent essentiellement au cas d'un corps mû parallèlement à lui-même dans un fluide en repos; lorsque le fluide,
animé d'un mouvement parallèle dans toutes ses parties, vient
à l'inverse choquer un corps en repos, ou lorsque l'un et
l'autre sont animés de mouvements rectilignes parallèles,
les raisonnements dont il s'agit cessent d'avoir lieu, à moins
qu'on n'admette, *à priori*, avec tous les Auteurs, en principe
que les actions et réactions des corps ne dépendent (85 et 163)
que des chemins relatifs et nullement des vitesses absolues
de ces corps. Raisonnant ici, en effet, à peu près comme on
l'a fait (163) dans le cas général du choc direct des solides :
V et V' étant les vitesses constantes et absolues du corps et du
fluide par rapport aux objets fixes, aux rives, par exemple, s'il
s'agit d'un courant d'eau, il suffira de remplacer la vitesse V,
de la formule ci-dessus, par la vitesse relative du corps et du
fluide, c'est-à-dire par la différence V — V' ou V' — V de leurs

vitesses absolues quand ils marchent dans le même sens, ou par la somme $V + V'$ de ces mêmes vitesses quand ils marchent en sens contraire.

Mais, d'après le résultat de quelques-unes des expériences de Dubuat, qui seront rapportées plus loin, il ne paraît pas qu'il soit permis de raisonner pour le cas des fluides ou d'un assemblage de molécules très-mobiles, comme cela paraît incontestablement permis pour les solides, où la propagation du mouvement s'opère (57, 65, 153 et 313), dans un temps souvent inappréciable, et l'on doit provisoirement admettre que le coefficient k peut prendre des valeurs très-différentes, selon qu'il s'agit d'un corps mobile dans un fluide en repos, ou *vice versâ;* la différence ne pouvant porter que sur l'intensité effective de la résistance, et non sur sa loi en raison du carré des vitesses absolues ou relatives.

Cas du mouvement varié. — On se rappellera que ces formules sont uniquement relatives au cas où le mouvement est parvenu à une rigoureuse uniformité, et que lorsqu'il varie à chaque instant, comme cela a lieu, par exemple, dans le cas des projectiles, il devient nécessaire d'avoir égard (380) à la masse du fluide qui accompagne le corps et en augmente l'inertie de manière à accroître la résistance quand le mouvement s'accélère, et à la diminuer quand il vient, au contraire, à se ralentir. Le volume de cette masse ayant, dans chaque cas, avec celui du mobile, un rapport déterminé, indépendant de sa densité et de sa vitesse, il ne s'agira que d'ajouter la valeur M' de cette même masse à celle M du corps, dans la relation qui exprime la loi du mouvement; ou, ce qui revient au même, il ne s'agira que d'augmenter, dans le cas de *l'accélération*, et de diminuer dans celui du *ralentissement*, la valeur

$$R = kp\,AH = kp\,A\,\frac{V^2}{2g}$$ de la résistance uniforme, de la quantité $M'\dfrac{v}{t}$ qui représente (130) la force d'inertie de M', et dans laquelle v exprime l'accroissement ou la diminution subis, pendant l'instant infiniment petit t, par la vitesse V, qui, de son côté, désigne ici, soit la vitesse absolue du fluide ou du corps, soit leur vitesse relative dans le mouvement parallèle.

CAUSES ET CIRCONSTANCES PARTICULIÈRES QUI MODIFIENT L'INTENSITÉ ET LA LOI DE LA RÉSISTANCE DES FLUIDES.

383. *Des effets de la cohésion des fluides.* — Toutes les expériences, connues s'accordent à prouver que, pour des mouvements très-lents, la résistance des fluides décroît moins rapidement que le carré de la vitesse, et que cette déviation de la loi ordinaire devient surtout sensible pour les corps qui présentent une certaine étendue dans le sens du mouvement, réunie à de faibles dimensions transversales. Ces circonstances sont généralement attribuées à l'adhésion des molécules, soit entre elles, soit avec la surface du corps, ou plus spécialement, à la difficulté qu'elles éprouvent à se séparer, les unes des autres, dans leurs mouvements relatifs, et à prendre de nouvelles positions de stabilité (377). Si l'on suppose, en effet, que, pour les liquides tels que l'eau, par exemple, ces forces dépendent très-peu ou point du tout de la vitesse avec laquelle la séparation des molécules s'opère (*), il en sera de même du travail résistant qu'elles font naître pour chaque élément de chemin parcouru ; de sorte que la part de résistance qui leur est due, pourra conserver une valeur très-appréciable encore, dans les mouvements lents, quand celle qui provient des forces vives *directement* imprimées aux molécules liquides sera devenue insensible. Mais peut-être est-il aussi exact de dire que, dans ces mouvements, les forces de cohésion des molécules ont plus de temps pour propager la vitesse de proche en proche, dans l'intérieur du liquide, et pour augmenter ainsi le nombre, la masse totale des molécules entraînées ; ce qui tend également à faire croître la somme des forces vives ou la dépense de travail moteur, un peu plus rapidement que ne l'indique la loi du carré de la vitesse.

Quoi qu'il en soit, pour se former des idées un peu nettes

(*) L'influence de cette vitesse pourrait certainement devenir sensible pour les gaz, dans le cas de changements brusques (224) ; mais, d'après les ingénieuses expériences de MM. Colladon et Sturm, il ne paraît pas qu'il soit nécessaire d'y avoir égard pour l'eau et la plupart des liquides.

sur le rôle joué par les forces de cohésion dont il s'agit, il est nécessaire de distinguer, d'une manière plus précise que nous ne l'avons fait jusqu'à présent, l'action directe et normale du corps sur le milieu, de son action tangentielle ou latérale, qu'on nomme proprement le *frottement des fluides*.

384. *Influence de la cohésion dans l'action directe ou normale.* — Cette action des solides sur les fluides se distingue essentiellement, comme on l'a vu (374 et suivants), de leur action latérale ou tangentielle, en ce que, dans la première, il y a déviation générale, et, dans la seconde, séparation et glissement réciproque des filets. Néanmoins cette déviation ne pouvant avoir lieu sans que les molécules des filets voisins se rapprochent ou s'écartent entre elles, il en résulte que les forces de cohésion se trouvent également mises en jeu dans les deux cas; mais les faits déjà connus tendent à prouver que la part de résistance due à cette cause est très-faible dans le premier, et peut, en général, être négligée. Toutefois, en raisonnant comme on l'a fait au n° 381, et considérant que, pour l'étendue du chemin élémentaire *e*, décrit par le corps, le nombre des molécules directement ébranlées ou déviées est proportionnel au volume Ae de sa course cylindrique dans le milieu, on sera conduit à représenter cette même portion de la résistance, par un terme de la forme aAT, a étant un coefficient numérique à déterminer par expérience, et T ou aT une quantité relative à la dépense de travail que supposent la séparation, le déplacement mutuel des molécules voisines des filets, et qui pourra être constante si les forces qui unissent ces molécules sont, en effet, indépendantes de leurs vitesses de séparation.

Ainsi la résistance totale, due à l'action directe et normale du corps ou à la déviation antérieure des filets, pourrait être représentée par une expression de la forme

$$a\mathrm{AT} + bp\mathrm{A V}^2 = \mathrm{A}(a\mathrm{T} + bp\mathrm{V}^2);$$

dans laquelle b est un nouveau coefficient numérique, analogue au coefficient k (382), et qui dépend essentiellement des forces vives directement communiquées aux molécules du milieu, ou du rapport de leurs vitesses effectives à la vitesse V du corps supposé seul en mouvement.

385. *Influence de la cohésion dans l'action tangentielle ou le frottement des fluides.* — Cette action peut être attribuée à différentes causes, soit qu'on la considère comme le résultat de la rencontre directe et successive des molécules fluides avec les aspérités qui tapissent la surface des corps solides même les mieux polis, soit qu'on suppose ces molécules simplement sollicitées par celles d'entre elles qui remplissent mécaniquement les pores de ces surfaces, ou qui s'y trouvent retenues, extérieurement, en vertu de cette force particulière nommée *adhérence,* et dont l'action ne saurait d'ailleurs se faire sentir qu'à une très-petite distance du corps, comme le démontrent beaucoup de phénomènes. De toutes manières, le nombre des molécules ainsi ébranlées doit, sous une vitesse relative V' donnée, demeurer proportionnel à l'étendue S de la surface sur laquelle le glissement s'opère; et, comme pour un corps de forme également donnée, ou pour des corps de forme semblable, les vitesses V' et les chemins élémentaires $e' = V't$, dépendant de ce glissement, doivent aussi (379) demeurer proportionnels à la vitesse V, et au chemin élémentaire e, du mouvement absolu ou relatif du fluide et du corps, on voit que le nombre des molécules directement ébranlées, par l'action latérale, dans chacun des éléments t du temps, ou pour chacun des chemins e, deviendra, à son tour, proportionnel au produit Se, qui représente un volume aussi bien que le produit Ae relatif à l'action normale.

Ainsi, en partageant, comme on l'a fait (384) pour cette dernière action, le travail relatif à l'action latérale, en deux autres dont l'un, représenté par le produit a'SeT, serait dû aux forces de cohésion qui naissent du déplacement relatif, de la séparation continuelle des molécules, et dont l'autre, représenté par le produit analogue b'S$e p$V², concernerait les forces vives imprimées, détruites ou dissimulées (376 et 377), soit directement dans la région voisine du corps, soit de proche en proche en vertu de la communication latérale du mouvement, en faisant, dis-je, ce partage et raisonnant toujours comme au n° 381, on sera conduit à représenter la résistance latérale par une expression de la forme $a'ST + b'SpV^2 = S(a'T + b'pV^2)$; a', b' et T ayant une signification semblable (384) à celle des coefficients a et b et de la quantité T, sans rien préjuger du reste sur leurs valeurs absolues, qui peuvent changer avec la nature du milieu et la forme du corps, quoiqu'elles soient censées indépendantes (379) de la vitesse uniforme, des dimensions absolues de ce dernier, ainsi que de l'intensité de la pression statique du milieu (377).

386. *Expression générale de la résistance des milieux.* — Pour analyser complétement les diverses causes de résistances qui s'opposent au mouvement des corps dans l'intérieur d'un fluide, il conviendrait encore de prendre en considération le frottement latéral éprouvé, par la masse qui circule autour de ces corps, de la part du fluide ambiant, non soumis directement aux effets de la déviation (378); il faudrait également établir des distinctions entre les frottements relatifs aux faces latérales de ces corps, et ceux qui concernent leurs faces antérieure et postérieure, lesquels dépendent de mouvements bien plus compliqués. Mais, au point de vue physique où nous sommes placés, ces différentes circonstances ne peuvent exercer d'influence que sur l'appréciation de la quantité S, qu'il faudrait, tout au moins, prendre égale à la somme des surfaces antérieure et latérale du corps, etc.

En résumé, la résistance totale provenant tant de l'action directe d'un corps sur un fluide, que du frottement tangentiel, serait, dans nos hypothèses, représentée par la somme

$$A(aT + bpV^2) + S(a'T + b'pV^2) = (aA + a'S)T + p(bA + b'S)V^2,$$

dont la première partie dépend essentiellement de la loi que suit l'intensité des forces de cohésion, et la seconde du rapport des vitesses ou des forces vives communiquées aux molécules fluides.

Ces considérations *à priori*, auxquelles nous sommes loin d'attacher aucune importance théorique, ont au moins l'avantage de faire sentir la nature des difficultés qui se sont offertes aux expérimentateurs pour démêler, dans chaque cas, le rôle des deux espèces de résistances qui viennent de nous occuper, et dont celle qui est relative au frottement a été l'objet de quelques recherches spéciales que nous croyons utile de faire connaître dès à présent, afin de n'avoir plus à y revenir par la suite, puisqu'elle ne peut exercer d'influence appréciable que dans des circonstances tout à fait particulières (383).

387. *Données expérimentales relatives à la loi du frottement des fluides.* — On admet ordinairement, d'après les ingénieuses expériences de Coulomb (*), que ce frottement est entièrement indépendant de la nature particulière de la surface solide, de son degré de poli, de la nature de l'enduit qui la recouvre et de la pression naturelle ou statique du milieu : circonstances d'abord remarquées par Dubuat (*Principes d'hydraulique*, t. I, art. 34 et suivants), lors de ses belles et nombreuses expériences sur les lois de l'écoulement des liquides dans les tuyaux et les canaux de conduite. Quant à l'intensité même de cette résistance, on la suppose, toujours d'après le résultat particulier des expériences de Coulomb, représentée, pour le cas des surfaces planes, par une expression de la forme

$$pS(aV + bV^2);$$

dans laquelle p désigne, comme précédemment, la densité du milieu, S l'étendue de la surface en contact avec lui, V la vitesse du mouvement relatif dans le sens de cette surface, a et b enfin deux coefficients numériques, dont le premier dépend essentiellement des forces d'adhésion des molécules fluides entre elles, et dont le second en serait tout à fait indépendant jusqu'à ce point de conserver la même valeur pour l'eau et l'huile, par exemple, tandis que le coefficient a prendrait au contraire, suivant ces mêmes expériences de Coulomb, des valeurs qui varieraient dans le rapport de 1 à 17.

On explique généralement la présence du terme en V^2, dans l'expression de la résistance, par la considération de l'inertie des molécules fluides entraînées; mais il n'est pas aussi facile de se rendre compte de celle du terme en V, qui provient des forces de cohésion du milieu, à moins d'admettre, avec

---

(*) *Mémoire sur la cohérence des liquides*, t. III (1801) des *Mémoires de l'Institut national*, p. 261.

M. Navier (*), que ces forces sont proportionnelles à la vitesse
du déplacement relatif des molécules, dont l'intensité doit
croître ici, en effet, proportionnellement à la vitesse V, selon
les hypothèses et données expérimentales du n° 379. Quant à
l'explication mise en avant par Coulomb lui-même, dans le
Mémoire déjà cité (art. 11, p. 261 de ce Mémoire), et qui
consiste à dire, suivant les raisonnements empruntés à l'ancienne théorie, que la résistance occasionnée par la cohérence
des molécules doit, si cette cohérence est constante, être
directement proportionnelle au nombre de celles qui se séparent dans un temps donné ou à la vitesse même du corps,
il paraît peu nécessaire de la discuter ici; car aucun principe
de Mécanique n'autorise, ce nous semble, une pareille conséquence, qui pourrait tout aussi bien s'appliquer au glissement réciproque de solides, pour lequel Coulomb admet
cependant (348 et 349) que la résistance due à la cohésion
demeure constante.

Enfin l'indépendance du frottement des fluides de la pression
du milieu, de la nature des surfaces et du degré de leur poli,
se justifie par des considérations physiques analogues à celles
que nous avons exposées aux n°s 377 et 385. Dans le frottement des corps solides, comme on l'a vu (349), la force de
cohésion joue un tout autre rôle, à cause que le déplacement
relatif des molécules est insensible, même pour des molécules
situées à de très-petites distances des surfaces de contact dans
l'intérieur de chaque corps; de sorte que les forces d'élasticité
rapidement variables avec l'état de compression et le changement de forme sont seules mises en jeu, et ne peuvent occasionner que de simples vibrations indépendantes de la vitesse
même du mouvement.

A la vérité, il résulte des considérations exposées au n° 377,
qu'une partie de la force vive développée dans les fluides, par

---

(*) *Mémoire sur les lois du mouvement des fluides*, lu à l'Académie des
Sciences, le 18 mars 1820. Il est facile de s'assurer, en effet, que si les résultats
de la savante analyse de ce géomètre conduisent, dans le cas des canaux et
des tuyaux servant à écouler les liquides, à une expression de la résistance,
proportionnelle à la vitesse moyenne des filets, cela tient uniquement à l'introduction de l'hypothèse dont il s'agit, dans les équations différentielles
mêmes du mouvement.

suite de la communication latérale du mouvement, pourrait être également dissimulée, en raison des oscillations particulières imprimées aux molécules; mais ces oscillations, cette perte de force vive, ne sauraient être considérées comme indépendantes de la vitesse générale, qu'autant qu'elles résulteraient des pertes mêmes de travail, dues à la séparation des molécules, pertes qui deviendraient ainsi, contrairement aux indications fournies par les expériences de Coulomb, la source d'une résistance constante, analogue à celle du frottement des solides, quoique sans rapport nécessaire avec l'intensité de la pression.

388. *Incertitudes relatives à la véritable loi du frottement des fluides.* — Les récentes expériences de MM. Piobert, Morin et Didion (*), les ont généralement conduits à rejeter, de la formule qui exprime la loi de la résistance des fluides, le terme proportionnel à la simple vitesse, pour le remplacer par un autre qui en est absolument indépendant, même dans le cas de l'air atmosphérique, où, néanmoins, il paraît difficile d'admettre l'influence des forces de cohésion ou de toute polarité des molécules (377). Quant aux liquides proprement dits, on serait d'autant moins fondé à repousser ce dernier résultat, *à priori*, que les expériences de Coulomb se rapportent au mouvement circulaire, alternatif et par conséquent variable, de disques et surfaces cylindriques autour de leurs axes naturels; circonstances qui peuvent, comme on le fera bientôt sentir (391), apporter des différences notables dans la nature des mouvements excités à l'intérieur des milieux, et, par suite, dans les lois de la résistance.

Mais il ne faut pas oublier, d'une autre part, une considération très-grave, qui milite en faveur de la loi expérimentale de Coulomb : c'est l'application heureuse qui en a été faite par M. de Prony d'abord, puis ensuite par M. Eytelwein, à l'établissement d'utiles formules qui représentent, avec un degré d'exactitude on ne peut plus satisfaisant, les données de l'expérience, relatives au mouvement des fluides dans les canaux

---

(*) Mémoire, présenté au concours pour le grand prix de mathématiques de l'Institut, *sur la résistance des fluides.*

38

et tuyaux de conduite, dont les parois occasionnent une résistance, un ralentissement de vitesse, dus aux causes mêmes
qui viennent de nous occuper, pour le cas d'un corps isolé et
mobile dans un fluide en repos (*). Ajoutons que, dans des

(*) D'après le résultat particulier des recherches de M. de Prony, on pourrait
prendre indifféremment, pour calculer la résistance de l'eau dans les tuyaux
comme dans les canaux de conduite, à section uniforme, sans coudes sensibles,

$$R = pS(0,0000173\,U + 0,000348\,U^2),$$

p étant le poids du mètre cube du liquide, S sa surface en contact avec les
parois et U une vitesse *moyenne* qui, étant multipliée par l'aire A de la section,
doit reproduire le volume uniformément écoulé par seconde, au travers de cette
section ; de sorte que cette valeur de U diffère ici de la plus grande et de la
plus petite de celles qui répondent aux filets les plus éloignés ou les plus voisins des parois solides.

D'après les recherches postérieures de M. Eytelweïn, on aurait spécialement

$$R = pS(0,0000224\,U + 0,000280\,U^2)$$

pour les tuyaux de conduite, et

$$R = pS(0,0000243\,U + 0,000366\,U^2)$$

pour les canaux rectilignes découverts ; mais, dans le cas de vitesses un peu
fortes, au-dessus de 1 mètre, par exemple, on pourra, sans erreur sensible,
prendre approximativement pour les canaux et les tuyaux de conduite,

$$R = 0,00036\,pSU^2.$$

Quant à l'air ou aux gaz en général, dont les vitesses d'écoulement dans les
tuyaux sont toujours fort grandes et la cohésion ou l'adhérence très-faibles,
on peut négliger entièrement le premier terme de la résistance, et prendre
simplement, d'après le résultat des belles expériences de MM. d'Aubuisson et
Girard,

$$R = 0,00032\,pSU^2.$$

D'ailleurs il est douteux que ces mêmes formules puissent s'appliquer, avec
une suffisante exactitude, au frottement d'un fluide indéfini coulant le long
des parois planes d'un solide entièrement isolé dans ce fluide ; car la nature
des mouvements excités, la marche des filets, l'ordre des vitesses ou ce qu'on
nomme, à proprement parler, le *régime* du fluide, sont aussi très-distincts
dans les deux cas (376). Enfin, il ne parait pas non plus que, dans le mouvement varié du fluide ou du corps, c'est-à-dire avant l'instant où le régime
est parvenu à un état permanent et uniforme, la résistance puisse être représentée, encore moins mesurée par les expressions analytiques dont il s'agit.

Addition à la Note précédente. — De nouvelles expériences ont été faites,
depuis cette époque, sur l'écoulement des fluides :

Darcy a repris en détail la question du mouvement de l'eau dans les conduites ; il a déterminé, à l'aide d'observations faites sur une grande échelle,

expériences particulières, relatives à l'écoulement des liquides
au travers de tuyaux *capillaires* ou d'un très-petit diamètre,
M. Girard a été conduit, d'un autre côté, à représenter la résistance des parois au moyen d'un seul terme proportionnel à
la vitesse simple, tout terme relatif au carré de cette vitesse
ayant disparu, même pour des mouvements que l'on peut
considérer comme rapides. Or, cette circonstance est d'autant
plus remarquable que, suivant l'analyse déjà citée de M. Navier (387), il faudrait l'attribuer essentiellement à l'adhérence
du liquide avec les parois, dont l'influence, pour des tuyaux
d'un aussi petit diamètre, serait ainsi devenue prépondérante
par rapport à celle des forces de cohésion mêmes des molécules de ce liquide.

Ces considérations jointes aux différences spécifiques qui
ressortent de la nature des mouvements excités dans chaque
cas, suffisent pour montrer que la question du frottement dans
les fluides et de l'influence de la cohésion est bien loin d'être
arrivée à une solution satisfaisante, même sous le point de vue
purement expérimental; car, on ne doit pas se le dissimuler,
aucun des résultats des nombreuses expériences entreprises
depuis Newton et Désaguliers, ne peut servir à décider, d'une
manière certaine, si, pour le mouvement rectiligne des corps
dans l'intérieur des milieux, le terme de la résistance qui
provient de cette cause est, ou constant comme on l'avait
d'abord supposé, ou simplement proportionnel à la première
puissance de la vitesse, comme on l'admet généralement d'a-
près les expériences citées de Coulomb, et d'après celles du
pendule, qui se rapportent à des circonstances de mouvement
tout à fait exceptionnelles. Mais, attendu que la difficulté de

---

l'influence de l'état des surfaces et du diamètre (*Recherches expérimentales
relatives au mouvement de l'eau dans les tuyaux*, par H. Darcy; Paris, 1857).

Les travaux de MM. Pecqueur, Bontemps et Zambaux, sur le mouvement des
gaz dans les conduites, ont donné lieu à une Note de Poncelet (*Note sur les
expériences de M. Pecqueur; Comptes rendus de l'Académie des Sciences*,
21 juillet 1845), dans laquelle l'Auteur établit la formule du débit et pose des
conclusions importantes sur l'écoulement des gaz au travers des orifices et des
tuyaux. M. Resal (*Recherches expérimentales sur l'écoulement des vapeurs; Annales des Mines*, 1865), en interpolant les résultats d'expériences exécutées avec
la collaboration de M. Minary, établit une formule pour l'écoulement des vapeurs
saturées à travers les ajutages. (*Voir* la seconde Note de la page 597.) (K.)

38.

découvrir la loi de cette partie de la résistance, pour des fluides tels que l'air et l'eau, tient précisément à sa faible influence, cela diminue beaucoup les regrets que pourrait faire naître l'absence de toute formule rigoureuse.

Quant aux milieux cohérents, aux fluides imparfaits tels que les pâtes, les terres, les bois de diverses espèces, l'expérience, comme nous le verrons en son lieu, a prononcé, d'une manière décisive, en faveur de l'hypothèse qui suppose la part de résistance due à la cohésion des molécules, absolument indépendante de la vitesse du mouvement.

389. *Influence de la compressibilité du milieu et de la variation de sa densité.* — Pour·les liquides proprement dits, qui sont très-peu réductibles de volume sous l'influence de la pression, les changements de densité au voisinage du corps demeurent insensibles; mais il en est autrement des milieux gazeux tels que l'air, par exemple : la densité est plus forte en avant et plus faible en arrière que celle qui correspond à l'état d'équilibre du fluide; circonstances qui, on le sent bien, tiennent à l'augmentation ou à la diminution mêmes de la pression en ces points. Dans l'opinion commune, ce fait expliquerait comment, pour de très-grandes vitesses des projectiles de l'artillerie, la résistance croît d'une manière un peu plus rapide que le carré de la vitesse, ou que ne l'indique la formule $R = kp\,AH = kp\,A\,\dfrac{V^2}{2g}$ (382), dont le deuxième membre devrait être alors augmenté d'une quantité sensiblement proportionnelle au cube de la vitesse, ce qu'on peut également expliquer en supposant que le coefficient k, ou la densité p du fluide, doit se trouver augmenté d'une fraction de l'un ou de l'autre, proportionnelle elle-même à la vitesse V. Toutefois le motif fondé sur le changement de la densité ne justifie qu'imparfaitement cet accroissement relatif de la résistance, puisqu'il suppose implicitement qu'à vitesses égales, le nombre des molécules ébranlées ou déplacées le long de la route suivie par le corps est plus grand pour les gaz que pour les liquides, ce qu'il est bien difficile d'admettre. Peut-être serait-il plus conforme aux données de la physique, d'avoir ici égard au rôle joué par la chaleur (224) dans la compression et la détente

rapides qui s'opèrent au voisinage du corps, ainsi qu'aux effets qui peuvent résulter (380) de la variation même du mouvement des projectiles.

C'est d'ailleurs le lieu de mentionner un phénomène qui, dans l'opinion de beaucoup d'Auteurs, peut se présenter lors de ces mouvements très-rapides : la production d'un vide plus ou moins parfait en arrière du corps; vide qui se trouverait complétement formé dès l'instant où la vitesse du projectile atteindrait ou dépasserait celle avec laquelle le fluide ambiant tendrait à s'y précipiter et s'y précipiterait (*), en effet, sous la seule influence de la pression statique (377), si les filets déviés en avant du corps, et qui ont acquis une vitesse comparable et contraire à la sienne propre, ne venaient combler, en partie, ce vide, au fur et à mesure de sa formation. Cette considération et l'ignorance où nous sommes des véritables lois de l'écoulement des fluides élastiques sous de fortes pressions (**), font sentir combien il serait difficile d'expliquer,

---

(*) On prend ordinairement, d'après une formule contestable, en principe, quand il s'agit de pressions aussi fortes, pour la vitesse de rentrée de l'air dans le vide, une vitesse de 416 mètres environ, par seconde; mais, d'après les curieuses expériences de MM. Barré de Saint-Venant et Wantzel, ingénieurs des Ponts et Chaussées, expériences dont les résultats se trouvent consignés dans un Mémoire imprimé au 27e cahier du *Journal de l'École Polytechnique*, la vitesse dont il s'agit serait bien loin d'atteindre une valeur aussi élevée, et serait au plus de 192 mètres par seconde, pour des orifices dont la petitesse laisserait, à la vérité, soupçonner une très-grande influence exercée par le frottement des parois. Enfin M. Navier, dans la note (*db*), p. 346 du premier volume de l'*Architecture hydraulique de Bélidor*, trouve que la vitesse pour laquelle l'air tend à se détacher de la face postérieure d'un plan mince, est de 265 mètres par seconde, en se fondant sur le résultat un peu incertain des expériences de Dubuat, relatives à la non-pression (378), expériences d'après lesquelles cette vitesse changerait avec la forme du corps, et serait, pour la sphère, par exemple, notablement plus grande que pour les plans minces, 342 mètres environ, suivant les calculs mêmes exposés par Dubuat, dans le n° 567 du tome II de ses *Principes d'Hydraulique*. On voit donc qu'il s'en faut de beaucoup que la question se trouve aussi bien éclaircie qu'on le suppose ordinairement.

(**) Depuis cette époque, les lois du mouvement et de l'écoulement des gaz et des vapeurs ont été étudiées par divers auteurs, conformément aux principes de la théorie mécanique de la chaleur. Consulter à ce sujet les ouvrages cités dans la Note de la page 98, ainsi que les Mémoires de M. Grashof, *Sur le mouvement permanent des gaz dans les conduites et dans les canaux*. (K.)

encore moins de prévoir à l'avance, tous les autres phénomènes qui peuvent accompagner des mouvements aussi rapides.

390. *Influence de la forme des corps sur l'intensité absolue
de la résistance.* — Les règles ou formules exposées dans les
nᵒˢ 381 et 382 ne s'appliquent qu'à la résistance exercée par
les fluides contre un même corps ou des corps semblables;
mais quand les corps diffèrent totalement, soit par la forme,
soit par la manière dont ils reçoivent l'action de ces fluides,
les résistances qu'ils éprouvent, dans des circonstances égales
sous tout autre rapport, ne peuvent nullement se comparer.
Ainsi, bien que pour de tels corps la densité p du fluide, leur
section ou projection transversale A, et leurs vitesses relatives V, par rapport au milieu, soient les mêmes de part et
d'autre, la résistance n'en est pas moins très-distincte, et, jusqu'à présent, l'expérience peut seule faire connaître, avec
une suffisante exactitude, les modifications de valeurs qu'elle
éprouve pour chaque forme particulière du corps.

Néanmoins, à l'égard des plans et surfaces minces non fermées, telles que celles des voiles de navires, des parachutes, etc., la forme du contour ou périmètre paraît exercer
peu d'influence, à circonstances égales d'ailleurs. Ainsi, par
exemple, une palette mince de 1 mètre carré, qui serait mue,
dans l'air ou dans l'eau, avec une vitesse donnée, éprouverait
sensiblement la même résistance si son contour avait la forme
d'un triangle, d'un cercle ou d'un carré. Pareille chose aurait
lieu, à très-peu près encore, d'après Dubuat, pour des prismes
ou cylindres droits mus dans le sens de leurs axes, et qui,
sous des longueurs proportionnelles à la racine carrée des aires
A, de leurs sections transversales, offriraient néanmoins des
formes, des contours différents dans le sens de ces sections.

On juge aisément aussi d'après les notions générales exposées aux nᵒˢ 374 et suivants, que la forme de la partie antérieure
du corps ou de sa *proue*, doit exercer une influence très-grande
selon qu'elle est plus ou moins aiguë, plus ou moins bien
raccordée avec les faces latérales; car, est-il bien nécessaire de
le dire, l'acuité de cette proue favorise, en elle-même, l'écoulement du fluide le long de sa surface; elle diminue les effets

d'une déviation trop brusque, tandis que les arrondissements qui l'unissent aux faces latérales permettent à ce fluide de reprendre progressivement, le long de ces mêmes faces, une direction parallèle à celle de son mouvement primitif, et une vitesse à peu près égale, ce qui tend à détruire les tourbillons et les pertes de force vive. Toutefois, on ne doit pas l'oublier, et l'expérience aussi bien que le raisonnement le démontrent, l'acuité de la proue, son allongement, ont une limite nécessaire, notamment dans le cas où elle se compose de faces planes; car le frottement latéral sur ces faces vient jouer un rôle d'autant plus considérable, que leur étendue dans le sens du mouvement l'est elle-même davantage.

La longueur relative du corps, dans ce même sens, paraît aussi exercer une influence très-appréciable sur la diminution de la résistance totale, et nous avons vu (378) comment cette influence se trouve expliquée d'après le résultat des ingénieuses expériences de Dubuat sur la diminution progressive de la non-pression en arrière du corps, influence en partie contre-balancée encore par celle du frottement. Il n'est donc pas permis de confondre, comme on l'avait généralement fait avant ce célèbre ingénieur, la résistance d'un plan mince avec celle d'un prisme ou d'un cube de même base, bien qu'ils soient placés dans des circonstances semblables sous tout autre rapport.

Enfin l'influence de la forme de l'arrière ou de la *poupe,* quoique moins sensible que pour la proue, n'en existe pas moins, puisqu'elle peut favoriser le dégagement du fluide à l'instant où il quitte le corps, soit en diminuant la vitesse de son affluence dans l'espace continuellement abandonné en arrière, soit plus spécialement en s'opposant à la formation des tourbillons et des remous. Mais ici encore, l'allongement produit par la saillie de la poupe paraît être la condition principale, sinon unique, de la diminution de la résistance, et cette diminution serait peu sensible, par exemple, pour des corps prismatiques offrant déjà, par eux-mêmes, une certaine longueur.

391. *Influence due à la nature particulière du mouvement curviligne.* — Jusqu'à Dubuat, on avait généralement admis

que la résistance éprouvée par les corps doués d'un mouvement circulaire, ou de rotation autour d'un axe fixe, devait, à
circonstances semblables d'ailleurs, être la même que pour les
corps animés d'un mouvement rectiligne parallèle; mais les
motifs exposés par cet Auteur (*) et les expériences spéciales
de M. Thibault (**), que nous ferons bientôt connaître, ne permettent plus de l'admettre. Ces expériences démontrent, en
effet, que dans le mouvement circulaire, la résistance pour un
même corps, demeure à la vérité proportionnelle au carré de
la vitesse, mais que, pour des corps différents, semblables
d'ailleurs et semblablement dirigés, cette résistance, sous une
vitesse donnée, croît un peu plus que proportionnellement à
l'étendue A, de la projection de ces corps sur un plan perpendiculaire, à chaque instant, à la direction du mouvement,
projection qui se confond ici avec la section transversale ou
méridienne de la surface annulaire circonscrite à celle du corps
et qui est l'*enveloppe* de ses diverses positions. L'accroissement de résistance dont il s'agit paraît être d'autant plus rapide d'ailleurs, que le corps se trouve placé à une plus petite
distance de l'axe de rotation, et que ses dimensions, dans le
sens de cette distance ou des rayons des circonférences décrites, sont, au contraire, plus grandes relativement aux dimensions transversales ou parallèles à l'axe en question.

Ce n'est point ici le lieu d'entrer dans des détails sur les
causes qui produisent cet accroissement relatif à la résistance,
dont l'exposition complète appartient à une partie plus avancée
de la Mécanique. Il nous suffit de remarquer que, dans le mouvement dont il s'agit, les différents points du corps ne sont pas
tous animés de la même vitesse circulaire, et doivent donner
lieu aussi à des mouvements et à des résistances partielles qui
croissent rapidement avec leurs distances à l'axe de rotation;
ce qui ne permet pas de prendre, comme on le fait ordinairement, pour vitesse moyenne, dans le calcul des résistances
totales, celle du centre de symétrie de l'aire A, lequel doit
être remplacé par un point situé un peu au delà par rapport

(*) *Principes d'Hydraulique*, t. II, art. 5o1 et 547.

(**) *Recherches expérimentales sur la résistance de l'air;* Brest, p. 6o à 66;
22e et 23e expérience.

à l'axe. Néanmoins cette circonstance ne paraît pas suffire pour rendre compte des accroissements de résistance observés dans chaque cas, et, selon M. Duchemin (373), il faudrait avoir égard particulièrement à l'influence d'une cause beaucoup plus puissante, nommée force *centrifuge,* et inhérente à la tendance qu'ont, en vertu de l'inertie (55), tous les corps soumis à un mouvement circulaire, de s'écarter du centre avec d'autant plus d'énergie, qu'ils s'en trouvent situés à une plus petite distance. L'effet de cette force consiste ainsi, dans le cas présent, à ralentir le mouvement des molécules fluides qui circulent le long du corps, suivant des canaux ou filets dirigés vers l'intérieur ou l'axe de rotation; à accélérer, au contraire, celui des molécules qui marchent dans le sens opposé ou extérieur; enfin à déplacer, à déformer, en général, l'ensemble des filets auxquels Dubuat applique (380) la dénomination de *proue* et *poupe* fluides; modifications qui doivent en entraîner, quant à l'intensité de la résistance, d'autres d'autant plus appréciables que le mouvement du corps diffère davantage du mouvement rectiligne, et qu'il s'acccomplit ainsi dans un plus petit cercle par rapport aux dimensions transversales de ce corps. Mais il nous suffit ici d'admettre l'existence de la force centrifuge comme une donnée de l'expérience, et que l'on sente à peu près la nature de son rôle et de ses effets.

Quant à la résistance des corps soumis à un mouvement oscillatoire analogue à celui d'un pendule, on sent parfaitement qu'elle ne peut nullement se comparer à celle du même corps qui serait animé d'un mouvement continu, soit rectiligne et parallèle, soit simplement circulaire; car, indépendamment de l'influence qui peut être due à la variabilité de la vitesse, il arrive ici, de plus, que les mouvements excités dans le milieu, pendant la durée de l'une quelconque des oscillations, peuvent modifier beaucoup la résistance qui aurait lieu dans l'oscillation contraire, si le corps ne rencontrait qu'une masse fluide naturellement en repos, et céci justifie ce que nous avons dit au n° 388, touchant les incertitudes que laissent encore les expériences de Coulomb, sur la résistance latérale des fluides.

392. *Influence de la proximité des corps par rapport aux* *surfaces qui limitent l'étendue du fluide*.— La masse des filets qui avoisinent latéralement les corps mobiles dans un fluide en repos, coulant (379) comme dans une espèce de canal dont la section transversale offre un rapport déterminé avec celle de ce corps ou de l'étendue de sa projection sur un plan perpendiculaire à la direction du mouvement, on conçoit et l'expérience démontre que, quand le milieu est limité, par exemple, par des parois solides, planes, parallèles à cette direction, elles doivent exercer une influence nécessaire sur l'intensité de la résistance, dans le cas où leur distance au corps est moindre que l'épaisseur du courant latéral formé par les filets, épaisseur qui, d'après les considérations du n° 378 et les indications de l'expérience (*), doit peu surpasser la moitié de la largeur correspondante du corps. L'influence du rétrécissement de ce passage est évidemment de refouler le fluide en avant du corps, vers chacune des parois, et d'y augmenter la pression et la vitesse des filets; or cela ne peut avoir lieu sans une augmentation correspondante de la résistance, et sans que le corps éprouve une tendance à dévier latéralement, ou à s'écarter de ces mêmes parois (**).

Toutefois, nous verrons, dans le Chapitre ci-après relatif aux résultats de l'expérience, que, pour les corps flottant à la face de l'eau, l'influence des parois latérales se fait sentir à une distance beaucoup plus grande, attendu que le fluide ne pouvant s'échapper librement à la surface supérieure du corps et contre sa proue, est contraint de déverser latéralement, et d'augmenter ainsi la masse de la divergence des filets qui s'y meuvent.

Des circonstances analogues ont lieu pour un corps entièrement plongé dans l'eau, et mû parallèlement à sa surface de

---

(*) *Principes d'Hydraulique de Dubuat*, t. II, 3ᵉ Partie, art. 582 et 583. Ce fait se trouve aussi vérifié par les expériences récentes et directes de M. le colonel Duchemin.

(**) Cet effet a été particulièrement signalé pour les projectiles, par M. le chef d'escadron d'Artillerie Piobert, dans un *Mémoire*, présenté en 1836, à l'Académie royale des Sciences, *sur les mouvements rapides dans les milieux limités par des obstacles résistants*. Il résulterait des faits cités par l'Auteur, que l'influence des obstacles se ferait sentir, pour l'air, à des distances de beaucoup supérieures à la moitié du diamètre des projectiles.

niveau, quand il vient à se rapprocher de plus en plus de cette surface; mais ici l'accroissement de la résistance paraît peu sensible; et, si l'on devait adopter les résultats des expériences de Bossut à ce sujet, résultats qui laissent beaucoup de doute, on devrait l'attribuer à ce que l'eau s'élève elle-même ou gonfle de plus en plus en avant du corps, et qu'elle s'abaisse ou se déprime de plus en plus en arrière, de sorte qu'elle pèserait aussi sur le corps, ou le presserait en vertu de son poids, un peu plus en *amont* qu'en *aval*.

393. *Modification particulière subie par la loi de la résistance, dans le cas des corps flottant à la surface d'un liquide.* — Dans ce cas, comme dans le précédent, il se forme également à la surface antérieure du corps un gonflement ou *remou* produit par l'affluence des filets qui ne peuvent s'échapper vers le haut, et, à la partie postérieure, un abaissement de niveau, une *dépression* due à la difficulté que ces filets éprouvent pareillement à remplir le vide en arrière : cette dépression et ce remou, nommés généralement *dénivellation,* donnent naissance à un courant latéral, de l'avant à l'arrière, beaucoup plus rapide que dans le cas des corps entièrement plongés (392), qui se fait principalement sentir à la surface supérieure du liquide, et dont l'intensité, par les motifs déjà exposés (*ibid.*), croît essentiellement avec la largeur transversale même du corps, plutôt qu'avec sa profondeur d'*immersion*.

D'après le résultat des expériences entreprises, en commun, par Bossut, d'Alembert et Condorcet (*), sur la résistance des corps flottants, l'effet de ces dénivellations serait de faire croître la résistance un peu plus rapidement que ne l'indique le produit $p A V^2$, A représentant ici la projection, sur un plan perpendiculaire à la direction du mouvement, de la partie du corps qui est plongée au-dessous du niveau du liquide, dans le cas du repos. L'accroissement de résistance proviendrait principalement de celui que subit la dénivellation ou la différence entre les niveaux en aval et en amont, et par suite duquel la valeur de A devrait être augmentée d'une quantité elle-même proportionnelle au carré de la vitesse. Pour les vitesses mé-

---

(*) *Hydrodynamique de Bossut,* t. II, chap. 15, art. 891.

diocres sous lesquelles Bossut a opéré, l'augmentation de résistance a été peu sensible, et il est d'autant plus permis d'en négliger la considération dans les cas ordinaires, qu'elle pouvait fort bien provenir du mode d'expérimentation mis en usage.

Quant aux vitesses qui surpassent sensiblement 1 à 2 mètres, par seconde, les expériences récemment entreprises en Angleterre, par MM. Macneill (*) et J. Russell (**), sur des bateaux longs dont la forme est représentée en élévation oblique, *Pl. III, fig.* 57, et en plan, *fig.* 58, ces expériences semblent établir, malgré les nombreuses anomalies qu'elles présentent, que la loi de la résistance, d'abord plus rapide que celle du carré de la vitesse, devient ensuite plus lente quand cette vitesse dépasse une certaine limite (3 à 4 mètres), susceptible d'ailleurs de varier avec les circonstances. Suivant M. Russell, cette loi éprouverait même, vers la limite dont il s'agit, un changement brusque, par suite duquel la courbe qui a pour abscisses horizontales les vitesses, et pour ordonnées les efforts ou résistances, au lieu de conserver la forme *parabolique* ABC (*Pl. III, fig.* 59), qui convient à l'expression ordinaire $p\mathrm{AV}^2$, dans laquelle on supposerait A constant, prendrait celle qui est indiquée en AB′C′D′ (même figure). Ces déviations remarquables sont d'ailleurs attribuées à différentes circonstances sur lesquelles nous croyons devoir insister dès à présent et avant d'exposer les résultats particuliers de l'expérience, parce qu'elles se rattachent au point de vue général de la résistance des fluides.

394. *Causes prétendues de la diminution relative de la résistance des bateaux rapides.* — On a généralement attribué cette diminution dont, comme on le verra au Chapitre suivant, on s'est fort exagéré l'importance, à trois causes principales : 1° l'inclinaison sous laquelle s'effectue ordinairement la trac-

_____

(*) *Sur la résistance de l'eau à la marche des bateaux*, 1833, par J. Macneill (*Annales des Ponts et Chaussées*, deuxième semestre, 1834, extrait par M. Minard).

(**) *Recherches expérimentales sur les lois de certains phénomènes hydrodynamiques, etc.*, par John Russell (*Annales des Ponts et Chaussées*, premier semestre, 1838; traduit par MM. Emmery et Mary).

tion des bateaux rapides nommés *bateaux-poste,* et qui tendrait à soulever, à dégager la prouc, en diminuant ainsi l'étendue de la surface de cette proue, directement en prise avec le
liquide; 2° l'action normale même que le liquide exerce de bas
en haut, sur la surface inclinée de cette proue, et dont l'effet
est également de soulever l'avant du bateau, en le forçant à
prendre une inclinaison qui croît avec la vitesse, et sous laquelle il serait sollicité, de plus en plus, à sortir de l'eau, et à
échapper à l'influence de son action directe, toujours proportionnelle à la section transversale maximum A, de la partie
réellement plongée; 3° enfin la position que le bateau tend à
prendre (*Pl. III, fig.* 60, 61 et 62), sous certaines vitesses, par
rapport à une *vague* ou *onde* principale que son mouvement
excite à la surface du liquide, qui occupe toute la largeur du
canal, et dont, suivant M. Russell, la vitesse, indépendante de
celle du bateau ainsi que de cette largeur, serait, très-approximativement, la vitesse due (119) à la moitié de la profondeur
du liquide, mesurée du *sommet* de l'onde.

On conçoit, en effet, que dans ces dernières suppositions,
et selon que le bateau marchera un peu moins vite, un peu
plus vite, ou avec la vitesse même de l'onde, il tendra à se
placer (*Pl. III, fig.* 61) sur la rampe ascendante qu'elle forme à
la surface du canal, ou sur sa rampe descendante (*Pl. III,
fig.* 62), ou sur son sommet même (*Pl. III, fig.* 60), auquel,
d'ailleurs, correspond une véritable position d'instabilité.

Dans le premier cas, celui des petites vitesses, le bateau aura
une tendance à s'immerger dans l'onde, et il offrira d'autant
plus de résistance à toute accélération de mouvement, que la
force motrice sera obligée d'en soutenir ou soulever le poids
entier le long de la rampe. Dans le second, celui où le bateau
marche en avant de l'onde, il tendra naturellement à descendre
le long de la rampe contraire, en vertu de son propre poids;
mais bientôt il excitera en avant de lui, une nouvelle onde qui
lui présentera de nouveaux obstacles à vaincre, tandis que
l'ancienne onde disparaîtra, et ainsi de suite. Enfin, dans le
troisième cas, celui où le bateau se trouve établi sur le sommet de l'onde et se meut avec sa vitesse propre, il s'en trouvera dégagé en avant comme en arrière, ce qui doit produire
une très-grande diminution de résistance relative; mais, comme

cette position se rapporte à un véritable état d'instabilité du corps, cela explique, suivant M. Russell, toutes les anomalies et bizarreries offertes par le résultat particulier de ses expériences, notamment les changements brusques qui s'observent lors des vitesses de 3 à 4 mètres par seconde.

395. *Examen critique de ces causes.* — A l'égard de la première des opinions ci-dessus, relative à l'influence de l'angle du tirage, l'expérience ne permet pas de l'admettre ; car l'inclinaison des traits, de bas en haut, loin de favoriser la marche du bateau, lui est, au contraire, nuisible dans les cas de proues raccordées, en dessous, par un plan incliné, et c'est à tel point que, pour diminuer l'inconvénient attaché au soulèvement dû à cette inclinaison, les bateliers ont soin, généralement, de placer le point d'attache du cordage à l'extrémité supérieure d'un mât plus élevé que les rives, d'où s'effectue le halage ; disposition dont l'influence pour contre-balancer l'action oblique sous la proue, est suffisamment sentie aussi bien que les inconvénients inhérents au soulèvement même de la proue, lequel est toujours accompagné d'un enfoncement équivalent de la partie postérieure, et d'où résulte, non pas une diminution, mais un accroissement de l'aire A, de la plus grande section verticale de la partie réellement plongée.

Dans les bateaux rapides où la proue est terminée (*Pl. III, fig.* 57 et 58) par une arête aiguë presque verticale, raccordée aux flancs par des courbes à inflexion très-adoucies, l'action oblique dont il vient d'être parlé, quoique moins sensible, n'en exerce pas moins une certaine influence que, dans l'état actuel de la navigation rapide sur le canal de l'Ourcq, on a soin de combattre au moyen d'un petit mât, élevé de 0^m,9 à 1 mètre au-dessus des plats bords et servant à maintenir le trait de halage à peu près horizontal, ce qui soulage beaucoup les chevaux tout en diminuant la hauteur du remou antérieur. Bien mieux, il résulte des renseignements qui nous ont été communiqués par M. Morin, qu'un nouveau bateau, de même forme que les anciens, mais dans lequel la répartition des poids porte le centre de gravité un peu plus vers l'avant, de manière à l'abaisser,.est plus facile à maintenir, à conduire, et n'exige pas des vitesses aussi grandes, surtout à la descente. Maintenant, doit-on admettre, avec M. Russell et quelques autres personnes, le soulèvement général, l'*émersion* de ce genre de bateau à de grandes vitesses, et doit-on attribuer à cette circonstance la diminution correspondante de la résistance? On le pensera d'autant moins que cette prétendue émersion n'a été observée que par des méthodes expérimentales indirectes et peu précises (*); qu'elle n'a pu être constatée d'une manière absolue dans les récentes expériences de M. Morin, où souvent le soulèvement, l'émersion et la vitesse semblaient marcher en sens contraire; qu'enfin une pareille cause de diminution de la résistance devrait se faire sentir aussi bien pour les petites que pour les grandes vitesses; ce qui est en contradiction formelle avec les données les plus certaines de l'expérience (392).

Tout ce qu'il est permis d'inférer de l'ensemble des faits déjà connus, c'est que l'angle sous lequel s'exerce la traction des bateaux, la hauteur et la position du point d'attache du câble, la forme, mais surtout l'inclinaison de la surface inférieure de la proue, enfin le mode même du halage, peuvent exercer une influence plus ou moins appréciable, sur leur marche et leur résistance, influence nécessairement variable avec l'intensité de la vitesse ou de l'effort moteur, et qui, réunie à l'instabilité naturelle aux corps flottants, à l'énorme influence que peut ici exercer l'inertie de leur masse et de celle du fluide entraîné quand le mouvement change (380), doit aussi apporter les plus grands obstacles à la rectitude des résultats, surtout dans le cas des bateaux ordinaires à fond plat, terminés par une proue à plan incliné par-dessous.

C'est d'ailleurs, comme l'ont très-bien remarqué MM. Duchemin, Piobert, Morin et Didion, dans leurs Mémoires à l'Institut, à cette même cause qu'il faut attribuer, en majeure partie, les incertitudes offertes par le résultat des expériences de Bossut, sur des bateaux de cette forme, et de celles qui ont été

(*) M. Russell s'est servi de tubes manométriques analogues à ceux dont il a déjà été parlé vers la fin du n° 378, mais qui, au lieu d'être recourbés horizontalement, n'offraient qu'une seule branche verticale implantée sur le fond du bateau; or les expériences de M. Morin prouvent que l'abaissement de l'eau dans les tubes n'a qu'une relation indirecte et fort compliquée avec la vitesse et l'immersion effectives en chaque point.

exécutées déjà anciennement, en Angleterre, sous la direction du colonel Beaufoy, sur la résistance de différents corps maintenus à une certaine hauteur au-dessous du niveau de l'eau, par le moyen de tiges verticales fixées à un bateau flottant, à proue inclinée par-dessous (*).

La formation, à certaines vitesses, de l'onde principale ou *solitaire*, comme l'appelle M. Russell, et son influence sur le phénomène de la résistance des corps flottants, notamment l'avantage qu'elle offre d'augmenter la section d'eau et de faciliter la navigation dans des canaux peu profonds et étroits (392), ne peuvent être l'objet d'aucun doute ; un grand nombre d'observateurs en ont constaté l'existence sur les bateaux rapides en Angleterre et en France ; mais nous ne pensons pas qu'il y ait lieu d'admettre toutes les propositions et les conséquences que cet ingénieur s'est cru autorisé à établir dans son intéressant Mémoire, et l'on nous permettra d'émettre, dans le numéro suivant, les idées qui nous ont été suggérées par la vue des phénomènes, et par le résultat d'observations que nous avons eu occasion de faire, en 1828 et 1829, sur la production des *rides* ou *ondes permanentes*, à la surface des liquides en repos ou en mouvement (**).

396. *Des rides ou ondes excitées à la surface libre des liquides, par les corps qui y sont en partie plongés.* — Lorsqu'on approche de la surface supérieure d'un courant d'eau réglé, uniforme, ou qu'on promène, avec une vitesse constante, à la surface d'un liquide en repos, l'extrémité inférieure d'une tige déliée, maintenue dans une position verticale, il se forme aussitôt, à cette surface, une série de *rides* saillantes ou d'ondulations permanentes, dont la forme et la disposition, par rapport à la position A, de la tige et à la direction BA, du mouvement, sont représentées dans les *fig.* 63 et 65, *Pl. III*, en projection horizontale, et dans la *fig.* 64, en profil suivant une direction parallèle à celle de ce mouvement. Les apparences du phénomène restent les mêmes quand c'est la tige qui se meut

---

(*) *Nautical and hydraulic experiments*, t. Ier, in-4° de 688 pages, publié à Londres en 1834, par les soins et aux frais de M. Henri Beaufoy, fils de l'Auteur.

(**) *Annales de Chimie et de Physique*, 2e série, t. XLVI, p. 5 (1830).

ou la masse liquide, dont les dimensions absolues paraissent
d'ailleurs exercer peu d'influence. La *fig.* 65 est spécialement
relative au cas d'une vitesse de 0ᵐ,30 environ par seconde, et
la *fig.* 64 à celle de 2 à 3 mètres. Lorsque le mouvement devient de plus en plus rapide, les rides se multiplient et se
resserrent sans cesse jusqu'au point de se superposer en une
seule, dirigée dans le sens du mouvement, ce qui nous a semblé
avoir lieu pour des vitesses indépendantes des dimensions de
la masse liquide, et que, dans nos premières expériences, nous
avions estimées de 5 à 6 mètres environ par seconde; chiffre
qui nous paraît trop élevé, et qu'il serait plus exact, sans doute,
de réduire à celui de 4 à 5 mètres, tout au plus.

Le nombre, l'espacement des rides, leur forme et leur
orientation par rapport à la direction du mouvement, étant
ainsi susceptibles de varier avec l'intensité et la direction
mêmes de la vitesse, peuvent servir à étudier, *à priori*, le régime d'un courant, en chacun des points de sa surface, sans
y apporter un trouble sensible. Quoiqu'elles naissent ou disparaissent, pour ainsi dire instantanément, quand la tige atteint
ou quitte la surface supérieure du liquide, les rides ne s'en
maintiennent pas moins sous une forme immuable tant que
l'état du mouvement ne change pas, et pourvu seulement
qu'une portion quelconque de la tige demeure en contact avec
la surface dont il s'agit; car elles disparaissent également dès
qu'elle se trouve entièrement plongée dans le liquide : c'est
donc un phénomène excité à la couche de séparation de l'eau
et de l'air. Du reste, plusieurs systèmes différents de ces rides
peuvent se croiser et s'entrecouper sans se nuire réciproque
ment, précisément comme les ondes mobiles et circulaires
provoquées à la surface d'un bassin en repos, par un ébranlement quelconque (*). Seulement ici les rides ne se réfléchis-
sent point à leurs intersections avec les parois du bassin ou

(*) On sait qu'indépendamment de ces ondes à mouvement lent et uniforme, il s'en produit d'autres aux premiers instants de l'ébranlement, qui
cheminent avec une vitesse uniformément accélérée (108 et 109) : celles-ci nous
paraissent appartenir à la classe des rides que nous avons observées, et c'est
probablement à leur présence qu'est due l'agitation des eaux, mentionnée dans
le Mémoire de M. Russell, comme servant de signe précurseur à l'arrivée des
bateaux, etc.

canal qui renferme le liquide; elles s'y trouvent interrompues brusquement, et y donnent lieu à une série de proéminences et de creux, qui semblent se mouvoir avec la vitesse propre de la tige, ou qui sont immobiles en même temps qu'elle.

Ces phénomènes se reproduisent également pour les corps d'une grande dimension, tels que les bateaux mus à la surface de l'eau, sauf que les rides sont plus saillantes, plus larges et manifestent leur présence par une agitation, un *clapotage*, souvent nuisibles, sur les rives, et dont les effets sont très-bien représentés par la *fig.* 66, *Pl. III*, que nous empruntons au Mémoire cité de M. Russell. On voit ici les ondes se recourber, s'infléchir à peu près perpendiculairement à la direction des bords du canal; mais cela paraît tenir uniquement à la faible vitesse et à la faible profondeur du courant le long de ces bords; car on peut aisément vérifier le fait par soi-même, en promenant, verticalement et uniformément, un fétu de paille long et flexible, à la surface d'une flaque d'eau large, assez profonde et dont le lit présente une pente fortement adoucie vers les rives.

397. *Examen particulier du phénomène de l'onde solitaire qui accompagne la marche des bateaux rapides.* — L'expérience démontre que, pour les bateaux, de même que pour les tiges déliées, les longues branches des premières rides venant à se resserrer de plus en plus, suivant leur axe de symétrie, à mesure que la vitesse augmente, finissent par se confondre d'une manière sensible, et cessent de rencontrer les rives et d'y produire le clapotage dont il a été parlé; mais bientôt aussi, comme l'a observé M. Russell, à la multitude de ces rides ou ondes secondaires, succède l'onde calme, allongée et solitaire (394), dont jusqu'alors elles masquaient, dissimulaient la forme, et qui, tout en accompagnant le bateau, tend, ainsi qu'on l'a vu, à en modifier considérablement l'allure et la résistance. Les observations que nous avons eu l'occasion de faire en 1838, sur la marche d'un *bateau-poste*, soumis à l'expérience par M. Morin, dans l'une des branches du canal de Saint-Denis, nous ont, de plus, démontré que la vitesse sous laquelle les ondes clapoteuses disparaissaient, était précisément celle pour laquelle il en arrivait ainsi à l'égard des petites

rides excitées, par la présence d'une tige déliée, à la surface
supérieure du liquide, non loin du bateau.

Quand on vient à suspendre ou à ralentir brusquement la
marche du bateau, l'onde solitaire continue à se mouvoir avec
une vitesse qui, d'après les observations de M. Russell, serait, à
très-peu près, celle que nous avons mentionnée plus haut (394),
et dont la loi, en raison de la profondeur, s'écarte peu de celle
qui a été assignée, depuis longtemps, par les géomètres, aux
ondes ordinaires. Mais, outre que ce fait est en désaccord avec
le résultat des expériences en petit, déjà mentionnées (396),
et dans lesquelles on a vu les rides ou ondes prendre la vitesse
propre de la tige qui leur donne naissance à chaque instant,
quelles que soient d'ailleurs, et la profondeur et les dimensions transversales de la masse liquide, il se trouve encore en
opposition formelle avec les résultats de nombreuses et récentes expériences faites, en grand, par M. Morin, tant à Metz
qu'à Paris, sur le mouvement des bateaux rapides de différentes
formes. Ces résultats, consignés dans l'un des Mémoires adressés à l'Académie des Sciences, pour le concours au prix de
Mathématiques, semblent établir, de la manière la plus positive, que la vitesse de la grande onde, même après l'instant où
la marche du bateau a été suspendue, est précisément celle
que ce dernier possédait primitivement, et qui a donné lieu à
la formation de cette onde. Seulement la vitesse du bateau
influerait sur la position qu'il prend par rapport au sommet de
l'onde, en telle sorte qu'il se trouverait, relativement, en arrière pour les faibles vitesses, en avant pour les grandes, et
sur son sommet quand le temps nécessaire à la formation com.
plète de l'onde, sous chaque vitesse, devient égal à la moitié
de celui que le bateau met à parcourir sa longueur totale.

On peut bien accorder qu'à l'inverse de ce qui a lieu pour
les simples rides, dont le mouvement est essentiellement lié
à celui du bateau et en subit à peu près toutes les variations,
l'onde solitaire tende, en raison de l'inertie et de la grandeur
de sa masse, à persévérer d'autant plus dans sa forme et son
régime actuels, que la vitesse du bateau est plus approchante
de celle qui correspond à la moitié de la profondeur du liquide
dans le canal; mais il est, je le répète, impossible d'admettre
avec M. Russell, qu'elle ne se forme et ne se maintienne que

sous cette vitesse; et, jusqu'à ce que de nouvelles expériences aient prononcé d'une manière plus décisive encore, il ne sera pas permis d'adopter, sans une prudente réserve, toutes les conséquences que cet habile ingénieur s'est cru autorisé à tirer de sa loi expérimentale, dans la Section IX de son Mémoire, pour l'établissement de la navigation sur bateaux rapides.

398. *Observations diverses sur les phénomènes qui accompagnent le mouvement des bateaux isolés ou marchant en convoi.* — Dans ce qui précède, nous n'avons point insisté sur les mouvements singuliers qui se produisent à l'arrière des bateaux rapides, par suite de la rencontre, en sens contraire, des courants latéraux avec celui du sillage; ni sur la dépression extraordinaire observée lors des grandes vitesses, et par suite de laquelle le lit du canal a souvent été mis à découvert; ni sur les vagues aiguës et écumantes qui accompagnent alors la marche du bateau, en menaçant de l'engloutir aussitôt qu'il s'arrête, etc.; tous ces phénomènes, bien qu'intéressants en eux-mêmes et étroitement liés à celui de la résistance du fluide, n'en sont néanmoins que les effets, la conséquence nécessaires, et l'on en prendra une connaissance suffisante en consultant les *fig.* 60, 61 et 66, *Pl. III*, empruntées au Mémoire de M. J. Russell.

Seulement, à l'égard du mouvement de transport des rides et des diverses ondes, nous croyons devoir faire remarquer, en faveur de quelques-uns de nos lecteurs, que ce transport n'est qu'apparent, une pure illusion, analogue à celle qui est produite par les ondulations d'une longue chaîne ou corde très-flexible, ébranlée vivement et transversalement à l'une de ses extrémités, ou à celle que présente la surface d'un champ de blé dont les épis sont périodiquement agités, balancés par le vent; c'est-à-dire qu'il réside ici, essentiellement, dans une oscillation simple, accomplie par les molécules de la surface de l'eau, suivant des directions sensiblement verticales, et qui, pour la grande onde des bateaux rapides, ne se produit qu'une seule fois, dans chaque section transversale du canal, et disparaît sans retour.

D'un autre côté, tous les faits précédents exposés, concernent spécialement le cas d'un corps soumis isolément à l'action d'un milieu; mais les phénomènes de mouvement et d'intensité de la résistance éprouvent des modifications notables, par suite de la présence de plusieurs corps. Quand, par exemple, des bateaux naviguent en *convoi*, l'expérience apprend qu'il y a de l'avantage à les placer à la file les uns des autres, les plus gros en avant, parce que les derniers cheminant dans la route de sillage, dans le courant postérieur, déterminé par le premier, éprouvent nécessairement une moindre résistance relative que celui-ci ou que s'ils étaient isolés; mais, comme le remarque fort bien Dubuat (*Principes d'Hydraulique*, t. II, n° 585), il peut arriver, quand le canal est étroit et peu profond, que les derniers bateaux manquent d'eau, tandis que les bermes en amont, seraient inondées à cause du remou et de l'obstacle que le frottement, sur une aussi grande longueur, apporterait au prompt écoulement de l'eau, de l'avant vers l'arrière. Il est d'ailleurs à regretter que l'expérience n'ait point encore appris la loi de la diminution de la résistance dans des cas pareils.

399. *Influence de la proximité et de la disposition des corps sur l'intensité de leur résistance.* — Dubuat avait supposé que quand deux ou un plus grand nombre de surfaces minces telles que celles des voiles de navire, se trouvaient situées dans un même plan, avec de légers intervalles entre elles, la résistance de l'ensemble devait en être sensiblement augmentée, à cause de la difficulté que le fluide, supposé indéfini, éprouvait à s'échapper par les bords de chaque surface; mais les expériences de M. Thibault, déjà citées au n° 391, n'ont point confirmé positivement cet aperçu : la résistance semblait diminuer constamment avec l'intervalle des surfaces, formées ici de rectangles de mêmes hauteurs, et dont les bases inégales étaient rangées sur une même droite. Il n'en paraît pas moins naturel de penser qu'un plan unique, percé de diverses ouvertures, doit éprouver une diminution de pression, proportionnellement moindre que l'étendue des vides qui s'y trouvent pratiqués.

Lorsque deux surfaces ou corps quelconques égaux, se trouvent placés, l'un derrière l'autre, dans la direction de leur mouvement commun ou de celle du fluide, la résistance totale en est certainement amoindrie, mais pas autant qu'on pourrait le supposer au premier aperçu. Les expériences de M. Thibault (Ouvrage cité, p. 66 et 71), prouvent que, pour deux carrés minces, égaux, en carton, placés à une distance égale à leurs côtés parallèles et de manière à se recouvrir, à s'abriter exactement, la résistance directe ou perpendiculaire est environ 1,7 fois celle d'un seul plan isolé. Cette proportion allait constamment en augmentant, à mesure que la surface postérieure, placée toujours parallèlement, à la même distance de la première, mais latéralement à l'axe du mouvement, offrait des portions de plus en plus fortes de sa surface, démasquées par rapport à celle de l'autre; mais, chose remarquable, la résistance éprouvait un premier maximum représenté par le nombre 1,95, quand le plan postérieur se trouvait découvert de 0,4 environ de sa surface, après quoi elle diminuait à mesure que cette fraction augmentait, jusqu'à se réduire au chiffre 1,84, quand elle devenait 0,9 : terme passé lequel la somme des résistances allait de nouveau en croissant, pour atteindre le chiffre représentatif 2,00, correspondant au cas de l'isolement complet des deux plans.

On sent toute l'importance de pareils résultats, pour les questions qui se rattachent à la voiture des vaisseaux ou des ailes de moulins à vent, et c'est par des motifs semblables que nous appellerons l'attention du lecteur sur la diminution de résistance qu'éprouvent, de la part de l'air, les voitures ou *wagons* qui marchent en convoi, sur les chemins de fer, à des distances fort rapprochées entre elles. D'après le résultat d'expériences entreprises en Angleterre, par M. de Pambour (*), cette diminution, sauf pour la voiture placée en tête de toutes les autres, serait moyennement équivalente aux $\frac{4}{7}$ de la résistance qui aurait lieu sur la section transversale de chacune d'elles, considérée comme un plan mince entièrement isolé. Mais ces expériences, dans lesquelles on a beaucoup exagéré l'influence de la résistance de l'air, aux dépens de celles des frottements ordinaires, n'offrent point une appréciation exempte de toute chance d'incertitude, et, en réduisant convenablement la part qui doit être attribuée à cette influence, le rapport de

---

(*) *Comptes rendus des séances de l'Académie des Sciences*, t. IX, p. 212 (1839).

la résistance des wagons postérieurs au wagon de la tête, a été trouvé beaucoup plus grand, conformément au résultat ci-dessus des expériences de M. Thibault.

RÉSULTATS DE L'EXPÉRIENCE CONCERNANT LA RÉSISTANCE DE L'AIR ET DE L'EAU.

Les considérations générales, exposées dans ce qui précède, nous ont appris à distinguer le cas où le mouvement du corps est uniforme de celui où il est varié, celui où il est circulaire du cas où il est simplement rectiligne et parallèle; enfin elles avertissent que la résistance des corps est, à vitesses et à pro-jections d'aires égales A, sur un plan perpendiculaire à la di-rection du mouvement, susceptible de varier avec la longueur, la forme de ces corps, et suivant qu'ils sont entièrement plongés ou simplement flottants à la surface des liquides, etc.

Ces circonstances nous obligent à subdiviser, en de nom-breux paragraphes, les données fournies par le résultat des expériences connues; mais on verra que, malgré les efforts de beaucoup d'observateurs habiles, ces données, par les contra-dictions et les divergences qu'elles offrent, sont encore loin de présenter un ensemble satisfaisant, même sous le point de vue des applications pratiques. Peut-être est-il peu nécessaire d'ailleurs de faire observer que les résistances dont il s'agit ne comprennent nullement la perte de poids que les corps éprouvent toujours (41) de la part des milieux dans lesquels ils sont plongés, et qui provient, comme on l'a vu (41, Note), de ce que le corps est poussé, de bas en haut, par une force totale égale au poids du volume de fluide qu'il déplace à l'état de repos. Nous verrons bientôt comment cette force influe pour modifier le mouvement dans le sens vertical; mais, pour le moment, il est inutile de s'en occuper, attendu que les divers expérimentateurs y ont eu égard dans les calculs, pour en ramener, quand cela était nécessaire, les résultats à ceux qui, par exemple, concernent le mouvement horizontal où la force dont il s'agit ne peut modifier sensiblement la résis-tance. Généralement aussi, on devra supposer, à moins d'un avertissement contraire, que cette résistance se rapporte à un mouvement parfaitement uniforme.

Plans minces mus circulairement, volants et roues à ailettes.

Nous commençons par exposer le résultat des expériences relatives au mouvement circulaire, parce qu'il a été le mieux étudié, et qu'il fournit des indications précieuses pour combler les lacunes que laissent encore les expériences relatives au mouvement rectiligne et parallèle.

400. *Résistance directe des plans mus circulairement dans un fluide en repos.* — D'après les anciennes expériences de Borda (*), qui a opéré sur des plans mobiles autour d'un axe vertical situé à une distance de $1^m,20$ environ du centre de ces surfaces, et dont la vitesse uniforme, dans l'air, n'a pas excédé 3 à 4 mètres par seconde, la résistance pourrait être sensiblement représentée par la formule $R = kp A \dfrac{V^2}{2g} = kp AH$ (382); mais le coefficient k serait susceptible de varier avec l'étendue de la surface A, supposée dirigée perpendiculairement au sens du mouvement ou suivant l'axe de rotation, et l'on aurait pour

$$A = 0,012 \text{ environ} \ldots \ldots \quad k = 1,39$$
$$A = 0,026 \ldots \ldots \ldots \quad k = 1,49$$
$$A = 0,059 \ldots \ldots \ldots \quad k = 1,64$$

(où A est en mq)

Ces résultats présentent quelques incertitudes, parce qu'on n'y a pas tenu compte, d'une manière exacte, des changements de densité de l'air à chaque expérience, non plus que des résistances ou frottements inhérents à la nature de l'appareil, et qui croissaient nécessairement avec l'intensité des efforts et des vitesses auxquels il était soumis dans chaque cas.

Dans d'autres expériences, faites au moyen d'un appareil à rotation et à contre-poids, imaginé par Robins et dont le volant avait, à peu près, $1^m,36$ de rayon, Hutton a trouvé (**), pour

$$A = 0,011 \text{ environ} \ldots \ldots \quad k = 1,24$$
$$A = 0,021 \ldots \ldots \ldots \quad k = 1,43$$

(où A est en mq)

(*) *Mémoires de l'Académie des Sciences* de 1763.

(**) *Nouvelles expériences d'Artillerie*, traduction de O. Terquem, p. 117 et suivantes

nombres un peu plus faibles que leurs correspondants ci-dessus, parce que, dans la méthode expérimentale de Robins, on défalque, en l'exagérant un peu, l'influence des résistances étrangères.

Ce sont ces résultats particuliers, concernant le mouvement circulaire, et quelques autres dont il sera bientôt parlé, qui avaient fait supposer généralement que la résistance des surfaces planes croissait, même dans le mouvement rectiligne, en plus grand rapport que leur étendue; principe qui n'offre en soi rien d'absurde, puisque des plans ou palettes minces ne sont pas des corps semblables, mais que les expériences positives de M. Thibault ne permettent plus d'admettre dans sa généralité.

Suivant ces expériences (*), faites sur des carrés en carton mince, placés à l'extrémité d'un volant de $1^m,37$ de rayon, les vitesses étant comprises entre $0^m,5$ et 11 mètres par seconde, on aurait moyennement pour

$$A = 0,\overset{mq}{026}\ldots\ldots\ldots\ldots k = 1,525$$
$$A = 0,103\ldots\ldots\ldots\ldots k = 1,784$$

La résistance, pour une même surface plane, croissait un peu plus rapidement que le carré de la vitesse, comme Hutton l'avait aussi remarqué dans ses expériences; mais cet accroissement était tout à fait négligeable pour des vitesses au-dessous de 8 mètres par seconde. L'Auteur ayant d'ailleurs tenu un compte suffisamment exact de la densité de l'air et des résistances particulières de la machine, on ne peut mettre en doute l'accroissement progressif de la résistance avec l'étendue des surfaces, qui a été nié par quelques personnes, même pour le cas du mouvement circulaire. Néanmoins il est difficile de s'expliquer pourquoi les valeurs de k, obtenues par M. Thibault, sont comparativement aussi grandes, par rapport à celles de Hutton et même de Borda.

401. *Données particulières relatives à l'influence du mouvement circulaire.* — Pour mettre cette influence dans tout son

---

(*) *Recherches expérimentales sur la résistance de l'air*, p. 11, 62, 128 et suivantes.

jour, M. Thibault a fait mouvoir, dans des circonstances identiques et sous l'action d'un même contre-poids, trois plans en
carton mince, de $0^{mq},10304$ de surface chacun : le premier
était un carré, et les deux autres des rectangles égaux, mais
dont le long côté, double de l'autre, fut alternativement dirigé
dans le sens du rayon du volant et dans le sens perpendiculaire, de manière que les centres se trouvassent, pour les trois
cas, situés à la même distance, $1^m,37$, de l'axe de rotation. Il
a ainsi obtenu : pour

Le carré . . . . : . . . . $k = 1,784$

Le rectangle dans le sens du rayon . . . . $k = 1,900$

Le rectangle dans le sens perpendiculaire. . $k = 1,677$

Hutton, auquel on doit des expériences analogues (p. 118
et 119 de l'Ouvrage cité), sur l'influence de la position d'un
rectangle dont la base était également double de la hauteur,
n'a point remarqué cette influence; mais, comme il a opéré à
des jours différents sans tenir compte, dans les calculs, des
circonstances atmosphériques, on ne saurait accorder le même
degré de confiance à ses résultats, contre lesquels s'élève
d'ailleurs la singulière coïncidence même d'une durée de
1 seconde, observée dans les deux cas, pour une révolution
entière du volant.

Enfin M. Thibault ayant fait mouvoir, sous un même contre-
poids, trois carrés minces de $0^m,323$, $0^m,227$ et $0^m,161$ de
côté, aux distances respectives de l'axe : $1^m,370$, $0^m,966$ et
$0^m,685$, proportionnelles à ces côtés, les résistances, sous une
même vitesse, ont été trouvées sensiblement égales entre
elles; résultat d'où il est permis d'inférer, conformément à
l'opinion de Dubuat, que, si le mouvement circulaire n'est
pas propre à faire connaître la grandeur absolue de la résistance des surfaces, il peut, du moins, servir à en donner les
valeurs comparatives, quand étant semblables et semblablement
dirigées, ces surfaces sont, en outre, placées à des distances
de l'axe de rotation, proportionnelles à leurs côtés ou dimensions homologues, circonstances pour lesquelles les valeurs
de k deviendraient ainsi, à peu près, indépendantes de l'aire A,
de ces surfaces.

Si ce principe devait être admis dans sa généralité ou pour des surfaces situées à des distances quelconques de l'axe de rotation, on en conclurait que, A' étant l'aire d'un plan mince choquant perpendiculairement la masse fluide, à une distance l' de l'axe de rotation, sa résistance, sous une vitesse donnée et pour l'unité de surface, ou la valeur du coefficient k' à lui appliquer, serait la même que celle d'un autre plan mince, semblable et semblablement placé, ayant pour aire $A = A' \dfrac{l^2}{l'^2}$, et dont le centre serait situé à la distance l, de ce même axe; ce qui permettrait de calculer le coefficient k', au moyen des valeurs de k rapportées ci-dessus, si l'on prenait pour l les longueurs relatives à chaque expérience (*).

Les divers résultats qui précèdent ne concernent d'ailleurs que la résistance de l'air, mais l'ensemble des faits d'expériences connues montre qu'ils peuvent être appliqués, sans erreur sensible, à la résistance de l'eau, à cela près de la densité p (381), qui prend une tout autre valeur.

402. *Résistance oblique des plans minces mus circulairement dans l'air et dans l'eau.* — Quand un plan MN (*Pl. III, fig.* 67) fait continuellement, avec la direction AB de son mouvement circulaire, l'angle aigu BAN, la résistance, estimée ou mesurée toujours dans le sens AB, de ce mouvement, c'est-à-dire perpendiculairement à l'extrémité du bras du volant qui imprime la vitesse circulaire au plan, cette résistance diminue d'autant

---

(*) D'après M. le colonel Duchemin, on aurait généralement pour comparer la résistance directe R', relative au mouvement circulaire d'un plan mince de surface A, dont le centre est à la distance l, de l'axe, à celle R, du même plan, mû avec la même vitesse dans une direction rectiligne également perpendiculaire à sa surface, la formule empirique

$$R' = R\left(1 + \frac{1,6244\sqrt{A}}{k(l-s)}\right) \quad \text{ou} \quad k' = k\left(1 + \frac{1,6244\sqrt{A}}{k(l-s)}\right),$$

dans laquelle k représente la valeur $1,254$, que M. Duchemin attribue (407) au coefficient relatif à cette dernière résistance, k' celui qu'on veut calculer, et s la distance du centre de gravité de la surface A, à celui de la moitié de cette surface, située du côté de l'axe de rotation. Il est facile d'apercevoir que cette formule, déduite, par l'Auteur, de considérations relatives à l'influence de la force centrifuge (391), satisfait aux indications fournies par l'expérience.

plus que l'angle BAN est plus petit, ou que la projection CD, de la surface résistante, sur un plan perpendiculaire à AB, devient elle-même moindre; mais elle ne diminue pas dans le rapport exact de CD à MN, ou du *cosinus* (314, p, 392) de l'angle formé par ces lignes, dont la valeur est, comme on sait, égale au *sinus* du complément BAN, de cet angle à 90 degrés, c'est-à-dire au sinus de *l'angle d'incidence* du fluide sur le plan.

Lorsque le mouvement est purement rectiligne et parallèle, la résistance ne dépend évidemment, en aucune manière, de la position que peut prendre le plan MN, en formant, tout autour de la droite AB, des angles égaux à MAN; mais il paraît, d'après les expériences de M. Thibault, qu'il n'en est point ainsi dans le cas d'un mouvement circulaire, et que, notamment, cette résistance, quand le plan MN est dirigé suivant le rayon du volant passant par son centre de figure, est très-différente de celle qui a lieu quand ce plan renferme la parallèle à l'axe de rotation, menée également par ce centre, auquel cas il est nécessaire encore de distinguer la double manière dont le plan peut recevoir l'action de l'air ambiant, selon que sa face antérieure se trouve tournée en *dedans*, vers l'axe, ou en *dehors*, dans le sens opposé à cet axe. Les considérations générales du n° 391, quoique très-imparfaites, peuvent servir à faire sentir, jusqu'à un certain point, l'influence de ces positions respectives sur l'intensité de la résistance, et l'on sent très-bien aussi que les positions symétriques que peut occuper, dans le premier cas, le plan MN, par rapport à l'axe du volant, ne sauraient, en aucune manière, modifier cette même intensité.

Vince (*) et Hutton (**) qui, de leur côté, avaient exécuté, dès 1778 et 1788, des expériences sur les résistances obliques de l'eau et de l'air, au moyen de volants à axes verticaux, n'avaient pas songé à établir ces distinctions, et s'étaient bornés à considérer le cas où l'ailette est dans le prolongement du bras ou rayon du volant. On trouvera les résultats de ces nombreuses expériences, rapportés dans le tableau suivant, aussi bien que ceux obtenus par M. Thibault, dans les trois

---

(*) *Transactions philosophiques de la Société royale de Londres;* 1778.

(**) *Nouvelles expériences d'Artillerie,* p. 117 et suivantes.

cas distincts qui viennent d'être mentionnés, et dont le dernier est indiqué sous le nom de résistance *latérale*, les deux autres l'étant respectivement sous ceux de résistance *extérieure* et *intérieure*.

ANGLE d'inci-dence DANS du plan.	VALEURS DES RÉSISTANCES OBLIQUES CALCULÉES DANS LE SENS DU MOUVEMENT, la résistance directe ou perpendiculaire étant prise pour unité.					
	RÉSISTANCE d'une palette dirigée suivant le rayon, d'après			RÉSISTANCE d'une palette parallèle à l'axe, et frappant l'air		RÉSISTANCE moyenne de 2 palettes dirigées intérieurement et extérieurement.
	Vince.	Hutton.	Thibault.	extérieurem[t].	intérieurem[t].	
90	1,000	1,000	1,0000	1,0000	1,0000	1,0000
85	.....	0,998	0,9900	1,0426	0,9483	0,9875
80	0,964	0,989	0,9851	1,1068	0,8925	0,9973
75	.....	0,977	0,9793	1,1632	0,8332	0,9957
70	0,916	0,956	0,9458	1,1879	0,7777	0,9836
65	.....	0,925	0,8943	1,1934	0,7188	0,9530
60	0,828	0,886	0,8305	1,1989	0,6436	0,9222
55	.....	0,833	0,7950	1,2293	0,5715	0,8860
50	0,669	0,768	0,7711	1,0974	0,5058	0,7767
45	.....	0,682	0,6818	0,9384	0,4311	0,6557
40	0,506	0,579	0,5879	0,7653	0,3604	0,5290
35	.....	0,461	0,4921	0,5829	0,2863	0,4063
30	0,331	0,347	0,3823	0,4245	0,2345	0,2820
25	.....	0,241	0,2697	0,2787	0,1892	0,2227
20	0,157	0,156	0,1816	0,1633	0,1553	0,1664
15	.....	0,091	0,1096	0,0804	0,1030	0,1101
10	0,048	0,046	0,0574	0,0311	0,0662	0,0618
5	.....	0,018	......	0,0267	0,0431	0,0406

403. *Observations sur les données de ce tableau et les lois de la résistance oblique.* — Les nombres des premières colonnes relatives à la résistance latérale, sont suffisamment d'accord entre eux, quoique ceux obtenus par le Dr Vince, en opérant sur l'eau, soient un peu plus faibles pour les grands angles; circonstance qui peut tenir (400) aux proportions du volant et de la surface choquante.

En nommant *a* l'angle de cette surface sur la direction du

mouvement, Hutton représente le résultat de ses propres expériences, par la formule empirique

$$(\sin a)^{1.812\cos a},$$

très-approximative, quoiqu'elle se trouve déduite d'une méthode d'interpolation qui semble peu appropriée à la nature du phénomène. Cette formule, dont le calcul devient facile à l'aide des Tables logarithmiques, peut être remplacée avantageusement par la suivante

$$\frac{2\sin^2 a}{1 + \sin^2 a},$$

dont la composition fort simple appartient à M. le colonel Duchemin, et se trouve justifiée dans le Mémoire qu'il a présenté au concours de l'Académie des Sciences, pour le prix sur la résistance des fluides, par la comparaison des résultats qu'elle fournit avec la moyenne de ceux qui se déduisent des données ci-dessus de l'expérience.

Quant aux nombres ou rapports inscrits dans les deux dernières colonnes de la Table, les différences qu'ils offrent, soit entre eux, soit avec ceux des précédentes, sont d'autant plus dignes de remarque, que le dispositif, auquel ils correspondent, se rencontre dans plusieurs mécanismes où les volants à ailettes servent à régulariser le mouvement.

404. *Roues ou volants à ailettes multiples.* — Dans les expériences de Hutton, faites avec l'appareil à axe vertical de Robins, le volant ne portait qu'une seule ailette; il en portait deux symétriquement placées par rapport à l'axe, dans les dispositifs à axes horizontaux employés par Borda et M. Thibault; enfin dans celui du Dr Vince, le volant portait quatre ailettes montées sur autant de bras égaux, croisés à angles droits. Malgré les observations contraires émises par Dubuat, dans les *Principes d'Hydraulique*, on peut croire que le rapprochement des ailettes, dans ce dernier système, n'a pas dû exercer d'influence sensible sur l'intensité de leur résistance individuelle; mais il n'en serait plus ainsi évidemment du cas où ces ailettes se trouveraient beaucoup plus resserrées et multipliées, comme cela a lieu dans certaines *roues* ou *moulinets,*

dont les palettes sont souvent rapprochées à une distance moindre que leur largeur dans le sens du rayon.

D'un autre côté, on sent, *à priori*, que les phénomènes de mouvement, présentés par la masse fluide, doivent ici se trouver modifiés d'une manière notable, et qu'à une certaine limite de rapprochement des ailettes, l'action de la force centrifuge (391) doit, pour ainsi dire, être la seule cause d'ébranlement du milieu, tandis que la force vive imprimée à ses molécules et la résistance du volant. doivent, de leur côté, devenir à peu près indépendantes du nombre des ailettes. Le principe des forces vives laisse encore apercevoir que cette résistance doit croître toujours à peu près comme le carré de la vitesse du centre des ailettes; mais, dans des phénomènes aussi compliqués, il ne convient pas de s'en rapporter simplement aux indications de la théorie et du raisonnement, et il est préférable de recourir aux données de l'expérience directe.

Résultats des expériences de MM. Piobert, Morin et Didion (Mémoire cité). — Pour une roue de $1^m,30$ de diamètre extérieur, dont les ailettes carrées, au nombre de vingt, avaient $0^m,20$ de côté, et dont par conséquent la surface totale A, était de $0^{mq},8$, la résistance, dans l'air, a pu être représentée par la formule

$$R = A(0^{kg},0434 + 0,1072\,V^2),$$

défalcation faite de la résistance des bras, et la vitese uniforme V, du centre des ailettes, demeurant comprise entre 3 et 8 mètres par seconde.

Pour la même roue portant successivement cinq, dix et vingt ailettes rectangulaires des dimensions ci-dessus, la résistance, dans l'air, se trouve représentée généralement par la formule

$$R' = 0^{kg},100 + (0,0068 + 0,1179\,na)V^2,$$

V étant la vitesse du centre de ces ailettes, n leur nombre, et a leur aire commune. Mais, ainsi qu'on l'a fait remarquer, n ne peut augmenter dans cette formule, au delà d'une certaine limite, sans que le coefficient $0,1179$ diminue, et que le nombre 0,0068 lui-même augmente, de sorte que la seule chose démontrée par ces expériences, c'est qu'à cela près de la constante 0^{k},100 qu'il est permis de négliger dans les applications ordinaires, à cause de sa petitesse, la résistance demeure sensiblement proportionnelle au carré de la vitesse.

Résistance des plans minces dans le mouvement rectiligne et parallèle.

405. Premier cas : *le plan étant mû dans un fluide en repos.* — Ce cas étant plus difficile à soumettre à l'expérience que celui qui se rapporte au mouvement circulaire, on ne doit pas être surpris des lacunes et des incertitudes qu'il laisse encore. Voici le petit nombre de résultats qui le concernent.

Expériences de Dubuat. — Dans une suite d'expériences délicates pour déterminer la loi des pressions et des non-pressions éprouvées par un plan de 1 pied carré de surface, sous des vitesses comprises entre 1 et 2 mètres par seconde, au plus, Dubuat a trouvé (*Principes d'Hydraulique*, 3ᵉ Partie, art. 482 et suivants) que, en représentant par m le coefficient de l'excès de pression sur la face antérieure, et par n celui de la non-pression sur la face postérieure (379), on avait, en conservant toujours à p, A et H leur signification (382) et prenant pour formule de la résistance $R = kpAH = mpAH + npAH$,

$$m = 1, \quad n = 0,433, \quad k = 1,433.$$

Dubuat admet, en outre, que les valeurs de m, n et k sont indépendantes de l'étendue des surfaces; mais, hâtons-nous de le dire, ces valeurs ne sont pas le résultat d'une mesure directe et absolue de la résistance; elles ont été seulement conclues de celles des pressions partielles en avant et en arrière, obtenues à l'aide des procédés manométriques déjà indiqués et critiqués à la fin du n° 378.

Expériences de MM. Piobert, Morin et Didion. — D'après ces récentes expériences, faites sur des plans minces de 0,03 à 0,25 de mètre carré, que, à l'aide de contre-poids, ils faisaient remonter verticalement dans l'eau en repos, de manière à leur laisser acquérir, vers la fin de leur course, un mouvement sensiblement uniforme, dont la vitesse a varié de o à 5 mètres par seconde, la résistance serait très-exactement proportionnelle à l'étendue A, des surfaces; mais il y aurait lieu (388) de tenir compte d'un terme indépendant de la vitesse, pour le cas des mouvements très-lents (383 et suivants).

La formule propre à représenter la loi de la résistance serait ainsi, p, A, H ayant toujours la même signification,

$$R = A(0^{kg},934 + 143,15V^2) = 0,934A + 2,81 pAH,$$

dans laquelle le terme constant devient négligeable toutes les fois que la vitesse surpasse $0^m,5$ à $0^m,6$ par seconde; de sorte qu'on aurait alors simplement

$$R = 2,81 pAH \quad \text{et} \quad k = 2,81.$$

Cette valeur de k est, à peu près, le double de celle ci-dessus, trouvée par Dubuat; elle a été obtenue au moyen d'appareils susceptibles d'une grande précision; mais, comme les expériences ont eu lieu sur un bassin d'eau d'une assez faible profondeur, et dans lequel les plateaux, même en leur supposant une marche bien assurée, n'ont dû acquérir une vitesse uniforme que lorsqu'ils étaient voisins de la surface supérieure du liquide, il peut se faire (393) que cette circonstance ait exercé une influence considérable sur les résultats, et, dans tous les cas, il conviendra d'en borner l'application à des circonstances analogues.

Expériences des mêmes, relatives à l'air. — Dans cette nouvelle série d'expériences sur des plateaux carrés et minces de $0^{mq},25$ et 1 mètre carré de surface, mus verticalement, dans l'air en repos et indéfini, avec des vitesses uniformes qui ont varié entre o et 9 mètres par seconde, l'ensemble des résultats de l'expérience a conduit à la formule générale

$$R = A \frac{p}{p'} (0,03 + 0,084V^2) = pA(0,03 + 1,3574H),$$

dans laquelle $p' = 1^{kg},214$, représente la densité de l'air sous une température et une pression barométrique moyennes, de 10 degrés centigrades et $0^m,76$ de hauteur, p étant toujours la densité ou le poids effectif du mètre cube d'air à l'instant de l'expérience.

On voit par cette formule, que, pour les gaz et des vitesses au-dessous de 4 à 5 mètres par seconde, il ne serait nullement permis de négliger le terme constant, dont il paraît d'autant plus difficile de s'expliquer ici l'origine (388), que sa présence n'a été signalée dans aucune des expériences de Borda, Hutton et M. Thibault, sur le mouvement circulaire des plans minces.

Pour les vitesses comprises entre 4 et 9 mètres, limites de celles qui ont été observées, on pourrait, au contraire, prendre, sans erreur sensible,

$$R = 1,3574\, p\, AH \quad \text{ou} \quad k = 1,3574;$$

résultat peu différent de celui ci-dessus, de Dubuat et des plus faibles de ceux qui ont été obtenus par M. Thibault, etc. (400), ce qui tend à confirmer les remarques précédentes.

Résistance de l'air dans le mouvement varié. — Ces mêmes expériences, commises, ainsi que les précédentes, aux soins particuliers de M. Didion, observateur très-consciencieux, ont montré (380) que, dans le cas où le mouvement du plateau, au lieu d'être parvenu à une parfaite uniformité, variait d'une manière sensible, la résistance devait être représentée par la formule à trois termes (382)

$$R = A\, \frac{p}{p'} \left(0,036 + 0,084\, V^2 + 0,164\, \frac{v}{t} \right)$$

pour toute la partie de la descente des plateaux où le mouvement s'accélérait, et

$$R = A\, \frac{p}{p'} \left(0,036 + 0,084\, V^2 - 0,164\, \frac{v}{t} \right)$$

pour la partie de l'ascension où il était retardé, $\frac{v}{t}$ étant toujours le rapport de l'accroissement ou de la diminution instantanée de la vitesse à l'accroissement du temps.

Malheureusement le résultat de ces expériences ne met pas

en mesure de reconnaître l'influence des dimensions réelles des plateaux dans chaque expérience, et de le confronter avec celui qui se déduit de la règle établie par Dubuat (380).

406. Deuxième cas : *le plan étant immobile dans un fluide en mouvement.* — D'après deux anciennes expériences de Mariotte, sur une planchette carrée de 6 pouces de côté, soumise au choc d'un courant d'eau uniforme, parallèle et rectiligne, courant dans lequel elle était entièrement plongée, et dont la vitesse a varié entre $1^{pd},25$ et $3^{pds},75$ seulement par seconde, on aurait

$$R = kpAH, \quad \text{et} \quad k = 1,25 \text{ pour } A = 0^{mq},0264;$$

mais ce résultat laisse beaucoup d'incertitude, à cause de l'imperfection des moyens employés par l'Auteur, pour mesurer la vitesse du courant.

Expériences de Dubuat (Princ. d'Hydr., art. 468, 466 et 484). — En soumettant au choc de l'eau animée d'une vitesse de 3 pieds environ par seconde, le plan de 1 pied carré dont il a été parlé dans le précédent numéro, ce célèbre ingénieur a trouvé, à l'aide des mêmes procédés, que l'on avait

$$m = 1,186, \quad n = 0,670, \quad k = 1,856 \text{ pour } A = 0^{mq},1055.$$

Cette valeur de k diffère, comme on voit, beaucoup de celle obtenue par Mariotte, et elle ne diffère guère moins de la valeur $k = 1,433$ à laquelle Dubuat est parvenu (405) dans le cas où c'est le plan qui se meut dans l'eau en repos; mais, s'il y a lieu de concevoir des doutes, ce n'est pas à l'égard du dernier résultat qui a été vérifié, par Dubuat, au moyen d'une mesure entièrement directe de la pression, et qui l'est également par les résultats suivants.

Expériences de M. Thibault (Ouvrage déjà cité, p. 137 et suivantes).—Cet Auteur ayant exposé à l'action directe du vent, des plans minces de $0^{mq},1089$ et $0^{mq},2304$ de surface, dont la résistance se trouvait mesurée à l'aide d'un instrument à ressort nommé *anémomètre*, il a trouvé, par une réduite de sept séries d'expériences, dans lesquelles la valeur de k a varié entre $1,568$ et $2,125$, et la vitesse du vent entre $1^m,8$ et $8^m,2$

par seconde,

$$k = 1,834 \text{ pour } A = 0^{mq},1089 \text{ et } A = 0^{mq},2304,$$

nombre qui diffère très-peu du précédent.

Enfin, d'anciennes expériences de Rouse, citées par Smeaton, dans ses *Recherches expérimentales sur l'eau et le vent*,
ont donné, pour une surface de 1 pied carré de Londres, soumise à l'action de l'air, sous différentes vitesses,

$$k = 1,870.$$

D'après cela, on ne saurait douter que la valeur $k = 1,86$,
obtenue par Dubuat, ne soit exactement déterminée pour l'air
et l'eau, dans le cas de surfaces qui diffèrent peu de $0^m,32$ de
côté : que si d'ailleurs on voulait tenir compte de l'expérience
de Mariotte, sur une surface de $0^{mq},025$, alors on devrait admettre, comme on le faisait jusqu'ici, que même dans le genre
de mouvement qui nous occupe, la résistance croît plus rapidement que l'étendue des surfaces, surtout à partir des plus
petites d'entre elles.

407. *Remarques générales sur les résultats qui précèdent.*
— Ces résultats que nous avons rapportés, pour ainsi dire, sans
commentaires, et dont le petit nombre et l'incertitude pourront
surprendre ceux qui ignorent jusqu'à quel point sont difficiles
les expériences précises de cette espèce, ces résultats ne permettent pas encore de décider, d'une manière positive, si,
comme l'avait pensé Dubuat, la résistance des plans mobiles
dans un fluide en repos est effectivement distincte de celle
des plans en repos choqués par un fluide en mouvement. L'indécision tient essentiellement, comme on l'a vu, au premier
de ces cas, et plus spécialement à la difficulté de procurer aux
corps un mouvement rectiligne, parallèle, rigoureusement
uniforme et suffisamment prolongé ; mais aujourd'hui, grâce aux
applications de la vapeur à la navigation et à la locomotion, on
serait plus en mesure de réussir dans l'entreprise d'expériences
de cette espèce : il suffirait de monter convenablement les appareils sur un bateau ou une voiture mus, de cette manière,
dans un temps calme. On doit donc faire des vœux pour que
de telles expériences soient enfin tentées avec des moyens de

précision, analogues à ceux déjà mis en usage par MM. Piobert, Morin et Didion,

Dans l'état actuel des choses, on peut remarquer, en faveur des opinions de Dubuat, que le résultat auquel il est parvenu pour le mouvement rectiligne s'accorde suffisamment bien avec ceux que fournissent les expériences sur le mouvement circulaire et les plans d'une très-petite étendue relativement à la longueur du rayon du volant (401), cas pour lequel la nature du mouvement doit (391) exercer le moins d'influence.

D'après les expériences de Borda, en effet, la plus petite 1,39 des valeurs de k, diffère peu de celle 1,43 que fournissent les expériences de Dubuat; et, suivant M. Thibault, la plus faible de celles qu'il ait été à même d'obtenir à l'aide du volant, s'est trouvée égale à 1,291, nombre qui doit être encore un peu trop fort, comme l'observe cet habile expérimentateur. Rien donc ne répugne absolument à adopter, je ne dis pas seulement le coefficient $k = 1,43$ trouvé par Dubuat, mais celui 1,254 qui a été proposé en dernier lieu par M. le colonel Duchemin (Mémoire cité), d'après le résultat d'expériences analogues à celles de Dubuat, et qui laissent également le regret de n'avoir pas été vérifiées au moyen d'une mesure directe et absolue de la résistance.

Ces considérations, jointes à la valeur $k = 1,3574$, obtenue par M. Didion, dans le cas de plans d'une fort grande étendue, mus verticalement dans l'air (405), rendent au moins très-probable la singulière, l'énorme différence signalée par Dubuat, entre le cas d'un plan mobile dans un fluide en repos, ou du même plan en repos choqué par un fluide en mouvement; différence qu'il attribuait principalement à la facilité qu'éprouvent, dans le premier, les molécules à se dévier à une plus grande distance du corps, en avant ou latéralement, ce qui, dans le langage de l'Auteur (380), revient à supposer une plus grande étendue à la proue fluide. En nous fondant sur ces différents motifs et en attendant des expériences tout à fait décisives, nous proposerons la valeur moyenne $k = 1,30$ pour le premier de ces cas, celui des corps mobiles dans un fluide en repos, et la valeur $k = 1,85$ pour le second; sauf à décider ultérieurement si l'étendue effective des surfaces offre, ou non, une influence dont il soit nécessaire de tenir compte dans les calculs, du moins pour les très-petites surfaces.

Résistance des surfaces minces concaves et convexes; voiles et parachutes.

408. *Plans minces avec rebords.* — Lorsqu'on adapte au pourtour antérieur d'une plaque mince, des rebords formant saillie sur cette plaque, la déviation des filets s'y trouvant augmentée, il en doit être ainsi de la résistance : ce fait a été prouvé par les expériences de Morosi, répétées depuis par M. F. Savart (*), sur le choc des veines d'eau isolées, pour lesquelles la résistance a été presque doublée. Les expériences de Christian (*Mécanique industrielle*, t. Ier, p. 270 et suivantes), sur une plaque recevant le choc, dans un coursier qu'elle remplissait presque en entier, lui ont donné une augmentation de pression de $\frac{1}{10}$ environ pour un jeu latéral très-faible, et de $\frac{1}{6}$ pour un jeu du $\frac{1}{4}$ de la largeur de la plaque; mais on peut croire que la résistance serait augmentée suivant une proportion plus grande encore, dans le cas d'un fluide ou d'un jeu pour ainsi dire indéfini.

409. *Surfaces cylindriques minces, concaves.* — M. Thibault, dont nous avons déjà si souvent cité les recherches expérimentales sur l'air, a constaté qu'une surface mince de carton, courbée cylindriquement, de manière à présenter sa concavité à l'action de ce fluide, et mue circulairement sous différentes vitesses, à l'extrémité du bras d'un volant de $1^m,37$, donnait lieu à des résistances dont la loi était à peu près la même que celle des plans minces, sous les mêmes vitesses et inclinaisons, sauf pour les très-petits angles d'incidence BAN (*Pl. III, fig.* 67, n° 402), où les sufaces courbes ont présenté comparativement, des résistances un peu plus fortes.

Un plan mince et trois surfaces cylindriques concaves, à peu près circulaires, dont les arcs offraient respectivement 20, 40 et 60 degrés de courbure, tandis que les aires, sensiblement

---

égales, de leurs projections A, sur un plan perpendiculaire à celui du mouvement, étaient d'environ 0^{mq},1024, ces surfaces, disons-nous, ont donné, pour la valeur comparée de leurs résistances, celle du plan mince étant représentée par 1,000 :

     1° la surface courbée de 20 degrés........ 1,030
     2° la surface courbée de 40 degrés........ 1,054
     3° la surface courbée de 60 degrés........ 1,070

Ces expériences n'ont pas mis à même de constater la limite d'accroissement de la résistance avec la courbure.

410. *Surfaces minces à double courbure, voiles de navires.* — M. Thibault ayant soumis à l'expérience une autre surface concave, à double courbure, d'environ 50 degrés, couverte de toile et offrant à l'action de l'air la même projection A, que ci-dessus, il a obtenu un résultat un peu supérieur même à celui qui concernait le cylindre courbé sur un arc de 60 degrés.

Enfin des surfaces de toiles enverguées à la manière ordinaire (celle des voiles de navires), et dont la courbure a varié de 50 à 60 degrés, ont offert des résultats analogues. Mais, de plus, l'expérience a montré que la résistance directe et oblique de ces voiles, dont la flèche était environ le $\frac{1}{7}$ du rayon, différait très-peu de celle d'un plan mince, de même surface *développée* et de même inclinaison, sauf pour les petits angles où cette première résistance devenait un peu plus forte, fait très-remarquable et déjà soupçonné par Dubuat. Ainsi on pourra calculer (402) la résistance des voiles de vaisseaux à peu près pour tous les angles au-dessus de 45 degrés d'inclinaison, en les supposant remplacées par des plans de même étendue développée.

411. *Résistance des parachutes.* — On admet assez généralement que la flèche ou le creux d'une surface concave, telle que celle des voiles de vaisseaux et des parachutes, ne doit pas surpasser le tiers ou le quart de sa largeur moyenne, mesurée entre les bords opposés, lorsqu'on veut rendre un maximum la résistance de ces surfaces, sous une étendue donnée. MM. Piobert, Morin et Didion ont entrepris des expériences dans la vue de découvrir spécialement l'intensité et la loi de

la résistance relative à une suface de cette espèce. Ils se sont servis, à cet effet, d'un parapluie, recouvert, à la manière ordinaire, en taffetas, qui avait $1^m,27$ de diamètre moyen ou d'envergure, $0^m,373 = 0,31 \times 1^m,21$ de flèche réduite, et $1^{mq},20$ de surface A, en projection sur un plan perpendiculaire à son axe ou à sa tige. L'ayant fait descendre et monter alternativement à l'air libre, sous différentes vitesses dans le sens vertical, parallèle à cette tige, et de manière à lui faire opposer, tantôt sa concavité et tantôt sa convexité, à l'action du fluide, ils ont conclu du résultat des expériences dirigées principalement par M. Didion :

1° Que si l'on représente par 1, la résistance uniforme d'un plan mince de même étendue horizontale A, celle du parapluie ou parachute devenait, dans les mêmes circonstances de mouvement, 1,94 environ, quand la concavité se trouvait dirigée en avant, et 0,77 quand c'était la convexité qui se trouvait l'être à son tour;

2° Que, relativement à la loi de la résistance dans le cas où le mouvement était parvenu sensiblement à l'uniformité, elle se trouvait, pour les vitesses de 0. à 8 mètres, soumises à l'expérience, représentée fort exactement par la formule

$$R = \frac{p}{p'} A(0,070 + 0,163\,V^2) = 1,936\,\frac{p}{p'} A(0,036 + 0,084\,V^2)$$

quand la concavité est dirigée en avant, et

$$R = \frac{p}{p'} A(0,028 + 0,0652\,V^2) = 0,768\,\frac{p}{p'} A(0,036 + 0,084\,V^2)$$

quand l'inverse avait lieu, les lettres ayant ici d'ailleurs la même signification que pour la formule correspondante du n° 405;

3° Enfin, que, dans le cas où le mouvement varie à chaque instant, il devenait nécessaire, comme pour les plans minces (*ibid.*), d'ajouter aux formules un terme dépendant du rapport $\frac{v}{t}$; de sorte qu'on avait, en particulier, pour le cas de la descente des parachutes, qui intéresse spécialement l'aérostation,

$$R = \frac{p}{p'} A \left(0^{ks},07 + 0,163 V^2 + 0,142 \frac{v}{t}\right).$$

412. *Résistance des angles dièdres.* — Les Auteurs que nous venons de citer ont aussi soumis, dans les mêmes circonstances, à l'action de l'air, un angle formé par deux plans rectangulaires réunis à charnière, et qu'ils ont fait mouvoir verticalement, sous différentes ouvertures et différentes vitesses, dans le sens même du plan qui divise cet angle en deux parties égales : *a* représentant ici, en degrés sexagésimaux, l'angle aigu de chaque plan avec la direction du mouvement ou avec le plan *médian* dont il s'agit, A la somme des aires des deux plans, ils ont trouvé, pour le cas où la vitesse était devenue sensiblement uniforme et où l'angle agissait par son tranchant,

$$R = A \frac{p}{p'} \frac{a}{90°} (0,036 + 0,084 V^2);$$

formule qui se réduit à sa correspondante du n° 405, quand $a = 90°$, et que les deux plans n'en forment plus qu'un seul, perpendiculaire à la direction du mouvement.

Cette résistance, comme on le voit, suit des lois très-distinctes de celle des plans minces, obliques et isolés (402), et il n'y a là rien qui doive surprendre, si l'on réfléchit à la diversité des mouvements imprimés au fluide dans les deux cas.

Résistance des corps prismatiques dans un fluide indéfini.

413. *Prismes droits immobiles dans un fluide en mouvement.* — Pour de tels prismes, terminés aux deux bouts par des faces planes (*fig.* 55, *Pl. III*), et dont l'axe est dirigé dans le sens du mouvement, la résistance peut toujours être exprimée par la formule $R = kp$ AH; mais le facteur k est susceptible de varier, avec le rapport de la longueur L, de ces prismes, à la racine carrée de leurs aires transversales A, ainsi qu'il suit.

Selon Dubuat, qui remplace (405) le facteur k, par la somme $m + n$, des coefficients m et n de l'excès de pression antérieure et de la non-pression postérieure, on a, pour

$$A = 0^{mq},10, \quad \frac{L}{\sqrt{A}} = 0,00, \quad m = 1,186, \quad n = 0,670, \quad k = 1,856,$$

$$= 1,00, \quad m = 1,186, \quad n = 0,271, \quad k = 1,457,$$

$$= 3,00, \quad m = 1,186, \quad n = 0,153, \quad k = 1,339,$$

$$= 6,00, \quad m = 1,186, \quad n = 0,117, \quad k = 1,303.$$

Mais ces nombres n'ayant pas été déduits immédiatement d'une mesure directe de la portion supportée par le prisme, il convient de leur substituer les suivants, tels qu'ils résultent des expériences entreprises, par Dubuat, pour en vérifier la justesse, et d'après lesquelles on aurait respectivement, pour

$$\frac{L}{\sqrt{A}} = 0,000, \quad 1,000, \quad 3,000, \quad 6,000,$$

$$k = 1,865, \quad 1,451, \quad 1,323, \quad 1,360;$$

ce qui semble démontrer que, passé le terme où la longueur des prismes égale trois fois leur largeur moyenne, la résistance cesse de diminuer par l'influence de la non-pression (379 et 390), et tend au contraire à croître de plus en plus, en raison de la prépondérance acquise par le frottement latéral du corps.

Suivant les récentes recherches théoriques et expérimentales de M. le colonel Duchemin, la loi des variations du coefficient k serait donnée par ce tableau

$$\text{Valeurs de } \frac{L}{\sqrt{A}}, \quad 0,000, \quad 1,000, \quad 2,000, \quad 3,000,$$

$$\text{Valeurs de } k, \quad 1,864, \quad 1,477, \quad 1,347, \quad 1,328;$$

dont les nombres, quoique déduits de mesures indirectes ou partielles des pressions antérieure et postérieure, s'accordent néanmoins très-bien, comme on le voit, avec ceux que Dubuat a obtenus par des procédés directs et à l'abri de toute contestation.

Quant à l'existence d'un minimum de pression, révélé par les résultats ci-dessus, des dernières expériences de Dubuat,

elle serait, suivant les vues théoriques de M. Duchemin (*),
une conséquence nécessaire de ce que les filets liquides cessent, dan؛ le cas actuel, de se détacher des faces latérales du
corps en *m* et *m'* (*fig.* 55, *Pl. III,* n° 374), dès que sa longueur
est environ 2,67 fois sa largeur moyenne ; circonstance analogue
à celle qui se produit dans l'écoulement de l'eau pour les
ajutages cylindriques des réservoirs, mais qui n'aurait plus lieu
pour le cas ci-après, des prismes mobiles dans un milieu en
repos, parce que les filets fluides se trouveraient alors soumis
à une moindre déviation latérale ou s'infléchiraient de plus
loin, de part et d'autre du corps, conformément à l'opinion de
Dubuat (407).

Les idées de l'Auteur, sur la manière dont la pression se
répartit autour du corps, diffèrent d'ailleurs spécialement de
celles de Dubuat (379), en ce qu'il considère comme étant
les mêmes, en chaque point, les pressions qui appartiennent,
soit à la face antérieure, soit à la face postérieure du prisme,
l'excès des premières sur la pression statique naturelle, étant
mesuré par le double de la hauteur due à la vitesse, et l'excès
pareil des secondes étant susceptible de varier avec la longueur
du prisme, suivant des lois très-distinctes pour les deux cas
où ce prisme est en mouvement ou en repos.

414. *Prismes droits mobiles dans un fluide en repos.* — Pour
ce cas particulier (*Pl. III, fig.* 54), l'axe des prismes se trouvant

---

(*) Soit *i* ce qu'on appelle le *coefficient de la contraction* ou de la *réduction*
éprouvée par la *dépense* des ajutages dont il vient d'être parlé, *m* (405) le
coefficient de la pression antérieure du prisme, censée proportionnelle au produit *p*AH, *n* celui de la pression postérieure mesurée de même, de sorte qu'ici
$k = m - n$, on aurait, d'après M. Duchemin,

$$m = 2, \quad n = 1,776\,i^2 - 0,5236, \quad k = 2,524 - 1,776\,i^2 ;$$

les valeurs de *i*, déduites des expériences de Michelotti, étant données, pour
chacune de celles du rapport $\dfrac{L}{\sqrt{A}}$, par la Table suivante :

$\dfrac{L}{\sqrt{A}} =$	0,000	0,500	1,000	2,000	2,500	3,000	4,000	5,000	8,000
$i =$	0,610	0,617	0,767	0,816	0,822	0,820	0,818	0,810	0,800

toujours dirigé dans le sens du mouvement, on aurait également, d'après Dubuat, pour

$$A = o^{mq},10, \frac{L}{\sqrt{A}} = 0,0, \quad m = 1,00, \quad n = 0,433, \quad k = 1,433,$$

$$= 1,0, \quad m = 1,00, \quad n = 0,172, \quad k = 1,172,$$

$$= 3,0, \quad m = 1,00, \quad n = 0,102, \quad k = 1,102;$$

mais ces résultats n'ont pas été déduits d'une mesure directe de la résistance.

Dans des expériences de M. Marguerie (*) sur des cubes de $o^{mq},5$ et 1 mètre carré de faces environ, mus sous de faibles vitesses, dans un bassin rempli d'eau de mer, où ils se trouvaient entièrement plongés, k a pris moyennement la valeur 1,27, qui surpasse un peu celle 1,17, fournie par la Table ci-dessus.

Les expériences du colonel Beaufoy (395), sur des prismes rectangulaires de 1 pied carré de base et 10 pieds anglais de longueur, enfoncés de 6 pieds environ sous l'eau et mus dans le sens de cette longueur, conduisent, par le calcul, aux valeurs $k = 1,44$ environ, pour des vitesses de 4 mètres par seconde, $k = 1,5o$ pour celles de 2 mètres, et $k = 1,58$ pour des vitesses de $o^m,5$ environ; l'excès de cette dernière valeur de k, sur la première, paraissant tenir essentiellement au frottement latéral, dont l'influence croît avec l'affaiblissement de la vitesse (383 et suiv.).

M. Morin, qui s'est livré à un long travail sur les données fournies par ces mêmes expériences, a trouvé que la résistance, en représentant par S la surface latérale ou frottante du prisme ci-dessus, était donnée, d'une manière approximative, par la formule empirique

$$R = o,85 \, pA \, \frac{V^2}{2g} + o,171 \, pA \, \frac{V^2}{2g} + o,007 \, pS \, \frac{V^{1,7}}{2g},$$

dont le premier terme représente la résistance antérieure du prisme, le second, la non-pression postérieure, et le dernier

---

(*) *Mémoires de l'Académie de Marine.*

le frottement latéral. Mais les résultats de ces expériences offrent, en eux-mêmes, trop de chances d'incertitude (395) pour qu'on puisse ainsi démêler exactement le rôle de chaque genre de résistance.

On ne connaît pas d'autres mesures directes de la résistance des prismes rectangulaires mus dans l'intérieur d'un fluide indéfini, et, comme le remarque M. Duchemin, il ne convient pas de confondre, ainsi qu'on l'a fait quelquefois, ce cas avec celui des corps flottants dont il va être bientôt fait mention.

Suivant le résultat particulier des expériences de cet officier supérieur, fondées, comme celles de Dubuat (405), sur des moyens indirects de mesurer les pressions partielles, on aurait dans le cas présent, pour

$$\frac{L}{\sqrt{A}} = 0,000, \quad 1,000, \quad 2,000, \quad 3,000,$$

$$k = 1,254, \quad 1,282, \quad 1,306, \quad 1,326.$$

Ainsi les valeurs de k, qui, d'abord, sont inférieures, de beaucoup, à leurs correspondantes relatives au cas des prismes en repos (413), leur deviendraient égales pour des longueurs triples environ de la largeur moyenne ou réduite, et, suivant l'Auteur, elles continueraient ensuite à l'être, pour des longueurs de plus en plus considérables du prisme par rapport à sa largeur. D'un autre côté, la résistance, loin de diminuer comme l'indique le résultat ci-dessus des expériences de Dubuat, irait, au contraire, sans cesse en augmentant, à partir des plus petites valeurs du rapport $\frac{L}{\sqrt{A}}$, circonstance qui, dans les vues théoriques de M. Duchemin, s'expliquerait encore par la facilité qu'éprouve ici (407 et 413) le fluide à se dévier et à suivre les faces latérales du corps, sans jamais les quitter, et sans cesser par conséquent de demeurer soumis, en chacun de leurs points, au frottement qui résulte de son glissement sur ces faces. Mais, quel que soit le mérite de cette explication, elle est fondée sur un trop petit nombre de faits, ces faits eux-mêmes offrent, avec ceux qui ont été recueillis par Dubuat, un désaccord trop grand, pour qu'on puisse l'admettre d'une manière définitive. M. Duchemin représente d'ailleurs la loi des valeurs ci-dessus de k, par la formule d'*interpolation très-simple*

$$k = 1,254 \left(1 + \frac{0,227\,L}{9\sqrt{\bar{A}} + L} \right),$$

applicable seulement au cas des prismes mobiles dans un fluide en repos.

Résistance des corps flottants, sous des vitesses médiocres.

Nous avons vu (393) que les circonstances par lesquelles la résistance des corps flottants diffère de celle des corps entièrement plongés, ne sont pas telles que l'on ne puisse encore, pour des vitesses médiocres de $0^m,5$ à $1^m,5$ par seconde, représenter cette première résistance par la formule

$$R = kpA\,\frac{V^2}{2g} = kp\,AH,$$

pourvu qu'on y attribue à l'aire A, de la plus grande section transversale du corps, la valeur qui convient à la partie réellement immergée dans l'état de repos ou d'équilibre. Ainsi nous adopterons cette formule dans l'exposé qui suit des résultats de l'expérience.

415. *Prismes droits mus suivant l'axe.* — Dubuat avait cru pouvoir conclure de la comparaison de ses propres expériences avec celles de Borda (*) et de Bossut (**), que la résistance des corps flottants était, à circonstances égales, plutôt inférieure que supérieure à celle des mêmes corps entièrement plongés. Dans une expérience de Borda sur une caisse de 14 pouces de hauteur, mais dont la partie immergée représentait un cube de 1 pied de côté, mû, perpendiculairement à l'une de ses faces, avec des vitesses de 8 à 16 pouces par seconde seulement, on

---

(*) *Mémoires de l'Académie des Sciences* de 1767.

(**) *Hydraulique expérimentale*, chap. XV et XVI.

aurait eu, suivant les calculs de Dubuat, $k = 1,11$ résultat effectivement moindre que celui $1,172$, auquel il était lui-même parvenu pour les corps entièrement plongés sous l'eau.

La plupart des expériences de Bossut, sur des prismes flottants dont la longueur se trouvait comprise entre 2 fois et 5 ou 6 fois la largeur moyenne, ont conduit, pour des vitesses de 2 à 4 pieds par seconde, à des valeurs de k plutôt moindres que supérieures à l'unité, attendu que ces prismes étaient, fort souvent, accompagnés d'une poupe, dont l'avantage pour diminuer la résistance ne saurait alors être mis en doute (390). Enfin une autre expérience de Bossut, sur un prisme rectangle de 10^{po}8^{lig} de largeur, 4 pieds de longueur, enfoncé de 12^{po},5 dans l'eau, et qui était mû perpendiculairement à sa plus grande face, avec une vitesse d'environ 2 pieds, ayant conduit Dubuat à la valeur $k = 1,44$ (*Principes d'Hydraulique*, 3e Partie, art. 488 et suiv.), il justifie le léger excès présenté par ce dernier nombre, sur celui que fourniraient les données de ses expériences rapportées au n° 414, ci-dessus, en faisant observer qu'ici la largeur transversale du prisme était le quadruple de la hauteur de flottaison, circonstance qui a dû augmenter la non-pression, etc.

Le fait est qu'il règne quelque incertitude sur ces nombres. Ainsi, par exemple, M. Duchemin, en refaisant les calculs de Dubuat relatifs au cube ci-dessus de Borda, est arrivé à la valeur $k = 1,48$, au lieu de $1,11$; et, à l'égard des expériences de Bossut, il pense que l'on doit mettre de côté toutes celles de l'année 1775, où la direction de l'effort de tirage ne passait pas par le centre de la partie plongée des prismes (395), pour s'en référer uniquement à celles de 1778, où l'on avait évité cet inconvénient. Or, parmi ces dernières expériences, M. Duchemin en cite deux, sous les n°s 963 et 964, dans lesquelles un prisme rectangle de 4 pieds de longueur horizontale, sur 2 de largeur, et qui était enfoncé de 2 pieds dans l'eau, a donné, pour la résistance perpendiculaire à la plus grande de ses faces, $k = 1,85$, et, pour celle de la plus petite, $k = 1,36$; ce qui lui fait conclure que la résistance des prismes droits, mus suivant leur axe, à la surface de l'eau, dépend plus particulièrement du rapport de leur largeur horizontale à leur longueur, et qu'en substituant la considération de ce rapport à

celle de $\dfrac{L}{\sqrt{A}}$, la valeur de k devient, à peu près, ce qu'elle
serait pour les corps entièrement plongés, et qui, étant immobiles, recevraient le choc de l'eau en mouvement (413).

D'après cette manière de voir, la valeur de k, relative aux
prismes droits flottant à la surface de l'eau, et dont la longueur
surpasserait 3 fois la largeur horizontale, ne descendrait jamais
au-dessous de 1,33, conformément aux données de la Table et de
la formule ci-dessus (414), de M. Duchemin. Mais, nonobstant
toutes les incertitudes attachées aux résultats des premières
expériences entreprises, par Bossut, de concert avec d'Alembert
et Condorcet, lesquelles ont généralement conduit, comme on
l'a observé ci-dessus, à des valeurs de k, peu différentes de
l'unité, dans des circonstances qui se rapprochaient beaucoup
de celles du halage ordinaire des bateaux, et précisément à
cause que l'on avait eu le soin, dans les expériences subséquentes de 1778, de diriger la marche des corps flottants par
un câble fortement tendu entre les extrémités du bassin qu'ils
parcouraient, de manière à leur ôter toute liberté de s'élever
ou de s'incliner de l'avant à l'arrière (394 et suivants), nous ne
saurions admettre que, dans les applications à la pratique, on
doive attribuer au coefficient k, dont il s'agit, et pour le cas
des prismes flottants dont la longueur serait au moins 3 fois
la largeur horizontale, une valeur qui surpasse notablement 1,10
ou même 1,00. Nous verrons plus loin d'autres motifs d'en
agir ainsi.

Ces différentes causes d'incertitude n'ayant pu d'ailleurs influencer sensiblement que les valeurs absolues de k et non
leur rapport, dans des expériences entreprises sous les mêmes
conditions, on pourra admettre, en attendant des données expérimentales plus précises, les chiffres suivants qui se concluent du rapprochement des résultats obtenus par Bossut, en
opérant sur des prismes flottants armés de proues et de poupes
de diverses figures.

416. *Corps prismatiques avec proues et poupes.* — D'après
les expériences dont il vient d'être parlé, une poupe angulaire *abc* (*fig.* 68, *Pl. III*), à faces planes verticales, ajoutée à la
face postérieure *ac*, d'un bateau prismatique rectangle, dont la

longueur était deux fois la largeur, n'a diminué la résistance
que de 0,10 environ, quand la saillie *bd*, de cette poupe, était
la moitié de sa base *ac*, et de 0,16, quand elle en était les ⅔
environ. L'influence de la poupe pour diminuer la non-pression eût été probablement plus sensible pour des prismes
moins allongés (390), comme elle deviendrait moindre aussi
pour des prismes dont la longueur surpasserait trois fois la largeur : dans les applications relatives aux bateaux ordinaires,
on pourra, sans risque de se tromper de beaucoup, réduire
à 0,10 la diminution de résistance occasionnée par la poupe.

D'ailleurs l'expérience semble démontrer que les arrondissements qui peuvent être donnés (*fig.* 69), aux faces d'une
poupe angulaire, ne modifient que très-peu les résultats, à
saillie égale de cette poupe. Mais il en est tout autrement,
quand on vient à ajouter à un prisme rectangle, ainsi qu'on le
fait pour les bateaux et les piles de ponts, des proues arrondies : l'influence de la saillie et de la forme devient bien plus
grande, comme on en va juger par le résultat des expériences
connues.

Proues triangulaires verticales. — Le prisme ci-dessus
(*Pl. III, fig.* 68), ayant été retourné de manière à présenter son
arête tranchante à l'action de l'eau, la résistance a varié, avec
l'angle en *b*, suivant la loi indiquée par cette Table, dans
laquelle on a pris la résistance du même prisme, sans proue,
pour unité :

Angle *abc* de la proue.	Rapport de la saillie *bd* à la largeur *ac*.	Résistances comparées.
180°	0,000	1,000
156	0,106	0,958
132	0,223	0,845
108	0,364	0,693
84	0,556	0,543
60	0,865	0,440
36	1,570	0,414
12	4,753	0,400

Dans le Mémoire souvent cité, M. Duchemin représente la
loi des résistances indiquées par cette Table, au moyen de la

formule empirique

$$\frac{h'\sin a}{1,34} = 0,75\,h'\sin a,$$

dans laquelle a désigne la moitié abd, de l'angle de la proue, ou l'angle aigu d'*incidence* (402) des filets fluides sur les faces de cette proue, h' un coefficient numérique calculé au moyen de la dernière des Tables ou formules du n° 414, pour l'hypothèse où la saillie bd serait comprise dans la longueur entière du prisme, afin d'en comparer la valeur totale à sa largeur transversale ac.

Quoi qu'il en soit de cette formule, on voit que la loi de la résistance qui nous occupe n'a rien de commun avec celle de plans minces soumis à l'action oblique d'un fluide indéfini (402), et, de plus, on aperçoit que la valeur de cette résistance est susceptible de varier avec la longueur de la partie rectangulaire du corps.

Proue à pan coupé en dessous. — D'après d'autres expériences de Bossut, l'addition à un prisme rectangle, d'une proue (*Pl. III, fig.* 70) formée par le prolongement de ses faces latérales et limitée, en dessous, par un plan incliné successivement sous des angles de 43 dégrés et de 25°26′ à l'horizon, a réduit la résistance aux 0,55 et aux 0,43 respectivement, de ce qu'elle était avant qu'on lui appliquât cette proue, le prisme étant alors terminé carrément.

Proues cylindriques verticales. — Suivant d'autres données fournies par ces mêmes expériences, une telle proue, quand sa base est un demi-cercle abc (*Pl. III, fig.* 71), réduit la résistance aux $\frac{13}{16}$, ou à la moitié environ de celle 1,10 (415), qui, à longueur et section égales, aurait lieu sans cette proue. Ce résultat est, comme on voit, à fort peu près le même que celui qui, d'après la Table ci-dessus, se rapporte au prisme triangulaire isoscèle inscrit abc, ou dont l'angle en b est droit.

Enfin, d'après des expériences de Borda, d'une tout autre espèce et qui seront bientôt mentionnées, sur des proues isolées de diverses formes, mues dans l'air, on peut provisoirement admettre que, à saillies égales, les proues cylindriques (*Pl. III, fig.* 72), dont la base est un triangle mixtiligne abc, formé de deux arcs de cercle tangents aux faces latérales du

prisme, sont celles qui diminuent le plus la résistance antérieure des prismes.

417. *Résistance particulière des vaisseaux.* — La figure des
grands vaisseaux diffère de celle des bateaux ordinaires en ce
que leur proue (*Pl. III, fig.* 73, coupes horizontales et verticales par des plans équidistants) présente une arête aiguë qui
se raccorde aux flancs de la *carène,* par des courbes horizontales *ab, bc,*... offrant une *inflexion.* La longueur de la coupe
horizontale moyenne abc, a'b'c', répondant au milieu de la
flottaison ou de la partie de la carène plongée sous l'eau, ne
doit par excéder 5 à 6 fois sa plus grande largeur *a'c',* puisque
la résistance ne pourrait qu'augmenter en raison du frottement
latéral (414); cette plus grande largeur elle-même doit se
trouver un peu au delà du milieu de la longueur à partir du
point *b.*

Dans les expériences de Bossut (*), sur un prisme droit, de
72 pouces de longueur, de 15 à 18 pouces de largeur réduite,
et dont la section transversale avait la forme du *maître-
couple* ABC, d'un vaisseau, les valeurs du coefficient *k* ont
peu différé de 1,05, soit en plus, soit en moins, tandis que
dans celles qui ont concerné un modèle de vaisseau de même
section, *k* n'a varié qu'entre 0,22 et 0,24, c'est-à-dire entre le
quart et le cinquième du nombre précédent.

La petitesse de ce résultat donnerait lieu de croire que nos
ingénieurs maritimes sont parvenus, à force d'expériences et
de tâtonnements, à donner à la carène des grands vaisseaux
à peu près la forme qui offre le moins de résistance à l'action
de l'eau. Mais il convient d'observer que la solution du problème relatif à l'établissement de ces immenses édifices flottants, dépend d'autres éléments non moins essentiels, tels
que : le *tonnage* qui, avec la vitesse de la marche, constitue
en quelque sorte l'effet utile; le mode d'*arrimage,* la *voilure,*
la *stabilité,* etc. Il n'est donc guère permis de regarder le résultat dont il s'agit comme la limite minimum et absolue de
la résistance des corps, sous une section transversale donnée.

(*) *Hydraulique expérimentale,* art. 875 et 876.

418. *Résistance des bateaux naviguant sur les canaux et les rivières étroites.* — Les résultats précédents, concernant spécialement le cas où le fluide peut être considéré comme à peu près indéfini, ou offre une très-grande étendue par rapport aux dimensions transversales du bateau, ne doivent point être appliqués, sans corrections préalables (392), à celui d'un bateau naviguant sur un canal ou une rivière, dont la largeur n'aurait pas 4,5 fois, et la section 6,46 fois au moins sa plus grande largeur et sa plus grande section transversales, comme l'a reconnu Dubuat en discutant le résultat des expériences de Bossut, d'Alembert et Condorcet, déjà citées au n° 415.

Nommant R la résistance d'un bateau prismatique sans proue, estimée, conformément à ce qui a été dit en cet endroit, pour un fluide indéfini, R' celle du même bateau supposé en mouvement dans un canal très-long ou qui est ouvert aux deux bouts, et dont A' est l'aire de la section transversale; A continuant à représenter, pour le cas du repos, la plus grande des sections pareilles d'immersion du bateau, on aura, d'après Dubuat, pour calculer R' au moyen de R,

$$\frac{R'}{R} = \frac{8,46\,A}{2A+A'} = \frac{8,46}{2+\dfrac{A'}{A}},$$

fraction dont la valeur devient, en effet, l'unité quand A'=6,46 A, et $\frac{1}{3} \times 8,46 = 2,82$ quand A'= A, le bateau remplissant alors toute la section du canal.

Dans cette dernière hypothèse, comme le remarque Dubuat, le prisme refoule en avant de lui la masse du liquide, à peu près comme le ferait un véritable piston; et, si la résistance conserve, alors même, une valeur médiocre, c'est que l'eau, en s'amoncelant en amont de ce prisme, agit pour s'échapper par le fond, et pour le soulever, au-dessus de sa position naturelle d'équilibre, d'autant plus que la section du canal est elle-même plus rétrécie. Mais ce gonflement ou remou, et le soulèvement qui en résulte et qui a été particulièrement observé par Bossut, ne doivent pas être confondus avec le phénomène de l'onde solitaire, mentionné aux n°s 394 et suivants, quoique les effets apparents aient entre eux beaucoup d'analogie, et qu'ils soient le résultat d'une même cause.

Au surplus, lorsque, sous une assez faible profondeur d'eau, le canal offrira une largeur supérieure à 4,5 fois celle du bateau, il conviendra, d'après Dubuat, de calculer l'aire A', comme si elle était réduite à sa dernière largeur, et l'on devra en agir de même à l'égard de la profondeur, toutes les fois qu'elle dépassera 1,5 fois la hauteur maximum d'immersion (392).

Quand le bateau se trouve armé d'une proue plus ou moins aiguë, l'influence de cette proue, pour affaiblir la résistance, devient d'autant moindre que la section transversale du canal se rapproche davantage de celle du bateau; la proue ne faisant alors que refouler l'eau en avant comme un piston, sa forme devient, en effet, à peu près indifférente. Nommant R″ la valeur du coefficient de la résistance ou de la formule pAH, pour le cas dont il s'agit, et q le rapport de la résistance du bateau avec proue à celle de ce bateau sans proue, considérées, toutes deux, pour le cas d'un fluide indéfini, Dubuat représente le résultat des expériences de Bossut, par la formule

$$R'' = R' \left[1 - 0,183(1 - q) \left(\frac{A'}{A} - 1 \right) \right];$$

R', A et A' ayant d'ailleurs les mêmes significations et valeurs que ci-dessus, et le rapport $\frac{A'}{A}$ ne devant jamais être pris au-dessus de 6,46, puisque alors on aurait simplement R″ = qR'.

Mais, il est nécessaire de le remarquer dès à présent, les expériences dont il vient d'être parlé, ayant principalement concerné (415) des bateaux qui ne pouvaient céder librement à l'action de la force motrice et du fluide, on ne doit pas s'attendre à ce que les formules de Dubuat se vérifient exactement dans les circonstances ordinaires de la navigation. Nous verrons, en effet, plus loin, dans une application empruntée à l'excellent *Traité d'Hydraulique* de M. d'Aubuisson, que les formules exagèrent alors la résistance de près du double de sa valeur; ce qui vient confirmer les observations du n° 415, et doit d'autant moins surprendre, que l'influence des obstacles étrangers apportés ici à la marche du bateau, dans les expériences de Bossut, a dû croître avec le rétrécissement de la section du canal.

Résultat des expériences concernant les bateaux rapides.

419. *Expériences de MM. Macneill et J. Russell sur les bateaux longs, à proue tranchante.* — Nous avons consigné, dans le tableau ci-après, les données et les résultats principaux des expériences, entreprises en Angleterre, par ces ingénieurs, dans la vue de découvrir la loi suivant laquelle la résistance des bateaux rapides varie avec la vitesse. Les Mémoires d'où nous avons extrait ces données ne faisant point connaître, avec une suffisante exactitude, les dimensions transversales des bateaux soumis à l'expérience et les profondeurs effectives d'immersion à l'instant du repos, il nous a été impossible de calculer les valeurs de l'aire A, qui doivent être introduites dans la formule de la résistance, afin d'en déduire celles du coefficient numérique k, sous différentes vitesses (*).

D'un autre côté, les expériences elles-mêmes n'ont généralement concerné que des vitesses uniformes, supérieures à 1 mètre ou $1^m,5$ par seconde, en deçà desquelles MM. Macneill et Russell supposent, avec tous les Auteurs, la résistance exactement proportionnelle au carré de ces vitesses; c'est pourquoi, au lieu de rapporter, dans le tableau suivant, comme nous l'avons fait jusqu'ici, les valeurs absolues du coefficient k, qui seules eussent permis de calculer, pour les divers cas d'application, la résistance effective des bateaux longs dont il s'agit, on s'est borné à y inscrire les valeurs comparées et relatives de la résistance pour chacune des séries principales d'expériences.

A cet effet, on a considéré que, si la loi du carré de la vi-

---

(*) *Note ajoutée par l'Auteur à la fin de la deuxième édition.* — Depuis l'impression de ce passage, M. Russell a bien voulu me communiquer les éléments du calcul relatifs à la valeur de k pour le *Bateau-Onde*, l'un de ceux qu'il a soumis à l'expérience (*voir* le tableau ci-après du n° 419); il en résulte qu'à la vitesse de $7^m,61$ par seconde, on aurait $k = 0,27$, valeur supérieure à celle qui a été trouvée par Bossut (417), pour un modèle de vaisseau ordinaire, et dont l'accord avec les résultats obtenus par M. Morin (n° 423), pour les bateaux rapides de l'Ourcq, vient confirmer, *à posteriori*, les conclusions des n°s 421 et 423.

tesse, indiquée par la formule $R = kp A \dfrac{V^2}{2g}$, était exacte, on devrait trouver que le rapport $\dfrac{R}{V^2}$ ou $kp \dfrac{A}{2g}$, calculé d'après les données *d'une telle série*, conserve les mêmes valeurs et que si le contraire arrivait, la suite de ces valeurs indiquerait la loi même des écarts de la résistance, par rapport à celle du carré des vitesses. D'un autre côté, comme cette dernière loi est assez exactement suivie par les vitesses de $0^m,5$ à $1^m,5$ par seconde, on voit qu'en divisant les valeurs du rapport $\dfrac{R}{V^2}$, par celle du rapport $\dfrac{R'}{V'^2}$ qui appartient à la plus faible des résistances ou des vitesses observées dans une même série d'expériences, c'est-à-dire que, si l'on calcule la suite des valeurs du rapport numérique et composé

$$N = \frac{V'^2}{R'} \frac{R}{V^2},$$

cette suite, dans laquelle les nombre relatifs aux plus petites vitesses devront s'écarter peu de l'unité, indiquera, d'une manière absolue, la loi des déviations de la résistance par rapport à celle du carré de la vitesse, ou du produit kA.

Tel est l'esprit dans lequel a été dressée la Table suivante, où les dimensions du bateau se rapportent au mètre.

EXPÉRIENCES DE M. MACNEILL, EN 1833.				EXPÉRIENCES DE M. J. RUSSELL, EN 1834 ET 1835.							
MODÈLE en cuivre. Long. ext. 3.070 Larg. ext. 0,226 Immers. 0,089		BATEAU LONG en fer, le *Graham* et le *Houston*; Long. ext. 21,30 Larg. ext. 1,67 Immers. 0,23		L'*Esquif*, expériences de 1834; Long. ext. 9,52 Larg. ext. 1,26 Immers. 0,07		Le *Bateau-Onde*, expériences de 1835; Longueur extérieure.... 21,03 Largeur id.... 1,82 Immers. 0,342		Immers. 0,482		Le *Dirleton*, expériences de 1835; Long. ext. 21,03 Larg. ext. 1,82 Immers. 0,34	
Vitesse par seconde.	Résistance comparée ou valeur de N.	Vitesse par seconde.	Résistance comparée ou valeur de N.	Vitesse par seconde.	Résistance comparée ou valeur de N.	Vitesse par seconde.	Résistance comparée ou valeur de N.	Vitesse par seconde.	Résistance comparée ou valeur de N.	Vitesse par seconde.	Résistance comparée ou valeur de N.
m 0,93	1,00	m 1,12	1,00					o			
1,28	1,12	1,15	0,79								
....	....	1,30	0,88	m 1,35	1,00						
1,46	1,29	1,38	0,78	1,80	0,93	m 1,79	1,00	m 1,74	1,00	m 1,79	1,00
....	....	1,95	0,81	1,91	0,84	1,90	0,94	1,90	0,93	1,96	0,93
2,33	1,06	2,32	1,47	2,31	0,85	2,01	0,88	2,01	1,01	2,10	0,83
2,40	1,01	2,44	1,41	....	....	2,26	0,92	2,17	0,99		
....	....	2,48	1,20	2,54	1,02	2,53	0,88	2,25	0,97	2,53	1,06
2,53	0,90	2,60	1,14	2,63	1,23	2,77	0,99	2,43	0,88	2,77	1,34
....	....	2,70	1,08	2,87	1,26	2,90	1,23	2,64	0,83	2,90	1,56
3,21	1,05	3,45	0,63	3,24	1,32	3,04	1,72	2,77	1,60	3,04	1,84
3,36	0,96	3,57	0,63	3,60	0,93	3,20	1,79	2,90	2,07		
....	....	3,68	0,70	....	....	3,38	2,11	3,04	2,17	3,38	1,77
....	....	3,81	0,69	....	....	3,80	1,49	....	....	3,80	1,54
4,28	0,86	4,31	0,68	4,09	0,88	4,05	1,28				
4,57	0,76	4,66	0,66	4,12	0,84	4,34	1,21				
4,98	0,73	4,91	0,64	4,55	0,89	4,92	1,02				
5,31	0,73	5,36	0,60	5,26	0,65						

Nota. Les nombres soulignés concernent des vitesses très-voisines de celles que M. Russell attribue, dans chaque cas (394), à la grande onde.

420. *Observations particulières relatives aux données de ce tableau.* — Nous n'avons point inscrit, dans le précédent tableau, les nombres fournis par celles des expériences de M. Russell, qui ont concerné de très-faibles ou de très-fortes charges et tirants d'eau ; nous nous sommes attachés aux expériences qui, ayant trait à des profondeurs moyennes d'immersion, pouvaient offrir des suites régulières et suffisamment étendues pour accuser une loi dans la résistance. Les expériences relatives aux bateaux *le Houston* et *le Raith*, n'ayant pas d'ailleurs ce caractère, du moins au même degré que celles qui ont concerné l'*Esquif*, le *Bateau-Onde*, et le *Dirleton*, nous les avons passées sous silence, afin de ne pas trop allonger le tableau et multiplier inutilement les calculs.

Quant aux données fournies par les expériences de M. Macneill, elles sont ici rapportées d'une manière à peu près complète, d'après l'extrait des Tables que M. Minard a traduites en mesures françaises et publiées à la page 129 (2e semestre 1834) des *Annales des Ponts et Chaussées.* Seulement il nous a paru utile de substituer, dans quelques cas, des moyennes aux nombres fournis par les expériences, sur le *Graham* et le *Houston*, qui, ayant concerné des vitesses peu différentes, offraient néanmoins des anomalies assez fortes pour masquer la loi de la résistance, et pour qu'il devînt permis d'en rejeter la cause sur les erreurs mêmes de l'observation. En général, dans les expériences de M. Macneill, comme dans celles de M. Russell, ces anomalies, dans les résultats partiels relatifs à une même vitesse, sont telles que leurs différences avec la valeur moyenne de la résistance surpassent souvent le $\frac{1}{4}$ et même le $\frac{1}{3}$ de cette moyenne ; ce qui peut être attribué non moins au mode particulier d'expérimentation, qu'aux circonstances physiques déjà signalées aux n°s 394 et suivants.

Dans les expériences sur le bateau modèle, entreprises par M. Macneill, dans la Galerie nationale des Sciences pratiques à Londres, le tirage horizontal s'est effectué au moyen de cordes mises en mouvement par une machine à contre-poids ; il en est à peu près ainsi des expériences en grand, de M. Russell, sur le *Bateau-Onde* et le *Dirleton ;* mais peut-être le dispositif, en lui-même fort ingénieux, employé dans ce dernier cas, et qui a quelque analogie avec celui de la machine à contre-poids et à disques tournants de l'Italien Mattei, pour mesurer la vitesse initiale des projectiles, n'offrait-il pas toutes les chances de précision désirables, sous le rapport de l'uniformité du mouvement et de l'appréciation de la résistance. Enfin, dans les autres expériences de ces ingénieurs, le halage des bateaux s'est opéré directement, au moyen de chevaux dont l'irrégularité d'action présente ici des inconvénients d'autant plus graves, que la résistance change très-rapidement avec la vitesse.

421. *Principales conséquences et réflexions critiques sur l'emploi des bateaux rapides et la loi de leur résistance.* — Les incertitudes et les contradictions qui viennent d'être signalées dans le résultat des expériences, ne permettent pas de tirer des conclusions positives relativement à la loi mathématique de la résistance des bateaux rapides et aux avantages qui doivent être attribués, je ne dis pas sous le rapport industriel et commercial, mais sous celui de la diminution même de la résistance, à l'usage exclusif d'une grande vitesse. Que, dans la vue d'augmenter le tirant d'eau, la charge utile, on réduise à $\frac{1}{10}$, comme on le fait généralement, ou même à $\frac{1}{15}$ le rapport de la largeur à la longueur du bateau; on ne voit là rien que de très-avantageux surtout pour les canaux étroits (418); car l'accroissement de frottement dû à un pareil allongement de la carène ne saurait compenser, du moins entre certaines limites, l'avantage inhérent à la diminution de sa section. Que, dans la vue de diminuer les frais du halage par les chevaux, on fasse remorquer les bateaux par des locomotives établies sur chemin de fer, comme on l'a récemment tenté pour l'un des biefs du canal de Forth et Clyde, en Angleterre, il n'y a là encore rien que de très-naturel. Quant à l'usage des grandes vitesses, considéré en lui-même, il est certain qu'il entraîne un accroissement énorme de la résistance et de la fatigue des chevaux, ainsi que l'avait appris le résultat des plus anciennes expériences.

L'ensemble des nombres consignés au tableau ci-dessus montre, en effet, que, pour des vitesses qui n'excèdent pas 2 mètres par seconde, dans les expériences en grand de M. Macneill, et $2^m,50$ à $2^m,80$ dans celles de M. Russell, la résistance est, à peu près, telle qu'on la conclurait de la loi ordinaire,

mais qu'à partir de ces vitesses respectives, qui répondent à
celle du trot ordinaire des chevaux, jusqu'à la vitesse de
3 mètres à 3^m,4o, qui est à très-peu près celle du grand trot,
la résistance croît d'une manière fort irrégulière, et comparativement très-rapide, surtout dans les expériences de M. Russell, où elle surpasse, pour quelques cas, le double de celle
que fournirait la loi du carré de la vitesse ; qu'enfin, si, à
partir de ce point, dont, suivant ce dernier ingénieur, la vitesse différait peu de celle de l'onde solitaire, la résistance suit
comparativement une marche décroissante, il s'en faut de
beaucoup qu'elle descende au-dessous de la résistance assignée
par la loi dont il s'agit, de quantités aussi notables qu'on semblait l'espérer et l'annoncer d'abord. Car, si les résultats obtenus par M. Macneill et quelques-uns de ceux qui l'ont été par
M. Russell, indiquent qu'à la vitesse de 4^m,5 à 5 mètres par
seconde, qui est à peu près la limite de celle qu'on puisse ici
espérer des chevaux, la résistance se trouve réduite aux 0,66
moyennement, de celle qui aurait lieu d'après la loi du carré
des vitesses, tous les autres résultats des expériences du dernier de ces ingénieurs montrent que cette réduction, quand
elle existe, est tout à fait insignifiante, sans compter que le
chiffre des premières est fort contestable, et serait remplacé,
avec plus de chance d'exactitude, par la fraction 0,72 ou 0,75,
attendu (419) qu'il répond, dans le tableau, à des séries de
valeurs de N, dont celles qui concernent les plus faibles vitesses, sont moyennement de 0,1 au moins au-dessous de
l'unité.

Concluons de cette discussion, que si les phénomènes présentés par les *bateaux-poste* sont, en eux-mêmes et sous le
point de vue scientifique, dignes de l'attention la plus sé-
rieuse, il s'en faut qu'ils offrent, sous le rapport des réductions
comparatives de la résistance à de grandes vitesses, et abstraction faite des avantages inhérents à la forme, aux dimensions
mêmes des bateaux, le degré d'intérêt et d'importance industrielle qu'on a voulu leur accorder dans ces dernières années;
et, pour tout dire en un mot, la seule conséquence positive
qu'il soit permis de tirer, quant à présent, du résultat des
expériences anglaises, c'est que s'il devient avantageux, pé-
cuniairement parlant, de marcher rapidement dans certaines

circonstances, il convient de faire prendre aux bateaux une allure assez vive pour ne pas tomber dans des vitesses trop voisines, en dessous, de celles pour lesquelles l'onde solitaire tend à se former et à sé maintenir avec régularité.

422. *Expériences de M. Morin sur les bateaux prismatiques,* *avec proue et poupe pyramidales raccordées cylindriquement* (*Pl. III, fig.* 69 et 70). — L'un de ces bateaux, dont la forme était généralement celle des bateaux d'équipages de ponts militaires, a reçu diverses rallonges qui ont permis d'étudier l'influence particulière de la longueur sur la résistance. Ils ont tous été mis en mouvement dans un fossé de la fortification de Metz, ayant 1 mètre de profondeur d'eau moyenne et 30 mètres de largeur, tandis que la largeur des bateaux a seulement varié entre $0^m,7$ et $1^m,7$. Les phénomènes observés dans ces circonstances particulières ont été analogues à ceux que nous avons déjà décrits d'après M. J. Russell, si ce n'est que le pan coupé en dessous, de l'avant des bateaux, donnait ici lieu à deux gerbes latérales qui tendaient à augmenter l'évidement, la dépression sur les côtés de la proue et les longues faces qui s'y raccordent. La vitesse a été imprimée à ces mêmes bateaux, tantôt au moyen d'une machine à contre-poids, tantôt à l'aide de chevaux dont l'allure irrégulière, jointe aux inconvénients inhérents à l'obliquité de la proue (395), était très-défavorable au succès des expériences. Aussi ne doit-on pas être surpris des incertitudes offertes par les résultats, et de la bizarrerie des lois qu'ils suivent.

En prenant pour abscisses les vitesses et pour ordonnées les résistances correspondantes, mesurées directement dans chaque cas, M. Morin, chargé spécialement de la direction de ces expériences, a généralement obtenu des courbes à point d'inflexion, dans le genre des *paraboles cubiques*, c'est-à-dire en forme d'*S*, et qui d'abord, convexes vers l'axe des abscisses, comme le veut la loi parabolique ordinaire (393), deviennent ensuite concaves, sans cependant donner lieu à un sommet ou maximum d'ordonnées. Ces ordonnées continuent, en effet, à croître, comme dans toute la partie des courbes voisines du point d'inflexion, avec une rapidité variable d'une série d'expériences à l'autre et sans relation nécessaire ou apparente avec la hauteur d'immersion. le *tirant* d'eau du bateau, et sa longueur : celle-ci, notamment, n'a pas semblé exercer une influence appréciable sur l'intensité de la résistance, quoiqu'elle ait varié entre 8 et 17 fois la largeur, et que son augmentation ait donné lieu à une diminution sensible de l'inclinaison et de l'étendue de surface exposée à l'action de l'eau.

M. Morin ayant relevé, avec beaucoup de soin et par des moyens suffisamment précis, l'inclinaison dont il s'agit, la profondeur d'immersion effective sous chaque vitesse et l'aire de la section transversale correspondante, a pu, dans les nombreux tableaux qui accompagnent son Mémoire, calculer le rapport de la résistance effective au produit de cette aire par le carré de la vitesse; mais les résultats n'ont pas offert, pour cela, une loi plus régulière, plus facile à représenter par une formule, que si l'on se fût borné à prendre, pour l'aire transversale immergée, celle que l'on considère ordinairement, et qui, étant relative à l'état de repos, est beaucoup plus facile à mesurer. Cette dernière aire se trouvant soigneusement indiquée dans les tableaux, sa connaissance permettrait de calculer une nouvelle Table des valeurs du coefficient k, de la formule $R = kp A \dfrac{V^2}{2g}$; mais, à cause des incertitudes attachées aux résultats, nous nous contenterons de remarquer : 1° que, pour les différentes formes de bateaux soumis à l'expérience, avec ou sans rallonges, les valeurs de k ont généralement peu différé de 0,20 pour les plus petites vitesses, comprises entre $1^m,20$ et $1^m,50$ par seconde; chiffre notablement moindre que celui auquel on serait conduit (416) par le résultat des expériences de Bossut; 2° que les plus grandes valeurs de k ont eu lieu pour des vitesses comprises entre $2^m,6$ et 3 mètres, et se sont élevées jusqu'à 1,15 pour les bateaux d'équipages de ponts, et à 0,95 moyennement, pour les autres, avec ou sans rallonges, ces mêmes valeurs paraissant généralement croître d'ailleurs avec la profondeur d'immersion; 3° enfin que, pour les vitesses de 4 à 5 mètres par seconde, le coefficient dont il s'agit peut descendre jusqu'à la valeur 0,5 ou 0,6 dans les cas les plus favorables, et demeure ainsi toujours supérieur, de beaucoup, à celui qui convient aux plus faibles vitesses.

423. *Expériences de M. Morin, sur le bateau-poste de Paris à Meaux.* — Ce bateau, en forte tôle, et qui offre une forme et des proportions analogues à celles (*Pl. III, fig.* 57 et 58) des bateaux qui naviguent sur le canal de Paisley en Ecosse, a $1^m,86$ de largeur, $0^m,74$ de profondeur et $22^m,7$ de longueur ; il peut porter jusqu'à 80 ou 85 personnes, y compris l'équipage, et marche ordinairement à la vitesse de 3 lieues à l'heure, traîné par trois chevaux dont le relai est d'environ 3800 mètres. Les expériences ont eu lieu alternativement sur le canal de l'Ourcq et le canal Saint-Denis, dont le premier offrait une section beaucoup plus faible que le second, réunie à une pente qui donnait aux eaux une vitesse de $0^m,25$ à $0^m,3$ par seconde ; ce qui n'a pas empêché que la résistance, à vitesse relative égale, n'ait été plus grande dans le dernier canal et pour les circonstances où le placement du bateau, au sommet de l'onde, rendait sa marche la plus convenable. Cette vitesse s'écartait elle-même assez peu de $4^m,3$ par seconde à la descente, et de $3^m,8$ à la remonte : au-dessous de ces limites respectives, le bateau était soulevé à l'avant ; il s'inclinait par suite de sa tendance à marcher derrière l'onde, et la résistance passait souvent du simple au double, comme dans les expériences de M. J. Russell ; mais, à l'inverse de ce qui a été avancé par cet ingénieur, avec de l'adresse et de la persévérance, on a pu souvent faire remonter le bateau sur le sommet de l'onde, et l'obstacle n'est point infranchissable comme il le prétend.

D'ailleurs les vitesses les plus convenables dont il vient d'être parlé, sont sensiblement moindres que celles qui, d'après la règle de M. Russell (394), correspondent à la moitié de la profondeur du canal aux divers points (ici $1^m,3$ et 2 mètres), et M. Morin, en remarquant, d'après le résultat de ses propres expériences, que l'onde peut être formée à des vitesses beaucoup moindres, dépendantes uniquement de celles du bateau, explique la difficulté de la marche, à ces dernières vitesses, par l'allure indécise des chevaux qui sont alors contraints de cheminer au petit trot. Quant à nous, qui n'admettons pas non plus la règle de M. Russell, il nous semble à peu près évident (397), que la disparition des ondes accessoires, la formation de l'onde calme, solitaire, ont lieu à une vitesse constante et sensiblement indépendante de la forme et des dimensions du canal. La remorque régulière à l'aide de machines à vapeur, mettra sans doute, bientôt à même de décider la question d'une manière plus positive.

En attendant, voici les moyennes des résultats obtenus, par M. Morin, pour la marche la plus avantageuse du bateau au sommet de l'onde :

Canal de l'Ourcq..... $R = 10{,}54\,A\,(V\pm v)^{2}\,^{kg}$, $k = 0{,}207$;

Canal de Saint-Denis. $R = 13{,}80\,A\,V^{2}\,^{kg}$, $k = 0{,}271$,

$V + v$ représentant ici (382), pour le canal de l'Ourcq, la vitesse à la remonte, et $V - v$ à la descente ; A, en général, l'aire de la plus grande section immergée au repos, enfin k le coefficient de la formule $R = k p A H$.

Le rapprochement de ces résultats avec ceux du précédent numéro et du n° 417, qui concernaient les faibles vitesses de bateaux offrant une forme à peu près aussi avantageuse que celle des bateaux-poste, semble permettre de conclure que, même sous de très-grandes vitesses, et précisément pour celles qui rendent la marche la plus facile, la résistance n'est ni plus ni moins forte que ne l'indiquent les anciennes formules et l'ancienne théorie. Ainsi, les conséquences offertes par le résultat des expériences de M. Morin restent à peu près les mêmes que pour les expériences anglaises (421). Quant aux développements dans lesquels nous sommes entrés, ils trouvent leur excuse dans l'importance et la nouveauté du sujet.

Résistance des corps anguleux ou arrondis, de diverses formes, mus dans un fluide indéfini.

424. *Résultats des anciennes expériences sur la résistance comparée de ces corps.* — Borda, Hutton et Vince ont entrepris des expériences dans la vue de découvrir spécialement l'influence de la forme de différents corps pleins, ou sortes de proues et poupes isolées, tels que prismes ou coins triangulaires à faces planes et courbes, cônes droits circulaires, demi-cylindres, sphères entières et demi-sphères, qu'ils faisaient mouvoir circulairement suivant leurs axes ou plans de symétrie, dans l'eau ou dans l'air, sous des vitesses médiocres et

de manière à leur faire présenter alternativement la saillie ou
convexité, et la base, ou le plan diamétral, à l'action directe
du milieu. Les résultats auxquels ils sont parvenus en comparant, pour chaque cas spécial, la résistance sur la convexité
à celle sur la base, sont consignés dans le tableau suivant, où ·
le prisme triangulaire, à faces courbes, et le demi-cylindre, à
face elleptique, désignent, le premier, un prisme dont l'angle
au sommet (*Pl. III, fig.* 72, n° 416), était formé par la rencontre
de deux arcs circulaires de 60 degrés, décrits des extrémités
de la base, comme centres ; le second, un cylindre ayant pour
section transversale une demi-ellipse circonscrite au triangle
équilatéral formé sur cette base, et dont la saillie était ainsi
les 0,87 environ de la largeur.

RAPPORT DE LA RÉSISTANCE :

Du coin triangulaire à faces planes, à celle de sa base rectangulaire, l'angle au sommet étant de
- 90° Borda........ 0,728
- 60° (Id.)......... 0,520

Du coin triangulaire à faces courbes, à celle de sa base rectangulaire (Borda) 0,390

Du demi-cylindre à base elliptique à celle de sa base rectangulaire (Borda) 0,430

Du demi-cylindre circulaire à celle de sa base rectangulaire (Borda) 0,570

De la convexité du cône à celle de sa base circulaire, l'angle au sommet étant de
- 90° (Borda)...... 0,691
- 60° (Id.) 0,543
- 61°24' (Hutton)... 0,433

De la demi-sphère à celle de la sphère entière (Borda et Hutton) 0,990

De la demi-sphère à celle de son plan diamétral :
- Moy^{me} d'après Borda 0,405
- Hutton 0,413
- Vince 0,403

425. *Observations diverses sur ces résultats.* — On doit regretter que les résistances de chaque espèce n'aient point été
comparées directement à celles de plans minces, de même
forme et surface, que les bases des divers corps indiqués au
tableau, car elles eussent mis à même d'apprécier l'influence
comparative des poupes isolées. Tout ce qu'il est permis de
conclure de l'ensemble des résultats obtenus par Hutton, dans
des circonstances qui, malheureusement, ne peuvent pas être
considérées comme absolument identiques, c'est que la pre-

mière de ces résistances, celle des plans minces, eût été généralement trouvée un peu moindre que la seconde, celle des
mêmes plans accompagnés de leurs poupes, et cela dans une
proportion d'autant plus sensible que la saillie de cette poupe
eût, elle-même, été plus grande par rapport aux dimensions
transversales de sa base. C'est ainsi, par exemple, que, pour
les bases de l'hémisphère et du cône soumis à l'expérience
par Hutton, la résistance, dans l'air, et sous des vitesses de 3
à 4 mètres, a surpassé de 0,01 et 0,02 environ, de sa valeur,
celle du plan mince correspondant; ce qui est sensiblement
d'accord avec le résultat qu'on déduirait des données d'expériences et de la formule rapportées au n° 414, d'après M. le
colonel Duchemin, pour le cas des prismes, lorsque, dans la
vue de découvrir spécialement la part d'influence due à la
saillie d'une poupe adaptée à un plan mû perpendiculairement
dans un fluide en repos, on a le soin de prendre cette saillie
pour la valeur de L dans la formule.

On peut aussi remarquer, avec cet officier supérieur, que
les nombres offerts par les résultats des expériences de Borda
et de Hutton, sur la résistance des prismes triangulaires et
des cônes, suivent, à très-peu près, la loi du sinus des demi-
angles aux sommets ou des angles d'incidence, à cela près
encore de l'influence particulière et ici très-faible, due à l'allongement même de chacun des corps. Ces différentes circonstances, jointes à ce que le rapport des résistances doit, d'après
les observations du n° 401, rester à peu près le même dans le
mouvement rectiligne et le mouvement circulaire, permet-
traient de déterminer, par le calcul, la résistance absolue des
corps indiqués au tableau ci-dessus, si celle des plans minces
était exactement connue. Prenant, par exemple, avec M. Duchemin (414), $k = 1,254$ pour les coefficients des plans
minces, mus directement dans l'air ou dans l'eau, celui de la
sphère entière serait moyennement (424)·

$$0,407 \times 1,01 \times 1,254 = 0,411 \times 1,254 = 0,516;$$

ce qui s'écarte peu de la valeur la plus probable de ce coefficient, comme on le verra bientôt. La résistance du cylindre
circonscrit à la sphère serait, dans ces mêmes hypothèses,
$\frac{1}{2} \times 0,516 = 1,29$ à très-peu près.

426. *Résultats des anciennes expériences relatives aux sphères.* — Il convient toujours de distinguer entre eux les résultats des expériences qui ont concerné le mouvement circulaire et le mouvement rectiligne.

Expériences de Borda et de Hutton, relatives au mouvement circulaire. — Pour des sphères de 5 à 6 pouces de diamètre, mues circulairement dans l'air ou dans l'eau, à l'extrémité d'un volant dont le rayon différait peu de $1^m,3o$, Borda et Hutton ont trouvé, sous des vitesses médiocres,

$$R = kp\,AH \quad \text{et} \quad k = o,56, \quad k = o,594,$$

respectivement. Hutton prend exactement $k = o,6o$, pour les vitesses de 2 mètres par seconde, dans l'air, et il fait remarquer que la résistance doit être augmentée de $\frac{1}{7}$ environ, quand on passe d'une sphère de $o^m,121$ de diamètre à une autre de $o^m,162$; circonstance qu'il faut toujours attribuer (391) à la nature particulière du mouvement (*); car, dans d'autres expériences relatives au mouvement rectiligne de sphères ou projectiles dont les diamètres ont varié entre 2,00 et 3,55 pouces ng lais, les valeurs de k n'ont elles-mêmes varié que de $\frac{1}{25}$ à $\frac{1}{35}$ sous des vitesses de 36o à 51o mètres par seconde.

Anciennes expériences de Désaguilliers et de Newton sur la chute verticale de globes dans l'air et dans l'eau (**). — Le résultat de ces expériences, où le mouvement était varié, a été soumis au calcul, par Dubuat, en ayant égard (380 et 382) à l'influence de la proue et de la poupe fluides (*Principes d'Hydraulique,* 3e Partie, art. 52g, 55o et 562). Pour les expériences

---

(*) Pour le cas des sphères, la formule de la Note du nº 399 devient, d'après M. Duchemin,

$$k' = k\left[1 + \frac{1,6244\,r}{k\left(l - \frac{4r}{3\pi}\right)}\right],$$

dans laquelle r désigne le rayon de la sphère, l la distance de son centre à l'axe, π le nombre $3,1416$, k le coefficient de la résistance dans le mouvement rectiligne, que l'Auteur suppose ici égal à $\frac{2}{5} \times 1,28$ ou aux $o,4$ de celui du cylindre circonscrit à la sphère (425), d'après les données d'une théorie particulière de la résistance des corps ronds.

(**) Livre II des *Principes mathématiques de la philosophie naturelle.*

entreprises par Newton seul, sur la chute verticale, dans l'eau, de différents globes de 6 à 15 lignes de diamètre, la valeur de k a varié depuis 0,457 jusqu'à 0,60, même en rejetant les expériences anomales, et l'on avait moyennement $k = 0,523$ pour des vitesses inférieures à $0^m,8$, par seconde; néanmoins Dubuat admet, d'après le résultat de ses vues théoriques et expérimentales, la valeur $k = 0,50$, qui se rapproche beaucoup de la moyenne des résultats fournis par d'autres expériences de Désaguilliers, aidé de Newton, sur la chute, dans l'air, de globes de 5 pouces environ de diamètre, expériences pour lesquelles k n'a varié qu'entre 0,497 et 0,516, sous des vitesses finales d'environ 4 mètres par seconde.

Mais ces dernières expériences, exécutées à l'aide de vessies rendues à peu près sphériques, lors de l'insufflation, présentent beaucoup d'incertitudes, et elles sont contredites par le résultat de celles entreprises antérieurement par Newton, sur la chute verticale, dans l'air, de globes en verre de même diamètre, expériences qui ont donné, toujours d'après les calculs de Dubuat, $k = 0,537$ moyennement, sous des vitesses de 0 à 9 mètres par seconde. Si une pareille différence, dans les résultats, ne devait pas être purement rejetée sur la différence même de forme et de nature des globes, il faudrait nécessairement attribuer l'accroissement du coefficient k, dans les dernières expériences, à l'augmentation de la vitesse et aux incertitudes inhérentes à la détermination de la véritable densité de l'air.

Expériences de M. Beaufoy relatives au mouvement rectiligne uniforme. — Dans ces expériences, où une sphère de 1 pied environ de diamètre a été mue horizontalement sous la surface de niveau d'un bassin d'eau, on a eu, d'après les calculs de M. Morin, $k = 0,370$; mais nous avons déjà fait remarquer (395) combien ces expériences offrent d'incertitudes.

427. *Résultats des récentes expériences de MM. Piobert, Morin et Didion.* — Une première série d'expériences, exécutées à Metz, en 1836, par ces officiers, sur des globes de diverses dimensions, mus verticalement dans l'eau avec des

vitesses uniformes de o à 5 mètres par seconde, les ont conduits à représenter la résistance de ces globes par la formule

$$R = 0^{ks},934 \frac{\pi d^2}{2} + 22,05 \frac{\pi d^2}{4} V^2$$

analogue à celle du n° 403, et dans laquelle $\frac{1}{2}\pi d^2$ désigne la surface frottante ou antérieure de la sphère, et $\frac{1}{4}\pi d^2$ l'aire de la section transversale de son grand cercle.

Pour des vitesses au-dessus de 3 mètres, on pourrait ainsi prendre, à moins de $\frac{1}{100}$ près, en négligeant le terme relatif au frottement,

$$R = 22,05 \frac{\pi d^2}{4} V^2 = 22,05 \, A V^2;$$

ce qui donne au coefficient de la formule $R = kp AH$, la valeur 0,432, qui paraîtra bien faible en comparaison des précédentes.

Les expériences dont il s'agit ont été étendues d'ailleurs à des corps de formes très-variées, notamment à des cylindres armés ou non de cônes et d'hémisphères à leurs parties postérieure et antérieure; les résultats qu'elles offrent s'écartent généralement beaucoup de ceux jusque-là obtenus pour des corps de forme analogue. Ainsi, par exemple, la résistance des cylindres circonscriptibles à une sphère et mus suivant leur axe, y a été trouvée plus du quadruple de celle de la sphère inscrite, à vitesse égale; ce qui conduirait à la valeur $k = 1,825$, qu'il est impossible d'admettre. Ces motifs et ceux qui ont déjà été déduits au n° 405, pour le cas des surfaces planes, nous déterminent à passer sous silence les résultats dont il s'agit, en attendant les vérifications ultérieures auxquelles MM. Piobert, Morin et Didion ne manqueront pas de les soumettre.

Dans d'autres expériences sur la pénétration de projectiles en fonte, de divers diamètres et densités, au travers d'un bassin d'eau à peu près indéfini et parallèlement à sa surface de niveau, ces mêmes observateurs ont trouvé que, sous des vitesses initiales de 80 à 550 mètres par seconde, et des diamètres d, qui ont varié entre 3 et 6 pouces, on parvenait à représenter, d'une manière suffisamment exacte, les portées ou amplitudes des pénétrations, en prenant pour formule de la résistance

$$R = 23,06 \frac{\pi d^2}{4} V^2 = 0,452 p A V^2,$$

et négligeant, d'ailleurs, tant la considération du choc vif qui s'opère à l'entrée des projectiles dans le bassin, aux instants où le régime, la permanence des filets (379), ne sont point encore établis, que l'influence des masses liquides (380 et 382) qui accompagnent le corps dans le surplus de son mouvement (*). D'après cette formule, on aurait donc moyennement, $k = 0,452$, nombre qui surpasse de très-peu le résultat ci-dessus, relatif aux faibles vitesses.

(*) M étant la masse et V_1 la vitesse initiale du projectile, M' la masse de la proue et de la poupe fluides qui l'accompagnent après les premiers instants du choc, calculée comme on l'a dit au n° 380, U enfin la vitesse commune à ces masses à la fin de ce choc, il semble qu'en faisant d'ailleurs abstraction des effets de réaction occasionnés par l'inertie et l'élasticité de volume (17 et 18) des masses environnantes, qui, à ces premiers instants, jouent un très-grand rôle, il soit ici permis de supposer que le partage des quantités de mouvement entre M et M', s'opère comme dans le cas de deux corps libres (155 et 158), privés d'élasticité, et qui acquièrent ainsi, vers la fin du choc, une vitesse commune

$$U = \frac{M}{M + M'} V_1,$$

en vertu de laquelle le mouvement retardé de la masse totale M + M' a lieu suivant les lois ordinaires (382), et d'où résulte, d'ailleurs, une perte de force vive initiale mesurée (161) par l'expression

$$\frac{M'}{M + M'} M V_1^2.$$

Ainsi, par exemple, le volume du liquide entraîné étant (380) les 0,6 environ de celui du projectile, et la densité de ce dernier étant supposée (35) 7,2 fois environ celle de l'eau, on aura M : M' :: 7,2 : 0,6 × 1 et partant

$$M' = \frac{0,6}{7,2} M = \frac{1}{12} M, \quad U = \frac{12}{13} V_1 = 0,92 V_1, \quad \frac{M'}{M + M'} M V_1^2 = \frac{1}{13} V M_1^2,$$

de sorte que la perte de force vive serait le $\frac{1}{13}$ de la force vive initiale du projectile, et la vitesse qu'il conserve avec la proue fluide les $\frac{12}{13}$ de celle qu'il possédait avant le choc. Dans la réalité, la perte de vitesse et de force vive doivent être plus grandes, à cause de la réaction des masses environnantes et du rejaillissement brusque du liquide, qui aurait lieu, en sens contraire du mouvement, dans le cas où le projectile serait introduit dans le milieu, normalement à sa surface libre ou de niveau.

Ces dernières expériences ont, de plus, donné lieu à diverses remarques fort curieuses sur la nature des mouvements excités, soit à la surface, soit à l'intérieur du milieu, dont l'incompressibilité presque parfaite a, ici, occasionné des effets de réaction très-puissants, sur les parois solides et libres du bassin. En ce qui concerne particulièrement les effets subis par les projectiles, les Auteurs ont trouvé qu'à la vitesse de 300 à 400 mètres, par seconde, pour les obus creux de 12, et à celle de 250 mètres environ pour les obus de 6 pouces, ils étaient presque tous brisés dans leur choc contre le liquide. Enfin ces expériences ont montré clairement l'influence de la masse liquide qui accompagne les projectiles dans leur mouvement, ou plutôt celle du courant postérieur qui constitue léur sillage : ce courant les a entraînés bien au delà de la position qu'ils eussent naturellement atteinte, et, parfois, il les faisait dévier latéralement et dans une direction presque perpendiculaire à celle de la vitesse initiale, vers la fin de leur course.

Lois de la résistance de l'air à de grandes vitesses.

428. *Recherches de Robins et de Hutton.* — Les résultats jusqu'ici exposés pour l'air, ne concernent que de médiocres vitesses, comprises depuis 1 jusqu'à 7 ou 8 mètres, par seconde; mais nous avons averti (389) que la loi de la résistance changeait, d'une manière sensible, pour des vitesses beaucoup plus grandes, telles que celles des projectiles sphériques de l'artillerie. Robins et, surtout, son continuateur, Hutton ont entrepris des expériences suivies dans la vue de découvrir cette loi. D'après ce dernier Auteur, les valeurs du coefficient k de la formule

$$R = kpAH = kpA \frac{V^2}{2g},$$

seraient données approximativement, par cette Table :

V	k	V	k	V	k
1^m	0,59	25^m	0,67	300^m	0,88
3	0,61	50	0,69	400	0,99
5	0,63	100	0,71	500	1,04
10	0,65	200	0,77	600	1,01

Hutton a aussi essayé de représenter le résultat de ses expériences par une formule empirique, mais cette formule, de même que les nombres ci-dessus, a été obtenue à l'aide de méthodes d'interpolation qui laissent beaucoup à désirer, et dont les résultats ne s'accordent pas exactement avec les effets naturels, surtout lors des faibles et des grandes vitesses. Pour celles-ci, comme l'a remarqué M. Piobert, le coefficient k a principalement été déterminé par les plus faibles des résultats de l'expérience et non par leur moyenne, de sorte que l'existence du maximum de k n'est rien moins que démontrée. Quant aux petites vitesses, on peut juger, par ce qui précède (426), que les valeurs de k, indiquées au tableau ci-dessus, par cela même qu'elles ont été obtenues au moyen d'une machine de rotation, sont sensiblement trop fortes quand il s'agit du mouvement rectiligne. Enfin ces données ne mettent point en mesure de tenir compte de l'influence qui, d'après les expériences assez peu certaines de Hutton (426), pourrait être due à l'agrandissement du diamètre des projectiles.

Sous ces différents points de vue, et pour l'avantage des personnes qui s'occupent de balistique, nous croyons utile de mentionner les résultats des recherches spéciales entreprises par MM. Piobert et Duchemin sur cette matière, résultats qui se trouvent consignés dans les Mémoires qu'ils ont présentés au concours de 1836, pour le grand Prix de Mathématiques de l'Académie des Sciences.

429. *Recherches de M. Piobert.* — La discussion approndie et comparative des résultats fournis directement par les expériences de Robins et de Hutton, sur les projectiles d'un petit calibre, lancés dans l'air à de grandes vitesses, et par celles de Newton, Désaguilliers, Borda, sur les sphères d'un plus grand diamètre, mues circulairement à de petites vitesses, cette discussion a conduit M. Piobert à représenter leur ensemble avec une approximation très-suffisante pour les applications pratiques, par la formule

$$R = 0,003 A + A(1 + 0,0017 V) V^2 \sqrt{0,012 A + 0,00121},$$

sous la température et la pression atmosphérique ordinaires ou moyennes, pour lesquelles la densité p de l'air est sup-

posée de $\frac{1}{850} \times 1\,000^{kg}$, ou $1^{kg},176$ environ, V représentant toujours la vitesse par seconde, et A la surface d'un grand cercle
du projectile, évaluées en mètres linéaires ou carrés.

Le premier terme, le terme indépendant de la vitesse dans
cette formule, proviendrait essentiellement du frottement ou
de l'adhérence du mobile et de l'air; il varierait essentiellement avec la nature de la substance et le degré de poli de ce
mobile; le facteur $\sqrt{0,012\,A + 0,00121}$, également indépendant
de la vitesse, serait relatif à l'accroissement de la résistance,
par rapport à l'étendue des surfaces frottantes (426); enfin le
facteur $1 + 0,0017\,V$ devrait, conformément à ce qui a été
exposé au n° 389, provenir spécialement de l'accroissement de
densité subi par le fluide, en avant du boulet.

Nous ne nous permettrons qu'une seule remarque sur cette
formule; c'est qu'en y faisant entrer la considération des résultats de Borda et de Hutton, relatifs à la résistance dans les
mouvements circulaires, il est à craindre qu'elle n'attribue
une influence, tantôt trop grande et tantôt trop faible, aux
dimensions transversales des projectiles. L'Auteur, au surplus,
a reconnu par lui-même, que cette formule donnait des résultats un peu trop forts pour les plus gros calibres de l'artillerie
et les petites vitesses; il pense qu'en attendant la fin des nouvelles expériences entreprises, à Metz, par la *Commission du
tir des bouches à feu*, on pourra s'en servir avantageusement
pour les calibres en usage, toutes les fois qu'il s'agira de
grandes vitesses initiales.

430. *Recherches de M. Duchemin.* — Cet officier supérieur,
qui n'admet nullement, comme on l'a vu (391), l'influence
des dimensions absolues des projectiles, est arrivé, à l'aide de
considérations fondées en partie sur le raisonnement, en partie
sur les données de l'expérience, à la formule

$$R = k A p \left(1 + \frac{V}{V'}\right)\frac{V^2}{2g} = 0,512\,A p \left(1 + \frac{V}{V'}\right)\frac{V^2}{2g},$$

applicable également aux projectiles sphériques de l'artillerie,
et dans laquelle k, A, p, V ont les significations que nous leur
avons constamment attribuées, et $V' = 416^m,34$ représente la
vitesse de rentrée de l'air dans le vide absolu, pour les circon-

stances atmosphériques ordinaires (Note du n° 389). Mais ce résultat, dans lequel le facteur $\left(1 + \dfrac{V}{V'}\right)$ porte principalement sur la densité p de l'air, n'aurait lieu que pour les vitesses V inférieures à V'; et, passé ce terme, il conviendrait de remplacer ce facteur variable par le nombre constant 2, attendu que M. Duchemin suppose, avec Robins, Euler, Hutton et Lombard, que la densité du fluide cesse elle-même de croître à l'instant dont il s'agit. Les résultats ci-dessus de Hutton semblent indiquer, en effet, qu'aux environs de cette même vitesse $V' = 416^m,34$, les valeurs du coefficient k atteignent leur limite supérieure; mais, en admettant l'existence de cette limite, qui n'est nullement démontrée comme on l'a vu, il répugne mathématiquement de supposer que les valeurs de k demeurent ensuite constantes au lieu de décroître pour des vitesses de plus en plus grandes, conformément aux hypothèses de Hutton; il est évident que la continuité ne peut être ainsi rompue, et que, sous ce point de vue tout au moins, l'hypothèse de M. Duchemin demanderait à être soumise à des vérifications ultérieures, aussi bien que la formule ci-dessus de M. Piobert, où le facteur $(1 + 0,0017\,V)$ est censé croître indéfiniment avec la vitesse du projectile. Les expériences délicates et précises commencées depuis plusieurs années, à Metz, sous la direction spéciale de ce savant officier et de M. Morin, expériences continuées avec la même persévérance et le même succès par M. Didion, aidé principalement de MM. Perronnier, Boileau et Virlet, ces expériences viendront bientôt, sans doute, dissiper toutes les incertitudes relatives à la véritable loi de la résistance des projectiles dans les mouvements rapides (*).

(*) M. le Général Didion (*Traité de Balistique;* Paris, 1860), en interpolant les résultats obtenus à Metz par la Commission des principes du tir (1839 à 1840), a été conduit à la formule suivante, pour des vitesses comprises entre 300 et 500 mètres :

$$R = A \times 0,027\,V^2\,(1 + 0,0023\,V).$$

M. Hélie (*Traité de Balistique expérimentale*) propose les deux formes suivantes :

$$R = A \times 0,039\,V^2\,(1 + 0,00000203\,V^2)$$

et

$$R = A \times 0,00217\,V^{\frac{5}{2}};$$

*Questions concernant la résistance et le mouvement uni-
formes des corps dans l'eau et dans l'air.*

431. *Préparation de la formule, calcul de la densité des
gaz.* — Les applications les plus ordinaires des règles du
n° 382 concernent l'air et l'eau; il est donc nécessaire de
déterminer d'abord la valeur de la densité p qui leur correspond. Nous avons vu (34) que, pour l'eau, on a sensiblement
$p = 1000^{ks}$ dans les cas ordinaires; quant au poids du mètre
cube d'air, il varie (40) avec la température et la pression
barométrique, et il devient nécessaire de le calculer dans
chaque cas particulier, comme il suit.

Supposons que la température actuelle de l'air soit de 12 degrés centigrades, et que la colonne de mercure qui, dans le
baromètre, mesure la tension de cet air, soit de 75 centimètres, ce qui est, à peu près, la température et la pression
moyennes qui répondent à l'automne et au printemps dans
notre climat. Suivant la Table du n° 40, la densité ou le poids
du mètre cube d'air à zéro de température et 76 centimètres
de pression est de $1^{ks},2991$; cherchant donc, d'après la loi
de Mariotte (16 et 87), et celle de Gay-Lussac (26), quel volume occuperait cette même quantité d'air à la pression et à la
température ci-dessus, nous en conclurons aisément sa densité, son poids sous l'unité de volume. Supposons d'abord
que la pression $0^m,76$ restant la même, la température s'élève

---

d'après les résultats, de nouvelles expériences, faites par la Commission du
tir (1856 à 1857), à l'aide de l'appareil électro-balistique, on aurait

$$R = A \times 0,0001416 \, V^2.$$

Des recherches expérimentales, entreprises de 1859 à 1861 par la Commission
de la Marine, sur des boulets allongés, ont conduit à la formule $R = AKV^2$,
A représentant la section de la partie cylindrique; le coefficient K varie un
peu avec la forme du projectile (*Traité de Balistique* de M. Hélie).

M. Le Boulengé (*Études de Balistique expérimentale;* Bruxelles, 1868) propose la formule

$$R = A \times 0,00006468 \, V^2.$$

M. Magnus (Berlin, 1852), M. Rutzky (Vienne, 1861), et le Général russe
Magesski (*Revue technologique militaire;* 1865) ont étudié l'influence de la
résistance de l'air sur la déviation des projectiles. (K.)

à 12 degrés, le volume, à zéro, deviendra (26), puisqu'ici le gaz est libre de se détendre sous cette pression,

$$1^{mc} + 12 \times 0^{mc},00375 = 1^{mc} + 0^{mc},045 = 1^{mc},045.$$

Cherchant, de même, ce que ce dernier volume devient à la pression de $0^m,75$, on aura, d'après la première des lois citées, la proportion

$$75^c : 76^c :: 1^{mc},045 : x = 1^{mc},045 \times \frac{76}{75} = 1^{mc},059.$$

Mais ce volume d'air pèse $1^{kg},2991$; donc 1 mètre cube d'air pareil pèsera $\frac{1^{kg},2991}{1,059} = 1^{kg},2267$, et par conséquent, c'est là aussi la densité de l'air à la température de 12 degrés et sous une pression barométrique de 75 centimètres; celle de l'eau étant 1000 kilogrammes, on voit que la première est environ les $\frac{1,2267}{1000} = 0,001227$, ou $\frac{1}{815}$ de la seconde, tandis qu'à zéro et sous 76 centimètres de pression elle en est les $\frac{1,2991}{1000} = \frac{1}{770}$ à très-peu près, d'après le résultat des pesées rigoureuses de MM. Biot et Arago.

La plupart des Auteurs qui se sont occupés de balistique, ont pris la densité moyenne de l'air égale à $\frac{1}{850}$ de celle de l'eau, comme on peut le voir par l'exemple du n° 429; ce qui suppose la température un peu plus forte et la tension barométrique un peu moindre que 12 degrés et 75 centimètres.

En général, si nous nommons n le nombre des degrés centigrades qui indiquent, à un certain instant, la température de l'air, et h la hauteur barométrique, *en centimètres*, qui répond à sa tension, on trouvera, en raisonnant absolument comme on vient de le faire dans un cas particulier, que la densité p, ou le poids du mètre cube de cet air, aura pour valeur la quantité

$$p = \frac{h}{76} \times \frac{1^{kg},2991}{1 + 0,00375\,n}, \quad \text{ou} \quad p = \frac{0,0171\,h}{1 + 0,00375\,n};$$

formule qui donnera de suite cette densité sans passer par la série des raisonnements ci-dessus, et qui permettra aussi de calculer la densité d'un autre gaz quelconque, en y remplaçant le poids $1^{kg},2991$ de l'air à zéro et 75 centimètres de pression, par celui qui, dans la Table du n° 40, répond au gaz dont il s'agit. Il est d'ailleurs entendu, relativement aux vapeurs (3 et 5), que leur quantité est supposée rester la même (16); c'est-à-dire, que cette quantité n'est ni augmentée par la vaporisation d'une nouvelle portion de liquide, ni diminuée par la condensation d'une portion même de la vapeur.

D'après ces données, la formule générale du n° 382, qui sert à calculer la résistance uniforme des fluides, deviendra pour l'eau ordinaire, V étant toujours la vitesse relative et H la hauteur qui correspond,

$$R = 1000\,k\,AH = \frac{1000}{2 \times 9^m,8088}\,k\,AV^2 = 51\,k\,AV^2,$$

à très-peu près. Pour l'air considéré dans les circonstances atmosphériques ci-dessus, c'est-à-dire à 12 degrés centigrades de température et 75 centimètres de pression barométrique, on aura

$$R = 1,2267\,k\,AH = \frac{1,2267}{19,6176}\,k\,AV^2 = 0,06253\,k\,AV^2;$$

ce qui diminuera le nombre des opérations à effectuer dans chaque cas particulier.

432. *Exemples concernant la navigation des bateaux sur les canaux et les rivières à grande section.* — Considérons un des grands bateaux qui naviguent sur la Moselle, et dont la forme, assez avantageuse, est à peu près telle que l'indique la *fig.* 74, *Pl. III*, en plan, coupe et élévation. Supposons que sa plus grande largeur, prise extérieurement et au niveau de l'eau ou de la *flottaison*, soit de 3 mètres; que la profondeur du fond au-dessous de ce niveau, ou le *tirant d'eau*, soit de $0^m,70$; l'aire A, de la section plongée dans le fluide, sera un peu moindre que $3^m \times 0^m,7 = 2^{mq},10$; soit $1^{mq},60$ la valeur exacte de cette aire, qu'il sera toujours facile de calculer, dans chaque cas (190) rigoureusement. Les bateaux dont il s'agit ont une longueur qui surpasse notablement six fois leur plus grande largeur; s'ils étaient sans proue ni poupe, ou que ce fussent de véritables prismes terminés par des plans perpendiculaires à leur axe, la valeur du multiplicateur k serait (415) au plus

1,10, attendu qu'ici le bateau est censé se mouvoir dans un fluide en repos. Mais, comme il y a une poupe, on doit d'abord (416) diminuer ce nombre de $\frac{1}{10}$ de sa valeur, c'est-à-dire de 0,11, ce qui donne $k = 0,99$. En outre, le bateau a une proue dont les faces latérales sont raccordées, par des arcs de cercle, avec les flancs, et dont le dessous est un plan incliné d'environ $\frac{1}{3}$ d'angle droit, raccordé pareillement avec le fond; on peut donc croire que la résistance ou la valeur de k se trouve réduite (*ibid.*), au moins à $\frac{1}{3}$ de 0,99 ou à 0,33, nombre qui paraîtra, en effet, bien fort, si on le compare à celui (422) que M. Morin a obtenu pour des bateaux d'une forme analogue. Prenant néanmoins $k = 0,33$, pour les bateaux dont il s'agit, la résistance aura ici pour valeur particulière

$$R = 1000 \times 0,35 \times 1^{mq},6H = 528H, \quad \text{ou} \quad R = 26,93V^2;$$

le canal étant censé offrir une largeur et une profondeur telles qu'il devienne inutile (418) de s'ocuper de l'influence de la proximité de ses parois par rapport à celles du bateau.

Supposant donc que celui-ci se meuve dans une eau tranquille, avec la vitesse uniforme de 1 mètre, par seconde, on aura, par le calcul direct, ici très-facile, $V^2 = 1^m \times 1^m = 1^{mq}$ et $R = 26^{kg},93$: par la Table des hauteurs dues aux vitesses, placée à la fin de ce volume, on trouverait $H = 0^m,051$, et par conséquent, $R = 528 \times 0,051 = 26^{kg},93$; valeur qui coïncide exactement avec la précédente, mais qui aurait pu en différer d'une très-petite fraction, attendu que les coefficients des formules ci-dessus et les nombres de la Table n'offrent que des valeurs purement approximatives.

La quantité de travail que devraient dépenser directement des hommes employés à haler le bateau avec la vitesse uniforme de 1 mètre, serait donc de $26^{kg},93 \times 1^m = 26^{kgm},93$, qui, d'après le tableau de la page 252, ne réclamerait guère moins de quatre hommes si le mouvement devait être continué une journée entière à cette vitesse : à la vitesse de $0^m,6$ seulement qui est celle (205) de l'allure ordinaire des hommes tirant horizontalement, la résistance se réduirait à $0,36 \times 26^{kg},93 = 9^{kg},695$, et le travail à $0^m,6 \times 9,695 = 5^{kgm},82$, quantités dont la dernière n'est que le $\frac{1}{4}$ de sa correspondante ci-dessus, et pourrait être facilement donnée par un seul homme.

Ces circonstances auraient lieu, à peu près, dans les canaux intérieurs de la ville de Metz, où la Moselle n'a qu'une vitesse insensible; mais s'il s'agissait de remonter la rivière dans des endroits où la vitesse de l'eau atteint $1^m,2$ par exemple, en faisant toujours avancer régulièrement le bateau, de 1 mètre à chaque seconde, par rapport aux rives, ce bateau étant alors choqué (382) avec une *vitesse relative* V, de $1^m,2 + 1^m = 2^m,20$, la résistance deviendrait $26,93 \times (2,2)^2 = 130^{kg},34$, et la dépense de travail, pendant le même temps, 130 kilogrammètres, en nombre rond, ce qui réclamerait (*voyez* la Table du n° 205 déjà cité) deux chevaux, au moins, si la marche devait être soutenue de huit à dix heures par jour.

Supposant, au contraire, que le bateau descende le même courant avec la vitesse de $1^m,2$ propre à ce dernier, il n'y aurait point de travail à dépenser, car la vitesse relative V serait nulle aussi bien que R; mais s'il devait descendre avec une vitesse de $2^m,2$ par seconde, la vitesse relative étant de $2^m,2 - 1^m,2 = 1^m$, la résistance absolue serait, comme dans le premier cas, égale à $26^{kg},93$, tandis que le travail aurait pour valeur $26^{kg},93 \times 2^m,2 = 59^{kgm},25$, en le supposant directement effectué des rives où le moteur devait prendre la vitesse absolue de $2^m,2$.

La différence de ce résultat avec les précédents, montre bien toute l'influence exercée par la vitesse relative du corps, du fluide et des rives, sur la dépense du travail moteur, qui, dans les hypothèses du n° 382, est généralement exprimée par le produit $p\,A(V \pm V')^2 \times V$; V étant la vitesse absolue du bateau ou du moteur et V' celle du fluide. Ainsi, par exemple, on voit que, même pour une eau stagnante, où $V' = 0$, le travail dont il s'agit, représenté par $p\,AV^3$, croît ou décroît comme le cube de la vitesse, c'est-à-dire d'une manière bien plus rapide encore que la résistance simple.

433. *Remarques concernant l'effet utile du transport par bateaux.* — Cet effet se déduit aisément de la connaissance du *tirant d'eau*, que nous avons supposé ici de $0^m,7$ et de celle des dimensions du bateau d'où dépend le volume de l'eau déplacée, et, par suite, la charge totale, qui, d'après le principe d'Archimède, doit être égale au poids de ce volume. Supposant, par exemple, que, pour le bateau ci-dessus, à forme sensiblement prismatique ou cylindrique, la longueur réduite de la carène, prise du milieu de la partie plongée, soit de 25 mètres, sa section d'eau A, étant d'ailleurs de $1^{mq},6$ environ, le volume du fluide déplacé sera de $25^{m} \times 1^{mq},6 = 40^{mc}$, et son poids 40 000 kilogrammes ou 40 tonnes (31). Supposant, d'un autre côté, que, par un calcul analogue effectué pour le cas où le bateau est déchargé, on ait trouvé, d'après le tirant d'eau que le poids du volume de liquide déplacé soit de 16000 kilogrammes, il en résultera que la charge utile, le tonnage, sera de $40 - 16 = 24$ tonnes ou 24 000 kilogrammes, poids qu'il faudrait d'ailleurs (212) multiplier par la distance parcourue pour obtenir l'effet utile ou pratique. Cet effet ne dépend nullement, comme on voit, de la vitesse du transport non plus que de la dépense de travail moteur, qui peut être indéfiniment amoindrie, ainsi qu'on l'a dit au n° 93, pourvu qu'on réduise convenablement la vitesse relative du bateau et du fluide, et cela, quels que soient d'ailleurs la charge, le tirant d'eau et les dimensions du bateau. Ces données n'exercent, en réalité, d'influence que sur le facteur A, de l'expression de la résistance, et le moteur n'ayant, par hypothèse, à vaincre que l'inertie du fluide et du bateau, il peut toujours produire son effet dans un temps suffisamment long, quelque faible que soit d'ailleurs l'énergie de son action ; mais cela n'aurait plus lieu évidemment si le système se trouvait soumis à des résistances, à des frottements, indépendants de la vitesse du mouvement, comme sembleraient l'indiquer quelques-uns des résultats d'expériences rapportés dans ce Chapitre.

Au surplus, nous avons admis jusqu'à présent que le bateau se mouvait dans un canal à peu près indéfini, en largeur et en profondeur, par rapport à ses dimensions transversales ; il nous reste à montrer, par un exemple emprunté à l'excellent *Traité d'Hydraulique* de M. d'Aubuisson (p. 320), comment on peut tenir compte, dans les calculs, de l'influence respective de ces dimensions.

434. *Exemple concernant la navigation sur les canaux étroits.* — MM. d'Aubuisson et Maguès ont fait, sur le canal du Midi ou canal de Languedoc, près de Toulouse, des expé-

riences qui tendent à rectifier, en quelques points, l'application des formules de Dubuat exposées dans le n° 418.

La position du canal dont il s'agit offrait moyennement une section de $26^{mq},55$; une barque marchande, traînée par deux chevaux, chargée de 108 tonneaux, et dont la section transversale d'immersion, au repos, avait $6^{mq},84$ de surface, a parcouru uniformément, avec une vitesse moyenne de $0^m,817$ par seconde, un espace de 3676 mètres; on avait donc (418)

$$V = 0^m,817, \quad A = 6^{mq},84, \quad A' = 26^{mq},55, \quad \frac{A'}{A} = 3,88.$$

Cette dernière valeur moindre que 6,46, montre qu'il serait ici nécessaire d'avoir égard à l'influence de la proximité des parois du canal sur l'intensité de la résistance.

Conformément au résultat des expériences de Bossut (415), M. d'Aubuisson prend $k = 1,00$ pour le coefficient de la résistance d'un bateau sans proue, mû dans un fluide indéfini; ce qui donne (428) $R = 51\, k A V^2 = 51 \times 6^{mq},84 (0,817)^2 = 233^{kg}$ pour la valeur de cette résistance, et, par la première des formules du n° 418,

$$R' = \frac{8,46}{2 + 3,88}\, R = 1,44 \times 233^{kg} = 335^{kg},$$

pour la résistance qu'éprouverait le même bateau, sans proue, s'il était mû dans le canal ci-dessus avec les circonstances indiquées. Enfin, M. d'Aubuisson prend, pour l'introduire dans la dernière des formules du n° 418, $q = 0,4$, à cause de la forme obtuse et peu favorable de la proue et de la poupe des bateaux soumis à l'expérience; ce qui lui donne

$$R'' = 335^{kg}[1 - 0,183(1 - 0,4)(3,88 - 1)] = 229^{kg}.$$

L'effort moyen exercé par les deux chevaux et mesuré directement à l'aide d'un dynamomètre (60) soumis à d'assez faibles oscillations, cet effort, ramené à la direction du chemin parcouru par le bateau ayant été de 120 kilogrammes ou les 0,52 seulement de celui que fournit la formule de Dubuat, M. d'Aubuisson en conclut que cette formule n'est point applicable aux grosses barques marchandes qui naviguent sur le canal de Languedoc, et ce fait lui paraît confirmé par l'observation journalière de la marche de ces mêmes bateaux : il pense que l'exagération du résultat donné par la formule, doit principalement porter sur la valeur du facteur $0,183(1 - q)$ qui y entre, et qu'il propose de porter, en conséquence, à $0,26$ pour les bateaux en question; ce qui revient à remplacer le coefficient numérique $0,183$ par $0,44$ environ.

Quant à l'explication d'une aussi énorme différence, elle peut, suivant nous, se trouver dans les faits déjà exposés au n° 415, ou, plus spécialement, dans la différence du mode de halage, dans la difficulté que les bateaux, soumis à l'expérience par Bossut, et qui ont été l'objet des calculs de Dubuat, éprouvaient à céder à l'action des forces qui tendaient à les soulever, etc. Le même motif donne lieu de croire que les valeurs assignées, par la formule de Dubuat, à la résistance R' (418), sont également exagérées, et peut-être même, si l'on en juge par le résultat (422) des expériences de M. Morin, sur des bateaux d'une forme plus ou moins analogue, devrait-on rejeter une partie de la différence sur l'exagération de la valeur $0,4$, attribuée, par M. d'Aubuisson, au rapport q. Quelle que soit, au surplus, l'opinion qu'on adopte, on voit combien il serait utile que de pareilles expériences fussent répétées sur des bateaux de la forme ordinaire, mus alternativement dans un canal à très-petite ou à très-grande section.

435. *Exemples concernant les volants à ailettes.* — Les tournebroches et les horloges qui reçoivent le mouvement par la descente de contre-poids, sont armés, comme on sait, de volants à ailettes planes et minces, fixées à l'extrémité de tiges ou de bras montés sur des axes de rotation : ces ailettes, en se mouvant circulairement dans l'air, éprouvent, de sa part, une résistance qui croît rapidement avec la vitesse que leur imprime le poids moteur, par l'intermédiaire de rouages, et elles servent ainsi à *régulariser* le mouvement ou à empêcher qu'il ne s'accélère indéfiniment, comme cela aurait lieu (113 et suivants), si aucune résistance ne s'opposait à la descente du contre-poids, ou si celle que lui opposent directement la broche, les rouages, etc., était constamment au-dessous de l'action qu'il éprouve de la part de la gravité.

Soit $A = 0^m,05 \times 0^m,06 = 0^{mq},003$, l'aire de l'une des palettes censées perpendiculaires à la direction du chemin qu'elles décrivent circulairement autour de l'axe; on prendra moyennement, d'après les expériences de Borda, de Hutton et de M. Thibault (400), $k = 1,4$ pour des vitesses comprises depuis zéro jusqu'à 5 mètres par seconde; mais il faudra augmenter ce nombre (428) dans le rapport de 0,60 à 0,64 environ, pour des vitesses comprises depuis 5 jusqu'à 10 mètres; de 0,60 à 0,68 pour des vitesses de 25 à 50 mètres, etc. Supposons, par exemple, le rayon moyen du volant de 1 pied ou $0^m,325$, ce qui donne $0^m,65 \times 3,1416 = 2^m,04$ pour la circonférence décrite par le centre de la palette à chacune des révolutions, dont le nombre observé directement sera, en outre, supposé régulièrement de 114 à la minute, ou de 1,9 par seconde; on aura ainsi, à très-peu près :

$$V = 1,9 \times 2^m,04 = 3^m,88, \quad k = 1,40$$

et (431)

$$R = 0,06253 \times 1,4 \times 0^{mq},003 \times (3,88)^2 = 0^{kg},00395,$$

pour les circonstances atmosphériques ordinaires, résistance en elle-même assez faible, mais qui deviendrait

$$\frac{0,68}{0,60} \times 4^2 \times 0^{kg},00395 = 0^{kg},0716,$$

18 fois plus grande si la vitesse était quadruple ou de $15^m,52$ par seconde, et qu'il faudrait doubler s'il y avait deux ailettes de même surface, octupler au moins (400) si, en outre, les dimensions, les côtés de ces ailettes étaient eux-mêmes doublés, etc. Multipliant ensuite ces résultats par les vitesses correspondantes, on obtiendrait les quantités de travail détruites par les résistances dans chaque seconde.

Ainsi, par exemple, à la vitesse de $3^m,88$, 2 tours environ par seconde, et pour 2 ailettes de $0^{mq},003$ de surface chacune, la résistance étant de $0^{kg},00395 \times 2 = 0^{kg},0079$, le travail détruit par la résistance serait de $0^{kg},0079 \times 3^m,88 = 0^{kgm},03065$ dans le même temps. Admettant que le contre-poids qui met en mouvement la machine, décrive uniformément un chemin de $0^m,06$ par minute ou $0^m,001$ par seconde, et divisant les $0^{kgm},03065$, obtenus ci-dessus, par cette dernière vitesse, il

viendra 3o^{kg},65 pour la portion du contre-poids (71) qui serait
employée à vaincre cette seule résistance, dont la valeur devrait, en outre, être augmentée d'une quantité proportionnelle
due au frottement des rouages intermédiaires, etc.

Ces résultats suggèrent d'ailleurs plusieurs réflexions qui
n'échapperont pas aux esprits attentifs, et sur lesquelles il deviendrait peu nécessaire d'insister. D'un autre côté, il est bon
de faire observer que, dans presque tous les mécanismes du
genre de celui qui nous occupe, et qui servent de *régulateur*
ou de *modérateur*, on se réserve, par un dispositif très-simple,
la faculté de diminuer la résistance, pour ainsi dire à volonté,
en donnant aux ailettes, par rapport à la direction du mouvement, diverses inclinaisons dont la Table du n° 402 permettrait
de déterminer assez exactement l'influence; mais nous nous
dispenserons également d'offrir un exemple d'un pareil calcul
qui n'a rien de difficile.

436. *Calcul du travail absorbé par la résistance de l'air sur
les roues hydrauliques.* — Dans le n° 363, nous avons donné
une idée de l'influence qui peut être exercée par le seul frottement des tourillons de ces roues ou des volants qui servent
à régulariser le mouvement; afin de la comparer à celle qui
provient de la résistance de l'air, nous considérerons une
roue verticale armée de 5o ailettes planes et rectangulaires
ayant 3 mètres de longueur dans le sens parallèle de l'axe,
o^m,4 de largeur dans le sens des rayons, et dont le centre est
situé à 3 mètres de distance de l'axe; ce qui donne

$$6^m \times 3,1416 = 18^m,85$$

de circonférence moyenne à la roue, dont le dispositif est
censé analogue à celui des roues qu'on rencontre fréquemment dans certaines usines hydrauliques. En supposant que le
nombre régulier des révolutions ait été ici trouvé de dix-neuf
en trois minutes, la vitesse à la circonférence moyenne dont il
s'agit, sera, à très-peu près, de 2 mètres par seconde, et l'on
calculera la résistance correspondante de l'air sur la circonférence moyenne décrite par les ailes, au moyen de la deuxième
des formules du n° 404, dans laquelle on devra prendre ainsi

$$V = 2^m, \quad n = 5o, \quad a = 3^m \times o^m,4 = 1^{mq},2,$$

43.

ce qui donnera, abstraction faite de la résistance des bras, etc.,

$$R = 0^{kg},100 + (0,0068 + 0,118 \times 50 \times 1,2) \times 4 = 28^{kg},45,.$$

pour la résistance rapportée au centre des ailettes planes, et

$$28^{kg},45 \times 2^m = 57^{kgm},90$$

pour le travail correspondant par seconde, quantité assez faible si on la compare (363) à celle qui pourrait être détruite par le frottement des tourillons d'une roue d'aussi grande dimension, supposée exécutée en fer ou en fonte, mais qui acquerrait une influence prépondérante si la vitesse venait à être doublée, comme il arrive dans quelques cas. En effet, la formule dont il s'agit donnerait alors, pour la résistance toujours rapportée à la circonférence moyenne ou du centre des ailes, $R = 113^{kg},5$ environ, ce qui entraîne une perte de travail de $113^{kg},5 \times 4^m = 454^{kgm} = 6$ chevaux-vapeur de 75 kilogrammètres par seconde, perte qui se réduirait à un peu moins de la moitié, comme le montre la formule, si la largeur horizontale des ailes était elle-même réduite à cette proportion, et au $\frac{1}{4}$, à peu de chose près, si le nombre des révolutions restant le même, celui des ailes et le diamètre de la roue étaient également réduits de moitié. Cette application démontre suffisamment l'inconvénient attaché à l'agrandissement de la vitesse et des dimensions des roues à ailes planes, inconvénient qui, probablement, n'a pas lieu, à beaucoup près, au même degré pour les roues à *aubes cylindriques,* emboîtées latéralement dans des couronnes parallèles, et raccordées à peu près tangentiellement avec la circonférence extérieure de ces roues, de manière à éviter le choc direct ou normal contre la convexité ou la concavité des aubes.

437. *Divers exemples relatifs aux moteurs animés, etc.* — La surface qu'un homme de taille ordinaire présente à l'action du vent, ou l'aire A de sa projection verticale sur un plan perpendiculaire à la direction du mouvement, soit qu'il chemine ou qu'il reste en repos, cette surface peut être évalué moyennement à $0,35 \times 1^m,7 = 0^{mq},60$; mais à cause de l'inclinaison que prend naturellement tout son corps, il conviendrait, sans

doute de la supposer un peu moindre lors des courses ou des vents très-rapides; de plus, cette surface et la résistance seraient sensiblement accrues si ses vêtements se trouvaient mal ajustés au corps. Le coefficient k, de cette résistance, pour un prisme droit d'une faible épaisseur, étant d'au moins 1,5 dans le cas de l'immobilité (413) et de 1,2 dans celui du mouvement (414), on conclura des expériences de Borda, citées au n° 424, et qui concernent les surfaces cylindriques à base circulaire ou elliptique, opposées directement à l'action du vent, que la valeur de k doit différer assez peu de $0,5 \times 1,5 = 0,75$ pour l'homme en repos, choqué en face par l'air en mouvement, ou de $0,5 \times 1,2 = 0,6$ pour l'homme en mouvement dans l'air en repos. La pression ou résistance éprouvée par cet homme serait donc : dans le premier cas,

$$R = 0,06253 \times 0,75 \times 0^{mq},6 \, V^2 = 0,028 \, V^2$$

et, dans le deuxième,

$$R = \frac{0,60}{0,75} \times 0,028 \, V^2 = 0,0224 \, V^2.$$

A la vitesse de $1^m,5$ par seconde, qui est celle d'un bon marcheur (214), on voit que cette résistance s'élèverait à $0,0224(1,5)^2 = 0^{kg},0504$, et la dépense de travail moteur, par seconde, à $0^{kg},0504 \times 1^m,5 = 0^{kgm},0756$, quantité qui n'est pas le $\frac{1}{91}$ de celle qu'un homme de force ordinaire pourrait développer, d'une manière soutenue, en tirant ou poussant horizontalement (205, p. 252), et dont la petitesse justifie ainsi l'observation du n° 90. Mais, si la vitesse était de 6 mètres par seconde, ce qui est à peu près la plus grande de celles que puisse s'imprimer un coureur, d'une manière un peu soutenue, la résistance de l'air s'élèverait à $0,0224 \times 6^2 = 0^{kg},8064$, et le travail par seconde, à $4^{kgm},84$ environ; ce qui est déjà une fraction considérable du travail que peut développer continuellement un homme même robuste. Aussi l'exemple des courses les plus célèbres démontre-t-il qu'une pareille vitesse pourrait difficilement se prolonger au delà de vingt ou trente secondes.

La vitesse des plus forts ouragans dans notre climat ne peut guère être évaluée au-dessous de 40 mètres par seconde, et il résulte de la première des formules ci-dessus, que la pression supportée par un homme debout et immobile, qui serait frappé directement par un pareil vent, peut être évaluée à $0,028 \times (40)^2 = 44^{kg},8$, effort considérable et auquel cet homme ne résisterait qu'en inclinant fortement son corps en avant, de manière à se dérober en partie à l'action de l'air, tout en faisant intervenir celle qui est due à son poids. Au surplus, on ne pourra être surpris de voir que de pareils ouragans soient capables de renverser des arbres et des maisons, qui offrent ""e si grande surface à l'action du vent; car, pour un mur de 4 mètres de hauteur sur 12 mètres de longueur, choqué directement par l'air, avec la vitesse de 40 mètres dont il s'agit, la pression ne serait pas au-dessous (406 et 431) de

$$1,86 \times 0,06253 \times 48^{mq} \times (40)^2 = 8932^{kg};$$

ce mur pouvant être ici considéré, sans trop d'erreur, comme un plan mince entièrement isolé.

Ces différents résultats devant être multipliés par 815 environ (431) si l'air se trouvait remplacé par l'eau, on voit quelle énorme pression doivent supporter, dans quelques cas, les corps exposés aux torrents de ce liquide. Considérant, par exemple, un bloc cubique de marbre de 1 mètre de côté, posé sur un sol de niveau où il n'est retenu que par son seul frottement, et qui serait choqué par un courant d'eau perpendiculairement à l'une de ses faces, la pression qu'il supporte étant donnée (413 et 431) par la formule

$$R = 51 \times 1,46 \times V^2 = 74,46 V^2,$$

tandis que celle du frottement peut être représentée (350) par

$$fN = 0,75N,$$

N étant le poids du bloc diminué de la perte qu'il éprouve dans l'eau (41), $f = 0,75$ le coefficient maximum de son frottement, il arrivera que le bloc sera entraîné par le courant, toutes les fois qu'on aura

$$75,46 V^2 > 0,75N, \quad \text{ou} \quad V > 0,1004 \sqrt{N}.$$

Supposant, par exemple (35),

$$N = 2600^{kg} - 1000^{kg} = 1600^{kg} \quad \text{ou} \quad \sqrt{N} = 40;$$

on voit que cela aura lieu pour toute vitesse V, supérieure à $0,1004 \times 40 = 4^m,02$ par seconde, limite qui, certainement, est souvent atteinte ou surpassée par celle de certains torrents produits par les écluses ou les lames de la mer.

Les chevaux employés à la course ne présentent pas, à l'action directe de l'air, une surface beaucoup plus grande que celle de l'homme, et, comme leur forme est plus allongée, mieux disposée en tous points, la résistance qu'ils éprouvent est, au plus, égale à $0,02\,V^2$; mais, à cause de l'écuyer qui les monte, on peut la supposer de $0,03\,V^2$, tout compris; ce qui, à la vitesse de 16 mètres par seconde environ, limite de celle qui est atteinte dans les courses de Newmarket, en Angleterre, et du Champ de Mars à Paris, donne lieu à une résistance de $7^{kg},68$, et suppose, de la part de l'animal, en chaque seconde, l'énorme dépense de travail de $122^{kgm},88$, presque double de celle (205) que fournissent les chevaux de roulier ordinaires, lesquels, à la vérité, cheminent pendant huit à dix heures par jour, tandis que c'est à peine si les coursiers les plus fins, les mieux exercés, peuvent soutenir leur allure pendant quatre ou cinq minutes, et renouveler une deuxième fois leur carrière après un certain temps de repos.

Nous avons donc eu raison de dire (90 et 148) que le travail extérieur dont les animaux sont susceptibles, quand ils s'impriment la plus grande vitesse possible, doit être négligé vis-à-vis de celui qu'ils développeraient si la vitesse était moindre. Quand on réfléchit, en outre, à l'énorme influence que peuvent ici exercer, sur ces vitesses excessives, la délicatesse, je dirais presque la débilité des formes de l'animal, son ajustement et celui du maigre écuyer ou du léger *groom* qui le monte, enfin l'adresse de celui-ci à se dérober à l'action de l'air, on demeurera convaincu que ces prix, ces encouragements accordés à un exercice où l'art, objet d'un vain luxe, triomphe bien plus qu'une vigoureuse nature, on demeurera, dis-je, convaincu que de pareilles joutes, de pareils amusements sont bien peu propres à perfectionner la race chevaline dans nos contrées, où le Gouvernement devrait, avant tout, tenir à se procurer des animaux assez robustes pour soutenir les plus rudes fatigues de la guerre, sous une charge qui dépasse quelquefois 120 kilogrammes.

438. *Calcul de la résistance de l'air contre les boulets de canon.* — Pour dernier exemple et afin de donner une idée précise de la progression que suit la résistance opposée par l'air aux mouvements plus ou moins rapides des corps, nous considérerons un boulet sphérique de 24, en fer fondu, dont le diamètre d est très-approximativement de 0^m,148, la surface de projection A ou d'un grand cercle,

$$\frac{1}{4} \pi d^2 = \frac{1}{4} \times 3,14159 \times (0^m,48)^2 = 0^{mq},0172,$$

le volume

$$\frac{2}{3} A \times d = \frac{2}{3} \times 0^{mq},0172 \times 0^m,148 = 0^{mc},001697,$$

et le poids de

$$7065^{ks} \times 0^{mc},001697 = 12^{ks} \text{ environ};$$

la densité de la fonte étant ici, d'après le résultat moyen d'un grand nombre de pesées directes, de 7065 kilogrammes seulement (*). D'après ces données, la résistance du boulet, dans l'air, à 12 degrés de température et 75 centimètres de pression (**431**), a pour valeur générale

$$R = 0,06253 \times 0^{mq},0172 \times k V^2 = 0,0010755 k V^2,$$

où l'on doit attribuer à k les différentes valeurs indiquées par l'expérience, et que nous supposerons fournies par la Table du n° **428**, quoiqu'il soit bien démontré que ces valeurs sont un peu trop fortes pour les vitesses au-dessous de 20 mètres par seconde, et trop faibles pour celles au-dessous de 500 mètres.

Supposant, par exemple, la vitesse de 1 mètre par seconde,

(*) D'après une Note qui nous a été transmise par M. Piobert, la densité des boulets anglais serait supérieure, ou de 7228 kilogrammes environ le mètre cube; ce qui doit tenir, en partie, au mode de coulage et de fabrication.

on aura

$$k = 0,59 \quad \text{et} \quad R = 0,0010755 \times 0,59 \times 1^2 = 0^{kg},000635$$

seulement. Pour $V = 3^m$, on aurait

$$k = 0,61, \quad R = 0,0010755 \times 0,61 \times 9 = 0^{kg},0059,$$

soit $0^{kg},006$ approximativement. Continuant ainsi, en évaluant, s'il le faut, par les *parties proportionnelles*, les valeurs de k qui répondent à des vitesses intermédiaires entre celles de la Table du n° 428, on pourra former cette nouvelle Table :

Vitesses.	Résistances.	Vitesses.	Résistances.
m	kg	m	kg
1	0,00064	100	7,64
3	0,006	125	12,18
5	0,017	200	33,1
10	0,070	300	85,2
25	0,450	400	170
50	1,855	500	279

On voit, par ces résultats, qu'à 125 mètres de vitesse, l'effort de l'air contre le boulet de 24 est à peu près égal au poids de celui-ci; qu'à 200 mètres, il en est près du triple, qu'à 500 mètres de vitesse, la résistance surpasse 23 fois ce même poids; et, comme ces résultats devraient être multipliés par 815 environ (431), quand il s'agit de l'eau, on peut juger de l'énorme résistance qu'ont dû éprouver les boulets, dans les expériences de MM. Piobert, Morin et Didion, citées au n° 427, indépendamment du choc qui s'est opéré à l'instant de leur entrée dans le bassin d'eau où ils étaient lancés.

Si le diamètre du boulet n'était que le $\frac{1}{3}$ de $0^m,148$ ou $4^c,9$ environ, la surface A qu'il présente à l'action de l'air serait réduite au neuvième de la valeur qu'on lui attribue ci-dessus, et par conséquent, à égalité de vitesse, la résistance serait elle-même réduite au neuvième de la valeur indiquée par la Table. Pour un diamètre de $\frac{1}{5} \times 0^m,148$ ou $2^c,96$, la résistance n'en serait plus que le $\frac{1}{25}$. Mais le poids des boulets supposés toujours en fonte, diminuerait dans une progression bien plus rapide : il serait seulement de

$$\frac{1}{27} \times 12^{kg} = 0^{kg},445$$

pour le diamètre de $4^c,9$ et de

$$\frac{1}{125} \times 12 = 0^{ks},096$$

pour celui de $2^c,96$; circonstances qui tiennent à ce que les *volumes* et les *poids* des sphères homogènes (33) croissent comme les *cubes* des diamètres, et les surfaces de leurs grands cercles, représentées par A, simplement comme les *carrés* de ces mêmes diamètres. Enfin si, au lieu de projectiles en fonte, il s'agissait de boules de bois ou d'autres substances moins denses encore, leurs poids et par conséquent leurs masses diminueraient de quantités proportionnelles, mais la résistance de l'air resterait la même pour un même diamètre, parce qu'elle ne dépend que de la forme et de l'étendue de la surface du corps, ce qui permet, dès à présent, de pressentir le rôle de ces données essentielles sur les circonstances du mouvement dont nous nous occuperons plus spécialement dans le Chapitre suivant.

Toutefois, il est nécessaire de le rappeler avant de passer à un autre sujet, les différents exemples de calculs qui viennent d'être présentés sur la résistance des milieux supposent essentiellement que les corps ne tournent pas, ou présentent toujours la même face à l'action de ce milieu, et que leur mouvement soit sensiblement parvenu à l'uniformité; car s'il variait sans cesse, comme dans la chute des corps, il conviendrait d'avoir égard à l'influence de la proue et de la poupe fluides qui les accompagnent, conformément aux observations des n⁰ˢ 380 et 382.

EXAMEN DES PRINCIPALES CIRCONSTANCES DU MOUVEMENT HORIZONTAL ET VERTICAL DES CORPS DANS LES FLUIDES ET PLUS SPÉCIALEMENT DANS L'AIR.

439. *Considérations préliminaires.* — Nous n'avons jusqu'ici donné que de simples aperçus (113 et suivants) sur la manière dont l'air agit contre les corps, pour modifier, ralentir leur mouvement; les données précédentes jointes aux principes fondamentaux exposés au commencement de cet Ouvrage

nous permettent de mieux étudier, de calculer même, les lois
de ce mouvement, pour deux circonstances importantes :
1° celle où le corps serait lancé, avec une certaine vitesse et
sans tourner, dans la direction d'un plan horizontal solide, où
il serait soutenu sans frottement, ce qui est aussi, à peu près,
le cas des projectiles de l'artillerie, animés d'une grande vitesse horizontale, et qui, dans une portion assez considérable
de leur course rapide, n'ont pas éprouvé, de la part de la gravité, une action assez prolongée pour sortir sensiblement de la
direction initiale de cette vitesse ; 2° celle où le corps ayant
été lancé dans une direction verticale, de bas en haut ou de
haut en bas, serait ensuite abandonné librement à l'action de
la gravité et de la résistance de l'air, toujours dans l'hypothèse
où il ne viendrait pas à tourner par suite d'un défaut de symétrie dans sa forme extérieure, etc. Ce que nous dirons, d'ailleurs, pour l'air en particulier, s'appliquera aisément à toute
espèce de fluide, à l'eau, par exemple, en introduisant dans les
données de la question les modifications relatives à la densité
de ce fluide et au coefficient k de sa résistance.

440. *Expression de la force dynamique totale des corps
soumis à l'action des fluides.* — Pour étudier les lois du mouvement dans les cas très-simples dont il s'agit ici, il sera nécessaire de rechercher, à chaque fois, la valeur très-différente
de la force F (130), qui accélère ou retarde ce mouvement, et
doit être perpétuellement égale et contraire à la force d'inertie

$$\frac{P}{g}\frac{v}{t} = M\frac{v}{t},$$

P étant toujours le poids, M la masse, et v l'accélération ou la diminution de vitesse pendant le temps infiniment petit t. Mais, comme en réalité le corps est toujours
accompagné (380) d'un certain volume de fluide ambiant, que
nous avons appris, par quelques cas, à calculer, il sera nécessaire d'avoir égard aux considérations exposées à la fin du
n° 382, c'est-à-dire qu'il faudra ajouter la masse M'_1, de ce volume, à celle M du corps, pour obtenir la force d'inertie totale.
En représentant toujours, comme aux endroits cités, par Q le
volume apparent ou extérieur de ce corps, par nQ celui du
fluide entraîné à la densité p, et désignant, de plus, par Π la
densité *moyenne* ou *réduite* que l'on obtiendrait en divisant le

poids P, du corps, par son volume extérieur Q, on aura

$$\Pi = \frac{P}{Q}, \quad M = \frac{\Pi}{g}Q, \quad M_{,} = n\frac{p}{g}Q$$

et

$$F = (M + M_{,})\frac{v}{t} = \frac{\Pi + np}{g}Q\frac{v}{t},$$

pour la force dynamique ou d'inertie totale; ce qui montre qu'en raison du fluide entraîné, la densité *moyenne* du mobile doit simplement être augmentée de la fraction *n*, de celle de ce fluide.

La densité dont il s'agit étant, même pour les projectiles creux de l'artillerie, au moins 5000 fois la quantité

$$np = 0,6 \times 1^{kg},227 = 0^{kg},7362 \ (380 \text{ et } 431)$$

pour le cas de l'air, il est évident que, dans la recherche des lois de leur mouvement, il deviendra permis de négliger la masse de l'air entraîné: mais il pourrait n'en plus être ainsi dans d'autres cas, par exemple si le milieu résistant était l'eau ou s'il s'agissait de surfaces minces (380, 405 et 411), de corps creux tels que les ballons, etc.; circonstances dans lesquelles l'influence de la proue et de la poupe fluides se sont précisément manifestées lors des expériences. Toutefois, à moins d'un avertissement contraire, nous conviendrons, pour la simplicité, de désigner, en général, par P et M le poids et la masse réunis du corps et du fluide entraîné, en considérant ainsi ce dernier comme formant une partie intégrante de ce corps.

441. *Marche à suivre dans la recherche des lois du mouvement.* — Ainsi qu'on l'a expliqué aux n°s 129 et suivants, l'équation

$$F = M\frac{v}{t}, \quad \text{d'où l'on tire} \quad V = \frac{F}{M}t,$$

peut servir à faire découvrir toutes les circonstances du mouvement, et elle en contient implicitement la loi; mais la méthode géométrique indiquée spécialement au n° 134, bonne comme moyen de démonstration et pour faire comprendre la liaison étroite qui subsiste entre le temps, la vitesse, la force dynamique F, et l'espace décrit à chaque instant par le mobile, cesse de l'être dans le cas présent où l'on n'est plus censé

connaître les valeurs de cette force à la fin des différents temps
écoulés. Ces valeurs qui dépendent ici essentiellement de la
résistance du fluide et de l'action de la gravité, s'il s'agit du
mouvement vertical, seront simplement données au moyen des
vitesses successivement attribuées au mobile dans les différents points de sa course, en s'appuyant, à cet effet, du résultat des expériences et des formules exposées dans le Chapitre
précédent.

On pourra donc aussi calculer la valeur de chacun des accroissements infiniment petits t, du temps, correspondant à
une diminution ou un accroissement donné v, de la vitesse,
pour l'instant où celle-ci a une valeur assignée V, à l'aide de
la formule générale

$$t = \frac{M}{F} v = \frac{P}{gF} v,$$

dans laquelle M et P représentent toujours, si cela est nécessaire, la masse et le poids total du corps et du fluide entraîné.

Or, en raisonnant ici comme on l'a fait aux nᵒˢ 72, 181, etc.,
à l'égard de la détente des gaz et des vapeurs, c'est-à-dire si
l'on construit une courbe $O' a' b' c' \ldots f' g' h'$ (*Pl. III, fig.* 79),
dont les abscisses Oa, Ob,…, Of, Og, Oh, prises par rapport
au point O, comme origine, si le mouvement s'accélère, ou
les abscisses hO, ha, hb,…, hf, hg, prises par rapport au
point h, si le mouvement se ralentit, représentent, à une certaine échelle, les valeurs équidistantes successivement attribuées à la vitesse V, tandis que les ordonnées OO', aa', bb',…,
ff', gg' représentent les valeurs correspondantes du quotient
de P par gF, le temps T, écoulé entre deux instants quelconques pour lesquels la vitesse devient Ob et Of ou hb et hf, par
exemple, sera évidemment donné par l'aire $bb'f'f$, comprise
entre la courbe, l'axe des abscisses et les ordonnées extrêmes bb' et ff', relatives à ces vitesses. En appliquant donc
ici le théorème des quadratures de Simpson (180), il sera
possible de calculer le temps T, dont il s'agit, à un degré
d'approximation aussi grand qu'on le voudra, en subdivisant
l'intervalle bf, compris entre ces ordonnées extrêmes, en un
nombre pair et suffisamment grand de parties égales.

Comme on a, d'ailleurs (48 et 53), en représentant par e

l'élément de chemin correspondant à t ou à v

$$e = Vt = \frac{MV}{F} v = \frac{PV}{gF} v,$$

on voit que la même méthode pourra servir à trouver la longueur du chemin parcouru dans l'intervalle dont il s'agit, par la considération d'une nouvelle courbe $O a'' b'' c'' \ldots g''$, construite sur les mêmes abscisses, mesurées, suivant les cas, à partir du point O, ou du point h, mais ayant pour ordonnées les valeurs correspondantes du quotient de PV par gF.

Quant à la question où il s'agirait de trouver immédiatement les espaces parcourus au moyen des temps écoulés, il est évident qu'elle ne saurait être résolue par les mêmes procédés, c'est-à-dire par une marche directe, puisque F ne peut se calculer que si l'on connaît V; on sera alors obligé de recourir à une sorte de tâtonnement dont nous aurons soin d'offrir un exemple dans ce qui suit.

Cas du mouvement horizontal.

442. *Valeur de la force dynamique ou retardatrice; équations fondamentales du mouvement.* — Les effets de la pesanteur sur le mobile étant censés négligeables ou détruits par une cause quelconque, et les forces étrangères à l'inertie se réduisant ici uniquement à la résistance R du milieu, qui peut être calculée pour chacune des vitesses V, possédées par le mobile aux divers instants, on aura simplement (440)

$$F \quad \text{ou} \quad \frac{(\Pi + np)Q}{g} \frac{v}{t} = R ;$$

et, par conséquent, le corps ayant été lancé horizontalement avec une certaine vitesse initiale, cette vitesse sera de plus en plus diminuée et le mouvement ralenti dans chacun des instants égaux à t, suivant une loi donnée par la formule

$$\frac{v}{t} = \frac{gR}{(\Pi + np)Q},$$

qui exprime véritablement la force dynamique relative à l'*unité de masse* supposée entièrement libre (132), ou qui serait capable de lui imprimer, dans le vide absolu, le mouvement effectif du corps. Mais attendu que la résistance R décroît très-rapidement avec la vitesse V du projectile, le mouvement ne sera pas uniformément retardé (107 et 117), comme cela arrive (365) dans le cas où la résistance se réduit à un simple frottement exercé par le mobile, sur un plan solide horizontal; il le sera de moins en moins pour des intervalles de temps t, égaux et infiniment petits, comme le démontre la formule ci-dessus, qui donne la diminution de vitesse v pour chacun de ces instants.

D'un autre côté, cette même formule, dans laquelle l'aire A de la projection du corps sur un plan perpendiculaire à la direction rectiligne du mouvement, entre comme facteur de R (381), d'après les résultats les plus concluants et les plus universellement admis sur la résistance des fluides, cette formule, disons-nous, montre que la diminution instantanée v, de la vitesse, est d'autant moindre, toutes choses égales d'ailleurs, que la densité *moyenne* Π du corps (440) est plus grande aussi bien que le rapport de son volume Q à l'aire A, qui se réduit aux $\frac{2}{3}$ du *diamètre* pour les sphères, à la *hauteur* de l'*axe* pour les cylindres et les prismes droits mus parallèlement à cet axe, etc.; de sorte que, *pour les corps sphériques en particulier, par exemple pour les projectiles de l'artillerie, le ralentissement de la vitesse initiale est d'autant plus rapide que leur densité moyenne ou réduite et leur diamètre sont moindres :* fait confirmé par l'expérience, et que démontre plus spécialement encore la formule

$$\frac{v}{t} = \frac{gR}{P} = \frac{0,0938 \times g}{\Pi d} k V^2 = 0,92 \frac{k V^2}{\Pi d},$$

relative au mouvement de ces projectiles dans l'air, pour lequel on a pris (431), R $= 0,06253\, k\, A V^2$, en négligeant d'ailleurs le terme np relatif au fluide entraîné; prenant $g = 9^m,8088$ (117) pour le lieu où nous sommes; puis remplaçant Q et A par leurs valeurs $\frac{1}{6} \pi d^3$, $\frac{1}{4} \pi d^2$, dans lesquelles d est le diamètre et $\pi = 3,1416$ son rapport inverse à la circonférence.

Considérant pour exemple le boulet de 24, dont on a recherché, à l'avance, la résistance dans l'air au n° 438, on aura immédiatement, pour calculer toutes les circonstances de son mouvement horizontal,

$$\mathrm{F} \quad \text{ou} \quad \frac{\mathrm{P}}{g}\frac{v}{t} = \mathrm{R} = 0,0010755\,k\,\mathrm{V}^2, \quad \frac{v}{t} = 0,00088\,k\,\mathrm{V}^2;$$

ce qui montre tout à la fois, d'une part, l'énorme influence exercée par cette résistance aux premiers instants du mouvement où la vitesse V atteint quelquefois 500 mètres, et où par conséquent sa diminution instantanée v devient (428) $0,00088 \times 1,01 \times (500)^2 = 222$ fois au moins, la durée correspondante t, du temps; d'une autre part, l'extrême faiblesse de cette même influence, dans les derniers instants du mouvement, où la vitesse étant supposée réduite à $0^m,001$, par exemple, en une seconde, celle de v devient, au plus, les $0,00088 \times 0,59 \times (0,001)^2 = 0,00000000052$ de t, ou t près de deux milliards de fois plus grand que v; ce qui montre l'excessive lenteur avec laquelle le mouvement devrait s'éteindre dans les hypothèses actuelles sur la loi de la résistance.

443. *Le mouvement ne s'éteindrait jamais si la résistance décroissait plus rapidement que la vitesse.* — Pour démontrer ce principe d'une manière positive, et qui s'applique généralement à tous les cas où la force retardatrice tend à s'affaiblir rapidement et indéfiniment avec la vitesse, sans jamais changer le sens de son action, nous remarquerons tout d'abord que la formule générale (442)

$$t = \frac{\mathrm{M}}{\mathrm{F}}v = \frac{\mathrm{P}}{g\mathrm{R}}v,$$

dans laquelle M et P peuvent comprendre la masse et le poids du fluide entraîné, montre que la valeur du quotient de M par F, ou de P par gR, croissant indéfiniment à mesure que la vitesse V du corps diminue, il faut bien aussi que le temps t, nécessaire pour détruire, dans ce corps, un degré donné de vitesse v, devienne de plus en plus grand et finisse par acquérir une valeur comparativement infinie dans les dernières périodes du mouvement; de sorte qu'il peut bien arriver que la somme des valeurs de l'accroissement t, du temps, devienne elle-même excessivement grande ou infinie, quoique celle des valeurs correspondantes de v ne puisse dépasser la valeur attribuée à la vitesse initiale quelle qu'en soit la petitesse. Mais on peut établir cette proposition d'une manière plus rigoureuse et plus sensible encore, par la considération de la courbe $O'a'b'\ldots f'g'$ (*Pl. III, fig.* 79), dont on s'est occupé au n° 441 ci-dessus, et qui a h pour origine des abscisses ou vitesses.

En effet, la valeur de la fraction $\dfrac{P}{gR}$, se trouvant représentée par la hauteur des ordonnées correspondantes aux diverses valeurs de V, on voit que ces ordonnées doivent croître indéfiniment à mesure qu'elles se rapprochent de l'axe parallèle qui répond à l'origine h; de sorte que l'espace compris entre cet axe et la courbe est réellement illimité, à peu près comme cela a lieu pour l'*hyperbole équilatère* de la *fig.* 41, *Pl. II*, considérée aux n°s 181 et 198, ou celle que l'on construirait en prenant simplement $t = \dfrac{1^m}{V} v$ par exemple. Mais, comme on suppose ici que F ou R diminue plus rapidement que V, il en résulte que la courbe $O'a'b'\ldots f'g'$ se rapproche bien moins rapidement encore de l'axe des ordonnées et beaucoup plus, au contraire, de celui des abscisses que dans cette dernière hyperbole.

D'un autre côté, on sait par la géométrie des courbes et la théorie des logarithmes (**198**), que les aires hyperboliques comprises entre une ordonnée fixe quelconque et une autre ordonnée qui s'approche sans cesse de l'*axe* correspondant relatif à l'origine h, des abscisses, croissent indéfiniment, de manière à devenir plus grandes que toute quantité assignée; donc il en sera de même, *à fortiori*, des aires analogues de la courbe $O'a'b'\ldots f'g'$, qui donnent les valeurs du temps dans le mouvement retardé dont on s'occupe, et, par conséquent, quelque paradoxal que cela paraisse au premier aperçu, *il peut exister de tels mouvements qui ne s'éteindraient pour ainsi dire jamais, quoiqu'à la fin ils fussent extrêmement ralentis:* c'est ce qui aurait précisément lieu dans l'hypothèse de la résistance proportionnelle au carré de la vitesse.

44

Par contre, il doit exister aussi des mouvements qui s'accélèrent indéfiniment sans jamais atteindre la limite de leur vitesse, quand la force dynamique F tend à décroître très-rapidement à mesure que cette vitesse s'approche, elle-même, de sa limite; mais, comme la chute des graves dans l'air nous offrira bientôt un exemple de ce phénomène de mouvement, nous n'insisterons pas quant à présent.

Enfin il ne sera pas inutile de faire observer que, puisqu'on a également (441 et 442)

$$e = \frac{MV}{F} \, v = \frac{PV}{gR} \, v,$$

des considérations analogues pourront s'appliquer aux espaces parcourus par le corps dans le mouvement qui nous a occupé précédemment : ces espaces tendront à devenir infinis si le quotient de MV par F croissait, lui-même, plus rapidement que la vitesse V ne diminue. C'est, au surplus, ce que nous tâcherons de rendre plus manifeste encore par la discussion du cas particulier qui suit.

444. *Exemple numérique relatif au mouvement horizontal des projectiles dans l'air.* — Soit le boulet du n° 438, lancé horizontalement, dans l'air, avec une vitesse initiale, hO ou V' (*Pl. III, fig.* 79), de 5oo mètres par seconde, je suppose, et demandons-nous d'abord au bout de quel temps sa vitesse hd ou V sera réduite à 4oo mètres, en admettant toujours que la loi de la résistance soit celle adoptée dans cet endroit.

En supposant seulement l'intervalle de Od ou $V'-V=$100^m, divisé en quatre parties égales aux points a, b et c, on pourra former la Table suivante des diverses grandeurs relatives à la question (438 et 442), dans laquelle on a centuplé les valeurs de P, pour éviter l'écriture d'un trop grand nombre de chiffres décimaux :

Points de subdivision.	Numéros d'ordre.	Vitesses correspondantes.	Valeurs de $\frac{100\,P}{gR} = \frac{1137{,}36}{kV^2}$
		m	
0	1	5oo	0,4374
a	2	475	0,4894
b	3	45o	0,5561
c	4	425	0,6297
d	5	400	0,7180

Par conséquent on aura, en se servant de la méthode du n° 180,

Somme des valeurs extrèmes de $\dfrac{100\,P}{g\,R}$.... $\qquad 0,4374 + 0,7180 = 1,1554$

2 fois celle des valeurs d'ordre impair .... $\qquad\qquad 2 \times 0,5561 = 1,1122$

4 fois celle des valeurs d'ordre pair ...... $\quad 4(0,4894 + 0,6297) = \underline{4,4764}$

$$\text{Total}\ldots\ldots\ldots\ldots\ 6,7440$$

Cette somme divisée par 100 et multipliée par le $\frac{1}{3}$ de l'intervalle, 25 mètres, entre les vitesses successives, donne

$$\frac{1}{3} \times 25 \times 0,06744 = 0'',5620,$$

pour la durée du temps pendant lequel la vitesse du boulet
est réduite de 500 à 400 mètres, attendu que $g = 9^m,809$ répond (117) à une seconde sexagésimale, qui est ici l'unité de
temps.

Les différences consécutives de chacune des valeurs, fournies par la Table ci-dessus, du quotient de P par gR, à la
suivante, allant progressivement en croissant, on en conclut,
à priori, que la courbe est convexe vers l'axe des abscisses
comme l'indique la *fig.* 79, et le résultat qui vient d'être obtenu est par conséquent un peu trop fort (180). Mais, comme
ces mêmes différences croissent assez lentement, le résultat,
quoiqu'un peu faible, doit néanmoins s'approcher beaucoup du
véritable; et c'est ce dont on peut s'assurer directement en
supposant seulement l'intervalle Od, de 500 à 400 mètres, divisé en deux parties égales, au point b : on trouve, en effet,
par la méthode déjà employée,

$$\frac{1}{3} \times 50(0,011554 + 4 \times 0,005561) = 0'',5633;$$

résultat qui ne surpasse le précédent que de $\frac{1}{132}$ de sa valeur.

D'après ce grand degré d'approximation de la méthode pour
l'intervalle de 500 à 400 mètres, on pourrait, sans risquer de
commettre des erreurs appréciables, se contenter de diviser pareillement en deux parties égales l'intervalle de 400 à 300 mètres, pour en conclure la durée correspondante du temps. Et,
comme les valeurs du quotient de P par gR, relatives aux vitesses de 350 et 300 mètres, sont respectivemel de 0,01000

44.

et $0,01436$, on en conclut, pour la valeur de cette durée,

$$\frac{1}{3} \times 50(0,00718 + 0,01436 + 4 \times 0,01000) = 1'',0266 ;$$

mais il serait, sans doute, peu exact d'étendre cette règle aux intervalles égaux suivants, de 300 à 200 mètres et de 200 à 100 mètres, parce qu'on pourrait tomber alors, dans les régions où la courbure par trop prononcée de la courbe, donnerait lieu à des différences d'ordonnées consécutives très-variables, et, à plus forte raison, ne conviendrait-il pas d'étendre cette méthode à de très-grands intervalles de vitesses.

Ainsi, par exemple, si l'on se contentait de partager en quatre parties égales l'intervalle compris depuis 500 jusqu'à 100 mètres, ou de 100 en 100 mètres, on trouverait, pour le temps nécessaire à un pareil ralentissement de vitesse, $12'',33$, qui, inévitablement, surpasserait d'une quantité notable la véritable valeur de ce temps. Cependant telle est l'excellence de la méthode pour le cas actuel, que si l'on divise ce même intervalle en huit parties égales, on trouve le nombre $1'',77$, dont la différence avec le précédent n'est pas le $\frac{1}{24}$ de sa valeur, et qui, par cela même, ne doit surpasser que de très-peu la véritable durée du temps.

445. *Extrême lenteur avec laquelle le mouvement s'éteint dans cet exemple.* — Afin de mettre la chose dans tout son jour, nous rechercherons le temps nécessaire pour que la vitesse, supposée réduite à 10 mètres, ne soit plus que de 2 mètres par seconde; mais, au lieu des valeurs du coefficient k, fournies par la Table du n° 428, nous adopterons, pour ces faibles vitesses, la moyenne $k = 0,52$ (425) qui doit s'écarter assez peu (426) de la véritable, dans le cas du mouvement rectiligne des globes dans l'air. D'après cela, si l'on divise seulement en quatre parties égales l'intervalle de 10 à 2 mètres, on formera le tableau qui suit :

Numéros d'ordre.	Vitesses correspondantes.	Valeurs de $\dfrac{P}{gR} = \dfrac{2107,15}{V^2}$.
	m	
1	10	21,87
2	8	34,18
3	6	60,76
4	4	136,70
5	2	546,81

ce qui donne pour la durée du temps écoulé,

$$\frac{1}{3} \times 2^m [21,87 + 546,81 + 2 \times 60,76 + 4(34,18 + 136,70)]$$

$$= \frac{2}{3} \times 1373,72 = 915'',82.$$

Si l'on se fût borné à diviser l'intervalle de 10 à 2 mètres en deux parties égales, on eût trouvé 1082'',28, nombre qui diffère beaucoup du précédent, et prouve que la subdivision en quatre parties peut ne pas suffire; en la portant à huit, on obtient finalement 880'',2, pour le temps que la vitesse du mobile met à passer de 10 à 2 mètres: la différence 35'',6, entre ce nombre et le premier des précédents étant assez forte, on voit qu'il y aurait lieu de multiplier davantage encore les subdivisions, si l'on tenait à une très-grande exactitude, mais, pour l'objet que nous avons ici en vue, il serait inutile de pousser plus loin les calculs.

Tel est d'ailleurs l'esprit dans lequel on devra constamment appliquer le théorème (180) des quadratures de *Simpson*.

Les résultats obtenus en dernier lieu montrent, conformément à ce qui a été annoncé au numéro précédent, d'après des considérations générales et purement géométriques, que la vitesse diminue ici avec une lenteur extrême, et l'on peut juger que cette lenteur serait infiniment plus grande encore pour les derniers instants du mouvement. Ainsi, par exemple, on voit sans qu'il soit nécessaire de recommencer sur de nouveaux frais les calculs, que le temps au bout duquel la vitesse serait réduite de 10 à 2 millimètres par seconde s'élèverait, au moins, à $(1000)^2 = 1$ million de fois 880'', ou bien près de 28 ans, etc.

Pour obtenir les espaces successivement parcourus dans le même mouvement, il suffira (443) de recommencer les calculs en y remplaçant chacune des valeurs de P sur gR, par son produit avec la valeur correspondante de V. C'est ainsi qu'on trouvera, pour l'intervalle de 500 à 400 mètres de vitesse, l'espace

$$\frac{1}{3} 25[2,187 + 2,872 + 2 \times 2,503 + 4(2,325 + 2,676)] = 250^m,6,$$

avec un degré d'approximation encore plus grand que dans le précédent exemple.

En divisant pareillement l'intervalle de 500 à 100 mètres, en huit parties égales, on obtiendrait 2242 mètres pour l'espace correspondant décrit par le projectile. Enfin, pour l'intervalle pendant lequel la vitesse se réduirait de 10 a 2 mètres, l'espace décrit par le boulet s'éloignerait fort peu de 3523 mètres, et il serait environ 1000 fois plus grand dans l'intervalle de 10 à 1 millimètre, etc.; ce qui suffit bien pour faire sentir que le chemin entier parcouru par le mobile n'aurait, de même que le temps, aucune limite assignable (*).

Quant à la manière de découvrir le chemin relatif à un temps donné, comme elle peut être avantageusement suppléée, dans

---

(*) On remarquera que pour cette dernière période du mouvement où l'on suppose k invariable, les équations du n° 441 prenant la forme très-simple,

$$t = \frac{C}{V^2}\, v, \quad e = \frac{C}{V}\, v,$$

où C représente une constante facile à calculer dans chaque cas, on en tire, par les procédés connus de l'analyse, qui ici, pourraient être facilement suppléés par les considérations directes de la Géométrie,

$$T = C\left(\frac{1}{V} - \frac{1}{V'}\right), \quad E = C \log\left(\frac{V'}{V}\right), \quad E = C \log\left(1 + \frac{V'T}{C}\right);$$

E représentant, en outre, l'espace décrit et T le temps écoulé depuis l'origine du mouvement, où la vitesse V, relative à ce temps, était V'; enfin le signe abréviatif *log*, se rapportant aux logarithmes *hyperboliques ou népériens* (198) qui, on se le rappellera, peuvent être également obtenus au moyen des Tables de logarithmes ordinaires, en multipliant ceux-ci par le nombre constant 2,302585. Ces dernières formules montrent bien d'ailleurs que E et T deviennent infinis en même temps que V = 0; mais déjà il n'en serait plus ainsi de l'espace E, si la résistance était simplement proportionnelle à la vitesse; car à cause de $e = Cv$, on aurait $E = C(V' - V)$, et par conséquent, $E = C V'$ pour V = 0, quoique T reste infini ou que le mouvement ne s'éteigne jamais. Ainsi l'espace décrit par le corps grandirait constamment sans néanmoins pouvoir atteindre la limite $E = C V'$: *à fortiori*, cet espace conserverait-il une valeur finie dans le cas où la résistance croîtrait moins rapidement encore que la vitesse, par exemple comme sa racine carrée $\sqrt{V}$. On aurait alors, en effet,

$$T = 2C\left(\sqrt{V'} - \sqrt{V}\right), \quad E = \tfrac{1}{3}C\left(V'\sqrt{V'} - V\sqrt{V}\right);$$

de sorte que le mouvement s'éteindrait complétement au bout du temps $T = 2C\sqrt{V'}$, et de l'espace $E = \tfrac{1}{3} C V' \sqrt{V'}$.

le cas actuel, par la Table du n° 447, elle serait sans intérêt, et nous renverrons nos lecteurs à l'exemple ci-après, qui concerne la chute verticale des corps dans l'air.

446. *Idée de la manière dont le mouvement horizontal des corps peut s'anéantir, même en un temps fort court.* — Lorsqu'un projectile est lancé horizontalement à la surface de notre globe, il y est continuellement sollicité à descendre en vertu de la pesanteur, s'il n'est point soutenu sur un plan fixe; bientôt, en effet, il atteint la surface du sol, où il s'enterre si le choc ne lui permet pas de rebondir, *ricocher*, un nombre plus ou moins grand de fois, à chacune desquelles il perd des portions très-appréciables de sa force vive initiale, que les frottements et obstacles quelconques, dont sa route est parsemée, finissent promptement par lui enlever. Ces frottements, comme on l'a vu au n° 366, sont tels que, même pour des surfaces horizontales aussi polies que la glace, quelques secondes suffisent pour éteindre complétement une vitesse initiale de 4 mètres dans un corps de masse quelconque, indépendamment de la résistance de l'air, à laquelle le frottement devrait être ajouté dans les équations fondamentales du n° 442.

Ainsi, par exemple, f étant la valeur particulière du coefficient de ce frottement, on aura, en général,

$$\frac{v}{t} = \frac{R + fP}{M + M_1} = g\,\frac{R + f\,\Pi Q}{(\Pi + np)Q}, \quad \text{ou} \quad \frac{v}{t} = g\left(0{,}92\,\frac{k\,V^2}{\Pi d} + f\right),$$

s'il s'agit spécialement (*ibid.*) des projectiles de l'artillerie, mus dans l'air; ce qui montre que c'est surtout pour les faibles vitesses que le frottement exerce de l'influence, tandis que l'inverse a lieu pour la résistance du milieu qui exerce principalement la sienne à l'origine du mouvement. Or, il en résulte que ces deux seules causes réunies doivent, quelle que soit l'intensité de sa vitesse initiale, arrêter le corps en un temps généralement très-court, comme on l'observe, en effet, dans tous les cas analogues.

Il est pourtant une circonstance physique où le mouvement horizontal pourrait se perpétuer sans fin, si les lois de la résistance des fluides étaient telles qu'on vient de le supposer dans ce qui précède : c'est celle où un corps flottant à la surface de niveau d'un liquide immobile, tel que l'eau d'un bassin soustrait à l'action des courants d'air, viendrait à y être lancé horizontalement, sans tourner, avec une certaine vitesse ; car le corps étant ici soumis uniquement à la résistance de cette eau et de l'air, il n'existerait plus aucune force retardatrice constante étrangère aux deux fluides, et capable de détruire des portions de la vitesse initiale qui, étant proportionnelles aux temps écoulés, amèneraient promptement le corps au repos absolu. Une expérience de cette espèce, exécutée dans les circonstances les plus favorables et en observant, avec toute l'exactitude qu'il serait facile d'y apporter, la loi du mouvement aux derniers instants, une telle expérience serait peut-être plus propre qu'aucune autre à faire découvrir l'existence d'une pareille force retardatrice, admise par les uns et repoussée par d'autres (388), sans que les motifs ou les faits d'expériences qui servent d'appui à ces opinions contradictoires puissent être considérés comme rigoureusement établis. Mais, à cause de l'influence qui, dans ces derniers instants du mouvement du corps, pourrait être exercée par le sillage ou courant postérieur (374), et tend à l'entraîner au delà de la position qu'il devrait naturellement atteindre, il serait peut-être encore plus exact de chercher à constater l'existence du terme constant, en observant avec soin le mouvement de descente vertical, dans l'air, d'un ballon vide ou rempli d'un gaz assez léger pour que son poids, dans cet air, constaté par une pesée directe, fût réduit à un degré de petitesse comparable au frottement dont il s'agit d'apprécier l'influence, et dont les effets ne sauraient manquer de se manifester; si le globe était abandonné, sans aucune entrave, à l'action de la pesanteur, comme le firent Newton et Désaguilliers (426), lors de leurs premières expériences dans l'église de Saint-Paul à Londres.

Au surplus, quelle que soit l'opinion qui triomphe définitivement, il n'en est pas moins vrai de dire que les obstacles accidentels dont est parsemée la route des corps en mouvement dans les fluides, les particules solides qui y nagent et donnent lieu à de véritables frottements, enfin l'influence des tourbillonnements et remous qui s'y produisent, la rotation même que tendent, presque toujours, à prendre les corps non parfaitement symétriques, sont autant de causes qui parviennent à anéantir leur vitesse, dans des temps infiniment plus courts que ne l'indique le calcul. Et, comme tous les mouvements sont, ici-bas, nécessairement soumis à l'influence de pareils frottements, de forces retardatrices variables ou constantes, on voit qu'ils ne peuvent s'entretenir dans les corps, même les plus subtils, sans une dépense continuelle de travail ou d'action, à laquelle les combinaisons matérielles les plus ingénieuses ne sauraient suppléer (103); et voilà aussi pourquoi le *mouvement perpétuel* que rêvent des hommes privés des premières notions de la Mécanique, est une véritable chimère, quand on le recherche ailleurs que dans l'action immuable des forces de la nature, qui font mouvoir les corps célestes dans un espace vide ou privé de toute résistance, et qui, à la surface de la terre, servent par leur mouvement périodique, plus ou moins régulier, à faire fonctionner nos machines de diverses espèces.

447. *Résultats des calculs de M. Piobert, relatifs au mouvement horizontal des projectiles dans l'air.* — Dans un Chapitre intéressant du Mémoire (373) qu'il a présenté en commun, avec MM. Morin et Didion, au concours du prix de Mathématiques pour l'année 1836, cet officier supérieur a calculé, avec beaucoup de soin, une Table qui permet au simple coup d'œil de se rendre compte de toutes les circonstances offertes par le mouvement des divers projectiles, en usage dans l'artillerie française, lancés horizontalement dans l'air en repos et abstraction faite de l'action de la pesanteur (439). Elle a été dressée en prenant pour base des calculs la formule du n° 429, qui sert à représenter le résultat moyen des expériences relatives à la résistance de l'air sur les projectiles. Dans la formation d'une pareille Table, les méthodes directes indiquées aux nᵒˢ 440 et 444, présenteraient évidemment les plus grands avantages pour trouver successivement, par des opérations fort simples, les valeurs numériques des temps et des espaces qui correspondent à une série de vitesses équidistantes données et suffisamment rapprochées; ce qui permettrait, ensuite, de tracer de nouvelles courbes, au moyen desquelles on obtiendrait facilement toutes les valeurs intermédiaires de ces temps et de ces espaces; ce qu'on appelle en général, *interpoler*, dans

la langue des géomètres. Mais, en réalité, M. Piobert est arrivé aux résultats de sa Table par une voie purement analytique (*) fondée sur la formule déjà citée du n° 429, et sans l'établissement de laquelle cette recherche eût été impossible, tandis que la méthode précédente reste applicable, au moyen d'une courbe d'interpolation ou d'une Table analogue à celle du n° 428, quelle que soit la complication de la loi expérimentale suivie par la résistance.

(*) En posant, pour abréger, dans la formule du n° 429,

$$m = 0,0017\,A\sqrt{0,012\,A + 0,00121}, \quad n = A\sqrt{0,012\,A + 0,00121},$$

$$q = 0,003\,A,$$

elle prend la forme très-simple

$$R = m\,V^3 + n\,V^2 + q.$$

Pour les mouvements rapides des projectiles de l'artillerie, c'est-à-dire pour des vitesses supérieures à 5 mètres par seconde, on pourra négliger le dernier terme de la formule, et l'on calculera, d'après M. Piobert, en mètres et secondes sexagésimales, l'espace E décrit et le temps T écoulé pendant que la vitesse V′ du mobile se réduit à V, au moyen des formules

$$E = \frac{P}{ng}\log\frac{V'(V + i)}{V(V' + i)}, \quad T = \frac{P}{ng}\left(\frac{1}{V} - \frac{1}{V'}\right) - \frac{1}{i}E;$$

où les logarithmes sont *hyperboliques*, comme dans la Note du n° 444, et P désigne le poids, en kilogrammes, du projectile, i la fraction $\frac{n}{m} = 588,2353$ qui, ici, comme on voit, joue un très-grand rôle, et mériterait d'être déterminée avec le plus grand soin, d'après les données de l'expérience.

Pour les mouvements très-lents, au contraire, ou au-dessous de 5 mètres par seconde, on peut négliger le terme $m\,V^3$ de la résistance, par rapport aux deux autres, et alors on a

$$E = \frac{P}{2ng}\log\frac{V' + r}{V + r}, \quad T = \frac{P}{g\sqrt{qn}}\left(\text{arc tang}\,\frac{V'}{\sqrt{r}} - \text{arc tang}\,\frac{V}{\sqrt{r}}\right);$$

formules dans lesquelles encore, r exprime en nombre le rapport de q à n, et l'abréviation *arc tang*, l'arc du cercle dont le rayon, égal à l'unité abstraite, a pour tangente trigonométrique, la valeur numérique du rapport qui la suit, et dont la connaissance entraine celle de l'arc au moyen des Tables trigonométriques connues.

Telles sont d'ailleurs les formules par lesquelles M. Piobert a calculé les nombres inscrits dans le tableau du texte.

Malgré les reproches adressés dans le n° 429 à la formule dont il vient d'être parlé, et qui portent principalement sur les faibles vitesses et les gros calibres de projectiles, la Table dressée par M. Piobert, pouvant fournir des indications souvent précieuses comme moyens d'approximation, dans les questions qui concernent le mouvement horizontal de ces corps, nous avons cru faire une chose utile, en la rapportant ici d'après l'autorisation qu'a bien voulu nous en donner l'Auteur. L'usage en est d'ailleurs si facile que nous ne croyons pas nécessaire de nous étendre longuement sur son contenu ; il nous suffira de remarquer qu'elle ne donne pas seulement les temps écoulés et les espaces parcourus pour la vitesse initiale de 600 mètres par seconde, mais bien pour toutes celles qui se trouvent rapportées dans la ligne horizontale supérieure de la Table, et, par suite, pour les vitesses intermédiaires quelconques, au moyen de l'interpolation, ou du tracé continu des courbes mentionnées ci-dessus ; méthode qui, sous le rapport de l'exactitude, aura surtout l'avantage dans l'intervalle correspondant aux vitesses de 100 à 200 mètres, et pour lequel les ordonnées ou valeurs du temps et de l'espace éprouvent des variations très-sensibles.

Tableau indicatif des principales circonstances du mouvement des projectiles de l'artillerie, lancés horizontalement dans l'air en repos, considéré à l'état moyen.

PROJECTILES.		NATURE des résultats.	VITESSES, PAR SECONDE, SUCCESSIVEMENT ATTEINTES.													
Calibres.	Poids.		600m	550m	500m	450m	400m	350m	300m	250m	200m	150m	100m	50m	5m	0m
Boulets de 36	17,98 kg	Mètres parcourus..	0	90	196	317	450	619	830	1085	1415	1870	2575	3850	8450	12900
		Secondes écoulées..	0	0,159	0,358	0,613	0,950	1,400	2,045	2,980	4,50	7,18	12,85	31,45	391	12517
24	11,96	Mètres parcourus..	0	83	178	286	409	562	753	982	1276	1690	2321	3484	7650	11700
		Secondes écoulées..	0	0,144	0,324	0,553	0,860	1,265	1,845	2,69	4,06	6,49	11,65	28,45	343	11153
16	7,97	Mètres parcourus.	0	73	158	252	363	498	668	871	1133	1503	2062	3095	6788	10370
		Secondes écoulées .	0	0,128	0,287	0,491	0,761	1,125	1,64	2,38	3,60	5,76	10,35	25,25	318	9842
12	6,01	Mètres parcourus ..	0	66	144	230	320	452	595	792	1030	1364	1871	2813	6148	9400
		Secondes écoulées..	0	0,117	0,263	0,450	0,696	1,030	1,50	2,18	3,29	5,25	9,45	23,10	300	8959
8	4,02	Mètres parcourus..	0	60	130	208	297	408	548	716	933	1236	1688	2540	5580	6510
		Secondes écoulées..	0	0,105	0,236	0,403	0,625	0,921	1,34	1,96	2,95	4,73	8,49	20,70	261	7986
Obus de 8 p°	20,98	Mètres parcourus...	0	60	130	209	298	499	549	718	935	1240	1690	2545	5590	8550
		Secondes écoulées..	0	0,105	0,236	0,403	0,626	0,922	1,35	1,96	2,95	4,74	8,50	20,75	262	8483
6	10,56	Mètres parcourus...	0	60	130	207	297	407	546	713	928	1238	1680	2530	5560	8490
		Secondes écoulées..	0	0,105	0,234	0,401	0,612	0,919	1,34	1,95	2,94	4,70	8,45	20,60	260	8159
24	7,26	Mètres parcourus...	0	50	108	173	247	340	457	594	775	1027	1495	2114	4630	7060
		Secondes écoulées..	0	0,088	0,197	0,336	0,521	0,768	1,13	1,636	2,47	3,94	7,09	17,25	218	6779
12	4,00	Mètres parcourus...	0	44	95	153	219	299	402	534	683	904	1241	1869	4180	6250
		Secondes écoulées..	0	0,078	0,175	0,299	0,464	0,685	1,88	1,455	2,19	3,50	6,30	15,30	194	5957
Balles de fusil de rempart.	0,067	Mètres parcourus.	0	22	48	77	110	151	201	264	344	454	624	940	2057	3125
		Secondes écoulées..	0	0,038	0,087	0,148	0,228	0,337	0,493	0,718	1,08	1,73	3,11	7,58	95,5	2866
Id. du fusil d'infanterie.	0,0258	Mètres parcourus..	0	15,8	34,5	55	79	108	144	188	245	324	446	670	1471	2240
		Secondes écoulées..	0	0,028	0,062	0,106	0,164	0,242	0,353	0,515	0,778	1,24	2,23	5,43	68,8	2063

Voulant, par exemple, trouver le temps que la résistance de l'air mettrait à réduire à 100 mètres la vitesse initiale de 500 mètres supposée au boulet du calibre de 24, question dont nous nous sommes déjà occupés au n° 444, on trouvera, dans les colonnes verticales qui répondent à 500 et 100 mètres de vitesse et à la première des lignes horizontales relatives au boulet dont il s'agit, $0'',324$ et $11'',65$ respectivement ; ce qui donne pour le temps cherché $11'',65 — 0'',324 = 11'',326$, dont la différence aux $11'',77$ obtenus dans le même numéro, provient essentiellement de la légère différence entre les lois de résistance admises dans les deux cas. En opérant d'une manière analogue pour les espaces, on trouvera que celui qui est décrit par le projectile dans l'intervalle dont il s'agit, est de $2321^m — 178^m = 2143^m$, au lieu des 2242 mètres obtenus dans le numéro déjà cité ; mais il s'en faut de beaucoup que la différence des résultats demeure toujours circonscrite dans des limites aussi étroites pour d'autres hypothèses.

Enfin si, au lieu de supposer la vitesse réduite précisément à 100 mètres, comme dans la Table, on voulait la prendre égale à 120 mètres par exemple, il faudrait alors recourir aux courbes d'interpolation déjà mentionnées, et qu'il suffirait de tracer pour les abscisses ou vitesses, de 200, 150, 100 et 50 mètres, voisines de 120 mètres ; on trouverait ainsi $9'',04$ et 2047 mètres respectivement, pour les valeurs cherchées et que nous avons effectivement obtenues au moyen d'un tableau de semblables courbes tracées, dans toute leur étendue, par M. Piobert, qui a bien voulu nous en donner communication. Les mêmes procédés serviraient évidemment à faire découvrir l'espace relatif à un temps donné, ou réciproquement ; c'est pourquoi il devient inutile d'insister.

Cas du mouvement vertical.

448. *Valeur de la force dynamique, retardatrice ou accélératrice, dans le mouvement ascendant.* — Pour les corps très-denses, ce mouvement sera évidemment à la fois retardé, et par la résistance R du milieu, et par l'action de la pesanteur sur le corps, dont le poids $P = QII$ (440) devra d'ailleurs

(41, 113 et suivants) être diminué de tout celui du volume Q de l'air qu'il déplace, poids que nous nommerons $P' = Qp$, et qu'il sera facile de calculer au moyen de la densité p du fluide (431). Nous aurons donc ici (440)

$$F = R + P - P' \quad \text{ou} \quad \frac{(\Pi + np)}{g} Q \frac{v}{t} = R + (\Pi - p)Q;$$

ce qui donne pour le rapport de v à t, dans le mouvement ascensionnel du corps, ou pour la force dynamique relative à l'unité de masse,

$$\frac{v}{t} = g \frac{R + P - P'}{(\Pi + np)Q} = \frac{gR}{(\Pi + np)Q} + g \frac{\Pi - p}{\Pi + np},$$

quelle que soit d'ailleurs la loi suivie par la résistance du milieu.

Pour les projectiles sphériques de l'artillerie lancés verticalement dans l'air, de bas en haut, on pourra négliger le terme np, relatif au fluide entraîné (440), et, comme leur poids P, même en les supposant creux, est au moins 3000 fois celui P' du fluide déplacé, on pourra aussi ne point tenir compte de ce dernier dans les calculs; ce qui, pour les hypothèses des n°s 431 et 442, donnera simplement

$$\frac{v}{t} = g \frac{(R + P)}{P} = g \frac{R}{P} + g = \frac{0,92\,k\,V^2}{\Pi d} + 9^m,809,$$

formule qui met en évidence l'influence respective du diamètre d, de la densité moyenne Π du projectile, et de la gravité ou de g, sur le ralentissement plus ou moins rapide du mouvement ascendant.

Plus spécialement encore, on aura pour le boulet de 24, qui nous a déjà occupés aux n°s 438, 442 et 444, les formules

$$F = R + P = 0,0010755\,k\,V^2 + 12, \quad \frac{v}{t} = 0,00088\,k\,V^2 + 9^m,809,$$

dans lesquelles il ne reste plus que k et V d'indéterminés, et qui montrent que le mouvement sera de plus en plus retardé comme pour les projectiles lancés horizontalement, mais d'une manière bien autrement rapide, et à peu près comme si ce projectile étant soutenu par un plan horizontal matériel (446), son frottement venait à se joindre à la résistance de l'air. On voit, en effet, que la force retardatrice F, conservant, à tous les instants, une valeur qui surpasse 12 kilogrammes, il faudra bien que le mouvement finisse par s'éteindre complétement, même en un temps fort court.

Si, au lieu de posséder une densité moyenne Π, supérieure à celle p de l'air, le corps en avait une beaucoup moindre, il ne serait évidemment plus permis d'agir et de raisonner comme on vient de le faire. Dans le cas, par exemple, d'un ballon en taffetas verni, gonflé par du gaz hydrogène dont la densité est environ le $\frac{1}{15}$ de celle de l'air à circonstances atmosphériques égales (40), ou, plus exactement, $0,0688 \times 1^{kg},227 = 0^{kg},082$ pour 1 mètre cube, le poids de l'enveloppe réuni à celui du gaz qu'elle renferme, c'est-à-dire P, loin de surpasser celui de l'air entraîné ou déplacé, en serait une fraction assez faible ; et alors aussi, non-seulement il ne faudrait pas imprimer de vitesse initiale à ce ballon pour le faire partir, mais encore il tendrait, par lui-même, à s'élever avec une force mesurée par P′ — P, et qui lui imprimerait un mouvement uniformément accéléré (108), si la résistance R ne venait aussitôt le ralentir.

La même chose pouvant se dire, en général, de tous les corps qui sont spécifiquement plus légers (35) que le fluide qui les contient, on voit que la force dynamique ou *accélératrice* totale, dont ils sont animés, deviendrait alors

$$F = P' - P - R = (p - \Pi)Q - R;$$

de sorte qu'on aurait généralement aussi

$$\frac{v}{t} = g\frac{p - \Pi}{\Pi + np} - \frac{gR}{(\Pi + np)Q};$$

formules qui ne diffèrent des précédentes que par l'inversion des signes. Mais, au lieu de raisonner dans ces hypothèses générales, il vaudra mieux revenir à l'exemple particulier des ballons, qui est assez intéressant en lui-même, pour que nous consacrions l'article suivant, tout entier, à l'examen des particularités que son mouvement peut offrir.

449. *Exemple relatif à l'ascension verticale des ballons, limite de leur vitesse.* — Supposons (*Pl. III, fig.* 75) un ballon sphérique de 10 mètres de diamètre, son volume sera, à très-peu de chose près, de 523^{mc},6; par conséquent le poids du volume d'air qu'il déplace dans les circonstances atmosphériques indiquées au n° 431, aura pour valeur

$$523^{mc},6 \times 1^{kg},227 = 642^{kg},5;$$

celui du gaz hydrogène qu'il contient,

$$523^{mc},6 \times 0^{kg},082 = 42^{kg},94$$

seulement; et enfin le poids absolu du fluide qu'il entraîne (442),

$$0,6 \times 642^{kg},5 = 385^{kg},5;$$

poids énorme comme on voit, et qui doit exercer une très-grande influence sur les lois du mouvement.

Ordinairement les ballons destinés aux voyages aériens portent, suspendue à un système de cordes, une nacelle ou gondole, en osier, très-légère et dans laquelle se placent les aéronautes; nous supposerons que le poids de ces objets et de tout le surplus de l'équipage soit de 350 kilogrammes, mesuré dans l'air, ce qui est une charge considérable. Enfin, pour être parfaitement rigoureux, il conviendrait encore d'avoir égard à la résistance de l'air contre la gondole, les cordages, etc., ainsi qu'à la masse de fluide qu'ils entraînent; mais, comme ces quantités seraient impossibles à évaluer d'une manière précise, et qu'elles doivent être très-petites vis-à-vis de celles qui se rapportent au ballon, nous en ferons abstraction, sans perdre de vue néanmoins la faible part d'influence qu'elles peuvent exercer sur les lois du mouvement. D'après cela, le ballon serait enlevé avec une force constante

$$P' - P = 642^{kg},5 - 42^{kg},94 - 350^{kg} = 249^{kg},56,$$

qui sera diminuée, à chacun des instants du mouvement ascensionnel, de toute la résistance opposée par l'air, et que nous continuerons à évaluer au moyen de la formule

$$R = 0,06253\,k\,AV^2$$

du n° 431, laquelle devient ici, à cause de $A = 78^{mq},54$,

$$R = 4,911 k V^2.$$

Quant à la masse totale mise en mouvement par la force motrice ci-dessus, elle se composera à la fois (440) : 1° de celle du fluide entraîné dont le poids absolu a été trouvé égal à $385^{kg},5$; 2° de celle du poids pareil du ballon et de son équipage, c'est-à-dire de 350 kilogrammes, augmenté du poids du volume d'air déplacé, puisque ces 350 kilogrammes ne sont pas censés avoir été ramenés au vide ; mais, à cause de la grande densité de ces objets, dont la résistance n'a point non plus été appréciée, nous ne tiendrons pas compte d'une pareille différence ; 3° enfin de la masse de l'hydrogène enfermé dans le ballon, et qui pesant dans le vide $42^{kg},94$, est pareillement soumis à la loi d'inertie. La somme de ces masses sera donc égale au quotient du poids

$$385^{kg},5 + 350^{kg} + 42^{kg},64 = 778^{kg},44$$

divisé par

$$g = 9^{kg},809, \quad \text{ou à} \quad 79,36 ;$$

et, par conséquent, on aura ici, pour calculer toutes les circonstances du mouvement,

$$F = 249^{kg},56 - 4,911 k V^2, \quad \frac{v}{t} = \frac{F}{79,36} = 3,1447 - 0,06176 k V^2.$$

Le ballon partant de terre avec une vitesse V d'abord nulle, on voit que, tant que la résistance $4,911 k V^2$ restera au-dessous de $249^{kg},56$, cette vitesse augmentera de plus en plus, et de quantités qui, à la vérité, iront sans cesse en diminuant pour des instants égaux t. Mais si cette résistance pouvait devenir égale à $249^{kg},56$, ce qui exigerait que la vitesse atteignît elle-même la valeur fournie par la relation

$$249^{kg},56 = 4,911 k V^2, \quad \text{ou} \quad 3,1447 = 0,06176 k V^2,$$

à laquelle on satisfait en prenant à la fois $k = 0,64$, d'après la Table du n° 428, et $V = 8^m,91$ par seconde, alors la force accélératrice F deviendrait nulle, aussi bien que l'accroissement

45

correspondant *v* de la vitesse, et le mouvement cessant de varier, il se continuerait uniformément en vertu de l'inertie (55)
ou de la vitesse acquise par le ballon, si toutefois les circonstances restaient, dans les régions supérieures de l'atmosphère,
les mêmes qu'à la surface de la terre.

La discussion de cette particularité remarquable du mouvement ascensionnel des ballons, étant fort délicate et se reproduisant dans d'autres questions qui reviendront plus loin, je
n'insisterai pas en ce moment, et me contenterai de faire observer que, pour un fluide quelconque et un corps spécifiquement plus léger, dont la résistance, à l'ascension, pourrait être
exprimée par la formule du n° 382, la vitesse limite, dont il
s'agit, serait généralement fournie par l'équation

$$F = P' - P - R = P' - P - kpA\,\frac{V^2}{2g} = o, \quad \text{ou} \quad V = \sqrt{\frac{2\,(P' - P)}{kpA}};$$

k et V devant avoir ici des valeurs qui se correspondent dans
la Table du n° 428, ne peuvent ainsi être obtenues que par la
méthode des approximations successives, nommée règle de
fausse position. Mais, il est évident que le phénomène dont il
s'agit est indépendant de la nature particulière de la loi de résistance, et, dès que cette loi sera donnée, on pourra toujours
trouver la vitesse limite du corps par une équation analogue à
la précédente, que nous avons rapportée simplement pour
fixer les idées.

Ce qui diminue d'ailleurs l'intérêt qui pourrait s'attacher
à la question dans le cas particulier des ballons, c'est la nécessité où l'on est, comme on l'a vu, de négliger l'influence, assez
grande, exercée par la résistance des parties accessoires, et de
supposer les circonstances atmosphériques constantes à toutes
les hauteurs ; ce qu'il n'est pas permis d'admettre, même pour
les ascensions les plus habituelles des voyages aériens. La
hauteur de ces ascensions surpasse souvent, en effet, 2000 à
3000 mètres, et l'on a vu, dans un pareil voyage, entrepris
uniquement pour le progrès des sciences, deux illustres physiciens français, MM. Biot et Gay-Lussac, s'élever verticalement dans les airs, à une hauteur de près de 4000 mètres ; puis
ce dernier, dans un second voyage, atteindre seul la hauteur

énorme de 7015 mètres au-dessus du niveau des mers, la plus
grande de celles auxquelles se soient jamais élevés les hommes,
même en gravissant les montagnes (*). Or ces courageuses expériences constatent, ainsi que des observations antérieures ou
postérieures, dont les plus importantes sont dues à MM. A. de
Humboldt et Boussingault, qu'à de telles hauteurs, la température, la pression et la densité de l'air éprouvent, ainsi que
l'action de la gravité, une diminution très-sensible, et dont il
serait nécessaire de tenir compte dans des calculs rigoureux ;
ce que les savantes recherches de M. Biot, sur la constitution
de l'atmosphère (*Connaissance des Temps* pour 1841), rendrait
possible d'une manière approximative, si la question qui nous
occupe en valait la peine.

Quant aux élévations de 400 à 500 mètres, par exemple, il
serait peu nécessaire de s'en inquiéter pour les ballons, et encore moins s'il s'agissait des projectiles très-denses de l'artillerie, et qui, tels que les bombes, sont élevés dans l'air, par la
force de la poudre, à des hauteurs généralement médiocres.

450. *Valeur de la force dynamique, accélératrice ou retardatrice dans le mouvement vertical descendant.* — Cette
force tend nécessairement à accélérer le mouvement des
corps ou devient accélératrice toutes les fois que la densité
moyenne H (440) de ceux-ci surpasse celle du fluide, comme
cela a lieu, par exemple, pour les projectiles de l'artillerie :
elle se compose évidemment alors du poids *absolu* P du mobile dans le vide, poids qui mesure proprement l'action de la

---

(*) Nous saisissons cette occasion de rappeler que les ballons aérostatiques
furent découverts en 1782, par le célèbre Montgolfier, d'Annonay, et que Pilastre
Des Rosiers, physicien distingué, né à Metz, périt en 1785, victime de son zèle
pour les progrès d'un art qui était encore dans son enfance, lorsqu'il tenta de
franchir le détroit qui sépare la France de l'Angleterre. Il fut aussi le premier
qui, au mois d'octobre 1783, c'est-à-dire quelques mois seulement après l'époque
où les frères Montgolfier firent leur brillante expérience d'Annonay, eut le courage de se frayer une nouvelle route dans les airs, à l'aide des ballons. La
ville de Boulogne-sur-Mer, près de laquelle eut lieu la chute de Des Rosiers, a
fait élever, à sa mémoire, un monument modeste, naguère en ruine, et que la
Société académique de cette même ville vient généreusement de restaurer, en
honorant ainsi, une seconde fois, le courage malheureux d'un savant qui lui
fut étranger.   (*Note de l'édition de* 1829.)

gravité sur ses différentes parties, diminué et du poids du volume de fluide qu'il déplace, et de la résistance R, qu'il éprouve, à chaque instant, de la part de ce fluide. On a donc, dans de telles hypothèses,

$$F = P - P' - R = (\Pi - p)Q - R;$$

ce qui donne (440)

$$\frac{v}{t} = g\,\frac{P - P' - R}{(\Pi + np)Q} = g\,\frac{\Pi - P}{\Pi + np} - \frac{gR}{(\Pi + np)Q},$$

et le mouvement de descente s'accélérera continuellement tant que le poids $P - P'$ du corps, dans le fluide, surpassera la résistance R, opposée par ce dernier. Mais, de même que pour le cas ci-dessus des ballons, il s'accélérera de moins en moins, attendu que R croît très-rapidement avec la vitesse V du corps; il arrivera même bientôt un instant où il ne s'accélérera, pour ainsi dire, plus du tout, quand R approchera d'être égale à $P - P'$, ou que V différera très-peu de la valeur fournie par l'égalité

$$P - P' = R = kp\mathrm{A}\,\frac{\mathrm{V}^2}{2g}, \quad \text{ou} \quad k\mathrm{V}^2 = 2g\,\frac{(P - P')}{p\mathrm{A}},$$ o

si l'on continue à admettre la loi de résistance du n° 382.

Ainsi, encore, le rapport de v à t, variant désormais de quantités extrêmement petites, le mouvement tendra à devenir uniforme, et il le deviendrait rigoureusement, si le mobile pouvait effectivement acquérir la vitesse limite dont il s'agit. Mais, comme le rapport inverse du temps t à l'accélération correspondante v de la vitesse, converge, dès lors, vers l'infini, on se trouve ici dans des circonstances analogues à celles qui nous ont occupé au n° 442, circonstances dont nous renverrons la discussion approfondie à l'un des articles ci-après.

D'ailleurs ces mêmes circonstances supposent essentiellement que $P - P'$ surpasse R, dès l'origine du mouvement, ou à l'instant de la descente du mobile; s'il en était autrement, si la vitesse initiale rendait R plus grande que $P - P'$, P continuant à surpasser P', comme on vient de le supposer, la vitesse, loin de s'accroître, serait évidemment diminuée ou retardée par une force

$$F = R - (P - P'),$$

et le serait continuellement jusqu'à l'instant où la résistance R se trouverait assez amoindrie pour n'être plus égale simplement qu'à l'excès du poids absolu P du corps, dans le vide, sur le poids P' du volume de fluide qu'il déplace; ce qui arriverait précisément pour la vitesse fournie par l'une ou l'autre des équations de condition déjà posées ci-dessus.

Cette vitesse étant la même que celle du cas précédent, quand le corps et le milieu sont aussi les mêmes, on voit que, en général, *quelle que soit l'énergie avec laquelle un corps serait lancé verticalement, de haut en bas, dans un fluide indéfini et homogène d'une densité moindre que la sienne propre, la vitesse de ce corps convergerait, tendrait sans cesse vers une même limite, qu'il est possible de calculer à l'avance, mais qu'il n'atteindrait pour ainsi dire jamais.*

Enfin si le poids spécifique du mobile était inférieur à celui du fluide ou que P' surpassât P, la vitesse serait de plus en plus retardée, tant par l'action de P' que par celle de la résistance R; de sorte qu'on aurait alors, pour la force retardatrice effective,

$$F = R + P' - P,$$

quelle que fût la valeur de cette résistance ou de la vitesse.

La somme R + P' surpassant donc constamment P, il est clair que le mouvement finira par s'éteindre complétement; et, comme on aura à cet instant

$$V = 0, \quad R = 0, \quad F = P' - P,$$

force toujours dirigée de bas en haut, on voit que le corps tendra aussitôt à rebrousser chemin, ou à remonter en vertu de cette autre force, désormais accélératrice,

$$F = P' - (P + R):$$

il suivra donc dès lors absolument les mêmes lois que celles qui se rapportent à l'ascension des ballons (448 et 449); ce qui nous dispense de poursuivre davantage l'examen de son mouvement. Ce même cas est d'ailleurs analogue à celui que présente un corps dense lancé, de bas en haut, avec une certaine vitesse, et qui, parvenu à sa plus grande élévation, redescend ensuite par l'action prépondérante de son poids sur celle des pressions extérieures, ou du poids du volume d'air déplacé.

451. *Exemples particuliers et faits généraux relatifs à la plus grande vitesse de chute des corps dans les fluides.* — Dans le cas particulier du boulet de 24 du n° 438, dont le poids, dans l'air, $P — P' = 12^{kg}$, le mouvement, s'il était suffisamment prolongé, deviendrait uniforme à l'intant où l'on aurait

$$12^{kg} = 0,0010755\,k\,V^2.$$

Or on voit de suite, d'après la Table du numéro déjà cité, que cette condition est satisfaite par une vitesse d'environ 125 mètres par seconde, à laquelle correspond (425) une valeur du coefficient k de la résistance, qui doit peu différer de $0,71 + \frac{1}{4} \times 0,06 = 0,725$. Telle est donc aussi la plus grande vitesse qu'un boulet, de ce poids et de cette dimension, puisse acquérir en tombant verticalement dans l'air; et c'est aussi vers cette limite inférieure que tendrait la vitesse d'un boulet quelleque fût la rapidité de son mouvement initial de descente.

Cette même vitesse limite diminuerait évidemment avec le poids spécifique du projectile par rapport au milieu. Par exemple, on la trouverait respectivement de 207, 46 et 43 mètres par seconde environ, pour des boules de même grosseur, en platine, en glace ou eau congelée et en bois d'orme, dont les poids seraient à très-peu près, de 36 kilogrammes, $7^{kg},1$ et $1^{kg},36$. Elle diminuerait pareillement avec la grosseur ou le diamètre, quoique dans une moindre proportion : ainsi, pour des globes de même densité, mais dont le diamètre serait seulement de $\frac{1}{25} \times 0^m,148$ ou $5^{mm},9$, elle se trouverait réduite à $\frac{1}{5}$ environ des valeurs ci-dessus, et plus particulièrement, à $\frac{1}{5} \times 46^m = 9^m, 2$ pour une bille de glace dont la grosseur serait à un peu près celle des grêlons ordinaires, lesquels, en réalité, doivent acquérir des vitesses de chute beaucoup moindres, à cause de l'excédant de résistance occasionné par leur forme anguleuse et la rotation qui peut en résulter.

Au surplus, l'influence du diamètre et de la densité devient tout à fait explicite et manifeste quand, dans la relation générale

$$P - P' = R = kp A \frac{V^2}{2g}, \quad \text{ou} \quad k V^2 = 2g \frac{(P - P')}{p A},$$

on remplace, comme on l'a fait au n° 442, pour une autre circonstance, P, P' et A, par leurs valeurs analytiques dans l'hypothèse où le mobile serait sphérique. Elle devient, en effet, si l'on conserve aux lettres la même dénomination et qu'on suppose toujours, pour le lieu où nous sommes, $g = 9^m,809$,

$$k V^2 = 2g \frac{(\Pi - p)}{p} \frac{Q}{A} = \frac{4}{3} \left(\frac{\Pi}{p} - 1 \right) gd = 13,0784 \left(\frac{\Pi}{p} - 1 \right) d;$$

ce qui montre que, dans les exemples ci-dessus, où le rapport de Π à p n'est pas descendu au-dessous de 600, *les vitesses limites* V *sont, à très-peu près, proportionnelles à la racine carrée du diamètre du mobile et du rapport de sa densité à celle du milieu.*

Ceci explique pourquoi (7) les poussières extrèmement ténues tombent dans l'air, et à plus forte raison dans l'eau, avec une si grande lenteur, quoique leur densité surpasse notablement celle du fluide qui les renferme; et des considérations analogues, fondées sur les formules générales des n°s 442 et 448, relatives au mouvement horizontal ou vertical, serviraient également à expliquer comment il arrive (7) que les courants d'air ou d'eau entraînent les débris des corps solides d'autant plus loin qu'ils sont plus ténus, moins denses, tandis que ces mêmes parties sont, à l'inverse, celles qui parcourent le moins d'espace quand on les lance, dans un air en repos, avec une certaine vitesse horizontale ou ascensionnelle. Mais la diversité de la forme des corps n'influe pas moins, comme on va le voir, sur la limite de leur vitesse, que leur densité spécifique et leurs dimensions absolues.

452. *Calcul de la plus grande vitesse de descente des parachutes dans l'air.* — On sait que les parachutes à l'aide desquels les aéronautes peuvent abandonner leurs ballons et descendre sans danger, des régions supérieures de l'atmosphère,

dinaires, par la formule

$$R = 0,06253 \times 1,5\,AV^2 = 0,0938\,AV^2 = 4,715\,V^2.$$

Si l'on s'en référait, au contraire, au résultat des expériences spéciales de M. Didion, qui se trouvent consignées au n° 411, on obtiendrait, en supposant sensiblement $p = p'$, et négligeant, à cause de leur faible influence, le terme constant et celui qui provient de la masse d'air entraîné, puisque le mouvement est censé parvenu à sa limite ou à l'uniformité (448), on obtiendrait, dis-je,

$$R = 0,163\,AV^2 = 8,19\,V^2,$$

résultat presque double du précédent auquel il nous semble convenable d'accorder la préférence dans une question de cette espèce.

D'après cela, supposant que le poids $P - P'$ du voyageur et de tout le surplus de l'équipage, mesuré dans l'air, soit de 85 kilogrammes, la plus grande vitesse que puisse acquérir le parachute dans sa descente, sera donnée par la condition

$$4,715\,V^2 = 85, \quad \text{ou} \quad V = \sqrt{18,0297} \times 4,25$$

par seconde. Une telle vitesse, en supposant même qu'elle pût être atteinte, serait assez faible pour prévenir tout accident à l'instant où la gondole toucherait terre : un procédé inverse et tout aussi simple d'ailleurs, servirait à trouver la valeur de l'aire A, propre à satisfaire à toute autre condition.

Nous venons d'ajouter : *en supposant qu'elle pût être atteinte;* car nous n'avons pas tenu compte de la résistance de la gondole, des tiges du parachute, etc., et les calculs ne se rapportent qu'à la plus grande vitesse que puisse acquérir le système, à celle qui répond à l'instant où le mouvement serait devenu entièrement uniforme (449 et suivants). Or il est aisé de se convaincre que, dans la réalité, les corps qui tombent ou s'élèvent verticalement dans l'air, ne peuvent, comme on l'a déjà insinué au n° 450, jamais parvenir rigoureusement à cet état de mouvement, quoiqu'ils en approchent sans cesse, et que, dans certains cas où la masse du corps et du fluide entraîné est très-petite, ils puissent en approcher de fort près, même au bout d'un intervalle de temps médiocre, comme le prouve la relation (450) qui donne le rapport de v à t.

453. *Démonstration géométrique de l'impossibilité que le mouvement continu atteigne rigoureusement sa limite uniforme.* — D'après les discussions des n°s 442 et 443, ce fait peut être considéré comme une conséquence évidente de la rapidité avec laquelle le rapport de v à t (450), tend, dans le cas actuel, à décroître, et le rapport inverse de t à v à croître avec la vitesse V, possédée aux divers instants par le mobile ; mais il ne sera pas superflu de le démontrer directement, sans calculs et par les seules considérations de la géométrie, d'autant plus que le principe est important, et s'applique indistinctement à tous les cas où le mouvement tend, sans cesse, à se régulariser par l'action d'une force dynamique décroissante et dont l'intensité, uniquement variable avec la vitesse, suit une loi exactement continue et mathématique.

Traçons (*Pl. III, fig.* 77 et 78) une courbe ABC dont les abscisses Ot', Ot'', Ot''',..., représentent (50) les temps successivement écoulés depuis l'origine du mouvement, qui, ici, répond au point O, et dont les ordonnées $t'v'$, $t''v''$, $t'''v'''$,... correspondantes, représentent, au bout de ces temps respectifs, les vitesses acquises par le point du corps où est censée appliquée la force accélératrice ou retardatrice ; il est clair que, quand sous l'influence de cette même force, la vitesse augmentera (*Pl. III, fig.* 77), ou diminuera (*Pl. III, fig.* 78), constamment, par succession insensible ou suivant une loi rigoureusement *continue*, la courbe s'éloignera ou s'approchera aussi continuellement de l'axe des abscisses OT. Si donc la vitesse doit devenir, à la fin, constante ou uniforme, la courbe devra également, dès lors, se confondre avec une parallèle à ce même axe ; mais, comme une courbe continue diffère essentiellement, dans sa nature, d'une simple ligne droite, comme son tracé géométrique, sa loi mathématique sont essentiellement distincts du tracé et de la loi de celle-ci, elle ne saurait, rigoureusement parlant, jamais dégénérer en une telle ligne, bien qu'elle puisse en approcher de plus en plus et indéfiniment, de sorte, par exemple, qu'au bout d'un temps excessivement long,° ou à une distance excessivement grande de l'origine O, les vitesses ou ordonnées diffèrent aussi extrêmement peu de celles qui appartiennent à une droite DE, parallèle à l'axe OT, des temps ou des abscisses. Or cette droite est ce qu'on nomme une *asymptote* dans la géométrie des courbes, et c'est la valeur constante OE, TD, de ses ordonnées, que nous avons, tout à l'heure, déterminée pour le cas du mouvement vertical des corps dans l'air.

Telle est l'interprétation géométrique fort simple du fait qui nous a d'abord été révélé par le calcul et le raisonnement, fait qui se reproduit dans une infinité de circonstances, parce qu'il existe aussi une infinité de lois, une infinité de courbes qui donnent lieu à des *asymptotes*, dont le caractère général est, comme on voit, de *s'approcher continuellement et indéfiniment d'une certaine branche de ces courbes, sans néanmoins pouvoir jamais l'atteindre*, droites que l'on considère aussi quelquefois, comme de véritables *tangentes* au point situé à l'infini sur une telle branche (*).

Les *hyperboles*, entre autres, dont nous avons rencontré des exemples dans divers numéros de cet Ouvrage, possèdent deux asymptotes pareilles, quand on les trace dans toutes leurs parties, car elles ont aussi deux branches infinies; mais toutes les courbes qui ont de telles branches n'ont pas pour cela des asymptotes : la *parabole* entre autres est dans ce cas. En général, on doit voir, par là, combien l'étude des courbes géométriques est utile pour la mécanique, puisque chacune de leurs propriétés répond essentiellement à quelqu'une des propriétés relatives aux lois du mouvement des corps ou de l'action des forces qui les sollicitent.

454. *Réflexions sur la manière dont les moteurs communiquent le mouvement aux machines.* — Quand un moteur animé ou inanimé est appliqué à une machine industrielle quel-

---

(*) On peut ici justifier directement cette notion en se rappelant (53) que le rapport de v à t, qui représente, en général, l'inclinaison des tangentes de la courbe sur l'axe des abscisses ou des temps, devient nul avec la force dynamique, ou pour l'ordonnée qui répond à la vitesse limite, caractère qui appartient à une parallèle à l'axe dont il s'agit.

conque, il commence par la mettre en mouvement, avec un
effort qui d'abord est très-grand (148), il détruit à la fois, au
point où il opère immédiatement, et la·réaction provenant de
l'inertie des pièces de la machine et celle des diverses résistances nuisibles ou utiles ; la force dynamique F, qui accélère
le mouvement, est donc alors égale à l'excès de l'effort total du
moteur sur l'effort que lui opposent directement celles des
résistances dont il s'agit, qui sont indépendantes de l'inertie.
Or, comme ces résistances, ou restent sensiblement les mêmes
à chaque instant, ou augmentent de plus en plus avec la vitesse,
et que l'effort du moteur décroît au contraire (148) constamment, il en résulte que le mouvement s'accélère de moins en
moins, à peu près comme dans les cas qui précèdent, de sorte
qu'il tend sans cesse à se régulariser ou à devenir uniforme ;
mais ce n'est qu'au bout d'un temps, souvent fort long, que la
vitesse atteint sensiblement la limite de sa valeur, à laquelle
elle ne parvient même jamais, mathématiquement parlant, dans
beaucoup de circonstances.

Toutefois les moteurs animés différant essentiellement des
autres en ce qu'ils ont la faculté de maintenir, pendant un certain temps, l'intensité entière de leur effort primitif, malgré
l'augmentation de la vitesse, puis de le diminuer tout à coup,
et de le réduire à celui qui est strictement nécessaire pour
vaincre les résistances étrangères à l'inertie, ou pour entretenir la vitesse du mouvement au point où elle est parvenue à un
certain instant, on voit que la proposition ci-dessus n'est plus
exactement applicable, et que la machine peut atteindre, au
bout de très-peu de temps, l'état moyen du mouvement qu'elle
doit conserver. Or, la même chose aura lieu (241) toutes les
fois que la force motrice ou les résistances suivront une loi
discontinue, arbitraire, et qui ne dépendra pas uniquement de
la vitesse.

455. *Question particulière relative à la chute des corps dans
l'air.* — Les méthodes de calculs dont nous avons offert un
exemple dans le n° 444, pouvant tout aussi bien s'appliquer à
la recherche des lois du mouvement vertical, ascendant ou
descendant des corps, qu'à leur mouvement horizontal, puisqu'il ne s'agirait que de modifier, d'après ce qui a été dit aux

n°s 448 et 450, les valeurs de la force dynamique, il serait peu nécessaire de revenir ici sur de semblables calculs; mais, attendu que, jusqu'à présent, nous n'avons point offert d'exemple de la manière dont on doit s'y prendre pour trouver l'espace décrit par le mobile, quand le temps est donné ou réciproquement, nous terminerons ce Chapitre par la question suivante, en elle-même assez digne d'intérêt.

Ayant observé expérimentalement, à l'aide d'une montre ou chronomètre, le temps qu'un corps a mis à tomber verticalement, d'une certaine hauteur, dans l'air, trouver cette hauteur.

Pour faire une telle expérience dans la vue, par exemple, d'obtenir la hauteur d'un édifice ou la profondeur d'un puits, il conviendrait, si l'on avait en sa possession un moyen très-précis de mesurer le temps, de choisir un corps sphérique exactement calibré, très-dense et d'un assez fort diamètre, afin de diminuer l'influence de la résistance de l'air et les incertitudes relatives à sa mesure. Dans le cas où, au contraire, il deviendrait, par exemple, impossible d'apprécier le temps à un dixième de seconde près, on se servirait d'une boule assez légère afin d'augmenter la durée de sa chute, et c'est aussi ce que nous supposerons pour mettre le rôle de la résistance de l'air en complète évidence. Nous supposerons qu'ayant laissé tomber d'une certaine hauteur, une boule en bois d'orme de $0^m,03$ de diamètre, et dont le poids P, mesuré directement dans l'air, aurait été trouvé exactement de $0^{kg},0013$, l'observation directe du temps ait donné $2'',5$ pour la durée effective de sa chute, et nous prendrons $k = 0,52$ pour la valeur moyenne ou constante, la plus probable (425 et suivants), du coefficient de la résistance qu'éprouve une pareille boule, sous des vitesses qui, dans le cas actuel, ne sauraient dépasser celle de 22 à 23 mètres par seconde, comme on va s'en assurer, à posteriori, au moyen de calculs analogues à ceux du n° 451 (*).

_____

(*) Dans cette hypothèse particulière de k constant, qui est toujours permise pour une faible étendue des variations de la vitesse V du corps (428), c'est-à-dire quand on suppose la résistance exactement proportionnelle au carré de cette vitesse, on peut immédiatement calculer les lois du mouvement vertical et parallèle du corps par les formules ci-dessous, généralement connues et

Dans ces hypothèses et en supposant, de plus, les circonstances atmosphériques semblables à celles qui ont servi de base à l'établissement de la formule $R = 0,06253\, k\, A V^2$ du n° 431, on aura

$$R = 0,00002298 V^2,$$

à cause de

$$A = 0^{mq},00070686;$$

ce qui donnera (441 et 450), pour calculer les lois du mouve-

---

qu'il serait facile de justifier encore à l'aide de considérations purement géométriques.

Pour le mouvement vertical retardé, qui peut être aussi bien descendant qu'ascendant (450), même sous l'influence d'une vitesse initiale V', on a généralement

$$\frac{v}{t} = a V^2 + b;$$

relation dans laquelle a et b ont les valeurs numériques qui se déduisent des considérations des n°s 448 et 450, et l'on pourra calculer directement la vitesse V et l'espace E, relatifs à un nombre quelconque T de secondes écoulées, au moyen des formules

$$i V = \frac{i V' \cos r T - \sin r T}{i V' \sin r T + \cos r T}, \quad a E = \log(i V' \sin r T + \cos r T);$$

où les logarithmes sont toujours (445, note) censés hyperboliques, tandis que i désigne la racine carrée du rapport numérique de a à b, et r celle de leur produit $\sqrt{ab}$. Si l'on veut calculer directement le temps et l'espace qui répondent à une vitesse V donnée, on se servira de ces autres formules

$$r T = \text{arc tang} \frac{i(V' - V)}{1 + i^2 V' V}, \quad 2 a E = \log \frac{1 + i^2 V'^2}{1 + i^2 V^2}.$$

Quand, au contraire, il s'agira de trouver la vitesse V et le temps T qui correspondent à une hauteur donnée E, on recherchera dans les Tables hyperboliques, le nombre X dont le logarithme a pour valeur le produit aE, qui est aussi un nombre, et l'on calculera la valeur de V, au moyen de la formule

$$V = \sqrt{\frac{1 + i^2 V'^2 - X^2}{i^2 X^2}};$$

d'où l'on déduira finalement celle de T par l'avant-dernière des formules qui précèdent.

Dans le mouvement vertical accéléré, descendant ou ascendant, la première des équations ci-dessus deviendra

$$\frac{v}{t} = b - a V^2;$$

a et b prenant de nouvelles valeurs numériques également faciles à calculer, et

ment, puisqu'il devient ici permis de négliger la considération du poids de l'air entraîné par la boule,

$$F = 0^{kg},0113 - 0,00002298 \cdot V^2,$$

$$t = \frac{P}{gF} v = \frac{0,101947}{1 - 0,0020336 \, V^2} v, \quad e = V t$$

en prenant $g = 9^m,809$ et divisant, haut et bas, la valeur de t, par celle de P.

---

l'on aura, en supposant la vitesse initiale V'. nulle, comme cela arrive ordinairement,

$$2 r T = \log \frac{1 + i V}{1 - i V}, \qquad 2 a E = \log \frac{1}{1 - i^2 V^2}, \quad V = \sqrt{\frac{X^2 - 1}{i^2 X^2}},$$

$$r T = \log(X - \sqrt{X^2 - 1}), \quad a E = \log \frac{1 + Y^2}{2 Y}, \quad i V = \frac{Y^2 - 1}{Y^2 + 1},$$

a, i, r, X ayant les mêmes significations que ci-dessus, et Y désignant, de plus, le nombre qui, dans les Tables hyperboliques, a pour logarithme le produit $r T$ ou $\sqrt{ab} \, T$, quand on se donne T *à priori*.

Nous avons réuni ici ces différentes formules pour la facilité des applications; mais il ne faut pas oublier que les logarithmes étant hyperboliques, X et Y ne sont autre chose que les nombres ou *exponentielles* e^{aT}, $e^{\sqrt{ab T}}$, dans lesquelles la lettre e représente la *base* 2,718282 de ces logarithmes; de sorte que, si l'on fait usage de Tables ordinaires dont les logarithmes doivent être multipliés par 2,302585 pour reproduire les précédents, les valeurs X et Y, X² et Y² seront données par les nombres qui y ont pour logarithmes respectifs les produits de aE, $\sqrt{ab} \, T$, $2 a$E, $2 \sqrt{ab} \, T$, multipliés par le logarithme ordinaire de 2,718282, ou par 0,4342945.

Pour la question particulière traitée dans le texte,

$$b = g = 9^m,8088, \quad a = 0,0020336 g = 0,01995, \quad i = \sqrt{\frac{a}{b}} = 0,0451,$$

$$r = \sqrt{ab} = 0,44233, \quad T = 2'',5, \quad r T = 1,10583, \quad \log Y = 0,4342945 . r T;$$

ce qui donne Y = 3,02173, et, par la cinquième et la sixième des formules ci-dessus, relatives au mouvement accéléré,

$$a E = 2,302585 \times \log 1,676325 = 0,51661, \quad E = 25^m,899, \quad V = 17^m,796.$$

Dans le texte, nous avons trouvé, par une méthode de calcul qui n'est guère plus pénible et demeure applicable à une loi de résistance quelconque, E = $25^m,976$, V = $17^m,75$; résultats dont la différence avec les précédents est à peine de quelques millièmes de leurs valeurs, et qu'il eût été facile d'obtenir à un plus grand degré d'approximation encore, sans compliquer beaucoup plus les calculs.

La limite de la vitesse que pourrait acquérir la boule dans sa chute indéfinie, devant satisfaire à la condition $F = 0$, on obtiendra pour sa valeur

$$V = 22^m,18,$$

vitesse en dessous de laquelle devra se trouver sensiblement celle de la boule à l'instant où elle touche terre. D'un autre côté, si la chute se faisait dans le vide, la vitesse acquise au bout des $2'',5$, serait (118)

$$V = gT = 9^m,809 \times 2'',5 = 24^m,52,$$

quantité supérieure à la précédente, et qui, par ce motif, ne saurait être prise ici pour limite encore plus rapprochée de la vitesse effective ou de celles qui doivent entrer dans les calculs (441), quoiqu'il puisse en être autrement dans le cas des fortes densités ou des petites chutes. Enfin la hauteur de chute dans le vide absolu ayant pour valeur

$$E = \frac{1}{2} gT^2 = \frac{1}{2} VT = 12^m,26 \times 2'',5 = 36^m,18,$$

on est assuré, à l'avance, que la véritable lui demeurera inférieure d'une certaine quantité.

Cela posé, on commencera par rechercher, à l'aide d'un tâtonnement plus long qu'il n'est difficile, la vitesse finale qui, dans l'air, répond effectivement à la durée de $2'',5$; car on en déduira ensuite sans hésitation (441) celle de E. A cet effet, on supposera arbitrairement cette vitesse finale de 16 mètres par seconde, c'est-à-dire plutôt trop faible que trop forte, et partageant ensuite l'intervalle de 0 à 16 mètres, en quatre parties égales, d'après la marche déjà employée au n° 444, on dressera la Table suivante des valeurs du quotient de P par gF, facteur de v dans t :

Vitesse.	Valeurs de $\dfrac{P}{gF}$.
m	
0	0,10195
4	0,10537
8	0,11720
12	0,14416
16	0,21265

ce qui donnera pour le temps que le mobile met à acquérir la vitesse de 16 mètres dont il s'agit,

$$\tfrac{1}{3} \times 4^m [0,1020 + 0,2127 + 2 \times 0,1172$$
$$+ 4(0,1054 + 0,1442)] = 2'',0633;$$

valeur un peu forte, mais qui probablement est exacte à 0'',01 près, puisque la division en deux parties égales seulement, donnerait 2'',0893 pour première approximation.

La durée des 2'',0633 étant surpassée par les 2'',50 données, d'une quantité moindre que le $\frac{1}{4}$ de sa valeur, et les différences consécutives des quotients fournis par la Table ci-dessus, ne pouvant (444), à cause de leur marche croissante, appartenir qu'à une courbe qui s'écarte rapidement de l'axe des abscisses auquel elle tourne sa convexité, il en résulte que la vitesse cherchée sera de beaucoup inférieure à $16^m + \tfrac{1}{4} \times 16$ ou 20 mètres, et qu'il deviendra nécessaire de resserrer davantage les intervalles d'abscisses. On formera donc cette nouvelle Table :

Vitesse.	Voleurs de $\frac{\mathrm{P}}{g\mathrm{F}}$.
16^m	0,21265
17	0,24726
18	0,29887
19	0,38597
20	0,54634

où l'intervalle de 16 à 20 mètres se trouve divisé en quatre parties égales; ce qui donne 1'',2966 pour le temps écoulé dans cet intervalle, ou 1'',3030, si l'on se borne à la division en deux parties égales; résultat qui montre que la première valeur doit être exacte jusque dans la troisième décimale au moins.

Cette même valeur, ajoutée à celle 2'',0633, déjà trouvée, donnant, en somme, 3'',3600, on voit qu'en effet elle est beaucoup trop forte; et, comme elle correspond à une vitesse de 20 mètres, fort voisine de la vitesse limite 22^m,18, on doit en conclure que, bien que celle-ci ne puisse jamais être atteinte par le mobile, cependant il faut à ce dernier assez peu de temps pour en acquérir une qui en diffère peu. D'un autre côté, si l'on considère l'intervalle de 16 à 18 mètres, on trouve

$$\tfrac{1}{3} \times 1^m (0,21265 + 0,29887 + 4 \times 0,24726) = 0'',5002;$$

46

ce qui donne 2″,5635 pour le temps que la boule met à atteindre la vitesse de 18 mètres. Ainsi cette vitesse, encore trop
forte, doit différer très-peu de la véritable, qu'on découvrira
en observant que, si l'intervalle de 2 mètres entre les 16 et
18 mètres de vitesse, donne un accroissement de temps de
0″,5002, l'intervalle qui répond à la différence 0″,0635 entre
les temps 2″,5635 et 2″,5000, doit différer fort peu de

$$\frac{0,0635}{0,5000} \times 2^{\mathrm{m}} = 0^{\mathrm{m}},254,$$

que nous réduirons à $0^{\mathrm{m}},25$ puisqu'en substituant ici la corde à
l'arc (447), nous devons trouver une valeur un peu trop forte.
Finalement donc, la vitesse correspondante aux 2″,5 données,
est, à une petite fraction près,

$$18^{\mathrm{m}} - 0^{\mathrm{m}},25 = 17^{\mathrm{m}},75.$$

Maintenant que cette vitesse est connue, on trouvera l'espace qui lui correspond, en multipliant, comme on l'a fait au
n° 445, les valeurs déjà trouvées du quotient de P sur $g\mathrm{F}$, par
les valeurs respectives de V, afin d'obtenir celles des facteurs
de v dans l'expression de e (441), etc. En procédant à ces nouveaux calculs, dans l'ordre qui a été précédemment suivi, on
trouvera : 1° $18^{\mathrm{m}},511$ pour la hauteur de chute relative aux
16 premiers mètres de vitesse acquise ; 2° $8^{\mathrm{m}},532$ pour celle qui
répond à l'intervalle compris entre la vitesse de 16 à 18 mètres ;
3° $\frac{1}{2} \times 0,25 \times 8^{\mathrm{m}},532 = 1^{\mathrm{m}},067$ pour celle que décrit le mobile pendant qu'il passe de la vitesse de $17^{\mathrm{m}},75$ à celle de 18
mètres ; ce qui donne, pour la hauteur de chute effective,

$$18^{\mathrm{m}},511 + 8^{\mathrm{m}},532 - 1^{\mathrm{m}},067 = 25^{\mathrm{m}},976,$$

valeur qui ne doit supasser la véritable que de quelques centimètres. On trouverait, par une marche exactement inverse,
la durée relative à une hauteur de chute donnée, et il va sans
dire que des calculs absolument semblables serviraient à faire
découvrir toutes les particularités du mouvement ascensionnel
des corps dans l'air ou dans des fluides quelconques.

ESSAI SUR UNE THÉORIE

DU CHOC ET DE LA RÉSISTANCE

DES FLUIDES INDÉFINIS,

PRINCIPALEMENT FONDÉE SUR LA CONSIDÉRATION DES FORCES VIVES.

(*a*). *Notions préliminaires et fondamentales.* — On a pu voir, par l'exposé des n°s 373 et suivants de cet Ouvrage, combien les notions physiques concernant la résistance des fluides laissent encore de vague et d'obscurité, et combien il serait à désirer que ces notions fussent coordonnées entre elles et rattachées aux principes généraux de la Mécanique, par un lien plus solide, et qui, en l'absence d'une théorie mathématique rigoureuse, permît, au moins, de se rendre un compte clair et satisfaisant des principaux faits ou résultats de l'expérience. Or cela ne nous paraît nullement impossible, si, en considérant ces résultats dans leur ensemble, on essaye de les déduire, d'une manière plus explicite qu'on n'a pu le faire dans le n° 381 du texte, de l'application du principe des forces vives à ce genre de phénomènes, en suivant à peu près la marche tracée, en premier lieu, par Bernoulli et Borda, dans leurs recherches physico-mathématiques sur l'écoulement des liquides.

Rappelons-nous, en effet, cette remarque importante due à l'esprit ingénieux de Dubuat, et qui s'est présentée en plusieurs endroits du texte, notamment aux n°s 378 et 379, 392 et 418 : Quand un corps est exposé à l'action directe d'un fluide, les molécules de ce dernier ne sont soumises à la déviation résultant de l'obstacle que présente ce corps à leur libre passage, que dans une certaine région de part et d'autre de l'axe du corps, parallèle à la direction du mouvement; elles se meuvent comme dans une espèce de canal prismatique ou cylindrique, dont les parois LM, L'M' (*fig.* 53, 55, 80, etc., *Pl. III*) seraient parallèles et à peu près équidistantes par rapport à celles du cylindre circonscrit lui-même au corps, suivant la direction du mouvement absolu ou relatif;

46.

de sorte qu'en amont de ce corps, l'écoulement se ferait comme dans un vase qui offrirait, sur le pourtour extérieur de sa base, un orifice annulaire déterminé par l'intervalle compris entre les extrémités du corps et les parois fictives dont il vient d'être parlé, parois qu'il serait d'ailleurs peu exact de supposer prolongées, en aval, jusqu'à la région où les tourbillons et mouvements excentriques quelconques viennent à se propager (375) dans les masses latérales du fluide.

Cette manière d'envisager le phénomène de la résistance est si naturelle, que Dubuat l'a formellement indiquée au n° 437 du tome II de ses *Principes d'Hydraulique*, et que les expériences subséquentes de M. Duchemin, consignées dans ses Mémoires (373) successivement présentés à l'Académie des Sciences, l'ont conduit à comparer, du moins pour le cas où le corps en repos reçoit le choc de l'eau en mouvement, les phénomènes d'accélération et de déviation présentés par les filets liquides, sur le pourtour entier du corps, à une *contraction renversée*, qui, dans le cas des prismes, prendrait, jusqu'à un certain point, les caractères du phénomène si connu des *ajutages cylindriques* ou *tuyaux additionnels*, adaptés aux orifices d'écoulement des vases (413 et Note). Mais, loin de poursuivre cette idée lumineuse dans ses conséquences théoriques, M. Duchemin s'est contenté d'en déduire, par une comparaison un peu forcée, par une sorte d'empirisme, la formule d'interpolation rapportée dans la Note déjà citée, et qui, malgré tout le mérite qu'elle a de représenter les quatre résultats des expériences de Dubuat (413) vérifiées par celles de l'Auteur, nous paraît d'autant moins admissible en elle-même, que l'analogie sur laquelle elle se fonde n'aurait plus lieu pour le cas inverse des corps en mouvement dans un fluide en repos, et qu'il deviendrait alors nécessaire (414) de changer à la fois de principes et de formules. Or on arrive à des conséquences très-différentes, lorsqu'en adoptant sans réserve l'idée ingénieuse de Dubuat, on lui applique, comme on l'a indiqué ci-dessus, les belles théories de Bernoulli et de Borda.

(*b*). *Hypothèses admises*. — Dans cette application du théorème des forces vives, on suppose ordinairement que les pressions et les vitesses des molécules fluides sont égales, dans certaines régions où le mouvement est parallèle, comme par exemple en amont aux points L, L', des *fig.* 53, 55, 80, etc., *Pl. III*, ce qui est évidemment ici permis, ou vers les points *m* et *n*, *m'* et *n'* qui appartiennent à la *section contractée*, pour laquelle la convergence des filets, au sortir du vase, devient la plus forte et l'hypothèse beaucoup moins évidente, bien que ces filets y soient redevenus sensiblement parallèles ou concentriques. Les expériences de M. Savart (*) sur le choc des veines liquides, soit entre elles, soit contre l'ori-

_____

(*) *Annales de Chimie et de Physique*, t. LV, 1833.

fice du tube manométrique de Pitot (378), prouvent que le fait est vrai dans le cas où de telles veines sont produites par l'écoulement permanent d'un liquide au travers d'orifices circulaires, pratiqués dans les parois minces de réservoirs très-grands par rapport aux dimensions de ces orifices; et cela résulte aussi de la vérification *à posteriori* des formules obtenues dans cette hypothèse, pour la vitesse et la dépense de liquide, Mais, dans le cas qui nous occupe où une masse fluide indéfinie vient rencontrer un corps solide en repos, il ne parait pas que la même hypothèse soit permise; tout porte à croire, au contraire, comme on le verra plus loin, que la vitesse est sensiblement plus grande, et la pression plus petite vers l'intérieur de la veine contractée en *m* et *m'*, qu'à l'extérieur en *n* et *n'*, où elles doivent être simplement égales à celles du milieu ambiant. D'un autre côté, en considérant ce qui se passe à une petite distance, en amont de l'orifice d'écoulement, c'est-à-dire dans l'espace que l'on assimile à un véritable réservoir, on ne voit pas que l'on soit plus fondé à y supposer égales les pressions occasionnées par la déviation des filets, et dont l'excès sur celles qui ont lieu en aval du corps, détermine certainement l'accélération de vitesse reçue par le fluide en *mn* et *m'n'*.

Cependant, nous admettrons, dans l'application du principe des forces vives à ce mode d'écoulement, l'hypothèse ordinaire du parallélisme des tranches, ou des vitesses et des pressions *moyennes* obtenues en divisant la dépense et la pression totales, par l'aire de ces tranches respectives, non pour découvrir des valeurs absolues et rigoureusement exactes, mais pour avoir des rapports, des relations qui, au moyen de certains coefficients à déterminer par l'expérience, indiquent approximativement les lois du phénomène, ainsi que cela a lieu, par exemple, dans le cas des déversoirs, où le principe des forces vives conduit à des formules de cette espèce. Seulement il ne faudra pas oublier que, si une pareille hypothèse peut être permise à l'égard des pressions, elle tend, quant aux vitesses, à diminuer l'expression de la somme des forces vives, d'une fraction numérique de sa valeur, qui dépend essentiellement de la loi inconnue suivant laquelle ces vitesses et leurs directions respectives varient dans chacune des sections ou tranches planes à considérer.

Enfin, il est bon de le remarquer, cette manière d'envisager la question de la résistance des fluides ne diffère, au fond, de celle du n° 381, qu'en ce que nous supposons ici le corps en repos choqué par le fluide en mouvement, au lieu de le considérer en mouvement dans un fluide en repos. Et, si nous nous préoccupons actuellement des pressions et des vitesses individuelles, c'est afin d'arriver à des formules plus explicites et propres à mettre en évidence les diverses pertes de forces vives qui, dans le cas d'un fluide en repos, sont la représentation fidèle du travail moteur nécessaire à appliquer au corps pour l'entretenir à un même état de mouvement, travail dont la valeur est alors, en effet, clairement indiquée par le produit dont les facteurs sont : l'aire de la projection du corps sur un plan perpendiculaire à la direction de sa vitesse, l'excès de la pression moyenne d'amont sur celle d'aval, et la distance uniformément parcourue dans chaque élément du temps ou dans chaque seconde. Mais quoiqu'on n'aperçoive plus aussi bien, dans le cas d'un corps en repos choqué par un fluide en mouvement, la relation entre les pertes de forces vives et le travail moteur qui, en réalité, se trouve alors représenté par celui des pressions censées appliquées aux tranches extrêmes de la masse liquide, il n'en est pas moins évident, *à priori*, que l'un de ces cas peut être ramené à l'autre par la considération des mouvements relatifs; c'est pourquoi nous ne traiterons ici que la question du choc, sans nous préoccuper, en aucune manière, dans nos raisonnements, de celle qui concerne spécialement la *résistance*.

(*c*). *Plan mince soumis au choc direct d'un fluide.* — Ces préliminaires étant établis, considérons d'abord un plan mince CD (*Pl. III, fig.* 80), de surface A, et qui se trouve plongé, au repos, dans un fluide indéfini de densité p, animé de la vitesse uniforme V, perpendiculaire à sa direction. Nommons :

A′ l'aire de la section transversale du canal formé par les parois fictives LM, L′M ;

m le coefficient de la contraction effective éprouvée par les filets en mn, $m'n'$, c'est-à-dire le rapport de l'aire de leur section transversale, à celle A′—A, de l'orifice annulaire du réservoir ;

W la vitesse *moyenne* du fluide dans la *section contractée* mn, $m'n'$, dont l'aire est m (A′—A) ;

n le facteur numérique, supérieur à l'unité, par lequel doit être multipliée la vitesse W, pour redonner la somme des forces vives effectives dans ces mêmes sections ;

P et P′ les pressions moyennes, par unité de surface, qui ont lieu en amont et en aval du plan CD ;

Q enfin le volume et $M = p \dfrac{Q}{g}$ la masse du fluide qui, dans l'unité de temps, s'écoule uniformément par chacune des sections transversales A′ et m (A′—A):

on aura, en appliquant le principe des forces vives à la question, comme on le fait ordinairement dans l'hydraulique, et sans s'inquiéter aucunement ici de la manière dont les pressions partielles se trouvent distribuées dans les tranches extrêmes A′ et m (A′—A), en amont ou en aval du corps,

$$M n^2 W^2 - M V^2 = 2 g M \left(\frac{P}{p} - \frac{P'}{p} \right), \quad n^2 W^2 - V^2 = 2 g \left(\frac{P}{p} - \frac{P'}{p} \right);$$

d'où l'on tire, en représentant toujours par R la pression effective ou la différence des pressions absolues supportées par le plan CD, sur l'étendue, A, de ses deux faces,

$$P - P' = \frac{p}{2g}(n^2 W^2 - V^2), \quad R = A p \left(\frac{n^2 W^2}{2g} - \frac{V^2}{2g} \right).$$

Mais, à cause de la continuité, ou parce qu'il doit s'écouler dans l'unité de temps, la même masse de fluide par la section contractée $m (A'—A)$, qu'il en afflue uniformément par la section d'amont A', on a aussi, dans l'hypothèse où ce fluide n'éprouverait qu'une variation de volume insensible, en passant de la pression P d'amont, à la pression P' d'aval, dont la première est supérieure et la deuxième inférieure à la pression naturelle ou statique du milieu,

$$m(A' - A) W = A'V, \quad W = \frac{A'}{m(A' - A)} V;$$

ce qui donne finalement

$$R = pA \left(\frac{n^2 A'^2}{m^2(A' - A)^2} - 1 \right) \frac{V^2}{2g}, \quad \text{et } k = \frac{n^2 A'^2}{m^2(A' - A)^2} - 1,$$

pour la valeur du coefficient k (382) de la formule $R = kp\,AH$.

(*d*). *Comparaison des résultats de la théorie avec ceux de l'expérience.* — Si l'on admet le résultat des recherches expérimentales de Dubuat, qui donnent ici (406), $k = 1,86$ pour le coefficient de résistance des plans minces, et $A' = 6,46 A$ pour la limite (418) au delà de laquelle le fluide ambiant cesse d'exercer de l'influence, on déduira de l'expression ci-dessus de k,

$$\left(\frac{m}{n} \right)^2 = \frac{A'^2}{(1 + k)(A' - A)^2} = 0,4895, \quad \frac{m}{n} = 0,700:$$

on satisfera à cette condition particulière en prenant, par exemple, le coefficient de contraction $m = 0,75$, comme le donne l'expérience, dans le cas où la contraction est nulle sur trois faces, et $n = 1,0714$, $n^2 = 1,149$ pour les facteurs qui servent à corriger, dans les formules, ce que l'hypothèse d'une vitesse moyenne pourrait avoir ici d'inexact.

La relation $A' = 6,46 A$, admise par Dubuat, pour le cas des prismes entièrement plongés (*Principes d'Hydraulique*, t. II, n° 581), suppose que le courant latéral se fasse sentir jusqu'à une distance du corps, égale aux 0,77 environ de ses dimensions transversales. Mais, si d'après le résultat des mesures directes de M. Duchemin, on réduisait cette fraction à 0,5 (392), ce qui revient à prendre $A' = 4A$ seulement, on trouverait $m = 0,7884\,n$ et il faudrait alors attribuer à n une valeur plus petite que l'unité, et partant inadmissible. Il ne paraît donc pas que l'on puisse supposer A′ de beaucoup inférieur à 6,46A, pour le cas des plans minces choqués directement par un fluide.

D'un autre côté, on voit, par l'expression générale ci-dessus de k, que si, comme le voulait Dubuat (407 et 413), la déviation se fait réellement de plus loin pour les corps en mouvement dans un fluide en repos, le rapport de A′ à A′ — A venant à diminuer, il en sera de même de la résistance ; ce qui s'accorde avec le résultat des expériences de cet Auteur, confirmées depuis par celle de M. Duchemin.

Par exemple, il suffira de supposer A′ = 12A, pour retomber, à très-peu près, sur la valeur $k = 1,433$ donnée par les expériences de Dubuat (405) dans le cas dont il s'agit. On interpréterait plus facilement encore ce résultat, en supposant que la contraction latérale des filets diminue dans ce même cas des fluides en repos, ou que le coefficient m, qui entre au carré dans l'expression de k, y augmente d'une très-petite quantité, par exemple devienne 0,81 ou 0,82 ; mais alors, comme on va le voir, on tomberait dans d'autres difficultés concernant le cas des surfaces convexes, et l'on ne pourrait expliquer aussi bien la diminution de leur résistance, à moins de prendre le facteur n beaucoup plus près de l'unité ; ce qui ferait diminuer en même temps m pour le cas des fluides en mouvement ; nous continuerons donc à raisonner dans l'hypothèse avancée par Dubuat, sans nier toutefois que le facteur numérique n^2 ne s'approche un peu plus de l'unité que nous ne l'avons supposé précédemment.

La formule ci-dessus montre d'ailleurs avec quelle rapidité la résistance tendrait à croître si, au lieu d'être indéfini, le fluide se trouvait limité par des parois solides plus rapprochées du plan CD qu'on ne vient de le supposer pour les parois LM et L′M′ : elle indique même que cette résistance deviendrait infinie pour A′ = A ; ce qui s'explique en considérant qu'alors la pression continue, éprouvée par le corps, se changerait en un choc vif produit par la colonne fluide indéfinie, comprise, en amont, entre les parois solides dont il s'agit.

(e). *Surfaces minces convexes ou concaves.* — Supposons maintenant qu'on substitue au plan mince CD une surface convexe (*Pl. III, fig. 53*), continue ou polygonale, mais assez peu allongée dans le sens du mouvement, pour n'être point sensiblement en prise aux effets du frottement, la contraction latérale sera diminuée et son coefficient m augmenté, sans qu'il soit nécessaire d'apporter aucun autre changement à l'expression de k, donnée (c) par le principe des forces vives et dans laquelle A deviendra l'aire de la projection de cette surface sur un plan perpendiculaire à la direction du mouvement, puisque les pressions normales et élémentaires supportées par le corps, doivent être estimées dans le sens même de ce mouvement, comme le sont, de leur coté, les pressions moyennes P et P′. En particulier, si cette surface possède la forme la plus avantageuse possible, et qu'on adopte les valeurs $n^2 = 1,149$, $A' = 6,46A$, déjà admises ci-dessus, la formule donnera, à cause de $m = 1$, le coefficient $k = 0,61$ pour le cas où le fluide seul est en mouvement; résultat qui paraîtra un peu fort si on le compare à celui des expériences sur les sphères, mentionnées au n° 426; mais on doit considérer qu'il s'agissait de sphères mobiles dans un fluide en repos, et pour lesquelles par conséquent l'aire A' a du être augmentée, indépendamment de l'influence, assez faible d'ailleurs, qui a pu être exercée par la poupe ou partie postérieure de ces sphères; influence sur laquelle nous reviendrons plus tard.

Enfin, il semblerait résulter de cette même formule, que, dans le cas des surfaces concaves où le coefficient m, de la contraction, descendrait probablement à la valeur 0,6 ou 0,66, conformément à ce qu'on sait des expériences de Borda et de Venturi sur l'écoulement par les tubes rentrants, le coefficient k de la résistance pourrait aussi s'élever de 1,3 à 1,6 fois celui des plans minces; valeurs qui ne sont nullement en contradiction avec les effets observés dans ces circonstances (408 et suiv.).

(f). *Prismes droits soumis au choc direct d'un fluide.* — Passant au cas des corps prismatiques (*Pl. III, fig.* 55) dont la longueur L, étant au moins triple de la plus courte distance de leurs faces latérales aux parois fictives LM, L'M', il devient permis de supposer que les filets soient redevenus parallèles vers les extrémités postérieures de ces prismes, après avoir perdu, par le choc ou les tourbillonnements, l'excès de la vitesse W, qu'ils possédaient en mn, $m'n'$, sur celle qu'ils conservent à ces mêmes extrémités ou en quittant le corps, et dont nous représenterons par U la valeur moyenne conclue de la dépense, n'U étant cette même vitesse augmentée (b) de manière à reproduire la force vive effective des filets, comme nous l'avons admis précédemment (c) pour nW et la section contractée. Nommant, de plus, C et C' les contours ou périmètres respectifs des sections transversales A et A', du prisme et du canal dont les parois servent de limites au courant latéral que nous supposerons soumis, sur toutes ses faces, de la part du prisme ou du fluide ambiant, à un frottement représenté approximativement par la formule $\frac{p}{g} bCU^2$ pour le premier, et par la formule $\frac{p}{g} bC'(U-V)^2$ pour le deuxième, en posant, d'après la Note de la page 594, $b = 0,000,36g = 0,0035$, ou $b = 0,00032g = 0,0031$, et négligeant le terme relatif à la simple vitesse; admettant d'ailleurs, comme on le fait ordinairement et comme nous le justifierons plus loin, que l'excès de la vitesse nW sur la vitesse n'U, donne lieu à une perte de force vive mesurée par l'expression $M(n$W$ - n'U)^2$ relative toujours à la masse M de fluide écoulée, pendant l'unité de temps, dans chacune des sections A', A'$-$A, m (A'$-$A), on arrivera, par l'application du principe des forces vives au cas actuel, et en conservant toutes les notations précédemment admises (c), à l'équation fondamentale

$$M n'^2 U^2 - M V^2 + M (n W - n' U)^2 + 2 M \frac{L b}{A' - A}\left[C + C'\left(1 - \frac{V}{U}\right)^2\right] U^2$$
$$= 2 M g \frac{P - P'}{p};$$

de laquelle on tire sans difficulté, à cause des relations de continuité $Q = A' V = m (A' - A) W = (A' - A) U,$

$$R = p A \frac{V^2}{2 g}\left[\frac{A'^2}{\mu^2 (A' - A)^2} - 1\right] \quad \text{ou} \quad k = \frac{A'^2}{\mu^2 (A' - A)^2} - 1,$$

en posant, pour abréger, le facteur numérique

$$n'^2 + \left(\frac{n}{m} - n'\right)^2 + 2 \frac{\left(C + C'\frac{A^2}{A'^2}\right) L b}{A' - A} = \frac{1}{\mu^2};$$

μ représentant lui-même ce qu'on nomme improprement le *coefficient de la contraction*, dans le cas des *ajutages* ou tuyaux additionnels très-courts, mais coulant à *gueule-bée*, puisqu'il porte ici, plus spécialement, sur la réduction éprouvée par la vitesse de sortie U, en raison des tourbillonnements et des résistances intérieures.

Nota. Les résultats auxquels on arrive pour μ et U, dans le cas des tuyaux d'écoulement ordinaires, s'accordent, comme on sait, d'une manière très-satisfaisante avec ceux de l'expérience, pourvu que la longueur de ces tuyaux soit au moins triple de leur diamètre; mais cela n'a plus lieu dans le cas contraire, où le coefficient μ suit, par rapport à cette longueur, la marche rapidement décroissante, indiquée dans la Note du n° 413, ce qui paraît tenir essentiellement à ce que la vitesse moyenne U, supposée, dans le calcul, égale à $m W$, en diffère alors d'autant plus que l'extrémité du tuyau où elle se mesure, est elle-même plus voisine de la section contractée, à partir de laquelle, en effet, la veine va en s'épanouissant et prend des *sections vives* très-distinctes de celle de ce tuyau, et qu'il serait probablement plus exact de lui substituer dans l'application du principe des forces vives. Mais, au lieu d'introduire de pareilles modifications dans les formules, où il reste encore les indéterminées n et n' qu'on pourrait supposer égales à la valeur 1,07, déjà précédemment admise pour le cas des plans minces, il sera préférable de substituer à μ, dans ces formules, les nombres tels que les donne le résultat des expériences de Michelotti, sur les ajutages cylindriques de diverses longueurs; ce qui montrera, tout au moins, que ces mêmes formules marchent dans le sens indiqué par le phénomène de la résistance des prismes.

(*g*). *Comparaison des résultats de la théorie avec ceux de l'expérience.* — Considérant d'abord le cas où le prisme étant en repos et sa longueur comprise entre le double et le triple de sa largeur réduite, les expériences de Dubuat (413) assignent au coefficient de la résistance la valeur minimum $k = 1,323$, tandis que celle du coefficient μ des courts ajutages atteint, d'après les expériences de Michelotti, le maximum de la sienne $\mu = 0,82$, il en résulte que l'expression analytique ci-dessus de k, ne pourrait s'accorder avec l'expérience, qu'autant qu'on aurait

$$\frac{A'}{A' - A} = \mu \sqrt{1 + k} = 0,82 \sqrt{2,323} = 1,25 \quad \text{ou} \quad A' = 5A,$$

qui se rapprocherait davantage encore de celle $A' = 4A$ qui a été mesurée directement par M. Duchemin, dans le cas des prismes en repos, si l'on attribuait à μ une valeur un peu plus grande que $0,82$, comme il paraît naturel de le faire, puisque les contractions intérieures sont ici réellement un peu moindres que dans la disposition ordinaire des ajutages.

Maintenant, il devient évident que les valeurs intermédiaires de k, données par la formule du précédent article, à partir du plan mince, suivront très-sensiblement la marche décroissante indiquée par les expériences de Dubuat, tandis que, pour des longueurs de prismes supérieures au triple de la largeur, les valeurs de k iront continuellement en augmentant, comme celles de μ, à cause du frottement latéral. Néanmoins, dans les calculs relatifs aux prismes très-courts, il deviendrait indispensable d'avoir égard à la condition qui rend $A' = 6,46 A$ et $\mu = m = 0,75$ pour les plans minces, etc., et il ne s'agit ici, je le répète, que de l'interprétation générale du phénomène de la résistance au moyen des formules déduites du principe des forces vives.

A l'égard des prismes de longueur moyenne, en mouvement dans un fluide en repos, il y a tout lieu d'adopter la valeur $A' = 6,46 A$, telle que l'a obtenue Dubuat pour un cas analogue, et alors on trouve

$$k = \frac{1,4}{\mu^2} - 1; \quad \text{et par suite,} \quad k = 1,082,$$

nombre qui coïncide presque rigoureusement avec celui (414) des expériences de cet Auteur, sur un prisme dont la longueur était le triple environ de sa largeur réduite; de sorte qu'en adoptant la valeur $A' = 5A$, pour de tels prismes en repos, et la valeur $A' = 6,46$ pour les mêmes prismes en mouvement, les formules très-simples

$$k = \frac{1,56}{\mu^2} - 1, \quad k = \frac{1,4}{\mu^2} - 1$$

représenteraient assez fidèlement la marche et les valeurs de la résistance relative à ces deux cas, pourvu qu'on eût égard aux observations ci-dessus relatives aux prismes très-courts et aux plans minces; car s'il s'agissait de prismes très-longs, le frottement latéral ferait diminuer μ et augmenter k avec L, d'après les formules analytiques (f) qui donnent les valeurs de ces deux coefficients; ce qui est conforme aux indications de l'expérience.

(h). *Prismes avec proues sans poupes.* — Prenant, en particulier, pour les prismes de moyenne longueur, $\mu = 1$, ce qui les suppose armés d'une proue raccordée favorablement avec leurs faces latérales, la formule de l'art. (f) donne $k = 0,56$, pour le cas où ces prismes sont immobiles, et $k = 0,40$, pour celui où ils choquent le fluide en repos. Or ces valeurs sont un peu moindres que celles qui ont été obtenues plus haut (e) pour les surfaces minces et convexes, considérées dans des circonstances analogues, et la dernière s'accorde assez bien avec les données de l'expérience, relatives (424) aux prismes mobiles, armés de proue mais sans poupe. Que si l'on voulait d'ailleurs, comme on l'a déjà proposé (e) pour les plans et surfaces minces, rejeter la diminution de résistance, dans le cas des fluides en repos, sur la diminution même de la contraction plutôt que sur la grandeur relative du rapport de A′ à A, il faudrait aussi attribuer à μ des valeurs proportionnellement un peu supérieures à celles que donnent les expériences de Michelotti sur les tubes additionnels. Dans toutes les hypothèses, on est conduit à admettre que les valeurs de ce rapport, et par conséquent celles de k, tendent vers l'égalité, pour les deux cas des fluides en repos ou en mouvement, à mesure que la longueur L des prismes augmente.

Mais nous ne pousserons pas plus loin cette discussion et ces rapprochements fondés sur un trop petit nombre de faits exactement établis, pour conduire à des conséquences exemptes de toute objection, et nous passerons à l'examen de l'influence qui peut être exercée par l'addition d'une poupe à l'arrière des prismes.

(i). *Appréciation de l'influence exercée par les poupes.* — En admettant que l'addition d'une poupe n'influe que très-peu sur la direction rectiligne des parois fictives LM, L′M′ (*Pl. III, fig.* 82), on s'apercevra, de suite, que les phénomènes de mouvement qui s'accomplissent dans la région postérieure du canal limité à ces parois, doivent offrir la plus grande analogie avec ceux des *ajutages coniques divergents*, déjà anciennement soumis à l'expérience par Bernoulli et Venturi. Ainsi la pression y devient *négative*, c'est-à-dire inférieure à la pression statique, à peu près comme cela arrive latéralement, vers l'amont (*Pl. III, fig.* 55); en m et m', sauf qu'ici le parallélisme des côtés du prisme empêche le défaut de pression de devenir nuisible ou d'augmenter la résistance. D'un autre côté, la vitesse moyenne, U, je suppose, conservée par les filets à leur sortie de l'évasement ou en quittant le corps, diminue à peu près en raison inverse de l'aire des sections, et cette vitesse, quand la poupe est suffisamment adoucie et allongée, comme l'exprime la *fig.* 82, *Pl. III*, peut se réduire finalement à celle du milieu ambiant; or cela tend à faire disparaître, dans l'équation des forces vives, relative à ce cas, le terme qui concerne la vitesse d'affluence V, du fluide, dans la partie d'amont, et par suite, à diminuer la résistance.

Enfin, le passage du fluide de la partie prismatique ou moyenne du tuyau limité aux parois fictives LM, L'M', dans la partie évasée formée par la proue, donne lieu à une nouvelle perte de force vive analogue à celle qui est occasionnée par le rétrécissement de la section contractée *mn*, *m'n'* (*Pl. III*, *fig.* 55), dans le cas des prismes sans proue; perte qui pourra ici être représentée par le produit $M n'^2 (U — U_1)^2$; si U et U_1 désignent toujours les vitesses moyennes de régime, ou censées uniformes, dans les sections prismatiques en amont et à l'extrémité postérieure de l'évasement, n'^2 le nombre, supérieur à l'unité, par lequel on doit multiplier les forces vives MU^2 et MU_1^2 possédées par le fluide dans ces mêmes sections, afin de reproduire les forces vives effectives.

Ainsi dans le cas des prismes munis d'une poupe convenablement adoucie et allongée, mais sans proue antérieure ou avec proue incapable de détruire entièrement les contractions latérales, il y aura une double perte de force vive, et pour arriver à la nouvelle expression de leur résistance, il suffira de considérer séparément ce qui se passe dans les régions, antérieure et postérieure, du courant ou canal compris entre le corps et les parois fictives LM, L'M'. Conservant, pour la première, toutes les dénominations précédemment admises, et désignant, pour la deuxième, par P_1, la pression qui est aussi celle du fluide à l'arrière du corps, enfin par A_1, pour plus de généralité, l'aire de la face postérieure de la poupe, supposée perpendiculaire à l'axe du corps, et qui se réduit à zéro dans le cas des poupes effilées ou sans pan coupé (*Pl. III, fig.* 82), celles, par exemple, des vaisseaux et de certains bateaux, etc.; négligeant, au surplus, le frottement le long de cette poupe, comme on l'a fait dans le cas précédent pour la proue, on devra ajouter aux équations déjà obtenues pour ce même cas (f), la suivante

$$M n'^2 U_1^2 — M n'^2 U^2 + M n'^2 (U — U_1)^2 = 2Mg\left(\frac{P'}{p} — \frac{P_1}{p}\right),$$

et, à cause des relations de continuité $(A' — A)U = (A' — A_1)U_1 = A'V$, elle donne

$$P' — P_1 = — p\,\frac{V^2}{2g}\,\frac{A'^2}{\mu'^2 (A' — A)^2},$$

en posant de nouveau, afin d'abréger,

$$n'^2\left[1 — \left(\frac{A' — A}{A' — A_1}\right)^2 — \left(\frac{A — A_1}{A' — A_1}\right)^2\right] = \frac{1}{\mu'^2};$$

facteur qui devient nul, comme cela doit être, quand on suppose l'aire A_i du pan coupé, égale à celle A de la section transversale la plus large de la partie prismatique du corps, tandis que si l'on y suppose $A_i = 0$, ce qui convient au cas des proues effilées représentées par la *fig.* 82, *Pl. III,* ce même facteur prend la valeur

$$2 n'^2 \frac{A}{A'} \left(1 - \frac{A}{A'} \right) = \frac{1}{\mu'^2},$$

très-faible et essentiellement positive, à cause que A' surpasse au moins quatre fois A. Or cela prouve que la pression moyenne d'aval P_i, qui doit différer alors très-peu de la pression statique du milieu, surpasse, conformément aux indications de l'expérience relative aux tuyaux divergents, celle qui a lieu vers la partie prismatique du corps, pour toutes les valeurs de A_i comprises entre zéro et A.

La pression P_i qui agit contre A_i, donne incontestablement lieu à une diminution de résistance mesurée par le produit $A_i P_i$; mais on n'aperçoit plus aussi bien comment on doit évaluer celle qui est due aux pressions exercées par le fluide contre la surface de l'évasement formé par la poupe, pressions qui décroissent de la section d'aval où elles ont pour valeur P_i, jusqu'à celle de la partie prismatique du corps où elles deviennent égales à P'. Cette difficulté est analogue à celle que nous avons remarquée ci-dessus, pour la proue elle même; le principe des forces vives ne suffirait pas pour la lever, puisqu'il est impropre à faire découvrir les pressions partielles et variables dont il s'agit. Or il paraît qu'il faut, ici encore, considérer P_i comme une pression moyenne agissant sur toute la partie postérieure du corps, et le produit $A (P_i - P')$ comme la diminution qu'éprouve la résistance par suite de la présence de la poupe.

(*j*). *Formules relatives aux prismes armés de poupes avec ou sans proues.* — D'après les observations précédentes, si l'on retranche de l'expression de R, déjà trouvée pour la partie d'amont, la valeur du produit $A (P_i - P')$ dont le facteur $P_i - P'$ vient d'être obtenu en dernier lieu pour la partie évasée du canal, il en résultera cette nouvelle expression de la résistance

$$R = A (P - P_i) = k p A \frac{V^2}{2g}, \quad k = \frac{A'^2}{\mu^2 (A' - A)^2} - 1 - \frac{A'^2}{\mu'^2 (A' - A)^2};$$

à laquelle on arrive, de suite, si, en conservant toutes les dénominations précédemment admises, on pose, d'après le principe des forces vives, l'équation

$$n'^2 U_i^2 - V^2 + (n W - n' U)^2 + 2 \frac{\left(C + C' \frac{A^2}{A'^2} \right)}{A' - A} b L U^2 + n'^2 (U - U_i)^2$$
$$= 2g \frac{P - P_i}{p},$$

qui exprime la loi de l'écoulement du fluide entre les sections extrêmes A', A'—A et de laquelle M a disparu comme facteur à tous les termes, mais où, pour plus d'exactitude, on devrait affecter U et U^2 d'un coefficient numérique différent de celui n', qui convient à W, si la poupe n'était pas assez allongée et bien disposée pour ramener les filets fluides au parallélisme.

La formule qui donne, pour ce cas général, la valeur de R, revient donc toujours à estimer la résistance des corps ou plutôt son travail, par la demi-somme des pertes des forces vives, et son facteur k doit encore pouvoir être conclu de l'observation directe des dépenses qui seraient fournies par les ajutages, d'une forme analogue à celle du canal fictif, si on les adaptait, à la manière ordinaire, à l'une des parois planes d'un réservoir vertical rempli d'eau uniquement soumise à l'action de son propre poids, mais dont les sections seraient très-grandes par rapport à celles de l'ajutage.

Pour rendre, en effet, l'équation des forces vives ci-dessus, applicable à ce dernier cas, et propre à donner la vitesse U_1 d'écoulement par l'orifice extérieur $A'—A_1$, en supposant toujours les parois de celui-ci parallèles à l'axe de la veine, il suffit d'y supprimer le terme en V^2, et de remplacer le deuxième membre, par le produit $2gH$; d'où il résulte que si l'on nomme μ_1 le coefficient de réduction de la dépense hypothétique $Q = (A'—A_1)\sqrt{2gH}$, et qui porte essentiellement sur la vitesse $\sqrt{2gH}$, on devra avoir, d'une part,

$$\frac{1}{\mu_1^2} = 1 + \left(\frac{A'—A_1}{A'—A}\right)^2 \left[\left(\frac{n}{m} - n'\right)^2 \left(\frac{A—A_1}{A'—A_1}\right)^2 + 2\frac{\left(C + C'\frac{A^2}{A'^2}\right)}{A'—A} bL \right],$$

de l'autre,

$$R = kpA\frac{V^2}{2g}, \quad k = \frac{A'^2}{\mu_1^2(A'—A_1)^2} - 1, \quad \frac{1}{\mu^2} - \frac{1}{\mu'^2} = \frac{1}{\mu_1^2}\left(\frac{A'—A}{A'—A_1}\right)^2;$$

ce qui permettra de calculer immédiatement la valeur de la résistance au moyen du coefficient μ_1 fourni par les expériences des tubes divergents dont il vient d'être parlé.

(k). *Comparaison du résultat des formules avec ceux de l'expérience.* — Supposant, en particulier, la proue et la poupe disposées (*Pl. III, fig.* 82) de manière à éviter les effets de la contraction latérale en amont, et de la divergence des filets en aval, le coefficient m de cette contraction deviendra l'unité, et A_1 nul; si, de plus, comme cela a lieu dans le cas des vaisseaux, la longueur L_1 de la partie prismatique du corps, est très-petite, on pourra négliger le frottement latéral, et (*f*) l'on aura $\mu = 1$, ce qui donnera simplement pour le coefficient de la résistance,

$$k = \frac{1}{\mu'^2} - 1 = \frac{A'^2}{(A' - A)^2} \left[(n - n')^2 + n'^2 \frac{A^2}{A'^2} \right].$$

Prenant, comme dans le cas ci-dessus des plans minces, $n'^2 = 1,149$, et observant que $n - n'$ doit être ici une très-petite fraction dont il devient permis de négliger le carré; prenant en outre, $A' = 4A$ pour la limite inférieure de A', relative au cas des corps en repos choqués par un fluide en mouvement, et $A' = 6,46 A$ pour celle des mêmes corps en mouvement dans un fluide en repos, on trouvera approximativement, dans les hypothèses actuelles où l'on néglige l'influence du frottement latéral, en même temps qu'on suppose au corps la forme la plus avantageuse possible, $k = 0,13$ et $k = 0,04$, pour le coefficient de la résistance dans ces deux cas respectifs; ce qui n'offre rien de contradictoire avec les résultats connus de l'expérience (417 et 423).

Il y a plus même, on doit pressentir, d'après les conditions qui viennent d'être assignées au maximum de réduction de la résistance, que, pour les corps dont la forme des sections transversales ne présenterait pas une continuité parfaite, pour les prismes rectangles, par exemple, armés de proues et de poupes d'ailleurs disposées et raccordées avec les faces latérales, aussi bien qu'il est possible, on ne saurait éviter entièrement les effets de contraction, de déviation ou de trouble quelconque, apportés dans la marche naturelle des filets, vis-à-vis des parties anguleuses ou tranchantes; et de telles perturbations sont la source inévitable, soit d'une perte de force vive, soit d'une diminution de la section contractée $m(A' - A)$ d'amont, équivalente à un accroisement $(1 - m)(A' - A)$, de la section transversale correspondante du corps.

(*l*). *Remarques sur la théorie précédente.* — L'application du principe des forces vives pourrait, avec des modifications convenables, s'étendre évidemment au cas des corps flottants ou en partie plongés dans les liquides; mais, comme on le voit, ce principe ne mettant point en état de découvrir la loi des pressions individuelles et des déviations des filets, résultant d'une forme déterminée du corps, il ne saurait non plus servir à résoudre l'important problème des surfaces de moindre résistance, qui intéresse à un si haut degré les progrès de la navigation. Il peut bien indiquer en *bloc*, qu'on me passe l'expression, la marche générale de la pression, de la résistance totale, en fonction de la vitesse relative et des dimensions transversales du corps; mais c'est, comme on l'a vu, en admettant la détermination expérimentale de certains coefficients de contraction ou de correction relatifs à la forme, aux dimensions des filets ou à l'inégalité d'intensité et de direction de leurs vitesses dans certaines sections du courant. En rattachant, de cette manière, le phénomène de la résistance et du choc des fluides indéfinis aux phénomènes mieux étudiés de leur écoulement dans les vases, les considérations précédentes nous paraissent néanmoins une simplification véritable apportée à la question, et, sous ce rapport, les formules auxquelles elles conduisent peuvent offrir un grand avantage sur celles qui ont été données par Bernoulli et Euler (373), en considérant d'une manière fort incomplète le mouvement des molécules comme se faisant dans autant de filets ou tuyaux indépendants.

(*m*). *Examen critique de la théorie de Bernoulli et d'Euler.* — Nommant toujours p la densité constante du fluide, et V sa vitesse d'affluence uniforme en amont du corps, dA l'aire de la section transversale de l'un

des tuyaux formés par les filets au point où la vitesse est V, $dm = \dfrac{p}{g} d\mathrm{A}\mathrm{V}$

la masse qui s'écoule uniformément par cette section dans l'unité de temps, enfin α l'angle formé par le tuyau avec l'axe du corps, censé parallèle à V, en un point où la vitesse est U, c'est-à-dire l'angle de V et de U; la pression élémentaire due au changement d'intensité et de direction éprouvé par la première de ces vitesses, cette pression étant estimée dans le sens de V, sera, d'après Euler et Bernoulli, donnée par le produit

$$dm\,(\mathrm{V} - \mathrm{U}\cos\alpha) = 2p\,d\mathrm{A}\,\frac{\mathrm{V}^2}{2g}\left(1 - \frac{\mathrm{U}}{\mathrm{V}}\cos\alpha\right)$$

qui représente proprement la quantité de mouvement détruite, dans le même sens, en chaque seconde, par la réaction de la portion du filet comprise entre les deux points mentionnés; et par conséquent, pour l'ensemble des portions analogues des filets que l'on considère comme ayant subi les effets de la déviation en amont du corps, la pression totale P est donnée par l'expression

$$\mathrm{P} = 2p\,\frac{\mathrm{V}^2}{2g}\int\left(1 - \frac{\mathrm{U}}{\mathrm{V}}\cos\alpha\right)d\mathrm{A},$$

où U et α sont fonctions des variables qui fixent la position des filets ou de leur section d'arrivée dA, l'intégration devant avoir lieu depuis l'axe central de la veine, jusqu'aux filets extérieurs qui, restant rectilignes et parallèles, cessent d'être influencés par la présence du corps. Or on voit que cette formule laisse, pour ainsi dire, tout arbitraire ou indéterminé, et qu'on ne peut lui donner une forme plus explicite, à moins d'admettre, avec Euler et Bernoulli, que U et α soient indépendants de la position de dA, ou d'attribuer à ces variables une certaine valeur *moyenne* réduite, censée fournie directement par l'expérience; ce qui est précisément le point de la difficulté; car on arrive à des résultats très-différents selon

qu'on rapporte α et U aux points d'inflexion même de filets ou à des
points situés au delà, vers les extrémités du corps.

D'un autre côté, rien ne fixe, *à priori*, les limites de l'intégration; et
si, pour sortir de cette nouvelle indétermination, on prend, avec quelques
auteurs, pour ces limites, celle de la section transversale du cylindre
circonscrit à ce corps, section dont l'aire serait représentée par A, ce qui
donne la formule

$$R = 2pA \frac{V^2}{2g} \left(1 - \frac{U}{V} \cos \alpha \right),$$

on tombe dans un nouvel arbitraire, puisqu'on sait bien que la présence
du corps se fait sentir à une distance de son axe central, égale à $1\frac{1}{2}$ fois,
au moins, sa largeur réduite, de sorte que $\int d$A ne serait jamais au-
dessous de 4 A. Ce n'est donc que par une sorte de compensation d'erreurs
que cette expression de la résistance représente assez fidèlement la
marche du phénomène, et je ne pense pas que M. Bidone, ainsi qu'il a
prétendu le faire dans son intéressant *Mémoire sur la percussion des
veines d'eau*, imprimé en 1836, parmi ceux de l'Académie des Sciences
de Turin (t. XL, p. 81), je ne pense pas, dis-je, qu'il ait été autorisé à
considérer comme rigoureuse, mathématiquement parlant, l'application
de cette même formule aux fluides indéfinis, sans tenir aucun compte
de ce qui se passe sur les faces postérieure et latérale du corps.

Ces imperfections de la théorie qui nous occupe et dont la principale
est de ne pouvoir rendre compte des effets dus à l'allongement des prismes, explique suffisamment les motifs qui ont dirigé l'Académie des
Sciences de Paris, lorsqu'en 1826 elle a, de nouveau, remis au concours
la question de la résistance des fluides, en exigeant qu'elle fût appuyée sur
l'étude expérimentale de la marche que suivent les vitesses et les filets
au pourtour du corps; mais peut-être ne sera-t-il pas inutile de faire
voir comment on peut se rendre compte par cette considération, d'une
manière un peu plus claire qu'on ne l'a fait jusqu'ici, des principaux phénomènes relatifs aux changements de pression observés dans les expériences.

(*n*). *Examen de la marche des pressions en amont des corps exposés
à l'action des fluides*. — Occupons-nous d'abord de ce qui se passe dans
l'intérieur de l'espèce de vase formé, en amont du corps (*Pl. III, fig.* 55
et 80), par les parois fictives LM, L'M', qui, on ne doit pas l'oublier, doivent
être considérées comme susceptibles de céder à des différences de pression
exercées du dehors au dedans, si de telles différences étaient possibles
ou s'il n'arrivait pas, dans la réalité, que les pressions, en équilibre sur
ces parois, fussent précisément égales à la pression hydrostatique du milieu. Si l'on se rappelle bien le contenu des n°s 374 et 378 de cet Ouvrage, concernant la marche des filets qui, par la présence du corps sup-

posé immobile dans les *fig.* 53, 55 et 80, sont contraints de s'infléchir, de se courber à deux reprises différentes, dans la première desquelles ils présentent leur convexité à la face CD du corps et à leur *axe central* aB, tandis que dans la seconde, ils lui opposent leur concavité; si l'on se rappelle en outre que, dans l'écoulement des fluides le long des petits tuyaux analogues à ceux qui sont formés par les filets, la pression élémentaire ou différentielle, en chaque point, résultante de la force centrifuge et de la force d'inertie tangentielle, est nécessairement dirigée de la concavité vers la convexité, et croît avec la courbure et la vitesse; si enfin on considère en particulier la région du vase ci-dessus, pour laquelle cette courbure est tournée vers le sommet de l'angle BaC ou BaD, et qui est séparée de la région postérieure où le contraire arrive, par une *surface* lieu des points d'*inflexion* des filets, on verra que la pression due à la déviation est nulle près des parois fictives Ln, L'n', et va sans cesse en augmentant et en s'ajoutant à elle-même, à mesure que l'on s'avance vers la paroi solide CD et l'axe aB, où elles s'entre-détruisent de part et d'autre, ou, plus spécialement encore, à mesure que l'on s'avance vers le point milieu a de cette paroi. De là d'ailleurs résulte une accélération correspondante de vitesse, de a vers C ou D, accompagnée d'une diminution de section des filets liquides; et, comme la pression sur les parois Ln, L'n', est nécessairement égale à la pression statique, elle lui devient supérieure dans toute la région comprise entre le point a et la *surface des inflexions* dont il a été parlé.

(o). *Région des pressions négatives, limitée par la surface des points d'inflexion des filets.* — Pour la région postérieure du vase, comprise entre cette surface et les sections contractées mn, m'n', la courbure des filets étant dirigée en sens contraire, la pression totale, celle qui résulte de l'accumulation des pressions partielles, s'exerce du dedans vers le dehors de chaque filet, et doit aller en augmentant à mesure qu'on s'éloigne des parois latérales du corps, pour se rapprocher des parois fictives Ln, L'n'; et, comme cette pression est ici nécessairement égale à la pression statique, il faut qu'elle soit moindre ou négative dans toute la partie comprise entre la surface des inflexions et les points des parois latérales du corps, où la veine contractée vient à s'épanouir, à rejoindre ces parois, et les filets à subir (*Pl. III, fig.* 53 et 55) une nouvelle inflexion en sens contraire. Quant à la vitesse des molécules, elle doit, sous l'influence de ces pressions croissantes du dedans vers le dehors, tendre à s'accélérer dans le même ordre, c'est-à-dire dans l'ordre précisément inverse de celui qui avait lieu dans la région antérieure du vase, et ceci semble justifier l'hypothèse précédemment admise (b et d) relativement aux limites assez étroites dans lesquelles se trouvent renfermées les inégalités de vitesse des filets qui franchissent les sections contractées mn, m'n'.

D'un autre côté, il semblerait également permis d'admettre que, pour les points de la surface des inflexions, où la courbure des filets et les forces centrifuges deviennent nulles en changeant de sens et de signe, les pressions totales et les vitesses dussent redevenir elles-mêmes sensiblement égales à celles du fluide ambiant, par suite de l'accélération éprouvée antérieurement par ces dernières ou de la diminution subie en même temps par les pressions, mais ce serait admettre implicitement le parallélisme des filets dans tous les points d'inflexion dont il s'agit, ce que rien n'autorise à supposer.

(*p*). *Analogie de ces phénomènes avec ceux que présente l'écoulement par les orifices des vases ordinaires.* — Il ne sera pas inutile de remarquer que les considérations précédentes pourraient, tout aussi bien, s'appliquer aux phénomènes de l'écoulement des liquides par les orifices des vases ordinaires, et que M. Lechevalier, dans des Mémoires approuvés par l'Académie des Sciences, a démontré l'existence d'une surface ellipsoïdale interne, voisine de l'orifice, qui doit avoir de l'affinité avec celle des inflexions dont il vient d'être parlé, et à partir de laquelle les filets commencent à être soumis à des changements de courbure et à une accélération de vitesse sensibles. On pourrait ainsi rendre compte de quelques-unes des particularités offertes par la veine extérieure où la force centrifuge paraît jouer un grand rôle tant que la courbure des filets n'est pas redevenue complétement nulle; et notamment de pareilles considérations serviraient très-bien à expliquer pourquoi les formules relatives à l'écoulement des fluides élastiques, dans lesquelles M. Navier a eu égard à la détente, conduisent, en apparence, à des résultats erronés pour le cas de très-grandes différences de pression ou de très-grands changements de vitesses.

(*q*). *Régions latérales et postérieures du corps.* — Maintenant si l'on considère, par exemple dans le cas des prismes (*Pl. III, fig.* 55), la partie du courant latéral où les filets sont exactement redevenus parallèles, abstraction faite des tourbillonnements partiels et insensibles que les molécules peuvent éprouver en changeant brusquement de vitesse après leur passage dans la section contractée, il est évident que la pression doit se trouver la même en tous les points, c'est-à-dire égale à la pression statique du milieu, puisqu'il n'existe plus de courbure dans les filets et que la vitesse devient uniforme.

Enfin, aux extrémités des courants latéraux, près de la face postérieure du corps, les filets éprouvant un nouveau changement de courbure, qui les ramène vers l'axe de ce corps et dont le sens est précisément le même qu'en *mn* et *m'n'*, la pression totale, due à la somme des pressions individuelles des filets, doit aller de nouveau en diminuant, des parois LM, L'M où elle est toujours celle du milieu ambiant, jusqu'aux filets intérieurs des tourbillons où elle redevient négative, c'est-à-dire inférieure à la pression statique dont il s'agit.

(*r*). *Influence spéciale des proues et des poupes.* — D'après ce qui précède, on conçoit très-bien que l'influence d'une proue continue et courbée vers le dehors (*Pl. III, fig.* 53 et 82), ajoutée à un prisme, doit être de reporter vers le milieu *a*, du corps, ou le sommet de cette proue, la surface des inflexions qui sépare, en amont, la partie soumise à des pressions négatives de celle qui l'est à des pressions positives, tandis que l'addition d'une poupe, courbée de même, n'a d'influence, pour diminuer la pression, qu'autant qu'elle offre une saillie assez grande pour diminuer notablement la courbure des filets qui tendent à former les tourbillons de l'arrière, et dont la vitessse est d'ailleurs déjà fort affaiblie dans le cas où le corps, manquant d'une proue, a, par lui-même, une certaine longueur.

En appliquant à cette manière d'envisager le phénomène de la résistance des fluides, les considérations sur lesquelles se fonde la formule de Bernoulli et d'Euler, on arriverait à des résultats moins entachés d'arbitraire, et peut-être plus propres à représenter les données de l'expérience; mais, au lieu d'insister sur cet aperçu, nous indiquerons rapidement comment le principe des forces vives peut être appliqué au cas d'un plan mince, exposé obliquement à l'action d'un fluide indéfini.

(*s*). *Des plans minces exposés à l'action oblique des fluides* (*Pl. III, fig.* 81). — En admettant toujours, comme un fait de l'expérience, que le mouvement des filets s'opère comme dans un vase limité aux parois planes et fictives L*n* et L'*n'*, et dont le fluide s'écoulerait par l'orifice annulaire formé par l'intervalle compris entre le plan CD et ces parois, on devra remarquer : que la contraction n'est plus la même sur tout le pourtour de l'orifice; qu'elle est plus forte sur l'arête.C du plan, la plus avancée vers l'amont, plus faible sur l'arête D qui l'est le moins, et à peu près égale à ce qu'elle serait pour un plan droit, dans le sens perpendiculaire à la figure; que d'un autre côté, l'axe central *a*B de la masse fluide soumise à la déviation, doit être également plus voisine de l'arête C que de l'arête D, conformément au résultat des expériences du docteur Avanzini (*Instituto nationale italiano*, t. I, part. 1), citées dans le Mémoire (403) de M. Duchemin, lequel observe, avec raison, que cet axe et par conséquent le centre de pression *a*, sur la surface antérieure du plan, doivent être déterminés par la condition que la somme des quantités de mouvement détruites dans les filets, parallèlement à ce plan, soit égale tout autour ou de part et d'autre de sa direction. Il est clair, en effet, d'après les considérations exposées en dernier lieu, que la courbure des filets étant plus grande pour ceux qui correspondent aux angles aigus formés par l'axe *a*B, avec le plan CD, que pour ceux qui appartiennent aux angles obtus supplémentaires, il doit en être ainsi des pressions que ces filets engendrent respectivement soit sur le plan CD où elles s'ajoutent, soit sur l'axe aB où elles tendent à se détruire en se contrebutant.

De là résulte aussi que la masse des filets qui s'écoulent vers la partie aC, allant toujours en diminuant, par rapport à celle des filets qui s'écoulent vers aD, à mesure que l'angle d'incidence BaC devient plus aigu, l'influence de l'accroissement de contraction subie par les premiers doit aussi s'affaiblir rapidement avec cet angle; de sorte que le coefficient moyen m, de la contraction sur le pourtour du plan CD, doit généralement augmenter, mais moins rapidement que celui qui conviendrait à la diminution de la convergence des filets en D ou en $m'n'$.

(t). *Formules relatives à ce cas.* — Conservant les mêmes dénominations que pour le cas du choc normal (c), et observant que la différence des pressions reçues par le plan oblique CD, doit être mesurée par le produit A(P — P') dans le sens perpendiculaire à ce plan, et par A sin α (P — P') dans le sens parallèle à l'axe AB du mouvement, on aura, en appliquant ici le principe des forces vives sans faire de distinction entre les diverses régions ou les divers modes d'écoulement,

$$n^2\mathrm{U}^2 - \mathrm{V}^2 = 2g\,\frac{\mathrm{P} - \mathrm{P}'}{p}, \quad m(\mathrm{A}' - \mathrm{A}\sin\alpha)\mathrm{U} = \mathrm{A}'\mathrm{V};$$

ce qui donne pour le choc perpendiculaire,

$$\mathrm{R} = p\mathrm{A}\,\frac{\mathrm{V}^2}{2g}\left(\frac{n^2\mathrm{A}'^2}{m^2(\mathrm{A}' - \mathrm{A}\sin\alpha)^2} - 1\right)\sin\alpha, \quad k' = \frac{n^2\mathrm{A}'^2}{m^2(\mathrm{A}' - \mathrm{A}\sin\alpha)^2} - 1\,;$$

et, pour le choc oblique sous l'angle aigu BaC = α,

$$\mathrm{R} = p\mathrm{A}\,\frac{\mathrm{V}^2}{2g}\left(\frac{n^2\mathrm{A}'^2}{m^2(\mathrm{A}' - \mathrm{A}\sin\alpha)^2} - 1\right)\sin\alpha, \quad k' = \frac{n^2\mathrm{A}'^2\sin\alpha}{m^2(\mathrm{A}' - \mathrm{A}\sin\alpha)^2} - \sin\alpha.$$

Or, en se rappelant que m augmente seulement depuis $m = 0{,}75$, qui correspond (d) à $\alpha = 90°$, jusqu'à $m = 0{,}88$, qui paraît convenir, en effet, aux plus petites valeurs de α, lorsqu'on prend, comme pour le choc direct, $n^2 = 1{,}15$, A' = 6,46A, en se rappelant, dis-je, cet accroissement progressif de m, il sera facile de voir que les valeurs ci-dessus du coefficient de résistance k', marchent effectivement dans le sens indiqué par les expériences dont les résultats sont reportés dans la Table du n° 402.

On doit comprendre d'ailleurs, d'après tout ce qui précède, pourquoi la résistance des plans minces obliques est très-différente de celle des angles dièdres (412), formés par deux tels plans ou par les faces également planes d'une poupe triangulaire (416; *Pl. III, fig.* 68) adaptée à un prisme : dans ces deux derniers cas, l'axe central des filets passe par le sommet de l'angle dièdre formé par les plans, et la contraction se réduit à celle qui a lieu pour les arêtes postérieures de ces mêmes plans, etc.

(*u*). *Considérations relatives aux tourbillons.* — Nous terminerons cette Note par quelques remarques concernant les tourbillons qui, en différents cas, tendent à se former dans les fluides, et sont la principale source des pertes de forces vives qu'ils éprouvent lors des changements brusques de mouvement.

A cet égard, il est très-essentiel de distinguer les *remous*, en quelque sorte stationnaires, qui se forment dans les anses et les creux d'un bassin, d'un canal traversés par un courant *vif* ou principal, d'avec les *tourbillons* proprement dits, qui sont entraînés dans le mouvement général du fluide : les premiers, comme on le voit exprimé en *m* et *m'* (*Pl. III, fig.* 54 et 55) sont simplement dus au frottement latéral (376) et révolutif d'une masse de fluide stagnante de la part du courant dont il s'agit; les autres consistent essentiellement dans la bifurcation, l'incurvation éprouvée par ce courant, toutes les fois qu'il vient à atteindre une masse fluide douée d'une vitesse moindre ou contraire à la sienne propre, quoique parallèle. C'est ainsi que la rencontre de deux courants d'air sensiblement parallèles, produit ces tourbillons dont nous avons de fréquents exemples; et qu'on pourrait définir des *couples* de mouvements parallèles et de signes contraires, ce qui n'implique pas nécessairement l'idée d'un choc direct, mais d'un choc en quelque sorte tangentiel, et par suite duquel les deux courants sont sollicités à s'enrouler, pour ainsi dire, autour d'un axe commun en se superposant par couches réciproques et alternatives. C'est encore ainsi que les tourbillons se forment à l'arrière des corps en mouvement dans un fluide, par la marche parallèle et contraire des courants latéraux et du sillage central. Quant aux tourbillons plus intimes qui peuvent être dus à l'épanouissement graduel d'une veine après qu'elle a subi une contraction ou un rétrécissement de section, ils ne sont pas aussi faciles à constater et à expliquer, parce qu'ils appartiennent à une sorte de trouble ou de tournoiements moléculaires analogues à ceux qui ont été mentionnés au n° 375, et qui, par cela même, ne sauraient être aperçus dans les circonstances de transparence ordinaires.

(*v*). *Expression de la perte de force vive qu'ils occasionnent.* — Considérant spécialement le cas des grands tourbillons, il est aisé de voir qu'aux premiers instants de leur formation, leurs divers anneaux ou spires sont doués sensiblement de l'excès de la vitesse V du courant qui les produit, sur la vitesse d'entraînement général U du courant postérieur; de sorte que si M est leur masse totale, ou la masse qui, dans l'unité de temps, est ainsi transformée, la force vive qu'elle entraîne ou dissimule et qui devient une source de perte de travail, doit réellement être mesurée par

l'expression $M(V-U)^2$, admise ordinairement en se fondant, non plus,
comme l'avait fait anciennement Borda, sur le choc des corps durs qui
n'a rien à faire ici, mais sur la vitesse relative d'affluence d'une veine
fluide dans un vase en mouvement. Or l'équation ordinaire des forces
vives ne tenant pas compte explicitement de pareilles pertes de travail,
non plus que de toutes celles qui proviennent des actions moléculaires,
il convient de les ajouter aux diminutions, en quelque sorte patentes,
éprouvées par la force vive, c'est-à-dire ici à la quantité $MV^2 - MU^2$.

Mais en dehors du cas dont il s'agit, par exemple dans celui du choc
des veines isolées contre des surfaces d'une certaine étendue, il ne paraît
pas qu'on soit autorisé à le faire, à l'imitation de Borda, du moins en
s'appuyant sur les mêmes motifs, et on ne serait guère plus en droit
de comparer ce qui se passe dans une telle circonstance, ou en général
dans l'épanouissement, la déformation des veines liquides, à ce qui a lieu
même dans le choc des corps mous; car la cohésion joue, à l'égard de
ceux-ci, un rôle qui ne paraît nullement avoir lieu pour les liquides, du
moins dans les hypothèses où l'on se place ordinairement, et où l'on prétend tenir compte séparément de la force vive conservée par les molécules
après la déviation.

(x). *Perte de quantités de mouvement.* — Quand on veut, au contraire,
raisonner en s'appuyant sur la considération des quantités de mouvement
perdues ou gagnées, dans le choc des fluides, il devient absolument inutile d'avoir égard à celles qui résultent des tourbillonnements; car la perte
se réduit intégralement à la différence absolue $MV - MU$, puisque les
signes des quantités partielles de mouvement, des filets ou spires qui composent ces tourbillons, estimées dans le sens de U et de V, étant donnés
par les signes mêmes des vitesses qui entrent en facteurs dans leurs expressions, la somme algébrique de toutes ces quantités devient naturellement nulle; ce qui n'a pas lieu pour celle des forces vives correspondantes, puisqu'elles conservent le signe positif sur le pourtour entier des
spires. Mais, ainsi qu'on l'a expliqué au n° 375 du texte, la force vive
giratoire des tourbillons, telle qu'on l'a exprimée ci-dessus, est complètement perdue pour les effets ultérieurs du courant qui les emporte dans
son mouvement rectiligne et parallèle.

(y). *Changements subis par la vitesse des tourbillons de la part du
milieu ambiant.* — Pour en finir sur ce sujet, nous ferons remarquer que
si la vitesse circulatoire est sensiblement la même, dans toute l'étendue
des tourbillons, aux premiers instants de leur formation, il s'en faut que
les choses demeurent dans cet état après un certain temps où ces tourbillons, détachés du courant producteur et entraînés dans le mouvement
général du milieu, sont soumis, de sa part, à l'action d'un frottement latéral qui tend à ralentir leur mouvement de proche en proche, ou d'une

spire à l'autre, d'une manière d'autant moins sensible que l'on s'approche davantage de leur axe central, ce qui explique la loi observée par Newton et Léonard de Vinci (375, p. 570). Il résulte d'ailleurs de ce mouvement giratoire des tourbillons, que la pression doit, à cause de la force centrifuge, y augmenter de l'axe à la circonférence, et qu'étant égale à la pression du milieu ambiant, en ce dernier point, elle doit être moindre ou négative sur l'axe. Mais nous n'étendrons pas plus loin cette discussion, qui conduirait à l'explication mécanique du phénomène, si généralement connu, des *trombes,* sur laquelle nous pourrons revenir dans une autre occasion.

I. — Table des hauteurs dues à différentes vitesses, les unes et les
autres étant exprimées en mètres, et la seconde sexagésimale étant prise pour unité de temps.

(Extrait de la Table donnée par M. Navier, dans les *Additions à l'Architecture hydraulique* de
Bélidor, et corrigée en quelques points, d'après les indications de M. de Prony.)

II. — Table des logarithmes hyperboliques, calculée de 100e en 100e
d'unité, depuis 1.00 jusqu'à 10,00; et d'unité en unité depuis 10 jusqu'à 100.

(D'àprès M. de Prony, *Annales des Mines*, t. VIII, 1830.)

I. — Table des vitesses.

VITESSE.	HAUTEUR correspondante.	VITESSE.	HAUTEUR correspondante.	VITESSE.	HAUTEUR correspondante.	VITESSE.	HAUTEUR correspondante.
m	m	m	m	m	m	m	m
0,01	0,00001	0,49	0,0132	0,97	0,0480	1,45	0,1072
0,02	0,00002	0,50	0,0137	0,98	0,0490	1,46	0,1086
0,03	0,00005	0,51	0,0132	0,99	0,0500	1,47	0,1101
0,04	0,00009	0,52	0,0138	1,00	0,0510	1,48	0,1116
0,05	0,00013	0,53	0,0143	1,01	0,0520	1,49	0,1131
0,06	0,00019	0,54	0,0148	1,02	0,0530	1,50	0,1147
0,07	0,00026	0,55	0,0154	1,03	0,0541	1,51	0,1162
0,08	0,00034	0,56	0,0160	1,04	0,0551	1,52	0,1177
0,09	0,00043	0,57	0,0165	1,05	0,0562	1,53	0,1193
0,10	0,00051	0,58	0,0171	1,06	0,0573	1,54	0,1209
0,11	0,00062	0,59	0,0177	1,07	0,0584	1,55	0,1225
0,12	0,00074	0,60	0,0184	1,08	0,0595	1,56	0,1241
0,13	0,00087	0,61	0,0190	1,09	0,0606	1,57	0,1257
0,14	0,00101	0,62	0,0196	1,10	0,0617	1,58	0,1273
0,15	0,00115	0,63	0,0202	1,11	0,0628	1,59	0,1289
0,16	0,00131	0,64	0,0209	1,12	0,0639	1,60	0,1305
0,17	0,00148	0,65	0,0215	1,13	0,0651	1,61	0,1321
0,18	0,00166	0,66	0,0222	1,14	0,0662	1,62	0,1337
0,19	0,00185	0,67	0,0229	1,15	0,0674	1,63	0,1354
0,20	0,00204	0,68	0,0236	1,16	0,0686	1,64	0,1371
0,21	0,00225	0,69	0,0243	1,17	0,0698	1,65	0,1388
0,22	0,00247	0,70	0,0250	1,18	0,0710	1,66	0,1405
0,23	0,00270	0,71	0,0257	1,19	0,0722	1,67	0,1422
0,24	0,00294	0,72	0,0264	1,20	0,0734	1,68	0,1439
0,25	0,00319	0,73	0,0272	1,21	0,0746	1,69	0,1456
0,26	0,00345	0,74	0,0279	1,22	0,0758	1,70	0,1473
0,27	0,00372	0,75	0,0287	1,23	0,0771	1,71	0,1490
0,28	0,00400	0,76	0,0295	1,24	0,0783	1,72	0,1508
0,29	0,00429	0,77	0,0302	1,25	0,0797	1,73	0,1525
0,30	0,00459	0,78	0,0310	1,26	0,0809	1,74	0,1543
0,31	0,00490	0,79	0,0318	1,27	0,0822	1,75	0,1561
0,32	0,00522	0,80	0,0326	1,28	0,0835	1,76	0,1579
0,33	0,00555	0,81	0,0334	1,29	0,0848	1,77	0,1597
0,34	0,00589	0,82	0,0343	1,30	0,0861	1,78	0,1615
0,35	0,00624	0,83	0,0351	1,31	0,0875	1,79	0,1633
0,36	0,00660	0,84	0,0360	1,32	0,0888	1,80	0,1651
0,37	0,00697	0,85	0,0368	1,33	0,0901	1,81	0,1670
0,38	0,00736	0,86	0,0377	1,34	0,0915	1,82	0,1688
0,39	0,00775	0,87	0,0386	1,35	0,0929	1,83	0,1707
0,40	0,00816	0,88	0,0395	1,36	0,0943	1,84	0,1726
0,41	0,00857	0,89	0,0404	1,37	0,0957	1,85	0,1745
0,42	0,00899	0,90	0,0413	1,38	0,0970	1,86	0,1763
0,43	0,00943	0,91	0,0422	1,39	0,0984	1,87	0,1782
0,44	0,00987	0,92	0,0431	1,40	0,0999	1,88	0,1801
0,45	0,01032	0,93	0,0441	1,41	0,1013	1,89	0,1820
0,46	0,0108	0,94	0,0450	1,42	0,1028	1,90	0,1840
0,47	0,0112	0,95	0,0460	1,43	0,1042	1,91	0,1859
0,48	0,0117	0,96	0,0470	1,44	0,1057	1,92	0,1878

I. — Table des vitesses.

VITESSE.	HAUTEUR correspondante.	VITESSE.	HAUTEUR correspondante.	VITESSE.	HAUTEUR correspondante.	VITESSE.	HAUTEUR correspondante.
m	m	m	m	m	m	m	m
1,93	0,1898	2,41	0,2960	2,89	0,4257	3,37	0,5789
1,94	0,1918	2,42	0,2985	2,90	0,4287	3,38	0,5823
1,95	0,1938	2,43	0,3010	2,91	0,4316	3,39	0,5858
1,96	0,1958	2,44	0,3034	2,92	0,4346	3,40	0,5893
1,97	0,1978	2,45	0,3060	2,93	0,4376	3,41	0,5927
1,98	0,1998	2,46	0,3085	2,94	0,4406	3,42	0,5962
1,99	0,2018	2,47	0,3110	2,95	0,4436	3,43	0,5997
2,00	0,2039	2,48	0,3135	2,96	0,4466	3,44	0,6032
2,01	0,2059	2,49	0,3160	2,97	0,4496	3,45	0,6067
2,02	0,2080	2,50	0,3186	2,98	0,4526	3,46	0,6102
2,03	0,2100	2,51	0,3211	2,99	0,4557	3,47	0,6138
2,04	0,2121	2,52	0,3237	3,00	0,4588	3,48	0,6173
2,05	0,2142	2,53	0,3263	3,01	0,4618	3,49	0,6209
2,06	0,2163	2,54	0,3289	3,02	0,4649	3,50	0,6244
2,07	0,2184	2,55	0,3315	3,03	0,4680	3,51	0,6280
2,08	0,2205	2,56	0,3341	3,04	0,4711	3,52	0,6316
2,09	0,2226	2,57	0,3367	3,05	0,4742	3,53	0,6352
2,10	0,2248	2,58	0,3393	3,06	0,4773	3,54	0,6388
2,11	0,2269	2,59	0,3419	3,07	0,4804	3,55	0,6424
2,12	0,2291	2,60	0,3446	3,08	0,4835	3,56	0,6460
2.13	0,2313	2,61	0,3472	3,09	0,4867	3,57	0,6497
2,14	0,2334	2,62	0,3499	3,10	0,4899	3,58	0,6533
2,15	0,2356	2,63	0,3526	3,11	0,4930	3,59	0,6569
2,16	0,2378	2,64	0,3553	3,12	0,4962	3,60	0,6606
2,17	0,2400	2,65	0,3580	3,13	0,4994	3,61	0,6643
2,18	0,2422	2,66	0,3607	3,14	0,5026	3,62	0,6680
2,19	0,2444	2,67	0,3634	3,15	0,5058	3,63	0,6717
2,20	0,2467	2,68	0,3661	3,16	0,5090	3,64	0,6754
2,21	0,2490	2,69	0,3688	3,17	0,5122	3,65	0,6791
2,22	0,2512	2,70	0,3716	3,18	0,5155	3,66	0,6828
2,23	0,2535	2,71	0,3744	3,19	0,5187	3,67	0,6866
2,24	0,2557	2,72	0,3771	3,20	0,5220	3,68	0,6903
2,25	0,2580	2,73	0,3799	3,21	0,5252	3,69	0,6940
2,26	0,2603	2,74	0,3827	3,22	0,5285	3,70	0,6978
2,27	0,2626	2,75	0,3855	3,23	0,5318	3,71	0,7016
2,28	0,2649	2,76	0,3883	3,24	0,5351	3,72	0,7054
2,29	0,2673	2,77	0,3911	3,25	0,5384	3,73	0,7092
2,30	0,2696	2,78	0,3939	3,26	0,5417	3,74	0,7130
2,31	0,2720	2,79	0,3967	3,27	0,5450	3,75	0,7168
2,32	0,2743	2,80	0,3996	3,28	0,5484	3,76	0,7206
2,33	0,2767	2,81	0,4025	3,29	0,5517	3,77	0,7245
2,34	0,2791	2,82	0,4054	3,30	0,5551	3,78	0,7283
2,35	0,2815	2,83	0,4082	3,31	0,5585	3,79	0,7322
2,36	0,2839	2,84	0,4111	3,32	0,5618	3,80	0,7361
2,37	0,2863	2,85	0,4140	3,33	0,5652	3,81	0,7400
2,38	0,2887	2,86	0,4169	3,34	0,5686	3,82	0,7438
2,39	0,2911	2,87	0,4198	3,35	0,5721	3,83	0,7478
2,40	0,2936	2,88	0,4228	3,36	0,5755	3,84	0,7517

I. — Table des vitesses.

VITESSE.	HAUTEUR correspondante.	VITESSE.	HAUTEUR correspondante.	VITESSE.	HAUTEUR correspondante.	VITESSE.	HAUTEUR correspondante.
m	m	m	m	m	m	m	m
3,85	0,7556	4,33	0,9557	4,81	1,1793	5,29	1,4265
3,86	0,7595	4,34	0,9601	4,82	1,1842	5,30	1,4319
3,87	0,7634	4,35	0,9646	4,83	1,1891	5,31	1,4373
3,88	0,7674	4,36	0,9690	4,84	1,1941	5,32	1,4427
3,89	0,7713	4,37	0,9734	4,85	1,1990	5,33	1,4481
3,90	0,7753	4,38	0,9779	4,86	1,2040	5,34	1,4535
3,91	0,7793	4,39	0,9823	4,87	1,2090	5,35	1,4590
3,92	0,7833	4,40	0,9869	4,88	1,2139	5,36	1,4645
3,93	0,7873	4,41	0,9913	4,89	1,2189	5,37	1,4699
3,94	0,7913	4,42	0,9958	4,90	1,2239	5,38	1,4754
3,95	0,7953	4,43	1,0003	4,91	1,2289	5,39	1,4809
3,96	0,7994	4,44	1,0048	4,92	1,2339	5,40	1,4864
3,97	0,8034	4,45	1,0094	4,93	1,2389	5,41	1,4919
3,98	0,8074	4,46	1,0140	4,94	1,2440	5,42	1,4975
3,99	0,8115	4,47	1,0185	4,95	1,2490	5,43	1,5030
4,00	0,8156	4,48	1,0231	4,96	1,2541	5,44	1,5085
4,01	0,8197	4,49	1,0276	4,97	1,2591	5,45	1,5141
4,02	0,8238	4,50	1,0322	4,98	1,2642	5,46	1,5196
4,03	0,8279	4,51	1,0368	4,99	1,2693	5,47	1,5252
4,04	0,8320	4,52	1,0414	5,00	1,2744	5,48	1,5308
4,05	0,8361	4,53	1,0460	5,01	1,2795	5,49	1,5364
4,06	0,8402	4,54	1,0507	5,02	1,2846	5,50	1,5420
4,07	0,8444	4,55	1,0553	5,03	1,2897	5,51	1,5476
4,08	0,8485	4,56	1,0599	5,04	1,2948	5,52	1,5532
4,09	0,8527	4,57	1,0646	5,05	1,3000	5,53	1,5588
4,10	0,8569	4,58	1,0692	5,06	1,3051	5,54	1,5645
4,11	0,8611	4,59	1,0739	5,07	1,3103	5,55	1,5701
4,12	0,8653	4,60	1,0786	5,08	1,3155	5,56	1,5758
4,13	0,8695	4,61	1,0833	5,09	1,3206	5,57	1,5815
4,14	0,8737	4,62	1,0880	5,10	1,3258	5,58	1,5872
4,15	0,8779	4,63	1,0927	5,11	1,3311	5,59	1,5929
4,16	0,8821	4,64	1,0974	5,12	1,3363	5,60	1,5986
4,17	0,8864	4,65	1,1022	5,13	1,3415	5,61	1,6043
4,18	0,8906	4,66	1,1069	5,14	1,3467	5,62	1,6100
4,19	0,8949	4,67	1,1117	5,15	1,3520	5,63	1,6157
4,20	0,8992	4,68	1,1164	5,16	1,3572	5,64	1,6215
4,21	0,9035	4,69	1,1212	5,17	1,3625	5,65	1,6272
4,22	0,9078	4,70	1,1260	5,18	1,3678	5,66	1,6330
4,23	0,9121	4,71	1,1308	5,19	1,3730	5,67	1,6388
4,24	0,9164	4,72	1,1356	5,20	1,3784	5,68	1,6446
4,25	0,9207	4,73	1,1404	5,21	1,3837	5,69	1,6503
4,26	0,9251	4,74	1,1452	5,22	1,3890	5,70	1,6562
4,27	0,9294	4,75	1,1501	5,23	1,3943	5,71	1,6620
4,28	0,9337	4,76	1,1549	5,24	1,3996	5,72	1,6678
4,29	0,9381	4,77	1,1598	5,25	1,4050	5,73	1,6736
4,30	0,9425	4,78	1,1647	5,26	1,4103	5,74	1,6795
4,31	0,9469	4,79	1,1695	5,27	1,4157	5,75	1,6854
4,32	0,9513	4,80	1,1744	5,28	1,4211	5,76	1,6912

I. — Table des vitesses.

VITESSE.	HAUTEUR correspondante.	VITESSE.	HAUTEUR correspondante.	VITESSE.	HAUTEUR correspondante.	VITESSE.	HAUTEUR correspondante.
m	m	m	m	m	m	m	m
5,77	1,6971	6,25	1,9912	6,73	2,3088	7,21	2,6499
5,78	1,7030	6,26	1,9976	6,74	2,3156	7,22	2,6572
5,79	1,7089	6,27	2,0039	6,75	2,3225	7,23	2,6646
5,80	1,7148	6,28	2,0103	6,76	2,3294	7,24	2,6720
5,81	1,7207	6,29	2,0167	6,77	2,3363	7,25	2,6794
5,82	1,7266	6,30	2,0232	6,78	2,3432	7,26	2,6868
5,83	1,7326	6,31	2,0296	6,79	2,3501	7,27	2,6942
5,84	1,7385	6,32	2,0361	6,80	2,3571	7,28	2,7016
5,85	1,7445	6,33	2,0425	6,81	2,3640	7,29	2,7090
5,86	1,7505	6,34	2,0490	6,82	2,3709	7,30	2,7164
5,87	1,7564	6,35	2,0554	6,83	2,3779	7,31	2,7239
5,88	1,7624	6,36	2,0619	6,84	2,3849	7,32	2,7313
5,89	1,7684	6,37	2,0684	6,85	2,3919	7,33	2,7388
5,90	1,7744	6,38	2,0749	6,86	2,3989	7,34	2,7463
5,91	1,7805	6,39	2,0814	6,87	2,4059	7,35	2,7538
5,92	1,7865	6,40	2,0879	6,88	2,4129	7,36	2,7613
5,93	1,7925	6,41	2,0945	6,89	2,4199	7,37	2,7688
5,94	1,7986	6,42	2,1010	6,90	2,4269	7,38	2,7763
5,95	1,8046	6,43	2,1075	6,91	2,4339	7,39	2,7838
5,96	1,8107	6,44	2,1141	6,92	2,4410	7,40	2,7914
5,97	1,8168	6,45	2,1207	6,93	2,4481	7,41	2,7989
5,98	1,8229	6,46	2,1273	6,94	2,4551	7,42	2,8065
5,99	1,8290	6,47	2,1338	6,95	2,4622	7,43	2,8140
6,00	1,8351	6,48	2,1404	6,96	2,4693	7,44	2,8216
6,01	1,8412	6,49	2,1471	6,97	2,4764	7,45	2,8292
6,02	1,8473	6,50	2,1537	6,98	2,4835	7,46	2,8368
6,03	1,8535	6,51	2,1603	6,99	2,4906	7,47	2,8444
6,04	1,8596	6,52	2,1670	7,00	2,4978	7,48	2,8521
6,05	1,8658	6,53	2,1736	7,01	2,5049	7,49	2,8597
6,06	1,8720	6,54	2,1803	7,02	2,5121	7,50	2,8673
6,07	1,8782	6,55	2,1869	7,03	2,5192	7,51	2,8750
6,08	1,8843	6,56	2,1936	7,04	2,5264	7,52	2,8826
6,09	1,8905	6,57	2,2003	7,05	2,5336	7,53	2,8903
6,10	1,8968	6,58	2,2070	7,06	2,5408	7,54	2,8980
6,11	1,9030	6,59	2,2137	7,07	2,5480	7,55	2,9057
6,12	1,9092	6,60	2,2205	7,08	2,5552	7,56	2,9134
6,13	1,9155	6,61	2,2272	7,09	2,5624	7,57	2,9211
6,14	1,9217	6,62	2,2339	7,10	2,5696	7,58	2,9288
6,15	1,9280	6,63	2,2407	7,11	2,5769	7,59	2,9365
6,16	1,9343	6,64	2,2474	7,12	2,5841	7,60	2,9443
6,17	1,9405	6,65	2,2542	7,13	2,5914	7,61	2,9520
6,18	1,9468	6,66	2,2610	7,14	2,5987	7,62	2,9598
6,19	1,9531	6,67	2,2678	7,15	2,6060	7,63	2,9676
6,20	1,9595	6,68	2,2746	7,16	2,6132	7,64	2,9754
6,21	1,9658	6,69	2,2814	7,17	2,6205	7,65	2,9832
6,22	1,9721	6,70	2,2883	7,18	2,6279	7,66	2,9910
6,23	1,9785	6,71	2,2951	7,19	2,6352	7,67	2,9988
6,24	1,9848	6,72	2,3019	7,20	2,6425	7,68	3,0066

I. — Table des vitesses.

VITESSE.	HAUTEUR correspondante.	VITESSE.	HAUTEUR correspondante.	VITESSE.	HAUTEUR correspondante.	VITESSE.	HAUTEUR correspondante.
m	m	m	m	m	m	m	m
7,69	3,0144	8,18	3,4108	8,67	3,8317	9,16	4,2771
7,70	3,0223	8,19	3,4192	8,68	3,8405	9,17	4,2864
7,71	3,0301	8,20	3,4275	8,69	3,8494	9,18	4,2958
7,72	3,0380	8,21	3,4359	8,70	3,8583	9,19	4,3051
7,73	3,0459	8,22	3,4443	8,71	3,8671	9,20	4,3145
7,74	3,0538	8,23	3,4526	8,72	3,8760	9,21	4,3239
7,75	3,0617	8,24	3,4610	8,73	3,8849	9,22	4,3323
7,76	3,0696	8,25	3,4695	8,74	3,8938	9,23	4,3417
7,77	3,0775	8,26	3,4779	8,75	3,9028	9,24	4,3511
7,78	3,0854	8,27	3,4863	8,76	3,9117	9,25	4,3615
7,79	3,0933	8,28	3,4947	8,77	3,9206	9,26	4,3710
7,80	3,1013	8,29	3,5032	8,78	3,9295	9,27	4,3804
7,81	3,1092	8,30	3,5116	8,79	3,9385	9,28	4,3898
7,82	3,1172	8,31	3,5201	8,80	3,9475	9,29	4,3993
7,83	3,1252	8,32	3,5286	8,81	3,9565	9,30	4,4088
7,84	3,1332	8,33	3,5371	8,82	3,9654	9,31	4,4183
7,85	3,1412	8,34	3,5455	8,83	3,9744	9,32	4,4278
7,86	3,1492	8,35	3,5541	8,84	3,9834	9,33	4,4373
7,87	3,1572	8,36	3,5626	8,85	3,9925	9,34	4,4468
7,88	3,1652	8,37	3,5711	8,86	4,0015	9,35	4,4563
7,89	3,1733	8,38	3,5796	8,87	4,0105	9,36	4,4659
7,90	3,1813	8,39	3,5882	8,88	4,0196	9,37	4,4754
7,91	3,1894	8,40	3,5968	8,89	4,0286	9,38	4,4850
7,92	3,1974	8,41	3,6053	8,90	4,0377	9,39	4,4945
7,93	3,2055	8,42	3,6139	8,91	4,0468	9,40	4,5041
7,94	3,2136	8,43	3,6225	8,92	4,0559	9,41	4,5137
7,95	3,2217	8,44	3,6311	8,93	4,0650	9,42	4,5233
7,96	3,2298	8,45	3,6397	8,94	4,0741	9,43	4,5329
7,97	3,2380	8,46	3,6483	8,95	4,0832	9,44	4,5425
7,98	3,2461	8,47	3,6570	8,96	4,0923	9,45	4,5522
7,99	3,2542	8,48	3,6656	8,97	4,1015	9,46	4,5618
8,00	3,2624	8,49	3,6743	8,98	4,1106	9,47	4,5715
8,01	3,2705	8,50	3,6829	8,99	4,1198	9,48	4,5811
8,02	3,2787	8,51	3,6916	9,00	4,1289	9,49	4,5908
8,03	3,2869	8,52	3,7003	9,01	4,1381	9,50	4,6005
8,04	3,2951	8,53	3,7090	9,02	4,1473	9,51	4,6102
8,05	3,3033	8,54	3,7177	9,03	4,1565	9,52	4,6199
8,06	3,3115	8,55	3,7264	9,04	4,1657	9,53	4,6296
8,07	3,3197	8,56	3,7351	9,05	4,1750	9,54	4,6393
8,08	3,3280	8,57	3,7438	9,06	4,1841	9,55	4,6490
8,09	3,3362	8,58	3,7526	9,07	4,1934	9,56	4,6588
8,10	3,3444	8,59	3,7613	9,08	4,2026	9,57	4,6685
8,11	3,3527	8,60	3,7701	9,09	4,2119	9,58	4,6783
8,12	3,3610	8,61	3,7789	9,10	4,2212	9,59	4,6880
8,13	3,3693	8,62	3,7876	9,11	4,2305	9,60	4,6978
8,14	3,3776	8,63	3,7964	9,12	4,2398	9,61	4,7076
8,15	3,3859	8,64	3,8052	9,13	4,2491	9,62	4,7174
8,16	3,3942	8,65	3,8141	9,14	4,2584	9,63	4,7272
8,17	3,4025	8,66	3,8229	9,15	4,2677	9,64	4,7340

II. — Table des logarithmes hyperboliques.

Nomb.	Logarithmes.	Nomb.	Logarithmes.	Nomb.	Logarithmes.	Nomb.	Logarithmes.
1,00	0,0000000	1,50	0,4054651	2,00	0,6931472	2,50	0,9162907
1,01	0,0099503	1,51	0,4121096	2,01	0,6981347	2,51	0,9202827
1,02	0,0198026	1,52	0,4187103	2,02	0,7030974	2,52	0,9242589
1,03	0,0295588	1,53	0,4252677	2,03	0,7080357	2,53	0,9282193
1,04	0,0392207	1,54	0,4317824	2,04	0,7129497	2,54	0,9321640
1,05	0,0487902	1,55	0,4382549	2,05	0,7178397	2,55	0,9360933
1,06	0,0582689	1,56	0,4446858	2,06	0,7227059	2,56	0,9400072
1,07	0,0676586	1,57	0,4510756	2,07	0,7275485	2,57	0,9439058
1,08	0,0769610	1,58	0,4574248	2,08	0,7323678	2,58	0,9477893
1,09	0,0861777	1,59	0,4637340	2,09	0,7371640	2,59	0,9516578
1,10	0,0953102	1,60	0,4700036	2,10	0,7419373	2,60	0,9555114
1,11	0,1043600	1,61	0,4762341	2,11	0,7466879	2,61	0,9593502
1,12	0,1133287	1,62	0,4824261	2,12	0,7514160	2,62	0,9631743
1,13	0,1222176	1,63	0,4885800	2,13	0,7561219	2,63	0,9669838
1,14	0,1310283	1,64	0,4946962	2,14	0,7608058	2,64	0,9707789
1,15	0,1397619	1,65	0,5007752	2,15	0,7654678	2,65	0,9745596
1,16	0,1484200	1,66	0,5068175	2,16	0,7701082	2,66	0,9783261
1,17	0,1570037	1,67	0,5128236	2,17	0,7747271	2,67	0,9820784
1,18	0,1655144	1,68	0,5187937	2,18	0,7793248	2,68	0,9858167
1,19	0,1739533	1,69	0,5247285	2,19	0,7839015	2,69	0,9895411
1,20	0,1823215	1,70	0,5306282	2,20	0,7884573	2,70	0,9932517
1,21	0,1906203	1,71	0,5364933	2,21	0,7929925	2,71	0,9969486
1,22	0,1988508	1,72	0,5423242	2,22	0,7975071	2,72	1,0006318
1,23	0,2070141	1,73	0,5481214	2,23	0,8020015	2,73	1,0043015
1,24	0,2151113	1,74	0,5538851	2,24	0,8064758	2,74	1,0079579
1,25	0,2231435	1,75	0,5596157	2,25	0,8109302	2,75	1,0116008
1,26	0,2311117	1,76	0,5653138	2,26	0,8153648	2,76	1,0152306
1,27	0,2390169	1,77	0,5709795	2,27	0,8197798	2,77	1,0188473
1,28	0,2468600	1,78	0,5766133	2,28	0,8241754	2,78	1,0224509
1,29	0,2546422	1,79	0,5822156	2,29	0,8285518	2,79	1,0260415
1,30	0,2623642	1,80	0,5877866	2,30	0,8329091	2,80	1,0296194
1,31	0,2700271	1,81	0,5933268	2,31	0,8372475	2,81	1,0331844
1,32	0,2776317	1,82	0,5988365	2,32	0,8415671	2,82	1,0367368
1,33	0,2851789	1,83	0,6043159	2,33	0,8458682	2,83	1,0402766
1,34	0,2926696	1,84	0,6097655	2,34	0,8501509	2,84	1,0438040
1,35	0,3001045	1,85	0,6151856	2,35	0,8544153	2,85	1,0473189
1,36	0,3074846	1,86	0,6205764	2,36	0,8586616	2,86	1,0508216
1,37	0,3148107	1,87	0,6259384	2,37	0,8628899	2,87	1,0543120
1,38	0,3220834	1,88	0,6312717	2,38	0,8671004	2,88	1,0577902
1,39	0,3293037	1,89	0,6365768	2,39	0,8712933	2,89	1,0612564
1,40	0,3364722	1,90	0,6418538	2,40	0,8754687	2,90	1,0647107
1,41	0,3435897	1,91	0,6471032	2,41	0,8796267	2,91	1,0681530
1,42	0,3506568	1,92	0,6523251	2,42	0,8837675	2,92	1,0715836
1,43	0,3576744	1,93	0,6575200	2,43	0,8878912	2,93	1,0750024
1,44	0,3646431	1,94	0,6626879	2,44	0,8919980	2,94	1,0784095
1,45	0,3715635	1,95	0,6678293	2,45	0,8960880	2,95	1,0818051
1,46	0,3784364	1,96	0,6729444	2,46	0,9001613	2,96	1,0851892
1,47	0,3852624	1,97	0,6780335	2,47	0,9042181	2,97	1,0885619
1,48	0,3920420	1,98	0,6830968	2,48	0,9082585	2,98	1,0919233
1,49	0,3987761	1,99	0,6881346	2,49	0,9122826	2,99	1,0952733

II. — Table des logarithmes hyperboliques.

Nomb.	Logarithmes.	Nomb.	Logarithmes.	Nomb.	Logarithmes.	Nomb.	Logarithmes.
3,00	1,0986123	3,49	1,2499017	3,98	1,3812818	4,47	1,4973883
3,01	1,1019400	3,50	1,2527629	3,99	1,3837912	4,48	1,4996230
3,02	1,1052568	3,51	1,2556160	4,00	1,3862943	4,49	1,5018527
3,03	1,1085626	3,52	1,2584609	4,01	1,3887912	4,50	1,5040774
3,04	1,1118575	3,53	1,2612978	4,02	1,3912818	4,51	1,5062971
3,05	1,1151415	3,54	1,2641266	4,03	1,3937663	4,52	1,5085119
3,06	1,1184149	3,55	1,2669475	4,04	1,3962446	4,53	1,5107219
3,07	1,1216775	3,56	1,2697605	4,05	1,3987168	4,54	1,5129269
3,08	1,1249295	3,57	1,2725655	4,06	1,4011829	4,55	1,5151272
3,09	1,1281710	3,58	1,2753627	4,07	1,4036429	4,56	1,5173226
3,10	1,1314021	3,59	1,2781521	4,08	1,4060969	4,57	1,5195132
3,11	1,1346227	3,60	1,2809338	4,09	1,4085449	4,58	1,5216990
3,12	1,1378330	3,61	1,2837077	4,10	1,4109869	4,59	1,5238800
3,13	1,1410330	3,62	1,2864740	4,11	1,4134230	4,60	1,5260563
3,14	1,1442227	3,63	1,2892326	4,12	1,4158531	4,61	1,5282278
3,15	1,1474024	3,64	1,2919836	4,13	1,4182774	4,62	1,5303947
3,16	1,1505720	3,65	1,2947271	4,14	1,4206957	4,63	1,5325568
3,17	1,1537315	3,66	1,2974631	4,15	1,4231083	4,64	1,5347143
3,18	1,1568811	3,67	1,3001916	4,16	1,4255150	4,65	1,5368672
3,19	1,1600209	3,68	1,3029127	4,17	1,4279160	4,66	1,5390154
3,20	1,1631508	3,69	1,3056264	4,18	1,4303112	4,67	1,5411590
3,21	1,1662709	3,70	1,3083328	4,19	1,4327007	4,68	1,5432981
3,22	1,1693813	3,71	1,3110318	4,20	1,4350845	4,69	1,5454325
3,23	1,1724821	3,72	1,3137236	4,21	1,4374626	4,70	1,5475625
3,24	1,1755733	3,73	1,3164082	4,22	1,4398351	4,71	1,5496879
3,25	1,1786549	3,74	1,3190856	4,23	1,4422020	4,72	1,5518087
3,26	1,1817271	3,75	1,3217558	4,24	1,4445632	4,73	1,5539252
3,27	1,1847899	3,76	1,3244189	4,25	1,4469189	4,74	1,5560371
3,28	1,1878434	3,77	1,3270749	4,26	1,4492691	4,75	1,5581446
3,29	1,1908875	3,78	1,3297240	4,27	1,4516138	4,76	1,5602476
3,30	1,1939224	3,79	1,3323660	4,28	1,4539530	4,77	1,5623462
3,31	1,1969481	3,80	1,3350010	4,29	1,4562867	4,78	1,5644405
3,32	1,1999647	3,81	1,3376291	4,30	1,4586149	4,79	1,5665304
3,33	1,2029722	3,82	1,3402504	4,31	1,4609379	4,80	1,5686159
3,34	1,2059707	3,83	1,3428648	4,32	1,4632553	4,81	1,5706971
3,35	1,2089603	3,84	1,3454723	4,33	1,4655675	4,82	1,5727739
3,36	1,2119409	3,85	1,3480731	4,34	1,4678743	4,83	1,5748464
3,37	1,2149127	3,86	1,3506671	4,35	1,4701758	4,84	1,5769147
3,38	1,2178757	3,87	1,3532544	4,36	1,4724720	4,85	1,5789787
3,39	1,2208299	3,88	1,3558351	4,37	1,4747630	4,86	1,5810384
3,40	1,2237754	3,89	1,3584091	4,38	1,4770487	4,87	1,5830939
3,41	1,2267122	3,90	1,3609765	4,39	1,4793292	4,88	1,5851452
3,42	1,2296405	3,91	1,3635373	4,40	1,4816045	4,89	1,5871923
3,43	1,2325605	3,92	1,3660916	4,41	1,4838746	4,90	1,5892352
3,44	1,2354714	3,93	1,3686394	4,42	1,4861396	4,91	1,5912739
3,45	1,2383742	3,94	1,3711807	4,43	1,4883995	4,92	1,5933085
3,46	1,2412685	3,95	1,3737156	4,44	1,4906543	4,93	1,5953389
3,47	1,2441545	3,96	1,3762440	4,45	1,4929040	4,94	1,5973653
3,48	1,2470322	3,97	1,3787661	4,46	1,4951487	4,95	1,5993875

II. — Table des logarithmes hyperboliques.

Nomb.	Logarithmes.	Nomb.	Logarithmes.	Nomb.	Logarithmes	Nomb.	Logarithmes.
4,96	1,6014057	5,45	1,6956155	5,94	1,7817091	6,43	1,8609745
4,97	1,6034198	5,46	1,6974487	5,95	1,7833912	6,44	1,8625285
4,98	1,6054298	5,47	1,6992786	5,96	1,7850704	6,45	1,8640801
4,99	1,6074358	5,48	1,7011051	5,97	1,7867469	6,46	1,8656293
5,00	1,6094379	5,49	1,7029282	5,98	1,7884205	6,47	1,8671761
5,01	1,6114359	5,50	1,7047481	5,99	1,7900914	6,48	1,8687205
5,02	1,6134300	5,51	1,7065646	6,00	1,7917594	6,49	1,8702625
5,03	1,6154200	5,52	1,7083778	6,01	1,7934247	6,50	1,8718021
5,04	1,6174060	5,53	1,7101878	6,02	1,7950872	6,51	1,8733394
5,05	1,6193882	5,54	1,7119944	6,03	1,7967470	6,52	1,8748743
5,06	1,6213664	5,55	1,7137979	6,04	1,7984040	6,53	1,8764069
5,07	1,6233408	5,56	1,7155981	6,05	1,8000582	6,54	1,8779371
5,08	1,6253112	5,57	1,7173950	6,06	1,8017098	6,55	1,8794650
5,09	1,6272778	5,58	1,7191887	6,07	1,8033586	6,56	1,8809906
5,10	1,6292405	5,59	1,7209792	6,08	1,8050047	6,57	1,8825138
5,11	1,6311994	5,60	1,7227666	6,09	1,8066481	6,58	1,8840347
5,12	1,6331544	5,61	1,7245507	6,10	1,8082887	6,59	1,8855533
5,13	1,6351056	5,62	1,7263316	6,11	1,8099267	6,60	1,8870696
5,14	1,6370530	5,63	1,7281094	6,12	1,8115621	6,61	1,8885837
5,15	1,6389967	5,64	1,7298840	6,13	1,8131947	6,62	1,8900954
5,16	1,6409365	5,65	1,7316555	6,14	1,8148247	6,63	1,8916048
5,17	1,6428726	5,66	1,7334238	6,15	1,8164520	6,64	1,8931119
5,18	1,6448050	5,67	1,7351891	6,16	1,8180767	6,65	1,8946168
5,19	1,6467336	5,68	1,7369512	6,17	1,8196988	6,66	1,8961194
5,20	1,6486586	5,69	1,7387100	6,18	1,8213182	6,67	1,8976198
5,21	1,6505798	5,70	1,7404661	6,19	1,8229351	6,68	1,8991179
5,22	1,6524974	5,71	1,7422189	6,20	1,8245493	6,69	1,9006138
5,23	1,6544112	5,72	1,7439687	6,21	1,8261608	6,70	1,9021075
5,24	1,6563214	5,73	1,7457155	6,22	1,8277699	6,71	1,9035989
5,25	1,6582280	5,74	1,7474591	6,23	1,8293763	6,72	1,9050881
5,26	1,6601310	5,75	1,7491998	6,24	1,8309801	6,73	1,9065751
5,27	1,6620303	5,76	1,7509374	6,25	1,8325814	6,74	1,9080600
5,28	1,6639260	5,77	1,7526720	6,26	1,8341801	6,75	1,9095425
5,29	1,6658182	5,78	1,7544036	6,27	1,8357763	6,76	1,9110228
5,30	1,6677068	5,79	1,7561323	6,28	1,8373699	6,77	1,9125011
5,31	1,6695918	5,80	1,7578579	6,29	1,8389610	6,78	1,9139771
5,32	1,6714733	5,81	1,7595805	6,30	1,8405496	6,79	1,9154509
5,33	1,6733512	5,82	1,7613002	6,31	1,8421356	6,80	1,9169226
5,34	1,6752256	5,83	1,7630170	6,32	1,8437191	6,81	1,9183921
5,35	1,6770965	5,84	1,7647308	6,33	1,8453002	6,82	1,9198594
5,36	1,6789639	5,85	1,7664416	6,34	1,8468787	6,83	1,9213247
5,37	1,6808278	5,86	1,7681496	6,35	1,8484547	6,84	1,9227877
5,38	1,6826882	5,87	1,7698546	6,36	1,8500283	6,85	1,9242486
5,39	1,6845453	5,88	1,7715567	6,37	1,8515994	6,86	1,9257074
5,40	1,6863983	5,89	1,7732559	6,38	1,8531680	6,87	1,9271641
5,41	1,6882491	5,90	1,7749523	6,39	1,8547342	6,88	1,9286186
5,42	1,6900958	5,91	1,7766458	6,40	1,8562979	6,89	1,9300710
5,43	1,6919391	5,92	1,7783364	6,41	1,8578592	6,90	1,9315214
5,44	1,6937790	5,93	1,7800242	6,42	1,8594181	6,91	1,9329696

II. — Table des logarithmes hyperboliques.

Nomb.	Logarithmes.	Nomb.	Logarithmes.	Nomb.	Logarithmes.	Nomb.	Logarithmes.
6,92	1,9344157	7,42	2,0041790	7,92	2,0693911	8,42	2,1306098
6,93	1,9358598	7,43	2,0055258	7,93	2,0706530	8,43	2,1317967
6,94	1,9373017	7,44	2,0068708	7,94	2,0719132	8,44	2,1329822
6,95	1,9387416	7,45	2,0082140	7,95	2,0731719	8,45	2,1341664
6,96	1,9401794	7,46	2,0095553	7,96	2,0744290	8,46	2,1353491
6,97	1,9416152	7,47	2,0108949	7,97	2,0756845	8,47	2,1365304
6,98	1,9430489	7,48	2,0122327	7,98	2,0769384	8,48	2,1377104
6,99	1,9444805	7,49	2,0135687	7,99	2,0781907	8,49	2,1388889
7,00	1,9459101	7,50	2,0149030	8,00	2,0794415	8,50	2,1400661
7,01	1,9473376	7,51	2,0162354	8,01	2,0806907	8,51	2,1412419
7,02	1,9487632	7,52	2,0175661	8,02	2,0819384	8,52	2,1424163
7,03	1,9501866	7,53	2,0188950	8,03	2,0831845	8,53	2,1435893
7,04	1,9516080	7,54	2,0202221	8,04	2,0844290	8,54	2,1447609
7,05	1,9530275	7,55	2,0215475	8,05	2,0856720	8,55	2,1459312
7,06	1,9544449	7,56	2,0228711	8,06	2,0869135	8,56	2,1471001
7,07	1,9558604	7,57	2,0241929	8,07	2,0881534	8,57	2,1482676
7,08	1,9572739	7,58	2,0255131	8,08	2,0893918	8,58	2,1494339
7,09	1,9586853	7,59	2,0268315	8,09	2,0906287	8,59	2,1505987
7,10	1,9600947	7,60	2,0281482	8,10	2,0918640	8,60	2,1517622
7,11	1,9615022	7,61	2,0294631	8,11	2,0930984	8,61	2,1529243
7,12	1,9629077	7,62	2,0307763	8,12	2,0943306	8,62	2,1540851
7,13	1,9643112	7,63	2,0320878	8,13	2,0955613	8,63	2,1552445
7,14	1,9657127	7,64	2,0333976	8,14	2,0967905	8,64	2,1564026
7,15	1,9671123	7,65	2,0347056	8,15	2,0980182	8,65	2,1575593
7,16	1,9685099	7,66	2,0360119	8,16	2,0992444	8,66	2,1587147
7,17	1,9699056	7,67	2,0373166	8,17	2,1004691	8,67	2,1598687
7,18	1,9712993	7,68	2,0386195	8,18	2,1016923	8,68	2,1610215
7,19	1,9726911	7,69	2,0399207	8,19	2,1029140	8,69	2,1621729
7,20	1,9740810	7,70	2,0412203	8,20	2,1041341	8,70	2,1633230
7,21	1,9754689	7,71	2,0425181	8,21	2,1053529	8,71	2,1644718
7,22	1,9768549	7,72	2,0438143	8,22	2,1065702	8,72	2,1656192
7,23	1,9782390	7,73	2,0451088	8,23	2,1077861	8,73	2,1667653
7,24	1,9796212	7,74	2,0464016	8,24	2,1089998	8,74	2,1679101
7,25	1,9810014	7,75	2,0476928	8,25	2,1102128	8,75	2,1690536
7,26	1,9823798	7,76	2,0489823	8,26	2,1114243	8,76	2,1701959
7,27	1,9837562	7,77	2,0502701	8,27	2,1126343	8,77	2,1713367
7,28	1,9851308	7,78	2,0515563	8,28	2,1138428	8,78	2,1724763
7,29	1,9865035	7,79	2,0528408	8,29	2,1150499	8,79	2,1736146
7,30	1,9878743	7,80	2,0541237	8,30	2,1162555	8,80	2,1747517
7,31	1,9892432	7,81	2,0554049	8,31	2,1174596	8,81	2,1758874
7,32	1,9906103	7,82	2,0566845	8,32	2,1186622	8,82	2,1770218
7,33	1,9919754	7,83	2,0579624	8,33	2,1198634	8,83	2,1781550
7,34	1,9933387	7,84	2,0592388	8,34	2,1210632	8,84	2,1792868
7,35	1,9947002	7,85	2,0605135	8,35	2,1222615	8,85	2,1804174
7,36	1,9960599	7,86	2,0617866	8,36	2,1234584	8,86	2,1815467
7,37	1,9974177	7,87	2,0630580	8,37	2,1246539	8,87	2,1826747
7,38	1,9987736	7,88	2,0643278	8,38	2,1258479	8,88	2,1838015
7,39	2,0001278	7,89	2,0655961	8,39	2,1270405	8,89	2,1849270
7,40	2,0014800	7,90	2,0668627	8,40	2,1282317	8,90	2,1860512
7,41	2,0028305	7,91	2,0681277	8,41	2,1294214	8,91	2,1871742

II. — Table des logarithmes hyperboliques.

Nomb.	Logarithmes.	Nomb.	Logarithmes.	Nomb.	Logarithmes.	Nomb.	Logarithmes.
8,92	2,1882959	9,42	2,2428350	9,92	2,2945529	52	3,9512437
8,93	2,1894163	9,43	2,2438960	9,93	2,2955604	53	3,9702919
8,94	2,1905355	9,44	2,2449559	9,94	2,2965670	54	3,9889840
8,95	2,1916535	9,45	2,2460147	9,95	2,2975725	55	4,0073332
8,96	2,1927702	9,46	2,2470723	9,96	2,2985770	56	4,0253517
8,97	2,1938856	9,47	2,2481288	9,97	2,2995806	57	4,0430513
8,98	2,1949998	9,48	2,2491843	9,98	2,3005831	58	4,0604430
8,99	2,1961128	9,49	2,2502386	9,99	2,3015846	59	4,0775373
9,00	2,1972245	9,50	2,2512917	10	2,3025851	60	4,0943446
9,01	2,1983350	9,51	2,2523438	11	2,3978953	61	4,1108738
9,02	2,1994443	9,52	2,2533948	12	2,4849066	62	4,1271344
9,03	2,2005523	9,53	2,2544446	13	2,5649493	63	4,1431347
9,04	2,2016591	9,54	2,2554934	14	2,6390573	64	4,1588831
9,05	2,2027647	9,55	2,2565411	15	2,7080502	65	4,1743873
9,06	2,2038691	9,56	2,2575877	16	2,7725887	66	4,1896547
9,07	2,2049722	9,57	2,2586332	17	2,8332133	67	4,2046926
9,08	2,2060741	9,58	2,2596776	18	2,8903718	68	4,2195077
9,09	2,2071748	9,59	2,2607209	19	2,9444390	69	4,2341065
9,10	2,2082744	9,60	2,2617631	20	2,9957323	70	4,2484952
9,11	2,2093727	9,61	2,2628042	21	3,0445224	71	4,2626799
9,12	2,2104697	9,62	2,2638442	22	3,0910425	72	4,2766661
9,13	2,2115656	9,63	2,2648832	23	3,1354942	73	4,2904594
9,14	2,2126603	9,64	2,2659211	24	3,1780538	74	4,3040651
9,15	2,2137538	9,65	2,2669579	25	3,2188758	75	4,3174881
9,16	2,2148461	9,66	2,2680610	26	3,2580965	76	4,3307333
9,17	2,2159372	9,67	2,2689820	27	3,2958369	77	4,3438054
9,18	2,2170272	9,68	2,2700618	28	3,3322045	78	4,3567088
9,19	2,2181160	9,69	2,2710944	29	3,3672958	79	4,3694478
9,20	2,2192034	9,70	2,2721258	30	3,4011974	80	4,3820266
9,21	2,2202898	9,71	2,2731562	31	3,4339872	81	4,3944491
9,22	2,2213750	9,72	2,2741856	32	3,4657359	82	4,4067191
9,23	2,2224590	9,73	2,2752138	33	3,4965076	83	4,4188406
9,24	2,2235418	9,74	2,2762411	34	3,5263605	84	4,4308168
9,25	2,2246235	9,75	2,2772673	35	3,5553481	85	4,4426512
9,26	2,2257040	9,76	2,2782924	36	3,5835189	86	4,4543473
9,27	2,2267833	9,77	2,2793165	37	3,6109179	87	4,4659081
9,28	2,2278615	9,78	2,2803395	38	3,6375862	88	4,4773368
9,29	2,2289385	9,79	2,2813614	39	3,6635616	89	4,4886364
9,30	2,2300144	9,80	2,2823823	40	3,6888794	90	4,4998097
9,31	2,2310890	9,81	2,2834022	41	3,7135720	91	4,5108595
9,32	2,2321626	9,82	2,2844211	42	3,7376696	92	4,5217886
9,33	2,2332350	9,83	2,2854389	43	3,7612000	93	4,5325995
9,34	2,2343062	9,84	2,2864556	44	3,7841896	94	4,5432946
9,35	2,2353763	9,85	2,2874714	45	3,8066625	95	4,5538769
9,36	2,2364452	9,86	2,2884861	46	3,8286414	96	4,5643482
9,37	2,2375130	9,87	2,2894998	47	3,8501475	97	4,5747110
9,38	2,2385797	9,88	2,2905124	48	3,8712010	98	4,5849675
9,39	2,2396452	9,89	2,2915241	49	3,8913203	99	4,5951199
9,40	2,2407096	9,90	2,2925347	50	3,9120230	100	4,6051702
9,41	2,2417729	9,91	2,2935443	51	3,9318256		

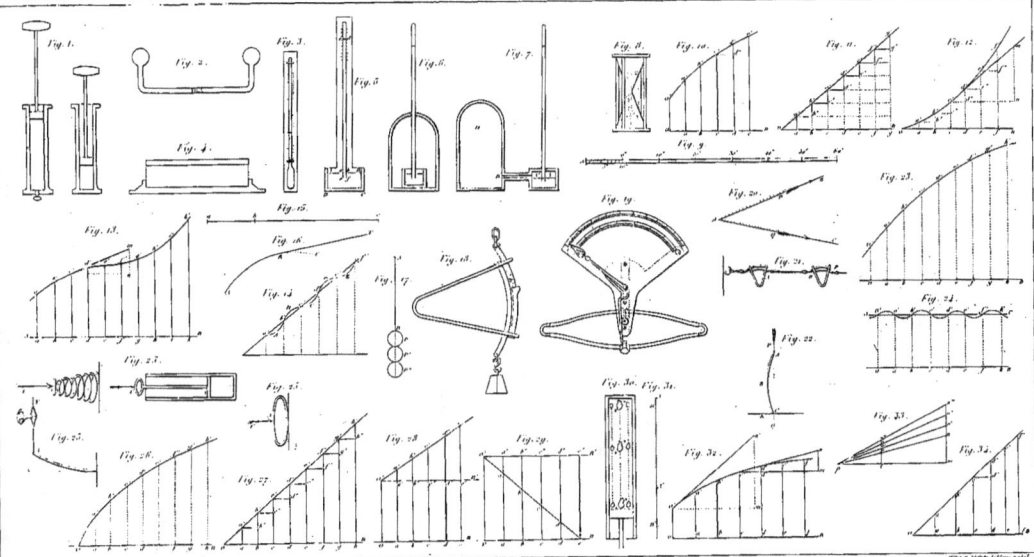

Pl. II.

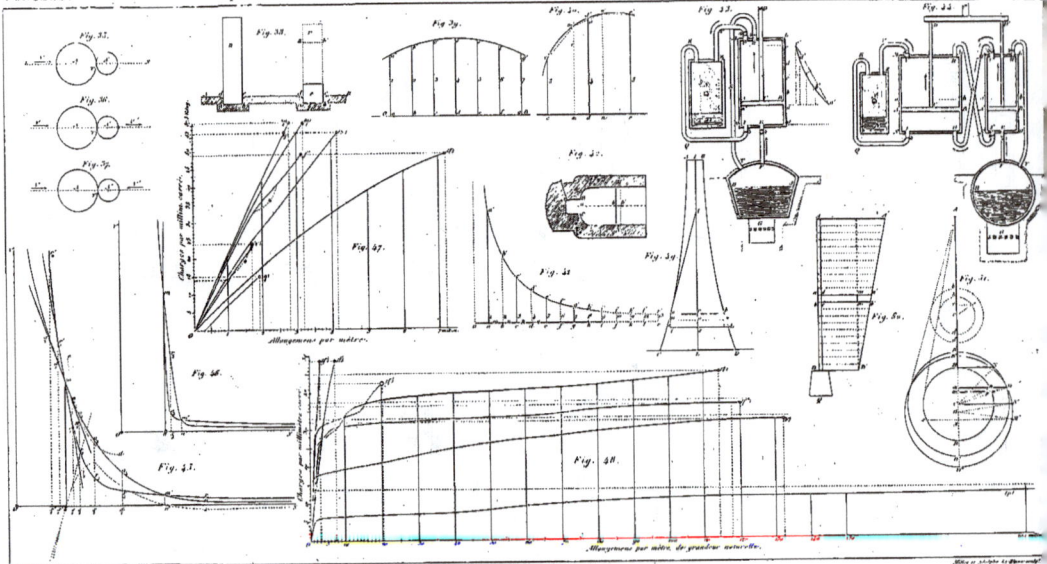

Logny, imp. r. de la Bûcherie, 1. Paris.

Gauthier-Villars, Éditeur, Paris.

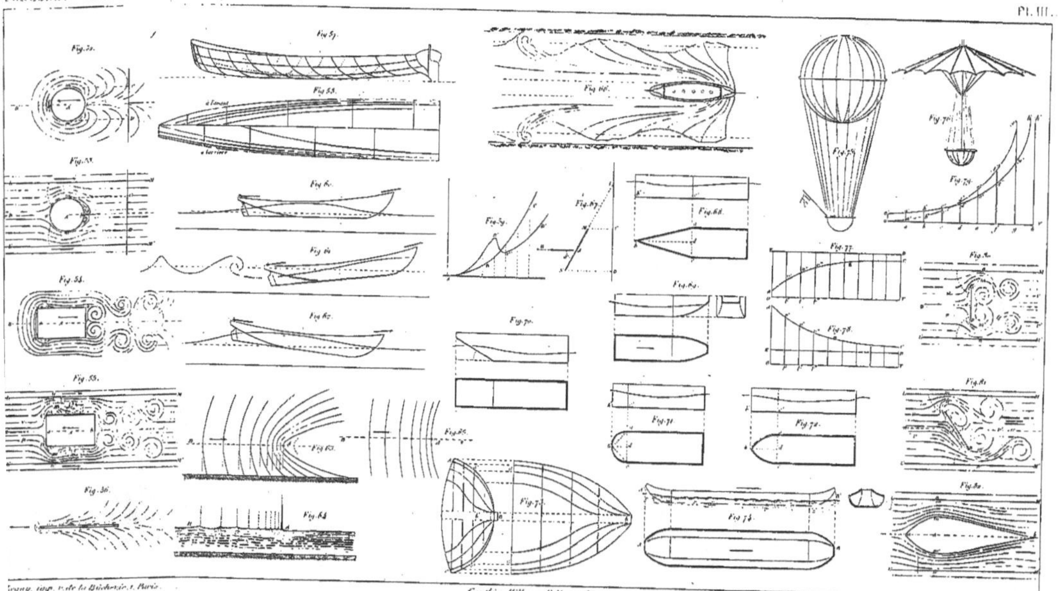

Pl. III.

Gauthier-Villars, Éditeur, Paris.

www.ingramcontent.com/pod-product-compliance
Lightning Source LLC
Chambersburg PA
CBHW030016220326
41599CB00014B/1819